Klaus Heuck · Klaus-Dieter Dettmann

Elektrische Energieversorgung

**Aus dem Programm
Elektrische Energietechnik**

Einführung in die elektrische Energiewirtschaft
von K. Brinkmann

Elektrische Energieversorgung
von K. Heuck und K.-D. Dettmann

Einführung in die Hochspannungs-Versuchstechnik
von D. Kind

Hochspannungs-Isoliertechnik
von D. Kind und H. Kärner

Neue Wege der Energieversorgung
von W. Kremer, J. Thiele und F. Wahl

Kernenergie und Kerntechnik
von E. Lüscher (Hrsg.)

Zeitschrift für Energiewirtschaft
Herausgeber: H. K. Schneider und C. C. von Weizsäcker

Vieweg

Klaus Heuck · Klaus-Dieter Dettmann

Elektrische Energieversorgung

Zweite, neubearbeitete Auflage

Mit 490 Abbildungen,
14 Tabellen und 57 Aufgaben mit Lösungen

Unter Mitarbeit von Egon Reuter

Dieses Lehrbuch entstand mit Unterstützung der ELEKTROMARK, Hagen

1. Auflage 1984
2., neubearbeitete Auflage 1991

Umschlaggestaltung und Foto: Moll, ELEKTROMARK
Satz: Waldhaim, Hamburg
Druck: Wilhelm + Adam, Heusenstamm
Buchb. Verarbeitung: Lengericher Handelsdruckerei, Lengerich
Gedruckt auf säurefreiem Papier

ISBN 978-3-528-18547-3   ISBN 978-3-322-83619-9 (eBook)
DOI 10.1007/978-3-322-83619-9

Vorwort

Das Buch „Elektrische Energieversorgung" vermittelt vornehmlich die Kenntnisse, die von seiten der Industrie und Energieversorgungsunternehmen bei Jungingenieuren als Grundwissen
erwartet werden. Besonderer Wert wird auf die Vermittlung der physikalischen Zusammenhänge
gelegt, die für die Energieversorgung bestimmend sind; die Darstellung der Technologie beschränkt sich auf das Maß, welches für das Verständnis von Planung und Betrieb von Netzen
notwendig ist.
Das Buch ist so angelegt, daß es auch für ein Selbststudium geeignet ist. Zu diesem Zweck ist
strikt darauf geachtet worden, daß die einzelnen Begriffe bzw. Definitionen streng und folge-
richtig nacheinander entwickelt werden. Die in diesem Zusammenhang erforderlichen Grund-
lagenkenntnisse wie z.B. die Berechnung galvanisch-induktiv gekoppelter Kreise, die nach den
Erfahrungen der Autoren nicht generell bei Studenten nach dem Vorexamen zu erwarten sind,
werden erläutert oder zumindest noch einmal gestreift.
Um die Verständlichkeit weiter zu erhöhen, werden die Modelle, von denen ausgegangen wird,
zunächst sehr einfach gehalten. Für die analytische Formulierung werden, von einer Ausnahme
abgesehen, die Kenntnisse der Mathematik benötigt, wie sie üblicherweise nach dem Grundstu-
dium an einer Fach- oder wissenschaftlichen Hochschule vorliegen. Es werden die Gültigkeitsbe-
reiche dieser Modelle im Hinblick auf ihre Anwendung in der Praxis herausgearbeitet. Sofern die
Idealisierungen für wichtige Bereiche der Praxis zu weitreichend sind, wird auf kompliziertere
Modelle eingegangen. Um die mathematischen Anforderungen niedrig zu halten, wird jedoch bei
diesen Modellen vielfach mit der physikalischen Plausibilität argumentiert. Dabei wird auch auf
Feinheiten eingegangen, die für den bereits im Berufsleben stehenden Ingenieur von Interesse
sein dürften.
Der stufenförmige Aufbau gestattet es, daß die Passagen, welche die komplizierteren Modelle
behandeln, übersprungen werden können, ohne daß es im weiteren zu Verständnisschwierigkei-
ten kommen muß. Aufgrund dieses Aufbaus sind die Autoren der Meinung, daß mit diesem
Buch nicht nur die Studenten der Hoch-, sondern auch der Fachhochschulen angesprochen werden. Zugleich dürfte damit auch der bereits in der Praxis stehende Ingenieur seine Kenntnisse
auffrischen und erweitern können.
Seit der Erstellung des Manuskriptes für die erste Auflage Anfang der achtziger Jahre haben eine
Reihe moderner Technologien zunehmend an Bedeutung gewonnen. Dazu seien einige Beispiele genannt: Wirbelschichtfeuerung, SF_6-Technik, VPE-Kunststoff in der Kabeltechnik, Einsatz
leistungsstarker Generatoren mit großer subtransienter Reaktanz, breite Verwendung von Rechnern zur Steuerung des Netzbetriebs und zur Planung von Netzen. Diese Entwicklungen haben
zu Modifikationen bei den Netzberechnungsverfahren und damit einhergehend auch zu Änderungen bei vielen DIN-VDE-Bestimmungen geführt.
In der ersten Auflage konnten diese Entwicklungen nicht hinreichend berücksichtigt werden. Um
das erforderliche Maß zu erreichen, mußte die erste Auflage so tiefgreifend umgearbeitet werden,
daß praktisch eine Neufassung entstand; die alte, 1987 bereits vergriffene Auflage konnte nur
noch fragmentarisch verwendet werden. Bei der Neufassung ließ sich die angestrebte Praxis-
nähe dadurch vertiefen, daß Herr Dr.-Ing. Reuter, Abteilungsdirektor und Leiter der Abteilung
Elektrotechnik beim Energieversorgungsunternehmen ELEKTROMARK, als Mitautor gewonnen werden konnte. Die Autoren glauben, daß die daraus erwachsene gemeinsame Arbeit von
Hochschule und Praxis zu einer fruchtbaren Symbiose geführt hat. Dadurch ist das Buch noch
stärker als bisher auf die beiden Zielgruppen – Studenten und Ingenieure in der Praxis – ausgerichtet. Zur Vertiefung des Verständnissses sind 57 praxisnahe Aufgaben einschließlich einer
Skizze des Lösungsweges und Angabe von Lösungen aufgenommen worden.
Ähnlich wie bei der ersten Auflage haben die Autoren auch das neuverfaßte Manuskript wie-

derum einer Reihe von Fachleuten mit der Bitte um kritische Stellungnahme vorgelegt. So hat erneut Herr Dr.-Ing. Dietrich, Nürnberg, eine Reihe von Verbesserungen bei den Abschnitten 4.2 und 9.4.5 vorgeschlagen. Auf seinen Rat hin ist u.a. der Einfluß des Kessels auf die Nullinduktivität des Transformators überarbeitet worden. Auch Herr Prof. Funk, Universität Hannover, hat wiederum sehr konstruktiv zu einer Reihe von Kapiteln Stellung genommen. Im gleichen Sinn hat auch Herr Prof. Nelles, Universität Kaiserslautern, gewirkt. Für dieses Entgegenkommen möchten sich die Autoren nochmals bedanken. Weiterhin sind die Autoren Herrn Gully, Herrn Brendel, Frau Jacob sowie Herrn und Frau Waldhaim zu großem Dank verpflichtet, ohne deren Mithilfe das Buch nicht hätte erscheinen können.

Im Rahmen der Neufassung mußten nahezu alle der ca. 500 Bilder neu gestaltet werden. Im wesentlichen sind diese sehr aufwendigen Arbeiten von Herrn Gully, ELEKTROMARK, und der Zeichenstelle der UniBw Hamburg unter Leitung von Herrn Brendel ausgeführt worden. Weiterhin hätte ohne den tatkräftigen Einsatz von Frau Jacob, Sekretärin am Fachgebiet Energieversorgung, die Reinschrift des Manuskriptes kaum die gewünschte Form angenommen. Es waren eine Reihe von Iterationen notwendig, bevor die endgültige Fassung erreicht war. Eine entsprechend umfangreiche Arbeit stellte die erstmalige Erfassung des Manuskriptes für ein Textverarbeitungssystem dar. Durch eine schnelle Einarbeitung in die Sprachsyntax von LaTeX, ihre geschickte Handhabung sowie durch einen großen persönlichen Einsatz gelang es Frau Waldhaim, diese Aufgaben zügig zu bewältigen. Unterstützt wurde sie dabei von Herrn Dipl.-Ing. Waldhaim, Mitarbeiter am Fachgebiet Energieversorgung. Herr Waldhaim hat nicht nur die LaTeX-Makros an die internen Verlagsnormen angepaßt, sondern darüberhinaus stammt von ihm auch der gesamte Satz und das Layout des Buches.

Einen beachtlichen Beitrag zur Fertigstellung des Manuskriptes haben weiterhin Herr Dr.-Ing. Kegel, Herr Dr.-Ing. Heidorn und Herr Dr.-Ing. Fricke geleistet. Herr Dr.-Ing. Kegel war seinerzeit Leiter des Labors Energieversorgung; Herr Dr.-Ing. Heidorn sowie Herr Dr.-Ing. Fricke waren Wissenschaftliche Mitarbeiter am Fachgebiet Energieversorgung. Sie haben intensiv Korrektur gelesen und bei der Erstellung des Manuskriptes mit Rat und Tat zur Seite gestanden. Ebenfalls bedanken sich die Autoren bei Herrn Sauermann, ELEKTROMARK, der zusammen mit Herrn Gully die druckfertige Version auf Schreibfehler überprüft hat. Großen Dank schulden die Autoren auch dem Vieweg Verlag für die Bereitschaft, diese Neufassung herauszugeben.

Hamburg, im März 1991

Klaus Heuck
Klaus-Dieter Dettmann
Egon Reuter

Inhaltsverzeichnis

Formelzeichen

A	Fläche, Querschnitt	i_{kG}	Zeitverlauf des Generatorkurzschlußstroms
a	Abstand	i_{kg}	Gleichanteil des Kurzschlußstroms
a	$e^{j120°}$	i_{kW}	Zeitverlauf des Kurzschlußwechselstroms
a_H	Hauptleiterabstand	$[\underline{I}_k]$	Ströme der Komponentensysteme
a_T	Teilleiterabstand	I_{min}	Minimaler Ausschaltstrom bei HH-Sicherungen
B	Magnetische Flußdichte (Induktion)	I_n	Nennstrom
C	Kapazität	I_r	Bemessungsstrom
C_b	Betriebskapazität	I_r	Reststrom
C_E	Erdkapazität	I_R, I_S, I_T	Außenleiterströme
c	Faktor	I_s	Stoßkurzschlußstrom
const	Konstante	I_{th}	Thermisch gleichwertiger Kurzschlußstrom
$\cos\varphi$	Leistungsfaktor	I_{thn}	Nennkurzzeitstrom
D	Durchmesser	I_{thr}	Bemessungskurzzeitstrom
D	Mittlerer geometrischer Abstand	$I_{th_{zul}}$	Thermisch zulässiger Kurzzeitstrom
d	Abstand	I_0	Leerlaufstrom
E	Elektrische Feldstärke	I_μ	Magnetisierungsstrom
E	Synchrone Spannung ($U_P/\sqrt{3}$)	$I(p)$	Laplace-Transformierte des Stroms $i(t)$
E_d	Durchschlagsfeldstärke	I'	Fiktiver Laststrom (Leitungsanfang)
E'	Transiente Spannung einer Synchronmaschine	I''	Fiktiver Laststrom (Leitungsende)
E''	Subtransiente Spannung einer Synchronmaschine	J	Trägheitsmoment
F	Kraft	j	Imaginäre Einheit
f	Frequenz	K	Leistungszahl
G	Wirkleitwert	K_M	Maschinenleistungszahl
g	Gleichzeitigkeitsfaktor	K_N	Netzleistungszahl
H	Magnetische Feldstärke (magnetische Erregung)	k	Korrekturfaktor für den wirksamen Mittenabstand
h	Stunden	k	Kennzahl der Schaltgruppe eines Drehstromtransformators
I_a	Ausschaltwechselstrom	L	Selbstinduktivität
I_b	Betriebsstrom	L_d	Synchrone Induktivität
I_D	Ausgleichsstrom	L_{50}	Induktivität bei 50 Hz
I_d	Durchlaßstrom einer Sicherung	L_∞	Induktivität bei hohen Frequenzen
I_d	Zulässiger Dauerstrom	l	Länge
$[\underline{I}_d]$	Ströme des Drehstromsystems		
I_E	Erdungsstrom		
I_E	Erregerstrom (Synchronmaschine)		
I_e	Erdschlußstrom		
I_k	Dauerkurzschlußstrom		
I_k''	Anfangskurzschlußwechselstrom ($I_k'' = I_{k3p}''$)		

M	Drehmoment
M	Gegeninduktivität
M_A	Antriebsmoment einer Turbine
M_B	Stromblindmoment
M_B^*	Leistungsblindmoment
M_G	Gegenmoment eines Generators (Bremsmoment)
M_W	Stromwirkmoment
M_W^*	Leistungswirkmoment
N	Normale
O	Oberfläche
P	Wirkleistung
P_A	Antriebsleistung
P_N	Wirkleistungsabgabe ins Netz (Bremsleistung)
P_{bN}	Wirkleistungsabgabe ins Netz im Normalbetrieb
P_{kN}	Wirkleistungsabgabe ins Netz im Kurzschlußfall
P_w	Wirbelstromverluste
p	Polpaarzahl
Q	Blindleistung
Q	Ladung
Q	Wärmemenge
R	Ohmscher Widerstand
R_A	Ausbreitungswiderstand
R_E	Wirksamer Erdwiderstand
R_G	Ständerwiderstand
R_L	Leiterwiderstand
R_{g20}	Gleichstromwiderstand bei 20 °C
R_m	Magnetischer Widerstand
R_{mJ}	Magnetischer Widerstand eines Jochs
R_{mS}	Magnetischer Widerstand eines Schenkels
$R_{m\sigma}$	Magnetischer Streufeldwiderstand
R_{sG}	Subtransienter Widerstand (Stoßwiderstand)
R_{w20}	Ohmscher Widerstand bei 50 Hz und 20 °C
R_{w70}	Ohmscher Widerstand bei 50 Hz und 70 °C
R_{w90}	Ohmscher Widerstand bei 50 Hz und 90 °C
R_0	Gleichstromwiderstand
R_{50}	Ohmscher Widerstand bei 50 Hz
r	Radius
r	Reduktionsfaktor
r_L	Leiterradius
r_B	Ersatzradius für Bündelleiter
S	Scheinleistung
S	Stromdichte
S_D	Durchgangsleistung
S_E	Eigenleistung
S_k''	Kurzschlußleistung
S_{th}	Kurzzeitstromdichte
S_{thn}	Nennkurzzeitstromdichte
S_{thr}	Bemessungskurzzeitstromdichte
$S_{th_{zul}}$	Zulässige Kurzzeitstromdichte
T	Zeitkonstante
T_{dG}'	Transiente Generatorzeitkonstante bei Klemmenkurzschluß
T_{dG}''	Subtransiente Generatorzeitkonstante bei Klemmenkurzschluß
T_{dN}'	Transiente Generatorzeitkonstante mit Netzeinfluß
T_{dN}''	Subtransiente Generatorzeitkonstante mit Netzeinfluß
T_{gG}	Gleichstromzeitkonstante eines Generators bei Klemmenkurzschluß
T_{gN}	Gleichstromzeitkonstante eines Generators mit Netzeinfluß
T_{kn}	Nennkurzschlußdauer
T_{kr}	Bemessungskurzschlußdauer
t	Zeit
t_l	Löschzeit
t_s	Schmelzzeit
t_v	Verzugszeit
t_{vmin}	Mindestschaltverzug
$[T]$	Transformationsmatrix
$\tan\delta$	Verlustfaktor
U_A	Ausgangsspannung
U_B	Berührungsspannung
U_b	Betriebsspannung

U_{bez}	Bezugsspannung	$\underline{Z}$	Impedanz
U_E	Eingangsspannung	Z	Kettenleiterimpedanz
U_E	Erdungsspannung	$\underline{Z}_{E50}$	Eingangsimpedanz bei 50 Hz
U_m	Höchste Spannung für	$\underline{Z}_{ii}$	Eingangsimpedanz am Tor i
	Betriebsmittel	$\underline{Z}_{ij}$	Übertragungsimpedanz
U_{N2}	Netzgegenspannung im		zwischen den Toren i und j
	Kurzschlußfall	$\underline{Z}_Q$	Innenimpedanz einer
U_n	Nennspannung		Netzeinspeisung
U_P	Polradspannung	Z_V	Lastimpedanz
U_r	Bemessungsspannung	Z_W	Wellenwiderstand
U_S	Spulenspannung	$Z(p)$	Impedanz im Laplacebereich
U_S	Schutzpegel	α, β	Winkel
$U_Y, U_\curlywedge$	Sternspannung	ΔP	Leistungsänderung
U_0	Leerlaufspannung	ΔU	Spannungsabfall
U_{1UN}	Sternspannung des Außenleiters		(Außenleiterspannung)
	U auf der Oberspannungsseite	ΔU_l	Längsspannungsabfall
U_{2VW}	Leiterspannung zwischen	ΔU_q	Querspannungsabfall
	Außenleitern V und W auf der	δ	Erdfehlerfaktor
	Unterspannungsseite	δ	Erdstromtiefe
$U(p)$	Laplace-Transformierte der	δ	Luftspaltbreite
	Spannung $u(t)$	δ	Winkel zwischen $\underline{E}'$ und
u_k	Relative Kurzschlußspannung		Netzspannung $\underline{U}_{bN}$
$\ddot{u}$	Übersetzung	δ_{ij}	Winkel zwischen $\underline{E}'_i$ und $\underline{E}'_j$
$\ddot{u}_0$	Leerlaufübersetzung		bei zwei Synchronmaschinen
$\ddot{u}_n$	Nennübersetzung	ϑ	Polradwinkel
W	Widerstandsmoment	ϑ	Temperatur
w	Windungszahl	ϑ_b	Betriebstemperatur
X_b	Betriebsreaktanz	ϑ_e	Endtemperatur im
X_d	Synchrone Reaktanz		Kurzschlußfall
X'_d	Transiente Reaktanz	Θ	Durchflutung
X''_d	Subtransiente Reaktanz	κ	Spezifischer elektrischer
X_{E50}	Eingangsreaktanz bei 50 Hz		Leitwert
X_h	Hauptreaktanz	κ	Stoßfaktor
X_k	Kurzschlußrektanz	Λ	Magnetischer Leitwert
X_N	Netzrektanz	Λ_i	Magnetischer Leitwert von
X_0	Nullrektanz		Tor i aus gesehen
X_σ	Streurektanz	Λ_{ij}	Magnetischer Leitwert zwischen
x_d	Synchrone Reaktanz		den Toren i und j
	(relative Größe)	μ	Abklingfaktor
x'_d	Transiente Reaktanz	μ	Permeabilität
	(relative Größe)	ρ	Spezifischer Widerstand
x''_d	Subtransiente Reaktanz	ρ	Leiterradius
	(relative Größe)	ρ_{ers}	Ersatzradius für Bündelleiter
Y	Admittanz	Σ	Summe
$\underline{Y}_{ii}$	Eingangsadmittanz am Tor i	σ	Mechanische Spannung
$\underline{Y}_{ij}$	Übertragungsadmittanz	Φ	Magnetischer Fluß
	zwischen den Toren i und j	Φ_{12}, Φ_K	Koppelfluß

φ	Phasenwinkel, Drehwinkel
Ψ	Induktionsfluß
Ω	Kreisfrequenz
ω	Kreisfrequenz $2\pi f$
ω_{mech}	Mech. Winkelgeschwindigkeit

Besondere Kennzeichnungen

D, d, Δ	Dreieckschaltung
ESB	Ersatzschaltbild
EVU	Energieversorgungsunternehmen
U, I	Effektivwert einer sinusförmigen, zeitabhängigen Größe
U, I	Wert einer konstanten Größe
$\underline{U}$	Komplexe Größe
$\underline{U}^*$	Konjugiert komplexe Größe
$\underline{U}^*$	Spezielle Kennzeichnung einer Größe
$|\underline{U}|, U$	Betrag einer komplexen Größe
$\mathrm{Re}\{\underline{U}\}$	Realteil einer komplexen Größe
$\mathrm{Im}\{\underline{U}\}$	Imaginärteil einer komplexen Größe
$\hat{U}$	Scheitelwert
$u, u(t)$	Zeitlich veränderliche Größe
u, x	Bezogene Größe (z.B. $u_k = U_k/U_n$)
$[\underline{Y}]$	Matrix oder Vektor (allgemein)
$[\underline{Y}_{ij}]$	Quadratische Matrix
$[\underline{Y}_i]$	Vektor
$[\underline{Y}]^{-1}$	Inverse der Matrix $[\underline{Y}]$
L1,L2,L3	Bezeichnung der Außenleiter
R,S,T	Bezeichnung der Außenleiter
1U	Oberspannungsanschluß U
1V	Oberspannungsanschluß V
1W	Oberspannungsanschluß W
2U	Unterspannungsanschluß U
2V	Unterspannungsanschluß V
2W	Unterspannungsanschluß W
$\vec{F}$	Vektor
HS	Hoch- oder Höchstspannung
MS	Mittelspannung
N	Neutralleiter, Sternpunkt
NS	Niederspannung
OS	Oberspannung

PE	Schutzleiter, Schutzerdung
SS	Sammelschiene
US	Unterspannung
Y, y, $\curlywedge$	Sternschaltung
Z, z	Zickzackschaltung
$d\Phi/dt$	1. Ableitung von $\Phi(t)$ nach der Größe t
$\dot{\varphi}$	1. Ableitung von $\varphi(t)$ nach der Zeit
$\ddot{\varphi}$	2. Ableitung von $\varphi(t)$ nach der Zeit
$\dfrac{\partial i(t,\varphi)}{\partial t}$	Partielle Ableitung von $i(t,\varphi)$ nach der Zeit
$\angle(\underline{U}, \underline{I})$	Winkel zwischen $\underline{U}$ und $\underline{I}$
$\|$	Parallelschaltung

Indizes, tiefgestellt

A	Antrieb
A	Ausgang
a	Ausschaltwert
B	Blindleitwert
B	Bündelleiter
B	Bürde
b	Betriebswert (ungestörter Betrieb)
C	Kapazitiv
D	Drosselspule
D	Dämpferkäfig
d	Drehstromsystem
E	Eingang
E	Erde
E	Erregerwicklung
ES	Erdseil
e	Erdschluß
F	Fehlerstelle
G	Generator
g	Gleichanteil
ges	Gesamt
H	Hauptleiter
h	Hauptfluß, -induktivität
ind	Induktiv, induziert
K	Kabel
K	Koppelfluß, -induktivität
k	Komponentensystem

k	Kurzschluß (ohne Zusatz: dreipolig)
$k3p$	Dreipoliger Kurzschluß
$k2p$	Zweipoliger Kurzschluß
$k1p$	Einpoliger Erdkurzschluß
L	Induktiv, Induktivität
L	Last
L	Leitung
l	Lichtbogen
M	Mast
Mot	Motor
min	Minimal
max	Maximal
N	Netz
N	Neutralleiter
n	Nennwert
n	Normalkomponente
nat	Natürlicher Betrieb
OS	Oberspannungsseite
P	Parallelschaltung
P	Wirkleistung
Q	Blindleistung
Q	Anschlußpunkt (Netzeinspeisung)
R,S,T	Bezeichnung der Außenleiter
r	Restwert (z.B. Reststrom)
r	Bemessungsgröße
r, res	Resultierend
S	Serien-, Reihenschaltung
S	Ständer
s	Stoßwert
T	Teilleiter
T	Transformator
t	Tangentialkomponente
th	Thermisch
US	Unterspannungsseite
U,V,W	Bezeichnung der Außenleiter
$U1$	Spulenanfang im Strang U
$U2$	Spulenende im Strang U

V	Last (Verbraucher)
W	Windung
W	Wirkkomponente
zul	Zulässig
σ	Streufluß, -induktivität
0	Leerlaufzustand
0	Nullsystem der symmetrischen Komponenten
1	Oberspannungsseite
1	Mitsystem der symmetrischen Komponenten
2	Unterspannungsseite
2	Gegensystem der symmetrischen Komponenten
$Y, \curlywedge$	Sterngröße
Δ	Dreieckgröße

Indizes, hochgestellt

$'$	Transienter Zeitbereich
$'$	Bezogene Größe (mit $\ddot{u}$ oder $\ddot{u}^2$ umgerechnet)
$'$	Längenbezogene Größe (z.B. $C' = C/l$)
$''$	Subtransienter Zeitbereich
$*$	Konjugiert komplexe Größe
$*$	Spezielle Kennzeichnung

Indizes, Reihenfolge (DIN 4897)

1.	Komponentensystem (z.B. I_1)
2.	Zustand (z.B. I_{1k})
3.	Betriebsmittel (z.B. I_{1kT})
4.	Unterscheidung gleicher Betriebsmittel (z.B. I_{1kT5})
5.	Teil des Betriebsmittels (z.B. I_{1kT5US})

1 Überblick über die geschichtliche Entwicklung der elektrischen Energieversorgung

Die Elektrizität als physikalisches Phänomen ist bereits seit langem bekannt. So entdeckten schon die Griechen vor etwa 2000 Jahren, daß ein Stück Bernstein über eine anziehende Kraft verfügt, wenn es zuvor mit einem Wollappen gerieben wird. Wissenschaftliche Untersuchungen dieses Phänomens setzten jedoch erst um 1800 ein. Im Rahmen dieser Arbeiten entwickelte Volta die erste brauchbare Spannungsquelle, die aus zwei Metallplatten und einer Salzlösung bestand. Mit einer Vielzahl solcher Elemente, auch als Voltasche Elemente bezeichnet, betrieb Morse um 1840 den von ihm entwickelten Telegraphen.

Aufgrund dieser und weiterer wichtiger Erfindungen – z.B. des Telefons – verstärkte sich der Wunsch nach einer vorteilhaften Erzeugung der elektrischen Energie, da die Voltaschen Elemente nicht ohne übermäßigen Aufwand größere Leistungen abgeben konnten. 1866 entdeckte dann Siemens das elektrodynamische Prinzip und schuf damit zunächst die Grundlage für den Bau von Gleichstromgeneratoren. Sie wurden durch Dampfmaschinen bzw. Wasserturbinen angetrieben. Dadurch wurde eine preiswerte Stromerzeugung möglich. Das von Siemens erkannte Prinzip leitete darüber hinaus die Entwicklung von Gleichstrommotoren ein. Die Betriebssicherheit dieser Motoren wurde im Laufe der nächsten Jahre so groß, daß sie mit dem bisher üblichen Antrieb, der aus Dampferzeuger, Dampfmaschine und Transmission bestand, zunehmend konkurrieren konnten. Vorteilhafterweise benötigte man bei einer elektrischen Energieversorgung nur *einen* zentralen Dampferzeuger im Kraftwerk. Die dort erzeugte elektrische Energie ließ sich mit Leitungen über lange Strecken im Vergleich zu den Transmissionsriemen zu den Verbrauchern übertragen.

Als um 1890 praktisch einsetzbare Drehstromtransformatoren und Drehstrommotoren entwickelt wurden, begann sich der Wechsel- bzw. Drehstrom gegenüber dem Gleichstrom schnell durchzusetzen.

Drehstromnetze zeichneten sich durch eine einfache Bau- und Betriebsweise aus. Darüber hinaus konnten mit den Transformatoren hohe Spannungen erzeugt werden, die eine besonders verlustarme Energieübertragung ermöglichten.

Bereits auf der Weltausstellung 1891 in Frankfurt (Main) wurde den Besuchern die kommerzielle Nutzbarkeit dieser Entwicklungen demonstriert. Neben umfangreichen elektrischen Beleuchtungsanlagen wurde ein künstlicher Wasserfall vorgeführt, dessen Pumpe von einem Drehstrommotor angetrieben wurde. Die Energie dafür wurde über eine 175 km lange 15-kV-Leitung von einem Kraftwerk in Lauffen am Neckar nach Frankfurt (Main) transportiert. So zeigte diese Weltausstellung auf spektakuläre Weise die Leistungsfähigkeit der Elektrizität und kann gewissermaßen als die Geburtsstunde der elektrischen Energieversorgung angesehen werden.

Nach der Weltausstellung nahm der Bedarf an elektrischer Energie rasch zu. Die Glühlampe konnte sich gegen Öl- und Gaslicht genauso schnell durchsetzen wie der Elektromotor gegen die Dampfmaschine mit Transmission. Die mittlere Zuwachsrate der Verbraucher hat bis etwa 1975 bei den Industrienationen ca. 7 % pro Jahr betragen. Bis 1989 ist der Zuwachs dann auf ca. 2 % abgesunken; zukünftig wird nur noch ein Anstieg von 0,5...1 %

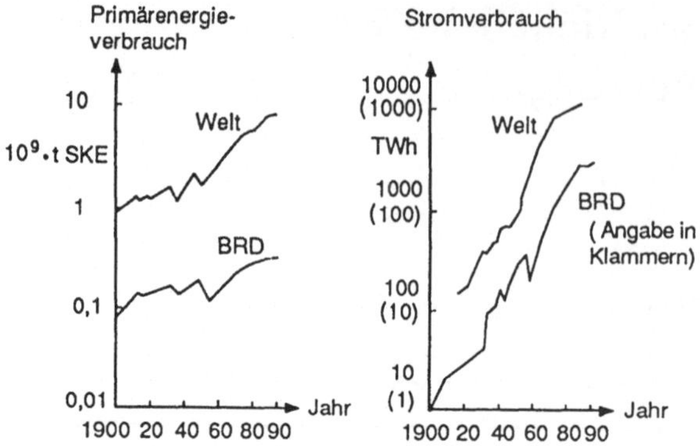

Bild 1.1
Primärenergie- und Stromverbrauch der Welt und der Bundesrepublik (alte Bundesländer)

erwartet. Diese Entwicklung ist in dem Bild 1.1 verdeutlicht. Die dargestellten Verläufe zeigen, daß früher auch der Verbrauch an natürlichen Energierohstoffen wie z.B. Kohle oder Öl – der *Primärenergieverbrauch* – einen vergleichbaren Anstieg wie der Stromverbrauch aufwies. In neuerer Zeit wächst der Primärenergieverbrauch dagegen langsamer als der Stromverbrauch.

Mit zunehmender Verbraucherleistung – auch kurz *Last* genannt – wurde das Streben nach Wirtschaftlichkeit im Laufe der Zeit immer wichtiger. Deshalb setzte sich etwa ab dem Jahre 1900 zunehmend die *Dampfturbine* als Antrieb für die Generatoren anstelle der bisher üblichen *Kolbendampfmaschine* durch. Mit dem Streben nach größerer Wirtschaftlichkeit wurden weiterhin Entwicklungen eingeleitet, die im Grunde genommen auch heute noch nicht beendet sind.

Seit diesen Anfängen sind die Erzeugereinheiten, also Turbinen, Generatoren und Transformatoren, ständig für immer größere Leistungen ausgelegt worden. Größere Betriebsmittel können so dimensioniert werden, daß sie bei einem besseren Wirkungsgrad eine größere Leistung pro Gewichtseinheit erzeugen bzw. übertragen. Sie lassen sich, wie man sagt, höher ausnutzen und damit auch kostengünstiger herstellen. Allerdings führt die erhöhte Ausnutzung zu einer stärkeren Belastung der Werkstoffe wie z.B. einer größeren Wärmebeanspruchung der Isolierstoffe in elektrischen Maschinen. Daher sind bei gleichbleibender Werkstofftechnologie einer solchen Entwicklung Grenzen gesetzt, die durch die sogenannten *Grenzleistungsmaschinen* markiert werden. Sie charakterisieren die zur Zeit jeweils leistungsstärksten, wirtschaftlich vertretbaren Ausführungen. Erst nach einer Erhöhung des Technologieniveaus können wieder größere Grenzleistungsmaschinen erstellt werden.

Das Streben nach größerer Wirtschaftlichkeit hat sich auch darin gezeigt, daß zunehmend solche Standorte bevorzugt wurden, bei denen die benötigten Rohstoffe, z.B. Braunkohle- oder Wasserenergie, unmittelbar zur Verfügung standen. Überwiegend hat diese Entwicklung zu längeren Transportwegen für die elektrische Energie geführt. Zugleich mußten infolge der ständig wachsenden Kraftwerkseinheiten immer größere Leistungen übertragen werden. Es stellte sich daher das Problem, auch die Energie*verteilung* möglichst wirtschaftlich zu gestalten.

Eine Betrachtung der dafür nötigen Investitions- und Betriebskosten zeigt, daß es für den Energietransport jeweils eine optimale Spannungsebene gibt, die mit der Größe der übertragenen Leistung anwächst. Bei umfangreicheren Systemen bilden die weiträumigen

Leitungen mit hoher Spannung das *Transportnetz*. Erst in der Nähe der Verbraucher wird auf niedrigere Betriebsspannungen transformiert. Aus den Leitungen dieser Spannungsebenen setzen sich die *Verteilungsnetze* zusammen.

Immer dann, wenn aufgrund der ständig wachsenden Last bzw. infolge der sich verlängernden Transportwege die benötigten Leiterquerschnitte zu hohe Werte erreichen und eine weitere Verstärkung der Leitungen unwirtschaftlich wäre, wird bei einem anschließenden Netzausbau eine höhere Spannungsebene erforderlich. Diese Entwicklung ist in der Tabelle 1.1 für die Spannungen im Transportnetz wiedergegeben. Bezogen auf die deutschen Lastverhältnisse hat sich gezeigt, daß die Planung von Transportnetzen üblicherweise ausgewogen ist, wenn die Spannungshöhe in kV in etwa der Leitungslänge in Kilometern entspricht.

Tabelle 1.1 : Entwicklung der höchsten Spannungsebenen

	Deutschland	Ausland
1891	15 kV	
1912	110 kV	
1924		220 kV (USA)
1929	220 kV	
1952		380 kV (Schweden)
1957	380 kV	
1963		500 kV (USA, UdSSR)
1965		735 kV (Kanada)

Planung und Betrieb dieser Netze werden von Energieversorgungsunternehmen (EVU) vorgenommen. In den alten Bundesländern sind diese privatwirtschaftlich organisiert. In den neuen Bundesländern ist zur Zeit ein Prozeß eingeleitet worden, der darauf abzielt, die dort bisher zentralistisch ausgerichtete elektrische Energiewirtschaft an die Strukturen in den alten Bundesländern anzugleichen. Aufgrund dieser Umbruchsituation werden im folgenden nur die Verhältnisse in den alten Bundesländern beschrieben.

Von den im Jahre 1913 existierenden ca. 4000 Elektrizitätsversorgungsunternehmen sind in der ehemaligen Bundesrepublik Deutschland zur Zeit nur noch etwa 1000 vorhanden. Hiervon verteilen 320 EVU nur knapp 1 % der elektrischen Energie. Demnach decken 680 EVU 99 % des benötigten Energiebedarfs. Diese bedeutenderen Unternehmen haben sich in der Vereinigung Deutscher Elektrizitätswerke (VDEW) zusammengeschlossen. Parallel dazu haben sich EVU mit gleichartigen Aufgabenstellungen in weiteren Verbänden organisiert, um spezifische Interessen intensiver untereinander abstimmen zu können. So bilden acht besonders große Unternehmen die Deutsche Verbundgesellschaft (DVG). Sie verfügen über die wesentlichen Transportnetze und stellen etwa 70 % der öffentlichen Stromerzeugung. Ihre Versorgungsgebiete sind in Bild 1.2 dargestellt. Wiederum 40 EVU, die eine großräumige Versorgung von Stadt und Land betreiben, gehören zur Arbeitsgemeinschaft regionaler Energieversorgungsunternehmen (ARE). Ihr Anteil an der Stromerzeugung beträgt etwa 7 %. 600 EVU, die nur in Städten, Gemeinden und Landkreisen eine Stromversorgung durchführen, haben sich dem Verband Kommunaler Unternehmen (VKU) angeschlossen; sie sind jedoch auch mit 16 % an der Stromerzeugung beteiligt. Demgegenüber beziehen die Endverbraucher der öffentlichen Netze ihre Energie nur zu 40 % direkt von den Unternehmen der DVG, von der ARE zu 27 % und von der VKU zu 33 %. Die für die öffentlichen Netze erzeugte elektrische Energie stellt

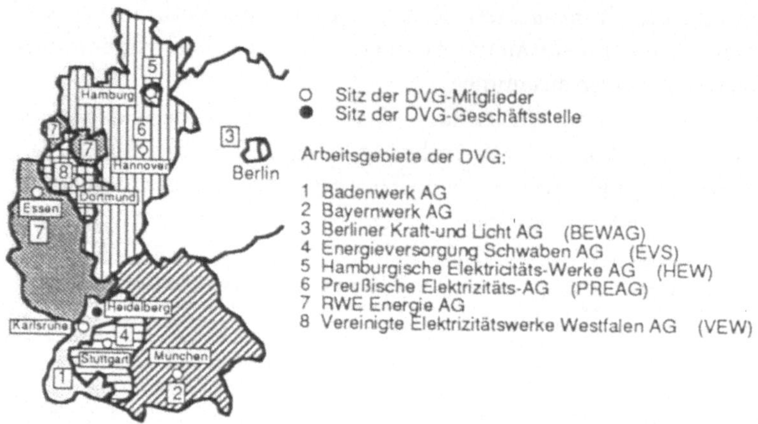

Bild 1.2
Deutsche Verbundpartner (alte Bundesländer, Stand 1990)

mit 84 % (1989) zwar den wesentlichen Teil, jedoch keineswegs die gesamte Stromproduktion der ehemaligen Bundesrepublik dar. Daneben entfallen 13,5 % auf die Eigenversorger der Industrie, die sich in der Vereinigung industrieller Kraftwirtschaft (VIK) zusammengeschlossen haben. Ferner wurden 1,5 % von Kraftwerken der Deutschen Bundesbahn erzeugt.

Der noch fehlende Anteil von 1 % wurde aus dem Ausland eingeführt. Über den nationalen Rahmen hinaus hat sich nämlich nach dem Zweiten Weltkrieg ein westeuropäisches Verbundnetz gebildet. Die westeuropäischen Staaten, die wiederum ihre Transportnetze untereinander gekuppelt haben, sind in der *Union für die Koordination der Erzeugung und des Transports elektrischer Energie* (UCPTE) zusammengeschlossen. Es wird erwartet, daß der bisher bereits beachtliche Energieaustausch zwischen den westeuropäischen Verbundpartnern im Rahmen der fortschreitenden Integration stark anwächst. Ab 1992 werden auch die neuen Bundesländer der Bundesrepublik Deutschland in diesen Verbund einbezogen.

Aus diesen Entwicklungen ergeben sich u.a. bei der Energieverteilung ständig neue technische Problemstellungen, die auch Kenntnisse über die *Erzeugung* elektrischer Energie erfordern.

2 Grundzüge der elektrischen Energieerzeugung

Zur Erzeugung elektrischer Energie werden heute im wesentlichen Wasser, fossile Brennstoffe und Kernenergie herangezogen. Die in diesen natürlichen Energieträgern enthaltene Energie wird, wie bereits erwähnt, als *Primärenergie* bezeichnet. Die Umwandlung dieser Primärenergie in elektrische Energie erfolgt vorwiegend in fossil befeuerten Kraftwerken, Wasser- und Kernkraftwerken [136]. Das Ziel dieses Kapitels besteht darin, die Grundzüge dieser Energieumwandlung zu vermitteln. Dies erfolgt jedoch nur in dem Umfang, wie es als Hintergrundwissen für das Verständnis der Probleme bei der elektrischen Energieverteilung erforderlich ist.

Zur Zeit werden in Deutschland fast 60 % der benötigten elektrischen Energie durch fossil befeuerte Kraftwerke gedeckt. Im Vergleich zu den anderen Kraftwerksarten wird daher auf diesen Typ ausführlicher eingegangen.

2.1 Fossil befeuerte Kraftwerke

Unter fossilen Brennstoffen versteht man im wesentlichen Erdgas, Erdöl und Kohle. Die darin gebundene Primärenergie wird zum Erhitzen eines Mediums, z.B. Wasser oder Luft, verwendet. Mit dem erhitzten Medium werden dann Turbinen angetrieben; die mitgeführte Wärme wird dadurch in mechanische Energie umgesetzt. Die Turbinen sind wiederum mit Generatoren gekuppelt, mit denen die mechanische in die gewünschte elektrische Energie umgewandelt wird. Um diese Leistung über eine 50-Hz-Spannung ins Netz einspeisen zu können, weisen die Turbinen bei fossil befeuerten Kraftwerken eine Drehzahl von 3000 min^{-1} auf.

Nach dem jeweils verwendeten Arbeitsmedium unterscheidet man zwischen Gasturbinen- und Dampfturbinenkraftwerken. Die letzteren werden dann als *Kondensationskraftwerke* bezeichnet, wenn der Wasserdampf wieder unmittelbar kondensiert wird, nachdem er seine Energie an Turbinen abgegeben hat. Von *Gegendruckanlage* spricht man, wenn der aus den Turbinen austretende Dampf noch für andere Zwecke, z.B. zum Heizen, verwendet wird.

Im folgenden werden die wesentlichen Funktionen eines Kondensationskraftwerkes erläutert, das für die öffentliche Stromversorgung am wichtigsten ist. Eine ausführliche Darstellung der Kraftwerkstechnik findet man in [1].

2.1.1 Kondensationskraftwerke

In modernen Kraftwerken ist jeweils ein Dampferzeuger einem Turbinensatz und dieser wiederum einem Generator zugeordnet. Sie bilden einen Block. Diese Kraftwerke werden daher als *Blockkraftwerke* bezeichnet; ihre Nennleistungen liegen heutzutage üblicherweise zwischen 300 MW und 800 MW. Speisen dagegen mehrere Kessel in eine sogenannte Dampfsammelschiene ein, so liegt keine eindeutige Zuordnung mehr vor. Man spricht dann von einem *Sammelschienenkraftwerk*. Diese Bauart wird heute überwiegend in Industriebetrieben verwendet, in denen neben der elektrischen Energieerzeugung noch Dampf für die Produktion oder Heizung gebraucht wird.

Durch thermodynamische Berechnungen läßt sich zeigen, daß der Wirkungsgrad eines Kraftwerkes steigt, wenn die *Zustandsgrößen des Arbeitsmediums*, also Druck und Temperatur, möglichst *hoch gewählt* werden. Diese Aussage gilt sowohl, wenn das Wasser im

Kessel die Wärmeenergie aufnimmt, als auch dann, wenn die Wärmeenergie des Dampfes über eine Turbine in mechanische Energie umgewandelt wird.

Der Wert der Zustandsgrößen wird primär von der Belastbarkeit der verwendeten Werkstoffe begrenzt. Bei 300-MW-Blöcken bewegen sich die Zustandsgrößen üblicherweise im Bereich von 170 bar und 560 °C. Der Wirkungsgrad liegt etwa bei 40 %. Mit speziellen Stählen ließen sich rein technisch Zustandsgrößen von 250 bar und 650 °C beherrschen. Die damit verbundene Verbesserung des Wirkungsgrades bewirkt bei den Brennstoffkosten Einsparungen, die jedoch bei der derzeitigen Kostensituation nicht die Steigerung bei den Herstellungskosten kompensieren. Aus diesem Grunde ist eine solche Bauweise nicht wirtschaftlich.

2.1.1.1 Prinzipieller Ablauf der Energieumwandlung in Kondensationskraftwerken

Die Beschreibung der Energieumwandlung möge – an sich willkürlich – bei der Energiezufuhr im Kessel beginnen. Durch Verbrennung z.B. von Kohle wird Wärme frei, die im wesentlichen durch Strahlung, aber auch durch Konvektion über die entstehenden Rauchgase dem eintretenden Speisewasser zugeführt wird. Das Speisewasser ist zuvor durch die *Speisewasserpumpe* auf einen hohen Druck gebracht worden, der bei 300-MW-Blöcken etwa bei 170 bar liegt (Bild 2.1).

Im Kessel wird nun auf das Speisewasser so viel Wärmeenergie übertragen, daß daraus

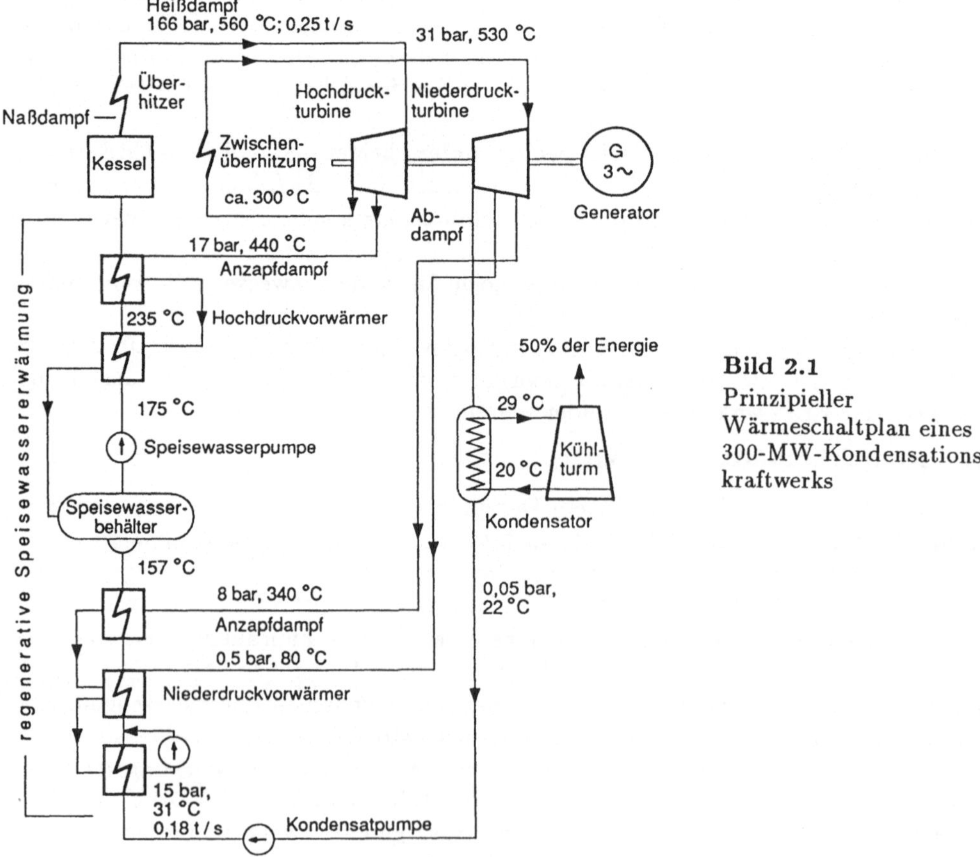

Bild 2.1
Prinzipieller Wärmeschaltplan eines 300-MW-Kondensationskraftwerks

Satt- bzw. *Naßdampf* entsteht. Dieser Name soll kennzeichnen, daß der Dampf noch geringe Mengen von Wassertröpfchen enthält. Der Naßdampf wird schließlich in einem *Überhitzer* bei gleichbleibenem Druck auf eine Temperatur von beispielsweise 560 °C gebracht. Dieser überhitzte Dampf, den man sinngemäß als *Heißdampf* oder *Frischdampf* bezeichnet, wird in einem Turbinensatz zunächst einer Hochdruckturbine zugeführt. Dort wird ein Teil der enthaltenen thermischen Energie in mechanische Energie umgewandelt, was sich beim austretenden Dampf in einer Absenkung der Zustandsgrößen äußert.

Üblicherweise wird dieser Dampf dann in einen Zwischenüberhitzer geleitet und dort wieder nahezu auf seine Ausgangstemperatur erhitzt, um danach in eine weitere Turbine, die *Niederdruckturbine*, geführt zu werden. In diesem Zusammenhang sei erwähnt, daß es auch Anlagen gibt, die zusätzlich noch eine Mitteldruckturbine aufweisen. Durch die beschriebene *Zwischenüberhitzung* wird die Zustandsgröße „Temperatur" und damit auch – entsprechend den vorhergehenden Überlegungen – der Wirkungsgrad erhöht.

Der aus der Niederdruckturbine austretende Dampf – auch Abdampf genannt – strömt anschließend in einen Kondensator. Dort wird ihm durch Kühlwasser so viel Wärme entzogen, daß der Dampf kondensiert. Das kondensierte Wasser, das *Kondensat*, weist dabei annähernd die Temperatur des Kühlwassers auf. Die vom Kühlwasser aufgenommene Wärmemenge beträgt etwa 50 % der in den Prozeß eingebrachten Energie und wird an die Umgebung abgegeben.

Anschließend wird das Kondensat mit Hilfe einer Kondensatpumpe über Vorwärmer, deren Funktion noch erläutert wird, in einen Speisewasserbehälter geleitet, aus dem der Kessel dann wieder mit dem Speisewasser versorgt wird. Der Kreis hat sich geschlossen, der Prozeß beginnt in der beschriebenen Weise wieder von vorne, daher der Name *Kreisprozeß*. Bei der Kondensation des Dampfes verringert sich sein Volumen; es stellt sich im Kondensator nahezu ein Vakuum ein, dessen Druck im wesentlichen vom Dampfdruck des kondensierten Wassers abhängt. Dieser wird primär von der Temperatur des Kondensates und damit wiederum von der Kühlwassertemperatur bestimmt. Von dem im Kondensator herrschenden Druck bzw. der Kühlwassertemperatur hängt der Wirkungsgrad des Prozesses in starkem Maße ab.

Da die Umgebungstemperatur die Kühlwassertemperatur festlegt, unterliegt der Wirkungsgrad jahreszeitlichen Schwankungen. Es drängt sich an dieser Stelle die Frage auf, ob es nicht sinnvoller sei, auf die Kondensation zu verzichten und den Abdampf stattdessen direkt in den Kessel zu leiten. Dies hätte den großen Vorteil, daß die Kondensationswärme von ca. 50 % nicht verloren ginge. In diesem Fall wären jedoch für die Kompression anstelle der Speisewasserpumpe große Verdichter notwendig. Sie benötigten dafür im Vergleich zu den herkömmlichen Verfahren derartig viel Energie, daß sich insgesamt kein Gewinn ergäbe.

Der Wirkungsgrad läßt sich dagegen noch auf eine andere Weise – mit der *regenerativen Speisewassererwärmung* – steigern. Zu diesem Zweck wird das Wasser auf dem Wege vom Kondensator zum Kessel in mehreren Stufen – den Vorwärmern – erwärmt. Die dazu nötige Energie liefert der Dampf, der von den einzelnen Turbinen abgezapft wird. In Anlehnung an diese Entnahmeart verwendet man für diese Dampfmengen den Ausdruck *Anzapfdampf*. Die verwendeten Vorwärmer werden nach der Art der angezapften Turbine bezeichnet, z.B. als Nieder- oder Hochdruckvorwärmer. Zu beachten ist, daß sich durch die Speisewassererwärmung die Zustandsgrößen im Prozeß so steigern lassen, daß die Leistungsminderung überdeckt wird, die durch die Verringerung der Dampfmenge in der Turbine entsteht.

2.1.1.2   Aufbau von Kondensationskraftwerken

Bisher ist der Ablauf des Kreisprozesses beschrieben worden. Dabei wurden die Aufgaben dargestellt, die von den einzelnen Kraftwerkselementen in diesem Prozeß erfüllt werden. Eine typische Anordnung der einzelnen Baugruppen zeigt Bild 2.2. Die Kraftwerksanlage weist demnach drei Baukörper auf: Im Kesselhaus ist, wie der Name schon sagt, der Kessel untergebracht. Der Schwerbau enthält u.a. die schweren Kraftwerkselemente wie z.B. den Speise- und Rohwasserbehälter. Im dritten Baukörper, dem Maschinenhaus, befinden sich im wesentlichen die Turbinen und der Generator.

Im folgenden werden Aufbau und Funktion der wichtigsten Anlagenelemente beschrieben, beginnend mit dem Kessel.

Kesselanlage

Wie auch aus dem Bild 2.2 zu ersehen ist, weisen die Kessel große Abmessungen auf. Die hohen Temperaturen führen zu einer starken Materialbeanspruchung. Beim Anfahrvorgang treten infolge des großen Temperaturanstiegs besonders im Rohrsystem große Wärmespannungen auf. Dies ist auch daran zu sehen, daß sich während des Anfahrens der Kessel bei einer 350-MW-Anlage um ca. 20 cm in der Höhe dehnt. Um die Wärmespannungen zu begrenzen, muß der Anfahrvorgang gestreckt werden. Er wird auf mehrere

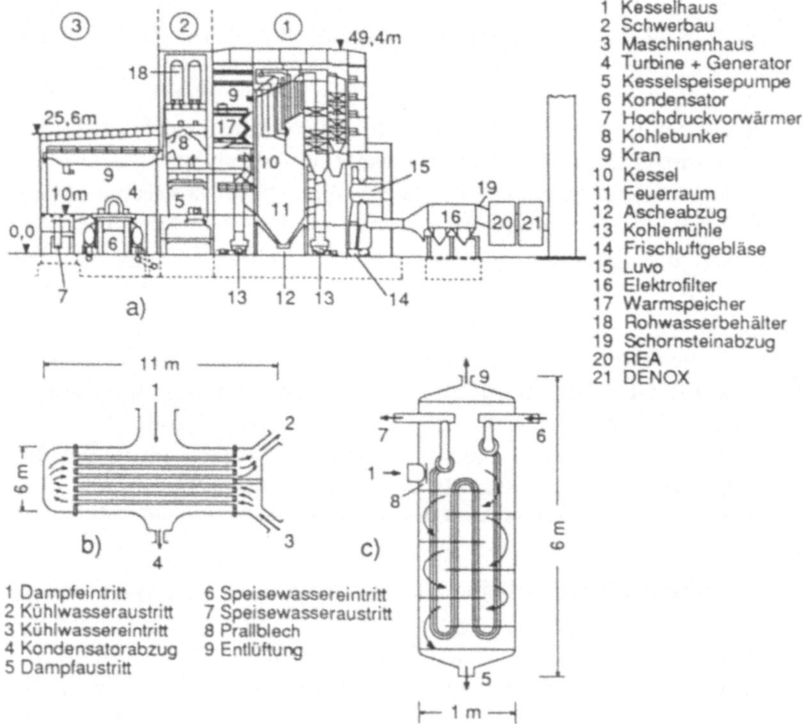

Bild 2.2
Darstellung eines 150-MW-Kondensationskraftwerks mit Kohlefeuerung
a) Schnittbild
b) vergrößerte Darstellung des Oberflächenkondensators
c) vergrößerte Darstellung eines Hochdruckvorwärmers

Stunden ausgedehnt. Dadurch ist sichergestellt, daß auch die Turbinen, die durch Wärmespannungen noch stärker als der Kessel gefährdet sind, nicht übermäßig beansprucht werden.

Die Kesselanlage besteht im wesentlichen aus der *Feuerung, dem Dampferzeuger und dem Überhitzer*. Heutzutage werden überwiegend Zwangsdurchlaufkessel eingesetzt, die es in der Ausführung als Benson- oder Sulzerkessel gibt. Bei diesem Prinzip wird der Speisewasserdurchsatz und damit die *Dampfmenge durch die Drehzahl der Speisewasserpumpe bestimmt*. Den Aufbau einer solchen Kesselanlage zeigt Bild 2.3.

Zwangsdurchlaufkessel sind überwiegend mit einer Brennerfeuerung ausgestattet. Sie ist dadurch gekennzeichnet, daß der Brennstoff, der in den Brennerraum eingespritzt oder eingeblasen wird, in der Schwebe verbrennt. Als Brennstroffe werden Gas, Öl oder Kohle zugleich oder auch einzeln verwendet. Die Kohle wird vorher von Kohlemühlen zu Staub gemahlen. Bei den Brennern gibt es eine Reihe von Konstruktionen [136], von denen zunächst der *Zyklonbrenner* skizziert wird.

Dieser Brennertyp wird meist bei älteren, mittelgroßen Anlagen eingesetzt. In seinen Flammen herrschen Temperaturen bis über 1800 °C. Der eingespritzte bzw. eingeblasene Brennstoff und die Frischluft werden so zugeführt, daß im Feuerraum eine zyklonartige Verwirbelung stattfindet, die eine hohe Verweildauer der Rauchgase begünstigt. Die abziehenden Rauchgase enthalten daher relativ wenig Asche. Damit ist sichergestellt, daß sich nur geringe Ascherückstände auf den Kesselrohren festsetzen. Der Wärmeübergang verschlechtert sich demnach auch nach längerem Betrieb kaum.

Bevor die Rauchgase den Kamin verlassen, werden sie gereinigt. Zunächst werden in Elektrofiltern ca. 99 % der mitgeführten Asche abgeschieden. Ferner wird durch eine Rauchgasentschwefelungsanlage (REA) das Schwefeldioxyd (SO_2), das bei der Verbrennung von Steinkohle entsteht, um mehr als 85 % reduziert. Darüber hinaus sind in Steinkohlenkraftwerken Maßnahmen zur Stickoxydminderung zu ergreifen (DENOX-Maßnahmen).

In neuerrichteten Kohlenkraftwerken wird üblicherweise eine *Wirbelschichtfeuerung* verwendet. Dieses Verfahren arbeitet mit Feststoffpartikeln, die zu 99 % aus Inertmaterial

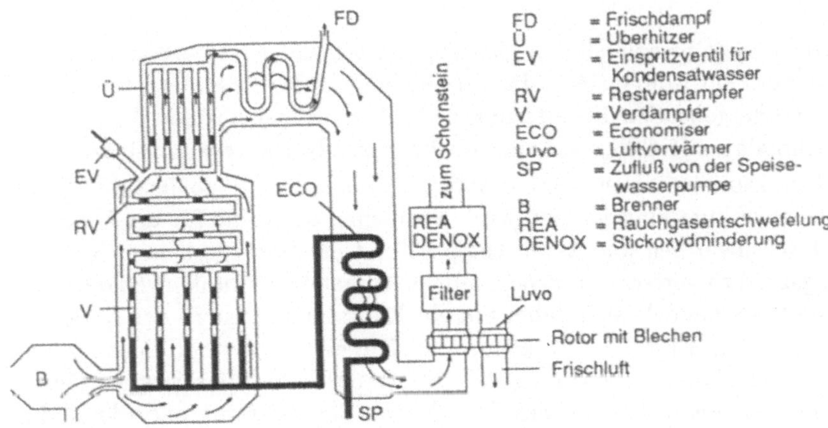

Bild 2.3

Aufbau einer Kesselanlage mit Zwangsdurchlauf

(u.a. Asche, Kalkstein) und zu ca. 1 % aus Kohlepartikeln bestehen. Diese Feststoffpartikel werden von unten mit der Verbrennungsluft eingeblasen. Dabei werden die Teilchen so mit dem Luftstrom verwirbelt, daß eine stationäre *Wirbelschicht* entsteht. Abhängig von der Stärke des Luftstroms werden aus dieser Wirbelschicht ständig Teilchen nach oben herausgeschleudert. Bei richtiger Einstellung der Wirbelgeschwindigkeit bilden sie mit der Verbrennungsluft ein gleichmäßig strömendes Gemisch, das sich dann ähnlich wie eine Flüssigkeit verhält. In dieses Gemisch wird der Kohleanteil eingebracht, der entweder pneumatisch oder als Kohle/Wasser-Suspension zugeführt wird und dort verbrennt.

Bei dem Verbrennungsvorgang entstehen nur verhältnismäßig geringe Temperaturen von ca. 850 °C. Trotz der niedrigeren Zustandsgrößen ist der Gesamtwirkungsgrad von Anlagen mit diesem Feuerungsverfahren ähnlich gut wie bei herkömmlichen Kraftwerken; u.a. liegt es daran – wie in Abschnitt 2.1.2.3 noch ausgeführt wird – , daß sich in diese Art der Energieumwandlung Gasturbinen gut einbeziehen lassen. Infolge der niedrigeren Temperatur bilden sich im Unterschied zu konventionellen Feuerungen kaum Stickoxyde. Auf DENOX-Maßnahmen kann somit verzichtet werden. Gleichzeitig bindet der Kalkstein, der mit den Feststoffpartikeln zugeführt wird, das bei der Verbrennung entstehende SO_2. An die Asche lagert sich wiederum der Kalkstein an und fällt zusammen mit der Schlacke nach unten aus. Eine aufwendige Rauchgasentschwefelungsanlage ist daher bei der Wirbelschichtfeuerung ebenfalls nicht erforderlich.

Die in der Feuerung entstehenden heißen Rauchgase strömen dann im Kessel an einer Anzahl parallelgeschalteter Rohre vorbei, durch die von der Speisewasserpumpe das vorgewärmte Speisewasser gedrückt wird. Dabei wird die Wärme überwiegend durch Strahlung auf das Wasser übertragen, das sich auf diese Weise in Dampf umwandelt. Der Dampf wird anschließend im Überhitzer auf die gewünschte Temperatur gebracht. Der Überhitzer besteht ebenfalls aus parallel geschalteten Rohrbündeln, die sich im oberen Teil des Kessels befinden. Die benötigte Wärme wird im wesentlichen den vorbeistreichenden Rauchgasen entnommen. Eine Sicherheitsvorrichtung verhindert, daß sich beim Verdampfen unzulässig hohe Temperaturen einstellen: Beim Überschreiten einer oberen Grenztemperatur öffnet sich ein Regelventil, durch das Kondensatwasser so lange in den Verdampfer eingespritzt wird, bis die Temperatur wieder auf der für die Rohre wünschenswerten Höhe liegt. Für die eingespritzte Wassermenge wird der Begriff *Einspritzwasser* verwendet.

Der *Zwischenüberhitzer* weist prinzipiell den gleichen Aufbau wie der Überhitzer auf. Es handelt sich ebenfalls um ein Rohrsystem, das im oberen Teil des Kessels zu finden ist. Dort wird nach den vorhergehenden Erläuterungen der Dampf, der aus der Hochdruckturbine austritt, nochmals im Hinblick auf eine Wirkungsgradverbesserung erhitzt.

Aus dem gleichen Grund sind an vielen Kesseln *Luftvorwärmer*, kurz Luvo, installiert, auf deren Aufbau später noch kurz eingegangen wird. Sie dienen dazu, die für die Verbrennung benötigte Luft vorzuwärmen und damit entsprechend den vorhergehenden Überlegungen den Wirkungsgrad zu verbessern. Eine ähnliche Aufgabe kommt dem *Economizer* zu, kurz ECO genannt. Es handelt sich dabei um ein Rohrsystem, das in der Nähe des Kesselausganges liegt, wie in Bild 2.3 zu erkennen ist. Dieses Rohrsystem dient zusätzlich zur regenerativen Speisewassererwärmung als Vorwärmer für das Speisewasser. Durch die Installation dieser Kraftwerkselemente erhöht sich zwar der Aufwand; dafür kann das Kraftwerk dann aber mit einem besseren Gesamtwirkungsgrad betrieben werden.

Gemeinsam ist allen Kesselausführungen, daß der am Kesselausgang auftretende Heiß- bzw. Frischdampf über Rohrleitungen den im folgenden beschriebenen Turbinen zugeleitet wird.

Dampfturbine

Der prinzipielle Aufbau einer Dampfturbine ist dem Bild 2.4 zu entnehmen. Sie besteht aus mehreren Stufen, die sich jeweils aus einem Kranz von Leit- und Laufschaufeln zusammensetzen. Die *Leitschaufeln* sind an der Innenseite des Gehäuses, die *Laufschaufeln* außen am Laufrad befestigt, das wiederum mit der Welle verbunden ist. In jeder einzelnen Stufe läuft folgender Vorgang ab:

Bei den Leitschaufeln verkleinert sich die Durchtrittsfläche in axialer Richtung. Dadurch wirken die Schaufeln auf den einströmenden Dampf wie eine Düse (Bild 2.5). Der Druck wird demnach kleiner, die Geschwindigkeit des Dampfes steigt. Sie kann am Austritt der Leitschaufeln Werte erreichen, die in der Nähe der Schallgeschwindigkeit oder sogar darüber liegen. Die thermische Energie des Dampfes wird durch diese Anordnung in kinetische Energie umgewandelt. Der sich mit hoher Geschwindigkeit bewegende Dampf wird dann auf die dahinterliegenden Schaufeln des Laufrades gelenkt und gibt nach dem Impulssatz einen Teil seiner kinetischen Energie an das drehbare Laufrad ab.

Bei manchen Ausführungen weisen die Laufschaufeln im Unterschied zu den Leitschaufeln keine Querschnittsverengung auf. Man spricht dann von *Gleichdruckturbinen*, um anzudeuten, daß sich in den Laufschaufeln das Druckniveau nicht ändert. Es sind jedoch auch Bauweisen üblich, bei denen sich die Laufschaufeln ebenfalls verjüngen. In diesem Fall wird nicht nur in den Leit-, sondern auch in den Laufschaufeln die kinetische Energie des Dampfes erhöht. Turbinen dieser Bauweise werden als *Überdruckturbinen* bezeichnet (Bild 2.5). Im wesentlichen sind die beiden Bauarten gleichwertig. Eine tiefergehende und zugleich leicht verständliche Darstellung über das weite Gebiet der Dampfturbinen sowie ihre Regelung ist [2] zu entnehmen.

Die Regelung der abgegebenen Turbinenleistung erfolgt bei vielen Maschinen durch eine

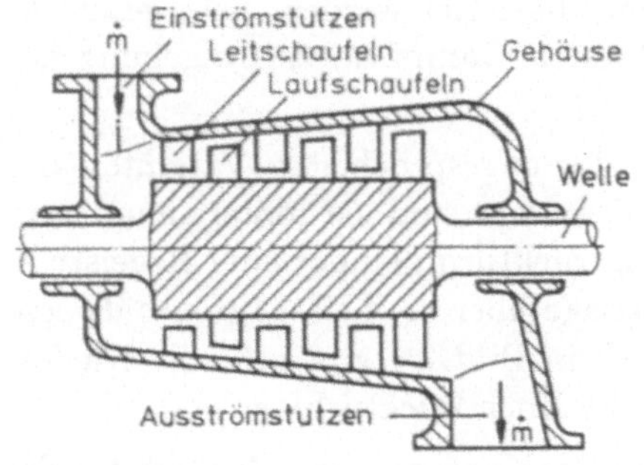

Bild 2.4
Längsschnitt einer Axialturbine ohne Regelstufe

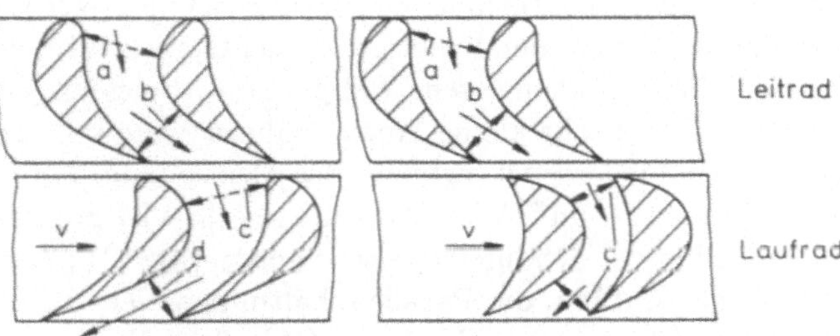

Bild 2.5
Schaufelform bei Überdruck- und Gleichdruckturbinen

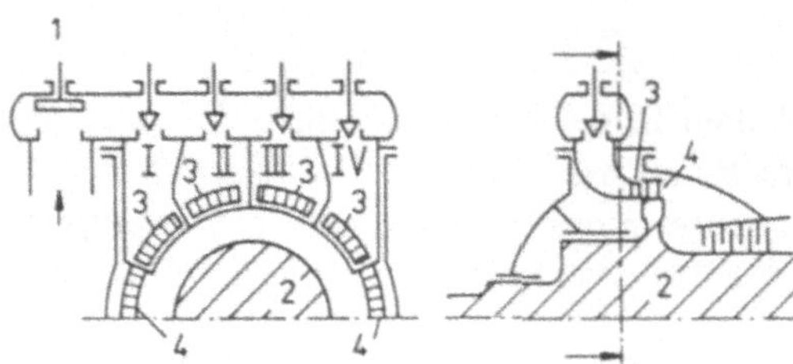

Bild 2.6
Prinzipskizze einer Regelstufe
1: Hauptabsperrventil; 2: Läufer;
3: Leitschaufel der Regelstufe;
4: Laufschaufel der Regelstufe (Curtis-Rad);
I,II,III,IV: Ventile

Regelung der zugeführten Dampfmenge. Zu diesem Zweck wird der ersten Turbinenstufe eine Regelstufe vorgeschaltet. Es handelt sich um eine spezielle Gleichdruckstufe, die auch als Curtis-Rad bezeichnet wird. Wie Bild 2.6 zeigt, ist das Leitrad dieser Regelstufe in mehrere Beschaufelungssegmente unterteilt. Die angestrebte Regelung der Dampfmenge wird nun über ein Öffnen oder Schließen der vorgelagerten Regelventile erreicht. Dementsprechend wird bei Teillast nur ein Teil des Leitradkranzes mit Dampf beaufschlagt. Vor der ersten Stufe der nachgeschalteten Turbine stellt sich jedoch wieder eine gleichmäßige Druckverteilung ein. Sofern diese Turbine als Überdruckturbine ausgeführt ist, findet man beide Laufschaufelarten gemäß Bild 2.5 gemeinsam in einem Gehäuse.

Bei einem Versagen der Regelung kann die Drehzahl in kurzer Zeit auf so hohe Werte anwachsen, daß die Turbine durch die Fliehkräfte zerstört wird. Als Sicherheitseinrichtung weist jeder Turbinensatz ein *Schnellschlußventil* auf. Es unterbricht selbsttätig die Dampfzufuhr, wenn die Turbinendrehzahl um mehr als 5 % über der dauernd zulässigen Drehzahl, der *Nenndrehzahl*, liegt und dadurch die Turbinen gefährdet sind. Ein Schließen des Schnellschlußventils stellt für die Turbinen eine erhebliche Belastung dar; durch den plötzlichen Temperaturabfall treten bedeutende Materialspannungen auf. Außerdem muß der nach dem Schnellschlußfall zuviel produzierte Dampf abgeleitet werden. Dies geschieht über ein Bypass-Ventil und eine Umleitarmatur, die den Dampf unter Umgehung der Turbinen unmittelbar in den Kondensator einleitet.

In ihrer physikalischen Wirkungsweise sind die bereits angesprochenen Varianten der Hoch- und Niederdruckturbinen gleich. In Blockkraftwerken sind sie hintereinandergeschaltet. Bei dieser Ausführung verfügt nur die Hochdruckturbine über eine Regelstufe. Zu beachten ist, daß mit dem Druckniveau keine Aussage über die Leistungsverhältnisse der Turbinen getroffen wird. Bei dem 300-MW-Block in Bild 2.1 gibt z.B. die Niederdruckturbine eine doppelt so große Leistung ab wie die Hochdruckturbine.

Die Dampfmenge bei dieser Anordnung ist bei beiden Turbinen stets gleich groß. Da der Druck des eingeleiteten Dampfes bei der Niederdruckturbine jedoch sehr viel niedriger ist (Bild 2.1), wird dort auch ein sehr viel größeres Volumen benötigt. Dementsprechend weisen die Niederdruckturbinen – u.a. auch die Schaufeln – sehr viel größere Abmessungen auf. An ihren Endschaufeln sinkt der Druck auf sehr kleine Werte, nahezu Vakuum, ab. Im Vergleich zur Hochdruckturbine ist bei Niederdruckturbinen das Druck- und damit auch das Volumenverhältnis zwischen Einström- und Ausströmstutzen sehr viel größer. Dementsprechend ist auch der Unterschied in der Schaufelhöhe sehr ausgeprägt. Typisch für Niederdruckturbinen ist ein zweiflutiger Aufbau, die Parallelschaltung zweier Turbinen auf einer Welle und die Einspeisung des Dampfes in der Mitte (Bild 2.7). Nach dem letzten Schaufelring wird der Dampf über einen Abdampfstutzen in den Kondensator geleitet.

Bild 2.7
Aufbau einer typischen zweiflutigen
Niederdruckturbine
(Parallelschaltung zweier Turbinen auf einer
Welle, Dampfzufuhr erfolgt in der Mitte)

Kondensator

Von den verschiedenen Ausführungen wird der Oberflächenkondensator am häufigsten
verwendet (Bild 2.2). Bei dieser Konstruktion strömt der Abdampf an Röhren vorbei,
durch die Kühlwasser gedrückt wird. Der Dampf gibt dabei Wärme ab und kondensiert.
Dadurch verringert sich das Dampfvolumen auf das Wasservolumen; es entsteht, wie bereits beschrieben, ein sehr geringes Druckniveau. Um eindringende Luft zu entfernen,
wird zusätzlich eine Vakuumpumpe installiert. Eine weitere Pumpe, die Kondensatpumpe, befördert dann das kondensierte Wasser zu den Vorwärmern (Bild 2.1).
Für die Ableitung der Kondensationswärme benötigt man große Kühlwassermengen, die
meist Flüssen oder Seen entnommen werden. Man spricht dann von einer *Frischwas-
serkühlung*. Wenn dies in ausreichendem Maße nicht möglich ist, müssen Kühltürme
eingesetzt werden, die hohe zusätzliche Baukosten bedingen. Diese Form der Kühlung
wird dann als *Verdunstungskühlung* bezeichnet.
Kondensatoren sind baulich so ausgelegt, daß sie die maximal anfallende Heißdampf-
menge und zusätzlich das Einspritzwasser kondensieren können. Damit ist sichergestellt,
daß auch im Schnellschlußfall, wenn das Bypass-Ventil des Turbinensatzes geöffnet ist,
keine Gefährdung der Anlage durch eine Wärmeüberlastung im Kondensator auftreten
kann.

Kesselspeisepumpen

Die Kesselspeisepumpen sind speziell für den Kraftwerksbetrieb entwickelte Pumpen. Bei
großen Anlagen liegen die Förderleistungen der Pumpen und zugehörigen Antriebe bei ca.
20 MW. Speisewasserpumpen stellen in Kraftwerken die *größten Eigenbedarfsverbraucher*
dar.
Beim Ausfall einer Speisewasserpumpe würde kein Speisewasser mehr in die Kesselroh-
re gedrückt werden. Die Rohre könnten die Wärme nicht mehr abgeben und wären in
kurzer Zeit zerstört. Aus diesem Grund sind mindestens zwei Kesselspeisepumpen zu
installieren.

Luftvorwärmer

Die in den Rauchgasen enthaltene Wärme wird zum Teil noch verwertet, indem sie
über Luftvorwärmer auf die Frischluft übertragen wird. Häufig wird dafür ein sogenannter Drehluvo verwendet. Dessen Rotor wird mit einer Geschwindigkeit von ungefähr
$2 \dots 5 \ \text{min}^{-1}$ gedreht. Die radial auf dem Rotor angeordneten Bleche dienen dabei als
Energiespeicher für die Wärme. Auf der einen Seite werden sie durch die aus dem Kessel tretenden Rauchgase erhitzt, und auf der anderen Seite geben sie die Wärme an die
angesogene Frischluft ab (Bild 2.3).

Speisewasservorwärmer

Die regenerative Speisewassererwärmung findet bei Kraftwerken mit gutem Wirkungsgrad überwiegend in bis zu sieben hintereinandergeschalteten Stufen statt. Je größer
diese Stufenzahl ist, desto intensiver erfolgt eine Wärmeübertragung, so daß sich das
Speisewasser um so stärker erwärmt. Hochdruck- und Niederdruckvorwärmer arbeiten
häufig als Oberflächenvorwärmer, deren prinzipieller Aufbau in Bild 2.2 dargestellt ist.
Das Speisewasser durchfließt in einem solchen Vorwärmer Rohrbündel, die vom Anzapfdampf erwärmt werden. In jeweils der letzten Stufe des Vorwärmers kondensiert der
Anzapfdampf. Das dabei entstehende Kondensat wird danach über Kondensatpumpen
wieder dem Speisewasserkreislauf zugeführt.

2.1.1.3 Wärmeverbrauchskennlinie von Kondensationskraftwerken

Ein wesentliches Beurteilungskriterium für den Gesamtwirkungsgrad eines Kondensationskraftwerkes ist die *Wärmeverbrauchskennlinie*. Sie liegt um so niedriger, je besser die
in den vorangegangenen Abschnitten erläuterten baulichen Maßnahmen zur Wirkungsgradverbesserung sind. In Bild 2.8 ist der prinzipielle Verlauf einer Wärmeverbrauchskennlinie $q(P)$ in kJ/kWh dargestellt. Diese Größe q gibt als charakteristische Größe für
Wärmekraftwerke an, welche Wärmemenge für die Erzeugung einer kWh benötigt wird.
Sie ist ein Maß für den Wirkungsgrad.

Bei einer Turbinenregelung über Ventile (gestrichelter Verlauf) erhöht sich zusätzlich der
Wärmeverbrauch, wenn Drosselverluste aufgrund von nur teilweise geöffneten Dampfven-
tilen entstehen. Falls die Leistung ohne Regelstufe allein über den Kessel verändert wird,
können diese Verluste nicht auftreten. Der günstigste Wirkungsgrad der hier gezeigten
Kennlinien liegt bei der *Nennlast* P_n, also der Leistung, die im Dauerbetrieb maximal
abgegeben werden darf.

Ein guter Wirkungsgrad und damit eine günstige Wärmeverbrauchskennlinie lassen sich
durch einen hohen baulichen Aufwand und damit hohe Investitionskosten erreichen. Über
die Wirtschaftlichkeit des jeweiligen Kraftwerkes ist damit jedoch noch keine Aussage
gemacht. Die Wärmeverbrauchskosten für die Erzeugung der elektrischen Leistung errechnen sich aus der Wärmemenge $\dot{Q}$ und dem marktabhängigen Wärmepreis Wp:

$$\frac{\dot{K}}{\dfrac{\mathrm{DM}}{\mathrm{h}}} = \underbrace{\frac{q}{\dfrac{\mathrm{GJ}}{\mathrm{MWh}}} \cdot \frac{P}{\mathrm{MW}}}_{\dot{Q}} \cdot \frac{Wp}{\dfrac{\mathrm{DM}}{\mathrm{GJ}}} \cdot \qquad\qquad (2.1)$$

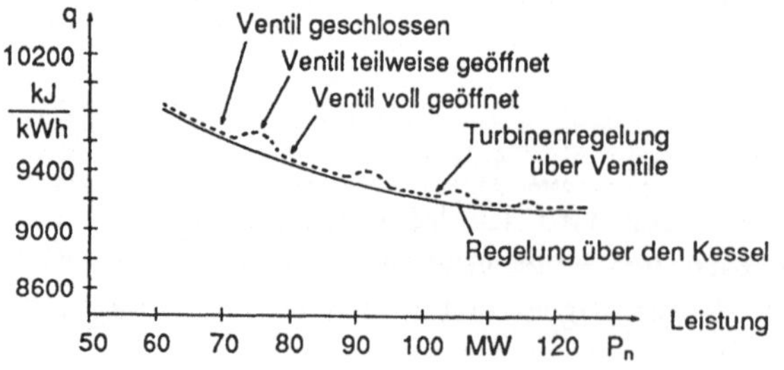

Bild 2.8
Wärmeverbrauchskennlinie

Der Wärmepreis richtet sich nach dem Brennstoffpreis und kann bei den Primärenergie-
trägern erheblich differieren.

2.1.2 Überblick über weitere Wärmekraftwerke

Nach der relativ detaillierten Beschreibung der wichtigsten Kraftwerksart, des Konden-
sationskraftwerks, werden weitere Kraftwerkstypen im folgenden kurz erläutert und charakteristische Merkmale herausgestellt.

2.1.2.1 Gegendruckanlagen

Eine Gegendruckanlage unterscheidet sich von einem Kondensationskraftwerk prinzipiell
nur dadurch, daß der Abdampf aus den Turbinen mit höheren Zustandsgrößen austritt.
Der Druck bewegt sich in der Energieversorgung üblicherweise im Bereich von 2...6 bar,
die Temperatur um 180 °C. Die erhöhte Energie des Abdampfes führt natürlich zu einer
Senkung der elektrischen Energie, die ins Netz eingespeist wird. Der Vorteil des Ge-
gendruckbetriebes liegt nun vor allem darin, daß der Dampf bei diesen Zustandsgrößen
noch anderweitig, z.B. für Heizzwecke, zu verwenden ist, und daß die Wärme nicht wie
beim Kondensationskraftwerk ungenutzt über den Kondensator an die Umgebung abgegeben wird (Bild 2.9). In Industriekraftwerken liegen die Zustandsgrößen häufig über den
genannten Werten, da der Abdampf z.B. für chemische Prozesse benötigt wird.
Bei einer Gegendruckanlage liegt stets – wie man auch sagt – eine *Kraft-Wärme-Kopplung*
vor. Bei Kondensationskraftwerken ist eine solche Kopplung ebenfalls möglich, indem
Anzapfdampf entnommen und für solche Zwecke eingesetzt wird.

2.1.2.2 Kraftwerke mit Gasturbinen

Die Baugruppen der besonders häufig vorkommenden Gasturbinenkraftwerke bestehen
im wesentlichen aus Verdichter, Brennkammer und Gasturbine sowie Wärmetauscher.
Eine solche Anordnung zeigt Bild 2.10, deren Funktion im folgenden beschrieben wird.
Die für den Verbrennungsprozeß benötigte Frischluft wird in einem Verdichter auf ca.
3...12 bar komprimiert. In Anlagen, die einen erhöhten Wirkungsgrad aufweisen sollen,

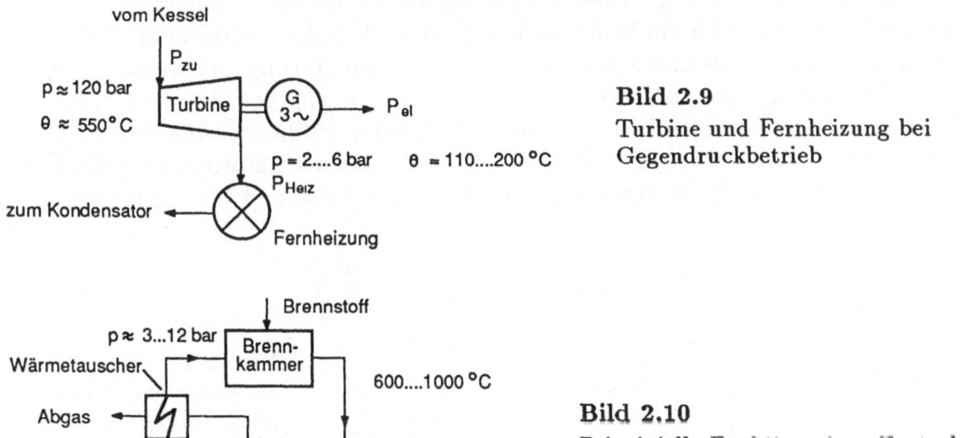

Bild 2.9
Turbine und Fernheizung bei
Gegendruckbetrieb

Bild 2.10
Prinzipielle Funktion einer Gasturbine

wird anschließend die Frischluft durch die heißen Abgase in einem Wärmetauscher vorgewärmt. In einer nachgeschalteten Brennkammer wird dann Brennstoff mit Teilen der vorgewärmten Luft vermischt und verbrannt. Der nicht verbrauchte Teil der Frischluft vermengt sich mit den Verbrennungsgasen zu einem Abgas, dessen Temperatur dadurch auf technologisch beherrschbare Werte von 600...1000 °C begrenzt wird. Die so erzeugte Wärmeenergie – das Ziel dieses Prozesses – wird anschließend in einer Turbine teilweise in mechanische Energie umgesetzt.

Die Turbine treibt über eine Welle den Verdichter und den Generator an. Dabei müssen ca. 2/3 der Turbinenleistung für den Verdichter bereitgestellt werden. Die dargestellte Anlage arbeitet im offenen Kreislauf, da die Verbrennungsgase nach Ablauf des Prozesses ins Freie strömen. Die Hochlaufzeit einer solchen Anlage liegt bei ca. 2 min.

Ein Gasturbinenkraftwerk unterscheidet sich im wesentlichen von einem Dampfturbinenkraftwerk dadurch, daß als Arbeitsmedium kein Dampf verwendet wird und die aufwendige Dampferzeugungsanlage fehlt. Der Vorteil dieses Kraftwerkstyps, insbesondere der beschriebenen Bauform, liegt neben der geringen Hochlaufzeit in geringeren Anlagekosten. Die relativ niedrigen Baukosten werden aber durch hohe Betriebskosten wieder kompensiert, denn der Wirkungsgrad beträgt nur etwa 25 %. Aus diesem Grund werden Gasturbinen nur dann herangezogen, wenn unvorhergesehene Lastspitzen zu decken sind, für die eine ausreichende Leistung von Kondensationskraftwerken kurzfristig nicht zur Verfügung steht. Kondensationskraftwerke benötigen dagegen eine Anfahrzeit von mehreren Stunden, bevor sie ins Netz einspeisen können.

2.1.2.3 Kombinationskraftwerke

Besonders günstige Verhältnisse ergeben sich, wenn man eine Gasturbine – mit einer Leistung bis zu ca. 100 MW – mit einem Kondensationskraftwerk koppelt. Dabei werden die noch genügend sauerstoffreichen heißen Abgase der Gasturbine der Frischluft für den Brenner zugemischt. Die dadurch erhöhte Temperatur der Frischluft führt zu einem höheren Wirkungsgrad der Gesamtanlage. Man bezeichnet diese Bauart als Kombinationskraftwerk. Der Gesamtwirkungsgrad kann durch diese Maßnahme von ca. 40 % auf etwa 44 % erhöht werden. Die Wärmeverbrauchskennlinie für ein Kombikraftwerk verläuft prinzipiell ähnlich wie für ein Kondensationskraftwerk, jedoch tritt bei der Leistung, bei der die Gasturbine zugeschaltet wird, eine nahezu sprungförmige Absenkung auf.

Eine neuere Technologie, die in Zukunft wachsende Bedeutung gewinnen wird, ist die Verbindung eines Gas-Dampfturbinen-Prozesses mit einer Kohleteilvergasung (GDK). Der Ablauf dieses Verfahrens ist in Bild 2.11 dargestellt. Bei der Teilvergasung der Kohle entstehen zwei Brennstoffe in Form von staubförmigem Koks und Gas. Das Gas wird

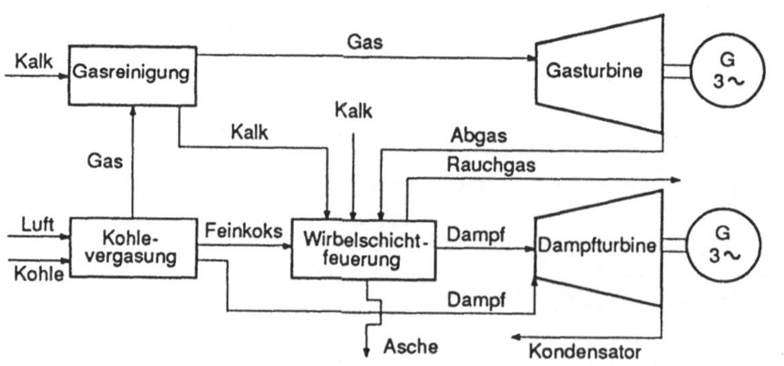

Bild 2.11
Moderner Gas-Dampfturbinen-Prozeß mit einer Kohleteilvergasung

zunächst bei einer Temperatur von 300 °C gereinigt, wobei Chlor und Fluor mit Hilfe von Kalk abgeschieden werden; anschließend wird es der Gasturbine als Brennstoff zugeführt. Der gewonnene Koks wird in einem Dampferzeuger mit Wirbelschichtfeuerung verbrannt, die den Restsauerstoff des Gasturbinenabgases ausnutzt. Durch Zugabe von Kalk wird der in der Kohle ebenfalls enthaltene Schwefel in der Wirbelschichtfeuerung abgeschieden, gleichzeitig werden dort Stickoxyde abgebaut. REA- und DENOX-Maßnahmen (s. Abschnitt 2.1.1.2) sind aus diesem Grunde nicht erforderlich. Die bei diesem Prozeß entstehende Wärme wird schließlich zur Gewinnung von hochüberhitztem Dampf genutzt, der unmittelbar in die Dampfturbine geleitet wird. Ein weiterer Dampfanteil wird direkt bei der Kohlevergasung erzeugt. Mit diesem Kraftwerkstyp sind hohe Wirkungsgrade zu erzielen; Werte über 50 % werden für möglich gehalten.

2.2 Wasserkraftwerke

Im Unterschied zum Wärmekraftwerk ist der schematische Aufbau eines Wasserkraftwerkes recht einfach: Es besteht lediglich aus einer Wasserturbine mit angekoppeltem Generator (Bild 2.12). Zur Inbetriebnahme der Wasserturbinen brauchen nur Schieber geöffnet zu werden. Aus diesem Grund kann ein Wasserkraftwerk, im Gegensatz zu einem Kondensationskraftwerk, in 1...2 Minuten angefahren werden. Ein weiterer Vorteil liegt in den niedrigen Betriebskosten, da Brennstoffkosten nicht anfallen. Trotz dieser Gegebenheiten sinkt in der Bundesrepublik die Bedeutung der Wasserkraft von Jahr zu Jahr. Weitere Ausbaumöglichkeiten fehlen, so daß der vorhandene Lastanstieg nicht mehr mit dieser Energieart gedeckt werden kann. 1989 wurden etwa noch 5 % der eingespeisten elektrischen Leistung durch Wasserkraft gedeckt.

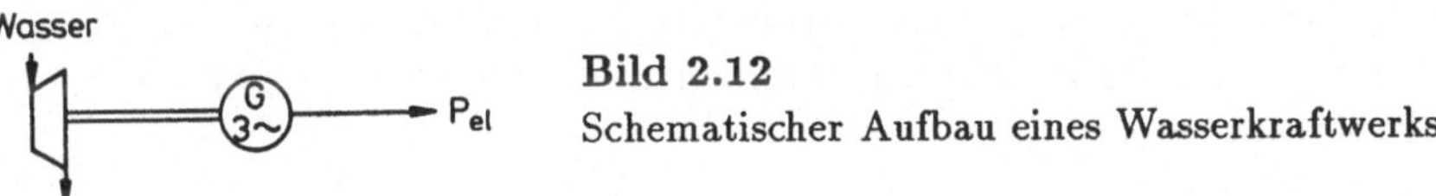

Bild 2.12
Schematischer Aufbau eines Wasserkraftwerks

Prinzipiell weisen Wasserturbinen im Vergleich zu Dampfturbinen eine niedrigere Drehzahl auf, die im Bereich bis zu einigen hundert Umdrehungen pro Minute liegt. Da in der Regel jedoch eine 50-Hz-Spannung in das Netz einzuspeisen ist, werden für den Generator hochpolige Synchronmaschinen in Schenkelpolausführung eingesetzt (s. Abschnitt 4.4). Die Bauart der Wasserturbinen wird im wesentlichen durch die Fallhöhe des Wassers bestimmt. Im folgenden werden dazu einige Erläuterungen gegeben.

2.2.1 Bauarten von Wasserturbinen

Anlagen mit einer Fallhöhe des Wassers von weniger als 60 m bezeichnet man als *Niederdruckanlagen*. Sie werden an Flußläufen gebaut, an denen gleichzeitig eine Regulierung und Kanalisierung vorgenommen werden muß. Die Errichtung eines solchen Kraftwerkes allein mit dem Ziel, elektrische Energie zu erzeugen, ist aufgrund der hohen Baukosten meist unwirtschaftlich.
Bei Niederdruckanlagen hat sich als Antrieb für den Generator die *Kaplan-Turbine* durchgesetzt, deren prinzipielle Bauweise in Bild 2.13 dargestellt ist. Auffällig ist bei dieser Turbinenart die propellerartige Ausführung des Laufrades.
Die Funktion dieser Turbinenart soll im folgenden kurz erläutert werden: Aus dem Fallrohr strömt das Wasser durch das Spiralgehäuse, das für eine gleichmäßige Geschwindigkeitsverteilung sorgt, auf die tragflügelähnlich profilierten Leitschaufeln. Diese lenken die

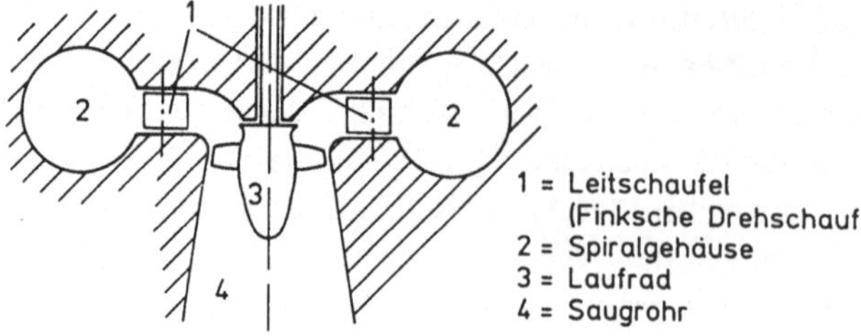

Bild 2.13
Prinzipskizze einer
Kaplanturbine

Strömung auf die Schaufeln des beweglichen Laufrades. Daran gibt das Wasser einen Teil seiner kinetischen Energie ab. Durch das Saugrohr verläßt es die Turbine dann wieder.

Die Leistungsregelung der Turbine erfolgt durch eine Mengenregulierung des Wasserstromes, indem im wesentlichen die Schaufeln des Leitapparates verstellt werden (Finksche Drehschaufeln). Darüber hinaus sind bei der Kaplan-Turbine auch die Laufradschaufeln verstellbar, so daß sie sich wechselnden Betriebsbedingungen recht gut anpassen kann.

Bei einer Fallhöhe des Wassers zwischen etwa 60 m und 300 m werden Wasserkraftwerke als *Mitteldruckanlagen* bezeichnet. Meistens wird bei diesen Anlagen eine *Francis-Turbine* eingesetzt, bei der das Wasser über einen Leitapparat radial von außen in das Laufrad einströmt. Wie bei der Kaplan-Turbine erfolgt auch bei dieser Turbinenart die Leistungsregelung über drehbare Leitschaufeln. Im Gegensatz dazu sind die geschwungen ausgeführten Laufschaufeln jedoch nicht verstellbar.

Wenn die Fallhöhe des Wassers mehr als 300 m beträgt, spricht man von *Hochdruckanlagen*. In solchen Anlagen wird überwiegend die *Pelton-Turbine* verwendet, bei der das Wasser aus Düsen auf ein Laufrad mit Schaufeln schießt. Dadurch wird die potentielle Energie des Wassers (Druck) in kinetische Energie umgewandelt. Die Leistungsregelung der Turbine wird wiederum in der Weise vorgenommen, daß die austretende Wassermenge dem Bedarf angepaßt wird.

2.2.2 Bauarten von Wasserkraftwerken

Neben der Fallhöhe des Wassers besteht ein weiteres Unterscheidungsmerkmal von Wasserkraftwerken im Speichervermögen der Anlage.

Bei den sogenannten *Laufwasserkraftwerken* handelt es sich im wesentlichen um eine Staustufe in einem Fluß, in der meist einige Kaplanturbinen eingesetzt sind. Sie verarbeiten die jeweils anfallende Wassermenge. Fällt mehr Wasser an, als die Turbinen fassen können, so läuft die überschüssige Menge ungenutzt ab.

Andere Verhältnisse liegen bei sogenannten *Speicherkraftanlagen* vor. Diese Wasserkraftwerke verfügen über einen Speicher. Das zufließende Wasser wird nicht unmittelbar genutzt, sondern in Zeiten mit schwacher Belastung gesammelt und in Zeit erhöhten Energieverbrauchs aus dem Speicher entnommen. Den prinzipiellen Aufbau einer solchen Anlage zeigt Bild 2.14. Je nach Größe des Speicherbeckens und des Ausgleichsvermögens durch die Zuläufe nennt man die Speicher Jahres-, Monats-, Wochen- oder Tagesspeicher.

Bei Hochdruckanlagen ist es üblich, sogenannte *Wasserschlösser* einzubauen. Bei einem schnellen Verschließen der Düse würden sonst infolge der hohen kinetischen Energie des fließenden Wassers große Drucksteigerungen in den Rohren auftreten. Die Wasserschlösser sorgen für den erforderlichen Druckausgleich.

Um spezielle Speicherkraftanlagen handelt es sich bei *Pumpspeicherwerken*. Der prinzipielle Aufbau einer solchen Anlage ist in Bild 2.15 skizziert.

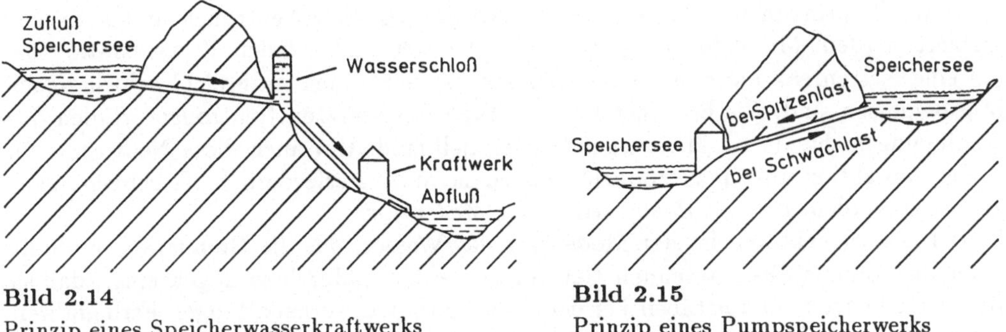

Bild 2.14
Prinzip eines Speicherwasserkraftwerks

Bild 2.15
Prinzip eines Pumpspeicherwerks

Zu Schwachlastzeiten wird mit preiswerter elektrischer Energie aus z.B. nicht ausgelasteten Laufwasserkraftwerken Wasser in einen Stausee hochgepumpt. In Zeiten erhöhten Stromverbrauchs wird die potentielle Energie des Wassers über Turbinen, die Generatoren antreiben, in elektrische Energie zurückverwandelt.

Der Wirkungsgrad von Pumpspeicherwerken liegt bei ca. 75 %. Ein weiterer entscheidender Vorteil liegt in der geringen Hochlaufzeit von nur ca. 90 Sekunden. Sie stellen neben den Gasturbinen eine sehr gute Momentanreserve dar.

2.3 Kernkraftwerke

Zur Zeit sind bereits eine Reihe verschiedener Reaktortypen entwickelt worden. Im wesentlichen wird davon in der Energieversorgung bisher nur die Gruppe der *Leichtwasserreaktoren* in den Kernkraftwerken eingesetzt.

Der prinzipielle Aufbau dieser Reaktoren ist aus Bild 2.16 zu ersehen; die Funktion wird im folgenden skizziert: Das Kernstück eines Reaktors stellen die Brennelemente dar, die häufig aus ca. 250 gasdicht verschweißten Zircaloyrohren bestehen, in die angereichertes Uran in Tablettenform eingebracht wird. Im Vergleich zum Natururan, das im wesentlichen aus U-238-Atomen besteht, ist bei diesem Uran der Anteil an dem Isotop U 235 in Anreicherungsanlagen von 0,7 % auf ca. 2,5...3,5 % erhöht worden.

Prinzipiell kann bei Uran 238 und dem Isotop U 235 ein Beschuß mit Neutronen – aus einer fremden Neutronenquelle – Kernspaltungen auslösen. Die freiwerdenden Spaltatome verbleiben in den Brennstäben und weisen eine hohe kinetische Energie auf, die sich auf die Umgebung der Brennstäbe überträgt. Sie macht sich dort als starke Wärmeentwicklung bemerkbar. Der eigentliche Zweck des Reaktors liegt in der Nutzung dieser Wärme.

Die bei einer Kernspaltung zugleich freigesetzten Neutronen können weitere Kernspaltungen auslösen. Im Hinblick auf die Wärmeentwicklung wird eine selbständige Fortsetzung dieser Kernspaltungen – eine sogenannte *Kettenreaktion* – angestrebt. Dieser Prozeß kann

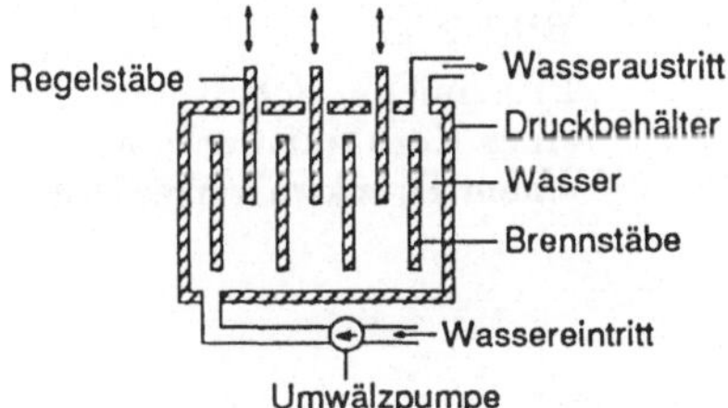

Bild 2.16
Prinzipieller Aufbau eines Leichtwasserreaktors

beim Uran 238 prinzipiell nicht eingeleitet werden, da zuviele Neutronen in den Kernen absorbiert werden. Mit dem Isotop U 235 ist bei der vorliegenden Konzentration dagegen eine Kettenreaktion dann möglich, wenn die Neutronen in ihrer Geschwindigkeit richtig bemessen sind. Die bei einer Kernspaltung freigesetzten Neutronen erfüllen diese Bedingung nicht, da sie überwiegend zu schnell sind. Um auch diese Neutronen für eine Kettenreaktion nutzen zu können, müssen sie auf die erforderliche Geschwindigkeit abgebremst werden. Diese Aufgabe erfüllt der *Moderator*.

Bei Leichtwasserreaktoren ist der Moderator das Wasser, das die Brennstäbe umhüllt. Die aus den Brennstäben tretenden Neutronen werden dadurch so abgebremst, daß sie in den benachbarten Brennstäben bei den U-235-Atomen Kernspaltungen herbeiführen. Die Anzahl dieser Kernspaltungen kann ein von der Auslegung vorgesehenes Maß nicht überschreiten, da in den Brennstäben nur eine schwache Dotierung mit U-235-Atomen vorliegt. Damit ist die Neutronenproduktion stets begrenzt, es entsteht eine *kontrollierte Kettenreaktion*. Das Wasser, das die Brennelemente umhüllt, dient zugleich als Kühlmittel. Umwälzpumpen bewirken einen Zwangsumlauf des Wassers.

Der Neutronenfluß läßt sich durch zusätzlich angebrachte Regelstäbe verkleinern. Sie befinden sich zwischen den Brennstäben und bestehen aus Borkarbid, einem Stoff, der gut Neutronen absorbiert. In dem Maße, wie die Regelstäbe tiefer zwischen die Brennstäbe geschoben werden, wird die Absorption wirksamer und damit die Anzahl der Neutronen bzw. die entwickelte Wärmemenge kleiner. Auf diese Weise läßt sich die Leistung des Reaktors im Vergleich zu Kesseln rein technisch relativ schnell verändern. Im praktischen Betrieb wird jedoch auch bei einem Kernkraftwerk die Größe solcher schnellen Lastwechsel begrenzt, um Wärmespannungen in den Brennstäben sowie in den angeschlossenen Turbinen zu vermeiden.

Bei Leichtwasserreaktoren lassen sich zwei Ausführungen, die Druck- und die Siedewasserreaktoren, unterscheiden:

Bei einem *Druckwasserreaktor* wird das Wasser bis ca. 320 °C erhitzt. Ein Sieden tritt jedoch nicht ein, da für einen entsprechend hohen Druck von ca. 160 bar gesorgt wird. Das Wasser wird mit diesen Zustandsgrößen durch einen Wärmetauscher geleitet, der in einem Sekundärkreislauf Satt- bzw. Naßdampf mit ca. 280 °C bei etwa 60 bar erzeugt. Nach dem Wärmetauscher entsprechen die Anlagenteile konventionellen Dampfkraftwerken. Da nur der Reaktor und der Wärmetauscher mit radioaktiven Material in Berührung kommen, ist lediglich für diese Anlagenteile ein besonderer Schutz notwendig. Bild 2.17 zeigt den prinzipiellen Aufbau eines Kernkraftwerkes mit Druckwasserreaktor.

Bei einer anderen Bauart, dem *Siedewasserreaktor*, bildet sich der Dampf bereits im Reaktor. Da dort neben dem gebildeten Dampf auch Wasser existiert, kann wie beim

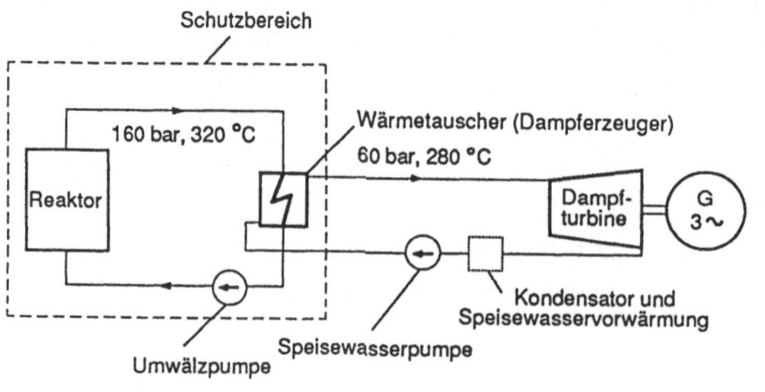

Bild 2.17
Prinzipieller Schaltplan eines Kernkraftwerks mit einem Druckwasserreaktor

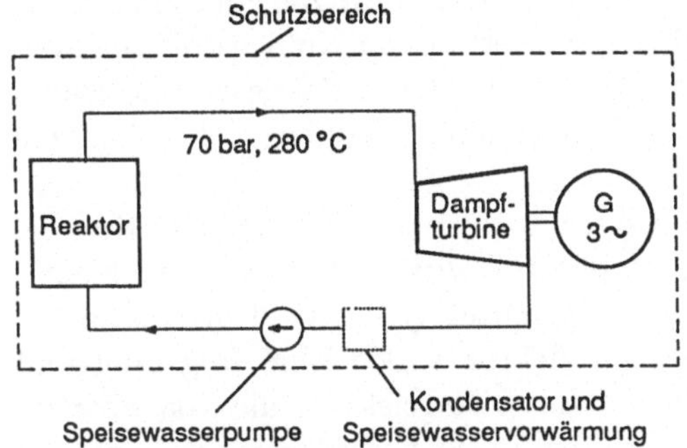

Bild 2.18
Prinzipieller Schaltplan eines Kernkraftwerks mit einem Siedewasserreaktor

Druckwasserreaktor nur Sattdampf erzeugt werden. In Bild 2.18 ist der prinzipielle Aufbau eines Kernkraftwerkes mit einem Siedewasserreaktor wiedergegeben. Bis auf die Erzeugung des Dampfes durch einen Reaktor entspricht es sonst einem konventionellen Dampfkraftwerk. Die Ähnlichkeit geht sogar so weit, daß bei diesem Reaktortyp infolge der niedrigen Zustandsgrößen im Reaktor zusätzlich auch die Drehzahl der Speisewasserpumpen als Stellgröße zur Leistungsregelung verwendet wird.

Nachteilig wirken sich bei den beschriebenen Reaktortypen die niedrigen Zustandsgrößen des Dampfes aus. Der Wirkungsgrad beträgt deshalb nur ca. 30 %. Abhilfe ließe sich über höhere Zustandsgrößen erzielen, was bei den derzeitigen Werkstoffen jedoch nicht ausführbar ist.

Hohe Leistungen lassen sich aufgrund der niedrigen Zustandsgrößen daher nur über hohe Volumenströme und damit große Abmessungen der Turbine erreichen. Die großen Abmessungen bedingen hohe Fliehkräfte. Diese Turbinen können deshalb meist für Anlagen über 600 MW nur für Drehzahlen von 1500 min^{-1} ausgelegt werden. Da die Turbinen aus den Leichtwasserreaktoren mit Sattdampf gespeist werden, bezeichnet man sie auch als *Sattdampfturbinen*.

Neben dem bisher eingesetzten Druck- und Siedewasserreaktor werden auch dem Thorium-Hochtemperaturreaktor (THTR) Zukunftsaussichten eingeräumt. Seine Funktionsweise ist in Bild 2.19 veranschaulicht. Wie bei einem Druckwasserreaktor sind zwei Kreisläufe vorhanden, jedoch ist der Primärkreis anders aufgebaut.

Im Reaktorkern eines THTR-Kraftwerks von 300 MW werden anstelle von Brennstäben etwa 675.000 kugelförmige Elemente verwendet, die einen Durchmesser von 6 cm aufweisen [64]. Die eigentlichen Brennelemente werden aus etwa 360.000 dieser Kugeln gebildet. Sie bestehen jeweils aus ca. 35.000 in Graphit eingelagerten Brennstoffpartikeln sowie einer Graphitschale, wobei das Graphit gleichzeitig als Moderator verwendet wird. Die

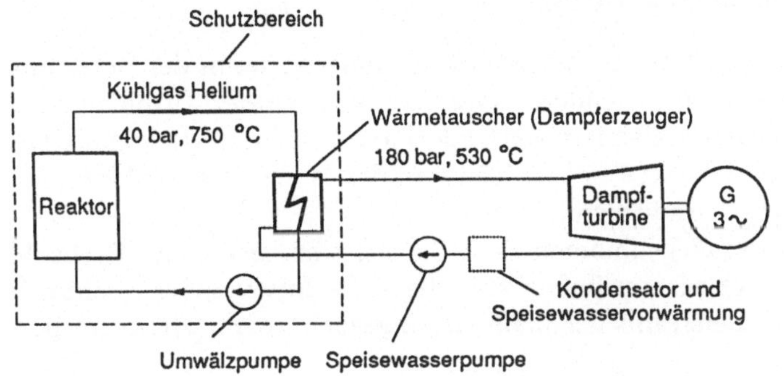

Bild 2.19
Prinzipieller Schaltplan eines Kernkraftwerks mit einem Thorium-Hochtemperaturreaktor (THTR)

ca. 0,6 mm großen Brennstoffpartikel weisen einen Kern aus Uran 235 und eine zehn-
fach größere Menge Thorium 232 als Hülle auf, die wiederum von Kohlenstoffschichten
umgeben ist. Im Betrieb des Reaktors wird zunächst nur das Uran 235 gespalten. Dabei
wirkt das Thorium als Brutstoff, der Neutronen aufnimmt und sich dabei in das ebenfalls
spaltbare Uran 233 umwandelt.

Neben diesen Brennelementkugeln enthält der Raktor noch weitere ca. 315.000 Kugeln,
die aus Graphit bestehen und als zusätzlicher Moderator wirken. Der gesamte Kugelhaufen befindet sich in einem zylindrischen Graphitbehälter von etwa 6 m Durchmesser und 6 m Höhe, der gleichzeitig als Neutronenreflektor wirkt. Eine Regelung und
Schnellabschaltung des Reaktors erfolgt wiederum durch Regelstäbe, die von oben in
den Kugelhaufen eingefahren werden. Zur Langzeitabschaltung werden zusätzlich noch
Absorberstäbe verwendet.

Sechs Kühlgebläse pressen mit einem Druck von ca. 55 bar Helium durch den Reaktorkern. Dort erwärmt es sich auf ca. 750 °C und erzeugt dann in mehreren nachfolgenden
Wärmetauschern Dampf mit ca. 180 bar und 530 °C. Im Unterschied zum Leichtwasser-
reaktor entsteht in einem Hochtemperaturreaktor also *Frischdampf*, der Zustandsgrößen
wie bei einem Kondensationskraftwerk aufweist. Neben der Stromerzeugung kann Dampf
mit derartig hohen Zustandsgrößen z.B. auch für die Kohlevergasung eingesetzt werden.
Diese Anwendung wird dadurch begünstigt, daß bei THTR-Kernkraftwerken auch der
Bau von kleinen Reaktormodulen mit einer elektrischen Leistungsabgabe von 100 MW
noch wirtschaftlich sein dürfte.

2.4   Kraftwerksregelung

Um einen genaueren Einblick in das Systemverhalten von Netzen gewinnen zu können,
sind zumindest qualitative Kenntnisse darüber notwendig, auf welche Weise die erzeugte Leistung dem sich ständig ändernden Bedarf der Verbraucher nachgeführt wird. Auf
eine vertiefte analytische Betrachtung dieser Zusammenhänge wird in dieser Einführung
verzichtet. Sie ist u.a. [3] zu entnehmen. Zunächst werden die Verhältnisse bei Wärme-
kraftwerken dargestellt.

2.4.1   Regelung von Wärmekraftwerken

Es wird von den einfachen Verhältnissen des Inselbetriebes ausgegangen. Diese Betriebsform liegt dann vor, wenn nur ein Block in ein Netz speist. Diese Situation ergibt sich in
der Praxis u.a. dann, wenn bei einem Industrieunternehmen die Netzeinspeisung ausfällt
und das betriebseigene Kraftwerk allein die Versorgung übernimmt.

2.4.1.1   Regelung eines Blockes im Inselbetrieb

Änderungen in der Netzlast führen über den Generator zu Änderungen in der Belastung
der Turbine und damit letztlich zu einem anderen Gegenmoment an der Turbinenwelle.
Das Antriebsmoment ist von solchen Schwankungen unberührt. Es wird allein von der aus
dem Kessel zugeführten Leistung, den Zustandsgrößen und der Menge des Heißdampfes,
bestimmt. In Bild 2.20 sind diese Verhältnisse veranschaulicht.

Je nach Größe des Antriebs- bzw. Gegenmomentes stellt sich eine bestimmte Drehzahl
des Turbinenlaufrades und des Generatorläufers ein, die starr miteinander gekuppelt
sind. Diese Drehzahl ist der Frequenz, mit der ins Netz eingespeist wird, direkt proportional.

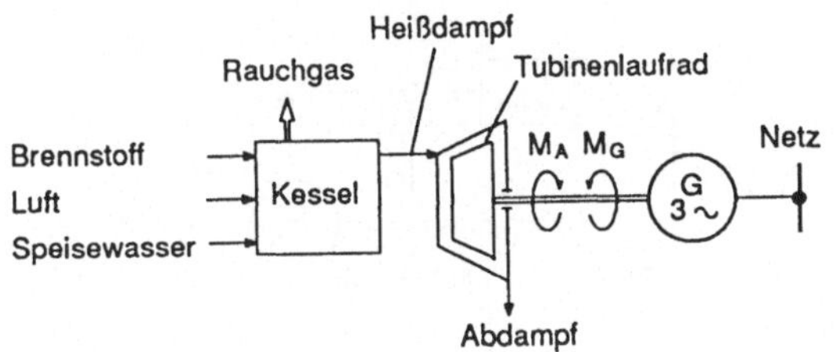

Bild 2.20

Momentengleichgewicht an der Turbinenwelle

M_A: Antriebsmoment

M_G: Gegen- bzw. Bremsmoment

Änderungen in der Kesselleistung oder in der Netzlast führen daher zu Drehzahl- und damit zu Frequenzänderungen im Netz. Allerdings führen Änderungen in der Leistung nicht unmittelbar zu Drehzahländerungen. Vielmehr setzt ein Einschwingvorgang ein. Er wird dadurch verursacht, daß die Rotationsenergie, die im Laufrad der Turbine, im Läufer des Generators und in den Läufern eventueller Arbeitsmaschinen gespeichert ist, sich nicht sprungförmig ändern kann.

Wenn die Netzlast sprungförmig erniedrigt wird und die Kesselleistung gleich bleibt, muß die Drehzahl und infolgedessen die Netzfrequenz auf einen neuen höheren, stationären Wert ansteigen. Die angenommene Lastabsenkung kann in der Praxis durch Abschaltung von Verbrauchern, in Extremfällen sogar durch Kurzschlüsse (s. Kapitel 6) hervorgerufen werden. Bei dem umgekehrten Fall, einer Senkung der Antriebsleistung erniedrigt sich die Netzfrequenz. In der Praxis kann ein solcher Betriebszustand z.B. durch den Ausfall einer Speisepumpe oder Kohlemühle im Kraftwerk verursacht werden.

Die sich dann einstellende stationäre Frequenzabweichung wird allerdings dadurch etwas abgemildert, daß bei vielen Lasten der Wirkleistungsbedarf frequenzabhängig ist. Besonders extrem ist dieser Effekt mit $P_L \sim f^3$ bei Gebläsen ausgeprägt. Summarisch läßt sich dieses Verhalten im Bereich der Nennleistung durch die lineare Beziehung

$$\frac{\Delta P_L}{P_n} = c_P \cdot \frac{\Delta f}{f_n} \tag{2.2}$$

beschreiben. Die Größe c_P hängt von der Struktur des Lastgebietes ab und liegt in der Bundesrepublik vielfach bei ca. 0,5 [65], [66].

Insgesamt gilt festzuhalten, daß ein *Überschuß an Wirkleistung im Netz eine Frequenzerhöhung, ein Mangel eine Frequenzabsenkung nach sich zieht.*

Untersucht man bei einer Turbine mit konstanter Antriebsleistung P_A den Zusammenhang zwischen der stationären Turbinendrehzahl n und der Last P, so ergibt sich in erster Näherung eine lineare Beziehung. Das Kennlinienfeld ist Bild 2.21 zu entnehmen.

Wie das Bild zeigt, führen bereits kleine Leistungsänderungen ΔP zu technisch nicht mehr vertretbaren Drehzahländerungen Δn. Aus diesem Grunde ist eine Regelung vorzusehen, die dafür sorgt, daß die Antriebsleistung entsprechend nachgeführt wird. Bei Turbinen mit einer Regelstufe geschieht dies dadurch, daß die Regelventile verstellt werden. Dabei werde zunächst angenommen, daß der Kessel auch in der Lage ist, die erhöhte Leistung zu liefern, wenn die Ventile geöffnet werden. Der zugehörige Regelkreis, der die Leistungsanpassung über die Ventile automatisch vornimmt, ist prinzipiell entsprechend Bild 2.22 aufgebaut. Über Aufnehmer wird der Istwert der Drehzahl ermittelt und in einen proportionalen Strom- oder Spannungswert umgesetzt. Dann wird die Abweichung von einem vorgegebenen Sollwert gebildet. Diese Größe wird verstärkt auf ein Stellglied gegeben, das je nach Abweichung die Ventile entsprechend verstellt.

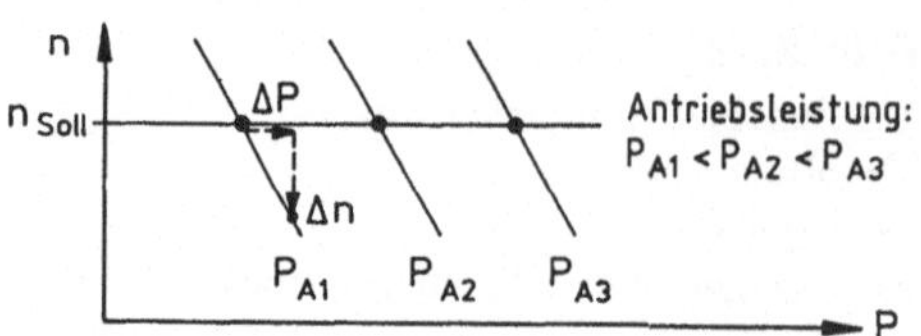

Bild 2.21

Kennlinienfeld einer Turbine mit konstanter
Antriebsleistung

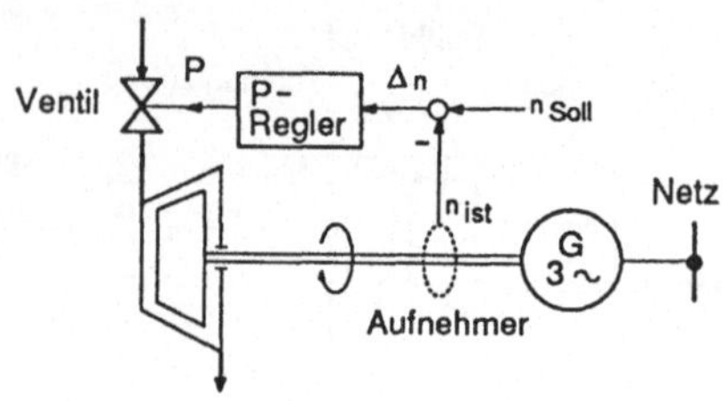

Bild 2.22

Prinzip der Drehzahlregelung einer Turbine

Heutzutage sind als Stellglieder zumeist elektrohydraulische Vorrichtungen eingesetzt,
die im regelungstechnischen Sinne Proportionalglieder darstellen. Als Regler wird ein
Proportionalregler (P-Regler) gewählt. Der Regelkreis wirkt somit ebenfalls proportional
(Bild 2.23). Solche Kreise gewährleisten eine schnellstmögliche Ausregelung. Dies ist in
Anbetracht der Gefährdung, die durch eine erhöhte Drehzahl gegeben ist, wünschens-
wert.

Proportional wirkende Regelkreise haben den Nachteil, daß Regelabweichungen, die durch
Störgrößen hervorgerufen werden, nicht vollständig ausgeregelt werden; es bleibt stationär eine Regeldifferenz bestehen. Die Leistungsschwankungen der Last sind in diesem
Sinne als Störgröße aufzufassen (Bild 2.23). Die Regelparameter werden meist so eingestellt, daß die stationäre Regeldifferenz zwischen Schwachlast und Nennleistung ungefähr
2,5 Hz beträgt. Die Kennlinie einer drehzahlgeregelten Turbine verläuft damit wesentlich
flacher als im ungeregelten Fall (Bild 2.24). Die Steigung dieser Kennlinie wird durch eine
Maschinenleistungszahl K_M gekennzeichnet. Sie gibt an, durch welche Lasterhöhung die
Frequenz um 1 Hz abgesenkt wird. Infolge der negativen Steigung der Regelcharakteristik
lautet dieser Zusammenhang

$$\Delta P = -K_M \cdot (f - f_n) \, . \tag{2.3}$$

Der Kehrwert der Leistungszahl wird häufig auch als Statik bezeichnet.

Zu beachten ist, daß die stationäre Kennlinie der geregelten Einheit weitgehend von den
Parametern des Reglers bestimmt wird und kaum von der Auslegung der Turbine abhängt, die jedoch überwiegend die Dynamik des Einschwingvorgangs beeinflußt. Physikalisch ist dieser Sachverhalt plausibel: Der Regler öffnet die Ventile unabhängig von den
speziellen Turbinenparametern in dem Maße, wie es der Drehzahl-Sollwert erfordert.

Da P-Regelkreise für eine schnelle Ausregelung sorgen, würde das Dampfventil innerhalb kurzer Zeit – im Sekundenbereich – seine Position verändern. Die Positionierung
der Ventile selbst wird jedoch meist nochmals von einem weiteren Regelkreis vorgenom-

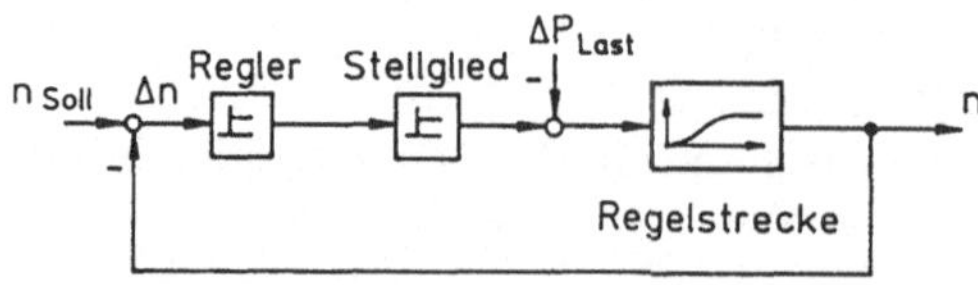

Bild 2.23

Wirkungen von Lastschwankungen
als Störgröße

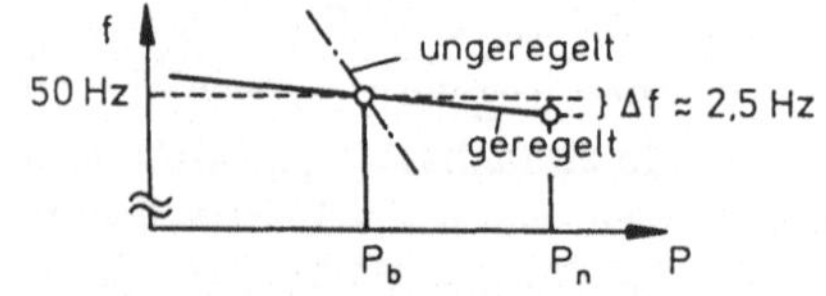

Bild 2.24

Stationäre Frequenz-Leistungs-Kennlinie
einer drehzahlgeregelten Turbine

P_b: im Betrieb gefahrene Leistung

P_n: Nennleistung

men. Dieser Regelkreis soll u.a. zu schnelle Änderungen verhindern, da mit den Querschnittsänderungen auch Änderungen im Druck und in der Temperatur einhergehen, die anderenfalls zu hohe Wärmespannungen in der Turbine verursachen können.

Die verbleibende Regelabweichung Δn in der Drehzahl wird von einem weiteren Regelkreis beseitigt. Eine mögliche Ausführung ist aus Bild 2.25 zu ersehen. Als Regelgröße wird die Netzfrequenz f benutzt, die im Vergleich zur Drehzahl n eine sekundäre Größe darstellt. Aus diesem Grunde ist es üblich, diesen Kreis als *Sekundärregelung* und die Drehzahlregelung, die direkt auf die Turbine wirkt, als *Primärregelung* zu bezeichnen.

Die Sekundärregelung verstellt den Sollwert der Drehzahl vergleichsweise langsam, so daß die unterlagerte, schnelle Primärregelung genügend Zeit findet, sich jeweils auf den so nachgeführten Sollwert einzustellen. Der Sekundärregler ist als PI-Regler aufgebaut, d.h. er integriert die Regelabweichung und sieht daher gewissermaßen größere Fehler, als in Wirklichkeit vorhanden sind. Aus diesem Grunde ist er in der Lage, auch kleine Abweichungen auszuregeln, allerdings in einem längeren Zeitraum und zwar im Minutenbereich. Das Zusammenspiel ist in Bild 2.26 veranschaulicht: Die Kennlinie der primärgeregelten Turbine wird so lange verschoben, bis die geforderte Verbraucherleistung mit Sollfrequenz gedeckt wird.

Um die Turbinen zu schonen, wird der Primärregler so ausgeführt, daß er erst bei größeren Drehzahlabweichungen anspricht. Kleine Abweichungen werden dann nur von der langsameren Sekundärregelung ausgeregelt.

Regelkreise, die in einer solchen hierarchischen Struktur zusammenarbeiten, werden in der Regelungstechnik als Kaskadenregelung bezeichnet. Dieses Konzept wird sehr häufig auch bei anderen Aufgabenstellungen angewendet. An dieser Stelle sei darauf hingewiesen, daß im Rahmen der hier ausgeführten Beschreibung nur auf die prinzipielle Wirkungsweise der Regelungen eingegangen wird. Die gerätetechnische Realisierung kann eventuell von dem skizzierten Aufbau abweichen [4].

Die von den Reglern gewünschten Leistungsänderungen des Kessels sind letztlich von der Feuerung nachzuvollziehen, also u.a. auch von der Brennstoff- und Luftzufuhr. Im folgenden werden die Vorgänge skizziert, die sich nach einer Änderung der Ventilposition abspielen.

Wie bereits angesprochen, bewirkt die Ventiländerung eine Querschnittsänderung. Dadurch stellen sich andere Zustandsgrößen ein. Die Regelabweichung vom Sollwert des Druckes wird auf einen Kesselregler, den sogenannten Kessellastgeber, geleitet. Dieser gibt daraufhin für etwa 150 Regelkreise neue Führungsgrößen, neue Sollwerte vor. Es handelt sich gewissermaßen um eine Kaskade, bei der viele parallelgeschaltete unterla-

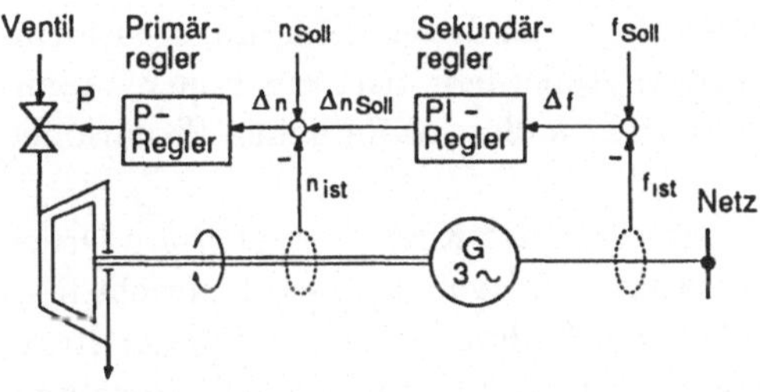

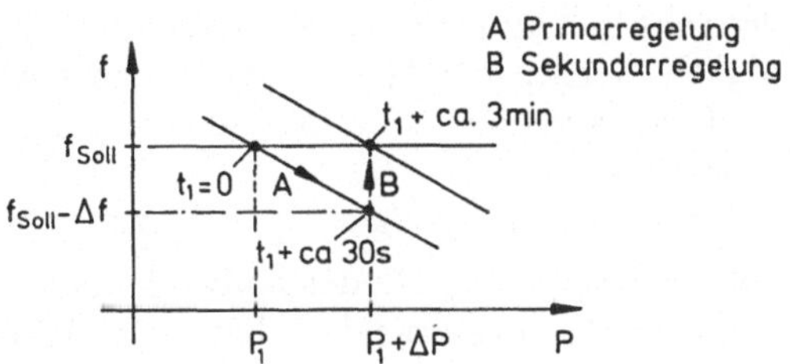

Bild 2.25
Wirkungsweise der Sekundärregelung

Bild 2.26
Darstellung der Regelvorgänge nach einer Leistungserhöhung um ΔP

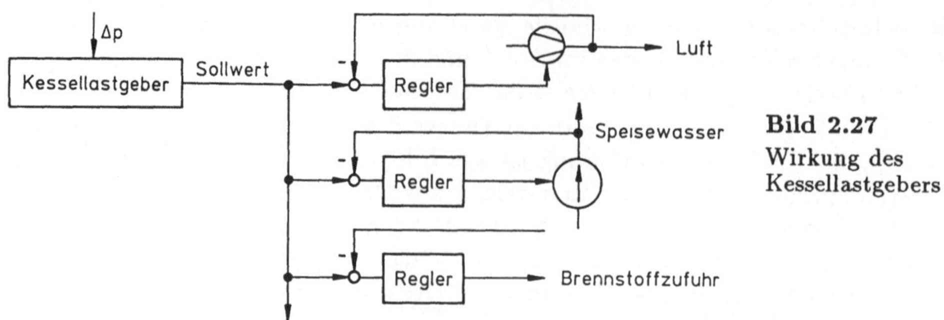

Bild 2.27
Wirkung des
Kessellastgebers

gerte Regelkreise vorhanden sind. Besonders wichtige Regelkreise stellen die Regelungen des Frischluftgebläses, der Brennstoffzufuhr und der Speisewasserpumpe dar, die mit ihrer Drehzahl den Dampfdurchsatz bestimmt. Das Zusammenwirken dieser Regelkreise zeigt Bild 2.27.

Beim Schließen des Regelventils staut sich die Dampfmenge im Kessel. Dies bewirkt zunächst einen Druck- und Temperaturanstieg, für den die Anlage ausgelegt ist. Die Turbine reagiert auf die verringerte Dampfzufuhr bereits einige Sekunden danach mit einer verringerten Drehzahl. Die Zeitkonstante für diesen Regelvorgang liegt im Bereich von $5 \ldots 10$ s.

Anders verhält es sich bei Leistungssteigerungen. In diesem Fall müssen u.a. die Brennstoffmenge und die Luftzufuhr erhöht werden. Je nach Art des Brennstoffes (Öl, Kohle) kommt die Feuerung für sprungförmige Leistungserhöhungen bis zu 5 % der Nennlast P_n erst innerhalb von $25 \ldots 200$ s nach. Bei vielen Kesseln sorgt jedoch der Nachverdampfungseffekt, auch Ausspeicherung genannt, bereits nach einigen Sekunden für eine Leistungserhöhung: Durch den plötzlichen Druckabfall beim Öffnen der Regelventile verdampft für einen Zeitraum von ca. 1 min mehr Wasser, so daß trotz der niedrigeren Zustandsgrößen eine erhöhte Leistungsabgabe auftritt. Bei einer abgestimmten Kesselregelung ist nach Abklingen der Ausspeicherung die Feuerung bereits so nachgeführt, daß es anschließend zu keinem Leistungseinbruch kommt. Bei Kesseln mit sehr hohen Zustandsgrößen ist der Nachverdampfungseffekt nur schwach ausgeprägt. Abhilfe kann dann durch den Einbau von Dampfspeichern erreicht werden.

Es gilt festzuhalten, daß kleine Leistungserhöhungen bis etwa 5 % von P_n bei modernen kohlebefeuerten Kesseln in ca. $30 \ldots 40$ s aufgefangen werden. Bei einer Aussteuerung größerer Leistungsbereiche, z.B. zwischen 40 % und 100 % der Nennlast, ist im wesentlichen nur noch die Dynamik der Feuerung maßgebend, die eine kleinere Leistungsänderungsgeschwindigkeit bedingt. Von modernen Blöcken wird für den Bereich $(0,4 \ldots 1) \cdot P_n$ der sehr viel größere Zeitraum von $15 \ldots 30$ min benötigt. Bei dieser Änderungsgeschwindigkeit werden die Maschinen jedoch stark belastet. Außerdem tritt ein hoher Brennstoffverbrauch auf, so daß eine solche Fahrweise nur in außergewöhnlichen Situationen gewählt wird.

Bei der bisher beschriebenen Kesselregelung orientiert sich der Kessellastgeber am Druck vor der Regelstufe. Da der Sollwert des Druckes stationär festgehalten wird, spricht man von einer *Festdruckregelung* bzw. vom Festdruckbetrieb. Es handelt sich bei dieser Regelung im Vergleich zu der anschließend besprochenen Variante um eine schnelle Regelung. Allerdings beruht die Regelfreudigkeit auf entsprechenden Hubbewegungen der Ventile. Die damit verbundenen Änderungen in den Zustandsgrößen beim Heißdampf führen zu

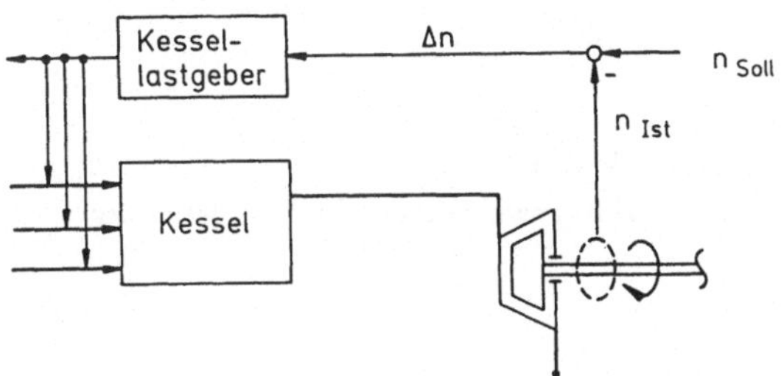

Bild 2.28
Prinzip des Gleitdruckbetriebes

einer relativ hohen Belastung der Turbine.

Eine Alternative zum Festdruckbetrieb stellt der *Gleitdruckbetrieb* dar, der häufig bei
Blöcken über 300 MW zu finden ist. Die prinzipielle Wirkungsweise dieses Konzeptes
ist Bild 2.28 zu entnehmen. Bei dieser Regelung stellt der Druck keine Regelgröße dar,
er gleitet. In diesem Fall wird die Drehzahlabweichung direkt auf den Kessellastgeber
geführt, der dann im beschriebenen Sinne auf die Feuerung einwirkt.

Beim reinen Gleitdruckbetrieb ist der Turbineneinlaß stets geöffnet, es braucht prinzipiell
überhaupt keine Regelstufe vorhanden zu sein. Da unter diesen Bedingungen auch kein
Nachverdampfungseffekt zum Tragen kommen kann, ist diese Regelung träger, aber auch
schonender. In der Praxis wird häufig eine Übergangsform zwischen dem Gleit- und Festdruckbetrieb angewendet, der *modifizierte Gleitdruckbetrieb*. Bei dieser Fahrweise werden
kleine Drehzahländerungen relativ langsam im Gleitdruck-, größere Abweichungen jedoch
im schnelleren Festdruckbetrieb ausgeregelt. Auf diese Betrachtungen aufbauend, ist es
nun möglich, die Verhältnisse bei Netzen mit mehreren Kraftwerkseinspeisungen zu verstehen.

2.4.1.2 Regelung im Insel- und Verbundnetz

Es werden zunächst die Verhältnisse in einem Inselnetz beschrieben. Als *Inselnetz* bezeichnet man solche Netze, die einen in sich abgeschlossen Netzverband darstellen und
in dem mehrere Blöcke die Last decken. Die dafür eingesetzte Regelung ist dem bisher dargestellten Konzept sehr ähnlich. So sind z.B. alle Blöcke mit der beschriebenen
Primärregelung ausgerüstet.

Im Unterschied zum Inselbetrieb eines einzelnen Blockes besteht beim Inselnetz mit mehreren Blöcken ein weiterer Freiheitsgrad, da normalerweise mehr Leistung ins Netz eingespeist werden kann, als an Last vorhanden ist. Es muß daher nach übergeordneten Gesichtspunkten eine Aufteilung der Last vorgenommen werden. Darauf wird in Abschnitt
2.5 noch eingegangen. In diesem Zusammenhang interessiert die Frage: Wie werden nun
die sich danach ergebenden Leistungswerte an den einzelnen Turbinen eingestellt? Dazu wird ein weiterer Regelkreis mit einem sogenannten *Leistungsregler* installiert. Den
Aufbau einer solchen Regelung zeigt Bild 2.29. Der Istwert der Leistung wird an den Generatorklemmen meist mit Hilfe einer Aronschaltung ermittelt. Die sich daraus ergebende
Regelabweichung wird auf den mit PI-Verhalten ausgeführten Leistungsregler gegeben.
Der Reglerausgang wird im Festdruckbetrieb auf das Stellglied, auf das Regelventil, oder
im Gleitdruckbetrieb direkt auf den Kessellastgeber weitergeleitet. Der Leistungsregler
arbeitet parallel zu der Drehzahlregelung, die Dynamik entspricht in etwa der Sekundärregelung.

Bei dem bisher beschriebenen Konzept kann der Fall auftreten, daß vom Leistungsregler aufgrund des vorgegebenen Sollwertes ein Öffnen des Ventils gefordert wird, die

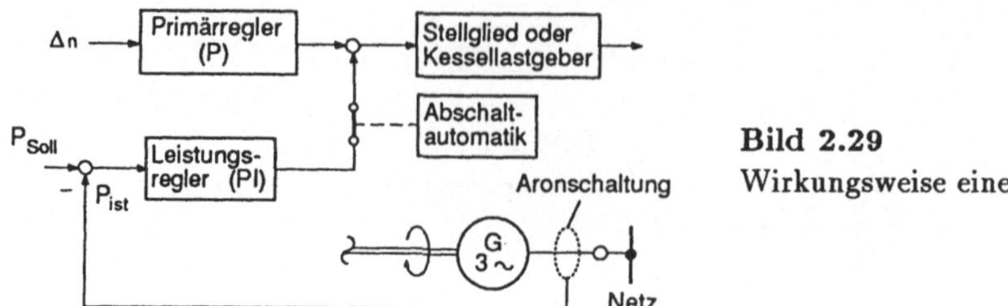

Bild 2.29
Wirkungsweise eines Leistungsreglers

Drehzahlregelung dagegen wegen einer Frequenzerhöhung im Netz ein Schließen der Ventile anstrebt. In solchen Konfliktfällen ist die Drehzahlregelung bevorrechtigt. Eine Abschaltautomatik sorgt dafür, daß diese beiden Regelkreise nicht gegeneinander arbeiten.

Wichtig für das weitere Verständnis ist die nicht näher begründete Eigenschaft, daß nach plötzlichen Laständerungen bereits nach ganz kurzer Zeit wieder alle Blöcke die gleiche Drehzahl aufweisen, die sich im Netzverband in Form von Schwingungen noch zeitlich ändern kann.

Aufgrund dieser Eigenschaft sehen alle Primärregler bei gleichem Sollwert n_{soll} auch die gleiche Regelabweichung. Die parallel wirkenden Primärregler eines Inselnetzes verhalten sich daher wie ein einzelner Regler im Inselbetrieb. Sie können auch insgesamt nur die Drehzahl bis auf eine verbleibende Drehzahl- bzw. Frequenzabweichung ausregeln. Aus diesen Gründen ist wiederum eine *Sekundärregelung* notwendig, die jedoch in *Inselnetzen nicht mit dem Drehzahl-, sondern mit dem Leistungsregler zusammenarbeitet.*

Es sei darauf hingewiesen, daß in dem Versorgungsgebiet nur ein *einziger Sekundärregler* vorhanden sein darf, weil sonst unerwünschte Schwingungen in der Netzfrequenz auftreten können. Der Sekundärregler befindet sich in einer zentralen Einrichtung des Unternehmens, von der aus die Führung des Netzes erfolgt und der Einsatz der Kraftwerke festgelegt wird. Diese Einrichtung wird als *Schaltleitung* oder *Netzbetriebsführung* bezeichnet, für die auch die Begriffe Netzkommandostelle oder Lastverteilerzentrale üblich sind. Von dort steuert der Sekundärregler über Fernwirkanlagen mehrere Kraftwerksblöcke, die sogenannten *Regelblöcke* oder *Regelmaschinen* (Bild 2.30).

Die Aufteilung der Regelabweichung wird von den Größen α_1, α_2 bestimmt. Sie werden meist so gewählt, daß diejenigen Maschinen einen großen Anteil übernehmen, bei denen die Leistung über einen großen Bereich verstellt werden kann, ohne daß der Anlagenzustand z.B. durch Zuschalten von Kohlemühlen zu verändern ist.

Das Zusammenspiel zwischen Sekundär- und Primärregelung verläuft analog zum Inselbetrieb. Die schnellen Primärregelungen sprechen bei einer hinreichend großen Frequenz- bzw. Drehzahlabweichung von ca. 20...50 mHz an und regeln diese mit allen Blöcken

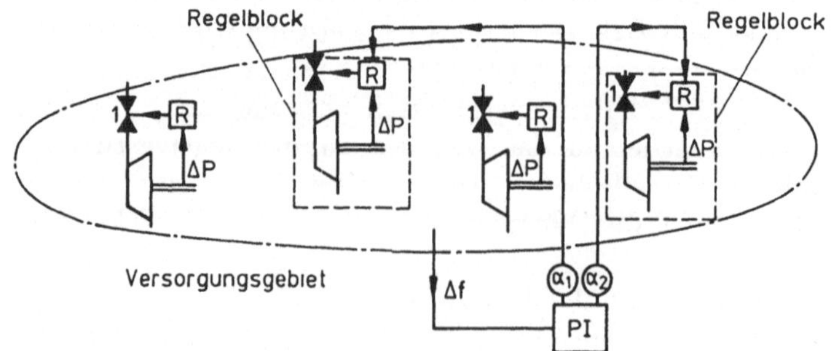

Bild 2.30
Regelung der Turbinen in
einem Inselnetz
R: Leistungsregler
(der parallel wirkende
Primärregler ist nicht
dargestellt)
1: Ventil

im Netz grob aus. Anschließend wird eine Feinkorrektur im Minutenbereich mit dem übergeordneten Sekundärregler vorgenommen, allerdings nur mit den dafür vorgesehenen Regelblöcken. Kleinere Frequenzänderungen werden meist infolge einer eingebauten Unempfindlichkeitsschwelle bei der Drehzahlregelung nur von der Sekundärregelung erfaßt. Da sie träger arbeitet, werden die Hubbewegungen der Ventile langsamer und damit für die Turbine schonender.

Die Änderungen der Netzlast sind normalerweise so langsam, daß sie nur von der Sekundärregelung mit den Regelblöcken ausgeregelt werden. Die Regelblöcke stellen mithin den Leistungspuffer dar, der zunächst die Netzlaständerungen auffängt. Es ist dazu natürlich notwendig, daß die Blöcke die Leistungsänderungen auch aufnehmen können, also über genügend *freie Leistung* verfügen. Diese Aufgabe fällt der bereits angesprochenen Schaltleitung zu: Wenn die freie Leistung zu klein wird, müssen die nicht an der Sekundärregelung liegenden Blöcke ihre Leistungswerte entsprechend verändern. Um dies sicherzustellen, werden von der Schaltleitung für jeden einzelnen Block *Fahrpläne* ausgearbeitet, die bestimmen, zu welchem Zeitpunkt mit welcher Leistung ins Netz eingespeist wird.

Im weiteren soll nun die Regelung für ein noch umfassenderes Netz, das Verbundnetz, betrachtet werden, in dem gewissermaßen eine Reihe von Inselnetzen miteinander gekuppelt sind. Die Regelung hat einerseits für eine *konstante Frequenz*, andererseits jedoch zusätzlich auch dafür zu sorgen, daß die *Austauschleistungen* auf den Verbindungsleitungen zwischen den einzelnen Netzverbänden, den Kuppelleitungen, *eingehalten werden*. Der prinzipielle Aufbau dieser Regelung ist Bild 2.31 zu entnehmen. Der Sekundärregler wirkt wiederum in der schon beschriebenen Weise auf die Leistungsregler der Regelblöcke. Auffällig ist, daß jedes Verbundunternehmen einen eigenen Sekundärregler aufweisen kann, ohne daß sich die Regler gegenseitig zu Schwingungen anregen. Zu diesem Zweck werden dem Regler zwei Signale zugeführt (Bild 2.31).

Eines dieser beiden Signale leitet sich aus einer eventuell auftretenden Frequenzabweichung $\Delta f = f - f_{50}$ ab. Es wird gemäß der Beziehung

$$\Delta P_i = -K_{N_i} \cdot \Delta f \tag{2.4}$$

gebildet. Die Proportionalitätskonstante K_{N_i} wird als *Netzleistungszahl* des jeweils betrachteten i-ten Teilnetzes bezeichnet. Sie beschreibt im Unterschied zu der kennenge-

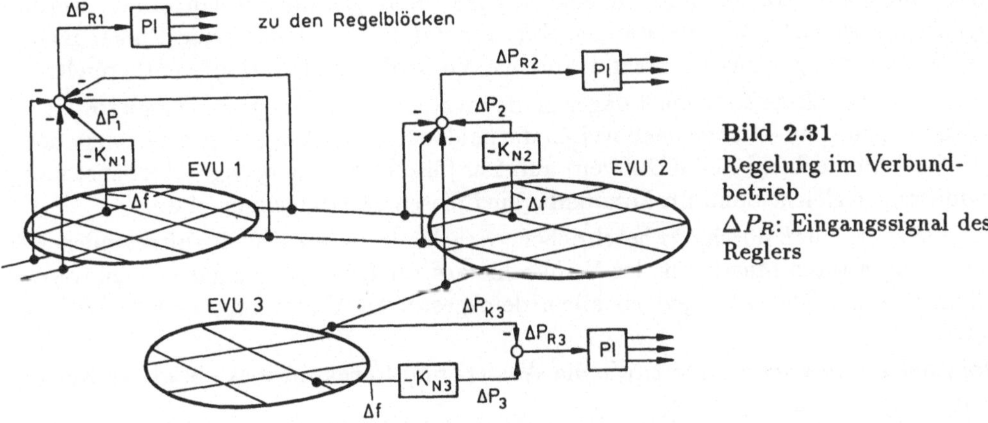

Bild 2.31
Regelung im Verbundbetrieb
ΔP_R: Eingangssignal des Reglers

lernten Maschinenleistungszahl K_M die gesamte Leistungsänderung in dem betrachteten Netz, die aus einer Frequenzabweichung Δf resultiert. Im wesentlichen wird diese Leistungsänderung durch die eingestellten Charakteristiken derjenigen Primärregler bestimmt, die sich in dem Netzgebiet gerade im Einsatz befinden. Demnach wird die Netzleistungszahl durch die Summe der zugehörigen Maschinenleistungszahlen gebildet. Leichte Abweichungen können sich durch die Frequenzabhängigkeit der Lasten ergeben (Selbstregeleffekt). Der untere Schwellwert der Größe K_N wird jedem Verbundpartner von der DVG zugewiesen [67].

Im *ungestörten* Netzbetrieb mit Frequenzschwankungen $|\Delta f|$, die sich unterhalb von ca. 40 mHz bewegen, ist dieser Signalanteil nicht relevant. Dann kommt allein die zweite Komponente ΔP_{Ki} der beiden Signale zum Tragen. Diese Größe erfaßt die Abweichungen zwischen den Ist- und Sollwerten der Wirkleistungsflüsse $P_{Ki}, P_{Ki_{soll}}$ auf den n Kuppelleitungen (Bild 2.31), wobei abfließende Leistungen positiv gezählt werden:

$$\Delta P_{Ki} = \sum_{i=1}^{n}(P_{Ki} - P_{Ki_{soll}}) \tag{2.5}$$

Dieses Signal steuert daher im wesentlichen den Regler. Dementsprechend werden von dem Sekundärregler die Regelmaschinen des betrachteten Netzbezirks so ausgefahren, daß die Bilanz der Austauschleistungen den gewünschten Wert annimmt. Die Aufteilung der Leistungen auf die einzelnen Kuppelleitungen zwischen jeweils zwei Unternehmen wird über Transformatoren mit Quer- oder Schrägeinstellung gesteuert (s. Abschnitt 4.2.5.2). Es gilt festzuhalten, daß im ungestörten Netzbetrieb der Sekundärregler im wesentlichen den Energieaustausch zwischen den einzelnen Netzbezirken sicherstellt.

Eine andere Situation tritt im *Störungsfall* auf, wenn die Frequenzschwankungen $|\Delta f|$ deutlich über dem normalen Pegel liegen. Bei dieser Bedingung sprechen die Primärregler im gesamten Netzverband an, da alle Regler die gleiche Frequenzabweichung registrieren. Falls z.B. als Ursache ein Leistungsmangel in Frage kommt, bewirkt die dadurch hervorgerufene Frequenzabsenkung Δf eine höhere Leistungsabgabe aller eingesetzten Maschinen. In den ungestörten Netzteilen entsteht entsprechend der Beziehung (2.4) ein Leistungsüberschuß, der über die Kuppelleitung in den Netzteil mit der Störung abfließt.

Die beiden Signale ΔP_i und ΔP_{Ki} sind bei einem ungestörten Netzteil gleich groß, wenn vorausgesetzt wird, daß bereits vor dem Fehlereintritt die Sollwerte der Austauschleistungen eingehalten worden sind. Da beide Signale am Reglereingang subtrahiert werden, kompensieren sie sich. Am zugehörigen Sekundärregler tritt daher keine Eingangsgröße auf, so daß er, wie gewünscht, nicht anspricht; die Regler sind stationär entkoppelt.

Auf das fehlerbehaftete Netz fließt dagegen die im gesamten Netzverband erzeugte zusätzlich Leistung zu. Dementsprechend weisen die beiden Signale ΔP_{Ki} und ΔP_i – dem dortigen Defizit entsprechend – eine Differenz auf. Der für dieses Versorgungsgebiet zuständige Sekundärregler gleicht dann im Minutenbereich diesen Leistungsmangel aus.

Es zeigt sich also, daß durch das beschriebene Regelkonzept bei schnell auftretenden Fehlern alle eingesetzten Maschinen des Verbundnetzes zur Hilfestellung gezwungen werden, die längerfristige Korrektur jedoch allein dem gestörten Versorgungsgebiet überlassen bleibt.

Im folgenden wird kurz erläutert, wie die Wasser- und Kernkraftwerke in dieses Konzept mit einbezogen werden.

2.4.2 Regelung von Wasser- und Kernkraftwerken

Wie bei Dampfturbinen ist natürlich auch bei Wasserturbinen und Reaktoren eine Regelung der Antriebsleistung notwendig, die zugehörigen Stellorgane sind in den Abschnitten 2.2 und 2.3 bereits beschrieben.

Bei Mittel- und Hochdruckanlagen weist die Primärregelung einen anderen Aufbau auf als bei Dampfturbinen. Die Regelung hat dort zusätzlich die Laufzeiteffekte zu berücksichtigen, die durch die Wasserzuführung zwischen Speichersee und Turbine verursacht werden.

Die besonderen Vorteile der Wasserturbinen liegen aus regeltechnischer Sicht in dem kurzen Anfahrvorgang von ca. 90 s und ihrer hohen Leistungsänderungsgeschwindigkeit $\Delta P/\Delta t$, die insbesondere auch bei größeren Leistungshüben im Gegensatz zu den Dampfturbinenkraftwerken erhalten bleibt. Dieses Verhalten ist darauf zurückzuführen, daß sich der Wasserstrom einfacher aktivieren bzw. regulieren läßt als Dampf. Aufgrund dieser Eigenschaft werden Wasserkraftwerke bevorzugt an die Sekundärregelung angeschlossen.

Bei Kernkraftwerken wirkt die Drehzahlabweichung analog zum Gleitdruckbetrieb auf den Reaktor bzw. auf die Regelstäbe. Dieses Regelkonzept bewirkt bekanntlich eine schonende Fahrweise. Kernkraftwerke werden üblicherweise nicht als Regelblöcke eingesetzt, weil aufgrund der geringeren Brennstoffkosten die Vorhaltung freier Leistung unwirtschaftlich wäre.

Weitere Gesichtspunkte, die über diesen Aspekt hinaus für den Kraftwerkseinsatz wichtig sind, werden im folgenden behandelt.

2.5 Kraftwerkseinsatz

Der Kraftwerkseinsatz ist von der Schaltleitung bzw. Netzbetriebsführung so festzulegen, daß die Last stets gedeckt wird. Zugleich hat diese Einrichtung den Betriebszustand der Netze so zu gestalten, daß die Energie zu jeder Zeit zuverlässig zum Verbraucher transportiert werden kann.

Da die thermischen Kraftwerke Anfahrzeiten von mehreren Stunden aufweisen und damit eine kurzzeitige Aktivierung entfällt, ist bereits aus diesem Grunde eine Planung des Kraftwerkseinsatzes im voraus notwendig. Dies ist jedoch nur möglich, wenn für die Last eine hinreichend genaue Prognose erstellt werden kann.

2.5.1 Verlauf der Netzlast

Die Erfahrung zeigt, daß sich die Belastungskurven von jeweils einzelnen Tagen stark ähneln. So weisen z.B. die Wochentage Dienstag bis Freitag oder auch die jeweils aufeinanderfolgenden Sonntage einen ähnlichen Verlauf auf. Für Industriegebiete ist es z.B. kennzeichnend, daß an Werktagen eine annähernd gleichmäßig hohe Belastung während der Arbeitszeit auftritt. Dabei bildet sich um die Mittagszeit ein schwaches Maximum aus. Nach Arbeitsschluß sinkt die Last ab und steigt in den Abendstunden entsprechend den Lebensgewohnheiten wieder an. Zwischen 0 und 6 Uhr erreicht die Last ein Minimum, um dann wieder im Bereich von 6 bis 8 Uhr sehr steil anzusteigen (Bild 2.32). Zusätzlich übt die Jahreszeit einen starken Einfluß auf Höhe und Verlauf der Last aus. Im Winter erreicht die Last ihren Höchststand, um im Sommer auf besonders niedrige – bisweilen auf halb so große – Werte abzufallen. Oft wird dieses niedrige Lastniveau für die Revision von Kraftwerks- und Netzanlagen genutzt. Im Niedriglastbereich ändert

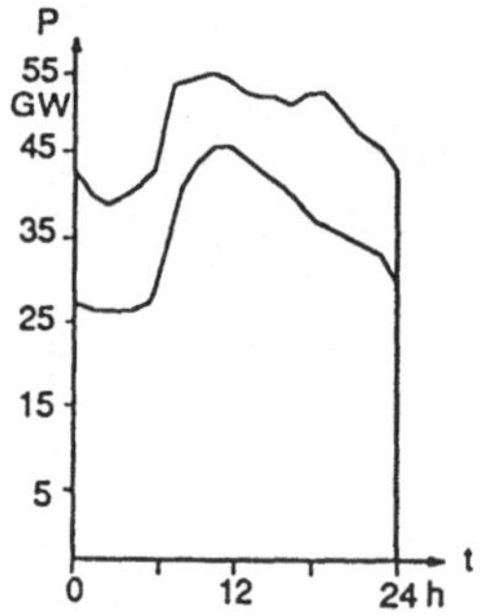

Bild 2.32
Charakteristischer Lastverlauf
an einem Winter- und Sommertag
(Höchst- und Niedrigstlast)

sich auch der beschriebene Verlauf. Es bildet sich ein deutliches Mittagsmaximum aus
(Bild 2.32).

Aufgrund der Tatsache, daß die Lastverläufe sehr stark mit vergangenen Verläufen korre-
spondieren, ist eine Lastprognose auf ca. 5 % Genauigkeit und besser möglich. Änderungen wichtiger Einflußgrößen wie Temperatur, Witterung usw. werden bei der täglichen
Lastprognose berücksichtigt. Auf der Lastprognose aufbauend, ist es für die Schaltleitung
möglich, den Kraftwerkseinsatz zu planen.

2.5.2 Deckung der Netzlast

Bei der Einsatzplanung sind eine Reihe netz- und betriebstechnischer Gegebenheiten zu
berücksichtigen. Zu den netztechnischen Bedingungen zählt z.B., daß in einem Netz die
Spannung stets in einem vorgegebenen Toleranzband bleiben muß. Als Beispiel für eine
betriebstechnische Restriktion sei die Forderung genannt, daß eine angebrochene Schicht
möglichst zu Ende gefahren werden soll. Daraus resultiert eine Mindesteinsatzzeit für
den Block. Ferner müssen *Verträge* über den Energieaustausch mit benachbarten EVU
sowie Abnahmeverpflichtungen für bestimmte Brennstoffmengen eingehalten werden.

Es handelt sich bei diesen Beispielen um notwendige Bedingungen, die vom Lastverteiler
zu beachten sind. Wenn im Rahmen dieser Bedingungen noch Freiheitsgrade vorhanden sind, läßt man sich bei der Einsatzplanung vor allem von Kostengesichtspunkten
leiten und versucht, die Brennstoffkosten zu minimieren. Der gesamte beschriebene Auf-
gabenkomplex wird demzufolge als *wirtschaftliche Lastverteilung* bezeichnet (s. Abschnitt
8.1).

Im allgemeinen unterscheiden sich die Blöcke sowohl in ihren Wärmeverbrauchskennli-
nien als auch in den Kosten W_P (s. Gl. 2.1). Die von der Schaltleitung überwiegend
permanent eingesetzten kostengünstigen Kraftwerke werden üblicherweise als *Grundlast-
kraftwerke* bezeichnet, wenn sie Betriebszeiten von mindestens 5000 Stunden pro Jahr
aufweisen. Als Beispiel seien Kernkraftwerke mit einer durchschnittlichen Betriebsdauer
von 7000 Stunden genannt. Bei kleineren Einsatzzeiten spricht man von *Mittellastkraft-
werken*; ein typisches Beispiel dafür sind Steinkohlenkraftwerke mit 4000 Stunden pro
Jahr. Kurz anhaltende Lastspitzen werden zweckmäßigerweise mit Kraftwerken gedeckt,
die eine sehr schnelle Hochlaufzeit aufweisen, also Pumpspeicher- und Gasturbinenanla-
gen. Sie werden nur sporadisch, ca. 500...1000 h/a, eingesetzt. Da sie nur Spitzenlast
decken, werden sie als *Spitzenlastkraftwerke* bezeichnet.

Wie bereits erwähnt, koordiniert die Schaltleitung auch den Netzbetrieb. Sie bestimmt
z.B., welche Transformatoren und Leitungen für Wartungszwecke abgeschaltet werden
dürfen. Um diese Maßnahmen im einzelnen verstehen zu können, sind genauere Kenntnisse über die Energieversorgungsnetze notwendig. Zunächst wird auf den Aufbau eingegangen.

2.6 Aufgaben

Aufgabe 2.1: Im Bild ist ein Inselnetz dargestellt, das aus den beiden Teilnetzen N_1 und N_2 bestehe. Der Leistungschalter sei geöffnet. In das zunächst betrachtet Teilnetz N_1 speisen drei Generatoren mit den Nennleistungen $P_{n1} = 150$ MW, $P_{n2} = 200$ MW und $P_{n3} = 250$ MW ein. Die zugehörigen Minimalleistungen betragen $P_{m1} = 50$ MW, $P_{m2} = 75$ MW und $P_{m3} = 100$ MW. Der Primärregler ist so eingestellt, daß eine Erhöhung von der Minimal- auf die Nennleistung zu einer Frequenzabsenkung von $\Delta f_1 = 1$ Hz, $\Delta f_2 = 2$ Hz, $\Delta f_3 = 2$ Hz führt.

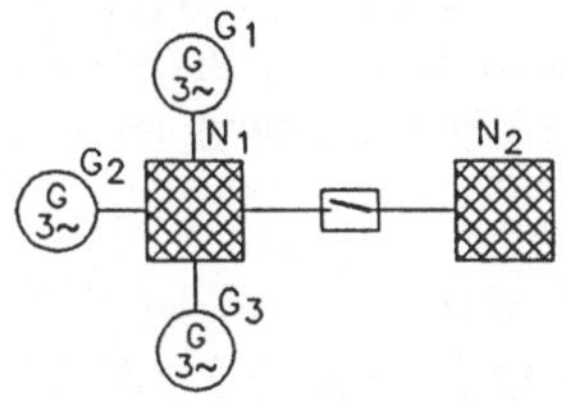

a) Wie groß ist die Leistungszahl der einzelnen Generatoren?

b) Es liege Nennfrequenz vor, wenn die Generatoren jeweils eine Leistung um 25 MW über der Minimalleistung fahren. Welche neue Frequenz stellt sich stationär ein, wenn die Last durch einen Kurzschluß um 50 MW verkleinert wird und nur die Primärregler wirksam sind?

c) Welche Leistungen fahren die drei Blöcke etwa nach 3...10 Sekunden?

d) Skizzieren Sie für den Generator G_1 im stationären Leistungs-Frequenzdiagramm den Verlauf, den der Primärregler bewirkt (quasistationärer Verlauf). Tragen Sie in das Diagramm ein, wie der Sekundärregler den so erreichten Betriebspunkt verändert, wenn die drei Blöcke an der Netzregelung liegen.

e) Skizzieren Sie in dem Diagramm qualitativ, wie diese Verläufe durch eine frequenzabhängige Last verändert werden.

f) In welchen Zeitbereichen erfolgen diese Regelvorgänge bei Leistungserhöhungen und -absenkungen?

g) Erläutern Sie, warum es nicht sinnvoll ist, die Leistungzahlen auf sehr große Werte einzustellen.

Aufgabe 2.2: Zu dem Teilnetz N_1 werde das Teilnetz N_2 zugeschaltet, wobei vor der Schaltmaßnahme die drei Generatoren G_1, G_2, G_3 gemäß Aufgabe 2.1 jeweils eine Leistung um 25 MW oberhalb des Minimalwertes fahren. Die zusätzliche wirksame Last senkt die Frequenz vom Nennwert stationär auf 49,95 Hz ab.
Welche Leistung fließt in das Teilnetz N_2?

Aufgabe 2.3: Es wird der in Aufgabe 2.1 dargestellte Netzverband betrachtet.

a) Wie groß ist die Netzleistungszahl des Teilnetzes N_1, wenn die drei Generatoren G_1, G_2, G_3 in das Netz einspeisen?

b) Wie groß ist die Netzleistungszahl, wenn das Teilnetz N_2 zugeschaltet wird?

c) Welche Netzleistungszahl weisen die Netze N_1, N_2 gemeinsam auf, wenn nur die Generatoren G_2 und G_3 einspeisen?

d) Folgern Sie aus den Ergebnissen der Fragen a) und c), ob der Ausfall eines Generators bei größeren Netzen mit ca. 15 bis 20 Blöcken zu merklichen Änderungen in der Netzleistungszahl führt.

e) Erläutern Sie, ob die Netzleistungszahl im Verlauf eines Tages konstant bleibt oder von der Netzbetriebsführung am Sekundärregler nachgestellt werden muß.

f) Wie verändert sich die Netzleistungszahl in der Frage a), wenn die Last frequenzabhängig ist?

Aufgabe 2.4: Es wird der im Bild dargestellte Netzverband untersucht. Zum betrachteten Zeitpunkt fließen auf den Kuppelleitungen L_1, L_2 keine Austauschleistungen. Durch einen Fehler möge im Netz N_2 ein Block ausfallen. Dessen zuvor eingespeiste Leistung möge 100 MW betragen. Die drei Netze weisen die Netzleistungszahlen $K_{N1} = 400$ MW/Hz, $K_{N2} = K_{N3} = 500$ MW/Hz auf. Beachten Sie, daß der Kraftwerksausfall auf die anderen Generatoren wie eine Last*erhöhung* wirkt.

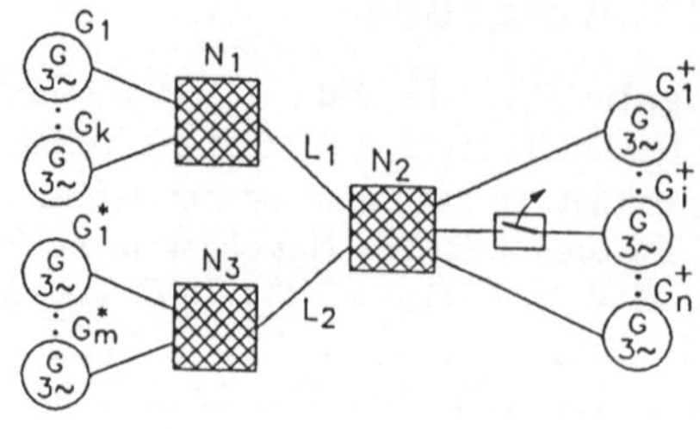

a) Welche Frequenz stellt sich in den Netzen N_1, N_2, N_3 nach Ansprechen der Primärregler ein?

b) Welche Leistungen werden zwischen den Netzen dann ausgetauscht?

c) Welche Eingangssignale ΔP_R weisen zu diesem Zeitpunkt die Sekundärregler in den Netzen N_1, N_2, N_3 auf?

d) Nach welchem Zeitraum stellt sich etwa auf den Kuppelleitungen wieder der Zustand vor dem Störungsfall ein (konstante Last vorausgesetzt)?

e) Durch welche regelungstechnische Maßnahme könnte die Hilfestellung der Nachbarnetze erhöht werden?

Sind damit auch negative Auswirkungen für das Betreiben dieser Netze verbunden?

Aufgabe 2.5: Modernere Blöcke weisen eine Leistungsänderungsgeschwindigkeit von $\Delta P/\Delta t \approx (3\ \%) \cdot (P_n - P_{min})/(1\ \text{min})$ mit $P_{min} \approx P_n/3$ auf.

Mit wievielen festdruckgeregelten 450-MW-Blöcken ließe sich ein Ausfall von 500 MW in ca. 2 min bei hinreichend freier Reserve ausregeln?

Welche Leistungszahl würde ein derartiges Netz aufweisen?

3 Aufbau von Energieversorgungsnetzen

Für die Kennzeichnung von *Energieversorgungsnetzen* ist die *Nennspannung*, die stets als *Effektivwert* angegeben wird, ein wichtiger Begriff. Bei *Betriebsmitteln* ist dieser Ausdruck ebenfalls noch üblich, wird jedoch in zunehmendem Maße durch die Bezeichnung *Bemessungsspannung* ersetzt. Entsprechendes gilt für zugehörige Ströme und Leistungen. Gemeinsam ist diesen Größen, daß mit ihnen ein vom Hersteller garantierter Betriebszustand beschrieben wird. Sein wesentliches Merkmal besteht darin, daß die sich dabei einstellende Leistung im Dauerbetrieb zu keinen Überlastungen führen darf.

Parallel dazu wird noch die *Größe* U_m verwendet. Sie charakterisiert den *Effektivwert* der maximal zulässigen Spannung, mit der das jeweilige Betriebsmittel dauernd betrieben werden darf (s. DIN VDE 0101). Überwiegend weist diese Spannung den gleichen Wert wie die Bemessungsspannung auf.

Im folgenden werden alle Größen immer dann mit *kleinen Buchstaben* indiziert, wenn *Betriebszustände* gekennzeichnet werden. Demgegenüber werden *große Buchstaben* als Index gewählt, sofern *ein Ort* im Netz zu charakterisieren ist. Entsprechend dieser Definition sind die Nenn- bzw. Bemessungsgrößen mit kleinen Buchstaben zu indizieren. Für die Nenngröße wird n und für die Bemessungsgröße r (rated value) verwendet.

Bevor nun der Aufbau der Energieversorgungsnetze erläutert wird, sind zunächst die drei Möglichkeiten darzustellen, mit denen die Energie übertragen und verteilt wird.

3.1 Übertragungssysteme

Bei den drei verwendeten Übertragungsarten handelt es sich im einzelnen um das einphasige System, das Drehstromsystem und die Hochspannungs-Gleichstromübertragung, die auch kurz als HGÜ bezeichnet wird.

Einphasige Systeme werden überwiegend für Bahnstromnetze eingesetzt, da dann nur ein einziger Stromabnehmer erforderlich ist. Das Bahnstromnetz der Bundesrepublik weist Nennspannungen von 110 kV, 60 kV und 15 kV auf.

Aus historischen Gründen, die u.a. in der Beherrschung der Kommutierungsprobleme bei den damaligen Gleichstrommaschinen liegen, wird das Bahnnetz überwiegend mit einer Frequenz von 16 2/3 Hz betrieben. Die Speisung dieser Netze erfolgt entweder aus entsprechenden Generatoren oder über Umformer aus dem öffentlichen 50-Hz-Energieversorgungsnetz. Heute sind bereits auch einphasige 50-Hz-Bahnnetze im Einsatz.

Demgegenüber ist das öffentliche Netz dreiphasig aufgebaut. Die einzelnen Netzelemente können dabei entsprechend Bild 3.1 im Dreieck oder Stern geschaltet werden. Für die Zuführungsleitungen, die bevorzugt mit L1, L2, L3, aber z.Z. auch noch mit R, S, T bezeichnet werden, verwendet man den Ausdruck *Außenleiter* oder auch nur *Leiter*, sofern keine Verwechselungen möglich sind. Dementsprechend heißen die Spannungen zwischen den Außenleitern *Außenleiterspannungen* oder kurz *Leiterspannungen*. Parallel dazu verwendet man auch den Ausdruck *Dreieckspannung*. Die Ströme in den Außenleitern werden sinnvollerweise als *Außenleiter-* bzw. *Leiterströme* bezeichnet.

Stränge stellen diejenigen Zweige dar, die bei der Dreieckschaltung zwischen den Außenleitern oder bei der Sternschaltung jeweils zwischen einem Außenleiter und dem Sternpunkt, dem Knotenpunkt N in Bild 3.1, liegen. Die Spannungen, die an einem Strang abfallen, werden als *Strangspannungen* bezeichnet. Speziell bei der Sternschaltung wird

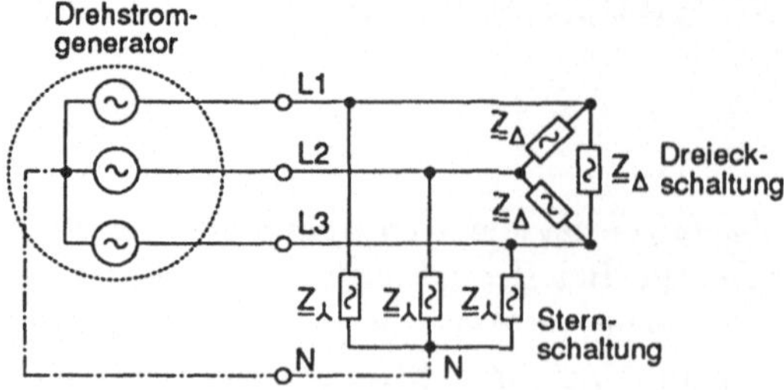

Bild 3.1
Dreiphasige Energieübertragung

für die Strangspannung auch der Begriff *Sternspannung* verwendet. Entsprechend gilt für die Ströme die Bezeichnung Strangströme; im Fall der Sternschaltung ist es auch üblich, von *Sternströmen* zu sprechen.

Sofern nun die drei Außenleiterspannungen bzw. die drei Außenleiterströme jeweils die gleichen Beträge aufweisen und untereinander jeweils um 360°/3, also 120°, phasenverschoben sind, liegt definitionsgemäß ein *symmetrisches dreiphasiges Spannungs- bzw. Stromsystem* vor, wobei im Falle der Ströme auch der Ausdruck *Drehstromsystem* üblich ist. Da die dreiphasigen Netze üblicherweise mit symmetrischen Spannungssystemen gespeist werden, genügt es, einen einzigen Wert zur Kennzeichnung der Nennspannung anzugeben. *Als Bezugsgröße wird stets die Außenleiterspannung gewählt.*

Ein Netz gilt als symmetrisch aufgebaut, wenn sich bei der Speisung mit einem symmetrischen Spannungs- bzw. Stromsystem auch bei der nicht eingeprägten Größe ein symmetrisches System ausbildet. Dieser Fall liegt bei dem Netz in Bild 3.1 dann vor, wenn in drei Strängen der Dreieck- und Sternschaltung die wirksamen Impedanzen jeweils untereinander gleich groß sind. Wenn sowohl ein *symmetrischer Netzaufbau* als auch eine *symmetrische Netzspeisung* gegeben sind, spricht man von einem *symmetrischen Netzbetrieb*.

Sofern nur die drei Außenleiter L1, L2, L3 bzw. R, S, T vorliegen, handelt es sich um ein *Dreileitersystem*. Es wird durch das Schaltssymbol gemäß Bild 3.2 gekennzeichnet.

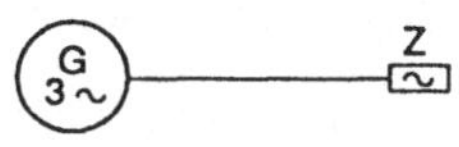

Bild 3.2
Vereinfachte Darstellung eines symmetrisch betriebenen Dreileitersystems

Im Falle des symmetrischen Betriebs kann mit den drei Leitern L1, L2, L3 die gleiche Leistung übertragen werden wie mit drei Einphasensystemen, die dazu jedoch sechs Leiter benötigen. Ein weiterer Vorteil des symmetrischen Betriebs ist darin zu sehen, daß die Summe aller in den Leitern übertragenen Leistungen einen zeitlich konstanten Wert aufweist. Der Wert hängt zum einen von der Spannung (Effektivwert) ab, die tatsächlich zwischen den Außenleitern herrscht und als *Betriebsspannung* U_b bezeichnet wird; zum anderen ist der Außenleiterstrom I_b (Effektivwert) maßgebend, der im allgemeinen um einen Winkel φ phasenverschoben ist:

$$P = \sqrt{3} \cdot U_b \cdot I_b \cdot \cos\varphi \; .$$

Im Einphasensystem stellt sich dagegen ein schwankender Leistungsfluß ein. Demzufolge gibt ein Drehstrommotor im Gegensatz zum einphasigen Wechselstrommotor ein zeitlich konstantes Drehmoment ab. Aufgrund dieser Vorteile werden normalerweise *Drehstromnetze symmetrisch betrieben.*

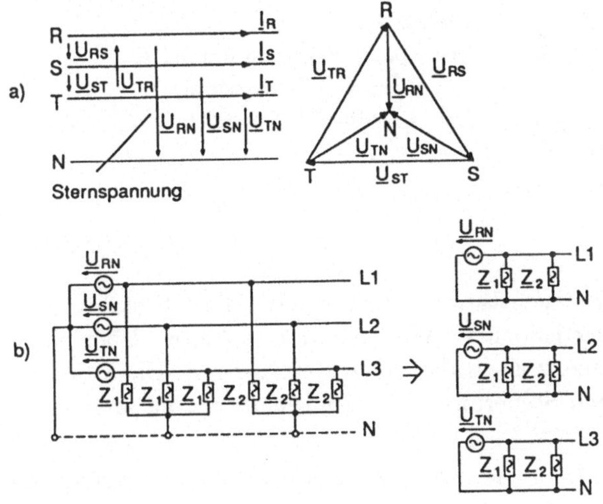

Bild 3.3
Drei- und Vierleitersysteme
a) Zählpfeile in einem symmetrisch
   betriebenen Vierleitersystem
b) Reduktion eines Drei- und
   Vierleiternetzes auf einphasige
   Systeme

Wenn wie in Bild 3.1 der vierte Leiter N, der *Neutral-* oder *Sternpunktleiter*, an den Sternpunkt N angeschlossen ist, liegt ein *Vierleitersystem* vor. Ein solches Drehstromsystem hat den Vorteil, daß gleichzeitig zwei verschiedene Spannungen zur Verfügung stehen (Bild 3.3). Die Außenleiterspannungen sind im Betrag um einen Faktor $\sqrt{3}$ größer als die Sternspannungen. Je nach Wahl einer Stern- oder Dreieckschaltung können demnach die Verbraucher mit der einen oder der anderen Spannung versorgt werden. Bei einem symmetrischen Betrieb ergänzen sich die Außenleiterströme stets zu Null, so daß der Neutralleiter stromlos ist. Aufgrund dessen unterscheiden sich bei diesem Betriebszustand Drei- und Vierleitersysteme nicht in ihrem Verhalten.

Aus dieser Eigenschaft läßt sich auch folgern, daß die Sternpunkte bei den vorausgesetzten Symmetrieverhältnissen stets dasselbe Potential aufweisen. Wie in Bild 3.3 veranschaulicht, beeinflussen sich die drei Außenleiter mit ihren Lasten gegenseitig nicht. Daher kann jeder der drei Leiter einphasig durchgerechnet werden. Dabei ist es ausreichend, nur einen Leiter auszuwerten, da die Ströme und Spannungen in den beiden anderen aufgrund der Symmetrieverhältnisse dann bekannt sind. Üblicherweise wählt man dafür den Leiter L1. Bei dieser Vorgehensweise wird für eine Schaltungsanalyse nur ein Drittel des Rechenaufwandes benötigt.

Auch Dreieckschaltungen können in die Netzreduktion einbezogen werden. Dazu sind diese nur in äquivalente Sternschaltungen umzuwandeln, also in Schaltungen, die das gleiche Eingangsverhalten aufweisen [22]. Selbst komplizierte Betriebsmittel wie z.B. Transformatoren können bei der vorausgesetzten Symmetrie auf einphasige Darstellungen reduziert werden, so daß es möglich ist, ganze Energieversorgungsnetze in dieser einfachen Weise zu beschreiben.

Ein- und dreiphasige Netze weisen gemeinsam den Nachteil auf, daß der Energietransport mit Freileitungen höchstens bis zu 1000 km, mit Kabeln nur bis etwa 30 km wirtschaftlich vertretbar ist (s. Abschnitte 4.5 und 4.6). Abhilfe bietet dann der Einsatz der *Hochspannungs-Gleichstromübertragung*.

Die HGÜ arbeitet nach dem in Bild 3.4 skizzierten Prinzip. Die im Drehstromnetz 1 vorhandene Spannung der Frequenz f_1 wird mit einem statischen Umrichter auf bis zu 1000 kV Gleichspannung gebracht, wobei die Spannungshöhe durch einen vorgeschalteten Transformator bestimmt wird. Über eine Freileitung oder ein Kabel wird die Energie

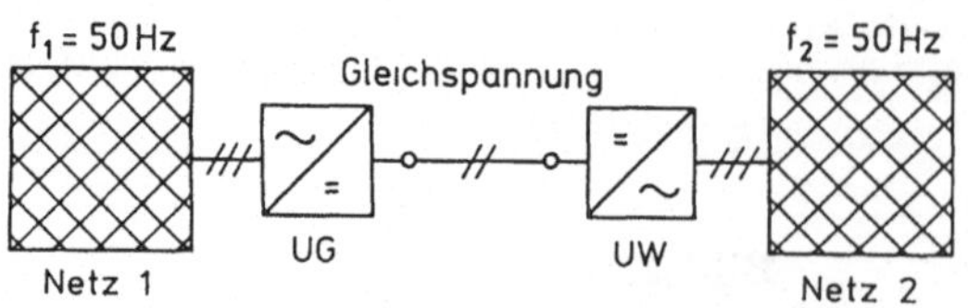

Bild 3.4
Prinzipielle Funktion der HGÜ
// 2 Leiter (Gleichstrom)
/// 3 Leiter (Drehstrom)

mittels Gleichstromübertragung zu der Gegenstation transportiert. Diese besteht ebenfalls aus einem statischen Umrichter, der jedoch als Wechselrichter arbeitet. Über einen Transformator wird dann mit der Frequenz f_2 in das Netz 2 eingespeist. Die Übertragungsrichtung kann durch entsprechende Steuerung der Stromrichterventile umgekehrt werden.

Der Einsatz der HGÜ ist auch dann von Interesse, wenn große Drehstromnetze gekuppelt werden sollen. Anderenfalls können sich erhebliche Probleme z.B. in der Beherrschung der Kurzschlußströme ergeben (s. Abschnitt 7.4). Die HGÜ-Technik wird bisher relativ selten angewendet. In Europa wird sie nur bei längeren Unterwasserkabeln eingesetzt. Ein Beispiel ist die Konti-Skan-Verbindung, die Skandinavien mit dem mitteleuropäischen Netz verbindet.

Aufgrund dieser Verhältnisse wird auf diese Technik nicht näher eingegangen. Es existiert dafür eine umfangreiche Literatur, u.a. [5].

Die Aussagen der weiteren Kapitel beschränken sich zunächst auf symmetrisch betriebene Drehstromnetze. Die dort beschriebenen Zusammenhänge gelten prinzipiell auch für einphasige Verhältnisse.

3.2   Wichtige Netzstrukturen

In der öffentlichen Energieversorgung haben sich, wie in Kapitel 1 bereits beschrieben, im Laufe der Zeit verschiedene Spannungsebenen entwickelt. Sie werden nach ihrer Nennspannung üblicherweise in vier Gruppen eingeteilt:

> Höchstspannung: 380 kV (400-kV-Ebene)
> Hochspannung: 110 kV (Verteilungsspannung)
> Mittelspannung: 10 kV, 20 kV
> Niederspannung: 380/220 V (0,4-kV-Ebene).

Daneben gibt es auch noch Anlagen mit Zwischenwerten wie 220 kV, 60 kV und 30 kV; weitere Nennspannungen sind in Industrienetzen üblich. Solche Spannungsebenen sind dann anhand ihrer Gestaltung und Funktion einzuordnen.

Unabhängig von der Spannungsebene ist die Struktur des Netzes stets so zu gestalten, daß dessen Versorgung durch *einen* Fehler nicht unterbrochen wird. Erst das Auftreten *zweier* Fehler zur gleichen Zeit darf zu Versorgungsunterbrechungen führen, ein einfacher Ausfall muß dagegen beherrscht werden. Diese weltweit übliche Sicherheitsmaxime wird als *(n-1)-Ausfallprinzip* bezeichnet und hat sich hinreichend bewährt. Zur Einhaltung dieser Bedingung haben sich in den einzelnen Netzebenen unterschiedliche Strukturen als zweckmäßig erwiesen.

3.2.1 Niederspannungsnetze

Ein großer Teil der elektrischen Verbraucher besteht aus Niederspannungsgeräten. Die Endverteilung der elektrischen Energie auf diese Verbraucher erfolgt durch Niederspannungsnetze, die über *Netzstationen* (s. Abschnitt 4.11) aus einem übergeordneten Mittelspannungsnetz gespeist werden. In öffentlichen Energieversorgungsnetzen bewegen sich die Nennleistungen dieser Stationen häufig bei 250, 400 oder 630 kVA. Niederspannungsnetze sind im Unterschied zu den anderen Spannungsebenen nicht als Drei-, sondern als Vierleitersysteme (Bild 3.1) aufgebaut.

Die Struktur der Netze ist dabei wesentlich von dem Parameter *Lastdichte* abhängig, der die Summe aller Lasten – bezogen auf die Fläche – angibt. Bei niedrigen Lastdichten, wie sie z.B. in ländlichen Gegenden auftreten können, werden *Strahlennetze* bevorzugt (Bild 3.5). Diese Netzform besteht aus einer Reihe verzweigter Leitungen, die aus einer gemeinsamen Netzstation versorgt werden (s. Abschnitt 4.11.1.2). Nachteilig an dieser Netzform ist, daß beim Einschalten großer Lasten die Netzspannung absinkt und nicht hinreichend konstant bleibt. Weiterhin führen bereits einfache Ausfälle zu Versorgungsunterbrechungen bei vielen Verbrauchern. Besonders extrem wirkt sich in dieser Hinsicht ein Fehler in der Netzstation aus. Diese strukturelle Schwäche kann jedoch durch zwei Maßnahmen behoben werden.

Zum einen sind in der 0,4-kV-Ebene fahrbare Notstromanlagen einsetzbar, die in Strahlennetzen die dort fehlende Reservefunktion abdecken. Eine andere Möglichkeit besteht darin, Verbindungsleitungen zu Nachbarnetzen vorzusehen, die im Fehlerfall geschlossen werden. Es wird dann *rückwärtig eingespeist*; häufig werden solche Netze auch als Kuppelnetze bezeichnet. Kostengesichtspunkte entscheiden darüber, welche Maßnahme vorteilhafter ist.

Während bei sehr niedrigen Lastdichten als Übertragungsmittel noch Freileitungen und Kabel miteinander konkurrieren, werden für höhere Lastdichten eindeutig Kabel bevorzugt. Sie werden entlang der Straßen verlegt, wobei häufig beide Seiten genutzt werden. Die Bauarbeiten beschränken sich dann auf die Bürgersteige und behindern nicht den Straßenverkehr.

Bei einer Verlegung auf beiden Straßenseiten bietet es sich an, *Ringleitungen* zu bilden. Sie werden im normalen Netzbetrieb in der Mitte, also am Ende des Straßenverlaufs, aufgetrennt, so daß dann wieder ein Strahlennetz vorliegt (Bild 3.6). Darüber hinaus werden in jedem Halbring noch weitere Trennstellen vorgesehen. Sie werden häufig als sogenann-

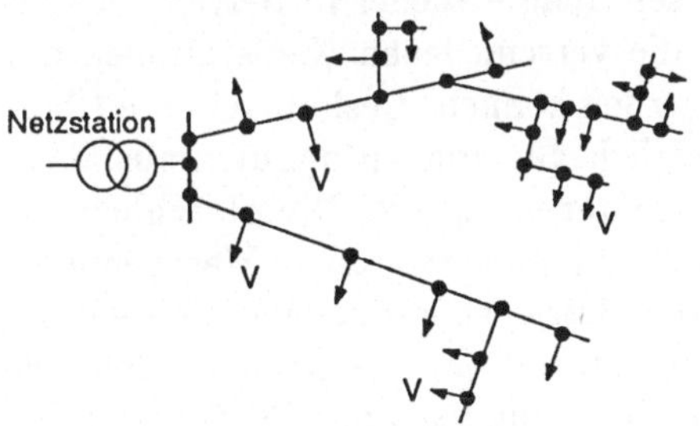

Bild 3.5
Strahlennetz
V: Lasten (Verbraucher)

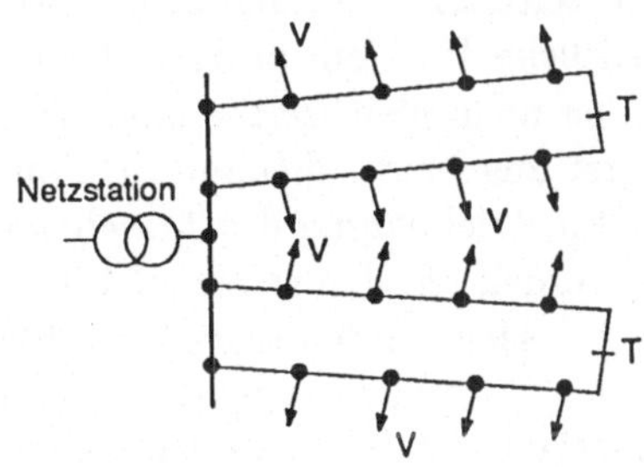

Bild 3.6
Ringleitung, offen betrieben
V: Lasten; T: offene Trennstelle
(geschlossene Trennstellen nicht dargestellt)

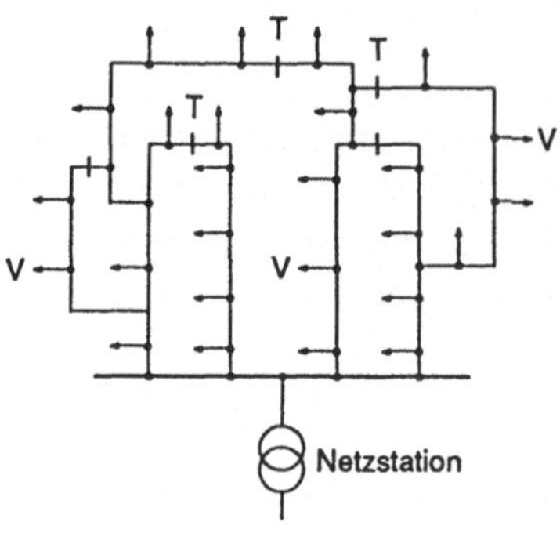

Bild 3.7
Verzweigter Ring
V: Lasten; T: offene Trennstelle

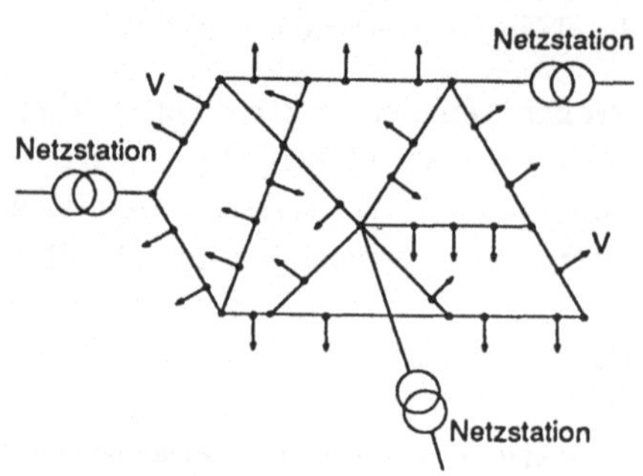

Bild 3.8
Maschennetz
V: Lasten

te Hausanschlußsäulen ausgeführt, die für das EVU-Personal von außen zugänglich sind. Bei Kabelverzweigungen, z.B. in Kreuzungsbereichen, werden stattdessen Kabelverteilerschränke verwendet. Falls nun innerhalb der Ringleitung ein Kurzschluß auftritt, wird die fehlerhafte Kabelstrecke durch das Öffnen der beiden angrenzenden Trennstellen freigeschaltet. Zugleich wird die Trennstelle in der Mitte der Ringleitung geschlossen. Auf diese Weise können alle Verbraucher, die nicht an den abgeschalteten Kabelabschnitt angeschlossen sind, weiter versorgt werden. Diese Netzform weist im Vergleich zum reinen Strahlennetz bereits in sich eine erhöhte Sicherheit auf, die man auch als *Eigensicherheit* bezeichnet. Sie vergrößert sich mit steigendem Vermaschungsgrad und wachsender Anzahl der Einspeisungen; eine Zwischenform stellt der verzweigte Ring in Bild 3.7 dar. Allerdings wird dort implizit eine erhöhte Lastdichte vorausgesetzt, bei der sich die entsprechenden Möglichkeiten auch von der Straßenführung her anbieten.

Für Netze, die von ihrer Struktur her viele Maschen und mehrfache Einspeisungen aufweisen, wird der Ausdruck *Maschennetz* verwendet (Bild 3.8); bei einem geringeren Grad an Maschen spricht man von *vermaschten Netzen*. In beiden Fällen wird vorausgesetzt, daß die vorhandenen Trennstellen in der Mehrzahl auch im Betrieb durchverbunden sind. Maschennetze sind etwa ab Lastdichten von 5 MVA/km^2 möglich. Sie weisen die geforderte Eigensicherheit, die gewünschte Spannungskonstanz sowie niedrige Netzverluste auf. Diesen Vorteilen steht jedoch auch ein Nachteil gegenüber. So ist es recht schwierig, ein großes Maschennetz nach einem Zusammenbruch – einer Großstörung, die z.B. durch einen sehr seltenen Mehrfachfehler ausgelöst sein mag – wieder in Betrieb zu nehmen. Das wesentliche Problem besteht darin, daß die verschiedenen Netzstationen nur manuell und daher nicht gleichzeitig eingeschaltet werden können. Deshalb ist eine Überlastung der zuerst ans Netz gehenden Stationen möglich. Sie können dadurch ausfallen, so daß sich die Inbetriebnahme des Maschennetzes weiter erschwert. Hauptsächlich aus diesem Grunde werden seit den siebziger Jahren bei Neuplanungen größere Maschennetze vermieden. Statt dessen werden trotz der schlechteren Betriebsbedingungen mehrere parallele vermaschte Netze bevorzugt, die von wenigen Netzstationen gespeist werden. Die Versorgungssicherheit wird wieder durch rückwärtige Speisung bzw. mobile Notstromanlagen gewährleistet.

Gleiches gilt auch für *Anschluß-* oder *Stummelnetze*. Sie werden üblicherweise bei großen Lastdichten, z.B. in Innenstädten, bei Werten ab 30...50 MVA/km^2, eingesetzt. Es handelt sich dabei um kurze Strahlennetze, an die jeweils nur wenige große Lasten angeschlos-

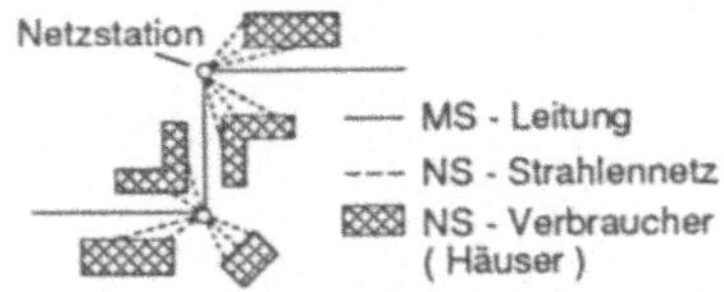

Bild 3.9
Anschlußnetz
NS: Niederspannung; MS: Mittelspannung

sen sind (Bild 3.9). Angefügt sei, daß sich die Netzgestaltung auch als Optimierungsaufgabe formulieren läßt. Die angegebenen Strukturen ergeben sich als deren Lösung [68].
In Niederspannungsnetzen beträgt die Netzspannung üblicherweise 380 V für Drehstrom- und 220 V für einphasige Verbraucher. Da das 0,4-kV-Netz nur Verbraucher bis zu einer Leistung von etwa 300 kW zuläßt, in *Industrienetzen* jedoch häufig größere Lasten auftreten, sind dort auch Spannungsebenen mit 500 V und 660 V zu finden. Industrienetze sind üblicherweise als Strahlennetze geschaltet und weisen eine Anhäufung von motorischen Verbrauchern auf. Sofern die motorischen Lasten auch die Leistungsfähigkeit dieser höheren Spannungsebenen übersteigen, müssen sie direkt an das Mittelspannungsnetz angeschlossen werden.

3.2.2 Mittelspannungsnetze

Ein Mittelspannungsnetz wird über *Umspannstationen* (s. Abschnitt 4.11) aus einem Hochspannungsnetz gespeist. Die Nennleistung dieser Umspannstationen beträgt üblicherweise 20...50 MVA. Das Mittelspannungsnetz verteilt die elektrische Energie dann über die Netzstationen in die unterlagerten Niederspannungsnetze; der direkte Anschluß von Verbrauchern ist selten. Die Wahl der Nennspannung ist wiederum von der Lastdichte abhängig.
In ländlichen Gebieten mit geringer Lastdichte wird meistens eine Nennspannung von 20 kV gewählt. Als Übertragungsmittel werden anstelle von Freileitungen zunehmend Kabel eingesetzt. In Städten werden dagegen nur Kabel verwendet. Sie werden überwiegend in einer Tiefe von ca. 80 cm parallel zu den eventuell vorhandenen Niederspannungskabeln verlegt. Die Entfernung zwischen den Netzstationen beträgt dort selten mehr als 500 m. Bei solchen Verhältnissen wird für die Mittelspannungsnetze meist eine Nennspannung von 10 kV gewählt.
Eine typische Struktur der Mittelspannungsnetze ist in Bild 3.10 dargestellt. Die wesentlichen Elemente stellen Ringleitungen bzw. verzweigte Ringe dar. Wie in den Niederspannungsnetzen werden die einzelnen Ringe mit Hilfe von Trennstellen im Normalbetrieb offen, d.h. als Strahlennetz betrieben. Anstelle der einzelnen Verbraucher werden in Mittelspannungsnetzen Netzstationen versorgt, wobei jede Ringleitung üblicherweise 5...10 Stationen speist. Die Stationen sind so ausgerüstet, daß die Leitungen zwischen den Stationen freigeschaltet werden können. Dadurch ist es wiederum möglich, im Falle einer Störung die Fehlerstelle herauszutrennen.
Sofern der Fehler *auf der Leitung* auftritt, können dann im Unterschied zu den Niederspannungsnetzen nach dem Schließen der mittleren Trennstelle alle Stationen weiter versorgt werden. Sollte die Störung in einer *Netzstation* auftreten, sind davon nur die Verbraucher in dem Niederspannungsnetz betroffen, das von dieser Station versorgt wird. Bei einer derartigen Gestaltung wird zumindest auf den Ringleitungen ein einfacher Ausfall beherrscht. Ein entsprechendes Maß an Eigensicherheit ist zusätzlich in den einspeisenden Umspannstationen erforderlich. Aus diesem Grunde werden z.B. häufig zwei Transformatoren in den Umspannstationen eingesetzt. Eine Kupplung der Umspannsta-

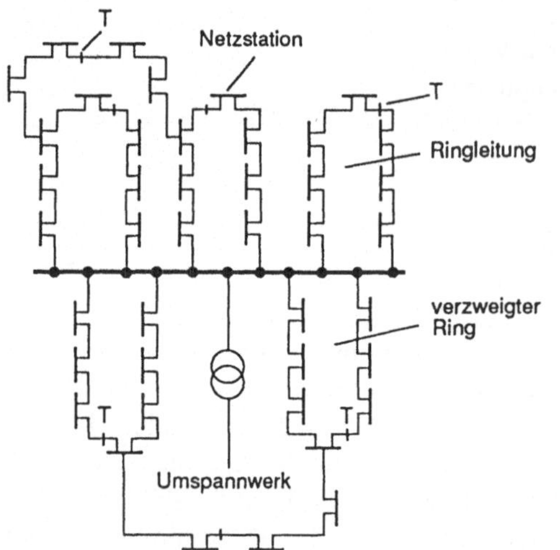

Bild 3.10
Aufbau eines Mittelspannungsnetzes aus
strahlenförmig betriebenen Ringleitungen
bzw. verzweigten Ringleitungen
T: offene Trennstelle

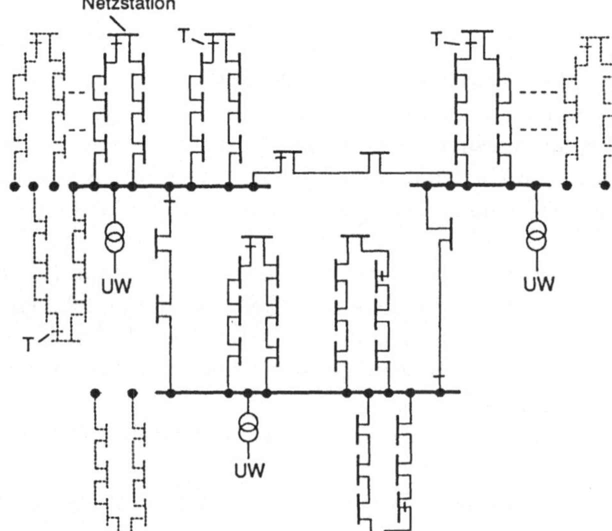

Bild 3.11
Typischer Aufbau eines
gewachsenen, eigensicheren
Mittelspannungsnetzes
(Ringleitung aus
Übersichtlichkeitsgründen ohne
Verzweigungen dargestellt)
UW: Umspannwerk;
T: offene Trennstelle

tionen untereinander durch eine oder mehrere Mittelspannungsleitungen führt zu einer
größeren Freizügigkeit (Bild 3.11). Bei einer Kupplung mit mehreren Leitungen kann die
gegenseitige Reservehaltung so ausgeprägt sein, daß die Umspannstationen jeweils über
einen einzigen Transformator hinreichend sicher versorgt werden.
Neben den genannten Spannungsebenen treten in Industrienetzen häufig auch 6-kV-Netze
auf. Diese Spannung bietet besondere Vorteile für große Motoren, deren Leistungsaufnahme von einem 660-V-Industrienetz nicht mehr gedeckt werden kann. So lassen sich
Motoren beim Übergang auf 6 kV noch mit einem relativ geringen Mehraufwand bauen,
während der Sprung zur 10-kV-Ebene mit einem höheren Aufwand verbunden wäre.
Zu erwähnen bleibt noch, daß im Prinzip auch in Mittelspannungsnetzen vermaschte
Netze mit mehreren Einspeisungen auftreten. Um jedoch, wie später noch gezeigt wird,
Kurzschlußströme zu beherrschen, wird der Vermaschungsgrad und die Anzahl der Ein-
speisungen gering gehalten.

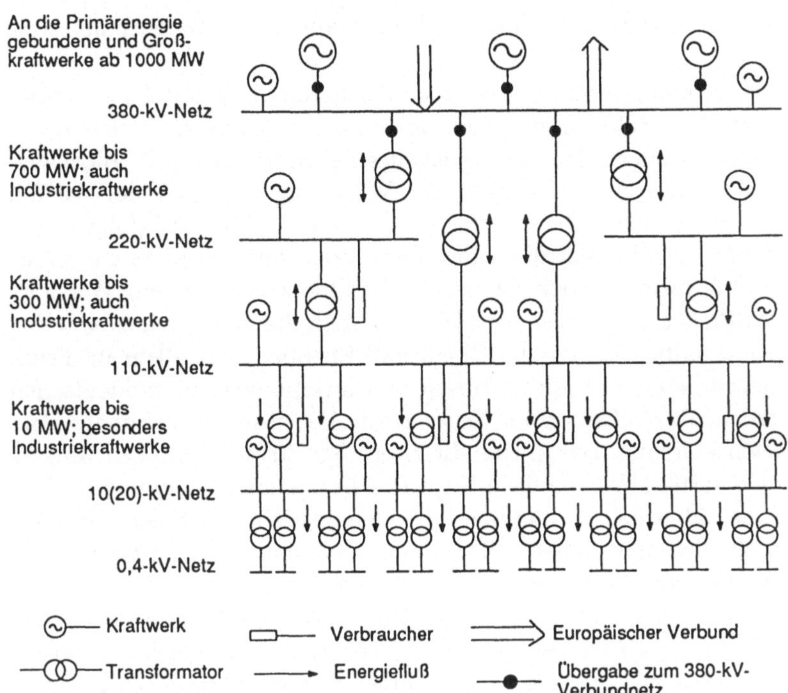

Bild 3.12
Prinzipieller
Aufbau des
deutschen Energieversorgungsnetzes

3.2.3 Hoch- und Höchstspannungsnetze

Die Mittelspannungsnetze werden in der beschriebenen Weise aus dem überlagerten
Hochspannungsnetz gespeist, das mit einer Spannung von 110 kV betrieben wird. Die
110-kV-Netze werden im geringen Umfang durch einzelne Mittel- und Spitzenlastkraftwerke, überwiegend jedoch von Einspeisungen aus einem Höchstspannungsnetz versorgt,
die als *Umspannwerke* bezeichnet werden (Bild 3.12). Die zugehörigen 380/110-kV-Transformatoren sind meist für Nennleistungen von 100...300 MVA ausgelegt.

Bei den Höchstspannungsnetzen hat sich die Spannung 380 kV durchgesetzt. Daneben
existieren aber noch ältere Netze, die mit 220 kV betrieben werden. Diese höchsten Spannungsebenen stellen reine Transportnetze dar, die auch Maschen enthalten können. Diese Netzebene verbindet nur Kraftwerke und Umspannwerke untereinander; Verbraucher
sind nicht vorhanden. Trotz seiner vergleichsweise einfachen Struktur ist das Höchstspannungsnetz besonders sicher. Die Übertragungswege sind bereits eigensicher gestaltet, da
üblicherweise mehrere Leitungen parallel geschaltet sind. Durch eine besonders intensive
Wartung der Betriebsmittel und einen hohen Automatisierungsgrad in der Netzbetriebsführung (s. Kapitel 8) weist das Höchstspannungsnetz eine sehr hohe Verfügbarkeit auf.
Zugleich ist die Fehlerquote der einfachen Störungen bereits sehr niedrig, so daß bei dem
heutigen Technologiestand die Gefahr von Mehrfachfehlern besonders unwahrscheinlich
ist. Aus dieser Häufigkeitsverteilung, ein Maß für die Zuverlässigkeit der Betriebsmittel,
leitet sich letztlich auch die Berechtigung des (n-1)-Ausfallprinzips ab. Diese Aussage gilt
in analoger Weise für die unterlagerten Netzebenen.

Im Unterschied zum Höchstspannungsnetz entwickelt sich das 110-kV-Netz infolge der
steigenden Lastdichten in den Großstädten immer mehr zu einem Verteilungsnetz, häufig
in Kabelausführung. Aufgrund dieser Veränderung treten auch in dieser Spannungsebene

neben einfachen Strahlennetzen zum Teil schon Strukturen auf, die in Mittelspannungsnetzen zu finden sind.

Auf der Ebene der Höchstspannungsnetze erfolgt auch der bereits in Kapitel 1 beschriebene Zusammenschluß der Unternehmen zu einem Verbundnetz. Dadurch ist ein Energieaustausch möglich. Von besonderer Bedeutung ist dies bei Störungen, z.B. Blockausfällen. Da eine größere Anzahl von Kraftwerken zur Verfügung steht, ist der Ausfall eines Blocks dann weniger bedeutsam. Die einzelnen Unternehmen können infolgedessen eine *geringere Reserveleistung* vorhalten, die selbst dann noch mit ca. 15 % zu veranschlagen ist. Aber auch im Normalbetrieb ist das Verbundnetz von großem Wert. Es ermöglicht einen *wirtschaftlichen Stromaustausch*. So kann z.B. die in den Alpen von den Wasserkraftwerken erzeugte billige elektrische Überschuß-Energie – vor allem im Frühjahr zur Zeit der Schneeschmelze – an die Verbraucherschwerpunkte im süddeutschen Raum weitergeleitet werden. Die auftretenden Netzverluste liegen im Verbundnetz etwa bei 3 % der transportierten Leistung. Das Verbundnetz ermöglicht weiterhin den Einsatz großer Kraftwerke von z.B. 1300 MW, die nach Kapitel 1 besonders kostengünstig sind. Die Verbundpartner können über das Verbundnetz die kleineren Unternehmen meist kostengünstiger versorgen, da diese nur kleinere Blöcke einsetzen könnten, die überwiegend infolge der geringeren Ausnutzung (s. Kapitel 1) unwirtschaftlicher sind.

Schon diese beiden Beispiele zeigen, daß zwischen den Unternehmen ständig Energie ausgetauscht wird. Je nach Richtung wird die ausgetauschte Energie als *Bezug* oder *Lieferung* bezeichnet. Die Vereinbarungen zwischen den Unternehmen werden *Absprachen* genannt. Es haben sich verschiedene Standardformen als zweckmäßig erwiesen. Eine weitergehende Behandlung dieses Themenkreises findet sich in der elektrizitätswirtschaftlichen Literatur, z.B. [6].

Es muß nun sichergestellt werden, daß die gewünschten Austauschleistungen sich an den Kuppelstellen zwischen den Unternehmen auch tatsächlich einstellen. Diese Aufgabe wird von den Sekundärreglern übernommen (s. Abschnitt 2.4). Bei dem Zusammenschluß der Verbundunternehmen ist darauf zu achten, daß diese Regelung grundsätzlich nur dann einwandfrei arbeitet, wenn die einzelnen Transportnetze strahlenförmig untereinander verbunden sind. Wohl dürfen mehrere Kuppelleitungen zwischen je zwei Unternehmen bestehen, es darf jedoch – zumindest im regelungstechnischen Konzept – keine Masche bei der Verschaltung der einzelnen Unternehmen auftreten. Die ausgezogenen Linien in Bild 3.13 zeigen einen solchen zulässigen Schaltzustand des Verbundnetzes.

Obwohl von der geographischen Netzanordnung her möglich (Bild 1.2), dürften sich bei diesem Schaltzustand die Unternehmen RWE und Preag untereinander nicht mehr kuppeln. Dieser Schritt wird jedoch möglich, wenn die VEW dazwischengeschaltet wird, da dann die gewünschte strahlenförmige Anordnung wieder vorliegt. Es bietet sich nun an, die Kuppelstelle als einen Übergang RWE -VEW, VEW-Preag aufzufassen (Bild 3.13). Gerätetechnisch läßt sich diese Vorstellung dadurch verwirklichen, daß die Austauschleistung an dieser Kuppelstelle mit in die Wirkleistungsbilanz des Sekundärreglers für das VEW-Gebiet einbezogen wird. Durch diesen Schritt ist es möglich, das regelungstechnische Konzept zu erhalten, obwohl die Transportnetze der Unternehmen im geographischen Schaltzustand Maschen bilden.

Größere Störungen im Verbundnetz wirken sich auf alle Verbundpartner aus. Falls in einem Teilnetz beispielsweise durch einen Kraftwerksausfall Leistungsmangel auftritt, sinkt im gesamten Verbundnetz die Frequenz. Aufgrund dieser Frequenzabsenkung geben, wie bereits dargestellt, alle Kraftwerke im Rahmen ihrer Primärregelung eine höhere

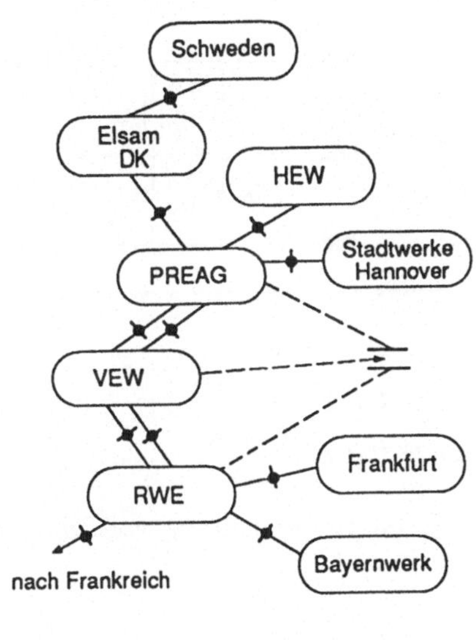

Bild 3.13
Schaltungsbeispiel für das Verbundnetz

Leistung ab und unterstützen auf diese Weise das Unternehmen, dessen Leistungsgleichgewicht gestört ist. Im allgemeinen erweist sich diese Hilfe durch die Verbundpartner als ausreichend. Wenn das nicht der Fall sein sollte, werden bei einer Frequenz von 49,8 Hz alle Lastverteiler des Verbundes alarmiert, die schnell aktivierbaren Wirkleistungsreserven, die *Momentanreserve*, zu mobilisieren. Dafür bietet sich der Einsatz von Gasturbinenkraftwerken sowie Pumpspeicherwerken an. Weitere Möglichkeiten bestehen in einer Drosselung des Anzapfdampfes und in der Erhöhung des Speisewasserumlaufes in den dafür ausgerüsteten Blöcken. Bei einem weiteren Absinken der Frequenz erfolgt dann bei Werten von 49,0 Hz, 48,7 Hz und 48,4 Hz jeweils ein unverzögerter Lastabwurf von 10...15 % der Netzlast. Die Abschaltungen werden mit Hilfe von Frequenzrelais automatisch ausgeführt.

Wenn trotz dieser Maßnahme die Frequenz noch weiter absinkt, werden bei einer Frequenz von 47,5 Hz alle betroffenen Kraftwerke vom Netz abgetrennt. Es ist dann nur noch die Eigenbedarfsleistung in Höhe von ca. 5 % der Blocknennleistung zu decken, die u.a. zur Versorgung der Gebläse, Kohlemühlen und Speisewasserpumpen benötigt wird. Anderenfalls könnte das Kraftwerk nicht wieder selbständig anfahren, weil diese Leistung nach einem solchen Zusammenbruch (blackout) nicht mehr aus dem Netz bezogen werden kann. In solchen Notfällen muß die fehlende Leistung mit Einheiten erzeugt werden, die ohne Fremdstrom anfahren können. Dafür stehen Pumpspeicher, Wasserkraftwerke und speziell ausgerüstete Gasturbinen zur Verfügung.

In den bisherigen Ausführungen ist im wesentlichen nur die Struktur der Netze beschrieben worden. Das Strom-Spannungs-Verhalten von Drehstromnetzen wird in den folgenden Kapiteln dargestellt.

3.3 Aufgaben

Aufgabe 3.1: Im Bild speist ein symmetrisches 0,4-kV-Netz mit einer Betriebsspannung von $U_b = \sqrt{3} \cdot 220$ V eine symmetrische Stern- und Dreieckschaltung. Die Zuführungsleitungen weisen eine Reaktanz von $X_L = 2\,\Omega$ auf.

a) Die Stern- und Dreieckschaltung mögen jeweils die gleiche Leistung von 20 kW aufnehmen. Wie groß sind die zugehörigen Widerstände, wenn vereinfachend der Spannungsabfall auf der Leitung vernachlässigt wird?

b) Berechnen Sie die Verbraucher- und Leiterströme in der komplexen Ebene unter Berücksichtigung der Innenreaktanz des Netzes (*Hinweis:* Dreieck-Stern-Umwandlung).

Geben Sie die Leiterströme auch im Zeitbereich an.

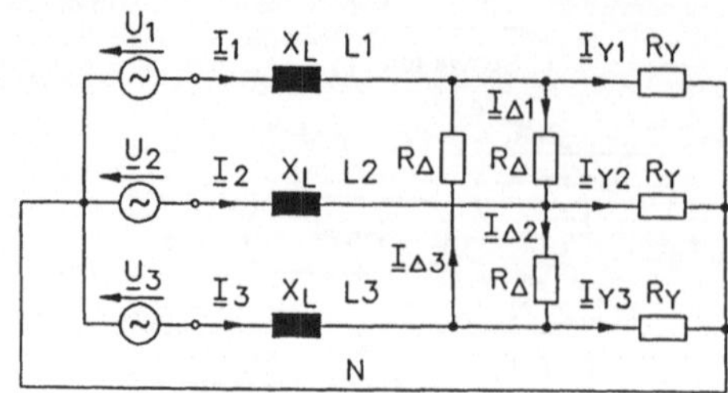

$$\underline{U}_1 = U_b/\sqrt{3} \cdot e^{j0°}$$

$$\underline{U}_2 = U_b/\sqrt{3} \cdot e^{-j120°}$$

$$\underline{U}_3 = U_b/\sqrt{3} \cdot e^{-j240°}$$

Aufgabe 3.2: In dem Netzwerk gemäß Aufgabe 3.1 sei nur die Sternschaltung vorhanden. Zugleich überbrückt ein Kurzschluß den Widerstand R_Y im Leiter L1.

a) Welche Ströme fließen in den Leitern L1, L2 und L3?

b) Welcher Strom fließt im Neutralleiter?

c) Welcher Strom fließt in den Außenleitern, wenn der Neutralleiter nicht angeschlossen ist?

d) Welche Folgerung läßt sich aus diesen Ergebnissen im Hinblick auf die Auslegung von Neutralleitern ziehen?

Aufgabe 3.3: In dem Netzwerk gemäß Aufgabe 3.1 sei nur die Dreieckschaltung vorhanden. Zwischen den Leitern L1 und L2 möge der Dreieckswiderstand R_Δ durch einen Kurzschluß überbrückt werden.

a) Welche Ströme fließen in den Leitungen und in den Widerständen?

b) Vergleichen Sie die Stern- und Dreieckschaltung miteinander, und ziehen Sie daraus eine Folgerung bezüglich der Stromasymmetrie in den Außenleitern.

4 Aufbau und Ersatzschaltbilder wichtiger Netzelemente

In diesem Kapitel werden zunächst die wichtigsten Elemente beschrieben, aus denen sich ein Netz zusammensetzt. Im einzelnen werden Transformatoren, Wandler, Generatoren, Freileitungen, Kabel, Kondensatoren, Drosselspulen, Schalter und Schaltanlagen betrachtet. Der Aufbau wird nur in dem Umfang wiedergegeben, wie es für das Verständnis der Wirkungsweise des jeweiligen Elementes notwendig ist. Die daraus abgeleiteten Modelle beschreiben dann analytisch den Zusammenhang zwischen den interessierenden Strom- und Spannungsverhältnissen. Dadurch ist es möglich, das spätere Systemverhalten von Netzen zu ermitteln. In dieser Einführung werden nur grundlegende Betrachtungen angestellt. Primär wird das stationäre Verhalten erläutert. Die erstellten Modelle erfassen transiente Vorgänge nur teilweise.

Wenn nur stationäre Vorgänge betrachtet werden, verwendet man im technischen Sprachgebrauch anstelle des Begriffes „Modell" auch häufig den Begriff „Betriebsverhalten". Es wird sich zeigen, daß sich das Betriebsverhalten bei einer Reihe von Netzelementen durch galvanisch und induktiv gekoppelte Netzwerke beschreiben läßt, die dann entsprechend der Schaltskizze des Netzes miteinander verknüpft werden können. Daher wird die prinzipielle Berechnungsmethodik dieser Kreise vorangestellt.

4.1 Berechnung von Netzwerken mit induktiven Kopplungen

Zunächst wird die analytische Beschreibung induktiver Kopplungen entwickelt. Darauf aufbauend wird dann ihr Einfluß auf das Verhalten von Netzen ermittelt.

4.1.1 Analytische Beschreibung induktiver Kopplungen

Bekanntlich wird das Strom-Spannungs-Verhalten einer Leiterschleife durch die nicht näher erläuterte Gesetzmäßigkeit

$$u_{L1} = \frac{d\Phi_1}{dt} \tag{4.1}$$

beschrieben, die sich aus dem allgemeinen Induktionsgesetz ableiten läßt. Der Fluß Φ_1, der die Leiterschleife mit der Fläche A_1 durchsetzt, kann bei vielen Anordnungen auf die Form

$$\Phi_1 = \int_{A_1} B_{n1} \cdot dA = L_1 \cdot i_1 \tag{4.2}$$

gebracht werden. Vereinfachend wird dabei vorausgesetzt, daß im gesamten Feldraum die Permeabilität konstant ist. In einzelnen Bereichen können jedoch durchaus unterschiedliche Werte auftreten. Auf die in Wirklichkeit vorhandenen Nichtlinearitäten wird im Abschnitt 4.1.3 noch eingegangen.

Wird Gl. (4.2) mit der Beziehung (4.1) kombiniert, erhält man den Ausdruck

$$u_{L1} = L_1 \cdot \frac{di_1}{dt} \ . \tag{4.3}$$

In dieser Fassung sowie in der Ausgangsgleichung (4.1) sind bereits mehrere Voraussetzungen enthalten:

a) An den Klemmen der Leiterschleife ist das *Verbraucherzählpfeilsystem* einzuführen. Die Zählpfeile für den Strom i und die Spannung u müssen zueinander *parallel* verlaufen, ihre Richtung kann jedoch beliebig gewählt werden.

b) Die positive Normalen- und damit die positive Feldrichtung wird rechtswendig zur Stromrichtung festgelegt.

c) Die von der Leiterschleife eingeschlossene Fäche A_1 muß sehr groß im Vergleich zu der Querschnittsfläche des Leiters selbst sein.

d) Der ohmsche Widerstand der Leiterschleife sei vernachlässigbar, für die Leitfähigkeit gelte $\kappa \to \infty$.

Falls die Voraussetzung **d** nicht hinreichend erfüllt ist, kann der ohmsche Widerstand der Leiterschleife als konzentriertes Element vorgezogen werden. Das Strom-Spannungs-Verhalten der Schleife wird dann durch die Differentialgleichung

$$u_1 = R_1 \cdot i_1 + u_{L1} = R_1 \cdot i_1 + L_1 \cdot \frac{di_1}{dt}$$

beschrieben (Bild 4.1). Nun erzeugt jede Leiterschleife auch außerhalb der eingeschlossenen Fläche A_1 ein Magnetfeld, z.B. in der Fläche A_2. Wiederum läßt sich der Fluß, der durch diese Fläche hindurchtreten möge, auf eine zu Gl. (4.2) analoge Form bringen:

$$\Phi_2 = \int_{A_2} B_{n1} \cdot dA = \pm M_{21} \cdot i_1 \; .$$

Die Größe M_{21} wird als *Gegeninduktivität* bezeichnet. Das Vorzeichen der zugehörigen Flußkomponente hängt von der Wahl der Normalenrichtung ab, die der Fläche A_2 zugeordnet ist. Zur besseren Unterscheidung von dem Begriff Gegeninduktivität wird die Größe L häufig auch als *Selbstinduktivität* bezeichnet. Beiden Größen ist gemeinsam, daß sie *strom- und spannungsunabhängig* sind, solange die Permeabilität nicht von der lokalen magnetischen Feldstärke beeinflußt wird.

Im weiteren wird nun angenommen, daß es sich bei der Berandung der Fläche A_2 um eine geschlossene Leiterschleife handelt, in der die durch den Fluß Φ_2 induzierte Spannung einen Strom treiben kann. Dann liegt die einfachste Form einer induktiven Kopplung vor. Auch an der zweiten Schleife müssen nun die Zählpfeile für Strom und Spannung gemäß den angegebenen Voraussetzungen festgelegt werden. Bei der Berechnung des Flusses ist zu beachten, daß jede Schleife in die jeweils andere einen Feldanteil einkoppelt. Demnach setzt sich das resultierende Feld aus der eigenerzeugten und der eingekoppelten Komponente zusammen, die sich bei der speziellen Anordnung in Bild 4.2 verstärken. Auf

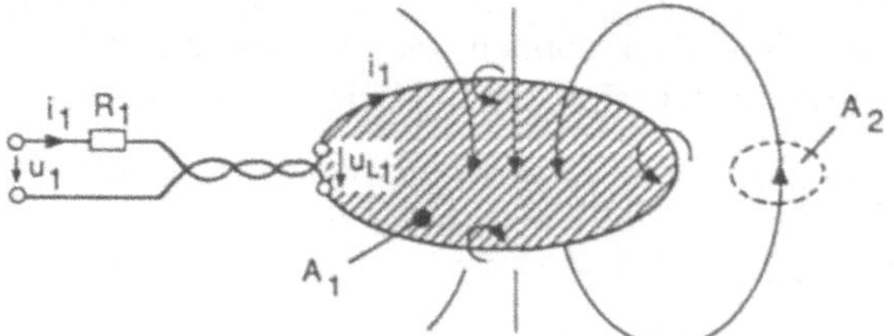

Bild 4.1
Zuordnung von Zählpfeilen und
magnetischem Feld bei einer
Leiterschleife

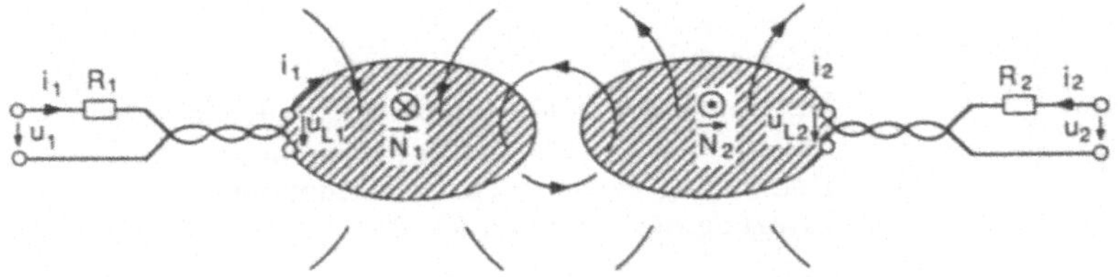

Bild 4.2
Zuordnung von Zählpfeilen und magnetischem Feld bei zwei induktiv gekoppelten
Leiterschleifen

einfache Weise lassen sich die zugehörigen Flüsse mit den erläuterten Induktivitäts- und
Gegeninduktivitätsbegriffen ermitteln. In der Schleife 1 erhält man für den resultierenden
Fluß den Ausdruck

$$\Phi_1 = L_1 i_1 + M_{12} i_2 \ . \tag{4.4}$$

Dabei kennzeichnet der erste Index die jeweils betrachtete Schleife; der zweite gibt die
Schleife an, aus der das Feld eingekoppelt wird. Für den Fluß in der Leiterschleife 2 ergibt
sich die analoge Form

$$\Phi_2 = L_2 i_2 + M_{21} i_1 \ . \tag{4.5}$$

In diesen Ausdrücken wurde die Flächennormale in der zweiten Leiterschleife jeweils so
gewählt, daß die Gegeninduktivitäten mit positivem Vorzeichen auftreten.
Wenn die Gln. (4.4) und (4.5) in die Beziehung (4.1) eingesetzt werden, die mit anderen
Indizes auch für die zweite Leiterschleife gilt, erhält man die sogenannten Koppelgleichungen

$$u_{L1} = L_1 \frac{di_1}{dt} + M_{12} \frac{di_2}{dt} \ , \quad u_{L2} = L_2 \frac{di_2}{dt} + M_{21} \frac{di_1}{dt} \ .$$

Sofern ein stationärer Zustand mit sinusförmigen Spannungen und Strömen vorliegt,
können für die Ströme und Spannungen komplexe Zeiger $\underline{I} \cdot e^{j\omega t}$ und $\underline{U} \cdot e^{j\omega t}$ verwendet
werden. Für diese Größen gehen die Differentiationsterme in die Ausdrücke $j\omega$ über. Die
beiden Koppelgleichungen nehmen damit die Form

$$\underline{U}_{L1} = j\omega L_1 \underline{I}_1 + j\omega M_{12} \underline{I}_2 \ , \quad \underline{U}_{L2} = j\omega L_2 \underline{I}_2 + j\omega M_{21} \underline{I}_1 \tag{4.6}$$

an. Bei mehreren, z.B. drei induktiv gekoppelten Schleifen setzt sich der Fluß in jeder
Schleife aus drei Komponenten zusammen: Aus dem eigenerzeugten und den jeweils zwei
eingekoppelten Anteilen. Speziell für die Anordnung in Bild 4.3 mit der zugehörigen
Zählpfeilwahl lauten die Koppelgleichungen dann:

$$\begin{aligned}
\underline{U}_{L1} &= +j\omega L_1 \underline{I}_1 - j\omega M_{12} \underline{I}_2 + j\omega M_{13} \underline{I}_3 \\
\underline{U}_{L2} &= -j\omega M_{21} \underline{I}_1 + j\omega L_2 \underline{I}_2 + j\omega M_{23} \underline{I}_3 \\
\underline{U}_{L3} &= +j\omega M_{31} \underline{I}_1 + j\omega M_{32} \underline{I}_2 + j\omega L_3 \underline{I}_3 \ .
\end{aligned} \tag{4.7}$$

Über genauere Feldbetrachtungen läßt sich beweisen, daß unter der Annahme abschnitts-
weiser konstanter Permeabilitäten für zwei beliebige Leiterschleifen i und j der Zusammenhang

$$M_{ij} = M_{ji}$$

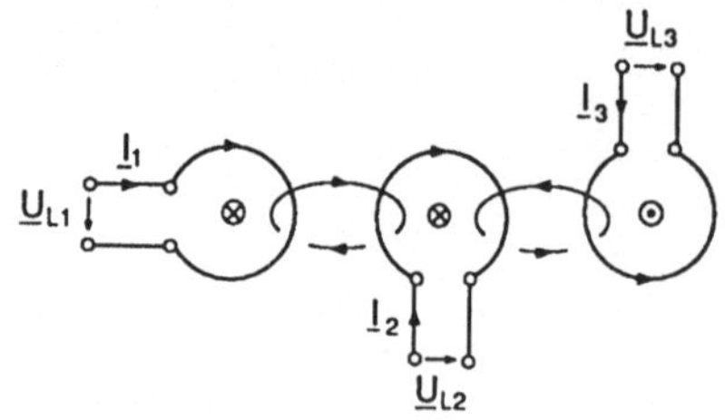

Bild 4.3

Festlegung der Zählpfeile bei drei induktiv gekoppelten Leiterschleifen (vereinfachend nur Darstellung der magnetischen Kopplung bei Erregung der Leiterschleife 2)

gilt. Für die Bestimmung der neun Koeffizienten in Gl. (4.7) sind demnach nur sechs Flußberechnungen notwendig [22].

In der bisherigen Formulierung wird von sehr dünnen Leiterschleifen ausgegangen (Voraussetzung c). Wenn diese Bedingung nicht erfüllt ist, muß auch der Feldanteil, der die Leiter selbst durchsetzt, berücksichtigt werden. Er bewirkt einen zusätzlichen Induktivitätsanteil, die sogenannte *innere Induktivität*. Die dafür notwendigen Feldberechnungen werden mit zunehmender Frequenz recht aufwendig, weil sich dann in den Leitern Wirbelstromeffekte ausbilden, die zu anderen Feldverteilungen führen und zusätzliche Verluste bewirken [69]. Dadurch werden die Widerstände, Induktivitäten und Gegeninduktivitäten der i-ten Leiterschleife insgesamt *frequenzabhängig*:

$$R_i = R_i(\omega) \, , \quad M_{ij} = M_{ji} = M_{ij}(\omega) \, , \quad L_i = L_i(\omega) \, . \tag{4.8}$$

Die Widerstände setzen sich aus dem Gleichstromwiderstand und einem frequenzabhängigen Zusatzanteil zusammen. Dieser zusätzliche Widerstand wächst mit der Frequenz an. Der innere Induktivitätsanteil verkleinert sich, jedoch ist die Änderung im Vergleich zum Widerstandsanteil relativ gering [70]. Für die Wirbelstromeffekte sind zusätzlich auch die Permeabilität μ, die elektrische Leitfähigkeit κ sowie die Ausdehnung d der leitfähigen Teile bedeutsam, in denen sich die Wirbelströme ausbilden. *Abhängig von der Anordnung und Betriebsbedingung wie Strom- oder Spannungseinprägung* ergibt sich für die Wirbelstromverluste P_w eine Relation der Art

$$P_w \sim \omega^{k_1} \cdot \kappa^{k_2} \cdot \mu^{k_3} \cdot d^{k_4} \, . \tag{4.9}$$

Als Beispiel seien dafür Eisenbleche der Dicke d angeführt, aus denen sich bekanntlich der Kern von Transformatoren zusammensetzt (s. Kapitel 4.2). Im Nennbetrieb kann die Spannung am Transformator als eingeprägt angesehen werden. Unter dieser Bedingung ergeben sich im Bereich der Netzfrequenz die Exponenten zu

$$k_1 = 0 \, , \quad k_2 = 1 \, , \quad k_3 = 0,5 \, , \quad k_4 = 2 \, ,$$

die sich für höhere Frequenzen zunehmend den Werten

$$k_1 = -0,5 \, , \quad k_2 = 0,5 \, , \quad k_3 = -0,5 \, , \quad k_4 = 1$$

nähern [22]. Bisher sind nur Schleifen betrachtet worden. In der Energieversorgung interessiert darüber hinaus auch das Verhalten von Spulen, bei denen w gleichartige Leiterschleifen bzw. Windungen bündig über- und nebeneinanderliegen. Sie mögen in gleicher Weise rechtssinnig miteinander verknüpft sein, so daß der Strom in allen w Windungen auch ein Feld gleicher Richtung erzeugt. Die dadurch induzierten Leiterspannungen u_{Li} addieren sich zu der Spulenspannung u_S (Bilder 4.3 und 4.4). Da der Strom im Unterschied zum System (4.7) in allen Windungen gleich ist, summieren sich die w Selbstinduktivitätswerte und $w \cdot (w\text{-}1)$ Gegeninduktivitätswerte zu einer Gesamtinduktivität L_S.

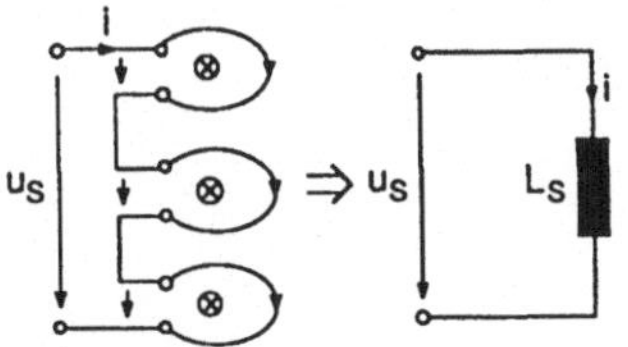

Bild 4.4
Zuordnung von Zählpfeilen und
Feldrichtung bei einer
rechtssinnig gewickelten Spule

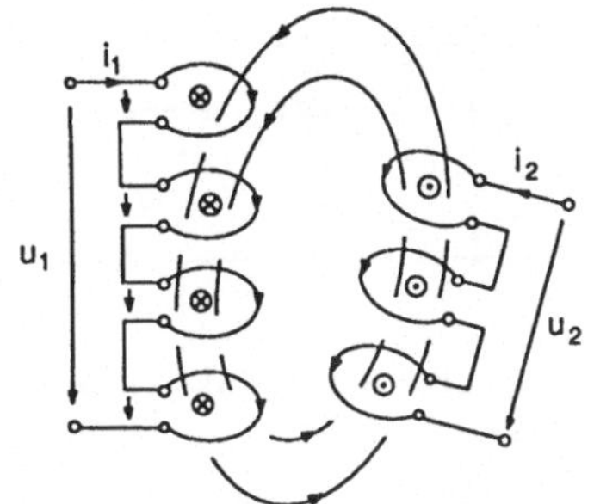

Bild 4.5
Zuordnung von
Zählpfeilen und
magnetischem Feld
bei zwei beliebig
angeordneten,
induktiv gekoppelten
Spulen

Die Spannung u_S wird nicht mehr von einem Windungsfluß Φ, sondern von einem Summenfluß Ψ, dem sogenannten *Induktionsfluß*, festgelegt. Für diese Größe gilt in Analogie zu Gl. (4.2) der Zusammenhang $\Psi = L_S \cdot i$, wobei im weiteren auf den Index S verzichtet wird.

Wie bei den Leiterschleifen können auch bei benachbarten Spulen Feldkopplungen bestehen. Dabei braucht jedoch nicht jede Feldlinie des Koppelfeldes alle Windungen zu durchdringen (Bild 4.5). Da der verursachende Strom, im Beispiel i_2, immer derselbe ist, können wiederum alle Gegeninduktivitäten zu einem summarischen Wert zusammengezogen werden; der eingekoppelte Gesamtfluß Ψ_{12} ergibt sich für die Anordnung in Bild 4.5 zu

$$\Psi_{12} = +M_{12} \cdot i_2 \; .$$

Diese Erläuterungen zeigen, daß die induktiven Kopplungen bei Spulen die gleiche Form annehmen wie bei einzelnen Windungen. Herauszustellen ist, daß diese Modellgleichungen das Strom-Spannungs-Verhalten der Spulen auch bei frequenzabhängigen Größen $R(\omega)$, $L(\omega)$, $M(\omega)$ richtig erfassen, wenn die zugehörigen Frequenzgänge aus der richtigen Feldlösung oder aus Messungen ermittelt werden. Mit der beschriebenen analytischen Formulierung kann nun auch der Einfluß von induktiven Kopplungen untersucht werden, die in Netzwerken eingebunden sind.

4.1.2 Induktive Kopplungen in Netzen

Grundsätzlich unterscheiden sich die Berechnungsverfahren von Netzen mit und ohne induktive Kopplungen nur geringfügig (R, L, C, M-Netze). Es werden an jedem Netzelement, wie üblich, die Zählpfeile für Strom und Spannung parallel zueinander eingeführt. Anschließend werden die *Maschengleichungen* aufgestellt. Bei einer manuellen Berechnung ist es zweckmäßig, nach der Auftrennmethode vorzugehen: Nach jedem Umlauf wird ein Zweig markiert, der nicht mehr durchlaufen werden darf. Bei dieser Vorgehensweise ist die lineare Unabhängigkeit der Maschengleichungen sichergestellt. Weiterhin werden die *Knotenpunktgleichungen* benötigt. Sie sind ebenfalls linear unabhängig, wenn ein beliebiger Knoten unberücksichtigt bleibt. Bei z Zweigen ergeben sich auf diese Weise insgesamt z Gleichungen. Die noch fehlende Verknüpfung zwischen Strom und Spannung liefern die Wechselstromgesetze für Widerstände, Induktivitäten und Kapazitäten. Sofern induktive Kopplungen vorhanden sind, treten die Koppelgleichungen an deren Stelle. Dabei sind die für die *jeweilige Frequenz gültigen Induktivitäts- bzw. Gegeninduktivitätswerte* zu verwenden. Gleiches gilt für den eventuell vorgezogenen *Widerstand*. Nach diesem Schritt ist das Gleichungssystem mit den üblichen Methoden der linearen Algebra zu lösen.

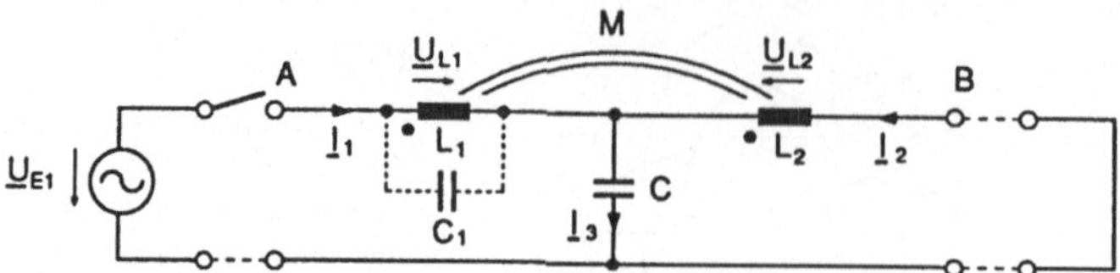

Bild 4.6
Untersuchtes Beispielnetz mit gekoppelten Induktivitäten
(zunächst Kapazität C_1 unberücksichtigt)

Als erstes Beispiel sei die Schaltung in Bild 4.6 betrachtet. Die ohmschen Widerstände werden im weiteren als so klein oder so groß angenommen, daß sie das stationäre Netzverhalten nur in dem technisch nicht interessierenden Bereich niedriger oder höherer Frequenzen merklich beeinflussen. Sie können daher vernachlässigt werden. Solche widerstandsfreien Netze, die erheblich einfacher zu berechnen sind, werden als *Reaktanznetzwerke* bezeichnet. Abgesehen von Niederspannungsnetzen, weisen Energieversorgungsnetze üblicherweise diese Eigenschaft auf.

In Bild 4.6 sind an den Induktivitäten Punkte eingezeichnet, um die Richtung der magnetischen Kopplung festzulegen: Wenn der Strom jeweils bei dem Punkt in die Induktivität hineinfließt, addieren sich die magnetischen Flüsse beider Spulen gleichsinnig. In dem Beispielnetzwerk sind die Induktivitäten demnach gegensinnig gekoppelt. Mit Hilfe dieser Vereinbarung ergeben sich die Maschengleichungen, kombiniert mit den Wechselstromgesetzen, zu

$$-\underline{U}_{E1} + \underline{U}_{L1} + \frac{1}{j\omega C} \cdot \underline{I}_3 = 0 \,, \quad \frac{1}{j\omega C} \cdot \underline{I}_3 + \underline{U}_{L2} = 0 \,;$$

die Knotenpunkt- und Koppelgleichungen lauten

$$\underline{I}_1 + \underline{I}_2 - \underline{I}_3 = 0 \,,$$

$$\underline{U}_{L1} = j\omega L_1 \cdot \underline{I}_1 - j\omega M \cdot \underline{I}_2 \,, \quad \underline{U}_{L2} = -j\omega M \cdot \underline{I}_1 + j\omega L_2 \cdot \underline{I}_2 \,.$$

Daraus läßt sich z.B. der Eingangsstrom zu

$$\underline{I}_1(\omega) = \left(\frac{1}{j\omega} \cdot \frac{\omega^2 L_2 C - 1}{\omega^2 (L_1 L_2 - M^2) \cdot C - (L_1 + L_2 + 2M)} \right) \cdot \underline{U}_{E1} \tag{4.10}$$

ermitteln. Wie der Frequenzgang in Bild 4.7 zeigt, ist der Eingangsstrom stark frequenzabhängig. Es wechseln sich Pole und Nullstellen ab, die sich als Serien- und Parallelresonanzen deuten lassen. Die Anzahl solcher Resonanzen wird bekanntlich durch die Anzahl der unabhängigen Energiespeicher bestimmt, also durch die Anzahl der Induktivitäten und Kapazitäten, die sich frequenzunabhängig nicht weiter zusammenfassen lassen. Bei n Energiespeichern können maximal $(n-1)$ Resonanzen auftreten.

Je nach Art der Resonanz treten bei einer Strom- oder Spannungseinprägung mit einer Frequenz in der Nähe der Resonanzfrequenz stationär hohe Spannungen oder Ströme an

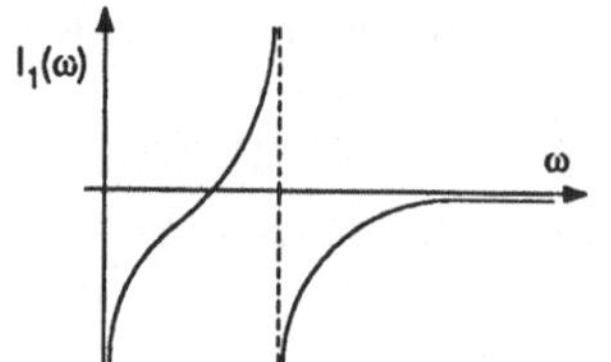

Bild 4.7
Frequenzgang des Eingangsstroms $I_1(\omega)$ beim Beispielnetz
gemäß Bild 4.6 (3 unabhängige Energiespeicher)

den Klemmen auf. Darüberhinaus liefern die Pole im Frequenzgang der interessierenden Größe auch Aussagen über den Einschwingvorgang nach Schaltvorgängen im Netz.

Bei R, L, C, M-Netzwerken setzen sich die dabei auftretenden Ströme aus einem stationären und meist mehreren transienten Anteilen zusammen. Den stationären Verlauf liefert die bekannte Wechselstromrechnung; bei den transienten Stromkomponenten handelt es sich zum einen um sinusförmige Schwingungen, die als *Eigenschwingungen* bezeichnet werden. Die zugehörigen Frequenzen werden mit dem Ausdruck *Eigenfrequenzen* belegt. Zum anderen können auch Gleichstromglieder auftreten.

Diese transienten Ströme werden im weiteren Zeitverlauf durch die in der Rechnung vernachlässigten Widerstände abgedämpft und sind spätestens einige Sekunden nach der Zustandsänderung verschwunden. Wichtig ist nun, daß die Eigenfrequenzen mit den Polfrequenzen in den Frequenzgängen des Stromes übereinstimmen; ein eventueller Gleichstrom wird durch einen Pol bei $f = 0$ angezeigt. Beim Einschalten des Beispielnetzes tritt, wie aus dem Frequenzgang abzulesen ist, neben einem Gleichstrom eine Eigenschwingung auf.

Aus der Beziehung (4.10) ist zu erkennen, daß die magnetische Kopplung M die Lage der Eigenfrequenzen beeinflußt. Bei wachsendem M und konstanten Induktivitäten L_1, L_2, wie es z.B. bei einem verringerten Abstand zwischen zwei Spulen der Fall ist, wandern die Eigenfrequenzen zu höheren Werten hin. Für höhere Frequenzen wiederum verstärken sich die Wirbelstromeffekte bzw. die dadurch verursachte Verlustleistung, so daß die Eigenschwingungen schneller abklingen. In gleicher Weise wirkt sich die Kopplung auch auf den Eingangsstrom $\underline{I}_2$ aus, wenn von der Klemme B aus mit einer starren Spannung $\underline{U}_{E2}$ gespeist wird und Klemme A kurzgeschlossen ist:

$$\underline{I}_2(\omega) = \left(\frac{1}{j\omega} \cdot \frac{\omega^2 L_1 C - 1}{\omega^2 (L_1 L_2 - M^2) \cdot C - (L_1 + L_2 + 2M)} \right) \cdot \underline{U}_{E2} \qquad (4.11)$$

Wie im Eingangsstrom $\underline{I}_1(\omega)$ tritt ebenfalls nur eine Eigenschwingung auf, denn von beiden Klemmen aus gesehen weist das Netzwerk dieselbe Struktur auf. Die Anzahl der Eigenschwingungen erhöht sich, wenn z.B. zu der Induktivität L_1 noch eine Kapazität C_1 parallelgeschaltet wird (Bild 4.6). Durch diese Maßnahme entsteht im Eingangsstrom $\underline{I}_1(\omega)$ ein zweiter Pol, während im Eingangsstrom $\underline{I}_2(\omega)$ nach wie vor nur ein Pol auftritt. Von der Klemme B aus gesehen sind nämlich die beiden Kapazitäten parallelgeschaltet und können zu einem resultierenden Element zusammengefaßt werden. Die Zahl der unabhängigen Energiespeicher ist daher geringer. Dementsprechend ist dann auch die Anzahl der Eigenschwingungen kleiner.

Die untersuchte Schaltung stellt ein *Zweitor* dar. Es ist bekanntlich dadurch gekennzeichnet, daß an jedem Tor der hinein- und herausfließende Strom gleich groß sind (Bild 4.8). Bisher ist nur speziell das Eingangsverhalten dieses Zweitors bei einem Kurzschluß am jeweils anderen Tor betrachtet worden. Eine allgemeinere Formulierung ist mit Hilfe der Admittanzform

$$\underline{I}_1 = \underline{Y}_{11}(\omega) \cdot \underline{U}_1 + \underline{Y}_{12}(\omega) \cdot \underline{U}_2 \,, \quad \underline{I}_2 = \underline{Y}_{21}(\omega) \cdot \underline{U}_1 + \underline{Y}_{22}(\omega) \cdot \underline{U}_2 \qquad (4.12)$$

möglich. Darin werden die Größen $\underline{Y}_{11}$, $\underline{Y}_{22}$ als *Eingangsadmittanzen* bezeichnet, die

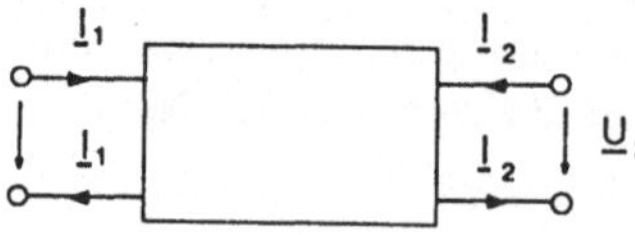

Bild 4.8
Zählpfeilfestlegung an einem Zweitor

aus den Zusammenhängen

$$Y_{11}(\omega) = \left.\frac{I_1}{U_1}\right|_{U_2=0} \quad , \quad Y_{22}(\omega) = \left.\frac{I_2}{U_2}\right|_{U_1=0} \tag{4.13a}$$

ermittelt werden. Aus diesen Beziehungen erkennt man, daß zu deren Bestimmung das jeweils nicht betrachtete Tor kurzzuschließen ist. Demnach stellen die in Klammern stehenden Terme in den Ausdürcken (4.10) und (4.11) bereits die Eingangsadmittanzen der Schaltung in Bild 4.6 dar.

Weitere Größen zur Kennzeichnung eines Zweitors sind die *Übertragungsadmittanzen* Y_{12}, und Y_{21}, die sich aus der Beziehung (4.12) zu

$$Y_{12}(\omega) = Y_{21}(\omega) = \left.\frac{I_2}{U_1}\right|_{U_2=0} = \left.\frac{I_1}{U_2}\right|_{U_1=0} \tag{4.13b}$$

ergeben. Wie bei der Berechnung der Eingangsadmittanz wird also eine Spannung eingeprägt, während das andere Tor kurzzuschließen ist. Ermittelt wird jedoch der Strom am kurzgeschlossenen Tor. Für *Mehrtore* gelten analoge Zusammenhänge, speziell für ein Dreitor:

$$\begin{aligned}
I_1 &= Y_{11}(\omega) \cdot U_1 + Y_{12}(\omega) \cdot U_2 + Y_{13}(\omega) \cdot U_3 \\
I_2 &= Y_{21}(\omega) \cdot U_1 + Y_{22}(\omega) \cdot U_2 + Y_{23}(\omega) \cdot U_3 \\
I_3 &= Y_{31}(\omega) \cdot U_1 + Y_{32}(\omega) \cdot U_2 + Y_{33}(\omega) \cdot U_3 \, .
\end{aligned} \tag{4.14a}$$

Für die weiteren Betrachtungen ist auch die zur Admittanzform (4.12) analoge *Impedanzform* von großer Bedeutung. Speziell für ein Zweitor lautet sie:

$$U_1 = Z_{11}(\omega) \cdot I_1 + Z_{12}(\omega) \cdot I_2 \, , \quad U_2 = Z_{21}(\omega) \cdot I_1 + Z_{22}(\omega) \cdot I_2 \tag{4.14b}$$

Diese Beziehungen weisen eine große Ähnlichkeit mit den Modellgleichungen der induktiven Kopplung – z.B. gemäß Gleichung (4.7) – auf. Induktive Systeme mit Kopplungen stellen demnach lediglich Mehrtore mit konstanten oder frequenzabhängigen Koeffizienten in der Impedanzform dar.

Feldprobleme führen bevorzugt auf diese Form, da sich die Maxwellschen Gleichungen meist einfacher lösen lassen, wenn die Ströme als eingeprägt betrachtet werden. Demgegenüber ist die Admittanzform für die Berechnung von Energieversorgungsnetzen bedeutsamer, da an den Toren üblicherweise die Spannungen und nicht die Ströme eingeprägt sind.

Angemerkt sei, daß es mit den Methoden der *Netzwerksynthese* umgekehrt auch möglich ist, aus der Impedanz- oder Admittanzform ein Ersatznetzwerk zu konstruieren. Dieser Schritt ist insbesondere dann von Interesse, wenn die Koeffizienten $Z_{ij}(\omega)$ aus Feldberechnungen von induktiv gekoppelten Systemen stammen [71], [72]. Allerdings können sich bei der Realisierung dieser Netzwerke negative Netzelemente einstellen. Eine Einschränkung in der Aussagefähigkeit für das an den Toren auftretende Strom-Spannungs-Verhalten resultiert daraus nicht.

Bei den bisherigen Betrachtungen ist stets vorausgesetzt worden, daß sich die Größen R, L, M stromunabhängig verhalten, da die Permeabilität als abschnittsweise konstant angesehen wird. Diese Bedingung gilt bei den später entwickelten Modellen immer nur in gewissen Grenzen. Im weiteren werden die tatsächlichen Verhältnisse einer induktiven Anordnung mit Eisenkreis erläutert.

4.1.3 Nichtlineare Induktivitäten

Stromabhängige Induktivitäten und Gegeninduktivitäten werden in der Energietechnik häufig durch weichmagnetische Eisenbleche verursacht, die u.a. in Transformatoren und Generatoren verwendet werden. In diesen Werkstoffen prägen Sättigungserscheinungen und Ummagnetisierungsverluste das $\Psi(i)$-Verhalten, das für den speziellen Fall einer stationären, symmetrischen Wechselstromanregung durch eine Hystereseschleife beschrieben werden kann [22]. Dabei ergibt sich abhängig von der Größe der eingeprägten Spannung jeweils eine andere Schleife. Die Umkehrpunkte aller symmetrischen Hystereseschleifen legen die *Kommutierungskurve* fest, für die auch der Begriff *Magnetisierungskennlinie* verwendet wird. Diese Kurve kennzeichnet demnach die Schleifenaussteuerung und somit auch die Stromamplituden im stationären Betrieb. Für langsame *transiente* Vorgänge, sogenannte statische Magnetisierungsvorgänge, ergeben sich kompliziertere Zusammenhänge, die im folgenden an einem Beispiel erläutert werden.
Unmittelbar nach dem Einschalten wird zunächst die *Neukurve* durchlaufen, falls das Eisen vorher mit den dafür entwickelten Methoden entmagnetisiert worden ist [73]. Diese Kennlinie, die weitgehend mit der Kommutierungskurve übereinstimmt, wird jedoch bereits nach dem ersten Vorzeichenwechsel des Stromanstiegs verlassen – im Bild 4.9 am Verzweigungspunkt 1. Für das sich anschließende $\Psi(i)$-Verhalten ist dann eine neue Abwärtstrajektorie maßgebend. Bei einem nochmaligen Vorzeichenwechsel wird der Magnetisierungsvorgang wiederum durch eine neue Aufwärtskennlinie beschrieben. Sie endet näherungsweise im vorhergehenden Verzweigungspunkt, in diesem Fall dem Punkt 1. Falls der Strom weiter ansteigt, verläuft der Magnetisierungsvorgang auf der alten Aufwärtstrajektorie weiter, die im Bild 4.9 gestrichelt dargestellt ist. Die beschriebenen Zusammenhänge gelten in gleicher Weise für den anschließenden Verlauf. Eine Besonderheit ist noch interessant: Die Anfangssteigung einer Trajektorie die sogenannte *reversible Permeabilität* μ_{rev}, ist kurz nach dem Umkehrpunkt nur von B, nicht jedoch von H bzw. vom Strom i abhängig [22].
Zu beachten ist, daß in dem Beispiel der Endpunkt 9 ebenfalls wie der Startpunkt die Koordinaten $B = H = 0$ aufweist. Der Unterschied liegt darin, daß für diesen Punkt eine Vorgeschichte besteht. Der weitere Magnetisierungsvorgang verläuft daher nicht auf der Neukurve, sondern auf den Trajektorien, die durch die Vorgeschichte festgelegt sind (gestrichelte Linie). Aus diesen Betrachtungen ergibt sich die Folgerung, daß die Kennzeichnung eines Remanenzpunktes durch seine Koordinaten alleine nicht ausreicht, sondern auch die „Vergangenheit" bekannt sein muß. Diese Aussage gilt sogar für den Nullpunkt $B = 0$, $H = 0$. Ingesamt ergibt sich, daß der Zusammenhang

$$B = \mu(i) \cdot H \qquad \text{bzw.} \qquad \Psi = L(\mu(i)) \cdot i \qquad\qquad (4.15)$$

ein stark stromabhängiges Verhalten aufweist. Bisher sind nur *niederfrequente bzw. statische Stromverläufe* betrachtet worden. Bei solchen Vorgängen wird das B(H)-Verhalten nur von der Reihenfolge der Umkehrpunkte und den zugehörigen Stromwerten geprägt, nicht jedoch vom Zeitverhalten. Im Unterschied dazu treten bei *schnelleren Vorgängen*

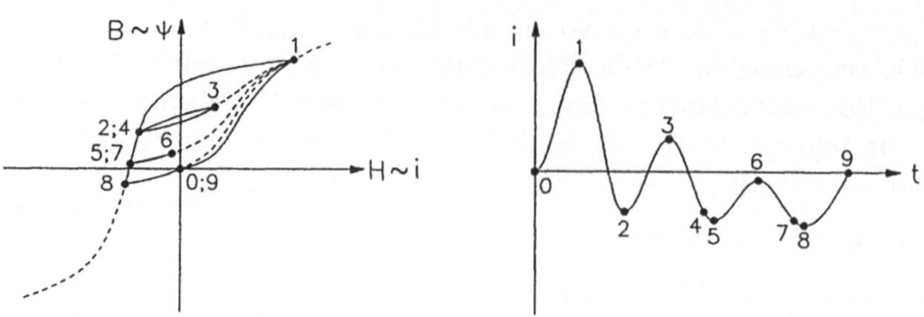

Bild 4.9
B(H)-Eingangsverhalten einer Spule mit weichmagnetischem Kern bei Einprägung des
dargestellten niederfrequenten Stroms i(t)
1,2,3,5,6,8,9: Umkehrpunkte
gestrichelt: Trajektorienverlauf bei einer Aussteuerung über den Umkehrpunkt hinaus

zunehmend *Wirbelströme* auf, die zu einer Aufbauchung der Schleifen führen. Es gilt daher festzuhalten, daß Induktivitäten mit Eisenblechen im allgemeinen selbst durch den
erweiterten Ansatz (4.15) nicht ausreichend nachzubilden sind. Trotz dieser Schwierigkeit ist es jedoch möglich, eine besonders wichtige magnetische Kopplung, die technischen
Transformatoren, im interessierenden Betriebsbereich hinreichend genau zu erfassen.

4.2   Transformatoren

Transformatoren, auch als Umspanner bezeichnet, werden in Netzanlagen dazu verwendet, die zu transportierende bzw. zu verteilende elektrische Leistung auf das erforderliche
Spannungsniveau zu bringen. Prinzipiell bestehen die Umspanner aus mindestens zwei
Wicklungen, die über einen Eisenkreis magnetisch gekoppelt sind. Dabei versteht man
unter einer *Wicklung* die Gesamtheit aller Windungen, die *einem* der elektrischen Kreise
angehören. Sofern zwei Wicklungen vorliegen, zwischen denen keine galvanische Verbindung besteht, wird diese Anordnung als Transformator mit getrennten Wicklungen oder
als *Volltransformator* bezeichnet. Im Unterschied dazu wird für Umspanner der Ausdruck
Spartransformator verwendet, wenn mindestens zwei Wicklungen einen gemeinsamen Teil
aufweisen. Auf die verschiedenen Eigenschaften dieser Umspanner wird im folgenden eingegangen, wobei zunächst nur Volltransformatoren behandelt werden.
Abhängig von dem verwendeten Übertragungssystem unterscheidet man zwischen ein-
und dreiphasigen Einheiten, die im Aufbau erheblich voneinander abweichen. Zuerst werden einphasige Umspanner mit zwei Wicklungen, sogenannte *Zweiwicklungstransformato-*
ren, betrachtet. Darauf aufbauend werden dann einphasige *Dreiwicklungstransformatoren*
untersucht, die dementsprechend über drei Wicklungen verfügen. Die Schaltzeichen der
beiden Ausführungen sind Bild 4.10 zu entnehmen [5]. Sie gelten ebenfalls für dreiphasige
Ausführungen.

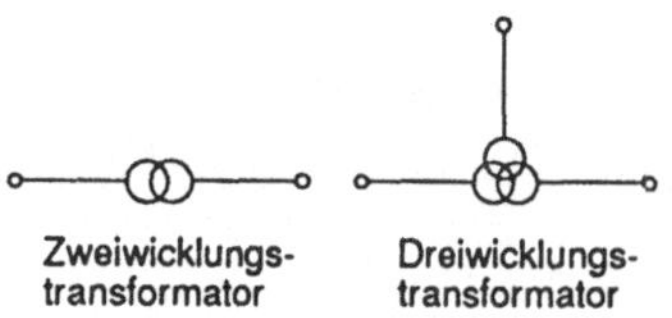

Bild 4.10
Schaltzeichen für einphasige Transformatoren

4.2.1 Einphasige Zweiwicklungstransformatoren

Einphasige Zweiwicklungstransformatoren werden in Deutschland überwiegend in Bahn-netzen verwendet. Im folgenden wird der Aufbau dieser Umspanner beschrieben und anschließend auf das Ersatzschaltbild eingegangen.

4.2.1.1 Aufbau und Gültigkeitsbereich induktiver Modelle von einphasigen Zweiwicklungstransformatoren

Aus Bild 4.11 ist der schematische Aufbau eines einphasigen Zweiwicklungstransforma-tors mit einem bewickelten Schenkel und Rückschlüssen zu ersehen, wobei die Wick-lungen als konzentrische Röhren ausgeführt sind. Bei *Öltransformatoren* befinden sich Eisenkern und Wicklung in einer Isolierflüssigkeit aus Öl. Unter- und Oberspannungs-wicklung sind jeweils durch Winkelringe und Barrieren aus einem speziellen Zelluloseer-zeugnis, dem Transformerboard, isoliert. Schirmringe an den Wicklungsenden vermeiden elektrische Feldspitzen, denn das elektrische Feld E ist bekanntlich für einen elektrischen Durchschlag die maßgebende Größe. Durch den Einbau von Barrieren werden u.a. die gefürchteten Faserbrückendurchschläge vermieden. Detaillierte Ausführungen zur Hoch-spannungsgestaltung von Betriebsmitteln sind [74] zu entnehmen. Das Öl dient zugleich als Kühlmittel, um die Verlustwärme abzuführen, die in den Wicklungen, dem Eisenkern und metallischen Konstruktionsteilen (Wirbelströme) entstehen.

In der Mittelspannungsebene werden – insbesondere in brandgefährdeten Anlagen – al-ternativ *Gießharz-Trockentransformatoren* oder SF_6-*Ausführungen* eingesetzt. Bei sol-chen Umspannern wird anstelle von Öl eine Feststoffisolierung aus Gießharz oder eine SF_6-Gasisolierung verwendet. Die zugehörige Unterspannungswicklung (US) besteht bei Trockentransformatoren häufig aus großflächigen Aluminiumfolien bzw. -bändern, deren Breite der axialen Wicklungsabmessung entspricht.

Bei den Öl- oder SF_6-Transformatoren ist die Unterspannungswicklung bis ca. 30kV da-gegen meist als *Lagenwicklung* gestaltet. Für höhere Spannungen wird üblicherweise eine *Scheibenspulenausführung* gewählt. Sie stellt zugleich die überwiegend eingesetzte Bau-art für die fast immer außen liegende Oberspannungswicklung (OS) dar (Bild 4.11). Die einzelnen Leiter der Lagen- und Scheibenspulenwicklungen sind mit Papier bandagiert, das über sehr gute Isolationseigenschaften verfügt, wenn es mit Öl getränkt oder von komprimiertem SF_6-Gas durchdrungen ist.

Bei kleineren Einheiten werden *Einfachleiter*, bei großen Ausführungen *Drilleiter* ver-wendet (Bild 4.12). Drilleiter setzen sich aus einer Reihe von lackisolierten Teilleitern

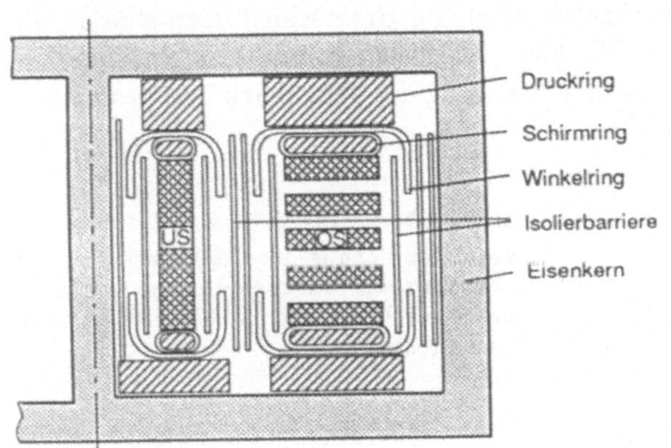

Bild 4.11
Aufbau eines einphasigen
Zweiwicklungstransformators
US: Lagenwicklung
OS: Scheibenspulenwicklung

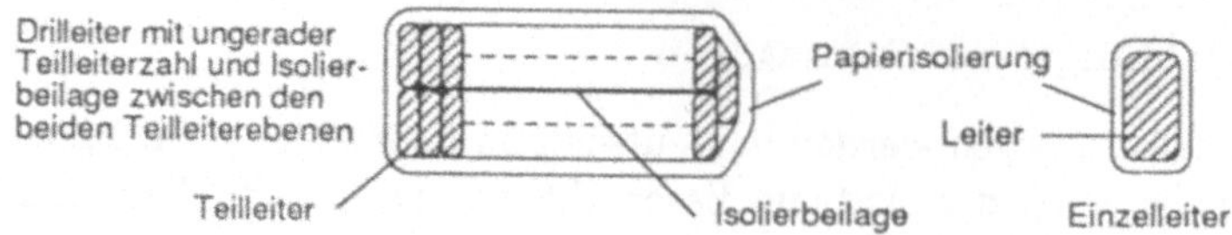

Bild 4.12
Häufig verwendete Leiterausführungen in Leistungstransformatoren
Drilleiter: Transformatoren großer Leistung (z.B. Maschinentransformatoren)
Einzelleiter: Transformatoren geringer Leistung (z.B. Verteilungstransformatoren)

zusammen. Infolge einer Verdrillung vertauschen diese Teilleiter ihre Plätze innerhalb des Bündels. Dadurch wird erreicht, daß die einzelnen Teilleiter in gleicher Weise mit Wirbelstromverlusten (Näheeffekt) belastet werden und im gleichen Maße den Strom führen.

Die bisherige Beschreibung der Transformatorentechnologie stellt einen Überblick dar, der für das Verständnis der folgenden Ausführungen ausreicht. Eine umfassendere Behandlung bietet [75]. Im weiteren wird nun auf den Aufbau des Ersatzschaltbildes und dessen Zusammenhang mit den prägenden konstruktiven Parametern eingegangen.

Gedanklich kann die US-Wicklung in eine Reihe gleichartiger Segmente bzw. in ihre einzelnen Windungen aufgelöst werden. Sie stellen induktiv gekoppelte Elemente dar, von denen gemäß Abschnitt 4.1 jedes mit jedem über das magnetische Feld verknüpft ist. Weitere induktive Elemente kommen durch die Scheibenspulen der OS-Wicklung hinzu, die als eine Einheit angesehen, jedoch prinzipiell auch wieder in die einzelnen Windungen aufgespalten werden können: Jedes dieser Elemente besitzt eine Selbstinduktivität L und eine Gegeninduktivität M zu jedem weiteren Element.

Zugleich stellen die Windungen bzw. Scheiben Elektroden dar, zwischen denen sich elektrische Felder ausbilden. Grundsätzlich ist wiederum jeder Leiter mit jedem anderen über ein elektrisches Feld verknüpft. Über die Größe dieser elektrischen Kopplung geben die *Teilkapazitäten* C_{ij} Auskunft (Bild 4.13). Sie werden ähnlich wie die Größen L, M nur von der Geometrie der Leiter und der Beschaffenheit des Feldraumes ($\mu = $ const) bestimmt, nicht jedoch von den elektrischen Größen u und i, mit denen sie beansprucht werden [22].

Relevante Teilkapazitäten haben besondere Funktionsbezeichnungen erhalten. So werden die Teilkapazitäten zu den geerdeten, leitfähigen Konstruktionsteilen wie Kessel und Eisenkreis *Erdkapazitäten* genannt. Den Teilkapazitäten zwischen den Windungen bzw. Spulen wird der Begriff *Windungs-* bzw. *Spulenkapazität* zugeordnet, die in ihrer Gesamtheit als *Wicklungskapazität* bezeichnet werden. Im Unterschied dazu werden die Teilkapazitäten zwischen der US- und OS-Wicklung als *Koppelkapazitäten* bezeichnet.

Es sei angemerkt, daß die genaue rechnerische Ermittlung der Teilkapazitäten grundsätz-

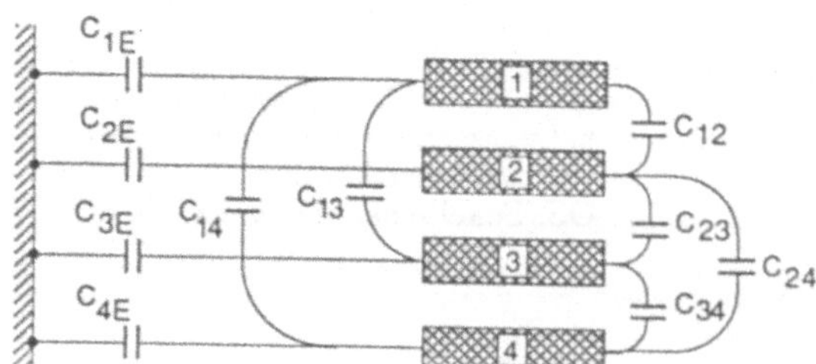

Bild 4.13
Veranschaulichung der Teilkapazitäten an einer Scheibenspulenausführung mit Berücksichtigung der Erdkapazitäten zum Eisenschenkel

lich eine elektrostatische Feldberechnung erfordert. Häufig kann man in der Praxis diese
Rechnungen umgehen, indem man die Feldverteilungen mit analytisch berechenbaren
Anordnungen wie z.B. Zylinder- oder Plattenkondensatoren abschätzt. So kann man die
Koppelkapazität zwischen den Wicklungen als Zylinderkondensator auffassen. Durch eine
nachträgliche Diskretisierung lassen sich die Auswirkungen der Potentialunterschiede in
der Wicklung auf den Verschiebungsstrom besser erfassen, z.B. indem jeweils die Hälfte
der Kapazität am Anfang und Ende der Wicklung lokalisiert wird.

Die Gesamtheit aller Teilkapazitäten bildet ein Gitter, das zugleich mit einer Vielzahl
von Selbst- und Gegeninduktivitäten verknüpft ist (Bild 4.14). Für einen Zweiwicklungstransformator resultiert ein zweitoriges Reaktanznetzwerk, das mit wachsender Nach-
bildungsgenauigkeit eine steigende Anzahl unabhängiger Energiespeicher aufweist und
dementsprechend immer mehr Eigenfrequenzen des Transformators erfaßt. Die untere
Grenze dieses *Spektrums* liegt bei ca. 5...10 kHz, die obere bei einigen Megahertz. Daraus folgt, daß sich ein Transformator bzw. dessen Eingangsimpedanz bis in den Bereich
von einigen Kilohertz induktiv verhält. Danach treten Pole und Nullstellen abwechselnd
auf. Dies bedeutet, daß der Transformator nacheinander ein induktives und kapaziti-
ves Eingangsverhalten aufweist. Im Megahertzbereich reagiert er nur noch kapazitiv. In
diesem Bereich wirkt der Transformator entsprechend dem Kapazitätsgitter wie ein *kapazitiver Spannungsteiler*.

Die Dämpfung ist ebenfalls frequenzabhängig. Sie begrenzt u.a. die Pole; die internen Spannungserhöhungen liegen z.B. bei einem 15-MVA-Transformator im Bereich der
vierfachen Eingangsspannung [76]. Je niedriger die Polerhöhungen durch konstruktive
Maßnahmen gehalten werden können, desto geringer ist die betriebliche Beanspruchung
des Transformators durch Oberschwingungen. Allerdings setzt die Dämpfung einen Teil
der Feldenergie in Verlustwärme um, die dann auch abgeführt werden muß. Eine vertiefte Aussage über den Einfluß der Entwurfsparameter auf das gesamte Frequenzverhalten
liefern erst die internen Feldverteilungen. Im folgenden wird im wesentlichen der *niederfrequente Bereich betrachtet*, für den die kapazitiven Reaktanzen $1/(\omega C)$ so hochohmig
sind, daß ihre Verschiebungsströme vernachlässigt werden können.

In unmittelbarer Nähe einer stromdurchflossenen Windung ist das magnetische Feld nahezu kreisförmig (Bild 4.15). Anschließend wird das H-Feld in das Eisen gewissermaßen
hineingezogen, weil dort die Permeabilität hohe Werte aufweist. Dadurch erhält das Feld

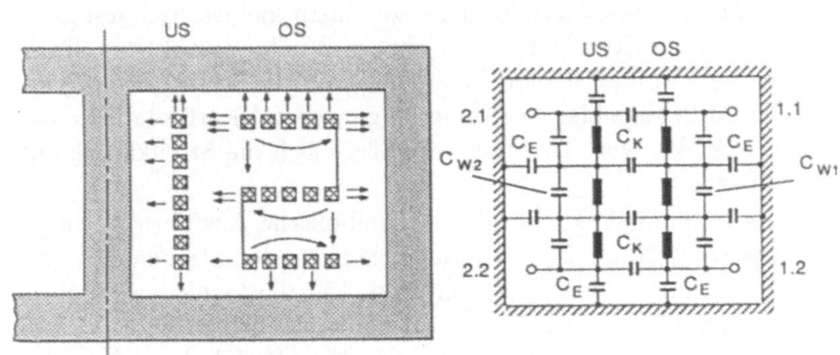

1.1, 1.2: Klemmen der Oberspannungswicklung (OS)
2.1, 2.2: Klemmen der Unterspannungswicklung (US)
C_E: Erdkapazität
C_K: Koppelkapazität zwischen OS und US
C_{W1}, C_{W2}: Wicklungskapazitäten

Bild 4.14
Schematisierte Darstellung des elektrischen Feldes, der zugehörigen Teilkapazitäten und deren
Kopplung mit den Induktivitäten zur Erfassung des magnetischen Feldes
(gegenseitige Kopplung der Induktivitäten nicht dargestellt)

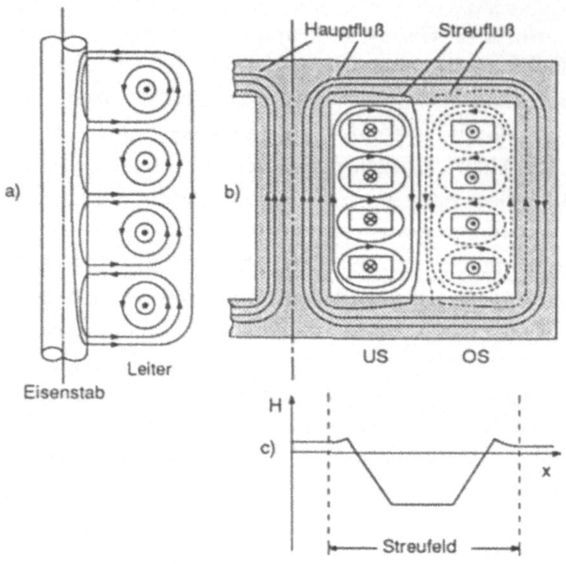

Bild 4.15
Prinzipieller Verlauf des magnetischen
Feldes und seine Diskretisierung in
Teilbereichen
a) für Windungen um einen Eisenstab
b) für Zweiwicklungstransformatoren mit Rückschlüssen bei
unterspannungsseitiger
Leistungseinspeisung und
belasteter OS-Wicklung
(Kompensation des Feldes
außerhalb des Streukanals um so
ausgeprägter, je niederohmiger die
Last)
c) Radiale Verteilung des H-Feldes im
Zweiwicklungstransformator

starke Querkomponenten, die sich jedoch zur Spulenmitte hin zunehmend aufheben. Infolgedessen stellt sich auch bei relativ kurzen Spulen bereits ein überwiegend axialer
Feldverlauf ein. Die Felder einer Scheibenspule haben eine ähnliche Form.

Die induktive Kopplung bewirkt in der Ober- und Unterspannungswicklung entgegengesetzte Ströme (s. Gln. (4.6)), deren Felder sich überlagern. Dies führt in dem Raum
zwischen den Wicklungen, dem *Streukanal*, zu einer Verstärkung, in den übrigen Bereichen – auch im Eisen – zu einer teilweisen Kompensation (Bild 4.15). Natürlich können
nur solche Feldanteile zum Energietransport beitragen, die beide Wicklungen gemeinsam durchdringen. Sie werden dementsprechend als *Hauptfeld* bezeichnet und verlaufen
vorwiegend im Eisen. Im Belastungsfall rufen die anderen Feldanteile den induktiven
Spannungsabfall hervor. Den dafür maßgebenden Anteil stellt das Feld im Streukanal
dar. Durch die Abmessungen des Streukanals kann demnach die Höhe des Spannungsabfalls beeinflußt werden. Bei konstanter Windungszahl verringert eine *hohe Schenkellänge*
die magnetische Feldstärke; ebenso führt eine *geringe Breite des Kanals* zu einem kleinen
Fluß und damit zu einer *kleinen Streuinduktivität* bzw. zu einem kleinen Spannungsabfall. Andererseits vergrößert sich das Streufeld mit steigender Windungszahl. Aus diesen
Überlegungen läßt sich auch der Einfluß der oberspannungsseitigen Nennspannung auf
das Streuverhalten erkennen: Mit steigender Nennspannung wächst der erforderliche Isolationsabstand zwischen den Wicklungen. Dadurch vergrößern sich die Streukanäle und
damit auch die Streuinduktivitäten.

Bei der Bauart gemäß Bild 4.16 handelt es sich um eine symbolische Ausführung. Sie ist
nicht praxisgerecht, da der gesamte Raum zwischen den Schenkeln den Streukanal bildet
und daher zu unrealistisch großen Spannungsabfällen führt. Für die folgenden Betrachtungen wird diese Darstellung gewählt, da bei einer solchen Ausführung die Zählpfeile
zeichentechnisch übersichtlicher angeordnet werden können. Eine Verfälschung in bezug
auf die Ersatzschaltbilder kann nicht eintreten, da die Ableitung unabhängig von der
technischen Gestaltung der Kopplung ist und die tatsächlichen Feldverhältnisse sich nur
in der Höhe der verwendeten L- und M-Werte widerspiegeln. Angemerkt sei, daß im
folgenden stets für die Oberspannungswicklung der Index 1 und für die Unterspannungs-

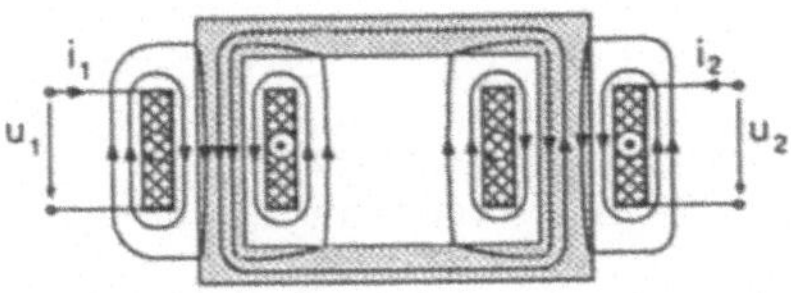

Bild 4.16
Symbolische Darstellung eines Zweiwicklungstransformators im Hinblick auf eine
übersichtliche Darstellung der Zählpfeile

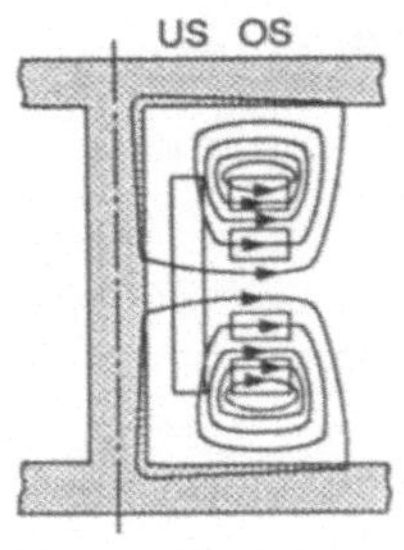

Bild 4.17
Feldverlauf für einen leerlaufenden, oberspannungs-
seitig gespeisten Zweiwicklungstransformator bei der
1. Eigenfrequenz

wicklung der Index 2 gewählt wird.

Die bisherigen Betrachtungen dienten hauptsächlich dazu, den Gültigkeitsbereich des induktiven Modells und der dafür maßgebenden Parameter abzustecken. Dabei hat sich
gezeigt, daß dieses Modell üblicherweise bis in den Bereich einiger kHz zulässig ist. Bei
höheren Frequenzen wirken sich zunehmend die Teilkapazitäten aus und führen zu anderen Feldverteilungen. Als Beispiel ist in Bild 4.17 für einen leerlaufenden Transformator
das prinzipielle Feldbild der Oberspannungswicklung dargestellt, das sich im Bereich der
ersten Eigenfrequenz einstellt. Genauere Ausführungen sind [76], [77] und [80] zu entnehmen. Der angegebene Gültigkeitsbereich für die induktive Nachbildung kann auch auf die
im folgenden noch behandelten Transformatorbauarten übertragen werden.

Nachdem der grundsätzliche Aufbau von einphasigen Transformatoren beschrieben ist,
kann nun auf das Ersatzschaltbild eingegangen werden.

4.2.1.2 Ersatzschaltbild eines einphasigen Zweiwicklungstransformators

Für die Ableitung des Ersatzschaltbildes wird der vereinfachte magnetische Kreis in Bild
4.18 zugrundegelegt. Die Wicklungen werden im folgenden als verlustfrei angenommen.
Ihr ohmscher Widerstand wird analog zu den Leiterschleifen (Bild 4.2) vorgezogen. Das
Eingangs- und Ausgangsverhalten der Anordnung wird dadurch nicht verändert. Setzt
man ferner wiederum einen stationären Betrieb voraus, so wird dieses Modell durch die
bereits kennengelernten Koppelgleichungen

$$\underline{U}_{L_1} = L_1 \cdot j\omega\, \underline{I}_1 - M \cdot j\omega\, \underline{I}_2 \, , \quad \underline{U}_{L_2} = L_2 \cdot j\omega\, \underline{I}_2 - M \cdot j\omega\, \underline{I}_1 \tag{4.16}$$

beschrieben, aus denen dann die Systemgleichungen

$$\underline{U}_1 = j\omega L_1 \underline{I}_1 - j\omega M \underline{I}_2 \, , \quad \underline{U}_2 = j\omega M \underline{I}_1 - j\omega L_2 \underline{I}_2 \tag{4.17}$$

resultieren. Entsprechend Bild 4.19 kann diesen Zweitorgleichungen ein T-Ersatzschaltbild zugeordnet werden. Ein derartiger Schritt ermöglicht es, die magnetische Kopplung
durch ein elektrisches Netzwerk zu beschreiben. Dabei ist es zweckmäßig, die Zählpfeile in
der Weise einzutragen, wie es in Bild 4.18 erfolgt ist. Anderenfalls tritt die Gegeninduktivität in den Reaktanzen mit einem umgekehrten Vorzeichen auf. Das Ersatzschaltbild
beschreibt zwar auch dann das Betriebsverhalten, ist jedoch infolge der negativen Reaktanzen unhandlicher.

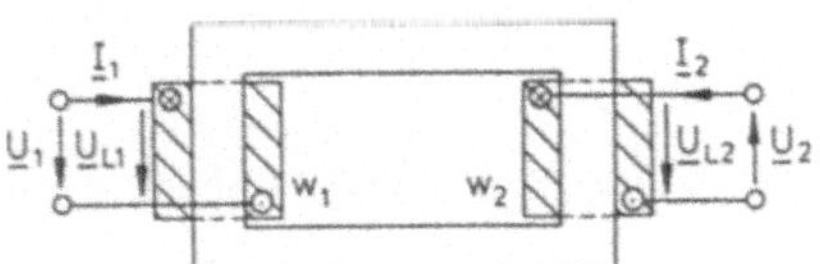

Bild 4.18
Festlegung der Zählpfeile an einem
symbolisch dargestellten einphasigen
Zweiwicklungstransformator

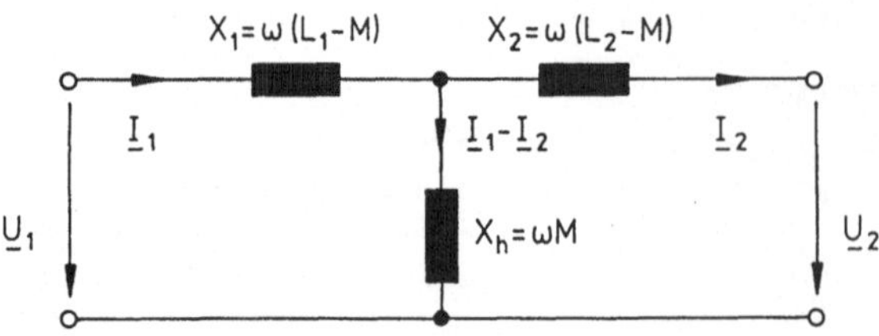

Bild 4.19
T-Ersatzschaltbild eines einphasigen Zweiwicklungstransformators

Das Ersatzschaltbild in Bild 4.19 ist in dieser Form auch für Luftspulen gültig. Für *eisengekoppelte* Wicklungen ist eine noch weitergehende Interpretation möglich, auf die im folgenden eingegangen wird. Sie beruht auf der vereinfachenden Annahme, daß die *Streufelder nur axial ausgerichtet* und *mit jeder Windung in gleicher Weise verknüpft* sind. Die Induktivitäten nehmen dann bekanntlich die einfache Form

$$L_1 = w_1^2 \Lambda_1 \, , \quad L_2 = w_2^2 \Lambda_2 \, , \quad M = w_1 w_2 \Lambda_{12} \tag{4.18}$$

an [9]. In diesen Beziehungen bezeichnen die Größen w_1, w_2 die Windungszahlen der Ober- bzw. Unterspannungswicklung. Mit Λ_1, Λ_2 wird der magnetische Leitwert der Ober- bzw. Unterspannungswicklung beschrieben, der ein Maß für den Koppel- und den jeweiligen Streufluß ist. Im Unterschied dazu erfaßt der Koppelleitwert Λ_{12} nur den Koppelfluß – also den Fluß im Eisen. Die Reaktanzen ergeben sich mit Hilfe der Ausdrücke (4.18) zu

$$X_1 = \omega(w_1^2 \Lambda_1 - w_1 w_2 \Lambda_{12}) \, , \quad X_2 = \omega(w_2^2 \Lambda_2 - w_1 w_2 \Lambda_{12}) \, ,$$
$$X_h = \omega w_1 w_2 \Lambda_{12} \approx \omega w_1 w_2 \Lambda_1 \approx \omega w_1 w_2 \Lambda_2 \, . \tag{4.19}$$

Das Ersatzschaltbild läßt sich in dieser Form nicht physikalisch interpretieren. Es kann sogar eine der Reaktanzen X_1, X_2 negativ werden. Eine Ausnahme liegt nur in dem Spezialfall $w_1 = w_2$ vor, für den die Gln. (4.19) die Gestalt

$$X_1 = \omega w_1^2 (\Lambda_1 - \Lambda_{12}) \, , \quad X_2 = \omega w_1^2 (\Lambda_2 - \Lambda_{12}) \, , \quad X_h = \omega w_1^2 \Lambda_{12} \tag{4.20}$$

annehmen. Es sind dann alle Induktionsflüsse Ψ_i, Ψ_{ik} durch dieselbe Proportionalitätskonstante w_1 mit den korrespondierenden Flüssen Φ_i, Φ_{ik} verknüpft. Die Induktivitäten L und M stellen dann wie bei den Leiterschleifen wiederum ein direktes Maß für die Flußverhältnisse dar. Somit beschreiben die Reaktanzen $X_1 \sim (L_1 - M)$ bzw. $X_2 \sim (L_2 - M)$ die Streufelder. Sie werden deshalb als *Streureaktanzen* X_σ bezeichnet. Analog wird für die Größe $X_h \sim M$, die den Haupt- bzw. Koppelfluß kennzeichnet, der Begriff *Hauptreaktanz* gewählt.

Umspanner mit ungleichen Windungszahlen können auf einfache Weise auf den Spezialfall $w_1 = w_2$ zurückgeführt werden. Dazu ist es notwendig, die Ausdrücke (4.18) und (4.19) in die Beziehungen (4.17) einzusetzen. Anschließend wird eine Erweiterung mit dem zunächst willkürlich gewählten Faktor $\ddot{u} = w_1/w_2$ vorgenommen:

$$\underline{U}_1 = j\omega w_1^2 \Lambda_1 \underline{I}_1 - j\omega w_1 w_2 \Lambda_{12} \underline{I}_2 \cdot \frac{\ddot{u}}{\ddot{u}}$$

$$\ddot{u}\,\underline{U}_2 = j\omega w_1 w_2 \ddot{u} \Lambda_{12} \underline{I}_1 - j\omega w_2^2 \Lambda_2 \cdot \ddot{u}\,\underline{I}_2 \cdot \frac{\ddot{u}}{\ddot{u}} \, .$$

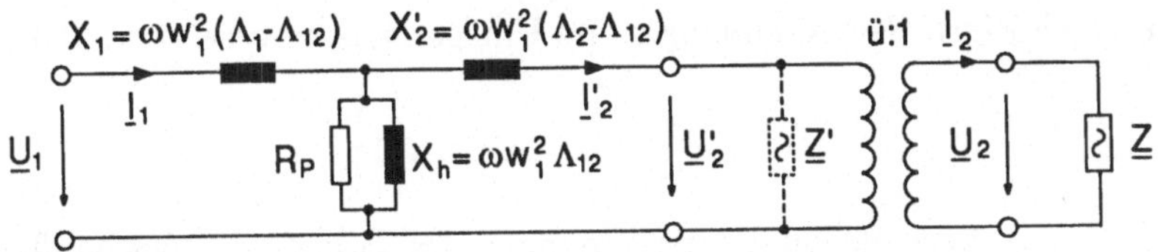

Bild 4.20
T-Ersatzschaltbild eines einphasigen Zweiwicklungstransformators bei Umrechnung
aller Größen auf die eingangsseitige Windungszahl w_1

Verwendet man ferner die Definitionen

$$\underline{I}'_2 = \underline{I}_2 \cdot \frac{1}{\ddot{u}} \,, \quad \underline{U}'_2 = \underline{U}_2 \cdot \ddot{u} \,, \quad X'_2 = \ddot{u}^2 \cdot X_2 \,,$$

so erhält man die Zweitorgleichungen in der Form

$$\underline{U}_1 = j\omega w_1^2 \Lambda_1 \underline{I}_1 - j\omega w_1^2 \Lambda_{12} \underline{I}'_2 \,, \quad \underline{U}'_2 = j\omega w_1^2 \Lambda_{12} \underline{I}_1 - j\omega w_1^2 \Lambda_2 \underline{I}'_2 \,. \tag{4.21}$$

Dieses Gleichungssystem läßt sich wiederum als T-Ersatzschaltbild interpretieren, das
Bild 4.20 zu entnehmen ist. Auf den in dieser Abbildung ebenfalls dargestellten Widerstand R_P wird später noch eingegangen.
Wie durch die Transformation mit dem Faktor $\ddot{u}$ bezweckt, tritt in den Reaktanzen
nur eine einzige Windungszahl auf. Vorteilhafterweise nehmen die Reaktanzen bei der
gewählten Größe $\ddot{u}$ *nur positive* Werte an, da die Leitwerte Λ_1, Λ_2 stets größer als der
Koppelleitwert Λ_{12} sind. Allerdings ist durch diesen Schritt neben der Spannung $\underline{U}_2$ und
dem Strom $\underline{I}_2$ auch die Last $\underline{Z}$ transformiert worden:

$$\underline{Z}' = \frac{\underline{U}'_2}{\underline{I}'_2} = \frac{\ddot{u}\,\underline{U}_2}{\frac{1}{\ddot{u}}\underline{I}_2} = \ddot{u}^2 \cdot \frac{\underline{U}_2}{\underline{I}_2} = \ddot{u}^2 \cdot \underline{Z} \,. \tag{4.22}$$

Die tatsächlichen Ströme und Spannungen der Wicklung 2 erhält man wieder, wenn die
Transformation am Ausgang durch einen *idealen Umspanner* rückgängig gemacht wird
(Bild 4.20).
Ein idealer Umspanner weist eine unendlich große Hauptinduktivität auf und ist zugleich
verlust- und streuungsfrei. Es gilt dann $\Lambda_1 - \Lambda_{12} = 0$, $\Lambda_2 - \Lambda_{12} = 0$ mit $\Lambda_{12} \to \infty$. Unter
diesen Bedingungen sind die Längsreaktanzen im Ersatzschaltbild Null, die unendliche
Hauptreaktanz kann vernachlässigt werden und $\underline{I}_2$ wird gleich $\underline{I}_1$. Wie auch aus den Gln.
(4.21) hervorgeht, ist deshalb bei einem idealen Umspanner der Faktor $\ddot{u}$ identisch mit
dem Quotienten der Ober- und Unterspannung. Die Größe $\ddot{u}$ wird aus diesem Grunde
auch als *Übersetzung* bezeichnet.
Wie aus den Gln. (4.21) ferner abzulesen ist, tritt bei einem realen Transformator dieses
Spannungsverhältnis nur dann auf, wenn vom Aufbau her die Bedingung $\Lambda_1 \approx \Lambda_{12}$ erfüllt
ist und der spezielle Betriebszustand $\underline{I}_2 = 0$, also Leerlauf, vorliegt:

$$\ddot{u}_0 = \frac{\underline{U}_1}{\underline{U}_2} = \frac{j\omega w_1^2 \Lambda_1 \underline{I}_1}{j\omega w_1 w_2 \Lambda_{12} \underline{I}_1} = \frac{w_1}{w_2} \cdot \frac{\Lambda_1}{\Lambda_{12}} \approx \frac{w_1}{w_2} \,. \tag{4.23}$$

Gemäß der DIN-VDE-Bestimmung 0532 ist für die Leerlaufübersetzung $\ddot{u}_0$ nicht die
durch die Windungszahlen bestimmte Näherung zu verwenden, sondern der genaue Wert,
der zusätzlich durch die Größen Λ_1, Λ_{12} beeinflußt wird (Gl. 4.23). Um bei dieser Angabe
eventuelle nichtlineare Einflüsse der Magnetisierungskennlinie auszuschalten, definiert
man eine sogenannte *Nennübersetzung* $\ddot{u}_n$. Sie ergibt sich aus Gl. (4.23), indem für die

Spannungen U_1, U_2 die zugehörigen Nennspannungen des Umspanners eingesetzt werden:

$$\ddot{u}_n = \frac{U_{n1T}}{U_{n2T}} \; .$$

Zu beachten ist, daß die Nenn- bzw. Bemessungsspannungen des Transformators häufig über den entsprechenden Werten der Netzebenen liegen. Dadurch können im Lastfall die internen Spannungsabfälle des Transformators zumindest teilweise kompensiert werden.

Das Ersatzschaltbild beschreibt nicht nur das stationäre Verhalten. Es gilt prinzipiell auch für *transiente Vorgänge*, denn die bisherigen Berechnungen könnten auch ohne die komplexe Schreibweise direkt mit Hilfe von Differentialgleichungen durchgeführt werden. Allerdings ist in dem beschriebenen Ansatz nicht die Stromabhängigkeit der Größen L_1, L_2 und M enthalten, die sich aus dem nichtlinearen Eisenverhalten $\Psi(i)$ ergibt (s. Kapitel 4.1.3). Genauere Feldberechnungen zeigen, daß die *Streu*induktivitäten praktisch stromunabhängig sind und daher die Modellvoraussetzungen erfüllen. Im Unterschied dazu weist die *Haupt*induktivität, die im wesentlichen das Feld im Eisen beschreibt, eine ausgeprägte Stromabhängigkeit auf, die näherungsweise durch die Magnetisierungskennlinie $\Psi(i)$ bzw. die zugehörige $L(i)$-Kennlinie erfaßt wird. Üblicherweise sind Transformatoren in der Energieversorgung so dimensioniert, daß bei Nennspannung bereits der Krümmungsbereich der Magnetisierungskennlinie ausgesteuert wird. Dadurch verzerren sich die Magnetisierungsströme, die im Leerlauf das Eingangsverhalten prägen. Trotz der dann nichtlinearen Eingangsströme ist die *Ausgangsspannung* praktisch *sinusförmig*. Der Grund liegt darin, daß die Streureaktanzen im Vergleich zur Hauptreaktanz klein sind und daß der nichtlineare Spannungsabfall an der Streuinduktivität daher kaum von Bedeutung ist. Bei einer linearen Last ($R = $ const, $L = $ const) an den Ausgangsklemmen ist daher auch der Laststrom sinusförmig, der den kleinen nichtlinearen Magnetisierungsstrom überdeckt. Der Einfluß des Magnetisierungsstroms kann mit einer konstanten Hauptinduktivität abgeschätzt werden, die bei den weiteren Ableitungen vorausgesetzt wird.

Bei der Herleitung des Ersatzschaltbildes sind weiterhin Verluste im Eisenkern vernachlässigt worden, die sich aus Hysterese- und Wirbelstromverlusten zusammensetzen. Für *stationäre* Rechnungen und einige spezielle transiente Verläufe können sie nachträglich durch einen Parallelwiderstand R_P berücksichtigt werden [10]. Meistens wird dieser Widerstand so bemessen, daß zumindest bei Nennbetrieb die Leerlaufverluste richtig erfaßt werden. Die lineare Kennlinie $\Psi(i)$ der Hauptinduktivität weitet sich durch den Parallelwiderstand zu einer Ellipse auf. Der tatsächliche Verlauf der Hystereseschleife wird durch diesen Schritt zumindest näherungsweise erfaßt [126]. Häufig werden die Daten des diskutierten Ersatzschaltbildes meßtechnisch bestimmt.

Die Hauptreaktanz X_h kann aus einer Leerlaufmessung ermittelt werden. Wie aus dem Ersatzschaltbild 4.20 ersichtlich ist, nimmt in diesem Betriebszustand die gespeiste Wicklung einen Strom auf. Dieser Strom baut an dem Eisenkern den Koppelfluß auf und wird als Leerlaufstrom I_0 bezeichnet. Seine Größe beträgt bei technischen Transformatoren etwa $0,2\dots 1$ % des Nennstroms I_n und übersteigt selten einige Ampere. Bei der Einführung eines Parallelwiderstandes besteht I_0 aus dem Magnetisierungsstrom I_μ, der über X_h fließt, und einem Wirkstrom, der durch R_P verursacht wird. Die Messung ist insofern problematisch, als der Strom durch das nichtlineare Verhalten des Eisens oberschwingungshaltig wird. Zweckmäßigerweise nähert man den Verlauf möglichst gut sinusförmig an. Für die Praxis gilt dann mit X_1, $X_2' \ll X_h = \omega w_1^2 \Lambda_{12}$ hinreichend genau:

$$X_h = \text{Im}\left\{\frac{U_{n1}}{\underline{I}_{\mu 1}}\right\} = \ddot{u}^2 \cdot \text{Im}\left\{\frac{U_{n2}}{\underline{I}_{\mu 2}}\right\} . \tag{4.24}$$

Aus der Leerlaufmessung kann man u.a. auch den Widerstand R_P ermitteln. Im Leerlaufbetrieb mit $I_\mu \ll I_n$ sind bei Transformatoren der Energieversorgung die Kupferverluste vernachlässigbar klein im Vergleich zu den Eisenverlusten. Daher darf der Widerstand R_P auch direkt aus den Leerlaufverlusten P_0 berechnet werden:

$$R_P = \frac{U_{n1}^2}{P_0} = \ddot{u}^2 \cdot \frac{U_{n2}^2}{P_0} .$$

Die Streureaktanzen lassen sich aus einer Kurzschlußmessung bestimmen. Dazu wird üblicherweise die Unterspannungswicklung kurzgeschlossen. Die Spannung U_1 wird anschließend – ausgehend von Null – so lange erhöht, bis sich auf der *Oberspannungsseite der Nennstrom* I_{n1} einstellt. Die dann anliegende Spannung wird als Kurzschlußspannung U_{k1} bezeichnet und ist ein direktes Maß für die Summe der Streureaktanzen, da bei technisch üblichen Transformatoren der Querzweig mit der wesentlich größeren Hauptreaktanz zu vernachlässigen ist:

$$X_k \approx \frac{U_{k1}}{I_{n1}} \approx X_1 + X_2' .$$

Für die Größe X_k wird der Begriff *Kurzschlußreaktanz* gewählt. Bei der beschriebenen Transformation mit $\ddot{u} = w_1/w_2$ ergeben sich die Streureaktanzen aufgrund der Bedingung $\Lambda_1 \approx \Lambda_2$ in guter Näherung zu

$$X_1 \approx X_2' \approx 0,5 \cdot X_k . \tag{4.25}$$

Mit wachsender Übersetzung $\ddot{u}$ beginnen sich allerdings die Isolationsabstände zwischen den Wicklungen bzw. die Abmaße der Oberspannungsspulen zu vergrößern, so daß sich auch deren Leitwerte Λ_1, Λ_2 zunehmend voneinander unterscheiden. Die Kurzschlußreaktanz X_k teilt sich dann anders auf [128], [129].
Bei der beschriebenen Ermittlung der Streureaktanzen ist der Kupferwiderstand der Wicklung ebenso unberücksichtigt geblieben wie bereits bei der Bestimmung des Widerstandes R_P. Diese Vernachlässigung ist gerechtfertigt, da im Hinblick auf gute Wirkungsgrade bei der Energieübertragung die Kupferwiderstände klein sind, wie auch aus der Relation $0,01 < R_k/X_k < 0,08$ zu ersehen ist. Der dadurch bedingte Fehler würde aufgrund der geometrischen Überlagerung

$$\frac{Z_k}{X_k} = \sqrt{1 + \frac{R_k^2}{X_k^2}}$$

selbst bei einem unrealistisch hohen Widerstand $R_k \approx 0,3 \cdot X_k$ nur ca. 4 % betragen. Es ist üblich, die Kurzschlußspannung auf die Nennspannung zu beziehen; sie errechnet sich dann aus dem Ausdruck

$$u_k = \frac{U_{k1}}{U_{n1T}} = \frac{I_{n1T} \cdot X_k}{U_{n1T}} \cdot \frac{U_{n1T}}{U_{n1T}} = \frac{S_{nT} \cdot X_k}{U_{n1T}^2} . \tag{4.26}$$

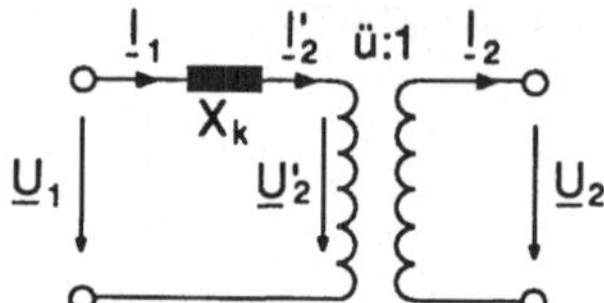

Bild 4.21
Vereinfachtes Ersatzschaltbild eines einphasigen
Zweiwicklungstransformators

Dabei kennzeichnet der Term $S_{nT} = U_{nT} \cdot I_{nT}$ die *Nennleistung des Transformators*. Die dimensionslose Größe u_k, ein Maß für die Streureaktanz, wird als *relative Kurzschlußspannung* bezeichnet. Üblicherweise wird sie in Prozent der Nennspannung angegeben.

Mit den Beziehungen (4.24), (4.25) und (4.26) können die Reaktanzen des Ersatzschaltbildes in Bild 4.20 auch für solche Transformatoren, deren Aufbau unbekannt ist, mit Hilfe üblicher Richtwerte hinreichend genau bestimmt werden. Dies ist für die praktische Projektierungstätigkeit von Vorteil, da meistens nur die Anschlußdaten des Umspanners wie u_k, S_{nT} und $ü_n$ bekannt sind.

Die Größe des Leerlaufstroms ist bei den Transformatoren, die in Netzanlagen eingesetzt werden, gegenüber dem Betriebsstrom zu vernachlässigen. Es liegt deshalb nahe, das Ersatzschaltbild dadurch zu vereinfachen, daß nur die Kurzschlußreaktanz berücksichtigt wird (Bild 4.21).

Das Ersatzschaltbild beschreibt in dieser Form das *Betriebsverhalten* für die Bereiche, bei denen die Bedingung $I_{b1} \gg I_{01}$ erfüllt ist. Bei transienten Vorgängen müssen die zugrundegelegten Voraussetzungen im Einzelfall überprüft werden. Auf diesen Betrachtungen aufbauend ist es nun auch möglich, das Betriebsverhalten eines Systems von Zweiwicklungstransformatoren zu ermitteln.

4.2.1.3 Betriebsverhalten von Zweiwicklungstransformatoren im einphasigen Netzverband

In Netzverbänden treten häufig mehrere Transformatoren mit unterschiedlichen Übersetzungen auf. Es interessiert nun, wie das Betriebsverhalten solcher Anlagen ermittelt werden kann. Die Berechnungsmethodik wird am Beispiel eines speziellen Netzverbandes erläutert (Bild 4.22).

Bei dieser Netzanlage ist für den Nennbetrieb der aus dem Netz gezogene Strom I_{b1} zu bestimmen. Der Einfluß der Leitungen, auf den später näher eingegangen wird, bleibt unberücksichtigt. Bei räumlich eng begrenzten Netzen, wie z.B. dem Netz eines großen Industriewerkes, ist diese Vernachlässigung zulässig. Ferner wird das Netz N_0 vereinfachend als ideale Spannungsquelle betrachtet; eine genauere Darstellung erfolgt in Abschnitt 5.6. Dem Netzverband kann unter diesen Voraussetzungen das Ersatzschaltbild (4.23) zugeordnet werden.

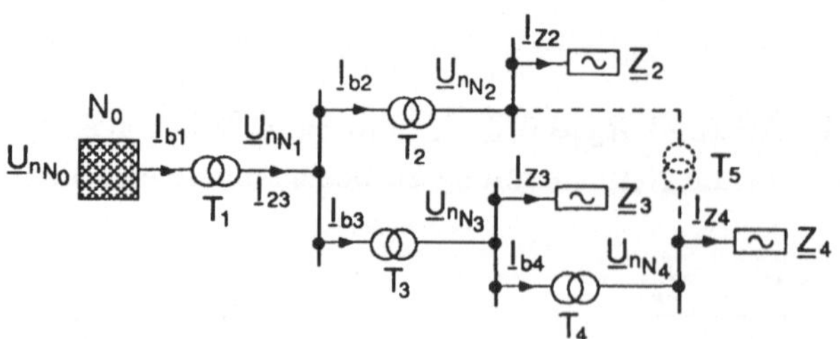

Bild 4.22
Beispiel für Zweiwicklungstransformatoren im
Netzverband

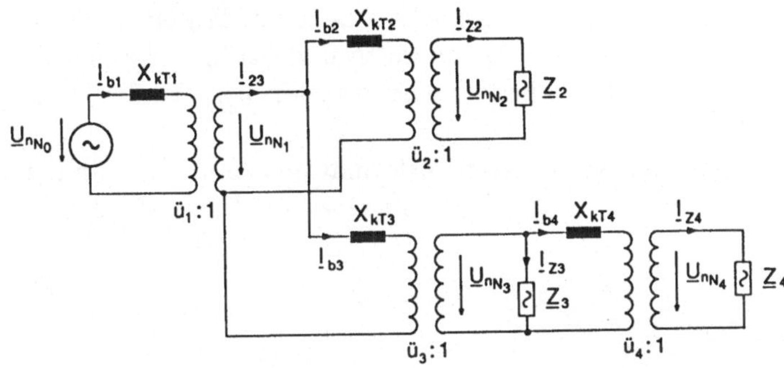

Bild 4.23
Ersatzschaltbild für
den Netzverband
gemäß Bild 4.22
ohne Transformator T_5

Die Kurzschlußreaktanzen können gemäß Gl. (4.26) zu

$$X_{kTi} = \frac{u_{ki}U_{nTi}^2}{S_{nTi}} \qquad \text{mit} \qquad i = 1, 2, 3, 4 \tag{4.27}$$

ermittelt werden. Um das Ersatzschaltbild zu vereinfachen, werden die Lasten $\underline{Z}_2$ und $\underline{Z}_4$ mit Hilfe der Beziehung (4.22) auf die jeweilige Oberspannungsseite umgerechnet. Die induktiven Kopplungen der Transformatoren T_2, T_4 sind durch diesen Schritt eliminiert.

Im weiteren wird diese Transformation auch für den Umspanner T_3 und anschließend für T_1 durchgeführt. Das Ersatzschaltbild enthält dann keine induktive Kopplung mehr (Bild 4.24). Der Netzverband ist damit auf einen Zweipol zurückgeführt, bei dem der gesuchte Betriebsstrom I_{b_1} leicht zu bestimmen ist.

Das bisher beschriebene, relativ umständliche Verfahren läßt sich erheblich vereinfachen, wenn die Nennspannungen der Transformatoren jeweils mit den Nennspannungen der Netze, die miteinander verbunden werden, übereinstimmen oder zumindest das gleiche Verhältnis aufweisen. Für den Umspanner T_1 lautet diese Bedingung:

$$\ddot{u}_1 = \frac{U_{n1T1}}{U_{n2T1}} = \frac{U_{nN0}}{U_{nN1}} . \tag{4.28}$$

Falls diese Voraussetzung bei allen Transformatoren erfüllt ist, kann z.B. der Term für die transformierte Last $\underline{Z}_4'$ auf die Beziehung

$$\underline{Z}_4' = \underline{Z}_4 \cdot \left(\frac{U_{nN3}}{U_{nN4}}\right)^2 \cdot \left(\frac{U_{nN1}}{U_{nN3}}\right)^2 \cdot \left(\frac{U_{nN0}}{U_{nN1}}\right)^2 = \underline{Z}_4 \cdot \left(\frac{U_{nN0}}{U_{nN4}}\right)^2$$

reduziert werden. Wie aus diesem Zusammenhang ersichtlich ist, brauchen die Lasten dann nur mit einer einzigen Übersetzung transformiert werden. Diese Übersetzung ergibt sich aus der Nennspannung der *Bezugsebene*, in der die Ströme berechnet werden

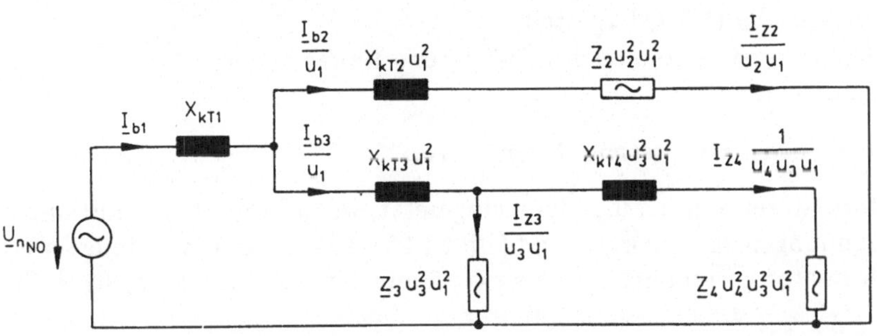

Bild 4.24
Ersatzschaltbild
nach vollständiger Transformation für Bild 4.22
ohne Transformator T_5

sollen, und der Spannungsebene, in der sich die Lastimpedanz befindet. Mit einer solchen Übersetzung transformieren sich ferner auch alle Spannungen und Ströme, die nicht in der Bezugsebene auftreten. Sie müssen entsprechend zurücktransformiert werden, wenn der tatsächliche Wert interessiert.

Für die Umrechnung der Kurzschlußreaktanzen von Transformatoren resultieren ähnlich einfache Verhältnisse. Für den Umspanner T_4 gilt beispielsweise mit U_{nN0} als Bezugsspannung

$$X'_{kT4} = \frac{u_{k4} \cdot U^2_{nN3}}{S_{nT4}} \cdot \ddot{u}_3^2 \cdot \ddot{u}_1^2 = \frac{u_{k4} \cdot U^2_{nN0}}{S_{nT4}} \, . \tag{4.29}$$

Demnach erhält man die transformierte Kurzschlußreaktanz einfach dadurch, daß man in die Beziehung (4.27) die Nennspannung der Bezugsebene einsetzt. Mit Hilfe dieser und der vorhergehenden Transformationsvorschrift läßt sich das Ersatzschaltbild für einen Netzverband in einem Schritt aufstellen.

In dem Beispiel ist ein sehr einfacher, spezieller Netzverband untersucht worden. Kompliziertere Verhältnisse liegen vor, wenn die Transformatoren so geschaltet sind, daß Maschen auftreten. Ein solcher Fall ist in Bild 4.22 durch den gestrichelt gezeichneten Umspanner angedeutet. Es ist dann darauf zu achten, daß *in keinem Zweig die zulässigen Ströme und Leistungen überschritten* werden. Für die einfachste Masche, eine direkte *Parallelschaltung* zweier Umspanner T_1 und T_2, sind deshalb gemäß DIN VDE 0532 die folgenden Bedingungen einzuhalten:

$$\ddot{u}_{T_1} \approx \ddot{u}_{T_2} \tag{4.30a}$$

$$u_{kT_1} \approx u_{kT_2} \tag{4.30b}$$

$$0,5 < \frac{S_{nT_1}}{S_{nT_2}} < 2 \, . \tag{4.30c}$$

Die erste Forderung ist automatisch erfüllt, wenn sich die Transformatornennspannungen wie die Nennspannungen der Netze verhalten. Es können sich dann keine Ausgleichsströme zwischen den Umspannern ausbilden. Durch die Einhaltung der Bedingung (4.30b) soll gewährleistet werden, daß die Transformatoren im Verhältnis ihrer Nennleistungen ausgelastet werden. Durch die Ungleichung (4.30c) wird sichergestellt, daß der Einfluß der ohmschen Widerstände auf diese Leistungsaufteilung zu vernachlässigen ist. Diese Überlegungen zeigen zugleich, daß die angesprochenen Ausgleichsströme sich bei vermaschten Netzen nur vermeiden lassen, wenn für alle Übersetzungen die Bedingung (4.28) gilt. Ein allgemeineres Verfahren, das auch von dieser Bedingung abweichende Werte zuläßt, wird im Abschnitt 5.7 dargestellt.

Nach diesen Betrachtungen ist es nun auch möglich, den umfassenderen Dreiwicklungstransformator zu behandeln.

4.2.2 Einphasige Dreiwicklungstransformatoren

Dreiwicklungstransformatoren werden u.a. dann eingesetzt, wenn Verbraucher mit unterschiedlichen Nennspannungen zu versorgen sind (Bild 4.25). Für diese Anwendung ist ein Dreiwicklungstransformator kostengünstiger als zwei äquivalente Zweiwicklungstransformatoren.

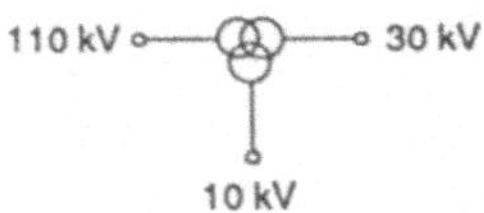

Bild 4.25
Beispiel für den Einsatz eines Dreiwicklungstransformators

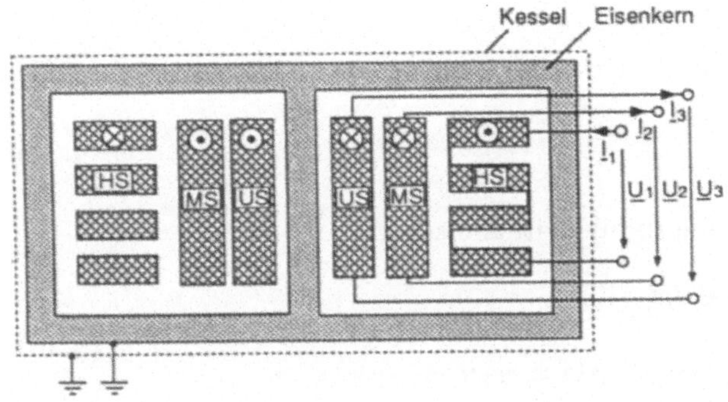

Bild 4.26
Schematischer Aufbau eines
einphasigen Dreiwicklungstransformators
(ohne Darstellung der Isolierung)

Der Aufbau unterscheidet sich von dem eines Zweiwicklungstransformators lediglich durch die zusätzliche, dritte Wicklung (Bild 4.26). Die einzelnen Wicklungen sind im allgemeinen für unterschiedliche Nennleistungen ausgelegt. Sie werden in der Reihenfolge ihrer Nennspannungsgröße als Ober-, Mittel- und Unterspannungswicklung bezeichnet.

Um das Ersatzschaltbild eines Dreiwicklungstransformators zu ermitteln, wird im Hinblick auf eine einfache Ableitung wieder ein vereinfachter Eisenkreis zugrundegelegt (Bild 4.27). Die weiteren Rechengänge beschränken sich auf stationäre, sinusförmige Vorgänge, so daß auf die komplexe Schreibweise übergegangen werden kann.

Für das System in Bild 4.27 wird in bekannter Weise die Flußbilanz aufgestellt. Wendet man ferner das Induktionsgesetz an, so resultieren die Koppelgleichungen

$$\begin{aligned}
\underline{U}_{L_1} &= j\omega L_1 \underline{I}_1 - j\omega M_{12}\underline{I}_2 - j\omega M_{13}\underline{I}_3 \\
\underline{U}_{L_2} &= j\omega L_2 \underline{I}_2 - j\omega M_{21}\underline{I}_1 + j\omega M_{23}\underline{I}_3 \\
\underline{U}_{L_3} &= j\omega L_3 \underline{I}_3 + j\omega M_{32}\underline{I}_2 - j\omega M_{31}\underline{I}_1 \, .
\end{aligned} \tag{4.31}$$

Diese Beziehungen sind noch durch die Maschenumläufe

$$\underline{U}_1 = \underline{U}_{L_1} \, , \quad \underline{U}_2 = -\underline{U}_{L_2} \, , \quad \underline{U}_3 = -\underline{U}_{L_3} \tag{4.32}$$

zu ergänzen. Durch die Induktivitäten L_i und die Gegeninduktivitäten M_{ij} ist der magnetische Kreis vollständig bestimmt. Die Zusammenhänge (4.31) und (4.32) beschreiben somit das Strom-Spannungs-Verhalten des vorausgesetzten Modells.

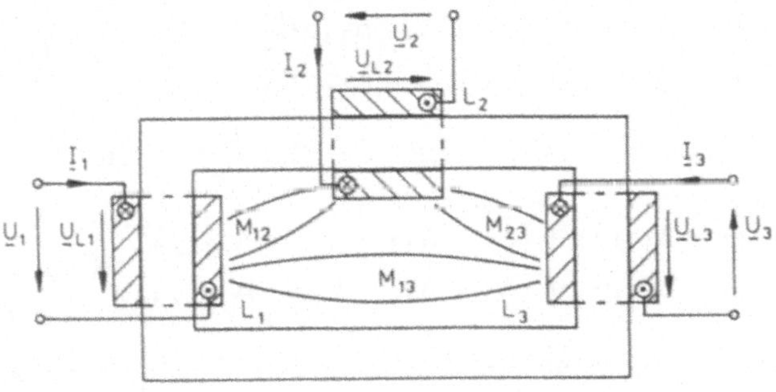

Bild 4.27
Symbolische Darstellung eines
einphasigen Dreiwicklungstransformators

Für die weitere Herleitung werden mit Hilfe der Übersetzungen

$$\ddot{u}_{12} = \frac{w_1}{w_2} \,, \quad \ddot{u}_{13} = \frac{w_1}{w_3} \tag{4.33}$$

wieder die transformierten Größen

$$\underline{U}_2' = \ddot{u}_{12} \cdot \underline{U}_2 \,, \quad \underline{U}_3' = \ddot{u}_{13} \cdot \underline{U}_3 \,, \tag{4.34}$$

$$\underline{I}_2' = \frac{\underline{I}_2}{\ddot{u}_{12}} \,, \quad \underline{I}_3' = \frac{\underline{I}_3}{\ddot{u}_{13}} \tag{4.35}$$

eingeführt. Berücksichtigt man ferner die Induktivitätsausdrücke

$$L_1 = w_1^2 \Lambda_1 \,, \quad L_2 = w_2^2 \Lambda_2 \,, \quad L_3 = w_3^2 \Lambda_3 \,,$$

$$M_{12} = w_1 w_2 \Lambda_{12} \,, \quad M_{13} = w_1 w_3 \Lambda_{13} \,, \quad M_{23} = w_2 w_3 \Lambda_{23} \tag{4.36}$$

sowie die Zusammenhänge

$$M_{21} = M_{12} \,, \quad M_{31} = M_{13} \,, \quad M_{32} = M_{23} \,,$$

so nehmen die Gleichungen (4.31), (4.32) die Form

$$\begin{aligned}
\underline{U}_1 &= j\omega w_1^2 (\Lambda_1 \underline{I}_1 - \Lambda_{12} \underline{I}_2' - \Lambda_{13} \underline{I}_3') \\
\underline{U}_2' &= j\omega w_1^2 (\Lambda_{12} \underline{I}_1 - \Lambda_2 \underline{I}_2' - \Lambda_{23} \underline{I}_3') \\
\underline{U}_3' &= j\omega w_1^2 (\Lambda_{13} \underline{I}_1 - \Lambda_{23} \underline{I}_2' - \Lambda_3 \underline{I}_3')
\end{aligned} \tag{4.37}$$

an. Aus diesen Strom-Spannungs-Beziehungen gilt es nun, ein Ersatzschaltbild zu erstellen. Eine solche Schaltung läßt sich leichter angeben, wenn es gelingt, die Aussagen (4.37) so umzuformen, daß sie die Gestalt von Maschen- und Knotenpunktgleichungen annehmen. Die dafür notwendigen Rechnungen gestalten sich erheblich einfacher, wenn zusätzlich der Durchflutungssatz einbezogen wird.
Bei dem vorliegenden Gleichungssystem führt dieses Vorgehen auf ein relativ unhandliches Ersatzschaltbild mit sechs Induktivitäten [11], die Funktionen der sechs Λ-Parameter darstellen. Um eine übersichtlichere Ersatzschaltung zu erhalten, wird deshalb zunächst der Magnetisierungsstrom vernachlässigt. Der Durchflutungssatz liefert unter dieser Voraussetzung den Zusammenhang

$$\underline{I}_1 - \underline{I}_2' - \underline{I}_3' = 0 \,. \tag{4.38}$$

Im weiteren werden nun die Beziehungen (4.37) durch Differenzbildung auf die Form

$$\begin{aligned}
\underline{U}_1 - \underline{U}_2' &= j\omega w_1^2 [(\Lambda_1 - \Lambda_{12}) \underline{I}_1 + (\Lambda_2 - \Lambda_{12}) \underline{I}_2' + (\Lambda_{23} - \Lambda_{13}) \underline{I}_3'] \\
\underline{U}_1 - \underline{U}_3' &= j\omega w_1^2 [(\Lambda_1 - \Lambda_{13}) \underline{I}_1 + (\Lambda_{23} - \Lambda_{12}) \underline{I}_2' + (\Lambda_3 - \Lambda_{13}) \underline{I}_3']
\end{aligned} \tag{4.39}$$

gebracht. Mit Hilfe der Gl. (4.38) resultieren daraus schließlich die Maschenumläufe

$$\begin{aligned}
\underline{U}_1 - \underline{U}_2' &= j\omega w_1^2 [(\Lambda_1 - \Lambda_{12} + \Lambda_{23} - \Lambda_{13}) \underline{I}_1 + (\Lambda_2 - \Lambda_{12} - \Lambda_{23} + \Lambda_{13}) \underline{I}_2'] \\
\underline{U}_1 - \underline{U}_3' &= j\omega w_1^2 [(\Lambda_1 - \Lambda_{12} + \Lambda_{23} - \Lambda_{13}) \underline{I}_1 + (\Lambda_3 + \Lambda_{12} - \Lambda_{23} - \Lambda_{13}) \underline{I}_3'] \,,
\end{aligned} \tag{4.40}$$

die nun als Ersatzschaltbild interpretiert werden können (Bild 4.28). Die darin auftre-

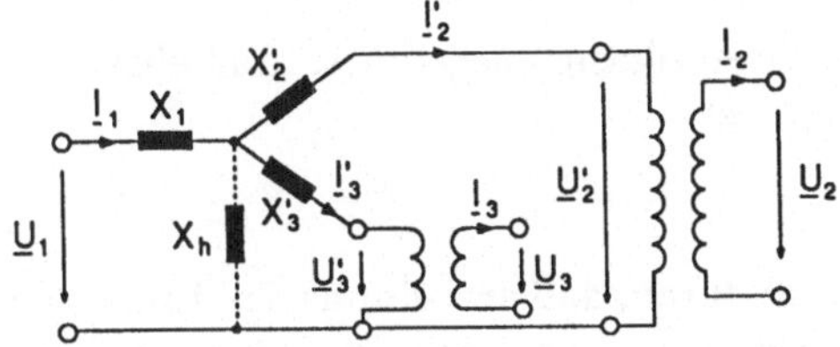

Bild 4.28
Ersatzschaltbild eines verlustfreien
Dreiwicklungstransformators nach der
Umrechnung auf die Windungszahl w_1

tenden Reaktanzen

$$X_1 = \omega w_1^2 (\Lambda_1 - \Lambda_{12} + \Lambda_{23} - \Lambda_{13})$$
$$X_2' = \omega w_1^2 (\Lambda_2 - \Lambda_{12} - \Lambda_{23} + \Lambda_{13}) \tag{4.41}$$
$$X_3' = \omega w_1^2 (\Lambda_3 + \Lambda_{12} - \Lambda_{23} - \Lambda_{13})$$

stellen mathematische Ausdrücke dar, die als Streureaktanzen zu interpretieren sind.
Häufig nimmt eine dieser Reaktanzen negative Werte an [5], [11].
Dieses Ersatzschaltbild gilt natürlich nur für solche Betriebszustände, bei denen der Magnetisierungsstrom vernachlässigbar ist. Er läßt sich jedoch näherungsweise dadurch erfassen, daß zusätzlich noch eine Hauptreaktanz

$$X_h \approx \omega w_1^2 \Lambda_1 = \frac{U_1}{I_{01}} \tag{4.42}$$

eingefügt wird. Diese Reaktanz ist in Bild 4.28 bereits dargestellt.
Ferner ist eine Erweiterung auf verlustbehaftete Dreiwicklungstransformatoren möglich, indem die Längsreaktanzen, wie bereits im Abschnitt 4.1 beschrieben, um die ohmschen Widerstände ergänzt werden. Die so modifizierte Ersatzschaltung ist auch für transiente Vorgänge zu verwenden.
Im folgenden wird noch auf die meßtechnische Bestimmung der Reaktanzen X_1, X_2', X_3' eingegangen. Zu diesem Zweck sind – der Anzahl der Reaktanzen im Ersatzschaltbild entsprechend – drei Kurzschlußversuche durchzuführen, bei denen jeweils eine der drei Wicklungen offen bleibt. Die beiden anderen Wicklungen werden wie ein Zweiwicklungstransformator behandelt. Der Nennstrom ist bei dieser Messung stets in der Wicklung mit der kleineren Nennleistung einzustellen. Die so ermittelten Kurzschlußreaktanzen X_{k12}, X_{k13}, X_{k23} werden schließlich auf eine gemeinsame Bezugsspannung – z.B. $\underline{U}_1$ – umgerechnet. Unter der Voraussetzung, daß der Magnetisierungsstrom im Vergleich zu den Nennströmen zu vernachlässigen ist, erhält man dann mit den transformierten Größen X_{k12}', X_{k13}', X_{23}' die Zusammenhänge

$$X_1 = \frac{1}{2} \cdot (X_{k12}' + X_{k13}' - X_{k23}')$$
$$X_2' = \frac{1}{2} \cdot (X_{k12}' - X_{k13}' + X_{k23}') \tag{4.43}$$
$$X_3' = \frac{1}{2} \cdot (-X_{k12}' + X_{k13}' + X_{k23}') \, .$$

Für Umspanner mit mehr als drei Wicklungen werden die Ersatzschaltbilder zweckmäßiger mit netzwerksynthetischen Methoden abgeleitet, die allerdings mathematisch aufwendiger sind [78], [131]. Mit diesen Methoden ergibt sich das in Bild 4.28 angegebene gesamte Ersatzschaltbild u.a. auch direkt. In [11] sind weiterhin für spezielle Verhältnisse Ersatzschaltbilder entwickelt.

Die bisher behandelten Transformatortypen sind alle einphasig ausgeführt. In Drehstromnetzen werden jedoch *dreiphasige* Umspanner benötigt.

4.2.3 Dreiphasige Transformatoren

Einen dreiphasigen Umspanner erhält man bereits dadurch, daß drei einphasige Einheiten *elektrisch* zusammengeschaltet werden. Man spricht dann von einer *Drehstrombank*. In europäischen Energieversorgungsnetzen werden allerdings aus wirtschaftlichen Gründen – zumindest bei Spannungen bis zu 380 kV – überwiegend spezielle Drehstromtransformatoren verwendet, die auch wiederum als Zweiwicklungs- bzw. Dreiwicklungstransformatoren ausgeführt werden.

4.2.3.1 Aufbau eines Drehstromtransformators mit zwei Wicklungen

Die häufigste Ausführung stellt der *Dreischenkeltransformator* dar (Bild 4.29). Bei dieser Bauart handelt es sich um drei bewickelte Schenkel. Auf jedem der Schenkel befindet sich ein Teil der Ober- und Unterspannungswicklung. Die Teile der Oberspannungswicklung sind untereinander gleichartig aufgebaut. Entsprechendes gilt für die Unterspannungswicklung. Die gesamte Anordnung ist in *einem* mit Öl gefüllten Kessel untergebracht. Daneben werden im Mittelspannungsbereich, wie bereits dargestellt, auch Trockentransformatoren bzw. SF_6-Ausführungen eingesetzt, wenn Brandschutzgründe von besonderer Bedeutung sind.

Der beschriebene Dreischenkeltransformator weist einen asymmetrischen Eisenkern auf. Für die Wicklungsteile auf dem mittleren Schenkel ist der wirksame Eisenweg kürzer als für die beiden äußeren. Das führt, wie noch gezeigt wird, zu unterschiedlichen Magnetisierungsströmen. Über äußere magnetische Rückschlüsse lassen sich der magnetische Kreis bzw. die magnetischen Leitwerte und damit auch die Magnetisierungsströme symmetrischer gestalten [79]. Derartige Umspanner werden als *Fünfschenkeltransformator* bezeichnet (Bild 4.30). Ihr wesentlicher Vorteil besteht darin, daß der Rückschluß die Joche feldmäßig entlastet. Dadurch kann deren Querschnitt auf etwas über 50 % des Schenkelquerschnittes verringert werden. Infolgedessen weisen Fünfschenkeltransformatoren bei ansonsten gleichen axialen Wicklungsabmessungen eine geringere Bauhöhe auf. Deshalb wird diese Bauweise insbesondere bei großen Einheiten ab ca. 300 MVA verwendet, denn für deren Transportfähigkeit dürfen gewisse Höchstmaße nicht überschritten werden. So beträgt bei Bahntransporten in Deutschland die Höhe des Lademaßes über Schienenoberkante 4,65 m (Bahnprofil) [75]. Im Unterschied zu einphasigen Ausführungen ergeben sich bei Drehstromtransformatoren für die Wicklungen verschiedene Schaltungsmöglichkeiten.

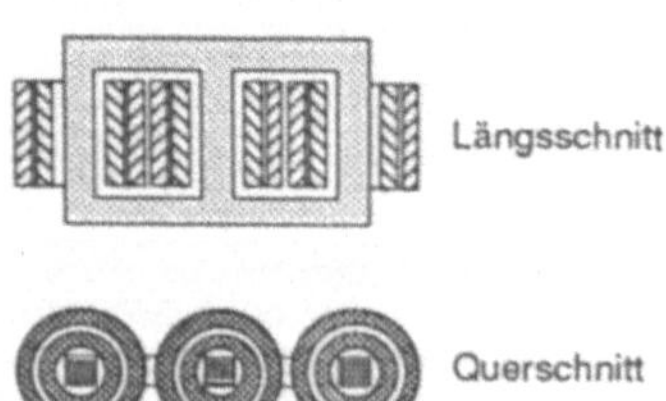

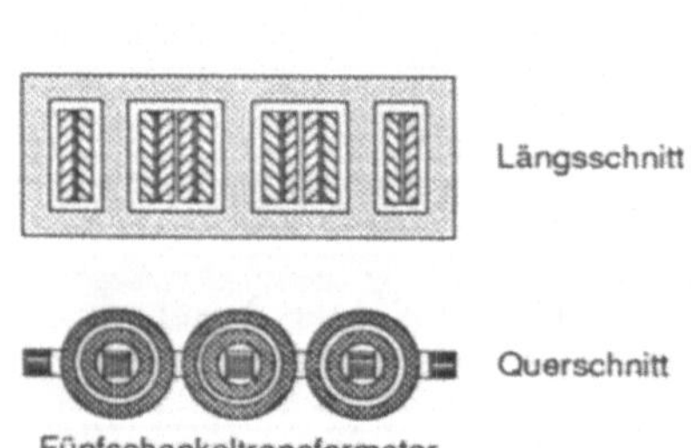

Bild 4.29
Aufbau eines Drehstromtransformators mit drei Schenkeln

Bild 4.30
Aufbau eines Drehstromtransformators mit fünf Schenkeln

4.2.3.2 Schaltungen

Bei Drehstromtransformatoren werden die Wicklungsteile, die zu einem Leiteranschluß gehören, als *Wicklungsstrang* bezeichnet. Für die drei Wicklungsstränge, die zu ein- und demselben elektrischen Kreis – z.B. zur Oberspannungsseite – gehören, wird wiederum als Oberbegriff der Ausdruck *Wicklung* verwendet. Die einzelnen Wicklungsstränge werden dabei zu einer Stern-, Dreieck- oder Zickzackschaltung verbunden. Bei der Zickzackschaltung handelt es sich um eine Sonderform der Sternschaltung, bei der jedoch jeder Wicklungsstrang auf zwei verschiedene Schenkel aufgeteilt ist (Tabelle 4.1).
Durch unterschiedliche Schaltungsmöglichkeiten sind eine Reihe von Kombinationen – auch *Schaltgruppen* genannt – zwischen der Ober- und Unterspannungsseite möglich. Sie sind der DIN-VDE-Bestimmung 0532 zu entnehmen. Vier bevorzugte Varianten zeigt die Tabelle 4.1. Die Anschlüsse der Wicklungsstränge werden mit den Buchstaben U, V, W gekennzeichnet. Die Ober- und Unterspannungsseite tragen in Anlehnung an die einphasigen Verhältnisse zusätzlich die Ziffern 1 und 2, also z.B. 1U oder 2V. Ferner können Anfang und Ende eines Wicklungsstranges durch eine nachfolgende Ziffer 1 oder 2 unterschieden werden – z.B. 1U1 oder1U2.
Um die Schaltgruppen von Drehstromtransformatoren zu kennzeichnen, sind Kurzzeichen wie z.B. Dy5 eingeführt worden. Dabei gibt der erste Buchstabe – ein Großbuchstabe – die Schaltung der Oberspannungswicklung an. Es folgt ein kleiner Buchstabe, der die Schaltungsart der Unterspannungswicklung beschreibt. Sinnvollerweise werden für die Dreieck-, Stern- und Zickzackschaltung die Bezeichnungen D, d, Y, y und z gewählt. Das Kurzzeichen wird noch durch eine Kennzahl ergänzt. Sie zeigt an, wie später noch ausgeführt wird, welche Phasenverschiebung zwischen Ober- und Unterspannung besteht. Ist der Sternpunkt einer Wicklung in Stern- oder Zickzackschaltung zu einem Anschluß herausgeführt, so wird dies zusätzlich durch den Buchstaben N bzw. n kenntlich gemacht – z.B. YNd5 oder Yyn0. Es besteht dann die Möglichkeit, den Sternpunkt direkt oder über Drosselspulen mit der Erdungsanlage zu verbinden (s. Kapitel 11 und 12) oder ihn zu belasten. Die Art der Sternpunktbehandlung ist bei dem hier vorausgesetzten symmetrischen Betrieb ohne Einfluß auf das Betriebsverhalten, da sich die Ströme im Sternpunkt zu Null ergänzen.
Für die Auswahl der Schaltungsart sind u.a. wirtschaftliche Gesichtspunkte maßgebend. So wird für *hohe Spannungen* die *Sternschaltung* bevorzugt, weil dort die Isolation – im

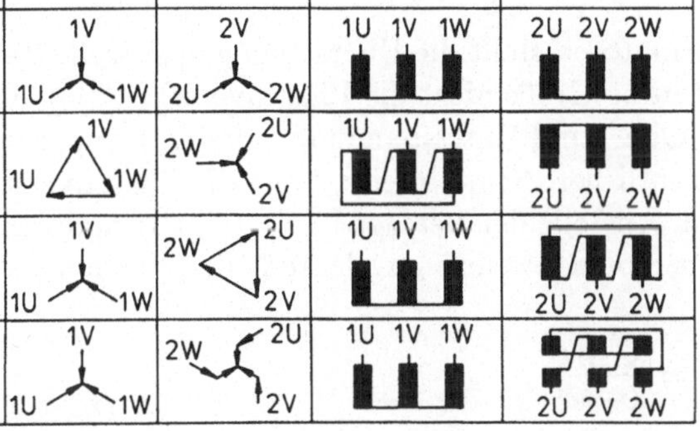

Bezeichnung		Zeigerbild		Schaltungsbild	
Kennzahl	Schaltgruppe	OS	US	OS	US
0	Yy0	1V, 1U, 1W	2V, 2U, 2W	1U 1V 1W	2U 2V 2W
5	Dy5	1V, 1U, 1W	2U, 2W, 2V	1U 1V 1W	2U 2V 2W
	Yd5	1V, 1U, 1W	2U, 2W, 2V	1U 1V 1W	2U 2V 2W
	Yz5	1V, 1U, 1W	2U, 2W, 2V	1U 1V 1W	2U 2V 2W

Tabelle 4.1
Wichtige Schaltgruppen von Drehstromtransformatoren

Gegensatz zur Dreieckschaltung – nur für die $1/\sqrt{3}$-fache Außenleiterspannung auszulegen ist. Bei *hohen Strömen* ist dagegen die *Dreieckschaltung* günstiger. Bei dieser Schaltungsart werden die Wicklungsstränge nur mit dem $1/\sqrt{3}$-fachen Außenleiterstrom belastet, so daß im Vergleich zur Sternschaltung kleinere Drahtquerschnitte gewählt werden können. Bei Nennspannungen unter 30 kV bringt üblicherweise eine Kupfereinsparung größere Kostenvorteile als eine Verminderung der Isolation.

Diesen Überlegungen entsprechend werden solche Transformatoren, die Netze mit Nennspannungen über 30 kV verbinden – sogenannte *Netzkupplungstransformatoren* – meist in Yy-Schaltung ausgelegt. Für Umspanner wiederum, die die Generatorspannung von ca. 6...30 kV auf die Spannung des Netzes hochspannen, wählt man eine andere Funktionsbezeichnung, den Begriff *Maschinen- bzw. Blocktransformator*. Sofern es sich um Netze der Hoch- oder Höchstspannungsebene handelt, ist dafür aus den bereits genannten Gründen die Yd-Schaltung bevorzugt zu verwenden.

Kleinere Transformatoren, die aus einem Mittel- in ein Niederspannungsnetz einspeisen, werden als *Verteilungstransformatoren* bezeichnet. Für diese Umspanner ist bei Nennleistungen über 200 kVA die Dy-Schaltung vorteilhaft. Für kleinere Leistungen wird die Schaltung Yz bevorzugt, weil die Zickzackschaltung günstiger unsymmetrisch belastbar ist (s. Kapitel 9). Diese unsymmetrischen Lasten sind in kleinen Drehstromnetzen mit einphasigen Verbrauchern besonders ausgeprägt. Bei dem in diesem Abschnitt vorausgesetzten symmetrischen Betrieb wirkt sich der Vorteil der Zickzackschaltung jedoch nicht aus. Unabhängig von dem Gesichtspunkt der Wirtschaftlichkeit ist die Stern- oder Zickzackschaltung immer dann einzusetzen, wenn ein Sternpunktleiter erforderlich ist, wie es z.B. in Niederspannungsnetzen der Fall ist. Ferner kann auch die Art der Sternpunktbehandlung die Wahl der Schaltgruppe beeinflussen (s. Kapitel 11).

Die angegebenen Schaltgruppen setzen natürlich voraus, daß sich Drehstromtransformatoren symmetrisch verhalten: Bei einer symmetrischen Speisung sind nicht nur die Eingangsströme, sondern ebenso die ausgangsseitigen Strom- und Spannungssysteme symmetrisch. Unter diesen Bedingungen lassen sich – wie bereits in Kapitel 3 angedeutet – auch für Drehstromtransformatoren einphasige Ersatzschaltbilder entwickeln. In diesem Zusammenhang ist es zunächst notwendig, den Übersetzungsbegriff zu verallgemeinern.

4.2.3.3 Übersetzung bei symmetrischem Betrieb

In Anlehnung an die einphasigen Verhältnisse läßt sich auch für dreiphasige symmetrische Zweiwicklungstransformatoren eine *Nennübersetzung* angeben. Gemäß DIN VDE 0532 verwendet man dafür die ober- und unterspannungsseitigen Dreieckspannungen im Leerlaufbetrieb:

$$\ddot{u}_n = \frac{U_{n1T}}{U_{n2T}} \ . \tag{4.44a}$$

Wie bei einphasigen Transformatoren stellt die Übersetzung eine reelle Zahl dar. Bereits von der Definition her erfaßt diese Größe nicht die Phasenverschiebung, die bei verschiedenen Schaltungen zwischen Ober- und Unterspannung auftritt. Für die Berechnung von Netzen ergibt sich eine übersichtlichere Schreibweise, wenn die Phasenverschiebung in die Übersetzung einbezogen wird. Anstelle der Beträge in Gl. (4.44a) sind dann lediglich die komplexen Zeiger einzusetzen, wobei jeweils äquivalente Leiterspannungen zu verwenden sind:

$$\underline{\ddot{u}}_n = \frac{\underline{U}_{1UV}}{\underline{U}_{2UV}} = \frac{\underline{U}_{1VW}}{\underline{U}_{2VW}} = \frac{\underline{U}_{1WU}}{\underline{U}_{2WU}} \ . \tag{4.44b}$$

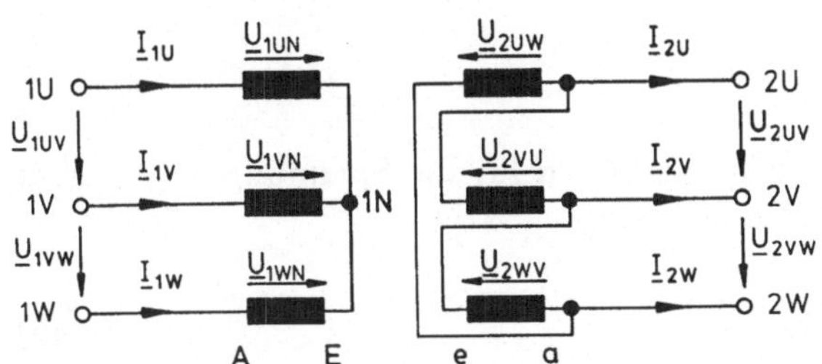

Bild 4.31

Drehstromtransformator in
Yd11-Schaltung

A,E: Anfang und Ende der
Oberspannungswicklung

a,e: Anfang und Ende der
Unterspannungswicklung
(Beide Wicklungen rechtssinnig
gewickelt)

Im folgenden soll die Übersetzung für die spezielle Schaltung Yd in Bild 4.31 berechnet werden. Vereinfachend wird ein *idealer Transformator* vorausgesetzt, so daß damit die Einflüsse der magnetischen Leitwerte auf die Übersetzung entfallen (s. Gl. 4.23). Um dieses zu kennzeichnen, wird von nun ab auf den Index n verzichtet.

Die weitere Vorgehensweise besteht darin, die Ausgangsspannungen als Funktion der eingeprägten Eingangsspannungen für den Leerlauffall zu formulieren. Als eingeprägte Spannungen werden beispielsweise die Leiterspannungen auf der Oberspannungsseite angenommen; deren Zeiger lauten:

$$\underline{U}_{1UV} = U_{b1} \cdot e^{-j60°} \ , \quad \underline{U}_{1VW} = U_{b1} \cdot e^{-j180°} \ , \quad \underline{U}_{1WU} = U_{b1} \cdot e^{j60°} \ .$$

Daraus leiten sich die zugehörigen Strangspannungen, wie auch aus Bild 4.32 zu entnehmen ist, zu

$$\underline{U}_{1UN} = U_{b1}/\sqrt{3} \cdot e^{-j90°} \ , \quad \underline{U}_{1VN} = U_{b1}/\sqrt{3} \cdot e^{j150°} \ , \quad \underline{U}_{1WN} = U_{b1}/\sqrt{3} \cdot e^{j30°} \quad (4.45)$$

ab. Für den weiteren Rechnungsgang wird angenommen, daß Spulen, die auf einem gemeinsamen Schenkel sitzen, sich wie ein idealer einphasiger Transformator verhalten. Dementsprechend weisen derartige Spulen *phasengleiche Spannungen* auf. Die Beträge der Spannungen verhalten sich wie die Windungszahlen der zugehörigen Spulen. Im einzelnen gilt

$$\underline{U}_{1UN} = \underline{U}_{2UW} \cdot w_1/w_2 \ , \quad \underline{U}_{1VN} = \underline{U}_{2VU} \cdot w_1/w_2 \ , \quad \underline{U}_{1WN} = \underline{U}_{2WV} \cdot w_1/w_2 \ .$$

Mit Hilfe dieser Beziehung läßt sich aus der unterspannungsseitigen Masche

$$\underline{U}_{2UW} + \underline{U}_{2VU} + \underline{U}_{2WV} = 0$$

z.B. die Spannung $\underline{U}_{2VU}$ von den eingeprägten Spannungen abhängig formulieren:

$$\underline{U}_{2VU} = -\underline{U}_{2UW} - \underline{U}_{2WV} = -w_2/w_1 \cdot U_{b1}/\sqrt{3} \cdot (e^{-j90°} + e^{j30°}) \ .$$

Die Größe $\underline{U}_{2VU}$ ist nicht unmittelbar in die zugehörige Definitionsgleichung (4.44b) einzusetzen, da die Indizes VU und damit die Zählpfeilrichtung umgekehrt sind. Es ist

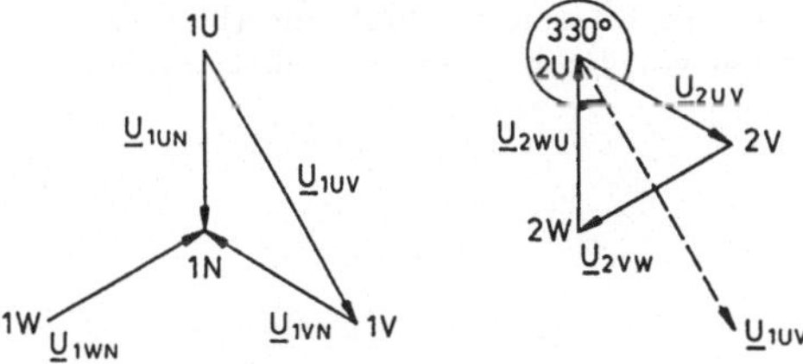

Bild 4.32

Veranschaulichung des Phasenwinkels bei der Schaltung Yd11 mit Hilfe der Zeiger für die Leiterspannungen

daher noch ein Vorzeichenwechsel vorzunehmen:

$$\underline{U}_{2VU} = -\underline{U}_{2UV} \; .$$

Mit dem dann resultierenden Ausdruck sowie dem Term für die Spannung $\underline{U}_{1UV}$ geht die Definitionsgleichung (4.44b) in den Zusammenhang

$$\underline{\ddot{u}} = \sqrt{3} \cdot \frac{w_1}{w_2} \cdot \frac{e^{-j60°}}{(e^{-j90°} + e^{j30°})} = \sqrt{3} \cdot \frac{w_1}{w_2} \cdot e^{j330°} \tag{4.46}$$

über. Wie diese Beziehung zeigt, ist bei dem betrachteten idealen Transformator der Betrag $\ddot{u}$ nur vom Windungszahlverhältnis w_1/w_2 abhängig. Ähnlich wie beim einphasigen Umspanner weicht beim realen Drehstromtransformator die Nennübersetzung $\ddot{u}_n$ geringfügig von diesem Wert ab. Im Unterschied zum Betrag wird die Phasenverschiebung der Übersetzung $\underline{\ddot{u}}$ nicht durch die Windungszahlen beeinflußt. Ansätze mit den genaueren Modellgleichungen (4.17) führen zusätzlich zu dem Ergebnis, daß der Phasenwinkel auch von den magnetischen Leitwerten unabhängig ist und somit ebenfalls für einen realen Transformator mit Streuung gilt. Der Winkel wird stets positiv angegeben und kennzeichnet dementsprechend, wie weit die Oberspannung der Unterspannung voreilt (Bild 4.32).
Führt man die beschriebene Schaltungsanalyse auch für weitere Schaltgruppen durch, so erhält man das Ergebnis, daß der Phasenwinkel in der Übersetzung stets ein Vielfaches von 30° ist. Der Wert dieses Winkels läßt sich mit Hilfe der Kennzahl der Schaltgruppe angeben. So gilt bei der betrachteten Schaltgruppe Yd11: $\varphi = 11{\cdot}30° = 330°$. Für einige, häufig verwendete Schaltgruppen ist die Übersetzung der Tabelle 4.2 zu entnehmen. Erwähnt sei, daß die Phasenverschiebungen auch aus den Sternspannungen der beiden Wicklungen zu bestimmen sind (Bild 4.33).
Ähnliche Beziehungen ergeben sich für die Transformation der Ströme. Die Zusammenhänge lassen sich besonders einfach aus einer Leistungsbilanz am idealen Drehstromumspanner erkennen [9]. Aufgrund der Verlustfreiheit muß im symmetrischen Betrieb die Leistungsbilanz z.B. für den Wicklungsstrang U

$$\underline{S}_U = P_U + jQ_U = \underline{U}_{1UN} \cdot \underline{I}_{1U}^* = \underline{U}_{2UN} \cdot \underline{I}_{2U}^* \tag{4.47}$$

lauten. Dabei sind die unterspannungsseitigen Dreieckspannungen in äquivalente Sternspannungen umgerechnet worden. In der Beziehung (4.47) ist der Strom durch einen Stern

Yy0	$\underline{\ddot{u}} = \dfrac{w_1}{w_2}$
Dy5	$\underline{\ddot{u}} = \dfrac{w_1}{\sqrt{3} \cdot w_2} \cdot e^{j150°}$
Yd5	$\underline{\ddot{u}} = \dfrac{\sqrt{3} \cdot w_1}{w_2} \cdot e^{j150°}$
Yd11	$\underline{\ddot{u}} = \dfrac{\sqrt{3} \cdot w_1}{w_2} \cdot e^{j330°}$
Yz5	$\underline{\ddot{u}} = \dfrac{2 \cdot w_1}{\sqrt{3} \cdot w_2} \cdot e^{j150°}$

Tabelle 4.2
Übersetzung und Phasenverschiebung üblicher
Schaltgruppen von Drehstromtransformatoren

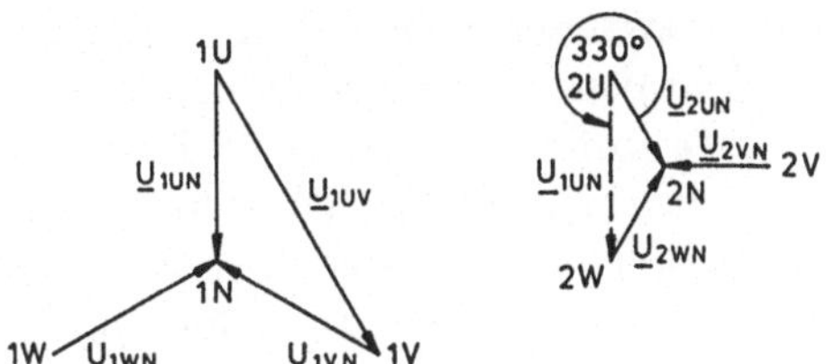

Bild 4.33
Veranschaulichung des Phasenwinkels bei
der Schaltung Yd11 mit Hilfe der Zeiger
für die Sternspannungen

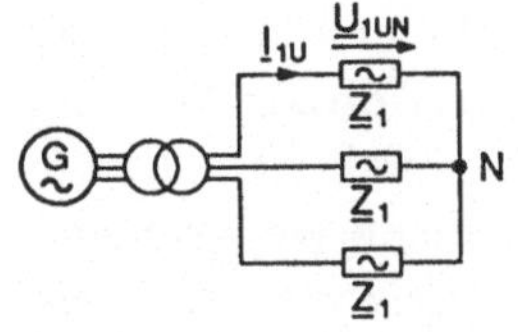

Bild 4.34
Drehstromtransformator mit symmetrischer Last

gekennzeichnet. Es handelt sich dann um die konjugiert komplexe Größe. Führt man in
der Beziehung (4.47) die Übersetzung für die Spannungen ein, resultieren schließlich die
Ausdrücke

$$I^*_{1U} = \frac{I^*_{2U}}{\underline{\ddot{u}}} \quad \text{bzw.} \quad I_{1U} = \frac{I_{2U}}{\underline{\ddot{u}}^*} \; , \tag{4.48}$$

die analog auch für die weiteren Wicklungsstränge gelten. Es zeigt sich also, daß für die
Übertragung der Ströme die konjugiert komplexe Größe der Übersetzungen maßgebend
ist. Zu klären bleibt noch, wie sich Impedanzen bei dreiphasigen Umspannern transformieren. Als Beispiel wird die Schaltung in Bild 4.34 betrachtet. Diese Anordnung wird
u.a. durch die Beziehungen

$$\underline{U}_{1UN} = \underline{Z}_1 \cdot \underline{I}_{1U} \; , \quad \underline{U}_{1UN} = \underline{\ddot{u}} \cdot \underline{U}_{2UN}$$

beschrieben. Daraus resultiert der Zusammenhang

$$\underline{U}_{2UN} = \frac{\underline{Z}_1}{\underline{\ddot{u}} \cdot \underline{\ddot{u}}^*} \cdot \underline{I}_{1U} \cdot \underline{\ddot{u}}^* = \underline{Z}'_1 \cdot \underline{I}_{2U} \; .$$

Die Impedanz $\underline{Z}_1$ transformiert sich somit gemäß der Gleichung

$$\underline{Z}'_1 = \frac{\underline{Z}_1}{\underline{\ddot{u}} \cdot \underline{\ddot{u}}^*} = \frac{\underline{Z}_1}{\ddot{u}^2} \tag{4.49}$$

auf die Unterspannungsseite. Vorteilhafterweise ist der Faktor $\underline{\ddot{u}} \cdot \underline{\ddot{u}}^* = \ddot{u}^2$ wieder reell,
so daß für die *Transformation der Impedanzen dieselben Zusammenhänge gelten wie bei
einphasigen Umspannern*. Nach diesen prinzipiellen Erläuterungen wird nun ein Drehstromtransformator mit Streuung betrachtet.

4.2.3.4　Ersatzschaltbild für den symmetrischen Betrieb

Im weiteren interessiert das Betriebsverhalten eines Drehstromtransformators im symmetrischen Betrieb. Als Beispiel wird der Umspanner in Bild 4.35 betrachtet, der in
Yd-Schaltung ausgelegt sei. Es handelt sich um ein System von 6 miteinander gekoppelten Spulen. Der Begriff Spule umfaßt im folgenden sowohl bei Scheibenspulen als
auch bei Lagenwicklungen jeweils die Gesamtheit aller zugehörigen Windungen auf einem Schenkel. Im Unterschied zu den bisher behandelten einphasigen Umspannern liegt

bei den untersuchten Drehstromtransformatoren ein verzweigter Eisenkreis vor. Bei solchen Anordnungen ergeben sich verwickeltere Feldverhältnisse. Ihre Berechnung läßt sich durch das *Verfahren der magnetischen Ersatznetzwerke* so formalisieren, daß bekannte netzwerktechnische Verfahren angewendet werden können. Der dadurch bedingte hohe Formalisierungsgrad erlaubt auch bei noch stärker verzweigten Eisenkreisen, die in der Praxis durchaus in Sonderfällen eingesetzt werden, eine übersichtliche Bestimmung der Modellgleichungen.

Für die Ermittlung des benötigten magnetischen Ersatznetzwerkes wird die gesamte Anordnung in einzelne Bereiche aufgeteilt. Ihnen werden magnetische Widerstände R_m zugeordnet, die dann wie ohmsche Widerstände zu behandeln sind; ihr reziproker Wert Λ_m wird in weiterer Analogie als magnetischer Leitwert bezeichnet. Abhängig von der Gestaltung des Eisenkreises werden die magnetischen Widerstände zu einem Netzwerk mit Maschen und Knoten zusammengeschaltet, das sich unter Vernachlässigung der Eisenverluste wie ein ohmsches Netzwerk verhält. Dabei entsprechen die magnetischen Flüsse Φ den Strömen $i(t)$ in einem elektrischen Netzwerk und die Durchflutungen der Spulen $\Theta = w \cdot i(t)$ den treibenden Spannungen $e(t)$.

In Bild 4.35b ist für den Dreischenkelkern das zugehörige magnetische Ersatznetzwerk aufgestellt. Darin ist jedem Schenkel und Joch ein Widerstand R_{mS} bzw. R_{mJ} gemäß der Gleichung $R_m = l/(\mu \cdot A)$ zugeordnet. Die Größe l entspricht dabei der Länge des be-

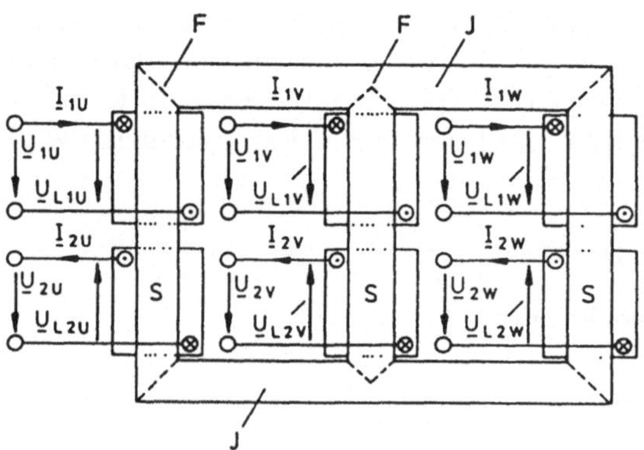

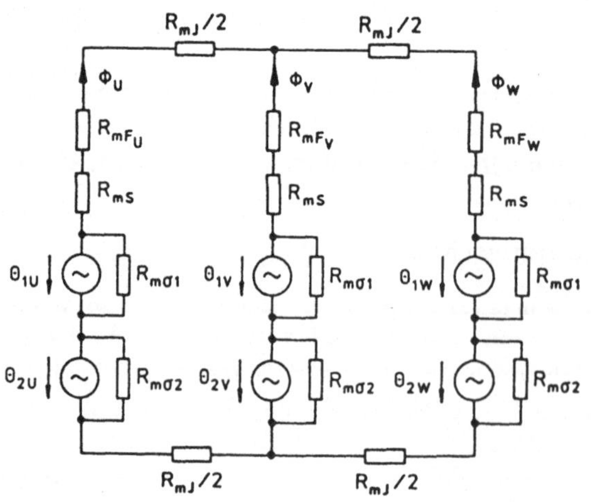

Bild 4.35
Drehstromtransformator mit
Dreischenkelkern und zwei Wicklungen
a) Schematisierte
   Wicklungsdarstellung zur
   Festlegung der Zählpfeile
b) Magnetisches Ersatzschaltbild
Φ_U, Φ_V, Φ_W: Flüsse in den Schenkeln;
Θ_{1U}, Θ_{1V}, Θ_{1W}: Durchflutungen der
Oberspannungswicklung;
Θ_{2U}, Θ_{2V}, Θ_{2W}: Durchflutungen der
Unterspannungswicklung;
R_m: magnetischer Widerstand;
$R_{m\sigma}$: magnetischer Widerstand für
das Streufeld;
S: Schenkel; J: Joch; F: Stoßfuge

trachteten Eisenbereiches und die Größe A dem zugehörigen Querschnitt. Zusätzlich ist in jedem Schenkel ein Luftspalt berücksichtigt, der summarisch die Fugen (Luft) zwischen den Blechstößen erfaßt, die fertigungstechnisch nicht zu vermeiden sind. Er wird über den Widerstand R_{mF} erfaßt. Obwohl diese Fugen nur sehr klein sind, liegen deren magnetische Widerstände infolge der geringen Permeabilität der Luft ($\mu_r = 1$) bereits im Bereich der Werte für den Eisenschenkel. Außerdem wird dem Streufeld jeder Spule ein magnetischer Widerstand $R_{m\sigma}$ zugewiesen, der den maßgebenden Feldanteil in der Nähe der Windungen erfaßt und daher parallel zur magnetischen Spannungsquelle anzubringen ist.

Analog zu einer Analyse von elektrischen Netzwerken sind im weiteren für das magnetische Ersatznetzwerk zunächst die zugehörigen Maschen- und Knotenpunktgleichungen aufzustellen. Sie lassen sich auf 6 lineare Gleichungen zurückführen, die jeweils den Fluß in einer Spule in Abhängigkeit von den Durchflutungen aller 6 Spulen formulieren. So gilt z.B. für den Fluß in der Oberspannungsspule 1U der Zusammenhang $\Phi_{1U} = f(\Theta_{1U}, \Theta_{1V}, \Theta_{1W}, \Theta_{2U}, \Theta_{2V}, \Theta_{2W})$. Eine derartige Darstellung entspricht bei elektrischen Netzwerken der Admittanzform (s. Kapitel 4.1). In Analogie dazu werden die Koeffizienten als magnetische Eingangs- oder Übertragungsleitwerte bezeichnet. Durch den Übergang auf die Induktionsflüsse entsprechend der Beziehung $\Psi = w \cdot \Phi$ und über die Substitution der Durchflutungen gemäß ihrer Definition $\Theta = w \cdot i$ ergeben sich 6 lineare Beziehungen der Art $\Psi_{1U} = g(i_{1U}, i_{1V}, i_{1W}, i_{2U}, i_{2V}, i_{2W})$. Auf die resultierenden Gleichungen wird das Induktionsgesetz angewendet. Mit diesem Schritt erhält man die gesuchten Modellbeziehungen $u(i)$. Geht man nun auf die komplexe Schreibweise über, resultiert daraus ein Gleichungssystem, das die 6 Spulenspannungen $\underline{U}_L$ in Bild 4.35 mit den 6 Spulenströmen verknüpft. Für die Oberspannungsspule 1U gilt z.B. der Zusammenhang $\underline{U}_{L1U} = h(\underline{I}_{1U}, \underline{I}_{1V}, \underline{I}_{1W}, \underline{I}_{2U}, \underline{I}_{2V}, \underline{I}_{2W})$. Bekanntlich handelt es sich um ein Gleichungssystem, dessen Koeffizienten Induktivitäten darstellen. Aus diesen Modellgleichungen ist abzulesen, daß sich die Selbstinduktivität der k-ten Spule aus dem zugehörigen Eingangsleitwert Λ_{Ek} und dem Quadrat ihrer Windungszahl w_k ergibt: $L_k = w_k^2 \Lambda_{Ek}$. Für die Gegeninduktivität M_{kj} zwischen den Spulen k und j ist der Übertragungsleitwert Λ_{kj} mit den zugehörigen Windungszahlen w_k und w_j zu multiplizieren: $M_{kj} = w_k w_j \Lambda_{kj}$. Ein Vergleich mit den bereits kennengelernten Induktivitätsausdrücken zeigt, daß sie mit den nun berechneten Termen übereinstimmen. Eine solche Übereinstimmung ist auch zu erwarten, da die bisher behandelten einphasigen Transformatoren lediglich einen einfachen Sonderfall darstellen, der ebenso mit dem Verfahren des magnetischen Ersatznetzwerkes untersucht werden könnte.

Für die Ableitung eines einphasigen Ersatzschaltbildes sind die Modellgleichungen in dieser Form noch nicht geeignet. Es sind noch einige praxisgerechte Näherungen einzuarbeiten.

Im folgenden wird von einem symmetrischen Eisenkreis ausgegangen, so daß im magnetischen Netzwerk jeder Zweig den gleichen Gesamtwiderstand aufweist. Gedanklich ließe sich dieses Verhalten z.B. durch eine entsprechende Variation der Stoßfugen erreichen. Außerdem wird der Verlauf des Streufeldes der untereinander gleich ausgeführten Oberspannungsspulen als so ähnlich angenommen, daß ihnen jeweils der gleiche Widerstand $R_{m\sigma1}$ zugewiesen werden darf. Entsprechend wird mit den Unterspannungsspulen verfahren, die ebenfalls untereinander gleichartig aufgebaut sind; der zugehörige Widerstand wird mit $R_{m\sigma2}$ bezeichnet. *Unter diesen Annahmen* weisen die drei Oberspannungsspulen den gleichen magnetischen Eingangsleitwert Λ_{E1} auf, die Unterspannungsspulen entsprechend den Wert Λ_{E2}. Vereinfachend werden für diese Größen im weiteren die Ausdrücke Λ_1 und Λ_2 verwendet. Ähnlich einfache Verhältnisse ergeben sich für die verschiedenen Übertragungsleitwerte. Sie lassen sich alle in Abhängigkeit von dem Leitwert Λ_{12} formulieren, der zwischen einer Ober- und Unterspannungsspule auf einem gemeinsamen Schenkel auftritt. Im einzelnen ergeben sich die Induktivitätsterme zu

$$
\begin{aligned}
L_{1U} &= L_{1V} = L_{1W} = w_1^2 \Lambda_1 \\
L_{2U} &= L_{2V} = L_{2W} = w_2^2 \Lambda_2 \\
M_{1U1V} &= M_{1V1W} = M_{1W1U} = w_1^2 \frac{\Lambda_{12}}{2} \\
M_{2U2V} &= M_{2V2W} = M_{2W2U} = w_2^2 \frac{\Lambda_{12}}{2} \\
M_{1U2V} &= M_{1V2W} = M_{1W2U} = w_1 w_2 \frac{\Lambda_{12}}{2} \\
M_{1U2U} &= M_{1V2V} = M_{1W2W} = w_1 w_2 \Lambda_{12} \ .
\end{aligned}
\tag{4.50}
$$

Aufgrund der nun vorhandenen *baulichen Symmetrie* ist es auch sinnvoll, die Bedingungen des *symmetrischen Betriebes* in die Modellgleichungen einzuarbeiten. So wird ausgenutzt, daß sich die Leiterströme zu Null ergänzen:

$$
-\underline{I}_{1V} - \underline{I}_{1W} = \underline{I}_{1U} \quad \text{oder} \quad \underline{I}_{2V} + \underline{I}_{2W} = -\underline{I}_{2U} \ .
$$

Man erhält schließlich mit den transformierten Größen wie

$$
\underline{U}'_{2U} = \frac{w_1}{w_2} \cdot \underline{U}_{2U} \ , \quad \underline{I}'_{2U} = \frac{w_2}{w_1} \cdot \underline{I}_{2U} \quad \text{usw.}
$$

ein Gleichungssystem, in dem jeweils nur zwei Beziehungen miteinander gekoppelt sind:

$$
\begin{aligned}
\underline{U}_{1U} &= j\omega w_1^2 \left(\Lambda_1 + \frac{\Lambda_{12}}{2} \right) \cdot \underline{I}_{1U} - j\omega \frac{3}{2} w_1^2 \Lambda_{12}\, \underline{I}'_{2U} \\
\underline{U}'_{2U} &= -j\omega w_1^2 \left(\Lambda_2 + \frac{\Lambda_{12}}{2} \right) \cdot \underline{I}'_{2U} + j\omega \frac{3}{2} w_1^2 \Lambda_{12}\, \underline{I}_{1U} \ .
\end{aligned}
$$

Für die weiteren Wicklungstränge V, W gelten analoge Zusammenhänge. In dieser Form beschreiben die Modellgleichnungen drei gleiche einphasige Transformatoren. Dementsprechend läßt sich das gesamte *Drehstromsystem durch ein einphasiges Ersatzschaltbild nachbilden* (Bild 4.36a).

Aus dieser Ersatzschaltung kann man auch unmittelbar die Berechtigung der vorgenommenen Idealisierung erkennen: So wirkt sich die Symmetrierung des Eisenkreises lediglich auf die Hauptreaktanz X_h aus, durch die das Betriebsverhalten ohnehin nur gering beeinflußt wird. Die in den einzelnen Wicklungssträngen als gleich betrachteten Streureaktanzen spiegeln die gleichartige Gestaltung der Streukanäle wider. Angemerkt sei, daß die bisher nicht berücksichtigte Nichtlinearität des Eisenkernes ebenfalls wie bei den einphasigen Verhältnissen der Hauptinduktivität zugeordnet werden kann.

Bei den Größen $\underline{U}_{1U}$ und $\underline{U}'_{2U}$ handelt es sich um Strangspannungen. Auf der Unterspannungsseite stellen diese Spannungen demnach *Außenleitergrößen* und auf der Oberspannungsseite Sternspannungen dar. Es ist nun üblich, alle Größen des Ersatzschaltbildes auf eine Sternschaltung zu beziehen. In diesem Fall läßt sich der Rückleiter auch

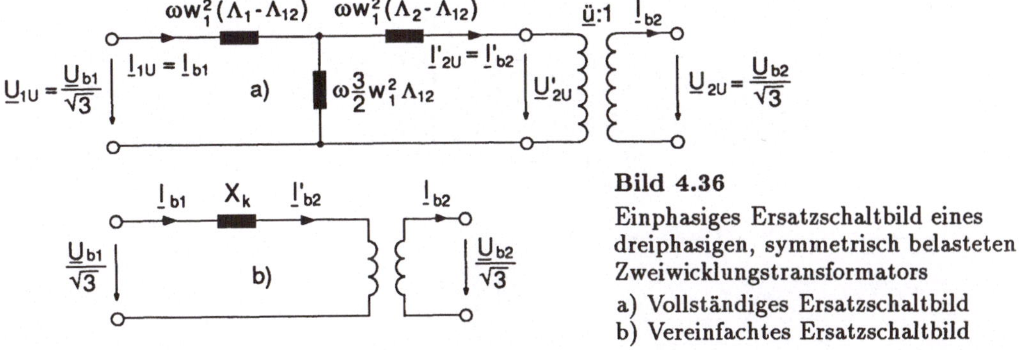

Bild 4.36
Einphasiges Ersatzschaltbild eines
dreiphasigen, symmetrisch belasteten
Zweiwicklungstransformators
a) Vollständiges Ersatzschaltbild
b) Vereinfachtes Ersatzschaltbild

physikalisch anschaulich als ein gedachter Sternpunktleiter interpretieren. Um die unterspannungsseitigen Größen dementsprechend anzupassen, ist noch ein idealer einphasiger Transformator mit der komplexen Übersetzung $\underline{\ddot{u}}$ des Drehstromumspanners einzufügen (Bild 4.36a). Ein solcher einphasiger Transformator ist nicht mit passiven Elementen realisierbar, könnte aber z.B. durch elektronische Bauteile nachgebildet werden.

Ein Vergleich der Ersatzschaltbilder für einen dreiphasigen und einen einphasigen Zweiwicklungstransformator zeigt, daß sie analog aufgebaut sind. Sie unterscheiden sich durch den Faktor $1/\sqrt{3}$ vor den angegebenen Spannungen und die im allgemeinen komplexe Übersetzung.

Wie beim einphasigen Umspanner kann auch beim Drehstromtransformator die Hauptreaktanz vernachlässigt werden, wenn der Magnetisierungsstrom klein gegenüber den Betriebsströmen ist. Die Streureaktanzen lassen sich dann wiederum zu einer Kurzschlußreaktanz X_k zusammenfassen (Bild 4.36b). Ihre Größe läßt sich aus der relativen Kurzschlußspannung

$$u_k = \frac{U_{kT}}{U_{nT}} = \frac{U_{kT}/\sqrt{3}}{U_{nT}/\sqrt{3}} = \frac{X_k \cdot I_{nT}}{U_{nT}/\sqrt{3}}$$

und der *Nennleistung des Drehstromtransformators*

$$S_{nT} = \sqrt{3} \cdot U_{nT} \cdot I_{nT} \tag{4.51}$$

zu

$$X_k = \frac{u_k \cdot U_{nT}^2}{S_{nT}} \tag{4.52}$$

ermitteln. Dieser Zusammenhang weist prinzipiell die gleiche Form wie bei einphasigen Transformatoren auf. Unterschiedlich ist dagegen die Definition der Nennleistung (s. Gl. 4.51). Ferner ist *zu beachten*, daß – wie die Nennspannung U_{nT} – auch die Kurzschlußspannung U_{kT} bei Drehstromumspannern stets als *Dreieckspannung* angegeben wird.

In der obigen Rechnung ist die gespeiste Wicklung als Sternschaltung betrachtet worden. Die daraus ermittelten Streureaktanzen können direkt in den einphasigen Ersatzschaltbildern von Netzen verwendet werden. Sollte die eingespeiste Wicklung als Dreieckschaltung vorliegen, gilt entsprechend der Dreieck-Stern-Umwandlung

$$X_{kY} = X_{k\Delta}/3 \,.$$

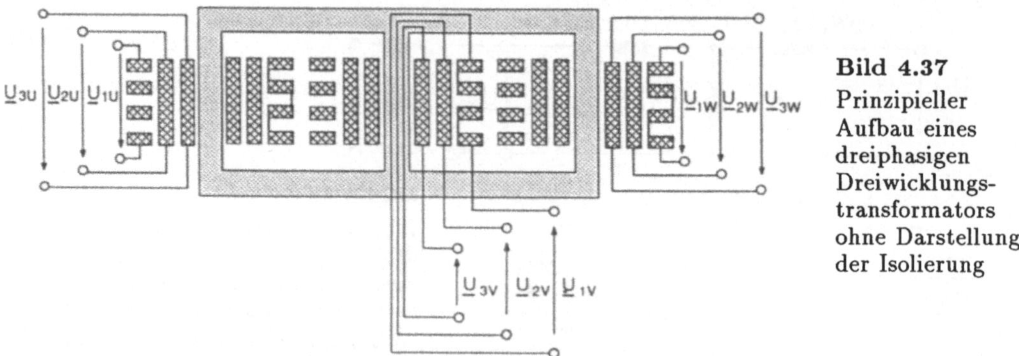

Bild 4.37
Prinzipieller
Aufbau eines
dreiphasigen
Dreiwicklungs-
transformators
ohne Darstellung
der Isolierung

Gemäß Abschnitt 4.2.1.1 wächst die Streu- bzw. Kurzschlußreaktanz mit der Nennspannung U_{n1T} der Oberspannungsseite an. Eine Vergrößerung der Streureaktanzen bewirkt zwar einen höheren Spannungsabfall am Transformator im Betrieb, verringert jedoch andererseits die Kurzschlußströme. Die Kurzschlußproblematik stellt sich insbesondere in Netzen, in die große Transformatoren einspeisen (s. Kapitel 6 und 7). Daher verwendet man bei Umspannern größerer Leistung häufig die oberen Werte der in Tabelle 4.3 angegebenen Bereiche (s. DIN 42000, DIN 42505, DIN 42523).

U_{n1T}	10...20 kV	110 kV	380 kV
u_k	4...10 %	10...14 %	11...20 %

Tabelle 4.3 : In Deutschland übliche Kurzschlußspannungen

Meßtechnisch ist die Reaktanz X_k wiederum durch einen Kurzschlußversuch zu ermitteln. Dabei werden auf der Unterspannungsseite die *drei Wicklungsanschlüsse* 2U, 2V, 2W niederohmig miteinander verbunden; oberspannungsseitig wird dann der Betrag des einspeisenden *symmetrischen* Spannungssystems so gewählt, daß Nennstrom fließt.
Neben den bisher behandelten Zweiwicklungstransformatoren gibt es auch Drehstromumspanner mit drei Wicklungen (Bild 4.37). Die dritte Wicklung wird u.a. zum Anschluß von Kompensationsdrosselspulen (s. Abschnitt 4.5.3) oder als Ausgleichswicklung (s. Abschnitt 9.4.5) benötigt. Die Schaltgruppenbezeichnungen für dreiphasige Dreiwicklungstransformatoren sind der DIN VDE 0532 zu entnehmen.
Eine analytische Betrachtung der Verhältnisse beim dreiphasigen Dreiwicklungstransformator führt auf das gleiche Ersatzschaltbild wie bei der einphasigen Ausführung (Bild 4.28). Analog zum Zweiwicklungstransformator besteht ein Unterschied wiederum nur in der komplexen Übersetzung und dem Faktor $1/\sqrt{3}$ in den Spannungen.
Die Ersatzschaltbilder von dreiphasigen Transformatoren sind, wie bereits formal an der komplexen Übersetzung zu ersehen ist, im allgemeinen nicht direkt für die Berechnung transienter Vorgänge geeignet. Sie können jedoch, wie in den Kapiteln 6 und 10 gezeigt wird, bei symmetrischen Schalthandlungen bedingt zu solchen Rechnungen herangezogen werden. Nach diesen Ausführungen sind nun die Grundlagen gelegt, um das Betriebsverhalten von Drehstromtransformatoren im Netzverband zu berechnen.

4.2.3.5 Betriebsverhalten von dreiphasigen Zweiwicklungstransformatoren im Netzverband

Das Betriebsverhalten von dreiphasigen Zweiwicklungstransformatoren im Netzverband läßt sich weitgehend analog zu der Vorgehensweise im Abschnitt 4.2.1.3 ermitteln. Die

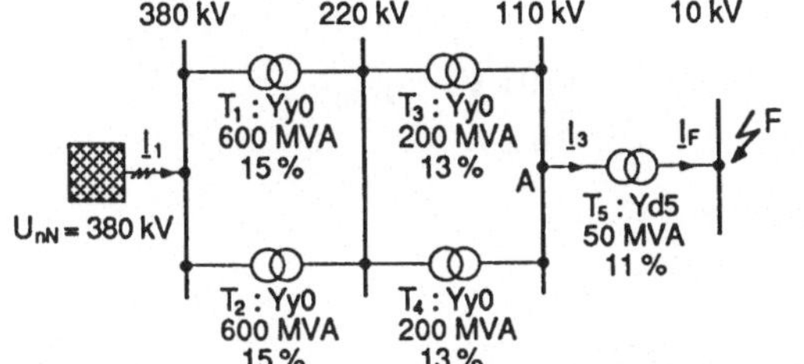

Bild 4.38

Netz mit dreipoligem Kurzschluß auf der 10-kV-Seite des Transformators T_5

komplexen Übersetzungen führen zu gewissen Modifikationen, die anhand eines Beispiels dargestellt werden. Es wird ein räumlich eng begrenztes dreiphasiges Hochspannungsnetz z.B. wiederum eines großen Industriewerkes betrachtet, der Einfluß der Leitungen kann dann wieder vernachlässigt werden (Bild 4.38). Wie diesem Bild zu entnehmen ist, müssen bei parallel geschalteten Drehstromtransformatoren neben den bereits behandelten Bedingungen (4.30) zusätzlich die Ausgangsspannungen um den *gleichen Phasenwinkel* gedreht sein. Diese Voraussetzung ist in jedem Fall erfüllt, wenn die Umspanner die gleiche Schaltgruppe aufweisen. In dem Beispiel soll nun für einen dreipoligen Kurzschluß an der 10-kV-Seite des Transformators T_5 der Kurzschlußstrom ermittelt werden, der nach dem Abklingen aller Ausgleichsvorgänge stationär auf der 110-kV-Seite und an der Fehlerstelle F auftritt (vergl. Kapitel 6).

Zunächst wird das einphasige Ersatzschaltbild aufgestellt. Man erhält dann die Schaltung in Bild 4.39. Als Bezugsspannung wird in diesem Beispiel die Nennspannung $U_{nN} = 380\,\mathrm{kV}$ des speisenden Netzes gewählt, das wiederum vereinfachend als ideale Spannungsquelle angesehen wird. Es sei nochmals darauf hingewiesen, daß eine *einphasige Darstellung* nur im Falle *eines symmetrischen Betriebs* sinnvoll ist. Nur in diesem Fall bilden die Ströme und Spannungen symmetrische Systeme, so daß die Kenntnis der Strom-Spannungs-Verhältnisse in einem Strang bereits eine Aussage über alle drei Stränge darstellt.

Für die Kurzschlußreaktanzen der Transformatoren ergeben sich mit Hilfe der Beziehung (4.52) die Werte (Bild 4.39)

$$X'_{kT1} = X'_{kT2} = 36,1\,\Omega\,, \quad X'_{kT3} = X'_{kT4} = 93,9\,\Omega\,, \quad X'_{kT5} = 317,7\,\Omega\,.$$

Die resultierende Kurzschlußreaktanz beträgt demnach 382,7 Ω. Im Außenleiter R des Netzes fließt somit ein Strom

$$I_{1R} = \frac{380\,\mathrm{kV}\cdot \mathrm{e}^{j0°}}{\sqrt{3}\cdot j382,7\,\Omega} = 573,3\,\mathrm{A}\cdot \mathrm{e}^{-j90°}\,.$$

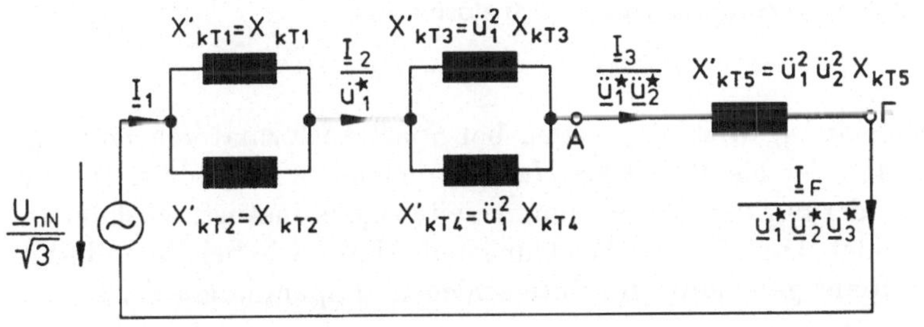

Bild 4.39

Einphasiges Ersatzschaltbild für die Anlage in Bild 4.38 nach vollständiger Transformation

Mit Hilfe der Übersetzungen

$$\underline{\ddot{u}}_1 = \frac{380\,\text{kV}}{220\,\text{kV}} \cdot e^{j0°}, \qquad \underline{\ddot{u}}_2 = \frac{220\,\text{kV}}{110\,\text{kV}} \cdot e^{j0°}, \qquad \underline{\ddot{u}}_3 = \frac{110\,\text{kV}}{10\,\text{kV}} \cdot e^{j150°}$$

resultieren daraus auf der 110-kV-Seite die Ströme

$$\underline{I}_{3R} = \underline{\ddot{u}}_1^* \cdot \underline{\ddot{u}}_2^* \cdot \underline{I}_{1R} = 1,98\,\text{kA} \cdot e^{-j90°},$$
$$\underline{I}_{3S} = 1,98\,\text{kA} \cdot e^{-j210°}, \qquad \underline{I}_{3T} = 1,98\,\text{kA} \cdot e^{-j330°},$$

an der Fehlerstelle erhält man die Werte

$$\underline{I}_{FR} = \underline{\ddot{u}}_3^* \cdot \underline{I}_{1R} = 21,78\,\text{kA} \cdot e^{-j240°},$$
$$\underline{I}_{FS} = 21,78\,\text{kA} \cdot e^{j0°}, \qquad \underline{I}_{FT} = 21,78\,\text{kA} \cdot e^{-j120°}.$$

Für die praktische Projektierung von Anlagen interessiert überwiegend der Betrag des jeweiligen Stromes, weniger die Phasenlage. Bei dem bisher vorausgesetzten dreipoligen Kurzschluß ist es daher häufig ausreichend, die *Ströme* nur mit *dem Betrag der Übersetzungen umzurechnen. In diesem Fall entsprechen sich die Berechnungsverfahren für ein und dreiphasige Netzverbände.*
Bisher sind nur Volltransformatoren behandelt worden. In Deutschland setzt man diese Bauart in Mittel- und Hochspannungsnetzen ein. Speziell im Höchstspannungsbereich werden vorwiegend im Ausland, jedoch auch in Deutschland, Umspanner in Sparschaltung verwendet.

4.2.4 Spartransformatoren

Zunächst werden Aufbau und Anwendungsbereich von Spartransformatoren erläutert. Anschließend wird auf die Ersatzschaltbilder eingegangen.

4.2.4.1 Aufbau und Einsatz von Spartransformatoren

In Deutschland werden eine Reihe von Höchstspannungsnetzen über Drehstrombänke gekuppelt, deren einphasige Einheiten Spartransformatoren darstellen. Im weiteren wird nur auf solche einphasigen Ausführungen eingegangen. Ohne Ableitung sei gesagt, daß sich bei den nicht betrachteten dreiphasigen Einheiten Ersatzschaltbilder der gleichen Struktur ergeben.
Das Schaltzeichen für einen einphasigen Spartransformator zeigt Bild 4.40. In der Schaltgruppe wird die Sparschaltung durch den kleinen Buchstaben a – z.B. Ya0 – gekennzeichnet. Nähere Ausführungen dazu sind der DIN VDE 0532 zu entnehmen.

Bild 4.40
Schaltkurzzeichen eines einphasigen Spartransformators

Die Ober- und die Unterspannungswicklung weisen bei Spartransformatoren einen gemeinsamen Wicklungsteil auf, der als *Parallelwicklung* bezeichnet wird (Bild 4.41). Für den weiteren Wicklungsteil, der nur der Oberspannungsseite zugeordnet ist, wird der Begriff *Reihenwicklung* verwendet. Diese beiden Wicklungsteile sind – wie bei einem induktiven Spannungsteiler – in Reihe geschaltet. Im Unterschied zum Spannungsteiler können

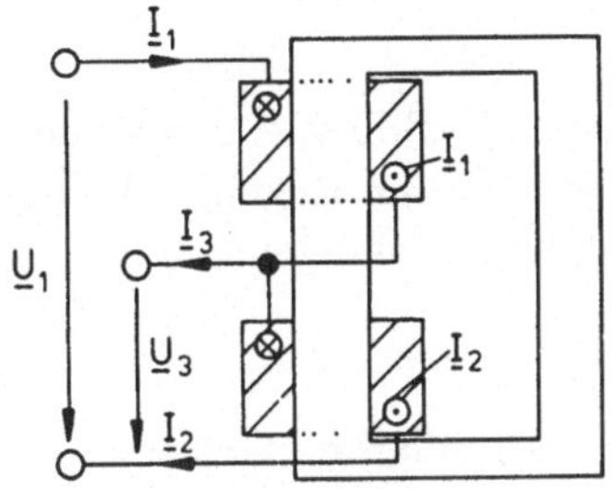 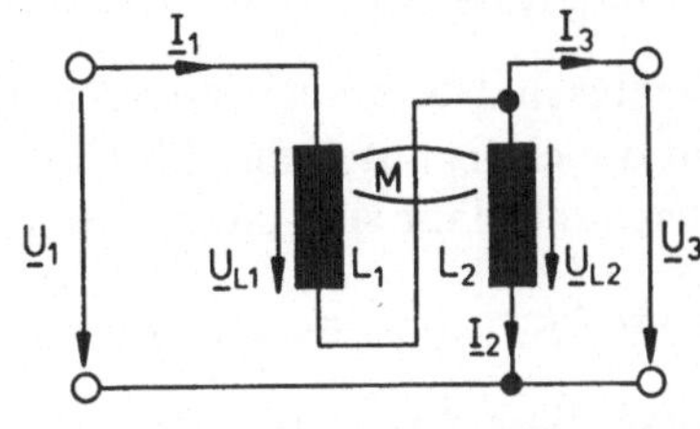

Bild 4.41
Schematischer
Aufbau und
Schaltung eines
einphasigen
Spartransformators

jedoch aufgrund der magnetischen Kopplung Spannungen sowohl hoch- als auch herunter-transformiert werden. Die Leistung wird dabei nicht nur über den Eisenkreis magnetisch übertragen, sondern teilweise auch über die galvanische Verbindung. Zur Kennzeichnung dieser Verhältnisse werden zwei Leistungsbegriffe eingeführt: Die Gesamtleistung eines einphasigen Umspanners, die *Durchgangsleistung* S_{nD}, wird durch den Ausdruck

$$S_{nD} = U_1 \cdot I_1 \tag{4.53}$$

beschrieben. Im Unterschied dazu kennzeichnet die *Eigenleistung*

$$S_{nE} = U_{L1} \cdot I_1 \tag{4.54}$$

denjenigen Leistungsanteil, der über den magnetischen Kreis transportiert wird. Die Eigenleistung ist dementsprechend ein Maß für die Baugröße des Umspanners.

Bei Volltransformatoren sind Durchgangs- und Eigenleistung identisch. Bei gleicher Durchgangsleistung kann demnach ein Spartransformator aufgrund der geringeren Eigenleistung kleiner und damit kostengünstiger gebaut werden als ein Volltransformator. Wie aus der Beziehung

$$\frac{S_{nE}}{S_{nD}} = \frac{U_{L1}}{U_1} = \frac{U_1 - U_3}{U_1} \tag{4.55}$$

ersichtlich ist, wird die Materialeinsparung um so größer, je geringer sich die Ober- und Unterspannung voneinander unterscheiden. Wenn anstelle eines Volltransformators ein Spartransformator zur Kupplung eines 380-kV- und 220-kV-Netzes verwendet wird, beträgt die Eigenleistung nur das 0,42-fache der Durchgangsleistung. Dadurch ergibt sich prinzipiell eine erhebliche Kostenersparnis, die sich jedoch stark verringert, wenn der Umspanner mit einstellbarer Übersetzung ausgeführt wird (s. Abschnitt 4.2.5). Bei der Kupplung eines 380-kV-Netzes mit einem 110-kV-Netz vergrößert sich das in Gl. (4.55) angegebene Verhältnis auf den Wert 0,71. Für diesen Anwendungsbereich ist deshalb der Anreiz geringer, einen Spartransformator einzusetzen, zumal die galvanische Kopplung auch gewisse Nachteile mit sich bringt.

So werden eventuelle Spannungsverlagerungen im Oberspannungsnetz, die bei einigen speziellen Störungen auftreten können (s. Kapitel 9 und 10), auf die Unterspannungsseite übertragen. Infolgedessen können Spartransformatoren nur zur Kupplung von Netzen mit wirksamer Sternpunkterdung (s. Kapitel 11) eingesetzt werden, die in Deutschland überwiegend in 220-kV- und 380-kV-Netzen vorliegt. Ohne diese Erdungsmaßnahmen dürfen Spartransformatoren nur verwendet werden, wenn sich Ober- und Unterspannung um weniger als 25 % unterscheiden. Nach diesen grundsätzlichen Betrachtungen wird nun für den Spartransformator ein Ersatzschaltbild ermittelt.

4.2.4.2 Ersatzschaltbild eines Spartransformators

Für die Herleitung des Ersatzschaltbildes wird das Zählpfeilsysten in Bild 4.41 zugrundegelegt. Die Zählpfeile sind dabei bis auf die in Abschnitt 4.1 abgeleiteten Regeln beliebig
gewählt worden. Der Umspanner läßt sich dann durch die Koppelgleichungen

$$\underline{U}_{L1} = j\omega L_1 \underline{I}_1 + j\omega M \underline{I}_2 , \quad \underline{U}_{L2} = j\omega L_2 \underline{I}_2 + j\omega M \underline{I}_1 \tag{4.56}$$

beschreiben. Verknüpft man diese Zusammenhänge mit den Kirchhoffschen Gesetzen

$$\underline{U}_1 = \underline{U}_{L1} + \underline{U}_{L2} , \quad \underline{U}_3 = \underline{U}_{L2} , \quad \underline{I}_1 = \underline{I}_2 + \underline{I}_3 ,$$

so resultieren daraus die Beziehungen

$$\begin{aligned}
\underline{U}_1 &= j\omega(L_1 + L_2 + 2M)\underline{I}_1 - j\omega(L_2 + M)\underline{I}_3 \\
\underline{U}_3 &= j\omega(L_2 + M)\underline{I}_1 - j\omega L_2 \underline{I}_3 .
\end{aligned} \tag{4.57}$$

Im weiteren werden die Induktivitäten wieder – wie bei den Volltransformatoren – durch
die magnetischen Leitwerte ausgedrückt:

$$L_1 = w_1^2 \Lambda , \quad L_2 = w_2^2 \Lambda , \quad M = w_1 w_2 \Lambda_{12} .$$

Die Beziehungen (4.57) nehmen dann die Gestalt

$$\begin{aligned}
\underline{U}_1 &= j\omega[(w_1^2 + w_2^2)\Lambda + 2w_1 w_2 \Lambda_{12}] \cdot \underline{I}_1 - j\omega(w_2^2 \Lambda + w_1 w_2 \Lambda_{12}) \cdot \underline{I}_3 \\
\underline{U}_3 &= j\omega(w_2^2 \Lambda + w_1 w_2 \Lambda_{12})\underline{I}_1 - j\omega w_2^2 \Lambda \underline{I}_3
\end{aligned} \tag{4.58}$$

an. Um nun in bekannter Weise auf transformierte Größen überzugehen, wird zunächst
die Übersetzung des Spartransformators für den Leerlauffall ermittelt. Dabei wird wie
in Abschnitt 4.2.1.2 von der Näherung $\Lambda_{12} \approx \Lambda$ ausgegangen, also die Streuung vernachlässigt. Unter dieser Voraussetzung erhält man mit Hilfe der Zusammenhänge (4.58) das
Ergebnis

$$\ddot{u}(\underline{I}_3 = 0) = \frac{\underline{U}_{01}}{\underline{U}_{03}} \approx \frac{w_1 + w_2}{w_2} . \tag{4.59}$$

Für die Ströme liefert eine Kurzschlußbetrachtung den Ausdruck

$$\frac{\underline{I}_1}{\underline{I}_3} = \frac{1}{\ddot{u}} .$$

Es werden nun analog zu den Betrachtungen beim Volltransformator die transformierten
Größen

$$\underline{U}_3' = \ddot{u} \cdot \underline{U}_3 , \quad \underline{I}_3' = \frac{\underline{I}_3}{\ddot{u}}$$

in die Beziehungen (4.58) eingeführt. Den daraus resultierenden Gleichungen kann ein
T-Ersatzschaltbild mit den Reaktanzen

$$\begin{aligned}
X_1' &= \omega w_1(w_1 - w_2)(\Lambda - \Lambda_{12}) \\
X_2' &= \omega w_1(w_1 + w_2)(\Lambda - \Lambda_{12}) \\
X_3' &= \omega(w_1 + w_2)(w_2 \Lambda + w_1 \Lambda_{12})
\end{aligned} \tag{4.60}$$

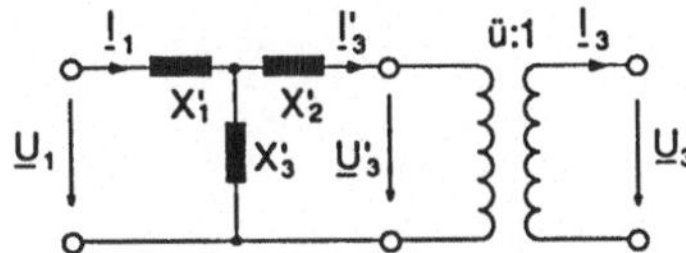

Bild 4.42

Transformiertes Ersatzschaltbild eines Spartransformators

zugeordnet werden (Bild 4.42). Dieses Zweitor ist zwar reziprok, aber – im Unterschied zum Volltransformator – nicht mehr symmetrisch. Dies bedeutet, daß bei einem ober- und unterspannungsseitigen Kurzschluß unterschiedliche Kurzschlußreaktanzen wirksam sind, wenn der Querzweig berücksichtigt wird.

Für Spartransformatoren in Netzanlagen gilt in der Regel $\ddot{u} < 2$ – z.B. $\ddot{u} = 380$ kV/ 220 kV – und demzufolge $w_1 < w_2$. Unter dieser Voraussetzung wird die Reaktanz X_1' negativ. Die Größen X_2', X_3' bleiben dagegen immer positiv. Den Beziehungen (4.60) ist ferner zu entnehmen, daß die Längsreaktanzen X_1', X_2' wegen $\Lambda_{12} \approx \Lambda$ erheblich kleiner sind als die Querreaktanz X_3'. Der Querzweig kann daher wiederum so lange vernachlässigt werden, wie der Magnetisierungsstrom klein im Vergleich zum Eingangsstrom ist. Die Längsreaktanzen können unter dieser Bedingung zu der Kurzschlußreaktanz

$$X_k = 2 \cdot \omega w_1^2 (\Lambda - \Lambda_{12}) \tag{4.61}$$

zusammengefaßt werden, die vorteilhafterweise nur positive Werte annimmt. Das derart vereinfachte Ersatzschaltbild ist identisch mit der Schaltung in Bild 4.21. Es zeigt sich also, daß bei den praktischen Gegebenheiten die Unterschiede in den Eingangsreaktanzen zu vernachlässigen sind.

In Höchstspannungsnetzen werden Spartransformatoren häufig als Dreiwicklungstransformatoren ausgeführt. Dabei ist die dritte Wicklung, die auch als *Tertiärwicklung* bezeichnet wird, nur magnetisch gekoppelt (Bild 4.43). Die Herleitung des Ersatzschaltbildes erfolgt analog zu der bisherigen Vorgehensweise und wird deshalb nicht näher beschrieben. Als Resultat erhält man das gleiche Ersatzschaltbild wie beim einphasigen Volltransformator in Dreiwicklungsausführung (Bild 4.28). Für die Übersetzungen

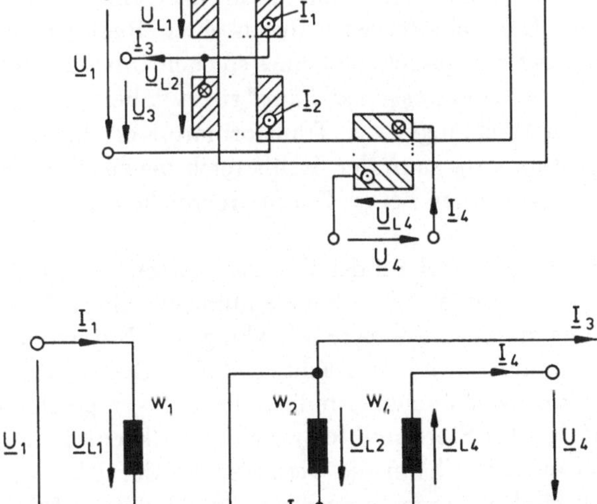

Bild 4.43

Schematischer Aufbau und Ersatzschaltbild eines Spartransformators in Dreiwicklungsausführung

ergeben sich die Zusammenhänge

$$\ddot{u}_{12} = \frac{w_1 + w_2}{w_2} \,, \quad \ddot{u}_{14} = \frac{w_1 + w_2}{w_4} \,.$$

Bisher ist nur auf Transformatoren mit konstanter Übersetzung eingegangen worden. Im folgenden werden Umspanner beschrieben, deren Übersetzung verändert werden kann.

4.2.5 Transformatoren mit einstellbarer Übersetzung

Die relative Kurzschlußspannung u_k läßt sich auch anschaulich interpretieren. Sie stellt ein Maß für die Verringerung der Ausgangsspannung zwischen Leerlauf und Nennlast dar. Diese Spannungsverringerung ist insbesondere bei höheren Spannungsebenen störend, da dort u_k-Werte von mehr als ca. 16 % auftreten können. Abhilfe bietet eine Veränderung der Übersetzung. Dadurch kann verhindert werden, daß sich aufgrund des Spannungsabfalls im Transformator zu niedrige Spannungen an den nachgeschalteten Lasten einstellen. Das Schaltzeichen solcher Umspanner gibt Bild 4.44 wieder. Zugleich kann auf diese Weise der lastabhängige Spannungsabfall im Netz kompensiert werden. Bei Transformatoren mit einstellbarer Übersetzung unterscheidet man zwischen Ausführungen mit *direkter* und *indirekter* Spannungseinstellung.

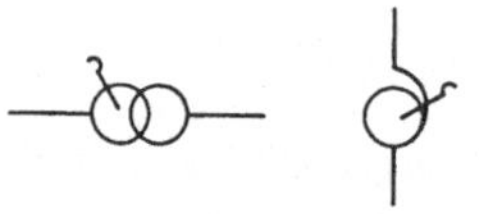

Bild 4.44
Schaltzeichen von Transformatoren mit einstellbarer Übersetzung

4.2.5.1 Erläuterung der direkten Spannungseinstellung

Bei Transformatoren mit direkter Spannungseinstellung wird eine der Wicklungen in eine Stamm- und eine Stufenwicklung aufgeteilt, die in Serie geschaltet sind. Dabei wird die Stufenwicklung häufig noch weiter in eine Feinstufen- und Grobstufenwicklung aufgeteilt. Bei den weiteren Betrachtungen wird vorausgesetzt, daß alle Teilwicklungen auf dem gleichen Schenkel sitzen. Die Besonderheit der Stufenwicklung liegt im wesentlichen darin, daß sie Anzapfungen aufweist, die mit einem *Stufenschalter* verbunden sind [75]. Es handelt sich dabei um einen speziellen Schalter, mit dem unter Last ein anderer Wicklungsabgriff eingestellt werden kann. Der Schalter wird durch einen Regler oder auch manuell gesteuert. Der Aufbau und das Prinzipschaltbild eines solchen Umspanners sind in Bild 4.45 skizziert. Der Begriff *„direkte Spannungseinstellung"* rührt daher, daß die Änderungen der Übersetzung direkt an den Wicklungen des Transformators erfolgen. Abhängig von der relativen Kurschlußspannung u_k kann der Stellbereich bis zu ± 22 % der Nennübersetzung betragen. Üblicherweise werden bei großen Stellbereichen maximal ± 13 Anzapfungen vorgesehen.

Die Einstellung der Windungszahl erfolgt in der Regel auf der *Oberspannungsseite*. Maßgebend dafür sind zum einen konstruktive Gründe. Die Oberspannungswicklung liegt meistens außen, so daß eine Durchführung durch die äußere Wicklung zur Unterspannungswicklung sehr aufwendig würde. Zum anderen ist zu beachten, daß in Deutschland bereits ab der 60-kV-Ebene die Oberspannungswicklungen grundsätzlich in Stern geschaltet sind. Da bei Volltransformatoren infolge des Sternpunktes jeweils eine Klemme der drei Wicklungssstränge gleiches Potential aufweist, kann die Veränderung der Übersetzung vorteilhafterweise mit *einem* Stufenschalter vorgenommen werden. Bei einer Dreieckschaltung fehlt ein solcher Punkt, so daß mehrere Stufenschalter erforderlich wären.

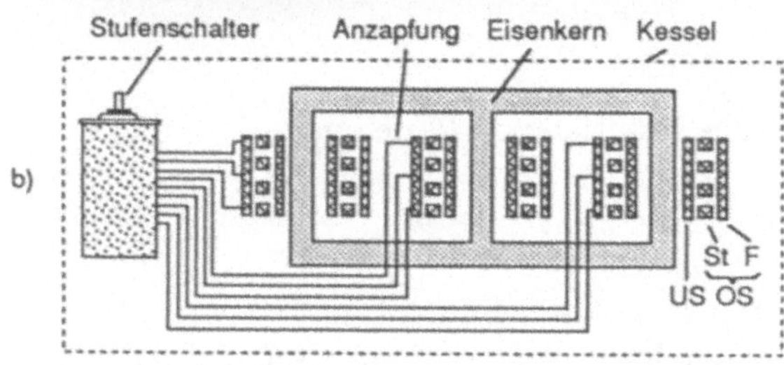

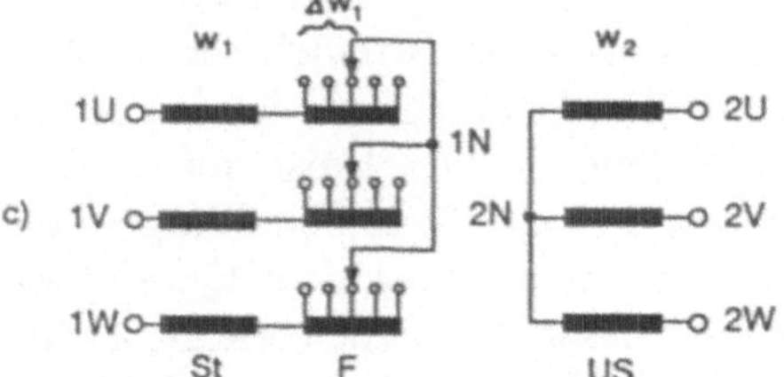

Bild 4.45
Drehstromtransformator mit
Stufenschalter
a) 40-MVA-Netztransformator mit der
   Übersetzung 110 kV / 20 kV
b) Prinzipieller Aufbau
   US: Unterspannungswicklung
   OS: Oberspannungswicklung
   St: Stammwicklung
   F: Feinstufenwicklung
c) Schaltplan

Da die Unterspannungswicklungen wie z.B. bei den Maschinentransformatoren häufig in
Dreieck geschaltet sind, würde sich eine unterspannungsseitige Einstellung der Übersetzung verteuern. Für oberspannungsseitige Anzapfungen spricht weiterhin der Umstand,
daß dort die Ströme kleiner und daher von einem Stufenschalter leichter beherrschbar
sind.
Bei Verteilungstransformatoren sind die u_k-Werte mit ca. 5 % niedriger, so daß sich kleinere und damit tragbare Spannungsabsenkungen ergeben. Um langfristige Änderungen
z.B. in den Lastverhältnissen auffangen zu können, setzt man für kleinere Einstellbereiche
die billigeren *Umsteller* ein. Im Unterschied zum Stufenschalter dürfen diese Umsteller
nur im ausgeschalteten Zustand betätigt werden.
Bei Transformatoren mit einstellbarer Übersetzung gilt unabhängig davon, ob ein Stufenschalter oder Umsteller eingesetzt ist, der Zusammenhang

$$\ddot{u} = \frac{w_1 \pm \Delta w_1}{w_2} = \frac{\tilde{w}_1}{w_2} \ . \tag{4.62}$$

Für jede eingestellte Übersetzung kann dann in der bekannten Weise ein einphasiges

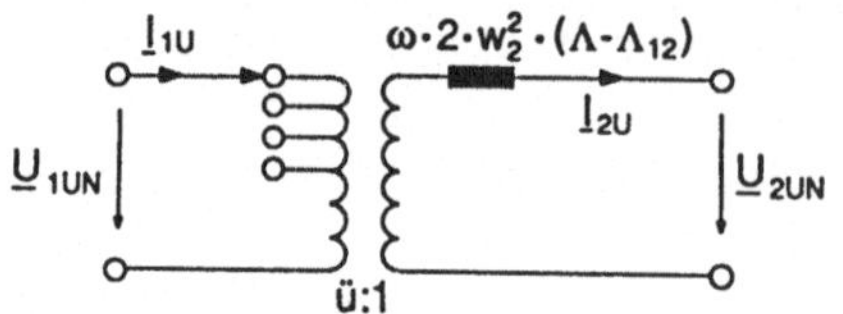

Bild 4.46

Ersatzschaltbild mit veränderlicher Reaktanz

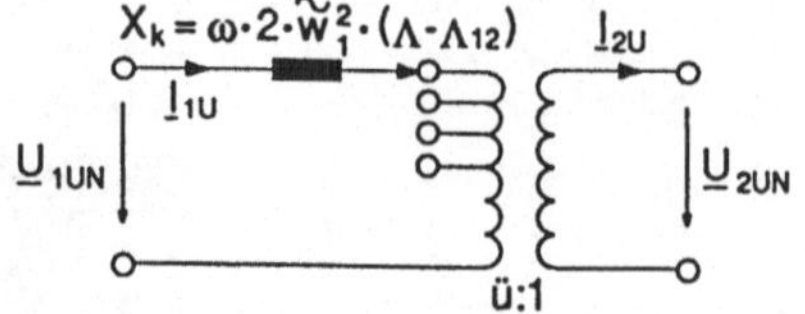

Bild 4.47

Ersatzschaltung für einen Umspanner mit
Stufenschalter

Ersatzschaltbild angegeben werden, das z.B. für den Wicklungsstrang U in Bild 4.46
dargestellt ist. Darin ist die Kurzschlußreaktanz wieder durch die magnetischen Leitwerte
Λ, Λ_{12} beschrieben. Nachteilig ist an diesem Ersatzschaltbild, daß sogar bei konstanten
Werten für Λ und Λ_{12} eine veränderliche Reaktanz auftritt. Dieser Mangel läßt sich
beseitigen, indem man die Reaktanz auf die Unterspannung bezieht. Zu diesem Zweck
wird der Maschenumlauf

$$-\underline{U}_{1UN} + \frac{\underline{I}_{2U}}{\ddot{u}} \cdot j\omega \cdot 2\tilde{w}_1^2(\Lambda - \Lambda_{12}) + \ddot{u}\,\underline{U}_{2UN} = 0$$

mit dem Faktor $1/\ddot{u}$ transformiert. Die daraus resultierende Beziehung

$$-\underline{U}_{1UN} \cdot \frac{w_2}{w_1 \pm \Delta w_1} + j\omega \cdot 2w_2^2(\Lambda - \Lambda_{12})\,\underline{I}_{2U} + \underline{U}_{2UN} = 0$$

kann wiederum als Ersatzschaltbild interpretiert werden (Bild 4.47).
Die Kurzschlußreaktanz ist in dieser Ersatzschaltung auf die Nennspannung derjenigen
Wicklung bezogen, deren Windungszahl unverändert bleibt – in diesem Fall w_2. Die
Reaktanz weist deshalb unter der Voraussetzung eines konstanten Streuleitwertes (Λ –
Λ_{12}) trotz der einstellbaren Übersetzung einen konstanten Wert auf. Es ist jedoch zu
beachten, daß bei der Übersetzung des zusätzlich vorhandenen idealen Umspanners (Bild
4.47) stets die *tatsächlich vorhandene Einstellung* einzusetzen ist. Diese Schaltung erfaßt
daher auch den bereits behandelten Spezialfall, daß die Übersetzung dem Quotienten
der Netznennspannungen entspricht (s. Gl. 4.28). Sofern dieser Fall nicht vorliegt, ist die
Impedanzumrechnung mit dem vollständigen Verfahren durchzuführen, das in Abschnitt
4.2.1.3 beschrieben ist (s. Bild 4.24). Bei größeren Änderungen in der Übersetzung ändert
sich auch der Streuleitwert merklich [13]. Es ist dann der jeweils zugehörige Wert in der
Rechnung zu verwenden, der vom Hersteller zu erfahren ist.
Erwähnt sei noch, daß durch die Stufenwicklung zusätzliche Wicklungsinduktivitäten und
Teilkapazitäten entstehen. Dadurch erhöht sich die Anzahl der unabhängigen Energiespeicher. Als Folge davon bilden sich zahlreichere Eigenschwingungen aus, die im Vergleich zu einem Transformator ohne Stufenwicklung andere Frequenzwerte aufweisen.
Bisher sind nur Transformatoren mit einer direkten Spannungseinstellung beschrieben
worden. Daneben wird auch noch eine *indirekte Spannungseinstellung* angewendet, die
u.a. einen besonders großen Einstellbereich ermöglicht.

4.2.5.2   Erläuterung der indirekten Spannungseinstellung

Eine indirekte Spannungseinstellung erfordert neben einem Haupttransformator einen
weiteren Umspanner, den *Zusatztransformator*, der sich durchaus mit dem Haupttransformator in einem Kessel befinden kann. Als ein Schaltungsbeispiel wird eine Drehstrombank erläutert; der prinzipielle Aufbau der einzelnen Einphasentransformatoren ist Bild

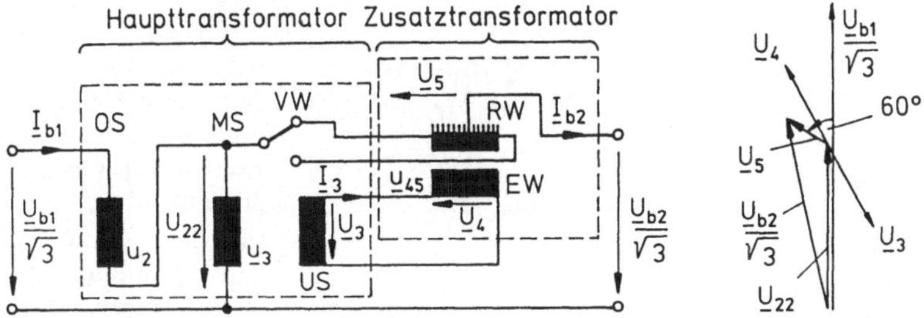

Bild 4.48

Einphasige Darstellung eines Transformatorensatzes mit indirekter Spannungseinstellung (Schrägeinstellung) und zugehöriges Zeigerdiagramm für den Leerlauffall

4.48 zu entnehmen. Besonders einfach läßt sich das grundsätzliche Betriebsverhalten dieser Bank bereits aus dem Leerlauffall erkennen, der im weiteren betrachtet und durch das Zeigerdiagramm in Bild 4.48 erfaßt wird.

Bei den Haupttransformatoren handelt es sich um eine Sparausführung mit herausgeführten Sternpunkten. Die zugehörige in Stern geschaltete Reihen- und Parallelspule sitzen beide auf einem Schenkel und stellen daher ein einphasig gekoppeltes System dar. Infolgedessen sind die zugehörigen Spannungen U_{b1} und U_{22} phasengleich und transformieren sich mit der in Abschnitt 4.2.4.2 angegebenen Übersetzung. Zusätzlich befindet sich auf demselben Schenkel eine Tertiärspule, die mit den entsprechenden Spulen der beiden anderen Einphaseneinheiten in Dreieck geschaltet ist. Allerdings ist aus Bild 4.48 diese dreiphasige Schaltung nicht zu erkennen, da dort aus Darstellungsgründen das Transformatorensystem nur einphasig wiedergegeben ist.

Die Dreieckschaltung der Tertiärwicklung ist so ausgeführt, daß die Spannung U_3 um 150° der Eingangsspannung U_{b1} nacheilt (Ya0d5); die zugehörige Übersetzung ist ebenfalls Abschnitt 4.2.4.2 zu entnehmen. Mit dieser Spannung U_3 wird nun die Erregerwicklung des dreiphasigen Zusatztransformators EW gespeist. Die Tertiär- und Erregerwicklung bilden einen zusätzlichen Kreis, den sogenannten Zwischenkreis. Aus dem zugehörigen Maschenumlauf $U_3 + U_4 = 0$ folgt, daß die Eingangsspannung des Zusatztransformators U_4 in bezug auf U_3 um 180° gedreht wird.

Auch die Erregerwicklung des Zusatztransformators ist in Dreieck geschaltet. Im Zusammenspiel mit der Ausgangswicklung, der Reihenwicklung RW, wird nochmals eine Phasennacheilung der Ausgangsspannung U_5 um 330° bewirkt. Zugleich ist die Spannung U_5 – auch als Zusatzspannung bezeichnet – variierbar, da der Zusatztransformator eine einstellbare Übersetzung aufweist. Zu diesem Zweck ist die auf dem Hochspannungspotential liegende Reihenwicklung mit Anzapfungen und Stufenschaltern ausgerüstet.

Auf diese Weise wird aus dem Zwischenkreis eine einstellbare Zusatzspannung in den Primärkreis eingekoppelt. Dort liegt sie in Reihe mit der Ausgangsspannung des Haupttransformators. Die geometrische Addition der beiden Spannungszeiger liefert dann die resultierende Ausgangsspannung U_{b2} des gesamten Transformatorsystems. Im Unterschied zu den bisher kennengelernten Transformatoren ist die Ausgangsspannung sowohl im Betrag als auch in der Phase zu variieren.

Mit dem in Bild 4.48 eingezeichneten Vorwähler VW kann die an einem Ende offene Reihenwicklung umgepolt und somit die Zusatzspannung U_5 nochmals um 180° gedreht werden. Dadurch wird der Einstellbereich der Spannung U_{b2} auch auf negative Phasenwinkel erweitert.

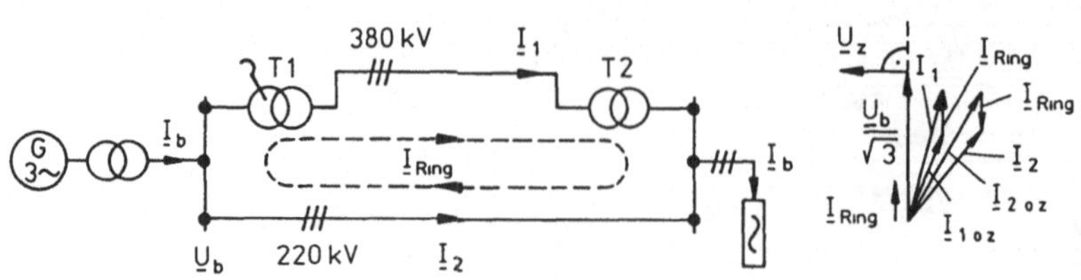

Bild 4.49
Steuerung der Leistungsaufteilung durch einen Transformator mit Quereinstellung

Index o.Z.: Ohne Zusatzspannung

Bei der beschriebenen Ausführung in Bild 4.48 ist die Zusatzspannung $\underline{U}_5$ gegenüber der Eingangsspannung $\underline{U}_{b1}$ um 60° phasenverschoben. Solche Systeme werden als *Transformatoren mit Schrägeinstellung* bezeichnet. Durch die Wahl anderer Schaltgruppen ist auch eine Phasendrehung von 90° zu erreichen. Dann ist der Begriff *Transformator mit Quereinstellung* üblich. Darüberhinaus ist auch eine Gleichphasigkeit zwischen den Spannungen $\underline{U}_{b1}$ und $\underline{U}_5$ zu erreichen. Zu diesem Zweck ist nur auf die phasendrehende Wirkung der Drehstromwicklungen zu verzichten.

In der gewohnten Weise können die einzelnen Komponenten solcher Systeme durch die Ersatzschaltbilder von Zwei- und Dreiwicklungstransformatoren beschrieben werden, die dann untereinander zu verbinden sind. Von den Klemmen des Gesamtsystems aus können über eine Tordarstellung mit Hilfe der Eingangs- und Übertragungsimpedanzen noch kompaktere Ersatzschaltbilder angegeben werden [130].

Einen wichtigen Anwendungsfall für eine Quer- bzw. Schrägeinstellung zeigt Bild 4.49. In dem Beispiel seien zwei lange Freileitungen in unterschiedlichen Spannungsebenen parallelgeschaltet. Bei langen Leitungen wird meist ein verlustminimaler Betrieb angestrebt. Dieser liegt nur dann vor, wenn die Leitungen im umgekehrten Verhältnis ihrer ohmschen Widerstände ausgelastet werden. Die Leistungsaufteilung stellt sich bei langen Leitungen jedoch nicht nach den ohmschen Widerständen, sondern nach den größeren und damit bestimmenden Induktivitäten ein. Deren Werte weichen zum einen durch unterschiedliche Leitungslängen voneinander ab, zum anderen auch dadurch, daß die Leiter unterschiedliche Abstände aufweisen, wenn die Nennspannungen unterschiedlich sind (s. Abschnitt 4.5).

Man kann auch bei diesen Gegebenheiten eine verlustminimale Auslastung erreichen, wenn ein Transformator mit Schräg- oder Quereinstellung verwendet wird. Der Zusatztransformator erzeugt eine phasenverschobene Zusatzspannung $\underline{U}_Z$, die einen Ringstrom bewirkt. Der Ringstrom überlagert sich den Leitungströmen $\underline{I}_{1o.Z.}$ und $\underline{I}_{2o.Z.}$, die *ohne Zusatzspannung* fließen würden. In dem Beispiel wird dadurch die Auslastung der 380-kV-Leitung erhöht, während sie bei der 220-kV-Leitung sinkt. Eine ähnliche Aufgabe stellt sich bei Energieversorgungsunternehmen, die über mehr als eine Kuppelleitung verbunden sind (s. Abschnitt 3.2.3). Dort werden mit derartigen Transformatoren die Austauschleistungen über die Kuppelleitungen gesteuert. Diese Ausführungen zeigen, daß eine Änderung der Übersetzung stets auch zu einer anderen Leistungsaufteilung in dem Ring führt.

4.2.5.3   Leistungsverhältnisse bei Umspannern mit einstellbaren Übersetzungen

Die über einen Transformator transportierte Wirk- und Blindleistung ist sowohl von dem Betrag der anliegenden Spannungen als auch von der eingestellten Übersetzung $\ddot{u}$ abhängig. Um die prinzipiellen Zusammenhänge zu erkennen, wird auf zwei unterschied-

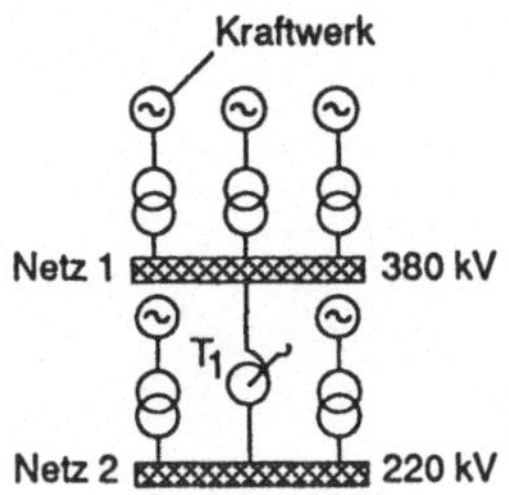

Bild 4.50
Netzkupplung über einen 380/220-kV-Transformator mit einstellbarer Übersetzung

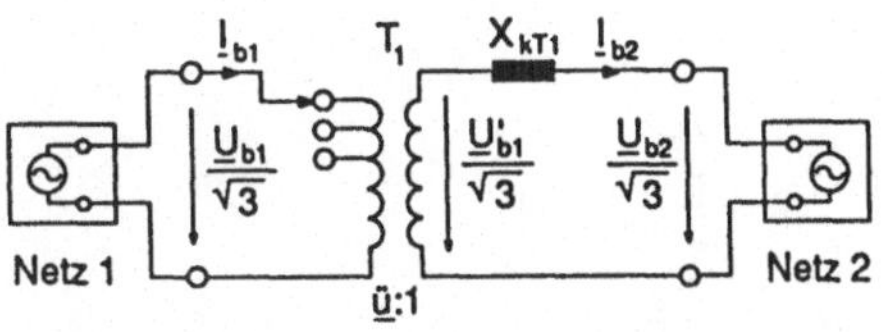

Bild 4.51
Ersatzschaltbild der Anlage in Bild 4.50
(ESB des Transformators setzt konstanten
Leitwert der Streureaktanz voraus)

liche Modelle eingegangen. Als erstes Modell wird ein verlustloser Umspanner T_1 mit Stufenschalter betrachtet, der als Kupplungstransformator zwischen *zwei starren Netzen* eingesetzt sei (Bild 4.50). Ein starres Netz ist dadurch gekennzeichnet, daß es unbegrenzt Wirk- und Blindleistung abgeben oder aufnehmen kann, ohne den Betrag der Spannung oder die Frequenz zu ändern. Diese Annahme trifft bei räumlich begrenzten Netzen mit zahlreichen Einspeisungen recht gut zu.

Durch die Voraussetzung starrer Netze ist die Betriebsspannung auf beiden Seiten des Umspanners T_1 als konstant anzusehen. Es ergibt sich dann das Ersatzschaltbild 4.51. Bekanntlich lassen sich die Wirk- und die Blindleistung, die im Drehstromnetz über den Transformator transportiert werden, aus der komplexen Sternspannung $\underline{U}_{b2}/\sqrt{3}$ und dem ebenfalls komplexen Leiterstrom $\underline{I}_{b2}$ gemäß der Beziehung

$$\underline{S} = P + jQ = 3 \cdot \frac{\underline{U}_{b2}}{\sqrt{3}} \cdot \underline{I}^*_{b2} \tag{4.63}$$

ermitteln [12]. Mit Hilfe der transformierten Spannung

$$\frac{\underline{U}'_{b1}}{\sqrt{3}} = \frac{1}{\underline{\ddot{u}}} \cdot \frac{\underline{U}_{b1}}{\sqrt{3}}$$

kann ferner der Zusammenhang

$$\underline{I}_{b2} = \frac{(\underline{U}'_{b1}/\sqrt{3}) - (\underline{U}_{b2}/\sqrt{3})}{jX_{kT1}} \tag{4.64}$$

angegeben werden. Setzt man diesen Ausdruck in die Beziehung (4.63) ein und legt die Spannung $\underline{U}_{b2}/\sqrt{3}$ in die reelle Achse (Bild 4.52), so läßt sich die Gl. (4.63) in die Gestalt

$$\underline{S} = 3 \cdot \frac{U_{b2}}{\sqrt{3}} \cdot \left(\frac{U'_{b1}(\cos\varphi_u + j\sin\varphi_u) - U_{b2}}{\sqrt{3}jX_{kT1}} \right)^*$$

überführen. Eine weitere Umformung liefert den Zusammenhang

$$\underline{S} = \underbrace{\frac{U'_{b1}U_{b2}}{X_{kT1}}\sin\varphi_u}_{P} + j\underbrace{\frac{U'_{b1}U_{b2}\cos\varphi_u - U^2_{b2}}{X_{kT1}}}_{Q}. \tag{4.65}$$

Um zu erkennen, wie die übertragene Wirk- und Blindleistung voneinander abhängen,

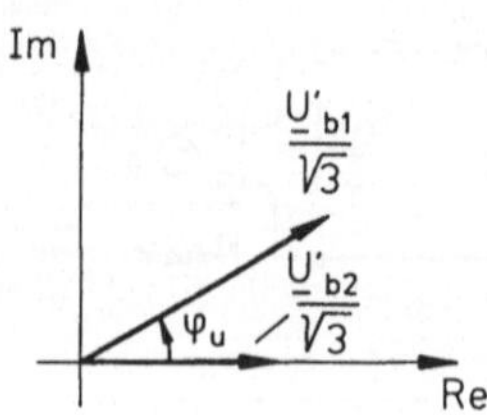

Bild 4.52

Spannungsverhältnisse am
Umspanner

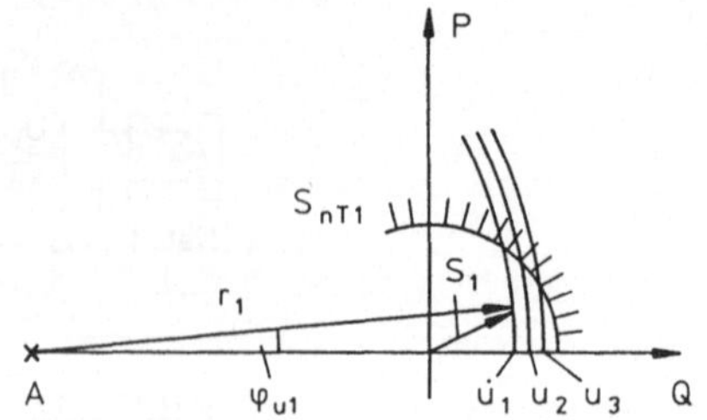

Bild 4.53

Ortskurve $P(Q)$ für verschiedene Übersetzungen

wird zunächst der Phasenwinkel φ_u eliminiert. Dazu werden die Beziehungen

$$P^2 = \left(\frac{U_{b1}' U_{b2}}{X_{kT1}}\right)^2 \sin^2 \varphi_u$$

und

$$\left(Q + \frac{U_{b2}^2}{X_{kT1}}\right)^2 = \left(\frac{U_{b1}' U_{b2}}{X_{kT1}}\right)^2 \cos^2 \varphi_u$$

mit der Aussage

$$\sin^2 \varphi_u + \cos^2 \varphi_u = 1$$

zu dem Ausdruck

$$P^2 + \left(Q + \frac{U_{b2}^2}{X_{kT1}}\right)^2 = \left(\frac{U_{b1}' U_{b2}}{X_{kT1}}\right)^2 \tag{4.66}$$

verknüpft. Die Gl. (4.66) beschreibt für die Variable P und Q einen Kreis mit dem Radius

$$r = \frac{U_{b1}' U_{b2}}{X_{kT1}} = \frac{1}{\ddot{u}} \cdot \frac{U_{b1} U_{b2}}{X_{kT1}}$$

um den Mittelpunkt

$$A = -\frac{U_{b2}^2}{X_{kT1}} \, .$$

Bild 4.53 zeigt diese Ortskurve für verschiedene Einstellungen

$$|\ddot{u}_1| > |\ddot{u}_2| > |\ddot{u}_3|$$

der Übersetzung. Wie man aus diesem Bild ersehen kann, ist bei starren Netzen der
Blindleistungsfluß nahezu konstant, wenn die Übersetzung sich nicht ändert. Der Wirkleistungsfluß paßt sich dabei den jeweiligen Last- bzw. Einspeiseverhältnissen an, die in
den Netzen vorliegen. Ein Maß für den jeweiligen Wirkleistungsfluß ist der Phasenwinkel
φ_u. Eine Variation von $|\ddot{u}|$ beeinflußt dagegen die Blindleistung Q. Bei starren Netzen
wird also über die Einstellung der *Übersetzung* im wesentlichen die *Blindleistung gesteu-*

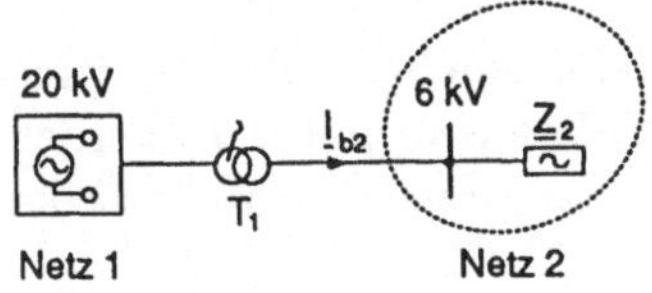

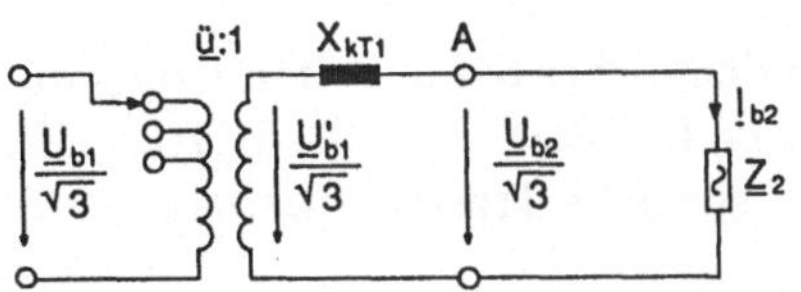

Bild 4.54

Speisung eines Mittelspannungsnetzes über einen
Umspanner mit veränderlicher Übersetzung

Bild 4.55

Ersatzschaltung der Anlage in Bild 4.54

ert. Der zulässige Bereich wird durch die Nennleistung des Transformators begrenzt:

$$S = \sqrt{P^2 + Q^2} \le S_{nT1} \, .$$

In dem *zweiten Modell* soll das Netz 2 *passiv* sein und nur über *einen* Umspanner in
direkter Schaltung aus dem starren Netz 1 versorgt werden (Bild 4.54). Eine solche Netzanlage liegt in der Praxis üblicherweise bei der Speisung von Mittelspannungsnetzen aus
einem Umspannwerk vor; die Last kann dabei in erster Näherung durch eine Impedanz
nachgebildet werden.

Das Ersatzschaltbild dieser Anordnung ist in Bild 4.55 dargestellt. Wie daraus zu ersehen
ist, kann nicht mehr von einer konstanten Spannung U_{b2} ausgegangen werden, da diese
von $\underline{U}'_{b1}$ und $\underline{Z}_2$ abhängt. Für die Leistungsverhältnisse an der Stelle A erhält man mit
Hilfe der Beziehung

$$\underline{I}_{b2} = \frac{\underline{U}_{b2}/\sqrt{3}}{\underline{Z}_2} = \frac{\underline{U}'_{b1}/\sqrt{3}}{jX_{kT1} + \underline{Z}_2}$$

und des Ausdrucks (4.63) den Zusammenhang

$$\underline{S} = 3 \cdot \frac{\underline{Z}_2 \cdot \underline{U}'_{b1}/\sqrt{3}}{jX_{kT1} + \underline{Z}_2} \cdot \left(\frac{\underline{U}'_{b1}/\sqrt{3}}{jX_{kT1} + \underline{Z}_2} \right)^* \, .$$

Mit der Abkürzung

$$Z_g = |jX_{kT1} + \underline{Z}_2|$$

resultiert daraus

$$\underline{S} = \frac{|\underline{U}'_{b1}|^2}{|jX_{kT1} + \underline{Z}_2|^2} \cdot \underline{Z}_2 = \frac{U'^2_{b1}}{Z_g^2} \underline{Z}_2 \, .$$

Für die Wirk- und Blindleistung ergeben sich damit die Zusammenhänge

$$P = \frac{U'^2_{b1}}{Z_g^2} \cdot \mathrm{Re}\{\underline{Z}_2\} \sim \frac{1}{\ddot{u}^2}, \quad Q = \frac{U'^2_{b1}}{Z_g^2} \cdot \mathrm{Im}\{\underline{Z}_2\} \sim \frac{1}{\ddot{u}^2} \, . \tag{4.67}$$

Bei einer Veränderung von $|\ddot{u}|$ besteht somit für konstante Lasten $\underline{Z}_2$ ein linearer Zusam-
menhang $P(Q)$; es ändern sich also Wirk- und Blindleistung zugleich. In der Praxis ist
diese Beziehung in der Regel nichtlinear, da die Last i. allg. von der Spannung abhängt
(s. Abschnitt 4.7).
Für die Mehrzahl der praktischen Netze treffen beide Modelle nur bedingt zu. Sie ermöglichen jedoch in vielen Fällen ohne aufwendige Rechnungen eine grobe Orientierung
darüber, wie sich die Netzleistungen bei Änderungen der Übersetzung verhalten.

Neben den bisher behandelten Umspannern gibt es noch eine Reihe von Spezialausführungen wie z.B. Gleichrichter-, HGÜ-, Ofen-, Lokomotiv- und Prüftransformatoren. Ferner werden spezielle Transformatoren – sogenannte induktive Wandler – auch für Meßzwecke eingesetzt.

4.3 Wandler

Bei Wandlern handelt es sich um Betriebsmittel, mit denen Spannungen und Ströme auf bequem zu handhabende, meist genormte Werte möglichst linear transformiert werden. An die Wandler werden u.a. Meßgeräte sowie Schutzeinrichtungen (s. Abschnitt 4.12) angeschlossen. Sie werten die transfomierten Netzgrößen meßtechnisch aus. Der Eigenverbrauch der Meßinstrumente sowie der Anschlußleitungen stellt die Last dar, die beim Wandler auch als *Bürde* bezeichnet wird. Die zugehörige Impedanz wird mit Z_B gekennzeichnet; die Leistungsaufnahme liegt meist zwischen 5 VA und 300 VA.

Abhängig davon, welche elektrische Größe übertragen wird, unterscheidet man zwischen *Strom-* und *Spannungswandlern*, deren Schaltsymbole Bild 4.56 zu entnehmen sind. Zunächst wird auf Spannungswandler eingegangen. Eine detaillierte Darstellung über Gestaltung und Ersatzschaltbilder ist [74] zu entnehmen, so daß an dieser Stelle eine orientierende Betrachtung ausreicht.

4.3.1 Spannungswandler

Im Inland werden überwiegend *induktive Wandler* eingesetzt. Grundsätzlich handelt es sich dabei um *einphasig* ausgeführte Transformatoren mit zwei oder drei Wicklungen. Induktive Wandler gewährleisten eine Potentialtrennung, die im Hinblick auf den Schutz von Menschen sehr vorteilhaft ist.

An der äußeren, der *Primärwicklung*, fällt die zu messende Stern- oder Außenleiterspannung ab. Je nach Art der anliegenden Spannung ist der Wandler mit einem oder zwei Anschlüssen bzw. Polen auszuführen, die gegen Erde isoliert sind. Dementsprechend spricht man von *ein- bzw. zweipoligen* Wandlerausführungen. Ab 30 kV werden überwiegend einpolige Wandler eingesetzt. Die Sekundärwicklung, die meist nur aus 1...3 Lagen besteht, wird so bemessen, daß einheitlich im Nennbetrieb an den Ausgangsklemmen 100 V bzw. $100/\sqrt{3}$ V auftreten. Zusätzlich wird häufig eine dritte Wicklung, die *e-n-Wicklung*, angebracht, die wie die Sekundärwicklung nur aus wenigen Lagen besteht. Bei Mittelspannungswandlern sind diese Wicklungen sowie der Kern üblicherweise in Gießharz vergossen; bei Hoch- und Höchstspannungswandlern befindet sich dieser aktive Teil in einem Gehäuse, das mit Öl oder dem Isoliergas Schwefelhexafluorid (SF_6) gefüllt wird. Jeweils eine einpolige Ausführung eines Gießharz- und eines Ölwandlers zeigt Bild 4.57. Besondere Bauformen werden für SF_6-isolierte Schaltanlagen verwendet (Bild 4.175). Auf die Gestaltung solcher SF_6-Schaltanlagen wird im Abschnitt 4.11.1.2 noch eingegangen.

Meist interessieren die Sternspannungen aller drei Leiter. Für die Messung werden drei Wandler benötigt, die zugehörige Schaltung ist in Bild 4.58 skizziert. Sofern die drei Wandler jeweils über eine e-n-Wicklung verfügen, werden diese drei Wicklungen im Drei-

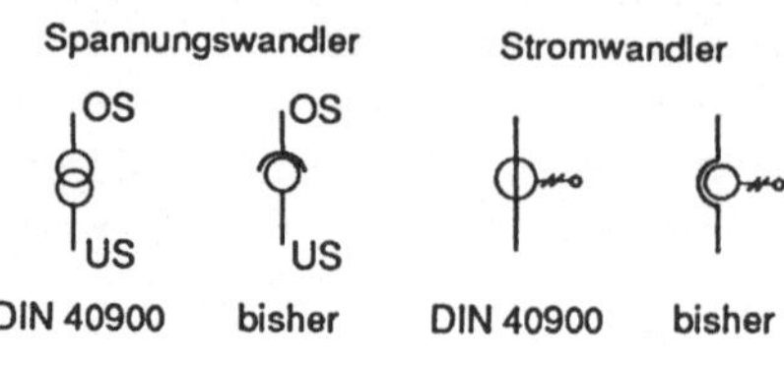

Bild 4.56
Schaltkurzzeichen von Spannungs- und Stromwandlern gemäß DIN 40900 sowie früher übliche Darstellung

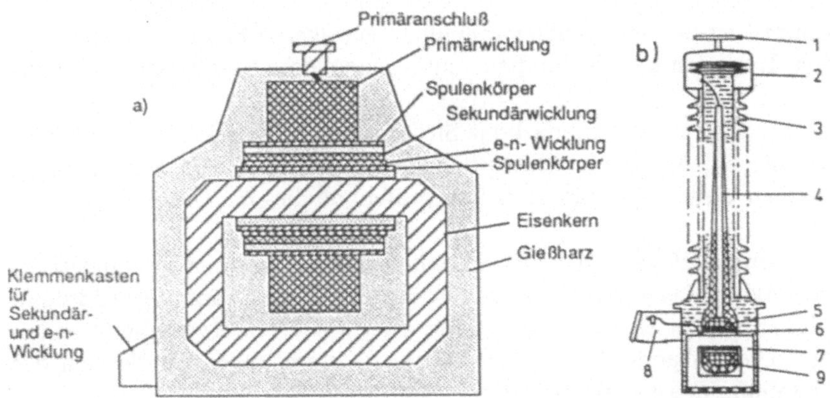

Bild 4.57
Aufbau von einpolig isolierten Spannungswandlern
a) 20-kV-Gießharzwandler (Höhe ca. 30 cm, Länge ca. 35 cm, Breite ca. 20 cm)
b) 220-kV-Ölwandler (Höhe ca. 3,5 m, Ø ca. 0,6 m)
   1: Hochspannungsanschluß; 2: Kopf; 3: Porzellanisolator;
   4: Hochspannungsdurchführung; 5: Primärwicklung; 6: Sekundär- und e-n-Wicklung;
   7: Eisenkern; 8: Klemmenkasten mit Niederspannungsanschlüssen; 9: Isolation

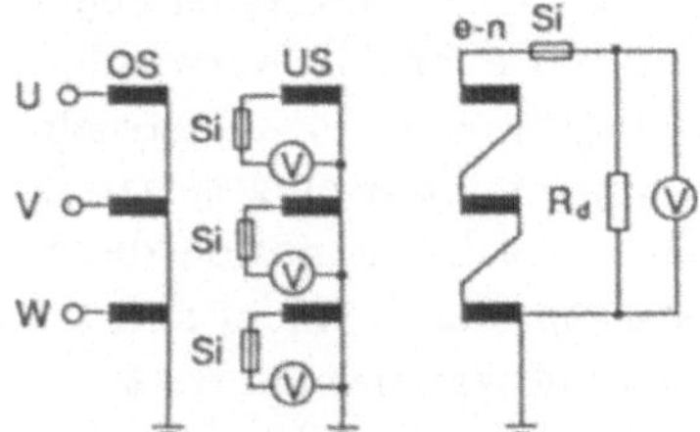

Bild 4.58
Schaltbild von drei Spannungswandlern mit
e-n-Wicklung in einem Drehstromnetz
Si: Sicherung; R_d: Dämpfungswiderstand

eck geschaltet. Durch diese Maßnahme können sowohl Überspannungseffekte abgedämpft
als auch spezielle Fehler erfaßt werden (s. Kapitel 11).

Wie aus dem Bild 4.58 hervorgeht, ist bei einer einpoligen Ausführung die primärseitige Wicklung stets zu erden. Für die Sekundärwicklung ist diese Maßnahme erst ab
Nennspannungen von 3 kV vorgeschrieben.

Die Wandler werden im Hinblick auf ihre Genauigkeit in Klassen eingeteilt. Die Klasse 0.1,
0.2, 0.5 sind für genaue Messungen, die Klasse 1 und 3 für Betriebsmessungen vorgesehen.
Mit der Klassenzugehörigkeit ist festgelegt, welche Übertragungsfehler maximal auftreten
dürfen (s. DIN VDE 0414). Die dort angegebenen Übertragungseigenschaften sind jedoch
nur dann vorhanden, wenn es sich um eine 50-Hz-Netzspannung handelt, die sich in bestimmten Grenzen bewegt. Überwiegend liegt der Bereich bei Spannungswandlern für
Meßzwecke bei $(0,8\ldots1,2)\,U_n$, bei den seltener eingesetzten Wandlern für *Schutzzwecke*
verschiebt sich dieser Bereich zu höheren Werten. Zugleich muß die Bürde Z_B so bemessen sein, daß vom Wandler eine Scheinleistung im Bereich $(0,25\ldots1)\,S_n$ aufgenommen
wird.

Neben der Spannungs- ist auch eine Frequenzabhängigkeit zu beachten. Signale, deren
Frequenzspektrum im Bereich bis $1\ldots2$ kHz liegt, werden bei Mittelspannungswandlern
meistens auch noch gut übertragen. Bei Hochspannungswandlern kann sich diese Grenze
auf einige 100 Hz erniedrigen. Bei Spannungswandlern verschiebt sich nämlich das Ei-

genfrequenzspektrum mit wachsender Nennspannung zu geringeren Frequenzen hin [80]. Erwähnt sei, daß bei Transformatoren durchaus entgegengesetzte Tendenzen auftreten können.

Bei Spannungswandlern dürfen im Sekundärkreis Sicherungen (s. Abschnitt 4.12) eingebaut werden. Sie vermeiden, daß Kurzschlüsse Schäden verursachen. Da sie jedoch zu einem weiteren ohmschen Widerstand führen, ist zu prüfen, ob dies im Einzelfall zulässig ist.

Neben den induktiven sind auch kapazitive Wandler in Betrieb. Durch einen kapazitiven Teiler wird die Spannung auf das gewünschte Maß verringert. Diese Spannung wird dann entweder einem induktiven Mittelspannungswandler oder einer weiterverarbeitetenden Elektronik zugeführt. Diese Wandlertypen sind für Betriebsmessungen im Bereich der Hoch- und Höchstspannung meist kostengünstiger herzustellen.

4.3.2 Stromwandler

Stromwandler stellen prinzipiell ebenfalls *Einphasen*transformatoren dar. Im Gegensatz zu Spannungswandlern wird der Stromwandler primärseitig in den Hauptstrompfad gelegt, also direkt von Netzströmen durchflossen. Anstelle der Netzspannung wird der Strom eingeprägt. Bild 4.59 zeigt den prinzipiellen Aufbau eines Stromwandlers: Die Primärwicklung wird durch einen Leiter gebildet, der von einem bewickelten Ringkern umgeben ist. Die technische Realisierung dieses Prinzips ist für einen 110-kV-Stromwandler ebenfalls in Bild 4.59 dargestellt. Als Isoliermittel wird wiederum Öl oder SF_6 verwendet. Weitere Bauformen, z.B. für SF_6-isolierte Schaltanlagen, sind [74] oder [14] zu entnehmen. Häufig werden Stromwandler gemeinsam mit Spannungswandlern eingesetzt. In diesen Fällen wird – insbesondere bei Platzmangel – vielfach eine Kombination dieser beiden Wandlerarten, ein *Kombiwandler*, bevorzugt. Der Stromwandler befindet sich bei dieser Bauart im Kopfteil, während der untere Teil den Spannungswandler aufweist.

Die Stromwandler sind nach DIN VDE 0414 so zu dimensionieren, daß sekundärseitig im Nennbetrieb ein Nennstrom von 1 A bzw. 5 A auftritt. Die Transformation der Netzströme in diesen Bereich erfordert auf der Sekundärseite eine relativ geringe Anzahl von Windungen. Deshalb ist auch der Einfluß der Streuinduktivitäten und Eigenkapazitäten kleiner als beim Spannungswandler. Die Übertragungseigenschaften sind daher besser. Die Linearität wird naturgemäß wiederum durch Wirbelstromeffekte sowie die Nichtli-

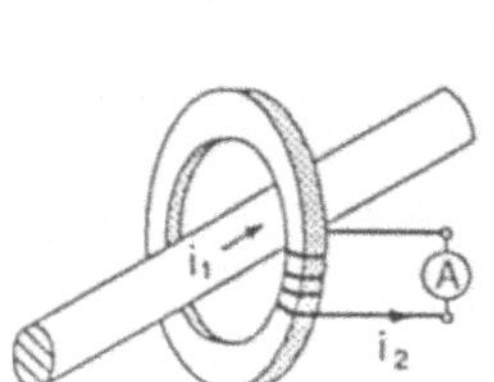

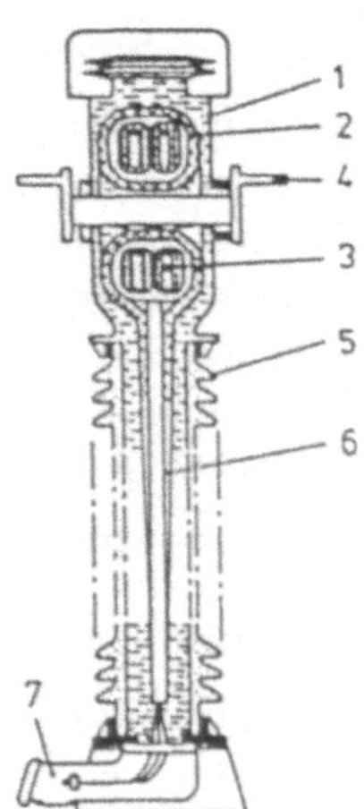

Bild 4.59
Prinzipieller Aufbau eines Stromwandlers und die technische Gestaltung für die 110-kV-Ebene
(Höhe ca. 2,2 m, Ø ca. 0,7m)
1: Kopf
2: Isolation
3: bewickelte Eisenkerne
4: Primäranschlußbolzen
5: Porzellanisolator
6: Durchführung der Meßleitungen
7: Klemmenkasten

nearität des Magnetisierungsverhaltens begrenzt.

Bei Stromwandlern ist die Bürde, z.B. Amperemeter, sehr niederohmig. Aufgrund dessen darf, wie die folgenden Überlegungen zeigen, im Unterschied zum Spannungswandler keine sekundärseitige Absicherung erfolgen: Ein Durchschmelzen der Sicherung würde zu einer offenen Sekundärklemme führen. In dem dann vorliegenden Leerlauffall würden die eingeprägten Netzströme nicht mehr durch die Streuinduktivitäten und die niederohmige Bürde, sondern durch die vergleichsweise große Hauptinduktivität fließen (Bild 4.20). Es würde dann ein großer Spannungsabfall an den Ausgangsklemmen auftreten, für den die Wandler normalerweise nicht ausgelegt sind. Weiterhin entstünde im Eisen ein starkes Feld, da sekundärseitig keine Gegenströme vorhanden sind. Überhitzung und ein eventueller Eisenbrand wären die Folge.

Die zu messenden Netzströme liegen im Nennbetrieb üblicherweise bei einigen hundert Ampere, die Kurzschlußströme können dagegen Werte bis zu ca. 80 kA annehmen. Mit einem einzigen Eisenkern läßt sich dieser große Bereich nicht erfassen, da sich die Nichtlinearitäten der Magnetisierungskennlinie bemerkbar machen. Diesen Gegebenheiten angepaßt, bestimmt man die Betriebsströme mit *Meßwandlern*, die Kurzschlußströme dagegen mit *Wandlern für Schutzzwecke*. Die unterschiedlichen Eisenkerne können auch in demselben Wandlergehäuse untergebracht sein (Bild 4.59).

Ähnlich wie bei den Spannungswandlern werden die Stromwandler für Meßzwecke (Kurzzeichen: M) in Klassen eingeteilt. Die Klassen 0.1, 0.2 und 0.5 sind für genaue Messungen, die Klassen 1, 3 und 5 für Betriebsmessungen vorgesehen. Die Bürde bzw. die entsprechende Scheinleistung muß sich dabei wieder in einem ähnlichen zulässigen Bereich bewegen. Neben der Klasse und der Nennleistung S_n ist eine weitere Größe, der *Nennüberstromfaktor*, von Bedeutung. Bei Stromwandlern für Meßzwecke gibt der Nennüberstromfaktor das Vielfache des primären Nennstromes an – z.B. den fünffachen Strom bei M5 –, von dem ab der Linearitätsbereich der Magnetisierungskennlinie merklich verlassen und anschließend der Sättigungsbereich ausgesteuert wird. Sofern der primärseitige Strom den vom Überstromfaktor angegebenen Wert übersteigt, wird der Effektivwert des Meßstromes kleiner, als es bei linearen Verhältnissen der Fall wäre. Die Meßgeräte werden auf diese Weise vor übermäßiger Erwärmung geschützt. Bei Meßwandlern sollte daher der Überstromfaktor nicht zu hoch bemessen werden.

Um diesen Sachverhalt sicherzustellen, darf der Fehler bei dem Strom, der durch den Nennüberstromfaktor gekennzeichnet ist, einen *Minimalwert* nicht unterschreiten (s. DIN VDE 0414). Der Überstromfaktor ist bürdenabhängig. Der Wert, der bei Abweichungen von der Nennbürde maßgebend ist, kann entsprechend [5], [14] berechnet werden.

Andere Verhältnisse ergeben sich bei Stromwandlern für Schutzzwecke (P, Protection). Dort kennzeichnet der Überstromfaktor einen Überstrom, bei dem der angegebene Fehler noch in jedem Fall eingehalten werden muß. Ein Wandler mit der Bezeichnung 5 P 20 darf z.B. beim zwanzigfachen Nennstrom einen Fehler von *maximal 5 %* aufweisen. Im Bereich des Nennstromes ist der zulässige Fehler kleiner. Die in diesem Bereich zulässigen Toleranzen und die Definition des Fehlers sind der DIN VDE 0414 zu entnehmen.

Aus diesen Darstellungen folgt, daß bei Stromwandlern für Schutzzwecke der Nennüberstromfaktor so gewählt werden muß, daß der maximal auftretende Kurzschlußstrom im Netz sicher erfaßt wird. Besondere Verhältnisse ergeben sich dann, wenn – wie häufiger in Wechselspannungsnetzen der Fall – die Kurzschlußströme ausgeprägte Gleichglieder enthalten, wie in Kapitel 6 noch ausgeführt wird [14].

Zur Zeit gibt es nur vereinzelt Alternativen zum induktiven Stromwandler. So werden bereits elektronische Wandler angeboten, bei denen die Potentialdifferenz zwischen Leiter und Benutzerebene (Erde) durch den Einsatz von Lichtleitern überwunden wird. Bei den im folgenden behandelten Synchrongeneratoren ist dagegen das Prinzip der induktiven Kopplung noch unangefochten.

4.4 Synchronmaschinen

Für die Generatoren werden in den heute üblichen Dreiphasensystemen fast immer Synchronmaschinen eingesetzt, deren Schaltzeichen in Bild 4.60 dargestellt sind.

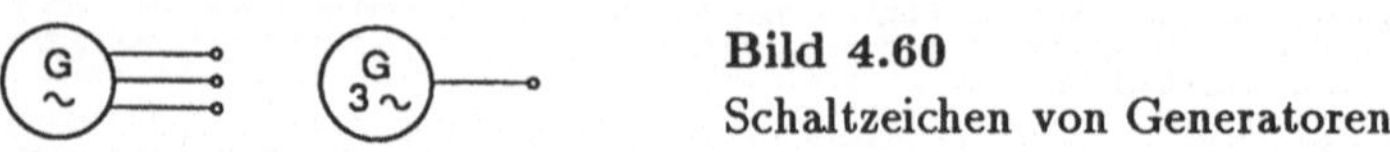

Bild 4.60

Schaltzeichen von Generatoren

Im folgenden wird auf diejenigen Eigenschaften eingegangen, die für den Netzbetrieb von besonderem Interesse sind. Bei der Herleitung der üblicherweise verwendeten Ersatzschaltungen wird die physikalische Plausibilität betont, die zugrundegelegten Voraussetzungen werden herausgestellt.

4.4.1 Grundsätzlicher Aufbau von Synchronmaschinen

Synchronmaschinen werden überwiegend von Dampfturbinen mit einer Drehzahl von 3000 min^{-1} (50 Hz) angetrieben. Der prinzipielle Aufbau dieser Generatorart ist Bild 4.61a zu entnehmen.

Ein wesentliches Kennzeichen dieser Maschinen besteht darin, daß wegen der hohen Umdrehungszahl und der dadurch bedingten großen Fliehkräfte der Läufer massiv ausgeführt wird. Aufgrund dieser konstruktiven Eigenschaft wird dieser Generatortyp auch als *Vollpolmaschine* bezeichnet. Zugleich wird für diese Maschinenart der Ausdruck *Turbogenerator* benutzt. Dieser Ausdruck betont, daß der Antrieb mit einer Dampfturbine erfolgt. In den Läufer der Vollpolmaschine sind Nuten eingefräst, in die eine Wicklung, die sogenannte *Erregerwicklung*, gelegt wird. Diese Wicklung wird mit Gleichstrom gespeist, der z.B. bei 300-MW-Blöcken bis zu 10 kA beträgt. Während die Erregerwicklung nur teilweise den Läufer bedeckt, weist der Ständer an der Innenseite ringsherum, gleichmäßig verteilt Nuten auf. Dort werden jeweils um 120° versetzt drei Wicklungsstränge eingesetzt, die in Stern geschaltet werden und dann eine Drehstromwicklung U, V, W bilden. Sie wird im folgenden auch als *Ständerwicklung* bezeichnet.

Bei Synchronmaschinen, die von den sich langsamer drehenden Wasserturbinen angetrieben werden, sieht der Läufer anders aus (Bild 4.61b). Der Läufer dieser Maschinen weist schenkelartig ausgebildete Pole auf. Diese Pole tragen dann jeweils einen mit Gleichstrom

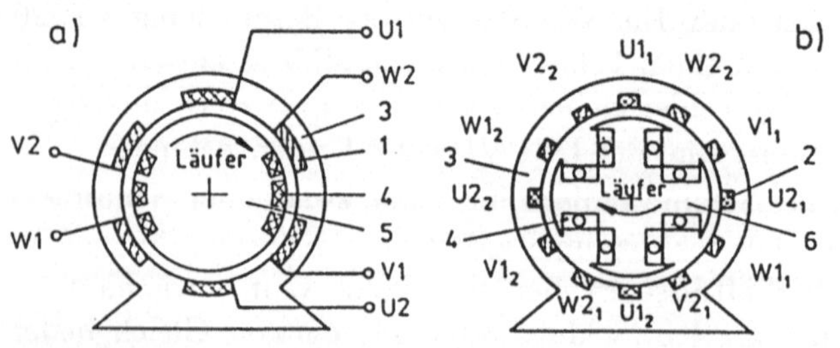

Bild 4.61

Schnitt durch eine Vollpolmaschine (a) und eine Schenkelpolmaschine (b)

gespeisten Wicklungsteil; die einzelnen Wicklungsteile werden üblicherweise in Reihe geschaltet und bilden dann die Erregerwicklung. Die Läufer werden bei dieser Konstruktion auch als Polräder bezeichnet, der gesamte Generator als *Schenkelpolmaschine.*

Die Anzahl der Polpaare wird durch die *Polpaarzahl p* gekennzeichnet, die in Bild 4.61b $p = 2$ beträgt. Bei tatsächlichen Ausführungen sind Polpaarzahlen von $p = 30$ keine Seltenheit. Durch die höhere Polpaarzahl wird bewirkt, daß die Maschine trotz der geringeren Antriebsdrehzahl mit der gewünschten 50-Hz-Frequenz ins Netz einspeist. Auf diesen Zusammenhang wird noch eingegangen.

Die Drehstromwicklung setzt sich bei Maschinen mit mehreren Polpaaren aus p Wicklungsteilen zusammen, die jeweils um den Winkel $120°/p$ versetzt am Umfang des Ständers angebracht sind. Jeder dieser Wicklungsteile besteht wiederum aus drei *Teilsträngen*, die den drei Strängen der Drehstromwicklung zugeordnet werden. So kann z.B. bei der Maschine mit $p = 2$ in Bild 4.61b der Strang U durch die Reihen- oder Parallelschaltung der beiden Teilstränge $U1_1 - U2_1$ und $U1_2 - U2_2$ gebildet werden.

Der Begriff der Polpaarzahl behält auch bei Vollpolmaschinen seinen Sinn. So weist die Maschine in Bild 4.61a die Polpaarzahl $p = 1$ auf, da sowohl die Drehstrom- als auch die Erregerwicklung nur aus einem einzigen Wicklungsteil besteht. Erwähnenswert ist, daß auch Vollpolmaschinen manchmal mehrpolig ausgeführt werden. So wird $p = 2$ gewählt, wenn der Antrieb mit Sattdampfturbinen erfolgt, die häufig nur für 1500 min^{-1} ausgelegt werden können (s. Kapitel 2).

Weitere Einzelheiten über den Aufbau von Synchronmaschinen sind bis auf den später noch erläuterten Dämpferkäfig für die folgenden Modellbetrachtungen nicht nötig.

4.4.2 Erläuterungen zum Betriebsverhalten von Synchronmaschinen

Ziel der folgenden Überlegungen ist es, ein Ersatzschaltbild für die Synchronmaschine anzugeben, welches das stationäre Systemverhalten wiedergibt. In den anschließenden Abschnitten wird dann, darauf aufbauend, das prinzipielle Betriebsverhalten der Synchronmaschine in Energieversorgungsnetzen an einigen einfachen Modellen untersucht.

4.4.2.1 Ersatzschaltbild für den stationären Betrieb

Bei der Synchronmaschine handelt es sich wie beim Transformator um ein induktiv gekoppeltes System von Wicklungen, bei dem jedoch eine Wicklung – die des Läufers – ihre Lage verändert und damit eine zeitabhängige Gegeninduktivität aufweist. Um die grundsätzlichen Eigenschaften dieses Systems kennenzulernen, werden zunächst einige Vereinfachungen angenommen.

So wird das *Eisen als linear* mit $\mu_r \gg 1$ angesehen. Weiterhin wird der *Aufbau als voll symmetrisch* vorausgesetzt. Diese Annahmen sind aus der Sicht der Energieversorgung meist berechtigt. Bei größeren Netzsystemen mit mehreren Generatoren ergeben sich bei genaueren Modellen entweder analytisch zu umfangreiche Systemgleichungen, die damit praktisch nicht mehr auswertbar werden, oder genauere Daten sind über die Generatoren gar nicht bekannt. Man ist dann auf Schätzwerte angewiesen, die zu einer ähnlichen Toleranz wie die angenommenen Vereinfachungen führen.

Im Hinblick auf eine größere Anschaulichkeit wird zunächst im weiteren ein Vollpolläufer mit $p = 1$ zugrundegelegt (Bild 4.62). Dessen gleichstromgespeiste Erregerwicklung erzeugt ein Feld, das sich über Luftspalt und Ständer schließt und im folgenden als *Erregerfeld* bezeichnet wird. In Analogie zu den bisher kennengelernten Spulenfeldern wird

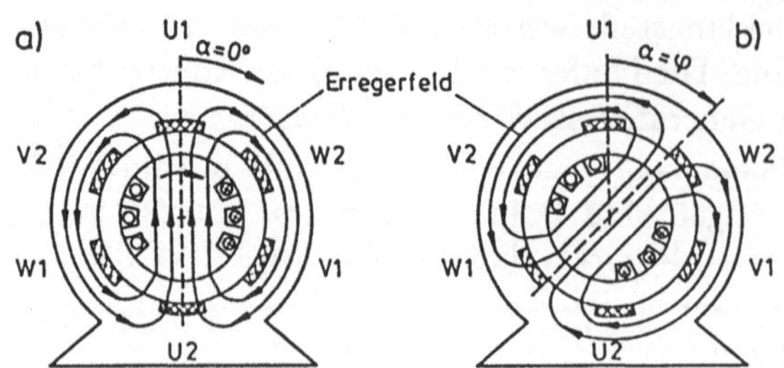

Bild 4.62
Erregerfeld im Stillstand und bei
einer Drehung um den Winkel
a) $\alpha = 0°$
b) $\alpha = \varphi$

dieses Feld vereinfachend in ein *Haupt-* und ein *Streufeld* unterteilt. In weiterer Analogie
wird der Streufluß bei allen Windungen einer Wicklung als gleich groß angesehen.
Im Luftspalt ist das Hauptfeld infolge $\mu_r \gg 1$ radial ausgerichtet. Durch die Nutung des
Ständers werden die Feldlinien im Luftspalt noch etwas verzerrt. Dies wird im weiteren
nicht berücksichtigt, da selbst genauere Theorien zunächst von einem radialen Feldverlauf
ausgehen [15]. Der Einfluß der Nutung wird anschließend durch Korrekturfaktoren erfaßt.
Das Erregerhauptfeld weist, wie aus diesen Ausführungen zu ersehen ist, *längs der Läu-
feroberfläche* eine räumliche Verteilung auf. Bei der eingezeichneten Läuferstellung in
Bild 4.62a ist bei $\alpha = 0°$ die Feldliniendichte und damit auch die Feldstärke am größten.
An der Stelle $\alpha = 180°$, also im Luftspalt über U2, liegen die gleichen Verhältnisse vor,
jedoch mit umgekehrten Vorzeichen. Bei $\alpha = 90°$ und $\alpha = 270°$ sind im Luftspalt keine
Feldlinien vorhanden. Die Feldstärke ist dort Null. Das Hauptfeld $B(\alpha)$ weist demnach
ein Maximum, ein Minimum sowie zwei Nulldurchgänge auf (Bild 4.63).
Kennzeichnend ist nun, daß bei einer Drehung des Läufers um den Winkel φ das Feld diese
räumliche Verteilung beibehält und sich insgesamt ebenfalls um den Winkel φ verlagert
(Bild 4.62b). Feldverteilungen, die diese Eigenschaft aufweisen und zugleich auf einem
Kreis wandern, werden als *Drehfelder* bezeichnet.
Bei einem Antrieb des Läufers mit einer konstanten Drehzahl ω (Drehzahlregelung) ändert sich der Fluß in den Windungen der Ständerwicklung und induziert dort eine Spannung

$$u(t) = B(\alpha(t)) \cdot l \cdot v_{Umf} \ . \qquad\qquad (4.68)$$

Mit l wird dabei die Länge des Leiters und mit v_{Umf} die Geschwindigkeit der Läuferoberfläche bezeichnet. Die einzelnen Leiter der Wicklungsstränge sind über den außerhalb
des Ständers verlaufenden Wickelkopf in Reihe geschaltet (Bild 4.64). Die Spannungen
addieren sich daher zu einem resultierenden Wert $\underline{U}_{Wickel}$.
Da die Wicklungsstränge bei der betrachteten Vollpolmaschine jeweils um 120° versetzt
angebracht sind, kann – um einen Feldpunkt herauszugreifen – die Amplitude der Feldverteilung zeitlich erst später an den Leitern des folgenden Wicklungsstranges vorbeistrei-
chen, um dort dann den entsprechenden Spannungswert zu induzieren. Die räumliche
Verschiebung der Wicklungsstränge um 120° führt daher bei den Spannungen $\underline{U}_{Wickel}$

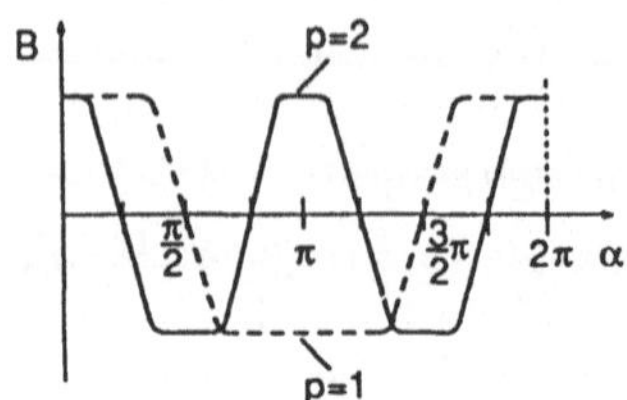

Bild 4.63
Verteilung der Induktion $B(\alpha)$ im Luftspalt für eine
Maschine mit p=1 und p=2

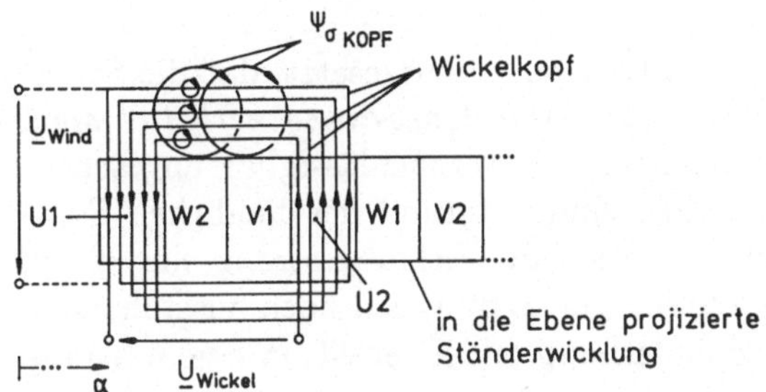

Bild 4.64
Addition der Windungsspannungen
$\underline{U}_{wind}$ zu einer resultierenden
Wicklungsspannung $\underline{U}_{wickel}$

zu einer zeitlichen Phasenverschiebung von ebenfalls 120°. Die Frequenz der Spannungen entspricht dabei der Drehzahl des Antriebs.

Durch eine Reihe von Maßnahmen, z.B. Sehnung der Wicklungen [16], kann man erreichen, daß von der trapezförmigen Feldverteilung im wesentlichen nur der sinusförmige Grundanteil zum Tragen kommt und *mindestens zu 95 % den Spannungsverlauf bestimmt*. Die in der Drehstromwicklung induzierten Spannungen können infolgedessen als sinusförmig angesehen werden und sind aufgrund der baulichen Symmetrie untereinander gleich groß. Sie wirken wie *eingeprägte Spannungsquellen* und bilden, da die Wicklungsstränge im Stern geschaltet sind, ein *symmetrisches dreiphasiges System*; die zugehörige Außenleiterspannung wird als Polradspannung U_P, die entsprechende Sterngröße als synchrone Spannung E bezeichnet. Die Amplitude von E bzw. U_P wird gemäß der Beziehung (4.68) vom Erregerfeld und damit auch vom Erregergleichstrom I_E bestimmt:

$$\hat{U}_P = \sqrt{3} \cdot \hat{E} = f(I_E) \; . \tag{4.69}$$

Über den Gleichstrom läßt sich damit die Polradspannung steuern. Dieser Zusammenhang wird später noch benötigt. Wird nun die Vollpolmaschine an den Ausgangsklemmen belastet, so führen die eingeprägten Spannungsquellen zu Ständerströmen, die ebenfalls ein symmetrisches System bilden. Jeder stromdurchflossene Strang der Ständerwicklung erzeugt wiederum ein Magnetfeld (Bild 4.65).

Jedes dieser drei Magnetfelder setzt sich ebenfalls wieder aus einem räumlich verteilten Hauptfeld und einem Streufeld zusammen. Bemerkenswert ist jedoch, daß jedes dieser drei Hauptfelder nicht wie das Erregerfeld wandert, sondern wie die Drehstromwicklung selber räumlich feststeht. Die drei Hauptfelder sind der räumlichen Anordnung entsprechend um 120° gegeneinander versetzt und überlagern sich (Bild 4.65). Es liegt damit eine *induktive Kopplung* vor.

Die bisherigen Betrachtungen haben die Feldverhältnisse geklärt, die in der Synchronmaschine auftreten. Nun ist es möglich, die Flüsse zu ermitteln, die die Ständerwicklung durchsetzen, um damit die Spannungsabfälle zu bestimmen, die durch die Ständerströme

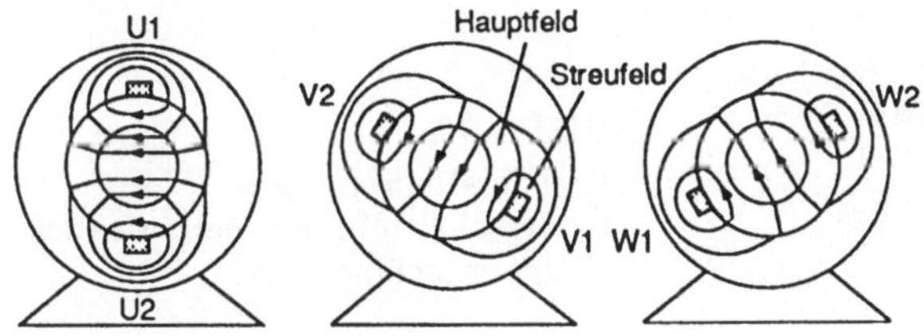

Bild 4.65
Auflösung des Ständerfeldes in die ortsfesten Haupt- und Streufelder der drei Wicklungsstränge für den Zustand $i_v = i_w = -i_u/2$

an den Wicklungssträngen hervorgerufen werden.

In Analogie zum Transformator wird wieder vereinfachend vorausgesetzt, daß die Streufelder bzw. die Streuflüsse nur *mit dem erzeugenden Wicklungsstrang verkettet sind*;
die Streufelder des Wicklungskopfes werden zunächst als vernachlässigbar angesehen.
Die betrachteten Streuflüsse der Wicklungsstränge sind aufgrund der baulichen Symmetrie untereinander gleich groß. Das bedeutet, daß jedem Wicklungsstrang eine gleich
große Streureaktanz X_σ zuzuordnen ist. Im weiteren gilt es nun, den noch ausstehenden
Flußanteil zu bestimmen, der durch die drei Ständerhauptfelder jeweils in einem Strang
erzeugt wird.

Im Hinblick darauf ist es am zweckmäßigsten, die Feldverhältnisse im Luftspalt zu betrachten. Dort verläuft jedes der drei Hauptfelder radial, so daß dort eine arithmetische
Addition der Felder erlaubt ist. Von dem an sich trapezförmigen Verlauf $B(\alpha)$ braucht
wiederum nur der sinusförmige Grundanteil betrachtet zu werden.

Die drei Hauptfelder sind räumlich um 120° gegeneinander verschoben. Außerdem sind
die Ständerströme, die zwar die Größe der Felder, nicht jedoch ihre räumliche Verteilung
bestimmen, wiederum untereinander um 120° zeitlich phasenverschoben. Eine Addition
der drei Hauptfelder führt nun auf ein interessantes Ergebnis [16]. Es entsteht nämlich
ein *Drehfeld*, das sich im Luftspalt mit der Frequenz der Ständerströme und demzufolge mit der als konstant vorausgesetzten Antriebsdrehzahl der Turbine dreht. Das durch
die Ständerströme hervorgerufene Drehfeld weist zum Läufer und damit zum zusätzlich
vorhandenen Erregerdrehfeld keine Relativgeschwindigkeit auf; es ist im allgemeinen nur
phasenverschoben. Aufgrund der weiterhin vorausgesetzten baulichen Symmetrie ergeben
sich bei jedem Wicklungsstrang – lediglich phasenverschoben – die gleichen Feldverhältnisse. Daher ist es berechtigt, bei diesem Betriebszustand jedem Wicklungsstrang die
gleiche Hauptinduktivität L_h zuzuordnen. Sie kann bei gegebenem Ständerstrom als ein
Maß für das Drehfeld, also für den resultierenden Hauptfluß, angesehen werden. Der Gesamtfluß, der durch die Ständerströme in einem Strang erzeugt wird, setzt sich aus diesem
resultierenden Hauptfluß und dem Streufluß des jeweils betrachteten Wicklungsstranges
zusammen. Dementsprechend addieren sich die zugehörige Streureaktanz X_σ und die
Hauptreaktanz X_h zu einer sogenannten *synchronen Reaktanz*, die mit X_d bezeichnet
wird:

$$X_d = X_\sigma + X_h \quad \text{bzw.} \quad L_d = L_\sigma + L_h \ .$$

Das Ersatzschaltbild nimmt bei den genannten Voraussetzungen die Form in Bild 4.66 an.
Aufgrund der Symmetrie ist eine *einphasige Darstellung* wiederum zulässig. Zusätzlich
ist noch der meist vernachlässigbare ohmsche Widerstand der Ständerwicklung berücksichtigt worden.

Die Felder des Wickelkopfes stellen ebenfalls ein Streufeld dar (Bild 4.64), dem eine
Streureaktanz $X_{\sigma Kopf}$ zugeordnet werden kann. Genauere Betrachtungen zeigen, daß die

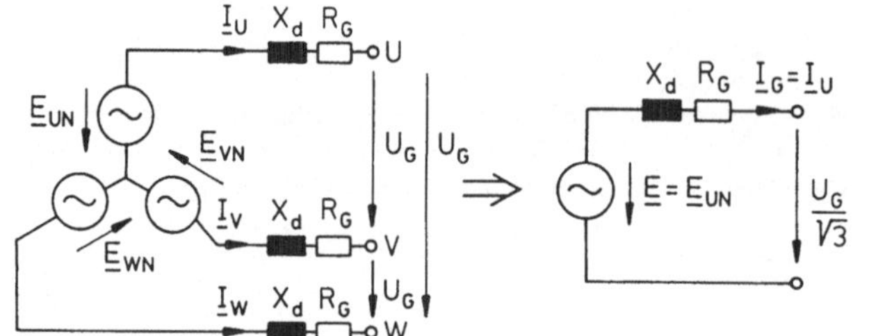

Bild 4.66
Drei- und einphasiges
Ersatzschaltbild der leerlaufenden
Vollpolmaschine

bisher kennengelernte Streureaktanz um diesen Wert zu vergrößern ist [16]. Das Verhältnis zwischen Haupt- und gesamter Streureaktanz liegt bei normalen Ausführungen im Bereich

$$\frac{X_\sigma}{X_h} = 0,07 \ldots 0,2 \ .$$

Die Reaktanz X_d wird üblicherweise auf die Nenndaten U_{nG}, I_{nG} bezogen. Die daraus resultierende dimensionslose Größe liegt bei Turbogeneratoren bei

$$x_d = \frac{X_d \cdot I_{nG}}{U_{nG}/\sqrt{3}} \approx 1,9 \quad (1,2 \ldots 3,0) \ . \tag{4.70}$$

In Analogie zum Transformator läßt sich daraus der absolute Wert der Reaktanz zu

$$X_d = \frac{x_d \cdot U_{nG}^2}{S_{nG}} \tag{4.71}$$

ermitteln. Die Nennleistung S_{nG} des Generators wird dabei durch den Ausdruck

$$S_{nG} = 3 \cdot \frac{U_{nG}}{\sqrt{3}} \cdot I_{nG} = \sqrt{3} \cdot U_{nG} \cdot I_{nG} \tag{4.72}$$

festgelegt. Um Spannungsabfälle im Netz auszugleichen, wird in der Praxis die Nennspannung des Generators um 5 % höher angesetzt als die des Netzes. So muß z.B. für die 10-kV-Ebene der Wert $U_{nG} = 10,5$ kV in der Beziehung (4.72) verwendet werden.

Wie die bisherigen Überlegungen zeigen, wird der Strom einer belasteten Synchronmaschine durch die Polradspannung U_P sowie eine Reaktanz X_d bestimmt. Die im Ständer induzierte Spannung U_P ist dabei ein Maß für das Erregerfeld des Läufers, die Induktivität L_d für das magnetische Feld des Ständers.

Bei Vollpolmaschinen mit $p = 2$ ergeben sich grundsätzlich die gleichen Verhältnisse. Das Erregerfeld weist die in Bild 4.63 dargestellte Form auf. Bei einer mechanischen Umdrehung induziert es in der Drehstromwicklung eine Spannung, die im Vergleich zu einer Ausführung mit $p = 1$ eine doppelt so hohe Frequenz aufweist. Es besteht demnach zwischen der elektrischen Frequenz ω und der mechanischen Drehzahl ω_{mech} der Zusammenhang

$$\omega = \omega_{mech} \cdot p \ . \tag{4.73}$$

Hochpolige Maschinen werden als Schenkelpolmaschinen ausgeführt. Dort treten infolge des anders geformten Läufers grundsätzlich schwierigere Verhältnisse auf. Trotzdem kann für normale Betriebsverhältnisse auch eine Ersatzschaltung der kennengelernten Struktur angegeben werden.

Die synchrone Reaktanz X_d entspricht bei Transformatoren der Längsreaktanz X_{kT}. Diese Reaktanzen sind aus den Gln. (4.71) und (4.52) zu ermitteln. Aus den gegebenen Kenngrößen x_d und u_k (s. Bedingung 4.70) ist zu ersehen, daß sich ihre Werte bei gleicher Bezugsspannung und bei gleichen Leistungsverhältnissen gut um einen Faktor 10 unterscheiden. Dieser Unterschied erklärt sich daraus, daß die Reaktanzen bzw. die zugehörigen Induktivitäten verschiedene Feldanteile kennzeichnen.

Die synchrone Reaktanz stellt eine Reihenschaltung aus der Streureaktanz des Ständers und der Hauptreaktanz dar, während sich X_{kT} nur aus Streureaktanzen zusammensetzt.

Die an sich große Hauptreaktanz ist bei Synchronmaschinen im Unterschied zu Transformatoren erheblich kleiner. Dies ist darauf zurückzuführen, daß der mit $5\ldots10$ cm recht breite Luftspalt zwischen Ständer und Läufer nur einen geringen magnetischen Leitwert zur Folge hat. Wünschenswert sind Maschinen mit möglichst kleinem magnetischen Leitwert, also möglichst kleiner Innenreaktanz X_d, da anderenfalls zwischen Leerlauf und Nennbetrieb sehr große Spannungsunterschiede in der Klemmenspannung auftreten können. So kann U_P bereits bei normalen Ausführungen im Bereich der Nennlast nahezu den dreifachen Wert von U_{nG} erreichen, während die Polradspannung im Leerlauf der Klemmenspannung entspricht. Maschinen mit kleinem X_d erfordern, wie beschrieben, einen großen Luftspalt δ. Damit ist jedoch eine Verkleinerung des Erregerfeldes verbunden, sofern der Erregerstrom nicht erhöht wird. Eine Erhöhung des Erregerstroms erfordert eine stärkere Auslegung der Erregerwicklung sowie der Gleichstromerzeugung. Dadurch steigen die Kosten für die Maschine.

Eine andere Möglichkeit, die Klemmenspannung starr zu halten, besteht darin, eine schnelle Spannungsregelung über den Erregerkreis vorzunehmen. Gegenüber der Vergrößerung des Lufspaltes bietet eine derartige Spannungsregelung meistens Kostenvorteile. Auf die Gestaltung dieses Regelkreises wird im Abschnitt 4.4.2.3 noch eingegangen. Im weiteren soll die Voraussetzung des idealen Eisens fallengelassen werden. Das resultierende Luftspaltfeld, das sich aus dem Erreger- und dem Ständerfeld zusammensetzt, steuert das Eisen stationär auf einer Hystereseschleife $B(H)$ aus (s. Abschnitt 4.1.3). Die Magnetisierungskennlinie stellt im Hinblick auf die Induktivitätsverhältnisse gewissermaßen einen Mittelwert dar und kann daher als hinreichend repräsentativ für den nichtlinearen Eiseneinfluß angesehen werden. Liegt die Klemmenspannung U_{1G} infolge eines hohen Erregerstromes über der Nennspannung U_{nG}, ist bereits ein weiter Bereich des nichtlinearen Kennlinienteils bestimmend. Die Feldlinien des Ständerfeldes werden dann ebenfalls von dem nichtlinearen Verhalten beeinflußt. Die zugehörige Reaktanz X_d ist demnach sättigungsabhängig und verringert sich mit zunehmender Kennlinienaussteuerung. Dies trifft allerdings nicht in dem Maße wie bei einem Transformator im Leerlauf zu, da der relativ große Luftspalt linearisierend auf die Kennlinie wirkt. Daher ist es noch sinnvoll, mit linearen Approximationen zu arbeiten. Die synchrone Reaktanz schwankt je nach Erregung um 5 % bis 20 % und *hängt damit vom Betriebszustand ab.* Bei größeren Netzen sind Angaben über den Betriebszustand sowie von allen Maschinen normalerweise nicht verfügbar. Daher führen auch verfeinerte Synchronmaschinenmodelle, wie bereits einleitend bemerkt, zu keiner wesentlich größeren Aussagekraft bei der Berechnung der Strom-Spannungs-Verhältnisse.

4.4.2.2 Betriebseigenschaften von Synchronmaschinen in Energieversorgungsnetzen

Mit dem im vorhergehenden Abschnitt erläuterten Ersatzschaltbild ist es nun möglich, auch das Betriebsverhalten der Synchronmaschine im Netz zu berechnen. Die wesentlichen Betriebseigenschaften lassen sich bereits an zwei einfachen Modellen darstellen:

- Speisung auf ein starres Netz,

- Speisung auf ein passives Netz.

Zunächst wird auf das erste Modell eingegangen, das im wesentlichen die Verhältnisse in den Verbundnetzen beschreibt. Das zugehörige Ersatzschaltbild zeigt Bild 4.67.

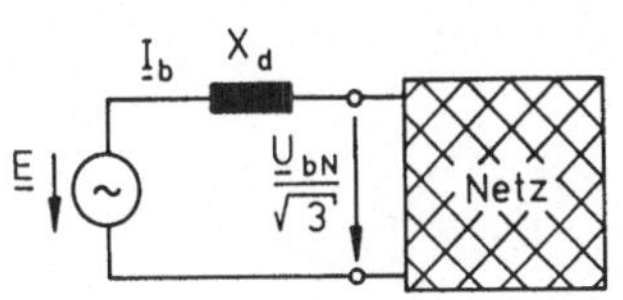 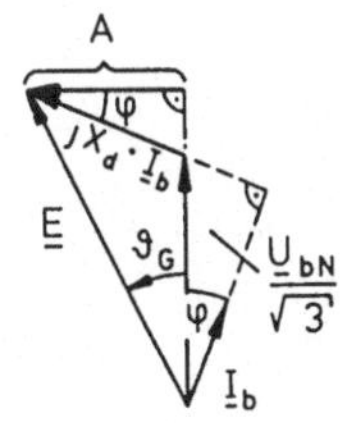

Bild 4.67
Ersatzschaltbild einer
Synchronmaschine an einem starren
Netz mit zugehörigem Zeigerdiagramm

Es entspricht dem Ersatzschaltbild, das sich im Abschnitt 4.2.5.3 für einen Transformator ergibt, der zwischen zwei Netzen mit konstanter Netzspannung liegt. Das Strom-Spannungs-Verhalten läßt sich wiederum durch ein entsprechendes Zeigerbild veranschaulichen, das im folgenden diskutiert wird.

Der *Polradwinkel* ϑ_G stellt die Phasenverschiebung zwischen Netz- und Polradspannung dar und ist entsprechend den Erläuterungen in Abschnitt 4.2.5.3 ein Maß für die Wirkleistung, die der Generator bzw. die Turbine ins Netz liefert. Dieser Winkel läßt sich jedoch entsprechend dem anders gelagerten physikalischen Hintergrund auch noch mechanisch deuten: Durch den Winkel ϑ_G wird die mechanische Verschiebung beschrieben, die sich beim Läufer in bezug auf den Leerlauf einstellt, wenn die Maschine elektrisch belastet wird. Über die dabei auftretenden dynamischen Vorgänge, die diesen Ablauf zeitlich erfassen, kann mit dieser stationären Betrachtung keine Aussage erfolgen. Anschließend, nachdem sich eine neue stationäre Lage eingestellt hat, dreht sich der Läufer wiederum mit der gleichen Drehzahl – um den Winkel ϑ_G verschoben – weiter. Die Drehzahl selbst ist unabhängig von der Belastung, sie ist wieder synchron zur Netzfrequenz. Diese Betrachtungen werden im folgenden noch etwas verfeinert.

Aus dem stationären Ersatzschaltbild bzw. dem äquivalenten Zeigerdiagramm läßt sich die ins Netz gespeiste Wirkleistung P als Funktion des Winkels ϑ_G ermitteln. Aus der Geometrie des Zeigerdiagramms folgt die Aussage

$$A = E \cdot \sin \vartheta_G = I_b \cdot X_d \cdot \cos \varphi \ .$$

Mit der Beziehung

$$P_G = \sqrt{3} \cdot U_{bN} \cdot I_b \cdot \cos \varphi \tag{4.74}$$

und dem Ausdruck (4.69) resultiert daraus der Zusammenhang

$$P_G = \frac{U_P \cdot U_{bN}}{X_d} \cdot \sin \vartheta_G = \omega M_G \ , \tag{4.75}$$

der in Bild 4.68 für das Generatormoment M_G veranschaulicht ist.

Die Turbine kann nur eine begrenzte Leistung auf den Generator übertragen, da das Gegenmoment des Generators begrenzt ist. Der Höchstwert, das sogenannte Kippmoment M_K, tritt bei $\vartheta_G = 90°$ auf. Überschreitet das Turbinenmoment M_A das Kippmoment ($M_A > M_K$) beschleunigt sich der Läufer und fällt außer Tritt. Ein stabiler Betrieb ist somit nicht mehr möglich. Demnach wird durch das Kippmoment eine Stabilitätsgrenze festgelegt. In diesem Zusammenhang sind auch die Auswirkungen von Zustandsänderungen im Netz zu diskutieren, die z.B. durch Störungen hervorgerufen werden. So kann sich durch einen Ausfall von Leitungen die Netzspannung U_{bN} absenken, so daß dann eine andere Kennlinie die stationären Verhältnisse beschreibt. Bei den Läufern der Turbine und des Generators tritt nach dieser Zustandsänderung eine pendelnde Torsionsschwingung

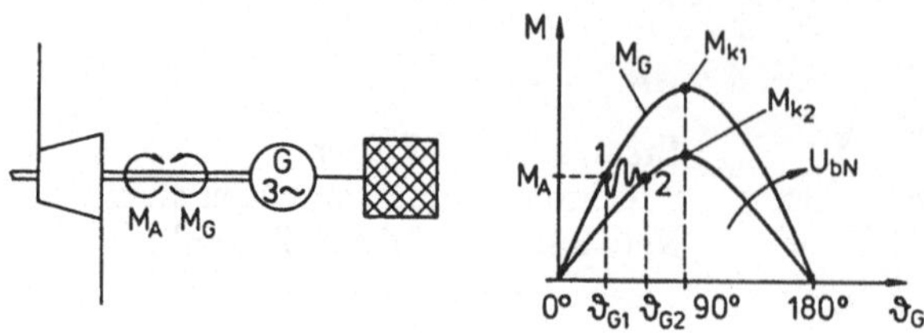

Bild 4.68

Stationäre Verläufe des Generatordrehmomentes M_G, abhängig vom Lastwinkel ϑ_G, für zwei
unterschiedliche Netzspannungen sowie des transienten Verhaltens $M_G(\vartheta_G)$ bei einer
plötzlichen Absenkung der Netzspannung um ΔU_{bN}
M_A: Antriebsmoment; M_{k1}, M_{k2}: Kippmomente

$\vartheta(t)$ auf. In Bild 4.68 ist eine abklingende Schwingung angedeutet, die sich meist als Folge kleiner Zustandsänderungen einstellt. Schwingungen dieser Art überschreiten selten
2 Hz und überlagern sich der 50-Hz-Drehbewegung. Nach größeren Zustandsänderungen
kann sich jedoch auch ein instabiler, aufklingender Pendelvorgang ausbilden [13], [17]. In
Abschnitt 7.5 werden diese Betrachtungen wieder aufgegriffen und genauer untersucht.
Im weiteren sollen die Spannungsverhältnisse beim vorliegenden Modell betrachtet werden. Normalerweise benötigen die Netze infolge der induktiven Last induktive Blindleistung. Diese wird, wie aus dem Diagramm 4.69a ersichtlich ist, nur dann geliefert, wenn
der Erregerstrom I_E so gewählt wird, daß $U_P > U_{bN}$ gilt. In diesem Fall eilt der Strom
$\underline{I}_b$, wie erforderlich, der Spannung $\underline{U}_{bN}$ nach. Zu beachten ist, daß bei dieser Darstellung
im Maschineninnern das Erzeugerzählpfeilsystem verwendet wird. In diesem Zählpfeilsy-
stem bedeutet ein nacheilender Betriebsstrom, daß induktive Blindleistung erzeugt wird,
sich die Maschine also wie eine Kapazität verhält.
Der beschriebene Betriebszustand wird aufgrund der erhöhten Polradspannung als *über-
erregt* bezeichnet. Aus dem Diagramm geht hervor, daß z.B. bei einem $\cos\varphi = 0,9$ und
Nennlast die Polradspannung größer ist als die doppelte Klemmenspannung U_{bG}. Um
Polradspannungen dieser Größe erzeugen zu können, benötigt man hohe Erregerströme,
die, wie erwähnt, bei 300-MW-Blöcken im Bereich von 10 kA liegen. Üblicherweise liegt
die Klemmenspannung im Nennbetrieb zwischen 6 kV und 30 kV. Höhere Spannungen
werden kaum gewählt, da sich anderenfalls zu große Probleme bei einer ausreichenden
Isolation der Windungen gegen das geerdete Eisen ergeben. Insbesondere bei einer plötzlichen Entlastung der Maschine können große Spannungen im Ständer auftreten.
Neben der übererregten Fahrweise (Bild 4.69a) besteht auch die Möglichkeit, den Generator *untererregt* zu betreiben. Der Erregerstrom wird dazu so gewählt, daß die Polradspan-

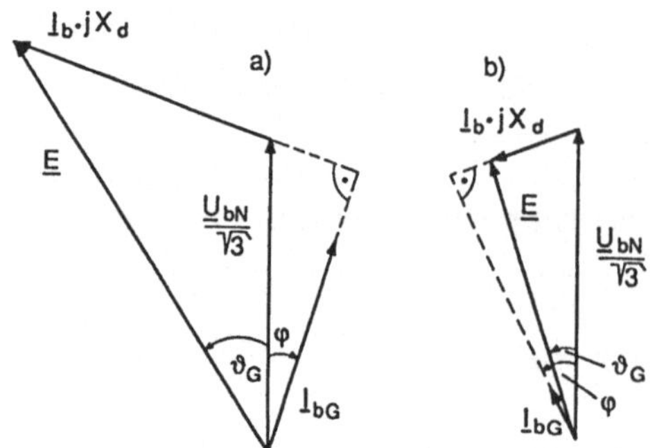

Bild 4.69

Zeigerdiagramm eines belasteten
Turbogenerators ($E = U_P/\sqrt{3}$)
a) induktive Belastung
b) kapazitive Belastung (Schwachlast)

nung einen kleineren Wert annimmt als die Klemmenspannung U_{bN} der Synchronmaschine (Bild 4.69b). In diesem Fall wird *kapazitive* Blindleistung ins Netz eingespeist, da der Strom $\underline{I}_b$ der Spannung $\underline{U}_{bN}$ vorauseilt. Die Maschine selber wirkt dann im Gegensatz zum übererregten Betrieb wie eine Induktivität.

Netze stellen relativ selten eine kapazitive Last dar. Dieser Betriebszustand liegt z.B. bei ausgedehnteren Kabelnetzen während der Schwachlastzeit vor. Der dann erforderliche untererregte Betrieb führt bei gleicher Wirkleistungseinspeisung im Vergleich zur Übererregung zu relativ großen Polradwinkeln. Dadurch wird schnell die Stabilitätsgrenze erreicht.

Die geschilderten Zusammenhänge lassen sich sehr übersichtlich in der Ortskurve $P(Q)$ darstellen. Aufgrund der Übereinstimmung mit dem bereits in Abschnitt 4.2.5.3 untersuchten Ersatzschaltbild ergeben sich naturgemäß auch Ortskurven gleicher Struktur, die durch die Kreisgleichung

$$P^2 + \left(Q + \frac{U_{bN}^2}{X_d} \right)^2 = \left(\frac{U_P \cdot U_{bN}}{X_d} \right)^2 \tag{4.76}$$

beschrieben werden. Der zulässige Betriebsbereich unterscheidet sich jedoch von dem des Transformators, da andere physikalische Verhältnisse vorliegen. Dieser Bereich wird durch die Nennleistung der Turbine, den zulässigen Polradwinkel, die zulässige Scheinleistung sowie den zulässigen Erregerstrom I_{zul_E} begrenzt (Bild 4.70). Der jeweilige *konkrete Arbeitspunkt* wird durch die Dampfzufuhr in die Turbine und den vorgegebenen Erregerstrom bestimmt.

Sofern eine Maschine so gefahren wird, daß im wesentlichen nur Blindleistung erzeugt wird, spricht man vom *Phasenschieberbetrieb*. Entsprechend den vorhergehenden Erläuterungen wirkt die Maschine im übererregten Betrieb wie ein Kondensator (s. Abschnitt 4.8). Die Blindleistung, die maximal von der Maschine bei diesem Betriebszustand geliefert werden kann, ist *um so größer, je niedriger der Leistungsfaktor für den Nennbetrieb* ausgelegt wird. Überlicherweise bewegt sich diese Größe zwischen 0,7 und 0,9.

Aus der Ortskurve ist in Anlehnung an die Überlegungen zum Transformator weiterhin zu ersehen, daß sich bei *Verbundnetzen die Blindleistungsverhältnisse in den Spannungen, die transportierten Wirkleistungen dagegen in den Phasenverschiebungen der Spannungen äußern.*

Andere Verhältnisse ergeben sich, wenn das Netz nicht als starr, sondern als rein passiv angesehen wird. Ein solcher Fall liegt z.B. dann vor, wenn nach einer Großstörung das Netz auseinandergefallen ist und die Kraftwerke im Inselbetrieb nur noch ihren Eigenbedarf versorgen (s. Abschnitt 3.2.3).

Im Ersatzschaltbild können solche passiven Netze durch eine Eingangsimpedanz $\underline{Z}_2$ dargestellt werden. Sie wird im weiteren als linear angesehen, da es sich nur um prinzipielle

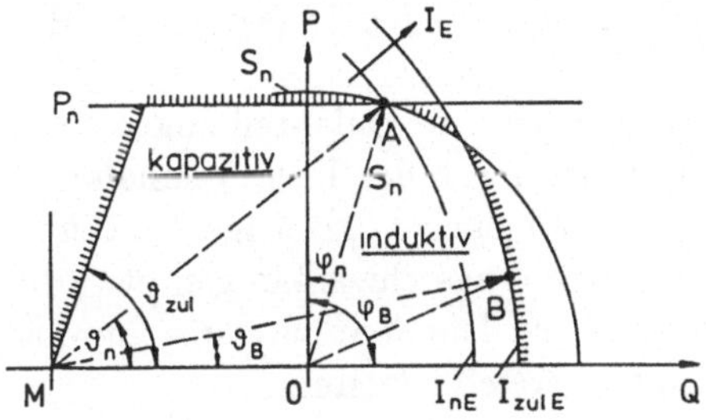

Bild 4.70
Leistungsdiagramm einer Vollpolmaschine
$\overline{MA}$ bzw. $\overline{MB} \sim U_P \cdot U_{bN}$
$\overline{0A}$ bzw. $\overline{0B} \sim S_{bG}$
$\overline{0M} \sim U_{bN}^2$

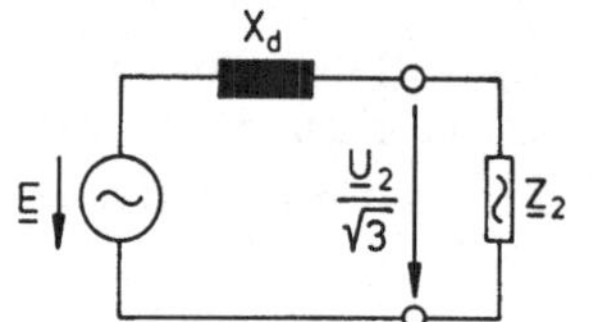

Bild 4.71
Einphasiges Ersatzschaltbild eines Generators im
Inselbetrieb

Betrachtungen handelt. Unter dieser Annahme ergibt sich die in Bild 4.71 dargestellte
Ersatzschaltung.

Diese Schaltung entspricht wiederum dem Transformatorersatzschaltbild nach Bild 4.55.
In Analogie dazu ergeben sich für die Wirk- und Blindleistung die Beziehungen

$$P = 3 \cdot \frac{E^2(\omega_{mech})}{|jX_d(\omega) + \underline{Z}_2(\omega)|^2} \cdot \mathrm{Re}\{\underline{Z}_2(\omega)\} \tag{4.77}$$

$$Q = 3 \cdot \frac{E^2(\omega_{mech})}{|jX_d(\omega) + \underline{Z}_2(\omega)|^2} \cdot \mathrm{Im}\{\underline{Z}_2(\omega)\}. \tag{4.78}$$

Aus diesen Beziehungen ist zu ersehen, daß bei diesem Modell die synchrone Spannung
$E = U_P/\sqrt{3}$ sowohl die Wirk- als auch die Blindleistung beeinflußt. Im Unterschied dazu
steuert die Größe E beim Verbundbetrieb im wesentlichen nur die Blindleistung.

In beiden beschriebenen Modellen ist die Polradspannung eine prägende Größe für das
Betriebsverhalten des Synchrongenerators. Die Höhe dieser Spannung wird durch einen
gesonderten Regelkreis, den Spannungsregler, eingestellt.

4.4.2.3 Spannungsregelung von Synchronmaschinen

Die Spannungsregelung eines Synchrongenerators hat die Aufgabe, die Klemmenspannung auf ihrem vorgegebenen Wert zu halten. Neben den bereits kennengelernten Regel-
kreisen, der Kessel-, der Primär-, der Sekundär- und der Leistungsregelung, ist der Span-
nungsregelkreis ebenfalls für eine störungsfreie Energieversorgung von großer Bedeutung.
Deshalb werden die Regelkreise jeweils den modernsten technologischen Gegebenheiten
angepaßt. Der Grundgedanke dieser Regelung wird im folgenden erläutert, tiefergehende
Feinheiten sind u.a. [3], [81] oder [82] zu entnehmen.

Zunächst wird der Istwert der Klemmenspannung über Spannungswandler auf das Niveau
des Reglers transformiert. Dann wird die Regelabweichung vom Sollwert ($U_{ist} - U_{soll}$)
bestimmt und dem Regler zugeführt. Dabei wird der Spannungssollwert häufig noch
durch eine weitere, vom Blindstrom abhängige Komponente modifiziert, die über Stromwandler aus dem Betriebsstrom abgeleitet wird [3]. Anschließend wird der Reglerausgang
über ein Leistungsteil, die Erregereinrichtung, in eine entsprechende Änderung des Erregerstroms umgesetzt. Durch die vom Blindstrom abhängige Sollwertkomponente kann
auch bei parallelgeschalteten Maschinen mit gleicher Klemmenspannung eine definierte Blindleistungsaufteilung erzielt werden, denn durch die Polradspannung U_P und die
Netzspannung U_{bN} ist die jeweils eingespeiste Blindleistung eindeutig festgelegt (Bild
4.70).

Im Hinblick auf eine genaue Ausregelung wird dem Regler ein Integralanteil zugeordnet.
Daneben soll der Regelkreis sehr schnell sein. Das bedeutet, daß der Proportionalanteil
stark ausgeprägt sein muß. Dadurch ist gewährleistet, daß auch kurzzeitige Laständerungen mit den einhergehenden Blindleistungs- bzw. Spannungsschwankungen etwa bis
zu einer Grenzfrequenz von ca. 0,4 Hertz ausgeregelt werden. Die Spannungsregelung ist
damit schneller als die Primärregelung, die im Sekundenbereich arbeitet.

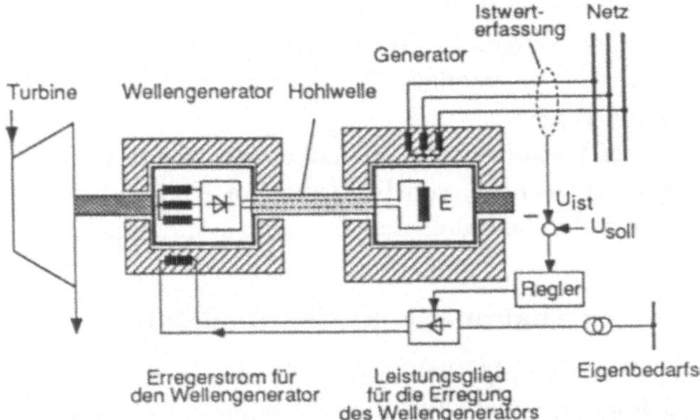

Bild 4.72
Prinzipieller Aufbau eines
bürstenlosen Erregersystems
E: Erregerwicklung des Generators

Als Maß für die dynamische Leistungsfähigkeit einer Spannungsregelung wird die *Erregungsgeschwindigkeit* verwendet. Sie gibt an, in welchem Verhältnis zu ihrem Nennwert die Erregerspannung in 0,5 Sekunden ansteigt. Hohe Werte liegen bei $2\ \mathrm{s}^{-1}$; der maximal erreichbare Wert der Erregerspannung wird als *Deckenspannung* bezeichnet. Sie liegt überwiegend um den Faktor 1,4...1,6 über der Nennerregspannung und darf während des Anstiegs des Erregerstromes nur solange anstehen, bis der maximal zulässige Erregerstrom erreicht ist (s. DIN VDE 0530, Teil 3). Im wesentlichen wird die Erregungsgeschwindigkeit durch die Gestaltung der Erregereinrichtung bestimmt. Zwei Ausführungen werden besonders häufig eingesetzt: die bürstenlose und die Stromrichtererregung.

Kernstück der bürstenlosen Einrichtung ist ein Wellengenerator, also eine Erregermaschine, die gemeinsam mit dem Generator und der Turbine auf einer Hohlwelle sitzt und von dieser angetrieben wird (Bild 4.72). Der Wellengenerator wird als hochpolige Außenpolmaschine ausgeführt. Im Unterschied zu der üblichen Innenpolbauweise ist die Erregerwicklung im Ständer und die Drehstromwicklung auf dem Läufer angebracht. Infolge dieser Anordnung kann nun die ruhende Erregerwicklung vom Regler gespeist werden und die dreiphasig ausgeführte Läuferwicklung ein Drehstromsystem liefern. Es wird anschließend durch Dioden gleichgerichtet, die ebenfalls auf der gemeinsamen Welle sitzen und sich mit ihr drehen. Innerhalb dieser hohl gestalteten Welle wird der sich ergebende Gleichstrom dann direkt der Erregerwicklung des Generators zugeführt.

Grundsätzlich schneller, allerdings auch mit höheren Kosten verbunden, ist die Einrichtung mit Stromrichtererregung gemäß Bild 4.73. Bei dieser Ausführung wird die Energie aus einer Fremdquelle, meist dem separaten Eigenbedarfsnetz, entnommen. Wiederum

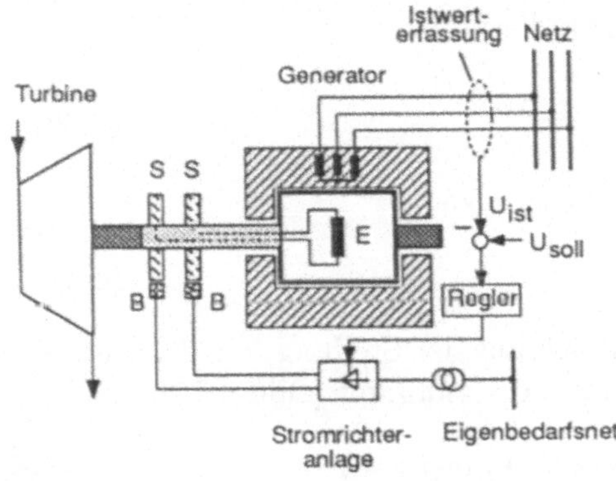

Bild 4.73
Prinzipieller Aufbau einer Stromrichtererregung
E: Erregerwicklung des Generators
S: Schleifring
B: Bürsten

wird der Drehstrom in Gleichstrom umgewandelt. Für diese Umwandlung wird eine praktisch verzögerungsfreie Stromrichteranordnung eingesetzt, deren Leistungsabgabe direkt von dem Spannungsregler gesteuert wird. Der so erzeugte Gleichstrom wird dann mit Hilfe von Schleifringen der Erregerwicklung zugeleitet.

Für die Energieverteilung ist nicht nur das Verhalten im Normalbetrieb, sondern auch im Störfall, insbesondere dem dreipoligen Kurzschluß, von Interesse. Im Kapitel 9 wird sich zeigen, daß ein Verständnis dieser Kurzschlußart auch den Zugang zu anderen Kurzschlußvarianten ermöglicht.

4.4.3   Erläuterungen zum Kurzschlußverhalten von Synchronmaschinen

Wenn bei einer Vollpolmaschine die drei Klemmen plötzlich kurzgeschlossen werden (Bild 4.74), treten für ein bis zwei Sekunden hohe Stromstärken auf, die während der ersten 50 ms sogar Augenblickswerte von dem 20-fachen Wert des Generatornennstromes annehmen können. Diese hohen Ströme belasten den Generator insbesondere an den Wickelköpfen mechanisch sehr stark. Um die Ursachen für diese großen Stromstärken verstehen zu können, wird zunächst von sehr einfachen Modellen ausgegangen, die dann schrittweise ausgebaut werden.

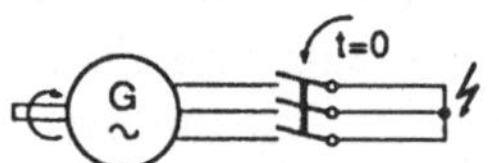

Bild 4.74
Dreipoliger Klemmenkurzschluß eines leerlaufenden
Synchrongenerators

4.4.3.1   Dreipoliger Klemmenkurzschluß bei einer verlustfreien, leerlaufenden Synchronmaschine mit Dauermagnetläufer

Besonders einfache Verhältnisse ergeben sich, wenn zunächst ein *leerlaufender, verlustfreier Generator* vorausgesetzt wird, der darüber hinaus anstelle des Vollpolläufers einen runden *Dauermagneten* aufweisen möge, der das Erregerhauptfeld Φ_E erzeugt. Die Induktionsflüsse $\Psi = w \cdot \Phi$, die jeweils die Ständerstränge durchsetzen, werden mit Ψ_U, Ψ_V, Ψ_W bezeichnet. Die jeweiligen Komponenten Φ_{EU}, Φ_{EV}, Φ_{EW} des Flusses Φ_E bestimmen bei diesem Betriebszustand allein den Augenblickswert der Ständerinduktionsflüsse Ψ_U, Ψ_V, Ψ_W. Für die Induktionsspannung z.B. im Strang U gilt daher

$$e_U(t) = \frac{d\Psi_U}{dt} = \frac{d\Psi_{EU}}{dt} \, . \tag{4.79}$$

Unmittelbar nach einem dreipoligen Kurzschluß wird die Klemmenspannung stoßartig zu Null erzwungen; die obige Bedingung nimmt dann die Form

$$\frac{d\Psi_U}{dt} = \frac{d\Psi_V}{dt} = \frac{d\Psi_W}{dt} = 0 \tag{4.80}$$

an. Die Integration dieser Beziehung führt auf die Ausdrücke

$$\Psi_U, \Psi_V, \Psi_W = \text{const} \, . \tag{4.81}$$

Der zugehörige Anfangswert des Flusses bestimmt sich aus der Stellung, die das Polrad zum Zeitpunkt des Kurzschlusses – zum Zeitpunkt $t = 0$ – annimmt (Bild 4.75):

$$\Psi_U = \Psi_{EU}(t = 0) \, , \quad \Psi_V = \Psi_{EV}(t = 0) \, , \quad \Psi_W = \Psi_{EW}(t = 0) \, .$$

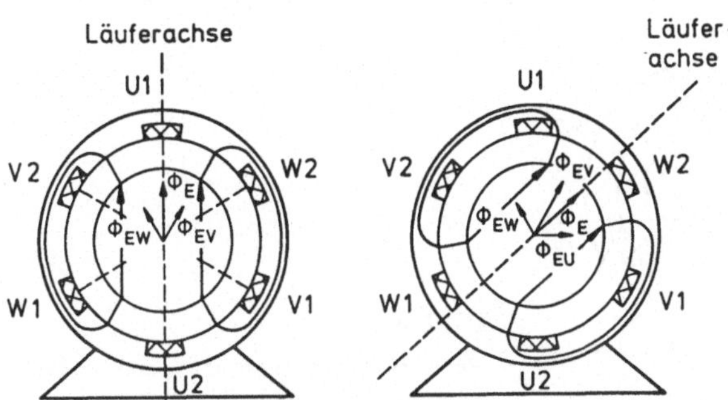

Bild 4.75
Stellung des Läufers vor und nach einem Kurzschluß

Der Erregerfluß, der im Kurzschlußaugenblick jeweils mit den Ständersträngen verknüpft ist, bleibt demnach auch nach dem Kurzschluß erhalten (Flußkonstanz).

Andererseits bewegt sich nach dem Stoßkurzschluß der Läufer weiter, das Errregerfeld verändert seine Lage (Bild 4.75). Dadurch verändert sich zwangsläufig auch der Fluß, der mit den Wicklungssträngen des Ständers verkettet ist. Die Voraussetzungen (4.81) sind nicht mehr erfüllt. Als Folge davon bilden sich in den drei − bisher stromlosen − Wicklungssträngen Ströme aus, die ihrerseits Felder bewirken, so daß diese Bedingungen eingehalten werden. Diese Ständerströme setzen sich, wie bei Einschwingvorgängen rein induktiver Kreise üblich, aus Wechsel- und Gleichströmen zusammen, deren Entstehung näher betrachtet werden soll.

Infolge der Massenträgheit kann zumindest für einige Zehntelsekunden vorausgesetzt werden, daß sich die Drehzahl nicht ändert. Also werden − wie vor dem Kurzschluß − in den Wicklungssträngen des Ständers weiterhin die Spannungen $e(t)$ induziert. Sie bewirken aufgrund des Kurzschlusses Wechselströme mit konstanten Amplituden. Solche Ströme werden als *Dauerkurzschlußströme* $\underline{I}_k$ bezeichnet. Sie lassen sich aus der kennengelernten Generatornachbildung mit $\underline{E}$ und X_d ermitteln (Bild 4.66). Die zugehörigen Felder dieser Ströme bilden wiederum ein Drehfeld.

Wenn sich diese Dauerkurzschlußströme sofort nach dem Stoßkurzschluß einstellen würden, müßte in denjenigen Wicklungssträngen, in denen zum Zeitpunkt $t = 0$ der Fluß ungleich Null ist, wegen der Proportionalität $\Phi \sim i$ sofort ein Strom fließen. In Bild 4.76 trifft diese Bedingung für $\alpha = 0°$ z.B. auf die Stränge V und W zu. Da die Drehstromwicklung vor dem Kurzschluß stromlos ist, müßte dann der Strom in diesen Strängen springen. Aus energetischen Gründen dürfen im Stromverlauf bei Induktivitäten jedoch keine Sprünge auftreten. Die Sprünge werden dadurch vermieden, daß sich in diesen Wicklungen im Kurzschlußaugenblick Gleichströme ausbilden. Sie stellen sich so ein, daß sie beim Kurzschlußeintritt den Augenblickswert des Dauerkurzschlußstroms kompensieren. Durch diese Gleichströme wird somit die Bedingung

$$i(t = 0) = 0$$

eingehalten. Jeder Gleichstrom ruft u.a. wieder ein Hauptfeld hervor, dessen Grundanteil sich im Luftspalt sinusförmig verteilt. Im Unterschied zum Wechselstrom sind die Induktionswerte zeitlich konstant. Ihre Hauptfelder überlagern sich zu einem resultierenden räumlich sinusförmigen, stillstehenden Feld.

Das von den Dauerkurzschlußströmen im Ständer gebildete rotierende Drehfeld ist dem sich gleichsinnig drehenden Erregerhauptfeld entgegengerichtet und kompensiert dieses weitgehend. So bleibt infolge der Überlagerung praktisch nur das Gleichfeld des Ständers übrig, das sich, wie bereits erläutert, aus der Bedingung der Flußkonstanz ergibt und

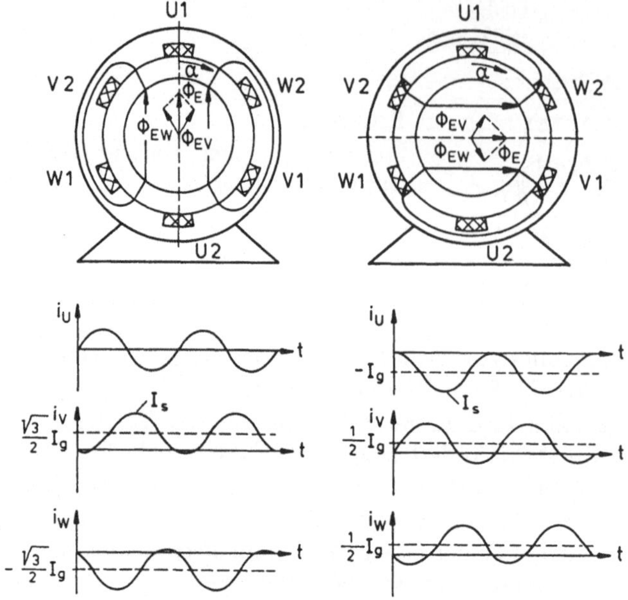

Bild 4.76
Verlauf der Kurzschlußströme bei
einer verlustlosen Synchronmaschine für eine Polradstellung
$\alpha = 0°$ und $\alpha = 90°$

diese gewährleistet.

In Bild 4.76 ist u.a. der zeitliche Verlauf der Ständerkurzschlußströme skizziert. Die Startlage des Polrades liegt in dem einen Fall bei $\alpha = 0°$; in dem Strang U bildet sich wegen
$\Psi_{EU} = 0$ kein Gleichglied aus. Der größte Augenblickswert des Kurzschlußstromes wird
als *Stoßkurzschlußstrom* I_s bezeichnet. Wenn der Kurzschluß bei der Läuferlage $\alpha = 90°$
eintritt, ist der Fluß in dem Wicklungsstrang U maximal. Das heißt, der Gleichstrom ist
dort genauso groß wie die Amplitude des Dauerkurzschlußstromes. Der Strom I_s erreicht
in diesem Strang daher den doppelten Wert dieser Amplitude. In den beiden anderen
Wicklungssträngen ergeben sich günstigere Werte. Es gilt festzuhalten, daß die jeweilige
*Höhe der Gleich- und damit der resultierenden Kurzschlußströme von der Stellung des
Polrades zum Zeitpunkt des Stoßkurzschlusses abhängig ist.* Bei Annahme einer Dämpfung – also einer verlustbehafteten Maschine – klingen die Gleichströme ab, ihr Feld
verschwindet. Es bleibt dann nur der Dauerkurzschlußstrom übrig.

4.4.3.2 Dreipoliger Klemmenkurzschluß bei einer verlustfreien, leerlaufen-
den Vollpolmaschine mit Gleichstromerregung

In dem nun betrachteten Modell wird anstelle des Magnetläufers ein Vollpolläufer entsprechend Bild 4.61 angenommen. Im Falle eines Kurzschlusses bilden sich im Ständer
wieder Gleich- und Wechselströme aus, die zu entsprechenden Magnetfeldern führen.
Im Unterschied zur Maschine mit Magnetläufer wirken diese Magnetfelder auf eine sich
gleichförmig drehende Erregerwicklung ein. Sie ist als kurzgeschlossen anzusehen, da die
anliegende Gleichspannungsquelle als ideal vorausgesetzt wird, also über keinen Innen-
widerstand verfügt.

Das Drehfeld der Ständer*wechselströme* dreht sich genauso schnell wie die Erregerspule.
Sie induzieren daher dort keine Spannung bzw. keinen Strom. Die stillstehenden Hauptfelder der Ständer*gleichströme* dagegen bewirken dort Wechselströme und zusätzlich einen
Gleichstrom, der dafür sorgt, daß die Anfangsbedingungen in der Erregerwicklung eingehalten werden. Die in dieser Spule induzierten Ströme erzeugen wiederum Magnetfelder,

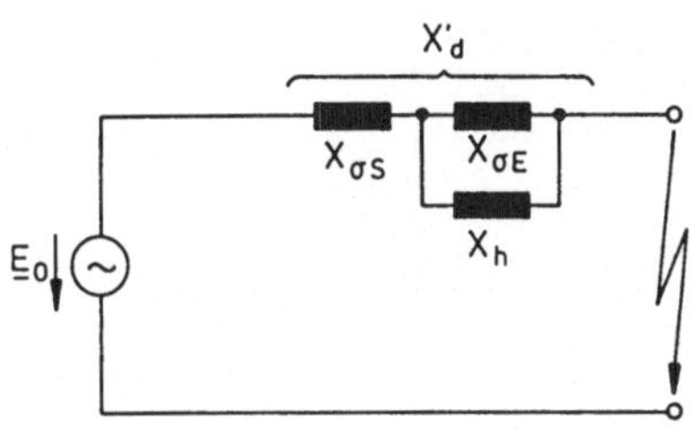

Bild 4.77

Ersatzschaltung für den Wechselstromanteil einer
leerlaufenden Synchronmaschine mit Erregerwicklung
für einen Stoßkurzschluß

$X_{\sigma S}$: Ständerstreureaktanz
$X_{\sigma E}$: Streureaktanz der Erregerwicklung
X_h: Hauptreaktanz
$\underline{E}_0$:   synchrone Spannung im Leerlauf

die auf den Ständer zurückwirken. Die Hauptfelder kompensieren sich weitgehend, so
daß die Streufelder besonders maßgebend werden. Es stellen sich damit ähnliche Verhältnisse ein wie beim Transformator mit kurzgeschlossener Sekundärwicklung. Ähnlich wie
bei den Transformatoren liegt die Hauptreaktanz parallel zur Streureaktanz des Läufers,
die ebenfalls wieder auf die Bezugsseite, auf den Ständer, umzurechnen ist. Es wirken daher überwiegend die Streureaktanzen für den Kurzschlußstrom begrenzend. Anstelle der
bisher kennengelernten synchronen Reaktanz X_d ist deshalb die sogenannte *transiente
Reaktanz* X'_d maßgebend:

$$X'_d = X_{\sigma S} + X_{\sigma E} \parallel X_h \; . \tag{4.82}$$

Die beschriebenen Zusammenhänge werden durch das Ersatzschaltbild 4.77 erfaßt; über
die zugleich auftretenden Gleichstromglieder, die durch die Anfangsbedingung, durch die
Polradstellung, festgelegt werden, kann mit diesem Ersatzschaltbild keine Aussage erfolgen. Die transiente Reaktanz wird ebenfalls als bezogene Größe angegeben und beträgt
bei Turbogeneratoren etwa

$$x'_d = \frac{X'_d \cdot I_{nG}}{U_{nG}/\sqrt{3}} \approx 0,28 \quad (0,14\dots 0,45) \; . \tag{4.83}$$

Damit ist sie etwa um den Faktor 10 kleiner als die synchrone Reaktanz. Dies äußert sich
in entsprechend größeren Kurzschlußströmen.
*Gemäß Gl. (4.82) wird die Reaktanz X'_d maßgeblich von der Wickelkopf- und der Nut-
streuung des Ständers sowie des Läufers geprägt.* Während die Wickelkopfstreuung nur im
geringen Maße zu beeinflussen ist, hängt die Nutstreuung von der gewählten Nutform ab.
Grundsätzlich gilt, daß der Streufluß einer Nut und damit die Streureaktanz um so höhere
Werte aufweisen, je tiefer die Leiter in der Nut liegen (Bild 4.78). Die Streureaktanz X'_d
wird im Gegensatz zur synchronen Reaktanz vom Luftspalt zwischen Ständer und Läufer
nur in einem geringen Maß beeinflußt.
In der Praxis ist es üblich, zusätzlich auf dem Läufer eine sogenannte *Dämpferwicklung* anzubringen, die bei Vollpolmaschinen als Käfig gestaltet wird. Sie stellt neben
der Erregerwicklung eine weitere kurzgeschlossene Läuferwicklung dar und wird häufig
entsprechend Bild 4.79 unterhalb der Nutkeile in Form von Kupferstäben aufgebracht.
Normalerweise sind bei Vollpolmaschinen die Stäbe über den gesamten Umfang verteilt,
also auch dort, wo keine Erregerwicklung vorhanden ist. An den beiden Enden sind die
Dämpferstäbe durch jeweils einen Kurzschlußring verbunden.
Eine wesentliche Aufgabe des Dämpferkäfigs besteht darin, die bereits im Abschnitt
4.4.2.2 angesprochenen *Pendelungen* des Turbinen- und des damit gekuppelten Generatorläufers abzudämpfen. Die durch die Torsionsbewegung bedingte Relativgeschwindigkeit führt dabei zu Strömen im Dämpferkäfig und damit zu ohmschen Verlusten. Auf
diese Weise wird die Schwingungsenergie in Wärme umgesetzt.

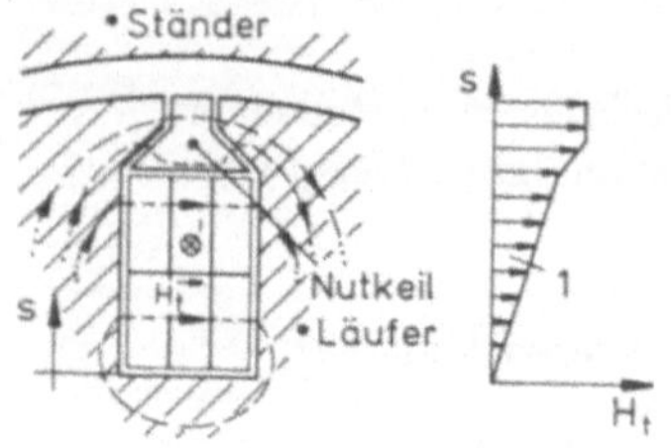

Bild 4.78
Veranschaulichung des Nutstreufeldes
1: Flächeninhalt, entspricht dem Streufluß

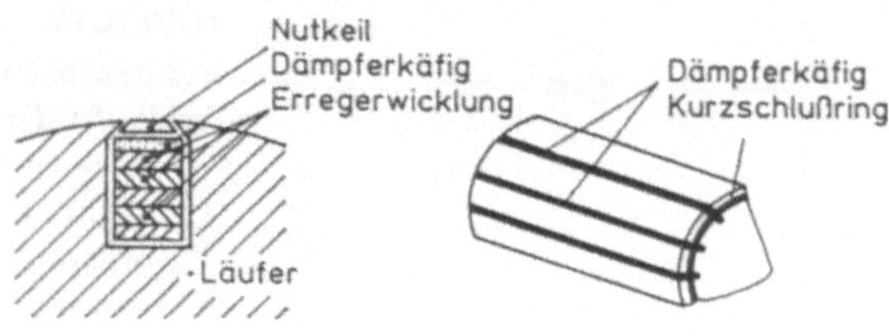

Bild 4.79
Aufbau eines Dämpferkäfigs

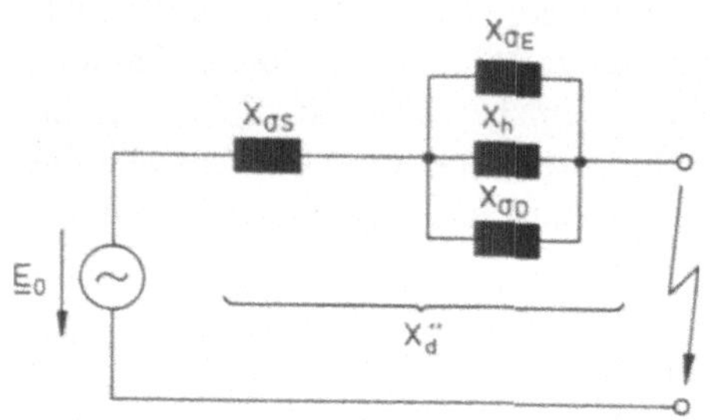

Bild 4.80
Ersatzschaltbild für den Wechselstromanteil
einer *leerlaufenden* Vollpolmaschine mit Erreger-
und Dämpferwicklung für einen Stoßkurzschluß
$X_{\sigma D}$: Streureaktanz der Dämpferwicklung

Das System aus Ständerwicklung, Erregerwicklung und Dämpferkäfig entspricht einem Dreiwicklungstransformator, bei dem zwei Wicklungen kurzgeschlossen sind. Aus dieser Überlegung heraus ist auch das Ersatzschaltbild 4.80 verständlich.

Der Dämpferkäfig liegt dicht unter der Läuferoberfläche und erzeugt entsprechend den vorhergehenden Erläuterungen ein relativ kleines Streufeld. Daher weist diese „Wicklung" eine kleinere Streureaktanz als die Erregerwicklung auf. Aufgrund des Größenunterschiedes zwischen $X_{\sigma E}$, $X_{\sigma D}$, X_h setzt sich die resultierende Reaktanz, die als *subtransiente Reaktanz X_d''* bezeichnet wird, im wesentlichen nur aus den Streureaktanzen des Ständers $X_{\sigma S}$ sowie des Dämpferkäfigs $X_{\sigma D}$ zusammen:

$$X_d'' \approx X_{\sigma S} + X_{\sigma D} \ . \tag{4.84}$$

Die bezogene Reaktanz x_d'' ist gemäß den obigen Ausführungen kleiner als die transiente Reaktanz x_d'. Bei Turbogeneratoren beträgt sie etwa

$$x_d'' = \frac{X_d'' \cdot I_{nG}}{U_{nG}/\sqrt{3}} \approx 0,19 \quad (0,09\ldots0,32) \ . \tag{4.85}$$

Der Dämpferkäfig führt damit im Kurzschluß zu noch höheren Stromstärken. Die *subtransiente Reaktanz X_d''* ist die *kleinstmögliche Reaktanz*, die die Synchronmaschine bei einem dreipoligen Kurzschluß annehmen kann. Sie ist wie die transiente Reaktanz X_d' sättigungsabhängig. Für Berechnungen ist ebenfalls der *ungünstigste*, der *gesättigte* Wert, zugrundezulegen. Mit steigender Maschinennennleistung wächst grundsätzlich bei den Turbogeneratoren die mittlere Größe von x_d'' an. Sie kann durch konstruktive Maßnahmen wie magnetische Nutkeile weiter vergrößert werden.

Für *Schenkelpolmaschinen* können ebenfalls Ersatzschaltungen gleicher Struktur angegeben werden. Aufgrund der komplizierteren Bauweise stellen sie allerdings nur eine praxisgerechte Näherung dar. Im weiteren wird der Einfluß der ohmschen Verluste und der Belastung auf das Kurzschlußverhalten einer Vollpolmaschine beschrieben [13].

4.4.3.3 Kurzschlußverhalten einer belasteten Vollpolmaschine

Im Hinblick auf spätere Betrachtungen ist es zweckmäßig, sich nicht auf den Klemmenkurzschluß zu beschränken, sondern das folgende, allgemeinere Modell zu untersuchen: Ein symmetrischer, verlustbehafteter und ungeregelter Generator speise einen aktiven Zweipol, für dessen ohmsch-induktive Innenimpedanz die Bedingung

$$R_N \ll \omega L_N \tag{4.86}$$

gilt. Die zugehörige Netzspannung $\underline{U}_{bN}/\sqrt{3}$ und die Netzreaktanz werden jeweils in zwei hintereinandergeschaltete Anteile $\underline{U}_{N1}$, $\underline{U}_{N2}$ bzw. X_N und ΔX_N aufgespalten, von denen jeweils eine Komponente schlagartig kurzgeschlossen werden möge (Bild 4.81). Vor dem Kurzschluß liege an den Klemmen die Spannung $\underline{U}_{bG}/\sqrt{3}$, der Generator sei mit dem Strom $\underline{I}_{bG}$ belastet.

Dieses Modell hat den Vorzug, daß es analytisch gelöst werden kann, allerdings sind bereits bei dieser einfachen Konfiguration einige Näherungen vorzunehmen [18], [83], [84]. Als Ergebnis resultiert ein Kurzschlußwechselstrom $i_{kw}(t)$ und ein Gleichanteil $i_{kg}(t)$. Für den Leiter R ergibt sich z.B. der Zusammenhang

$$i_{kG_R}(t) = i_{kw}(t) + i_{kg}(t) \tag{4.87}$$

mit

$$i_{kw}(t) = \sqrt{2} \cdot I_{kG}(t) \cdot \sin(\omega t + \alpha) . \tag{4.88}$$

Der Kurzschlußwechselstrom $i_{kw}(t)$ weist dabei den zeitabhängigen Effektivwert

$$
\begin{aligned}
I_{kG}(t) = & \left(\frac{|\underline{E}'' - \underline{U}_{N2}|}{X_d'' + X_N} - \frac{|\underline{E}' - \underline{U}_{N2}|}{X_d' + X_N} \right) \cdot e^{-t/T_{dN}''} \\
& + \left(\frac{|\underline{E}' - \underline{U}_{N2}|}{X_d' + X_N} - \frac{|\underline{E} - \underline{U}_{N2}|}{X_d + X_N} \right) \cdot e^{-t/T_{dN}'} + \frac{|\underline{E} - \underline{U}_{N2}|}{X_d + X_N}
\end{aligned}
\tag{4.89}
$$

auf. Die darin auftretenden Zeitkonstanten stellen funktionelle Zusammenhänge dar, die im einzelnen noch angegeben werden. Das Ziel der vorhergehenden Betrachtungen ist es vornehmlich gewesen, diese analytische Beziehung nun sinnvoll interpretieren zu können.

Wie beim Generator mit Magnetläufer treten nach dem Kurzschluß wiederum ein Wechselstrom und ein Gleichglied auf. Im Unterschied zu Lösungen linearer, ohmsch-induktiver Netzwerke weist der Kurzschlußwechselstrom bei dem jetzt betrachteten Generator jedoch eine zeitabhängige Amplitude auf, die u.a. von den erläuterten Reaktanzen X_d'', X_d', X_d geprägt wird. Zusätzlich zur synchronen Spannung $\underline{E}$ treten noch die subtransiente Anfangsspannung $\underline{E}''$ und die transiente Anfangsspannung $\underline{E}'$ auf, die mit Hilfe der Zeigerdiagramme in Bild 4.82 zu ermitteln sind. Für deren Konstruktion müssen die Klemmenspannung am Generator $\underline{U}_{bG}/\sqrt{3}$ und der eventuell fließende Generatorstrom

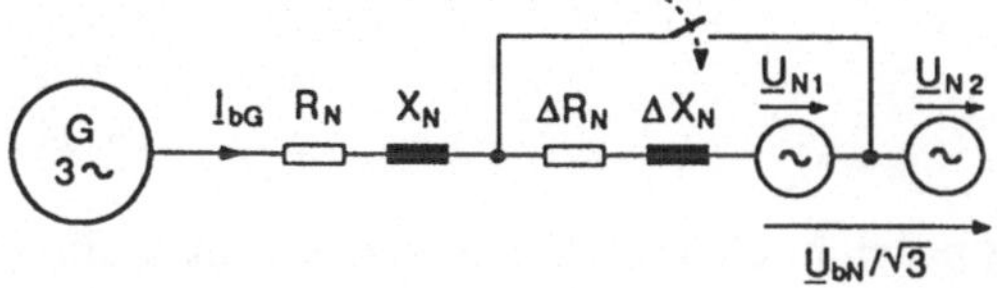

Bild 4.81
Kurzschlußmodell für einen Generator in einem Netz

$\underline{U}_{N2}$: Netzgegenspannung im Kurzschlußfall

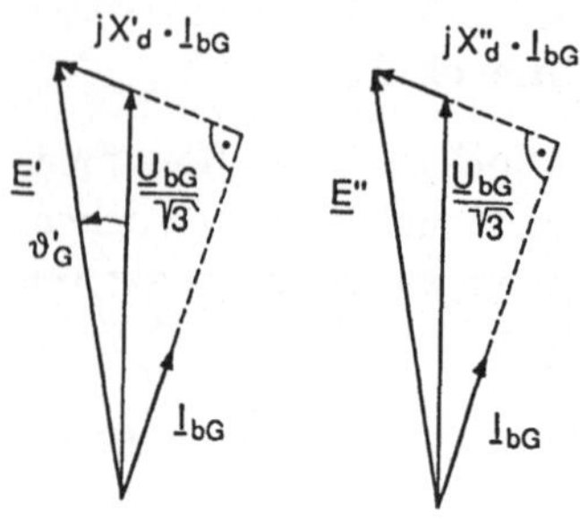

Bild 4.82
Zeigerbilder zur Ermittlung der Spannungen $\underline{E}'$ und $\underline{E}''$

$\underline{I}_{bG}$ bekannt sein. Über eine Addition des Spannungszeigers mit den jeweils internen Maschinenspannungsabfällen $jX_d''\underline{I}_{bG}$ bzw. $jX_d'\underline{I}_{bG}$ erhält man dann die gesuchten Größen $\underline{E}''$ bzw. $\underline{E}'$. Eine analytische Formulierung dieser Diagramme führt z.B. für E'' auf

$$E'' = \sqrt{\left(\frac{U_{bG}}{\sqrt{3}} + X_d'' I_{bG} \sin\varphi\right)^2 + \left(X_d'' I_{bG} \cos\varphi\right)^2} \approx \frac{U_{bG}}{\sqrt{3}} + X_d'' I_{bG} \sin\varphi \ . \quad (4.90)$$

Mit einem Leistungsfaktor $\cos\varphi = 0{,}8$, einer Belastung mit Nennstrom und einer subtransienten Reaktanz $x_d'' = 0{,}16$ erhält man den für mittelgroße Maschinen repräsentativen Wert

$$E'' = 1{,}1 \cdot U_{nN}/\sqrt{3} \ . \quad (4.91)$$

Während die Spannung E' infolge $x_d'' < x_d'$ geringfügig darüber liegt, ist abweichend davon die synchrone Spannung mit z.B. $E \approx 2{,}3 \cdot E''$ deutlich größer (Bild 4.69).
Im Unterschied zu der in den vorhergehenden Abschnitten behandelten, verlustfreien Maschine klingen bei dem verlustbehafteten Generator die sich einstellenden Felder ab. Zunächst reagiert die Maschine so wie ein Generator mit Dämpferkäfig. Da der Dämpferkäfig über einen relativ hohen Widerstand verfügt, wird dort die Feldenergie auch relativ schnell in Wärme umgesetzt. Dies zeigt sich in der kleinen Zeitkonstanten

$$T_{dG}'' \approx 0{,}03\,\mathrm{s} \quad (0{,}02\ldots 0{,}05\,\mathrm{s}) \ , \quad (4.92)$$

die sich bei einem Klemmenkurzschluß einstellt und nur von den Generatordaten geprägt wird. Die in der Rechnung zusätzlich berücksichtigte Netzreaktanz beeinflußt diesen *subtransienten* Vorgang nur geringfügig, wie aus dem analytischen Zusammenhang

$$T_{dN}'' = T_{dG}'' \cdot \frac{1 + X_N/X_d''}{1 + X_N/X_d'} \approx T_{dG}'' \quad (4.93)$$

für $X_d'' \approx X_d'$ abzulesen ist. Nach Abklingen des subtransienten Zeitbereiches verhält sich die Maschine zunehmend wie ein Generator ohne Dämpferkäfig. Der Widerstand der nun maßgebenden Erregerwicklung weist infolge der hohen Erregerströme und der damit verbundenen Verlustwärme sehr niedrige Werte auf. Daher liegt bei einem Klemmenkurzschluß die Zeitkonstante des zugehörigen Ausgleichsvorganges bei den sehr viel höheren Werten von

$$T_{dG}' \approx 1{,}3\,\mathrm{s} \quad (0{,}4\ldots 1{,}8\,\mathrm{s}) \ . \quad (4.94)$$

Dieser Zeitbereich wird als *transienter* Vorgang bezeichnet. Durch den Netzeinfluß stellen

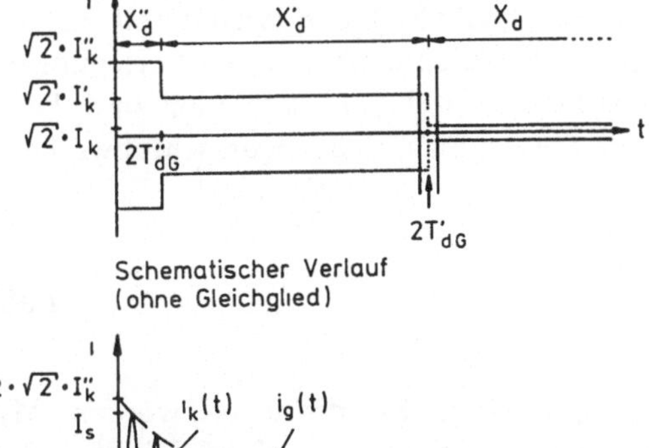

Bild 4.83
Schematischer und realer Verlauf des
Kurzschlußstroms einer verlustbehafteten
Vollpolmaschine
I_s: Stoßkurzschlußstrom

sich häufig Zeitkonstanten von $3\ldots6$ s ein. Wie die Beziehung

$$T'_{dN} = T'_{dG} \cdot \frac{1 + X_N/X'_d}{1 + X_N/X_d} \tag{4.95}$$

zeigt, ist die Ursache dafür der Größenunterschied zwischen X_d und X'_d.
In Bild 4.83 ist u.a. das prinzipielle Verhalten des Kurzschlusses noch einmal dargestellt.
Wie bereits erwähnt, sind in der bisher diskutierten Gl. (4.89) Näherungen enthalten. Sie
weisen den Vorteil auf, daß die Kurzschlußwechselstromkomponente dadurch stets höhere
Werte als die tatsächliche Lösung aufweist. Nach [84] kann die Differenz bei Vollpolmaschinen bis zu 3 % ausmachen. Diese Aussage gilt auch noch, wenn ein genaueres Modell
mit den üblicherweise vorhandenen Asymmetrien zugrundegelegt wird. Die wesentliche
Asymmetrie wird dadurch hervorgerufen, daß die Nuten der Erregerwicklung sich nur
über einen Teil des Läuferumfanges erstrecken (Bild 4.61). Darüberhinaus gelten sogar
für die noch asymmetrischer aufgebauten Schenkelpolmaschinen ähnliche Aussagen.
Neben dem bisher diskutierten Wechselstrom tritt in der Lösung ein abklingendes Gleichstromglied $i_{kg}(t)$ auf. Von diesem soll zunächst die Zeitkonstante diskutiert werden. Sie
liegt im Falle eines Kurzschlusses bei

$$T_{dG} \approx 0,35\,\text{s} \quad (0,07\ldots1\,\text{s})\,. \tag{4.96}$$

Durch das Netz wird auch diese Größe gemäß der Beziehung

$$T_{gN} = \frac{X''_d + X_N}{\omega(R_G + R_N)} \tag{4.97}$$

verändert, in der die Größe R_G den Ständerwiderstand des Generators kennzeichnet. Daraus ist abzulesen, daß sich die Gleichstromzeitkonstante *verringert*, wenn – wie häufig der
Fall – das Verhältnis X_N/R_N des Netzes kleiner ist als der nur von den Generatordaten
bestimmte Ausdruck X''_d/R_G.
Nach den vorhergehenden Betrachtungen ist der Anfangswert des Gleichstroms u.a. von
der Stellung des Polrades abhängig. Er soll gewährleisten, daß der Strom unmittelbar

nach dem Kurzschlußeintritt seinen Augenblickswert beibehält und wird somit zusätzlich auch von der Höhe der Vorbelastung beeinflußt. Entsprechend den Überlegungen,
die bereits für einen Generator mit Dauermagnetläufer durchgeführt worden sind, kann
die Gleichstromkomponente maximal so groß wie die Amplitude des Kurzschlußwechselstroms zum Zeitpunkt $t = 0$ werden:

$$i_{kg} \leq \sqrt{2} \cdot \frac{|E'' - U_{N2}|}{X_d'' + X_N} \, . \tag{4.98}$$

Bisher ist der Verlauf des Kurzschlußstromes gemäß Gl. (4.87) diskutiert worden. Mit
diesen Kenntnissen kann nun die eigentliche Aufgabenstellung dieses Kapitels behandelt
werden, Ersatzschaltbilder zur Erfassung des Kurzschlußvorganges zu erstellen.
Ausgegangen wird dabei von der Überlegung, daß die Beanspruchung von Anlagen mit
der Größe des Kurzschlußstroms $i_k(t)$ wächst. Daher ist es erforderlich, Abschätzungen
zu vermeiden, die eventuell bei gewissen Konstellationen auf zu kleine Werte führen. Eine
solche Gefahr kann nicht auftreten, wenn der abklingende Kurzschlußwechselstrom mit
seinem größten Wert, dem *Anfangskurzschlußwechselstrom* $I_k'' = I_{kG}(t = 0)$ abgeschätzt
wird. Die schaltungstechnische Interpretation der Gleichung, die sich für $t = 0$ aus der
Beziehung (4.89) ergibt, führt auf das Netzwerk in Bild 4.84a. Dieses Ersatzschaltbild
enthält zusätzlich noch einen Widerstand, der nachträglich hinzugefügt worden ist. Ein
solcher Schritt hat den Vorteil, daß mit dem resultierenden Ersatzschaltbild zugleich auch
das Abklingverhalten des Gleichstroms erfaßt wird. Bekanntlich erreicht dieser Stromanteil seine maximale Größe, wenn im Spannungsnulldurchgang, also bei einer Polradstellung von 90°, geschaltet wird (Bild 4.76).
Falls man für den hinzugefügten Widerstand den Ständerwiderstand R_G einsetzt, wird
der Gleichstromverlauf recht genau wiedergegeben [48]. Vom Ansatz her kann dieses
Ersatzschaltbild jedoch nicht das Abklingen des Kurzschlußwechselstroms erfassen. Dadurch ist es auch nicht möglich, in der geforderten Genauigkeit den größten Augenblickswert des Kurzschlußstroms, den Stoßkurzschlußstrom I_s, zu ermitteln. Um diese

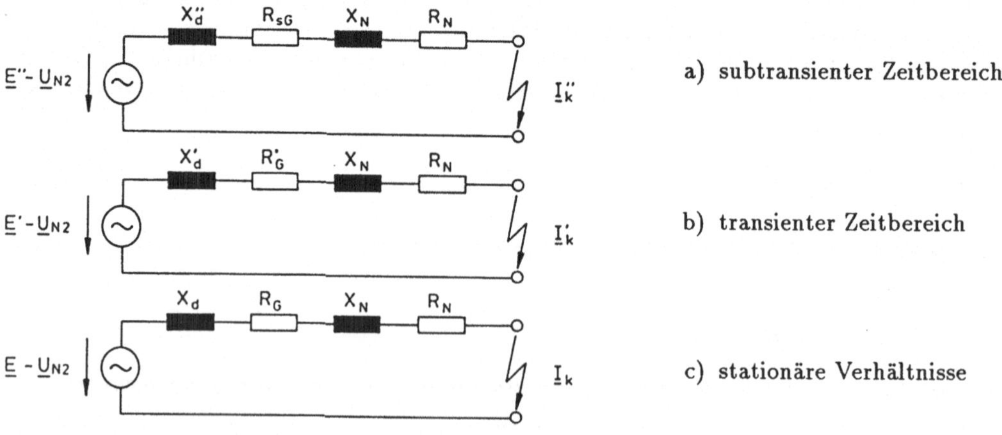

Bild 4.84
Einphasige Ersatzschaltbilder zur Ermittlung der Kurzschlußwechselströme I_{kG}'', I_{kG}', I_{kG}
unter Berücksichtigung der Eingangsimpedanz $R_N + jX_N$ und einer eventuellen Netzspannung
U_{N2} des gespeisten kurzschlußbehafteten Netzes

Schwäche auszugleichen, wird ein fiktiver Widerstand – der Stoßwiderstand R_{sG} – verwendet. Er ist mit

$$R_{sG} = (0,05\ldots 0,07) \cdot X_d'' \tag{4.99}$$

größer als der Ständerwiderstand R_G. Dadurch klingt der Gleichstrom im Netzwerk schneller ab als in Wirklichkeit. So wird indirekt das Abklingen des Wechselstroms im Bereich des Stoßkurzschlußstroms berücksichtigt.

Für den transienten Zeitbereich gilt ein analoges Netzwerk, das in Bild 4.84b dargestellt ist. Es weist wiederum einen zusätzlich eingefügten Widerstand R_G' auf, der das Abklingverhalten des Gleichstroms erfaßt. Der zugehörige Wechselstrom wird auch kurz als *transienter Kurzschlußwechselstrom* I_k' bezeichnet. Mit dem dritten Netzwerk werden die stationären Verhältnisse beschrieben, die sich einige Zeit nach dem Kurzschluß einstellen (Bild 4.84c). Für den dann auftretenden Strom wird der Ausdruck *Dauerkurzschlußstrom* I_k verwendet, der sich rechnerisch aus der Gl. (4.89) zu $I_k = I_{kG}(t \to \infty)$ ergibt. Er wird auch von dem Ständerwiderstand R_G beeinflußt. Erwähnt sei, daß der Dauerkurzschlußstrom sättigungsabhängig ist und in starkem Maße durch die Spannungsregelung geprägt wird, die bereits nach einigen Zehntelsekunden wirksam wird. Daher stellt der so ermittelte Wert nur eine grobe Abschätzung dar. Ein genaueres Verfahren ist der DIN VDE 0102 zu entnehmen. Dort wird der Dauerkurzschlußstrom mit Hilfe einer unteren und einer oberen Schranke λ_{min}, λ_{max} als Vielfaches des Generatornennstroms angegeben.

Von jedem der beschriebenen Netzwerke wird demnach im Kurzschlußstromverlauf ein bestimmter Zeitabschnitt approximiert (Bild 4.83). In dieser netzwerktechnischen Darstellung lassen sich die internen Abklingvorgänge als eine *Reaktanzerhöhung*

$$X_d'' \to X_d' \to X_d$$

und als ein Anwachsen der treibenden Generatorspannung

$$E'' \to E' \to E$$

auffassen. An dieser Stelle sei nochmals betont, daß die Netzwerke nur so lange zu hinreichend genauen Aussagen führen, wie die Bedingung (4.86) erfüllt ist. Beschränkt man sich auf kleinere Zeiträume von einigen Zehntelsekunden, sind die Ergebnisse jedoch auch noch bis zu einem Verhältnis von $R_N/(\omega L_N) \approx 0,3$ brauchbar.

Mit diesen Überlegungen ist der Gültigkeitsbereich der Ersatzschaltbilder abgesteckt. Dabei stellt sich allerdings noch die Frage, wie sich der Kurzschlußstrom verändert, wenn der Kurzschluß nicht schlagartig auftritt, sondern die Isolation über einen längeren Zeitraum Δt ihre Isolierfähigkeit verliert. Im Modell gemäß Bild 4.81 läßt sich ein derartig zeitlich gedehnter Durchschlag dadurch berücksichtigen, daß die Spannung $\underline{U}_{N2}$ des aktiven Zweipols in mehrere Teilspannungen aufgespalten wird, die dann nacheinander kurzgeschlossen werden. Für jeden Kurzschluß gilt die Gl. (4.89). Die jeweiligen Lösungen sind zeitlich versetzt zu überlagern. Je stärker die einzelnen, kleineren Kurzschlüsse auseinandergezogen sind, desto mehr wird der Kurzschlußstrom durch die Reaktanzen X_d' und X_d anstelle von X_d'' geprägt. Diese Überlegungen zeigen bereits, daß durch die Annahme einer plötzlichen Zustandsänderung der Kurzschlußstrom nach oben abgeschätzt wird.

Die Auswirkungen von Kurzschlüssen in Netzen, auch *Netzkurzschlüsse* genannt, lassen sich in umfassenderen Netzen nur dann berechnen, wenn die Ersatzschaltbilder der weiteren Betriebsmittel bekannt sind. Zunächst werden die Freileitungen betrachtet.

4.5 Freileitungen

Bei Freileitungen handelt es sich um Betriebsmittel, die zum Transport und zur Verteilung elektrischer Energie dienen. Zunächst wird der Aufbau von Freileitungen skizziert und davon ausgehend dann das Betriebsverhalten beschrieben.

4.5.1 Aufbau von Freileitungen

Der prinzipielle Aufbau von Freileitungen ist Bild 4.85 zu entnehmen. Die wesentlichen Elemente einer Freileitung stellen die Masten und Leiterseile dar. Die drei Leiter L1, L2, L3 werden insgesamt als ein *Leitersystem* bezeichnet.

Bei den üblichen Feldlängen einer Freileitung führt das Eigengewicht der Leiterseile zu einem merklichen Durchhang, der sich analytisch durch eine Kettenlinie beschreiben läßt und in erster Näherung parabelförmig verläuft. Infolge dieses Durchhanges treten vertikale und horizontale Kraftkomponenten auf (Bild 4.86), die von zwei unterschiedlichen Mastarten, den *Trag- und Abspannmasten*, aufgenommen werden.

Bei dem Tragmast sind die Leiterseile über Tragklemmen und senkrecht angebrachte Isolatoren an der *Masttraverse* aufgehängt. Der Aufbau einer Tragklemme ist in Bild 4.87 dargestellt. Diese Mastart kann bei der üblichen senkrechten Stellung der Isolatoren keine, bei einer leichten Schräglage nur teilweise horizontal wirkende Kräfte auffangen. Die Abspannmasten, die eine andere Aufhängung aufweisen, können dagegen neben einer vertikalen auch die erforderliche horizontale Kraftkomponente aufnehmen. Aus Bild 4.85 ist der prinzipielle Aufbau dieser Aufhängung zu ersehen, die aus Keilabspannklemmen und waagerecht angeordneten Isolatoren besteht.

Die in Bild 4.88 herausgezeichneten Keilabspannklemmen gestatten zugleich, die Leiterseile in Form einer *Schlaufe* unter den Traversen weiterzuleiten. Üblicherweise ist jeder vierte bis fünfte Mast einer Freileitung in dieser Weise ausgeführt. Solche Masten werden zugleich als Start- und Endpunkte der Leiterseile verwendet, da diese sich nur in endlicher Länge herstellen lassen.

Es gibt noch einige weitere Mastarten, z.B. den Winkelabspann- und den Verteilungsmast. Mit dem Winkelabspannmast lassen sich Knicke im Freileitungsverlauf verwirklichen, während der Verteilungsmast die Aufteilung mehrerer gemeinsam geführter Lei-

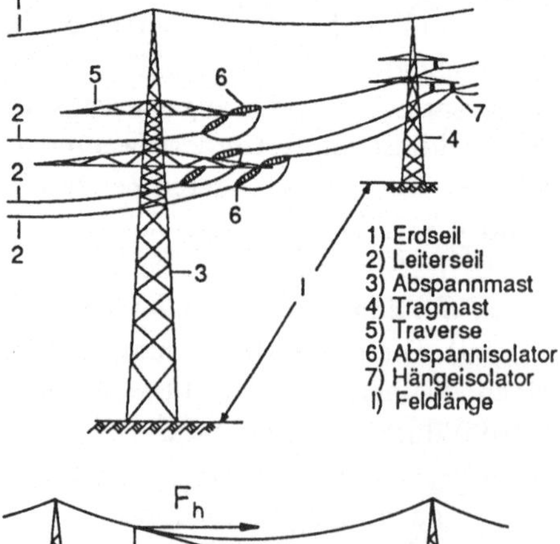

Bild 4.85
Freileitung mit einseitiger Belegung
(Donaumast)

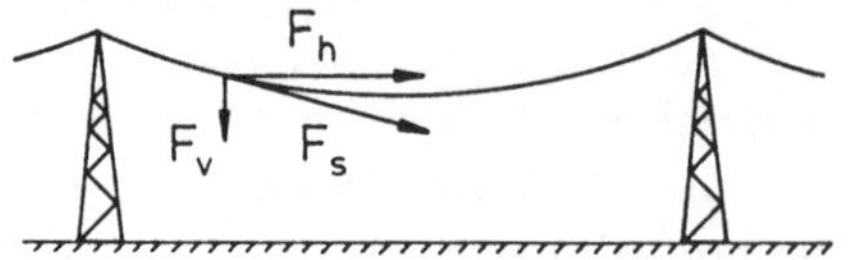

Bild 4.86
Seilkräfte

F_h: horizontale Kraft; F_v: vertikale Kraft;
F_s: resultierende Kraft

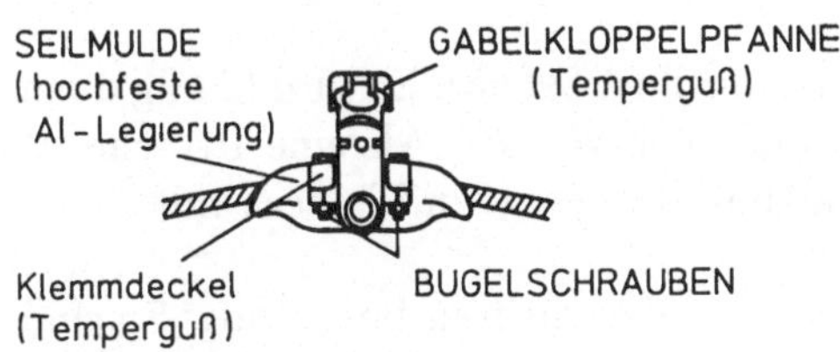

Bild 4.87

Mulden-Tragklemme

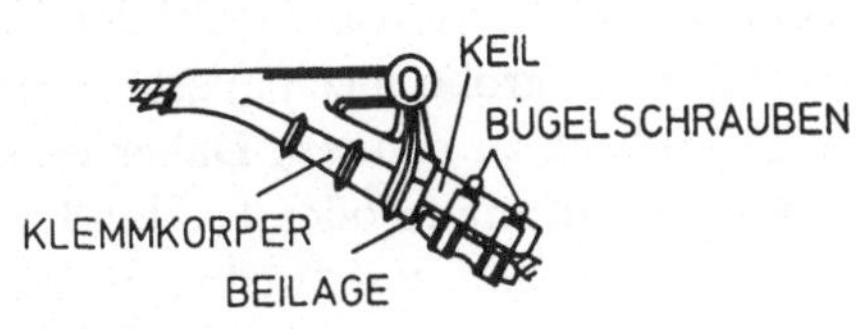

Bild 4.88

Keilabspannklemme

tersysteme auf zwei verschiedene Trassen ermöglicht. Genauere Ausführungen dazu sind [20] zu entnehmen.

Die bisher vorgenommene Einteilung der Masten richtet sich nach der Funktion innerhalb der Trasse, für die im wesentlichen die Art der Aufhängung maßgebend ist. Die konstruktive Ausführung der Masten wird primär von dem gewählten Mastbild bestimmt, das sich innerhalb einer Trasse ändern kann. Wichtige Mastbilder sind in Bild 4.89 skizziert.

Sie verursachen unterschiedliche Kosten. Zugleich prägen die Mastbilder über die Abstände der Leiterseile sehr wesentlich das Übertragungsverhalten der Leitungen. Besonders günstig ist im Hinblick auf diese beiden Kriterien der *Einebenenmast*, der daher früher überwiegend verwendet worden ist. Diese Konstruktion hat jedoch eine breite Traverse und benötigt daher eine breite Trasse. Aus diesem Grunde hat sich heute in Deutschland das *Donaumastbild* durchgesetzt, das eine hohe, schmale Bauform aufweist und im Hinblick auf den zunehmenden Trassenmangel vorteilhafterweise auch mit mehr als zwei Drehstromsystemen gebaut werden kann (Bild 4.89e). Lediglich wenn eine niedrige Bauform erforderlich ist, wie z.B. in Flughafennähe, wird noch der Einebenenmast verwendet.

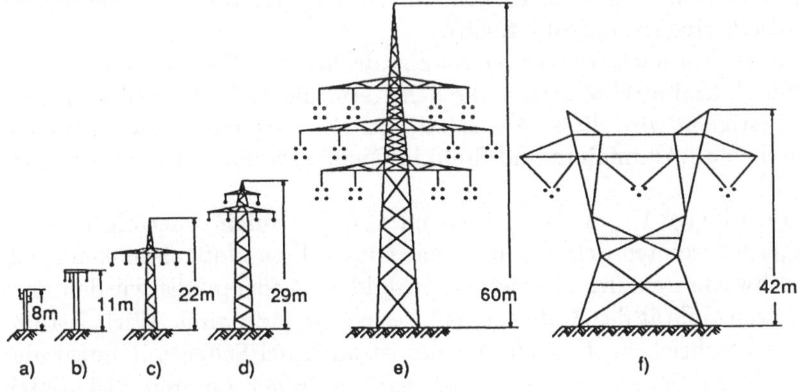

Bild 4.89

Mastbilder (Auswahl)

a) Niederspannungsholzmast

b) Betonmast, 20 kV (teilweise bis 110 kV)

c) Einebenenmast mit zwei Systemen, 110...380 kV

d) Donaumast mit zwei Systemen, 110...380 kV

e) Donaumast mit vier Systemen, 110...380 kV

f) Sondermastbild für höchste mechanische Beanspruchung, 110...1500 kV

Eine sehr stabile Ausführung stellt der 735-kV-Mast in Bild 4.89f dar. Er wird häufig dann eingesetzt, wenn große mechanische Fremdlasten auftreten können. Als eine Ursache ist starke Eisbildung zu nennen. Daher ist dieses Mastbild bevorzugt in Ländern mit kalter Witterung, wie Kanada oder Rußland anzutreffen.

Bei der Konstruktion von Masten finden eine Reihe von Vorschriften Beachtung. So sind aus isolationstechnischen Gründen Mindestabstände für die Leiterseile untereinander und zum Mast sowie zur Erde vorgeschrieben. Die Abstände sind den entsprechenden DIN-VDE-Bestimmungen, u.a. 0210 und 0211, zu entnehmen. Mit steigender Nennspannung vergrößern sich naturgemäß die Abstände, so daß größere Nennspannungen auch größere Mastabmessungen zur Folge haben. Veranschaulichen läßt sich dieser Zusammenhang z.B. am Abstand der Leiterseile. Für Nennspannungen im Bereich von 60...380 kV wächst der Abstand von ca. 2,60 m auf 6,80 m an. Für die mechanische Auslegung der Masten sind ebenfalls eine Reihe von Gesichtspunkten zu beachten. Z.B. sind neben dem Eigengewicht der Seile Fremdlasten wie Eis und Wind zu berücksichtigen.

Im weiteren soll auf zwei wichtige Ausführungen von Leiterseilen eingegangen werden. Bei kleineren Längen wie z.B. bei Sammelschienen und Verbindungsleitungen in Schaltanlagen werden häufig einfache Leiterseile verwendet, die sich aus mehreren Einzeldrähten zusammensetzen (Bilder 4.90a und 4.91). Um Wirbelstromeffekte zu begrenzen, sind die Einzeldrähte durch eine Oxidschicht gegeneinander isoliert und werden verdrillt (Seilschlag). Als *Leitermaterial* verwendet man vorwiegend *Aluminium* bzw. *Aluminiumlegierungen*. Die mechanische Belastung der Seile führt nicht nur zu einer Beanspruchung der Masten, sondern auch der Seile selbst, insbesondere in der Nähe der Mastaufhängung. Da die mechanische Beanspruchung gewisse Grenzwerte nicht überschreiten darf, bei Aluminium z.B. 70 N/mm^2, müssen bestimmte Grenzspannweiten eingehalten werden. Um hinreichend große Spannweiten realisieren zu können, werden deshalb bei Freileitungen üblicherweise *Verbundseile* eingesetzt (Bild 4.90b).

Den eigentlichen Leiter stellen nach wie vor Aluminiumdrähte dar. Die mechanische Festigkeit wird jedoch durch Stahldrähte erzielt, die den Kern, die Seele des Seiles, bilden. Je nach gewünschter Festigkeit wird dieser Anteil variiert. Die Verbundseile werden nach ihren Querschnittsanteilen an Aluminium und Stahl in Quadratmillimetern gekennzeichnet, z.B. AL/St 305/40.

In der Regel werden mehrlagige Verbundseile verwendet, wobei aufeinanderfolgende Lagen jeweils einen entgegengesetzten Schlag aufweisen. Durch diese Maßnahme kann sich in der Seele nur ein schwaches axiales Magnetfeld ausbilden. Anderenfalls würden dort aufgrund der hohen Permeabilität des Stahls gemäß Beziehung (4.9) große Wirbelstromverluste entstehen. Die beschriebene Feldschwächung ist auch bei Seilen mit ungerader Lagenzahl vorhanden, da die Stahlseele durch Wirbelströme in den unteren Al-Drähten

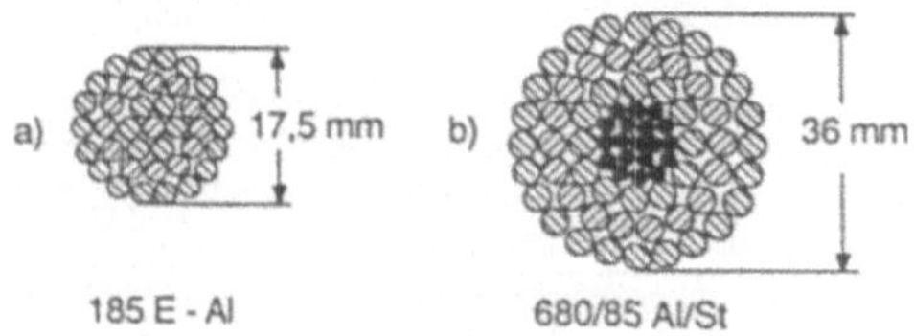

Bild 4.90
Aufbau von Leiterseilen
a) einfaches Seil, b) Verbundseil

Bild 4.91
Seilschlag bei einem Leiterseil
(Richtwert für die Schlaglänge: 30 cm)

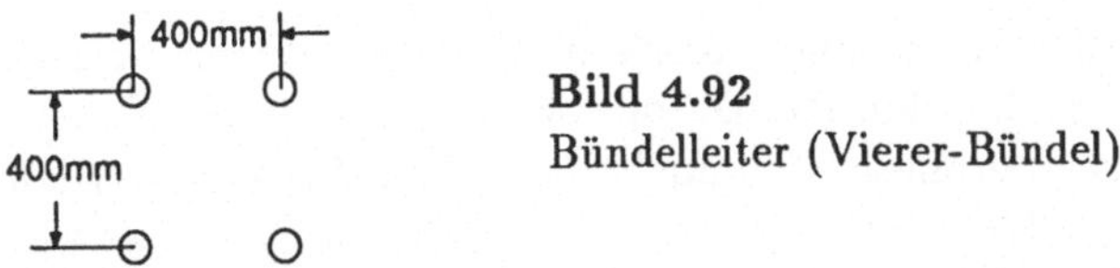

Bild 4.92
Bündelleiter (Vierer-Bündel)

abgeschirmt wird.

Eine weitergehende Anordnung stellen *Bündelleiter* dar, die bei Nennspannungen ab 220 kV sowie teilweise bei stromstarken 110-kV-Leitungen eingesetzt werden. Entsprechend Bild 4.92 setzen sich Bündelleiter aus mehreren Verbundseilen zusammen, die in diesem Zusammenhang als *Teilleiter* bezeichnet werden. Um den gegenseitigen Abstand auch bei Wind und anderen anregenden Kräften zu gewährleisten, werden im Abstand von 50...80 m Distanzhalter eingebaut. Je nach Anzahl der Teilleiter spricht man vom Zweier-, Dreier- oder Vierer-Bündel.

Bei den Leiterseilen können mechanische Schwingungen auftreten, die durch elektrische Stromkräfte oder auch Wind angeregt werden. Diese Seilschwingungen müssen möglichst gut abgedämpft werden, da sie ansonsten zu Ermüdungsbrüchen in den Seilen und an den Aufhängungen führen. Ein wichtiges Hilfsmittel, diese Seilschwingungen auf zulässige Werte zu begrenzen, besteht darin, die Zugspannung im Seil – und damit dessen Durchhang – passend zu wählen. Eine weitere Maßnahme stellt das Anbringen von Zusatzmassen an den Seilen dar. Eine genauere Darstellung ist u.a. [20] zu entnehmen.

Bei der *Projektierung der Spannweiten* wird üblicherweise eine *Betriebstemperatur* der Leiterseile von *80 °C vorausgesetzt*. Dieser Wert darf unabhängig von der Außentemperatur nicht überschritten werden, da sonst die Festigkeit gemindert wird. Diese Temperatur wird bei gleicher Stromdichte um so schneller erreicht, je größer der Querschnitt des Seiles ist. Dies liegt daran, daß die erzeugte Verlustwärme der Querschnittsfläche A, die abgeführte Wärme dagegen der Oberfläche O proportional ist. Da sich mit wachsendem Querschnitt das Verhältnis

$$\frac{O}{A} \sim \frac{1}{r}$$

verkleinert, können größere Querschnitte A nur mit geringeren Stromdichten S belastet werden.

Aus den zulässigen Stromdichten läßt sich der zulässige Dauerstrom I_d ermitteln, der sich zu

$$I_d = S_{zul} \cdot A$$

ergibt und dem Anhang zu entnehmen ist. Es muß also stets

$$I_b \leq I_d$$

gelten. In der Praxis belastet man im Nennbetrieb üblicherweise Leitungen mit Querschnitten über 95 mm^2 nur mit einer Stromdichte von etwa 1 A/mm^2. Dadurch hält sich die Verlustwärme $I_b^2 \cdot R$, die letztlich nur durch zusätzlichen Brennstoffverbrauch im Kraftwerk gedeckt wird, in Grenzen. Zugleich sind auch noch für Notfälle Reserven in der Auslastung der Leitung vorhanden.

Es sei noch erwähnt, daß bei einer Erwärmung im Sekundenbereich Temperaturen bis ca. 200 °C zugelassen werden können, bevor eine Entfestigung eintritt. Genauere Betrachtungen dazu erfolgen später (Abschnitt 7.3).

In Bild 4.85 ist ein weiteres Leiterseil eingezeichnet, das auf den Mastspitzen verlegt und normalerweise mit diesen leitend verbunden ist. Da die Masten das gleiche Potential wie die Erde aufweisen, bezeichnet man dieses Seil auch als *Erdseil*. Erdseile werden vorwiegend ab der 110-kV-Ebene eingesetzt. Statt der früher verwendeten Stahlseile von 35...95 mm² werden heute vornehmlich Al/St-95/15- oder bei Leitungen mit zwei Erdseilen Al/St-70/12-Seile montiert. Die Erdseile werden entsprechend Bild 4.93 bis zu den Umspannwerken geführt und dort mit einem *Erder* verbunden, der in einem späteren Kapitel noch genauer betrachtet wird. Bei Erdern handelt es sich häufig um ein Gitter aus Bandeisen oder Kupferseilen mit einer Maschengröße von ca. 10 m × 50 m. Sie sind etwa in 1 m Tiefe unter der Erdoberfläche verlegt.

Das beschriebene Erdseil hat zwei Aufgaben zu erfüllen:

- Verringerung des über die Erde abfließenden Stroms bei Netzfehlern,

- Schutz der Leiterseile vor Blitzeinschlägen.

Bei Netzfehlern, z.B. einem Kurzschluß zwischen einem Leiter und einem Mast, kann der auftretende Kurzschlußstrom als eingeprägt angesehen werden. Sofern nun ein Erdseil vorhanden ist, fließt der Strom zum Teil über das Erdseil ab, das einen zum Erdreich parallelgeschalteten Leiter darstellt. Das Erdreich wird auf diese Weise entlastet, die Gefährdungsspannung im Erdreich herabgesetzt. Weitere Ausführungen dazu erfolgen noch in Kapitel 12.

Erfahrungsgemäß schlagen Blitze bevorzugt in die Erdseile ein, wenn sie über den Leitern verlegt werden. Über benachbarte Masten wird dann die Ladung des Blitzes in die Erde abgeleitet. Der Schutzbereich der Erdseile läßt sich besonders einfach nach der Theorie von Langrehr [21] ermitteln, deren Ergebnis in Bild 4.94 verdeutlicht ist. Erfahrungsgemäß schlagen trotz des Erdseiles noch 1...2 % der Blitze direkt in die Außenleiter ein. Die Schutzwirkung der Erdseile ist – wie daraus zu ersehen – auf die unmittelbare Umgebung beschränkt.

Zwischen Masttraverse und Leiterseil befinden sich die Isolatoren, die sowohl mechanisch als auch elektrisch beansprucht werden. Für Nieder- und Mittelspannungsfreileitungen bis ca. 20 kV werden überwiegend Stützenisolatoren eingesetzt; bei höheren Nennspannungen verwendet man Hängeisolatoren, die aus mehreren aneinandergefügten Kappenisolatoren bestehen und aus Porzellan oder Glas hergestellt werden (Bild 4.95). Im Bereich ab 110 kV werden die Hängeisolatoren in der Bundesrepublik im wesentlichen als *Langstäbe* aus Porzellan ausgeführt, während im Ausland Ketten aus Glaskappenisolatoren bevorzugt werden.

Die bereits erwähnten Stützenisolatoren schwingen bei Wind nicht aus und lassen daher kleinere Mastkopfabmessungen als Hängeisolatoren zu. Bei höheren Spannungen wird

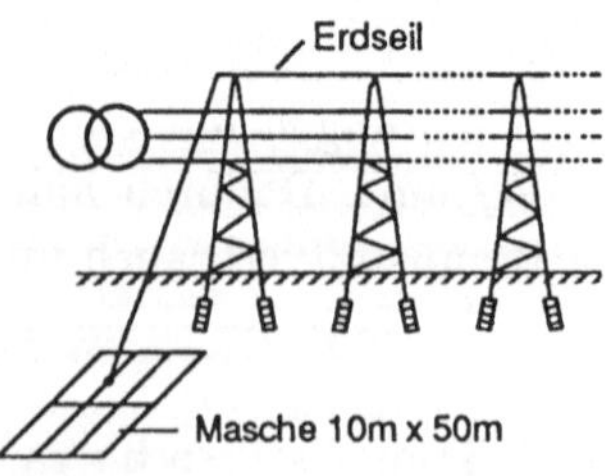

Bild 4.93
Freileitung mit Erdseil

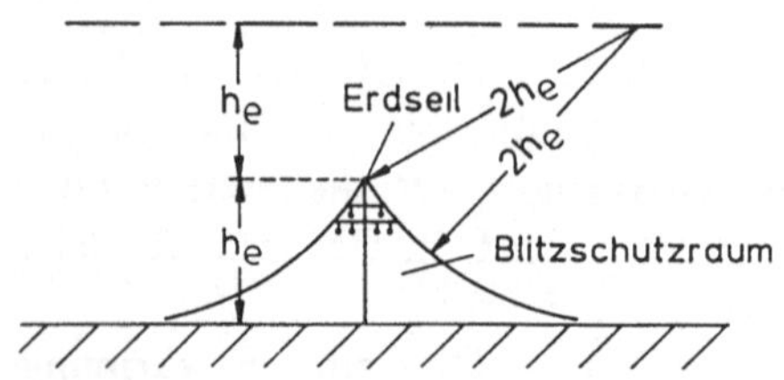

Bild 4.94
Schutzraum eines Erdseils

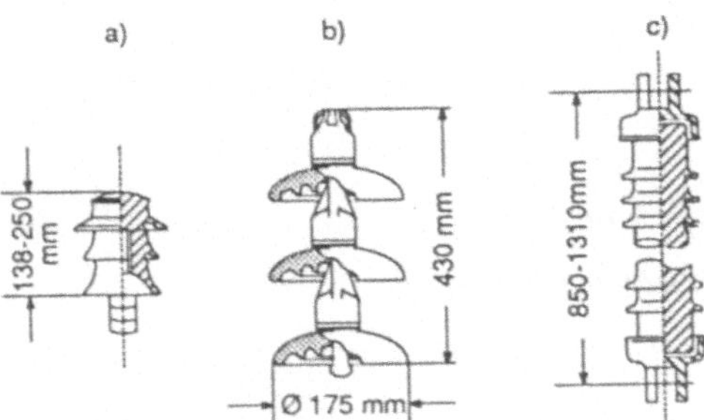

Bild 4.95
Aufbau von Isolatoren
a) Stützenisolator; b) Glaskappenisolator;
c) Langstabisolator

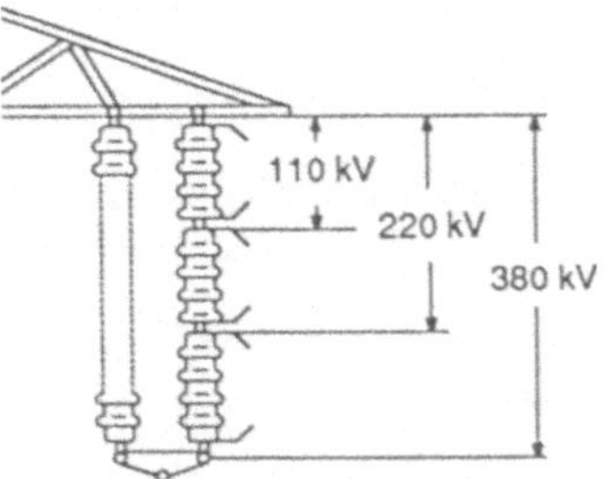

Bild 4.96
Isolatoraufhängung bei einer
380-kV-Freileitung (Doppelhängekette mit
Pegelfunkenstrecke an einem Tragmast)

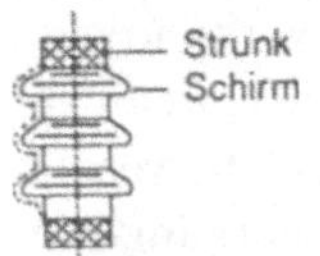

Bild 4.97
Kriechweg auf einer Isolatoroberfläche (gestrichelt)

jedoch wegen des steigenden Isolatorgewichtes der Einsatz von Hängeisolatoren wirtschaftlicher. Aus Gründen höherer mechanischer Sicherheit werden sie zunehmend zweifach ausgeführt (Bild 4.96). Lediglich bei Glaskappenisolatoren ist die Bruchsicherheit auch mit einer einzelnen Kette gewährleistet.

Um die Gefahr von Überschlägen zu begrenzen, müssen die Isolatoren eine ausreichende Länge aufweisen, die in den DIN-VDE-Bestimmungen 0210 und 0211 festgelegt ist. Erfahrungswerte liegen bei 1,7...1,3 cm/kV für Nennspannungen von 60...380 kV [20]. Zusätzlich muß die Oberfläche der Isolatoren durch eine entsprechende Formgebung und Anzahl von Schirmen ausreichend gewellt sein, damit keine Überschläge durch Kriechströme eingeleitet werden (Bild 4.97). Die Bemessung der notwendigen *Kriechlänge* hängt von den Umgebungsbedingungen ab (Staub, Salz, Regen). Sie liegt etwa im Bereich 2...4 cm/kV, wobei die höheren Werte in Gegenden mit starker Verschmutzung wie z.B. Industriegebieten oder in Küstennähe erforderlich sind [20], [74]. Bei Höchstspannungsleitungen werden mehrere Langstabisolatoren zu einer *Hängekette* aneinandergereiht, die bei 220 kV aus zwei und bei 380 kV aus drei Langstäben besteht (Bild 4.96). Häufig werden an den Enden der Isolatoren noch Schutzarmaturen angebracht, z.B. in Form von Schutzringen oder auch, wie aus Bild 4.96 zu ersehen ist, in Form von Pegelfunkenstrecken. Dadurch wird u.a. die Gefahr gemindert, daß bei Überschlägen die Isolatoren beschädigt werden.

Nachdem nun die wesentlichen Elemente einer Freileitung dargestellt sind, kann im weiteren eine analytische Beschreibung des Strom-Spannungs-Verhaltens erfolgen.

4.5.2 Ersatzschaltbilder von Drehstromfreileitungen für den symmetrischen Betrieb

Vielfach werden in der Leitungstheorie nur die Verhältnisse bei einer Wechselstromleitung betrachtet, wie sie z.B. in Bahnnetzen auftreten. Diese Theorie zeigt, daß sich solche Freileitungen bis etwa 150 km Länge durch ein Zweitor mit diskreten Bauelementen beschreiben lassen [23]. Für das Zweitor kann entweder ein Π- oder ein T-Ersatzschaltbild

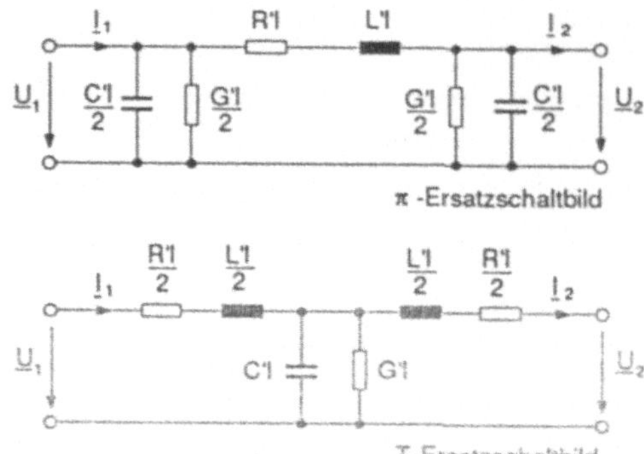

Bild 4.98
Ersatzschaltbilder von Leitungen

gewählt werden (Bild 4.98). Die Kapazitäten in diesem Zweitor sind dabei ein Maß für das elektrische Feld, das sich bei einer unbelasteten Wechselstromleitung einstellt, wenn die Anordnung mit einer niederfrequenten Spannung gespeist wird. Die vorhandenen Induktivitäten erfassen das magnetische Feld, das sich bei der Leitung ausbildet, wenn ein niederfrequenter Strom $i(t)$ eingeprägt wird. Die auftretenden ohmschen Verluste werden durch Wirkwiderstände erfaßt. Ein solches Zweitor beschreibt jedoch nur Vorgänge im Bereich der Netzfrequenz hinreichend genau.

Durch eine Hintereinanderschaltung mehrerer Zweitore läßt sich die Frequenzgrenze bei gleicher Leitungslänge nach oben verschieben bzw. bei gleicher Frequenzgrenze die zulässige Leitungslänge erhöhen. So können, um einen Richtwert zu nennen, mit 5 II- oder T-Gliedern Vorgänge bis ca. 10 kHz für eine 100 km lange 380-kV-Leitung erfaßt werden. Jedoch sind die Ersatzschaltbilder mit den *Leitungskonstanten* bzw. *Leitungsbelägen* L', C', R' vom Ansatz her auf die elektrischen und magnetischen Felder beschränkt, die sich *zwischen* den Leiterseilen ausbilden. Ab 1 kHz gewinnen auch die Wirbelstromeffekte der magnetischen Felder in den Leiterseilen an Gewicht. Sie äußern sich wiederum in frequenzabhängigen Leitungsbelägen $R'(\omega)$, $L'(\omega)$. Ihre Vernachlässigung bewirkt eine zu geringe Dämpfung der höherfrequenten Komponenten. So ergeben sich etwa 10…15 % höhere Ausschaltspannungen, wenn ein netzfrequenter Strom unterbrochen wird. Mit den aufwendigen Methoden der Netzwerksynthese lassen sich diese Effekte auch in Ersatzschaltbilder einbeziehen. Als Beispiel seien die Mittag-Leffler-Realisierungen genannt. Sie sind anders strukturiert als die behandelten Ersatzschaltbilder, weisen jedoch ebenfalls konstante Bauelemente auf [72].

Es gilt festzuhalten, daß für die Berechnung größerer Netzanlagen bis in den Bereich von 1 kHz die herkömmlichen II- und T-Ersatzbilder wegen ihrer Übersichtlichkeit gut geeignet sind und überwiegend verwendet werden. Deshalb ist man bestrebt, auf diese Weise auch dreiphasige Freileitungen zu beschreiben. Infolge der größeren Leiteranzahl ergeben sich dort jedoch verwickeltere Feldverhältnisse, für deren Beschreibung im folgenden spezielle Induktivitäts- und Kapazitätsbegriffe abgeleitet werden. Es sei betont, daß diese Begriffe es nur gestatten, *eine größere Leiteranzahl zu erfassen*, daß damit jedoch *nicht die Genauigkeit des Ersatzschaltbildes* im Vergleich zur *Wechselstromleitung* erhöht wird. Zunächst wird auf die magnetischen Felder eingegangen.

4.5.2.1 Induktivitätsbegriff bei Dreileitersystemen

Um einfache Verhältnisse zu erhalten, wird zunächst eine Freileitung ohne Erdseil betrachtet. Die Leiter sollen entsprechend Bild 4.99 angeordnet sein. Sie markieren die

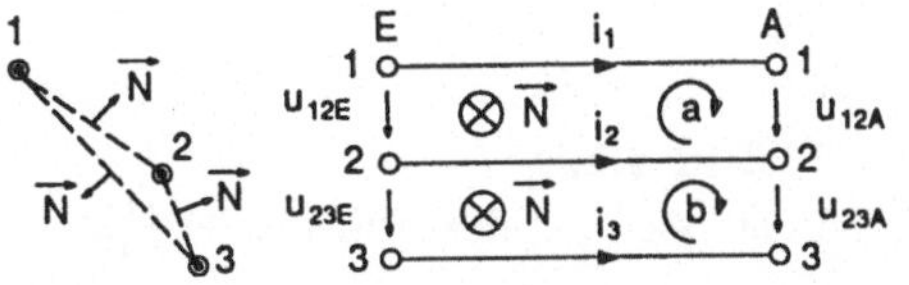

Bild 4.99
Dreileitersystem

Eckpunkte einer geschlossenen Hüllfläche. Die zugehörigen Normalen sind bei geschlossenen Hüllflächen definitionsgemäß stets *nach außen gerichtet*.

Analog zum einphasigen Fall wird der Strom bei jedem Leiter als eingeprägt angesehen. Bevor die sich dann einstellenden magnetischen Felder betrachtet werden, sollen noch einige Voraussetzungen getroffen werden. Um die weiteren Rechnungen zu erleichtern, werden die Leiter als verlustlos angesehen, und es wird angenommen, daß die Summe der drei Leiterströme stets den Wert Null ergibt. Diese Bedingung ist u.a. dann erfüllt, wenn der Sternpunkt nicht geerdet ist *oder* wenn die Leitungen symmetrisch betrieben werden. Weiterhin seien lokale Störungen im magnetischen Feldverlauf, die durch Masten hervorgerufen werden, in Anbetracht der großen Spannfelder zu vernachlässigen.

Eine hinreichend lange Leitung erzeugt bekanntlich ein zylindrisches Magnetfeld, wobei sich der Betrag der Feldstärke aus der Beziehung

$$H(r,t) = \frac{i(t)}{2\pi r}$$

ergibt. Die Formulierung „hinreichend lang" wird im folgenden Abschnitt noch schärfer gefaßt. Unter den getroffenen Voraussetzungen läßt sich die Differenz zwischen den Eingangs- und Ausgangsspannungen besonders einfach berechnen. Da die betrachtete Leitung keine einzelne Leiterschleife, also kein Eintor mehr darstellt, ist es im Vergleich zu der in Abschnitt 4.1.1 angegebenen Vorgehensweise günstiger, direkt von der 2. Maxwellschen Gleichung auszugehen:

$$\oint\limits_a E_t ds = -\frac{d\Psi_{12}}{dt} \ .$$

In dem darin auftretenden Umlaufintegral erfolgt der Umlauf a rechtswendig zur Normalen $\vec{N}$; ferner verläuft der Induktionsfluß Ψ_{12}, der die dabei umschlossene Fläche durchsetzt, parallel zur Normalenrichtung. Das Umlaufintegral geht dann in den Ausdruck

$$-u_{12E}(t) + u_{12A}(t) = -\Delta u_{12}(t) = -\frac{d\Psi_{12}}{dt} \tag{4.100}$$

über, aus dem der gesuchte Spannungsabfall Δu_{12} resultiert.

Die Berechnung des noch unbekannten Induktionsflusses Ψ_{12} ist bereits mit den Mitteln einer Grundlagenvorlesung zu bewältigen und wird daher nur kurz skizziert. Der Fluß Ψ_{12} setzt sich aus drei Teilflüssen zusammen, die jeweils von den Leitern 1, 2 und 3 in der Fläche A_{12} erzeugt werden:

$$\Psi_{12} = +\Phi_{12}^{(1)} - \Phi_{12}^{(2)} - \Phi_{12}^{(3)} \ . \tag{4.101}$$

Es ergibt sich für den Flußanteil des Leiters 1 die Beziehung

$$\Phi_{12}^{(1)} = \frac{\mu_0 \cdot l}{2\pi} \cdot \ln\frac{d_{12}}{\rho} \cdot i_1(t)$$

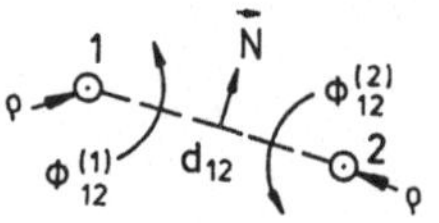

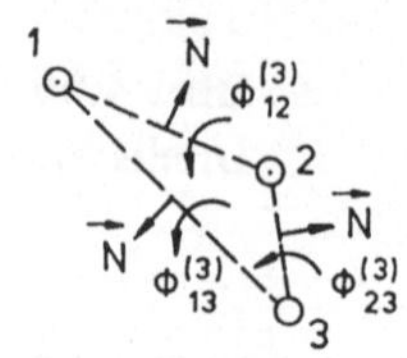

Bild 4.100

Darstellung der Flußanteile
$\Phi_{12}^{(1)}$ und $\Phi_{12}^{(2)}$

Bild 4.101

Darstellung des Flußanteils $\Phi_{12}^{(3)}$

und für den Anteil des Leiters 2 bei gleichem Leiterradius ρ der Ausdruck

$$\Phi_{12}^{(2)} = \frac{\mu_0 \cdot l}{2\pi} \cdot \ln \frac{d_{12}}{\rho} \cdot i_2(t) \; .$$

Entsprechend Bild 4.100 sind die Vorzeichen dieser beiden Flußanteile unterschiedlich. Schwieriger ist es, den noch ausstehenden Flußanteil $\Phi_{12}^{(3)}$ zu ermitteln. Mit Hilfe eines Kunstgriffes läßt sich diese Berechnung jedoch auch ohne eine schwerfällige vektorielle Zerlegung bestimmen. Zu diesem Zweck wird die Maxwellsche Gleichung

$$\oint_A B_n \, dA = 0$$

auf die Anordnung in Bild 4.101 angewendet. Für den Fluß, der von Leiter 3 in der Fläche A_{12} erzeugt wird, gilt demnach

$$-\Phi_{12}^{(3)} + \Phi_{13}^{(3)} - \Phi_{23}^{(3)} = 0 \qquad \text{bzw.} \qquad \Phi_{12}^{(3)} = +\Phi_{13}^{(3)} - \Phi_{23}^{(3)} \; .$$

Die Flußanteile $\Phi_{13}^{(3)}$ und $\Phi_{23}^{(3)}$ lassen sich entsprechend den bisherigen Beziehungen ermitteln, so daß sich der Ausdruck

$$\Phi_{12}^{(3)} = \frac{\mu_0 \cdot l}{2\pi} \cdot \ln \frac{d_{13}}{\rho} \cdot i_3(t) - \frac{\mu_0 \cdot l}{2\pi} \cdot \ln \frac{d_{23}}{\rho} \cdot i_3(t)$$

ergibt, der in

$$\Phi_{12}^{(3)} = \frac{\mu_0 \cdot l}{2\pi} \cdot \ln \frac{d_{13}}{d_{23}} \cdot i_3(t)$$

umgeformt wird. Die Addition der drei Flußanteile in Gl. (4.101) liefert damit den Ausdruck

$$\Psi_{12} = \frac{\mu_0 \cdot l}{2\pi} \cdot \left(\ln \frac{d_{12}}{\rho} \cdot i_1(t) - \ln \frac{d_{12}}{\rho} \cdot i_2(t) - \ln \frac{d_{13}}{d_{23}} \cdot i_3(t) \right) \; ,$$

so daß sich nun gemäß Gl. (4.100) der gesuchte Spannungsabfall Δu_{12} ermitteln läßt. Der gesuchte Induktivitätsbegriff läßt sich einfacher ableiten, wenn im weiteren eine sinusförmige Anregung vorausgesetzt wird, so daß die komplexe Schreibweise angewendet werden kann. Die Beziehung (4.100) geht damit in den Zusammenhang

$$\Delta \underline{U}_{12} = j\omega \cdot \frac{\mu_0 \cdot l}{2\pi} \cdot \left(\ln \frac{d_{12}}{\rho} \cdot \underline{I}_1 - \ln \frac{d_{12}}{\rho} \cdot \underline{I}_2 - \ln \frac{d_{13}}{d_{23}} \cdot \underline{I}_3 \right) \qquad (4.102)$$

über. Bisher ist nur der Umlauf a in Bild 4.99 ausgewertet worden, der das System nur teilweise beschreibt. Der Umlauf b führt auf die weitere Systemgleichung

$$\Delta u_{23}(t) = u_{23E}(t) - u_{23A}(t) = \frac{d\Psi_{23}}{dt} \;. \tag{4.103}$$

Auf analogem Wege läßt sich Ψ_{23} zu

$$\Psi_{23} = \frac{\mu_0 \cdot l}{2\pi} \cdot \left(\ln \frac{d_{13}}{d_{12}} \cdot i_1(t) + \ln \frac{d_{23}}{\rho} \cdot i_2(t) - \ln \frac{d_{23}}{\rho} \cdot i_3(t) \right)$$

ermitteln. In komplexer Schreibweise nimmt die Beziehung (4.103) die Gestalt

$$\Delta \underline{U}_{23} = j\omega \cdot \frac{\mu_0 \cdot l}{2\pi} \cdot \left(\ln \frac{d_{13}}{d_{12}} \cdot \underline{I}_1 + \ln \frac{d_{23}}{\rho} \cdot \underline{I}_2 - \ln \frac{d_{23}}{\rho} \cdot \underline{I}_3 \right) \tag{4.104}$$

an. Im weiteren wird die vorausgesetzte Bedingung

$$i_1(t) + i_2(t) + i_3(t) = 0 \qquad \text{bzw.} \qquad \underline{I}_1 + \underline{I}_2 + \underline{I}_3 = 0$$

in die Rechnung einbezogen. Dieser Zusammenhang wird in die Gln. (4.102) und (4.104) eingearbeitet, so daß sich die Beziehungen in die Form

$$\Delta \underline{U}_{12} = j\omega \cdot \frac{\mu_0 \cdot l}{2\pi} \cdot \left(\ln \frac{d_{12}d_{13}}{\rho d_{23}} \cdot \underline{I}_1 - \ln \frac{d_{12}d_{23}}{\rho d_{13}} \cdot \underline{I}_2 \right) \tag{4.105}$$

$$\Delta \underline{U}_{23} = j\omega \cdot \frac{\mu_0 \cdot l}{2\pi} \cdot \left(\ln \frac{d_{12}d_{23}}{\rho d_{13}} \cdot \underline{I}_2 - \ln \frac{d_{23}d_{13}}{\rho d_{12}} \cdot \underline{I}_3 \right) \tag{4.106}$$

überführen lassen. Eine übersichtlichere Schreibweise dieser Ausdrücke ergibt sich mit den Abkürzungen

$$L_1 = \frac{\mu_0 \cdot l}{2\pi} \cdot \ln \frac{d_{12}d_{13}}{\rho d_{23}}$$

$$L_2 = \frac{\mu_0 \cdot l}{2\pi} \cdot \ln \frac{d_{12}d_{23}}{\rho d_{13}}$$

$$L_3 = \frac{\mu_0 \cdot l}{2\pi} \cdot \ln \frac{d_{23}d_{13}}{\rho d_{12}} \;.$$

Die Systemgleichungen lauten dann

$$\Delta \underline{U}_{12} = j\omega L_1 \underline{I}_1 - j\omega L_2 \underline{I}_2$$

$$\Delta \underline{U}_{23} = j\omega L_2 \underline{I}_2 - j\omega L_3 \underline{I}_3 \;.$$

Diesen Beziehungen läßt sich das Ersatzschaltbild 4.102 zuordnen. Bei unsymmetrischer Aufhängung der Leiterseile sind die Induktivitäten L_1, L_2 und L_3 unterschiedlich groß, da unter dieser Bedingung auch die Abstände zwischen den Leiterseilen verschieden groß sind. Aus dem Ersatzschaltbild ist zu erkennen, daß dann die vorausgesetzten eingeprägten Ströme zwangsläufig bei den Verbrauchern am Leitungsende Spannungsverzerrungen

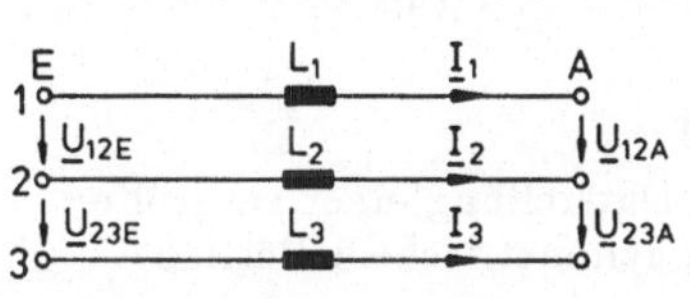

Bild 4.102
Ersatzschaltbild eines unsymmetrisch angeordneten Dreileitersystems bei Vernachlässigung der kapazitiven Kopplung

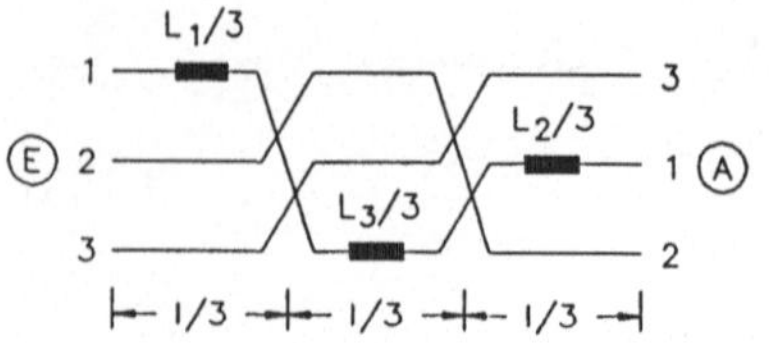

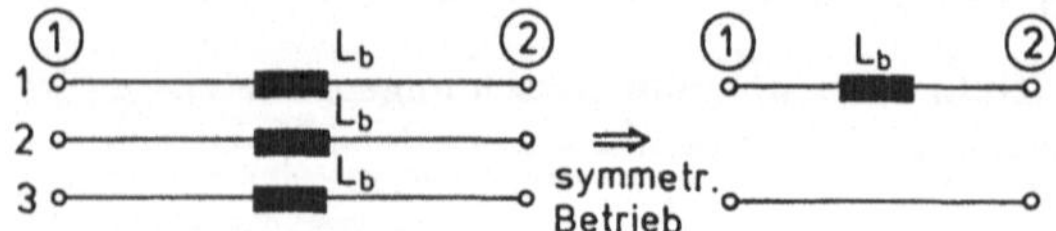

Bild 4.103
Seilführung bei einer verdrillten
Drehstromeinfachleitung

verursachen. Die Spannungsverzerrungen sind um so größer, je länger die Leitungen sind,
da sich dann wegen $L = L' \cdot l$ die Asymmetrien stärker ausprägen. Konstruktiv lassen
sich diese unerwünschten Verzerrungen durch eine *Verdrillung* der Leiter vermeiden.
Jedes der drei Leiterseile wird bei einer Verdrillung so geführt, daß es vom Anfang bis
zum Ende der Leitung jede der drei räumlichen Lagen zu gleichen Teilen durchläuft.
Bild 4.103 zeigt einen der Verdrillungspläne, die in der Praxis angewendet werden. An
diesem speziellen Verdrillungsplan ist zu beachten, daß die Reihenfolge der drei Leiter
am Leitungsanfang anders verläuft als am Leitungsende.
Bei der gewählten Seilführung tritt in jedem Außenleiter die gleiche Induktivität

$$L_b = \frac{L_1}{3} + \frac{L_2}{3} + \frac{L_3}{3}$$

auf. Man bezeichnet diese Größe als *Betriebsinduktivität*. In der Literatur wird üblicherweise die Beziehung

$$L_b' = \frac{L_b}{l} = \frac{\mu_0}{2\pi} \cdot \ln \frac{D}{\rho}$$

verwendet, wobei der Ausdruck

$$D = \sqrt[3]{d_{12} d_{13} d_{23}}$$

als *mittlerer Leiterabstand* bezeichnet wird. Das Ersatzschaltbild einer Freileitung nimmt
bei verdrillten Leitungen die in Bild 4.104 gezeigte Form an. Bei einem symmetrischen
Betrieb läßt sich für die Drehstromleitung auch wiederum ein einphasiges Ersatzschaltbild
angeben, das ebenfalls in Bild 4.104 dargestellt ist.
Obwohl sich die Leiterabstände mit wachsender Nennspannung erheblich vergrößern, erhöht sich die Betriebsinduktivität in dem technisch interessanten Bereich nicht in diesem
Maße, da die Logarithmusfunktion nivellierend wirkt. Im Mittel weist die Betriebsinduktivität einen Wert von

$$L_b' = 1 \, \frac{\text{mH}}{\text{km}} \qquad \text{bzw.} \qquad \omega L_b' \approx 0{,}3 \, \frac{\Omega}{\text{km}}$$

auf. Der Skineffekt in den Leiterseilen braucht bei netzfrequenten Vorgängen nicht berücksichtigt zu werden, da die Aufteilung in Einzelleiter die Bildung von stärkeren Wirbelströmen verhindert.
Im folgenden soll noch kurz die Betriebsinduktivität für Bündelleiter ermittelt werden.
Grundlage dieser Rechnung ist wiederum die Flußbestimmung zwischen zwei Bündelleitern, die jedoch insofern komplizierter ist, als sich bereits die Teilflüsse der einzelnen
Außenleiter aus mehreren Anteilen zusammensetzen, wie dies Bild 4.105 verdeutlicht.

Bild 4.104
Einphasige Darstellung einer verdrillten
Leitung bei symmetrischem Betrieb

Da der Abstand zwischen den Teilleitern eines Bündels klein im Vergleich zum Abstand zweier Bündel bzw. zweier Außenleiter ist, kann in erster Näherung der Fluß als gleich groß angesehen werden, der sich zwischen den Teilleitern jeweils zweier Bündel ausbildet. Dies bedeutet wiederum, daß die Teilleiter jeweils eines Bündels spannungsmäßig gleich belastet werden und daß sie damit auch untereinander den gleichen Strom führen. Dieser Strom wird in Bild 4.105 mit I_T bezeichnet. Der Fluß, der sich zwischen den Teilleitern zweier Bündel ausbildet, beträgt demnach

$$\Phi_{1P} = \Phi_{1P}^{(1)}(I_T) + \Phi_{1P}^{(2)}(I_T) + \Phi_{1P}^{(3)}(I_T) + \Phi_{1P}^{(4)}(I_T) \ .$$

In Abhängigkeit vom Strom I_T und den geometrischen Daten ergibt sich dann

$$\Phi_{1P} = 4 I_T \cdot \frac{\mu_0 \cdot l}{2\pi} \cdot \ln \frac{\sqrt[4]{d_{1P}\, d_{2P}\, d_{3P}\, d_{4P}}}{\sqrt[4]{\rho \cdot S^3 \cdot \sqrt{2}}} \ . \tag{4.107}$$

Da voraussetzungsgemäß der Abstand der Teilleiter untereinander klein in bezug auf den Abstand der Außenleiter ist, nimmt mit

$$d_{1P} \approx d_{2P} \approx d_{3P} \approx d_{4P} \approx d$$

der mittlere Abstand

$$D = \sqrt[4]{d_{1P}\, d_{2P}\, d_{3P}\, d_{4P}} \tag{4.108}$$

die einfache Form $D \approx d$ an. Wie aus Gl. (4.107) abzulesen ist, können in diesem Fall die 4 *Teilleiter* insgesamt durch einen *fiktiven Ersatzleiter* beschrieben werden, der mit dem *Summenstrom* $I_{ges} = 4 I_T$ belastet wird und den erheblich größeren Radius

$$\rho_{ers} = \sqrt[4]{\rho \cdot 4 \cdot R^3} \tag{4.109}$$

aufweist. Damit ist diese Aufgabenstellung auf die Bestimmung der Betriebsinduktivität bei einem Drehstromsystem mit einfachen Leiterseilen zurückgeführt. Die Induktivität von Bündelleitern mit z.B. 4 Teilleitern ist aufgrund des größeren Ersatzradius um ca. 40 % niedriger als bei einem Einfachseil mit gleichem Leiterquerschnitt. Wenn die Rechnung verallgemeinernd für n Teilleiter durchgeführt wird, erhält man für den Ersatzradius den Ausdruck

$$\rho_{ers} = \sqrt[n]{\rho \cdot n \cdot R^{n-1}} \tag{4.110a}$$

bzw.

$$\rho_{ers} = \sqrt[n]{\rho \cdot D_T^{n-1}} \ , \tag{4.110b}$$

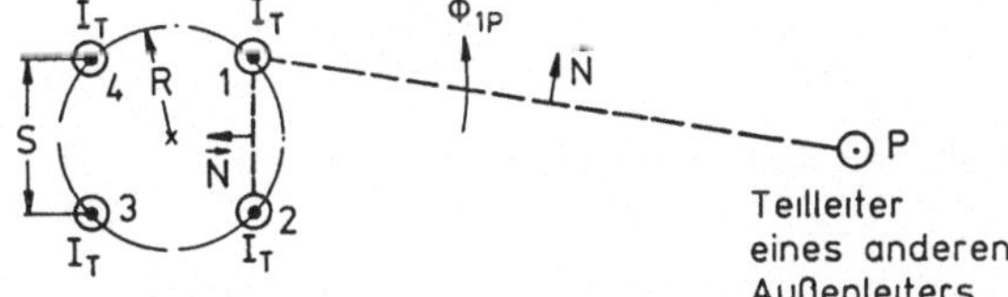

Bild 4.105
Veranschaulichung der Flußverhältnisse bei Bündelleitern

wobei D_T den mittleren geometrischen Abstand der Teilleiter untereinander kennzeichnet.

Im weiteren soll noch auf den Einfluß der mäßig leitfähigen Erde eingegangen werden. Prinzipiell ist dort die Ausbildung von Wirbelstromeffekten möglich, die zu bisher nicht berücksichtigten Feldverzerrungen führen können. Dieser Effekt ist jedoch bei den vorliegenden Bedingungen zu vernachlässigen, da sich voraussetzungsgemäß die Ströme stets zu Null ergänzen sollen. Das resultierende Magnetfeld der drei Leiter ist dann im Erdbereich bereits so schwach, daß bei der geringen Leitfähigkeit des Erdreiches keine nennenswerten Wirbelströme induziert werden.

Da sich bereits in geringer Entfernung eines *symmetrisch betriebenen Leitersystems* kaum noch ein Magnetfeld ausbreitet, beeinflussen sich auch bei mehrsystemigen Freileitungen die einzelnen Systeme kaum. Aus diesem Grunde ist es zulässig, die *induktive Kopplung* zu *anderen Systemen* bei einem *symmetrischen Betrieb nicht zu berücksichtigen*.

Mit dem untersuchten Magnetfeld ist auch stets ein elektrisches Feld verknüpft, das ebenfalls das Betriebsverhalten einer Leitung beeinflußt.

4.5.2.2 Kapazitätsbegriff bei Dreileitersystemen

Entsprechend Abschnitt 4.1 stellen die Leiterseile Elektroden dar, zwischen denen sich Teilkapazitäten ausbilden. Da die Spannungsabfälle auf den Leitungen mit ca. 5 % klein im Vergleich zu den Leiterspannungen sind, ist die Bedingung eines räumlich konstanten Elektrodenpotentials hinreichend gut erfüllt. Im Unterschied zum Transformator ist die Geometrie der Elektroden und die Beschaffenheit des Feldraumes übersichtlich, so daß die Teilkapazitäten analytisch bestimmt werden können und keine numerischen oder experimentellen Methoden eingesetzt werden müssen [74], [86].

Berechnung der Teilkapazitäten

Die prinzipielle Methode zur Berechnung der Teilkapazitäten wird an einer Freileitung ohne Erdseil dargestellt. Zunächst soll die Erde unberücksichtigt bleiben, da sie z.B. aus nicht leitfähigem Felsboden bestehen möge und somit keinen Einfluß auf die Spannungsverhältnisse ausübt. Dabei wird weiter vorausgesetzt, daß die Wechselströme so niederfrequent verlaufen, daß noch quasistatische Verhältnisse vorliegen. Dies bedeutet, daß die elektrischen Felder einer zeitlich veränderlichen Ladung $Q(t)$ sich so aufbauen wie bei einer konstanten Ladung Q.

Durch eine Einspeisung am Leitungsanfang mögen auf die Leiterseile die Ladungen Q_1, Q_2, Q_3 aufgebracht werden. Da die Abstände der Leiter groß im Vergleich zu den Durchmessern der Leiterseile sind, kann dieses System als eine Anordnung von Linienleitern angesehen werden (Bild 4.106). Jeder unendlich lange Linienleiter erzeugt nun bekanntlich *ein* elektrisches Feld, wie es ebenfalls Bild 4.106 zu entnehmen ist. Dabei wird weiter vorausgesetzt, daß die Leitungen so lang sind, daß Randeffekte bzw. lokale Störungen durch Masten zu vernachlässigen sind. Randeffekte können immer dann vernachlässigt werden, wenn der größte Leiterabstand kleiner ist als ca. 1/10 der Leitungslänge. In diesem Fall liegt zumindest in dem interessierenden Feldbereich zwischen den Leitungen in

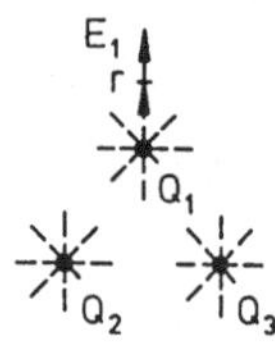

Bild 4.106
Anordnung von drei ladungsbehafteten Linienleitern
(Leiterseilen)

etwa ein Radialfeld vor. Dieser Gesichtspunkt gilt in analoger Weise natürlich für das bereits behandelte magnetische Feld [22].

Im weiteren interessieren nun die Spannungen, die sich bei diesen Ladungsverhältnissen zwischen den Leitern ausbilden. Dazu muß zunächst das elektrische Feld berechnet werden. Die Beträge der Feldstärke im Abstand r_i ergeben sich bei einem Radialfeld zu

$$|E_i| = \frac{Q_i}{2\pi\epsilon_0 r_i l} \ .$$

Bemerkt sei, daß bei Leitungen im gesamten Feldraum nur dann ein Radialfeld auftritt, wenn die Leitung als unendlich lang und damit auch die Ladung Q_i als unendlich groß angesehen wird. Dieser Sachverhalt wird später noch benötigt.

Die tatsächlich auftretende Feldstärke erhält man durch eine Überlagerung der Einzelfelder. Für die resultierende Feldstärke gilt demnach

$$\vec{E}_r = \vec{E}_1(Q_1) + \vec{E}_2(Q_2) + \vec{E}_3(Q_3). \tag{4.111}$$

Die Spannung, die sich zwischen zwei Punkten – z.B. 1 und 2 – ausbildet, erhält man bekanntlich durch eine Integration der Feldstärken längs eines beliebig gewählten Weges zwischen den Punkten 1 und 2:

$$U_{12} = \int\limits_1^2 E_t ds \ . \tag{4.112}$$

Jeder der drei Leiter liefert, wie aus den Beziehungen (4.111) und (4.112) zu sehen ist, einen Anteil, der durch einen hochgestellten Index gekennzeichnet wird. Speziell zwischen den Leitern 1 und 2 gilt

$$U_{12}^{(1)} = \int\limits_1^2 E_1(Q_1)ds \ , \quad U_{12}^{(2)} = \int\limits_1^2 E_2(Q_2)ds \ , \quad U_{12}^{(3)} = \int\limits_1^2 E_3(Q_3)ds \ .$$

Die Wahl der Integrationswege – an sich beliebig – wird so gelegt, daß sich die Integrale ohne vektorielle Zerlegung der Feldstärke $\vec{E}$ lösen lassen. Für den Spannungsanteil $U_{12}^{(1)}$ erfüllt der Integrationsweg längs der direkten Verbindung von Leiter 1 und 2 diese Bedingung:

$$U_{12}^{(1)} = \int\limits_\rho^{d_{12}} \frac{Q_1}{2\pi\epsilon_0 r l} dr = \frac{1}{2\pi\epsilon_0 l} \cdot Q_1 \cdot \ln\frac{d_{12}}{\rho} \ .$$

Analog dazu gilt für den Anteil von Leiter 2:

$$U_{12}^{(2)} = \int\limits_\rho^{d_{12}} \frac{Q_2}{2\pi\epsilon_0 r l} dr = -\frac{1}{2\pi\epsilon_0 l} \cdot Q_2 \cdot \ln\frac{d_{12}}{\rho} \ .$$

Der Anteil $U_{12}^{(3)}$ wird in Anlehnung an das magnetische Feld unter Zuhilfenahme der

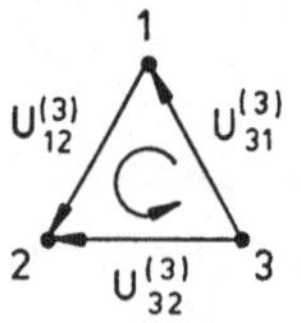

Bild 4.107
Bestimmung von $U_{12}^{(3)}$

weiteren Beziehung

$$\oint E_t\,ds = 0$$

ermittelt. Sie entspricht der Kirchhoffschen Maschenregel und beschreibt den Zusammenhang, daß sich in einem statischen elektrischen Feld bei einem geschlossenen Umlauf die Spannungen zu Null ergänzen. Auf die Anordnung in Bild 4.107 angewendet, ergibt sich dann für den Leiter 3 der Ausdruck

$$U_{12}^{(3)} = U_{32}^{(3)} - U_{31}^{(3)} \;.$$

Die Bestimmung der Terme $U_{32}^{(3)}$ und $U_{31}^{(3)}$ entspricht der bereits behandelten Aufgabenstellung. Damit erhält man

$$U_{12}^{(3)} = \frac{1}{2\pi\epsilon_0 l} \cdot Q_3 \cdot \ln \frac{d_{23}}{d_{13}} \;.$$

Die resultierende Spannung zwischen den Leitern 1 und 2 beträgt entsprechend den Gln. (4.111) und (4.112)

$$U_{12} = \frac{1}{2\pi\epsilon_0 l} \left(Q_1 \ln \frac{d_{12}}{\rho} - Q_2 \ln \frac{d_{12}}{\rho} + Q_3 \ln \frac{d_{23}}{d_{13}} \right) \;. \tag{4.113}$$

Völlig analog ergeben sich für die Spannungen U_{13} und U_{23} die Zusammenhänge

$$U_{13} = \frac{1}{2\pi\epsilon_0 l} \left(Q_1 \ln \frac{d_{13}}{\rho} + Q_2 \ln \frac{d_{23}}{d_{12}} - Q_3 \ln \frac{d_{13}}{\rho} \right) \;, \tag{4.114}$$

$$U_{23} = \frac{1}{2\pi\epsilon_0 l} \left(Q_1 \ln \frac{d_{13}}{d_{12}} + Q_2 \ln \frac{d_{23}}{\rho} - Q_3 \ln \frac{d_{23}}{\rho} \right) \;. \tag{4.115}$$

Die Gln. (4.113) bis (4.115) beschreiben die elektrischen Verhältnisse unter den getroffenen Voraussetzungen, d.h. für eingeprägte Ladungen. Bei einem Drehstromsystem sind normalerweise jedoch die Spannungen eingeprägt und die resultierenden Ladungen unbekannt. Daher ist es zweckmäßig, das System (4.113) bis (4.115) so umzuformen, daß die unbekannten Ladungen zu den unabhänigigen und die bekannten Spannungen zu abhängigen Variablen werden. Um diesen Schritt ausführen zu können, ist noch eine Diskussion des Modells notwendig.

Bei der bisherigen Ableitung ist unterstellt worden, daß nicht nur im interessierenden Bereich, sondern im gesamten Feldraum ein Radialfeld vorliegt. Es werden also unendlich lange Leitungen vorausgesetzt. Bei unendlich langen Leitungen müssen alle Feldlinien eines Leiters auf einem der anderen Leiter enden. Es dürfen keine Feldlinien zu einer weiteren Gegenladung im Unendlichen verlaufen. Anderenfalls würde die gewählte idealisierte Modellvorstellung infolge der unendlich großen Ladungen Q_i zu unendlich hohen Spannungen führen, was energetisch nicht sinnvoll wäre. Die geforderte Feldbedingung ist erfüllt, wenn sich die Ladungen aller Leiter bzw. Elektroden zu Null ergänzen; Gegenladungen im Unendlichen können sich dann nicht aufbauen:

$$Q_1 + Q_2 + Q_3 = 0 \ . \tag{4.116}$$

Am Rande sei erwähnt, daß sich bei einer entsprechenden Anordnung aus Kugeln durchaus Gegenladungen im Unendlichen aufbauen können. Da in diesem Fall die Ladungen beschränkt sind, klingen die elektrischen Felder schneller ab, so daß die Spannung zwischen einer Kugel und ihrer Gegenladung im Unendlichen endlich bleibt.
Die Beziehung (4.116) wird nun mit den Gln. (4.113) bis (4.115) verknüpft. Es ergeben sich recht verwickelte Ausdrücke. Aus Gründen der Übersichtlichkeit werden sie nur für den speziellen Fall

$$d_{12} = d_{13} = d_{23} = d$$

angegeben:

$$\begin{aligned}
Q_1 &= \frac{2\pi\epsilon_0 l}{3 \cdot \ln \frac{d}{\rho}} \, (U_{12} + U_{13}) \\[2mm]
Q_2 &= \frac{2\pi\epsilon_0 l}{3 \cdot \ln \frac{d}{\rho}} \, (U_{23} + U_{21}) \\[2mm]
Q_3 &= \frac{2\pi\epsilon_0 l}{3 \cdot \ln \frac{d}{\rho}} \, (U_{31} + U_{32}) \ .
\end{aligned} \tag{4.117}$$

Die Koeffizienten dieses Gleichungssystems lassen sich in Analogie zu dem Ausdruck $Q = C \cdot U$ als Teilkapazitäten interpretieren, die jeweils zwischen den einzelnen Leiterseilen auftreten (Bild 4.108). In diesem speziellen symmetrischen Fall sind sie untereinander gleich groß.
Auf dem beschriebenen Wege lassen sich auch Anordnungen berechnen, die mehr als drei Leiter aufweisen. Dies ist z.B. bei Masten mit mehreren Leitersystemen der Fall (Bild 4.109) [23].
Im folgenden soll die bisherige Aufgabenstellung so erweitert werden, daß auch die in der Praxis gegebene Leitfähigkeit des Erdreiches berücksichtigt wird. Sie ist normalerweise so beschaffen, daß sich auch noch bei Vorgängen im Bereich der Netzfrequenz Gegenladungen auf der Erdoberfläche ausbilden, die bei der Berechnung des elektrischen Feldes berücksichtigt werden müssen. Die tatsächlichen Verhältnisse werden noch hinreichend gut angenähert, wenn die Leitfähigkeit der Erde als unendlich gut angesehen wird [22].

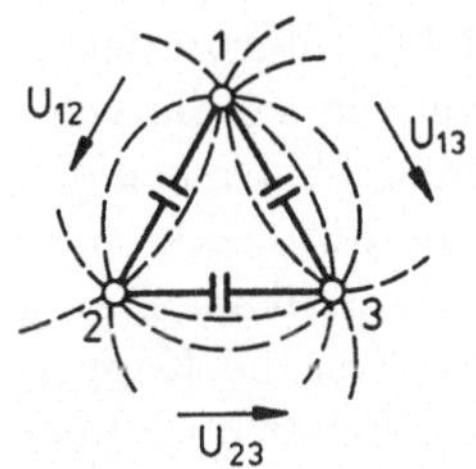

Bild 4.108
Feldbild und Teilkapazitäten zwischen drei Leitern

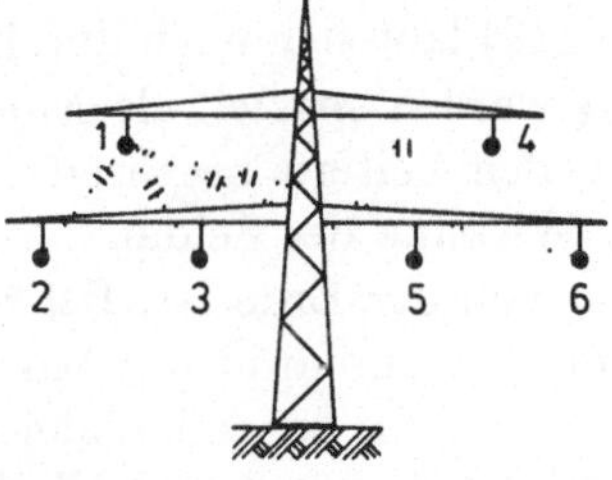

Bild 4.109
Teilkapazitäten des Leiters 1 zu den weiteren Leitern

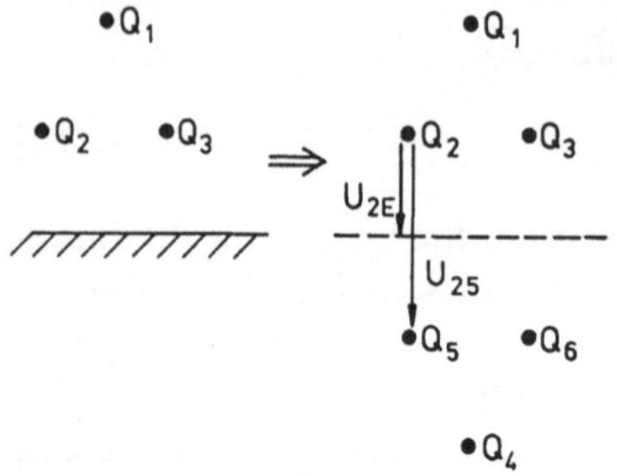

Bild 4.110
Berücksichtigung des Erdeinflusses durch
Spiegeln

Bekanntlich läßt sich der Erdeinfluß dann rechnerisch einfach durch ein Spiegeln der realen Leiter an der Erdoberfläche erfassen, die dabei als waagerecht verlaufende Grenzfläche angenommen wird. Dieses Verfahren ist in Bild 4.110 veranschaulicht.

Es liegt damit eine Anordnung von sechs Leitern ohne Grenzfläche vor. Diese Anordnung beschreibt das Feld oberhalb der Grenzfläche so, als ob die Erde vorhanden wäre. Das Feld unterhalb der Erdgrenzfläche ist in diesem Fall physikalisch nicht sinnvoll und nur rechnerisch existent. Für diese erweiterte Leiteranordnung läßt sich nun auf dem beschriebenen Wege ein Gleichungssystem der Gestalt

$$Q_i = \sum_{k=1}^{6} b_{ik} \cdot U_{ik} \qquad \text{mit} \qquad i = 1, 2, \ldots, 6 \qquad \text{für} \qquad i \neq k$$

aufstellen. Die Koeffizienten b_{ik} werden durch die Abstände und die Radien der Leiterseile bestimmt. Nach den Regeln der Spiegelung gelten zusätzlich die Bedingungen

$$Q_1 = -Q_4 \,, \qquad Q_2 = -Q_5 \,, \qquad Q_3 = -Q_6$$

und somit

$$U_{1E} = \frac{U_{14}}{2} \,, \qquad U_{2E} = \frac{U_{25}}{2} \,, \qquad U_{3E} = \frac{U_{36}}{2} \,.$$

Mit diesen Beziehungen läßt sich das System auf die Form

$$\begin{aligned}
Q_1 &= C_{1E}U_{1E} + C_{12}U_{12} + C_{13}U_{13} \\
Q_2 &= C_{2E}U_{2E} + C_{23}U_{23} + C_{21}U_{21} \\
Q_3 &= C_{3E}U_{3E} + C_{31}U_{31} + C_{32}U_{32}
\end{aligned}$$

(4.118)

reduzieren. Für die Koeffizienten C_{iE} und C_{ik} ergeben sich recht umfangreiche Ausdrücke, die nicht mehr anschaulich sind, so daß auf ihre Angabe verzichtet wird [23]. Das Gleichungssystem (4.118) läßt sich auch durch das Ersatzschaltbild 4.111 interpretieren. Die Koeffizienten C_{ik} werden speziell als *Koppelkapazitäten* bezeichnet, da sie die Feldverhältnisse zwischen den Leitern beschreiben; die Größen C_{iE} werden *Erdkapazitäten* genannt, weil sie die Wirkung der Feldanteile zur Erde erfassen. Sie sind um so kleiner, je größer ihr Abstand von der Erde ist. Bei realen Systemen liegen die Teilkapazitäten in der Größe von einigen Nanofarad pro km. Die Rechnungen zeigen, daß die Koppel- bzw. die Erdkapazitäten jeweils untereinander gleich groß sind, wenn die Leiter hoch über dem Erdboden aufgehängt sind und zugleich die Eckpunkte eines gleichseitigen Dreiecks markieren. Diese spezielle Anordnung soll im folgenden als *symmetrisch* bezeichnet werden.

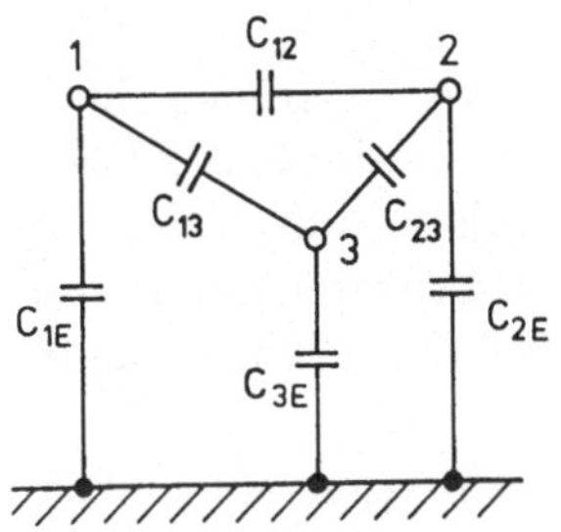

Bild 4.111

Koppel- und Erdkapazitäten eines
Dreileitersystems

Ergänzend sei hinzugefügt, daß bei den bisherigen Überlegungen sowohl das elektrische als auch das magnetische Feld nur zur Leitung senkrechte Komponenten im ganzen Feldraum aufweisen darf. Spätestens ab einigen Megahertz ist diese Annahme nicht mehr erfüllt. Außerdem kommt in diesem Frequenzbereich zunehmend die Koppelung zwischen dem elektrischen und magnetischen Feld über die Größe $\dot{D}$ in der 1. Maxwellschen Gleichung zum Tragen, die zusätzliche Feldkomponenten bewirkt [22], [69]. Neben der klassischen Leitungstheorie versagen dann auch modifizierte Theorien bzw. Ersatzschaltbilder, die den Wirbelstromeinfluß feldmäßig berücksichtigen.

Festlegung einer Betriebskapazität

Im folgenden wird gezeigt, daß bei einer *symmetrisch gespeisten und symmetrisch angeordneten Drehstromleitung* die Teilkapazitäten zu einer umfassenderen *Betriebskapazität* C_b zusammengefaßt werden können.
Die untereinander gleichen Koppelkapazitäten $C_{K\triangle}$ bilden eine Dreieckschaltung (Bild 4.112), die in eine äquivalente Sternschaltung umgewandelt wird. Die zugehörigen Koppelkapazitäten weisen dann den Wert $C_{KY} = 3 \cdot C_{K\triangle}$ auf. Bei den vorausgesetzten Betriebsverhältnissen sind sowohl die eingeprägten Leiterspannungen als auch die Spannungen U_{iE} der Leiter gegenüber der Erde symmetrisch. Unter dieser Bedingung ist bei einer symmetrisch aufgebauten Leitung in den Koppelkapazitäten die Summe der Ströme im Punkt N stets gleich Null. Damit liegt dieser Punkt auf gleichem Potential wie die Erde, wodurch sich eine Parallelschaltung aus Koppel- und Erdkapazität entsprechend Bild 4.113 ergibt.
Da die drei Leiter nach dieser Umwandlung nicht mehr kapazitiv miteinander gekoppelt sind, kann jedem Leiter die gleiche Kapazität zugeordnet werden. Damit läßt sich der Einfluß der elektrischen Felder wiederum durch ein einphasiges Ersatzschaltbild er-

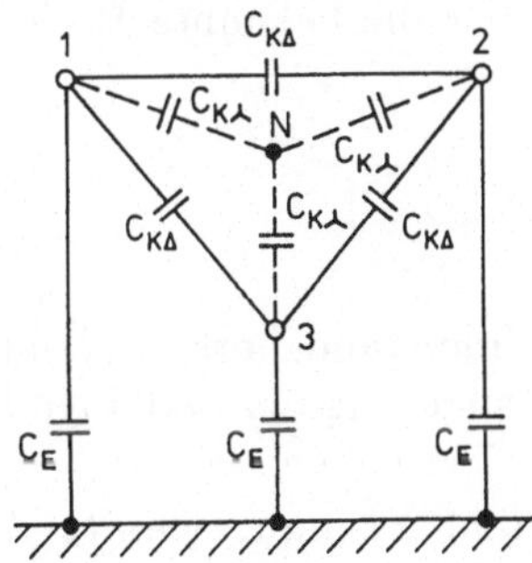

Bild 4.112

Koppel- und Erdkapazitäten eines
symmetrischen Dreileitersystems

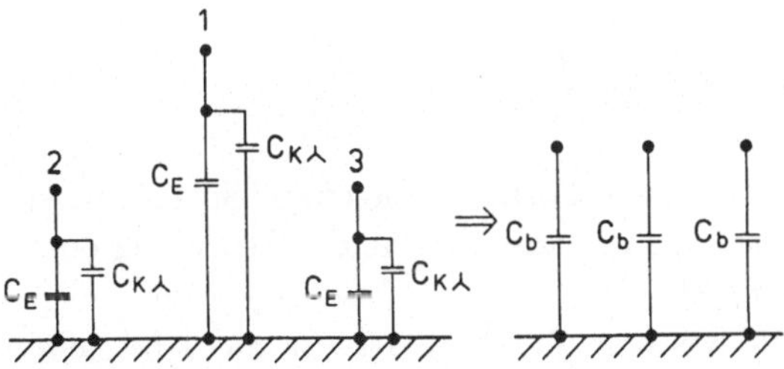

Bild 4.113

Begriff der Betriebskapazität bei einer verdrillten
Leitung

fassen.

Bei diesem speziellen System treten am Leitungsende keine Asymmetrien in den Spannungen auf. Bei einem *asymmetrisch angeordneten System* ist dies jedoch der Fall. Abhilfe bietet wiederum eine *Verdrillung*. Die jeweiligen Koppel- bzw. Erdkapazitäten der einzelnen Abschnitte addieren sich. Die *resultierenden* Koppel- bzw. Erdkapazitäten sind dann untereinander gleich, so daß wiederum eine symmetrisch aufgebaute Anordnung im Hinblick auf die Ausgangsspannung entsteht.

Wie sich mit den Teilkapazitäten des Gleichungssystems (4.118) nachweisen läßt, gilt für eine verdrillte Einfachleitung die Beziehung

$$C_b \approx \frac{2\pi\epsilon_0 l}{\ln \dfrac{D}{\rho}}\ ,$$

wobei mit $D = \sqrt[3]{d_{12}d_{13}d_{23}}$ der mittlere Leiterabstand und mit ρ der Leiterradius bezeichnet wird. Praktische Freileitungssysteme weisen einen Wert von $C_b' \approx 10$ nF/km auf. Diese Beziehung gilt in erster Näherung auch dann noch, wenn Erdseile in die Rechnung einbezogen werden [23]. Dabei sei darauf hingewiesen, daß die Teilkapazitäten zwischen Erdseil und Leiter ebenfalls Erdkapazitäten darstellen.

Der skizzierte Rechnungsgang läßt sich auch auf Bündelleiter erweitern, für die wiederum Ersatzleiter angegeben werden können. Infolge des größeren Radius weisen Bündelleiter eine größere Betriebskapazität auf als Einfachseile. Bei vier Teilleitern beträgt der Unterschied etwa 80 %. Vollständigkeitshalber sei auch noch erwähnt, daß die kapazitiven Kopplungen bei mehrsystemigen Masten in erster Näherung analog zu den induktiven unberücksichtigt bleiben können.

Wie die bisherigen Überlegungen gezeigt haben, läßt sich eine *Betriebskapazität* nur angeben, wenn die Leitung *symmetrisch aufgebaut* ist und *symmetrisch betrieben* wird. Die Betriebsinduktivität hat hingegen auch bei asymmetrischen Strömen noch einen Sinn, wenngleich dann natürlich kein einphasiges Ersatzschaltbild mehr verwendet werden kann.

4.5.2.3 Ohmscher Widerstand bei Dreileitersystemen

Bei den bisherigen Betrachtungen sind die Leiterseile als widerstandslos angesehen worden. Die endliche Leitfähigkeit wird bekanntlich durch einen konzentrierten ohmschen Widerstand im Ersatzschaltbild berücksichtigt, der mit der Induktivität in Serie geschaltet ist. Die Angabe des zugehörigen Gleichstromwiderstandes über die bekannte Beziehung

$$R = \rho \cdot \frac{l}{A}$$

ist in dieser Form zu ungenau. So erhöht sich der wirksame Widerstand bereits allein um 6...8 % dadurch, daß der Seilschlag eine entsprechende Verlängerung der Seillänge l bewirkt.

Ein weiterer Zuschlag ist für die Abweichung zwischen Soll- und Nennquerschnitt A einzurechnen. Bei Verbundseilen (Bild 4.90) sind darüber hinaus Wirbelstromeffekte in der Stahlseele zu berücksichtigen. Aus diesen Gründen läßt sich insgesamt der Widerstand theoretisch nur schwer ermitteln. Man greift daher auf empirische Beziehungen zurück.

Als Beispiel sei für einen Aluminiumleiter bei 20 °C der Zusammenhang

$$R'_{w20} = \frac{32}{A}\,\frac{\Omega}{\text{km}}$$

genannt. Dabei wird mit A der Querschnitt in Quadratmillimetern bezeichnet. Weiterhin muß die betriebsmäßige Erwärmung des Leiters berücksichtigt werden. Im folgenden Abschnitt wird ein weiterer ohmscher Anteil untersucht, der sich ebenfalls als eine Leitungskonstante formulieren läßt.

4.5.2.4 Ableitungswiderstand bei Dreileitersystemen

Zwischen den Leitern und der Erde tritt der Strom nicht, wie bislang immer vorausgesetzt, als reiner Verschiebungsstrom auf, sondern er besitzt auch eine Wirkkomponente, die im Ersatzschaltbild durch einen Widerstand parallel zu den Teilkapazitäten ausgedrückt wird. Dieser Widerstand wird als *Ableitung* bezeichnet. Einerseits werden damit die *Leckströme* erfaßt, die über die Isolatorenoberfläche abfließen, andererseits werden auf diese Weise auch die Koronaverluste beschrieben, die insbesondere bei Leitungen der Hoch- und Höchstspannungsebene auftreten.

Für das *Auftreten von Teilentladungen* ist allein die *Feldstärke E die maßgebende Feldgröße*. Sofern die Feldstärke E einen Grenzwert überschreitet – z.B. in Luft einen Effektivwert von ca. 21 kV/cm – reicht die elektrische Festigkeit des Dielektrikums nicht mehr aus. Bei Freileitungen kommt es dann im Bereich der Leiteroberfläche zu Teilentladungen, die im Dunkeln als glänzender Kranz zu beobachten sind und zu dem Namen Korona (lat.: Kranz) geführt haben. Dieses Leuchten bleibt auf die unmittelbare Umgebung der Oberfläche beschränkt, da dort die Feldstärke mit

$$E_d = \frac{U_b}{\sqrt{3}\cdot\rho\cdot\ln\frac{D}{\rho}} \tag{4.119}$$

am stärksten ist. Dabei wird mit der Größe D der mittlere Leiterabstand bezeichnet. Im größeren Abstand nimmt die Feldstärke Werte an, die für solche Teilentladungen nicht ausreichen.

Diese Teilentladungen führen im Vergleich zur nicht ionisierten Luft zu vielen elektrisch geladenen Teilchen, so daß nun ein Stromtransport, ein Wirkstrom, zu anderen Phasen auftritt. Bei realen Leitungen setzt die Korona schon meist bei Werten unterhalb $E_{eff} = 21$ kV/cm ein. Infolge von Umwelteinflüssen wie Rauhreif, Schmutz und Regen ist die Leiteroberfläche nicht völlig glatt, wie es im Ausdruck (4.119) vorausgesetzt ist; es bilden sich kleine Spitzen aus, die zu lokalen Feldverdichtungen führen. Die in diesen Bereichen auftretende hohe Feldstärke führt zu Teilentladungen. Um auch bei schlechten Wetterbedingungen die Koronaeffekte zu begrenzen, sollte aufgrund langjähriger Erfahrungen der Leiterradius stets so gewählt werden, daß für den Effektivwert der Randfeldstärke der Zusammenhang

$$E_d \leq 17\,\frac{\text{kV}}{\text{cm}} \tag{4.120}$$

gilt. Sofern sich mit *dieser Dimensionierungsbedingung* bei hohen Spannungen *unwirtschaftlich große Durchmesser* ergeben, ist es ratsam, *auf Bündelleiter überzugehen*. Bündelleiter führen, wie genauere Feldberechnungen zeigen, zu kleineren Feldstärken auf der

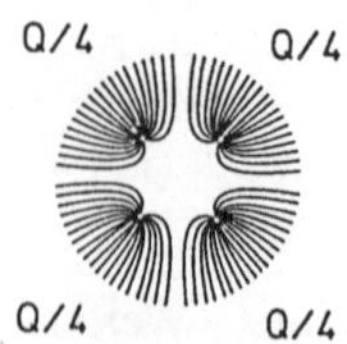

Bild 4.114
Feldbild eines Vierer-Bündels
Q: Ladung des Bündelleiters

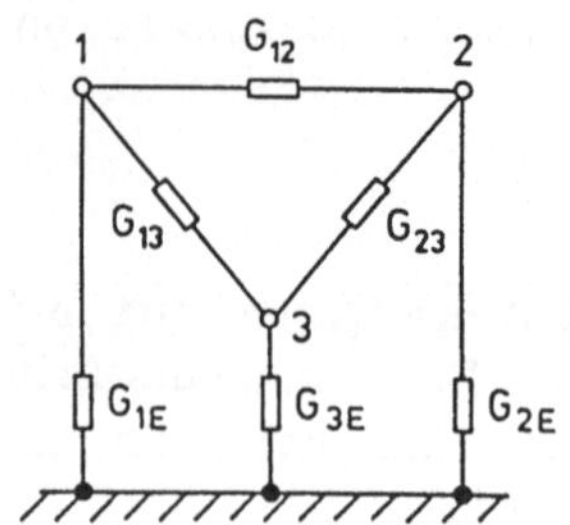

Bild 4.115
Ableitung bei einem
Dreileitersystem

Leiteroberfläche als flächengleiche Einfachleiterseile. Bild 4.114 vermittelt einen Eindruck von dem Feldbild eines Bündelleiters.

Infolge der beschriebenen Erscheinungen sind die Leiter nicht nur kapazitiv, sondern auch ohmsch gekoppelt (Bild 4.115). Unter den gleichen Voraussetzungen wie bei den Teilkapazitäten läßt sich nun ein Betriebswert angeben, der eine weitere Leitungskonstante – die vierte und letzte – darstellt. Üblicherweise wird diese Größe als Leitwert angegeben und mit G_b' bezeichnet. Sie liegt im Bereich von 3 nS/km, also etwa bei 330 MΩ für $1/G_b'$ bei 1 km Leitungslänge.

Aufgrund der in diesem Abschnitt angestellten Betrachtungen ist es nun wiederum möglich, unter bestimmten Bedingungen ein einphasiges Ersatzschaltbild anzugeben und damit das Betriebsverhalten von Drehstromfreileitungen bis etwa 150 km Länge zu beschreiben.

4.5.3 Betriebsverhalten von symmetrisch aufgebauten Drehstromfreileitungen bei symmetrischem Betrieb

In Bild 4.116 ist das in den vorhergehenden Abschnitten entwickelte, vollständige Ersatzschaltbild einer symmetrisch aufgebauten (verdrillten) und symmetrisch betriebenen Drehstromfreileitung dargestellt. Bei Untersuchungen über das Strom-Spannungs-Verhalten im Bereich der Netzfrequenz ist es bei technischen Ausführungen nicht nötig, den Ableitwiderstand zu berücksichtigen, da für die Querimpedanzen das Verhältnis $1/(\omega C_b') \ll 1/G_b'$ gilt. Bei Wirkungsgradbetrachtungen wäre diese Vereinfachung jedoch nicht zulässig. Im weiteren wird zunächst das Verhalten von Freileitungen der Hochspannungsebene betrachtet. Bei diesen Leitungen gilt normalerweise für das Verhältnis zwischen der bezogenen Längsreaktanz $\omega L_b'$ und dem ohmschen Widerstand R' die Beziehung

$$\frac{R'}{\omega L_b'} \le 0,3 \ .$$

Entsprechend den Überlegungen in Abschnitt 4.2 kann bei einer solchen Relation die ohmsche Komponente vernachlässigt werden, ohne daß sich im stationären Strom-Spannungs-Verhalten zu große systematische Fehler ergeben. Durch diese zusätzliche Vereinfachung erhält man ein Reaktanznetzwerk. Dieses Modell ermöglicht es, die wesentlichen Merkmale des Betriebsverhaltens mit geringem analytischen Aufwand darzustellen. Genauere

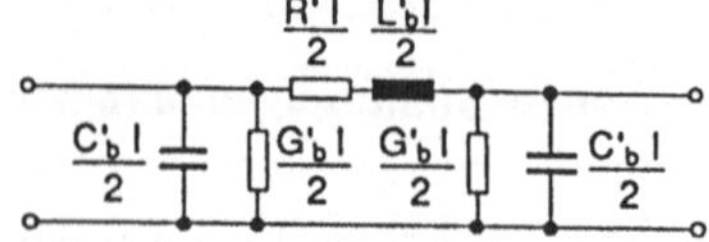

Bild 4.116
Ersatzschaltbild einer verdrillten symmetrisch betriebenen
Drehstromfreileitung

Zusammenhänge sind [23] zu entnehmen.

Im folgenden interessiert das Eingangsverhalten einer solchen Leitung, die mit einem *reellen Widerstand Z* abgeschlossen sein möge. Das Eingangsverhalten wird durch die Impedanz

$$\underline{Z}_E = \frac{\underline{U}_E}{\underline{I}_E} = \frac{2}{j\omega C_b} \parallel \left[j\omega L_b + \left(\frac{2}{j\omega C_b} \parallel Z \right) \right] \tag{4.121}$$

beschrieben. Eine Auswertung dieser Beziehung zeigt, daß die an sich komplexe Eingangsimpedanz reell wird und in guter Näherung den Wert $\sqrt{L_b'/C_b'}$ annimmt, wenn der Abschlußwiderstand Z ebenfalls zu $\sqrt{L_b'/C_b'}$ gewählt wird. Dieses Ergebnis besagt, daß in diesem Betriebszustand die Leitung zum Aufbau der elektrischen und magnetischen Felder keine Zufuhr an Blindleistung benötigt. Die kapazitiven und induktiven Ströme kompensieren sich. Man bezeichnet diesen speziellen Betriebszustand als *Anpassung* bzw. als *natürlichen Betrieb*. Er wird analytisch durch den Zusammenhang

$$\underline{Z}_E = \frac{\underline{U}_E}{\underline{I}_E} = \frac{\underline{U}_A}{\underline{I}_A} = Z \approx \sqrt{\frac{L_b'}{C_b'}} = Z_W \tag{4.122}$$

gekennzeichnet. Bei einer Speisung mit Nennspannung nimmt die so betriebene Leitung die Wirkleistung

$$P_{nat} = 3 \cdot \left(\frac{U_n}{\sqrt{3}} \right)^2 \cdot \frac{1}{Z_W} = \frac{U_n^2}{Z_W} \tag{4.123}$$

auf, die sinngemäß als *natürliche Leistung* bezeichnet wird.

Aus der Gleichheit zwischen Eingangs- und Ausgangswiderstand darf nicht geschlossen werden, daß etwa die Ströme $\underline{I}_E$ und $\underline{I}_A$ gleich groß wären. Die Beziehung (4.122) besagt lediglich, daß die Quotienten $\underline{U}_E/\underline{I}_E$ und $\underline{U}_A/\underline{I}_A$ die gleichen Werte aufweisen. Eine kurze Rechnung zeigt, daß der Eingangs- und Ausgangsstrom bzw. die zugehörigen Spannungen bei diesem Betrieb zwar betragsgleich sind, jedoch untereinander eine Phasenverschiebung aufweisen, die sich mit wachsender Leitungslänge stärker ausprägt. Der bei diesen Betrachtungen auftretende Ausdruck $\sqrt{L_b'/C_b'}$ wird bekanntlich als *Wellenwiderstand* Z_W bezeichnet. Er beträgt bei einer 380-kV-Leitung mit Viererbündeln 4 × 240/40 Al/St

$$Z_W = \sqrt{\frac{L_b'}{C_b'}} = \sqrt{\frac{0,28\,\Omega\mathrm{s}}{314\,\mathrm{km}} \cdot \frac{\mathrm{km}}{13\,\mathrm{nF}}} \approx 260\,\Omega \,. \tag{4.124}$$

Bei Leitungen ohne Bündelleiter ist entsprechend den vorhergehenden Ausführungen die Betriebsinduktivität größer und die Betriebskapazität kleiner. Der Wellenwiderstand Z_W vergrößert sich daher und nimmt Werte bis ca. 350 Ω an.

Nun soll das Betriebsverhalten untersucht werden, wenn der Abschlußwiderstand vom Wellenwiderstand abweicht. Sofern für den Abschlußwiderstand die Bedingung

$$Z < Z_W$$

gilt, weist die Eingangsimpedanz $\underline{Z}_E$ gemäß Gl. (4.121) ein induktives Verhalten auf. Auch physikalisch ist dieser Sachverhalt anschaulich. Bei einem relativ niederohmigen

Abschluß entwickelt sich ein starker Laststrom, der zu einem entsprechend starken Magnetfeld führt. Der Einfluß dieses Feldes übersteigt die Wirkungen des elektrischen Feldes, das primär von der angelegten Betriebsspannung bestimmt wird.

Das Strom-Spannungs-Verhalten zeigt andere Merkmale als im Falle der Anpassung. Die Ausgangsspannung verringert sich mit wachsender Leitungslänge im Vergleich zum Eingangswert; Eingangs- und Ausgangsstrom unterscheiden sich kaum.

Eine Auswertung des Ersatzschaltbildes 4.116 zeigt, daß bei den betrachteten Abschlußwiderständen mit $Z < Z_W$ von der Leitung eine größere Wirkleistung als im natürlichen Betrieb übertragen wird. Sinnvollerweise wird dieser Betriebszustand als *übernatürlich* bezeichnet. Demgegenüber verwendet man den Ausdruck *unternatürlich*, wenn $P < P_{nat}$ gilt. Eine solche Betriebsform liegt vor, wenn der Abschlußwiderstand die Bedingung

$$Z > Z_W$$

erfüllt. Eine Auswertung der Gl. (4.121) zeigt, daß in diesem Fall das kapazitive Verhalten dominiert. Der Laststrom und damit das Magnetfeld sind verhältnismäßig klein; die elektrischen Felder bzw. die Verschiebungsströme üben einen stärkeren Einfluß aus.

Ein ausgeprägt unternatürlicher Betrieb ist bei langen Leitungen möglichst zu vermeiden. Um dies zu erläutern, werde zunächst eine leerlaufende Leitung, also der Grenzfall $Z \to \infty$, betrachtet. In diesem Betriebszustand bilden die Längsinduktivität L_b und die Kapazität $C_b/2$ am Leitungsende im Ersatzschaltbild einen Reihenschwingkreis. Mit wachsender Leitungslänge l kommen diese beiden Blindwiderstände in die gleiche Größenordnung

$$\omega L_b' \cdot l \approx \frac{1}{\omega \frac{C_b'}{2} \cdot l} \qquad \text{bzw.} \qquad X_L \approx 2 \cdot X_C \,,$$

so daß sich bereits für die Netzfrequenz zunehmend ein Resonanzverhalten einstellt. Die Folge davon ist, daß schon im Leerlauf ein relativ starker Blindstrom die Leitung belastet. Dieser führt an den Elementen des Reihenschwingkreises und damit auch am Leitungsende zu einer erhöhten stationären Spannung. Bei einer 1000 km langen Leitung beträgt diese Erhöhung schon ca. 100 %, bei den deutschen Größenverhältnissen maximal 10...15 %. Auch mit diesen geringen Spannungserhöhungen können die laut DIN VDE 0111 zulässigen Grenzwerte von ca. $1,15 \cdot U_n$ bereits verletzt werden, wenn die Betriebsspannung leicht über der Nennspannung liegt. Aus diesem Grunde ist der Betrieb von langen leerlaufenden Leitungen nicht erwünscht.

Die beschriebenen Spannungserhöhungen, auch *Ferranti-Effekt* genannt, sind nicht nur im Leerlauf, sondern in abgemindertem Umfang auch bei belasteten Leitungen vorhanden, wenn sie unternatürlich betrieben werden. Abhilfe läßt sich durch den Einbau von Kompensationsdrosselspulen erreichen, die parallel angeschlossen werden und deren Windungszahl häufig verändert werden kann. Der Anschluß erfolgt meist über Dreiwicklungstransformatoren (Bild 4.117).

Die Kompensationsdrosselspulen verkleinern die wirksame Betriebskapazität und *vergrößern somit den Wellenwiderstand*. Sie werden so gesteuert, daß der ursprünglich durch

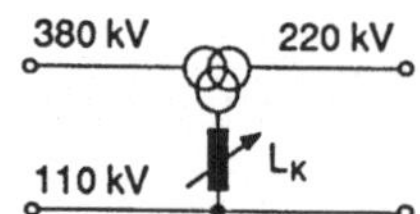

Bild 4.117
Dreiwicklungstransformator mit Kompensationsdrosselspule

Mastbild und Leiterseil festgelegte Wellenwiderstand an die vorhandene Last angepaßt wird. Es liegt dann auch bei Teillast stets ein natürlicher Betrieb vor; die beschriebenen Spannungserhöhungen treten somit nicht auf. Vorteilhafterweise wird der Ferranti-Effekt geringfügig zur sicheren Seite abgeschätzt, wenn die Leitung nur durch ein einziges II- oder T-Ersatzschaltbild nachgebildet wird. Dieses Verhalten wird dadurch verursacht, daß die zugehörige Eigenfrequenz und damit der Pol tiefer liegt als die niedrigste Eigenfrequenz bei einer Reihenschaltung mehrerer Glieder.

Bisher sind nur verlustlose Leitungen betrachtet worden. Bei der Auswertung verlustbehafteter Modelle zeigt sich, daß sich bei den üblichen Ausführungen der Wirkungsgrad der Übertragung in der Nähe des Optimums bewegt, sofern die Last den Wert der natürlichen Leistung nicht wesentlich übersteigt. Im unternatürlichen Betrieb prägt sich bei verlustbehafteten Leitungen vorteilhafterweise der Ferranti-Effekt schwächer aus als bei verlustlosen Leitungen, sofern in beiden Fällen die gleiche Belastung vorliegt. Bei den üblichen 110-kV-Freileitungen ist das Verhältnis R/X bereits so groß, daß diese Erscheinung im Spannungsverhalten keine nennenswerte Rolle mehr spielt und eine Kompensation entfallen kann.

Im weiteren wird nun auf Leitungen des Mittelspannungs- und Niederspannungsbereichs eingegangen. In diesem Spannungsbereich weisen die Leitungskonstanten andere Werte auf. So kann der ohmsche Längswiderstand häufig nicht mehr im Vergleich zur Betriebsreaktanz vernachlässigt werden. Andererseits ist es jedoch nicht mehr nötig, die Betriebskapazität zu berücksichtigen, da die Leitungen in diesem Spannungsbereich vergleichsweise kurz sind und somit die Querreaktanz sehr hochohmig wird. Es resultiert daher das Ersatzschaltbild 4.118. Leitungen in diesem Spannungsbereich werden infolgedessen stets ohmsch-induktiv betrieben. Dementsprechend ist die Spannung am Leitungsanfang stets größer als am Leitungsende. Die maximal zu übertragende Leistung wird durch die in Kapitel 5 näher erläuterten Restriktionen – den zulässigen Spannungsabfall und die zulässige Leitererwärmung – begrenzt.

Bisher ist das Betriebsverhalten von Leitungen untersucht worden, die auf eine ohmsche Last oder im Leerlauf arbeiten. Bei Lasten, die für ihren ordnungsgemäßen Betrieb einen Blindleistungsanteil benötigen, ergeben sich prinzipiell keine anderen Zusammenhänge. Es sei bemerkt, daß kleine Blindleistungsanteile den Wirkungsgrad der Leistungsübertragung verbessern können, während große in jedem Fall zu einer merklichen Verschlechterung führen.

Die ermittelten Aussagen gelten auch für solche Netze, in denen mehrere Freileitungen auftreten. Wie in Bild 4.119 veranschaulicht, sind dann die Ersatzschaltbilder der einzelnen Freileitungen entsprechend der Schaltskizze des Netzes miteinander zu verknüpfen. Falls einige der Leitungen eine Länge von mehr als 150 km aufweisen, sind gemäß Abschnitt 4.5.2 in der zugehörigen Nachbildung jeweils mehrere II- oder T-Glieder in Reihe zu schalten.

Mit wachsender Leitungslänge verursacht die Leitungsinduktivität jedoch zwischen der Eingangs- und Ausgangsspannung eine immer größere Phasenverschiebung, die bei 1000 km bereits 60° übersteigen kann. Bei noch größeren Übertragungsstrecken läßt sich ein stabiler Betrieb der Generatoren nicht mehr gewährleisten (s. Abschnitte 4.4.2.2 und

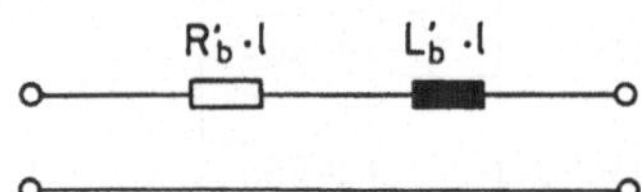

Bild 4.118
Einphasiges Ersatzschaltbild für Leitungen des Mittel- und Niederspannungsbereiches

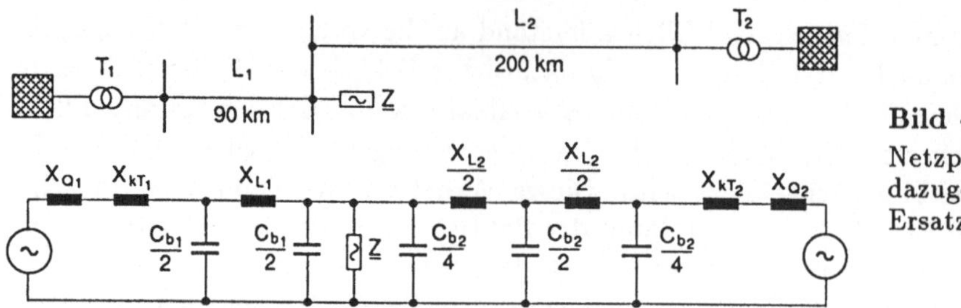

Bild 4.119

Netzplan mit
dazugehörigem
Ersatzschaltbild

7.5). Abhilfe ist dann durch aufwendige Kompensationsanlagen oder durch den Einsatz
der HGÜ möglich (s. Abschnitte 4.9 und 3.1).
Ein weiteres Betriebsmittel zur Übertragung elektrischer Energie stellen die im folgenden
behandelten Kabel dar.

4.6 Kabel

Kabel werden überwiegend im Bereich 0,4...110 kV eingesetzt. Ihr Schaltzeichen ist
in Bild 4.120 dargestellt. Üblicherweise werden die Kabel unterhalb der Frostgrenze im
Erdreich verlegt, in besonders wichtigen Abschnitten werden sie auch in schützenden
Kabelkanälen geführt. Vor atmosphärischen Störungen sind Kabel daher weitgehend abgeschirmt. Im Vergleich zu Freileitungen liegt dadurch eine geringere Ausfall*rate* vor. Es
ist jedoch zu beachten, daß erdverlegte Kabel schlechter zugänglich sind und daß daher
Kabelfehler im Mittel eine höhere Ausfall*dauer* aufweisen.

Bild 4.120
Schaltzeichen für ein Kabel

Als Oberbegriff der Kenngrößen Ausfallrate und Ausfalldauer dient der Ausdruck *Zuverlässigkeit*. Zur Veranschaulichung der Zuverlässigkeit seien die Richtwerte für die 110-
kV-Ebene in der Bundesrepublik genannt. Für Kabel ergeben sich auf 100 km 1,2 Fehler
pro Jahr mit ca. 60 Stunden Ausfalldauer. Bei Freileitungen beträgt die Quote 2,4 Fehler
pro Jahr, während die Ausfalldauer nur bei 2 Stunden liegt.
Ein weiteres Kriterium für die Auswahl des Übertragungsmittels sind die Kosten, wobei
auch laufende Kosten z.B. für die Wartung einzubeziehen sind. Wie aus der Tabelle 4.4
zu ersehen ist, fällt dieser Entscheidungsprozeß im Nieder- und Mittelspannungsbereich
zunehmend günstiger für Kabel aus. In der 110-kV-Ebene hängt der Kostenvergleich von
der Leitungslänge und den örtlichen Umständen ab. Im Höchstspannungsbereich werden
dagegen sowohl wegen der Kosten als auch aufgrund der später noch erläuterten technischen Gründe wie z.B. der Selbstauslastung (s. Abschnitt 4.6.2) eindeutig Freileitungen

Tabelle 4.4 : Entwicklung der Stromkreislängen von Freileitungen und Kabeln bis 380 kV
            (Längenangaben in km)

Jahr	Freileitungen			Kabel		
	bis 1 kV	1...60 kV	gesamt bis 380 kV	bis 1 kV	1...60 kV	gesamt bis 380 kV
1978	264273	166894	498009	326283	161308	490488
1983	237750	163448	475528	429016	184673	616935
1988	200775	154216	433549	517056	205455	726069

bevorzugt.

Nach diesen Vorbetrachtungen kann nun der Aufbau der üblicherweise eingesetzten Kabeltypen beschrieben werden.

4.6.1 Aufbau von Kabeln

Bei Kabeln befinden sich die Leiter auf engem Raum. Um Durchschläge zu vermeiden, ist eine Isolierung notwendig. Von besonderer Bedeutung sind diejenigen Kabel, bei denen die Isolierung aus Kunststoff besteht. Sie werden daher als *Kunststoffkabel* bezeichnet, ihr Anwendungsbereich erstreckt sich von der *Nieder- bis zur Höchstspannungsebene* [24], [25], [26].

Im *Niederspannungsbereich* sind die einzelnen Leiter vornehmlich *sektorförmig* gestaltet und *eindrähtig* ausgeführt. Wie aus Bild 4.121 zu ersehen ist, wird dadurch eine kompakte Anordnung erreicht.

Als Leiterwerkstoff wird überwiegend Aluminium, jedoch auch Kupfer verwendet. In Bild 4.121 ist der Aufbau eines besonders häufig eingesetzten Kabels dargestellt. Die in diesem Bild sowie in den folgenden Abbildungen angeführten Normbezeichnungen werden später erläutert.

Allen Kabeltypen ist gemeinsam, daß die Leiter von einer Isolierung, der *Aderisolierung*, umgeben sind. Die Anordnung Leiter, Aderisolierung wird als *Ader* bezeichnet. Bei den zunächst betrachteten Niederspannungskunststoffkabeln besteht die Aderisolierung überwiegend aus PVC (Polyvinylchlorid). Mit zunehmender Tendenz wird jedoch auch VPE (Vernetztes Polyäthylen) eingesetzt, das eine höhere Wärmebelastbarkeit aufweist. Der im Niederspannungsbereich benötigte Neutralleiter (s. Abschnitt 3.1) wird üblicherweise als vierte Ader mitgeführt. Die vier Adern sind untereinander verseilt und nochmals durch eine weitere PVC-Isolierung, die *gemeinsame Aderumhüllung*, gegen Erde geschützt. Auf dieser Schicht befindet sich dann der *Mantel.* Er besteht meistens aus einer PVC-Mischung, die besonders widerstandsfähig gegen chemische und mechanische Belastungen ist. Daneben wird jedoch für den Mantel auch PE (Polyäthylen) verwendet. Dieser Kunststoff ist im Vergleich zu PVC noch stärker mechanisch beanspruchbar und weist zudem eine erheblich höhere Kältebeständigkeit auf.

Für Kabel mit *Nennspannungen ab 10 kV* sind die bisher kennengelernten Kabelelemente Leiter, Aderisolierung, gemeinsame Aderumhüllung und Mantel nicht ausreichend. So ist es notwendig, zwischen Leiter und Aderisolierung eine leitende Schicht – z.B. eine halbleitende Kunststoffschicht – zu legen, für die der Ausdruck *innere Leitschicht* verwendet wird. Dieses Kabelelement homogenisiert das elektrische Feld auf der Leiteroberfläche, dem Ort, wo die Feldstärke am größten ist (s. Abschnitt 4.5). Dadurch werden eventuelle Feldverdichtungen, die z.B. durch Materialunebenheiten entstehen, ausgeglichen.

Als weiteres Element wird auf die Aderisolierung eine *äußere Leitschicht* geschweißt, die

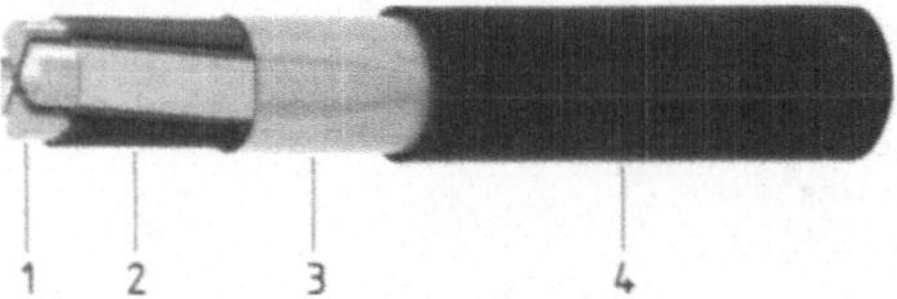

1: Aluminiumleiter, eindrähtig
2: Aderisolierung aus VPE oder PVC
3: gemeinsame Aderumhüllung
4: Mantel aus PE oder PVC

Bild 4.121
Aufbau eines vieradrigen Niederspannungskabels NA2XY-J oder NAYY-J mit sektorförmigen Leitern (0,6/1 kV)

wiederum leitfähig ist. Darüber befindet sich eine leitfähige Polsterschicht, die wiederum mit einem Kupferband, dem *Schirm*, umwickelt ist. Üblicherweise werden Schirm und Polsterschicht jeder Ader an den beiden Kabelenden geerdet; bei Kabeln unter 500 m Länge genügt eine einseitige Erdung. Da die drei übereinanderliegenden Schichten – äußere Leitschicht, Polsterschicht, Schirm – leitfähig sind, erzwingt die Erdung auch auf der innersten dieser Schichten, der äußeren Leitschicht, Erdpotential. Die Sternspannung fällt daher zwischen der inneren und äußeren Leitschicht ab und erzeugt nur in der Aderisolierung ein elektrisches Feld; durch den zylindrischen Aufbau ergibt sich ein Radialfeld. Generell werden alle Kabeltypen, bei denen diese Feldverhältnisse vorliegen, als *Radialfeldkabel* bezeichnet. Wie aus den Bildern 4.122 und 4.123 zu ersehen ist, werden solche Kabel sowohl drei- als auch einadrig ausgeführt. Ab 10 kV werden üblicherweise nur noch einadrige Ausführungen *(Einleiterkabel)* verwendet.

Die beschriebenen Maßnahmen bewirken eine *Feldsteuerung*. Damit wird bezweckt, Hohlräume außerhalb der Aderisolierung feldfrei zu halten. Sie treten besonders leicht an der Grenzfläche zwischen zwei Elementen, z.B. gemeinsame Aderumhüllung/Mantel, auf. Anderenfalls würden sich in diesen Hohlräumen infolge des ϵ_r-Sprunges bevorzugt Teilentladungen ausbilden, die das Kabel allmählich zerstörten [74].

Neben der Feldsteuerung erfüllen Schirm und Polsterschicht noch eine weitere Aufgabe. Sie besteht darin, im Betrieb die kapazitiven Ladungsströme und im Kurzschlußfall die Kurzschlußströme abzuleiten. Auf den Kupferschirm folgt bei mehradrigen Ausführungen wiederum eine gemeinsame *Aderumhüllung* und dann als Abschluß ein *Mantel*. Bei einadrigen Bauweisen wird der Schirm nicht mit einer Aderumhüllung, sondern mit einer *Trennschicht* versehen, die den Mantel vor der mechanischen Einwirkung des Schirmes schützt (Druckschutz).

Im Unterschied zu den Niederspannungskabeln besteht die Aderisolierung im Mittelspannungsbereich so gut wie immer aus VPE, das neben den beschriebenen Vorteilen außerdem niedrige dielektrische Verluste aufweist. Sein Verlustfaktor $\tan\delta$ ist nämlich

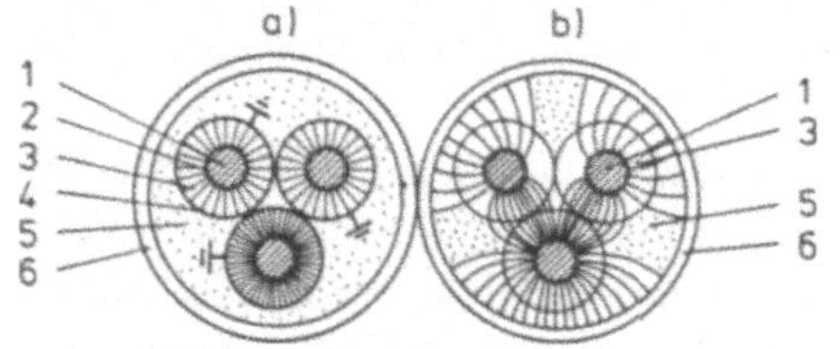

1: Leiter
2: innere Leitschicht
3: Aderisolierung
4: äußere Leitschicht, Polsterschicht, Schirm
5: gemeinsame Aderumhüllung
6: Mantel

Bild 4.122
Schematisierte Darstellung eines Radialfeldkabels (a) und einer Ausführung ohne Feldsteuerung (b)

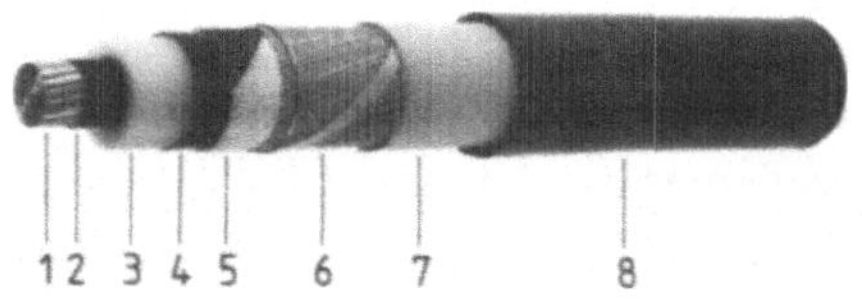

1: Aluminiumleiter, mehrdrähtig
2: innere Leitschicht
3: VPE-Isolierung
4: äußere Leitschicht
5: Quellvlies
6: Kupferschirm
7: Trennschicht (Füllmischung)
8: PE-Mantel

Bild 4.123
Aufbau eines einadrigen 10-kV-Kabels NA2XS2Y

im Vergleich zu PVC sehr viel kleiner. Gemäß der Beziehung $P_v \sim U_n^2 \cdot \tan\delta$ ist diese Verlustart mit steigender Nennspannung von zunehmender Bedeutung. Weiterhin wird im Mittelspannungsbereich für den Mantel anstelle von PVC überwiegend der Kunststoff PE gewählt. Über die bereits genannten Vorteile hinaus hat dieses Material die angenehme Eigenschaft, daß vergleichsweise wenig Wasser hindurchdiffundiert. In Kunststoffkabeln wird das Eindringen von Wasser umso kritischer, je höher die Aderisolierung durch das elektrische Feld beansprucht ist. Das Wasser diffundiert nämlich ebenfalls in die Aderisolierung ein, verästelt sich dort zu *water-trees*, die infolge der hohen Dielektrizitätskonstanten des Wassers das Radialfeld lokal verformen und Feldspitzen bewirken. Dadurch werden Teilentladungen begünstigt, die langfristig einen Durchschlag verursachen [74]. Besonders gefährlich wirken in diesem Sinne Beschädigungen im Mantel, die in der Praxis z.B. durch unsachgemäßes Verlegen des Kabels hervorgerufen werden. Bei der bisher kennengelernten Konstruktion würde sich das eindringende Wasser entlang des Schirms ausbreiten und weiträumig die beschriebenen Schäden auslösen. Abhilfe bietet z.B. ein Quellvlies oder -pulver, in das der Schirm eingebettet wird. Bei Eintritt von Wasser quillt es auf und beschränkt damit die Wasseraufnahme auf einen engen Bereich. Derartig ausgeführte Kabel werden als *längswasserdicht* bezeichnet.

Die bisher beschriebene Struktur der Mittelspannungs-Kunststoffkabel findet sich grundsätzlich auch bei den Ausführungen des *Hoch- und Höchstspannungsbereiches* wieder. Neben der naturgemäß stärkeren Isolierung sind noch zwei Besonderheiten zu beachten (Bild 4.124).

Um jegliche Gefährdung der feldmäßig vergleichsweise hoch belasteten Aderisolierung durch water-trees zu unterbinden, wird auch die Diffusion des Wassers durch den Mantel verhindert. Zu diesem Zweck wird eine Aluminiumfolie in den PE-Mantel eingebracht, die als Diffusionssperre wirkt (Schichtenmantel). Hoch- und Höchstspannungskabel sind, wie man sagt, auch *querwasserdicht* gestaltet.

Weiterhin ist zu beachten, daß einadrige Kabel im Unterschied zu den dreiadrigen Ausführungen in ihrer Umgebung ein relativ starkes Magnetfeld ausbilden. Dieses Feld ruft in der Schleife Schirm - Erde eine Wechselspannung hervor (Bild 4.125), die einen Strom treibt, sofern der Schirm – wie üblich – auf beiden Enden geerdet ist. Dieser Strom bewirkt zusätzliche Verluste, die zu einer geringeren Belastbarkeit des Kabels führen. Dieser Nachteil wird bei Kabeln der Mittelspannungsebene in Kauf genommen. Im Hoch- und Höchstspannungsbereich sind dagegen üblicherweise die Querschnitte und damit die Betriebsströme größer, die das Magnetfeld verursachen, so daß die Verluste nicht mehr tolerierbar sind. Sie lassen sich durch das Auskreuzen der Schirme senken (Bild 4.126).

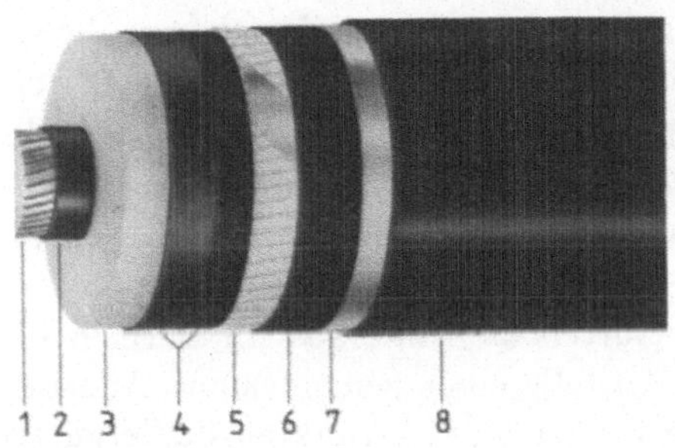

1: Kupferleiter, mehrdrähtig
2: innere Leitschicht
3: VPE-Isolierung
4: äußere Leitschicht
5: Kupferschirm
6: leitfähige Bänder
7: querwasserdichter Aluminium-Schichtenmantel
8: PE-Mantel

Bild 4.124
Aufbau eines VPE-Höchstspannungskabels 2XS(FL)2Y 1×800 RM/50 220/380 kV

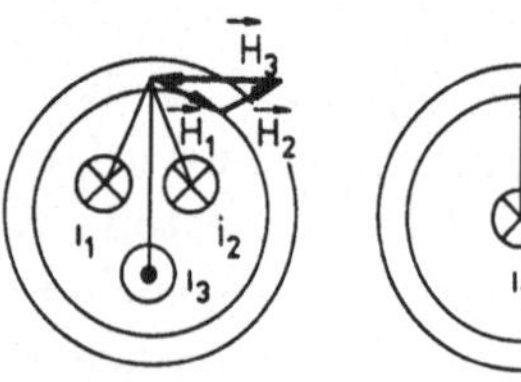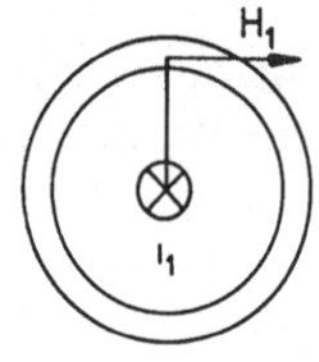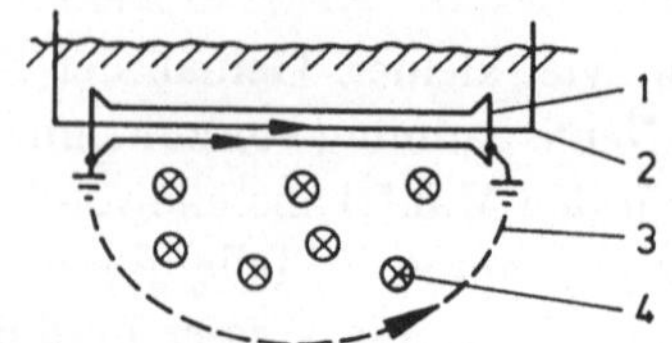

Bild 4.125

Feldverhältnisse bei einem drei- und einem einadrigen Kabel für
die Stromwerte $i_1 = \hat{I}/2$, $i_2 = \hat{I}/2$ und $i_3 = -\hat{I}$

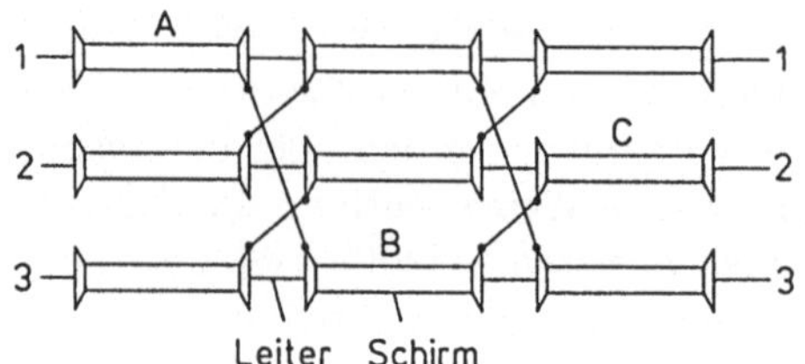

Bild 4.126

Auskreuzen der Schirme bei Einleiterkabeln

Die z.B. im Schirm A fließenden Ströme schließen sich zum großen Teil über die in Reihe
liegenden Schirme B und C. Sie überlagern sich den dort induzierten Strömen. Da diese
Ströme – wie die verursachenden Leiterströme – untereinander um 120° phasenverschoben sind, kompensieren sie sich weitgehend.

Im Nieder- und Mittelspannungsbereich verdrängen die Kunststoffkabel seit Anfang der
siebziger Jahre zunehmend die bis dahin eingesetzten *Massekabel*, die den Bereich bis
60 kV abgedeckt haben. Im Niederspannungsbereich werden seit Mitte der siebziger
Jahre kaum noch Massekabel verwendet, in der Mittelspannungsebene verläuft dieser
Prozeß gleitender. Außerdem stellen die Massekabel bei einer durchschnittlichen Lebensdauer von ca. 50 Jahren noch einen erheblichen Anteil an den bereits verlegten Netzen
dar. Diese Betrachtungen zeigen, daß auf Kenntnisse über diese Kabelart noch nicht
verzichtet werden kann.

Bei *Massekabeln* besteht die Isolierung nicht aus Kunststoff, sondern aus *ölgetränktem
Papier*. Die Verwendung einer Tränk*masse* hat zu dem Namen *Masse*kabel geführt.
Die Papier-Öl-Isolierung verliert im Vergleich zu Kunststoff sehr schnell ihre elektrische Festigkeit, wenn Feuchtigkeit in das Kabel eindringt. Zum Schutz dagegen werden
Aluminium- und vor allem Bleimäntel verwendet. Infolge ihrer Leitfähigkeit wirken sie
zugleich als Schirm. Beide Metalle sind jedoch nicht korrosionsfest und müssen daher
eine Schutzhülle erhalten.

Blei ist im Vergleich zu Aluminium mechanisch gering belastbar und weist ein hohes
Gewicht auf. Um die dadurch gegebene mechanische Beanspruchung aufzufangen, werden Bleimäntel in der Regel mit einer *Bewehrung* aus Stahl versehen. Sie ist ebenfalls
korrosionsanfällig und erfordert eine weitere Schutzhülle. Erwähnt sei, daß eine Bewehrung bei *Kunststoffkabeln* nur erforderlich ist, wenn besonders hohe Anforderungen an
die mechanische Belastbarkeit gestellt werden.

Die wichtigste Bauart der Massekabel stellt das Gürtelkabel dar, das im Bereich bis
einschließlich 10 kV eingesetzt wird (Bild 4.127). Anstelle einer gemeinsamen Aderisolierung werden die drei Adern bei diesem Kabeltyp von einem ölgetränkten Papiergürtel
gebündelt, so daß eine Feldsteuerung entfällt. Feldmäßig liegen damit die gleichen Verhältnisse wie in Bild 4.122b vor. Bei höheren Nennspannungen sind auch Massekabel als

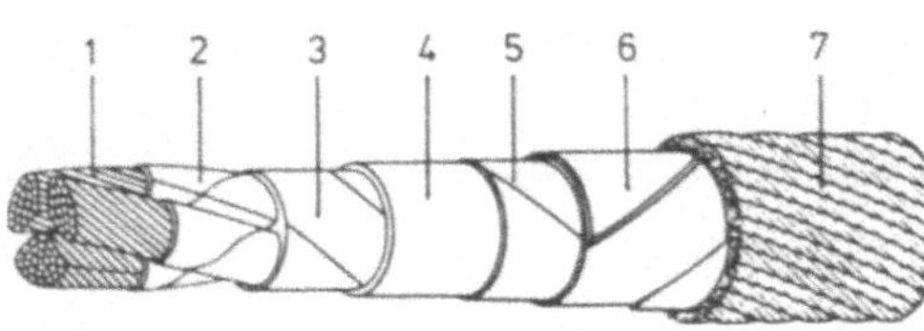

1: sektorförmiger Leiter, mehrdrähtig (Cu, Al)
2: getränkte Papierisolierung
3: Gürtelisolierung (Papier)
4: Bleimantel
5: innere Schutzhülle (Faserstofflagen in
   Tränkmasse)
6: Stahlbandbewehrung
7: äußere Schutzhülle (Jute)

Bild 4.127
Gürtelkabel NKBA bzw. NAKBA

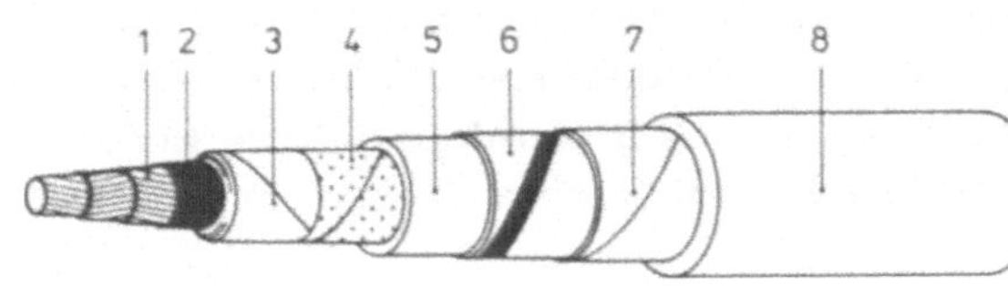

1: Hohlleiter mit Öl, mehrdrähtig (Cu, Al)
2: innere Leitschicht
3: getränkte Papierisolierung
4: äußere Leitschicht
5: Bleimantel
6: unmagnetische Druckschutzbandage
   (UD)
7: Bewicklung mit Bitumenpapier (E)
8: PVC-Mantel

Bild 4.128
Einleiterölkabel NÖKUDEY bzw. NÖAKUDEY

Radialfeldkabel ausgeführt worden. Als Beispiele seien das Höchstädter- und das Dreimantelkabel genannt, die im Bereich von 10 bis 30 kV eingesetzt wurden. Dort erfolgt die Feldsteuerung durch jeweils eine leitfähige Papierschicht oder – im Falle des Dreimantelkabels – durch einen zusätzlichen Metallmantel um jede Ader. Eine Weiterentwicklung der Massekabel stellen die Ölkabel dar, die im Hoch- und Höchstspannungsbereich bisher recht häufig verwendet worden sind [26].
Die Isolierung besteht ebenfalls aus ölgetränktem Papier. Zusätzlich wird jedoch von den Kabelenden her dünnflüssiges Öl in das Kabel gedrückt. Es dringt in eventuelle Hohlräume ein, so daß die Gefahr von Teilentladungen entfällt. In Bild 4.128 ist ein *Niederdruckölkabel* dargestellt; das Öl steht unter einem Druck bis zu 6 bar. Es handelt sich um eine Einleiterausführung. Der Ölkanal befindet sich im Leiter, der zu diesem Zweck als Hohlleiter ausgebildet ist. Bei starken Steigungen im Trassenverlauf oder, wenn längere Strecken ohne weitere Speisepunkte zu durchqueren sind, ist die gleichmäßige Verteilung des Öls gefährdet. In diesem Fall kann man auf Stickstoff übergehen, der bei einem Druck von ca. 15 bar ähnliche Isolationseigenschaften wie Öl aufweist [74]. Eine übliche Ausführung eines solchen *Gasdruckkabels* ist z.B. das *Gasinnendruckkabel*. Bei dieser Bauart werden drei papierisolierte Adern in ein Stahlrohr eingezogen, in das dann Stickstoff gepreßt wird.
Generell gilt für jeden Kabeltyp, daß eine Erwärmung über das zulässige Maß den Verlustfaktor $\tan\delta$ merklich erhöht. Dadurch vergrößern sich wiederum die dielektrischen Verluste, die einen weiteren Temperaturanstieg bedingen. Diese Wechselwirkung mündet schließlich in einem *Wärmedurchschlag*. Um einen solchen Wärmedurchschlag zu vermeiden, darf an der Leiteroberfläche eine zulässige Betriebstemperatur ϑ_b nicht überschritten werden [26], [74]. Sie beträgt z.B. 70 °C bei einer Isolierung aus PVC und 90 °C bei VPE. Aus der jeweiligen Grenztemperatur kann für jeden Kabeltyp ein maximaler, dauernd zulässiger Betriebsstrom I_d ermittelt werden, der für die praktische Anwendung in Tabellenform dargestellt wird. Für Nieder- und Mittelspannungskabel sind die zugehöri-

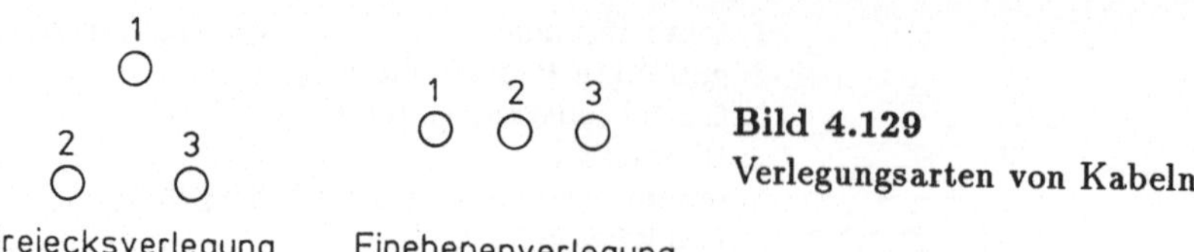

Bild 4.129
Verlegungsarten von Kabeln

gen Werte der DIN-VDE-Bestimmung 0298 zu entnehmen, wobei jedoch – im Unterschied zu Freileitungen – bestimmte Regeln zu beachten sind.

Die in Tabellen angegebenen Dauerströme I_d gelten nur dann, wenn eine Reihe von Normalbedingungen erfüllt sind. Sofern diese Bedingungen bei dem jeweiligen Anwendungsbereich nicht gelten, muß eine Anpassung über Umrechnungsfaktoren erfolgen. So werden bestimmte Belastungsgrade wie z.B. eine Dauer- oder eine EVU-Belastung (s. DIN VDE 0298) angenommen. Weiterhin sind u.a. der Wärmewiderstand des Bodens, die Legetiefe und die Anordnung der Kabel (Bild 4.129) zu beachten. Genauere Angaben

Tabelle 4.5 : Bezeichnung der Normkabel

Bauart-kurz-zeichen	Bedeutung	übliche Verwendung bei	
		Kunststoffkabeln	Kabeln mit Papierisolierung
Ö	Ölkabel		×
P,I	Gasdruckkabel		×
A	Aluminiumleiter	×	×
Y	PVC-Isolierung	×	
2X	VPE-Isolierung	×	
S	Schirm aus Kupfer	×	
(F)	Längswasserdichte Ausführung	×	
H	Höchstädter-Folie		×
K	Bleimantel		×
EK	mehrfacher Bleimantel (Dreimantelkabel)		×
KL	Aluminiummantel		×
Y	PVC-Mantel	×	×
2Y	PE-Mantel	×	×
(L)2Y	Querwasserdichte Ausführung (Schichtenmantel)	×	
B	Stahlband-Bewehrung		×
F	Stahlflachdraht-Bewehrung		×
R	Stahlrunddraht-Bewehrung		×
St	Stahlrohr		×
A	äußere Schutzhülle aus Jute		×

Kurzzeichen für Leiter	Bedeutung
S	sektorförmiger Leiter
R	runder Leiter
E	eindrähtiger Leiter
M	mehrdrähtiger Leiter

sind u.a. [5] und der DIN-VDE-Bestimmung 0298 zu entnehmen. Eine *Nichtbeachtung dieser Bestimmungen* kann zu einer Überbeanspruchung der Kabel und damit zu einer *Verkürzung der Lebensdauer* führen.

Für Normkabel hat sich eine einheitliche Bezeichungsweise ausgebildet. Danach wird der Kabelaufbau durch Buchstaben gekennzeichnet. Beginnend mit dem Buchstaben N, der aussagt, daß die Kabel den DIN-VDE-Bestimmungen entsprechen, sind die Abkürzungen in der Reihenfolge anzugeben, wie die Kabelelemente von innen nach außen auftreten. Dabei werden u.a. Kupferleiter, eine Isolierung aus getränktem Papier sowie bei Kunststoffkabeln innere und äußere Leitschichten nicht genannt. Die Bedeutung einiger wichtiger Kurzzeichen, die u.a. der DIN VDE 0298 entnommen sind, ist in dem oberen Teil der Tabelle 4.5 aufgeführt.

Die bei einigen Buchstaben auftretenden Klammern kennzeichnen gebräuchliche, aber noch nicht genormte Kurzzeichen. So beschreibt die Angabe N2XS(FL)2Y ein längs- und querwasserdichtes Hoch- oder Höchstspannungskabel.

Bei Niederspannungskabeln mit einem grün-gelb isolierten vierten Leiter (s. Abschnitt 12.5) wird noch die Bezeichnung -J ergänzt, z.B. NAYY-J. Zusätzlich zum Aufbau wird üblicherweise auch die Anzahl der Adern sowie der Leiterquerschnitt in mm^2 angegeben, z.B. 4×150. Zwei weitere Buchstaben aus dem unteren Teil der Tabelle 4.5 kennzeichnen, welche Form die Leiter aufweisen und ob sie ein- oder mehrdrähtig ausgeführt sind. Bei geschirmten Kabeln folgt hinter einem Schrägstrich der Querschnitt des Schirmes in mm^2. Den Abschluß der Normbezeichnung bildet die Bemessungsspannung in der Gestalt Sternspannung/Außenleiterspannung. Die vollständige Angabe für das 10-kV-Kabel in Bild 4.123 lautet somit z.B. NA2XS2Y 1×240 RM/25 6/10 kV.

Vollständigkeitshalber seien noch zwei wichtige Elemente des Kabelzubehörs beschrieben [27]. So werden zur Verbindung von Kabelstücken *Muffen* verwendet. Über spezielle Ausführungen, die Abzweigmuffen, läßt sich auch eine Verzweigung von Kabeln auf einfache

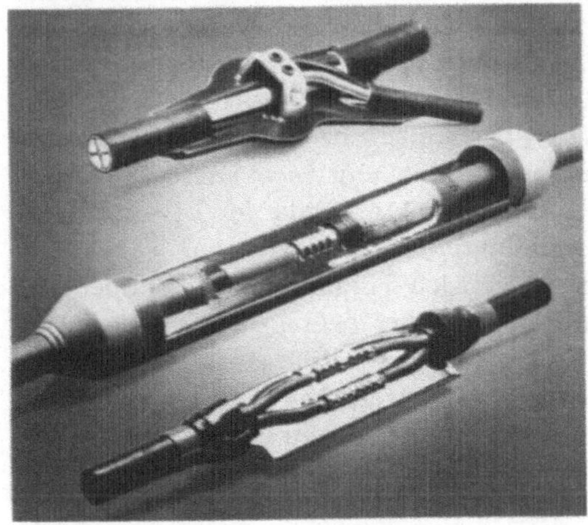

Bild 4.130
0,4-kV- und 10-kV-Kabelmuffen
oben: 0,4-kV-Abzweigmuffe
Mitte: 10-kV-Verbindungsmuffe für Einleiterkabel
unten: 0,4-kV-Verbindungsmuffe

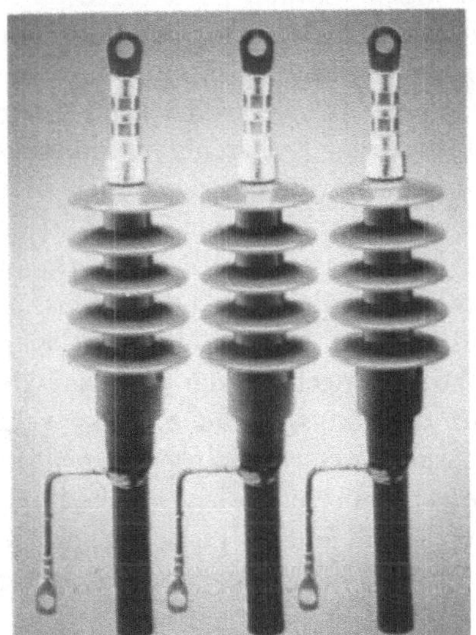

Bild 4.131
Endverschlüsse für
10-kV-Einleiterkabel

Weise erreichen. In Bild 4.130 sind verschiedene Ausführungsformen dargestellt. Der Anschluß der Kabel an Transformatoren oder der Übergang auf eine Freileitung erfolgt mit Hilfe von *Endverschlüssen* (Bild 4.131).

Nach diesen Erläuterungen ist es nun auch möglich, auf das Ersatzschaltbild und das Betriebsverhalten von Kabeln einzugehen.

4.6.2 Ersatzschaltbild und Betriebsverhalten von Drehstromkabeln

Physikalisch handelt es sich bei Kabeln ebenfalls um Leitungen. Das Ersatzschaltbild für Kabel weist daher die gleiche Struktur wie das für Freileitungen auf. Auf den Ableitwiderstand G' kann wiederum verzichtet werden. Die Ableitverluste, die im wesentlichen von den dielektrischen Verlusten gebildet werden, sind üblicherweise nur so groß, daß sie zwar bei Erwärmungs- und Wirkungsgradfragen zu beachten sind, nicht jedoch bei Betrachtungen über das Strom-Spannungs-Verhalten. Es resultiert damit das Ersatzschaltbild 4.132.

Mit dem im Abschnitt 4.5 entwickelten Freileitungsmodell sind die Leitungsparameter von Kabeln nicht in genügender Genauigkeit zu ermitteln, denn der magnetische Fluß zwischen den Leitern ist relativ klein, so daß die Feldanteile in den Adern und somit auch die Wirbelstromeffekte an Gewicht gewinnen. Die Leitungsbeläge sind dadurch im Vergleich zu Freileitungen stärker frequenzabhängig. Aus diesem Grunde decken die Ersatzschaltbilder in dieser Form nur den Bereich bis zu einigen 10 Hertz oberhalb der Netzfrequenz ab. Wie in Abschnitt 4.1 bereits dargestellt, verstärken sich durch die Wirbelströme für die höherfrequenten Anteile zunehmend die Verluste und damit auch die Widerstände. Dagegen verringern sich die Induktivitäten geringfügiger. Analytisch ist die Frequenzabhängigkeit der Leitungsbeläge aus einem komplizierten Differentialgleichungssystem zu bestimmen [87]. Meßtechnische Untersuchungen stellen eine andere Möglichkeit dar. Bereits für den im folgenden diskutierten 50-Hz-Bereich kann eine solche Widerstandserhöhung zum Tragen kommen.

Um diesen Einfluß zu erfassen, wird ein Längswiderstand in das Ersatzschaltbild eingeführt, der größer als der Gleichstromwiderstand ist. Üblicherweise berücksichtigt der angegebene Wert zusätzlich noch den Einfluß der Betriebstemperatur.

Die mit dem Längswiderstand in Reihe geschaltete Betriebsinduktivität ist bei Kabeln aufgrund der geringen Leiterabstände kleiner als bei Freileitungen der gleichen Spannungsebene. Sie verringert sich bei Dreileiterkabeln knapp um einen Faktor 3. Dieser Wert reduziert sich bei Einleiterkabeln etwa auf einen Faktor 2, da der Leiterabstand dort größer ist. Infolge der geringeren Betriebsinduktivität wirkt sich bei Kabeln die ohmsche Komponente stärker aus. Zugleich verkleinert sich dadurch die Längsimpedanz. Dies hat zur Folge, daß Kabel Kurzschlußströme schwächer begrenzen als gleich lange Freileitungen. Durch eine zusätzliche Maßnahme, das Vorschalten einer Drosselspule, kann die Längsimpedanz wieder vergrößert werden. Man bezeichnet diese Drosselspulen auch als *Kurzschlußdrosselspulen*, ihr Schaltzeichen ist Bild 4.133 zu entnehmen.

Die geringen Leiterabstände bedingen einerseits relativ niedrige Induktivitäts-, andererseits jedoch relativ große Kapazitätsbeläge. Sie werden noch dadurch erhöht, daß die Isolierung eine Dielektrizitätskonstante ϵ_r zwischen 2 und 4 aufweist. Eine Berechnung

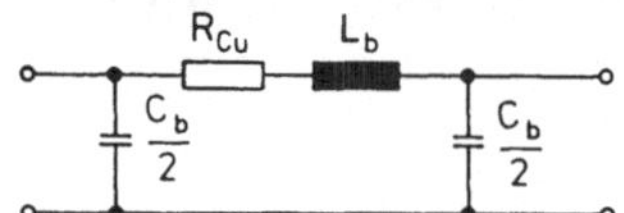

Bild 4.132
Ersatzschaltbild eines Kabels

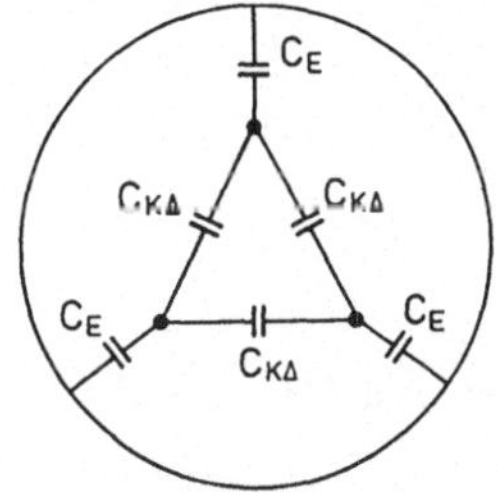

Bild 4.133
Schaltzeichen einer Kurzschlußdrosselspule

der Kapazitäten führt infolge vorhandener Fertigungstoleranzen nur zu orientierenden Ergebnissen. Die folgenden qualitativen Betrachtungen sollen den Zusammenhang zwischen den Teilkapazitäten und der Betriebskapazitäten veranschaulichen.

Bei Kabelausführungen wie NAYY, NAKBA liegen im Hinblick auf die Teilkapazitäten ähnliche Gegebenheiten vor wie bei einer Drehstromfreileitung (Bild 4.134). Für die Betriebskapazität gilt daher ebenfalls der Zusammenhang

$$C_b' = 3 \cdot C_{K\triangle}' + C_E' \ .$$

Ihr Wert liegt bei ca. 0,4 μF/km. Bei den Kabeln für höhere Nennspannungen, den Radialfeldausführungen und den einadrigen Kabeln, treten infolge der Erdungsmaßnahmen keine Koppelkapazitäten $C_{K\triangle}$ auf (Bild 4.135). Es gilt daher die Beziehung

$$C_b' = C_E' \ .$$

Die Betriebswerte werden bei diesen Bauarten allein durch die Erdkapazität festgelegt, die wiederum durch Stärke und Art der Aderisolierung bestimmt ist. Der Richtwert liegt bei ca. 0,2 μF/km.

Im Vergleich zu Freileitungen sind die Kapazitätsbeläge bei Kabeln hoch. Sie bewirken im Leerlauf einen merklichen kapazitiven Strom, den *Ladestrom*. Mit steigender Last verkleinert sich diese Blindkomponente, um im übernatürlichen Betrieb induktiv zu werden. Man bezeichnet das Verhalten im Leerlauf als *Selbstauslastung eines Kabels*. Wie sich mit einer Überschlagsrechnung schnell zeigen läßt, sind im Hochspannungsbereich Längen von 30 km kaum zu überschreiten, ohne daß der Ladestrom bei Teillast, insbesondere bei Leerlauf, zu große Verluste hervorruft. Sofern im Hochspannungsbereich längere Kabelverbindungen gewünscht werden, ist eine HGÜ zu empfehlen (vgl. Abschnitt 3.1). Im Mittelspannungsbereich ist infolge der niedrigeren Spannung der Ladestrom kleiner. Dort wird die Ausdehnung eines Ringes auf 10...20 km durch andere Restriktionen beschränkt (s. Kapitel 5).

Zur detaillierteren Beurteilung des Betriebsverhaltens stellt der Wellenwiderstand eine wichtige Größe dar. Im Unterschied zu Freileitungen ist bei Kabeln der ohmsche Längswiderstand nur in Ausnahmefällen zu vernachlässigen. Analog zu den Betrachtungen im Abschnitt 4.5 läßt sich auch für das Ersatzschaltbild 4.132 ein Wellenwiderstand berechnen. Er nimmt die Form

$$\underline{Z}_W = \sqrt{\frac{R' + j\omega L_b'}{j\omega C_b'}}$$

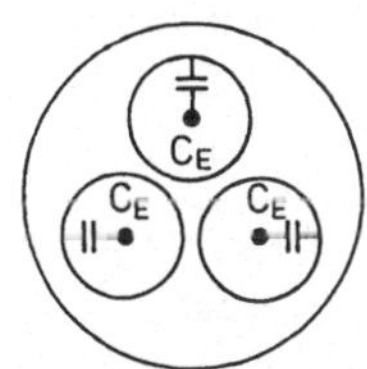

Bild 4.134
Gürtelkabel mit
Koppelkapazitäten $C_{K\triangle}$
und Erdkapazitäten C_E

Bild 4.135
Kapazitäten eines Radialfeldkabels

an. Mit den Werten $\omega L_b' = 0,2\,\Omega/\mathrm{km}$, $C_b' = 0,14\,\mu\mathrm{F/km}$ und dem Wechselstromwiderstand bei Betriebstemperatur $R_{W90}' = 0,13\,\Omega/\mathrm{km}$ (N2XS(FL)2Y 1×240 64/110 kV) erhält man aus dem obigen Ausdruck den komplexen Wert

$$\underline{Z}_W = 73,6 \cdot \mathrm{e}^{-j16,5^\circ}\,\Omega\ .$$

Die imaginäre Komponente beeinflußt den Betrag etwa um 8 %. Für eine erste orientierende Betrachtung des Betriebsverhaltens ist es daher gestattet, einen reellen Wellenwiderstand vorauszusetzen; eine genauere Darstellung ist [23] zu entnehmen. Wie aus dem obigen Zahlenbeispiel zu ersehen ist, nimmt der Wellenwiderstand bei Kabeln deutlich niedrigere Werte an als bei Freileitungen. Dementsprechend vergrößert sich die natürliche Leistung $P_{nat} = U_n^2/Z_w$. Sie rückt im Vergleich zu Freileitungen näher an die querschnittsabhänige, thermisch zulässige Leistung heran oder übersteigt sie sogar. Ähnlich wie bei den Freileitungen unterhalb der 110-kV-Ebene prägt sich auch bei Kabeln der Ferranti-Effekt nur schwach aus. Der Einsatz von Kompensationsdrosselspulen ist daher ebenfalls nicht notwendig.

Die bisherigen Betrachtungen erlauben es, auf einige betriebstechnische Vorteile einzugehen, die mit dem Einsatz von Kabeln verbunden sind. Kabel hinreichender Länge weisen eine große Querkapazität auf. Für Oberschwingungen stellt die Querkapazität eine niederohmige Reaktanz dar, über die sich die Oberschwingungen schließen. Einspeisung und Verbraucher belasten sich daher gegenseitig im geringeren Maße mit ihrem Oberschwingungsgehalt. Aus ähnlichen Gründen begrenzen Kabel auch solche Überspannungen, die infolge ihrer Kurzzeitigkeit sehr hochfrequent sind, wie z.B. Wanderwellen [88]. Aufgrund dieser Eigenschaften werden unabhängig von Kostengesichtspunkten die Leitungen zur Versorgung wichtiger Netzteile häufig – zumindest auf Teilstrecken – verkabelt.

Bisher sind die Erzeuger und die wesentlichen Übertragungseinrichtungen beschrieben worden. Im folgenden wird nun auf das letzte Glied dieser Kette, die Verbraucher, eingegangen.

4.7 Lasten

Die in den Energieversorgungsnetzen installierten Verbraucher verhalten sich meist ohmsch-induktiv. Sie sind in ihren Nennleistungen und Betriebsverhalten sehr unterschiedlich. Dabei werden von einer Netzeinspeisung meist mehrere Verbraucher versorgt, die summarisch als *Last* oder als *Verbraucherleistung* bezeichnet werden. Verbraucher, deren Nennleistung aus dem allgemeinen Niveau herausragt und die einen Einzelanschluß benötigen, werden im Unterschied dazu als *Punktlasten* bezeichnet (Bild 4.136). Gemeinsam ist allen Verbrauchern, daß sie parallel geschaltet werden. Punktlasten, z.B. große Motoren, stellen im allgemeinen dreiphasige, symmetrisch aufgebaute Verbraucher dar, die das Netz dementsprechend auch symmetrisch belasten. Die einphasigen Verbraucher des Niederspannungsnetzes werden, wie bereits im Abschnitt 3.1 dargestellt, zwischen einen Außenleiter und den Neutralleiter geschaltet. Von seiten der Netzplanung sind den einzelnen Außenleitern jedoch so viele Verbraucher zugeordnet, daß die Netz-

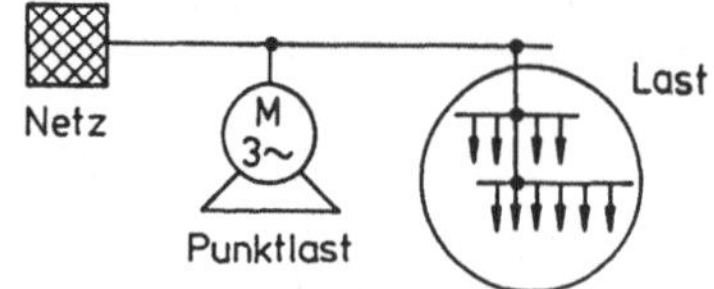

Bild 4.136
Veranschaulichung der Begriffe Last und Punktlast

einspeisungen aus dem Mittelspannungsnetz ebenfalls weitgehend symmetrisch belastet werden.

Aufgrund dieser symmetrischen Verhältnisse ist eine einphasige Darstellung der Verbraucher gerechtfertigt; die Last reduziert sich auf einen Zweipol, der im Nennbetrieb durch

$$Z_{nV} = \frac{U_{nV}}{\sqrt{3} \cdot I_{nV}} \qquad (4.125)$$

beschrieben wird. Der Index V kennzeichnet dabei die Werte an den Verbrauchern. Die Bestimmung der Nennspannung bzw. des Nennstroms sowie der Phasenverschiebung stellt bei Punktlasten kaum eine Schwierigkeit dar. Kompliziertere Verhältnisse ergeben sich jedoch bei Lasten, die aus vielen Verbrauchern bestehen, da diese ein stochastisches Verhalten aufweisen: Es sind nicht alle Verbraucher eingeschaltet, und außerdem werden sie häufig nur mit Teillast betrieben. Zur Kennzeichnung solcher Lasten ist es günstiger, mit den Wirk- und Blindleistungen der Verbraucher als mit ihren Eingangsimpedanzen zu operieren. Leistungen sind arithmetisch und nicht geometrisch zu addieren, so daß sie für die Anschauung zugänglicher sind.

Eine Einspeisung kann maximal mit der Summe der Nennleistungen belastet werden, die jeweils bei den installierten Verbrauchern auftritt. Diese Leistung wird als *Anschlußwert* P_A bezeichnet und beträgt bei k Verbrauchern

$$P_A = \sum_{i=1}^{k} P_{ni} \, . \qquad (4.126)$$

Bei Haushalten mit einem Elektroherd und einem Durchlauferhitzer beträgt der Anschlußwert etwa 21 kW. Normalerweise wird das Netz jedoch bei n Wohneinheiten nicht mit der Summe aller Anschlußwerte, sondern mit der erheblich geringeren Leistung

$$P = n \cdot g \cdot P_A \qquad (4.127a)$$

belastet. In diesem Ausdruck kennzeichnet die Größe g den *Gleichzeitigkeitsfaktor*, der berücksichtigt, daß nicht alle Wohnungen zur gleichen Zeit die volle Anschlußleistung nutzen. Häufig kann dieser Faktor durch den Zusammenhang

$$g = 0,07 + \frac{0,93}{n} \qquad (4.127b)$$

angenähert werden. Für andere Verbraucher wie z.B. Gewerbebetriebe sind andere Gleichzeitigkeitsfaktoren maßgebend. Grundsätzlich handelt es sich um eine Erfahrungsgröße, die von der Netzform sowie der Art und Anzahl der Verbraucher abhängt und aus zahlreichen Messungen gewonnen wird [28]. Neben der Wirkleistung P interessiert auch die Blindleistung Q zur Charakterisierung der Last. Ihr Leistungsfaktor $\cos\varphi$ läßt sich ebenfalls als Erfahrungswert hinreichend genau abschätzen; bei Haushalten beträgt er z.B. 0,9. Generell gilt dann

$$Q = P \cdot \tan\varphi \, . \qquad (4.128)$$

Die bisherigen Aussagen gelten für Nennverhältnisse. Zusätzlich beeinflussen noch stationäre Abweichungen von der Nennfrequenz f_n und der Lastnennspannung U_{nV} die stationäre Leistungsaufnahme der ohmsch-induktiven Last. Für die maximal möglichen Frequenzänderungen von wenigen Hertz und für Spannungswerte im Bereich von ca.

$0,8\,U_{nV} \leq U_{bV} \leq 1,2\,U_{nV}$ hat sich der folgende Produktansatz bewährt [30],[65]:

$$P = P(U_{bV}, f) = P_{nV} \cdot \left(\frac{U_{bV}}{U_{nV}}\right)^p \cdot \left(\frac{f}{f_n}\right)^{c_P} \tag{4.129a}$$

$$Q = Q(U_{bV}, f) = Q_{nV} \cdot \left(\frac{U_{bV}}{U_{nV}}\right)^q \cdot \left(\frac{f}{f_n}\right)^{c_Q} \tag{4.129b}$$

Eine im Nennpunkt (U_{nV}, f_n) linearisierte Form des Zusammenhangs (4.129a) ist bereits in Abschnitt 2.4.1.1 zur Kennzeichnung der Frequenzabhängigkeit von Wirklasten verwendet worden. Für die Exponenten p, q, c_P und c_Q gelten gemäß [66] üblicherweise folgende Bereiche:

$$0 \leq p \leq 2\,, \quad 0 \leq q \leq 2\,, \quad 0 \leq c_P \leq 1\,, \quad -1 \leq c_Q \leq 1\,. \tag{4.130}$$

Überwiegend bewegt sich in diesem Band auch die Lastcharakteristik solcher Verbraucher, deren Verhalten von eigenen Reglern geprägt wird. Für manche Verbraucher wie z.B. spezielle Industrie- oder blindstromkompensierte Anlagen (s. Abschnitt 4.8) weist der Exponent q durchaus merklich größere Werte als $q = 2$ auf.

Durch die Werte $p = q = 0$ werden Lasten mit einer konstanten Blind- und Wirk*leistungs*aufnahme gekennzeichnet. Demgegenüber erfassen die Exponenten $p = q = 1$ Lasten mit konstantem Wirk- und Blind*strom*bezug. Schließlich führt die Wahl von $p = q = 2$ auf Lasten mit konstanter ohmsch-induktiver *Impedanz*.

Eine konkrete Vorhersage, wie ein Versorgungsgebiet *summarisch* auf Frequenz- und Spannungsänderungen reagiert, ist jedoch aufgrund des stochastischen Lastverhaltens sehr schwierig. Messungen deuten darauf hin, daß die Mischwerte $p = 1$, $q = 2$, $c_P = 0,5$ und $c_Q = -1$ in normal strukturierten Versorgungsgebieten (*Mischlasten*) den Spannungs- und Frequenzeinfluß brauchbar erfassen [30], [66]. Angemerkt sei, daß außerhalb des oben angegebenen Spannungsbandes meßtechnische Untersuchungen in der Praxis nicht durchzuführen sind.

Die bisher diskutierte Spannungsabhängigkeit prägt die Lastmodelle sehr wesentlich: Bei stark belasteten Netzen senkt sich die Netzspannung ab. Bei Werten unterhalb der Nennspannung gilt für den Quotienten $(U_{bV}/U_{nV}) < 1$. Gemäß Gln. (4.129a,b) und (4.130) verringert sich dadurch wiederum die Leistungsaufnahme der Last, so daß die Spannungsabsenkung kleiner ausfällt. Die Spannungsabhängigkeit bewirkt gewissermaßen eine automatische Lastanpassung; demnach wird der in Abschnitt 2.4.1.2 beschriebene Selbstregeleffekt nicht nur durch die Frequenz, sondern auch von der Spannung beeinflußt. Da jedoch ein quantitativ verläßliches Lastmodell nicht zur Verfügung steht, berücksichtigt man diesen gutartigen Einfluß bei der Netzplanung nicht und betrachtet die Last als frequenz- und spannungsunabhängig. Für die Wahl der Exponenten folgt daraus $p = q = c_P = c_Q = 0$, so daß die Lasten durch die Bedingungen

$$P(U_{bV}, f) = P_{nV}\,, \quad Q(U_{bV}, f) = Q_{nV} \tag{4.131}$$

gekennzeichnet werden. Bei kurzschlußbehafteten Netzen sind für die Exponenten p und q andere Werte zweckmäßiger. Infolge des Kurzschlusses gilt dort stets $U_{bV} \leq U_{nV}$, so daß die Leistungsaufnahme der Verbraucher wegen der Spannungsabhängigkeit absinkt. Da die Lasten Querimpedanzen darstellen, wirken sie ähnlich wie ein Shunt und verringern somit den Kurzschlußstrom an der Fehlerstelle. Dieser Einfluß ist umso geringer, je

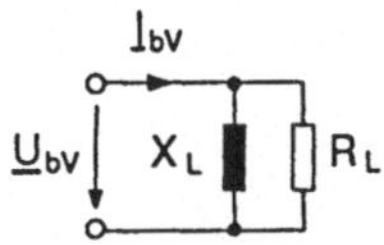

Bild 4.137
Nachbildung einer Mischlast durch
eine Parallelschaltung

kleiner die Wirk- und Blindleistungsaufnahme der Lasten – also je größer die Exponenten
p und q – gewählt werden. Für Kurzschlußstromberechnungen verwendet man daher die
Obergrenzen des in der Beziehung (4.130) angegebenen Bandes und setzt $p = q = 2$.
Mit dieser Wahl der Exponenten werden die Lasten zugleich als konstante Impedanzen
nachgebildet, die sich besonders einfach in die Kurzschlußstromberechnung einbeziehen
lassen. Angemerkt sei, daß über das stationäre Lastverhalten unterhalb des Wertes von
$0,8 \cdot U_{nN}$ keine Messungen vorliegen und daher dieser Ansatz in diesem Bereich auch nur
tendenzielle Aussagen liefern kann.
Besonders vorteilhaft ist dabei eine Netzwerkrealisierung in Form einer Parallelschaltung
(Bild 4.137), da die Zusammenhänge zwischen P, Q und den Netzelementen einfacher
als bei einer Reihenschaltung verknüpft sind:

$$R_L = \frac{U_{nV}^2}{P_{nV}} , \quad X_L = \frac{U_{nV}^2}{Q_{nV}} . \qquad (4.132)$$

Falls erforderlich, ist eine Umwandlung in eine Reihenschaltung mit Hilfe der Ausdrücke
$R_{LS} = R_L \cdot \cos^2 \varphi$ und $X_{LS} = X_L \cdot \sin^2 \varphi$ möglich, in denen die Größe φ den Phasenwinkel
der Last kennzeichnet. Es sei noch darauf hingewiesen, daß die beiden Realisierungen ver-
schiedene Frequenzgänge aufweisen. Daher beeinflussen sie das transiente Verhalten von
Netzen unterschiedlich. Überwiegend dämpft die Parallelschaltung Überspannungseffekte stärker ab als die Reihenschaltung. Die Auswirkungen der Lasten auf die stationären
Strom-Spannungs-Verhältnisse im Netz lassen sich innerhalb gewisser Grenzen durch den
Einbau von Kondensatoren steuern.

4.8 Leistungskondensatoren

Kondensatoren, die in Netzanlagen zum Verbessern des Leistungsfaktors eingesetzt werden, bezeichnet man als *Leistungskondensatoren*. Im Vergleich zu Synchronmaschinen,
die im übererregten Betrieb (s. Abschnitt 4.4) auf das Netz wie eine Kapazität wirken,
sind Leistungskondensatoren meist wirtschaftlicher. Auch von diesem Netzelement wird
zunächst wiederum der Aufbau beschrieben, um dann anschließend Einsatz und Auswirkungen auf den Netzbetrieb zu untersuchen.

4.8.1 Aufbau von Leistungskondensatoren

Elektrisch leitende Aluminiumfolien und Bahnen eines isolierenden Dielektrikums werden zu Rollen gewickelt (Bild 4.138). Die Dicke des Dielektrikums hängt dabei von der

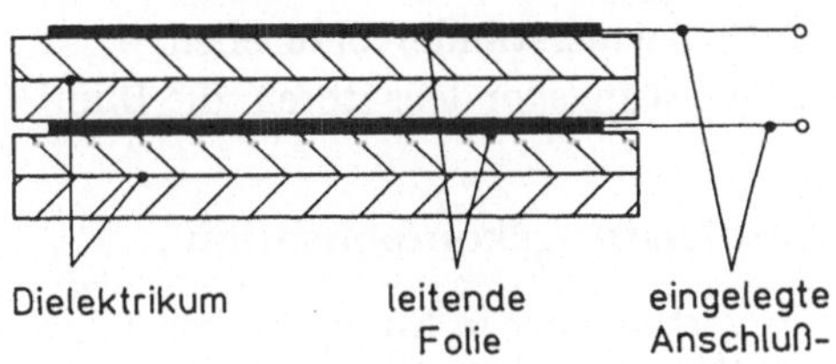

Bild 4.138
Querschnitt der Folien eines abgerollten
Kondensatorwickels

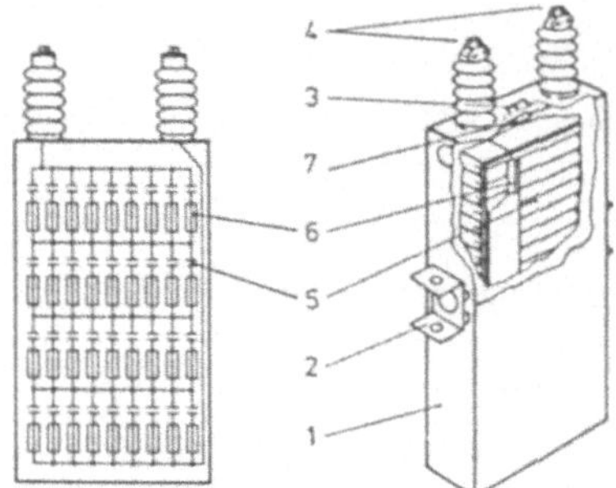

Bild 4.139
Aufbau eines Leistungskondensators
1: Gehäuse
2: Haltebügel
3: Leistungsschild
4: Durchführung
5: Wickel
6: Sicherung
7: Entladewiderstand

gewünschten Spannungsfestigkeit ab und ist – je nach Hersteller – unterschiedlich beschaffen. Bei neueren Ausführungen von Mittelspannungskondensatoren, den Folienkondensatoren, wird z.B. bereits ganz auf Papier als Dielektrikum verzichtet. Anstelle eines Mischdielektrikums aus Papier und Kunststofflagen werden nur noch Kunststoffolien verwendet. Diese Kondensatoren zeichnen sich durch besonders geringe Verluste von weniger als 0,5 W/kvar aus.

Die gewickelten Rollen werden im weiteren Fertigungsprozeß zu Flachwickeln gepreßt, mit Anschlüssen versehen und in einen Behälter eingesetzt. Sie werden je nach den Nenndaten über die Anschlüsse parallel oder in Serie geschaltet (Bild 4.139). Häufig werden die einzelnen Wickel durch sogenannte Wickelsicherungen geschützt. Die Behälter der meist einphasig ausgeführten *Kondensatoreinheiten* weisen eine hohe, schlanke Form auf. Die sich ergebende große Oberfläche bewirkt eine gute Abgabe der Wärme, die durch die dielektrischen Verluste entstehen. Die Behälter werden so hergestellt, daß keine Feuchtigkeit oder Luft eindringen kann. Anderenfalls würden sich im Dielektrikum Inhomogenitäten ausbilden, die bei Überlastung zu Teilentladungen und in einem weiteren Stadium zu Durchschlägen neigen. Diese Störungen können zu einem Ausfall einzelner Wickel oder sogar des ganzen Kondensators führen.

Reichen die Anschlußwerte U_n, I_n einer Kondensatoreinheit für den Anwendungszweck nicht aus, werden eine Reihe von Kondensatoreinheiten analog zu den Wickeln in Serie oder parallel geschaltet. Diese Anordnung wird dann als *Kondensatorbatterie* bezeichnet. Eine Möglichkeit, Fehler in den Kondensatoreinheiten zu erkennen, besteht darin, eine Brückenschaltung zu wählen und die Kondensatorbatterie in zwei Teilbatterien aufzuteilen. Jede Teilbatterie wird in Stern geschaltet. Die beiden Sternpunkte werden über einen Leiter miteinander verbunden. Im Normalbetrieb ist dieser Leiter weitgehend stromlos. Sofern ein größerer Strom fließt, liegt ein Defekt vor.

Bei Kondensatoren ist darauf zu achten, daß diese unter Umständen auch nach dem Abschalten vom Netz noch eine Ladung aufweisen. Insbesondere Kondensatoren größerer Leistung können nach dem Abschalten noch zu Gefährdungen führen, wenn sie von *einem Menschen berührt werden.* Deshalb werden Leistungskondensatoren mit Einrichtungen ausgerüstet, die in einer angemessenen Zeit eine Entladung bewirken (s. DIN VDE 0560). Eine Möglichkeit besteht z.B. darin, hochohmige Entladewiderstände vorzusehen.

Im folgenden wird auf den Anwendungsbereich dieser Leistungskondensatoren, die Blindleistungskompensation, eingegangen.

4.8.2 Grundsätzliche Erläuterungen zur Blindleistungskompensation

Wie bereits im Abschnitt 4.7 erläutert, benötigen die Verbraucher in Energieversorgungsnetzen nicht nur Wirkleistung, sondern zum Aufbau ihrer magnetischen Felder auch in-

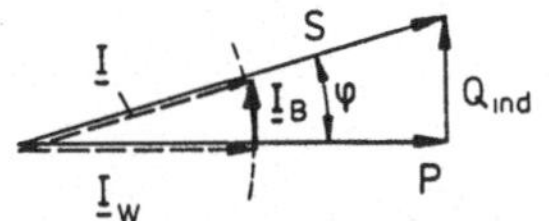

Bild 4.140
Leistungsverhältnisse

duktive Blindleistung. Die Blindleistung muß bekanntlich von den Generatoren gedeckt werden. Wenn die Leistungsfaktoren kleiner als 0,9 sind, führt die Blindleistung zu merklich größeren Strömen und damit zu erhöhten Verlusten in den Leitungen. Dieser Sachverhalt ist noch einmal in Bild 4.140 dargestellt.

Die von den Verbrauchern benötigte Blindleistung kann jedoch nicht gesenkt werden, ohne daß deren magnetische Felder geschwächt und damit das Betriebsverhalten gestört wird. Wenn jedoch möglichst nahe an den Verbrauchern Kondensatoren eingebaut werden, können die Generatoren von der Blindleistungslieferung entlastet werden, ohne daß sich die Blindleistungsverhältnisse bei den Verbrauchern ändern. Dieses Verhalten beruht darauf, daß Kondensatoren zum Aufbau ihrer elektrischen Felder eine kapazitive Blindleistung benötigen, die, wie aus Bild 4.141 hervorgeht, zu einer Senkung – einer Kompensation – der induktiven Blindleistung führt.

Grundsätzlich gibt es die beiden Möglichkeiten, die Kondensatoren parallel oder in Reihe mit der Last zu schalten. Normalerweise wird in Energieversorgungsnetzen aus technischen und wirtschaftlichen Gründen die *Parallelschaltung* zur Kompensation verwendet. Ein wesentlicher Grund besteht z.B. darin, daß bei einer Reihenschaltung im Kurzschlußfall sehr hohe Ströme durch die Kondensatoren fließen können, die dort einen entsprechend hohen Spannungsabfall zur Folge haben. Die eingesetzten Kondensatoren müßten im Hinblick auf ihre Spannungsfestigkeit im Vergleich zum Normalbetieb entweder stark überdimensioniert werden, oder es wäre ein zusätzlicher Schutz vorzusehen.

Sofern nicht kompensiert wird, führt der größere Blindleistungsanteil zu einer erhöhten Leitungsauslastung und damit zu größeren Leitungsverlusten. Die Deckung der zusätzlichen Verluste bedingt wiederum einen erhöhten Brennstoffverbrauch in den Kraftwerken. Um den Blindleistungsanteil gering zu halten, wird die Blindleistung von den Energieversorgungsunternehmen in der Tarifgestaltung gesondert berücksichtigt.

Unterhalb eines bestimmten Leistungsfaktors $\cos\varphi$ – z.B. $\cos\varphi_s = 0,96$ – wird die Scheinleistung $P/\cos\varphi$ anstelle der Wirkleistung berechnet. Für $\cos\varphi > \cos\varphi_s$ wird nur die Wirkleistung bewertet, da sie in diesem Bereich die Größe des Stroms festlegt. Aus diesem Grunde ist eine vollständige Kompensation nicht wirtschaftlich. Sie wird vielmehr nur bis zu einem Rest Q_r durchgeführt, bei dem sich gerade der Leistungsfaktor $\cos\varphi_s$ einstellt. Entsprechend Bild 4.141 muß der Kondensator dann die Blindleistung

$$Q_c = Q_{ind} - Q_r \qquad \text{bzw.} \qquad Q_c = P \cdot (\tan\varphi - \tan\varphi_s)$$

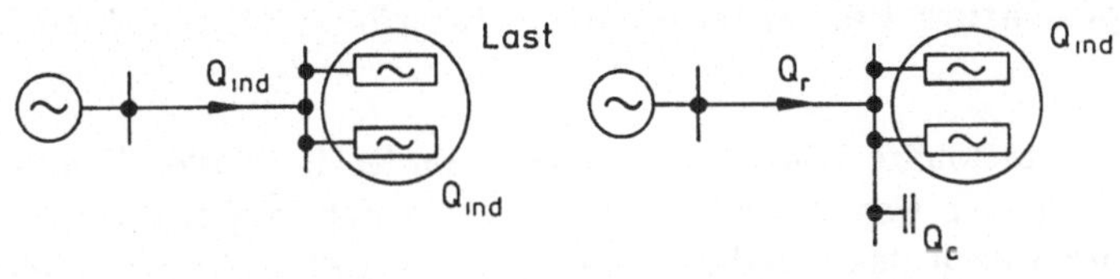

Bild 4.141
Prinzip der
Blindleistungskompensation

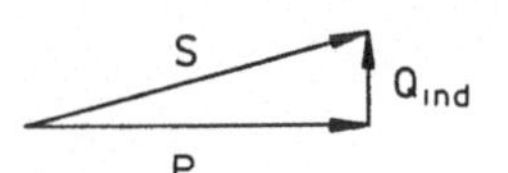

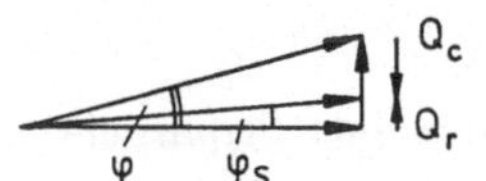

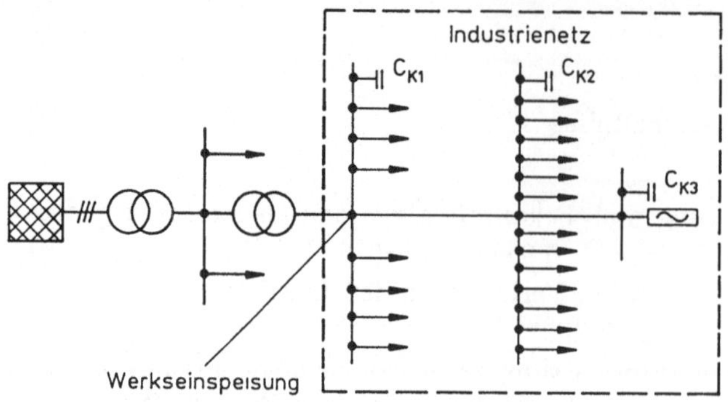

Bild 4.142

Schema einer Zentral-, Gruppen-
und Einzelkompensation

C_{K1}: Zentralkompensation
C_{K2}: Gruppenkompensation
C_{K3}: Einzelkompensation

zur Verfügung stellen. Eine Kondensatoranlage in Sternschaltung liefert eine Blindleistung in Höhe von

$$Q_{cY} = 3 \cdot \left(\frac{U_n}{\sqrt{3}}\right)^2 \cdot \omega C = U_n^2 \cdot \omega C \, , \tag{4.133}$$

bei einer Dreieckschaltung mit gleicher Kapazität erhält man dagegen einen dreimal so großen Wert. Sofern ein Kondensator spannungsmäßig sowohl für eine Stern- als auch eine Dreieckschaltung ausgelegt ist, erweist sich die Wahl der Dreieckschaltung als kostengünstiger.

Kompensationsanlagen werden vornehmlich in Industrienetzen bis 30 kV eingesetzt. In diesen Netzen befinden sich meist zahlreiche Motoren, die einen relativ hohen Blindleistungsbedarf zur Folge haben. Wenn jeweils nur der einzelne Verbraucher kompensiert wird, so spricht man von einer *Einzelkompensation*. Sofern eine Kondensatoranlage für eine Gruppe bzw. für alle Verbraucher des Werkes zuständig ist, verwendet man dafür den Ausdruck *Gruppen- bzw. Zentralkompensation*. Genauere Ausführungen dazu sind u.a. [31] zu entnehmen. In Bild 4.142 sind diese Begriffe noch einmal veranschaulicht.

In allen Fällen ist bei der Dimensionierung der Kondensatoranlagen darauf zu achten, daß – z.B. bei Teillast – nicht der Fall $Q_c > Q_{ind}$ auftritt. Man bezeichnet diesen Zustand als *Überkompensation*. Als Folge davon können sich betriebsfrequente Spannungserhöhungen einstellen, die u.a. auf Reihenresonanzen beruhen, ähnlich dem Ferranti-Effekt. Bei einer Zentralkompensation umgeht man diese Gefahr überwiegend dadurch, daß man einen Regler vorsieht. Dieser schaltet jeweils nur so viele Kondensatoreinheiten ans Netz, daß ein vorgegebener Sollwert $\cos\varphi_s$ nicht überschritten wird.

Weitere Gesichtspunkte bei der Auslegung von Kompensationsanlagen sind zu beachten, wenn in der Netzanlage kräftige Oberschwingungen vorhanden sind.

4.8.3 Blindleistungskompensation bei Netzen mit parasitären Oberschwingungen

In einem geringen Maße werden stationäre Oberschwingungen von leerlaufenden Transformatoren parasitär erzeugt [79]; der wesentliche Anteil rührt jedoch von Stromrichteranlagen her, die im folgenden durch das Schaltzeichen in Bild 4.143 gekennzeichnet werden.

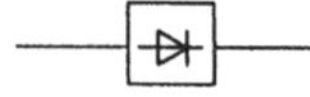

Bild 4.143
Schaltzeichen einer Stromrichteranlage

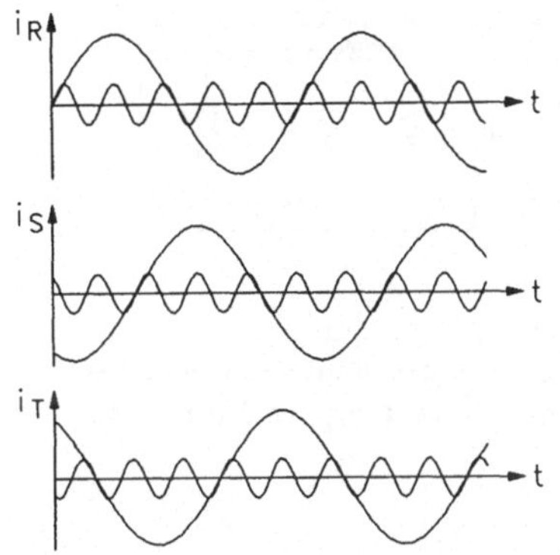

Bild 4.144
Grundschwingung mit 5. Oberschwingung beim
ungestörten Dreileitersystem

Die in den einzelnen Leitern phasenverschobenen Grundschwingungen sind mit den Oberschwingungen in der Weise verbunden, wie es Bild 4.144 zu entnehmen ist. Die Oberschwingungen sind im allgemeinen auch wieder untereinander phasenverschoben. Die Frequenz dieser Oberschwingungen beträgt stets ein ganzzahliges Vielfaches ν der Netzfrequenz ω. Die einzelnen Anlagen erzeugen abhängig von ihrem Aufbau meist nur einen Teil dieser Frequenzen. Bei einem ungestörten Dreileitersystem – das im folgenden nur betrachtet wird – können sich die durch 3 teilbaren Frequenzen dieses Spektrums *nicht* ausbilden, da sie untereinander gleichphasig verlaufen und sich nicht, wie erforderlich, im Sternpunkt zu Null ergänzen. Die übrigen Oberschwingungen des Frequenzspektrums können in einem Dreileitersystem jedoch auftreten, da sie *untereinander* wiederum um $\pm 120°$ phasenverschoben sind [23]. Bei den Oberschwingungen bis etwa 1 kHz bewegt sich deren Amplitude bei Nennbetrieb im Prozentbereich der Nennströme. Es wird angestrebt, den Effektivwert der einzelnen Oberschwingungsspannungen zu begrenzen, da sonst erfahrungsgemäß das Betriebsverhalten anderer Netzelemente beeinträchtigt wird. Für die wichtigsten Oberschwingungen mit $\nu = 5, 7, 11, 13$ gelten die Richtwerte

$$U_5 , U_7 \leq 0,05 \cdot U_{nN} , \quad U_{11} , U_{13} \leq 0,03 \cdot U_{nN} . \tag{4.134}$$

Bereits Oberschwingungen in dieser Größenordnung können jedoch einen Ausfall von Kompensationsanlagen herbeiführen, wenn die Kondensatoren in der bisher kennengelernten Weise zur Kompensation eingesetzt würden. Die Ursachen für dieses Verhalten werden anhand der speziellen Anlage in Bild 4.145 erläutert.

Da Stromrichteranlagen – insbesondere bei Teillast – einen schlechten Leistungsfaktor für die 50-Hz-Grundschwingung aufweisen, ist eine Kompensation meist unumgänglich. In dem Beispiel soll die Kompensationsanlage zusammenfassend durch die Kapazität C_K beschrieben werden. Zunächst ist für diese Aufgabenstellung wiederum ein Ersatzschaltbild der Anlage aufzustellen. Da die betrachteten Oberschwingungen in allen drei Leitern entsprechend der Grundschwingung symmetrisch zueinander auftreten, ist auch bei diesen Vorgängen wiederum eine *einphasige Beschreibung* der Netzanlage zulässig. Im weiteren erfolgen noch einige vereinfachende Annahmen, die jedoch in der praktischen

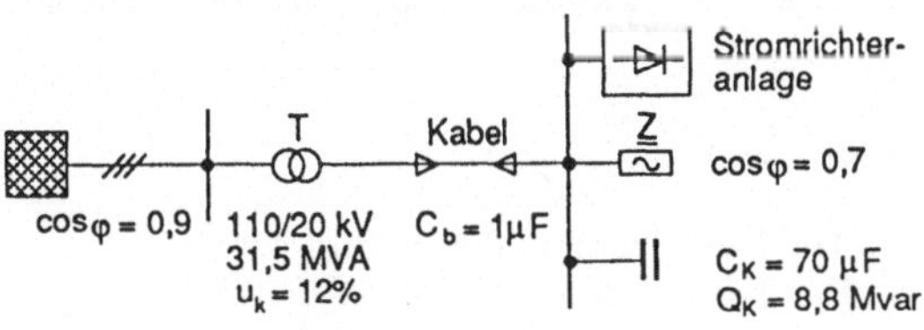

Bild 4.145
Netzschaltung mit Stromrichteranlage
und Kompensation
T: Transformator; $\underline{Z}$: Verbraucher
C_K: Kompensationskondensator

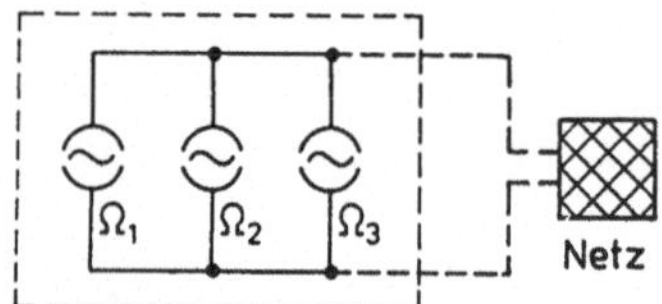

Bild 4.146

Stationäres Ersatzschaltbild einer
Stromrichteranlage

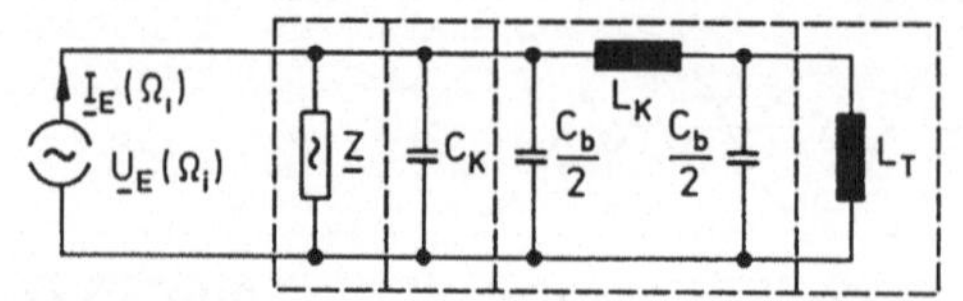

Bild 4.147

Von den Anschlußklemmen der
Stromrichteranlage aus gesehenes einphasiges
Ersatzschaltbild der Netzanlage in Bild 4.145

Projektierung – insbesondere von Industrienetzen – zulässig sind.

In der Leistungselektronik wird gezeigt, daß das *stationäre Oberschwingungsverhalten*
von Stromrichteranlagen hinreichend genau beschrieben wird, wenn den interessierenden
Oberschwingungen im Ersatzschaltbild jeweils eine konstante Stromquelle zugeordnet
wird [33]. Es werden dann so viele Quellen parallel geschaltet, wie Oberschwingungen
berücksichtigt werden sollen (Bild 4.146). Die Stromstärke dieser Quellen entspricht dabei den Oberschwingungsströmen der nachzubildenden Betriebsverhältnisse, also üblicherweise dem Nennbetrieb.

Im weiteren wird bei allen Netzelementen der Anlage Linearität und damit die Gültig-
keit des Überlagerungsprinzips vorausgesetzt. Darüber hinaus wird angenommen, daß bei
ruhenden Betriebsmitteln für die Oberschwingungen die gleichen Induktivitäts- und Ka-
pazitätswerte wirksam sind wie für die Grundschwingung. Diese Bedingung ist – mit
Ausnahme von Kabeln – für den relevanten Oberschwingungsbereich bis ca. 1 kHz erfüllt. Aus Transparenzgründen werden die ohmschen Verluste in dem untersuchten Beispiel nicht einbezogen. Man erhält dann das Ersatzschaltbild 4.147. Da das Überlagerungsprinzip gültig ist, kann das Netzwerk zunächst so durchgerechnet werden, als ob
jeweils nur eine Stromquelle vorhanden sei. Mit der komplexen Rechnung erhält man für
jede der i Stromquellen den Zusammenhang

$$\underline{U}_E(\Omega_i) = \underline{Z}_E(\Omega_i) \cdot \underline{I}_E(\Omega_i) \quad \text{mit} \quad i = 1, 2, \dots \ .$$

Daraus lassen sich die Zeitverläufe ermitteln. Ihre Überlagerung ergibt den resultierenden
Oberschwingungsstrom, der sich zusätzlich zur Grundschwingung ausbildet.

Diese Rechnungen lassen sich in diesem speziellen Beispiel noch weiter vereinfachen, wenn
die Last als hochohmig angesehen und die Kabelinduktivität vernachlässigt werden kann.
Bei diesen Annahmen können die Kabelkapazitäten und Blindleistungskondensatoren zu
einer einzigen Kapazität C_R zusammengefaßt werden. Es ergibt sich das Ersatzschaltbild
4.148.

Es handelt sich um einen Parallelresonanzkreis, dessen Resonanzfrequenz bei Industrienetzen normalerweise zwischen 0,2 kHz und 2 kHz liegt. In diesem Frequenzbereich liegen
ebenfalls die eingeprägten Oberschwingungsströme. Die Eingangimpedanz der Anlage

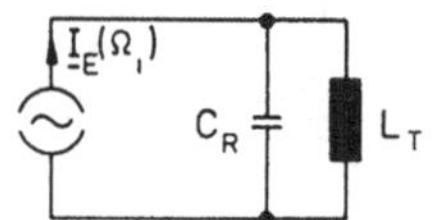

Bild 4.148
Vereinfachtes Ersatzschaltbild der Netzanlage in Bild 4.145

ermittelt sich zu

$$\underline{Z}_{E_.} = j\Omega_i L_T \parallel \frac{1}{j\Omega_i C_R} = \frac{L_T/C_R}{j\left(\Omega_i L_T - \frac{1}{\Omega_i C_R}\right)} \; .$$

Fällt nun die Frequenz Ω_i eines eingeprägten Oberschwingungsstroms zufällig mit der Resonanzfrequenz der Anlage zusammen, so gilt der Zusammenhang

$$\Omega_i L_T \approx \frac{1}{\Omega_i C_R} \; .$$

Die Eingangsimpedanz weist dann einen Pol auf, d.h. sie nimmt sehr hohe Werte an. Aufgrund des ohmschen Gesetzes

$$\underline{U}_i = \underline{Z}_{E_.} \cdot \underline{I}_i$$

treten dann auch hohe Spannungen auf. Physikalisch ist die Ursache darin zu sehen, daß der eingeprägte Oberschwingungsstrom mit der Resonanzfrequenz Ω_i im Netz starke Schwingkreisströme anregt. Für die anderen Oberschwingungsströme tritt dieser Effekt nur schwach auf, da ihre Frequenzen hinreichend weit von der Resonanzstelle entfernt liegen. Es ist nur eine wesentlich geringere Eingangsimpedanz wirksam.

In der Praxis treten infolge der vorhandenen Dämpfung geringere Ströme auf, als mit diesem Modell berechnet werden. Wie Messungen zeigen, sind Werte von $0,4 \cdot I_n$ jedoch keine Seltenheit. Eine Auswertung von Ersatzschaltbildern, bei denen die Dämpfung berücksichtigt wird, zeigt weiterhin, daß sich die *Vernachlässigung der Dämpfung bei technischen Verhältnissen nur relativ schwach auf die Genauigkeit der Resonanzfrequenzen auswirkt*, deren Kenntnis vor allem für die weitere Gestaltung der Kompensationsanlage interessiert [33], [34].

Die beschriebene Systemantwort des Netzes auf die Oberschwingungsanregung in Form von Schwingkreisströmen wird sinnvollerweise als *Netzrückwirkung* bezeichnet. Dieses Verhalten führt zu einer zusätzlichen Belastung der gesamten Anlage. Erfahrungsgemäß fallen dabei im besonderen Maße die Kondensatoren aus. Um solchen Ausfällen vorzubeugen, müssen die Kondensatoren von seiten des Herstellers gemäß DIN VDE 0560 bereits im Dauerbetrieb die folgenden Bedingungen erfüllen:

$$I_{zul} \geq 1,3 \cdot I_{nK} \; , \quad U_{zul} \geq 1,1 \cdot U_{nK} \; . \tag{4.135}$$

Wenn diese Sicherheit nicht ausreicht, ist Abhilfe u.a. dadurch möglich, daß man den für die Kompensation gedachten Kondensatoren C_K eine Filterdrosselspule vorschaltet, die in Bild 4.149 mit L_F bezeichnet wird. Der dann vorliegende Reihenschwingkreis aus C_K, L_F wird auf die gefährliche Anregung Ω_i abgestimmt. Er weist das in Bild 4.150 skizzierte Frequenzverhalten auf, wie sich auch analytisch schnell zeigen läßt.

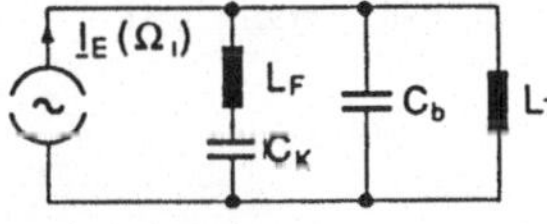

Bild 4.149
Begrenzung der Netzrückwirkung durch Einbau von Filterdrosselspulen

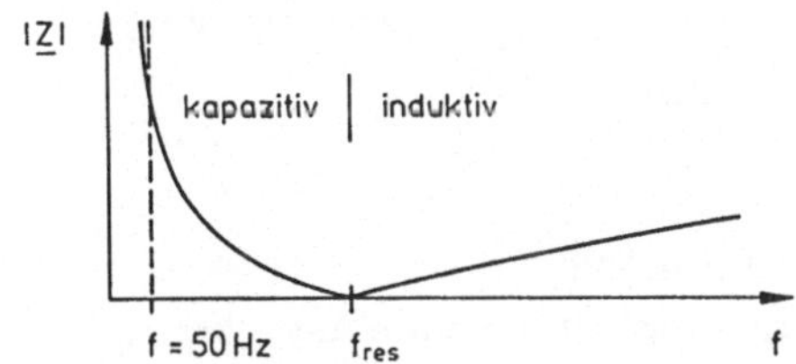

Bild 4.150
Eingangsimpedanz des Filterkreises L_F, C_K

Die Eingangsimpedanz des gesamten Kreises nimmt für diese Frequenz den Wert Null an; der Reihenschwingkreis schließt die Oberschwingung, auf die er abgestimmt ist, wegen $\Omega_i \cdot L_F = 1/(\Omega_i \cdot C_R)$ kurz. Die Verhältnisse bei der Netzfrequenz ω werden von der zusätzlich eingebauten Drosselspule L_F kaum beeinflußt, da

$$\omega L_F \ll \frac{1}{\omega C_K}$$

gilt. Dieser Zusammenhang ist ebenfalls Bild 4.150 zu entnehmen. Die *Kompensationswirkung* der Kondensatoren in bezug auf die Grundschwingung wird also durch die zusätzlich installierte Drosselspule kaum gemindert.

Bei zentral kompensierten Anlagen wird normalerweise eine Regelung der Kapazität C_K vorgesehen. Die Resonanzfrequenz verändert damit je nach Blindleistungsbedarf bzw. eingestellter Kapazität ihren Wert, so daß dementsprechend noch weitere Oberschwingungen für die Anlage gefährlich werden können. Erst ab 1000 Hz sind ihre Amplituden bei den üblichen Stromrichteranlagen so klein, daß sich keine gefährlichen Verhältnisse mehr ergeben können.

Aus diesen Gründen ist es bei solchen Anlagen häufig notwendig, für mehrere Oberschwingungen solche Reihenschwingkreise vorzusehen. Zu diesem Zweck wird die Kompensationsanlage in mehrere parallele Kondensatorgruppen aufgeteilt, denen dann jeweils eine Induktivität vorgeschaltet wird. Die Drosselspulen werden so dimensioniert, daß die Resonanzfrequenz von jedem dann vorliegenden Reihenschwingkreis mit einer der gefährlichen Oberschwingungen übereinstimmt (Bild 4.151).

In diese Betrachtungen sind auch die verschiedenen Schaltzustände einer Anlage einzuschließen. Ebenfalls sind *größere Motoren*, meist Asynchronmotoren, zu berücksichtigen, da sie für Oberschwingungen eine *relativ niedrige Eingangsimpedanz* aufweisen: Die Oberschwingungen erzeugen Ständerdrehfelder, die aufgrund ihrer Frequenz eine andere Umlaufgeschwindigkeit als das Grundfeld aufweisen (s. Abschnitt 4.4). Sie werden daher durch den Kurzschlußläufer abgedämpft. Demnach sind nur die Streureaktanzen wirksam (Bild 4.152). Aus ähnlichen Gründen beträgt die *Eingangsreaktanz für Oberschwingungen bei Synchronmaschinen* X_d'', sofern, wie üblich, ein Sternpunktleiter nicht angeschlossen ist.

Wenn diese Gesichtspunkte berücksichtigt werden, ergeben sich häufig kompliziertere Ersatzschaltbilder als im untersuchten Beispiel. In solchen Fällen wird eine Schaltungsanalyse am zweckmäßigsten mit Hilfe von Rechnern durchgeführt.

Bei der bisher kennengelernten Methode wird die Kondensatorbatterie zu einzelnen Filterkreisen ausgebildet. Daneben ist auch eine andere Maßnahme zur Vermeidung von

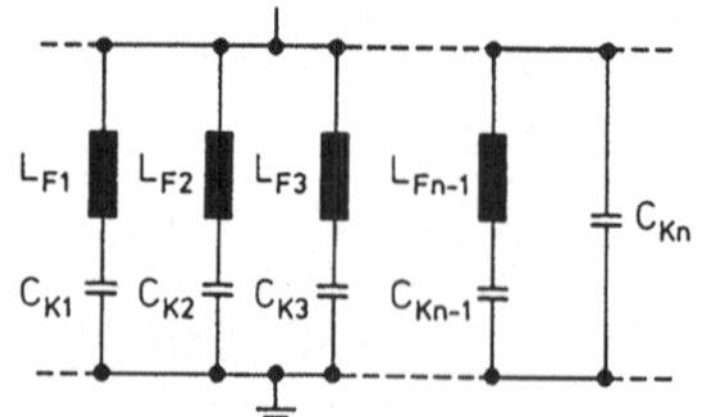

Bild 4.151

Aufbau einer Kompensationsanlage bei Netzen mit Oberschwingungen

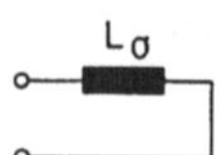

Bild 4.152

Ersatzschaltbild eines Asynchronmotors für Oberschwingungen

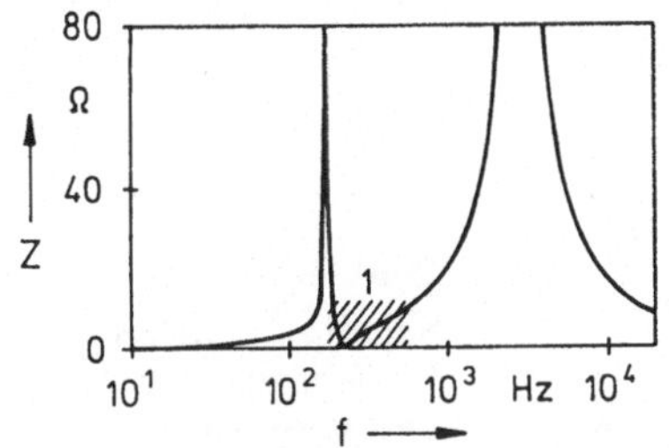

Bild 4.153
Typischer Frequenzgang für eine Anlage mit
verdrosselten Kondensatoren gemäß Bild 4.149
1: zulässiger Bereich der Oberschwingungen

Netzrückwirkungen üblich, die als *Verdrosselung der Kondensatoren* bezeichnet wird. In diesem Fall wird der gesamten Batterie eine Drosselspule vorgeschaltet. Die Drosselspule muß so ausgelegt werden, daß die erste Parallelresonanz der Anlage hinreichend unter der ersten auftretenden Harmonischen, aber möglichst weit oberhalb der Netzfrequenz liegt. Wie aus dem Frequenzgang der in Bild 4.149 dargestellten Schaltung zu ersehen ist, weist die resultierende Impedanz dann für die kritischen Oberschwingungen nur kleine Werte auf, so daß sich hohe Spannungen nicht ausbilden können (Bild 4.153). Bei höheren Frequenzen steigt die Impedanz jedoch wieder an. Diese Maßnahme ist deshalb nur sinnvoll, wenn weitere Pole in der Spannung – d.h. weitere Parallelresonanzen – erst oberhalb des kritischen Frequenzbereiches auftreten, in dem Oberschwingungsströme zu erwarten sind.

Abschließend sei erwähnt, daß eventuelle *Reihen*resonanzen für Oberschwingungen meist ungefährlicher sind. Sie können maximal einen Belastungsanstieg bewirken, der dem Oberschwingungsgehalt der Ströme in dem übergeordneten Netz entspricht.

4.9 Drosselspulen

In den bisherigen Ausführungen ist gezeigt worden, daß in Netzanlagen der Einbau von Reihen- und Kompensationsdrosselspulen notwendig werden kann. Auf die wichtigsten Gesichtspunkte, die bestimmend für die konstruktive Ausführung sind, wird im folgenden eingegangen.

Entsprechend Abschnitt 4.6 werden Reihendrosselspulen häufig mit Kabeln in Reihe geschaltet, um eventuell auftretende Kurzschlußströme zu begrenzen. Wenn Reihendrosselspulen für die Begrenzung von Kurzschlußströmen verwendet werden, bezeichnet man sie auch als *Kurzschlußdrosselspulen*. Sie werden stets *ohne Eisenkern* gebaut. Anderenfalls könnten sich bei hohen Netzströmen – gemäß der Beziehung $H \sim i$ – hohe Feldstärken im Eisen ausbilden, die zu einer Eisensättigung führten. Die Folge davon wäre, daß gerade zu solchen Zeitpunkten, in denen die strombegrenzende Wirkung der Drosselspule benötigt würde, sich die Induktivität verringerte. Ein Beispiel für die konstruktive Ausführung einer Kurzschlußdrosselspule zeigt das Bild 4.154. Bei einer dreiphasigen Drosselspule können drei solcher Spulen übereinander oder nebeneinander angeordnet werden. Gekennzeichnet werden Kurzschlußdrosselspulen durch ihren Spannungsabfall bei Nennbetrieb:

$$\Delta U_{nY} = X_L \cdot I_n \ . \tag{4.136}$$

Durch Normierung und Erweiterung entsteht daraus die Beziehung

$$\frac{\Delta U_{nY} \cdot \sqrt{3}}{U_n} = \frac{\sqrt{3}}{U_n} \cdot X_L \cdot I_n \cdot \frac{U_n}{U_n} \ ,$$

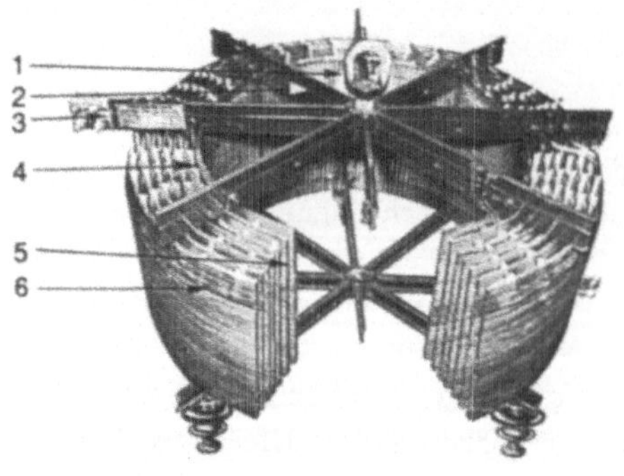

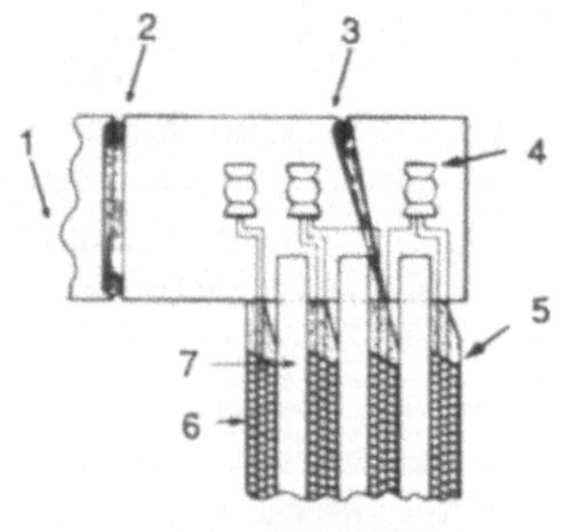

Bild 4.154
Schnitt durch eine Reihendrosselspule und vergrößerte Darstellung der vier Parallel-Lagen mit einem Arm des Stromverteilungskreuzes

die mit dem Begriff der Durchgangsleistung

$$S_D = \sqrt{3} \cdot U_n \cdot I_n$$

in den Zusammenhang

$$X_L = \frac{\Delta u_n \cdot U_n^2}{S_D} \tag{4.137}$$

übergeht. Die Werte für den relativen Spanungsabfall

$$\Delta u_n = \frac{\Delta U_{nY} \cdot \sqrt{3}}{U_n} \tag{4.138}$$

bewegen sich üblicherweise zwischen 3 % und 10 %. Beim Aufstellen der Kurzschlußdrosselspulen ist darauf zu achten, daß Metallteile anderer Netzelemente genügend weit entfernt sind. Anderenfalls könnten sich dort zu starke Wirbelströme ausbilden.
Andere Verhältnisse liegen bei *Kompensationsdrosselspulen* vor, die entsprechend Abschnitt 4.5 parallel zu langen Leitungen geschaltet werden, um den kapazitiven Querstrom der Leitungen zu begrenzen. In diesem Fall ist nicht der Leiterstrom, sondern die Netzspannung für die Höhe des Flusses bestimmend. Dies ist auch unmittelbar aus dem Induktionsgesetz

$$\frac{u_b}{\sqrt{3}} = \frac{d\Psi}{dt}$$

zu ersehen. Da sich die stationäre Sternspannung, wie später noch gezeigt wird, auch bei Fehlern nur in gewissen Grenzen erhöhen kann, ist somit auch der Fluß begrenzt. Sättigungseffekte *für stationäre Vorgänge* sind daher bei entsprechender Auslegung nicht zu befürchten. Aus diesem Grunde können Kompensationsdrosselspulen einen Eisenkern aufweisen. In Bild 4.155 ist der aktive Teil einer Kompensationsdrosselspule dargestellt, der wiederum analog zum Transformator in einem mit Öl gefüllten Kessel untergebracht wird. In den Eisenkreis sind unmagnetische Scheiben eingefügt, die z.B. aus Keramik

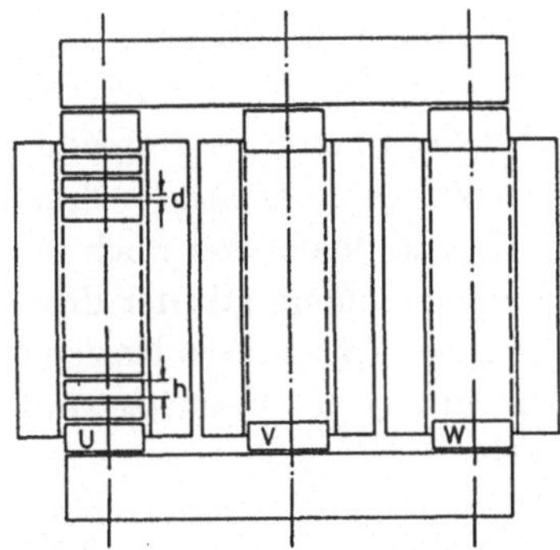

Bild 4.155
Aktiver Teil einer Kompensationsdrosselspule

bestehen. Die dadurch gebildeten Spalte mit der Breite d führen zu einer Linearisierung der Magnetisierungskennlinie und bewirken damit im Betriebsbereich eine weitgehend konstante Induktivität der Drosselspule. Überspannungen steuern dagegen auch den Sättigungsbereich aus. In diesem Fall wirkt die Nichtlinearität begrenzend. Erwähnt sei, daß neben der beschriebenen Bauform im Höchstspannungsbereich auch Kompensationsdrosselspulen ohne Eisenkern ausgeführt werden. Sie werden bevorzugt, wenn besonders hohe Anforderungen an die Linearität gestellt werden.

Neben den bereits beschriebenen Anwendungen werden in Zickzack geschaltete Drosselspulen eingesetzt, deren Sternpunkt herausgeführt ist. Die dafür benutzten Drosselspulen bezeichnet man als *Sternpunktbildner*. Sie werden dann verwendet, wenn das betrachtete Netz nicht über genügend viele herausgeführte Sternpunkte verfügt. Wie in Kapitel 11 noch erläutert wird, können an diese Sternpunkte auch Betriebsmittel angeschlossen werden, die in bestimmten Fehlerfällen von Bedeutung sind. Eines dieser Betriebsmittel ist die *Erdschlußlöschspule*, die auch als Löschspule oder Petersen- bzw. E-Spule bezeichnet wird.

Die Spannung, die stationär maximal daran abfallen kann, beträgt $U_{bN}/\sqrt{3}$. Da in diesem Fall wiederum die Spannung die bestimmende Größe ist, kann auch diese Drosselspule mit einem Eisenkern ausgeführt werden. Ihre Induktivität muß, wie später noch gezeigt wird, variabel sein. Moderne Ausführungen erreichen dies über einen verstellbaren Luftspalt.

Bisher sind die Ersatzschaltbilder und die Eigenschaften der für die Energieverteilung bzw. -übertragung wichtigen Netzelemente beschrieben worden. Im folgenden soll auf die Betriebsmittel eingegangen werden, die zum Verbinden oder Unterbrechen von Strompfaden dienen (Ein- und Ausschalten). In diesem Zusammenhang nehmen die Schalter eine wichtige Rolle ein.

4.10 Schalter

Zunächst werden die wesentlichen Anforderungen an Schalter dargestellt. Anschließend wird dann die gerätetechnische Realisierung erläutert, die ausführlich u.a. in [35] beschrieben ist. Dabei wird in Drehstromnetzen mit dem Ausdruck *Schalter* die dreiphasige Ausführung bezeichnet, während für das einzelne Schaltorgan in jedem Außenleiter der Begriff *Pol* gebräuchlich ist.

4.10.1 Ersatzschaltbild und prinzipielle Eigenschaften von Schaltern

Eine Forderung an alle Schaltertypen besteht darin, daß sie *im eingeschalteten Zustand* den mechanischen und thermischen Wirkungen der Betriebs- und Kurzschlußströme gewachsen sein müssen, die am jeweiligen Einbauort im ungünstigsten Fall auftreten können. Diese Bedingung gilt gemäß DIN VDE 0670 als erfüllt, wenn der maximale Betriebsstrom den Schalternennstrom I_{nS} nicht überschreitet und der maximale *dreipolige Kurzschlußstrom* ebenfalls vom Schalter beherrscht wird. Ein plötzlich auftretender dreipoliger Kurzschlußstrom wird durch den Stoßkurzschlußstrom I_s und den später noch erläuterten *thermischen Kurzzeitstrom* I_{th} gekennzeichnet. Dementsprechend gilt der dreipolige Kurzschlußstrom als beherrscht, wenn die Netzgrößen I_{sN}, I_{thN} die zulässigen Schalterwerte I_{sS}, I_{thS} nicht verletzen. Die Methoden zur Berechnung der Betriebs- und Kurzschlußströme werden in den Kapiteln 5, 6 und 7 entwickelt.

Bei der Berechnung der für die Auslegung interessierenden Größen wird das Ersatzschaltbild des Schalters in Bild 4.156 zugrundegelegt (s. DIN 40900 Teil 7). Dieser Schalter stellt im eingeschalteten Zustand einen unendlich guten Leiter dar. Beim Ausschalten wird der Strom schlagartig unterbrochen, die Schaltstrecke wird zu einem idealen Isolator.

Bild 4.156
Elektrisches Ersatzschaltbild eines Schalters

Die mit diesem Ersatzschaltbild ermittelten Größen werden als *unbeeinflußt* bezeichnet. Damit wird zum Ausdruck gebracht, daß sowohl die meist sehr geringen Eigenkapazitäten und -induktivitäten des Schaltgerätes als auch das Verhalten der Schaltstrecke – des Schaltlichtbogens – auf die Strom-Spannungs-Verhältnisse des Netzes nicht berücksichtigt werden. Während die bisher dargestellten Anforderungen von allen Schaltertypen erfüllt werden müssen, bestehen in anderen Eigenschaften, besonders in ihrem Ausschaltvermögen, erhebliche Unterschiede.

4.10.2　Beschreibung wichtiger Schaltertypen

Zunächst wird auf die *Leistungsschalter* eingegangen. Das zugehörige Schaltzeichen gemäß DIN 40900 Teil 7 zeigt Bild 4.157a. Abweichend davon wird im weiteren jedoch das in Bild 4.157b dargestellte Symbol verwendet, das in der Praxis zur Zeit noch üblich ist.

An *Leistungsschalter* werden die härtesten Bedingungen gestellt. So muß u.a. *Einschaltsicherheit* vorliegen. Diese Forderung gewährleistet, daß mit diesen Schaltern auch direkt auf einen bestehenden Kurzschluß geschaltet werden kann, ohne daß es z.B. zu einem nennenswerten Verschweißen der Schalterkontakte kommt. Diese Fehlersituation kann z.B. dann auftreten, wenn eine in Revision gegangene Anlage wieder in Betrieb genommen wird, ohne daß zuvor die vorschriftsgemäß angebrachten Erdungen beseitigt worden sind. Darüber hinaus müssen Leistungsschalter in der Lage sein, jeden Betriebs- und Fehlerstrom zu unterbrechen, der am Einbauort auftreten kann. Ein ordnungsgemäß ausgelegter Schalter zeigt dieses Verhalten, wenn die folgenden Bedingungen erfüllt sind.

Zum einen darf der dreipolige Kurzschlußstrom, der zum Zeitpunkt des Ausschaltens den Schalter belastet, nicht den zulässigen Ausschaltstrom I_{aS} des Schalters überschreiten. Zum anderen dürfen von den Einschwingspannungen, die durch den Ausschaltvorgang zwischen den Schalterpolen hervorgerufen werden, bestimmte Werte nicht verletzt wer-

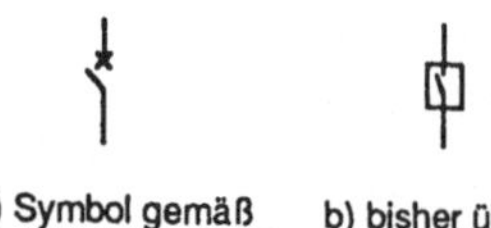

Bild 4.157
Schaltzeichen eines Leistungsschalters

den. Als Beispiel seien die Einschwingfrequenzen oder Überschwingfaktoren genannt (s. DIN VDE 0670).

Mit wachsender Netzgröße haben diese Kennwerte immer größere Werte angenommen, so daß im Laufe der Zeit immer leistungsfähigere Schalter entwickelt werden mußten. Bis in die Mitte der siebziger Jahre sind in der Bundesrepublik vornehmlich für den Mittelspannungsbereich ölarme Schalter eingesetzt worden. Im Hoch- und Höchstspannungsbereich hat man dagegen bevorzugt Druckluftschalter verwendet. Wie der Name bereits besagt, werden bei ölarmen Schaltern die Schaltkontakte in einer geringen Menge Öl und bei Druckluftschaltern in dem Medium Luft getrennt. Bei dieser Schalterart wird zusätzlich der Lichtbogen, der sich zwischen den Schaltkontakten ausbildet, mit Druckluft beblasen und auf diese Weise gelöscht.

Im Hoch- und Höchstspannungsbereich sind die Druckluftschalter heutzutage durch SF_6-Schalter abgelöst worden. Prinzipiell wird statt Luft das Gas Schwefelhexafluorid (SF_6) als Löschmedium benutzt. Es weist erheblich bessere Löscheigenschaften auf. So ist z.B. die Durchschlagsfeldstärke E_d etwa um den Faktor 2,5 höher als bei Luft. Weiterhin wird anstelle der freien Atmosphäre eine abgeschlossene Schaltkammer verwendet, die eine für die gesamte Lebensdauer des Schalters ausreichende SF_6-Füllung aufweist.

In Bild 4.158 ist die prinzipielle Arbeitsweise eines SF_6-Schalters beim Ausschaltvorgang dargestellt. Ein wesentliches Element ist der Blaskolben. Dieser wird beim Ausschalten durch einen Federkraft- oder Druckluftspeicherantrieb innerhalb von ca. 30 ms rückwärts gezogen. Dadurch verdichtet sich dort das SF_6-Gas. Zugleich verschiebt sich mit dem Blaskolben auch der damit starr gekuppelte Schaltkontakt, der die beiden Schaltrohre miteinander verbindet und im eingeschalteten Zustand den Strompfad schließt.

Durch die Rückwärtsbewegung des Schaltkontaktes entsteht zwischen dem oberen Schaltrohr und dem Kontaktstück ein Zwischenraum, die Schaltstrecke. An dieser Strecke fällt die anliegende Spannung ab. Es entsteht ein Lichtbogen, über den der Leiterstrom zunächst weiterfließt. Zugleich strömt das komprimierte SF_6-Gas radial in die Schaltstrecke und kühlt intensiv den Lichtbogen, der im wesentlichen einen nichtlinearen ohmschen Widerstand R_l darstellt. Infolge der Kühlung wird dem Lichtbogen Energie entzogen. Sofern die abgeführte Leistung größer ist als der aus dem Netz zugeführte An-

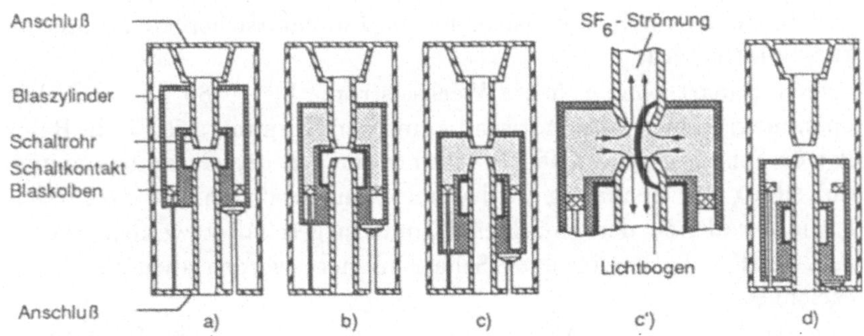

Bild 4.158
Veranschaulichung des Ausschaltvorgangs bei einem SF_6-Leistungsschalter
a) eingeschalteter Zustand
b) Öffnungsphase
c) Kontakttrennung und Einsetzen des Löschvorganges
c') Veranschaulichung des Lichtbogens und der Strömungsrichtung (Ausschnitt aus c)
d) ausgeschalteter Zustand

teil, senkt sich die Temperatur und damit auch die Leitfähigkeit des Lichtbogens ab. Im Bereich des Stromnulldurchganges ist gemäß der Beziehung $P_l = i^2 \cdot R_l$ die zugeführte Leistung sehr gering. Während dieses Zeitbereiches wird die Temperatur des SF_6-Lichtbogens auf unter 2000 °C vermindert. Ab dieser Temperaturgrenze verliert der Lichtbogen praktisch seine Leitfähigkeit; der Strom wird unterbrochen. Nach der Unterbrechung beginnt sich zwischen den Leiteranschlüssen eine Einschwingspannung aufzubauen. Die dadurch in der Schaltstrecke hervorgerufene Feldstärke E_l muß stets unterhalb der zugehörigen Durchschlagsfeldstärke E_d liegen, da bei modernen Schaltern der Strom nach seinem ersten Nulldurchgang endgültig unterbrochen sein soll. Um dies zu erreichen, muß die Kühlung weiterhin so kräftig sein, daß sich die Schaltstrecke hinreichend schnell verfestigt. Der Verlauf der Einschwingspannung wird dabei im wesentlichen von der Beschaffenheit des Netzes geprägt. Wie bereits dargestellt, ist bei einer Dimensionierung von Hoch- und Höchstspannungsschaltern die unbeeinflußte Einschwingspannung auf ihre Zulässigkeit zu überprüfen (wiederkehrende Spannung).

Infolge der Beblasung wird der Lichtbogen, der sich zunächst zwischen Schaltrohr und Kontaktstück ausbildet, in die Schaltrohre getrieben. Auf diese Weise vergrößert sich die Brennlänge des Lichtbogens, dessen Widerstand sich dadurch merklich erhöht. Als Folge davon verkleinert sich der Strom und damit auch die zugeführte Leistung. Dieser Effekt unterstützt demnach den Löschvorgang zusätzlich.

Beim Ausschaltvorgang ist es weiterhin wichtig, daß der Strom möglichst nicht vor dem Nulldurchgang abreißt. Da der Stromabriß innerhalb eines sehr kleinen Zeitraumes Δt erfolgt, können bereits relativ kleine Abrißströme Δi an den induktiven Betriebsmitteln, die im Strompfad liegen, gemäß dem Induktionsgesetz $\Delta u = L \cdot \Delta i / \Delta t$ große Überspannungen erzeugen. Üblicherweise werden Stromabrisse bis zu 4 A toleriert.

Beim Einschaltvorgang werden in umgekehrter Reihenfolge der Blaskolben und der Schaltkontakt innerhalb von ca. 30 ms nach oben verschoben. Die anliegende Spannung fällt wiederum an der Schaltstrecke ab. Kurz bevor sich die Kontakte schließen, wird die Durchschlagsfeldstärke E_d überschritten. Infolgedessen bildet sich ein Lichtbogen aus. Er kann die Kontakte verschweißen, wenn er zu lange ansteht. Da das SF_6-Gas jedoch eine höhere Durchschlagsfeldstärke E_d als Luft aufweist, tritt die kritische Feldstärke erst bei kleineren Abständen auf, die dann von dem Kontaktstück in einer kürzeren Zeit durchfahren werden. Bei SF_6-Schaltern ist daher die Einschaltsicherheit leichter zu erreichen als bei Druckluftschaltern.

Mit SF_6-Schaltern dieser Bauart können heute Wechselströme bis zu 80 kA geschaltet werden. Im Höchstspannungsbereich ist es notwendig, mehrere Kammern je Pol in Reihe zu schalten [5]. Auf jede Schaltstrecke entfällt dann nur ein Teil der Gesamtspannung. Die gleichmäßige Aufteilung der Spannung wird durch Kondensatoren, die *Steuerkondensatoren* bewirkt, die parallel zu den einzelnen Kammern geschaltet werden. Häufig weisen sie Werte um 200 pF auf. Die einzelnen Schaltkammern werden auch als Unterbrechereinheiten bezeichnet.

SF_6-Schalter werden zu ca. 10 % auch im Mittelspannungsbereich eingesetzt. Vorwiegend – zu ca. 70 % (1990) – werden bei neuen Anlagen allerdings Vakuumschalter verwendet. Ihr Aufbau ist aus Bild 4.159 zu entnehmen. Wesentlich ist, daß die Schaltröhre ein Vakuum von 10^{-8} bis 10^{-11} bar aufweist, das sich bekanntlich durch besonders gute Isolationseigenschaften auszeichnet und sich zugleich sehr schnell wieder verfestigt. Schalter dieser Bauart können daher recht klein gebaut werden. Außerdem sind sie wartungsärmer und weisen eine größere Anzahl von Schaltspielen auf.

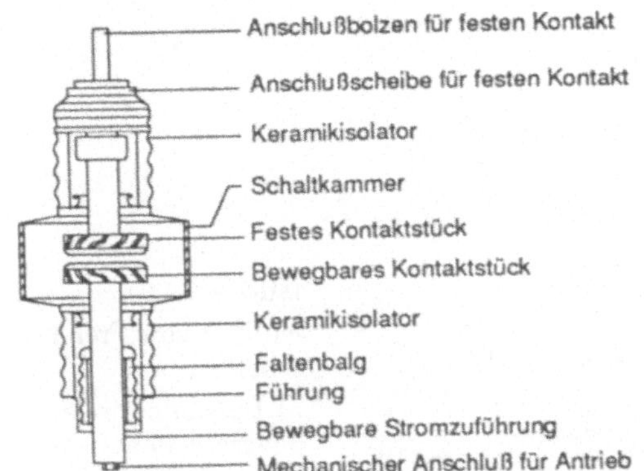

Bild 4.159
Aufbau einer Vakuumschaltröhre

Im Augenblick der Kontakttrennung entsteht ebenfalls ein Lichtbogen. Im Vakuum besteht er aufgrund eines fehlenden Löschmediums nur aus den Partikeln des Kontaktmaterials und ausgetretenen Elektronen. Bei Strömen über 10 kA schnürt sich der Lichtbogen ein; es bilden sich stehende Fußpunkte aus, die einen starken Abbrand und Verschleiß der Kontakte bewirken. Um diesen Nachteil zu vermeiden, werden die Kontakte schräg geschlitzt. Durch die damit verbundene Stromführung wird ein Magnetfeld aufgebaut, das den Lichtbogen und damit auch die Fußpunkte zum Rotieren bringt.

Als Kontaktwerkstoffe werden Kupfer-Chrom-Legierungen verwendet. Sie erzeugen auch bei kleinen Strömen noch so viel Metalldampf, daß der Abrißstrom hinreichend niedrige Werte annimmt. Wiederum vergrößert sich diese Metalldampfmenge bei großen Ausschaltströmen nur in dem Maße, daß sich die Schaltstrecke in der Nähe des Stromnulldurchganges schnell genug wieder verfestigt. Eine Wiederzündung wird dadurch wie bei SF_6-Schaltern unwahrscheinlich.

Unabhängig von der Bauart dürfen Leistungsschalter aus Sicherheitsgründen nicht allein installiert werden. Um eine Anlage oder Teile davon z.B. für Revisionsarbeiten sicher freischalten zu können, sind zusätzlich noch *Trennschalter* einzubauen, die häufig auch kurz als *Trenner* bezeichnet werden. Sie stellen eine Trennstelle her, deren Isoliervermögen deutlicher größer sein muß, als es bei der Isolation zwischen den Leitern und gegen Erde der Fall ist (s. DIN VDE 0670 Teil 2). Trennschalter werden durch das Schaltzeichen gemäß Bild 4.160 gekennzeichnet.

Bild 4.160
Schaltzeichen eines Trennschalters

Wichtig ist nun, daß Trenner grundsätzlich nur zum annähernd stromlosen Schalten zu verwenden sind, wenn die Unterbrechung gegen die volle Betriebsspannung erfolgt. Die obere Grenze für das Schalten von kapazitiven Strömen, die durch die Steuerkondensatoren oder Streukapazitäten in Schaltanlagen hervorgerufen werden, liegt für Hochspannungstrenner bei 0,5 A. Eine Ausnahme liegt dann vor, wenn beim Ausschalten zwischen den Schaltkontakten keine wesentliche Änderung der Spannung auftritt. Als Beispiel dafür sei die später noch erläuterte Sammelschienenlängstrennung genannt (Stromkommutierung).

In Bild 4.161a ist der Aufbau eines *Einsäulen- oder Scherentrenners* dargestellt, der ab der 110-kV-Ebene eingesetzt wird. Durch Motoren wird der Trenner „hoch und herunter" gefahren und so der Kontakt mit dem Leiterseil der Sammelschiene hergestellt

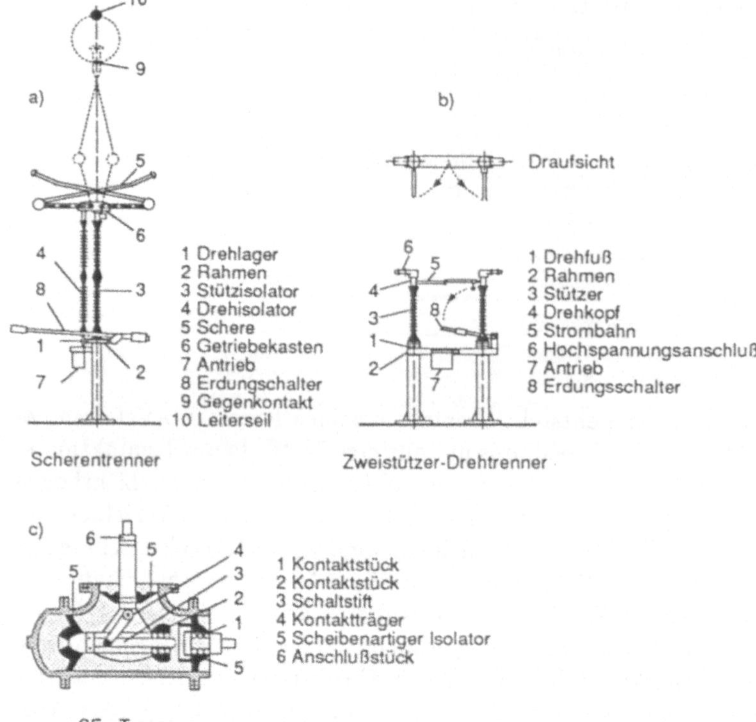

Bild 4.161
Aufbau von Trenn-
schaltern

a) Einsäulen- oder
Scherentrenner ab
110 kV bis 380 kV
b) Drehtrenner als
Leitungstrenner ab
110 kV bis 380 kV
c) SF$_6$-Trenner für
110 kV

oder getrennt. Eine andere Ausführung, den *Zweistützer-Drehtrenner*, zeigt Bild 4.161b.
Bei diesem Trennertyp entsteht eine horizontale Trennstrecke, indem sich die beiden
Strombahnhälften um 90° nach außen drehen. Ein gemeinsames Merkmal dieser beiden
Trennerausführungen besteht darin, daß die Trennstrecke von außen sichtbar ist. *SF$_6$-
Trenner*, die in den später noch beschriebenen SF$_6$-Anlagen eingebaut werden, weisen
diese Eigenschaft nicht auf (Bild 4.161c). Stattdessen ist die Schaltstellung aus der Lage
des Antriebes abzulesen, z.B. mit Hilfe eines Schaltstellungsanzeigers oder über einen
Hilfskontakt.

Ergänzend sei darauf hingewiesen, daß man im Hinblick auf Revisionsarbeiten Trenner
auch dazu installiert, abgeschaltete Anlagenteile bzw. Betriebsmittel kurzzuschließen und
zu erden. Man bezeichnet solche Trenner aufgrund ihrer speziellen Funktion als *Erdungsschalter* bzw. Erder. Sie können *einschaltsicher* ausgeführt sein. Der Antrieb ermöglicht
dann ein schnelles Zuschalten. Dadurch werden die Auswirkungen eines Kurzschlußlicht-
bogens begrenzt, der sich beim versehentlichen Erden eines spannungsführenden Netzes
ausbilden kann.

Es gilt festzuhalten, daß beim Einschalten zuerst die Trenner betätigt werden müssen
und erst dann die Leistungsschalter in Funktion treten dürfen. Beim Ausschalten ist
die umgekehrte Reihenfolge einzuhalten. Um Bedienungsfehlern vorzubeugen, werden
Verriegelungsschaltungen installiert. Sie garantieren eine richtige Schaltfolge.

Die hohen Anforderungen, die an Leistungsschalter gestellt werden, spiegeln sich in hohen Kosten wider. In Mittelspannungsnetzen werden daher überwiegend anstelle der
Leistungsschalter die kostengünstigeren *Lastschalter* verwendet. Im Unterschied zu Leistungsschaltern liegt bei Lastschaltern nur dann Einschaltsicherheit zwingend vor, wenn

vom Hersteller eine entsprechende Angabe erfolgt. Die beiden Schaltertypen unterscheiden sich dagegen stets in ihrem Ausschaltvermögen. Lastschalter können *nur Betriebsströme*, also Ströme im ungestörten Zustand, mit einem induktiven Leistungsfaktor von ca. $\cos\varphi \geq 0,7$ abschalten; geringe Überströme sind zulässig. Kurzschlußströme können sie dagegen nicht unterbrechen. Diese Aufgabe wird von *vorgeschalteten Sicherungen* übernommen, die in Abschnitt 4.12 noch beschrieben werden. In begrenztem Umfang können auch unbelastete Transformatoren sowie Ladeströme von Freileitungen und Kabeln ausgeschaltet werden. Man spricht deshalb von *Mehrzweck-Lastschaltern*. Für speziellere Anwendungen gibt es *Transformator-* und *Kondensator-Lastschalter*, deren Eigenschaften in der DIN VDE 0670 Teil 3 festgelegt sind. Aus den gleichen Gründen wie bei den Leistungsschaltern sind Lastschalter zusätzlich noch mit Trennern zu kombinieren.

Um die Kosten für diese Trenner einzusparen, sind sogenannte *Lasttrennschalter* entwickelt worden, die vornehmlich in Mittelspannungsnetzen eingesetzt werden; das zugehörige Schaltzeichen ist dem Bild 4.162 zu entnehmen. Lasttrennschalter weisen die Eigenschaften eines Lastschalters auf, stellen jedoch zusätzlich eine sichtbare Trennstrecke her, deren Isoliervermögen den erforderlichen Bedingungen genügt. Dadurch können die Verriegelungsschaltungen und die bei Lastschaltern zusätzlich erforderlichen Trenner entfallen.

Bild 4.162

Schaltzeichen eines Lasttrennschalters

Eine übliche Ausführung eines Lasttrennschalters, ein Schublasttrennschalter, ist in Bild 4.163 dargestellt. Im Verlauf eines Ausschaltvorganges fließt der Strom zunächst noch über einen Hilfsschaltstift weiter, während sich das mit einem speziellen Isolierstoffmantel umgebene Schaltrohr nach unten bewegt. Dabei bildet sich zwischen dem nicht isolierten unteren Ende des Schaltrohres und dem unteren Anschlußkontakt ein Lichtbogen aus, dessen Wärmewirkung aus dem Isolierstoff Gas freisetzt. Dieses Gas kühlt den Lichtbogen und verringert dadurch die Leitfähigkeit der Schaltstrecke. Gleichzeitig verlängert die Schaltbewegung den Lichtbogen und erhöht auf diese Weise den Spannungsabfall. Es werden also wiederum die zwei Löschprinzipien Kühlung und Verlängerung des Lichtbogens miteinander kombiniert. Nach dem Löschen des Lichtbogens wird schließlich auch der Hilfsschaltstift zurückgezogen und somit die gewünschte Trennstrecke hergestellt. Vorteilhafterweise behält der Schublasttrennschalter im ein- und ausgeschalteten Zustand das gleiche Profil, wodurch im Hinblick auf Platzgründe der Einbau in Schaltanlagen erleichtert wird.

Die Anzahl der zulässigen Schaltspiele zwischen zwei Revisionen ist gemäß DIN VDE 0670 Teil 3 vom Hersteller anzugeben. Sie ist bei Lasttrennschaltern üblicherweise niedriger als

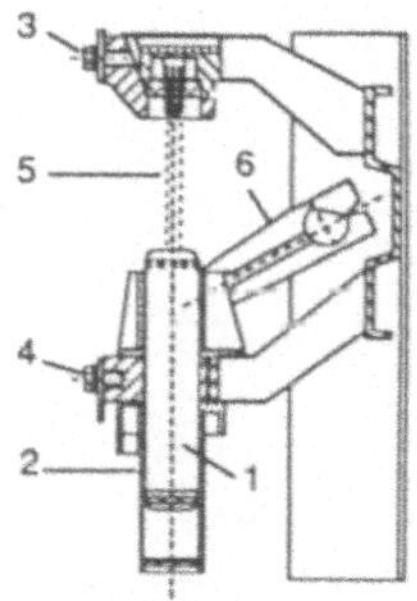

Bild 4.163

Aufbau eines Schublasttrennschalters

bei Leistungsschaltern und liegt in der Größenordnung von einigen tausend Betriebsschaltungen. Unter besonderen Bedingungen wie z.B. dem Einschalten eines Kurzschlußstroms ist bereits frühzeitiger eine Totalüberholung erforderlich.

Rein räumlich werden die Schalter in Schaltanlagen eingesetzt, deren Funktion und Aufbau im folgenden beschrieben wird.

4.11 Schaltanlagen

Als Schaltanlagen bezeichnet man die Gesamtheit der an einem Ort zusammengezogenen Betriebsmittel. Vorwiegend dienen sie zum Verbinden und Trennen von Freileitungen und Kabeln. Sofern Umspanner in einer Schaltanlage vorhanden sind, wird auch die speziellere Bezeichnung *Umspannanlage* verwendet. Zunächst wird auf die wichtigsten Grundschaltungen der Schaltanlagen und dann auf ihre konstruktive Gestaltung eingegangen. Genauere Darstellungen sind [31], [32], [37], [38] sowie den DIN-VDE-Bestimmungen 0100, 0101 und 0670 zu entnehmen.

4.11.1 Schaltpläne von Schaltanlagen

In der Höchstspannungsebene sind wichtige Schaltanlagen häufig nach dem in Bild 4.164 dargestellten Übersichtsschaltplan aufgebaut. Sie repräsentieren in einem Höchstspannungsnetz die Realisierung eines Knotenpunktes, des Schnittpunktes mehrerer Leitungen. Von einer solchen Schaltanlage stellen die Sammelschienensysteme das Kernstück dar und werden je nach ihrer Anzahl als Einfach-, Doppel- oder Dreifachsammelschienensystem bezeichnet. Auf diese Sammelschienen speisen gemäß Kapitel 3 die von den Kraftwerken ankommenden Leitungen die dort erzeugte Leistung. Sie wird dann von den Sammelschienen auf Leitungen verteilt, die diese Leistung zum einen zu den *Umspannwerken* weitertransportieren, die in das unterlagerte 110-kV-Netz einspeisen. Zum anderen stellen die Leitungen die Verbindungen zu benachbarten Höchstspannungs-Schaltanlagen her und bilden dann einen Teil des weiträumigen Transportnetzes, das zum Leistungsaustausch dient (s. Kapitel 3). Unabhängig davon, ob eine Leitung betriebsmäßig Leistung einspeist oder abnimmt, spricht man von einem *Abzweig*.

Üblicherweise weist ein Abzweig die dem Bild 4.165 zu entnehmende Schaltung auf: Trenner (Sammelschienentrenner), Leistungsschalter, Strom- und Spannungswandler, Trenner

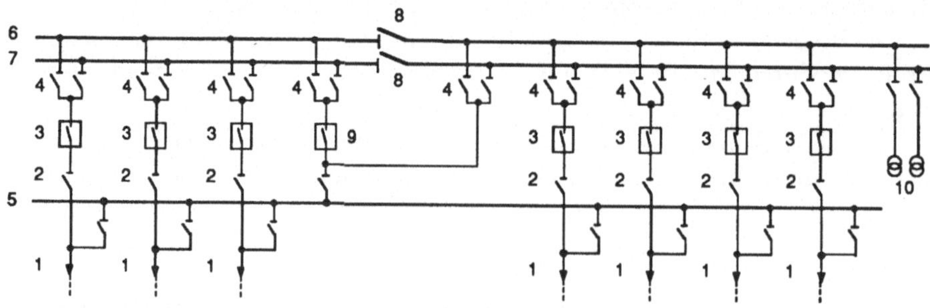

Bild 4.164
Übersichtsschaltplan einer Höchstspannungsschaltanlage mit Umgehungssammelschiene, Querkupplung und Längstrennung

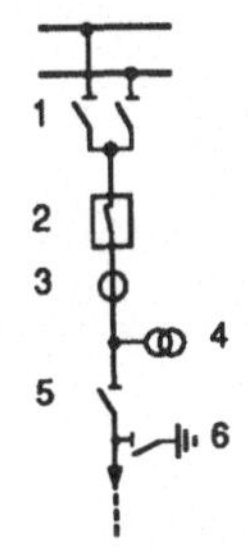

Bild 4.165
Typischer Schaltplan eines Abzweiges

(Leitungs- oder Kabeltrenner). Durch diese Disposition ist es möglich, auch während des Betriebes die Leistungsschalter und Wandler freizuschalten. Die notwendige Versorgung des betreffenden Abzweiges kann dann über die *Umgehungssammelschiene* erfolgen (Bild 4.164). Zugleich kann bei dieser Anordnung mit dem Leistungsschalter (9) auch eine Kupplung der Sammelschienen, eine sogenannte *Querkupplung*, durchgeführt werden.

Durch den Einsatz mehrerer Sammelschienen erhöht sich die Anzahl der Schaltungsvarianten und führt damit zu Vorteilen bei der Revision der Anlage und beim Betrieb des Netzes. Zum Beispiel kann auf diese Weise das Netz in galvanisch getrennte Bereiche aufgeteilt werden, eine Maßnahme, die u.a. die Kurzschlußströme beschränkt (s. Abschnitt 7.4). Noch weiter erhöht sich diese betriebliche Flexibilität, wenn eine *Längstrennung* der Sammelschienen über Trennschalter vorgesehen wird. Allerdings setzt eine derartige Gestaltung voraus, daß sich die eingespeiste und abgehende Leistung auf jedem der Sammelschienenabschnitte kompensieren.

Wie dem Bild 4.165 zu entnehmen ist, werden in einer Anlage zusätzlich zu den bereits beschriebenen Betriebsmitteln noch *Erdungsschalter* vorgesehen. Sie dienen bei Wartungsarbeiten als Schutz gegen kapazitive Restladungen, induktive Einstreuungen, einlaufende Überspannungen sowie versehentliches Einschalten und werden dementsprechend auch als Arbeitserder bezeichnet. Aufgrund dieser engeren Aufgabenstellung ist bei Erdungsschaltern z.B. keine Einschaltsicherheit erforderlich.

Der räumliche Bereich, in dem sich Abzweige bzw. Kuppelschalter sowie Längstrenner befinden, wird als *Abzweig- bzw. Kuppelfeld* bezeichnet. Daneben gibt es noch ein *Meßfeld*, in dem Spannungswandler untergebracht sind. Über diese kann direkt die Sammelschienenspannung gemessen werden. Ein Vergleich mit den Abzweigspannungswerten kann zur Aufdeckung von fehlerhaften Schaltmaßnahmen dienen und die Synchronisation beim Zusammenschalten von Teilnetzen ermöglichen. Eine Schaltanlage wie in Bild 4.164 bietet beim Ausfall eines Elementes der Schaltanlage Ausweichmöglichkeiten, um die Versorgung aufrechterhalten zu können. Sie ist, wie man sagt, *eigensicher* gestaltet und erfüllt in sich die Bedingungen des (n-1)-Ausfallprinzips.

Im Vergleich zu der in Bild 4.164 dargestellten Schaltanlage ist eine *Kraftwerkseinspeisung* einfacher konfiguriert. Eine häufige Anschlußvariante ist in Bild 4.166 dargestellt. Infolge der vergleichsweise niedrigen Generatornennspannung von $U_{nG} \leq 27$ kV müssen die generatorseitigen Leistungsschalter, auch als *Generatorschalter* bezeichnet, sehr hohe Ströme von z.B. 200 kA beherrschen. Der zugehörige Maschinentransformator ist bei älteren Kraftwerken für die maximal ins Netz eingespeiste Leistung ausgelegt. Bei großen Kraftwerken neuerer Bauart, vornehmlich 1300-MVA-Kernkraftwerken, werden dagegen zwei spezielle parallel betriebene 850-MVA-Transformatoren eingesetzt, deren Bemessungsleistung durch den Anschluß eines zusätzlichen Kühlaggregates erhöht werden kann. Durch diese Maßnahme wird erreicht, daß das Kraftwerk nach dem Ausfall

1) Generator
2) Generatorschalter
3) Maschinentransformator
4) Leistungsschalter
5) Eigenbedarfstransformator
6) Trenner
7) Arbeitserder
8) Eigenbedarfsanlage
9) Höchstspannungs-Schaltanlage

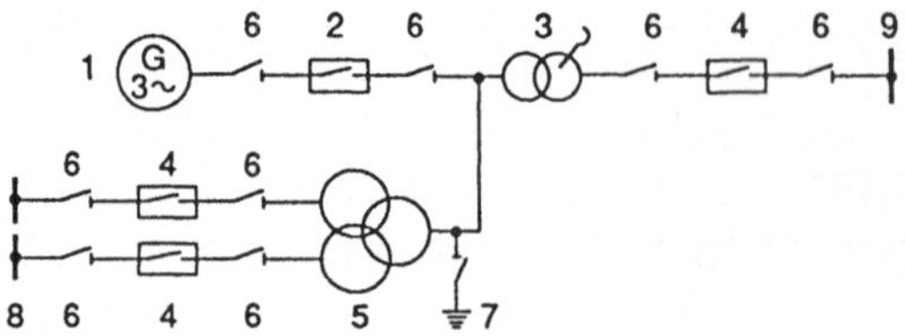

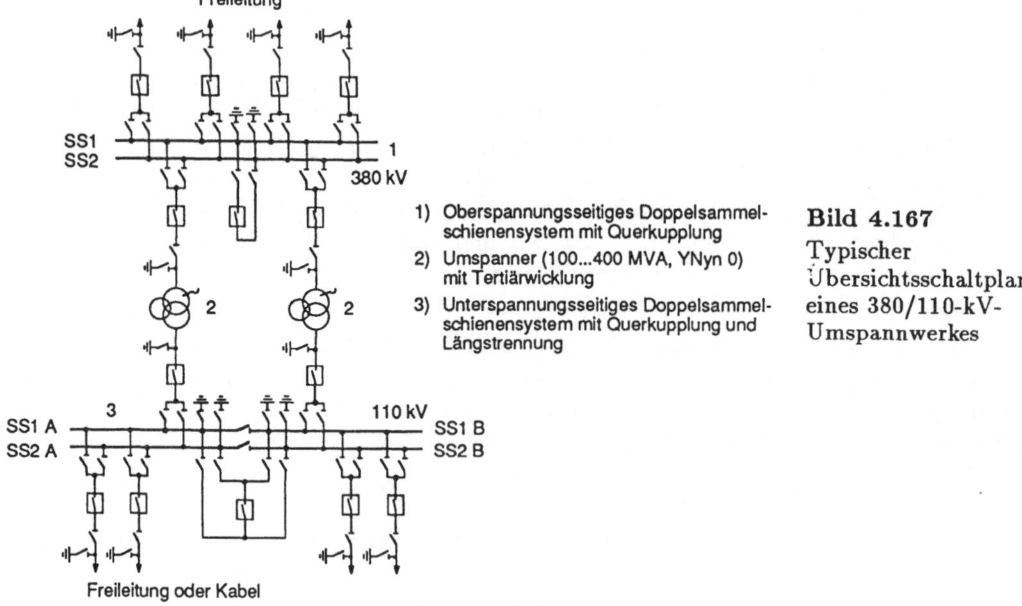

Bild 4.166 Typischer Übersichtsschaltplan einer Kraftwerkseinspeisung

eines Maschinentransformators mit einer relativ geringen Leistungsminderung weiterbetrieben werden kann. Neben dem beschriebenen Maschinentransformator ist meist ein gesonderter Transformator für die Versorgung des Eigenbedarfs vorhanden, der häufig zur Speisung unterschiedlicher Spannungsebenen als Dreiwicklungstransformator ausgebildet ist.
Eine komplexere Schaltungsstruktur weisen 380/110-kV-Umspannwerke auf (Bild 4.167). Häufig werden diese über *zwei* zweisystemige 380-kV-Freileitungen mit Viererbündeln, seltener über eine viersystemige Ausführung gespeist. Oberspannungsseitig ist die Umspannanlage als Doppelsammelschienensystem mit Querkupplung gestaltet. Auf der 110-kV-Unterspannungsseite liegt ebenfalls ein Doppelsammelschienensystem vor. Allerdings ist dort neben der Querkupplung meistens noch eine Längstrennung vorgesehen, um eine größere Flexibilität bei der Aufteilung des Netzes in galvanisch getrennte Netzbezirke zu erhalten. Bei den 110-kV-Netzen ist diese Maßnahme im Hinblick auf Erdungsfragen netztechnisch häufig notwendig (s. Kapitel 11 und 12).
Aus Redundanzgründen sind in Umspannwerken stets zwei Transformatoren, üblicherweise mit der Schaltgruppe YNyn0, vorhanden. Im Hinblick auf die Beherrschung asymmetrischer Kurzschlußströme (s. Kapitel 10) ist zusätzlich eine in Dreieck geschaltete Tertiärwicklung – auch als Ausgleichswicklung bezeichnet – notwendig. Zugleich gestattet diese Wicklung auch den Anschluß einer Kompensationsdrosselspule.
Das den Umspannwerken unterlagerte 110-kV-Netz weist üblicherweise bereits eine Ring-

1) Oberspannungsseitiges Doppelsammelschienensystem mit Querkupplung
2) Umspanner (100...400 MVA, YNyn 0) mit Tertiärwicklung
3) Unterspannungsseitiges Doppelsammelschienensystem mit Querkupplung und Längstrennung

Bild 4.167 Typischer Übersichtsschaltplan eines 380/110-kV-Umspannwerkes

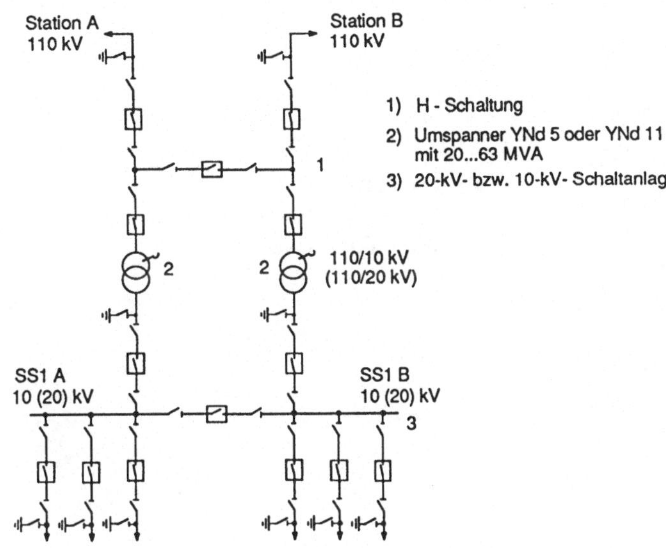

Bild 4.168
Typischer Übersichtsschaltplan
einer Umspannstation
110 kV: Einschleifung, keine
Sammelschienen
10 kV: Einfachsammelschienensystem mit Längskupplung

struktur auf, so daß eine Leitung meist mehrere 110/10-kV-*Umspannstationen* versorgt
(s. Kapitel 3). Um auf dem Ring im Fehlerfall einzelne Umspannstationen ausblenden
zu können, ohne die dahinter folgenden Anlagen in der Versorgung zu gefährden, werden
diese *eingeschleift*. Oberspannungsseitig hat sich dafür die H-Schaltung bewährt, die keine Sammelschienen benötigt (Bild 4.168). Auf der 10-kV- bzw. 20-kV-Seite wird dagegen
meist ein Einfachsammelschienensystem mit Längs*kupplung* verwendet. Die Trennung der
Sammelschienen erfolgt also über einen Leistungsschalter, so daß eine Schaltmaßnahme
auch im Fehlerfall möglich ist. Infolge der ausgeprägten Ringstruktur auf der Mittelspannungsseite kann bei dieser Schaltung auch der seltene Ausfall eines Sammelschienenab-
schnittes aufgefangen werden.
Bei größeren Umspannstationen mit z.B. 50 MVA übersteigt meist die eingespeiste Nennleistung die Nennlast des Nahbereiches. Die überschüssige Leistung ist in die Versorgungsgebiete der Umgebung wie z.B. nahegelegene Ortschaften weiterzutransportieren.
Zu diesem Zweck werden meist über mehrere Parallelkabel – häufig vier – jeweils eine Reihe von sogenannten *Schwerpunktstationen* gespeist. Diese Stationen werden, wie
generell jede Schaltanlage, möglichst nah an den *Lastschwerpunkt* gelegt. Unter einem
Lastschwerpunkt versteht man dabei denjenigen Ort des betrachteten Versorgungsgebietes, von dem aus die Lasten *verlustminimal* versorgt werden (s. Abschnitt 8.2).
Bei den Schwerpunktstationen handelt es sich wie bei den Schaltanlagen im Hochspannungsbereich um reine Verteilungsanlagen. Sie werden heutzutage überwiegend als Ein-
fachsammelschienensysteme mit Längstrennung ausgeführt.
Von den Schwerpunktstationen sowie meist in geringerem Maße von den Umspannstationen gehen dann die bereits in Kapitel 3 angesprochenen Ringleitungen ab (Bild 4.169).
In diese ist dann meistens eine Kette von *Netzstationen* – selten mehr als zehn – eingeschleift. In Bild 4.170 ist für eine einzelne und eine doppelte Netzstation die zugehörige
Schaltung angegeben. Zu beachten ist, daß die Schaltmaßnahmen mit *Lasttrennschaltern*
ausgeführt werden. Der Abzweigschalter ist im Hinblick auf die Kurzschlußströme zusätzlich mit *HH-Sicherungen* ausgerüstet (s. Abschnitte 4.10 und 4.12). Bei Netzstationen,
die in Maschennetze einspeisen, wird niederspannungsseitig anstelle des Lasttrennschalters häufig ein Leistungsschalter, ein sogenannter *Maschennetzschalter*, vorgesehen. Er

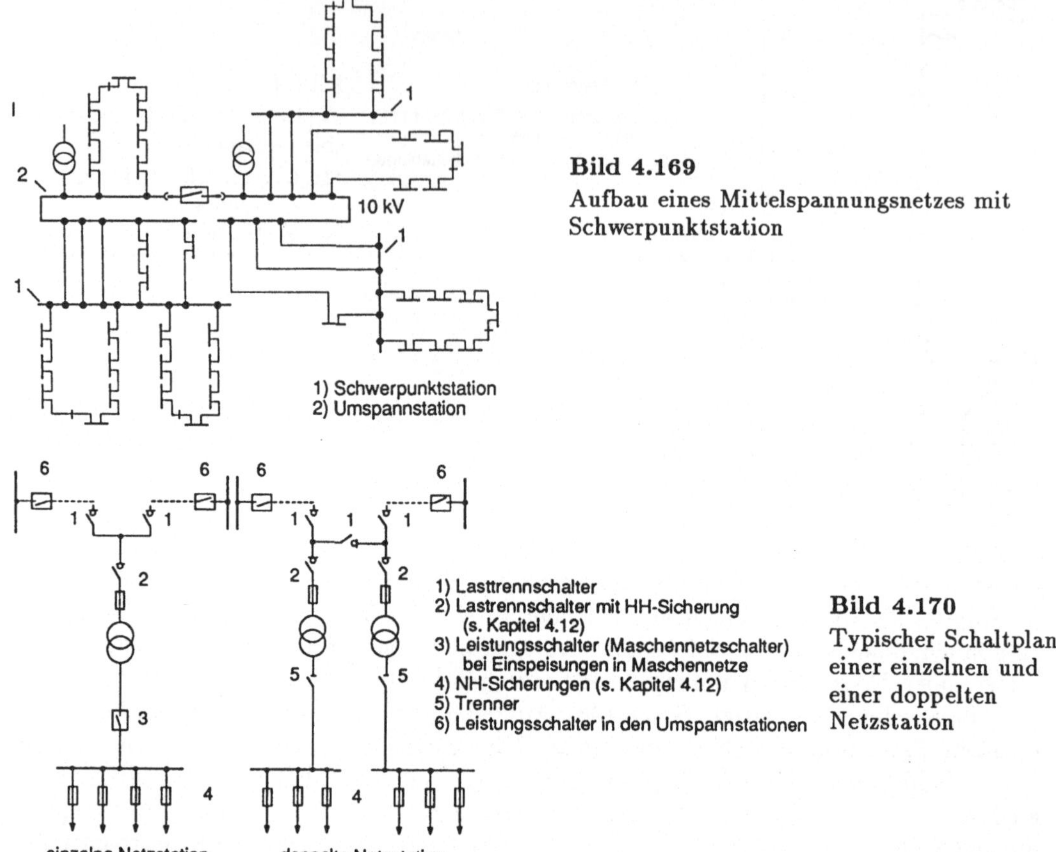

Bild 4.169
Aufbau eines Mittelspannungsnetzes mit Schwerpunktstation

Bild 4.170
Typischer Schaltplan einer einzelnen und einer doppelten Netzstation

spricht auch dann bereits an, wenn sich infolge einer Fehlersituation der Leistungsfluß umkehrt.

Falls von einer Netzstation noch einzelne Strahlen ausgehen, um kleinere, in der Nähe gelegene Lasten zu versorgen, spricht man von einem *Stich*. Eine ähnliche Funktion erfüllen in Freileitungsnetzen des Mittelspannungsbereichs die *Maststationen*. Es handelt sich im wesentlichen um einen eingeschleiften Transformator bis zu einer Nennleistung von 100 kVA, der im oberen Bereich eines Mastes auf einem dort angebrachten Podest steht. Im 0,4-kV-Bereich können dagegen Stiche auch mit Hilfe von Abzweigmuffen oder direkt aus Kabelverteilerschränken erfolgen (s. Abschnitte 4.6 und 4.12).

4.11.2 Bauweise von Schaltanlagen

Im Hoch- und Höchstspannungsbereich sind Schaltanlagen bisher vielfach in Freiluftausführung errichtet worden. Es haben sich mehrere Standardformen herausgebildet. Im Höchstspannungsbereich ist von diesen die in Bild 4.171 dargestellte *Diagonalbauweise* bevorzugt worden [31]. Wie daraus zu erkennen ist, werden die Betriebsmittel in den Freiluftanlagen auf Unterkonstruktionen gesetzt. Dadurch wird u.a. auch die betriebstechnisch notwendige Begehbarkeit der Anlage durch das Personal ermöglicht. Die Mindestabstände der spannungsführenden Teile zur Erde bzw. untereinander sind im Hinblick auf eine ausreichende elektrische Festigkeit durch die DIN VDE 0101 vorgeschrieben. Der Name Diagonalbauweise leitet sich aus der Eigenschaft ab, daß die Sammelschienen-

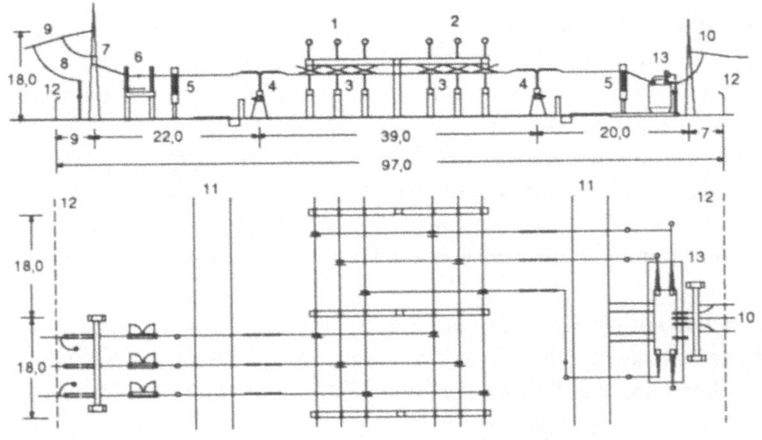

Bild 4.171
Aufbau einer 380-kV-
Freiluftschaltung in
Diagonalbauweise mit
Doppelsammelschienen
in Rohrausführung (alle
Längenangaben in mm)

1) Sammelschienensystem I
2) Sammelschienensystem II
3) Sammelschienentrenner
4) Leistungsschalter
5) Stromwandler
6) Leitungstrenner
7) HF-Sperre für Nachrichtenaustausch
8) kapazitiver Spannungswandler
9) 420-kV-Abzweig
10) 123-kV-Abzweig
11) Fahrweg
12) Anlagenumzäunung
13) Transformator

trenner diagonal versetzt unter den Leitern einer Sammelschiene stehen. Bei leistungsstarken Schaltanlagen werden sie im Hinblick auf die im Kurzschlußfall wirksamen Kräfte
in *Rohrbauweise* errichtet (Bild 4.172), anderenfalls findet man eine Seilausführung.
Bei der in Bild 4.171 angegebenen Anlagendisposition verbinden die als Einsäulentrenner
ausgeführten Sammelschienentrenner über ihre vertikale Trennstrecke die Sammelschienen mit den rechtwinklig davon abgehenden Abzweigleitungen. Für die Leitungstrenner
werden häufig Drehtrenner eingesetzt. Die in Bild 4.171 dargestellte Anlage ist zweireihig,
da die Leitungen auf beiden Seiten von der Sammelschiene abgehen. Wenn es von der
Trassenführung her günstiger ist, kann die Anordnung auch einreihig gestaltet werden.
Jeder Abzweig benötigt bei 420 kV ein Feld von ca. 18 m × 22 m [31]. Größere Schaltanlagen erfordern daher Grundstücke von beachtlicher Größe, die in der Nähe eines Lastschwerpunktes häufig nur zu nicht vertretbaren Kosten zu erwerben sind. Aus diesem

Bild 4.172
Rohrbauweise von Sammelschienen in einer
110-kV-Freiluftschaltanlage

Grunde sind im Laufe der Zeit Schaltanlagen mit ständig sinkendem Platzbedarf entwickelt worden. So hat man Anfang der siebziger Jahre im Inneren von Gebäuden Schaltanlagen errichtet, die den Freiluftausführungen sehr ähnlich waren. Infolge der fehlenden Witterungseinflüsse konnte dort jedoch die Anordnung kompakter gestaltet werden (s. DIN VDE 0101). Die im Laufe der Zeit stark ansteigenden Grundstücks- und Gebäudekosten haben dazu geführt, den Grad der Kompaktheit weiter zu erhöhen. Zu diesem Zweck sind zunächst einzelne Betriebsmittel und schließlich sogar ganze Schaltanlagen *vollisoliert* ausgeführt worden, diejenige Bauweise, die heutzutage im Hoch- und Höchstspannungsbereich vorherrscht.

Unter einer vollisolierten Schaltanlage versteht man eine Ausführung, bei der alle spannungsführenden Einrichtungen von einer Hülle umgeben sind. Dadurch wird ein direktes Berühren verhindert. Üblicherweise wählt man für diese Kapselung Metall und spricht dann von einer *metallgekapselten* Ausführung.

Die Vollisolation wird dadurch erreicht, daß der Innenraum der Kapselung mit Gas, meist mit SF_6, bis zu einem Druck von einigen Bar gefüllt wird. Da SF_6-Gas im Vergleich zu Luft eine etwa 2,5-fach höhere Durchschlagsfestigkeit aufweist, können auch die gemäß DIN VDE 0101 geforderten Mindestabstände erheblich unterschritten werden. Dabei werden für die Dichtungen der SF_6-Anlagen häufig sogenannte O-Ringe verwendet, die praktisch kein Gas nach außen dringen lassen, so daß eine Füllung für die Lebensdauer der Anlage ausreicht.

Derartige SF_6-Anlagen werden fabrikfertig hergestellt. Die Bauweise unterliegt lediglich zur Gewährleistung der Sicherheit einer einmaligen *Typprüfung*. Vor Ort ist dann für das jeweilige Exemplar nur noch eine Funktionsprüfung vorzunehmen. Es entfällt daher die umständliche Montage und Stückprüfung, wie sie bei Freiluftanlagen notwendig ist. Die detaillierten Anforderungen an die metallgekapselten, fabrikfertigen Anlagen sind in der DIN VDE 0670 geregelt.

SF_6-Anlagen weisen analog zu Freiluftanlagen eine Feldstruktur und ebenfalls die für einen Abzweig notwendigen Betriebsmittel in der kennengelernten Reihenfolge auf. Deren Konstruktionen unterscheiden sich jedoch von den Freiluftausführungen (Bilder 4.173 und 4.174). So müssen z.B. auch Strom- und Spannungswandler mit in die Kapselung integriert werden. Ferner wird die Anlage u.a. an den Trennern durch Scheibenisolatoren gasdicht abgeschottet, um mehrere voneinander getrennte Gasräume zu bilden. Dadurch werden Revisionsarbeiten wesentlich erleichtert.

Bild 4.173
Darstellung eines Schaltfeldes einer einpolig
gekapselten SF_6-Anlage für 110 kV

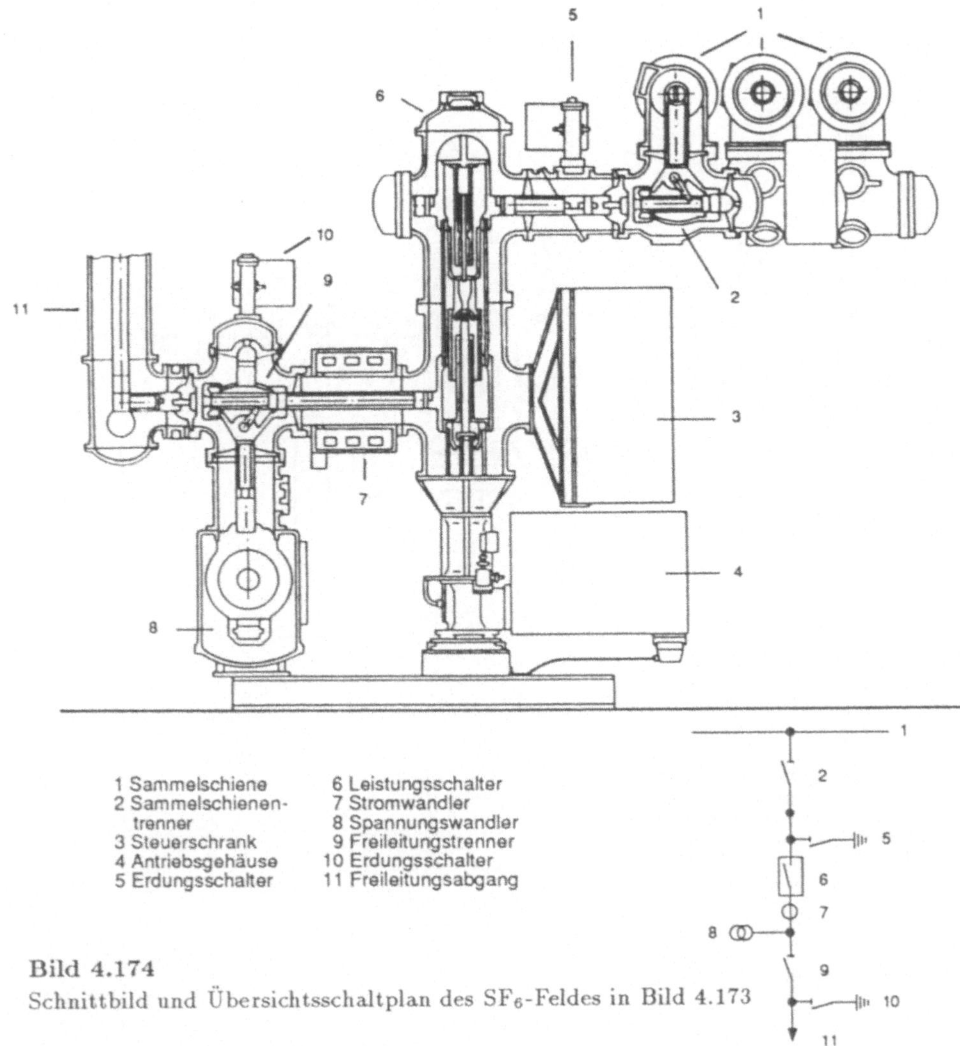

Bild 4.174
Schnittbild und Übersichtsschaltplan des SF_6-Feldes in Bild 4.173

Die einzelnen Felder der SF_6-Anlage sind wieder durch Einfach- oder Doppelsammelschienen miteinander verbunden. Der Aufbau erfolgt insgesamt modular, also nach dem Baukastenprinzip. Im Unterschied zu der Freiluftgestaltung ist durch die geringeren Isolationsabstände der Einfluß der Kapazitäten größer. Um bei Revisionen mögliche Restladungen zu beseitigen, ist die Anzahl der Arbeitserder zu erhöhen.

Man unterscheidet nach der Ausführung zwischen *ein-* und *dreipolig gekapselten Anlagen*. Im Höchstspannungsbereich ist die einpolig gekapselte Ausführung vorherrschend, die kleinere Bauteile aufweist (Bild 4.173). Sie tritt jedoch auch in den unteren Spannungsebenen auf. Nachteilig sind bei dieser Bauweise die hohen Wirbelstromverluste in der Kapselung. Gemäß der in Abschnitt 4.1 angegebenen Beziehung (4.9) dürfen die dafür verwendeten Werkstoffe nicht magnetisch sein. Eingesetzt werden daher unmagnetischer Stahl oder Aluminiumguß. Eine weitere Absenkung der Wirbelströme läßt sich durch eine dreipolige Anordnung erreichen, die in Bild 4.175 dargestellt ist (vergl. Abschnitt 4.6). Diese Bauweise ist in der Hoch- und Mittelspannungsebene möglich, da dort

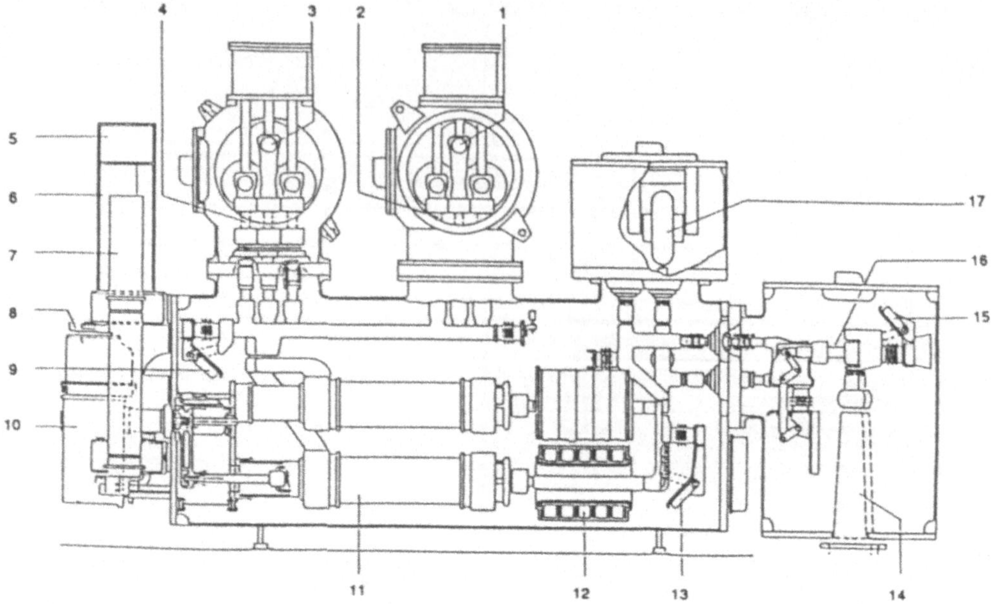

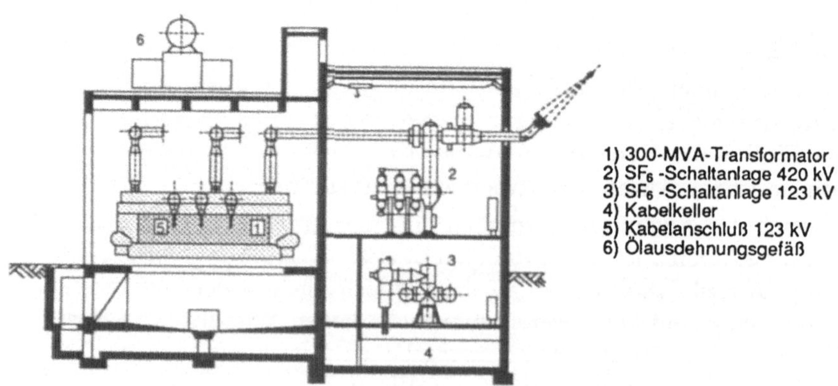

1 Sammelschiene II
2 Sammelschienentrenner II
3 Sammelschiene I
4 Sammelschienentrenner I
5 Gasüberwachungseinheit
6 Leistungsschalter-Überwachunseinheit
7 Hydraulikspeicher
8 Ölbehälter
9 Erdungsschalter
10 Elektro-hydraulisches Antriebssystem
11 Leistungsschalter
12 Stromwandler
13 Erdungsschalter
14 Kabelendverschluß
15 Erdungsschalter
16 Kabeltrenner
17 Spannungswandler

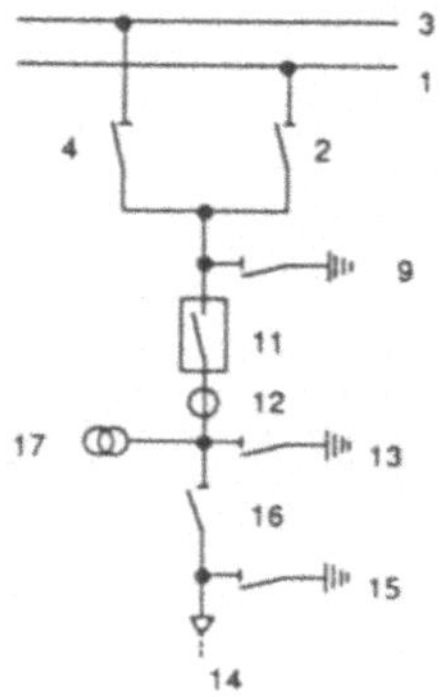

Bild 4.175
Schnittbild und Übersichtsschaltplan eines Feldes einer dreipolig gekapselten SF_6-Anlage für 110 kV

1) 300-MVA-Transformator
2) SF_6-Schaltanlage 420 kV
3) SF_6-Schaltanlage 123 kV
4) Kabelkeller
5) Kabelanschluß 123 kV
6) Ölausdehnungsgefäß

Bild 4.176
Aufbau eines 380/110-kV-Umspannwerkes in SF_6-Ausführung

aufgrund des niedrigeren Spannungsniveaus und der geringeren Isolationsabstände insgesamt die Bauteile hinreichend klein gehalten werden können. In Analogie zu Bild 4.171 ist die Anlagendisposition eines gesamten Umspannwerkes in SF$_6$-Ausführung Bild 4.176 zu entnehmen.

Im Mittelspannungsbereich sind die SF$_6$-Anlagen noch nicht so marktbeherrschend wie

Bild 4.177
Schaltzeichen eines in die Fahrwagen- oder
Einschubtechnik integrierten Leistungsschalters

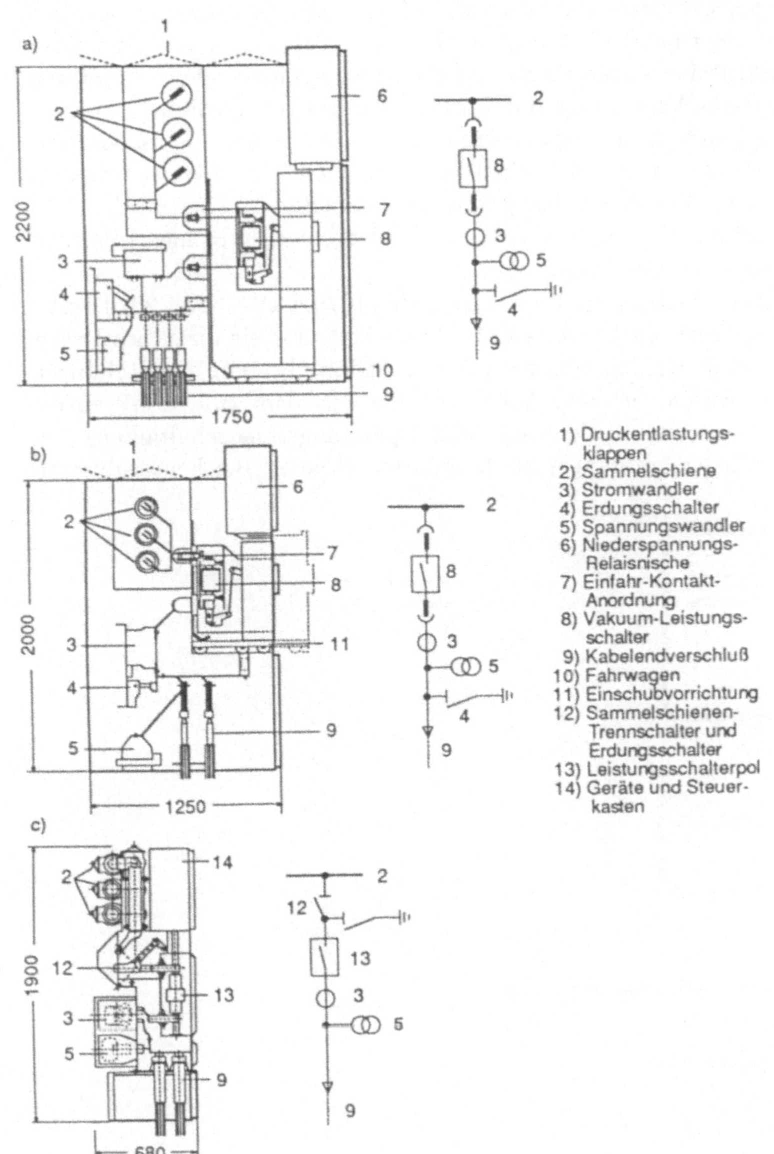

1) Druckentlastungs-
   klappen
2) Sammelschiene
3) Stromwandler
4) Erdungsschalter
5) Spannungswandler
6) Niederspannungs-
   Relaisnische
7) Einfahr-Kontakt-
   Anordnung
8) Vakuum-Leistungs-
   schalter
9) Kabelendverschluß
10) Fahrwagen
11) Einschubvorrichtung
12) Sammelschienen-
   Trennschalter und
   Erdungsschalter
13) Leistungsschalterpol
14) Geräte und Steuer-
   kasten

Bild 4.178
Aufbau von
Mittelspannungs-
schaltfeldern

a) in Fahrwagen-
   technik
b) in Einschub-
   technik
c) in SF$_6$-Technik

in den Ebenen ab 110 kV, obwohl in diesem Spannungsbereich anstelle der SF_6-Schalter wartungsfreie Vakuumschalter eingesetzt werden, die aufgrund ihrer geringen Größe besonders kleine Abmessungen der Gesamtanlage ermöglichen. Bisher überwiegt bei Mittelspannungsschaltanlagen die herkömmliche Bauweise, bei der die einzelnen Felder bzw. die zugehörigen Betriebsmittel jeweils in Zellen untergebracht sind. Sie werden meistens metallgekapselt und fabrikfertig hergestellt. Die Isolation besteht aus Luft und zum Teil aus Feststoffen, für die vorwiegend Gießharz und auch PVC verwendet wird. So sind z.B. die Sammelschienen *feststoffisoliert*, die wie bei den SF_6-Anlagen wiederum die einzelnen Felder untereinander verbinden.

Ein wesentlicher Vorteil dieser herkömmlichen Konstruktionen besteht darin, daß auf die Sammelschienen- und Leitungstrenner verzichtet werden kann. So kann bei der *Fahrwagentechnik* ein Fahrwagen herausgezogen werden, auf dem sich der Leistungsschalter und meistens der Stromwandler befindet. Dadurch wird bereits eine definierte, sichtbare Trennstrecke zu den Sammelschienen und zum Kabelabzweig gebildet. Beim Einfahren des Wagens wird die elektrische Verbindung durch Einfahrkontakte hergestellt. Eine modifizierte Ausführung bietet sich in der sogenannten *Einschubtechnik* an. Dort wird die Trennstrecke durch Herausziehen von Einschüben bewirkt. Beide Techniken werden im Schaltzeichen des Leistungsschalters besonders gekennzeichnet (Bild 4.177). In Bild 4.178 werden diese Bauweisen und die SF_6-Technik miteinander verglichen, um einen Eindruck von den Größenverhältnissen zu vermitteln.

Wiederum ein modifiziertes Erscheinungsbild weisen die 10/0,4-kV- bzw. 20/0,4-kV-*Netzstationen* auf. Ihre Schutzart wird bereits so hoch gewählt, daß sie direkt im Freien bzw. in Fabrikhallen aufgestellt werden können. Die Verkleidung besteht aus Stahlblech oder Betonfertigteilen; ihr Aufbau ist sehr kompakt. Wie aus dem Bild 4.179 zu ersehen ist, sind in einer solchen Netzstation eine Mittelspannungs-Lastschaltanlage, ein Transformator sowie eine Niederspannungsverteilung untergebracht. Bei heute üblichen

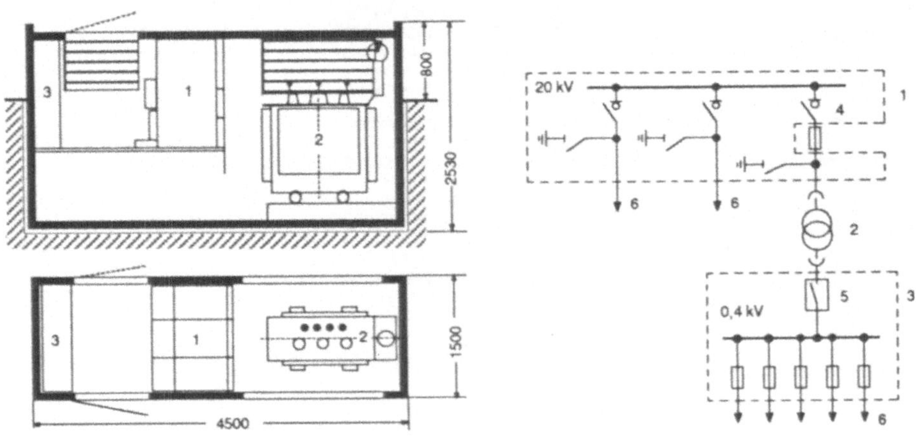

1) SF_6 - isolierte, metallgekapselte Mittelspannungs-Lastschaltanlage
2) Transformator (max. 630 kVA)
3) Niederspannungs-Verteilung
4) Lasttrennschalter
5) Maschennetzschalter (nur bei Maschennetzen)
6) Kabelabgänge

Bild 4.179
Aufbau einer 20/0,4-kV-Netzstation

Bauweisen wird der gesamte Mittelspannungsteil mit Ausnahme der HH-Sicherungen von einem gasdichten Metallbehälter umgeben, der mit SF_6 gefüllt ist. Diese Netzstation ersetzt die Kleinumspannstationen in Massivbauweise wie z.B. die früher in Freileitungsnetzen üblichen Turmstationen. Innerhalb eines Niederspannungsnetzes werden die Verteilungsaufgaben wiederum von den Kabelverteilerschränken erfüllt. Die dort ankommenden bzw. abgehenden Kabel sind nur untereinander verbunden, wenn die später noch beschriebenen NH-Sicherungen oder Metallbrücken in Form von Durchschaltmessern eingesetzt sind.

4.11.3 Berücksichtigung von Schaltanlagen in Ersatzschaltbildern

Aus den bisherigen Ausführungen geht hervor, daß bei Schaltanlagen in allen Spannungsebenen für die Stromführung im wesentlichen die Sammelschienen maßgebend sind. Da sie in allen Fällen im Vergleich zu den angeschlossenen Freileitungen und Kabeln kurz sind, ist ihr Einfluß auf das Betriebsverhalten gering und deshalb im Ersatzschaltbild vernachlässigbar. Aus diesem Grunde sind die Schaltanlagen in einem *Ersatzschaltbild für stationäre Verhältnisse* nur durch *einen Knotenpunkt* zu berücksichtigen. Sie entsprechen in dieser Beziehung Abzweigmuffen in Kabelnetzen.

Bei *transienten* Vorgängen wie z.B. Überspannungseffekten können jedoch auch die geringen, im weiteren nicht berücksichtigten Induktivitäten und Kapazitäten der Sammelschienen eine Rolle spielen [58]. Im Unterschied dazu hat die Leittechnik, die im nächsten Abschnitt beschrieben wird, keinen Einfluß auf die Ersatzschaltbilder von Schaltanlagen.

4.11.4 Leittechnik in Schaltanlagen

Seit dem Ende der sechziger Jahre sind Schaltanlagen zunehmend automatisiert worden. Heutzutage werden in der Bundesrepublik alle Schaltanlagen der Hoch- und Höchstspannungsebene unbemannt und sowohl ober- als auch unterspannungsseitig automatisiert betrieben. Manuell werden dagegen die Schwerpunkt- und Netzstationen der Mittelspannungsebene betätigt. Üblicherweise werden sie jedoch nur im Rahmen von Wartungsarbeiten oder im Zusammenhang mit einer Fehlerortung aufgesucht.

Die zur Automatisierung notwendigen technischen Einrichtungen werden summarisch als *Leittechnik,* zusammen mit den Schutzeinrichtungen (s. Abschnitt 4.12) häufig auch als *Sekundärtechnik* bezeichnet. Abgrenzend dazu versteht man unter dem Begriff *Primärtechnik* nur solche Betriebsmittel, die direkt in den Transport und die Verteilung der elektrischen Energie eingebunden sind.

In den Schaltfeldern sind die leittechnischen Einrichtungen vor Ort in Steuerschränken untergebracht. Summarisch werden sie zu dem Begriff *Feldleitebene* zusammengefaßt. Eine wesentliche Aufgabe dieser Geräte besteht darin, Meldungen über die Schalterstellungen und die Strom- und Spannungswerte, die von den Wandlern entsprechend transformiert sind, aufzubereiten und in eine übergeordnete Ebene, die *Stationsleitebene,* weiterzuleiten (Bild 4.180). Erst in dieser Ebene erfolgt dann mit Hilfe von Rechnern deren Protokollierung und Auswertung im Hinblick auf die Belange des Netzbetriebes. Rein räumlich sind die dazu notwendigen Einrichtungen zentral im Betriebsgebäude zusammengefaßt. Da dort die Werte aus der gesamten Schaltanlage zusammenlaufen, besteht eine Gesamtübersicht, die es im Vergleich zur Feldleitebene gestattet, umfassendere Aufgabenstellungen zu behandeln. So besteht eine Aufgabe darin, Meßwerte aus den Abzweigfeldern für Verrechnungszwecke unter Einbeziehung der Tarifgestaltung auszuwerten.

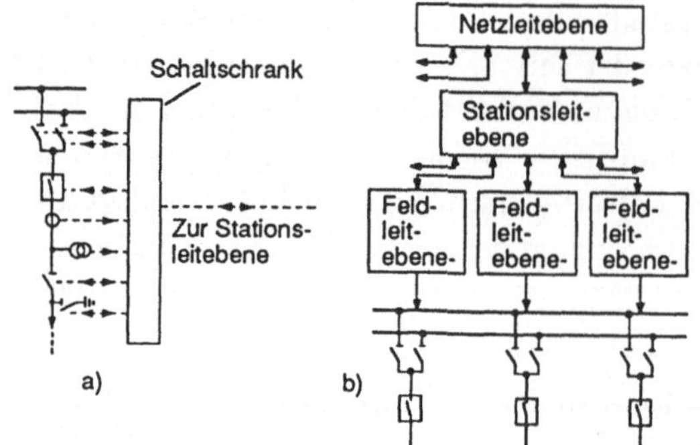

Bild 4.180
Organisation der Leittechnik
a) leittechnische Einrichtungen in der
    Feldleitebene
b) hierarchischer Aufbau der Leittechnik
    in Feld-, Stations- und Netzleitebene

Jeweils nach signifikanten Änderungen werden die relevanten Daten von der Stationsleitebene in die nächsthöhere Ebene, die *Netzleitebene*, übermittelt. Bei mittelgroßen EVU repräsentiert diese Leitstelle bereits die *Netzbetriebsführung*, bei großen Unternehmen ist diese Netzleitebene noch als vorletzte Hierarchiestufe der Netzbetriebsführung unterlagert (s. Abschnitt 8.1). Eine weitere Funktion der Stationsleitebene stellt die Überwachung der zulässigen Belastung der Betriebsmittel dar. Bei einer Überschreitung von vorgegebenen Schwellwerten wird dieser Betriebszustand mit hoher Priorität dem Wartenpersonal in die Netzleitebene signalisiert.

Alle Informationen werden zwischen den Schaltanlagen und den übergeordneten Leitebenen stets auf zwei unterschiedlichen Wegen, meist drahtgebunden über Fernmeldekabel, ausgetauscht. Bei großen Strecken wird allerdings auch Richtfunk verwendet. Die für die nachrichtentechnische Aufbereitung erforderlichen Geräte werden als *Fernwirkanlagen* bezeichnet.

Von der Stationsleitebene ist häufig noch die folgende Aufgabenstellung zu erfüllen. Sofern von der Netzleitebene der Befehl zum Zusammenschalten von Teilnetzen erfolgt, wird in der Stationsleitebene geprüft, ob eine derartige Synchronisation zulässig ist. Zu diesem Zweck werden die aus dem Meßfeld einlaufenden Spannungswerte auf Frequenz, Amplitude und Phasenlage untersucht. Sofern die Spannungsverläufe hinreichend gut übereinstimmen, wird die Schaltung ausgelöst; anderenfalls erfolgt eine Sperre.

Im ähnlichen Sinne werden alle Strom- und Spannungswerte aus den Feldern sogenannten *Schutzeinrichtungen* zugeleitet. Es handelt sich bei diesen Geräten um ein umfangreiches Meßwertverarbeitungssystem, das die einlaufenden Werte nach einer Reihe von Kriterien auf eventuelle Fehler in der Anlage und im Netz abprüft (s. Abschnitt 4.12). Falls Fehler festgestellt werden und zu deren Beseitigung Schalter zu betätigen sind, werden die zugehörigen Meldungen in die Feldleitebene übertragen und dort umgesetzt. Mit dieser bisher nicht genannten Funktion ist zugleich der Aufgabenbereich der Feldleitebene beschrieben. Im Unterschied zur Stationsleitebene werden dort keine eigenen Entscheidungen getroffen. Demgegenüber veranlaßt die Stationsleitebene zusätzlich, daß nach dem Öffnen eines Abzweigleistungsschalters oder eines Kuppelschalters auch die notwendigen Trenner betätigt werden.

Ungeplante, von den Schutzeinrichtungen angestoßene Ereignisse wie z.B. Schaltmaßnahmen werden nicht nur in die Feldleitebene, sondern parallel dazu auch in die übergeordneten Ebenen geleitet und erscheinen dort mit hoher Priorität auf den Sichtgeräten.

Neben diesen ungeplanten Schaltmaßnahmen können von der übergeordneten Netzleitebene bzw. Netzbetriebsführung aus auch geplante Schalterbetätigungen veranlaßt werden. Dabei überprüft allerdings die Stationsleitebene noch deren Zulässigkeit. So kann ein Arbeitserder nur eingeschaltet werden, wenn die Sammelschienen- und Leitungstrenner des betreffenden Feldes ausgeschaltet sind. Durch den heute üblichen Rechnereinsatz kann darüberhinaus sogar der Ablauf von ganzen Schaltfolgen aus der Stationsleitebene selbsttätig gesteuert werden. Als Beispiel dafür sei ein Sammelschienenwechsel genannt, bei dem die Abzweige von einer Sammelschiene auf eine andere gelegt werden.

In Umspannanlagen erweitert sich der beschriebene Aufgabenkatalog noch durch die Regelung der Spannung. Gemäß Abschnitt 4.2 wird dafür der Stufenschalter des Transformators als Stellglied verwendet, um den von der übergeordneten Leitebene vorgegebenen Sollwert zu realisieren.

In den Schaltanlagen ist zugleich auch ein großer Teil der Einrichtungen untergebracht, deren Aufgabe darin besteht, die Betriebsmittel vor Überbeanspruchungen zu schützen. Der Aufbau und die Funktion dieser Schutzeinrichtungen werden im anschließenden Abschnitt skizziert.

4.12 Überblick über wichtige Einrichtungen zum Schutz von Netzelementen

Gewitter oder Kurzschlüsse können u.a. in Netzen Ströme und Spannungen hervorrufen, die so hoch sind, daß die zulässigen Werte bei einzelnen Netzelementen überschritten werden. Die Auswirkungen äußern sich je nach Höhe in einer verkürzten Lebensdauer oder in Beschädigungen. Um diese Folgen zu vermeiden, werden besondere Einrichtungen zum Schutz der Betriebsmittel eingesetzt.

4.12.1 Einrichtungen zum Schutz vor Überspannungen

Bevor auf die Schutzeinrichtungen eingegangen wird, ist es notwendig, einige Eigenschaften der Überspannungen zu kennen. Man bezeichnet dabei mit dem Begriff *Überspannung* alle diejenigen Spannungen, die *nicht betriebsfrequent* sind und die zugleich *die höchste dauernd zulässige Betriebsspannung überschreiten*. Überspannungen treten meist nur kurzzeitig zwischen den Leitern oder gegen Erde auf. Der prinzipielle Verlauf einer Überspannung hängt davon ab, ob sie eine innere oder äußere Überspannung darstellt.

Von *inneren Überspannungen* spricht man dann, wenn die Spannungen durch Schaltmaßnahmen oder Netzfehler, z.B. Kurzschlüsse, hervorgerufen werden. Abhängig von der Ursache entwickeln sich Schwingungen, deren Frequenz sich zwischen einigen hundert Hertz und ca. 50 kHz bewegt. Entsprechend Bild 4.181 erstrecken sich die Schwingungen meist nur über eine 50-Hz-Periode, da sie durch die verstärkt auftretenden Wirbelstromverluste schnell abgedämpft werden.

Die inneren Überspannungen übersteigen nur in sehr seltenen Fällen den doppelten Wert der Außenleiterspannung. Als Beispiel für diese seltenen Fälle sei der *aussetzende Erd-*

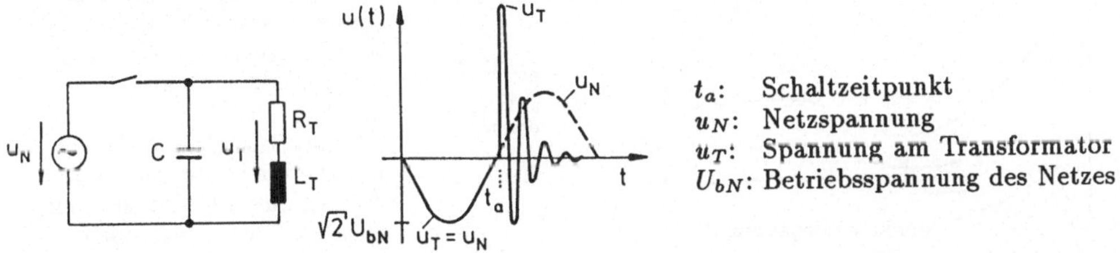

Bild 4.181
Verlauf einer inneren Überspannung bei der Ausschaltung eines leerlaufenden Transformators

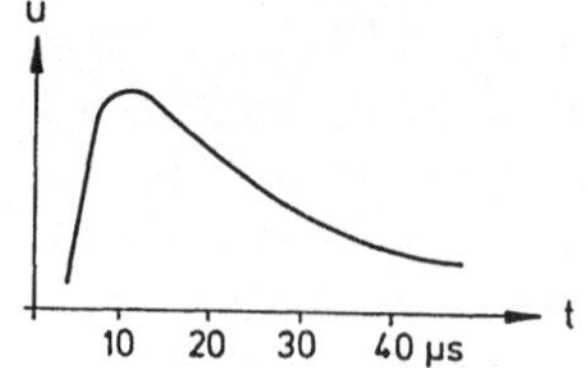

Bild 4.182
Verlauf einer äußeren Überspannung

schluß (s. Kapitel 11) oder die *Ferroresonanz* genannt. Diese Effekte können sich nur dann ausbilden, wenn mehrere ungünstige Bedingungen zugleich erfüllt sind. So ist erst dann eventuell mit Ferroresonanz zu rechnen, wenn z.B. infolge eines vorausgegangenen Fehlers eine Kapazität und eine Induktivität mit Eisenkern in Reihe geschaltet werden. Die Resonanzfrequenz des sich dann ergebenden Schwingkreises muß deutlich unter der Netzfrequenz liegen [59].

Einen anderen Verlauf weisen die *äußeren Überspannungen* auf, die durch Gewitter bzw. atmosphärische Störungen verursacht werden. Diese Spannungen steigen innerhalb von einigen Mikrosekunden auf ihren Maximalwert an, um dann relativ langsam, etwa in einer zehntel Millisekunde, abzuklingen (Bild 4.182). Aufgrund ihres stoßartigen Anstiegs bezeichnet man diese Verläufe auch als *Blitzstoßspannungen*. Sie breiten sich entlang den Freileitungen wie eine Welle mit Lichtgeschwindigkeit aus. Eine analytische Behandlung dieser wandernden Wellen, auch als *Wanderwellen*theorie bezeichnet, ist [88] zu entnehmen. Im Laufe der Ausbreitung flacht sich der Wanderwellenkopf merklich ab. Seine Anstiegszeit vergrößert sich um 0,4...0,8 ns pro km. Ursache dafür sind primär die Wirbelströme in den Leiterseilen und im Erdboden sowie auf Freileitungen die Koronaerscheinungen, die sich bei Überspannungen ausgeprägt einstellen.

Der Scheitelwert einer Blitzstoßspannung erreicht in der Hochspannungsebene durchaus den 4-fachen Wert der Netznennspannung. In den Höchstspannungsebenen überschreiten die äußeren Überspannungen kaum die zweifache Netznennspannung und bewegen sich damit im Bereich der inneren Überspannungen.

Eine besondere Klasse zwischen den inneren und äußeren Überspannungen bilden die sogenannten *Schaltstoßspannungen*. Prinzipiell verlaufen sie ebenfalls stoßförmig, erreichen den Scheitelwert jedoch erst nach etwa 150...500 μs und klingen dann nach mehreren Millisekunden ab.

Die verschiedenen Überspannungen beanspruchen die Betriebsmittel in unterschiedlicher Weise, wie z.B. in Bild 4.183 stellvertretend an einer Spitze-Platte-Anordnung gezeigt wird. Unter den Stehspannungen U_{d0} versteht man dabei diejenigen Spannungswerte,

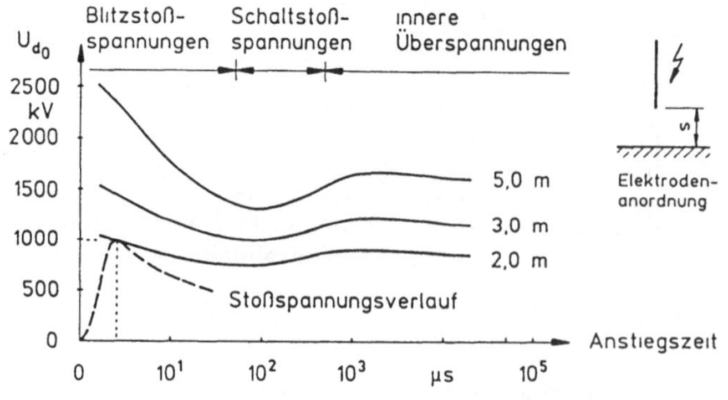

Bild 4.183
Stehspannungen U_{d0} einer Spitze-Platte-Anordnung in Abhängigkeit von der Anstiegszeit und dem Elektrodenabstand s
(Worst-Case: Die Stehspannungen einer Spitze-Platte-Anordnung sind im Vergleich zu allen Zwei-Elektroden-Anordnungen in Luft am niedrigsten.)

Bild 4.184
Schaltzeichen eines Überspannungsableiters

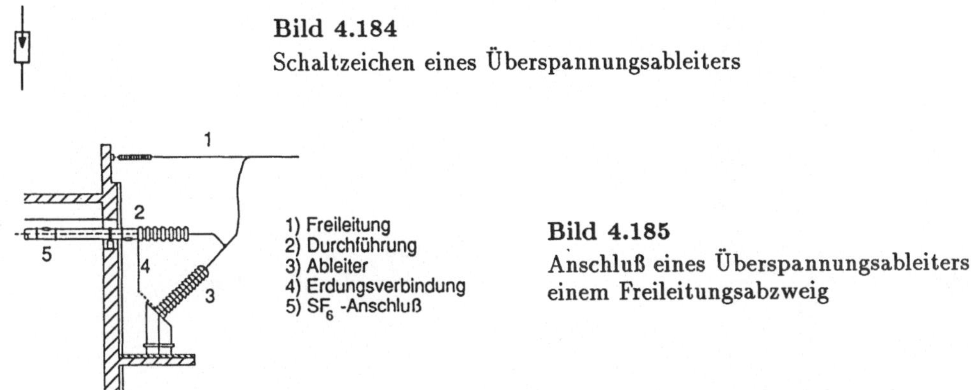

1) Freileitung
2) Durchführung
3) Ableiter
4) Erdungsverbindung
5) SF_6-Anschluß

Bild 4.185
Anschluß eines Überspannungsableiters in einem Freileitungsabzweig

bei denen gerade noch kein Durchschlag erfolgt und die Isolation hochohmig bleibt. Aus langjährigen Erfahrungen kennt man recht gut die Höhe der einzelnen Überspannungsarten, denen in den verschiedenen Spannungsebenen die jeweiligen Betriebsmittel standhalten müssen. Diese Kenngrößen sind in der DIN VDE 0111 festgelegt und werden als *Bemessungs-Blitzstoßspannung*, *Bemessungs-Schaltstoßspannung* und *Bemessungs-Kurzzeitwechselspannung* bezeichnet. Durch eine entsprechende isoliertechnische Gestaltung kann stets ein ausreichendes Isoliervermögen sichergestellt werden. Genauere Ausführungen über die dafür maßgebenden Parameter wie Formgebung der Leiter, Abstand zwischen den Leitern sowie Abstand zu geerdeten Anlagenteilen, Wahl der Isoliermittel und Steuerung des elektrischen Feldes über Metallschirme bzw. Grenzflächen in der Isolation sind [74] zu entnehmen.

Durch spezielle Schutzeinrichtungen, die *Überspannungsableiter*, kann die Beanspruchung der Betriebsmittel in den Schaltanlagen wirksam herabgesetzt werden. Das zugehörige Schaltzeichen ist in Bild 4.184 dargestellt. Üblicherweise werden Überspannungsableiter an jeden Leiter eines Freileitungsabzweiges angebracht (Bild 4.185). Zusätzlich werden Ableiter an die Sternpunkte der Transformatoren angeschlossen, sofern diese nicht niederohmig geerdet sind. Falls Ableiter weiter als 20...30 m von den zu schützenden Objekten entfernt stehen, verringert sich ihre Schutzwirkung. Es kann dann zu merklichen Überlagerungen derjenigen Teile der Wanderwellen kommen, die unterhalb des Ansprechpegels der Ableiter liegen und in die Anlage einlaufen können, ohne abgefangen zu werden [89]. Beim Einbau der Ableiter sind deshalb möglichst kurze Anschlußleitungen zu verwenden. Zwei Ableiterbauarten sind vorherrschend: Die seit Jahrzehnten bewährten *Ventilableiter* und die erst in neuerer Zeit marktreifen *Metalloxidableiter*.

Im Prinzip bestehen Ventilableiter aus einer luftdicht gekapselten Funkenstrecke und einem nachfolgenden nichtlinearen Widerstand aus Siliziumkarbid (SiC). Dabei ist die Funkenstrecke aus mehreren in Reihe geschalteten Funkenstreckenelementen zusammengesetzt (Bild 4.186). Grundsätzlich entspricht das Durchschlagsverhalten der Funkenstrecke der Charakteristik einer Spitze-Platte-Anordnung gemäß Bild 4.183. Je nach der Anstiegszeit der anliegenden Überspannung spricht der Ableiter bei einer bestimmten Spannung, der *Ansprechspannung*, an. Die Funkenstrecke wird leitend. Dabei weist der nachgeschaltete Widerstand die Besonderheit auf, daß sich mit steigender Stromstärke dessen Widerstand verringert. Für den maximal zulässigen Strom, den *Nennableitstrom* im Bereich von 10...30 kA, stellt sich daher im Vergleich zur Ansprechspannung eine niedrigere Spannung, die *Restspannung*, ein. Nach dem Abklingen der Überspannung

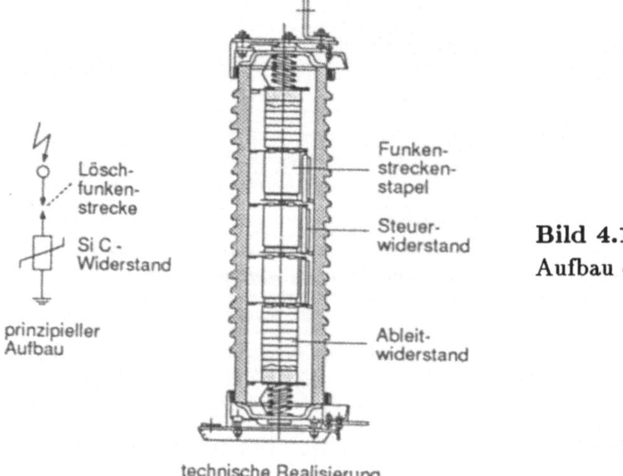

Bild 4.186
Aufbau eines Ventilableiters

verlöscht die Funkenstrecke im nachfolgenden Stromnulldurchgang. Bei den höherbelasteten Ventilableitern der Hoch- und Höchstspannungsebene wird zusätzlich eine Blasspule installiert. Ihr magnetisches Feld verlängert den Lichtbogen in der Funkenstrecke und bewirkt auf diese Weise ein vorzeitiges Verlöschen des Stroms.

Demgegenüber verfügen Metalloxidableiter nur über einen nichtlinearen Widerstand aus Zinkoxid (ZnO), der ständig an der Netzspannung liegt (Bild 4.187). Die Kennlinie des nichtlinearen Widerstandes verläuft im Bereich der Nennspannung sehr flach, so daß sich der Ableitstrom unterhalb von 1 mA bewegt. Der Ableiter ist so dimensioniert, daß dieser Strom sich auch bei den höchsten netzfrequenten Betriebsspannungen nicht wesentlich vergrößert. Bei dem Auftreten von Überspannungen erhöht sich jedoch der Ableitstrom merklich, wobei der Widerstand stark abnimmt. Dadurch wird die Überspannung begrenzt, ohne daß sich wie beim Ventilableiter eine Ansprechspitze ausbildet. Ein detaillierter Vergleich zwischen Ventil- und Metalloxidableitern im Hinblick auf die weiteren Überspannungsarten zeigt, daß sich insgesamt beide Bauarten gleichwertig verhalten [90], [91]. Bevorzugt werden Metalloxidableiter in SF_6-Anlagen eingebaut, um auf die Installation der gekapselten Funkenstrecke innerhalb der SF_6-Kapselung verzichten zu können.

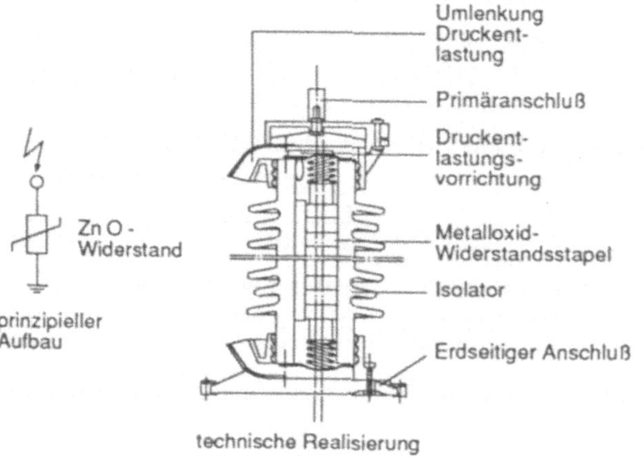

Bild 4.187
Aufbau eines Metalloxidableiters
in Freiluftausführung

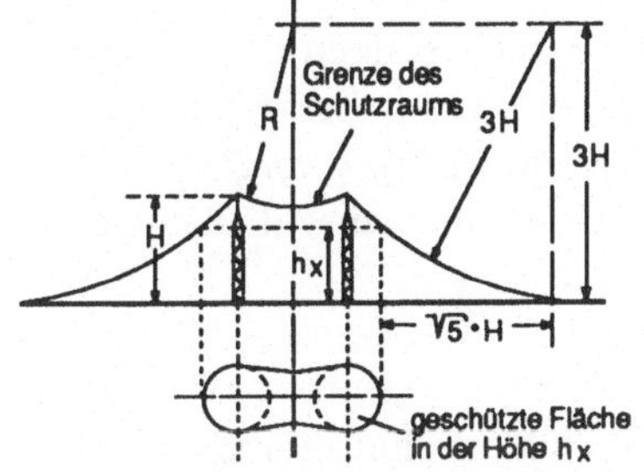

Bild 4.188
Schutzraum von Blitzschutzstangen

In Freiluftschaltanlagen werden Überspannungsableiter häufig mit sogenannten *Abbild-funkenstrecken* in Reihe geschaltet, auf deren Elektroden jeder Ableitvorgang Ansprech-spuren hinterläßt. Diese Spuren sind ein grobes Maß für die Größe des jeweiligen Ab-leitstroms und ermöglichen Rückschlüsse auf die an dieser Stelle im Netz aufgetretenen Überspannungen.

Vor Blitzeinschlägen *innerhalb* einer Freiluftschaltanlage schützen Ableiter dagegen nicht. Zu diesem Zweck werden *Blitzschutzseile* oder – überwiegend in Höchstspannungsanla-gen – *Blitzschutzstangen* in der Anlage errichtet (Bild 4.188), die ähnlich wie die Erdseile einen Schutzraum aufbauen. Diese Einrichtungen fangen gewissermaßen die Blitze ein [89]. Zusätzlich werden die Freileitungsabzweige im Bereich bis zu 2 km mit doppel-ten Erdseilen ausgerüstet. Dabei ist darauf zu achten, daß die Portale, an denen sie enden, sehr niederohmig geerdet sind. Anderenfalls besteht die Gefahr, daß die im Erd-seil auftretenden Blitzstoßspannungen das Potential des Mastes so anheben, daß sogar in umgekehrter Weise ein Überschlag zu den Leitern der Freileitungen erfolgt. Ein der-artiger Fehler wird als *rückwärtiger Überschlag* bezeichnet. Er bewirkt innerhalb der Anlage Überspannungen, die auch von den Ableitern nicht mehr unmittelbar gemindert werden.

Im Unterschied zu Ventilableitern schützen *Pegelfunkenstrecken* (s. Abschnitt 4.5) nicht wirksam vor Blitzstoßspannungen. Solche Funkenstrecken weisen nämlich einen Ansprech-verzug von ca. 10 μs auf, so daß steil ansteigende Überspannungen nur mäßig begrenzt werden [5]. Ihre primäre Aufgabe besteht darin, auftretende Lichtbogen zu führen und den damit verbundenen Abbrand von den Seilen bzw. Betriebsmitteln fernzuhalten.

Neben den bisher behandelten kurzzeitigen, nicht netzfrequenten Überspannungen tre-ten auch netzfrequente Spannungen auf, die größer als die Bemessungsspannung sind. Sie werden als *Spannungserhöhungen* bezeichnet. Solche Erhöhungen, denen die Isola-tion ebenfalls standhalten muß, können z.B. durch den Ferranti-Effekt hervorgerufen werden und übersteigen im ungestörten Betrieb kaum den 1,4-fachen Wert der Nenn-spannung. Eine Verminderung auf die zulässigen Werte läßt sich meist mit betrieblichen Maßnahmen erreichen, indem die Übersetzung der Transformatoren, die Einstellung der Kompensationsdrosselspulen oder die Erregung in den Generatoren verändert wird.

Mit den beschriebenen Schutzmaßnahmen können zu hohe Spannungen auf ungefähr-liche Werte begrenzt werden. Sie beseitigen jedoch nicht die Ursachen, wie es bei den Einrichtungen zum Schutz vor Überströmen der Fall ist.

4.12.2 Einrichtungen zum Schutz vor Überströmen

Die Einrichtungen zum Schutz vor Überströmen sind darauf ausgerichtet, die fehlerbe-hafteten Netzelemente schnell zu erkennen und diese dann auszuschalten. Diese Ein-richtungen verhalten sich, wie man sagt, *selektiv.* Im Niederspannungs- und Mittelspannungsbereich läßt sich dieser Schutz auf einfache Weise durch Sicherungen oder spezielle Schalter, den Leitungsschutzschalter und den I_s-Begrenzer, erreichen. Sofern dies nicht möglich ist, sind die bereits betrachteten Schalter einzusetzen, die mit vergleichsweise aufwendigen Schutzsystemen zu verknüpfen sind, auf deren Aufbau anschließend auch noch eingegangen wird.

4.12.2.1 Sicherungen und I_s-Begrenzer

Sicherungen stellen ein Schutzorgan dar, das dazu dient, den fehlerbehafteten Stromkreis selbsttätig zu unterbrechen. Sie werden in den Schaltplänen durch das Symbol in Bild 4.189 gekennzeichnet.

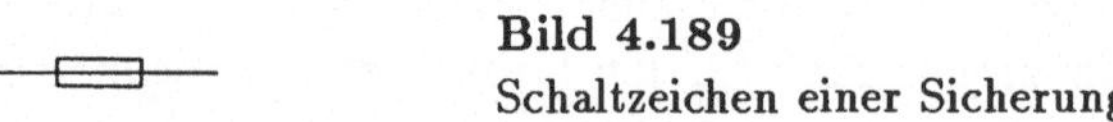

Bild 4.189
Schaltzeichen einer Sicherung

Die verwendeten Sicherungen weisen meist einen oder mehrere Schmelzleiter auf, die häufig aus einer Silberlegierung bestehen und in Quarzsand eingebettet sind. In Bild 4.190 ist der Aufbau einer *Hochspannungs-Hochleistungs-Sicherung*, einer HH-Sicherung, veranschaulicht, die in Deutschland für Nennspannungen von 1...36 kV verwendet wird und, wie bereits erörtert, beim Einsatz von Lasttrenn- bzw. Lastschaltern den Kurzschlußschutz übernimmt.

Der Schmelzleiter ist so ausgelegt, daß Stromstärken ab einer bestimmten Größe den Schmelzvorgang einleiten. Nach einem Zeitraum t_s ist der Leiter abgeschmolzen, die erzeugte Wärme Q übersteigt dann den dazu erforderlichen Wert Q_s. Der Widerstand der Sicherung R_s kann im Zeitraum $t_s > 0{,}1$ s (s. DIN VDE 0670 Teil 4) in hinreichender Näherung als konstant angesehen werden, so daß dann die Vorgänge durch die Beziehung

$$Q = \int\limits_0^{t_s} i^2(t) \cdot R_s \cdot dt \geq Q_s \tag{4.139}$$

beschrieben werden. Bei Werten $t_s < 0{,}1$ s stellt die daraus ermittelte Schmelzzeit nur eine Ersatzschmelzzeit, eine Bezugsgröße, dar.

Bei *strombegrenzenden Sicherungen* wird die notwendige Schmelzwärme Q_s in weniger als einer Viertelperiode erzeugt, so daß der Kurzschlußstrom nicht mehr seine erste Amplitude erreicht (Bild 4.191). In diesem Fall wird der Strom auf den *Durchlaßstrom* I_{dS} begrenzt. Der anschließend entstehende Lichtbogen verlöscht innerhalb eines Zeitintervalls t_l, der *Löschzeit*. Sie liegt in der Regel unter 10 ms.

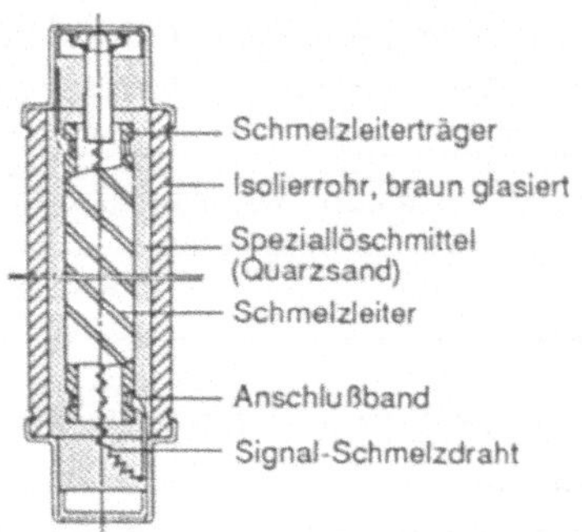

Bild 4.190
Aufbau einer HH-Sicherung

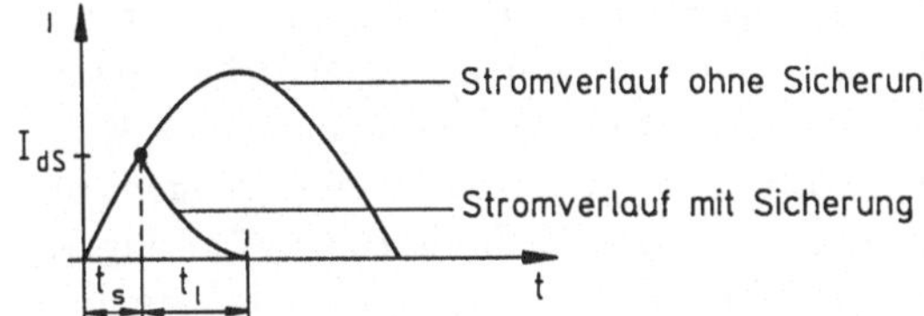

Bild 4.191

Stromverlauf nach Ansprechen einer
Sicherung

I_{dS}: Durchlaßstrom
t_s: Schmelzzeit
t_l: Löschzeit

Der Schmelzleiter wird so gestaltet, daß die Löschzeit t_l bestimmte Grenzwerte nicht
unterschreitet. Anderenfalls könnten sich bei induktiven Verbrauchern, die der Sicherung
nachgeschaltet sind, Schaltspannungen einstellen, die die zulässigen Werte überschreiten:

$$\Delta u = L \cdot \frac{I_{ds}}{t_l} .$$

Die Höhe der zulässigen Schaltspannungen wächst gemäß DIN VDE 0111 und 0670
mit der Nennspannung der Sicherung an. Falls in einem Netz Sicherungen eingesetzt
werden, deren Nennspannungen die des Netzes übersteigen, können die durch den Löschvorgang tatsächlich ausgelösten Schaltspannungen – je nach Hersteller – zu hohe Werte annehmen und zu Schäden führen. Angaben über den Verlauf der Schaltspannungen sind nur in diesen Sonderfällen erforderlich. Die im weiteren erörterten Daten sind
dagegen stets für die Projektierung einer Sicherung notwendig. Diese Daten sind u.a.
Diagrammen zu entnehmen, die vom Hersteller geliefert werden. Es handelt sich dabei zum einen um die *Zeit/Strom-Kennlinie* (Bild 4.192). Ströme, die kleiner als die
dort angegebenen Minimalwerte von ca. $2,5 \cdot I_{nS}$ sind, führen zu keiner sicheren Auslösung. Die darin angegebenen Schmelzzeiten gelten für stationäre Wechselströme, die in
den Anlagen den Dauerkurzschlußströmen I_k entsprechen. Bei nicht sinusförmig verlaufenden Strömen können die dann geltenden Werte mit der Beziehung (4.139) ermittelt
werden.
Zum anderen wird eine *Durchlaßkennlinie* geliefert. Daraus ist der *Durchlaßstrom* I_{dS} zu
ermitteln. Der Durchlaßstrom wird durch den Nennstrom I_{nS} und den unbeeinflußten
Kurzschlußstrom I_k'' gekennzeichnet. Bei der Größe I_k'' handelt es sich um den Anfangskurzschlußwechselstrom, der am Einbauort auftreten würde, wenn die Sicherung nicht

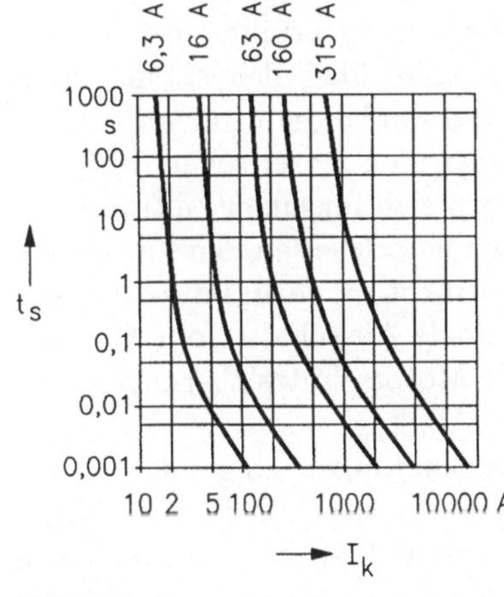

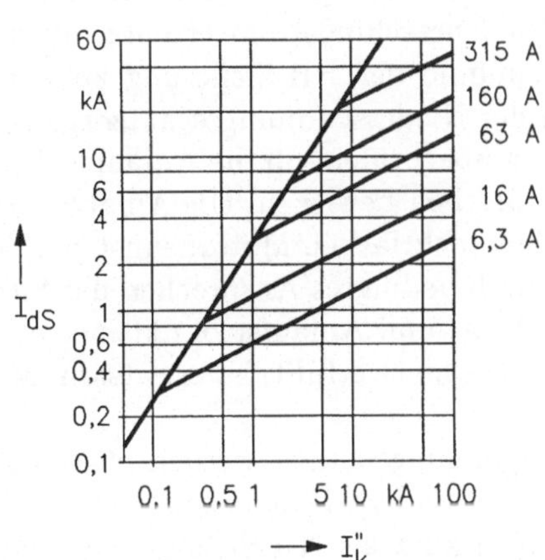

Bild 4.192
Zeit/Strom- und Durchlaßkennlinien von HH-Sicherungen (Streubereich etwa ± 10 % des
Stroms)

vorhanden wäre. Dieser Strom darf bei einer ordnungsgemäßen Projektierung einen maximalen Wert, den *Nennausschaltstrom*, nicht überschreiten, der als zusätzliche Angabe einer Liste des Sicherungsherstellers zu entnehmen ist. Auf die Berechnung der Kurzschlußströme I_k'' in umfassenderen Netzanlagen wird noch im Kapitel 6 eingegangen. Für die Gleichströme, die sich gemäß Abschnitt 4.4 eventuell den Wechselströmen überlagern, sind in den Durchlaßkennlinien bereits ungünstige Werte zugrundegelegt, so daß sie nicht gesondert berücksichtigt werden müssen.

In den bisherigen Ausführungen sind bereits eine Reihe wichtiger Gesichtspunkte zur Projektierung von HH-Sicherungen enthalten. So legt die maximal zulässige Betriebsspannung U_{mN} der betrachteten Netzebene die Bemessungsspannung U_{rS} der Sicherungen fest. Darüber hinaus kommen nur solche Sicherungen in Frage, bei denen der unbeeinflußte Kurzschlußstrom I_k'' am Einbauort zwischen den bereits kennengelernten zugehörigen Sicherungskenndaten liegt: Die untere Grenze bildet der minimale Ausschaltstrom I_{min}, die obere der Nennausschaltstrom I_{aS}, der häufig Werte über 40 kA aufweist. Bei der Auswahl der Sicherung ist weiterhin darauf zu achten, daß der Nennstrom I_{nS} der Sicherung den größtmöglichen Laststrom $I_{b_{zul}}$ übersteigt, jedoch wiederum kleiner ist als der thermisch zulässige Dauerstrom I_{dL} der zugehörigen Leitung. Mit diesen drei Bedingungen

$$U_{rS} = U_{mN} \tag{4.140}$$

$$I_{min} \leq I_k'' \leq I_{aS} \tag{4.141}$$

$$I_{b_{zul}} \lesssim I_{nS} < I_{dL} \tag{4.142}$$

ist sichergestellt, daß die HH-Sicherungen ordnungsgemäß bei Kurzschlüssen im Nahbereich ihrer Netzebene arbeiten. Diese Kriterien erfassen noch nicht das Zusammenwirken mit eventuell nachgeschalteten Schutzorganen. So besteht bei der Auswahl von HH-Sicherungen für Netzstationen zusätzlich die Forderung, daß bei einem niederspannungsseitigen Kurzschluß innerhalb bzw. in der Nähe der Station zunächst die niederspannungsseitigen Schutzelemente ansprechen und erst dann die Hochspannungssicherung auslöst. Dabei wird natürlich vorausgesetzt, daß von seiten der Planung gewährleistet ist, daß der niederspannungsseitige Kurzschluß auf der Hochspannungsseite einen hinreichend großen Kurzschlußstrom erzeugt. Wenn diese Bedingung erfüllt wird, ist die Zeit/Strom-Kennlinie der HH-Sicherung zu beachten. Sie muß über den entsprechenden Verläufen der Niederspannungsschutzorgane liegen und darf diese nicht schneiden. Zusätzlich ist zu überprüfen, ob die Anlaufströme von eventuellen motorischen Verbrauchern kein Ansprechen bewirken. Die Anlaufströme bewegen sich für einen Zeitraum bis etwa 10 s bei dem mehrfachen Motornennstrom, übersteigen jedoch selten den fünffachen Wert. Ein dadurch bedingtes Ansprechen der Sicherung ist nicht möglich, falls der Summenstrom aus Last- und Anlaufstrom kleiner als der minimale Ausschaltstrom I_{min} ist. Ist diese Forderung nicht erfüllt, ist es ratsam, auf spezielle Motorschutzsicherungen auszuweichen.

In den Niederspannungsnetzen werden ebenfalls Schmelzsicherungen eingesetzt. Diese weisen jedoch eine andere Bauart auf und werden als *Niederspannungs-Hochleistungs-Sicherungen,* auch kurz als NH-Sicherungen, bezeichnet. Ihr Aufbau ist aus Bild 4.193 zu ersehen. Eingesetzt werden sie vornehmlich bei den Niederspannungsabgängen der Netzstationen und in den *Kabelverteilerschränken*, die im 0,4-kV-Netz die Knotenpunkte realisieren.

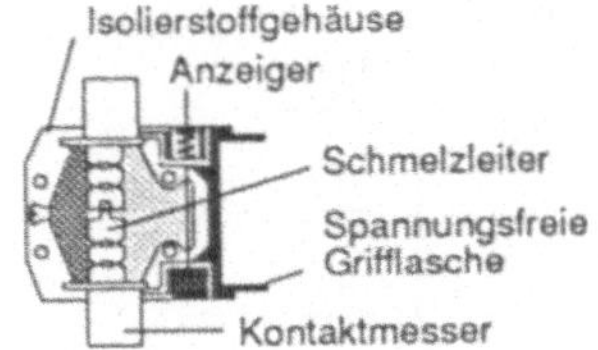

Bild 4.193
Aufbau einer NH-Sicherung

Üblicherweise verwendet man Ganzbereichssicherungen, die in der Typenbezeichnung durch ein „g" gekennzeichnet werden. Das bedeutet zunächst, daß jeder Strom bis hin zum Nennstrom dauernd geführt werden kann. Darüber hinaus müssen alle Ströme vom kleinsten Schmelzstrom bis zum Nennausschaltstrom ausgeschaltet werden. Der *kleinste Schmelzstrom* ist der geringste Strom, der die benötigte Schmelzwärme Q_s erzeugt, und wird bei NH-Sicherungen durch zwei Schranken eingeschachtelt. So stellt der sogenannte kleine Prüfstrom den größten Wert dar, der von der Sicherung für einen längeren Zeitbereich garantiert gehalten wird. Er ist in der DIN VDE 0636 festgelegt und beträgt etwa $1,3 \cdot I_{nS}$. Demgegenüber kennzeichnet der große Prüfstrom den kleinsten Wert, bei dem die Sicherung bereits in jedem Fall auslöst. Dieser Strom liegt im Bereich $(1,6 \ldots 2,1) \cdot I_{nS}$ und spielt bei der Bemessung von Niederspannungsnetzen eine große Rolle (s. Kapitel 8). Der genaue Zusammenhang zwischen Schmelzzeit und Kurzschlußstrom ist wiederum aus einer Zeit/Strom-Kennlinie zu ersehen (Bild 4.194). Analog zu den HH-Sicherungen bestehen ebenfalls Durchlaßkennlinien, aus denen der Durchlaßstrom I_{dS} zu entnehmen ist.

Bei NH-Sicherungen werden mehrere Baugrößen angeboten; sie entscheiden über das Band der Nennströme, die von dem jeweiligen Sicherungstyp abgedeckt werden. In der DIN VDE 0636 Teil 21 sind Werte bis zu 1250 A genormt. Bei der Projektierung ist ferner das Schutzobjekt zu berücksichtigen. So schützen Sicherungen mit dem Zusatz „L" Kabel und Leitungen, mit dem Zusatz „M" Motoren. Sicherungen der Klasse gM sind besonders darauf abgestimmt, daß Anlaufströme bis $5 \cdot I_{nMot}$ für maximal 5 s keine Auslösung hervorrufen. Weitere Funktionsklassen sind der DIN VDE 0636 zu entnehmen.

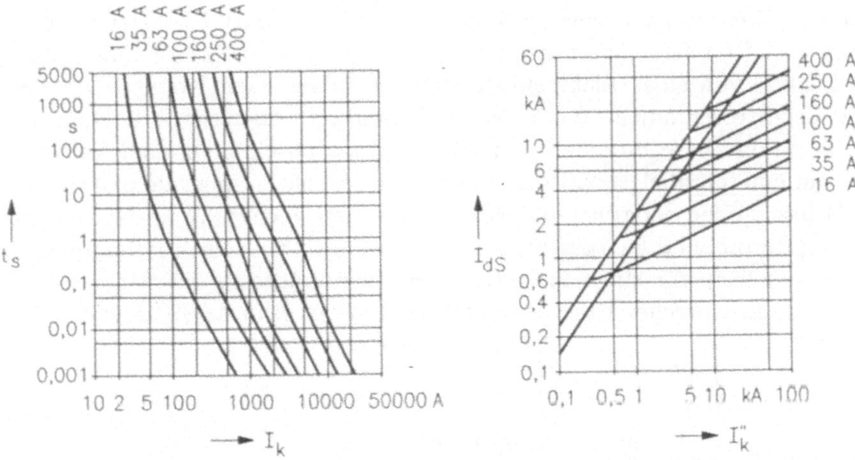

Bild 4.194
Zeit/Strom- und Durchlaßkennlinien von NH-Sicherungen

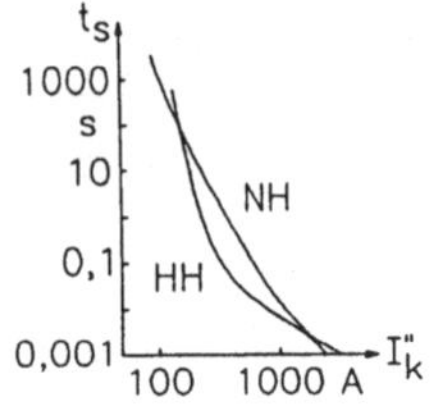

Bild 4.195
Vergleich der Zeit/Strom-Kennlinien einer
NH- und einer HH-Sicherung mit einem
Nennstrom von 63 A

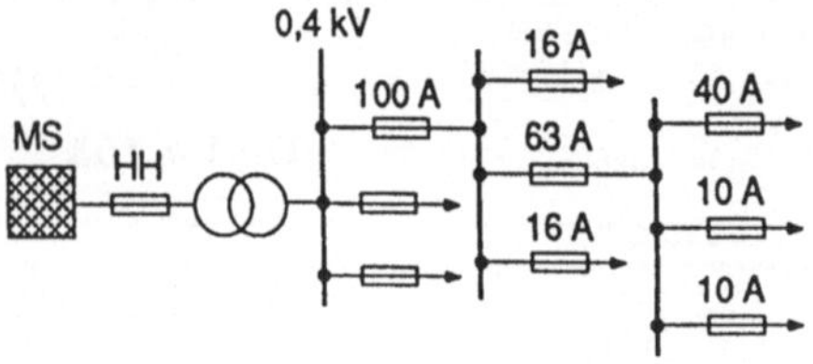

Bild 4.196
Schutz eines Niederspannungsnetzes durch
NH-Sicherungen
MS: Mittelspannungsnetz; HH: HH-Sicherung

In Bild 4.195 sind für eine HH- und eine NH-Sicherung mit gleichem Nennstrom die
Zeit/Strom-Kennlinien eingetragen. Die Kennlinie der NH-Sicherung ist wesentlich schwä-
cher gekrümmt als die der HH-Ausführung. Dadurch stellen sich im Niederspannungs-
bereich auch bei kleineren Strömen noch unterschiedliche Auslösezeiten ein. Die NH-
Sicherungen repräsentieren somit einen *Überlast- und Kurzschlußschutz* zugleich, die HH-
Sicherungen dagegen nur einen reinen Kurzschlußschutz.

Im Gegensatz zu HH-Ausführungen unterscheiden sich die Ansprechzeiten von NH-Sicherungen hinreichend deutlich, wenn deren Nennströme genügend weit auseinander liegen.
Infolge dieser Eigenschaft verhalten sich entsprechend hintereinandergeschaltete Sicherungen dann *selektiv*. Das heißt, bei einem Kurzschluß schaltet die jeweils nächstgelegene
Sicherung eindeutig vor den weiter entfernten ab (Bild 4.196).

Mit NH-Sicherungen ist nicht nur der Schutz von Strahlennetzen, sondern auch von
Maschennetzen möglich. Dazu ist in jedem Zweig eine Sicherung gleichen Nennstroms zu
verwenden. Bei der Planung des Netzes ist allerdings sicherzustellen, daß der Kurzschlußstrom im fehlerbehafteten Zweig stets deutlich größer ist – etwa um das 1,4-fache – als
in den zuführenden Leitungen (Bild 4.197).

Anstelle von NH-Sicherungen werden in der Hausinstallationstechnik häufig Schraubsi-
cherungen (D- oder D0-System) sowie Leitungsschutzschalter eingesetzt [31].

Ähnlich strombegrenzend wie Sicherungen wirken I_s-*Begrenzer*, die häufig auf der Mittelspannungsseite von Umspannstationen zu finden sind (s. Abschnitt 7.3). Der Aufbau
dieser Einrichtungen ist Bild 4.198 zu entnehmen. In der Hauptstrombahn befindet sich
eine Sprengkapsel, die – von einer Elektronik gesteuert – über einen Kondensator ge-
zündet wird, falls der Stromgradient $\Delta i/\Delta t$ einen Schwellwert überschreitet. Dadurch
spreizen sich die Kontaktstücke innerhalb von etwa 0,1 ms auseinander und kommu-
tieren den Strom auf eine parallelgeschaltete spezielle Schmelzsicherung, die den Strom
dann in einigen Millisekunden endgültig unterbricht. Da diese Sicherung im Normalbetrieb durch die Hauptstrombahn kurzgeschlossen wird, braucht sie nicht die Bedingung
(4.142) zu erfüllen und kann für einen kleineren Nennstrom ausgelegt werden als normale HH-Sicherungen. Entsprechend der Durchlaßkennlinie in Bild 4.192 ergeben sich

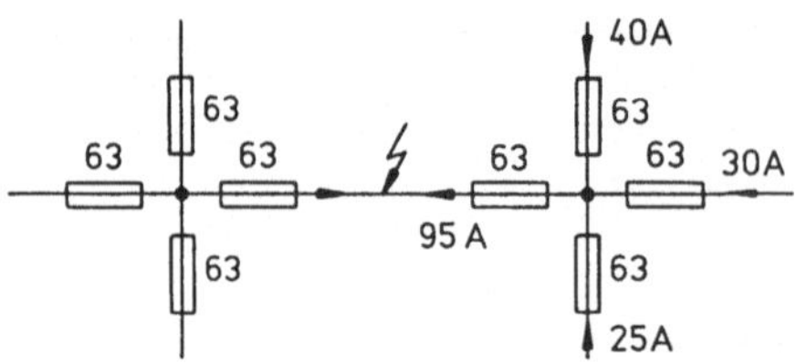

Bild 4.197
Einsatz der NH-Sicherungen im Maschennetz

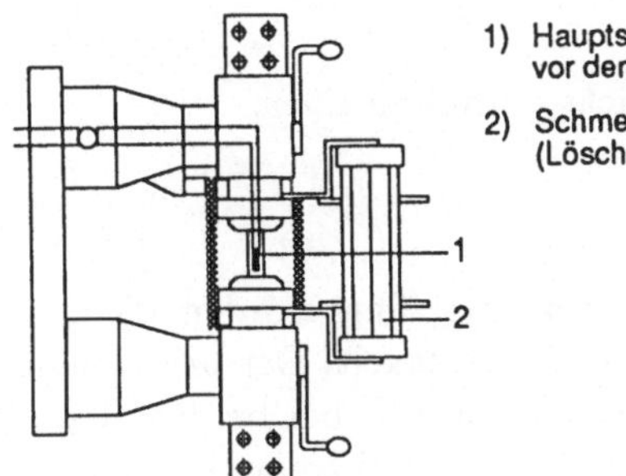

Bild 4.198
Aufbau eines I_s-Begrenzers

dadurch bei I_s-Begrenzern wesentlich niedrigere Durchlaßströme. Nach einem Ansprechen muß allerdings wie bei einer Sicherung der Einsatz ausgewechselt werden, der aus Hauptstrombahn und Löscheinrichtung besteht.

4.12.2.2 Schutzsysteme

Die bisher betrachteten Schutzorgange des Mittelspannungs- und Niederspannungsbereiches sind so ausgebildet, daß der Stromkreis sowohl durch dieselbe Geräteeinheit überwacht als auch aufgetrennt wird. Bei großen Leistungen sowie höheren Spannungen kann der Stromkreis nur von einem *Schalter* befriedigend unterbrochen werden. Der Zeitpunkt der Unterbrechung wird von einer speziellen Schutzeinrichtung bestimmt.

Die Schutzeinrichtung verarbeitet überwiegend Strom- und Spannungsmeßwerte, die von Wandlern auf das erforderliche Niveau transformiert werden. Es werden parallel dazu häufig noch die indirekten Wirkungen von Strömen meßtechnisch erfaßt und ausgewertet, z.B. die Erwärmung. Sofern ein Fehler vorliegt und Meßwerte bestimmte Kriterien erfüllen, wird von der Schutzeinrichtung ein Signal, ein Auskommando, auf den Schalter gegeben, das eine Schaltmaßnahme bewirkt. Der grobe Aufbau eines Schutzsystems, das für elektrische Meßgrößen bestimmt ist, gibt Bild 4.199 wieder.

Üblicherweise sind Netzelemenente wie Transformatoren, Generatoren, Sammelschienen und Leitungen mit mehreren solcher Schutzsysteme versehen, die unterschiedliche Kriterien abprüfen. Die Gesamtheit aller Schutzsysteme wird dann je nach Netzelement als *Transformator-, Generator- oder Sammelschienenschutz* bezeichnet. Für die Schutzsysteme von Freileitungen und Kabeln verwendet man den Ausdruck *Netzschutz*. Daneben werden auch die Begriffe Stations- und Abzweigschutz verwendet. Der *Stationsschutz* umfaßt dabei im wesentlichen den Transformator- und Sammelschienenschutz, der *Abzweigschutz* ist ein Oberbegriff für die Schutzsysteme, die in den einzelnen Abzweigen eingesetzt werden.

Die Kriterien, nach denen die einzelnen Netzelemente überwacht werden, können sich durchaus ähneln. In *analytischer* Hinsicht handelt es sich meist um *eine oder mehrere Ungleichungen*. Die Anforderungen an die Toleranzgrenzen und Schnelligkeit bedingen jedoch Unterschiede in den Schutzkonzeptionen für die einzelnen Netzelemente. Die Schutzsysteme müssen so abgestimmt sein, daß jeweils nur das fehlerbehaftete Element außer Betrieb genommen wird.

Dem jeweiligen Stand der Technologie entsprechend sind die elektrischen Größen bis zum Anfang der siebziger Jahre mit Hilfe von Schaltungen in Relaistechnik ausgewertet wor-

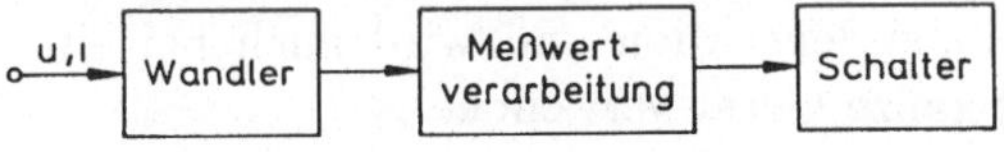

Bild 4.199
Prinzipieller Aufbau eines Schutzsystems

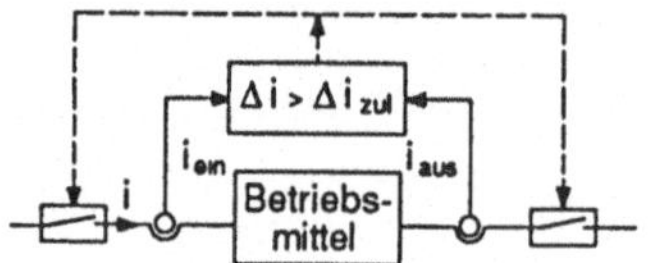

Bild 4.200
Darstellung des Vergleichsprinzips an einem
Betriebsmittel

den. Anschließend sind zunehmend elektronische Schaltungen eingeführt worden, die eine
größere Schnelligkeit aufweisen, gepaart mit einer höheren Genauigkeit. Der prinzipielle
Aufbau und die zugrundegelegten Schutzkriterien unterscheiden sich bei beiden Realisierungen nur geringfügig. Einige wichtige Schutzkriterien sollen im folgenden erläutert
werden.

Als Beispiel sei das *Vergleichsprinzip* genannt, bei dem Ein- und Ausgangsgrößen eines Netzelements miteinander verglichen werden (Bild 4.200). Bei zu großen Unterschieden wird eine Schaltmaßnahme ausgelöst. Man bezeichnet ein derartiges Schutzsystem
auch als *Differentialschutz*. Sofern die Toleranzgrenze mit der Höhe der Meßgröße ebenfalls anwächst, spricht man von einem *stabilisierten Differentialschutz*. Häufig handelt
es sich bei der überwachten Meßgröße um den Strom. Man spricht dann genauer von
einem *Stromdifferentialschutz*. Dieses Schutzprinzip wird bei *Generatoren, Transformatoren und Sammelschienen* sowie im *Netzschutz* angewendet. Für die Realisierung des
Vergleichsprinzips sind Signalleitungen notwendig, die den Vergleich zwischen Eingangs-
und Ausgangsgröße ermöglichen. Bei Kabeln werden die benötigten Fernmeldeleitun-
gen üblicherweise entlang des Kabelgrabens verlegt. Durch Einstreuungen, Wandlerfehler
oder kapazitive Ableitströme können sich die übertragenen Stromwerte verfälschen. Mit
Hilfe einer speziellen Meßwertverarbeitung lassen sich solche Fehler reduzieren, jedoch
erhöht sich dann der Schaltungsaufwand. Dieser läßt sich erheblich verringern, wenn un-
empfindlichere Größen für den Vergleich herangezogen werden. In manchen Fällen wie
z.B. bei langen Leitungen bietet sich dafür der Phasenwinkel des Stromes an; man spricht
dann von einem *Phasenvergleich*. Häufiger wird ein sogenannter *Richtungsvergleich* durchgeführt, bei dem die Stromrichtung als ein grobes Kriterium verwendet wird. So kann
z.B. auf einen Kurzschluß im überwachten Leitungsabschnitt geschlossen werden, wenn
sowohl der Eingangs- als auch der Ausgangstrom in die Leitung hineinfließen.

Vergleichsschutzsysteme schalten jeweils nur den fehlerbehafteten Zweig in Schnellzeit
ab, also in der gerätetechnisch minimal möglichen Zeitspanne. Ein Vergleichsschutz ist
daher bereits vom Aufbau her selektiv. Nachteilig ist allerdings, daß bei einem Ausfall
dieses Systems der betreffende Abschnitt ungeschützt ist. Um das (n-1)-Ausfallprinzip
nicht zu verletzen, muß ein zusätzliches Schutzsystem installiert werden. Dabei empfiehlt
es sich, ein System zu wählen, das nach einem anderen Meßprinzip arbeitet, wie z.B. den
später noch erläuterten Überstrom- oder Distanzschutz.

Eingesetzt werden Differentialschutzsysteme in Form des Strom- oder Richtungsver-
gleichsschutzes schwerpunktmäßig in den 110-kV-Kabelnetzen und in der Mittelspannungsebene bei wichtigen Verbindungen. Als Beispiel dafür seien die Kabel zwischen
Umspann- und Schwerpunktstation genannt.

Ein weiteres fundamentales Schutzprinzip beruht auf der Erkennung von *Überströmen*.
Es wird u.a. beim Generator-, Transformator- und Netzschutz angewendet. Im Bereich
des Netzschutzes hat sich dafür das preiswerte Unabhängige-Maximalstrom-Zeitrelais
durchgesetzt, das auch kurz als *UMZ-Relais* bezeichnet wird [39]. Der Ausdruck „Relais"
ist ein Relikt aus der Zeit der ersten Technologiegeneration und wird auch bei einer
elektronischen Realisierung als Begriff für das ganze Gerät verwendet.

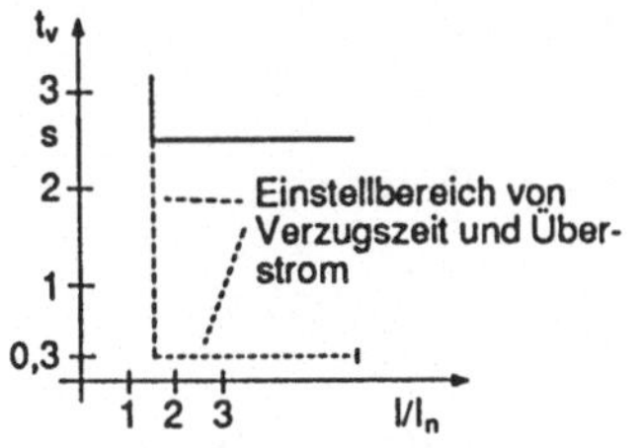

Bild 4.201

Verlauf der Kennlinie $t_v(I)$ und ihr Einstellbereich bei einem einstufigen UMZ-Relais

Beim Überschreiten eines gewählten Stromschwellwertes – meist im Bereich von $(1,3 \ldots 2) \cdot I_n$ – löst der Schutz in der Schnellzeit von $0,1 \ldots 0,3$ s aus. Durch ein Zeitglied kann das endgültige Auskommando für den Leistungsschalter noch bis zu mehreren Sekunden verzögert werden. Die jeweiligen Zeitspanne wird von Selektivitätsgesichtspunkten bestimmt und durch das Betriebspersonal eingestellt. Diese Eigenschaften sind auch aus der Kennlinie in Bild 4.201 abzulesen.

Vorwiegend werden UMZ-Relais in Mittelspannungsnetzen zum Schutz der als Strahlennetz betriebenen Ringleitungen sowie in besonders leistungsstarken Netzstationen eingesetzt. Im Unterschied dazu werden für Netzstationen bis zur üblichen Nennleistung von 630 kVA lediglich *HH-Sicherungen* als *Abzweigschutz* verwendet. Um die notwendige Selektivität zwischen dem UMZ-Relais und den HH-Sicherungen sowie den unterlagerten NH-Sicherungen herzustellen, wird das Relais häufig auf ca. 0,3 s eingestellt. Es ist ferner auch die Selektivität zum oberspannungsseitigen Schutz der Umspannstation zu gewährleisten. In Bild 4.202 ist an einem konkreten Mittelspannungsnetz einschließlich der zugehörigen Hochspannungseinbindung die Abstimmung u.a. auch der bisher behandelten Netzschutzsysteme veranschaulicht.

Für die Fehlerlokalisierung innerhalb der Mittelspannungsringleitungen werden in den Netzstationen *Kurzschlußanzeiger* installiert. Beim Auftreten eines Kurzschlußstroms fällt ein Schauzeichen. Im Fehlerfall muß dann das Betriebspersonal die Stationen in dem abgeschalteten Strahl bzw. Zweig aufsuchen und dort die Anzeigen überprüfen. Hinter der letzten Station, bei der ein Kurzschlußstrom aufgetreten ist, liegt der fehlerhafte Kabelabschnitt.

Wie aus Bild 4.202 zu ersehen ist, läßt sich auch bei verzweigten Strahlen Selektivität erreichen. Dazu wird jeder Zweig mit einem UMZ-Relais und einem Leistungsschalter ausgerüstet. Die Auslösezeit wird zur Einspeisung hin stufenweise erhöht. Diese Vor-

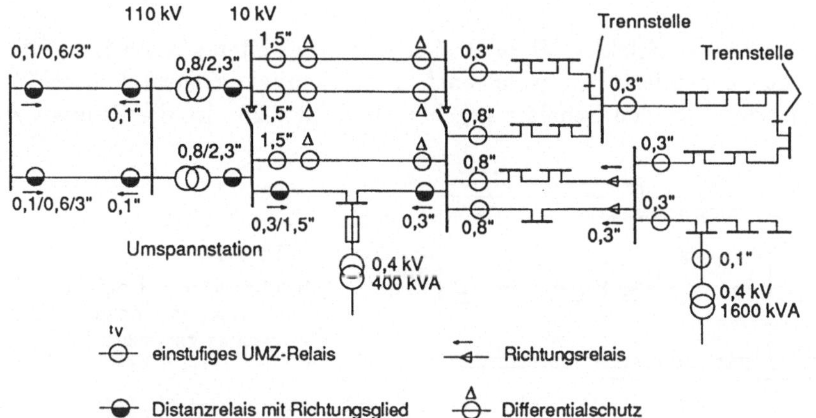

Bild 4.202

Zusammenspiel verschiedener Netzschutzsysteme und übliche Auslösezeiten in einem Mittelspannungsnetz einschließlich der Hochspannungseinbindung

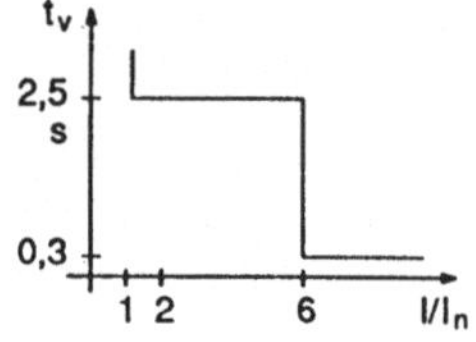

Bild 4.203
Verlauf der Kennlinie eines zweistufigen UMZ-Relais

gehensweise wird als Staffelung bezeichnet, wobei sich für die Zunahme in jeder Stufe – die sogenannte *Staffelzeit* – Werte von ca. 0,5 s als zweckmäßig erwiesen haben. Ein derartig gestalteter Überstromschutz führt jedoch dazu, daß die besonders hohen Kurzschlußströme im Einspeisebereich am längsten bestehen bleiben. Durch den Einsatz zweistufiger Relais kann diese prinzipielle Schwäche des Überstromschutzes gemindert werden (Bild 4.203). Unter Verwendung von *Richtungsgliedern*, die eine Auslösung des Schutzes nur bei einer bestimmten Stromrichtung freigeben, lassen sich in dieses Konzept auch mehrere parallelgeschaltete Kabel einbeziehen, so daß von diesem Schutzsystem die üblichen Mittelspannungsstrukturen abgedeckt werden können. Wichtig ist noch, daß die Schutzrelais mit der höheren Auslösezeit zugleich eine Reservefunktion für die nachgeschalteten Schutzelemente darstellen.

Ein besonders leistungsfähiger Netzschutz steht parallel dazu in dem *Distanzschutz* zur Verfügung. Dieser Schutz weist die Stärken des Überstromschutzes hinsichtlich der Reservefunktion, nicht jedoch dessen Schwächen bezüglich der langen Ausschaltzeiten in der Nähe der Einspeisung auf. Er ist sogar dafür geeignet, mehrfach gespeiste und vermaschte Netze zu schützen.

Von dieser Einrichtung wird die Distanz vom Schutzrelais bis zum Kurzschlußort indirekt gemessen. Vorwiegend wird als Meßgröße die Leitungsimpedanz $\underline{Z}_L = (R'_L + jX'_L) \cdot l$ gewählt. Je nach der Größe der Impedanz, also der Entfernung zum Kurzschlußort, wird das Auskommando in Schnellzeit oder wiederum durch ein Zeitglied verzögert auf den Leistungsschalter gegeben. Üblicherweise weist das Zeitglied vier bis fünf frei wählbare Zeitstufen auf.

Eventuell auftretende Lichtbogen bewirken einen zusätzlichen ohmschen Widerstand, der die Impedanz merklich erhöhen kann. Dieser Effekt ist insbesondere in Höchstspannungsnetzen ausgeprägt, da dort durch die größeren Isolationsabstände auch größere Lichtbogenlängen hervorgerufen werden (s. Abschnitt 7.1). Eine größere Impedanz verzögert jedoch die Ausschaltung. Durch einen zusätzlichen Schaltungsaufwand, die Bildung von sogenannten Mischimpedanzen, läßt sich diese Wirkung des Lichtbogens kompensieren [39].

Um bei komplizierteren Netzen Selektivität zu erreichen, ist ein weiteres Kriterium – die Leistungsrichtung – zu verwenden. Nur wenn auch diese Bedingung zusätzlich erfüllt ist, wird ein Auskommando an den Schalter gegeben. In Bild 4.204 ist die Schutzwir-

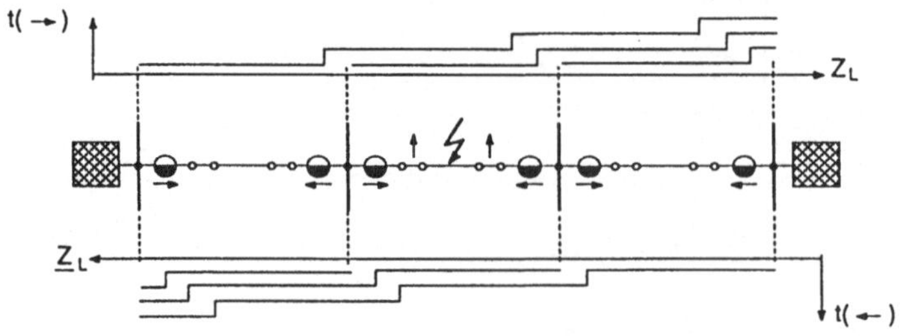

Bild 4.204
Staffelzeiten bei einem
Distanzschutz für eine
zweiseitig gespeiste Leitung

kung verdeutlicht. Daraus ist zu ersehen, daß bei dieser Konzeption im Unterschied zum Überstromschutz *alle Leitungsabschnitte* mit der *Schnellzeit* geschützt sind, die sich in Mittelspannungsnetzen bei ca. 100 ms und in Höchstspannungsnetzen – u.a. im Hinblick auf die Netzstabilität – bei ca. 30 ms bewegt.

Wie beim Überstromschutz stellen die jeweils vorgeschalteten Relais wiederum einen Reserveschutz dar. Um in der Auslösung Überschneidungen mit dem nachfolgenden Relais zu vermeiden, endet der Schutz in Schnellzeit etwa 10 % vor dem Leitungsende. Bereits von der zugehörigen Leitungsimpedanz ab verzögert das Zeitglied die Auslösezeit auf die zweite Zeitstufe. Die Staffelzeit liegt wie beim Überstromschutz häufig bei ca. 0,5 s. Bei längeren Leitungen ist in diesem schlechter geschützten Bereich auch der Kurzschlußstrom kleiner, so daß die längere Wirkungsdauer tragbar ist (s. Kapitel 6 und 7). Bei kurzen Leitungen, bei denen diese Stromabsenkung nicht ausreichend vorhanden ist, muß man auf den Vergleichsschutz ausweichen; der Distanz- bzw. Überstromschutz übernimmt dann allerdings die Reservefunktion (Bild 4.202). Erwähnt sei, daß sich diese Schwäche des Distanzschutzes durch das Verlegen einer zusätzlichen Signalleitung beheben läßt. Derartige Systeme, die vornehmlich in der Höchstspannungsebene eingesetzt werden, bezeichnet man als *Distanzschutz mit erweitertem Staffelbereich.*

Den Meßwerken für die Impedanz- und Richtungsmessung wird bei praktischen Ausführungen ein Anregeglied vorgeschaltet, das in Mittelspannungsnetzen häufig nur in zwei, in der Hoch- und Höchstspannungsebene meist in allen drei Außenleitern eingebaut wird. Es führt den Meßwerken nur dann Meßwerte zu, wenn bestimmte Bedingungen erfüllt sind, die auf Netzfehler schließen lassen. In Mittelspannungsnetzen ist dafür die Bedingung $I > I_{zul}$ maßgebend. Je nach Überlastbarkeit der Anlage bewegt sich I_{zul} im Bereich $(1,2 \ldots 2) \cdot I_n$ [39]. Für Hoch- und Höchstspannungsnetze ist diese *Überstromanregung* allein nicht ausreichend. Dort können die Kurzschlußströme bei Schwachlastzeiten infolge der dann geringeren Anzahl von einspeisenden Blöcken auf die Größe der Nennströme absinken (s. Kapitel 7). Ein zuverlässiges Kriterium für einen Kurzschluß stellt in diesen Fällen die Impedanz der Leitung dar. Eine Anregung des Meßgliedes erfolgt immer dann, wenn ein Schwellwert in der Impedanz unterschritten wird. Man spricht von einer *Unterimpedanzanregung* bzw. einem *Unterimpedanzanregeglied.* Wenn eine der beiden Anregungen bestehen bleibt, ohne daß es zu einer Auslösung kommt, spricht der Distanzschutz spätestens nach einem Zeitintervall von ca. 3 s an. Dieser Zeitpunkt wird als *ungerichtete Endzeit* bezeichnet.

Weitere Netzschutzprinzipien wie Pendelsperre und Erdschlußschutz werden erst in den Kapiteln 7.5 und 11 behandelt. Unter dem Erdschlußschutz versteht man dabei diejenigen Einrichtungen, von denen Fehler zwischen einzelnen Leitern und Erde erfaßt werden. Für die Betriebsmittel gibt es weitere, speziell auf deren Eigenschaften abgestimmte Schutzeinrichtungen: Bei Generatoren ist z.B. der Schieflast- und der Windungsschlußschutz zu nennen. Für die Transformatoren sind u.a. Temperaturwächter und der Buchholzschutz maßgebend [32].

Der *Buchholzschutz* ist für Umspanner ein besonders wirksamer Schutz. Sofern sich durch eine zu große Überbeanspruchung in der Isolation Schwachstellen und damit einhergehend vermehrt innere Teilentladungen ausbilden, entstehen als Folgewirkung Gase. Diese werden aufgefangen. Beim Überschreiten eines Grenzvolumens wird eine Meldung ausgelöst. Innere Lichtbogen mit ihrer ausgeprägten Wärmeentwicklung verursachen zusätzlich eine starke Ölströmung, die ebenso wie ein Ölleck zu einer sofortigen Abschaltung führt.

Zur Zeit befindet sich die Schutztechnik im Umbruch. Durch die Entwicklung leistungsfähiger Mikroprozessoren sowie der Möglichkeit, große Datenmengen bei schnellem Zugriff zu speichern, ist die Schutztechnik zunehmend einfacher in die Leittechnik zu integrieren. So können die Meßwerte und Informationen der vor Ort installierten Schutzsysteme in die Leitstellen übermittelt werden. Mit den dort vorhandenen großen Rechnern lassen sich daraus wiederum die Einstellungen des Schutzes optimal auf die jeweiligen Betriebsbedingungen des Gesamtnetzes abstimmen und dann über die Leittechnik realisieren. Dieses Entwicklungsziel wird mit dem Stichwort *„Fernparametrierung"* gekennzeichnet. Darüberhinaus kann die Intelligenz der Schutzsysteme so angehoben werden, daß sie zur *Selbstüberwachung mit Selbstdiagnose* fähig sind. Zur Zeit wird außerdem an Schutzkriterien gearbeitet, die mehr Möglichkeiten als die bisher betrachteten Ungleichungen bieten.

In den bisherigen Ausführungen sind die wichtigsten Einrichtungen zum Schutz von Betriebsmitteln betrachtet worden. Sie beeinflußen das Netzverhalten in Störfällen wesentlich. Bei normalen Betriebsverhältnissen üben die Schutzeinrichtungen auf das Systemverhalten von Netzen kaum einen Einfluß aus. Der oben verwendete Begriff „normale Betriebsverhältnisse" oder kürzer „Normalbetrieb" wird im Kapitel 5 genauer erörtert.

4.13   Aufgaben

Im Vergleich zu den anderen Kapiteln ist das Kapitel 4 recht umfangreich. Um eine genauere Zuordnung der Aufgaben zu dem jeweiligen Teilkapitel zu ermöglichen, wird in den folgenden Aufgabennummern mit den ersten zwei Ziffern das zugehörige Unterkapitel angegeben. Die dritte Ziffer stellt dann wie bisher eine fortlaufende Zählung innerhalb des Unterkapitels dar.

Aufgabe 4.1.1: In dem Bild ist ein Zweitor mit zunächst $M = 0$ dargestellt.

a) Berechnen Sie die beiden Eingangsimpedanzen.

b) Berechnen Sie die Übertragungsimpedanzen und -admittanzen.

c) Skizzieren Sie die zugehörigen Frequenzgänge.

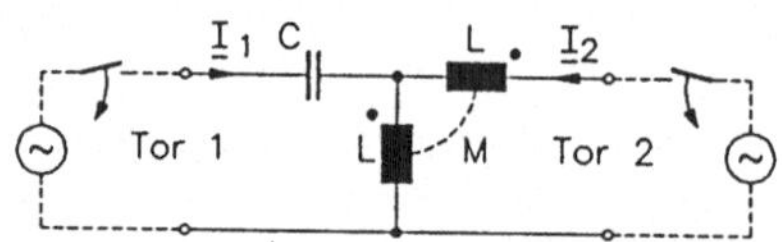

d) Welche Eigenfrequenzen treten in dem Eingangsstrom auf, wenn auf das Tor 1 die Nennspannung geschaltet wird und das Tor 2 offen bleibt ?

e) Untersuchen Sie die gleiche Aufgabenstellung für das Tor 2 bei offenem Tor 1.

f) Welche Eigenfrequenzen treten im Ausgangsstrom i_2 auf, wenn das Netzwerk von Tor 1 aus versorgt wird und der Ausgang, Tor 2, kurzgeschlossen wird?

Aufgabe 4.1.2: Berechnen Sie für das Netzwerk in Aufgabe 4.1.1 die gleiche Aufgabenstellung, wenn die beiden Induktivitäten über eine Gegeninduktivität M gekoppelt sind.

Aufgabe 4.1.3: Im Bild ist ein Dreitor dargestellt.

a) Stellen Sie die Impedanzform auf; eventuelle Kopplungen seien nicht wirksam.

b) Wie lauten die Eingangsimpedanzen $\underline{Z}_{11}$, $\underline{Z}_{22}$, $\underline{Z}_{33}$ sowie die Eingangsadmittanz $\underline{Y}_{33}$, wenn die im Bild eingetragene Kopplung M vorhanden ist?

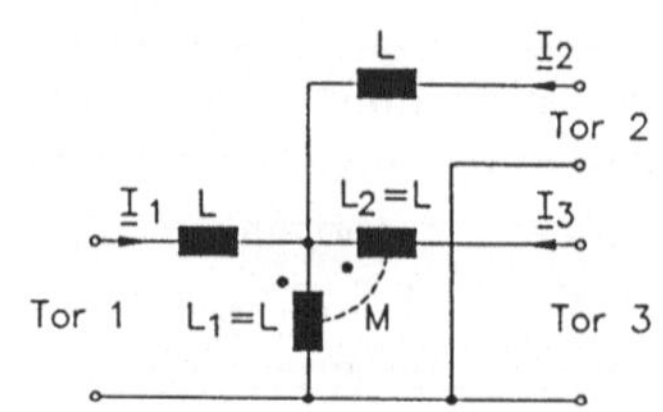

Aufgabe 4.2.1: Im Bild ist ein Netzverband aus vier *einphasigen* Transformatoren dargestellt. Deren Daten lauten:

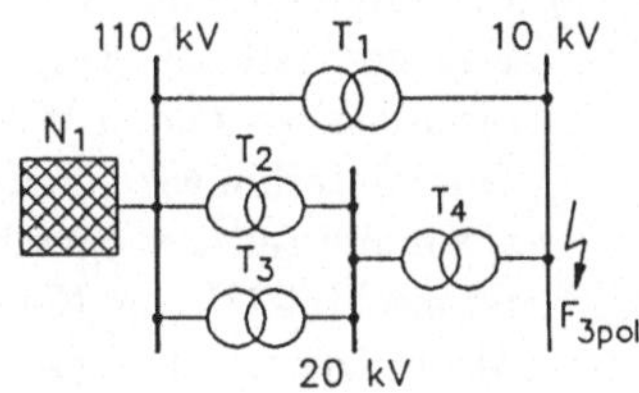

$$T_1:\ u_{k1} = 12\%;\ \ddot{u}_1;\ S_{n1} =\ \ 40\ \text{MVA}$$
$$T_2:\ u_{k2} = 10\%;\ \ddot{u}_2;\ S_{n2} =\ \ 50\ \text{MVA}$$
$$T_3:\ u_{k3} = 10\%;\ \ddot{u}_3;\ S_{n3} =\ \ 50\ \text{MVA}$$
$$T_4:\ u_{k4} =\ \ 8\%;\ \ddot{u}_4;\ S_{n4} = 31{,}5\ \text{MVA}$$

a) Stellen Sie das Ersatzschaltbild auf, wobei die Übersetzungen dem Verhältnis der Netznennspannungen entsprechen sollen. Der ohmsche Anteil sei zu vernachlässigen. Als Bezugsspannung werde 10 kV gewählt.

b) Berechnen Sie für einen Kurzschluß in der 10-kV-Schaltanlage den dort auftretenden Kurzschlußstrom.

c) Erläutern Sie, ob der Strom sich auch auf diesem Wege berechnen läßt, wenn die Übersetzungen der einzelnen Transformatoren nicht dem Verhältnis der Netznennspannungen entsprechen.

Aufgabe 4.2.2: Die Anlage in Aufgabe 4.2.1 sei dreiphasig ausgeführt. Die Schaltgruppe des Transformators T_2 betrage Yd5, der Transformator T_4 weise die Schaltgruppe Yy6 auf.

a) Welche Schaltgruppe müssen die Transformatoren T_1 und T_3 aufweisen?

b) Stellen Sie das zu Aufgabe 4.2.1a analoge Ersatzschaltbild auf.

c) Bestimmen Sie den Eingangsstrom des Transformators T_2 und den Kurzschlußstrom, den der Transformator T_4 in die Fehlerstelle einspeist. Welche Phasenverschiebung besteht zwischen den beiden Strömen?

Aufgabe 4.2.3: In dem Bild ist eine Anlage mit einem 40-MVA-Dreiwicklungstransformator dargestellt. Die 6-kV-Wicklung speise in der betrachteten Betriebssituation leerlaufende Asynchronmaschinen mit einer induktiven Blindleistung von insgesamt $Q = 2$ Mvar. Auf der 10-kV-Seite sei nur die niedrige induktive Reaktanz $X = 2\ \Omega$ wirksam. Die Daten des Dreiwicklers lauten:

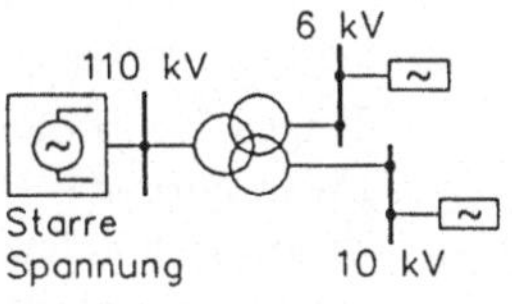

$$u_{k110/10} =\ \ 8\%;\ S_{n110/10} = 30\ \text{MVA};\ \text{Yd5}$$
$$u_{k110/6} = 10\%;\ S_{n110/6} = 10\ \text{MVA};\ \text{Yd5}$$
$$u_{k10/6} =\ \ 4\%;\ S_{n10/6} = 10\ \text{MVA}$$

a) Welche Schaltgruppe weisen die 10/6-kV-Wicklungen auf?

b) Berechnen Sie die Eingangs- und Ausgangsströme des Transformators.

c) Welche Leistungen stellen sich eingangs- und ausgangsseitig ein?

Aufgabe 4.2.4: Im Bild ist ein Dreischenkeltransformator 10/0,4 kV, 630 kVA dargestellt. Die Wicklungen weisen die Windungszahlen $w_1 = 1083$ und $w_2 = 25$ auf.

a) Schalten Sie die Spulen so, daß sich die Schaltgruppen Dy5 bzw. Dy11 ergeben. Berechnen Sie die Übersetzungen für einen streuungsfreien Transformator in Abhängigkeit von den Windungszahlen.

b) Die 10-kV-Spule 1U-1V werde bei einem in Dy5 geschalteten Transformator durch einen sich rasch ausbreitenden Windungsschluß kurzgeschlossen. Weiterhin wird durch das Ansprechen der oberspannungsseitig vorgeschalteten Sicherung der Leiteranschluß 1U vom Netz getrennt. Die Kopplungen M der Oberspannungsspulen können vereinfachend untereinander als gleich groß angenommen werden, die Selbstinduktivität jeder Spule betrage L. Berechnen Sie die Ströme in den Anschlüssen 1V und 1W, wenn der Transformator unbelastet ist (Leerlauf).

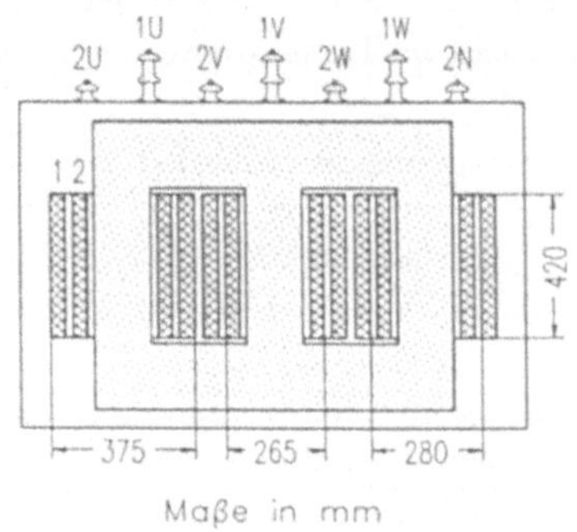

c) Welche Ströme fließen in den Anschlußleitungen 1U, 1V und 1W im ungestörten Leerlauffall?

d) Berechnen Sie die Selbstinduktivität L, wobei der Magnetisierungsstrom auf 0,35 % des Nennstromes geschätzt wird. Dabei ist näherungsweise ein symmetrischer Transformator ohne Streuung anzunehmen ($M \approx L/2$).

e) Welche Selbstinduktivität erhält man mit den Annahmen in d), wenn ihr Wert L aus dem einphasigen Ersatzschaltbild ermittelt wird?
Begründen Sie die Abweichung.

Aufgabe 4.2.5: Durch einen sekundärseitigen dreipoligen Kurzschluß mit Erdberührung sprechen bei dem Verteilungstransformator gemäß Aufgabe 4.2.4 niederspannungsseitig die Sicherungen in den Zuleitungen 2U und 2V an. Praktisch zur gleichen Zeit löst infolge einer fehlerhaften Dimensionierung auch die oberspannungsseitige Sicherung des Anschlusses 1U aus. Dadurch wird der niederspannungsseitige Strom $\underline{I}_{2W}$ so klein, daß die zugehörige Sicherung nicht mehr auslöst und der Kurzschluß dort bestehen bleibt.

a) Skizzieren Sie für diesen Fehlerfall das Ersatzschaltbild ohne Berücksichtigung der Streuinduktivitäten, wenn Symmetrie im Aufbau vorausgesetzt werden kann. Die magnetischen Kopplungen brauchen nicht dargestellt zu werden.

b) Berechnen Sie den Eingangsstrom für den Fall, daß für die Selbstinduktivitäten der magnetische Leitwert $\Lambda = 2,7 \cdot 10^{-4}$ Vs/A wirksam ist, während der Koppelleitwert für Spulen auf demselben Schenkel $0,96 \cdot \Lambda$ und bei Spulen auf unterschiedlichen Schenkeln $0,45 \cdot \Lambda$ beträgt.

c) Tragen Sie in das obige Ersatzschaltbild die wirksamen Teilkapazitäten für die Wicklung 1W in Form der Erd- und Koppelkapazitäten ein. Die Potentialdifferenz in den Wicklungen ist dadurch aufzufangen, daß die Koppelkapazitäten diskretisiert werden und je zur Hälfte am Wicklungsanfang und -ende wirken.

d) Die größte interne Kapazität, die Koppelkapazität C_{K12} zwischen der Ober-und Unterspannungswicklung, ist mit Hilfe eines Zylinderkondensators abzuschätzen, indem die Wicklungen jeweils als homogener Kupferblock betrachtet werden.
Begründen Sie, warum diese vereinfachende Annahme zulässig ist.

e) Der Transformator werde oberspannungsseitig über ein Kabel gespeist, das am Eingang eine Erdkapazität C_{EK} von 0,2 μF bewirkt.
Welche Eigenfrequenz weist demnach die relevante Eigenschwingung auf, die sich nach dem Ansprechen der Sicherung ausbildet?

Aufgabe 4.2.6: Im Bild a ist die Schaltung eines Transformators mit Quereinstellung angegeben, dessen Spulen wie bei dem Transformator in Aufgabe 4.2.4 angeordnet seien.

a) Stellen Sie aus der physikalischen Anschauung ein einphasiges Ersatzschaltbild auf, in dem die Streuinduktivitäten vernachlässigt werden dürfen. Zweckmäßigerweise wird dabei von dem Leerlaufverhalten ausgegangen, wobei symmetrischer Betrieb und Aufbau vorausgesetzt werden.

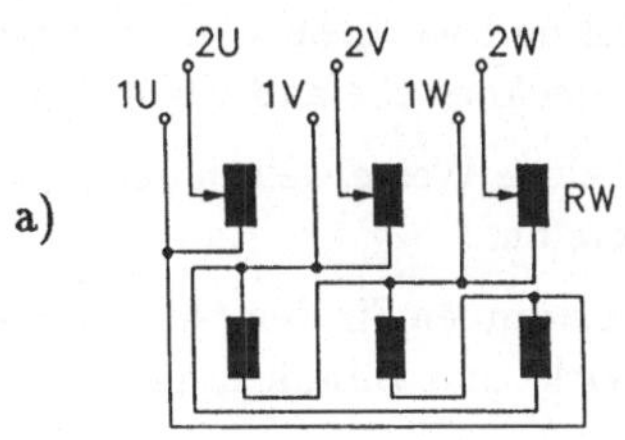

b) Berechnen Sie allgemeingültig für den Ring in Bild b den durch den Transformator verursachten Ringstrom.

c) Berechnen Sie den Ringstrom, der notwendig ist, um im Nennbetrieb eine gleiche Auslastung der Leitungen zu erzwingen. Im Nennbetrieb sollen beide Leitungen zusammen 1400 A führen. Strom und Sternspannung seien sowohl am Anfang als auch am Ende der Leitung phasengleich (ohmsche Last, natürlicher Betrieb), wobei der Strom in der Leitung als eingeprägt angesehen werden kann.

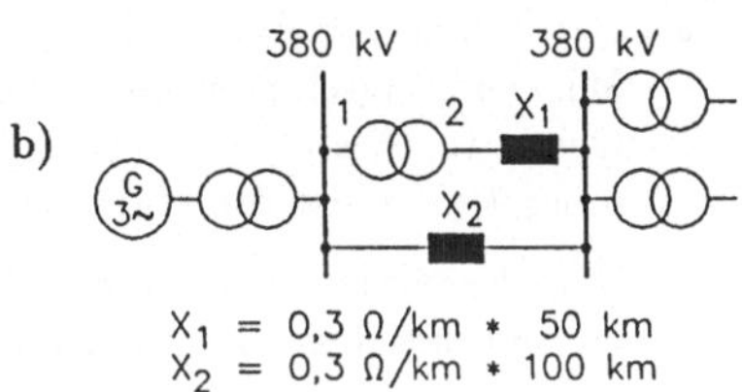

d) Welche Zusatzspannung muß erzeugt werden?

e) Wie ist der Schaltplan zu verändern, um eine Schrägeinstellung zu erhalten?

Aufgabe 4.2.7: Ein 500-MVA-Maschinentransformator der Schaltgruppe Yd5 weise die Übersetzung 420 kV/27 kV auf. Eine Scheibe der oberspannungsseitig verwendeten Spulenwicklung verfüge über 6 Windungen, die jeweils als Drilleiter ausgeführt sind.

a) Wieviele Windungen und Scheiben werden für die Oberspannungswicklung benötigt, wenn die induzierte Spannung in jeder Windung im Nennbetrieb 366 V betrage?

b) Wie hoch ist die Mindestlänge des Schenkels, wenn ein Drilleiter die Höhe von 22 mm und der Isolationsabstand zwischen den Scheiben ca. 0,6 mm beträgt?

c) Wie hoch ist die Kernhöhe, wenn die Joche 0,75 m hoch sind und die Isolation zwischen Oberspannungsspule und Eisenjoch 25 cm beträgt?

d) Über wieviele Windungen muß die Unterspannungswicklung verfügen (Röhrenausführung)?

e) Wieviele Teilleiter weist der Drilleiter auf, wenn die Nennstromdichte 3 A/mm^2 betragen soll und ein Teilleiter die Abmaße 10 mm × 3 mm aufweist?

Aufgabe 4.4.1: Im Bild ist eine Anlage dargestellt, bei der oberspannungsseitig hinter dem Maschinentransformator ein dreipoliger Kurzschluß auftrete. Vor dem Kurzschluß wird die Anlage mit einem Betriebsstrom von $I_{bG} = 6000$ A bei der Generator-Nenn- bzw. -Bemessungsspannung von $U_{nG} = 21$ kV und einem Leistungfaktor $\cos\varphi = 0,9$ betrieben. Die einzelnen Betriebsmittel weisen die folgenden Daten auf:

G: $S_{nG} = 300$ MVA; $\cos\varphi_n = 0,75$; $x_d'' = 0,2$; $x_d' = 0,25$; $x_d = 2$
T: $S_{nT} = 350$ MVA; $\ddot{u}_T = 395$ kV/21 kV; $u_k = 15$ %; Yd5
N: $U_{bN} = 380$ kV

a) Ermitteln Sie die Spannungen E'', E' und E.

b) Für die Anlage sind die Ströme $\underline{I}_{kG}''$ und $\underline{I}_{kN}''$ zu bestimmen.

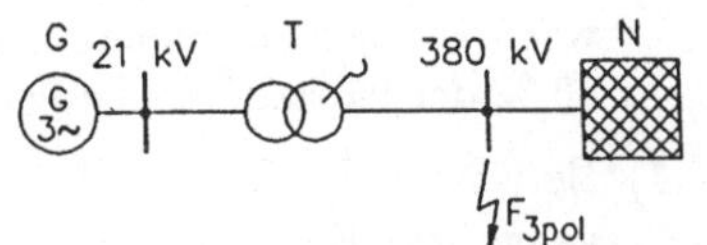

c) Welchen Wert weist der maximal mögliche Gleichstrom I_{gG} im Leiter L1 des Generators auf und wie groß sind zu diesem Zeitpunkt die Werte in den beiden anderen Leitern? Berechnen Sie außerdem den maximal möglichen Gleichstrom auf der Netzseite.

d) Welche Werte weisen der transiente und der Dauerkurzschlußstrom I'_{kG}, I_{kG} des Generators auf?

e) Bestimmen Sie den Generatornennstrom sowie die vor dem Kurzschlußeintritt abgegebene Wirk- und Blindleistung.

Aufgabe 4.4.2: In der Anlage gemäß Aufgabe 4.4.1 (ohne Kurzschluß) wird die Blindleistungseinspeisung im Netz geändert. Zu diesem Zweck wird beim Maschinentransformator die Übersetzung von dem eingestellten Wert $\ddot{u}_r$ bzw. $\ddot{u}_n$ um 3 % erhöht.

a) Berechnen Sie den neuen Arbeitspunkt im P,Q-Diagramm des Generators, wenn die Wirkleistungseinspeisung unverändert bleibt und der Spannungsregler den Betrag der Generator-Klemmenspannung konstant hält. Erläutern Sie das Ergebnis. Die Netzspannung $\underline{U}_{bN}$ weise ein starres Verhalten auf.

b) Berechnen Sie für denselben Fehlerort die Anfangskurzschlußwechselströme I''_{kG} und I''_{kN}, die sich bei diesem Arbeitspunkt der Maschine einstellen.

Aufgabe 4.5.1: In der Abbildung ist ein 20-kV-Mastbild dargestellt. Der Mast sei mit einem Leiterseil 185/30 Al/St belegt, dessen Radius $r_S = 9{,}5$ mm beträgt.

a) Berechnen Sie die Betriebsinduktivität L'_b.

b) Berechnen Sie die Betriebskapazität C'_b.

c) Ermitteln Sie die Werte für L'_b und C'_b zusätzlich aus den Diagrammen im Anhang.

d) Wie groß ist die natürliche Leistung der Leitung?

e) Wie wird die Leitung betrieben, wenn sie mit der üblichen Stromdichte von $S = 1$ A/mm^2 und mit dem zulässigen Dauerstrom I_d (s. Anhang) belastet wird?

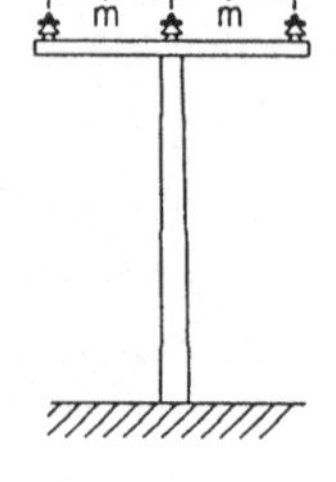

Aufgabe 4.5.2: Im Bild ist eine Anlage mit einer 380-kV-Freileitung mit zwei parallelgeschalteten Systemen und einer Betriebskapazität von 14 nF/km pro System dargestellt.

a) Entnehmen Sie die Betriebsreaktanz dem Anhang.

b) Stellen Sie das Ersatzschaltbild in der Weise auf, daß bei jedem einzelnen Π-Glied der Pol im Eingangsstrom mindestens um eine Größenordnung, also zehn Mal, höher liegt als die Netzfrequenz.

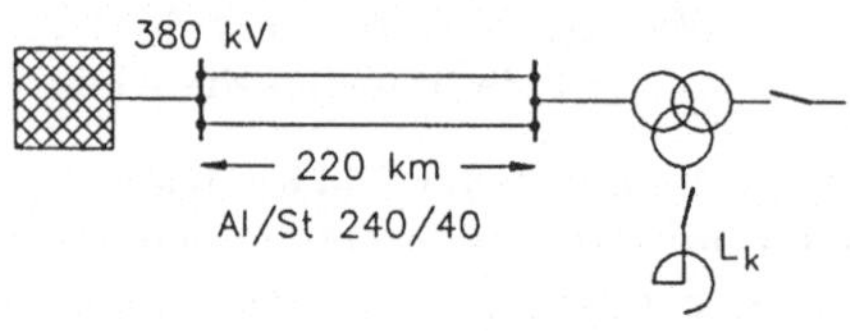

c) Berechnen Sie das Verhältnis der Ausgangs- zur Eingangsspannung für eine leerlaufende Leitung mit dieser Nachbildung.

d) Berechnen Sie das entsprechende Verhältnis, wenn das Ersatzschaltbild auf ein Π-Glied reduziert wird. Diskutieren Sie den Unterschied zur Lösung in Frage c.

e) Um wieviel Prozent reduziert sich das Verhältnis der Ausgangs- zur Eingangsspannung, wenn an die leerlaufende Leitung eine Kompensationsdrosselspule angeschlossen wird, die 80 % der kapazitiven Ladeleistung kompensiert?

f) Berechnen Sie für eine Leitungsnachbildung mit einem Π-Glied das Verhältnis von Ausgangs- zur Eingangsspannung, wenn natürlicher Betrieb vorliegt.

Aufgabe 4.6.1: Es wird die im Bild dargestellte Anlage betrachtet.

a) Bestimmen Sie die Leitungsparameter der zwei Kabeltypen NA2XS2Y 1×240 RM/25 6/10 kV und N2XS(FL)2Y 1×300 RM/25 64/110 kV aus den Tabellen im Anhang. Die Einleiterkabel seien nebeneinander verlegt.

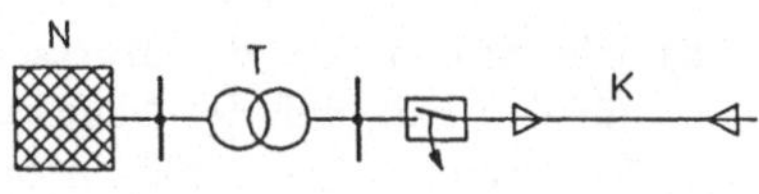

b) Bestimmen Sie daraus für beide Kabelausführungen die zugehörigen komplexen Wellenwiderstände und ermitteln Sie, welche Betriebsform des Kabels vorliegt, wenn es mit 1 A/mm^2 ausgelastet ist. (Hinweis: Bei komplexen Wellenwiderständen kann die natürliche Leistung mit der Beziehung $\underline{S}_{nat} = U_{nN}^2 / \underline{Z}_W^*$ ermittelt werden.)

c) Bestimmen Sie die Länge des als leerlaufend angesehenen Kabels für beide Kabeltypen so, daß es sich mit 1 A/mm^2 selbst auslastet.

d) Wo tritt in diesem Fall diese Stromdichte in dem Kabel auf?

e) Wie würden sich die Verhältnisse ändern, wenn statt eines langen Kabels eine Reihe von kürzeren, parallel geschalteten Kabeln vorhanden wären?

Aufgabe 4.6.2: Welche Frequenz weist die Eigenschwingung auf, wenn ein leerlaufendes 10-kV-Kabelnetz mit einer Gesamtlänge von 120 km nach einer Störung wieder eingeschaltet wird? Das Netz möge aus vielen kurzen Kunststoffkabeln NA2XS2Y 1×240 bestehen. Bei dieser Anordnung können die Kabel in guter Näherung durch ihre Betriebskapazität nachgebildet werden, während die Längsimpedanzen zu vernachlässigen sind. Der einspeisende Transformator weist die Daten $u_k = 0{,}1$ und $S_{nT} = 63$ MVA auf.

Aufgabe 4.9.1: Im Bild ist ein 6-kV-Industrienetz vereinfacht dargestellt, das eine Gruppe stromrichtergespeister Antriebe aufweist. Sie verursachen ein relevantes Oberschwingungsspektrum, das sich auf die 250-, 350- und 550-Hz-Harmonischen erstreckt.

T_1, T_2: $S_{nT} = 50$ MVA; $u_k = 10\ \%$
D: $S_D = 20$ MVA; $u_D = 2\ \%$
C_K: $Q_{Cmax} = 3$ Mvar
$C_{Kmax} \geq C_K \geq C_{Kmax}/2$

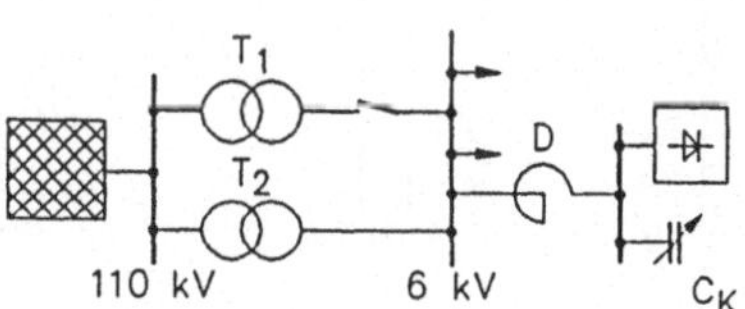

a) Überprüfen Sie, ob bei dem eingezeichneten Schaltzustand die Gefahr von Netzrückwirkungen besteht, wobei die Kapazität den Regelbereich $C_{Kmax}/2$ bis C_{Kmax} aufweist.

b) Welche Frequenz weist die Eigenschwingung im Eingangsstrom auf, die beim Zuschalten des zweiten Einspeisetransformators ausgelöst wird?
Die stromrichtergespeisten Motoren sollen dabei im Leerlauf betrieben werden und eine induktive Blindleistung von 4 Mvar ziehen. Sie können vereinfacht durch eine äquivalente Induktivität beschrieben werden.

Aufgabe 4.12.1: Für die im Bild dargestellte Anlage sind die NH- und HH-Sicherungen zu dimensionieren. Primärseitig tritt ein Kurzschlußstrom von 70 kA, niederspannungsseitig von 22 kA auf. Die vorhandenen Niederspannungskabel seien so kurz, daß sich der Kurzschlußstrom dadurch praktisch nicht verringert. Der Asynchronmotor hat einen Leistungsfaktor von $\cos\varphi = 0{,}88$ und weist beim Einschalten für max. 5 s einen Anlaufstrom von $5 \cdot I_n$ auf. Für diesen Zweig ist ein Sicherungstyp NH-gM zu verwenden, dessen Kennlinie häufig einer Ausführung NH-gL mit einem 1,6-fach höheren Nennstrom entspricht.

a) Berechnen Sie die Nennströme der NH-Sicherungen $S_1 \ldots S_4$.

b) Überprüfen Sie die Kurzschlußbedingungen für den Fall, daß der Nennausschaltstrom der Sicherungen $I_{aS} = 100$ kA beträgt.

c) Überprüfen Sie die Selektivität der Sicherung S_4 zu den Sicherungen S_1 und S_3.

d) Dimensionieren Sie die HH-Sicherung.

e) Überprüfen Sie die Selektivität zu den unterlagerten NH-Sicherungen.

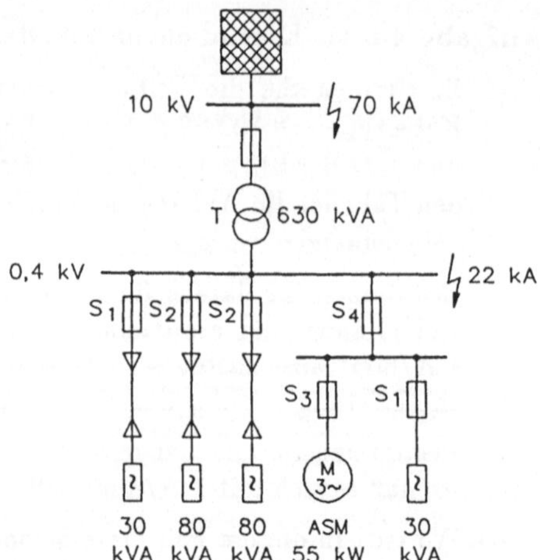

Aufgabe 4.12.2: Wählen Sie für das im Bild dargestellte 10-kV-Netz den geeigneten Netzschutz aus und geben Sie die ungefähren Auslösezeiten an. Es kann davon ausgegangen werden, daß alle Kabel in der Schwerpunktstation bis zu 0,5 s den jeweils ungünstigsten Kurzschlußstrom führen können.

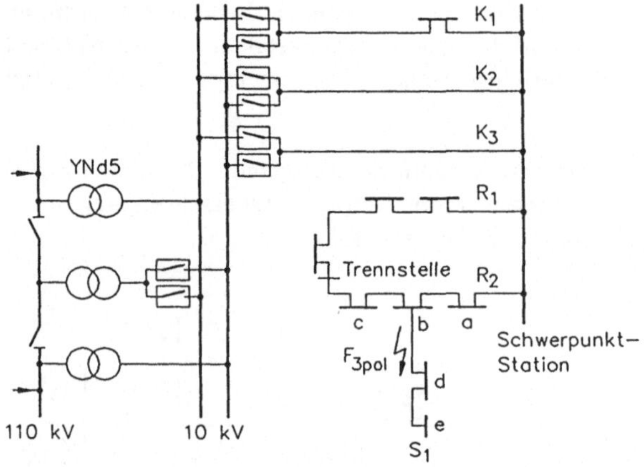

Aufgabe 4.12.3: In dem in Aufgabe 4.12.2 angegebenen Netz möge auf der Kabelstrecke b-d beim Stich S1 ein dreipoliger Kurzschluß auftreten.
Auf welche Weise kann das Betriebspersonal den Fehler lokalisieren?

5 Bemessung von Netzen im Normalbetrieb

Im vorigen Kapitel ist im wesentlichen das Betriebsverhalten einzelner Netzelemente beschrieben worden. In den folgenden Abschnitten wird darauf aufbauend nun das Betriebsverhalten von Netzanlagen untersucht, die sich aus diesen Betriebsmitteln zusammensetzen. Es interessieren nur solche Netze, bei denen die Ströme und Spannungen sowohl im ungestörten als auch gestörten Betrieb gewisse Bedingungen einhalten. Im Abschnitt 5.1 werden nur Kriterien für den Normalbetrieb formuliert. Anschließend werden Verfahren aufgezeigt, mit denen das Strom-Spannungs-Verhalten für den Normalbetrieb analytisch und numerisch zu berechnen ist, so daß die Kriterien überprüft werden können. Zunächst werden nur Netze betrachtet, die aus Leitungen bestehen.

5.1 Bemessungskriterien für den Normalbetrieb und Erläuterungen zu elektrisch kurzen Leitungen

Bei der Auslegung von Netzen für den Normalbetrieb gibt es eine Reihe von Kriterien, von denen an dieser Stelle die beiden wichtigsten darstellt werden. So darf der Laststrom den *thermisch zulässigen Dauerstrom I_d* (s. Abschnitte 4.5 und 4.6) nicht überschreiten:

$$I_b \leq I_d \, . \tag{5.1}$$

Ferner ist es im Rahmen einer ausreichenden Versorgung notwendig, daß sich die Spannung am Verbraucher unabhängig vom Betriebszustand des Netzes in gewissen Toleranzgrenzen bewegt. Diese Bedingung wird auch häufig als die Forderung nach einer *ausreichenden Spannungshaltung* bezeichnet. Analytisch kann sie als Dreiecksungleichung

$$U_{nN} - \Delta U_{zul_1} \leq U_{bN} \leq U_{nN} + \Delta U_{zul_2} \tag{5.2}$$

formuliert werden. Die obere Grenze ist durch die DIN-VDE-Bestimmung 0111 festgelegt und beträgt etwa $1,15 \cdot U_{nN}$. Die untere Spannung liegt für Verteilungsnetze üblicherweise bei $0,95 \cdot U_{nN}$, in Hochspannungsnetzen bei etwa $0,9 \cdot U_{nN}$.
Höhere Spannungsabsenkungen können kurzzeitig unter Umständen für den Anlauf großer Motoren zugelassen werden. Sofern die Spannungsabsenkung dabei als nicht mehr vertretbar angesehen wird, ist es häufig hilfreich, bei der Planung einen Dreiwicklungstransformator vorzusehen. Dadurch lassen sich die unruhigen von den ruhigen Verbrauchern trennen.
Um die Bedingungen (5.1) und (5.2) erfüllen zu können, muß das Strom-Spannungs-Verhalten des Netzes bekannt sein. Im weiteren werden die Leitungen als kurz vorausgesetzt. Entsprechend Abschnitt 4.5 werden solche Leitungen bereits bei kleinen Leistungen übernatürlich betrieben. Das bedeutet, daß mit steigender Last, d.h. mit steigender Verbraucherleistung, die Leitungsströme und damit auch die Spannungsabfälle auf den Leitungen anwachsen. Für die Planung von Netzen wird das Lastverhalten gemäß Abschnitt 4.7 vielfach durch konstante Wirk- und Blindleistungsabnahme beschrieben:

$$P(U_{bV}) = P_{nV} \tag{5.3a}$$

$$Q(U_{bV}) = Q_{nV} \, . \tag{5.3b}$$

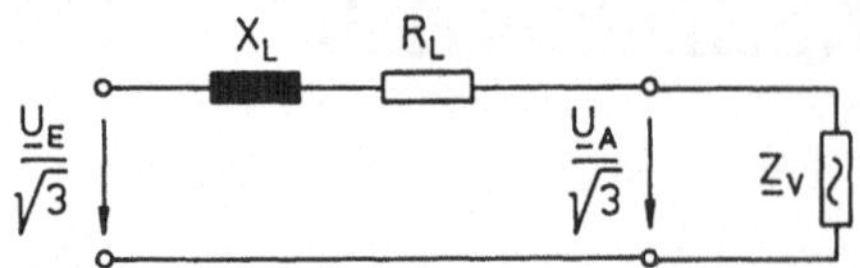

Bild 5.1

Ersatzschaltbild einer elektrisch kurzen Leitung
$\underline{Z}_V$: Last

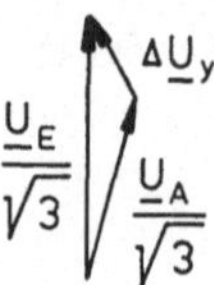

Bild 5.2

Zeigerdiagramm einer elektrisch
kurzen Leitung

Die tatsächliche Leistung ist gemäß Gl. (4.129) von der Betriebsspannung U_{bV} abhängig, die im übernatürlichen Betrieb nur kleiner als die Spannung an der Einspeisung sein kann. Bei Netzen, die mit ihrer Nennspannung gespeist werden, führen die Annahmen (5.3) daher auf eine zu große Leistungsabnahme und schätzen demzufolge die Höhe der Spannungsabfälle nach oben ab. In dieser Eigenschaft liegt neben der Einfachheit der Lastbeschreibung ein weiterer Vorteil.

Im folgenden soll der bereits verwendete Begriff der kurzen – genauer der elektrisch kurzen – Leitung erläutert werden. Das Merkmal einer elektrisch kurzen Leitung besteht darin, daß zwischen Eingangs- und Ausgangsspannung nur eine kleine Phasenverschiebung von einigen Grad besteht. Dieser Fall liegt immer dann vor, wenn die Resonanzfrequenz des Serienschwingkreises im Π- oder T-Ersatzschaltbild einer Leitung groß im Vergleich zur Netzfrequenz ist. Der Einfluß der Querimpedanzen ist bei elektrisch kurzen Freileitungen zu vernachlässigen. Zur Verdeutlichung ist in den Bildern 5.1 und 5.2 noch einmal das Ersatzschaltbild und das Zeigerdiagramm einer elektrisch kurzen Freileitung dargestellt.

Freileitungen des Nieder- und Mittelspannungsbereiches sind stets als elektrisch kurz anzusehen, für Hochspannungsleitungen ist die Zulässigkeit dieser Voraussetzung im einzelnen zu überprüfen. Etwas andere Verhältnisse ergeben sich für Kabel, bei denen im allgemeinen ab ca. 20 kV die Kapazität zu berücksichtigen ist. Auch bei den Kabeln des Mittelspannungsbereiches kann die Vorstellung elektrisch kurzer Leitungen jedoch beibehalten werden, wenn die Kapazitäten als Lasten betrachtet werden.

Neben der Bedingung elektrisch kurzer Leitungen werden bei den folgenden Rechnungen stets ohmsch-induktive Verbraucher vorausgesetzt, wenn von den Leitungskapazitäten bei den Kabeln abgesehen wird. Besonders umfassende Aufgabenstellungen treten vor allem in Transportnetzen auf. Sie können analytisch mit vertretbarem Aufwand nicht mehr gelöst werden. Diese Aufgabenstellungen erfordern den Einsatz numerischer Methoden und damit von Rechnern. Auch diese Ergebnisse können fehlerhaft sein z.B. infolge von Fehlern bei der Dateneingabe. Daher müssen auch diese Ergebnisse – zumindest anhand von Sonderfällen – überprüft werden. Dafür ist u.a. auch die Kenntnis der im folgenden beschriebenen Verfahren notwendig, die vor allem für eine manuelle Berechnung der Strom-Spannungs-Verhältnisse gedacht sind. Sie werden zunächst an einer einseitig gespeisten Leitung entwickelt.

5.2 Einseitig gespeiste Leitung ohne Verzweigungen

Die unverzweigte, einseitig gespeiste Leitung, wie sie Bild 5.3 zeigt, stellt gemäß Abschnitt 3.2 den einfachsten Fall eines Verteilungsnetzes dar. Anhand dieses Beispiels wird im folgenden der prinzipielle Ablauf der Dimensionierung nach den Kriterien (5.1) und (5.2) beschrieben. Zunächst werden Lastimpedanzen angenommen, die unabhängig von der Spannung konstante Ströme anstelle konstanter Leistungen ziehen. Im *ersten Schritt* wird

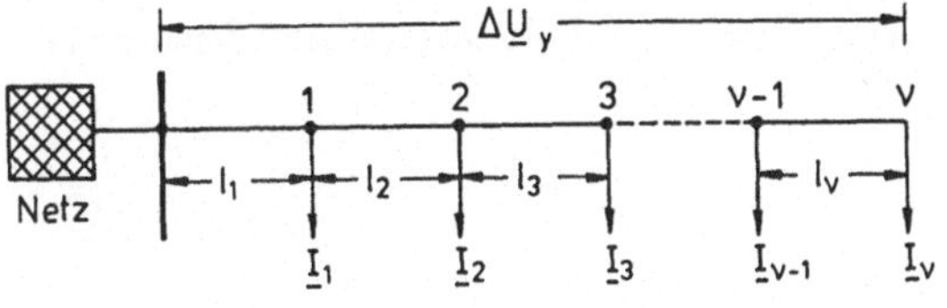

Bild 5.3
Unverzweigte, einseitig gespeiste
Leitung mit Lasten

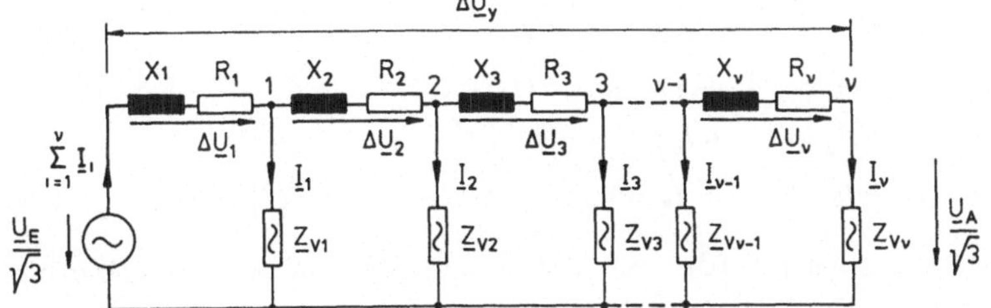

Bild 5.4
Ersatzschaltbild
einer einseitig
gespeisten Leitung
X_i: Betriebs-
reaktanzen

ein beliebiger Leiter aus den verfügbaren Normquerschnitten gewählt. Gemäß Abschnitt
5.1 darf der zulässige Spannungsabfall an keiner Stelle der Leitung überschritten werden.
Es ist also daher nur die größte Spannungsabsenkung zu berücksichtigen, die bei einer
einseitig gespeisten Leitung stets am Leitungsende auftritt. Für die Berechnung dieser
Größe wird das im Bild 5.4 dargestellte Ersatzschaltbild zugrundegelegt. Die Impedanzen
der Leitungen werden in bekannter Weise (s. Abschnitt 4.5) aus den Belägen R' und X'_b
bestimmt, die durch den gewählten Leitungsquerschnitt festgelegt sind. Sofern der im
folgenden noch zu berechnende Spannungsabfall zu hoch ist, muß ein größerer Querschnitt
gewählt werden. Falls auf der anderen Seite der Spannungsabfall im Vergleich zum Grenzwert relativ gering ist, sollte die Rechnung für einen kleineren Querschnitt wiederholt
werden, da ansonsten eine Überdimensionierung des Netzes vorliegt.
Die benötigte Spannungsabsenkung $\Delta \underline{U}_Y$ am Leitungsende ergibt sich nach dem Kirchhoffschen Gesetz als Differenz zwischen der Ausgangsspannung $\underline{U}_A$ und der eingeprägten
Spannung $\underline{U}_E$ am Leitungsanfang:

$$\Delta \underline{U}_Y = \frac{\underline{U}_E - \underline{U}_A}{\sqrt{3}}. \tag{5.4}$$

Der Index Y soll kennzeichnen, daß es sich bei dieser Größe um eine Sternspannung
handelt. Bei Lasten mit einer konstanten Stromentnahme kann die Spannungsdifferenz
$\Delta \underline{U}_Y$ unter Berücksichtigung der Beziehungen

$$R_i = R' \cdot l_i \quad \text{und} \quad X_i = \omega L' \cdot l_i = X' \cdot l_i$$

in der Form

$$\Delta \underline{U}_Y = \sum_{i=1}^{\nu} \underline{I}_i \cdot (R' + jX') \cdot l_1 + \sum_{i=2}^{\nu} \underline{I}_i \cdot (R' + jX') \cdot l_2 + \cdots$$
$$+ \sum_{i=\nu-1}^{\nu} \underline{I}_i \cdot (R' + jX') \cdot l_{\nu-1} + \underline{I}_\nu \cdot (R' + jX') \cdot l_\nu \tag{5.5}$$

dargestellt werden. Eine weitere Umformung führt auf den Ausdruck

$$\Delta \underline{U}_Y = (R' + jX') \cdot [\underline{I}_1 \cdot l_1 + \underline{I}_2(l_1 + l_2) + \cdots + \underline{I}_\nu(l_1 + l_2 + \cdots + l_\nu)] , \tag{5.6}$$

wobei für den Strom unter der Annnahme einer ohmsch-induktiven Last der Zusammenhang

$$\underline{I}_i = I_i \cdot e^{-j\varphi_i} = I_i \cdot (\cos\varphi_i - j\sin\varphi_i) \tag{5.7}$$

gilt.

Die Verknüpfung der Beziehungen (5.6) und (5.7) liefert die Bestimmungsgleichung

$$\begin{aligned}
\Delta\underline{U}_Y = (R' + jX') \cdot \{&[I_1\cos\varphi_1 \cdot l_1 + I_2\cos\varphi_2 \cdot (l_1 + l_2) + \cdots \\
&+ I_\nu\cos\varphi_\nu \cdot (l_1 + l_2 + \cdots + l_\nu)] - j \cdot [I_1\sin\varphi_1 \cdot l_1 \\
&+ I_2\sin\varphi_2 \cdot (l_1 + l_2) + \cdots + I_\nu\sin\varphi_\nu \cdot (l_1 + l_2 + \cdots + l_\nu)]\}\,.
\end{aligned} \tag{5.8a}$$

Die Terme in den eckigen Klammern werden mit den Bezeichnungen M_W und M_B abgekürzt:

$$\Delta\underline{U}_Y = (R' + jX') \cdot (M_W - jM_B)\,. \tag{5.8b}$$

Da die Ausdrücke in den eckigen Klammern jeweils aus Produkten von Strömen und Längen bestehen, werden sie in Anlehnung an die Mechanik als *Stromwirkmoment M_W* bzw. *Stromblindmoment M_B* bezeichnet. Eine Umformung der Gl. (5.8b) führt auf den Zusammenhang

$$\Delta\underline{U}_Y = (R' \cdot M_W + X' \cdot M_B) + j \cdot (X' \cdot M_W - R' \cdot M_B) = \Delta U_{lY} + j \cdot \Delta U_{qY}\,. \tag{5.9}$$

Demnach läßt sich der Spannungsabfall über der Leitung aufteilen in einen Längsspannungsabfall $\Delta\underline{U}_{lY}$, der dieselbe Phasenlage wie die treibende Spannung $\underline{U}_E/\sqrt{3}$ hat, und einen dazu senkrechten Querspannungsabfall $\Delta\underline{U}_{qY}$. Diesen Zusammenhang veranschaulicht das in Bild 5.5 skizzierte Zeigerbild.

Für den Betrag des Spannungabfalles ergibt sich somit die Beziehung

$$|\Delta\underline{U}_Y| = \Delta U_Y = \sqrt{\Delta U_{lY}^2 + \Delta U_{qY}^2} = \Delta U_{lY} \cdot \sqrt{1 + \left(\frac{\Delta U_{qY}}{\Delta U_{lY}}\right)^2}\,. \tag{5.10}$$

Bei elektrisch kurzen Leitungen, wie sie hier vorausgesetzt werden, tritt nur eine geringe Phasenverschiebung zwischen $\underline{U}_E$ und $\underline{U}_A$ auf. Solange $\Delta U_{qY} \leq 0,3 \cdot \Delta U_{lY}$ gilt (s. auch Abschnitt 4.2), kann der Querspannungsabfall im Vergleich zum Längsspannungsabfall vernachlässigt werden. Der Fehler liegt im Bereich von einigen Prozent. Infolgedessen wird der Betrag der Spannungsabsenkung am Leitungsende durch die Beziehung

$$\Delta U_Y \approx \Delta U_{lY} = R' \cdot M_W + X' \cdot M_B$$

hinreichend genau angenähert. Häufig wird der Spannungsabfall im Drehstromnetz auch

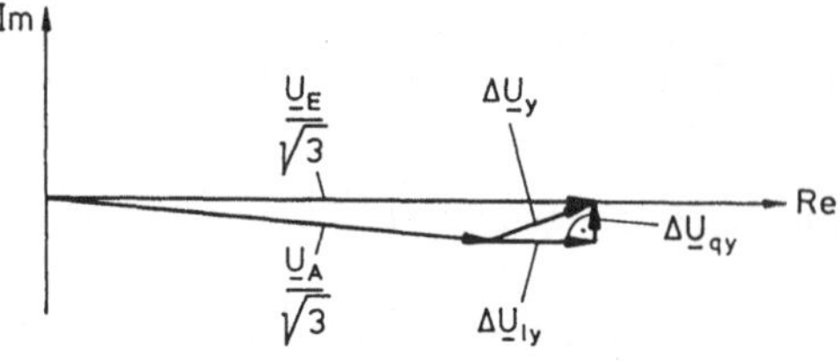

Bild 5.5
Aufteilung des Spannungsabfalls in einen Längs- und Querspannungsabfall

als Dreieckspannung angegeben. Dann gilt

$$\Delta U = \sqrt{3} \cdot \Delta U_Y = \sqrt{3} \cdot (R' \cdot M_W + X' \cdot M_B) \, . \tag{5.11}$$

Bei der bisherigen Ableitung ist von der *Annahme konstanter Lastströme* ausgegangen worden. Im Hinblick auf einen praktischen Einsatz sind diese Rechnungen auf die *Lastbedingungen* (5.3) zu erweitern. Diese Bedingungen können durch eine *übergeordnete Iteration* einbezogen werden. Zu diesem Zweck wird im ersten Schritt zunächst jeder Laststrom $\underline{I}_i$ aus den Beziehungen

$$\cos \varphi_{nV_i} = \frac{P_{nV_i}}{\sqrt{P_{nV_i}^2 + Q_{nV_i}^2}} \tag{5.12a}$$

und

$$I_i = \frac{P_{nV_i}}{\sqrt{3} \cdot U_i \cdot \cos \varphi_{nV_i}} \tag{5.12b}$$

berechnet. Beim ersten Schritt wird an allen Knoten für die Spannung U_i die Netzspannung U_{nN} eingesetzt. Die weitere Rechnung vereinfacht sich, wenn man diese Ströme nicht einzeln ermittelt, sondern die Beziehungen (5.12) und (5.8) direkt miteinander verknüpft. Es ergeben sich dann Ausdrücke, die leichter zu handhaben sind. Nach einigen Umformungen erhält man den Zusammenhang

$$\begin{aligned}
\Delta \underline{U}_Y = \frac{R' + jX'}{\sqrt{3} \cdot U_{nV}} \cdot \{ &P_{nV_1} l_1 + P_{nV_2}(l_1 + l_2) + \cdots + P_{nV_\nu}(l_1 + l_2 + \cdots + l_\nu) \\
&- j[P_{nV_1} l_1 \tan \varphi_{nV_1} + P_{nV_2}(l_1 + l_2) \tan \varphi_{nV_2} + \cdots \\
&+ P_{nV_\nu}(l_1 + l_2 + \cdots + l_\nu) \tan \varphi_{nV_\nu}] \} \, .
\end{aligned} \tag{5.13a}$$

Dieser Ausdruck läßt sich wiederum analog zur Beziehung (5.8a) umformen in

$$\Delta \underline{U}_Y = \frac{R' + jX'}{\sqrt{3} \cdot U_{nN}} \cdot (M_W^* - jM_B^*) \, . \tag{5.13b}$$

In Anlehnung an die Gl. (5.8) wird ebenfalls M_W^* als *Leistungswirkmoment* und M_B^* als *Leistungsblindmoment* bezeichnet. Entsprechend Gl. (5.9) ist auch bei diesen Beziehungen eine Aufteilung in Längs- und Querspannungsabfall möglich:

$$\Delta \underline{U}_Y = \frac{R' \cdot M_W^* + X' \cdot M_B^*}{\sqrt{3} \cdot U_{nN}} + j \frac{X' \cdot M_W^* - R' \cdot M_B^*}{\sqrt{3} \cdot U_{nN}} = \Delta U_{lY} + j\Delta U_{qY} \, . \tag{5.14}$$

Unter Vernachlässigung des Querspannungsabfalles folgt im ersten Iterationsschritt daraus für elektrisch kurze Leitungen der Term

$$\Delta U_Y \approx \Delta U_{lY} = \frac{R' \cdot M_W^* + X' \cdot M_B^*}{\sqrt{3} \cdot U_{nN}} \tag{5.15a}$$

oder

$$\Delta U = \sqrt{3} \cdot \Delta U_Y \approx \frac{R' \cdot M_W^* + X' \cdot M_B^*}{U_{nN}} \, . \tag{5.15b}$$

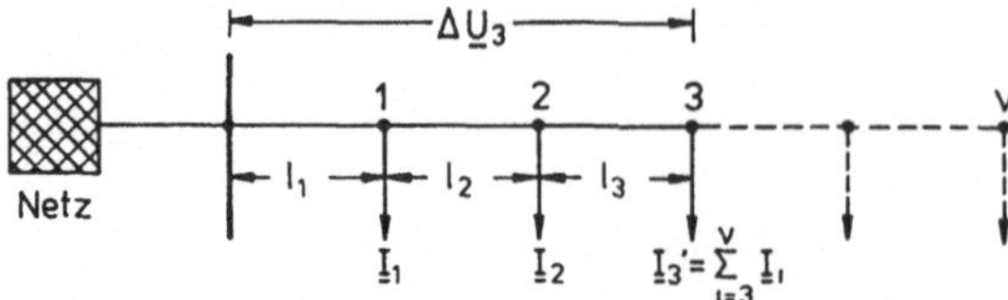

Bild 5.6
Bestimmung von
Teilspannungsabfällen auf einer
Leitung

Bisher ist nur die Spannungsabsenkung am Ende einer Leitung berechnet worden. Für die weiteren Iterationsschritte interessieren die Spannungsabfälle, die sich über einen Teil der Leitung – z.B. bis zum Knotenpunkt 3 – erstrecken und sinnvollerweise als *Teilspannungsabfälle* bezeichnet werden. Wie sich analytisch schnell zeigen läßt, können auch die Teilspannungsabfälle mit den Beziehungen (5.15) ermittelt werden. Dazu ist es nur notwendig, daß am jeweils betrachteten Knotenpunkt der zugehörige Laststrom mit allen folgenden Lastströmen zu einem fiktiven Gesamtstrom zusammengefaßt wird. Der betrachtete Knotenpunkt wird im weiteren dann wie ein Leitungsende behandelt. Bild 5.6 veranschaulicht diesen Sachverhalt.

Mit den so berechneten Teilspannungsabfällen kann nun der zweite Iterationsschritt durchgeführt werden. Dazu werden wiederum zunächst die Lastströme bestimmt. Jedoch werden für U_i anstelle der Nennspannung die Spannungen $(U_{nN} - \Delta U_i)$ in die Gln. (5.12) eingesetzt und dann erneut die Spannung ΔU_Y berechnet. Man erhält so eine bessere Näherung, deren Genauigkeit durch weitere Iterationsschritte noch erhöht werden kann. Es läßt sich zeigen, daß dieses Iterationsverfahren bei der einseitig gespeisten Leitung auf die exakten Werte $\underline{U}_i$, I_i, P_{nV_i} und Q_{nV_i} konvergiert [40].

Die Spannungsabfälle, die in den einzelnen Iterationsstufen ermittelt werden, sind stets etwas zu klein, da die tatsächlichen Spannungen U_i immer etwas geringer als die Werte sind, die aus der vorhergehenden Iteration ermittelt werden. Da sich bei praktischen Verteilungsnetzen ΔU_{zul} bei 5 % bewegt, kann der maximale Fehler in ΔU bereits *nach der ersten Iteration* auch nur 5 % betragen. Für die Dimensionierung von Netzen ist dieser systematische Fehler hinreichend klein, so daß nur die erste Iteration notwendig ist. In Grenzfällen, wo ΔU sich bis ca. 5 % an ΔU_{zul} annähert, ist es dann jedoch erforderlich, den nächstgrößeren Normquerschnitt zu wählen oder weitere Iterationen anzuschließen. Bei dieser Vorgehensweise ist zugleich gewährleistet, daß die Sicherheit, die eventuell in der Lastbeschreibung liegt, nicht angetastet wird.

Nachdem die Leitung auf diese Weise auf ausreichende Spannungshaltung dimensioniert worden ist, muß überprüft werden, ob der ermittelte Querschnitt auch eine ausreichende thermische Festigkeit aufweist. Da der größte Strom bei einer einseitig gespeisten Leitung am Leitungsanfang auftritt, kann für diese Aufgabenstellung die Bedingung (5.1) in der speziellen Form

$$\left| \sum_{i=1}^{\nu} \underline{I}_i \right| \leq I_d \tag{5.16}$$

dargestellt werden. Falls diese Beziehung nicht erfüllt ist, muß ein größerer Leitungsquerschnitt eingesetzt werden, für den die Ungleichung (5.16) erneut zu überprüfen ist.

Mit den in diesem Abschnitt beschriebenen Berechnungsverfahren ist man auch in der Lage, bereits umfassendere Strahlennetze zu dimensionieren.

5.3 Einseitig gespeiste Leitung mit Verzweigungen

Die Auslegung einer verzweigten, einseitig gespeisten Leitung kann, wie im folgenden gezeigt wird, auf die bereits in Abschnitt 5.2 beschriebene Aufgabenstellung zurückgeführt werden. Der Ablauf des Verfahrens soll anhand des in Bild 5.7 dargestellten Netzes erläutert werden.

Zunächst wird ein Leitungszug als Hauptleitung festgelegt, der so gewählt wird, daß die Summe der von dieser Leitung direkt gespeisten Lasten möglichst groß ist. In Bild 5.7 ist die gewählte Hauptleitung durch die Knotenpunkte 1 bis 7 bestimmt. Die Leitungen 2-23 und 4-42 werden als Zweigleitungen betrachtet. Die Lastströme dieser Zweigleitungen werden nun jeweils zu einem resultierenden Laststrom zusammengefaßt, der anschließend an die Stelle der Zweigleitung tritt. Es entsteht somit die in Bild 5.8 dargestellte, unverzweigte Ersatzleitung, die in bekannter Weise dimensioniert werden kann.

Im weiteren werden die Teilspannungsabfälle ΔU für diejenigen Knotenpunkte bestimmt, in denen Zweigleitungen beginnen. Die Differenz aus diesen Werten und der maximal zulässigen Spannungsabsenkung ΔU_{zul} bestimmt den zulässigen Spannungsabfall $\Delta U_{zul_{Zw}}$ entlang der jeweiligen Zweigleitung, auch *Restspannung* genannt. Da aufgrund der Voraussetzung elektrisch kurzer Leitungen der Querspannungsabfall vernachlässigt werden darf, kann die Restspannung auf einfache Weise als arithmetische Differenz berechnet werden:

$$\Delta U_{zul_{Zwi}} = \Delta U_{zul} - \Delta U_i \; . \tag{5.17}$$

Mit dem so berechneten zulässigen Spannungsabfall wird die jeweilige Zweigleitung in bekannter Weise als unverzweigte, einseitig gespeiste Leitung dimensioniert. Falls von der Zweigleitung eine weitere Stichleitung abgeht, wird wiederum in der beschriebenen Weise verfahren, indem auch die Zweigleitung als verzweigte, einseitig gespeiste Leitung behandelt wird. Als maximal zulässiger Spannungsabfall gilt in diesem Falle die für die Zweigleitung ermittelte Restspannung. Das in diesem Kapitel erläuterte Verfahren wird aufgrund dieser Eigenschaft auch als *Restspannungsverfahren* bezeichnet. Die Dimensionierung auf thermische Festigkeit erfolgt sowohl bei der Hauptleitung als auch bei den Zweigleitungen auf dem bereits beschriebenen Wege.

Bisher wurde nur eine einzige Einspeisung vorausgesetzt. Den einfachsten Fall eines Verteilungsnetzes mit zwei Einspeisungen stellt die zweiseitig gespeiste Leitung dar, die als weiteres Beispiel untersucht wird.

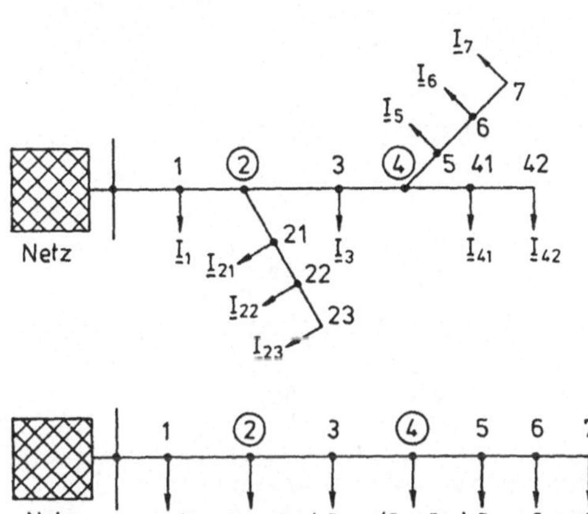

Bild 5.7
Verzweigte, einseitig gespeiste Leitung

Bild 5.8
Unverzweigte Ersatzleitung für die Anordnung gemäß Bild 5.7

5.4 Zweiseitig gespeiste Leitung

Eine zweiseitig gespeiste Leitung liegt dann vor, wenn bei einer einfachen Leitung an beiden Enden eingespeist wird (Bild 5.9). Sie umfaßt den wichtigen Spezialfall der Ringleitung (s. Abschnitt 3.2) und ist darüber hinaus für die weitere Theorie von großer Bedeutung. Ihr Betriebsverhalten wird aus diesem Grunde relativ ausführlich behandelt. Die Spannungen $\underline{U}_{NA}$ und $\underline{U}_{NB}$ seien für die weiteren Betrachtungen sowohl in der Amplitude als auch Phase unterschiedlich.

Auch die Berechnung einer zweiseitig gespeisten Leitung kann auf die bekannte Aufgabenstellung der einseitig gespeisten Leitung zurückgeführt werden. Dazu wird eines der beiden speisenden Netze zunächst als eine zu versorgende Last aufgefaßt. Es liegt dann wieder eine einseitig gespeiste Leitung vor. So soll beispielsweise bei der Leitung in Bild 5.9 der Netzstrom $\underline{I}_{NB}$ als Laststrom betrachtet werden. Die auf diese Weise entstandene Ersatzanordnung zeigt Bild 5.10.

Für die weitere Rechnung wird zweckmäßigerweise, wie in Bild 5.11 veranschaulicht, das Koordinatensystem so gelegt, daß die Spannung des als speisend angesehenen Netzes – in diesem Falle $\underline{U}_{NA}$ – in der reellen Achse liegt. Der Netzstrom wird den Lasten entsprechend als ohmsch-induktiv angenommen:

$$\underline{I}_{NB} = I_{NB_W} - jI_{NB_B} \ . \tag{5.18}$$

Nach dieser an sich willkürlichen Festlegung ist man nun in der Lage, mit den Lastströmen $\underline{I}_1$ bis $\underline{I}_\nu$ nach Gl. (5.8) das Stromwirkmoment M_W und das Stromblindmoment M_B zu ermitteln. Anschließend kann der Spannungsabfall $\Delta\underline{U} = \Delta U_l + j\Delta U_q$ am Ende der Leitung auf dem bereits beschriebenen Wege gemäß Abschnitt 5.2 zu

$$\Delta U_l = \sqrt{3} \cdot \Delta U_{lY} = \sqrt{3} \cdot [R'(M_W + I_{NB_W} \cdot l) + X'(M_B + I_{NB_B} \cdot l)] \tag{5.19}$$

$$\Delta U_q = \sqrt{3} \cdot \Delta U_{qY} = \sqrt{3} \cdot [X'(M_W + I_{NB_W} \cdot l) - R'(M_B + I_{NB_B} \cdot l)] \tag{5.20}$$

bestimmt werden. Bei einer zweiseitig gespeisten Leitung sind diese Werte durch die anliegenden Netzspannungen $\underline{U}_{NA}$, $\underline{U}_{NB}$ eingeprägt. Es gilt daher:

$$\Delta U_l = \mathrm{Re}\{\underline{U}_{NA} - \underline{U}_{NB}\}$$
$$\Delta U_q = \mathrm{Im}\{\underline{U}_{NA} - \underline{U}_{NB}\} \ .$$

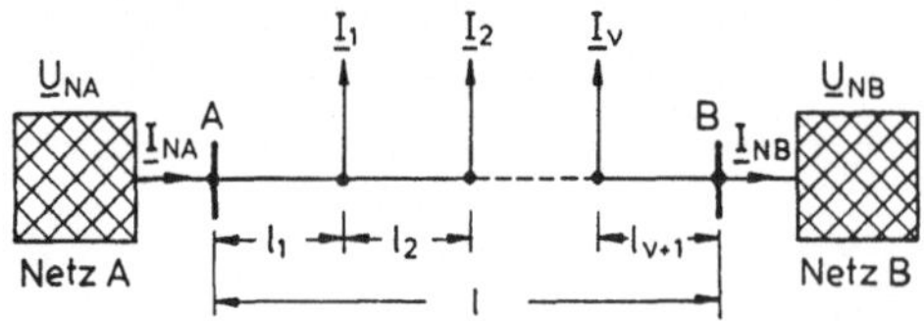

Bild 5.9
Zweiseitig gespeiste Leitung

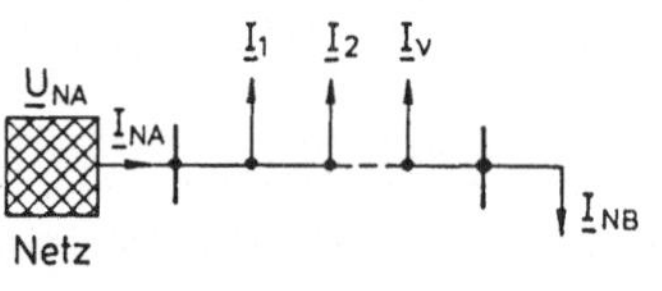

Bild 5.10
Ersatzanordnung für die zweiseitig gespeiste Leitung nach Bild 5.9

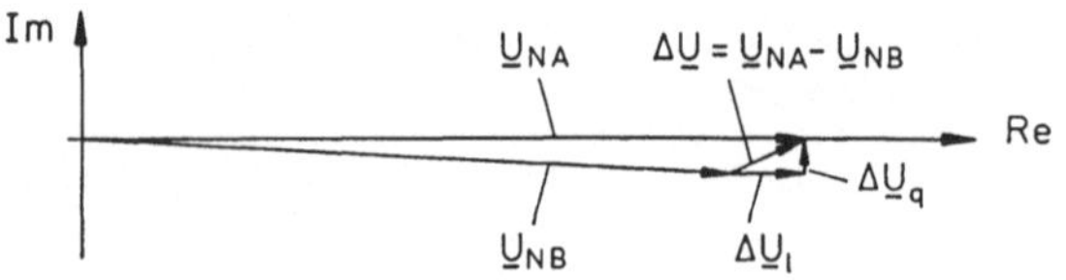

Bild 5.11
Zeigerdiagramm der Spannungen bei einer zweiseitig gespeisten Leitung

Somit stehen zwei Bestimmungsgleichungen für den Wirk- und Blindanteil des unbekannten Netzstroms $\underline{I}_{NB}$ zur Verfügung. Die Auflösung dieser beiden Gleichungen führt auf die Ausdrücke

$$I_{NB_W} = \frac{R' \cdot \text{Re}\{\underline{U}_{NA} - \underline{U}_{NB}\} + X' \cdot \text{Im}\{\underline{U}_{NA} - \underline{U}_{NB}\}}{\sqrt{3} \cdot (R'^2 + X'^2) \cdot l} - \frac{M_W}{l}$$

$$I_{NB_B} = \frac{X' \cdot \text{Re}\{\underline{U}_{NA} - \underline{U}_{NB}\} - R' \cdot \text{Im}\{\underline{U}_{NA} - \underline{U}_{NB}\}}{\sqrt{3} \cdot (R'^2 + X'^2) \cdot l} - \frac{M_B}{l} \; .$$

Eingesetzt in Gl. (5.18) ergibt sich daraus

$$\underline{I}_{NB} = \frac{\underline{U}_{NA} - \underline{U}_{NB}}{\sqrt{3} \cdot (R' + jX') \cdot l} - \left(\frac{M_W}{l} - j \frac{M_B}{l} \right) \; . \tag{5.21}$$

Diese Gleichung läßt sich anschaulich interpretieren. Mit den Definitionen

$$\underline{I}_D = \frac{\underline{U}_{NA} - \underline{U}_{nB}}{\sqrt{3} \cdot (R' + jX') \cdot l} \tag{5.22}$$

und

$$\underline{I}'' = \frac{M_W}{l} - j \frac{M_B}{l} \tag{5.23}$$

nimmt die Beziehung (5.21) die Gestalt

$$\underline{I}_{NB} = \underline{I}_D - \underline{I}'' \tag{5.24}$$

an, die als Knotenpunktgleichung aufgefaßt werden kann (Bild 5.12).
$\underline{I}_D$ stellt einen stationären Ausgleichsstrom zwischen den beiden Netzen dar, der nur fließt, wenn die Netzspannungen $\underline{U}_{NA}$ und $\underline{U}_{NB}$ unterschiedlich sind. Der andere Stromanteil $\underline{I}''$ ist als ein fiktiver Laststrom anzusehen, der am Leitungsende angreift. Bezüglich des Leitungsanfanges führt er zu denselben Lastmomenten M_W, M_B wie die wirklichen Lastströme $\underline{I}_1$ bis $\underline{I}_\nu$. Andererseits ist das Lastmoment von $\underline{I}''$ gegenüber dem Leitungsende Null, da analog zur Mechanik kein „Hebelarm" vorhanden ist. Die Verhältnisse am Leitungsende werden also durch $\underline{I}''$ nicht erfaßt. Dazu sind weitere Betrachtungen notwendig.
Für den noch unbekannten Netzstrom $\underline{I}_{NA}$ ergibt sich nach den Kirchhoffschen Gesetzen der Zusammenhang

$$\underline{I}_{NA} = (\underline{I}_1 + \underline{I}_2 + \ldots + \underline{I}_\nu) + \underline{I}_{NB} \; ,$$

der durch Verknüpfen mit Gl. (5.24) in die Beziehung

$$\underline{I}_{NA} = (\underline{I}_1 + \underline{I}_2 + \ldots + \underline{I}_\nu) + \underline{I}_D - \underline{I}'' \tag{5.25}$$

übergeht. Mit der Definition

$$\underline{I}' = (\underline{I}_1 + \underline{I}_2 + \ldots + \underline{I}_\nu) - \underline{I}'' \tag{5.26}$$

erhält man daraus den Ausdruck

$$\underline{I}_{NA} = \underline{I}_D + \underline{I}' \; , \tag{5.27}$$

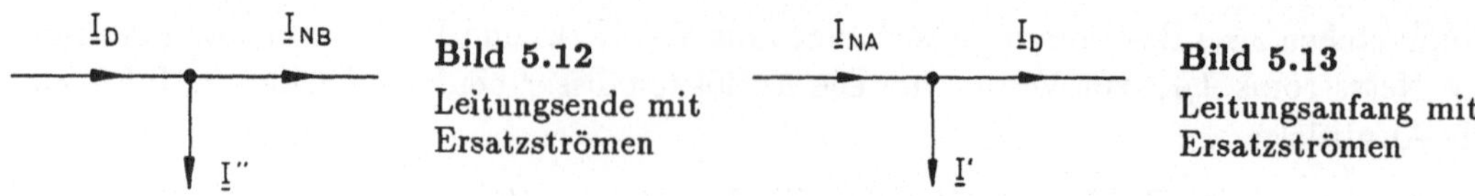

Bild 5.12
Leitungsende mit
Ersatzströmen

Bild 5.13
Leitungsanfang mit
Ersatzströmen

der sich analog zu Gl. (5.24) als Knotenpunktgleichung auffassen läßt (Bild 5.13).
Der Strom $\underline{I}'$ kann wiederum als fiktiver Laststrom interpretiert werden, der in diesem
Falle am Leitungsanfang angreift. Wie anhand von Gl. (5.8) leicht nachgewiesen werden
kann, bildet er bezüglich des Leitungsendes das gleiche Lastmoment wie die Lastströme
$\underline{I}_1$ bis $\underline{I}_\nu$. Darüber hinaus entspricht die Summe der beiden fiktiven Lastströme zugleich
der Summe aller Lastströme $\underline{I}_i$:

$$\underline{I}' + \underline{I}'' = \sum_{i=1}^{\nu} \underline{I}_i \,.$$

Aufgrund dieser Eigenschaften kann für die Anordnung nach Bild 5.9 die in Bild 5.14
dargestellte Ersatzschaltung angegeben werden. Sie weist das gleiche Ein- und Ausgangsverhalten auf wie die wirkliche Leitung. Die Spannungsverhältnisse entlang der Leitung
werden jedoch nicht richtig wiedergegeben.
Durch das beschriebene Verfahren werden die Lasten formal an den Anfang und das Ende
der Leitung verschoben. Daher spricht man auch von einem *„Verwerfen der Lasten"*.
Für die Dimensionierung des Querschnitts auf ausreichende Spannungshaltung muß der
größte Spannungsabfall längs der Leitung bekannt sein. Um diesen zu erhalten, muß man
relativ umständlich schrittweise von Last zu Last den Spannungsabfall zwischen den
Knotenpunkten berechnen. Mit den in Bild 5.9 definierten Bezeichnungen erhält man
dafür die Ausdrücke

$$\Delta \underline{U}_{A1} = \sqrt{3} \cdot (R' + jX') \cdot l_1 \cdot \underline{I}_{NA}$$
$$\Delta \underline{U}_{12} = \sqrt{3} \cdot (R' + jX') \cdot l_2 \cdot [\underline{I}_{NA} - \underline{I}_1]$$
$$\Delta \underline{U}_{23} = \sqrt{3} \cdot (R' + jX') \cdot l_3 \cdot [\underline{I}_{NA} - (\underline{I}_1 + \underline{I}_2)]$$
$$\vdots$$
$$\Delta \underline{U}_{(\nu-1),\nu} = \sqrt{3} \cdot (R' + jX') \cdot l_\nu \cdot \left[\underline{I}_{NA} - \sum_{i=1}^{\nu-1} \underline{I}_i\right] \tag{5.28}$$
$$\Delta \underline{U}_{\nu B} = \sqrt{3} \cdot (R' + jX') \cdot l_{\nu+1} \cdot \left[\underline{I}_{NA} - \sum_{i=1}^{\nu} \underline{I}_i\right]$$
$$= \sqrt{3} \cdot (R' + jX') \cdot l_{\nu+1} \cdot \underline{I}_{NB} \,.$$

Um den Ausgleichsstrom $\underline{I}_D$ möglichst gering zu halten, wird im praktischen Netzbetrieb
darauf geachtet, daß die Netzspannungen $\underline{U}_{NA}$ und $\underline{U}_{NB}$ annähernd phasengleich sind.
Wenn darüber hinaus, wie in Verteilungsnetzen stets der Fall, elektrisch kurze Leitungen
vorliegen, ist der Querspannungsabfall ΔU_q wiederum vernachlässigbar. Unter diesen
Verhältnissen kann für die Spannung entlang der Leitung prinzipiell der in Bild 5.15
skizzierte Verlauf angegeben werden.
Wie aus diesem Bild zu ersehen ist, gibt es auf der Leitung eine Stelle mit einer maximalen
Spannungabsenkung ΔU_{max}. Dieser Wert ist für die Dimensionierung des Querschnittes

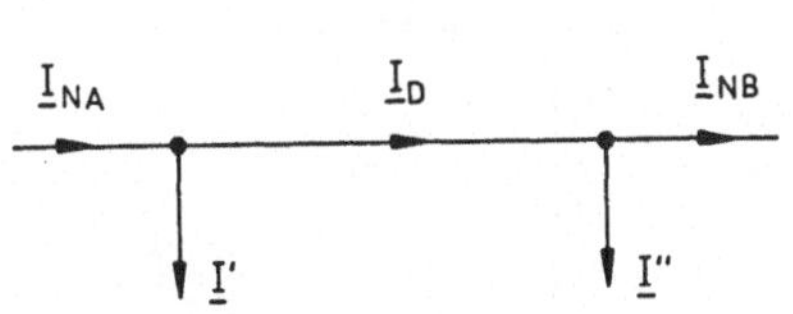

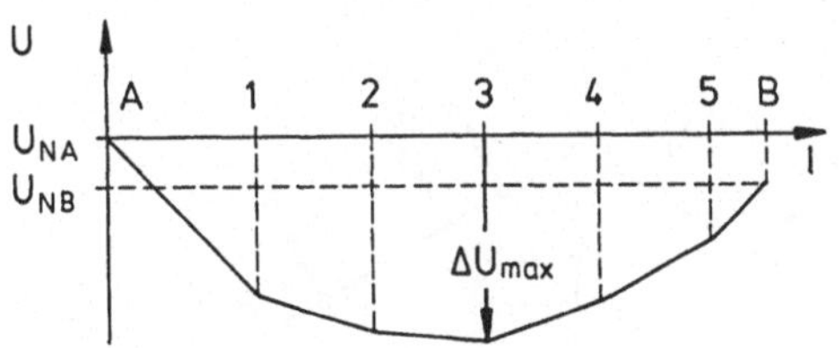

Bild 5.14
Ersatzschaltung einer zweiseitig
gespeisten Leitung

Bild 5.15
Verlauf der Spannung auf einer zweiseitig
gespeisten Leitung

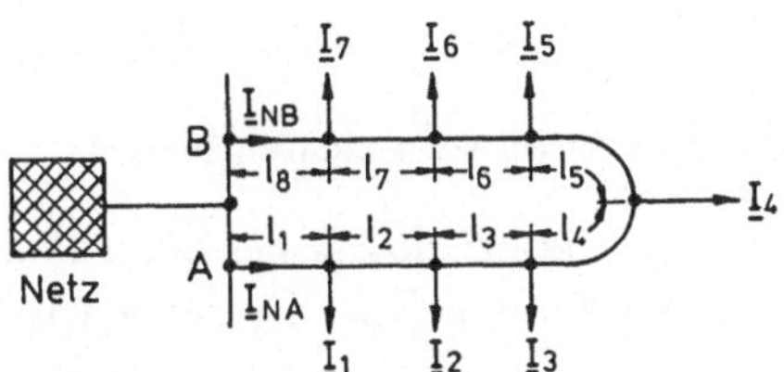

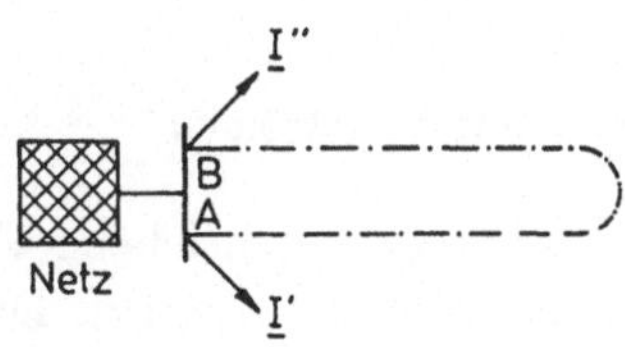

Bild 5.16
Ringleitung mit Lasten

Bild 5.17
Ringleitung nach Verwerfen der Lasten

im Hinblick auf *Spannungshaltung* heranzuziehen und darf, wie beschrieben, eine zulässige
Grenze ΔU_{zul} nicht überschreiten. In *thermischer Hinsicht* tritt die größte Belastung
jedoch am Anfang oder am Ende der Leitung auf. Die thermische Auslegung ist demnach
dann ausreichend, wenn sowohl I_{NA} als auch I_{NB} den thermisch zulässigen Dauerstrom
I_d für den gewählten Querschnitt nicht überschreiten.

Einen Spezialfall einer zweiseitig gespeisten Leitung stellt, wie bereits erwähnt, *die Ringleitung* dar. Sie ist entsprechend Abschnitt 3.2 dadurch gekennzeichnet, daß ihr Anfangs-
und Endpunkt aus derselben Netzstation bzw. demselben Umspannwerk versorgt werden,
wie aus Bild 5.16 ersichtlich ist. Da Anfang und Ende der Leitung zusammenfallen,
sind die Netzspannungen $\underline{U}_{NA}$ und $\underline{U}_{NB}$ identisch. Demzufolge tritt gemäß Gl. (5.22)
aufgrund der Bedingung

$$\underline{U}_{NA} - \underline{U}_{NB} = 0$$

kein Ausgleichsstrom $\underline{I}_D$ auf. Das Verwerfen der Lasten erfolgt wiederum nach den Beziehungen (5.23) und (5.26). Die so berechneten Ströme $\underline{I}'$ und $\underline{I}''$ stellen direkt die
Speiseströme $\underline{I}_{NA}$ und $\underline{I}_{NB}$ dar, sofern die Zählpfeilrichtung von $\underline{I}_{NB}$ wie in Bild 5.16
vereinbart wird:

$$\underline{I}_{NA} = \underline{I}' , \quad \underline{I}_{NB} = \underline{I}'' .$$

Eine Ringleitung kann somit durch die in Bild 5.17 skizzierte Ersatzschaltung beschrieben
werden. Die von den Lasten bereinigte Leitung ist demnach stromlos. Das Ein- und
Ausgangsverhalten wird durch die Ersatzströme $\underline{I}'$ und $\underline{I}''$ vollständig beschrieben.

Mit dem erläuterten Berechnungsverfahren einer zweiseitig gespeisten Leitung ist es auch
möglich, vermaschte Netze vereinfacht zu berechnen und damit auszulegen.

5.5 Vermaschtes Netz

Die Berechnung komplizierterer Netzstrukturen wird im allgemeinen durch die hohe Anzahl von Knotenpunkten relativ aufwendig. Die Knotenzahl läßt sich jedoch vermindern,

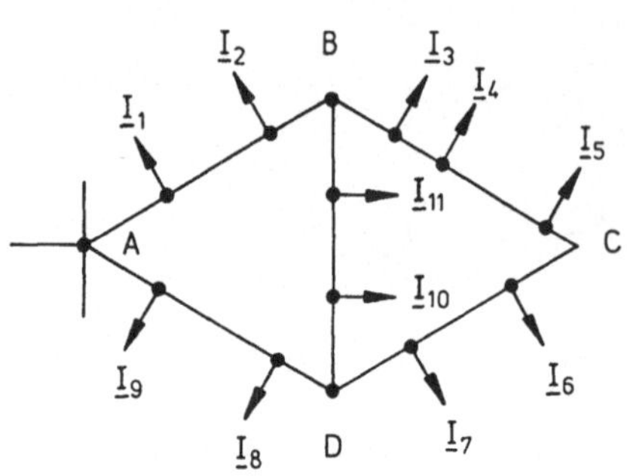

Bild 5.18
Vermaschtes Netz mit Lastströmen

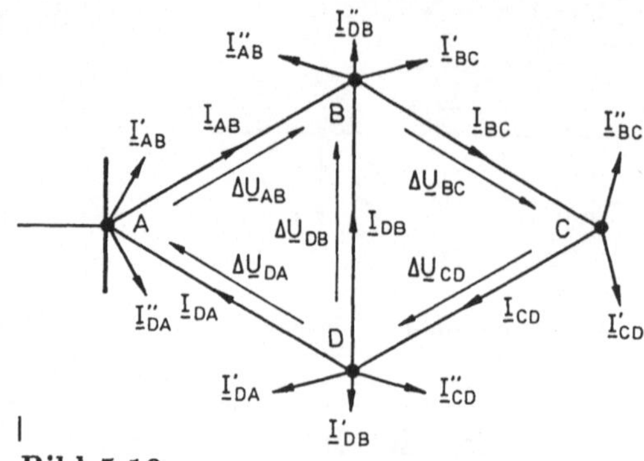

Bild 5.19
Verwerfen der Lasten im vermaschten Netz

indem durch das bereits beschriebene Verwerfen der Lasten die Leitungen bereinigt und
somit Lastknoten eliminiert werden. Die analytische Behandlung solcher Systeme wird
anhand des in Bild 5.18 dargestellten Netzes erläutert.

Zunächst werden für alle Spannungen und Ströme Zählpfeile festgelegt. Nach dem Verwerfen der Ströme ergibt sich dann die in Bild 5.19 skizzierte Ersatzschaltung. Es sei
betont, daß durch die Einführung der Zählpfeile für die Leitungsströme auch Anfang
und Ende der Leitungen feststehen und somit eindeutig bestimmt ist, welche Ersatz-
ströme mit $\underline{I}'$ und welche mit $\underline{I}''$ bezeichnet werden. Die Ausgleichsströme sind nach
dem Verwerfen der Lasten zunächst unbekannt, weil über die Spannungsabsenkungen in
den Knotenpunkten noch keine Aussage möglich ist.

Die Bestimmung der unbekannten Größen kann unter Beachtung der gewählten Zählpfeil-
richtungen nach den üblichen Methoden der Netzwerkberechnung erfolgen. Es werden
zunächst die Spannungsgleichungen nach der Auftrennmethode aufgestellt (s. Abschnitt
4.1). Anschließend werden nur noch die jeweils verbleibenden Zweige berücksichtigt. Auf
diese Weise ist gewährleistet, daß keine Masche doppelt verwendet wird.

Die Spannungsumläufe führen nach Bild 5.19 auf die Gleichungen

$$\Delta\underline{U}_{AB} + \Delta\underline{U}_{BC} + \Delta\underline{U}_{CD} + \Delta\underline{U}_{DA} = 0$$

$$\Delta\underline{U}_{AB} - \Delta\underline{U}_{DB} + \Delta\underline{U}_{DA} = 0\,.$$

Im nächsten Schritt sind die Knotenpunktgleichungen zu ermitteln, wobei jeweils ein frei
zu wählender Knoten unberücksichtigt bleibt. Weiterhin kann über das ohmsche Gesetz
für jede Leitung der Spannungsabfall mit dem Strom und der zugehörigen Leitungsimpedanz verknüpft werden. Für die Leitung $A - B$ lautet diese Beziehung z.B.

$$\Delta\underline{U}_{AB} = \sqrt{3}\cdot \underline{I}_{AB}\cdot (R'_{AB} + jX'_{AB})\cdot l_{AB}\,.$$

Man erhält somit für die unbekannten fünf Spannungen und fünf Ströme ein System
aus zehn komplexen Gleichungen, das nach den üblichen Verfahren der linearen Algebra
gelöst werden kann. Bei größeren Netzen ist dazu der Einsatz von Rechnern erforderlich.
Eine andere Möglichkeit besteht in der Nachbildung des Netzes auf einem Netzmodell,
an dem die gesuchten Modellgrößen dann direkt gemessen werden können. Falls die ermittelten Spannungsabfälle die zulässigen Grenzen überschreiten, ist die Rechnung mit
einem größeren Querschnitt zu wiederholen. In einem weiteren Schritt ist die thermische
Festigkeit zu überprüfen, für die der größte Strom maßgebend ist.

Bei den bisher betrachteten Netzen sind stets nur Leitungen miteinander verknüpft worden. Selbstverständlich ist mit den abgeleiteten Beziehungen auch die Behandlung von solchen Netzen möglich, in denen zwischen den Leitungen noch andere Betriebsmittel liegen wie z.B. Transformatoren oder Drosselspulen. Man muß dann das Strom-Spannungs-Verhalten dieser zusätzlichen Netzelemente, das bereits aus Kapitel 4 bekannt ist, in die Rechnung einbeziehen. Auf diese Weise entsteht lediglich ein etwas umfangreicheres Gleichungssystem. An den prinzipiellen Zusammenhängen ändert sich jedoch nichts.

Das beschriebene Berechnungsverfahren führt bei großen Netzen trotz der aufgeführten Vereinfachungen sehr schnell auf umfangreiche, unübersichtliche Gleichungssysteme. Man ist daher bestrebt, daß Netz weiter zu reduzieren, so daß nur noch diejenigen Knoten übrigbleiben, die für die Rechnung wesentlich sind. Die Teilnetze, die keinen interessierenden Knotenpunkt enthalten, können manchmal mit relativ geringem Aufwand durch einfachere Ersatzschaltungen dargestellt werden.

5.6 Nachbildung von Teilnetzen

Bei der Nachbildung von Teilnetzen versucht man, eine möglichst einfache Ersatzschaltung zu finden, die das Strom-Spannungs-Verhalten des wirklichen Teilnetzes an bestimmten, vorzugebenden Knotenpunkten richtig beschreibt. Bei Fremdnetzen von anderen Unternehmen können beispielsweise die Kuppelstellen solche Knotenpunkte darstellen. Um zu kennzeichnen, daß die Einspeisung nicht aus einem Generator, sondern einem Netz erfolgt, verwendet man dafür den Ausdruck *Netzeinspeisung.*

Besonders einfache Verhältnisse liegen vor, wenn nur eine Kuppelstelle zwischen den beiden Netzen vorhanden ist. Das Fremdnetz bzw. das nachzubildende Teilnetz kann dann bei dem vorausgesetzten symmetrischen Betrieb mit Hilfe der Zweipoltheorie auf einen Ersatzzweipol reduziert werden. Das Verfahren wird im folgenden anhand der in Bild 5.20 dargestellten Anordnung erläutert.

Das skizzierte Netz 1 soll in einen Ersatzzweipol umgewandelt werden. Die Schnittstelle möge der Knotenpunkt Q sein. Entsprechend der Zweipoltheorie wird die Eingangsimpedanz $\underline{Z}_Q$ des Netzes 1 an der Kuppelstelle bestimmt. Sie ergibt sich für den subtransienten Zeitraum als Quotient aus der Sternspannung $\underline{U}_{0Q}/\sqrt{3}$ (Leerlaufspannung) und dem Kurzschlußstrom an der Kuppelstelle Q. Der für die Bemessung maßgebende größtmögliche Wert I_k'' dieses Stromes ist üblicherweise bekannt. Er stellt sich laut der DIN-VDE-Bestimmung 0102 definitionsgemäß dann ein, wenn die Leerlaufspannung U_{0Q} den Effektivwert $1,1 \cdot U_{nQ}$ in Hoch- und Mittelspannungsnetzen bzw. U_{nQ} in Niederspannungsnetzen annimmt. Von dieser Festlegung ausgehend, ermitteln sich in Hoch- und Mittelspannungsnetzen die Innenimpedanzen zu

$$\underline{Z}_Q = R_Q + jX_Q = \frac{1,1 \cdot U_{nQ}}{\sqrt{3} \cdot I_k''} \; . \tag{5.29}$$

Das betrachtete Netz kann somit an der Kuppelstelle Q durch den Ersatzzweipol in Bild 5.21 beschrieben werden.

Aus der Beziehung (5.29) läßt sich durch Erweitern mit der Nennspannung U_{nQ} der Zusammenhang

$$Z_Q = \frac{1,1 \cdot U_{nQ}^2}{\sqrt{3} \cdot U_{nQ} \cdot I_k''} = \frac{1,1 \cdot U_{nQ}^2}{S_k''} \tag{5.30}$$

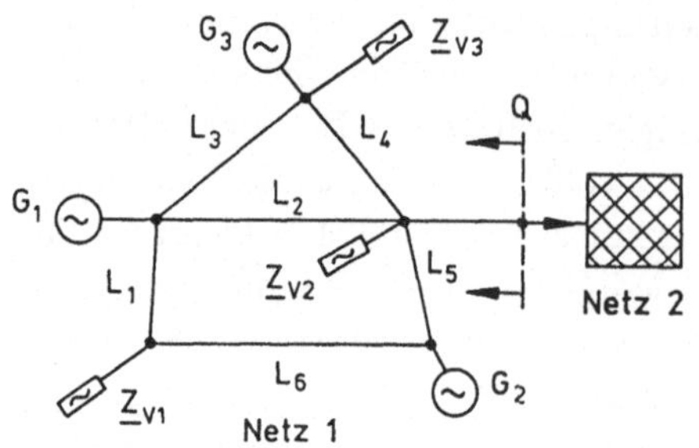

Bild 5.20
Zwei Netze mit einer gemeinsamen Kuppelstelle

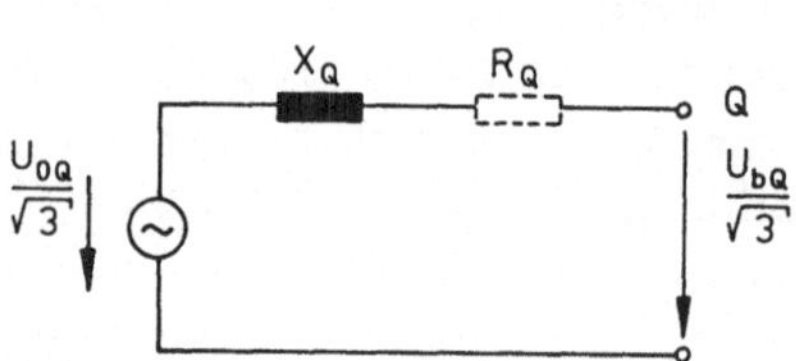

Bild 5.21
Ersatzschaltbild eines Netzes mit einer
Kuppelstelle

gewinnen. Der darin auftretende Ausdruck S_k'' wird als *Kurzschlußleistung* bezeichnet
und stellt eine *reine Rechengröße* dar. Wie in Kapitel 6 noch näher ausgeführt wird, erweist sich die Kurzschlußleistung bei der Projektierung als eine geeignete Kenngröße von
Netzen. Richtwerte sind der Tabelle 5.1 zu entnehmen. Danach steigt die Kurzschlußleistung mit wachsender Netznennspannung an. Diese Tendenz ist darauf zurückzuführen,
daß die höheren Spannungsebenen über größere und zahlreichere Einspeisungen verfügen
(s. Kapitel 7).

Tabelle 5.1 : Übliche Kurzschlußströme und -leistungen für verschiedene Spannungsebenen

U_{nQ} [kV]	I_k'' [kA]	S_k'' [GVA]
10	29	0,5
110	42	8
220	63	24
380	80	53

Der ohmsche Anteil R_Q der Innenimpedanz $\underline{Z}_Q$ kann bei Hoch- und Mittelspannungs-
Freileitungsnetzen im allgemeinen vernachlässigt werden, weil sie aufgrund der Bedingung

$$\frac{R_Q}{X_Q} \approx 0,1 \ldots 0,2$$

ein hinreichend induktives Verhalten aufweisen. Die Beziehung (5.30) geht dann in den
Ausdruck

$$X_Q = \frac{1,1 \cdot U_{nQ}^2}{S_k''} \tag{5.31}$$

über. Im Unterschied dazu sind die ohmschen Widerstände in Niederspannungsnetzen in
der Regel zu berücksichtigen.
Die Erfahrung zeigt, daß die Nachbildung von Netzteilen als Zweipol in der beschriebenen, einfachen Form hinreichend genau ist. Dabei ist bisher stets vorausgesetzt worden,
daß zu dem betrachteten Teilnetz oder Fremdnetz nur eine *einzige Kuppelstelle* besteht.
Falls abweichend davon ein Teilnetz über mehrere Kuppelstellen angeschlossen ist, lassen
sich für diese Netzanlagen ebenfalls stark reduzierte Ersatzschaltungen angeben (Netzreduktion). Anstelle eines Zweipols (Eintor) tritt dann jedoch ein entsprechendes Mehrtor auf. Eine mögliche Struktur besteht z.B. aus einem Vieleck, das über so viele Ecken

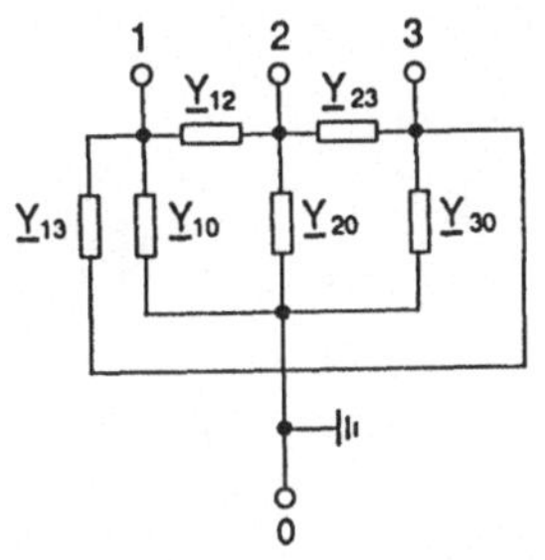

Bild 5.22

Ersatzschaltbild eines Netzes mit drei Toren (z.B. zwei Kuppelstellen und eine Einspeisung)

(Knoten) verfügt, wie das Teilnetz Kuppelstellen aufweist (Bild 5.22). Dabei ist jeder Knoten mit jedem über eine Übertragungsadmittanz $\underline{Y}_{ij}$ verbunden, die beim tatsächlichen Netz jeweils zwischen der i-ten und j-ten Kuppelstelle auftritt. Außerdem wird von jedem Knoten eine Admittanz $\underline{Y}_{i0}$ zu einer gemeinsamen Masse, der Erde, geführt. Sie wird so gewählt, daß auch die Eingangsadmittanz $\underline{Y}_{ii}$ der Ersatzschaltung mit den jeweiligen Werten des Teilnetzes übereinstimmen. Falls die Admittanzen der beschriebenen Ersatzschaltung nur den jeweiligen 50-Hz-Wert des tatsächlichen Teilnetzes beschreiben, wird durch das Netzwerk lediglich das stationäre Verhalten nachgebildet. Erfassen die Admittanzen im Ersatznetzwerk darüberhinaus die Frequenzabhängigkeit der Größen $\underline{Y}_{ii}(\omega)$ und $\underline{Y}_{ij}(\omega)$, wird auch das transiente Verhalten des Teilnetzes wiedergegeben. Bei einer solchen Zielsetzung führen jedoch andere Verfahren, die z.B. in [92] angegeben sind, zu Ersatzschaltungen mit einer geringeren Anzahl von Netzelementen. Für rein stationäre Netzberechnungen wie die im folgenden behandelten *Lastflußrechnungen* besitzt das beschriebene Ersatznetzwerk dagegen keine Nachteile im Vergleich zu anderen Realisierungen, da es dann ebenfalls eine minimale Anzahl von Netzelementen aufweist.

5.7 Lastflußrechnung

In den bisherigen Ausführungen ist das Strom-Spannungs-Verhalten spezieller, kleinerer Netzanlagen bestimmt worden. Das beschriebene Verfahren ist für manuelle Rechnungen auf Netze dieser Größenordnung beschränkt, da anderenfalls der Rechenaufwand zu groß wird. Darüber hinaus ist diese Methode schlecht zu formalisieren, denn für jedes Netz muß das Gleichungssystem neu aufgestellt werden. Eine Programmierung bzw. ein Rechnereinsatz ist aus diesem Grunde nicht sinnvoll.

Abhilfe bietet das *Knotenpunktverfahren*, das die Kirchhoffschen Gesetze geeignet formuliert [96]. Diese Methode wird an dem einfachen Netz in Bild 5.23 entwickelt.

Jedem dieser Knotenpunkte wird eine Knotenspannung $\underline{U}_i$ zugeordnet, die zunächst auf einen gemeinsamen beliebigen Punkt P bezogen sei. Weiterhin werden in der Stromsumme die abfließenden Ströme positiv, die zufließenden negativ angesetzt. Die Knotenspannungen $\underline{U}_i$ und die Zweigströme $\underline{I}_{ij}$ lassen sich gemäß Bild 5.23 verknüpfen. Für

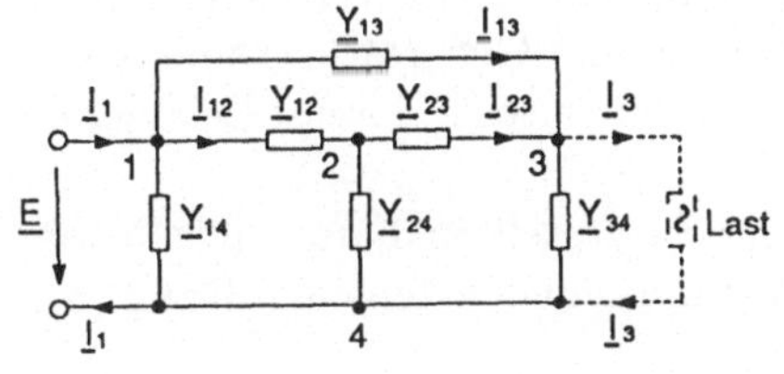

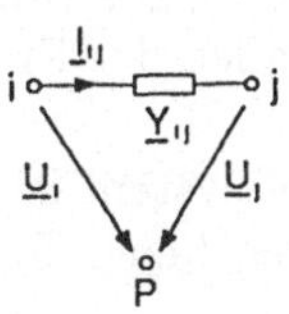

Bild 5.23

Beispielnetz zur Veranschaulichung der Knotenpunktmethode

das obige Netzwerk lauten dann die vier Knotenpunktgleichungen:

$$\underline{Y}_{12}\cdot(\underline{U}_1-\underline{U}_2)+\underline{Y}_{13}\cdot(\underline{U}_1-\underline{U}_3)+\underline{Y}_{14}\cdot(\underline{U}_1-\underline{U}_4)-\underline{I}_1 = 0$$
$$\underline{Y}_{12}\cdot(\underline{U}_2-\underline{U}_1)+\underline{Y}_{23}\cdot(\underline{U}_2-\underline{U}_3)+\underline{Y}_{24}\cdot(\underline{U}_2-\underline{U}_4) = 0$$
$$\underline{Y}_{13}\cdot(\underline{U}_3-\underline{U}_1)+\underline{Y}_{23}\cdot(\underline{U}_3-\underline{U}_2)+\underline{Y}_{34}\cdot(\underline{U}_3-\underline{U}_4)+\underline{I}_3 = 0$$
$$\underline{Y}_{14}\cdot(\underline{U}_4-\underline{U}_1)+\underline{Y}_{24}\cdot(\underline{U}_4-\underline{U}_2)+\underline{Y}_{34}\cdot(\underline{U}_4-\underline{U}_3)+\underline{I}_1-\underline{I}_3 = 0\ . \tag{5.32}$$

Durch algebraische Umformungen ergeben sich daraus die Ausdrücke

$$(\underline{Y}_{12}+\underline{Y}_{13}+\underline{Y}_{14})\underline{U}_1-\underline{Y}_{12}\underline{U}_2-\underline{Y}_{13}\underline{U}_3-\underline{Y}_{14}\underline{U}_4 = \underline{I}_1$$
$$-\underline{Y}_{12}\underline{U}_1+(\underline{Y}_{12}+\underline{Y}_{23}+\underline{Y}_{24})\underline{U}_2-\underline{Y}_{23}\underline{U}_3-\underline{Y}_{24}\underline{U}_4 = 0$$
$$-\underline{Y}_{13}\underline{U}_1-\underline{Y}_{23}\underline{U}_2+(\underline{Y}_{13}+\underline{Y}_{23}+\underline{Y}_{34})\underline{U}_3-\underline{Y}_{34}\underline{U}_4 = -\underline{I}_3$$
$$-\underline{Y}_{14}\underline{U}_1-\underline{Y}_{24}\underline{U}_2-\underline{Y}_{34}\underline{U}_3+(\underline{Y}_{14}+\underline{Y}_{24}+\underline{Y}_{34})\underline{U}_4 = -\underline{I}_1+\underline{I}_3 = \underline{I}_4\ . \tag{5.33}$$

Unter Ausnutzung der Symmetrieeigenschaft der Zweigadmittanzen $\underline{Y}_{ij} = \underline{Y}_{ji}$ nimmt dieses System in der *Matrizenschreibweise* die Gestalt

$$\begin{bmatrix} \underline{Y}_{12}+\underline{Y}_{13}+\underline{Y}_{14} & -\underline{Y}_{12} & -\underline{Y}_{13} & -\underline{Y}_{14} \\ -\underline{Y}_{21} & \underline{Y}_{21}+\underline{Y}_{23}+\underline{Y}_{24} & -\underline{Y}_{23} & -\underline{Y}_{24} \\ -\underline{Y}_{31} & -\underline{Y}_{32} & \underline{Y}_{31}+\underline{Y}_{32}+\underline{Y}_{34} & -\underline{Y}_{34} \\ -\underline{Y}_{41} & -\underline{Y}_{42} & -\underline{Y}_{43} & \underline{Y}_{41}+\underline{Y}_{42}+\underline{Y}_{43} \end{bmatrix} \bullet \begin{bmatrix} \underline{U}_1 \\ \underline{U}_2 \\ \underline{U}_3 \\ \underline{U}_4 \end{bmatrix}$$

$$= \begin{bmatrix} \underline{I}_1 \\ 0 \\ -\underline{I}_3 \\ \underline{I}_4 \end{bmatrix} \tag{5.34a}$$

an; in Kurzform lautet es

$$[\underline{Y}_{ij}]\cdot[\underline{U}_i] = [\underline{I}_i]\ . \tag{5.34b}$$

Aus dieser abgeleiteten Matrix, der *Knotenadmittanzmatrix*, sind die generellen Gesetzmäßigkeiten bereits abzulesen: Die Matrix hat bei n Knoten die quadratische Form $n \times n$ und ist ebenfalls symmetrisch. Sind in dem Netzwerk Zweigadmittanzen zwischen zwei Knoten i und j vorhanden, so ist der Summenleitwert $\underline{Y}_{ij}$ mit einem negativen Vorzeichen in die Felder i, j und j, i einzutragen; anderenfalls sind diese beiden Felder mit Nullen zu belegen. Auf der Hauptdiagonalen steht die negative Summe aller Nebenelemente der zugehörigen Zeile. In dem Vektor $[\underline{U}_i]$ sind die Knotenspannungen angegeben. Im Vektor $[\underline{I}_i]$ treten die Ströme auf, die in die Lasten abfließen oder durch Einspeisungen zugeführt werden; die zugehörigen Knoten werden mit der Funktionsbezeichnung *Last-* bzw. *Generatorknoten* belegt. Falls $\underline{I}_i = 0$ gilt, spricht man von einem *Netzknoten*. Es sei bemerkt, daß in diesem Vektor $[\underline{I}_i]$ die Lastströme negativ und Generatorströme positiv auftreten. Eine Ausnahme stellt lediglich der Erdknoten dar, also in diesem Beispiel der Knoten 4.
Das sich ergebende lineare Gleichungssystem ist in der dargestellten Form nicht lösbar. Matrizen der Form $n \times n$ mit der angegebenen Struktur weisen höchstens den Rang $(n-1)$

auf. Diese Aussage kennzeichnet den Sachverhalt, daß eine Gleichung bzw. ein Knotenpunkt überflüssig ist: Die *algebraische Begründung* für die bisherige Maßnahme, *einen beliebigen Knoten des Netzwerks nicht zu berücksichtigen*. Zweckmäßigerweise wählt man in Energieversorgungsnetzen dafür den Erdknoten, da er eine Vielzahl von Last- und Generatorströmen enthält – im Beispiel den Knoten 4. Eine Knotenpunktgleichung unberücksichtigt zu lassen, bedeutet in der Matrizenschreibweise, die entsprechende Zeile zu streichen. Weiterhin ist es vorteilhaft, diesen Knotenpunkt als Bezugspotential P zu wählen. Damit nimmt die entsprechende Knotenspannung den Wert Null an ($U_4 = 0$). Infolgedessen entfällt auch die zugehörige Spalte in der Matrix $[\underline{Y}_{ij}]$, das System (5.34) vereinfacht sich auf den Ausdruck

$$\begin{bmatrix} \underline{Y}_{12} + \underline{Y}_{13} + \underline{Y}_{14} & -\underline{Y}_{12} & -\underline{Y}_{13} \\ -\underline{Y}_{21} & \underline{Y}_{21} + \underline{Y}_{23} + \underline{Y}_{24} & -\underline{Y}_{23} \\ -\underline{Y}_{31} & -\underline{Y}_{32} & \underline{Y}_{31} + \underline{Y}_{32} + \underline{Y}_{34} \end{bmatrix} \bullet \begin{bmatrix} \underline{U}_1 \\ \underline{U}_2 \\ \underline{U}_3 \end{bmatrix} = \begin{bmatrix} \underline{I}_1 \\ 0 \\ -\underline{I}_3 \end{bmatrix} \cdot (5.35)$$

Im weiteren werden zunächst einfach gespeiste Netze betrachtet, wie sie in Gestalt vieler Mittel- oder Niederspannungsnetze auftreten. Da die Spannung an der Einspeisung als eingeprägt angesehen werden kann, ist die zugehörige Knotenspannung bekannt – im Beispiel am Knoten 1. Den (n-1) Gleichungen stehen somit nur noch (n-2) Unbekannte gegenüber. Aus diesem überstimmten System resultiert wieder ein bestimmtes, wenn die Knotenpunktgleichung des Einspeiseknotens nicht berücksichtigt wird, indem man dessen Zeile in der Admittanzmatrix streicht. Im Gegensatz zum Erdknoten weist der Einspeiseknoten einen Spannungswert auf, so daß die zugehörigen Elemente $\underline{Y}_{i1} \cdot \underline{U}_1$ bekannte Werte annehmen. Sie werden auf die rechte Seite gebracht und modifizieren den Stromvektor $[\underline{I}_i]$, dessen Elemente, die Lastströme, ebenfalls als bekannt anzusehen sind. Damit verschwindet auch die zugehörige Spalte in der Admittanzmatrix, so daß sich aus Gl. (5.35) die Form

$$\begin{bmatrix} \underline{Y}_{21} + \underline{Y}_{23} + \underline{Y}_{24} & -\underline{Y}_{23} \\ -\underline{Y}_{32} & \underline{Y}_{31} + \underline{Y}_{32} + \underline{Y}_{34} \end{bmatrix} \bullet \begin{bmatrix} \underline{U}_2 \\ \underline{U}_3 \end{bmatrix} = \begin{bmatrix} 0 + \underline{Y}_{21} \cdot \underline{U}_1 \\ -\underline{I}_3 + \underline{Y}_{31} \cdot \underline{U}_1 \end{bmatrix} \tag{5.36}$$

ergibt. Bisher berücksichtigt dieses Gleichungssystem nur konstante Lastströme. Es erfaßt noch nicht die Netzdimensionierungsbedingung, daß Wirk- und Blindleistung konstant zu halten sind. Diese Anforderung leistet jedoch der folgende Algorithmus, der daher auch als *Lastflußrechnung* bezeichnet wird.

Analog zur manuellen Rechnung werden aus den Leistungsbedingungen (5.12) die Lastströme $\underline{I}_i$ ermittelt. Dazu wird den an sich unbekannten Knotenspannungen $\underline{U}_i$ zunächst ein Startwert, meistens der Nennwert U_{nVi}, zugeordnet. Mit diesen Werten und der Spannung für den Einspeiseknoten – im Beispiel $\underline{U}_1$ – liegt der inhomogene, rechte Teil des Gleichungssystems (5.36) fest. Anschließend wird das System (5.36) mit den von der numerischen Mathematik her angebotenen Methoden gelöst [93]. Mit den sich daraus ergebenden Knotenspannungen $\underline{U}_i$ werden anstelle des Startwertes U_{nVi} erneut aus den Bedingungen (5.12) die Lastströme berechnet. Ein neuer Iterationszyklus beginnt. Die Rechnung wird abgebrochen, wenn die Differenz zwischen zwei Zyklen einen Grenzwert unterschreitet.

Der Unterschied zu der bisher kennengelernten manuellen Methode besteht darin, daß dieses Verfahren gut formalisierbar und daher für einen Rechnereinsatz geeignet ist. Infolgedessen braucht kein Abbruch mehr nach der ersten Iteration zu erfolgen. Ferner kann die

Voraussetzung elektrisch kurzer Leitungen entfallen. Dadurch wird die Lastflußrechnung auch vom Ansatz her genauer. Natürlich stellt sich die Frage nach der Konvergenz. Üblicherweise ist sie bei technisch einwandfrei gestalteten Netzen gegeben. Anderenfalls ist sie durch eine Modifikation der Startpunkte [94], der Netzgestaltung oder nicht zuletzt durch eine Korrektur fehlerhafter Eingabedaten zu erreichen.

Falls mehrere Einspeisungen im Netz vorhanden sind, wird die Lastflußrechnung aufwendiger. Zunächst werde angenommen, die Speisespannungen $\underline{U}_{Gi}$ seien bekannt. In diesem Fall werden die zugehörigen Generatorströme $\underline{I}_{Gi}$ – im Beispiel $\underline{I}_1$ – gesucht. Die beiden Vektoren $[\underline{U}_i]$, $[\underline{I}_i]$ der Form (5.35) erhalten somit jeweils bekannte und gesuchte Größen, denn von den Netz- und Lastknoten sind wie bisher die Knotenspannungen – nunmehr mit $\underline{U}_{Li}$ bezeichnet – unbekannt, während die zugehörigen Lastströme $\underline{I}_{Li}$ bekannte Ausgangsgrößen darstellen:

$$
\left[\;\;\underline{Y}_{ij}\;\;\right] \bullet
\begin{bmatrix} \underline{U}_{G1} \\ \underline{U}_{G2} \\ \vdots \\ \underline{U}_{L1} \\ \underline{U}_{L2} \\ \vdots \end{bmatrix}
=
\begin{bmatrix} \underline{I}_{G1} \\ \underline{I}_{G2} \\ \vdots \\ \underline{I}_{L1} \\ \underline{I}_{L2} \\ \vdots \end{bmatrix} .
\tag{5.37}
$$

Durch algebraische Operationen ist das System nun so umzuformen, daß – wie beim einfach gespeisten Netz – die beiden Vektoren nur bekannte oder gesuchte Größen enthalten. Diese Rechnungen sind mit Hilfe der Matrizenrechnung gut formalisierbar. Als Ergebnis erhält man

$$
\underbrace{\begin{bmatrix} \underline{Z}_{11} & \underline{Z}_{12} & \cdots & \underline{Z}_{1j} & \cdots \\ \underline{Z}_{21} & \underline{Z}_{22} & \cdots & \underline{Z}_{2j} & \cdots \\ \vdots & \vdots & & \vdots & \\ \underline{Y}_{11} & \underline{Y}_{12} & \cdots & \underline{Y}_{1j} & \cdots \\ \underline{Y}_{21} & \underline{Y}_{22} & \cdots & \underline{Y}_{2j} & \cdots \\ \vdots & \vdots & & \vdots & \end{bmatrix}}_{[\underline{H}_{ij}]} \bullet
\begin{bmatrix} \underline{I}_{G1} \\ \underline{I}_{G2} \\ \vdots \\ \underline{U}_{L1} \\ \underline{U}_{L2} \\ \vdots \end{bmatrix}
=
\begin{bmatrix} \underline{U}_{G1} \\ \underline{U}_{G2} \\ \vdots \\ \underline{I}_{L1} \\ \underline{I}_{L2} \\ \vdots \end{bmatrix} .
\tag{5.38}
$$

Die sich ergebende Matrix $[\underline{H}_{ij}]$ weist als Elemente sowohl Admittanzen als auch Impedanzen auf. Wegen dieser „zweifachen" Elementeart wird diese Matrix auch als *Hybridmatrix* bezeichnet. Für eine Lastflußrechnung ist die Form (5.38) allein nicht geeignet, da die Voraussetzung bekannter Generatorspannungen $\underline{U}_{Gi}$ in der Praxis nicht erfüllt ist. Die üblicherweise eingesetzte Leittechnik ermöglicht es nämlich nicht, die Phasenverschiebungen zwischen den Größen $\underline{U}_{Gi}$ – bezogen auf einen Einspeiseknoten – in die Schaltleitung zu übermitteln. Es werden lediglich die Beträge der Klemmenspannungen U_{Gi} und zusätzlich die ins Netz eingespeiste Wirkleistung P_{Gi} zur Verfügung gestellt:

$$
U_{Gi} = \text{const}, \quad P_{Gi} = \text{const} .
\tag{5.39}
$$

Durch die Bedingung einer konstanten Klemmenspannung ist gemäß Bild 4.70 auch die
Blindleistung des Generators weitgehend festgelegt. Insgesamt müssen die Daten so vorgegeben werden, daß die eingespeisten Leistungen exakt den gesamten Wirk- und Blindleistungsbedarf des Netzes decken. In diese Bilanz sind auch Netzverluste einzubeziehen,
die jedoch am Anfang des jeweiligen Iterationsschrittes nicht exakt bekannt sind. Um daraus resultierende Leistungsdefizite aufzufangen muß *einer der Einspeiseknoten als ideale
Spannungsquelle angesehen werden*, an der sich Wirk- und Blindleistung frei einstellen
können. Bei realen Netzen ist ein solcher *Slack-Knoten* (Slack: Schlupf) nicht erforderlich, da Wirk- und Blindleistungsdefizite dort durch Frequenz- und Spannungsänderungen
ausgeglichen werden können.
Im weiteren Ablauf des Algorithmus werden zunächst die Lastströme $\underline{I}_{Li}$ auf dem bekannten Wege aus den Lastbedingungen ermittelt. Weiterhin wird bei den Klemmenspannungen $\underline{U}_{Gi}$ der Phasenwinkel einheitlich zu Null angenommen. Der inhomogene Glei-
chungsteil ist bekannt, so daß aus dem System (5.38) die unbekannten Größen $\underline{I}_{Gi}$,
$\underline{U}_{Li}$ zu bestimmen sind. Der bisherige Iterationsschritt berücksichtigt nur die Bedingung
U_{Gi} = const, im weiteren Ablauf gilt es, die Relation P_{Gi} = const zu erfassen. Zu diesem
Zweck wird aus der Beziehung $P_{Gi} = U_{Gi} \cdot I_{Gi} \cdot \cos\varphi_{Gi}$ der jeweilige Differenzwinkel φ_{Gi}
zwischen der Generatorspannung $\underline{U}_{Gi}$ und dem zuvor ermittelten Generatorstrom $\underline{I}_{Gi}$
berechnet. Dadurch ist auch die Phasenlage der Generatorspannung $\underline{U}_{Gi}$ festgelegt. Es
liegt somit eine vollständige Lösung für alle unbekannten Größen vor; der erste Iterationszyklus ist abgeschlossen.Weitere Iterationen schließen sich so lange an, bis zwischen
zwei aufeinander folgenden Zyklen die Differenz in den Größen $\underline{U}_{Gi}$, $\underline{U}_{Li}$, $\underline{I}_{Gi}$ und $\underline{I}_{Li}$
hinreichend klein wird. Für die Konvergenz dieses Verfahrens gilt Entsprechendes wie für
die Lastflußrechnung bei einfach gespeisten Netzen.
Bei Netzen mit vielen Generatoreinspeisungen lassen sich die Knotenpunktbedingungen
(5.39) mit geringerem Aufwand realisieren, wenn statt der Stromsumme die Bilanz der
zu- und abfließenden Leistungen P_{ij}, Q_{ij} für jeden Knoten aufgestellt und ausgewertet
wird. Genaueres ist [95] zu entnehmen.
Bisher sind Netze betrachtet worden, die entweder nur eine Spannungsebene aufweisen
oder sich durch die in Kapitel 4.2.1.3 dargestellten Transformationen auf eine Ebene
zurückführen lassen. Wie bereits erwähnt, sind diese Methoden jedoch nicht allgemeingültig. So können z.B. vermaschte Netze, die von mehreren Transformatoren mit unterschiedlichen Übersetzungen gespeist werden, nicht auf ein gemeinsames Spannungsniveau
transfomiert werden. Um auch für solche Netzkonfigurationen Lastflußrechnungen durchführen zu können, wird wiederum von den bereits abgeleiteten Transformatorersatzschalt-
bildern wie z.B. in Bild 4.36 oder Bild 4.28 ausgegangen. Die darin vorhandenen idealen Übertrager werden mit den jeweils unmittelbar davor befindlichen Streureaktanzen
– z.B. $X_{\sigma 2}$ in Bild 5.24 – freigeschnitten. Diese Anordnung wird im weiteren als *halbidea-
ler Übertrager* bezeichnet. Die dort hinein- bzw. herausfließenden Ströme $\underline{I}_1$, $\underline{I}_2$ werden
nun in bezug auf das Netz als Lastströme angesehen und erscheinen in der Netzadmit-
tanzbeziehung $[\underline{I}] = [\underline{Y}] \cdot [\underline{U}]$ im Stromvektor. Für den freigeschnittenen halbidealen
Übertrager läßt sich ebenfalls eine Admittanzbeziehung angeben [40]:

$$
\begin{bmatrix} \underline{I}_1 \\ \underline{I}_2 \end{bmatrix} = \frac{1}{jX_{\sigma 2}} \cdot \begin{bmatrix} 1 & -\underline{ü} \\ -\underline{ü}^* & ü^2 \end{bmatrix} \cdot \begin{bmatrix} \underline{U}_1 \\ \underline{U}_2 \end{bmatrix} \cdot
$$

Durch dieses Gleichungssystem lassen sich nun in der Netzadmittanzbeziehung die Last-
ströme $\underline{I}_1$, $\underline{I}_2$ im Stromvektor ersetzen. Dabei verändern sich auch einige Elemente der

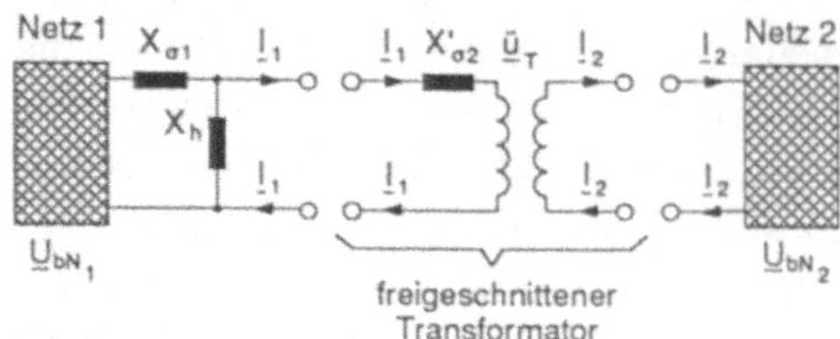

Bild 5.24
Freischneiden eines halbidealen Übertragers bei einer Lastflußrechnung für
vermaschte Netze mit unterschiedlichen
Spannungsebenen

Netzadmittanzmatrix $[\underline{Y}]$. Sie wird asymmetrisch, da bereits die Admittanzmatrix des halbidealen Übertragers asymmetrisch ist. Für den weiteren Ablauf des Lastflußalgorithmus wird bei der Netzadmittanzmatrix jedoch keine Symmetrie benötigt, so daß diese Rechnungen trotzdem mit der kennengelernten Methode durchzuführen sind. Von großem Nachteil ist die verlorengegangene Symmetrie allerdings bei der numerischen Auswertung der linearen Gleichungssysteme, die im Rahmen des übergeordneten Lastflußalgorithmus wiederholt zu lösen sind.

In diesem Zusammenhang sei noch auf eine Besonderheit aufmerksam gemacht. Für den Fall, daß die Transformatoren eine reelle Übersetzung aufweisen, wird infolge $\underline{\ddot{u}}^* = \underline{\ddot{u}} = \ddot{u}$ die Admittanzmatrix des halbidealen Übertragers symmetrisch und nimmt die Form einer Zweitormatrix an. Unter dieser Bedingung kann dem halbidealen Übertrager ein Π-Ersatzschaltbild zugeordnet werden [95]. Es ist anstelle des halbidealen Übertragers in das Ersatzschaltbild einzufügen. Anschließend wird in der gewohnten Weise die Admittanzmatrix des Netzes aufgestellt, die dann stets symmetrisch ist. Auf diesem Wege entfallen die sonst notwendigen Matrizenumstellungen.

Mit Hilfe der dargestellten Algorithmen können die stationären Netzverhältnisse hinreichend genau ermittelt und damit die Netze nach den bereits dargestellten Kriterien dimensioniert werden. Nicht nur für die Planung, sondern auch für den Netzbetrieb ist die Lastflußrechnung von Bedeutung (s. Kapitel 8). Interessant ist insbesondere eine modifizierte Variante.

Häufig weisen die in der Schaltleitung einlaufenden Daten Meßfehler Δ_i auf. Üblicherweise handelt es sich um die Meßgrößen U_i, P_{ij}, Q_{ij}, die zumindest in Höchstspannungsnetzen von jedem Knoten übermittelt werden. Solche Meßfehler können zum großen Teil aufgedeckt werden, wenn die Lastflußrechnung mit einer Minimalbedingung der Art $\sum \Delta_i^2 \to \min$ oder $\sum |\Delta_i| \to \min$ gekoppelt wird [95], [97], [98]. Diese Ausgleichsrechnungen werden als „Zustandsschätzung" oder „*State Estimation*" bezeichnet. Neben einer Meßwertbereinigung kann mit diesem Verfahren zusätzlich noch eine Meßwertergänzung erfolgen, indem der Zustand meßtechnisch nicht überwachter Knoten − z.B. in den 110-kV-Netzen − aus den Daten der benachbarten Knoten berechnet wird. Mit sinkenden Hardwarekosten für die Meßwerterfassung verliert dieser Vorteil jedoch an Bedeutung, so daß solche Rechnungen zunehmend nur noch für Knoten von Nachbarnetzen durchgeführt werden. Bisher sind nur Netze im Normalbetrieb betrachtet worden. In den folgenden Kapiteln soll auch auf Störfälle, insbesondere auf den Kurzschluß, eingegangen werden.

5.8 Aufgaben

Aufgabe 5.1: Der im Bild dargestellte 10-kV-Mittelspannungsring soll nach dem dort angegebenen, ungünstigsten Betriebszustand ausgelegt werden. Vereinfachend können alle Strecken zwischen den Stationen bzw. zwischen Station und Sammelschiene zu 1 km angenommen werden.

Die Nennleistungen der Stationen 1...5 betragen 630 kVA, der Stationen 6 und 7 dagegen 400 kVA; die relative Kurzschlußspannung der Verteilungstransformatoren weist bei allen Stationen den Wert $u_k = 4\ \%$ auf. Der Leistungsfaktor der Last wird einheitlich zu 0,8 gewählt. Verwenden Sie die Daten im Anhang.

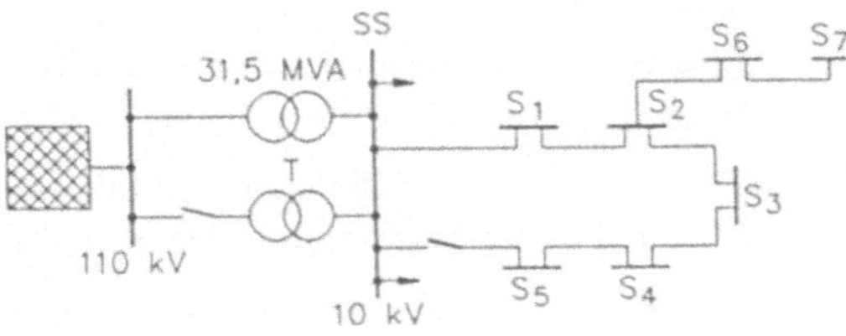

a) Der Ring möge als Freileitung ausgeführt werden. Der zulässige Spannungsabfall soll bei $\Delta U \leq 0,03 \cdot U_{nN}$ liegen. Dabei ist anzunehmen, daß die 630-kVA-Stationen das Netz mit einer Wirklast $P = 2/3 \cdot S_n$ und die 400-kVA-Stationen mit 250 kW belasten.
Berechnen Sie den notwendigen Mindestquerschnitt, wenn der Stich und der Ring die gleichen Leiterseile aufweisen sollen.

b) Der Ring sei mit Kabeln ausgeführt. In den Kabeltabellen (s. Anhang) wird sowohl der Gleichstromwiderstand bei 20 °C als auch der betriebswarme Wechselstromwiderstand angegeben. Welcher Wert ist einer Dimensionierung auf zulässige Spannungshaltung zugrundezulegen ?

c) Berechnen Sie den Spannungsabfall an der Station S7, wenn für den Ring das Kabel NA2XS2Y 1×240 RM/25 6/10 kV verwendet wird und für den Stich der gleiche Typ mit einem Querschnitt von 95 mm² eingesetzt wird. Die Einleiterkabel seien in einer Ebene verlegt.

d) Für die gemäß a) dimensionierte Anlage wird der Fall betrachtet, daß die Sammelschiene SS nur den eingezeichneten Ring versorgt.
Berechnen Sie den Betrag der Spannung hinter dem Transformator und an der Station S5, wenn auf der 110-kV-Seite die Nennspannung anliegt und der Transformator eine Übersetzung von 110 kV/10 kV sowie eine relative Kurzschlußspannung von 11 % aufweist. Nutzen Sie dazu die Eigenschaft aus, daß die Leitungen elektrisch kurz sind.

Aufgabe 5.2: Der in Aufgabe 5.1 dargestellte Ring sei *geschlossen*.

a) Verwerfen Sie alle Lasten auf die Mittelspannungssammelschiene.

b) Berechnen Sie den Spannungsabfall an den Netzstationen S1, S2, S6 für den geschlossenen Ring in Kabelausführung.

Aufgabe 5.3: Im Bild ist ein 110-kV-Netz mit zwei rein induktiven Lasten von jeweils 30 Mvar dargestellt. Die Wirkwiderstände des Doppelleitungssystems seien zu vernachlässigen, die Gesamtreaktanz betrage 0,25 Ω/km. Die Länge der beiden Leitungsstücke sei jeweils 40 km, so daß die Reaktanz der Erdkapazitäten unberücksichtigt bleiben kann.

a) Stellen Sie die Admittanzmatrix des Netzes unter Einschluß der zu Null angenommenen Admittanzen gegen Erde auf und zeigen Sie, daß in diesem Fall der erste Schritt – das Streichen der Spalte und Zeile des Erdknotens – automatisch erfüllt ist.

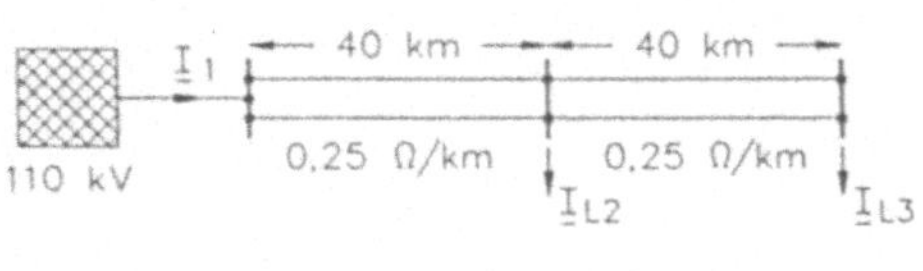

b) Formulieren Sie die Matrizengleichung des Netzes für den Fall, daß der Einspeiseknoten als Slack-Knoten gewählt wird. Invertieren Sie die Admittanzmatrix. Für kleine Matrizen verwendet man dazu zweckmäßigerweise die Beziehung

$$Z_{ik} = (-1)^{i+k} \cdot \frac{\Delta'_{ki}}{\det Y} \ ,$$

wobei i die Zeile, k die Spalte des Elementes Z_{ik} kennzeichnet. Δ'_{ki} steht für die Unterdeterminante der transponierten Admittanzmatrix, also der Matrix, bei der die Zeilen und Spalten vertauscht sind. Die benötigte Unterdeterminante Δ'_{ki} ergibt sich, wenn von der transponierten Matrix jeweils die i-te Zeile und k-te Spalte gestrichen wird.

c) Führen Sie den Lastflußalgorithmus durch. Brechen Sie die Rechnung ab, wenn sich die Ströme in zwei aufeinanderfolgenden Iterationen um weniger als 2 A unterscheiden.

Aufgabe 5.4:   In dem Bild ist ein zweifach gespeistes 110-kV-Netz dargestellt. Am Lastknoten werde lediglich eine induktive Blindleistung von 30 Mvar abgenommen. Der Generator weise eine Klemmenspannung von 10 kV auf und befinde sich mit $P = 0$ im Leerlaufbetrieb. Der zugehörige Maschinentransformator sei auf die Übersetzung 110 kV/10 kV eingestellt. Die 380-kV-Netzeinspeisung werde als starr angesehen, der zugehörige Transformator weise die Übersetzung 380 kV/110 kV auf. Die zugehörigen Anlagendaten betragen (auf die 110-kV-Seite bezogen): $X_{T1} = X_{T2} = X_{L1} = X_{L2} = 10\,\Omega$.

a) Stellen Sie das Ersatzschaltbild in der 110-kV-Ebene auf und geben Sie die zugehörige Admittanzform an.

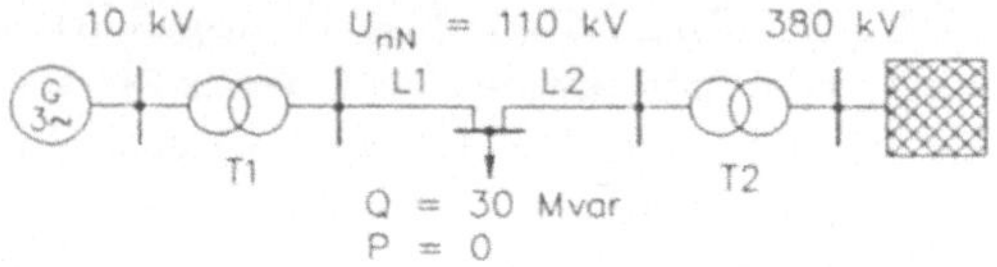

b) Erläutern Sie, welche Größen als bekannt bzw. unbekannt anzusehen sind.

c) Entwickeln Sie aus der Admittanzform die hybride Beziehung. Zweckmäßigerweise werden direkt die sich ergebenden drei Netzwerkgleichungen durch algebraische Operationen umgeformt.

d) Berechnen Sie mit Hilfe der hybriden Form den Lastfluß. Brechen Sie die Iteration ab, wenn die Ströme sich um weniger als 3 A voneinander unterscheiden.

6 Dreipoliger Kurzschluß

Bei Kurzschlüssen handelt es sich um spezielle Fehler. Sie liegen dann vor, wenn ein spannungsführender Leiter mit mindestens einem weiteren Leiter niederohmig verbunden wird. Die niederohmige Verbindung kann in der Praxis sehr unterschiedlich beschaffen sein; für zwei spezielle Fälle haben sich eigenständige Bezeichnungen ausgebildet. So spricht man von einem *satten Kurzschluß*, wenn zwischen den kurzgeschlossenen Leitern ein direkter metallischer Kontakt vorliegt, also ein Übergangswiderstand praktisch nicht vorhanden ist. Zum anderen wird der Ausdruck *Lichtbogenkurzschluß* verwendet. Darunter versteht man solche Kurzschlüsse, bei denen die Leiter über einen Lichtbogen leitend verbunden sind. Lichtbogen stellen, wie in Abschnitt 7.1 noch erläutert wird, nichtlineare Widerstände dar, die im Bereich von wenigen Ohm liegen. Besonders auffällige Lichbogenkurzschlüsse bilden sich aufgrund der relativ großen Leiterabstände in Freileitungsnetzen aus.

Zusätzlich werden die Kurzschlußarten nach der Anzahl der beteiligten Leiter gekennzeichnet. Man spricht von einem *dreipoligen Kurzschluß*, wenn die drei Leiter L1, L2, L3 eines Drehstromsystems miteinander kurzgeschlossen werden. In diesem Kapitel wird nur diese Kurzschlußart betrachtet. Bemerkenswert ist, daß dreipolige Kurzschlüsse die Leistungsabgabe der Generatoren einschränken, da die Spannung an den Verbrauchern vermindert wird. Dadurch erhöht sich gemäß Abschnitt 2.4.1.1 die Frequenz. Bei den praktisch relevanten Netzen der Energieversorgung ist diese Frequenzänderung während der ersten Zehntelsekunden so gering, daß der Verlauf des Kurzschlußstroms davon kaum beeinflußt wird und somit diese Einflußgröße unberücksichtigt bleiben darf.

Die Ermittlung der dreipoligen Kurzschlußströme stellt bei der Projektierung von Netzanlagen eine zentrale Aufgabe dar, weil diese Ströme – bis auf wenige Ausnahmen – zu den stärksten mechanischen und thermischen Beanspruchungen führen. Es sind daher Berechnungsverfahren entwickelt worden, die einen möglichst geringen analytischen und numerischen Aufwand erfordern. Sie sind u.a. der DIN-VDE-Bestimmung 0102 zu entnehmen. Mit den Verfahren werden, wie auch zahlreiche Messungen gezeigt haben, Kurzschlußströme errechnet, die bis zu ca. 8 % über den tatsächlichen Strömen liegen [41]. Sofern in Grenzfällen genauere Ergebnisse erwünscht sind, dürfen verfeinerte Verfahren zur Berechnung verwendet werden.

Besonders einfache Verhältnisse ergeben sich bei den sogenannten generatorfernen Kurzschlüssen, die darum zunächst dargestellt werden.

6.1 Generatorferner dreipoliger Kurzschluß

Generell bezeichnet man Kurzschlüsse als *generatorfern*, wenn bei den speisenden Generatoren die Amplituden des Kurzschlußwechselstroms bereits unmittelbar nach Eintritt des Kurzschlusses praktisch zeitunabhängig sind ($I_k = I_k''$). Mit diesem Verhalten ist nur dann zu rechnen, wenn die Reaktanz zwischen der Fehlerstelle und dem Generator jeweils hinreichend groß ist. Eine Reaktanz in dieser Größenordnung liegt in der Praxis fast immer dann vor, wenn der Kurzschluß hinter dem Umspanner einer Netzeinspeisung, also in einem unterlagerten Netz auftritt. Um zunächst ein besonders einfaches Modell zu erhalten, wird im weiteren das Verfahren an einer unverzweigten Anlage für stationäre Verhältnisse entwickelt.

6.1.1 Berechnung des stationären Kurzschlußstromverlaufes in unverzweigten Netzen

Als Beispiel für einen generatorfernen Fehler sei die unverzweigte, einseitig gespeiste Anlage in Bild 6.1 gewählt, bei der an der Stelle F ein *satter dreipoliger Kurzschluß* auftreten möge. Verbraucher sind bei diesem Schaltzustand nicht vorhanden, die Anlage ist also *unbelastet*.

Im ersten Schritt gilt es, für diese Anlage ein Ersatzschaltbild aufzustellen. Daraus werden dann erst in einem zweiten Schritt die betriebsfrequenten, stationären Wechselströme berechnet, die sich spätestens einige Sekunden nach dem Auftreten des Kurzschlusses einstellen und die als *Dauerkurzschlußströme* bezeichnet werden (s. Abschnitt 4.4.3.3). Auch im Rahmen dieser Aufgabenstellung können Transformatoren, Freileitungen und Kabel nach wie vor als lineare Betriebsmittel angesehen werden. Ihre Impedanzen sind daher unabhängig von den Strom-Spannungs-Verhältnissen, die beim dreipoligen Kurzschluß stark vom Nennbetrieb abweichen können. Da ferner auch bei einem dreipoligen Kurzschluß symmetrische Verhältnisse vorliegen, falls das Netz symmetrisch aufgebaut ist, dürfen für diese Fehlerart die bisher abgeleiteten einphasigen Ersatzschaltbilder verwendet werden (s. Abschnitt 3.1 und Kapitel 4). Die Leitungen werden als elektrisch kurz angesehen, so daß ihre Kapazitäten unberücksichtigt bleiben können.

Für die Netzeinspeisung gilt das bereits in Bild 5.21 dargestellte Ersatzschaltbild. Wie in Abschnitt 5.6 erläutert, ist als Leerlaufspannung der Effektivwert $1,1 \cdot U_{nQ}/\sqrt{3}$ einzusetzen. Die Größe U_{nQ} bezeichnet dabei die Nennspannung U_{nN} des Netzes gemäß Abschnitt 3.2; der Index Q (Quelle) soll lediglich darauf hinweisen, daß der Kurzschlußstrom von einer Netzeinspeisung mit einer konstanten Speisespannung geliefert wird. Für die betrachtete Netzanlage resultiert somit das Ersatzschaltbild 6.2.

Bei der rechnerischen Auswertung des Ersatzschaltbildes ist es zweckmäßig, die Ausdrücke

$$R_k = R_Q + R_{kT} + R_L = \sum_i R_i$$

$$X_k = X_Q + X_{kT} + X_L = \sum_i X_i \tag{6.1}$$

zu verwenden. Nach den Gesetzen der Wechselstromrechnung erhält man dann den komplexen Kurzschlußstrom

$$\underline{I}_k = \frac{1,1 \cdot \underline{U}_{nQ}}{\sqrt{3} \cdot (R_k + jX_k)} = \frac{1,1 \cdot U_{nQ}}{\sqrt{3} \cdot \sqrt{R_k^2 + X_k^2}} \cdot \mathrm{e}^{j\varphi_k} \tag{6.2}$$

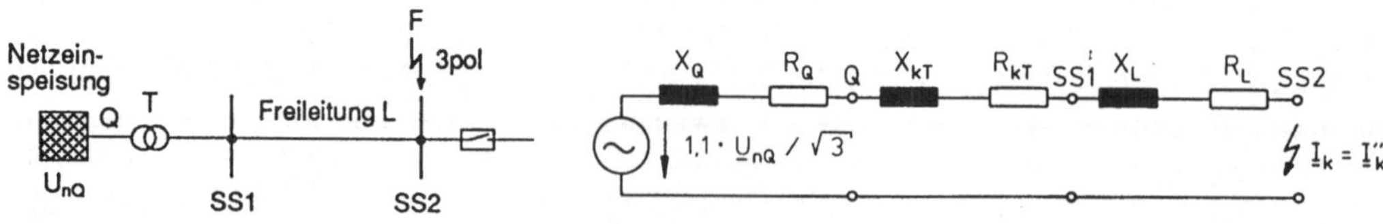

Bild 6.1
Einseitig gespeiste Netzanlage mit dreipoligem Kurzschluß

Bild 6.2
Einphasiges Ersatzschaltbild für die Netzanlage in Bild 6.1 im Fall eines generatorfernen dreipoligen Kurzschlusses

mit

$$\varphi_k = \arctan \frac{X_k}{R_k} \; . \tag{6.3}$$

Wird weiterhin vorausgesetzt, daß die treibende Spannung der Netzeinspeisung im Kurzschluß durch den Zusammenhang

$$u_Q(t) = \frac{\hat{U}_Q}{\sqrt{3}} \cdot \sin(\omega t + \varphi) \quad \text{mit} \quad \hat{U}_Q = \sqrt{2} \cdot 1,1 \cdot U_{nQ}$$

beschrieben wird, so ergibt sich der zeitliche Verlauf des Dauerkurzschlußstroms aus dem komplexen Ausdruck (6.2) zu

$$i_{kp}(t) = \frac{\hat{U}_Q}{\sqrt{3} \cdot \sqrt{R_k^2 + X_k^2}} \cdot \sin(\omega t + \varphi - \varphi_k) \; . \tag{6.4}$$

Der stationäre Kurzschlußstrom eilt also der treibenden Spannung des Netzes um einen Phasenwinkel φ_k nach. Diese Phasenverschiebung, auch Kurzschlußwinkel genannt, wird nur durch die Netzimpedanzen und die Impedanzen der Betriebsmittel bestimmt. Sie liegt in Hochspannungsnetzen bei ca. $86° \ldots 89°$, in Mittel- und Niederspannungsnetzen bei ca. $60°$.

Mit der Wahl einer Netzspannung von $1,1 \cdot U_{nQ}/\sqrt{3}$ sowie der Annahme, es bestehe ein satter Kurzschluß, wird erfahrungsgemäß der *größtmögliche Kurzschlußwechselstrom* hinreichend genau ermittelt. Für die Dimensionierung von Anlagen wird üblicherweise dieser maximale Strom verwendet. Im Netzbetrieb treten jedoch durchaus niedrigere Netzspannungen auf, die kleinere Kurzschlußwechselströme verursachen. Um auch unter diesen Bedingungen eine sichere Fehlerauslösung beim Schutz zu erreichen, wird auch eine Angabe über den *minimalen Kurzschlußwechselstrom* benötigt. Die Erfahrung zeigt, daß dieser Wert mit hinreichender Genauigkeit ermittelt wird, wenn die treibende Spannung zu $1,0 \cdot U_{nQ}/\sqrt{3}$ gewählt wird.

In Netzen mit Nennspannungen unter 1 kV ist zusätzlich noch der Einfluß der Übergangswiderstände zu beachten. Sie vergrößern die Netzimpedanzen im Niederspannungsbereich bereits merklich, da infolge der geringeren Netzausdehnung die dort auftretenden Impedanzwerte vergleichsweise klein sind. In Netzen mit 660 V und 550 V ist der maximale bzw. minimale Kurzschlußwechselstrom mit den Werten $1,05 \cdot U_{nQ}/\sqrt{3}$ bzw. $1,0 \cdot U_{nQ}/\sqrt{3}$ zu berechnen. In 380-V-Netzen betragen die entsprechenden Größen $1,0 \cdot U_{nQ}/\sqrt{3}$ und $0,95 \cdot U_{nQ}/\sqrt{3}$.

Bisher sind nur stationäre dreipolige Kurzschlußwechselströme ermittelt worden. Zusätzlich stellen sich zeitflüchtige Stromkomponenten ein, wenn der Kurzschluß stoßartig einsetzt. Auf diese transienten Anteile wird im folgenden eingegangen. Dabei werden vereinfachend zunächst wieder nur unverzweigte Netze betrachtet.

6.1.2 Berechnung des transienten Kurzschlußstromverlaufes in unverzweigten Netzen

Bei den in Kapitel 4 aufgestellten Ersatzschaltbildern sind überwiegend stationäre Verhältnisse vorausgesetzt worden. Aus diesem Grunde können die Ersatzschaltbilder generell nur für solche Einschwingvorgänge aussagekräftig sein, die nicht wesentlich schneller als die Netzfrequenz ablaufen [22]. Zusätzlich sind bei der Bestimmung des transienten Anteils stets die ohmschen Widerstände der Anlage zu berücksichtigen, da anderenfalls die Abklingvorgänge nicht richtig beschrieben werden. In diesem Zusammenhang gilt es, die Transformatoren gesondert zu betrachten. Wie auch aus Erläuterungen in [42] zu ersehen ist, kann für Transformatoren das vereinfachte Ersatzschaltbild 4.36b nur dann verwendet werden, wenn die Hauptinduktivität groß im Vergleich zu der Summe der Induktivitäten ist, die insgesamt im Kurzschlußkreis liegen. Diese Bedingung wird von Energieversorgungsnetzen üblicherweise erfüllt.

Eine weitere Komplikation tritt bei Drehstromtransformatoren mit phasendrehender Schaltgruppe – z.B. mit der Schaltgruppe Dy5 – auf. Infolge der Phasendrehung von $k \cdot 30°$ bzw. $5 \cdot 30°$ (s. Abschnitt 4.2.3.3) sind sowohl die Ströme als auch die Spannungen auf der Ober- und Unterspannungsseite gegeneinander phasenverschoben. Wenn ein Kurzschluß eintritt, bilden sich daher üblicherweise unterschiedliche Gleichglieder aus. Demnach kann eine einphasige Ersatzschaltung prinzipiell den zeitlichen Verlauf des Einschwingvorganges jeweils nur vor oder hinter dem Transformator richtig beschreiben. Mit genaueren Betrachtungen läßt sich zeigen, daß die größten Beträge der Ströme, die für die Auslegung von Betriebsmitteln überwiegend interessieren, jedoch richtig wiedergegeben werden. Zu ergänzen ist noch, daß mit den bisher verwendeten einphasigen Darstellungen nur dann transiente Vorgänge in Drehstromsystemen beschrieben werden dürfen, wenn die Anlage vor dem Kurzschlußeintritt *symmetrisch betrieben* worden ist. Die Anfangswerte weisen nur in diesem Fall die notwendigen Symmetriebedingungen auf (s. Abschnitt 11.5 und [42]).

Diese Betrachtungen zeigen, daß mit den bisher verwendeten einphasigen Ersatzschaltungen unter gewissen Einschränkungen auch transiente Verläufe ermittelt werden können. In diesem Sinne wird das Ersatzschaltbild 6.2 ausgewertet. Aus einem Maschenumlauf folgt mit Hilfe der Definitionen (6.1) die Differentialgleichung

$$R_k \cdot i_k + L_k \cdot \frac{di_k}{dt} = \frac{\hat{U}_Q}{\sqrt{3}} \cdot \sin(\omega t + \varphi) \,, \tag{6.5}$$

deren Lösung sich bekanntlich aus einem homogenen und einem partikulären Teil zusammensetzt. Der partikuläre Teil $i_{kp}(t)$ ist identisch mit der stationären Lösung (6.4). Für die homogene Lösung erhält man den Ausdruck

$$i_{kh}(t) = A \cdot \mathrm{e}^{-t/\tau} \qquad \text{mit} \qquad \tau = \frac{L_k}{R_k} \,.$$

Berücksichtigt man ferner, daß die unbelastete Anlage die Anfangsbedingung $i(t = 0) = 0$ erfüllen muß, so erhält man als Gesamtlösung für den Bezugsleiter, z.B. für L1

$$i_k(t) = \frac{\hat{U}_Q}{\sqrt{3} \cdot \sqrt{R_k^2 + X_k^2}} \cdot \left(\mathrm{e}^{-t/\tau} \cdot \sin(\varphi_k - \varphi) + \sin(\omega t + \varphi - \varphi_k) \right) \,. \tag{6.6}$$

Die Ströme in den beiden anderen Leitern – z.B. L2, L3 – ergeben sich dadurch, daß der Schaltwinkel φ durch die Ausdrücke $(\varphi - 120°)$ bzw. $(\varphi - 240°)$ ersetzt wird.

Die weitere Diskussion der Lösung erleichtert sich, wenn mit der Größe I_k (s. Gl. (6.2)) und dem Term

$$I_{kg} = \sqrt{2} \cdot I_k \cdot \sin(\varphi_k - \varphi)$$

eine andere Schreibweise gewählt wird:

$$i_k(t) = I_{kg} \cdot \mathrm{e}^{-t/\tau} + \sqrt{2} \cdot I_k \cdot \sin(\omega t + \varphi - \varphi_k) \,. \tag{6.7}$$

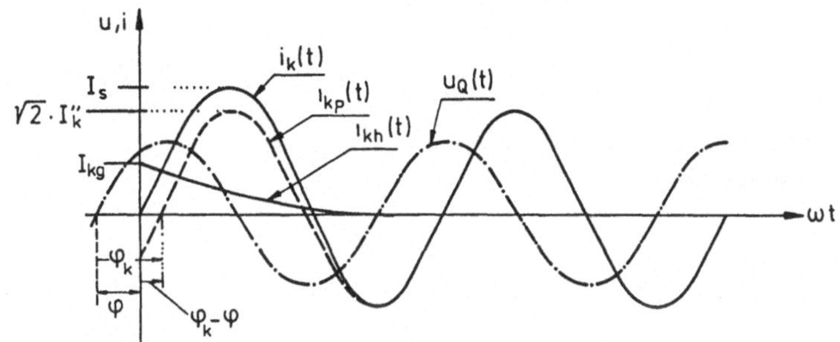

Bild 6.3
Verlauf des Kurzschluß-
stroms und seiner Kom-
ponenten bei einem
ohmsch-induktiven Netz
i_{kp}: partikuläre
(stationäre) Lösung
i_{kh}: homogene Lösung
(Gleichanteil)

Aus dieser Beziehung ist das bereits beschriebene Verhalten zu erkennen, daß der Effektivwert des Wechselstromanteils bei einem generatorfernen Kurzschluß konstant bleibt.
Definitonsgemäß gilt:

$$I_k = I_k'' \; . \tag{6.8}$$

Der zeitliche Verlauf des gesamten Kurzschlußstroms ist in Bild 6.3 für einen positiven
Schaltwinkel φ veranschaulicht. Aus diesem Bild ist zu ersehen, daß der Kurzschlußstrom
nach einigen Millisekunden, zum Zeitpunkt t_s, seinen größten Augenblickswert erreicht.
Wie aus der Beziehung (6.7) hervorgeht, hängt die Höhe dieses größten Augenblickswertes
vom Schaltwinkel φ ab.
Für die mechanische Auslegung von Anlagen interessiert der maximale Wert, der *Stoßkurzschlußstrom* I_s, der auch mit i_p (peak short-circuit current) bezeichnet wird. Er läßt
sich durch eine Extremwertbetrachtung ermitteln. Dazu wird der Strom als zweidimensio-
nale Funktion $i_k(t, \varphi)$ angesehen. Ein eventuelles Maximum wird durch die Bedingungen

$$\frac{\partial i_k}{\partial t} = 0 \, , \quad \frac{\partial i_k}{\partial \varphi} = 0$$

gekennzeichnet. Eine Auswertung dieser Beziehungen zeigt, daß der Stoßkurzschlußstrom
stets dann auftritt, wenn der Kurzschluß bei dem Schaltwinkel $\varphi = 0$ der Spannung
wirksam wird. Man erhält eine sehr prägnante Darstellung, wenn man den Ausdruck

$$\kappa = 1 + e^{-t_s/\tau} \sin \varphi_k \tag{6.9}$$

verwendet. Berücksichtigt man ferner die Gleichung (6.7) und die Identität (6.8), so ergibt
sich für den Stoßkurzschlußstrom der einfache Zusammenhang

$$I_s = \kappa \cdot \sqrt{2} \cdot I_k'' \; . \tag{6.10}$$

Der Parameter κ wird als *Stoßfaktor* bezeichnet. Er ermöglicht es, den Stoßkurzschlußstrom I_s direkt aus dem Anfangskurzschlußwechselstrom I_k'' zu ermitteln und ist nur
noch von den Daten des Kurzschlußkreises, den Größen R_k und X_k, abhängig. Wie aus
Bild 6.4 zu ersehen ist, beträgt der maximale Wert des Stoßfaktors 2,0 für $R_k \ll X_k$.
Der Stoßkurzschlußstrom wird dann doppelt so groß wie die Amplitude des Anfangskurzschlußwechselstroms. In Anlagen liegt dieser besonders ungünstige Fall näherungsweise
dann vor, wenn Kurzschlüsse direkt hinter Transformatoren oder Kurzschlußdrosselspulen auftreten.
Bisher ist davon ausgegangen worden, daß die Netzanlage unbelastet sei. Es stellt sich
nun die Frage, wie sich eine Vorbelastung auf den Kurzschlußstrom auswirkt. Analytisch
bedeutet dies, daß beim Eintritt des Kurzschlusses bereits ein Strom $i(t = 0)$ fließt, also

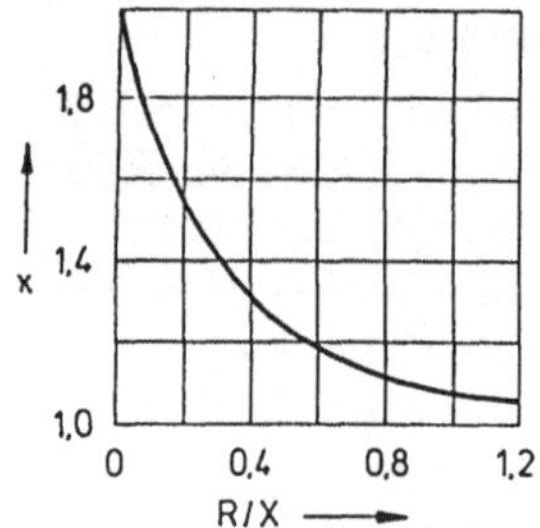

Bild 6.4

Abhängigkeit des Stoßfaktors κ von dem Verhältnis R/X bzw. R_k/X_k

eine Anfangsbedingung auftritt. Wenn weiterhin, der Praxis entsprechend, eine ohmsch-induktive Last angenommen wird, läßt sich durch eine leichte Modifikation der bereits dargestellten Rechnung zeigen, daß sich das *Gleichglied* und damit auch der Stoßkurz-schlußstrom um den Wert $i(t = 0)$ verkleinert. Eine Vernachlässigung der Vorbelastung ist demnach gerechtfertigt. Die so ermittelten Ströme führen zu einer größeren Beanspruchung der Anlage.

Nach diesen Überlegungen soll das betrachtete, sehr spezielle Modell in einem weiteren Schritt etwas verallgemeinert werden. Die Voraussetzung, der Kurzschluß sei generator-fern, wird aufgegeben.

6.2 Generatornaher dreipoliger Kurzschluß

Mathematisch gesehen werden generatorferne sowie generatornahe Kurzschlüsse jeweils durch ein lineares Differentialgleichungssystem – abgekürzt *DGL-System* – beschrieben. Bei Synchronmaschinen weist dieses DGL-System nicht nur konstante, sondern auch periodisch zeitlich veränderliche Koeffizienten auf. Diese Zeitabhängigkeit wird durch die Drehung des Läufers verursacht und führt bei generatornahen Kurzschlüssen zu der in Abschnitt 4.4.3.3 beschriebenen Änderung der Generatorreaktanz von X_d'' über X_d' auf X_d.

Die weiteren Überlegungen laufen darauf hinaus, die in Abschnitt 4.4.3.3 diskutierte analytische Lösung schrittweise auf umfassendere Netze zu erweitern. Es wird sich zeigen, daß die technisch relevanten Aufgabenstellungen damit zu beschreiben sind. Für die auf diesem Wege nicht erfaßten Anlagen ist die Berechnung des Kurzschlußstroms erheblich aufwendiger.

6.2.1 Verzweigte Netze mit einer Generatoreinspeisung

Im Unterschied zu der Anlage in Abschnitt 4.4.3.3 möge der Generator auf ein unbelaste-tes, kurzschlußbehaftetes, ohmsch-induktives Netz speisen, das außerdem aus mehreren Netzeinspeisungen versorgt werde (Bild 6.5a). Bevor allerdings der Kurzschlußstrom an der Fehlerstelle ermittelt werden kann, ist der Kurzschlußstrom an den Generatorklem-men im Punkt A zu bestimmen. Daher wird zunächst diese engere Aufgabenstellung untersucht. Ein solcher Generatorkurzschlußstrom setzt sich in Anlehnung an die Be-ziehungen (4.87) bis (4.89) aus einem netzfrequenten Wechselstrom mit zeitabhängiger Amplitude und einem Gleichstromanteil zusammen, der in diesem Fall jedoch aus meh-reren Gliedern besteht:

$$i_{kG}(t) = \sqrt{2} \cdot I_{kG}(t) \cdot \sin(\omega_N t + \Psi) + \sum_i I_{gG_i} \cdot e^{-t/T_{gG_i}} \,. \tag{6.11}$$

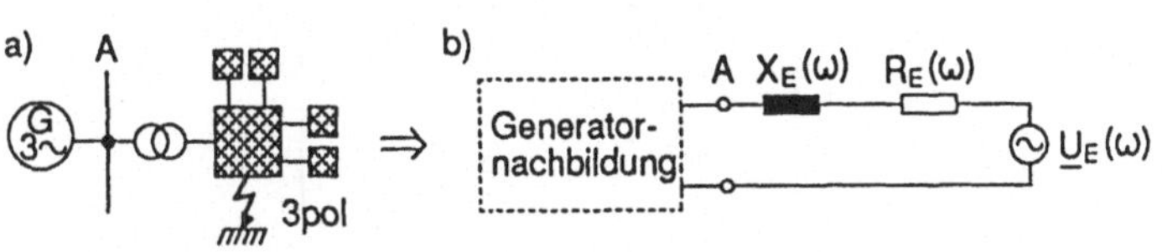

a) Netzschaltung
b) Reduktion des kurzschlußbehafteten Netzes auf einen aktiven Zweipol in Bezug auf die Generatorklemmen

Bild 6.5
Kurzschlußbehaftetes Netz mit einem Generator und mehreren Netzeinspeisungen

Die größere Anzahl der Gleichstromglieder wird durch die höhere Zweiganzahl bedingt, denn dadurch steigt die Zahl der unabhängigen Energiespeicher und damit auch der Eigenwerte. Diese beschreiben bei den betrachteten ohmsch-induktiven Netzen abklingende Gleichströme.

Zunächst wird auf den Kurzschlußwechselstromanteil eingegangen. Vorab ist zu klären, ob trotz der Zeitabhängigkeit der Amplitude diejenigen Wechselstromgesetze angewendet werden dürfen, die für konstante Amplituden in ohmsch-induktiven Netzen gelten. Bei ohmschen Widerständen besteht die Proportionalität zwischen Strom und Spannung sowohl für zeitlich veränderliche als auch zeitlich konstante Amplituden: $u(t) = R \cdot i(t)$. Dementsprechend sind in bezug auf die Widerstände die bekannten Gesetzmäßigkeiten gültig. Für die maßgebenderen Induktivitäten ist der Ausdruck

$$u = L \cdot \frac{d\left[\sqrt{2} \cdot I_{kG}(t) \cdot \sin(\omega_N t + \Psi)\right]}{dt}$$

$$= \sqrt{2} \cdot L \cdot \left(\frac{dI_{kG}(t)}{dt} \cdot \sin(\omega_N t + \Psi) + I_{kG}(t) \cdot \omega_N \cdot \cos(\omega_N t + \Psi)\right) \qquad (6.12)$$

zu untersuchen. Eine Auswertung dieser Beziehung zeigt, daß bei den technisch üblichen Generatoren die zeitliche Änderung der Amplitude $\sqrt{2} \cdot I_{kG}(t)$ so gering ist, daß der Term mit dI_{kG}/dt vernachlässigt werden darf. Der zweite, verbleibende Ausdruck entspricht wiederum den üblichen Wechselstromgesetzen. Als Ergebnis dieser Betrachtungen resultiert, daß in diesem Rahmen ohmsch-induktive Netze wie gewöhnlich behandelt werden dürfen [84].

Um die Anlage in Bild 6.5a auf das in Abschnitt 4.4.3.3 dargestellte Modell zurückführen zu können, ist das kurzschlußbehaftete Netz – von den Generatorklemmen aus gesehen – als aktiver Zweipol nachzubilden. Es ist demnach dessen Eingangsimpedanz $\underline{Z}_E(\omega) = R_E(\omega) + jX_E(\omega)$ zu ermitteln, indem die Netzeinspeisungen kurzgeschlossen werden. Zur Klarstellung der Begriffe sei angemerkt, daß es sich im Sinne der Mehrtortheorie streng genommen um den Kehrwert der Eingangsadmittanz handelt, da die Spannungsquellen nicht offen, sondern kurzgeschlossen sind (s. Abschnitt 4.1 und [22]). Neben dieser Größe ist weiterhin die an den Generatorklemmen auftretende Leerlaufspannung $\underline{U}_E(\omega)$ des kurzschlußbehafteten Netzes zu bestimmen. Prinzipiell sind die Größen $\underline{U}_E(\omega)$ und $\underline{Z}_E(\omega)$ frequenzabhängig (Bild 6.5b). Sie entsprechen daher nicht dem Modell in Abschnitt 4.4.3.3. Wenn jedoch Netze mit ausgeprägt induktivem Verhalten – wie z.B. die Hoch- und Höchstspannungsnetze – vorausgesetzt werden, sind diese Größen nur bis zu einigen Hertz frequenzabhängig und verlaufen dann annähernd konstant. Typische Frequenzgänge von Hochspannungsnetzen sind Bild 6.6 zu entnehmen. Sie zeigen, daß die Größen $\underline{Z}_E(\omega)$, $\underline{U}_E(\omega)$ durch ihre jeweiligen 50-Hz-Werte $\underline{Z}_{E50} = R_{E50} + jX_{E50}$ und $\underline{U}_{E50}$ gut approximiert werden. Mit der Wahl dieser konstanten Größen werden die Parameter des Zweipols – wie gewünscht – frequenzunabhängig.

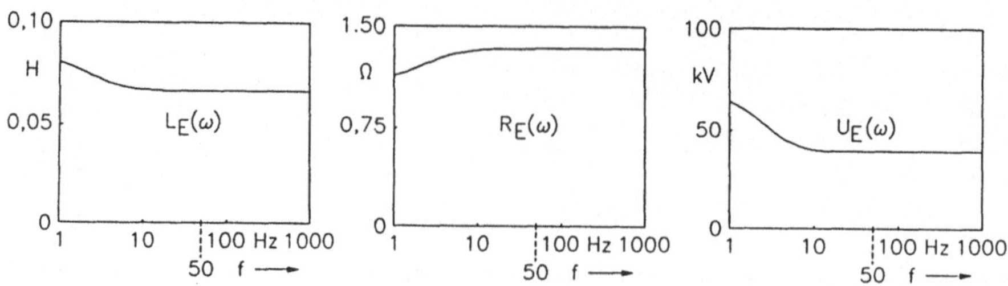

Bild 6.6

Typische Frequenzgänge der Größen $L_E(\omega)$, $R_E(\omega)$ und $U_E(\omega)$ gemäß Bild 6.5b in einem Hochspannungsnetz

Die bisherigen Überlegungen münden in dem Resultat, daß die in Abschnitt 4.4.3.3 angegebene Beziehung (4.89) für den Kurzschlußstrom im Generatorzweig übernommen werden kann, wenn *anstelle der darin auftretenden Netzreaktanz X_N die Eingangsreaktanz X_{E50} und für die Teilspannung $\underline{U}_{N2}$ die Leerlaufspannung $\underline{U}_{E50}$ des kurzschlußbehafteten Netzes bei Nennfrequenz verwendet wird.* Zu beachten ist, daß die bisherigen Betrachtungen voraussetzen, daß die Wirkwiderstände sowohl in der Maschine als auch im Netz klein sind. In Kabelnetzen, insbesondere des Niederspannungsbereiches, ist diese Bedingung nicht ausreichend erfüllt. Für den subtransienten Kurzschlußwechselstrom erhält man allerdings auch dann noch brauchbare Ergebnisse, wenn anstelle der Reaktanz $(X_d'' + X_{E50})$ der Scheinwiderstand $\sqrt{R_{E50}^2 + (X_d'' + X_{E50})^2}$ gewählt wird. Eine ähnlich einfache Erweiterung auf die Zeitkonstanten ist nicht möglich. Angemerkt sei, daß bei hinreichend induktiven Netzen sich gemäß Gl. (4.89) die Zeitkonstanten durch den Netzeinfluß nur vergrößern. Dadurch verkleinert sich die Größe dI_{kG}/dt weiter, so daß die Vernachlässigung des ersten Termes in Gl. (6.12) sogar noch besser gerechtfertigt ist.

Die weiteren Größen $\underline{E}''$, $\underline{E}'$ und $\underline{E}$ in der Gl. (4.89) sind betriebsabhängig. Bei einer stationären Fahrweise nehmen sie entsprechend den Diagrammen in den Bildern 4.69a,b sowie 4.82 maximale Werte an, wenn die Erregung bzw. die Blindleistungseinspeisung maximal und die Wirkleistung z.B. bei Schwachlast minimal gewählt wird. Für einen solchen *pessimalen Betriebspunkt P_{min}, Q_{max}* nehmen die Kurzschlußströme mithin ihre größten Werte an. Allerdings ist ein derartiger Phasenschieberbetrieb nur sehr selten zu finden, z.B. in Pumpspeicherwerken. Üblicherweise bewegt sich die Fahrweise in dem Betriebsintervall Leerlauf - Nennbetrieb. Von diesen wahrscheinlichen Betriebspunkten führt der Nennbetrieb zu den größten Werten $\underline{E}''$, $\underline{E}'$ und $\underline{E}$. Um die Beanspruchung von Betriebsmitteln zur sicheren Seite abschätzen zu können, wird im folgenden diese Fahrweise vorausgesetzt.

Nach diesen Betrachtungen kann nun aus dem Ersatzschaltbild 6.5b und der Generatornachbildung 4.84a der besonders interessierende Anfangskurzschlußwechselstrom I_{kG}'' des Generators ermittelt werden. Diese Größe stellt im wesentlichen einen Blindstrom dar, da sich das Netz einschließlich der Generatorreaktanzen vorwiegend induktiv verhält.

Für die Dimensionierung von Schaltern interessiert auch der weitere Verlauf des Kurzschlußwechselstroms. Die Zeitabhängigkeit des zugehörigen Effektivwertes $I_{kG}(t)$ ist sowohl aus der Gl. (6.11) als auch der Gl. (4.89) zu ersehen. Bei Schaltern setzt der Ausschaltvorgang – u.a. wegen der Verzugszeit durch den Schutz – erst nach einem Zeitraum t_v ein. Nach diesem Zeitraum ist häufig der Strom schon merklich abgeklungen, so daß der Schalter schwächer beansprucht wird. Um diesen Effekt bei der Schalterdimensionierung berücksichtigen zu können, ist der Ausschaltwechselstrom $I_{aG} = I_{kG}(t = t_v)$ als zusätzliche Kenngröße eingeführt worden (s. Kapitel 4.10). Die Gefahr, den Zeitraum t_v zu groß zu wählen und dann für die Dimensionierung zu kleine Ströme zu erhalten, ist nicht gegeben, wenn lediglich der sogenannte *Mindestschaltverzug* t_{vmin} angesetzt wird. Er umfaßt nur den Zeitbereich bis zur ersten Kontakttrennung in einem der Pole, nicht jedoch die Zeitspanne für die anschließende Löschphase.

Bei der Berechnung des Ausschaltwechselstroms ist es – wie bereits beim Strom I''_{kG} – wünschenswert, die ohmschen Widerstände in einem stärkeren Maße einzubeziehen, als es die Bedingung (4.86) zuläßt. Dafür ist es zweckmäßig, einen Abklingfaktor

$$\mu = \frac{I_{kG}(t = t_v)}{I_{kG}(t = 0)} \tag{6.13a}$$

zu definieren. Numerische Rechnungen zeigen nämlich, daß dieses Verhältnis von den ohmschen Widerständen schwächer beeinflußt wird als der Ausschaltwechselstrom selber. Aufgrund dieser Eigenschaft ist es nun naheliegend, den Faktor μ unter Vernachlässigung der ohmschen Widerstände zu bestimmen und die gemäß Gl. (6.13a) dafür notwendigen Ströme über die Gl. (4.89) zu ermitteln. Bei der eigentlichen Berechnung des Ausschaltwechselstroms

$$I_{aG} = \mu \cdot I''_{kG} \tag{6.13b}$$

wird dann jedoch von dem Anfangskurzschlußwechselstrom ausgegangen, der sich unter Berücksichtigung der ohmschen Widerstände ergibt:

$$I''_{kG} = \frac{E''}{\sqrt{R_{E50}^2 + (X''_d + X_{E50})^2}} \; .$$

Das Abklingverhalten des Kurzschlußwechselstroms ist dabei umso ausgeprägter, je höher die *Ausnutzung* des untersuchten Generators ist, je größere Werte also der Quotient von Nennleistung und Maschinenvolumen aufweist [84]. Zusätzlich wird der Abklingvorgang noch von weiteren Parametern geprägt.

Aus der Verknüpfung der Gln. (4.89) und (6.13) ist zu ersehen, daß mit wachsender Eingangsreaktanz X_{E50} des kurzschlußbehafteten Neztes – also mit wachsender Entfernung des Fehlerortes von den Generatorklemmen – ebenfalls das Abklingverhalten abnimmt. Es ist praktisch nicht mehr von Bedeutung, wenn die Relation

$$I''_{kG} \leq 2 \cdot I_{nG}$$

erfüllt ist und damit ein generatorferner Kurzschluß vorliegt. Wie eingangs bereits dargestellt, tritt ein solches Verhalten meistens auf, wenn in eine unterlagerte Spannungsebene eingespeist wird. In diesem Fall betragen allein die Reaktanzen des Maschinentransformators, des Netzes sowie des Netztransformators insgesamt etwa $(3 \ldots 4) \cdot X''_d$.

Neben der Ausnutzung des Generators, dem Fehlerort und der Verzugszeit beeinflußt auch die Spannungsregelung das Abklingverhalten des Kurzschlußstroms. Bei Maschinen mit relativ langsamen Spannungsregelungen – wie z.B. der bürstenlosen Erregung – erhöht sich erst ab 0,25 s merklich die Spannung. Da während dieses Zeitraumes üblicherweise im Hochspannungsbereich der Fehler ausgeschaltet ist, können die Auswirkungen der Spannungsregelung unberücksichtigt bleiben. Anders verhält es sich bei Maschinen mit besonders schneller Regelung wie z.B. der Stromrichtererregung, falls die Deckenspannung über der 1,6-fachen Nennerregerspannung liegt (s. Abschnitt 4.4.2.3). Dort erhöht sich die Spannung bereits während der Verzugszeit und schwächt das Abklingen des Kurzschlußstroms. Um dann die Gefahr zu vermeiden, einen zu kleinen Strom I_{aG} zu ermitteln, wird in der DIN VDE 0102 gefordert, bei solchen Regelungen stets $\mu = 1$ zu setzen. Abweichungen sind nur bei einer genaueren Kenntnis des Maschinenverhaltens zulässig.

Zusätzlich läßt sich aus der Beziehung (4.89) auch der Dauerkurzschlußstrom I_{kG} berechnen. Wie bereits erwähnt, ist diese Rechnung insofern problematisch, als die synchrone Reaktanz X_d sättigungsabhängig ist. Sie hängt demzufolge vom Erregerstrom bzw. vom Betriebszustand vor dem Kurzschlußeintritt ab. Wiederum wird der Erregerstrom und somit auch die synchrone Spannung E durch die Spannungsregelung beeinflußt, die in diesem Zeitbereich bereits voll wirksam geworden ist. Hinreichend sichere Abschätzungen, die durch die jeweils vorliegende Netzstruktur bestimmt werden, sind der DIN VDE 0102 zu entnehmen.

Aus den Größen I_k'', I_a, I_k leiten sich einige Leistungsbegriffe ab. So werden die Begriffe *Anfangskurzschlußwechselstromleistung* oder abkürzend *Kurzschlußleistung*

$$S_k'' = \sqrt{3} \cdot U_{nN} \cdot I_k'' \tag{6.14}$$

und die *Ausschaltleistung*

$$S_a = \sqrt{3} \cdot U_{nN} \cdot I_a \tag{6.15}$$

verwendet. Bei diesen Leistungen handelt es sich prinzipiell um *reine Rechengrößen* ohne physikalische Realität; die Größen U_{nN}, I_k'' bzw. I_a treten am Kurzschlußort niemals gleichzeitig auf. Die betrachteten Leistungsbegriffe lassen sich im nachhinein als ein Maß für die Scheinleistung interpretieren, die im Verlauf des dreipoligen Fehlers ins Netz eingespeist wird. Übliche Kurzschlußleistungen sind der Tabelle 5.1 in Abschnitt 5.6 zu entnehmen.

Bisher ist nur der Wechselstromanteil des Kurzschlußstroms behandelt worden (s. Gl. 6.11), für die Beanspruchung der Anlage sind jedoch zusätzlich auch die Gleichstromkomponenten zu beachten. Es liegt nahe, den Stoßkurzschlußstrom I_{sG} im Generatorzweig auf ähnlich einfache Weise wie beim generatorfernen Kurzschluß zu berechnen: Aus der 50-Hz-Eingangsimpedanz des kurzschlußbehafteten Netzes $\underline{Z}_{E50} = R_{E50} + jX_{E50}$ und den Generatordaten R_{sG}, X_d'' wird das summarische Verhältnis R/X ermittelt, der zugehörige κ-Wert aus dem Bild 6.4 abgelesen und mit der Beziehung (6.10) der Wert I_{sG} bestimmt. Dieser Schritt beinhaltet zwei Annahmen: Zum einen wird dem Gleichstrom der maximal mögliche Wert $\hat{I}_{kG}''$ zugeordnet, und zum anderen stellt dieser Schritt in mathematischer Hinsicht eine Reduktion vieler Gleichstromglieder auf ein einziges dar (Ordnungsreduktion). Es entsteht zwangsläufig ein Informationsverlust, ein Fehler. Durch systemtheoretische Überlegungen lassen sich dafür netzspezifische Fehlerschranken angeben, die dem Bild 6.7 entnommen werden können [99]. Sie sind dem berechneten Wert I_{sG} zuzuschlagen, um ein Ergebnis auf der sicheren Seite zu erhalten. Im einzelnen sind folgende Rechenschritte notwendig, um die Fehlerschranke F zu bestimmen:

1) Das kurzschlußbehaftete Netz, dessen 50-Hz-Eingangsimpedanz $\underline{Z}_{E50}$ bereits ermittelt worden ist, wird zusätzlich für die Frequenzen $f \rightarrow \infty$ und $f = 0$ ausgewertet. Man erhält zwei Ersatzschaltbilder, von denen sich eines nur aus Induktivitäten und das andere nur aus Widerständen zusammensetzt.

2) Aus dem rein induktiven Ersatzschaltbild wird die von der treibenden Spannung aus gesehene resultierende Induktivität $L_\infty = L_d'' + L_E(f \rightarrow \infty)$ mit $L_d'' = X_d''/\omega_N$

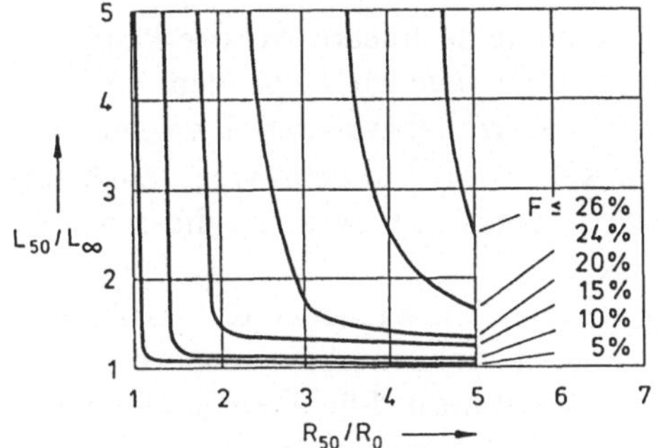

Bild 6.7

Fehlerschranken F des Stoßfaktors κ in Abhängigkeit von den Parametern L_{50}/L_∞ und R_{50}/R_0 (Die Indizes kennzeichnen die Frequenzen, für die jeweils die Eingangsimpedanz zu ermitteln ist.)

ermittelt. Analog dazu wird aus dem ohmschen Ersatzschaltbild der resultierende Widerstand $R_0 = R_{sG} + R_E(f = 0)$ bestimmt.

3) Aus diesen Größen werden die benötigten Verhältnisse L_{50}/L_∞ und R_{50}/R_0 gebildet. Dabei gelten die Bezeichnungen $L_{50} = L_d'' + L_{E50}$ mit $L_{E50} = X_{E50}/\omega_N$ sowie $R_{50} = R_{sG} + R_{E50}$.

4) Mit Hilfe der Kennwerte L_{50}/L_∞ und R_{50}/R_0 kann in Bild 6.7 die gesuchte Fehlerschranke F abgelesen werden.

Falls der mit den Fehlerschranken ermittelte maximale Fehler nicht tolerierbar erscheint, stehen auch noch genauere Näherungsmethoden zur Verfügung. Der dafür benötigte zusätzliche Rechenaufwand ist gering, die maximale Fehlergrenze kann sogar bis auf knapp 2 % abgesenkt werden [48], [100]. Es sei angefügt, daß mit den beschriebenen Methoden der Stoßkurzschlußstrom auch in solchen verzweigten Netzen zu bestimmen ist, die anstelle der bisher angenommenen Generatoreinspeisung eine Netzeinspeisung aufweisen, d.h. wenn ein generatorferner Kurzschluß vorliegt. Außerdem sei darauf hingewiesen, daß die vorgenommene Ordnungsreduktion der Gleichstromglieder nur für den subtransienten Zeitbereich so genau ist. Bereits für die Verzugszeiten der Ausschaltwechselströme kann der dann deutlicher einsetzende Abklingvorgang nicht mehr ausreichend durch *ein* Gleichstromglied approximiert werden.

Die bisherigen Betrachtungen haben dazu gedient, für die Anlage in Bild 6.5a den Kurzschlußstrom an den Klemmen des Generators zu berechnen. Auf diesen Ergebnissen aufbauend kann nun die eigentliche Aufgabenstellung gelöst werden: Während des subtransienten bzw. transienten Zeitbereiches sind die Werte I_{kF}'' und I_{aF} des Kurzschlußwechselstroms sowie der Stoßkurzschlußstrom I_{sF} an der Fehlerstelle im Netz zu bestimmen.

Zu diesem Zweck werden der zuvor bestimmte *Kurzschlußwechselstrom an den Klemmen des Generators* sowie die vorgegebene *Spannung an jeder der zusätzlich vorhandenen Netzeinspeisungen als eingeprägt angesehen*. Abhängig davon, welcher Zeitpunkt interessiert wird für den Generatorstrom entweder der Wert I_{kG}'' oder $I_{aG}(t_v)$ eingesetzt. Voraussetzungsgemäß wird das Netz als unbelastet angenommen, so daß aufgrund der fehlenden Querzweige lediglich an der Fehlerstelle ein Strom abfließen kann. Daher entspricht der Fehlerstrom dann der Summe aller Ströme, die an den Toren eingespeist werden.

Bei dem beschriebenen Modell ist die Aufgabenstellung, den Kurzschlußwechselstrom an der Fehlerstelle zu bestimmen, auf die Berechnung eines linearen Netzwerkes mit einem eingeprägten Strom an der Generatoreinspeisung und eingeprägten Spannungen an den

Netzeinspeisungen zurückgeführt worden. Es liegt damit eine lineare Netzwerkaufgabe vor. In kleineren Netzen ist diese Aufgabenstellung mit manuellen Methoden wie z.B. dem Überlagerungsverfahren und der Stromteilerregel lösbar, bei größeren über eine Matrizenformulierung z.B. gemäß Gl. (5.38). Zugleich können auf diesem Wege auch die Kurzschlußwechselströme in den einzelnen Netzzweigen ermittelt werden, die man als *Teilkurzschlußströme* bezeichnet.

Falls neben den Kurzschlußwechselströmen eine genauere Aussage über den Stoßkurzschlußstrom I_{sF} an der Fehlerstelle interessiert, ist analog zur Generatoreinspeisung zusätzlich an jeder Netzeinspeisung der Stoßfaktor κ zu bestimmen. Für diese Rechnungen wird also über die bisherigen Rechnungen hinaus noch die Eingangsadmittanz benötigt, die von jeder Netzeinspeisung aus gesehen wird. Mit ihrem Kehrwert wird das erforderliche R/X-Verhältnis ermittelt, um die Kennlinie gemäß Bild 6.4 auswerten zu können. Aus der Summe aller Stoßkurzschlußströme an den Einspeisungen resultiert dann wiederum der Stoßkurzschlußstrom an der Fehlerstelle. Bei einer Berücksichtigung von Lasten gilt dieser einfache Zusammenhang nicht mehr. Es stellt sich daher die Frage, ob in dieses Modell auch Lasten einzubeziehen sind.

6.2.2   Berücksichtigung von Verbrauchern und Querkapazitäten

Im Kapitel 4.7 ist gezeigt worden, daß Mischlasten eines Versorgungsgebietes als zusätzliche Querimpedanzen in Form einer ohmsch-induktiven Parallel- oder Reihenschaltung einzuführen sind. Sie senken die Eingangsimpedanz ab (Bild 6.8). Dadurch *erhöht* sich prinzipiell der Generatorkurzschlußwechselstrom. In bezug auf die Fehlerstelle wirken die Lasten dagegen als hochohmiger Nebenschluß, so daß sich dort der Kurzschlußwechselstrom grundsätzlich *verkleinert*, häufig im Bereich von 5 %. Infolgedessen können sich die Teilkurzschlußströme zwischen Einspeisung und Fehlerstelle im Vergleich zu den Werten eines unbelasteten Netzes sowohl vergrößern als auch verkleinern.

Neben den Lasten stellen die Querkapazitäten, die z.B. durch die Freileitungen bedingt sind, eine weitere Einflußgröße dar. Sie wirken auf den Kurzschlußwechselstrom in entgegengesetzter Weise wie die Verbraucher. Dieses Verhalten läßt sich bereits an der in Bild 6.9 dargestellten Anlage erläutern. Es entsteht durch den Einfluß der Kapazitäten ein Parallelresonanzkreis. Mit wachsender Kapazität C_{bL} gerät dieser Kreis in Parallelresonanz, der Generatorkurzschlußwechselstrom verkleinert sich dementsprechend (Bild 6.10). Am Resonanzkreis fällt zugleich zunehmend die Anfangsspannung E'' des Generators ab, so daß sich innerhalb dieses Parallelschwingkreises und damit auch an der Fehlerstelle der Strom erhöht. Bei Netzen, in denen sich die erste Resonanz oberhalb von ca. 200 Hz bewegt, beträgt die Zunahme nur einige Prozent. Dieser Frequenzwert von 200 Hz wird lediglich in Sonderfällen unterschritten. Als Beispiel seien Industrienetze mit extrem großen Querkapazitäten angeführt, die durch eine ausgeprägte Blindleistungs-

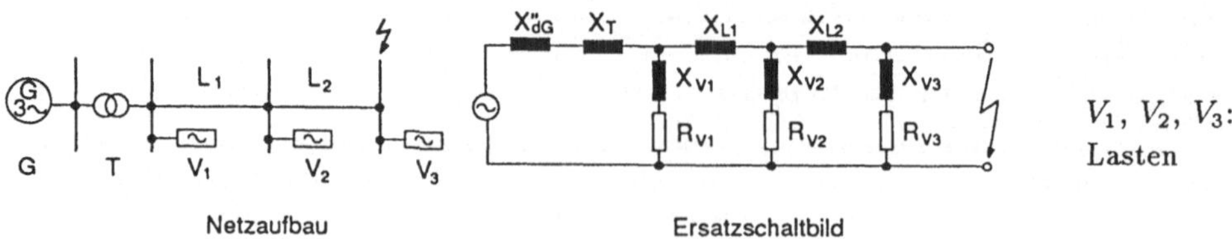

Bild 6.8
Netzaufbau und zugehöriges Ersatzschaltbild eines kurzschlußbehafteten Netzes unter Berücksichtigung der Lasten

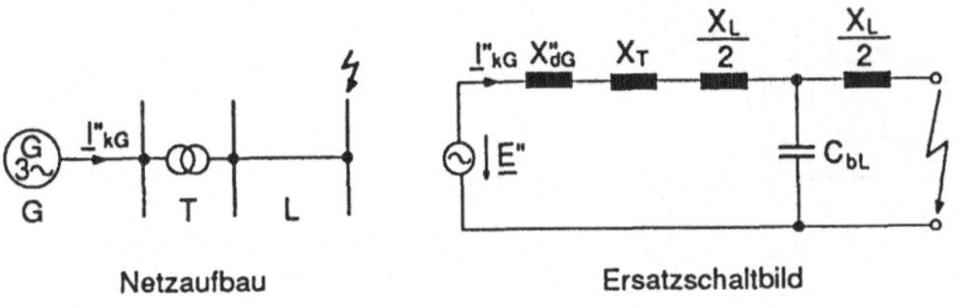

Bild 6.9
Netzaufbau und zugehöriges Ersatzschaltbild eines kurzschlußbehafteten Netzes unter Berücksichtigung der Querkapazitäten

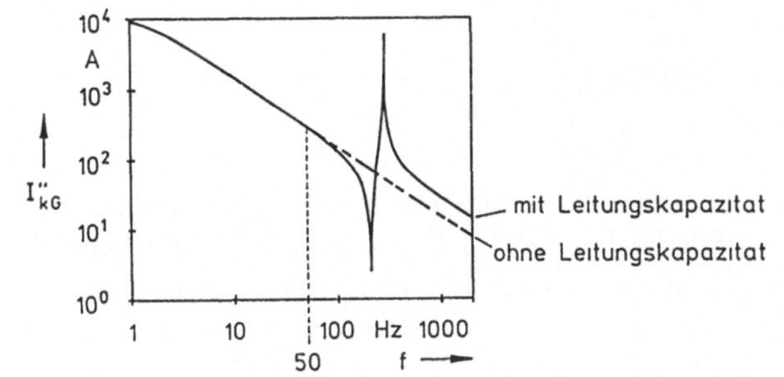

Bild 6.10
Frequenzgang des Kurzschlußstroms I''_{kG} in Bild 6.9 bei einer Resonanzfrequenz des Netzes von 200 Hz

kompensation sowie einen hohen Kabelanteil hervorgerufen werden.

Das Fazit dieser Betrachtungen zeigt, daß die *Lasten und Querkapazitäten* bei den praktisch relevanten Verhältnissen den Kurzschlußwechselstrom jeweils im Prozentbereich beeinflussen und sich dabei gegenseitig noch teilweise kompensieren. Daher ist es zulässig, diese *beiden Komponenten gemeinsam unberücksichtigt zu lassen.* Es sei angemerkt, daß die Vorbelastung der Generatoren auch bei einer Vernachlässigung der Lasten über die Bestimmung der Anfangsspannung E'' in die Rechnung einbezogen ist [41].

An diese Überlegungen schließt sich die Frage an, wie sich die beschriebenen Maßnahmen auf den Einschwingvorgang und damit auf den Stoßkurzschlußstrom auswirken. Eine Antwort liefert das *Fouriertheorem* [22]. Es läßt sich damit zeigen, daß sich Fehler, die in der stationären Lösung auftreten, im gleichen Sinne auch in den Einschwingvorgängen fortpflanzen. Damit vergrößert sich der Fehler für den Stoßkurzschlußstrom. Aber auch eine Berücksichtigung der Lasten erhöht üblicherweise nicht die Genauigkeit. Die kennengelernten Nachbildungen in Form einer Parallel- oder Reihenschaltung erfassen nämlich primär das stationäre Verhalten der Lasten. Das von diesen Schaltungen zugleich mitgelieferte transiente Verhalten braucht keineswegs dem tatsächlichen Einschwingverhalten der Lasten zu entsprechen. So stellt sich z.B. bei einer Lastsimulation mit einer Parallelschaltung ein höherer Anteil an schnell abklingenden Gleichstromgliedern ein als bei einer Reihenschaltung [92]. Daher ist der Stoßkurzschlußstrom stets dann um einige Prozent kleiner, wenn in dem Modell die Parallel- anstelle der Reihenschaltung verwendet wird. Ergänzend sei angefügt, daß die Vernachlässigung der Kapazitäten dazu führt, daß sich im Modell ein Spektrum aus Gleichstromgliedern ausbildet, während im tatsächlichen Netz nach einem Kurzschluß ein Eigenschwingungsgemisch auftritt.

Bisher sind *Mischlasten* betrachtet worden, die gemäß Abschnitt 4.7 nur kleinere Motorenanteile enthalten. Insbesondere in Industrienetzen treten dagegen auch größere *motorische Verbraucher als Punktlasten auf.* Sie liefern einen eigenen Beitrag zum Anfangskurzschlußwechselstrom, dessen Berechnung im folgenden nur skizziert sei [12], [13], [46]. Man unterscheidet hauptsächlich zwischen Synchron- und Asynchronmotoren. Zunächst wird auf das Kurzschlußverhalten der *Synchronmotoren* eingegangen.

Eine Synchronmaschine befindet sich im Motorbetrieb, wenn der Ständer an eine Span-

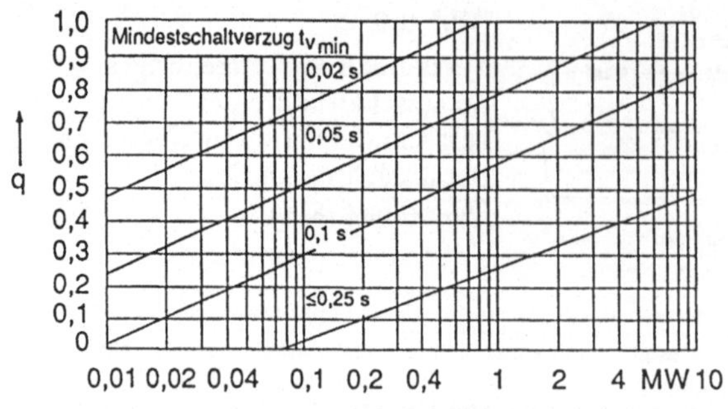

Bild 6.11
Diagramm zur Bestimmung des
Abklingfaktors q für
Asynchronmaschinen

nung gelegt und der Läufer zwar erregt, jedoch nicht angetrieben wird. Unter diesen Bedingungen eilt das Polrad gegenüber dem Leerlaufzustand nach; es stellt sich ein negativer Polradwinkel ϑ_G ein. Bei der Kurzschlußstromberechnung können *Synchronmotoren im wesentlichen wie Synchrongeneratoren behandelt werden*. Ausnahmen bestehen lediglich in Bezug auf den Dauerkurzschlußstrom, zu dem Motoren üblicherweise keinen Beitrag liefern (s. DIN VDE 0102).

Im Gegensatz zum Synchronmotor rotiert bei einem *Asynchronmotor* ein Läufer mit einer kurzgeschlossenen Wicklung *ohne eingeprägte Erregung*. Trotz dieses Unterschiedes liegen unmittelbar nach einem Klemmenkurzschluß ähnliche Feldverhältnisse vor wie bei einem Synchronmotor, so daß auch ein Asynchronmotor wie ein Generator wirkt. Das Ersatzschaltbild besteht demnach ebenfalls aus einer Spannungsquelle und einer Impedanz. Die Größe dieser Impedanz ergibt sich mit Hilfe des Anlaufstroms I_{an} des Motors zu

$$X_{Mot} = \frac{1}{I_{an}/I_{nMot}} \cdot \frac{U_{nMot}}{\sqrt{3} \cdot I_{nMot}} \, ,$$

die treibende Spannung wird gemäß DIN VDE 0102 zu $1,1 \cdot U_{nN}/\sqrt{3}$ gesetzt. Aufgrund der *anderen Bauart* und der *fehlenden eigenständigen Erregung* klingt der Kurzschlußwechselstrom in diesen Maschinen jedoch *wesentlich schneller ab als bei Synchronmotoren*. Dieses Verhalten wird in der DIN-VDE-Bestimmung 0102 durch einen zusätzlichen Abklingfaktor q berücksichtigt (Bild 6.11), mit dem der Faktor μ zu multiplizieren ist. Aufgrund der fehlenden Erregung liefern Asynchronmotoren keinen Beitrag zum dreipoligen Dauerkurzschlußstrom.

Bisher sind nur Netze mit *einer* Generatoreinspeisung betrachtet worden. Im folgenden wird diese Einschränkung fallengelassen.

6.2.3   Verzweigte Netze mit mehreren Generatoreinspeisungen

Zunächst sollen wiederum in einem solchen Netz die Ströme I_k'' und I_s berechnet werden. Für den betrachteten subtransienten Zeitbereich ist das Abklingen des Stroms hinreichend klein, so daß die subtransiente Reaktanz als konstant angesehen werden kann. Daher ist es zulässig, das *Überlagerungsprinzip* anzuwenden. Wie bisher wird das Ersatzschaltbild des Netzes aufgestellt, in das die Generatoren über die bekannte subtransiente Darstellung eingebunden werden. Daraus sind dann die Kurzschlußwechselströme in den Netzzweigen und an der Fehlerstelle zu bestimmen, z.B. mit der Matrizenbeziehung (5.38). Dabei werden die Phasenverschiebungen, die meist unterhalb von 15° liegen, bei den Spannungen $\underline{E}''$ nicht berücksichtigt. Diese Maßnahme bewirkt eine arithmetische

Addition der Kurzschlußwechselströme, die im Vergleich zu einer komplexen Summation stets größere Werte liefert. Neben der Rechenvereinfachung führt dieser Schritt zu einem Sicherheitszuschlag.

Für die Berechnung des Stoßkurzschlußstroms I_{sF} an der Fehlerstelle ergeben sich ebenfalls keine Schwierigkeiten. Man ermittelt wie bei den zuvor betrachteten Netzen von jeder Einspeisung aus die Eingangsadmittanz des Netzes und das zugehörige R/X-Verhältnis. Anschließend wird, wie bereits im Abschnitt 6.2.1 beschrieben, jeweils mit dem daraus resultierenden Stoßfaktor κ und der Beziehung (6.10) der Strom I_{sG} bestimmt. Die jeweiligen Fehlerschranken sind ebenfalls analog aus Bild 6.7 abzulesen. Es sind dann nur noch die Stoßkurzschlußströme aller Einspeisungen (Teilkurzschlußströme) zu addieren; die Summe ergibt den Stoßkurzschlußstrom I_{sF} an der Fehlerstelle. Bei dieser Vorgehensweise wird vorausgesetzt, daß alle Querimpedanzen, einschließlich der Lasten, vernachlässigt werden dürfen.

In den weiteren Darstellungen wird sich zeigen, daß häufig der Aufwand zur Berechnung der Ströme I_{kF}'' und I_{sF} beträchtlich verringert werden kann, insbesondere in Hinblick auf eine manuelle Auswertung. So werden für Maschinen, bei denen

$$x_d'' \leq 0,2 \qquad\qquad (6.16)$$

gilt, die Anfangsspannungen E'' gemäß DIN VDE 0102 / 11.71 (Teil 1) mit $1,1 \cdot U_{nN}/\sqrt{3}$ hinreichend sicher abgeschätzt (s. Abschnitt 4.4.3.3). Die zugehörigen Generatoren weisen dann jeweils das gleiche Potential vor der subtransienten Reaktanz auf und können daher zu einer einzigen Ersatzspannung $\underline{E}''$ zusammengefaßt werden. Eine noch weitergehende Zusammenfassung ist möglich, wenn auch den vorhandenen Netzeinspeisungen diese Spannung zugeordnet wird (s. Abschnitt 5.6). Besonders einfache Verhältnisse ergeben sich, wenn die Bedingung (6.16) von allen Generatoren erfüllt wird. Wie auch aus der Admittanzform für die Fehlerstelle zu erkennen ist, reduziert sich dann das Mehrtor auf ein Eintor (Index F: Fehlerstelle, Zahlenindex: Tornummer der Einspeisung):

$$\underline{I}_{kF}'' = \underline{Y}_{FF} \cdot 0 + \underline{Y}_{1F} \cdot \underline{E}_1'' + \underline{Y}_{2F} \cdot \underline{E}_2'' + \ldots = (\underline{Y}_{1F} + \underline{Y}_{2F} + \ldots) \cdot \underline{E}'' \cdot$$

Da voraussetzungsgemäß keine Querimpedanzen vorhanden sind, entsprechen sich der Strom an der Fehlerstelle und an der Ersatzspannungsquelle. Daher ist es auch zulässig, die Ersatzspannungsquelle zur Fehlerstelle hin zu verschieben (Bild 6.12). Aus diesen Ausführungen ergibt sich der folgende Ablauf:

1) Aufstellen des Ersatzschaltbildes,

2) Kurzschließen der Spannungsquellen in den Einspeisungen und Einführen der Ersatzspannung $1,1 \cdot U_{nN}/\sqrt{3}$ an der Fehlerstelle,

3) Auswertung des Netzwerkes und Bestimmung des Fehlerstroms I_{kF}'' sowie interessierender Teilkurzschlußwechselströme.

In der DIN VDE 0102 wird diese Methode auf Einspeisungen mit Reaktanzen

$$x_d'' > 0,2 \qquad\qquad (6.17)$$

erweitert. Um auch unter dieser Bedingung mit einer einheitlichen Ersatzspannungsquelle $\underline{E}''$ rechnen zu können, werden die Innenimpedanzen der Generatoren und Netzeinspeisungen mit Korrekturfaktoren umgerechnet. Dadurch vereinfacht sich nicht nur die Bestimmung des Anfangskurzschlußwechselstroms I_{kF}'', sondern auch die Berechnung des

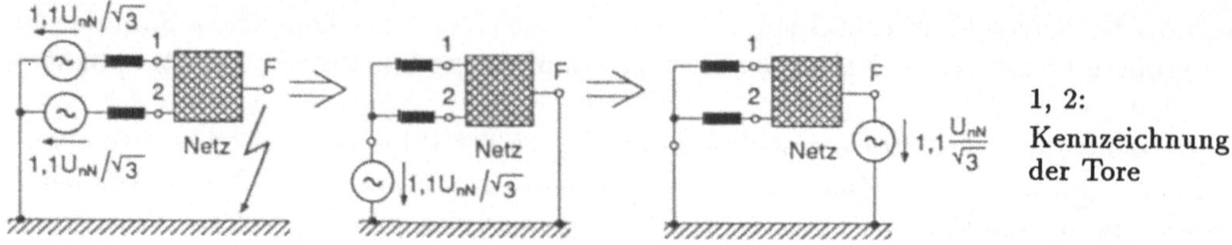

Bild 6.12
Einphasige Darstellung des Ersatzspannungsquellenverfahrens an einem kurzschlußbehafteten
Netz mit zwei Einspeisungen

Stoßkurzschlußstroms I_{sF}. Es ist nicht mehr die Kenntnis der Eingangsadmittanzen aller
Einspeisungen notwendig, sondern nur noch der Eingangsadmittanz, die von der Fehlerstelle aus gesehen wird. Aus dem dort auftretenden Verhältnis R/X wird dann wieder,
analog zu den bisherigen Erläuterungen, der Stoßfaktor κ bzw. der Stoßkurzschlußstrom
I_{sF} ermittelt. Eine Bestimmung der Fehlerschranken kann entfallen, wenn gemäß DIN
VDE 0102 ein summarischer Zuschlag von 15 % auf den Stoßfaktor erfolgt:

$$I_{sF} = 1,15 \cdot \kappa \cdot \sqrt{2} \cdot I_{kF}'' \ . \tag{6.18}$$

Dabei sind jedoch die Grenzen $1,15 \cdot \kappa \leq 1,8$ in Niederspannungsnetzen und $1,15 \cdot \kappa \leq 2,0$
in Netzen mit $U_{nN} \geq 1$ kV einzuhalten (s. DIN VDE 0102 und [48]). Für alle technisch
relevanten Anlagen ergeben sich mit der Beziehung (6.18) sichere Ergebnisse. Eventuelle
Unsicherheiten können lediglich in unüblichen Netzkonstellationen auftreten. Als Beispiel sei die Parallelschaltung einer Freileitung und eines Kabels im Hochspannungsnetz
genannt. Der Faktor 1,15 darf sogar entfallen, wenn alle Netzzweige mit hohen Teilkurz-
schlußströmen die Bedingung $R/X < 0,3$ erfüllen [32].
Im weiteren sind auch bei Netzen mit mehreren Generatoreinspeisungen die *Ausschaltwechselströme* bis zu einem Zeitbereich von $t_v \leq 0,25$ s zu berechnen. Dafür gilt es wieder,
das von dem jeweils betrachteten Generator aus gesehene Netz auf einen Ersatzzweipol
zu reduzieren. Auch die Generatoren, die sich in dem zu reduzierenden Netz befinden,
weisen Abklingvorgänge auf, die sich in einer Vergrößerung ihrer Innenreaktanz äußern.
Dementsprechend wird die summarische Innenreaktanz des Ersatzzweipols ebenfalls zeit-
abhängig. Durch einen Kunstgriff läßt sich auch für diese Verhältnisse eine hinreichend
genaue Näherungslösung mit konstanten Impedanzen ermitteln, die zugleich den Vorteil
hat, den Ausschaltwechselstrom nach oben zur sicheren Seite abzuschätzen.
Ausgegangen wird wieder von dem zuvor kennengelernten subtransienten Modell. Für den
zugehörigen Zeitbereich werden in einem ersten Schritt die Teilkurzschlußströme I_{kG}'',
I_{kQ}'' in den Generator- und eventuell zusätzlich vorhandenen Netzeinspeisungen ermittelt. Anschließend wird für jeden der Generatoren die zugehörige Klemmenspannung U_{kG}
berechnet, die sich während des subtransienten Kurzschlußvorganges einstellt. Aus der
Klemmenspannung U_{kG} und dem Teilkurzschlußstrom I_{kG}'' läßt sich dann eine Ersatzre-
aktanz X_N bestimmen, die den Generator abschließt. Mit diesem zweiten Schritt ist für
jeden Generator das *aktive Netz* auf einen *passiven, zeitunabhängigen Zweipol* reduziert
worden. Damit liegt eine Anordnung vor, die der Aufgabenstellung im Abschnitt 4.4.3.3
entspricht und für die dann bei jedem der einspeisenden Generatoren der Ausschaltwechselstrom mit der Beziehung (4.89) bestimmt werden kann. Infolge der vernachlässigten
Querimpedanzen liefert die Summe aus den einzelnen Generatorausschaltwechselströmen
wieder den Kurzschlußwechselstrom an der Fehlerstelle. Wie bisher werden bei diesem

vereinfachten Verfahren die Teilkurzschlußwechselströme in den Netzeinspeisungen als konstant angesehen ($\mu = 1$). Ein genaueres Verfahren ist [127] und DIN VDE 0102 zu entnehmen.

Es stellt sich die Frage, welcher systematische Fehler mit der beschriebenen Vorgehensweise verbunden ist. Genauere Untersuchungen zeigen, daß die Maßnahme, den aktiven in einen passiven Zweipol umzuwandeln, den Ausschaltwechselstrom zur sicheren Seite hin bis zu ca. 10 % erhöhen kann. Diese Erhöhung wird umso geringer, je niedriger die Leerlaufspannung des aktiven Zweipols ist und wirkt sich somit bei Klemmenkurzschlüssen nicht mehr aus [84].

Bei größeren Netzen ist es häufig schwierig, die zur Auswertung der Beziehung (4.89) benötigten Generatordaten zu erhalten. Es ist daher eine Datenreduktion wünschenswert. Das Prinzip, den Abklingfaktor zur sicheren Seite abzuschätzen, bleibt gewahrt, wenn für alle Generatoren einheitlich eine besonders schwach ausgenutzte Maschine gewählt wird, da deren Ausschaltwechselströme langsam abklingen [84]. Für eine solche Maschine kann man in Abhängigkeit vom Mindestschaltverzug t_{vmin} und dem Strom I''_{kG} – auf den Generatornennstrom I_{nG} normiert – den Abklingfaktor μ bestimmen. Dazu sind lediglich die Gln. (4.89) und (6.13) zu verknüpfen. Die sich daraus ergebenden Abklingfaktoren sind Bild 6.13 zu entnehmen. Wie die Abbildung zeigt, wird für den Bereich kleiner Kurzschlußströme mit $I''_{kG}/I_{nG} \leq 2$ das Abklingverhalten vernachlässigt und demzufolge der Kurzschluß vereinfachend als generatorfern behandelt.

Auch bei dieser weiter vereinfachten Methode ist zunächst wiederum der Kurzschlußstrom I''_{kG} für jeden Generator zu ermitteln. Anstelle einer Auswertung der Beziehung (4.89) ist dabei jedoch der Quotient I''_{kG}/I_{nG} zu bilden und anschließend aus dem Diagramm 6.13 der zugehörige Abklingfaktor abzulesen, wobei Zwischenwerte für den Mindestschaltverzug t_{vmin} linear zu interpolieren sind. Mit der Gl. (6.13) erhält man dann den gewünschten Ausschaltwechselstrom I_{aG}. Falls bei einer Schalterdimensionierung der errechnete Strom in dem Grenzbereich des Ausschaltvermögens liegt, sollte eine Nachrechnung mit den individuellen Generatordaten erfolgen.

Für den noch fehlenden Grenzwert des Kurzschlußwechselstroms, den Dauerkurzschlußstrom I_{kG} können bei vermaschten Netzen keine ähnlich einfachen Methoden angegeben werden. Aus diesem Grunde schätzt die DIN VDE 0102 bei solchen Netzen den Dauerkurzschlußstrom mit dem Anfangskurzschlußwechselstrom I''_{kG} zur sicheren Seite ab. Die einzige Modifikation besteht darin, daß die Beiträge von Motoren zu I''_{kG} unberücksichtigt bleiben.

Bei den bisherigen Kurzschlußstromberechnungen sind die Übersetzungen der Transformatoren $\ddot{u}_T$ als bekannte Größen angesehen worden. Üblicherweise kann davon ausge-

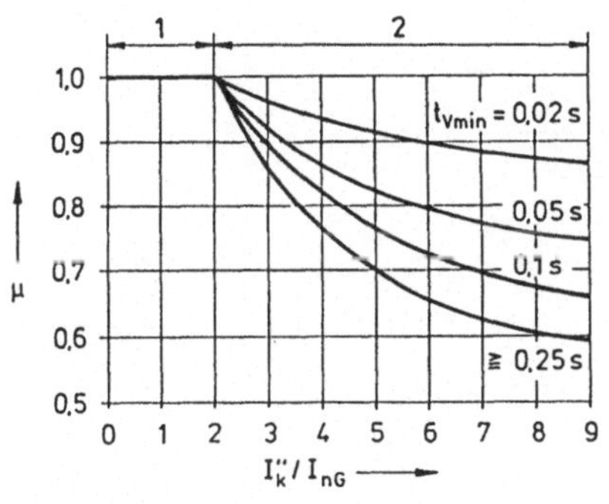

Bild 6.13

Diagramm zur Ermittlung des Abklingfaktors μ für technisch übliche Generatorausführungen

1: generatorfern
2: generatornah

gangen werden, daß es sich dabei um *die Nennübersetzungen* $\ddot{u}_{nT}$ handelt. Sofern die Umspanner Kurzschlußspannungen von $u_k > 10\%$ aufweisen, kann sich jedoch für ungünstige Lastverhältnisse oder bei eingeschränktem Netzbetrieb – z.B. durch Wartung – in den Netzen die Spannungshaltung merklich verschlechtern. Bei solchen Betriebsverhältnissen läßt sich gemäß Abschnitt 4.2.5.1 über den Stufenschalter die Kurzschlußreaktanz X_k verkleinern und auf diesem Wege ein besseres Spannungsverhalten erzielen. Allerdings vergrößern sich dadurch zumindest in den Einspeisebereichen des Netzes die Kurzschlußströme. Für Planungsrechnungen wäre es nun eine naheliegende Worst-Case-Abschätzung, jeweils die kleinste Reaktanz X_k bei der Kurzschlußstrombestimmung anzusetzen. Die damit verknüpften Lastverhältnisse, insbesondere bei mehrfach gespeisten Netzen, entsprechen häufig nicht den tatsächlich auftretenden, günstigeren Betriebsverhältnissen, so daß sich mit der Wahl minimaler Reaktanzen zu große Kurzschlußströme ergeben würden. Um stattdessen von realistischen Einstellungen auszugehen, wären prinzipiell einer Kurzschlußstromermittlung eine Reihe von Lastflußrechnungen vorzuschalten mit dem Ziel, z.B. über einen Variantenvergleich die geeigneten Übersetzungen zu finden. Der damit verbundene Aufwand läßt sich erheblich verringern, sofern vereinfachend von den folgenden Annahmen ausgegangen wird: Auf der Ober- und Unterspannungsseite des jeweiligen Transformators trete die Nennspannung U_{nT} auf; der Umspanner wird mit Nennleistung betrieben und der Leistungsfaktor weise innerhalb der betrieblichen Grenzen einen besonders niedrigen Wert auf. Mit diesen Festlegungen lassen sich die gesuchten Übersetzungen sogar analytisch bestimmen. Weitere Einzelheiten dazu sind der DIN VDE 0102, [32] und [102] zu entnehmen.

Kurzschlußströme führen im allgemeinen zu einer hohen thermischen und mechanischen Beanspruchung der Betriebsmittel. Auf diese Beanspruchungen wird in Kapitel 7 eingegangen.

6.3 Aufgaben

Aufgabe 6.1: Im Bild ist ein 10-kV-Mittelspannungsnetz dargestellt, das, wie üblich, als Strahlennetz betrieben wird. An der mit K (Klusenweg) gekennzeichneten Station trete ein dreipoliger Kurzschluß auf. Alle Kabel seien jeweils in einer Ebene verlegt. Die Entfernung Schwerte-Haselackstraße sei 2 km, die Länge der zugehörigen Kabel ebenfalls. Vereinfachend können alle weiteren benötigten Abstände zu 500 m angenommen werden (T: offene Trennstelle).

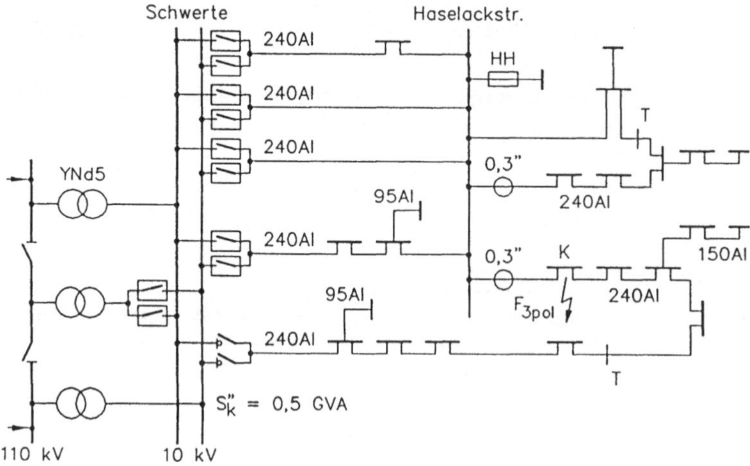

a) Liegt ein generatorferner oder generatornaher Kurzschluß vor?

b) Welcher der in den Kabeltabellen (s. Anhang) angegebenen Widerstandswerte ist bei der Berechnung des Kurzschlußstroms zu verwenden (Gleichstromwiderstand bei 20 °C oder betriebswarmer Wechselstromwiderstand)?

c) Berechnen Sie den Anfangskurzschlußwechselstrom I_k''.

d) Ermitteln Sie den Stoßkurzschlußstrom I_s sowie den Ausschaltwechselstrom I_a und den Dauerkurzschlußstrom I_k.

Aufgabe 6.2: In dem Bild ist ein Hochspannungsnetz dargestellt. Bei den Freileitungen handelt es sich um Doppelsysteme. Die Blöcke G_1, G_2 seien in Revision, der Block G_9 befindet sich im Nennbetrieb. Bei diesem Betriebszustand trete an der Sammelschiene SS4 ein dreipoliger Kurzschluß auf. Die an den Haupttransformatoren vorhandene Ausgleichswicklung, eine spezielle Tertiärwicklung, ist für diese Rechnung ohne Belang. Die Reaktanzen der Freileitungen sind aus dem Anhang zu entnehmen, die Wirkwiderstände sind mit Hilfe der angegebenen R/X-Werte zu ermitteln. Die Wirkwiderstände der Transformatoren T_1 bis T_8 und der Netzeinspeisung können im Vergleich zu den Wirkwiderständen der Leitungen vernachlässigt werden.

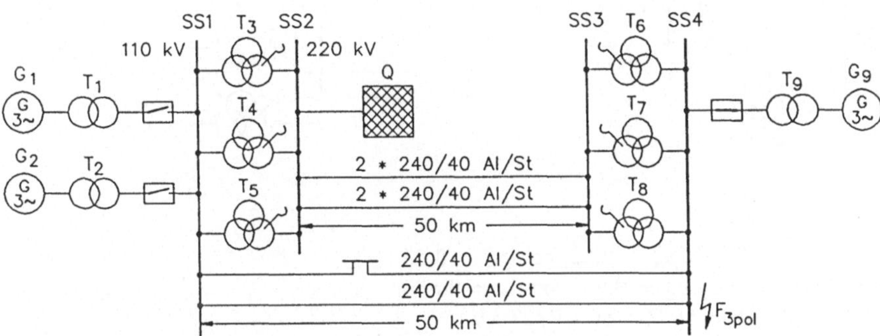

Daten der Betriebsmittel:

G_1, G_2: 10,5 kV; 100 MVA; $x_d'' = 0{,}16$; $R/X_d'' = 0{,}05$

G_9: 21,0 kV; 225 MVA; $x_d'' = 0{,}19$; $x_d' = 0{,}27$; $x_d = 1{,}5$; $T_d'' = 0{,}03$ s; $T_d' = 1{,}3$ s; $R/X_d'' = 0{,}05$; $\cos \varphi_n = 0{,}8$

T_1, T_2: 120 MVA; $u_k = 10$ %; $\ddot{u} = 123$ kV/10,5 kV

$T_3 \ldots T_8$: 200 MVA; $u_k = 12$ %; $\ddot{u} = 220$ kV/110 kV

T_9: 250 MVA; $u_k = 10$ %; $\ddot{u} = 110$ kV/21 kV; $R/X = 0{,}03$

Q: $S_{kQ}'' = 20$ GVA

Freileitungen 220 kV: Zweierbündel; $R/X = 0{,}26$
Freileitungen 110 kV: $R/X = 0{,}30$.

a) Berechnen Sie mit dem Überlagerungsverfahren den Anfangskurzschlußwechselstrom I_k''.

b) Berechnen Sie den Stoßkurzschlußstrom I_s mit Hilfe des Stoßfaktors κ.

c) Ermitteln Sie die damit verbundene maximale Fehlerschranke, indem Sie die Kennlinie in Bild 6.7 verwenden.

d) Bestimmen Sie mit Hilfe der Gl. (4.89) den Ausschaltwechselstrom I_a, der nach der Verzugszeit $t_v = 0{,}2$ s an der Fehlerstelle auftritt.

e) Wie verändern sich prinzipiell die erhaltenen Ergebnisse, wenn alle Wirkwiderstände vernachlässigt werden?

Aufgaben 6.3: Führen Sie die Kurzschlußstromberechnung in Aufgabe 6.2 mit Hilfe des Ersatzspannungsquellenverfahrens erneut durch und vergleichen Sie die Ergebnisse.

Aufgaben 6.4: Dargestellt ist ein 400-kV-Höchstspannungsnetz, das aus mehreren Kernkraftwerken versorgt wird. Der Block G_1 befinde sich in Revision, die anderen Generatoren werden mit Nennlast betrieben. Bei den Freileitungen handelt es sich um Doppelsysteme.

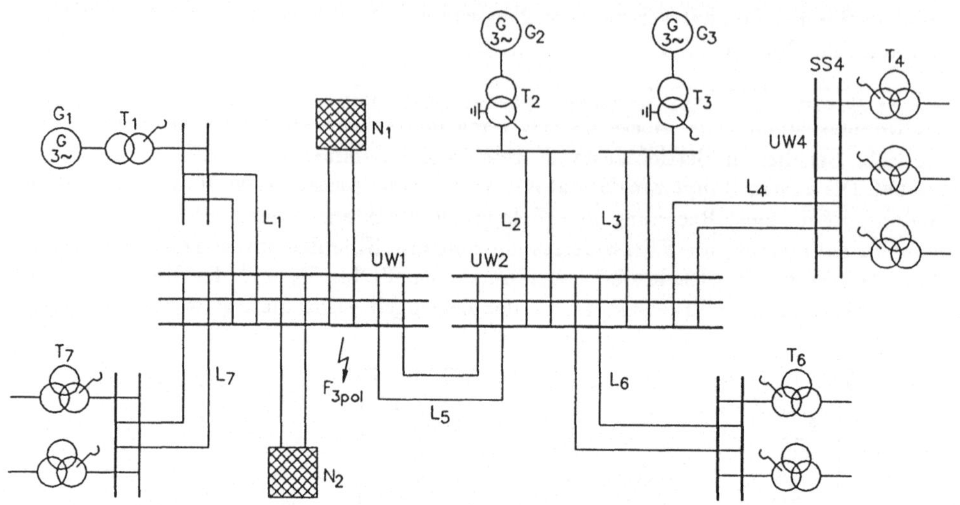

Daten der Betriebsmittel:

G_1, G_2:	1300 MVA; 27 kV; $x_d'' = 0{,}32$; $\cos \varphi_n = 0{,}85$
G_3:	900 MVA; 27 kV; $x_d'' = 0{,}23$; $\cos \varphi_n = 0{,}85$
T_1, T_2:	1400 MVA; $u_k = 16\ \%$; 380 kV/27 kV
T_3:	1100 MVA; $u_k = 13\ \%$; 380 kV/27 kV
T_4, T_6, T_7:	350 MVA; $u_k = 12\ \%$; 380 kV/110 kV
N_1, N_2:	$S_k'' = 20$ GVA
L_1, L_2, L_4:	Viererbündel 240/40 Al/St; 50 km
L_3:	Viererbündel 240/40 Al/St; 10 km
L_5:	Viererbündel 240/40 Al/St; 100 km
L_6, L_7:	Viererbündel 240/40 Al/St; 80 km.

Im Umspannwerk 1 trete an der Sammelschiene ein dreipoliger Kurzschluß auf.

a) Berechnen Sie die sich einstellenden dreipoligen Anfangskurzschlußwechselströme I_k'' an der Fehlerstelle und in den Einspeisungen.

b) Berechnen Sie den Stoßkurzschlußstrom an der Fehlerstelle über ein vereinfachtes Verfahren, das den Strom zur sicheren Seite abschätzt.

c) Berechnen Sie mit Hilfe der Abklingfaktoren gemäß Bild 6.13 den Ausschaltwechselstrom für einen Mindestschaltverzug von $t_v = 0{,}15$ s.

Hinweis: Beachten Sie, daß die subtransiente Reaktanz den Wert $x_d'' = 0{,}2$ übersteigt.

Aufgabe 6.5: In Aufgabe 6.4 ist ein Höchstspannungsnetz dargestellt, bei dem an der Sammelschiene SS4 ein dreipoliger Kurzschluß auftreten möge. Die Netzeinspeisung N_1 sowie die Generatoren G_1, G_3 mögen die Last decken. Die Einspeisung N_2 und der Generator G_2 seien abgeschaltet.

a) Stellen Sie die Admittanzform unter der Voraussetzung auf, daß die Generatoren eine subtransiente Reaktanz $x_d'' > 0,2$ aufweisen und nicht auf das Ersatzspannungsquellenverfahren zurückgegriffen werden soll, da es in diesem Fall zusätzliche Näherungen aufweist. In dem Ersatzschaltbild sollen die Knotennummern von links nach rechts aufsteigend gezählt werden. Dem Generator G_1 wird die Nummer 1, der Netzeinspeisung N_1 die Nummer 3 und dem Generator G_3 die Nummer 5 zugeordnet.

b) Stellen Sie die äquivalente Admittanzform auf, wenn für die subtransiente Reaktanz $x_d'' \leq 0,2$ gilt und das Ersatzspannungsquellenverfahren direkt in der beschriebenen Weise angewendet werden kann.

c) Zeigen Sie, daß im Falle des Ersatzspannungsquellenverfahrens eine Matrixinversion genügt, um für alle Netzknoten den Kurzschlußstrom zu bestimmen.

7 Kurzschlußfestigkeit von Anlagen

Neben einer ausreichenden elektrischen Festigkeit gegen Überspannungen (s. Abschnitt 4.12.1) müssen Netzanlagen den mechanischen und thermischen Beanspruchungen gewachsen sein, die durch Kurzschlüsse verursacht werden; die Anlagen müssen, wie man sagt, *kurzschlußfest* sein. Lichtbogenkurzschlüsse stellen dabei, wie aus dem nächsten Abschnitt hervorgeht, eine besondere Gefahrenquelle dar.

7.1 Lichtbogenkurzschlüsse in Anlagen

Eine Reihe von Fehlern, u.a. Überspannungen, können Lichtbogen auslösen, die erst dann wieder verlöschen, wenn diejenigen Mindeststromstärken unterschritten werden, die der DIN-VDE-Bestimmung 0228 Teil 2 zu entnehmen sind. Die Temperatur einer Lichtbogensäule beträgt ca. 10000...30000 °C. Bei dieser Temperatur ist insbesondere die thermische Ionisation so ausgeprägt, daß genügend Ladungsträger vorhanden sind, um den Stromkreis zu schließen. Das dann vorhandene Plasma verhält sich in elektrischer Hinsicht, wie aus Bild 7.1 zu ersehen ist, nichtlinear. Um zumindest einen Richtwert für den Spannungsabfall zu erhalten, ist die mittlere elektrische Feldstärke des Lichtbogens E_l ein geeigneter Parameter, denn diese Größe ändert sich in relativ engen Grenzen. So stellt sich für einen frei brennenden Lichbogen ohne Zusätze von vergasenden Isolierstoffen oder Metalldämpfen ein Effektivwert im Bereich

$$1\,\frac{\text{kV}}{\text{m}} < E_l < 2\,\frac{\text{kV}}{\text{m}}$$

ein. Die größeren Werte gelten dabei für stromstarke Lichtbogen ab etwa 15 kA. Der Spannungsabfall an einem Lichtbogen wächst bei einer homogenen Bogensäule mit der Länge des Lichtbogens l_l und ergibt sich stark vereinfachend zu

$$U_l = E_l \cdot l_l \,.\tag{7.1}$$

Die Länge eines Lichtbogens ist u.a. in Bild 7.1 veranschaulicht. Für den Lichtbogen wird im wesentlichen nur Wirkleistung benötigt. Im Ersatzschaltbild genügt es daher, dem Lichtbogen einen ohmschen Widerstand zuzuordnen. Bereits stark vereinfachte Lichtbogenmodelle führen bei der Berechnung dieser Größen auf recht komplizierte Beziehungen. Sie zeigen, wie auch Messungen bestätigen, daß der ohmsche Widerstand nichtlinear von der Brenndauer und vom Lichtbogenstrom, dem Kurzschlußstrom, abhängt. Eine hinreichend genaue Berechnung ist zur Zeit in allgemeiner Form noch nicht möglich. Eine erste Abschätzung der Größenordnung ist jedoch mit Gl. (7.2) und dem sogenannten

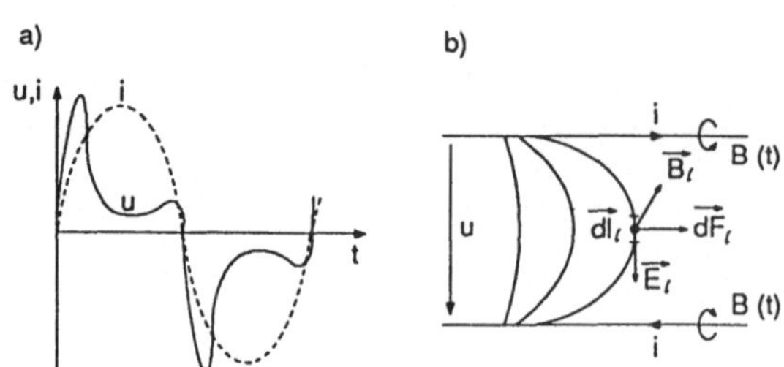

Bild 7.1

Spannungs- und Feldverhältnisse bei einem Lichtbogen

a) Strom-Spannungs-Verhalten bei Netzfrequenz

b) schematische Darstellung der Feldverhältnisse

unbeeinflußten Kurzschlußstrom I_k'' möglich, also dem Strom, der ohne Berücksichtigung des Lichtbogenwiderstands auftritt:

$$R_l = \frac{U_l}{I_k''} = \frac{E_l \cdot l_l}{I_k''} \; . \tag{7.2}$$

Die Auswertung dieser Beziehung sowie Messungen zeigen, daß der Widerstand im Bereich von einigen Ohm liegt. Die im Lichtbogen umgesetzte Wirkleistung, die *Lichtbogenleistung*, ermittelt sich daraus zu

$$P_l = I_k'' \cdot E_l \cdot l_l \; . \tag{7.3}$$

Die Lichtbogenleistung ist nicht mit der Kurzschlußleistung $S_k'' = \sqrt{3} \cdot U_{nN} \cdot I_k''$ zu verwechseln, die meist erheblich größer ist. Sie stellt eine Rechengröße zur Kennzeichnung des Kurzschlußverhaltens von Netzen dar. Die *Lichtbogenleistung*, eine Wirkleistung, wird dagegen *physikalisch real* zu ca. 95 % in Form von Wärme an die Umgebung abgegeben. Der restliche Anteil wird infolge von Stoßionisationen in elektromagnetische Strahlung umgesetzt, die ein beachtliches Maß an ultraviolettem Licht enthält, das für das menschliche Auge schädlich ist. Die Wärmeentwicklung und Strahlung führen zu einer weiteren Ionisation der umgebenden Luft bzw. Gasatmosphäre. Dadurch sinkt ihre elektrische Festigkeit. Als Folge davon können weitere Durchschläge in der Anlage auftreten. Ein Übergreifen auf andere Felder der Schaltanlage ist jedoch unwahrscheinlich, sofern bei der Errichtung und beim Betrieb der Anlage die zuständigen DIN-VDE-Bestimmungen, z.B. 0101, 0111 und 0670, eingehalten werden. Dann ist auch sichergestellt, daß keine Gefährdung für das Betriebspersonal besteht, solange die Anlagenbereiche nicht verlassen werden, die auch während des Betriebes für eine Begehung zulässig sind.
Bei den sehr kompakt gebauten Mittelspannungsanlagen sind die Abstände erheblich kleiner als in Freiluftanlagen (s. Abschnitt 4.11). Durch das Einziehen von Trennwänden bzw. durch die Kapselung wird u.a. das erforderliche Maß an Sicherheit erreicht.
Die Trennwände verhindern dort zugleich auch ein Wandern der Lichtbogen zwischen den Leitern über größere Distanzen. Zum Wandern neigen insbesondere die stromstärkeren Lichtbogen, etwa ab Kurzschlußströmen von 5 kA, wobei die Bewegung stets von der Einspeisung weg erfolgt. Als Beispiel sei die Wanderungsgeschwindigkeit bei Lichtbogen mit Strömen von ca. 20 kA genannt. Sie beträgt etwa 100 m/s. Verursacht wird dieses Verhalten durch die elektrodynamischen Kräfte F_l, die sich aus der Beziehung

$$d\vec{F_l} = (d\vec{l_l} \times \vec{B_l}) \cdot i \tag{7.4}$$

bestimmen lassen [9]. Die Größe dl_l bezeichnet darin ein Wegelement der Bogensäule; B_l kennzeichnet die durch die Außenleiterströme i verursachte Induktion.
An Hindernissen, z.B. Trennwänden, bleiben Lichtbogen stehen; die Kräfte führen dann lediglich zu einer Aufbauchung der Lichtbogen. Das Stehenbleiben der Lichtbogenfußpunkte verursacht dann einen merklichen Abbrand an den Elektroden. Es hat sich gezeigt, daß bei Lichtbogen in Luft unabhängig vom Material ca. 5...10 g Abbrand pro kAs auftreten. Dieser Zusammenhang ist häufig eine Hilfe bei Störungsaufklärungen. Aus der Abbrandmenge und der Brenndauer des Lichtbogens, die in erster Näherung mit der Auslösezeit des Schutzes, übereinstimmt, kann auf den Lichtbogenstrom geschlossen werden, der meist weitere Hinweise zur Kennzeichnung der Fehlersituation ermöglicht. Im weiteren wird auf die mechanische Beanspruchung einer Anlage im Kurzschlußfall eingegangen.

7.2 Mechanische Kurzschlußfestigkeit

Stromdurchflossene Leiter werden bekanntlich mit elektrodynamischen Kräften belastet. Bei normalen Betriebsströmen sind diese Kräfte üblicherweise gering. Im Kurzschlußfall können sie jedoch infolge der hohen Kurzschlußströme sehr große Werte annehmen und sind für die Auslegung der Anlage maßgebend. Beanspruchungen durch eventuell wirksame Fremdlasten werden im weiteren nicht berücksichtigt. Der prinzipielle Ablauf dieser Rechnungen wird zunächst an einer besonders einfachen Anlage dargestellt.

7.2.1 Auslegung von linienförmigen, biegesteifen Leitern

Zunächst wird der Spezialfall von parallelen, linienförmigen Leiterschienen betrachtet, die darüber hinaus noch biegesteif sein sollen. Solche Leiter werden im folgenden als *Hauptleiter* bezeichnet. Linienförmige Leiterschienen liegen immer dann vor, wenn der Querschnitt der Schienen klein im Vergleich zu der Schienenlänge und ihren gegenseitigen Abständen ist. Für die in Bild 7.2 dargestellte Anordnung von zwei Schienen werden die Kräfte ermittelt.

Die Stromkräfte von linienförmigen Leitern lassen sich mit der bereits angeführten Beziehung (7.4) ermitteln. Dabei kennzeichnet $d\vec{l}$ ein Wegelement des jeweils betrachteten Leiters. Die Größe $\vec{B}$ stellt die Induktion dar, die auf dieses Wegelement wirkt. Die Kräfte sind entsprechend Gl. (7.4) gleichmäßig über die ganze Leiterlänge verteilt und wirken als *Streckenlast*. Wie aus dieser Beziehung weiter hervorgeht, ziehen sich die beiden Leiter bei gleichgerichteten Strömen an und stoßen sich bei entgegengesetzt verlaufenden Strömen ab.

Die zeitabhängigen Ströme führen auch zu zeitabhängigen Kräften. Sie berechnen sich bei einem Leiterabstand a_H für den Leiter 1 der Anordnung in Bild 7.2 zu

$$\frac{dF_1}{dl_1} = B_2(t) \cdot i_1(t) \tag{7.5}$$

mit

$$B_2(t) = i_2(t) \cdot \frac{\mu_0}{2 \cdot \pi \cdot a_H} \,. \tag{7.6}$$

Über die ganze Leiterlänge l addieren sich die Teilkräfte dF zu

$$F_1(t) = l \cdot \frac{\mu_0}{2 \cdot \pi \cdot a_H} \cdot i_1(t) \cdot i_2(t) \,. \tag{7.7}$$

Bei einem einphasigen System, bei dem definitionsgemäß $i_1(t) = -i_2(t)$ gilt, berechnet sich für den speziellen Fall eines sinusförmigen Leiterstroms die Amplitude dieser

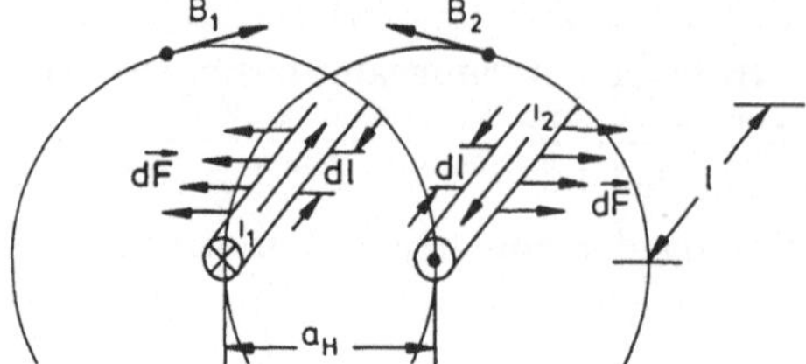

Bild 7.2
Kraftwirkung $d\vec{F}$ auf zwei stromdurchflossene parallele Leiter

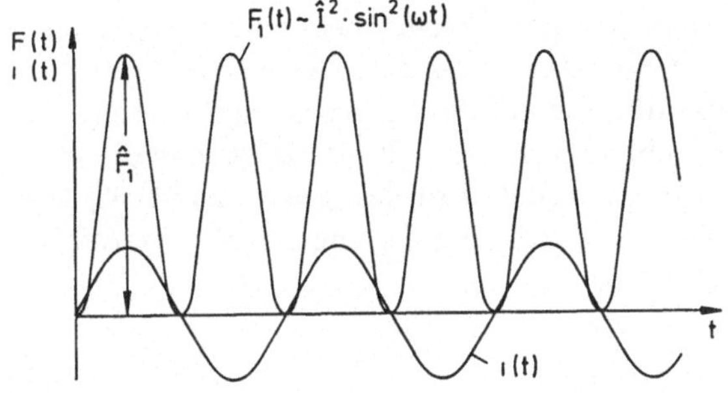

Bild 7.3
Kräfteverlauf bei einem einphasigen
System für einen sinusförmigen
Leiterstrom

Kraft $F_1(t)$ zu

$$\hat{F}_1 = l \cdot \frac{\mu_0}{2 \cdot \pi \cdot a_H} \cdot \hat{I}^2 \; . \tag{7.8}$$

In Bild 7.3 ist der gesamte Verlauf der Leiterkräfte für diesen Spezialfall dargestellt.
Bei einem Drehstromsystem treten kompliziertere Verhältnisse auf, da die Ströme in den
einzelnen Leitern meist phasenverschoben sind und im Kurzschlußfall zusätzlich Gleich-
anteile enthalten. Die folgenden analytischen Ableitungen werden auf die in Bild 7.4 dargestellte, spezielle Leiteranordnung beschränkt, die – wie üblich – gleich große Abstände
und Querschnitte aufweisen soll. Für anders angeordnete Leiter ist eine gesonderte Betrachtung notwendig, die, wenngleich auch analytisch aufwendiger, von der Methodik her
völlig analog durchzuführen ist.
Gemäß Gl. (7.4) können die Leiterkräfte nur berechnet werden, wenn das von anderen
Leitern herrührende Feld bekannt ist. Diese Rechnung gestaltet sich bei der Anordnung
in Bild 7.4 sehr einfach, da die Leiterschienen in einer Ebene liegen. Die Felder können
arithmetisch addiert werden. Die Gl. (7.4) nimmt damit die Form

$$F_2(t) = l \cdot \frac{\mu_0}{2 \cdot \pi \cdot a_H} \cdot [i_1(t) - i_3(t)] \cdot i_2(t) \tag{7.9}$$

an. Die entsprechenden Beziehungen für die anderen Leiter ergeben sich analog.
Um nun eine kurzschlußfeste Anordnung zu erhalten, ist von der ungünstigsten Beanspruchung auszugehen, die in einem Fehlerfall auftreten kann. Wenn man voraussetzt,
daß stets nur ein Fehler zur Zeit vorhanden ist, stellt der dreipolige Kurzschluß den
ungünstigsten Fehler dar. Abhängig vom Schaltwinkel α bilden sich im Falle eines generatornahen dreipoligen Kurzschlusses gemäß Kapitel 6 die Ströme

$$\begin{aligned}
i_1(t) &= I_k'' \cdot [sin(\omega t - \alpha - \varphi)] + i_{g1}(t, \alpha) \\
i_2(t) &= I_k'' \cdot [sin(\omega t - 120° - \alpha - \varphi)] + i_{g2}(t, \alpha) \\
i_3(t) &= I_k'' \cdot [sin(\omega t - 240° - \alpha - \varphi)] + i_{g3}(t, \alpha)
\end{aligned} \tag{7.10}$$

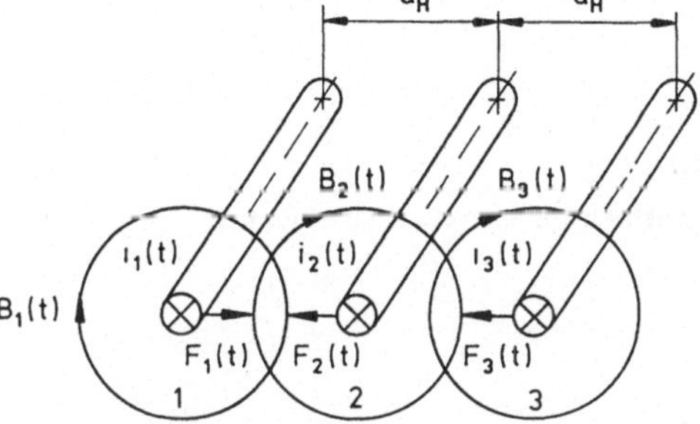

Bild 7.4
Kraftwirkung bei einem
Drehstromsystem

aus. Mit i_{g1}, i_{g2}, i_{g3} sind dabei die Gleichstromanteile bezeichnet, und der Winkel φ stellt die Phasenverschiebung des Stroms zur Sternspannung dar. Die Beziehungen (7.4) und (7.10) bestimmen demnach die Stromkräfte, die auf die Leiterschienen wirken.

Eine genaue Diskussion dieser wiederum zeitabhängigen Stromkräfte zeigt, daß die mittlere Leiterschiene mechanisch am stärksten beansprucht wird. Die größte Kraft F_H tritt dort auf, wenn der Kurzschluß 45° nach dem Nulldurchgang der zugehörigen Sternspannung einsetzt. Die Kraft F_H ergibt sich dann zu

$$F_H = l \cdot \frac{\mu_0}{2 \cdot \pi} \cdot \frac{\sqrt{3}}{2} \cdot I_{s_{3pol}}^2 \cdot \frac{1}{a_H} \; . \tag{7.11}$$

Mit der Größe $I_{s_{3pol}}$ wird in dieser Beziehung, wie bisher, der Stoßkurzschlußstrom bezeichnet. Hervorzuheben ist, daß unter diesen Bedingungen die größte mechanische Beanspruchung auftritt. Zu bemerken ist jedoch, daß bei diesem Schaltwinkel in keinem der drei Leiter der Stoßkurzschlußstrom fließt (s. Kapitel 6). Gemäß DIN VDE 0103 kann Gl. (7.11) auch angewendet werden, wenn die drei Leiter ein gleichseitiges Dreieck bilden. Bei dieser Anordnung sind aufgrund der Symmetrie alle Leiter gleichberechtigt. Infolgedessen tritt die so berechnete maximale Kraft zeitlich versetzt bei jeder Leiterschiene auf. Mit diesen Betrachtungen sind die *Beanspruchungsgrößen* der Schienen ermittelt. Nun kann ihre *Dimensionierung* vorgenommen werden.

Bei der Dimensionierung der Leiterschienen wird die erläuterte Zeitabhängigkeit zunächst formal nicht berücksichtigt. Die maximale Kraft F_H wird als *Dauerlast* angenommen, so daß die in der Mechanik üblichen Berechnungsmethoden für *statische Probleme* angewendet werden können. Sie sind jeder Grundlagenliteratur, z.B. [49], zu entnehmen und sollen daher nur kurz skizziert werden.

Das in Bild 7.5 dargestellte Leitersystem ist zweifach gelagert. Man faßt es entsprechend den Regeln der Mechanik als zweiseitig eingespannten Balken auf. Bei einer solchen Anordnung nimmt das größte Biegemoment, wie sich nach einer Berechnung der Auflagerkräfte zeigt, den Wert

$$M_H = \frac{F_H \cdot l}{8} \tag{7.12}$$

an. Mit dem Widerstandsmoment W_H, das für den jeweils vorliegenden Schienenquerschnitt z.B. [31] zu entnehmen ist, errechnet sich dann die mechanische Biegespannung σ_H des Leiters daraus zu

$$\sigma_H = \frac{M_H}{W_H} \; . \tag{7.13}$$

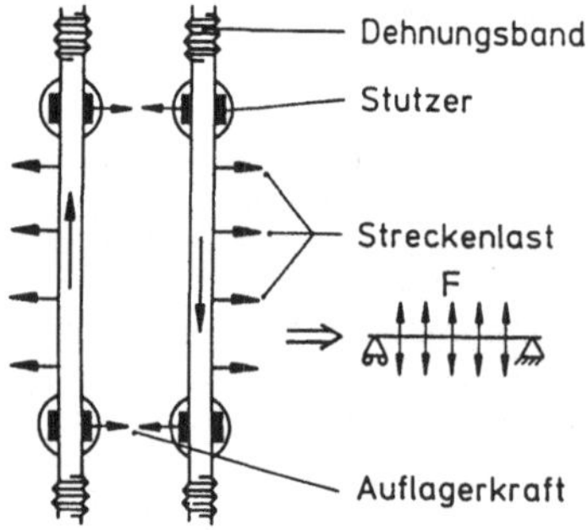

Bild 7.5
Zweifach gelagertes Leitersystem

Diese mechanische Spannung muß stets kleiner sein als eine zulässige Biegespannung:

$$\sigma_H \leq \sigma_{zul} \, . \tag{7.14}$$

Leiter gelten erfahrungsgemäß als kurzschlußfest, wenn diese mechanische Spannung zu

$$\sigma_{zul} = q \cdot \sigma_{0,2} \tag{7.15}$$

gewählt wird. Der Faktor q ist vom Leiterprofil abhängig und weist bei rechteckigen Leitern den Wert 1,5 auf (s. DIN VDE 0103). Mit $\sigma_{0,2}$ wird die Streckgrenze des jeweiligen Materials bezeichnet, bei der nach einer Zugspannung eine Materialdehnung von 0,2 % bestehen bleibt. Bei einer Dimensionierung mit dem höheren Wert σ_{zul} können bleibende Durchbiegungen bis zu 1 % des Stützerabstandes auftreten. Derartige kleine Verformungen beeinträchtigen die Funktionsfähigkeit der Analge nicht und können daher als zulässig angesehen werden. Im Unterschied zu einer rein statischen Aufgabenstellung kann die zulässige mechanische Spannung relativ hoch angesetzt werden, da die Kraftspitzen nur sehr kurzzeitig wirken.

Durch den Faktor q wird somit die Zeitabhängigkeit der Beanspruchung indirekt berücksichtigt. Lediglich im Falle einer sogenannten Kurzunterbrechung (s. Abschnitt 7.3) treten stärkere dynamische Beanspruchungen auf, die durch eine Erhöhung der ermittelten Spannung σ_H um einen Faktor 1,8 berücksichtigt werden (s. DIN VDE 0103).

Es hat sich gezeigt, daß dieses Verfahren in manchen Fällen zu einer überdimensionierten Anlage führt. Genauere und aufwendigere Berechnungsmethoden können die Zeitabhängigkeit besser berücksichtigen. Eine weitere Vertiefung soll in dieser Einführung jedoch nicht erfolgen. Ein genaueres Verfahren ist u.a. in der DIN-VDE-Bestimmung 0103 dargestellt.

In diesem Zusammenhang sei darauf hingewiesen, daß sich für andere Lagerungen der Leiter andere mechanische Modelle und damit auch andere Beziehungen ergeben, die u.a. den gängigen Handbüchern und auch der DIN-VDE-Bestimmung 0103 für übliche Ausführungen zu entnehmen sind. Das prinzipielle Berechnungsverfahren läuft analog ab. Ein Beispiel für ein anderes mechanisches Modell zeigt Bild 7.6.

Abschließend soll noch kurz die allgemeinere Aufgabenstellung betrachtet werden, daß gekrümmte, dünne Leiter vorliegen, die ebenfalls wiederum biegesteif sein sollen (Bild 7.7). Bei der Bestimmung der Beanspruchungsgrößen von gekrümmten Leitern ist zu beachten, daß prinzipiell neben den Fremdfeldern von den anderen Leitern noch das Eigenfeld des jeweils betrachteten Leiters zu berücksichtigen ist. Dieses Eigenfeld bewirkt eine zusätzliche Kraft auf den erzeugenden Leiter. Bei geradlinigen Leitern kommt dieser Anteil nicht zum Tragen. Die einzelnen Feldanteile lassen sich über das Biot-Savartsche Gesetz bestimmen. Insgesamt stellt sich ein ungleichmäßiges magnetisches Feld und damit auch

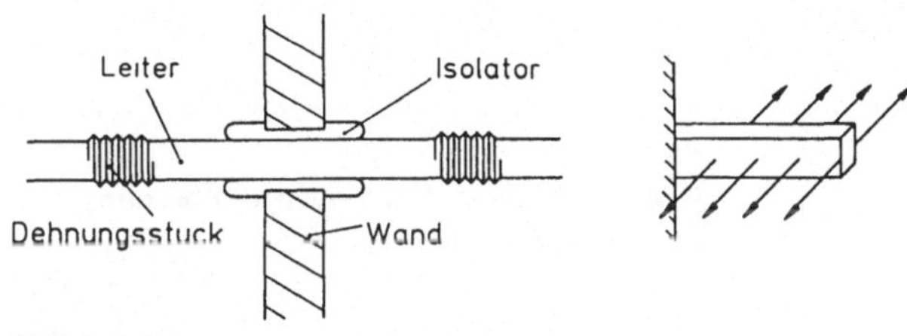

Bild 7.6
Leiterdurchführung und ihr mechanisches Modell

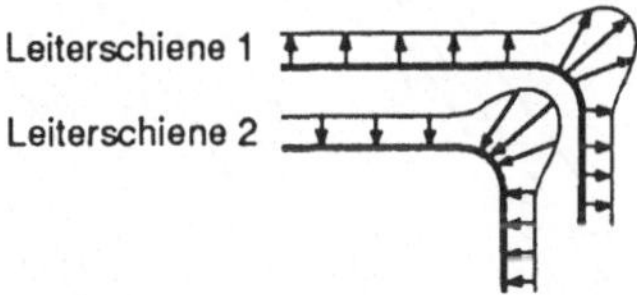

Bild 7.7
Ungleichmäßige Verteilung der Streckenkraft an zwei parallelen, rechtwinklig gebogenen Leitern

eine ungleichmäßige Verteilung der Streckenkraft dF/dl ein. Dieses Verhalten ist an zwei
parallelen, rechtwinklig gebogenen Leitern veranschaulicht (Bild 7.7). Der Kraftanstieg
ist dabei umso ausgeprägter, je kleiner der Krümmungsradius ist und geht theoretisch
im Falle einer Ecke in einen Pol über [50], [103]. Bei den fertigungstechnisch üblichen
Biegeradien braucht diese zusätzliche Kraftwirkung jedoch nur in Sonderfällen beachtet zu werden, wie z.B. in Hochstromprüffeldern, in denen Extrembeanspruchungen zu
erwarten sind.

Besondere Verhältnisse liegen bei dreipolig gekapselten Anlagen vor. Aufgrund der hohen
Permeablität des umgebenden Stahlbleches wird das Magnetfeld der drei Stromleiter in
die Kapselung hineingezogen. Dadurch verringert sich die Kraftwirkung zwischen den
Leitern. Zusätzlich treten jedoch Kräfte zwischen den Leitern und der Kapselung sowie
zu benachbarten Kapselungen auf. Genauere Ausführungen sind der DIN VDE 0103 sowie
[104] und [105] zu entnehmen.

7.2.2 Auslegung von Leiterschienen mit großen Querschnittsabmessungen

Gl. (7.11) gilt streng genommen nur für linienförmige Stromleiter. Die Erfahrung hat
gezeigt, daß die angegebenen Beziehungen in erster Näherung noch für Leiter beliebigen
Querschnitts gültig sind, sofern ihr Abstand etwa um den Faktor 10 größer ist als die
größte Leiterabmessung. Bei *Hochstromschienen*, also Leiterschienen, die mit größeren
Strömen belastet werden (Bild 7.8), treffen diese Voraussetzungen häufig nicht zu. Hochstromschienen werden z. B. als *Generatorableitungen* benötigt, die – häufig in gekapselter
Bauweise – Generator und Transformator miteinander verbinden.

Eine genaue Bestimmung der Kraftwirkungen in solchen Anordnungen setzt zunächst die
Kenntnis der magnetischen Felder voraus. Deren Berechnung, einschließlich der Wirbelstromeffekte, ist überwiegend nur noch numerisch möglich [106], [107].

Um die praktische Projektierungstätigkeit von solchen aufwendigen Rechnungen zu entlasten, sind die Ergebnisse für einzelne Profile in normierter Form dargestellt. Über Korrekturfaktoren gehen sie in die bisher bekannten Berechnungsverfahren ein [5]. Für die
besonders häufig eingesetzten Rechteckprofile ist eine solche normierte Darstellung aus
Bild 7.9 zu ersehen. Es wird in der Beziehung (7.11) anstelle der Leiterabstände a_H ein
korrigierter Wert a_T eingeführt, so daß sich die modifizierte Form

$$F_H = l \cdot \frac{\mu_0}{2 \cdot \pi} \cdot \frac{\sqrt{3}}{2} \cdot I^2_{s\,3pol} \cdot \frac{1}{a_T} \tag{7.16}$$

ergibt. Die Größe a_T kann als *wirksamer Mittenabstand* des am stärksten beanspruchten

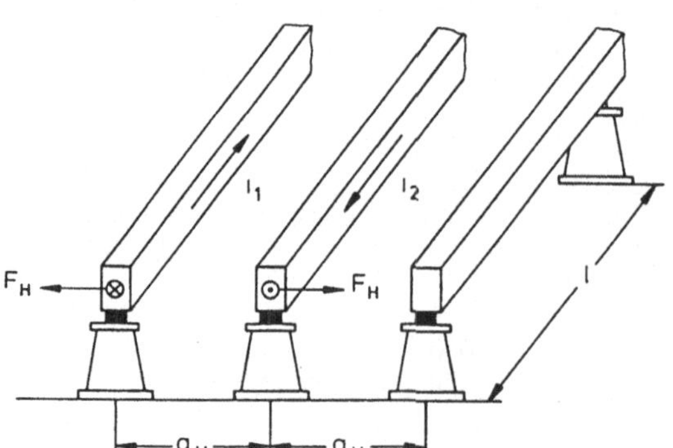

Bild 7.8
Kraftwirkung auf stromdurchflossene
Sammelschienen

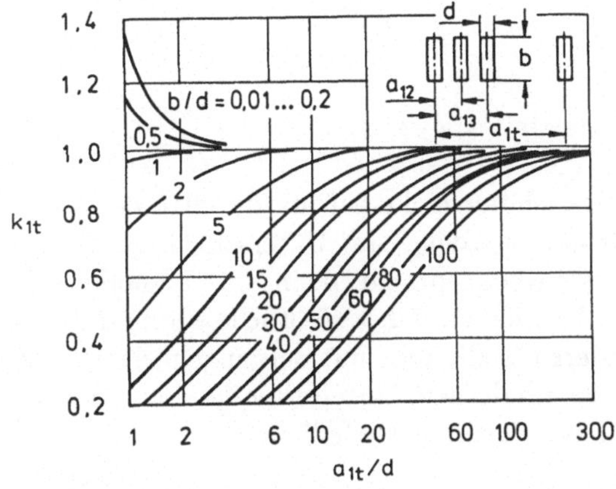

Bild 7.9
Korrekturfaktor k_{1t} für wirksamen
Mittenabstand a_T zweier Leiter

mittleren Leiters zu den beiden äußeren Leitern interpretiert werden. Dieser Wert wird
mit Hilfe eines Korrekturfaktors k_{12} aus dem geometrischen Abstand a_H ermittelt:

$$a_T = \frac{a_H}{k_{12}} \, . \tag{7.17}$$

Der Korrekturfaktor hängt nur von den Leiterabmessungen ab und ergibt sich aus Bild
7.9, indem für den Quotienten a_{1t}/d auf der Abszisse der Ausdruck a_H/d eingesetzt wird.
Mit d wird die Breite der untereinander gleichen Leiterschienen angegeben, während die
Größe b deren Höhe kennzeichnet. Der Parameter b/d bestimmt schließlich die zugehörige
Kurve, die auf der Ordinate den gesuchten Wert k_{12} liefert.
Wie aus dem Diagramm abzulesen ist, verkleinert sich die Kraft bei *stehend* angeordneten
Flachschienen umso ausgeprägter im Vergleich zu Linienleitern, je schmaler und höher das
Profil gewählt wird. Dagegen kann sich bei nebeneinander *liegenden* Schienen sogar eine
geringfügige Vergrößerung einstellen. Die wesentliche Ursache für dieses Verhalten ergibt
sich aus dem unterschiedlichen geometrischen Aufbau, der das Feld der Nachbarleiter in
seiner resultierenden Wirkung verkleinert bzw. vergrößert.
Bei *Höchststromanlagen* dürfen die Profile gewisse Abmessungen nicht überschreiten, da
sich anderenfalls Stromverdrängungseffekte zu stark bemerkbar machen. Daher unterteilt
man die Hauptleiter in mehrere, parallel geführte *Teilleiter* gemäß Bild 7.10. Der für die
Dimensionierung maßgebende dreipolige Stoßkurzschlußstrom $I_{s_{3pol}}$ teilt sich auf die
einzelnen Teilleiter entsprechend ihrer Anzahl t auf.

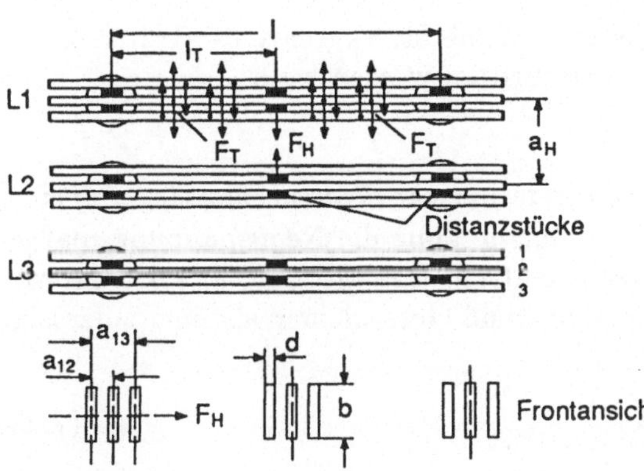

Bild 7.10
Dreileitersystem mit Teilleitern
F_T: Teilleiterkräfte
F_H: Hauptleiterkräfte

Die *Kraftwirkung zwischen den Teilleitern* läßt sich ebenfalls mit einer leicht modifizierten
Form der Beziehung (7.11) zu

$$F_T = l_T \cdot \frac{\mu_0}{2 \cdot \pi} \cdot \left(\frac{I_{s\,3pol}}{t}\right)^2 \cdot \frac{1}{a_T} \tag{7.18}$$

berechnen. Der Faktor $\sqrt{3}/2$ tritt in dieser Beziehung nicht auf, da die Ströme in den
Teilleitern gleichphasig sind. Aus diesem Grunde werden – im Unterschied zu Hauptleitern – die äußeren Leiterschienen am stärksten beansprucht, denn dort addieren sich
die Kraftwirkungen aller Leiter arithmetisch. Es müssen daher sämtliche geometrischen
Abstände a_{1t} des äußeren Leiters zu den anderen Teilleitern mit den zugehörigen Korrekturfaktoren k_{1t} umgerechnet werden. Die so erhaltenen Einzelterme können dann zu
einem wirksamen Mittenabstand a_T der Teilleiter zusammengefaßt werden:

$$\frac{1}{a_T} = \frac{k_{12}}{a_{12}} + \frac{k_{13}}{a_{13}} + \ldots \frac{k_{1t}}{a_{1t}} \ . \tag{7.19}$$

Zu beachten ist, daß im Unterschied zu der Kraftwirkung zwischen den Hauptleitern
die damit ermittelten *Teilleiterkräfte nicht die Auflager* – die Stützer – beanspruchen,
sondern *von den Distanzstücken aufgefangen* werden (Bild 7.10). Die durch die Teilleiterkräfte verursachten mechanischen Spannungen können gemäß der Beziehung

$$\sigma_T = \frac{M_T}{W_T} \qquad \text{mit} \qquad M_T = \frac{F_T \cdot l}{16}$$

ermittelt werden, in der W_T das Widerstandsmoment der Teilleiter kennzeichnet. Da
die resultierende Biegespannung in den Leitern sowohl von den Haupt- als auch von den
Teilleiterkräften hervorgerufen wird, sind die Spannungen σ_H und σ_T für die Dimensionierung der Leiterschienen zu überlagern. Im Interesse eines einfachen Berechnungsverfah-
rens und im Hinblick auf einen zusätzlichen Sicherheitszuschlag wird die Phasenverschiebung der Kräfte nicht berücksichtigt, die Biegebeanspruchungen werden arithmetisch
addiert. Als Dimensionierungsvorschrift gilt daher

$$\sigma_H + \sigma_T \leq q \cdot \sigma_{0,2} \tag{7.20}$$

wobei für Rechteckprofile wiederum $q = 1,5$ gesetzt werden kann. Um sicherzustellen,
daß der Kurzschluß den Abstand zwischen den Teilleitern nur geringfügig verformt, wird
in DIN VDE 0103 zusätzlich empfohlen, die Bedingung

$$\sigma_T \leq \sigma_{0,2} \tag{7.21}$$

einzuhalten. Diese Restriktion soll gewährleisten, daß die Streckgrenze der Leiterschiene
nicht schon allein durch die Teilleiterkräfte überschritten werden kann.

7.2.3 Auslegung von Stützern

Stützer stellen in Energieversorgungsanlagen die *technische Realisierung der Auflager
für die Leiterschienen* dar. Für ihre Wahl ist in erster Linie die Nennspannung maßgebend. Die eigentliche Dimensionierung ist recht einfach. Das Moment $F_d \cdot h_d$, das von
der Stromschiene am Stützer hervorgerufen wird, muß stets kleiner als eine zulässsige
Beanspruchung sein:

$$F_d \cdot h_d \leq F_u \cdot h_u \ . \tag{7.22}$$

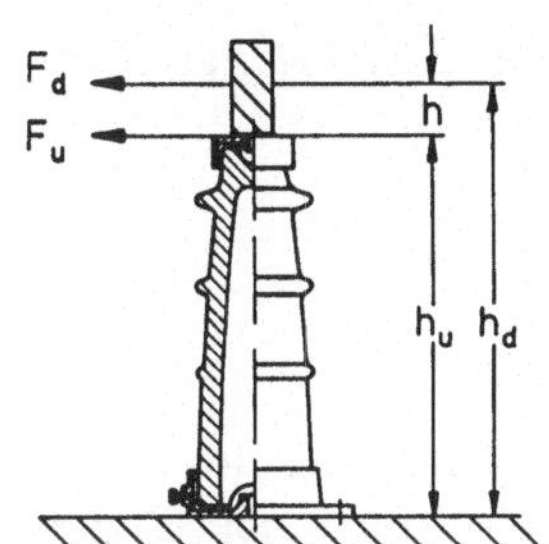

Bild 7.11

Stützer mit Rechteckschiene

h_u: Höhe der Stützeroberkante
h_d: Höhe des angenommenen Kraftangriffspunktes
h: Höhe des Kraftangriffspunktes über Stützeroberkante
F_u: Umbruchkraft
F_d: im Angriffspunkt wirksame Kraft

Die Bedeutung der einzelnen Größen ist aus Bild 7.11 zu ersehen. Die Stützer selber stehen zumeist auf Unterkonstruktionen oder sind mit Portalen verbunden, die diese Beanspruchungsgrößen wiederum aufnehmen. Die Dimensionierung dieser Anlagenelemente wird überwiegend von Maschinenbau- und Bauingenieuren und nur in Ausnahmefällen von Elektrotechnikern übernommen.

7.2.4 Auslegung von Leiterseilen und Kabeln

Leiterseile werden prinzipiell wie Schienen berechnet und dimensioniert. Zusätzlich ist dabei jedoch noch ihr Eigengewicht zu berücksichtigen, das zu nicht mehr vernachlässigbaren Querkräften führt. Darüber hinaus ist zu beachten, daß durch die Kurzschlußkräfte eine horizontale Seilauslenkung auftritt. Daher werden entsprechend modifizierte Beziehungen verwendet (s. DIN VDE 0103).

Kabel werden nur *thermisch dimensioniert*. Ein in dieser Hinsicht ausgelegtes Kabel ist normalerweise auch den mechanischen Kurzschlußbeanspruchungen gewachsen; Ausnahmen sind in der DIN VDE 0298 Teil 2 angegeben. Bei einadrigen Kabeln ist ferner eine sichere Befestigung zu gewährleisten. Die Berechnungsmethoden für die angesprochene thermische Dimensionierung werden im folgenden erläutert.

7.3 Thermische Kurzschlußfestigkeit

Die hohen Kurzschlußströme, deren Berechnung in Kapitel 6 erläutert ist, belasten die Betriebsmittel auch thermisch sehr stark. Die während der *Kurzschlußdauer* T_k erzeugte Wärmemenge ΔQ darf innerhalb dieses Zeitraums einen für die Betriebsmittel jeweils zulässigen Wert nicht übersteigen. Dieser Sachverhalt läßt sich durch die Ungleichung

$$\Delta Q \leq \Delta Q_{zul} \tag{7.23}$$

beschreiben. Bei einer Verletzung dieser Beziehung liegt keine Kurzschlußfestigkeit mehr vor, und es ist mit einer Schädigung der Anlage bzw. des Betriebsmittels zu rechnen. Im folgenden wird ein praxisgerechtes Verfahren zur Berechnung der entstehenden Wärmemenge ΔQ dargestellt.

Bei einem Betriebsmittel mit dem Widerstand R_B, das während der Fehlerdauer T_k vom Kurzschlußstrom $i_k(t)$ durchflossen wird, kann die Wärmemenge ΔQ aus den ohmschen Verlusten zu

$$\Delta Q = R_B \cdot \int_0^{T_k} i_k^2(t)\,dt \tag{7.24}$$

berechnet werden. Als repräsentative Kenngröße für die Wärmemenge ΔQ hat man einen sogenannten *thermisch gleichwertigen Kurzschlußstrom* I_{th} eingeführt (s. DIN VDE

0103), der in der älteren Fassung VDE 0103/5.74 auch als *thermisch wirksamer Kurzzeitstrom* bezeichnet wird:

$$\Delta Q = R_B \cdot I_{th}^2 \cdot T_k = R_B \cdot \int\limits_0^{T_k} i_k^2(t)dt \ . \tag{7.25}$$

Wie aus Gl. (7.25) hervorgeht, soll dieser Strom I_{th} während des Zeitraums T_k die gleiche Wärmemenge erzeugen wie der tatsächlich fließende Kurzschlußstrom mit seinen Gleich- und Wechselstromanteilen. Es handelt sich also um einen Effektivwert über den Zeitraum T_k. Die Bedingung (7.23) kann daher auf die äquivalente Form

$$I_{th} \leq I_{th_{zul}} \tag{7.26}$$

gebracht werden. Diese Ausführungen zeigen, daß eine Berechnung der erzeugten Wärme bzw. des äquivalenten Kurzzeitstroms zunächst die Kenntnis des genauen Kurzschlußstromverlaufes $i_k(t)$ voraussetzt und darüber hinaus eine aufwendige Integration erfordert. Um die praktische Projetierungsarbeit zu vereinfachen, wird ähnlich wie bei der Bestimmung des Abklingfaktors μ vorgegangen.

Zunächst wird ebenfalls eine einheitliche Maschine für die einspeisenden Generatoren gewählt, die allerdings andere Daten als bei der Berechnung des Abklingfaktors aufweist [108]. Durch diese Maßnahme lassen sich wiederum die Einspeisequellen auf ein einziges Tor reduzieren. Analog zu den Überlegungen im Rahmen des Abklingfaktors wird das kurzschlußbehaftete Netz wieder durch einen passiven Ersatzzweipol nachgebildet. Das dann resultierende Modell entspricht der im Abschnitt 4.4.3.3 untersuchten Anlage. Es liefert den gewünschten Kurzschlußstrom $i_k(t)$ zur Berechnung der Wärmemenge ΔQ. Anzufügen ist, daß von den verschiedenen im Netz möglichen Fehlerorten jeweils derjenige zu wählen ist, der zu dem maximalen Kurzschlußstrom beim untersuchten Netzelement führt. Dazu ist es häufig nötig, mehrere dreipolige Kurzschlüsse nacheinander durchzurechnen.

In diesen Rechnungen sind die Auswirkungen der Spannungsregelung auf den Kurzschlußwechselstrom nicht erfaßt. Diese Maßnahme ist insofern zu rechtfertigen, als die gewählten Generatordaten in der Mitte des technisch üblichen Spektrums liegen und ohnehin schon Abweichungen bis zu ca. 30 % bewirken können [108]. Diese Unsicherheiten sind letztlich vom Hersteller in der Vorgabe des zulässigen Kurzzeitstroms $I_{th_{zul}}$ aufzufangen.

Die bisherigen Betrachtungen zeigen, daß der Kurzschlußstrom prinzipiell durch die Gl. (4.89) in Abschnitt 4.4.3.3 beschrieben wird. Deren anschließende Integration und eine geschickte analytische Darstellung führen auf die Form

$$I_{th} = I_k'' \cdot \sqrt{m+n} \ . \tag{7.27}$$

Für die Ermittlung des Kurzzeitstroms wird demnach vom dreipoligen Anfangskurzschlußwechselstrom I_k'' ausgegangen. Dieses Vorgehen ist sinnvoll, weil der dreipolige Kurzschluß meist zu den größten thermischen Beanspruchungen führt. Falls in seltenen Fällen andere Kurzschlußarten ungünstigere Belastungen zur Folge haben sollten (s. DIN VDE 0102), sind diese durch die Angabe eines kleineren Wertes $I_{th_{zul}}$ bereits vom Hersteller zu berücksichtigen. So wird sichergestellt, daß der *dreipolige Kurzschluß*, wie es die DIN-VDE-Bestimmung 0103 vorschreibt, *stets das alleinige Auswahlkriterium für die thermische Kurzschlußfestigkeit der Betriebsmittel ist.*

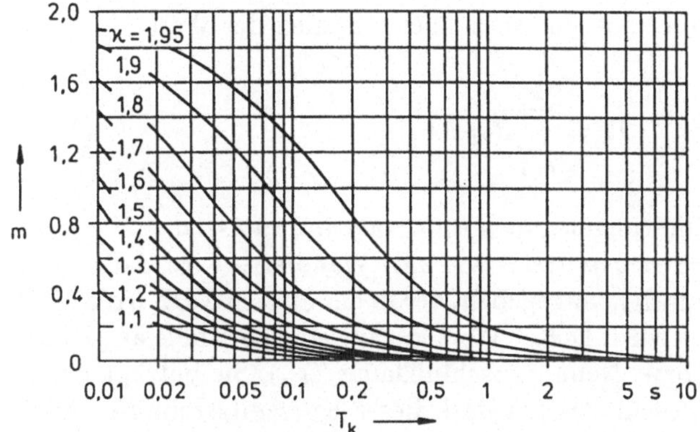

Bild 7.12

Faktor m für die Wärmewirkung des Gleichstromanteils bei Dreh- und Wechselstrom

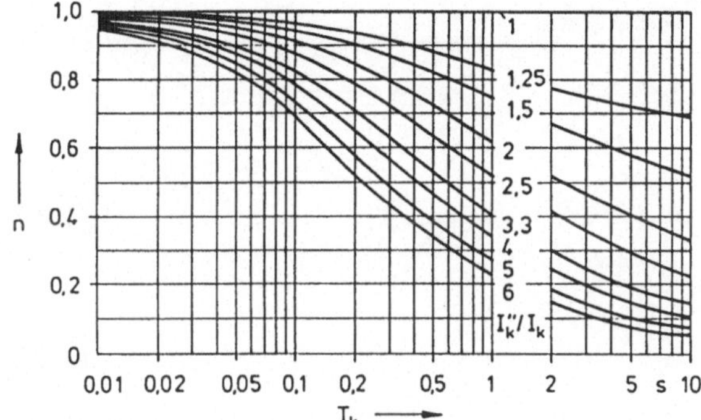

Bild 7.13

Faktor n für die Wärmewirkung des Wechselstromgliedes bei einem dreipoligen Kurzschluß

Die beiden Parameter m und n in der Beziehung (7.27) kennzeichnen die Wärmeanteile, die durch den Gleich- bzw. Wechselstromanteil hervorgerufen werden und hängen von den jeweiligen Netzverhältnissen ab. Ihre Bestimmung geht aus den Bildern 7.12 und 7.13 hervor. Es sei darauf hingewiesen, daß bei diesen Berechnungen auch der Dauerkurzschlußstrom I_k als Parameter benötigt wird (s. Abschnitte 4.4.3.3 und 6.2). Im folgenden wird dieses Berechnungsverfahren noch auf einen wichtigen Spezialfall erweitert.

Bei *Fehlern auf Freileitungen* handelt es sich zu ca. *80 % um Lichtbogenkurzschlüsse*. Bei solchen Fehlern ist die sogenannte *Kurzunterbrechung* (KU) sehr vorteilhaft. Die Spannung wird für eine Pause von ca. 0,2 s abgeschaltet, der Lichtbogen verlöscht dann; anschließend wird erneut zugeschaltet, und die Anlage kann wieder ordnungsgemäß betrieben werden.

Falls es sich um keinen Lichtbogenfehler, sondern z.B. um einen satten Kurzschluß handelt, liegt der Fehler auch nach dem Wiedereinschalten noch vor. Dann erfolgt eine endgültige Ausschaltung.

Bei Schaltzyklen mit Pausenzeiten im Bereich von wenigen zehntel Sekunden wird die Wärme kaum abgegeben, die während der einzelnen Kurzschlußphasen entsteht. Sie addiert sich zu

$$\Delta Q = R_B \cdot \int_{t_1}^{t_2} i_k^2(t)dt + R_B \int_{t_3}^{t_4} i_k^2(t)dt = R_B \cdot I_{th}^2 \cdot (T_{k1} + T_{k2}) \qquad (7.28)$$

mit

$$T_{k1} = t_2 - t_1 \, , \quad T_{k2} = t_4 - t_3 \, .$$

Für den resultierenden Kurzzeitstrom ergibt sich somit bei ν Zyklen der Wert

$$I_{th} = \sqrt{\frac{1}{T_k} \sum_{i=1}^{\nu} I_{thi}^2 \cdot T_{ki}} \quad \text{mit} \quad T_k = \sum_{i=1}^{\nu} T_{ki} \; . \tag{7.29}$$

Im weiteren sollen noch einige Erläuterungen *zur Festlegung des zulässigen Kurzzeitstroms* $I_{th_{zul}}$ gegeben werden. Für *Betriebsmittel* – wie z.B. Wandler – wird dafür vom Hersteller ein Bemessungskurzzeitstrom I_{thr} angegeben, der in der älteren VDE 0103/5.74 als Nennkurzzeitstrom I_{thn} bezeichnet wird. Dieser Wert gilt für eine ebenfalls angegebene Bemessungskurzschlußdauer T_{kr} (bzw. Nennkurzschlußdauer T_{kn}). Sie beträgt *häufig eine Sekunde*. Auch bei kürzeren Kurzschlußzeiten darf dieser Kurzzeitstrom I_{thr} nicht überschritten werden [5], weil sonst, beispielsweise durch einen Wärmestau, Schäden hervorgerufen werden könnten. Im Zeitraum

$$T_k \leq T_{kr}$$

gilt somit für Betriebsmittel

$$I_{th_{zul}} = I_{thr} \; . \tag{7.30}$$

Die zulässige Wärmemenge

$$\Delta Q_{zul} \sim I_{th_{zul}}^2 \cdot T_k = I_{thr}^2 \cdot T_{kr} \tag{7.31}$$

darf auch dann nicht überschritten werden, wenn die Kurzschlußdauer T_k größer ist als die Bemessungskurzschlußdauer T_{kr}. Der zulässige Kurzzeitstrom ist daher in einem solchen Falle gemäß Gl. (7.31) zu reduzieren, so daß für den Bereich

$$T_k > T_{kr}$$

die Bedingung

$$I_{th_{zul}} = I_{thr} \cdot \sqrt{\frac{T_{kr}}{T_k}} \tag{7.32}$$

angegeben werden kann.

Zur *Dimensionierung von Leitungen* ist es zweckmäßiger, den *Kurzzeitstrom auf den Leiterquerschnitt A* zu beziehen:

$$S_{th} = \frac{I_{th}}{A} \; . \tag{7.33}$$

Die Größe S_{th} wird als *Kurzzeitstromdichte* bezeichnet. In Analogie zu Gl. (7.26) ist eine Leitung dann ausreichend dimensioniert, wenn die Bedingung

$$S_{th} \leq S_{th_{zul}} \tag{7.34}$$

erfüllt ist. Für die zulässige Kurzzeitstromdichte $S_{th_{zul}}$ gilt wiederum bei der Kurzschlußdauer $T_k = T_{kr}$ die Bemessungskurzzeitstromdichte S_{thr}:

$$S_{th_{zul}} = S_{thr} \; . \tag{7.35}$$

In der älteren VDE 0103/5.74 wird für diese Größe die Bezeichnung Nennkurzzeitstromdichte S_{thn} verwendet. Sie ist abhängig von der maximalen Betriebstemperatur ϑ_b und der zulässigen Endtemperatur ϑ_e des Leiters im Kurzschlußfall, die für blanke Leiter u.a. in den DIN-VDE-Bestimmungen 0103 und 0210 angegeben ist. So gilt z.B. für Al/St-Verbundseile $\vartheta_e = 160\ ^\circ$C und für Leiterschienen 200 °C. Die zugehörigen Werte für die Bemessungskurzzeitstromdichte sind Bild 7.14 zu entnehmen. Für Kabel sind diese Kennwerte in der DIN VDE 0298 Teil 2 spezifiziert. Die zulässigen Endtemperaturen liegen im Bereich 140...250 °C, wobei die Obergrenze für VPE-Kabel gilt. Die in dieser Bestimmung zugelassenen Nennkurzzeitstromdichten weichen nur geringfügig von den Kurven in Bild 7.14 ab, so daß dieses Diagramm auch für Kabel gute Anhaltswerte liefert.

Falls die Kurzschlußdauer von der Bemessungskurzschlußdauer abweicht, kann die zulässige Kurzzeitstromdichte wiederum analog zu Gl. (7.31) umgerechnet werden. *Im Gegensatz zu sonstigen Betriebsmitteln ist diese Umrechnung bei Leitungen auch im Fall $T_k < T_{kr}$ zulässig*, weil für die Leiter kein Wärmestau zu befürchten ist. Für Leitungen gilt somit bei allen Kurzschlußdauern

$$S_{th_{zul}} = S_{thr} \cdot \sqrt{\frac{T_{kr}}{T_k}} \ . \tag{7.36}$$

Zur Abrundung sei angefügt, daß bei Wandlern, Transformatoren und Generatoren ein zulässiger Kurzzeitstrom auch rechnerisch ermittelt werden kann. Vereinfachend wird davon ausgegangen, daß die in den Leitern erzeugte Wärmemenge während der Kurzschlußdauer T_k adiabat von der Leiterisolation aufgenommen werde. Über diesen Ansatz wird stets eine Temperatur ermittelt, die oberhalb des tatsächlich auftretenden Wertes liegt. Wenn die so bestimmte Temperatur den zulässigen Grenzwert nicht verletzt, der z.B. durch Papierbräunung bei Transformatoren oder Erweichen des Drahtlackes bei Wandlern vorgegeben ist, wird das Betriebsmittel thermisch nicht überlastet.

Als Fazit dieser Betrachtungen zeigt sich, daß die *thermische Beanspruchung eines Betriebsmittels* im Kurzschlußfall sowohl von der *Kurzschlußdauer* als auch von der *Höhe des Kurzschlußstroms* abhängt. Eine wesentliche Voraussetzung für eine *wirtschaftliche Auslegung* der Netzelemente ist demnach ein *schneller Netzschutz*, der auf Schalter mit einer

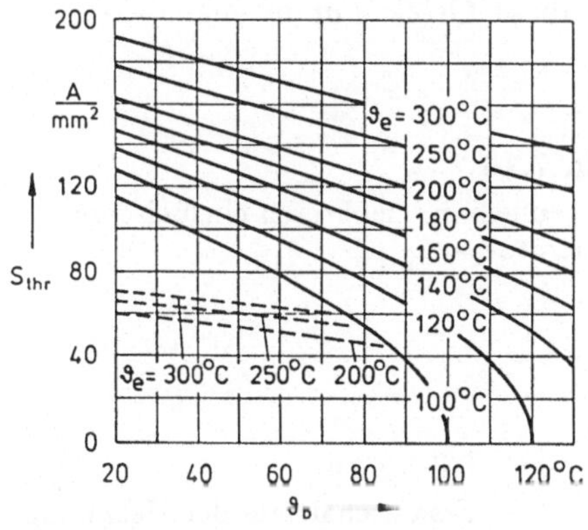

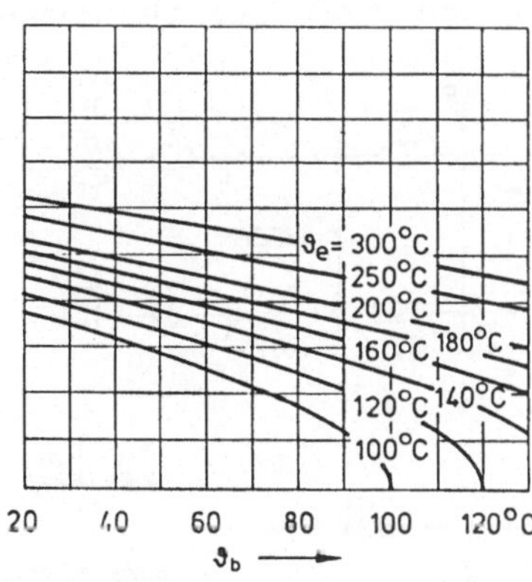

Bild 7.14
Bemessungskurzzeitstromdichte S_{thr} für Freileitungen und – mit geringen Abweichungen – auch für Kabel (genauere Werte für Kabel sind DIN VDE 0298 Teil 2 zu entnehmen)
links: Werte für Kupfer (durchgezogene Kurven) und Stahl (gestrichelt)
rechts: Werte für Aluminium

geringen Verzugszeit einwirkt. Wie man ferner sieht, können unter Umständen schwächer bemessene und damit preisgünstigere Betriebsmittel ausgewählt werden, wenn es gelingt, die Höhe des Kurzschlußstroms zu verringern. Die gängigen Methoden, mit denen die Kurzschlußleistung eines Netzes beeinflußt werden kann, sind im folgenden Abschnitt dargestellt.

7.4 Maßnahmen zur Beeinflussung der Kurzschlußleistung

Zur Beeinflussung der Kurzschlußleistung stehen eine Reihe von Maßnahmen zur Verfügung, von denen die wichtigsten im folgenden behandelt werden. Zum besseren Verständnis dieser Methoden ist jedoch die Kenntnis der wesentlichen Einflußgrößen auf den Kurzschlußstrom notwendig. Diese werden zunächst am Beispiel der in Bild 7.15 skizzierten speziellen Netzanlage untersucht.

Diese dargestellte Netzanlage kann bei einem dreipoligen Kurzschluß an der Stelle F gemäß Kapitel 6 durch das Ersatzschaltbild 7.16 beschrieben werden. Wie aus dem Ersatzschaltbild ersichtlich ist, wird die Innenimpedanz des Netzes im Kurzschlußfall und damit der Kurzschlußstrom in starkem Maße von der Anzahl der parallelen Zweige beeinflußt. Die *Kurzschlußleistung* wird demnach wesentlich durch die *Anzahl der Synchronmaschinen im Netz bestimmt. Dagegen kann der Einfluß der gefahrenen Maschinenleistung auf die Höhe der Kurzschlußleistung vernachlässigt werden.*

Die Innenimpedanz des Netzes hängt außerdem von der Größe der Impedanzen in den einzelnen Zweigen ab. Da viele parallele Leitungen die Netzreaktanz herabsetzen, stellt somit auch der *Grad der Vermaschung* einen wesentlichen, *bestimmenden Faktor für die Kurzschlußleistung* dar. Der *Kurzschlußstrom verringert* sich demnach, wenn man *die Anzahl der einspeisenden Generatoren verringert und zugleich die Vermaschung herabsetzt.* Eine Vielzahl der noch im weiteren erläuterten Maßnahmen, die Kurzschlußleistung zu begrenzen, zielt darauf ab.

Der Netzplaner hat *ferner die Möglichkeit*, die Höhe der begrenzend wirkenden Impedanz und damit die Höhe der Kurzschlußleistung durch die *Auswahl der Betriebsmittel* zu beeinflussen. So führt, wie das Ersatzschaltbild 7.16 zeigt, eine *große subtransiente Reaktanz X_d'' der Generatoren* zu kleineren Kurzschlußströmen. Wie im Abschnitt 7.5 noch dargestellt wird, gefährdet man mit dieser Maßnahme jedoch die Netzstabilität, so daß eine Beeinflussung der Kurzschlußströme über diese Größe nur in engen Grenzen

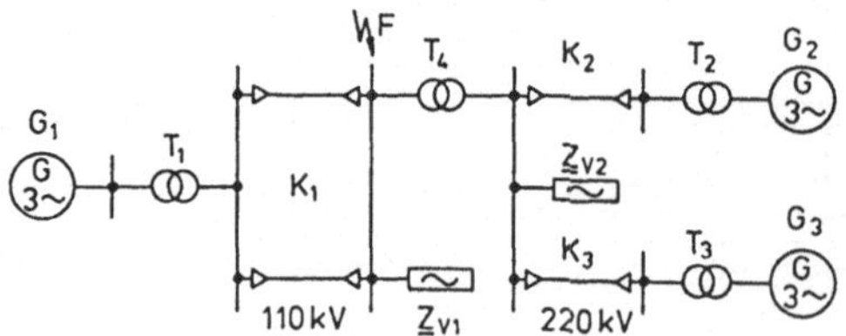

Bild 7.15

Netzanlage mit mehreren einspeisenden Generatoren

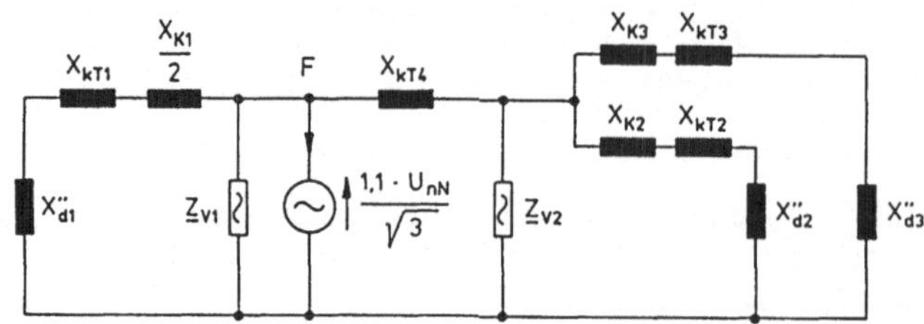

Bild 7.16

Ersatzschaltbild der Netzanlage in Bild 7.15 für einen dreipoligen Kurzschluß an der Fehlerstelle F

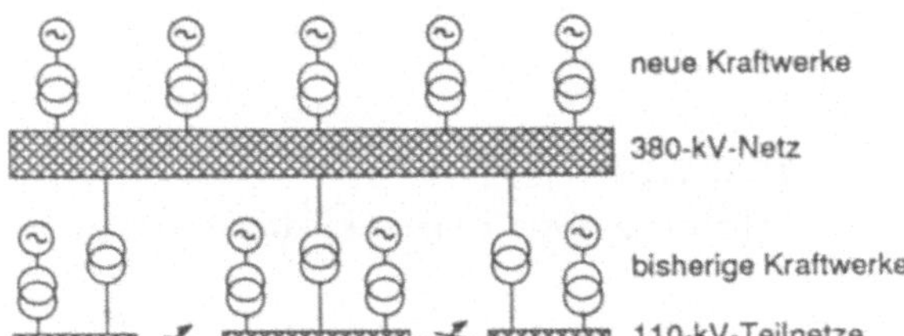

Bild 7.17
Aufteilung eines großen 110-kV-Netzes in Teilnetze mit einer überlagerten 380-kV-Ebene

erfolgen kann [17]. Ähnlich verhält es sich bei der Wahl von *Transformatoren mit einer großen relativen Kurzschlußspannung* u_k. Der dadurch bedingte erhöhte Spannungsabfall im Normalbetrieb muß dann wieder durch eine stärkere Dimensionierung der nachfolgenden Leitungen ausgeglichen werden.

Eine sehr wirksame Maßnahme, die Vermaschung herabzusetzen, besteht in dem *Aufbau einer höheren Spannungsebene* entsprechend Bild 7.17. In diesem Fall kann das unterlagerte Netz in einzelne Netzgruppen aufgeteilt werden, so daß dort die Vermaschung geringer gehalten werden kann. Außerdem können bei einer Neuplanung die Einspeisungen überwiegend in das übergeordnete Netz verlagert werden. Dadurch verkleinert sich in den einzelnen Netzgruppen die Anzahl der Generatoren. Sofern die unterlagerten Netze bereits bestehen, wird man nur die Einspeisungen in das übergeordnete Netz einbinden, die für den weiteren Ausbau geplant sind.

In Netzen mit höheren Nennspannungen lassen sich die Kurzschlußströme leichter beherrschen. Die Ursache ist darin zu sehen, daß sich bei Generatoren gleicher Nennleistung und bei Transformatoren gleicher Durchgangsleistung gemäß den Beziehungen

$$X_d'' = x_d'' \cdot \frac{U_{nG}^2}{S_{nG}} \,, \quad X_{kT} = u_k \cdot \frac{U_{nT}^2}{S_{nT}}$$

die absoluten Reaktanzen mit steigender Nennspannung quadratisch erhöhen, während die treibende Spannung dagegen nur linear steigt.

Neben den Möglichkeiten, die Kurzschlußleistung im Rahmen der Netzplanung zu beeinflussen, gibt es betriebliche Maßnahmen, die den Bau einer überlagerten Netzebene zumindest noch hinauszögern. Dazu ist es notwendig, *während des Betriebs* immer dann eine Netzauftrennung bzw. eine *Entmaschung durchzuführen*, wenn die *Kurzschlußleistung einen kritischen Wert übersteigt*. Diese Maßnahme erfolgt naturgemäß vor allem in der Nähe der Spitzenlast, wenn die Anzahl der einspeisenden Maschinen vergleichsweise groß ist.

Eine Möglichkeit, eine Entmaschung zu erreichen, besteht darin, die Sammelschiene in der Schaltanlage mit offener Längskupplung zu betreiben. Auf jedem der beiden Sammelschienenteile ist dann nur noch eine einzige Einspeisung wirksam. Bei Mehrsammelschienensystemen erhöht sich die Freizügigkeit entsprechend Abschnitt 4.11.1.

Eine *weitgehende Entkopplung der Einspeisungen* kann ohne Schaltmaßnahme im Fehlerfall dadurch erfolgen, daß Kurzschlußdrosselspulen eingesetzt werden (Bild 7.18). Ihr Anwendungsbereich beschränkt sich jedoch auf die Mittelspannungsseite von leistungsstarken Umspannstationen.

In Bild 7.18a ist eine Kurzschlußdrosselspule in das Sammelschienensystem mit eingebunden. Man spricht daher von einer *Sammelschienen-* oder *Längsdrosselspule*. Sie erhöht die Innenimpedanz vornehmlich im Kurzschlußfall, da im Normalbetrieb ein Leistungsgleichgewicht an jeder Sammelschiene angestrebt wird und nur die Differenzleistung über die Längskupplung fließt.

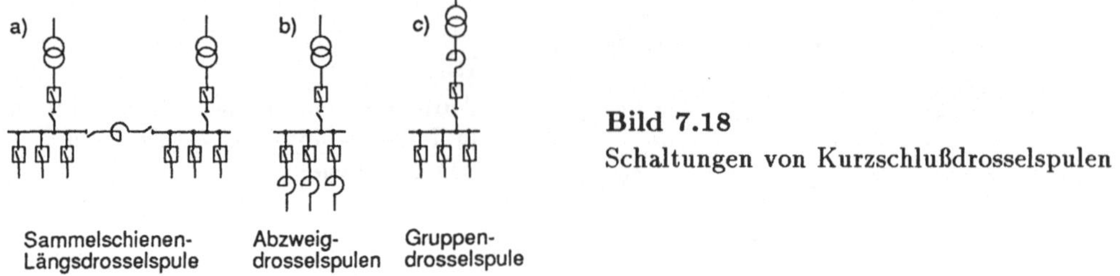

Bild 7.18
Schaltungen von Kurzschlußdrosselspulen

Bei einer Schaltung als *Abzweigdrosselspule* addiert sich im Kurzschlußfall der Spannungsabfall an der Drosselspule zu der Kurzschlußspannung des Umspanners (Bild 7.18b). Dadurch wird in dem jeweiligen Abzweig die Kurzschlußleistung auf einen niedrigeren Wert begrenzt, so daß die nachfolgenden Teile des Mittelspannungsnetzes schwächer und somit kostengünstiger dimensioniert werden können. Eine weitere Variante stellt die *Gruppendrosselspule* dar, die mehrere Abzweigdrosselspulen zusammenfaßt und weniger Raum benötigt (Bild 7.18c). Beide Drosselspulenschaltungen verursachen allerdings auch im Normalbetrieb erhöhte Spannungsabfälle und verschlechtern somit die Spannungshaltung.

Die beschriebenen Nachteile für die Spannungshaltung lassen sich vermeiden, wenn zu der Drosselspule ein I_s-Begrenzer parallelgeschaltet wird (s. Abschnitt 4.12). Im Kurzschlußfall wird der niederohmige Parallelzweig dieses Schaltgerätes sehr schnell unterbrochen und der Strom auf die Drosselspule kommutiert. Dadurch wird der Kurzschlußstrom auf Werte begrenzt, die von den nachfolgenden Schaltorganen unterbrochen werden können. Für den Netzbetrieb ist wichtig, daß auch nach der Ausschaltung des Kurzschlusses das verbleibene Teilnetz mit einer um einige Prozent erhöhten Innenreaktanz weiterversorgt wird. Die dargestellte Parallelschaltung ist besonders häufig in Umspannstationen zu finden. Bild 7.19a zeigt eine solche Anordnung. Der I_s-Begrenzer ist dabei sinnvollerweise so auszulegen, daß er nur bei Kurzschlüssen im Nahbereich der Drosselspule anspricht, also bei hinreichend großem Stromgradienten. Darüberhinaus können I_s-Begrenzer auch für die Längskupplung von Sammelschienen eingesetzt werden, die dann im Kurzschlußfall innerhalb weniger Millisekunden getrennt werden (Bild 7.19b). Dieser Vorgang wird auch als *Sammelschienen-Schnellentkupplung* bezeichnet und sorgt nur im Kurzschlußfall für die gewünschte Entmaschung.

Eine weitere prinzipielle Möglichkeit, die Kurzschlußleistung von sehr großen Drehstromnetzen zu begrenzen, besteht darin, Teilnetze zu bilden und diese nur über HGÜ-Leitungen zu vermaschen. Da nur die Wirkleistung mit Gleichstrom übertragen wird, kann ein Kurzschlußstrom, der in den betroffenen Höchstspannungsnetzen annähernd nur einen Blindstrom darstellt, sich praktisch nicht im anderen Teilnetz auswirken. Die Netze sind

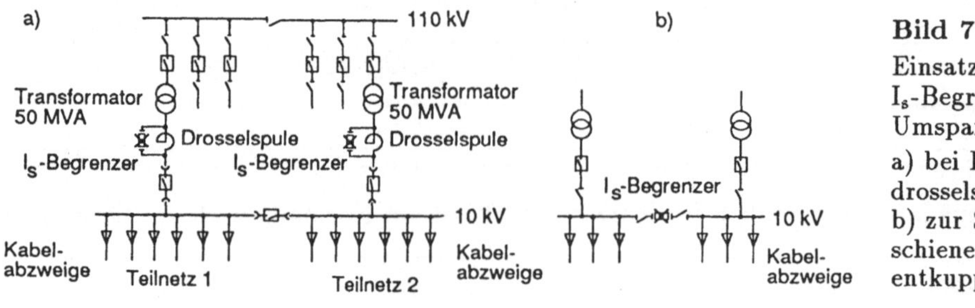

Bild 7.19
Einsatz von
I_s-Begrenzern in
Umspannstationen
a) bei Kurzschluß-
drosselspulen
b) zur Sammel-
schienen-Schnell-
entkupplung

somit bezüglich der Kurzschlußströme entkoppelt. Neben thermischen und mechanischen Beanspruchungen bewirken Kurzschlüsse Drehzahlschwankungen an den Generatorwellen (s. Abschnitt 4.4). Diese Schwankungen beeinflussen meist nach einigen Zehntelsekunden wiederum die Kurzschlußströme, die dann auf die Drehzahl zurückwirken.

7.5 Auswirkungen von Kurzschlüssen auf das transiente Generatordrehzahlverhalten

Bei den Betrachtungen in Kapitel 2.4 ist bereits davon ausgegangen worden, daß kurzzeitig die Drehzahl schwankt, wenn im Strom-Spannungs-Verhalten des Netzes große plötzliche Änderungen auftreten. Weiterhin ist angenommen worden, daß sich danach erneut eine stationäre Drehzahl an den Generatoren einstellt. Falls sich nach solchen Ereignissen eine andere Netzstruktur ergibt und zugleich die Primär- und Sekundärregelung nicht eingriffen, würden sich der Ausgangs- und Endzustand in den Drehzahlen voneinander unterscheiden. In Abschnitt 4.4.2.2 ist darüber hinaus erläutert worden, daß der elektromechanische Einschwingvorgang, der den Übergang zwischen den beiden stationären Drehzahlzuständen beschreibt, meist in Form niederfrequenter, abklingender Pendelschwingungen verläuft. Sie treten am Generator – und dem damit starr gekuppelten Turbinenläufer - auf und überlagern sich der 50-Hz-Drehbewegung.
Sofern sich nach allen großen, betriebsrelevanten Störungen wieder eine stationäre Drehzahl einstellt, gilt ein Netz als *transient stabil*. Eine transiente Instabilität äußert sich z.B. in einer aufklingenden Pendelschwingung und in einer damit einhergehenden Aufschaukelung des Stroms, die schließlich zu einer Abschaltung des Generators und damit zu einer Gefährdung der Energieversorgung führt.
Aber auch bei kleinen Änderungen im Strom-Spannungs-Verhalten, die z.B. durch Netzumschaltungen ausgelöst werden, muß gewährleistet sein, daß die eingestellten Betriebspunkte stationär gefahren werden können. Diese Forderung bezeichnet man als *statische Stabilität*. Sie stellt für den Netzbetrieb eine notwendige Bedingung dar. Üblicherweise können statische Instabilitäten durch Änderungen im Konzept der Spannungsregelung aufgefangen werden. Zur Gewährleistung der transienten Stabilität sind dagegen andere Einflußgrößen prägend.

7.5.1 Wichtige Netzparameter zur Gewährleistung der transienten Stabilität

Um die maßgebenden Parameter zu erkennen, wird die Anlage in Bild 7.20 untersucht. Es handelt sich um die Anbindung eines Generators an ein Höchstspannungsnetz. Für die Nachbildung wird ein einfaches, aber dafür trotzdem noch aussagekräftiges Modell verwendet. Eine wesentliche Vereinfachung besteht u.a. darin, daß die Spannungsregelung des Generators nicht erfaßt wird. Von wenigen Ausnahmen abgesehen beeinflußt sie in hinreichend leistungsstarken Netzen den Pendelvorgang während seiner ersten Halbschwingung nur geringfügig. Innerhalb dieses Zeitbereiches von ca. 0,4...0,5 s entscheidet sich jedoch meist bereits die transiente Stabilität des Netzes, so daß diese Maßnahme gewöhnlicherweise modellgerecht ist. Anschließend wirkt sich neben anderen systematischen Fehlern, die durch weitere Modellvereinfachungen verursacht werden, verstärkt der Einfluß der Erregereinrichtung aus, so daß der weitere Ablauf des Pendelvorganges zunehmend ungenauer beschrieben wird; das grundsätzliche Netzverhalten wird jedoch von dem im folgenden erläuterten Modell nach wie vor bis zu ca. 1 s erfaßt [110].

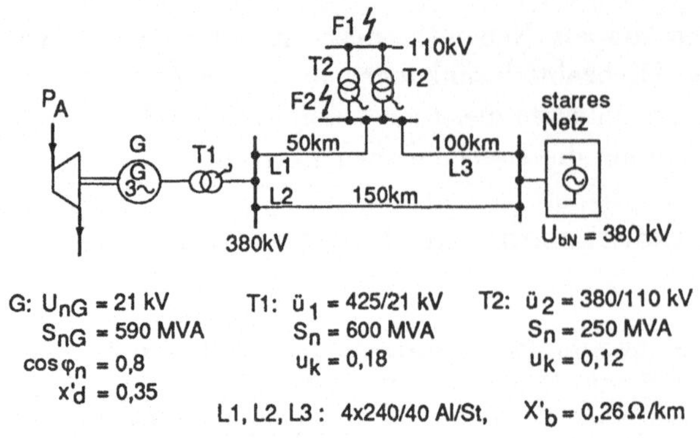
F1
110kV
T2
T2
F2
PA
starres
Netz
G
T1
50km
100km
L1
L3
L2
150km
380kV
UbN = 380 kV
G: UnG = 21 kV
SnG = 590 MVA
cos φn = 0,8
x'd = 0,35
T1: ü1 = 425/21 kV
Sn = 600 MVA
uk = 0,18
T2: ü2 = 380/110 kV
Sn = 250 MVA
uk = 0,12
L1, L2, L3 : 4x240/40 Al/St,
X'b = 0,26 Ω/km

Bild 7.20
Beispielnetz zur Untersuchung der transienten Stabilität

Prinzipiell wird das Drehzahlverhalten jedes Generators durch die Bewegungsgleichung

$$J \cdot \ddot{\varphi} = M_A - M_G = \frac{P_A}{\dot{\varphi}} - \frac{P_N}{\dot{\varphi}} \tag{7.37}$$

beschrieben. Dabei bezeichnet J das gemeinsame Trägheitsmoment des Turbinen- und Generatorläufers, $\varphi(t)$ und $\dot{\varphi}(t)$, deren Drehwinkel bzw. Drehgeschwindigkeit (Bilder 2.20 und 4.62). Für das Antriebsmoment der Turbine und das Bremsmoment des Generators werden die Ausdrück M_A bzw. M_G verwendet. Die zugehörigen Leistungswerte lauten P_A und P_N. Bei den Leistungen ist anstelle des Indexes G der Buchstabe N gewählt worden, um zu betonen, daß die Generatorleistung vom Netz aufgenommen wird.
Nach einer Änderung des Netzzustandes wird das Gleichgewicht zwischen dem Antriebsmoment M_A und dem Bremsmoment M_G des Generators gestört, so daß sich die Winkelgeschwindigkeit $d\varphi/dt$ um einen zeitabhängigen Term $d\varphi_0/dt$ auf

$$\frac{d\varphi(t)}{dt} = \omega_{mech} + \frac{d\varphi_0(t)}{dt} \tag{7.38a}$$

erweitert. Allerdings ist für einen Zeitraum bis zu ca. 1 s, der auch im folgenden nur betrachtet werden soll, die Komponente $d\varphi_0/dt$ aufgrund der Massenträgheit des Läufers im Vergleich zu ω_{mech} zu vernachlässigen. Während dieses Zeitbereiches gilt daher in guter Näherung nach wie vor $\dot{\varphi} \approx \omega_{mech} = \text{const}$; die Beschleunigung $\ddot{\varphi}(t)$, die für spätere Betrachtungen maßgebende Größe, kann dagegen durchaus große Werte annehmen. Infolge der annährend konstanten Winkelgeschwindigkeit verhalten sich gemäß der bekannten Beziehung $P = M \cdot \dot{\varphi}$ Momente und Leistungen zueinander proportional. Daher ist die Bestimmung der Antriebs- und Bremsmomente M_A, M_G gleichbedeutend mit der Ermittlung der Leistung P_A, die vom Kessel zugeführt wird, und der Leistung P_N, die vom Generator ins Netz abgegeben wird. Im weiteren werden diese Größen auch als Antriebs- und Bremsleistung bezeichnet.
Besonders einfache Verhältnisse ergeben sich für die Antriebsleistung P_A. Gemäß Abschnitt 2.4 sind die Kessel- und die vergleichsweise schnelle Festdruckregelung bereits zu träge, um während eines Zeitbereiches bis zu 1 s die Größe P_A nennenswert zu ändern. Daher ist es zulässig, P_A konstant zu setzen, so daß

$$M_A = \frac{P_A}{\omega_{mech}} = \text{const} \tag{7.38b}$$

gilt. Aus dieser Bedingung folgt auch, daß solche Fehler besonders gefährlich sind, bei denen die Bremsleistung P_{bN}, die im ungestörten Betrieb aufgenommen wird, auf den merklich kleineren Wert P_{kN} abgesenkt wird. Die dann anstehende Leistungsdifferenz $P_A - P_{kN} > 0$ beschleunigt den Läufer und erhöht damit dessen kinetische Energie. Von den vielen möglichen Fehlerfällen erniedrigen dreipolige Kurzschlüsse die Bremsleistung P_N besonders ausgeprägt. Zur Beurteilung der transienten Stabilität eines Netzes ist es daher zulässig, sich auf diese Fehlerart zu beschränken.

Auf einen Kurzschluß im Netz reagiert der Generator zunächst mit einem Kurzschlußstrom. Dabei braucht man nur den netzfrequenten Kurzschlußwechselstromanteil zu berücksichtigen. Von den zugleich auftretenden Gleichgliedern werden sinusförmig verlaufende Wechselmomente bzw. Leistungspendelungen bewirkt, die sich dem Momenten- bzw. Leistungsverlauf überlagern, der von den Wechselstromanteilen verursacht wird. Da dieser Momentenanteil mit maximal $1 \ldots 2$ Hz niederfrequent, die Momentenkomponenten der *Gleichglieder* dagegen vergleichsweise hochfrequent verlaufen, mittelt sich die Wirkung der Gleichströme heraus. Daher dürfen sie zur Berechnung der Bremsleistung P_N *unberücksichtigt bleiben.*

Aus diesen Betrachtungen folgt, daß die Bremsleistung aus den Kurzschlußwechselgrößen an den Generatorklemmen zu berechnen ist. Daher kann auf die im Kapitel 6 abgeleiteten Ersatzschaltbilder wieder zurückgegriffen werden. Für die betrachteten Zeiträume bis zu 1 s ist das verlustlose, *transiente Generatormodell aussagefähig*, da die Zeitabhängigkeit des transienten Termes erst für $t > T'_{dN}/3$ – also ab ca. 1 s – zum Tragen kommt. Neben den Verlusten ist in dem transienten Ersatzschaltbild zusätzlich der Dämpferkäfig nicht erfaßt. Infolge einer Zustandsänderung treten dort Ströme auf, die nach der Zeit T''_{dN} auf ein Drittel ihres Wertes abgeklungen sind. Daher dürfen relevante Aussagen erst nach $2 \cdot T''_{dN}$ – also etwa 0,1 s – erwartet werden. Die Kurzschlußwechselstromersatzschaltbilder gemäß Bild 4.84 können somit im Zeitbereich $0,1 \ldots 1$ s angewendet werden. Für die Berechnung der gesuchten Kurzschlußleistungen P_{kN} aus den so ermittelten Ersatznetzwerken können wiederum die in Abschnitt 5.7 entwickelten Verfahren eingesetzt werden. Speziell für die Anlage in Bild 7.20 ergibt sich das Ersatznetzwerk in Bild 7.21, das zur Vereinfachung als verlustlos angesehen wird. Daraus errechnet sich die Bremsleistung während des Kurzschlusses zu

$$P_{kN} = \sqrt{3} \cdot Y_{k12} \cdot E' \cdot U_{bN} \cdot \sin \delta(t) = M_G \cdot \omega_{mech} \, , \tag{7.39}$$

wobei mit Y_{k12} die *Übertragungsadmittanz* des fehlerbehafteten Netzes zwischen den Toren 1 und 2 bzw. den Klemmen K_1 und K_2 bezeichnet wird. Als Bezugsgröße ist die Netzspannung $\underline{U}_{bN}$ in die reelle Achse gelegt worden, auf die dann die Spannung $\underline{E}'$ mit dem Phasenwinkel δ bezogen ist:

$$\underline{E}' = E' \cdot e^{j\delta} \, . \tag{7.40}$$

Bei der Spannung $\underline{E}'$ handelt es sich um eine Kunstgröße, die den Fluß beschreibt, der sich ohne Berücksichtigung des Dämpferkäfigs im Generator einstellt und – abhängig von T'_{dN} – etwa für 1 s unverändert bleibt. Während dieses Zeitraumes ist die Achse der zugehörigen *Feldverteilung ortsfest mit dem Läufer verbunden*, der wiederum mit der Winkelgeschwindigkeit ω_{mech} rotiert. Dabei wird die Lage der Feldachse durch den Winkel δ festgelegt. Ähnlich lokalisiert der Polradwinkel ϑ die Achse der Erregerwicklung.

Neben der Spannung $\underline{U}_{bN}$ ist infolge der Flußkonstanz auch der Betrag der Spannung $\underline{E}'$ konstant. Bei solchen Voraussetzungen können sich Leistungsschwankungen nur in einer Änderung des Phasenwinkels δ äußern. Mit dessen Änderung verdreht sich auch

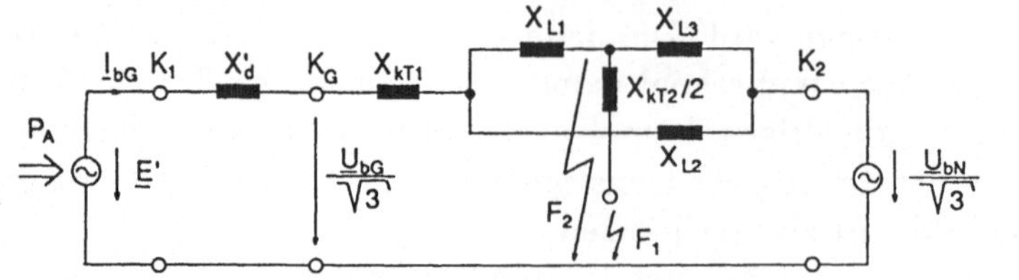

$X'_d = 0,262\ \Omega \cdot \ddot{u}_1^2 = 107,2\ \Omega$ $X_{L1} = 13\ \Omega$ $X_{L2} = 39\ \Omega$ $X_{L3} = 26\ \Omega$

$X_{kT1} = 0,132\ \Omega \cdot \ddot{u}_1^2 = 54,19\ \Omega$ $X_{kT2}/2 = 34,65\ \Omega$

$Y_{b12} = 5,53\ \text{mS}$ $Y_{k12_{F1}} = 4,22\ \text{mS}$ $Y_{k12_{F2}} = 1,46\ \text{mS}$

$P = 250\ \text{MW},\ Q = 273,8\ \text{Mvar}\ :\ E' = 287,6\ \text{kV},\ \delta_0 = 13,8°$

$P = 472\ \text{MW},\ Q = 311,0\ \text{Mvar}\ :\ E' = 298,7\ \text{kV},\ \delta_0 = 25,7°$

(Daten auf 380 kV bezogen)

Bild 7.21
Ersatzschaltbild des
Netzes in Bild 7.20

die Feldachse. Dadurch überlagert sich der Rotation des Läufers mit ω_{mech} eine weitere Drehgeschwindigkeit. Wenn der Winkel δ als zeitabhängige Variable aufgefaßt wird, beträgt diese zusätzliche Drehkomponente $\delta(t)$. In Gl. (7.38a) darf damit der Ausdruck $d\varphi_0(t)/dt$ durch den Term $d\delta(t)/dt$ ersetzt werden. Weiterhin gilt dann auch $\ddot{\varphi} = \ddot{\delta}$. Mit diesem Zusammenhang und den Beziehungen (7.38b), (7.39) nimmt die Bewegungsgleichung (7.37) für das Beispielnetz die Form

$$\omega_{mech} \cdot J \cdot \ddot{\delta} = P_A - \sqrt{3} \cdot Y_{k12} \cdot E' \cdot U_{bN} \cdot \sin\delta(t) \tag{7.41}$$

an. Diese Gleichung bestätigt auch die vorhergehende Behauptung, daß nicht die Winkelgeschwindigkeit $\dot{\delta}$, sondern die *Beschleunigung $\ddot{\delta}$ die prägende Größe* für die transienten Leistungsverhältnisse darstellt. Daher können auch langsame Drehbewegungen im Vergleich zu ω_{mech} das Generatorverhalten nachhaltig beeinflussen.

Die Lösung der obigen Differentialgleichung liefert den zeitlichen Verlauf des Drehwinkels $\delta(t)$, der auch als *Schwingkurve* bezeichnet wird. Diese Beziehung kann allerdings nur numerisch ausgewertet werden, da für Differentialgleichungen des Typus (7.41) keine analytischen Lösungen bestehen. Um trotzdem auf eine anschauliche Weise den Ablauf des Pendelverhaltens diskutieren zu können und die besonderes prägenden Parameter zu erkennnen, ist es vorteilhaft, die Antriebs- und Bremsleistung P_A bzw. P_{kN} in der $P(\delta)$-Ebene aufzutragen.

Zur näheren Charakterisierung des Pendelvorganges wird ein Anfangswert, die Startlage des Läufers, auf der Kennlinie $P_{kN}(\delta)$ benötigt. Diese Aussage läßt sich ebenfalls aus dem transienten Ersatzschaltbild ermitteln, wenn dazu das ungestörte Netz mit der Übertragungsadmittanz $\underline{Y}_{b12}$ zugrunde gelegt wird. Gemäß der Definition von $\underline{E}'$ (Bild 4.82) wird dann mit dem transienten Generatorersatzschaltbild das stationäre Klemmenverhalten nachgebildet (s. Kapitel 4.4). Für diese stationären Verhältnisse wird die zu Gl. (7.39) analoge Beziehung aufgestellt:

$$P_{bN} = \sqrt{3} \cdot Y_{b12} \cdot E' \cdot U_{bN} \cdot \sin\delta(t)\ . \tag{7.42}$$

Für die Bedingung $P_A = P_{bN}$ ist daraus die *Startlage δ_0* des Läufers zu ermitteln. Infolge der Massenträgheit des Läufers bleibt diese Startlage auch noch unmittelbar nach dem Eintritt eines Fehlers erhalten. Bei einem Kurzschluß – z.B. am Ort F1 in der betrachteten Anlage – kennzeichnet der Winkel δ_0 auch den Startpunkt auf der Leistungskennlinie $P_{kN}(\delta)$. Von dieser Startlage aus wird der Läufer beschleunigt, da $P_A > P_{kN}$ gilt.

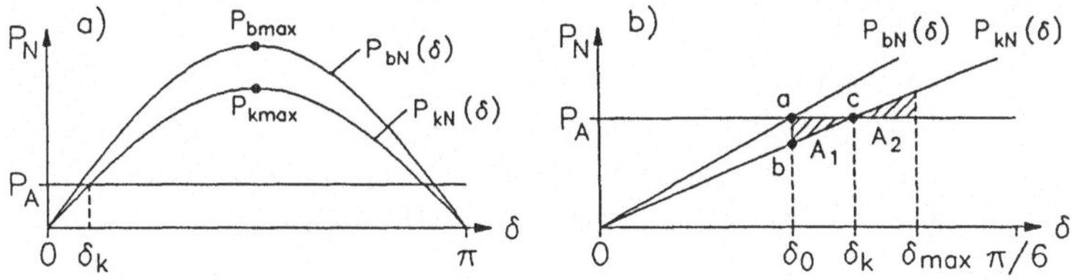

Bild 7.22

Leistungskennlinien des Generators gemäß Bild 7.20

a) für einen Fehler in F_1 bei einer Leistungseinspeisung $P_{bN} \approx P_A = 250$ MW und $Q_{bN} = 273, 8$ Mvar

b) vergrößerte Darstellung des Anfangsbereiches und Veranschaulichung des Flächenkriteriums ($\delta_{max} = 22, 69°$)

Während dieser Beschleunigungsphase nimmt der Läufer kinetische Energie auf, die sich, wie in [109] nachgwiesen ist, im Bild 7.22 als die schraffierte Fläche A_1 deuten läßt. In der anschließenden Bremsphase, die durch die Relation $P_{kN} > P_A$ gekennzeichnet ist, wird diese Energie in eine potentielle Form umgesetzt. Sie entspricht in Bild 7.22 der Fläche A_2. Aus der Wechselwirkung dieser beiden Energiearten entsteht – wie bei einer ausgelenkten Drehfeder – *eine pendelnde Torsionsschwingung*. Der maximale Ausschlagswinkel δ_{max} dieser Schwingung läßt sich aus der Bedingung ermitteln, daß bei dem vorausgesetzten verlustlosen System die Flächen A_1 und A_2 gleich groß sein müssen. Durch die Verluste, die im wirklichen System vorwiegend im Dämpferkäfig auftreten, wird die Schwingung abgedämpft und pendelt sich auf die Ruhelage im Punkt c in Bild 7.22b ein.

Aus der Darstellung in Bild 7.22 ist der zeitliche Verlauf der Schwingung natürlich nicht zu erkennen. Dazu wird die Schwingkurve $\delta(t)$ benötigt. Generell läßt sich dazu nur sagen, daß ihre Frequenz umso niederigere Werte annimmt, je größer das Trägheitsmoment des Läufers von Generator und Turbine ist.

Für den Bereich $\delta < 90°$ steigt die Wirkleistung mit wachsendem Winkel an. Aufgrund der Konstanz der Spannungsbeträge E', U_{bN} kann das Anwachsen der Wirkleistung nur durch eine Vergrößerung des Generatorstroms gedeckt werden. Bei großen Ausschlagswinkeln δ_{max} besteht daher die Gefahr, daß der Generatorschutz auf solche Überströme anspricht und eine Abschaltung auslöst.

Während, wie auch aus dem Beispiel zu ersehen ist, Kurzschlüsse in unterlagerten Netzen üblicherweise die transiente Stabilität nicht gefährden, würden Fehler in der Transportebene *ohne Gegenmaßnahmen* überwiegend einen *Zusammenbruch des Netzes* hervorrufen. Zur Veranschaulichung wird in der Anlage gemäß Bild 7.20 ein dreipoliger Kurzschluß am Ort F2 betrachtet.

Die zugehörigen Leistungskennlinien $P_{bN}(\delta)$, $P_{kN}(\delta)$ sind Bild 7.23 zu entnehmen. Sofern der Fehler hinreichend lange ansteht, nimmt der Läufer zunächst die kinetische Energie auf, die der Fläche A_1 zwischen den Winkeln δ_0, δ_k entspricht. Aufgrund der elektromechanischen Verhältnisse kann der Läufer jedoch davon nur den vergleichsweise kleinen Anteil in Bremsenergie umwandeln, der durch die Fläche A_2 symbolisiert wird. Die überschüssige kinetische Energie sorgt dafür, daß der Läufer den kritischen Winkel δ_{krit} durchläuft. Danach gilt erneut $P_A > P_{kN}$, so daß von dem zugehörigen Zeitpunkt bzw. Winkel ab der Läufer monoton beschleunigt wird und sich der Ausschlagswinkel δ weiter vergrößert. Auch in diesem Bereich mit $\delta > 90°$ ist eine Winkelvergrößerung mit einer Erhöhung des Stroms verbunden. Der Grund für dieses Verhalten liegt darin, daß die beiden Spannungen $\underline{E}'$ und U_{bN} zunehmend in Gegenphase geraten. Ein Ein-

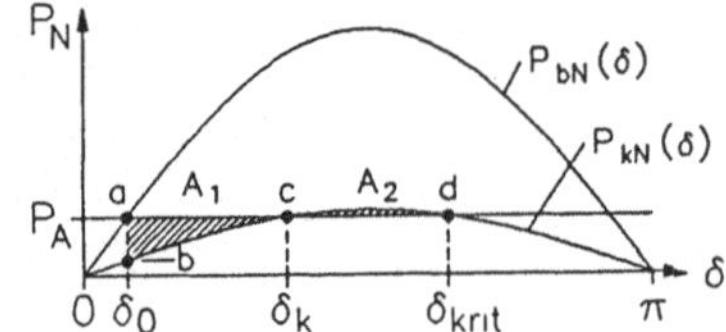

Bild 7.23
Leistungskennlinien für einen Fehler in F_2 gemäß Bild 7.20
im Schwachlastbetrieb mit $P_{bN} \approx P_A = 250$ MW und
$Q_{bN} = 273,8$ Mvar (instabiles Verhalten)

greifen des Generatorschutzes verhindert eine Gefährdung des Generators, beeinträchtigt jedoch die Energieversorgung.

Eine solche Gefährdung wird noch schneller erreicht, wenn der Generator mit einer höheren Leistung P_{bN} belastet wird. Gemäß Bild 7.24 ergibt sich für die untersuchte Anlage bei einem Betrieb mit der Generatornennleistung P_{nG} kein Schnittpunkt mehr mit der Leistungskennlinie $P_{kN}(\delta)$ im Fehlerfall. Das bedeutet, der Läufer wird bereits von der Startlage ab monoton beschleunigt.

Abhilfe bietet ein Netzschutz, der bereits vor einem Eingriff des Generatorschutzes in der Lage ist, den Netzfehler ausschalten. Wie aus den vorhergehenden Ausführungen zu ersehen ist, steigen dabei die Anforderungen an die *Schnelligkeit des Netzschutzes* mit wachsender Belastung des Generators. Üblicherweise reichen die gerätetechnisch realisierbaren Verarbeitungszeiten des Netzschutzes aus, wenn im stationären ungestörten Betrieb Polradwinkel von $\vartheta = 60° \dots 70°$ nicht überschritten werden. Für die Berechnung des Polradwinkels sind im bisherigen Ersatzschaltbild anstelle von $\underline{E}'$ und X_d' die korrespondierenden Werte $\underline{E}$, X_d einzusetzen.

Aufgrund der selektiven Ausschaltung des Fehlers (Index a) vergrößert sich schlagartig die Übertragungsadmittanz auf den Wert $\underline{Y}_{a12}$. Dadurch erfolgt ein Sprung zu einer neuen Leistungskennlinie $P_{aN}(\delta)$, auf der die Bremsleistung wieder die Antriebsleistung P_A überschreitet (Punkt d in Bild 7.24). *Trotz der nun einsetzenden Bremsung* des Läufers ist auch in dieser Zeitphase noch *eine Instabilität möglich*. Ein solcher Fall tritt dann ein, wenn die kinetische Energie des Läufers bereits so groß ist, daß sie vom Netz nicht mehr vollständig aufgenommen werden kann. In der Leistungskennlinie äußert sich dieser Sachverhalt dadurch, daß selbst für die maximal mögliche Fläche A_2, die in Bild 7.24 durch den Punkt f begrenzt wird, noch die Bedingung $A_1 > A_2$ gilt.

Zur Gewährleistung der transienten Stabilität muß das *Netz* auch nach dem Ausschalten eines beliebigen Betriebsmittels eine möglichst *hohe Übertragungsadmittanz* aufweisen. Dazu muß das Netz über mehrere parallele Leitungen mit geringen Impedanzen verfügen. Generell gilt, daß die transienten Reaktionen des Läufers umso kleiner sind, je schneller der Netzschutz auslöst. Selbst bei schnelleren Pendelschwingungen von $1 \dots 2$ Hz reichen meist noch Kommandozeiten von ca. 0,1 s aus. Ausschaltungen nach der Reservezeit von $0,4 \dots 0,5$ s werden dagegen kritisch. Entgegen dem (n-1)-Ausfallprinzip liegen dann

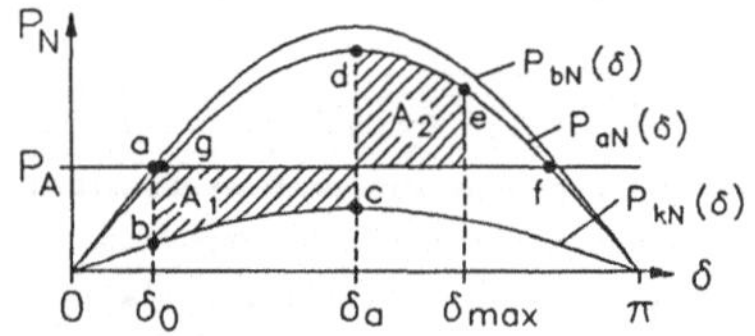

Bild 7.24
Leistungskennlinien für einen Fehler in F_2 gemäß Bild 7.20 bei Nennlast mit
$P_{bN} = P_{nG} \approx P_A = 472$ MW und $Q_{bN} = 311$ Mvar (stabiles Verhalten, $A_1 = A_2$)

jedoch zwei Fehler zur gleichen Zeit vor: einer im Netz und einer im Schutz. Weitere Gesichtspunkte zur Netzdynamik, wie man dieses Gebiet auch nennt, lassen sich aus der Analyse mehrfach gespeister Netze gewinnen.

7.5.2 Drehzahlverhalten der Generatoren in einem kurzschlußbehafteten Netz mit mehrfacher Generatoreinspeisung

Zunächst sei wiederum von der Anlage in Bild 7.20 ausgegangen. Anstelle der Netzeinspeisung trete jedoch ein weiterer Generator. Für jeden dieser beiden Generatoren läßt sich analog zu Gl. (7.41) eine Bewegungsgleichung aufstellen:

$$\omega_{mech} \cdot J_1 \cdot \ddot{\varphi}_1 = P_{A1} - P_{N1} \, , \quad \omega_{mech} \cdot J_2 \cdot \ddot{\varphi}_2 = P_{A2} - P_{N2} \, . \tag{7.43}$$

Durch die Verwendung des Differenzwinkels $\delta_{21} = \varphi_2 - \varphi_1$, einer Subtraktion beider Gleichungen und einer algebraischen Umformung lassen sich diese beiden Gleichungen auf den Ausdruck

$$\omega_{mech} \cdot \frac{J_1 \cdot J_2}{J_1 + J_2} \cdot \ddot{\delta}_{21}(t) = \frac{J_2 P_{A1} - J_1 P_{A2}}{J_1 + J_2} - \frac{J_2 P_{N1} - J_1 P_{N2}}{J_1 + J_2} \tag{7.44}$$

reduzieren. Grundsätzlich entspricht diese Differentialgleichung der Beziehung (7.41). Analog zur Lastflußrechnung ist dabei ein Generator als Bezugsmaschine zu wählen. Zwischen den beiden Maschinen entwickelt sich folglich eine Relativgeschwindigkeit, die sich ebenfalls in Form einer Schwingung oder einer instabilen Drehbewegung ausbilden kann. Aus der Gl. (7.44) ist weiterhin zu ersehen, daß die Läuferträgheitsmomente gewissermaßen parallel geschaltet sind. Der resultierende Wert wird dementsprechend durch den kleinsten Läufer geprägt, der damit auch die zulässige Ansprechzeit des Schutzes bestimmt. Die Antriebsleistung P_A der einen und die abgegebene Leistung P_N der anderen Maschine weisen jeweils das gleiche Vorzeichen auf. Diese Aussage ist physikalisch plausibel. Sie bedeutet, daß beide Leistungskomponenten auf den jeweiligen Läufer beschleunigend wirken.

Für den Fall, daß ein Trägheitsmoment im Vergleich zum anderen groß ist, geht die Differentialgleichung (7.44) in die Form (7.41) über. Damit ist auch analytisch gezeigt, daß eine Netzeinspeisung als ein Generator aufgefaßt werden kann, der im Läufer eine sehr große Rotationsenergie gespeichert hat und dadurch alle Leistungsanforderungen ohne merkbare Drehzahländerungen deckt. Falls die Netzeinspeisung durch einen passiven Abschluß ersetzt wird, können im Ausdruck (7.42) sowohl die Spannung U_{bN} als auch der Winkel δ als Funktion der Spannung E' angegeben werden. Unter diesen Bedingungen stellt die Größe δ keine unabhängige Variable mehr dar; die Differentialgleichung (7.44) ändert ihre Form, und der von ihr beschriebene elektromechanische Einschwingvorgang weist nicht mehr den Verlauf einer Schwingung auf. Damit ist gezeigt, daß ein Generator, also ein Energiespeicher allein, nicht schwingungsfähig ist.

Bei einem System mit n Maschinen erhält man eine Differentialgleichung gemäß (7.43) *für jeden Generator*. Dabei wird wie bei der bisher beschriebenen Vorgehensweise das i-te Antriebsmoment aus der jeweils als konstant angesetzten Antriebsleistung P_{Ai} ermittelt und die Bremsleistung P_{Ni} ebenfalls auf analogem Wege bestimmt. Anstelle des Zweitores bildet das Netz lediglich ein n-Tor, dessen Bremsleistungen sich aus der erweiterten Beziehung

$$P_{Ni} = 3 \cdot \sum_{i=1, i \neq j}^{n} E'_i \cdot E'_j \cdot Y_{ij} \cdot \sin(\delta_i - \delta_j) \tag{7.45}$$

ergeben. Für das daraus resultierende Differentialgleichungssystem ist wiederum eine Bezugsmaschine zu wählen. Auf diese können die sich ausbildenden Relativgeschwindigkeiten bezogen werden. Für den Fall, daß sich Pendelschwingungen ausbilden, übersteigt die Frequenz kaum 1 Hz.

Über die Bremsleistungen findet in dem mehrfach gespeisten Netz wie bei einem Netz mit zwei Generatoreinspeisungen ein Leistungsaustausch zwischen den einzelnen Generatoren statt. Solche *Leistungspendelungen* äußern sich im Netz stets *als symmetrische, niederfrequente Stromschwankungen*. Diese Aussage gilt auch dann, wenn die Pendelungen nicht durch symmetrische, sondern z.B. durch *asymmetrische Fehler* hervorgerufen worden sind. In beiden Fällen wird die Bremsleistung abgesenkt und eine Beschleunigung der Läufer bewirkt. Die dadurch ausgelöste Drehbewegung beeinflußt die drei Stränge der Ständerwicklung in gleicher Weise.

Die beschriebenen Kriterien werden von speziellen Schutzeinrichtungen, den *Pendelsperren*, ausgenutzt, um Fehlauslösungen des Netzschutzes während dieser Pendelerscheinungen zu vermeiden. In entgegengesetzter Weise wird durch eine sogenannte *Wiedereinschaltsperre* verhindert, daß nach einer Kurzunterbrechung erneut zugeschaltet wird, wenn sich der Verschiebungswinkel zwischen beiden Teilnetzen in der Pausenzeit unzulässig vergrößert hat.

Aus den bisherigen Überlegungen ist zu ersehen, daß insbesondere Maschinen mit kleiner Bremsleistung stabilitätsgefährdet sind. Diese Gefährdung ist umso größer, je näher die Maschinen zum Fehlerort liegen, da deren Übertragungsadmittanzen Y_{ij} im Fehlerfall besonders niedrige Werte annehmen. Nur mit Hilfe eines schnellen Selektivschutzes läßt sich die dann eintretende Beschleunigungsphase auf einen möglichst kurzen Zeitbereich beschränken. Die während des Fehlerzeitraumes aufgenommene Beschleunigungsenergie äußert sich auch nach der Beseitigung der Störung noch in Leistungspendelungen. Daher muß das Netz nach der Ausschaltung des fehlerbehafteten Betriebsmittels so beschaffen sein, daß ausreichend hohe Bremsleistungen P_{Ni} vorliegen. Gemäß Gl. (7.45) ist dies der Fall, wenn viele Generatoren im Netz eingesetzt sind und dessen Vermaschungsgrad möglichst hoch gewählt ist. Die erste Maßnahme bewirkt in Gl. (7.45) viele Summanden, die zweite höhere Übertragungsadmittanzen. Abgedämpft werden diese Leistungspendelungen durch die Dämpferkäfige in den Generatoren. Sollte der Abklingvorgang zu langsam sein, ist der Einsatz sogenannter *Pendeldämpfungsgeräte* (power system stabilizer) hilfreich. Es handelt sich um eine regelungstechnische Einrichtung, die den Spannungsregler ergänzt [134], [135].

Falls die während des Fehlerzeitraumes aufgenommene Energie bereits zu groß ist und doch eine Maschine ausgeschaltet werden muß, reduzieren sich dadurch der Vermaschungsgrad und die Zahl der einspeisenden Maschinen zusätzlich. In diesem bereits kritischen Zustand werden die am Netz befindlichen Maschinen durch eine weitere Absenkung ihrer Bremsleistung verstärkt beschleunigt. Damit wächst die Gefahr der Instabilität bei weiteren Generatoren. Sie kann sich fortsetzen und schließlich in einem Zusammenbruch der Versorgung münden.

In den bisherigen Ausführungen sind Methoden entwickelt worden, mit denen das Systemverhalten von Netzen im Normalbetrieb und bei einem dreipoligen Kurzschluß berechnet werden kann. Zugleich ließen sich daraus auch Maßnahmen ableiten, mit denen das Systemverhalten gezielt zu beeinflussen ist. Wie im Kapitel 8 gezeigt wird, können mit diesen Kenntnissen bereits wichtige Aufgabenstellungen des Betriebs und der Planung von Netzen behandelt werden.

7.6 Aufgaben

Aufgabe 7.1: Im Bild a ist eine Generatoreinspeisung dargestellt. Die Verbindung zwischen Generator und Maschinentransformator soll durch rechteckförmige Al-Stromschienen als Innenanlage ausgeführt werden. Sie weisen bei einer 20-kV-Anlage üblicherweise einen Hauptleitermittenabstand von 350 mm auf, der Abstand zwischen den Teilleitern beträgt jeweils eine Schienendicke (s. DIN 43670).

a) b)

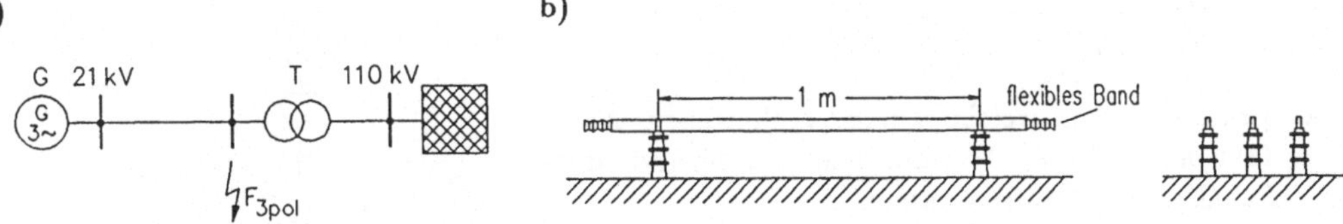

G: 21 kV; $S_{nG} = 225$ MVA; $x_d'' = 0{,}18$; $x_d = 2$; $R/X = 0{,}05$ c)

T: $S_{nT} = 250$ MVA; $u_k = 10\ \%$

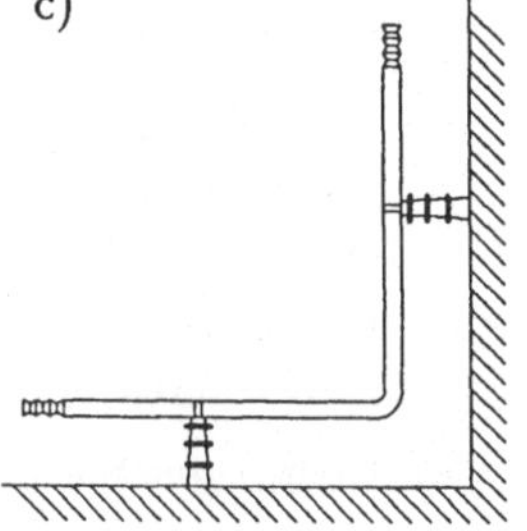

a) Wieviele Teilleiter sind notwendig, um den Nennstrom zu führen (s. Anhang)? Durch welchen Fehler wird die Anlage mechanisch am stärksten beansprucht?

b) Welche Hauptleiterkraft wirkt auf die am stärksten beanspruchte, mittlere Schiene, wobei die räumliche Ausdehnung der Schienen vernachlässigt werden soll?

c) Ermitteln Sie die Kraft, die sich dort bei Berücksichtigung der räumlichen Ausdehnung einstellt. Diskutieren Sie den Unterschied zu dem unter b) ermittelten Ergebnis.

d) Wie groß ist die Kraft, die von den Teilleitern zusätzlich auf einen der äußeren Teilleiter ausgeübt wird?

e) Wie groß sind die Auflagerkräfte auf die beiden Stützer in Bild b, wenn statisch bestimmte und symmetrische Verhältnisse vorausgesetzt werden? Sind die Beanspruchungsgrößen waagerecht oder senkrecht gerichtet?

f) Wie würde sich bei der Anordnung gemäß Bild b tendenziell eine Kapselung aus Stahlblech auf die Kräfte zwischen den Leitern auswirken?

g) Überlegen Sie, ob eine Abwinkelung um 90° die Auflagerkräfte wesentlich verändern würde, wenn der Abstand der Stützer ca. 1 m beträgt (Bild c). Wodurch läßt sich konstruktiv Abhilfe erreichen?

Aufgabe 7.2: Überprüfen Sie, ob die gewählte Al-Flachschiene in Aufgabe 7.1 auch thermisch kurzschlußfest ist, wenn der Generatorschutz spätestens nach 0,2 s den Generator ausschaltet. Als Dauerkurzschlußstrom wird bei dieser Anlage gemäß DIN VDE 0102 der 1,76-fache Generatornennstrom ermittelt. Die Bemessungs-Kurzzeitstromdichte S_{thr} beträgt 87 A/mm². Sie führt dann innerhalb einer Sekunde zu einer adiabaten Erhöhung von der Betriebstemperatur 65 °C auf die maximal zulässige Kurzschlußtemperatur von 200 °C.

Aufgabe 7.3: Überprüfen Sie, ob die in Aufgabe 6.1 verwendeten 240-mm²-Abgangskabel in der Schwerpunktstation Haselackstr. thermisch kurzschlußfest sind, wenn von einer Betriebstemperatur von 90 °C und der maximalen Kurzschlußtemperatur für VPE-Kabel von 250 °C ausgegangen werden kann. Der Überstromschutz schalte in 0,3 s aus.

Aufgabe 7.4: Dargestellt ist das prinzipielle Schaltbild einer 110-kV-Einspeisung in ein 10-kV-Netz, wobei die Betriebsmittel folgende Daten aufweisen:

T_1, T_2:   50 MVA; $u_k = 12$ %; $R_T/X_T = 0{,}04$;
              YNd5; $\ddot{u}_{nT} = 110$ kV/10 kV

D_1, D_2: 50 MVA; $u_D = 10$ %; $R_D/X_D = 0{,}1$

N: $U_{nQ} = 110$ kV; $S_k'' = 5$ GVA; $R_Q/X_Q = 0{,}1$

K: NA2XSY 1×240; $I_d = 416$ A; $\vartheta_b = 90°$;
           $\vartheta_e = 250°$.

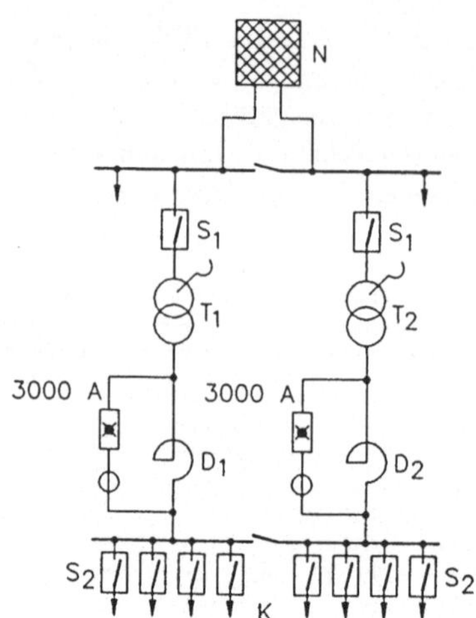

a) Erläutern Sie, welche anlagentechnischen Ausführungen (SF$_6$, Freiluft usw.) aufgrund des Schaltbildes infrage kommen.

b) Berechnen Sie den dreipoligen Anfangskurzschlußwechselstrom I_k'', der den Kabelabgang K in der 10-kV-Schaltanlage bei offenen Längstrennungen beansprucht.

c) Überprüfen Sie, ob der zulässige thermische Kurzzeitstrom der 10-kV-Abgangskabel eingehalten wird, wenn der Schutz in 0,3 s bzw. in der Reservezeit von 0,8 s die Ausschaltung bewirkt. Ist die mechanische Kurzschlußfestigkeit noch gegeben?

d) Ermitteln Sie, auf welchen Wert der Anfangskurzschlußwechselstrom anwächst, wenn die Kurzschlußdrosselspulen fehlen.

e) Überprüfen Sie, ob die Abgangskabel auch bei fehlenden Drosselspulen noch kurzschlußfest sind.

f) Stellen Sie fest, ob bei der dargestellten Anlage die Transformatoren parallel betrieben werden dürfen.

g) Berechnen Sie die Spannung an der 10-kV-Sammelschiene im Normalbetrieb mit und ohne I$_s$-Begrenzer. Die an der 10-kV-Sammelschiene wirksame Last sei durch $S_{nL} = 2/3 \cdot S_{nT}$, $\cos\varphi_L = 0{,}8$ gekennzeichnet.

h) Der Regelbereich der Transformatoren beträgt ± 12 %. Um wieviel Prozent läßt sich bei gleichen Lastverhältnisen damit die Spannung an der 10-kV-Sammelschiene nach oben und unten maximal verändern ?

i) Um wieviel Prozent kann sich maximal der dreipolige Anfangskurzschlußwechselstrom I_k'', der an der 10-kV-Sammelschiene auftritt, durch die Variation der Übersetzung um ± 12 % ändern ?

Aufgabe 7.5: Überprüfen Sie, ob in der Anlage gemäß Aufgabe 7.4 ein 110-kV-Leistungsschalter mit den Spezifikationen ($I_n = 1250$ A, $I_a = 31{,}5$ kA, $I_s = 80$ kA, $I_{thr} = 30$ kA, $T_{kr} = 1$ s) als Abgangsschalter für den 50-MVA-Transformator verwendet werden kann (Schalter S$_1$). Überprüfen Sie weiterhin, ob für die 10-kV-Abgangskabel (Schalter S$_2$) der Vakuum-Leistungsschalter mit den Nenndaten ($I_n = 630$ A, $I_a = 16$ kA, $I_s = 45$ kA, $I_{thr} = 16$ kA, $T_{kr} = 3$ s) zu verwenden ist. Der Stoßfaktor möge in beiden Fällen $\kappa = 1{,}65$ betragen. Der Mindestschaltverzug betrage auf der 110-kV-Ebene 0,1 s, auf der 10-kV-Ebene 0,3 s für Ringleitungen und 0,1 s für die Verbindungsleitungen zu den Schwerpunktstationen.

Aufgabe 7.6: In der Netzschaltung gemäß Bild 7.20 speist der Generator im Schwachlastbetrieb die Leistung $P_{bG} = 200$ MW, $Q_{bG} = 269$ Mvar ein. Überprüfen Sie, ob der Generator nach einem dreipoligen Kurzschluß am Fehlerort F2 wieder einen stabilen Zustand erreicht (transiente Stabilität) und bestimmen Sie gegebenenfalls den maximalen Ausschlagswinkel δ_{max} der transienten Spannung $\underline{E}'$.

8 Grundzüge der Betriebsführung und Planung von Netzen

Wie bereits in Kapitel 3 dargestellt, wird die Betriebsführung der Netze in einer zentralen Einrichtung, der Schaltleitung, vorgenommen. Ihre Aufgabe besteht darin, die von der Netzplanung ermöglichten Freiheitsgrade optimal zu nutzen.

8.1 Betriebsführung von Netzen

In Hoch- und Höchstspannungsnetzen werden gemäß Abschnitt 4.11.4 die Schaltanlagen automatisiert und weitgehend unbemannt betrieben. Es werden alle Daten, die von der Betriebsführung benötigt werden, von den jeweiligen Stationsleitebenen in Form von Meldungs- und Meßwerttelegrammen in die Schaltleitung weitergemeldet. Üblicherweise werden die Sammelschienenspannungen, die Wirk- und Blindleistung P, Q der zu- und abgehenden Leitungen sowie der Schaltzustand der Schaltorgane übertragen. In entsprechender Weise werden die Werte der Netz- und Generatoreinspeisungen erfaßt. Daneben erfolgt eine Frequenzmessung, die u.a. als Istwert für die Frequenzregelung dient.

Die einlaufenden Daten werden von leistungsfähigen Prozeßrechnern erfaßt, protokolliert und einer Archivierung zugeführt. Die Ausgabe erfolgt meistens auf Bildschirmen in der Art, daß der Schaltzustand direkt aus der graphisch dargestellten Schaltskizze zu erkennen ist und in diese die Meßwerte eingetragen werden. Den Prozeßrechnern wird die Funktionsbezeichnung *Netzrechner* zugeordnet. Durch den Einsatz dieser Netzrechner, ausgerüstet mit einem umfangreichen Softwarepaket, ist heutzutage die Netzbetriebsführung recht sicher geworden.

Insbesondere bei größeren Netzen werden die erfaßten Meßwerte softwaremäßig durch eine Zustandsschätzung gemäß Abschnitt 5.7 auf eventuelle Meßfehler überprüft, die z.B. durch Einstreuungen auf dem Übertragungswege oder durch eine fehlerhafte Elektronik entstehen können. Neben der Meßwertbereinigung wird häufig auch die ebenfalls im Abschnitt 5.7 bereits dargestellte Eigenschaft der Meßwertergänzung genutzt, die vor allem den fernwirktechnischen Anschluß von Nachbarnetzen erspart.

Auf diese Weise wird der Schaltleitung ein Bild vom jeweiligen *stationären Netzzustand* vermittelt. Er dient als Grundlage für anstehende Entscheidungen. Das Netz ist dabei so zu führen, daß die *netztechnischen Bedingungen*

1) des Normalbetriebes (Spannungshaltung, Einhaltung der zulässigen Dauerströme),

2) der Kurzschlußfestigkeit (Einhaltung der zulässigen Kurzschlußströme),

3) des (n-1)-Ausfallprinzips

gewahrt bleiben (s. Kapitel 3 und 5.7) und zugleich für die Netzverluste

$$P_v \to \text{Min}$$

gilt. Zusätzlich sind als externe Schnittstellen die *elektrizitätswirtschaftlichen Bedingungen* einzuhalten (s. [32], [111] und [112]), insbesondere

4) Absprachen im Hinblick auf die Bezüge, Lieferungen und Durchleitungen mit den Nachbarunternehmen

sowie

5) vertragliche Verpflichtungen bezüglich der zu verbrauchenden Brennstoffmengen.

Um die netztechnischen Bedingungen realisieren zu können, werden von der Schaltleitung primär die im folgenden erläuterten netzseitigen *Steuergrößen* eingesetzt, die über ein Steuerpult fernbetätigt werden (Bild 8.1). Im einzelnen handelt es sich bei den Steuerparametern um die Stufenschalterstellungen der Transformatoren (einschließlich der Transformatoren mit Quer- und Schrägeinstellung), die Betätigung der Schalter sowie die Einstellung der Kompensationsdrosselspulen.

Eine optimale Wahl dieser Steuerparameter ist bei einfachen Netzen mit den Netzrechnern dadurch zu erzielen, daß verschiedene plausible Kombinationen dieser Größen mit Lastfluß- sowie Kurzschlußprogrammen berechnet werden. Aus dieser Menge ist eine günstige Kombination zu wählen. Bei komplizierteren Strukturen ist für die Bedingungen des Normalbetriebs der Einsatz von optimierenden Lastflußrechnungen vorteilhafter, die selbsttätig die optimale Kombination ermitteln. Eine anschließende Kurzschlußstromberechnung zeigt, ob zusätzlich die Kurzschlußfestigkeit bei dem jeweils vorliegenden Netzzustand erfüllt ist. Sollte dies der Fall sein, kann mit der folgenden Strategie auch die dritte netztechnische Bedingung, das (n-1)-Ausfallprinzip, überprüft werden.

Eine zweckmäßige Strategie besteht z.B. darin, daß man die am stärksten belasteten Betriebsmittel durch einen *fiktiven dreipoligen Kurzschluß* ausfallen läßt. Anschließend wird mit einer *Lastflußrechnung* geklärt, ob auch nach Ausfall des am stärksten belasteten Betriebsmittels die Anlage noch eine zulässige Spannungshaltung und eine zulässige thermische Dauerbelastung aufweist. Im weiteren wird stattdessen ein Ausfall für das am zweitstärksten ausgelastete Betriebsmittel angenommen und im entsprechenden Sinn die Rechnung wiederholt. Die Anzahl der nach diesem Ordnungsprinzip durchgerechneten Ausfallsimulationen wird im allgemeinen von dem Bedienungspersonal vorgegeben und

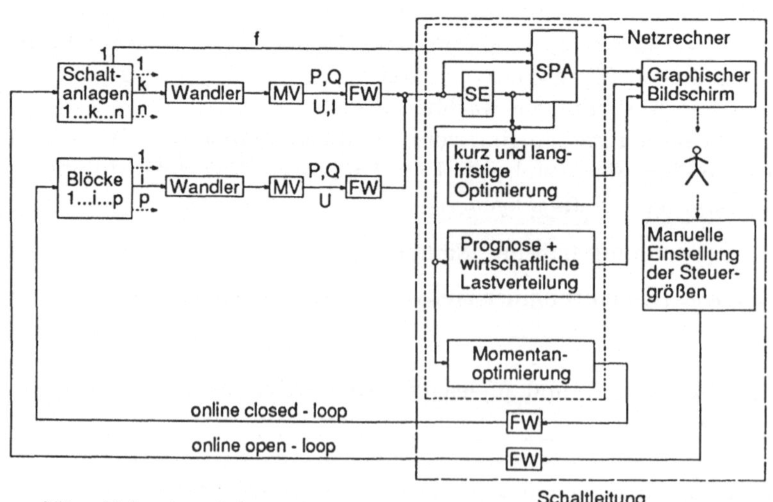

Bild 8.1

Prinzipielle Organisation einer rechnergestützten Netzbetriebsführung

MV : Meßwertverarbeitung
FW : Fernwirkanlage
SPA : Software zur Protokollierung und Archivierung
SE : Software zur state estimation

findet ihre Begrenzung in der dafür benötigten Rechenzeit.

Falls die gewünschte Ausfallsicherheit bei dem untersuchten Netzzustand nicht vorhanden ist, spricht man von einer *Schwachstelle* im Netz. Deren Beseitigung ist nur dann möglich, wenn von der Planung her noch genügende Freiheitsgrade bestehen, einen derartigen Engpaß durch andere Schaltzustände zu umgehen. Auch für solche Aufgabenstellungen sind zur Unterstützung der Entscheidungsfindung Algorithmen entwickelt worden, die z.B. [132] entnommen werden können. Generell gilt, daß die damit ermittelten Steuerparameter erst dann umgesetzt werden, wenn die Ergebnisse des Netzrechners durch das Personal der Schaltleitung nochmals kontrolliert worden sind. In der Sprache der Automatisierungstechnik wird eine derartige Prozeßführung als *online open-loop* bezeichnet.

In schwach ausgelegten, weitmaschigen Netzen oder in ungünstigen Situationen können die netztechnischen Restriktionen durch die genannten netzseitigen Steuergrößen häufig nicht ausreichend beeinflußt werden. Dann ist der Kraftwerkseinsatz als weiterer Parameter heranzuziehen. In diesem Fall werden Kraftwerksblöcke oder auch die Minutenreserve in Form der Gasturbinen oder Pumpspeicherwerke nur ans Netz genommen, um die Spannung zu stützen. Bei den engmaschigen deutschen Transportnetzen wird der Einsatz der Kraftwerke jedoch primär durch das Lastverhalten, die elektrizitätswirtschaftlichen Bedingungen und die betriebstechnischen Restriktionen geprägt (s. Abschnitte 2.5.2 und 3.2.3). Mit dem Programmsystem „wirtschaftliche Lastverteilung" werden im Rahmen dieser Bedingungen die zu fahrenden Blockleistungen oder, wie man auch sagt, die *Fahrpläne* in dem Sinne ermittelt, daß die Brennstoffkosten minimale Werte annehmen.

Der Realitätsgrad dieser Rechnungen hängt letztlich von der Genauigkeit der Lastprognose ab, die im Mittel auf ca. 5 % erfolgt. Um nun auch die Differenz zwischen der prognostizierten und der tatsächlich anstehenden Last kostenoptimal zu decken, werden mit dem Programm „Momentanoptimierung" etwa im Viertelstundentakt die Leistungen der eingesetzten Blöcke nachgeführt. Die errechneten Ergebnisse werden den zugehörigen Leistungsreglern als Sollwerte vorgegeben und von diesen dann umgesetzt. Da der Mensch in diesem Prozeß nicht eingeschaltet ist, wird der höhere Automatisierungsgrad als *online closed-loop* bezeichnet.

Die bisherige Darstellung zeigt, daß auf diese Weise die Betriebsführung in der Lage ist, einen hinreichend sicheren Netzbetrieb zu gewährleisten. Bei Störungen im Netz spricht vor Ort der Schutz an und schaltet das gestörte Betriebsmittel aus. Mit den in der Schaltleitung einlaufenden Daten ist dann zunächst der Fehlerort zu lokalisieren und, soweit möglich, auf die Art des Fehlers zu schließen. Die Fehlerursache wird anschließend von ausrückenden Montagetrupps möglichst schnell beseitigt.

Falls die dem Transportnetz unterlagerten Netze sehr groß sind, können diese von eigenständigen Schaltleitungen geführt werden. Sie unterstehen dann einer übergeordneten Leitstelle, der *Hauptschaltleitung*, wobei die jeweiligen Zuständigkeiten wie z.B. für die Zustandsschätzung der Meßdaten klar geregelt sind.

Die von der Netzbetriebsführung benötigten Freiheitsgrade werden bei der Planung der Netze festgelegt. Auf die dabei maßgebenden Gesichtspunkte wird im folgenden eingegangen.

8.2 Wichtige Gesichtspunkte zur Planung von Netzen

Generell ist jedes Netz so zu planen, daß die bereits in Abschnitt 8.1 genannten netztechnischen Bedingungen erfüllt sind. Sie bilden den Kern, der in allen Netzebenen zu beachten ist. Daneben können weitere Restriktionen auftreten, die dann jedoch spezifisch für die Spannungsebene sind. Im folgenden wird die Aufgabenstellung zunächst für *Niederspannungsnetze* entwickelt.

Eine Basisgröße für deren Dimensionierung stellt die Netzbelastung durch die Verbraucher dar. Über die Anzahl und Art der zu erwartenden Verbraucher gibt der *Bebauungsplan* Auskunft. Aus ihm läßt sich die Anzahl der Wohnungen, Gewerbebetriebe usw. ablesen. Für die einzelnen Verbrauchergruppen bestehen hinsichtlich des Leistungsbedarfs Richtwerte, aus denen sich unter Verwendung des Gleichzeitigkeitsfaktors (s. Abschnitt 4.7) die eigentlich interessierende Netzlast ermitteln läßt [113]. Der ungünstigste Wert, die *Höchstlast*, wird zur Dimensionierung verwendet.

Im weiteren wird von einer Verkabelung des Niederspannungsnetzes entlang der Straßen ausgegangen, wie es heute üblich ist. Infolge der Anschlußpflicht auf seiten der EVU ist nahezu in jeder Straße ein Kabel zu verlegen. Die Trasse ist damit vorgeschrieben. Eine Kostenrechnung klärt, ob bei der Bebauung jeweils Kabel auf beiden Seiten oder nur auf einer Seite zu verlegen sind. In jedem Kabelgraben können ohne nennenswert höhere Tiefbaukosten bis zu 4 Kabel verlegt werden. Für jedes Kabel wird einheitlich der gleiche Querschnitt gewählt, in der Regel der Typ NAYY mit 4×150 mm^2.

Von dem Netzplaner kann demnach die Anzahl der parallelen Kabel innerhalb der Marge von 1...4 oder 2...8 gewählt werden. Weitere freie Entwurfsparameter stellen die *Anzahl der Netzstationen* und die *Wahl ihrer Nennleistung* dar. Bei einem großen Teil der Netzstationen kann zusätzlich der *Standort* nach planerischen Gesichtspunkten festgelegt werden. Mit diesen freien Parametern sind über die netztechnischen Bedingungen 1, 2, 3 hinaus noch Restriktionen zu erfüllen, die sich in dieser Spannungsebene aus

4) der Netzstruktur,

5) dem Netzschutz

ergeben. Die Forderung 4 besagt, daß der Entwurf bestimmte Strukturen aufweisen muß (z.B. Maschennetze). Mit der Bedingung 5 ist sicherzustellen, daß die als Netzschutz eingesetzten NH-Sicherungen nicht nur ansprechen, sondern auch *selektiv* abschalten. Als erfüllt gilt die Ansprechbedingung, wenn bei einem Kurzschluß zwischen Außenleiter und Neutralleiter mindestens der große Prüfstrom der eingesetzten Sicherung fließt (s. Abschnitt 4.12.2). Wie mit der im Kapitel 9 entwickelten Theorie gezeigt werden kann, darf für diesen Kurzschlußstrom in Niederspannungskabelnetzen näherungsweise ein Drittel des zugehörigen dreipoligen Kurzschlußstroms angesetzt werden. Außerdem ist bei der *Auswahl des Sicherungsnennstroms I_{nS} von NH-Sicherungen* zu beachten, daß der große Prüfstrom die Leitung nicht thermisch überlastet. Diese Forderung ist beachtet, wenn der große Prüfstrom den zulässigen Dauerstrom der Leitung nicht um mehr als 45 % überschreitet (s. DIN VDE 0100 Teil 430).

In Strahlennetzen liegt die gewünschte Selektivität vor, wenn das Netz so gestaltet ist, daß sich die Nennströme aufeinanderfolgender Sicherungen im Verhältnis 1,6:1 stufen (Abschnitt 4.12.2). Im Unterschied dazu sind in Maschennetzen alle Zweige mit dem gleichen Sicherungstyp auszurüsten. Selektiv reagieren sie nur, sofern der fehlerbehaftete Zweig jeweils einen höheren Kurzschlußstrom führt als die anderen Kabelstrecken des Netzes. Das erforderliche Verhältnis ist vom eingesetzten Fabrikat abhängig und liegt häufig bei 1,4.

Falls der dargestellte Forderungskatalog von mehreren Planungsvarianten erfüllt wird, gelten die Kosten als ein Auswahlkriterium. Dabei sind neben den Verlege- und Materialkosten auch die Betriebskosten zu berücksichtigen. Die Betriebskosten werden über einen größeren Zeitbereich (z.B. 6 Jahre) angesetzt. Sie werden vorwiegend durch die Netzverluste geprägt.

Zur Realisierung dieser Aufgabenstellung ist es nach [68] zweckmäßig, das Versorgungsgebiet in *Teilnetze* aufzugliedern, wobei jedes Teilnetz jeweils von einer Netzstation gespeist und als Strahlennetz gestaltet wird. Die dafür benötigte Anzahl der Stationen ist zunächst so zu wählen, daß die Last mit den besonders häufig eingesetzten 630-kVA-Stationen gedeckt wird. Weiterhin werden die Standorte so gelegt, daß jede Station möglichst im Lastschwerpunkt ihres Teilnetzes liegt und das resultierende, darauf bezogene Stromwirkmoment der darin vorhandenen Lasten (s. Abschnitt 5.2) bei allen Stationen etwa gleich groß ist.

Für die Dimensionierung der Teilnetze sind zunächst die Bedingungen des Normalbetriebs mit den Methoden gemäß Kapitel 5 zu realisieren. Bei dem vorausgesetzten strahlenförmigen Aufbau können auch die dort kennengelernten manuellen Verfahren eingesetzt werden. Als freier *Entwurfsparameter* wird allerdings nicht der Querschnitt des einzelnen Kabels, sondern die *Anzahl der Kabel* geändert. Der jeweilige Mindestquerschnitt wird dabei durch die Kurzschlußfestigkeit vorgegeben. Sie liegt in einfach gespeisten Netzen mit einem einheitlichen Querschnitt dann vor, wenn jedes Kabel bei einem Fehler in unmittelbarer Nähe des 630-kVA-Einspeisetransformators kurzschlußfest ist. Dort treten nämlich die größten Kurzschlußströme auf. Bei dem üblicherweise eingesetzten Kabeltyp NAYY sind bereits Querschnitte ab 150 mm^2 kurzschlußfest.

Im weiteren ist das Ansprechen und die Selektivität der Sicherungen zu überprüfen. Falls der bisher erstellte Netzentwurf diese Bedingung verletzt, ist das Netz durch weitere Parallelkabel zu verstärken bzw. dessen Vermaschungsgrad in Kreuzungspunkten mit Hilfe weiterer Kabelverteilerschränke zu erhöhen.

In dem bisherigen Rechnungsgang ist das (n-1)-Ausfallprinzip noch nicht berücksichtigt worden. Falls mobile Reservebetriebsmittel vorgesehen sind, ist diese Bedingung nicht relevant. Anderenfalls ist das fehlerbehaftete Netz für eine *rückwärtige Speisung* aus den Nachbarnetzen auszulegen (s. Abschnitt 3.2.1).

Zur Realisierung dieser Bedingung ist eine besonders ungünstige Fehlersituation auszuwählen. Diese liegt vor, wenn die Netzstation des betrachteten Teilnetzes einschließlich der Niederspannungssammelschiene ausfällt. Für diesen Betriebszustand, in dem benachbarte Stationen die ausgefallene Leistung zusätzlich einspeisen müssen, wird nochmals eine Dimensionierung vorgenommen. Daraus resultiert auch die Höchstlast für die einzelnen Stationen. Falls in dieser Fehlersituation die Nennleistung von 630 kVA überschritten wird, ist das Teilnetz weiter aufzuteilen und meist auch der Kabelanteil zu verstärken.

Die beschriebene *eigensichere Gestaltung* des Netzes führt zu höheren Kosten, wobei die Mehrkosten mit steigender Lastdichte bis auf ca. 1 % der Baukosten absinken können [68]. Es sei erwähnt, daß vom (n-1)-Ausfallprinzip her während eines fehlerbehafteten Netzzustandes nicht mehr die Selektivität beim Ansprechen der Sicherungen zu fordern ist, da dieses Prinzip stets nur einen Fehler zur Zeit voraussetzt.

Aus der Aufteilung in mehrere Strahlennetze, die jeweils nach den Bedingungen des Normalbetriebs, der Kurzschlußfestigkeit, des (n-1)-Ausfallprinzips sowie nach Selektivitätskriterien ausgelegt worden sind, resultiert bereits ein funktionsfähiges Gesamtnetz. Das erhaltene Planungsergebnis braucht jedoch noch nicht kostenoptimal zu sein. Dieser Gesichtspunkt ist in einem weiteren Schritt zu berücksichtigen.

Grundsätzlich gilt, daß sich durch eine Erhöhung der Stationszahl der Versorgungsradius der Teilnetze verkleinert. Bei gleichem zulässigen Spannungsabfall kann daher meist der

Kabelanteil verringert werden. Zwischen den Mehrkosten für die zusätzlichen Stationen und den Einsparungen bei den Kabeln gibt es ein optimales Verhältnis mit minimalen Gesamtkosten. Es wird dadurch ermittelt, daß man von dem zunächst bestimmten Startwert ausgehend die Zahl der Stationen um eine erhöht und den beschriebenen Algorithmus erneut ansetzt. Dieser Schritt wird so lange wiederholt, bis ein Kostenminimum erreicht wird. Mit wachsender Netzgröße verbreitert sich das Kostenoptimum, so daß zunehmend mehrere Planungsvarianten von der Kostenseite her praktisch gleichwertig sind. Im Normalbetrieb bei Höchstlast werden die optimalen Netzentwürfe erfahrungsgemäß dadurch gekennzeichnet, daß *im Mittel die Transformatoren zu ca. 2/3 ihrer Nennleistung* und *die Abgangskabel zu ca. 50 % in Bezug auf ihren Nennstrom* ausgelastet sind.

Die bisher beschriebene Strategie liefert stets ein eigensicheres Niederspannungsnetz, das sich aus mehreren, in sich strahlenförmig aufgebauten Teilnetzen zusammensetzt. Diese Teilnetze können im Rahmen der vom Straßensystem angebotenen Möglichkeiten zum einen intern und zum anderen auch noch miteinander vermascht werden, falls eine solche Realisierung gewünscht ist. Derartige Maßnahmen führen zu verringerten Netzverlusten, einer verbesserten Spannungshaltung und einer nochmals erhöhten Eigensicherheit. Bei niedrigen Lastdichten können die Mehrkosten allerdings beträchtlich sein, da im Hinblick auf die einwandfreie Funktion der Sicherungen erhebliche Verstärkungen notwendig werden. Bei großen Lastdichten – ab ca. 30 MVA/km^2 – ist wiederum die Stationsdichte bereits so hoch, daß die Kurzschlußfestigkeit gefährdet ist und eine Vermaschung zunehmend entfällt. Es sei eingefügt, daß die notwendigen Lastflußrechnungen sich durch ein *Verwerfen der Lasten* in die Netzknoten erheblich vereinfachen (s. Abschnitt 5.3).

Neben der Neuplanung ist auch die Anpassung von Altnetzen an geänderte Lastsituationen bedeutsam. Geringere Lasterhöhungen lassen sich häufig allein durch eine Verstärkung der Netzstationen auffangen. Höhere Lastanstiege erfordern jedoch eine Verlegung zusätzlicher Kabel und damit teure Tiefbauarbeiten. Mit geringen Modifikationen läßt sich die beschriebene Entwurfsstrategie auch auf diese Probleme anwenden, die generell mit dem Begriff *Ausbauplanung* belegt werden.

In abgewandelter Form stellt sich auch in Mittelspannungsnetzen die Aufgabe der Ausbauplanungen. Dazu sei folgendes Beispiel angeführt. Der Lastzuwachs – z.B. aus einem neu erschlossenen Gewerbegebiet herrührend – rechtfertigt noch nicht die Errichtung einer zusätzlichen 110/10-kV-Schaltanlage, überlastet jedoch das bestehende Netz. Abhilfe bietet ein Ausbau der 110-kV-Umspannstation, indem sie um neue 10-kV-Schaltfelder erweitert wird und die dort abgehenden 10-kV-Kabel eine Schwerpunktstation versorgen (s. Abschnitt 4.11.1). Von der Schwerpunktstation gehen dann wie gewohnt die Ringleitungen zur Versorgung der Netzstationen ab. Bekanntlich repräsentieren sie im Mittelspannungsnetz die Schnittstelle zu den Lasten.

Im Unterschied zum Niederspannungsnetz sind nicht in jeder Straße Netzstationen vorhanden. Es entstehen daher Freiheitsgrade bei der Trassengestaltung. Durch Variantenrechnungen oder durch einen systematischen optimierenden Suchalgorithmus [133] kann die günstigste Lösung ermittelt werden. Anschließend erfolgt die Dimensionierung der Ringleitungen. Als Worst-Case-Auslegungskriterium dient ein Fehler jeweils am Ende einer Ringleitung, während die anderen Ringleitungen weiterhin als Strahlen betrieben werden. Da bei dieser Struktur einschließlich der Speisekabel für die Schwerpunktstation ein verzweigtes Strahlennetz resultiert, können für die Dimensionierung die manuellen Methoden des Abschnitts 5.2 bzw. 6 angewendet werden. Prinzipiell ist eine Stufung der Kabelquerschnitte möglich. Üblicherweise werden nur Querschnitte bis zu 240 mm^2

gewählt, da sich ansonsten die Verlegearbeiten wesentlich erschweren.

In leistungsstarken Umspannstationen mit z.B. 50-MVA-Transformatoren übersteigt der Kurzschlußstrom den zulässigen Wert der üblicherweise eingesetzten 10-kV-Kabel. Die notwendige Kurzschlußfestigkeit wird dann durch den Einbau von Kurzschlußdrosselspulen mit I_s-Begrenzern sichergestellt (s. Abschnitt 7.4). Für weiter entfernt gelegene Kabel läßt sich diese Forderung stets durch die Wahl eines ausreichend großen Querschnitts einhalten. Zusätzlich ist bei der Planung das (n-1)-Ausfallprinzip zu beachten. Bei der erläuterten Gestaltung des Mittelspannungsnetzes liegt die gewünschte Ausfallsicherheit bereits vor, denn zwischen Umspann- und Schwerpunktstationen werden immer mehrere Kabel eingesetzt und die abgehenden Ringleitungen sind in sich eigensicher ausgelegt.

Der beschriebene Planungsablauf gestattet es, auch Mittelspannungsnetze so auszubauen, daß die aufgestellten Dimensionierungsbedingungen erfüllt werden. Falls sich der Lastanstieg im beschriebenen Sinne fortsetzt, ist schließlich eine weitere 110/10-kV-Umspannstation zu errichten, an die dann die bereits bestehenden Netzbereiche bzw. die neuen Versorgungszentren anzubinden sind. Häufig ergeben sich dadurch weitere Verknüpfungen zwischen den einzelnen Netzbezirken. Die so zusätzlich auftretenden Kuppelstellen erhöhen die Eigensicherheit noch weiter (Bild 3.10).

Ein *Anstieg der Last* wirkt sich auch auf die *Hoch- und Höchstspannungsebene* aus und erfordert dort zeitlich versetzt ebenfalls einen stufenweisen Ausbau. Die dann benötigten Standorte für neue Kraftwerke oder Kuppelstellen zu den Nachbarnetzen sind begrenzt. Entsprechendes gilt für Freileitungstrassen und für Schaltanlagen, die in die unterlagerten Netzebenen einspeisen und in den Hoch- und Höchstspannungsnetzen die Lastabgänge repräsentieren. Freie Parameter stellen demnach lediglich die Kenngrößen der neu zu installierenden Betriebsmittel dar, z.B. in Form der Transformatoren, Leiterseile und – häufig bereits eingeschränkt – des Mastbildes. Obwohl die Parameteranzahl im Vergleich zur Ausbauplanung in unterlagerten Netzen eher kleiner ist, sind die *Dimensionierungsrechnungen* für Transportnetze *sehr rechenintensiv*. Eine Ursache liegt darin, daß bei der Einbindung dieser Betriebsmittel in das bestehende, meist große Transportnetz eine Reihe von Wechselwirkungen zu beachten sind. So verfügt es im Vergleich zu den unterlagerten Netzen über viele Einspeisungen. Daher sind die Fahrpläne und Schaltzustände variantenreich und damit auch die Anzahl der Worst-Case-Auslegekriterien sehr viel größer. Dementsprechend sind eine Reihe von Betriebs- und Fehlersituationen dahingehend zu überprüfen, ob die netztechnischen Bedingungen nicht verletzt werden [32]. Die zunächst nach der Plausibilität gewählten Betriebsmitteldaten sind jeweils *iterativ* darauf abzustimmen. Dabei ist zu bedenken, daß die *Spannungshaltung* nicht nur für die *Höchstlast*, sondern auch für die *Schwachlastsituation* zu kontrollieren ist, da der Ferranti-Effekt zu unzulässigen Spannungserhöhungen führen kann (s. Abschnitt 4.5). Eventuelle Betriebszustände, die die Kurzschlußfestigkeit verletzen, müssen mit dem in Abschnitt 7.4 dargestellten Maßnahmenkatalog beherrschbar sein. Bei diesen Rechnungen ist weiterhin zu berücksichtigen, daß stets ein Teil der Leitungen infolge von Revisionen planmäßig nicht zur Verfügung steht. Darüberhinaus sind ungeplante Ausfälle in den Entwurf einzubeziehen.

Von zentralem Interesse ist dabei die Frage, ob die *Ansprechzeit des Schutzes* im Hinblick auf die Stabilität *hinreichend niedrig* ist, um bei solchen Ausfällen die Energieversorgung des Netzes weiterhin zu gewährleisten. Zu diesem Zweck wird in jedem Knoten ein Kurzschluß angenommen, für den die zugehörigen Schwingkurven ermittelt werden. Die Auswirkungen einer Kurzunterbrechung (KU) sind zu berücksichtigen. Außerdem beeinflussen die Fahrpläne das Schwingungsverhalten merklich. U.a. ist zu kontrollieren, inwieweit dabei die jeweils ausgelösten Leistungspendelungen einzelne Schutzsysteme ansprechen und eventuell sogar auslösen lassen (s. Abschnitt 7.5). Für solche elektromechanischen Aufgabenstellungen werden spezielle Programmsysteme verwendet [114].

Zugleich sind in den Hoch- und Höchstspannungsnetzen die *transienten elektrischen Reaktionen* des Netzes zu beachten. So können sich nach einer Schalterbetätigung an den Schalterpolen unzulässig hohe Überspannungen aufbauen und den Löschvorgang gefährden. Besonders ausgeprägt ist dieser Vorgang nach einem Kurzschluß im Abstand von einigen Kilometern, dem sogenannten *Abstandskurzschluß* [58]. Abhilfe läßt sich häufig durch eine zweckmäßige Bemessung der Steuerkondensatoren erreichen (s. Abschnitt 4.10).

Wiederum ein anderer Effekt kann sich bei Synchronmaschinen großer Leistung ausbilden. Unter bestimmten Voraussetzungen klingt bei diesen Generatoren der subtransiente Vorgang schneller ab als die auftretenden Gleichglieder [115]. Als Folge davon *fehlen* während der ersten Perioden *im Kurzschlußstromverlauf die Nulldurchgänge*, wodurch die Funktion der Schalter beeinträchtigt wird. Die kennengelernten Schalter benötigen nämlich für eine erfolgreiche Löschung des Schaltlichtbogens einen Nulldurchgang im Strom. Als Gegenmaßnahme sind spezielle Schalterkonstruktionen zu verwenden [35].

Bei Masten mit mehreren Systemen beeinflussen sich die Leitungen über die kapazitiven und induktiven Kopplungen. Diese Beeinflussung kann sich u.a. im Zusammenwirken mit Spannungswandlern in nichtlinearen Schwingungen, den *Ferroresonanzschwingungen*, äußern, die zu hohen Strömen bzw. Spannungen führen können. Genauer wird dieser Effekt in [59] und [116] diskutiert.

Der beschriebene Planungsablauf stellt eine Kernaufgabe für die Gestaltung von Netzen dar. Für die Feingestaltung einzelner Betriebsmittel sind zusätzlich noch weitere Gesichtspunkte wie z.B. Überspannungen oder Beeinflussungsfragen zu berücksichtigen. Dieser Schritt kann jedoch im Anschluß an die Planung erfolgen, weil sich dadurch nur relativ geringe Rückwirkungen auf die bereits festgelegten Entwurfsparameter ergeben. Analoge Aussagen gelten auch für die Dimensionierung der Netzschutzsysteme, da sie einen hinreichend großen Einstellbereich aufweisen.

Bisher sind nur symmetrische Betriebs- und Fehlerzustände betrachtet worden. Darüberhinaus sind auch die Auswirkungen von asymmetrischen Fehlern zu beachten. Sie können vornehmlich hohe Spannungen gegen Erde hervorrufen. Die Beherrschung dieser Effekte wird primär durch eine geeignete Behandlung der Sternpunkte und Erdungsanlagen erzielt. Die dafür notwendigen Rechenmethoden werden in den weiteren Kapiteln abgeleitet.

8.3 Aufgaben

Aufgabe 8.1: In dem Bild ist der Bebauungsplan eines Neubaugebietes dargestellt, für das ein Niederspannungsnetz mit $U_{nN} = 380$ V zu planen ist. Die Anzahl der Wohneinheiten (WE) beträgt 152. Die Netzbelastung einer WE liegt bei 21 kW (Durchlauferhitzer und Herd) mit dem Leistungsfaktor $\cos\varphi = 0,9$. Der Gleichzeitigkeitsfaktor wird durch die Beziehung $g = 0,07 + 0,93/n$ beschrieben, wobei die Größe n die Anzahl der WE kennzeichnet. Die Kabelverlegung soll auf beiden Seiten der Straße erfolgen. Es ist der Typ NAYY 4×150 0,6/1 kV zu verwenden. Als Standort für die neuen Netzstationen ist das Kirchengelände zu wählen. Die Netzstationen N_1 und N_2 sind bereits vorhanden und versorgen benachbarte Netzbezirke.

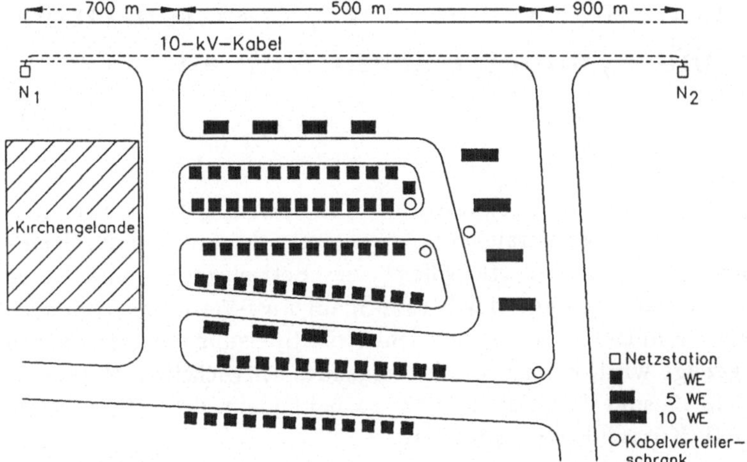

a) Berechnen Sie die Gesamtlast und ermitteln Sie daraus die Anzahl und die Nennleistung der benötigten Netzstationen. 630-, 400- und 250-kVA-Ausführungen sind als zulässig anzusehen.

b) Die benötigten Netzstationen sind im Stich aus den Netzstationen N_1 und/oder N_2 herauszuführen. Das Niederspannungsnetz ist unter Einbeziehung der im Bild angegebenen Kabelverteilerschränke K als Radialnetz zu planen, wobei das (n-1)-Ausfallprinzip durch mobile Notstromanlagen gewährleistet werden kann.

c) Dimensionieren Sie das Radialnetz nach der Spannungshaltung und der thermischen Dauerbelastung. Der zulässige Spannungsabfall beträgt $\Delta u_{zul} = 3\ \%$. Dabei kann für alle Kabel vereinfachend bis zum jeweiligen Kabelverteilerschrank eine Länge von 400 m angenommen werden. Ferner sollen die Lasten konzentriert in der Mitte und am Ende der Leitung angreifen.
Begründen Sie, ob der dadurch verursachte systematische Fehler eine Abschätzung zur sicheren Seite darstellt.

d) Dimensionieren Sie die benötigten NH- und HH-Sicherungen, wenn beide Sicherungsarten einen Nennausschaltstrom von $I_{aS} = 80$ kA aufweisen und die relative Kurzschlußspannung des Transformators $u_k = 4\ \%$ beträgt.

e) Dimensionieren Sie das Netz nach der thermischen und mechanischen Kurzschlußfestigkeit mit $S_{thr}(\vartheta_b = 70\ °C,\ \vartheta_e = 160\ °C) = 76$ A/mm^2, wenn für den Transformator in der Netzstation $R_T/X_T = 0,1$ gilt.

f) Im Hinblick auf die Spannungshaltung nach einem Fehler liegt der ungünstigste Fall dann vor, wenn in dem Ring mit der höchsten Gesamtlast der Leitungsanfang aufgetrennt werden muß. In dieser Situation wird die Trennstelle im Kabelverteilerschrank K_1 geschlossen und die Ringleitung von einer Seite aus als Stich betrieben.
Berechnen Sie für diesen Betriebszustand unter der in c) angegebenen Lastdiskretisierung – angewendet auf den Stich – den Spannungsabfall bis zum Leitungsende.

9 Berechnung von unsymmetrisch gespeisten Drehstromnetzen mit symmetrischem Aufbau

Bei den bisher behandelten Drehstromnetzen sind Aufbau und Speisung stets als symmetrisch vorausgesetzt worden. Unter dieser Voraussetzung kann man die Anlagen durch einphasige Ersatzschaltbilder mit speziellen Begriffen wie Betriebsinduktivität und -kapazität beschreiben. Im weiteren soll nun das Strom-Spannungs-Verhalten von *symmetrisch aufgebauten Netzen* ermittelt werden, bei denen die Speisung *unsymmetrisch erfolgt*. Wie später noch gezeigt wird, können die im folgenden entwickelten Methoden sogar noch erweitert werden. Es sind damit auch Netze zu behandeln, deren Symmetrie durch punktuelle Fehler, z.B. Kurzschlüsse, gestört ist.

Bei unsymmetrisch betriebenen Drehstromnetzen unterscheiden sich im allgemeinsten Fall die Leiterströme $\underline{I}_R$, $\underline{I}_S$, $\underline{I}_T$ in ihren Beträgen und weisen zugleich andere Phasenverschiebungen als im symmetrischen Betrieb auf. Solche Netze lassen sich besonders leicht berechnen, wenn das Verfahren der symmetrischen Komponenten verwendet wird [17], [29], [40], [51], [52]. Ein wesentlicher Vorteil liegt z.B. darin, daß die vom symmetrischen Betrieb her bekannten, einfachen Impedanzbegriffe erhalten bleiben.

9.1 Methode der symmetrischen Komponenten

Die Methode der symmetrischen Komponenten beruht auf dem Überlagerungsprinzip und stellt damit einen linearen Algorithmus dar. Dieses Verfahren ermöglicht es, ein System aus drei beliebigen Zeigern in drei Systeme mit unterschiedlicher Symmetrie zu zerlegen. Im allgemeinen sind diese Systeme untereinander wiederum phasenverschoben. In Bild 9.1 wird die Zerlegung eines Zeigersystems veranschaulicht. Dabei wird im weiteren stets ein *stationärer Betrieb* vorausgesetzt, da mit Zeigern keine transienten Vorgänge beschrieben werden können.

Die in Bild 9.1 dargestellte Zerlegung läßt sich im elektrotechnischen Sinn sehr anschaulich interpretieren [29]. Man erhält ein symmetrisches Drehstromsystem mit normaler Phasenfolge, das im folgenden als *Mitsystem* bezeichnet wird. Weiterhin ergibt sich ein symmetrisches System mit entgegengesetzer Phasenfolge, das üblicherweise *Gegensystem* genannt wird. Darüber hinaus führt die Zerlegung auf drei Ströme mit gleicher Phasenlage und gleichem Betrag. Dieses System wird als *Nullsystem* bezeichnet, da es nur dann auftritt, wenn die *Summe der Zeiger $\underline{I}_R$, $\underline{I}_S$, $\underline{I}_T$ ungleich Null* ist. Im weiteren werden die jeweiligen Zeiger des Mit-, Gegen- und Nullsystems entsprechend der DIN 4897 mit den Indizes 1, 2, 0 gekennzeichnet, gefolgt von dem Index, der den Ort, also den *Leiter*, charakterisiert. Der Zeiger $\underline{I}_R$ im Gegensystem lautet demnach $\underline{I}_{2R}$.

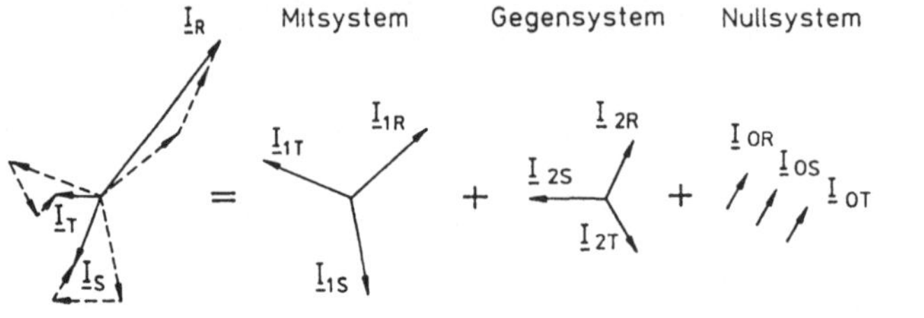

Bild 9.1
Graphische Zerlegung komplexer Zeiger in symmetrische Komponenten

Die bisher nur graphisch durchgeführte Zerlegung in ein Mit-, Gegen- und Nullsystem läßt sich durch die folgenden Gleichungen auch analytisch beschreiben:

$$I_R = I_{1R} + I_{2R} + I_{0R}$$
$$I_S = I_{1S} + I_{2S} + I_{0S} \tag{9.1}$$
$$I_T = I_{1T} + I_{2T} + I_{0T}$$

Dieses Gleichungssystem gibt die Zerlegung jedoch nur bedingt wieder. Es ist noch die Eigenschaft einzuarbeiten, daß die drei Zeiger des Mit- und Gegensystems untereinander bei gleichem Betrag jeweils um 120° phasenverschoben sind und daß darüber hinaus die Zeiger des Nullsystems untereinander identisch sind. Analytisch lassen sich diese Zusammenhänge dadurch formulieren, daß man jeweils einen Zeiger in den drei Systemen als Bezugsgröße betrachtet. Üblicherweise werden die Komponentenzeiger I_{1R}, I_{2R}, I_{0R} des Leiters R gewählt. Wenn weiterhin die Ausdrücke $\underline{a} = e^{j120°}$ und $\underline{a}^2 = e^{j240°}$ verwendet werden, lassen sich die anderen Zeiger durch die folgenden Zusammenhänge beschreiben:

$$I_{1S} = \underline{a}^2 I_{1R} , \quad I_{1T} = \underline{a} I_{1R} ,$$
$$I_{2S} = \underline{a} I_{2R} , \quad I_{2T} = \underline{a}^2 I_{2R} ,$$
$$I_{0R} = I_{0S} = I_{0T} .$$

Eingesetzt in die Beziehung (9.1), ergibt sich demnach das Gleichungssystem

$$I_R = I_{1R} + I_{2R} + I_{0R}$$
$$I_S = \underline{a}^2 I_{1R} + \underline{a} I_{2R} + I_{0R} \tag{9.2}$$
$$I_T = \underline{a} I_{1R} + \underline{a}^2 I_{2R} + I_{0R} .$$

Für die weiteren Betrachtungen wird nun die Matrizenschreibweise eingeführt. Sie führt zu einer größeren Übersichtlichkeit in der Darstellung des Gleichungssystems und erleichtert damit die Interpretation. Das System (9.2) nimmt in dieser Schreibweise die Form

$$\begin{bmatrix} I_R \\ I_S \\ I_T \end{bmatrix} = \begin{bmatrix} 1 & 1 & 1 \\ \underline{a}^2 & \underline{a} & 1 \\ \underline{a} & \underline{a}^2 & 1 \end{bmatrix} \bullet \begin{bmatrix} I_{1R} \\ I_{2R} \\ I_{0R} \end{bmatrix} \tag{9.3}$$

an. Für die einzelnen Matrizen werden im folgenden abkürzend die Symbole

$$[I_d] = \begin{bmatrix} I_R \\ I_S \\ I_T \end{bmatrix} , \quad [T] = \begin{bmatrix} 1 & 1 & 1 \\ \underline{a}^2 & \underline{a} & 1 \\ \underline{a} & \underline{a}^2 & 1 \end{bmatrix} , \quad [I_k] = \begin{bmatrix} I_{1R} \\ I_{2R} \\ I_{0R} \end{bmatrix}$$

verwendet, wobei der *Index d* die Ströme des Drehstromsystems und der *Index k* die Bezugsströme der Komponentensysteme kennzeichnet, die im folgenden als Komponentenströme bezeichnet werden sollen. Mit diesen Definitionen ergibt sich die Matrizenbeziehung

$$[I_d] = [T] \cdot [I_k] . \tag{9.4}$$

Die Matrix $[\underline{T}]$ transformiert die Komponentenströme $[\underline{I}_k]$ in die tatsächlichen Leiterströme $[\underline{I}_d]$. Da dieser Schritt in der Beziehung (9.4) linear erfolgt, spricht man auch von einer linearen Transformation. Von gleichem Interesse ist auch die umgekehrte bzw. inverse Transformation. In diesem Fall sind $\underline{I}_R$, $\underline{I}_S$, $\underline{I}_T$ die Ausgangsgrößen, aus denen dann die Komponentenströme $\underline{I}_{1R}$, $\underline{I}_{2R}$, $\underline{I}_{0R}$ zu berechnen sind. Analytisch läßt sich dieses Ziel durch elementares Umformen des Gleichungssystems (9.2) auf die Form

$$\underline{I}_{1R} = \frac{1}{3} \cdot (\underline{I}_R + \underline{a}\,\underline{I}_S + \underline{a}^2\,\underline{I}_T)$$

$$\underline{I}_{2R} = \frac{1}{3} \cdot (\underline{I}_R + \underline{a}^2\,\underline{I}_S + \underline{a}\,\underline{I}_T) \tag{9.5}$$

$$\underline{I}_{0R} = \frac{1}{3} \cdot (\underline{I}_R + \underline{I}_S + \underline{I}_T)$$

erreichen. In Matrizenschreibweise nimmt dieses System die Gestalt

$$\begin{bmatrix} \underline{I}_{1R} \\ \underline{I}_{2R} \\ \underline{I}_{0R} \end{bmatrix} = \frac{1}{3} \bullet \begin{bmatrix} 1 & \underline{a} & \underline{a}^2 \\ 1 & \underline{a}^2 & \underline{a} \\ 1 & 1 & 1 \end{bmatrix} \bullet \begin{bmatrix} \underline{I}_R \\ \underline{I}_S \\ \underline{I}_T \end{bmatrix} \tag{9.6}$$

an. Mit den schon eingeführten Bezeichnungen $[\underline{I}_k]$, $[\underline{I}_d]$ und der Definition

$$[\underline{T}]^{-1} = \frac{1}{3} \bullet \begin{bmatrix} 1 & \underline{a} & \underline{a}^2 \\ 1 & \underline{a}^2 & \underline{a} \\ 1 & 1 & 1 \end{bmatrix}$$

erhält man eine zu Gl. (9.4) analoge Form:

$$[\underline{I}_k] = [\underline{T}]^{-1} \cdot [\underline{I}_d] \,. \tag{9.7}$$

Die beschriebene Transformation kann natürlich auch bei solchen komplexen Zeigern vorgenommen werden, die Spannungen darstellen. In Anlehnung an die bisherige Schreibweise gilt dann

$$[\underline{U}_k] = [\underline{T}]^{-1} \cdot [\underline{U}_d] \tag{9.8}$$

und

$$[\underline{U}_d] = [\underline{T}] \cdot [\underline{U}_k] \,. \tag{9.9}$$

Erwähnt sei, daß die Matrizen $[\underline{T}]$ und $[\underline{T}]^{-1}$ andere Elemente aufweisen, wenn die Bezugszeiger anders gewählt und dafür nicht die Größen $\underline{I}_{1R}$, $\underline{I}_{2R}$, $\underline{I}_{0R}$ verwendet werden.

Mit den bisherigen Erläuterungen sind die Grundlagen dafür gelegt, unsymetrisch betriebene Netze, die jedoch symmetrisch aufgebaut sein sollen, in einer vereinfachten Form analytisch zu beschreiben.

9.2 Anwendung der symmetrischen Komponenten auf unsymmetrisch betriebene Drehstromnetze

Die Berechnung unsymmetrisch gespeister Netze wird zunächst an einem einfachen Beispiel erläutert, das in Bild 9.2 dargestellt ist. Bei diesem einfachen Netz kann es sich

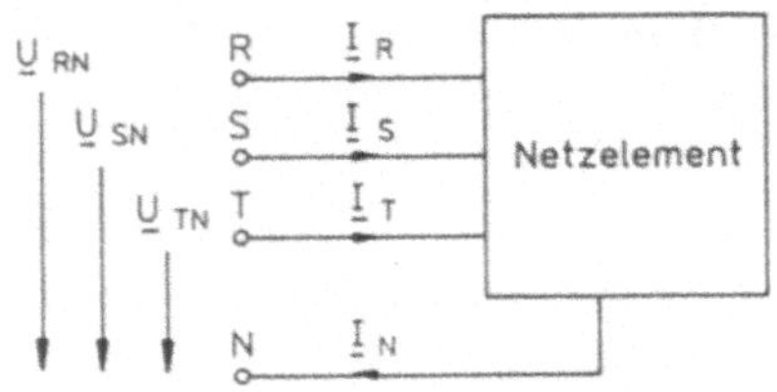

Bild 9.2
Netzelement mit angeschlossenem Neutralleiter

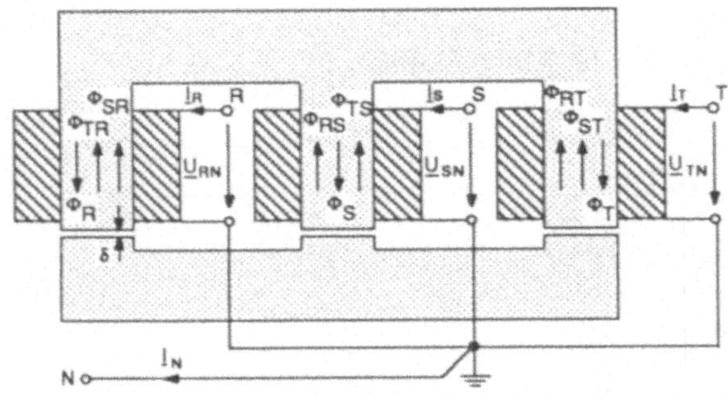

Bild 9.3
Drehstromdrosselspule

z.B. um eine dreiphasige Drosselspule mit einem Neutralleiter gemäß Bild 9.3 handeln. Die Drosselspule wird unter Berücksichtigung der in Bild 9.3 eingetragenen Zählpfeile (s. Abschnitt 4.1) durch das folgende Gleichungssystem beschrieben:

$$
\begin{aligned}
\underline{U}_{RN} &= j\omega L_R \underline{I}_R - j\omega M_{SR}\underline{I}_S - j\omega M_{TR}\underline{I}_T \\
\underline{U}_{SN} &= -j\omega M_{RS}\underline{I}_R + j\omega L_S\underline{I}_S - j\omega M_{TS}\underline{I}_T \\
\underline{U}_{TN} &= -j\omega M_{RT}\underline{I}_R - j\omega M_{ST}\underline{I}_S + j\omega L_T\underline{I}_T \ .
\end{aligned}
\tag{9.10}
$$

Dabei bezeichnet z.B. die Größe $\underline{U}_{RN}$ die Spannung zwischen dem Außenleiter R und dem Neutralleiter N. Die Bauweise der Drosselspule kann als symmetrisch angenommen werden. Die eingefügten Luftspalte (Bild 9.3) werden so gewählt, daß sich die unterschiedlichen Längen der Eisenschenkel bei einem üblichen $\mu_r \approx 6000$ nur geringfügig bemerkbar machen. Daher gilt in guter Näherung

$$
M_{RS} = M_{SR} = M_{RT} = M_{TR} = M_{TS} = M_{ST} = M \ , \quad L_R = L_S = L_T = L \ .
$$

Im folgenden werden die Ausdrücke $(-j\omega M)$ bzw. $j\omega L$ mit $\underline{Z}_a$ bzw. $\underline{Z}$ bezeichnet. Das Gleichungssystem nimmt dann in der Matrizenschreibweise die Gestalt

$$
\begin{bmatrix} \underline{U}_{RN} \\ \underline{U}_{SN} \\ \underline{U}_{TN} \end{bmatrix} = \begin{bmatrix} \underline{Z} & \underline{Z}_a & \underline{Z}_a \\ \underline{Z}_a & \underline{Z} & \underline{Z}_a \\ \underline{Z}_a & \underline{Z}_a & \underline{Z} \end{bmatrix} \cdot \begin{bmatrix} \underline{I}_R \\ \underline{I}_S \\ \underline{I}_T \end{bmatrix}
\tag{9.11}
$$

an. Es läßt sich in verkürzter Form als

$$
[\underline{U}_d] = [\underline{Z}_d] \cdot [\underline{I}_d]
\tag{9.12}
$$

schreiben. Man verwendet für die Matrix $[\underline{Z}_d]$ auch den Ausdruck *Impedanzmatrix*. In diesem speziellen Beispiel sind die Elemente symmetrisch zur Diagonalen angeordnet. Daher werden Matrizen dieser Struktur als *diagonalsymmetrisch* bezeichnet [17], [29].
Da bei der Ableitung dieses Zusammenhanges keine Bedingung an den Betrag und die Phasenlage der Ströme und Spannungen gestellt sind, gilt die Beziehung (9.11) sowohl

für symmetrische als auch unsymmetrische Verhältnisse. Eine Transformation mit den symmetrischen Komponenten erleichtert die Auswertung solcher Gleichungssysteme, wie in den folgenden Ausführungen gezeigt wird.

Zu diesem Zweck werden in der Beziehung (9.11) die Ströme durch die Gl. (9.2) substituiert. Analog wird mit den Spannungen verfahren. Das sich ergebende System läßt sich nun nach einer Reihe von algebraischen Operationen auf die Form

$$[\underline{U}_k] = [\underline{Z}_k] \cdot [\underline{I}_k] \tag{9.13}$$

bringen. Wenn man bei diesen Operationen den Zusammenhang

$$\underline{a}^2 + \underline{a} + 1 = 0 \tag{9.14}$$

beachtet, ergibt sich für $\underline{Z}_k$ der einfache Aufbau

$$[\underline{Z}_k] = \begin{bmatrix} \underline{Z} - \underline{Z}_a & 0 & 0 \\ 0 & \underline{Z} - \underline{Z}_a & 0 \\ 0 & 0 & \underline{Z} + 2\underline{Z}_a \end{bmatrix} . \tag{9.15}$$

Es sind also nur die Diagonalelemente ungleich Null. Mit den Bezeichnungen

$$\underline{Z}_1 = \underline{Z} - \underline{Z}_a , \quad \underline{Z}_2 = \underline{Z} - \underline{Z}_a , \quad \underline{Z}_0 = \underline{Z} + 2\underline{Z}_a \tag{9.16}$$

nimmt die Gl. (9.13) die Gestalt

$$\begin{bmatrix} \underline{U}_{1R} \\ \underline{U}_{2R} \\ \underline{U}_{0R} \end{bmatrix} = \begin{bmatrix} \underline{Z}_1 & 0 & 0 \\ 0 & \underline{Z}_2 & 0 \\ 0 & 0 & \underline{Z}_0 \end{bmatrix} \cdot \begin{bmatrix} \underline{I}_{1R} \\ \underline{I}_{2R} \\ \underline{I}_{0R} \end{bmatrix} \tag{9.17}$$

an. In Anlehnung an die Strom- und Spannungszeiger werden die sich ergebenden Impedanzen $\underline{Z}_1$, $\underline{Z}_2$, $\underline{Z}_0$ *als Mit-, Gegen- und Nullimpedanz bezeichnet.* Der bisher nicht betrachtete Strom im Neutralleiter $\underline{I}_N$ ergibt sich im R, S, T-System zu

$$\underline{I}_N = \underline{I}_R + \underline{I}_S + \underline{I}_T$$

und nimmt nach der Transformation den Wert

$$\underline{I}_N = 3 \cdot \underline{I}_{0R}$$

an. Das System (9.17) umfaßt drei Gleichungen, die im Unterschied zum System (9.11) nicht miteinander gekoppelt sind und daher einfacher ausgewertet werden können. Eine Rücktransformation mit den Beziehungen (9.3) liefert dann wieder die tatsächlichen Leiterströme. Physikalisch läßt sich dieses Ergebnis folgendermaßen interpretieren.

Das Betriebsverhalten der betrachteten Drosselspule wird nach der Transformation insgesamt durch drei symmetrische Betriebszustände beschrieben. Im Unterschied zur unsymmetrisch gespeisten Drosselspule führt die Symmetrie in diesen drei Betriebszuständen jeweils zu einfacheren Verhältnissen bei den elektrischen und magnetischen Feldern. Dieser Zusammenhang gilt dann auch für die zugehörigen Impedanzen, da diese als integrale Kenngrößen für die sich einstellenden Feldverteilungen aufgefaßt werden können. Aus diesem Grund sind bei den Impedanzen nach der Transformation die Kopplungen zwischen den einzelnen Leitern nicht mehr gesondert zu berücksichtigen. Daher ist auch eine einphasige Beschreibung möglich, wobei üblicherweise der Außenleiter R als Bezugsleiter verwendet wird. In Bild 9.4 sind die Zusammenhänge noch einmal verdeutlicht. Es gilt festzuhalten, daß diese Transformation bei der Beschreibung der Netzelemente zu zwei

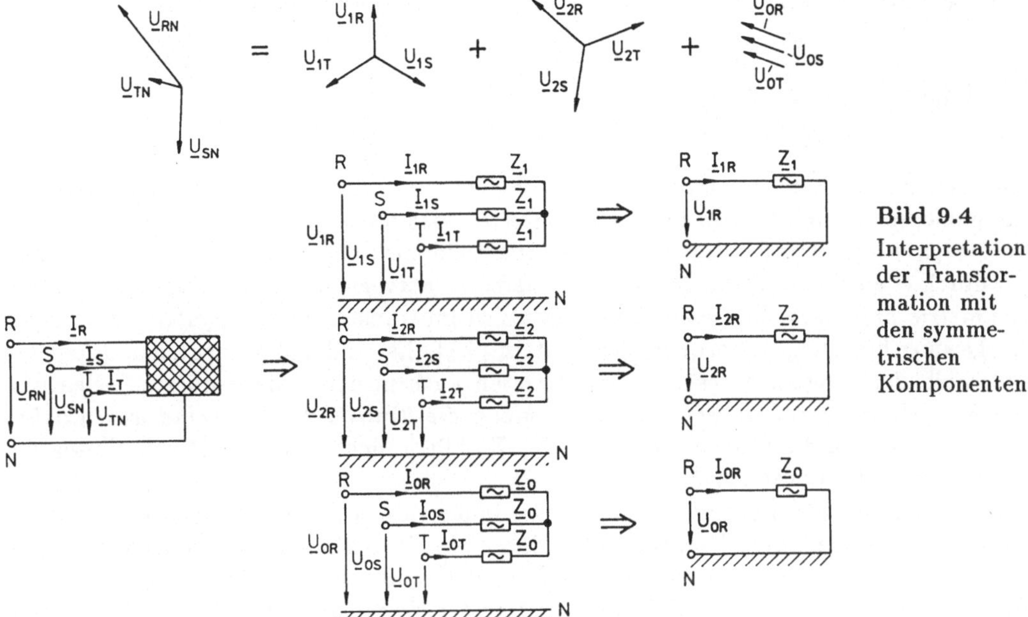

Bild 9.4
Interpretation der Transformation mit den symmetrischen Komponenten

Vorteilen führt:

- einfachere Impedanzbegriffe,

- einfacher strukturierte Gleichungssysteme.

Die Transformation mit den symmetrischen Komponenten gestaltet sich noch einfacher, wenn der Neutralleiter nicht vorhanden ist und ein Dreileitersystem vorliegt. In diesem Fall kann kein Strom aus der Drosselspule abfließen; die Ströme $\underline{I}_R$, $\underline{I}_S$, $\underline{I}_T$ ergänzen sich stets zu Null. Dementsprechend kann sich *kein Nullsystem im Strom ausbilden*. Für das Betriebsverhalten einer Drosselspule ohne Neutralleiter sind nur das Mit- und Gegensystem maßgebend.

Im weiteren gilt es noch den Sonderfall zu behandeln, daß im R, S, T-System drei einzelne Drosselspulen vorliegen, die nicht miteinander gekoppelt sind. Es gilt dann $\underline{Z}_a = 0$. In diesem Fall weist bereits die Matrix $[\underline{Z}_d]$ eine reine Diagonalform auf (s. Gl. (9.11)). Die Reaktanz $\underline{Z}$ geht nach der Transformation jeweils unverändert in die Mit-, Gegen- und Nullreaktanz über. Bei diesen Bedingungen führt die Tansformation daher zu keiner Rechenvereinfachung.

Bisher sind die symmetrischen Komponenten nur auf ein spezielles Netzelement, die Drosselspule, angewendet worden. Die an diesem Beispiel *abgeleiteten Zusammenhänge* gelten – ohne es im einzelnen zu belegen – in analoger Weise *bei allen ruhenden, symmetrisch aufgebauten Betriebsmitteln* [17]. Maßgebend dafür ist, daß sich deren Betriebsverhalten im R, S, T-System durch äquivalente Gleichungssysteme beschreiben läßt. Das ist der Fall, wenn die zugehörige Impedanzmatrix $[\underline{Z}_d]$ entweder eine reine Diagonalform aufweist oder zumindest diagonalsymmetrisch ist.

Auch *das unsymmetrische Betriebsverhalten von Synchronmaschinen* kann in hinreichender Genauigkeit durch lineare Gleichungen beschrieben werden. Im Gegensatz zu ruhenden Betriebsmitteln weist die Impedanzmatrix u.a. bei Schenkelpolmaschinen im R, S,

T-System nur eine schwächere, eine *zyklische Symmetriestruktur* auf:

$$[\underline{Z}_d] = \begin{bmatrix} \underline{Z} & \underline{Z}_a & \underline{Z}_b \\ \underline{Z}_b & \underline{Z} & \underline{Z}_a \\ \underline{Z}_a & \underline{Z}_b & \underline{Z} \end{bmatrix} . \tag{9.18}$$

Matrizen dieser Struktur nehmen jedoch nach der Transformation mit den symmetrischen Komponenten ebenfalls noch die vorteilhafte Diagonalform an [17].

Bei unsymmetrisch aufgebauten Betriebsmitteln läßt sich dagegen das Betriebsverhalten nur durch *Gleichungssysteme* beschreiben, *deren Impedanzmatrizen eine noch schwächere Symmetrie aufweisen.* In diesem Fall ergibt sich im transformierten System nicht mehr die gewünschte Diagonalform in der Matrix $[\underline{Z}_k]$. Es sind dann zusätzlich Elemente außerhalb der Diagonale besetzt. Damit treten auch in den transformierten Gleichungen Koppelglieder auf. *In solchen Fällen bietet die Transformation keine wesentlichen Vorteile mehr,* da die Impedanzen $\underline{Z}_1$, $\underline{Z}_2$, $\underline{Z}_0$ allein nicht mehr zur Beschreibung des Betriebsverhaltens ausreichen.

Die bisherigen Überlegungen haben gezeigt, daß sich das Betriebsverhalten von vielen symmetrisch aufgebauten Netzelementen durch eine Transformation mit Hilfe der symmetrischen Komponenten übersichtlicher formulieren läßt. Es schließt sich nun die Frage an, zu welchen Ergebnissen die *Transformation bei Netzanlagen* führt, die sich aus mehreren Betriebsmitteln zusammensetzen. Die Art der jeweiligen Verknüpfung wird analytisch durch die Kirchhoffschen Gesetze erfaßt. Es gilt daher, die Transformation dieser Beziehungen genauer zu untersuchen.

Bei einer dreiphasigen, symmetrisch aufgebauten Netzanlage wird jeder Knotenpunkt mit m Leitungszweigen infolge der Dreiphasigkeit durch drei Gleichungen der Form

$$\sum_{i=1}^{m} \underline{I}_{Ri} = 0 \,, \quad \sum_{i=1}^{m} \underline{I}_{Si} = 0 \,, \quad \sum_{i=1}^{m} \underline{I}_{Ti} = 0$$

beschrieben. Eine Transformation dieser Knotenpunktgleichungen mit den Beziehungen (9.1) führt auf den folgenden Zusammenhang:

$$\begin{aligned} 0 &= \sum_{i=1}^{m} \underline{I}_{Ri} & \sum_{i=1}^{m} \underline{I}_{1Ri} &= 0 \\ 0 &= \sum_{i=1}^{m} \underline{I}_{Si} \;\Rightarrow\; & \sum_{i=1}^{m} \underline{I}_{2Ri} &= 0 \\ 0 &= \sum_{i=1}^{m} \underline{I}_{Ti} & \sum_{i=1}^{m} \underline{I}_{0Ri} &= 0 \,. \end{aligned} \tag{9.19}$$

Den Knotenpunktströmen im realen Drehstromsystem R, S, T entsprechen demnach analoge Knotenpunktströme im einphasigen Mit-, Gegen- und Nullsystem. Ähnlich einfach läßt sich zeigen, daß dieses Ergebnis im gleichen Sinne auch für Maschenumläufe gilt. Damit ist sichergestellt, daß die *reale Netzstruktur durch die Transformation nicht verändert wird. Die Mit-, Gegen- und Nullimpedanzen können deshalb in den transformierten Ebenen ebenso verknüpft werden, wie es im tatsächlichen Netz der Fall ist.* Die entsprechenden Netzwerke werden als *Komponentennetzwerke* bezeichnet. In Bild 9.5 erfolgt eine Veranschaulichung dieser Zusammenhänge.

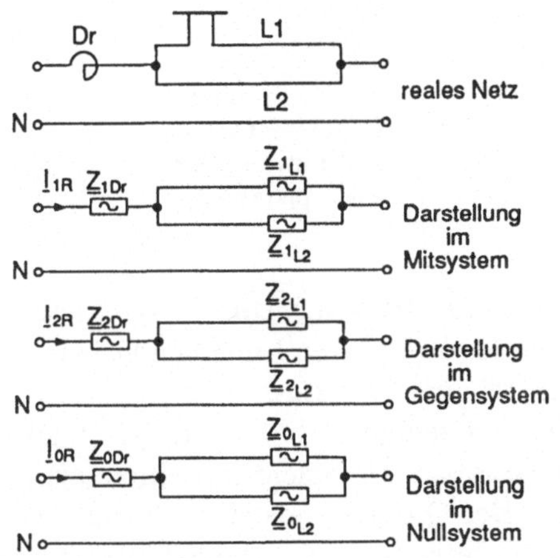

Bild 9.5
Struktur der Komponentennetzwerke

Da die drei Komponentennetzwerke einphasig aufgebaut und nicht miteinander gekoppelt sind, liegen nach der Transformation drei voneinander unabhängige Netzwerke vor. Jedes dieser Gleichungssysteme weist jeweils nur 1/3 des Umfangs im Vergleich zum dreiphasigen R, S, T-System auf. Die Lösung der drei kleineren Gleichungssysteme ist vergleichsweise mit erheblich geringerem Aufwand verbunden.

Abschließend soll noch einmal das *Berechnungsverfahren herausgestellt werden*. *Im ersten Schritt* werden die eingeprägten unsymmetrischen Größen in ihre symmetrischen Komponenten zerlegt. Üblicherweise handelt es sich um Spannungen. *Im zweiten Schritt* werden dann die drei Komponentennetzwerke aufgestellt. Dabei wird die Mit-, Gegen- und Nullkomponente der eingeprägten Größe im zugehörigen Komponentennetzwerk je nach Art als Spannungs- oder Stromquelle eingeführt. *Anschließend* werden dann mit den üblichen Methoden der linearen Netzwerktheorie die Komponentenströme bzw. -spannungen jeweils an solchen Stellen der drei Komponentennetzwerke berechnet, die auch im realen Netz von Interesse sind. *Im letzten Schritt* sind dann aus den jeweils drei Komponentenströmen bzw. -spannungen die tatsächlichen Leiterströme und Netzspannungen zu ermitteln. Für die Rücktransformation sind wieder die Beziehungen (9.3) bzw. (9.9) maßgebend.

Bevor zur Veranschaulichung dieses Verfahrens ein konkretes Beispiel gegeben wird, ist es zunächst notwendig, die Mit-, Gegen- und Nullimpedanzen bei den einzelnen Betriebsmitteln zu bestimmen. Prinzipiell sind sie durch die Beziehung (9.16) definiert. Eine Berechnung über die Impedanzen $\underline{Z}$, $\underline{Z}_a$ ist jedoch nicht zweckmäßig, da bei der Bestimmung dieser Größen keine Symmetrie in den Strom-Spannungs-Verhältnissen vorausgesetzt werden kann. Diese besteht, wenn man direkt von den Betriebszuständen des Mit-, Gegen- und Nullsystems ausgeht.

9.3 Impedanzen wichtiger Betriebsmittel im Mit- und Gegensystem der symmetrischen Komponenten

Abweichend vom Nullsystem handelt es sich beim Mit- und Gegensystem jeweils um *symmetrische dreiphasige Systeme*. Besonders einfache Verhältnisse ergeben sich beim Mitsystem. Die Mitimpedanz ist nach Gl. (9.17) als

$$\underline{Z}_1 = \frac{\underline{U}_{1R}}{\underline{I}_{1R}} \tag{9.20}$$

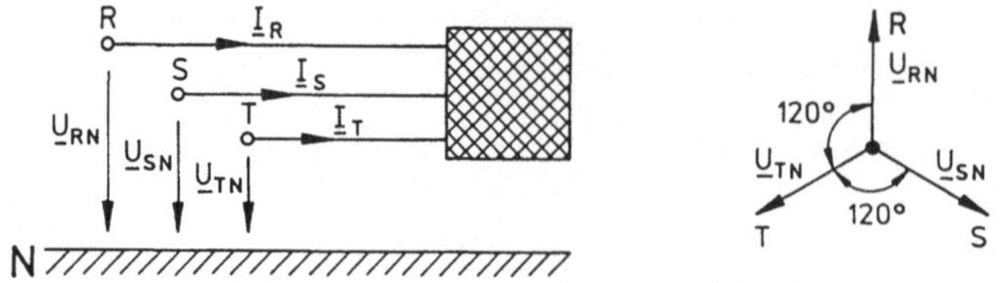

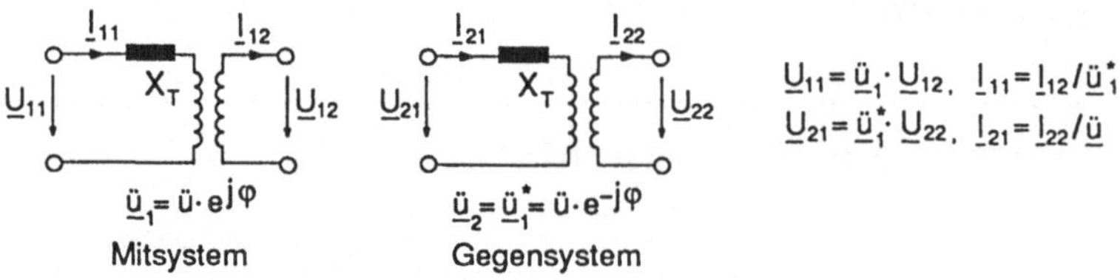

Bild 9.6

Schaltung eines Netzelementes zur Bestimmung der Mitimpedanz

definiert. Dementsprechend ist diese Impedanz immer dann wirksam, wenn ein symmetrischer Betrieb vorliegt. Daher besteht zwischen den bereits abgeleiteten Impedanzbegriffen im Kapitel 4 und den *Mitimpedanzen* der Betriebsmittel eine *Identität*.

Zur meßtechnischen Bestimmung der Mitimpedanzen ist lediglich die Definition (9.20) schaltungstechnisch nachzubilden. Zu diesem Zweck ist das Netzelement mit einem symmetrischen Strom- oder Spannungssystem zu speisen. Der Quotient aus einer Sternspannung und dem zugehörigen Leiterstrom ergibt dann die Impedanz $\underline{Z}_1$. Die Schaltung ist Bild 9.6 zu entnehmen.

Die Gegenimpedanz

$$\underline{Z}_2 = \frac{\underline{U}_{2R}}{\underline{I}_{2R}} \tag{9.21}$$

läßt sich auf ähnliche Weise bestimmen. Zu diesem Zweck muß nur das Mitsystem in ein Gegensystem überführt werden. Schaltungstechnisch geschieht dies am einfachsten dadurch, daß die Leiter S und T miteinander vertauscht werden. Bei symmetrisch aufgebauten, ruhenden Betriebsmitteln führt diese Maßnahme zu keinen Änderungen in den Feldverhältnissen, da aufgrund der Symmetrie kein Leiter bevorrechtigt ist. Daraus folgt, daß *bei ruhenden Betriebsmitteln Mit- und Gegenimpedanzen stets identisch sind*.

Allerdings gilt diese Aussage nur für die Impedanzen. Für die Übersetzungen phasendrehender Transformatoren besteht ein anderer Zusammenhang: Bei einer Speisung mit einem Gegensystem verändert sich infolge der vertauschten Phasenfolge der Phasenwinkel zwischen Eingangs- und Ausgangsspannung *in entgegengesetzter Weise wie beim Mitsystem*. In Bild 9.7 sind diese Verhältnisse noch einmal veranschaulicht.

Andere Verhältnisse ergeben sich bei Drehfeldmaschinen [15]. Im wesentlichen wird nur kurz auf die Vollpolmaschine eingegangen. Zu diesem Zweck möge die betrachtete Maschine ständerseitig aus einer Stromquelle mit einem eingeprägten Gegensystem gespeist werden (Bild 9.8). Dieses Gegensystem führt parallel zu den eventuell im Ständer fließenden Strömen des Mitsystems zu einem weiteren Drehfeld. Im Unterschied zu den Drehfeldern, die aus einem Mitsystem herrühren, bewegt sich das Drehfeld eines Gegensystems aufgrund der unterschiedlichen Phasenverschiebungen entgegengesetzt zur

Bild 9.7

Ersatzschaltbild phasendrehender Transformatoren im Mit- und Gegensystem

1. Index: 1 = Mitsystem, 2 = Gegensystem
2. Index: Torkennzeichnung

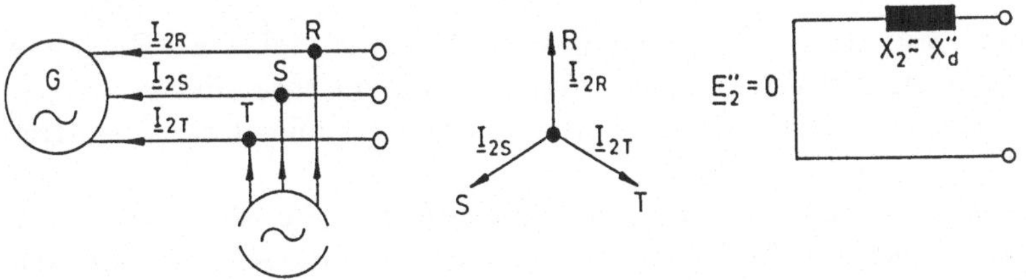

Bild 9.8
Speisung einer belasteten Synchronmaschine mit einem Stromgegensystem und zugehöriges
Ersatzschaltbild
I_{2R}, I_{2S}, I_{2T}: Ströme des Gegensystems

Umlaufrichtung des Läufers, die vom Antrieb vorgegeben wird. Die dadurch bedingte
hohe Relativgeschwindigkeit zwischen dem Läufer und dem Drehfeld des Gegensystems
bewirken im Dämpferkäfig starke Ströme, die wiederum das Hauptfeld im Luftspalt stark
schwächen. Maßgebend für das Betriebsverhalten sind daher nur noch die Streuflüsse der
Ständer- und Läuferwicklung, denen die Reaktanz

$$X_\sigma \approx X_{\sigma S} + X_{\sigma D} \approx X_d''$$

zuzuordnen ist. Entsprechend Abschnitt 4.4.3 handelt es sich bei dieser Größe um die subtransiente Reaktanz X_d'', die auch nach einem Stoßkurzschluß wirksam ist. Im Vergleich
dazu besteht jedoch ein *wesentlicher Unterschied* darin, daß *bei einem Gegensystem die
subtransiente Reaktanz* X_d'' *dauernd wirksam ist und nicht in die Reaktanz* X_d' *bzw.* X_d
übergeht.
Es gilt festzuhalten, daß nur unmittelbar nach einem Stoßkurzschluß die Mit- und Gegenreaktanz gleich sind. Für spätere Zeitbereiche wird bei der Mitimpedanz die Reaktanz
X_d' bzw. X_d wirksam.
Ein weiteres Merkmal des Gegensystems besteht bei symmetrisch aufgebauten Vollpolmaschinen darin, daß im Ersatzschaltbild keine Spannungsquelle zu berücksichtigen ist.
Dies ist darauf zurückzuführen, daß sich die Polradspannung aus einem Drehfeld des
Mitsystems ergibt und bei symmetrisch aufgebauten Maschinen stets symmetrisch ist.
Eine eingeprägte Spannung im Gegensystem kann daher unter diesen Bedingungen nicht
auftreten. Damit ist das Ersatzschaltbild im Gegensystem vollständig festgelegt. Es ist
Bild 9.8 zu entnehmen.
Bei den bisherigen Betrachtungen ist ein symmetrischer Aufbau des Generators vorausge-
setzt worden. Tatsächlich weist die Erregerwicklung eine Asymmetrie auf, da ihre Nuten
den Läufer nur teilweise bedecken. Wie in [125] ausgeführt ist, bildet sich dadurch in der
Klemmenspannung eine dritte Harmonische aus. Wiederum andere Verhältnisse ergeben
sich, wenn im Gegensystem anstelle des symmetrischen Stromsystems ein symmetrisches
Spannungssystem eingeprägt wird. Dann stellt sich z.B. eine dritte Harmonische im Strom
ein. Stets führt jedoch eine Rechnung mit der minimal möglichen Gegenimpedanz X_d''
zu höheren Kurzschlußströmen als bei den jeweiligen genaueren Modellen. Dadurch wird
eine Abschätzung zur sicheren Seite bewirkt. Entsprechende Zusammenhänge gelten für
die noch asymmetrischer aufgebauten Schenkelpolmaschinen.
Zugleich liefern diese Überlegungen auch eine Aussage über das *Eingangsverhalten von
Generatoren* in Bezug auf *symmetrische eingeprägte Oberschwingungssysteme*. Der Sternpunkt des Generators sei, wie üblich, ungeerdet, so daß sich in den Wicklungen nur solche
Oberschwingungen ausbilden können, die nicht gleichphasig verlaufen. Infolge der Läu-
ferbewegung stellen sich für die betreffenden Oberschwingungen analoge Feldverhältnisse

wie beim Gegensystem ein. Für solche Oberschwingungssysteme ist daher als Eingangs-reaktanz ebenfalls X''_d wirksam. Mit zunehmender Frequenz kommt zusätzlich die relativ große Erdkapazität C_E zwischen den Leitern und dem geerdeten Läufer- bzw. Ständerei-sen zum Tragen.

Abschließend gilt festzustellen, daß *bei ruhenden Betriebsmitteln die Mit- und Gegen-impedanzen stets identisch sind, bei Drehfeldmaschinen jedoch Unterschiede auftreten.* In beiden Fällen können die Verhältnisse mit den bereits aufgestellten Impedanzbegrif-fen beschrieben werden. Die *zugehörigen einphasigen Komponentennetzwerke* lassen sich daher *vorteilhafterweise in der gewohnten Begriffswelt formulieren.* Eine Berechnung un-symmetrisch gespeister Netze im R, S, T-System wäre nicht nur numerisch aufwendiger, sondern würde auch eine andere Vorgehensweise beim Aufstellen der Ersatzschaltungen erfordern. In diesen Auswirkungen liegen die wesentlichen Vorteile des Verfahrens der symmetrischen Komponenten. Die Impedanzen des Nullsystems nehmen eine gewisse Sonderstellung ein.

9.4 Impedanzen wichtiger Betriebsmittel im Nullsystem der sym-metrischen Komponenten

Die Definition für eine Nullimpedanz ist wiederum der Gl. (9.17) zu entnehmen:

$$\underline{Z}_0 = \frac{\underline{U}_{0R}}{\underline{I}_{0R}} \ . \tag{9.22}$$

Die Größen $\underline{U}_{0R}$, $\underline{I}_{0R}$ stellen jeweils Zeiger eines Nullsystems dar. Bei einem Netzelement ist demnach lediglich die Impedanz $\underline{Z}_0$ wirksam, wenn sowohl die Außenleiterströme als auch die Sternspannungen jeweils ein Nullsystem bilden. Bei den Sternspannungen ist diese Bedingung dann erfüllt, wenn sie in Betrag und Phase übereinstimmen. Schaltungs-technisch kann dieser Betriebszustand dadurch erreicht werden, daß die drei Außenleiter parallel geschaltet werden. Wenn im weiteren das Netzelement eingangsseitig aus einer Spannungsquelle, also einer eingeprägten Nullspannung, gespeist wird, stellen sich in den drei Außenleitern aufgrund des vorausgesetzten symmetrischen Aufbaus zwangsläufig gleich große Ströme ein. Sie bilden dann ebenfalls ein Nullsystem.

Die bisherigen Überlegungen zeigen, daß der Betriebszustand, der bei der Beziehung (9.22) vorausgesetzt wird, sich nicht nur gedanklich, sondern auch schaltungstechnisch relativ einfach verwirklichen läßt. Damit besteht die Möglichkeit, auf einfache Weise die Nullimpedanzen meßtechnisch zu bestimmen. Den prinzipiellen Schaltungsaufbau zeigt Bild 9.9 [29]. Diese Schaltung verdeutlicht den bereits abgeleiteten Zusammenhang, daß sich trotz einer vorhandenen Nullspannung nur dann ein Nullstrom ausbilden kann, wenn der Neutralleiter angeschlossen ist. Anderenfalls nimmt die Nullimpedanz den Wert Unendlich an. Abgesehen von diesem Entartungsfall können analytische Aussagen über Nullimpedanzen auf folgendem Wege ermittelt werden: *Man denkt sich das Netzelement entsprechend Bild 9.9 verschaltet. Im weiteren bestimmt man dann die sich einstellenden*

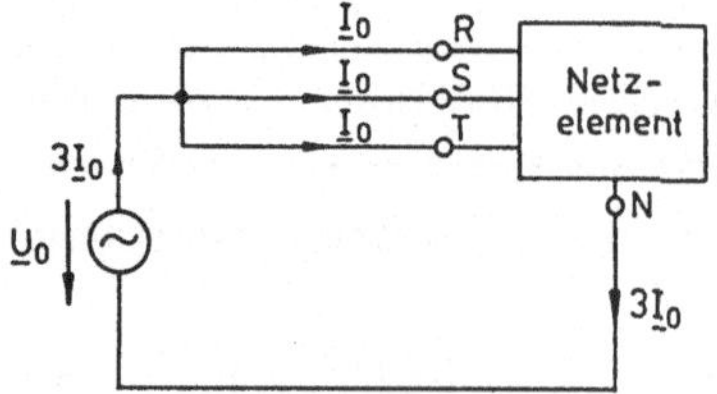

Bild 9.9
Grundsätzlicher Aufbau der Schaltung zur
Bestimmung von Nullimpedanzen

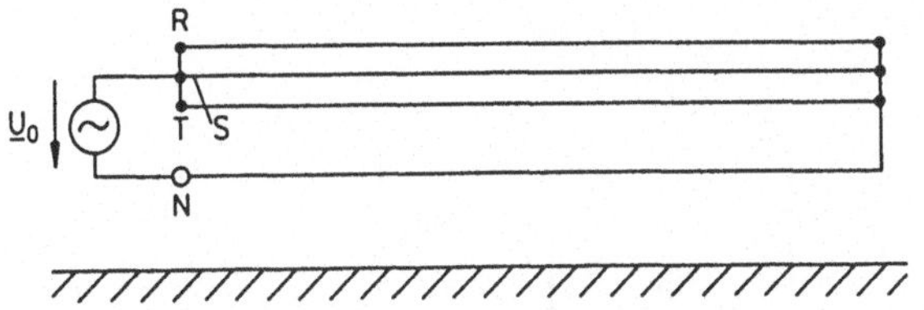

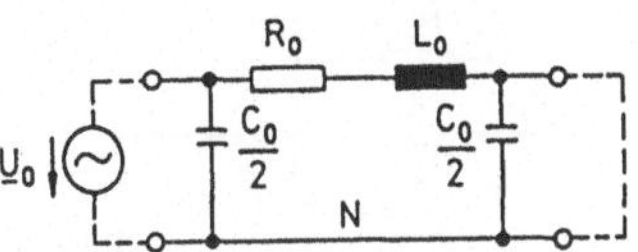

Bild 9.10

Aufbau der Schaltung zur Bestimmung der
Nullimpedanz einer Drehstromfreileitung mit
Neutralleiter

Bild 9.11

Prinzipieller Aufbau des
Ersatzschaltbildes einer
nullspannungsgespeisten
Drehstromfreileitung

Feldverteilungen und leitet daraus die Impedanzen ab. Wie die folgenden Rechnungen
zeigen, unterscheiden sich die Nullimpedanzen bei der Mehrzahl der Betriebsmittel erheblich von den Mitimpedanzen, überwiegend sind sie größer. Zunächst wird auf ein
Freileitungssystem ohne Erdseil eingegangen.

9.4.1 Nullimpedanz einer Freileitung ohne Erdseil

Besonders einfache Verhältnisse liegen vor, wenn der Neutralleiter, wie es im Niederspannungsbereich der Fall ist, mitgeführt wird. Zur Bestimmung der Nullimpedanz wird von
der angesprochenen Grundschaltung ausgegangen, die Bild 9.10 zu entnehmen ist. Es
handelt sich um ein Mehrleitersystem, dessen Betriebsverhalten analog zu der Betrach-
tungsweise im Abschnitt 4.5 durch eine Zweitorersatzschaltung beschrieben werden kann
(Bild 9.11). Es gelten natürlich wieder die dort bereits genannten Einschränkungen im
Hinblick auf die Leitungslänge und auf das Übertragungsverhalten. Unter diesen Bedingungen könnnen wiederum gesondert die ohmsche, kapazitive und induktive Komponente
untersucht werden.

9.4.1.1 Ohmscher Widerstand einer nullspannungsgespeisten Freileitung

Bei der in Bild 9.12 dargestellten Niederspannungsfreileitung wird zunächst die ohmsche
Komponente betrachtet. Aus diesem Bild ist auch die Stromverteilung zu erkennen, die
sich bei der Speisung mit einer Nullspannung einstellt. Der Leiterwiderstand R_L wird
mit dem Nullstrom $\underline{I}_0$ und der Rückleiterwiderstand R_N mit $3\,\underline{I}_0$ belastet. Ein Span-
nungsumlauf führt auf die Beziehung

$$\underline{U}_0 = R_L \cdot \underline{I}_0 + R_N \cdot 3 \cdot \underline{I}_0 \,.$$

Der resultierende ohmsche Widerstand des Nullsystems beträgt dann

$$R_0 = \frac{\underline{U}_0}{\underline{I}_0} = R_L + 3 \cdot R_N \,. \tag{9.23}$$

Der Widerstand R_N des Rückleiters geht also mit dem dreifachen Wert in den Ersatzwiderstand ein. Man erhält somit für die ohmsche Komponente ein einphasiges Ersatzschaltbild gemäß Bild 9.13.
Die Magnetfelder der vier Leiter dringen in die Erde ein und induzieren dort Wirbelströme. Wie aus der bisherigen Ableitung für den Widerstand R_0 zu ersehen ist, werden
die dadurch verursachten Wirbelstromverluste jedoch vernachlässigt. Dies ist zulässig, da
sich die magnetischen Feldstärken der Außenleiterströme und des Stroms im Neutralleiter weitgehend kompensieren. Bei den technisch üblichen Aufhängungen der Niederspannungsfreileitungen treten infolgedessen im Erdreich so niedrige Feldstärken auf, daß die
Wirbelstromeffekte sehr gering sind.

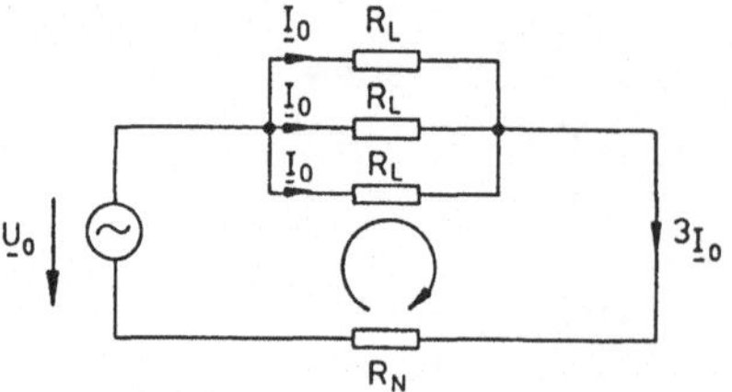

Bild 9.12

Ohmsche Komponente im Nullsystem einer
Freileitung mit Neutralleiter

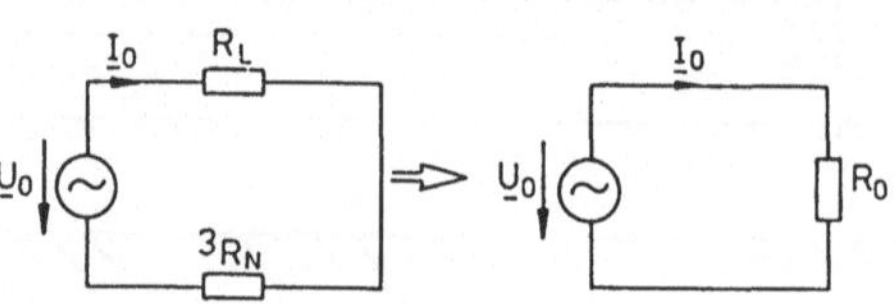

Bild 9.13

Resultierender Ersatzwiderstand einer
Freileitung im Nullsystem

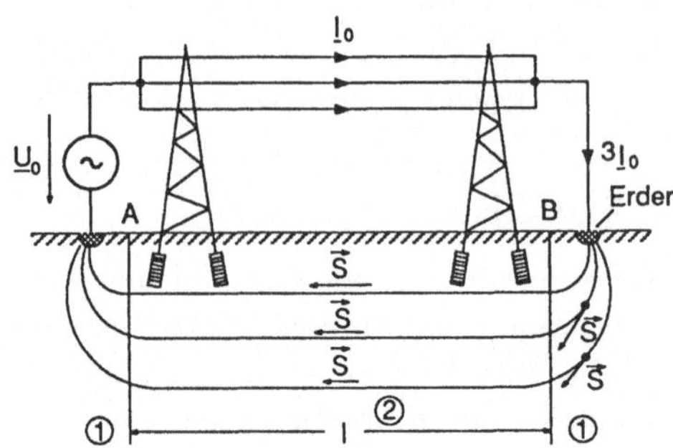

Bild 9.14

Veranschaulichung des Strömungsfeldes
im Erdreich

1: Übergangsbereich
2: Bereich des parallelebenen Feldes

Kompliziertere Verhältnisse ergeben sich, wenn – wie bei Nennspannungen ab 1 kV üblich – kein Neutralleiter mitgeführt wird. In diesem Fall bildet das Erdreich den Rückleiter (Bild 9.14). Es tritt dort ein dreidimensionales Strömungsfeld auf, das durch die Stromdichte $\vec{S}$ gekennzeichnet wird.

Die Maxwellschen Gleichungen beschreiben natürlich auch diese Felder. Ihre Auswertung führt dabei auf partielle Differentialgleichungen, die bisher in der Literatur analytisch nur für relativ einfache Modellvorstellungen gelöst worden sind [53], [54], [55]. Eine vereinfachende Voraussetzung – die überwiegend getroffen wird – besteht in der Annahme zeitlich stationärer Ströme. Eine solche Annahme führt bei den hier durchgeführten Betrachtungen zu keiner Einschränkung, weil ohnehin nur das Betriebsverhalten untersucht werden soll. Eine weitere Annahme besteht darin, daß ein parallelebenes Strömungsfeld vorausgesetzt wird, wie es sich bei hinreichend langen Leitungen ausbildet. In einem solchen Feld weisen die Vektoren der Stromdichte $\vec{S}$ überall dieselbe Richtung auf. In Bild 9.14 liegt diese Feldverteilung etwa zwischen den Punkten A und B vor. Die Stromverteilung außerhalb der Strecke $\overline{AB}$ stellt Übergangsbereiche dar, die gesondert zu berücksichtigen sind. In diesen Übergangsbereichen ist die Stromverteilung im wesentlichen davon abhängig, auf welche Art die Nullströme in die Erde eingeleitet werden. Auf diese Zusammenhänge wird in Kapitel 12 noch genauer eingegangen. Die Stromverteilung im Bereich $\overline{AB}$ wird nicht nur vom Rückstrom $3 \cdot \underline{I}_0$, sondern auch von den Wirbelströmen bestimmt, die durch die drei Außenleiterströme der Leitung verursacht werden. Im Unterschied zu einer Freileitung mit Neutralleiter tritt bei der betrachteten Anordnung im Erdreich ein starkes resultierendes Magnetfeld auf, das entsprechende Wirbelströme hervorruft. Im weiteren unterscheiden sich die einzelnen Modelle darin, wie genau dieser physikalische Sachverhalt beschrieben wird. Die einzelnen Abweichungen werden im Rahmen dieser Betrachtungen jedoch nicht weiter behandelt.

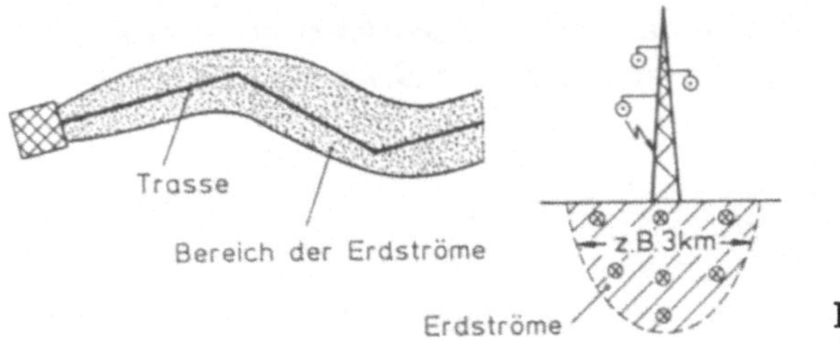

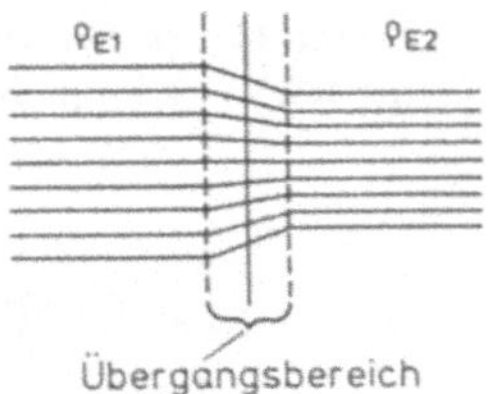

Bild 9.15
Verlauf der Erdströme bei einer
Drehstromfreileitung

Bild 9.16
Änderung des stromdurchflossenen
Querschnitts bei unterschiedlichen
spezifischen Widerständen im Erdreich
($\rho_{E1} > \rho_{E2}$)

Aus allen Modellvorstellungen folgt übereinstimmend, daß *bei 50 Hz* der Strom in der
Erde *nicht den kürzesten Weg einschlägt, sondern stets in einem Bereich von einigen Kilometern Tiefe und Breite dem Verlauf der Leitungstrasse folgt* (Bild 9.15), um so in die
Spannungsquelle zurückzufließen. Bemerkenswert ist in diesem Zusammenhang, daß die
Größe der Querschnittsfläche, die vom Strom durchflossen wird, vom spezifischen Widerstand ρ_E des Erdreichs abhängt. Wie die Berechnungen zeigen, wird der Querschnitt
mit wachsendem ρ_E größer (Bild 9.16). Die Querschnittfläche A stellt sich dabei jeweils
so ein, daß der ohmsche Widerstand unabhängig vom spezifischen Widerstand ist und
konstant bleibt.

Wichtig ist weiterhin, daß die Ausbreitungsfläche und damit der Widerstand R_E von der
Frequenz f abhängig sind: Je höher f ist, desto geringer ist die räumliche Ausdehnung
des Stroms. Bei konstantem ρ_E des Erdreichs wächst der Erdwiderstand R_E mit der
Frequenz. Aus allen Theorien ergibt sich der wirksame Widerstand des Erdreichs für
50 Hz zu

$$R'_E = 50\,\frac{\text{m}\Omega}{\text{km}}\ . \tag{9.24}$$

Dieses Ergebnis ermöglicht es, das ohmsche Verhalten der gesamten Anordnung, wie
gewünscht, durch einen resultierenden Widerstand

$$R_0 = R_L + 3 \cdot R_E = R_L + 3 \cdot 50\,\frac{\text{m}\Omega}{\text{km}} \cdot l \tag{9.25}$$

zu beschreiben. Es sei noch erwähnt, daß sich Gleichstrom im Unterschied zu Wechselstrom theoretisch über ein unendlich großes Gebiet ausdehnt. Diese Verhältnisse lassen
sich nach den Gesetzen der Elektrostatik durch eine Überlagerung der Einzelpotentiale
bzw. Feldstärken berechnen [22].
Bisher sind nur die ohmschen Verhältnisse betrachtet worden. Auf die magnetischen
Verhältnisse, also die induktiven Gegebenheiten, wird im folgenden eingegangen.

9.4.1.2 Induktivität einer nullspannungsgespeisten Freileitung

Zunächst wird wieder eine Anordnung *mit Neutralleiter* entsprechend Bild 9.10 betrachtet, in der Wirbelstromeffekte im Erdreich vernachlässigbar sind. Bei dieser Modellvorstellung erhält man eine Mehrleiteranordnung, die mit den im Abschnitt 4.5 dargestellten
Methoden behandelt werden kann.

Die drei Leiter R, S, T *stellen ein Bündel dar*, für das sich ein *Ersatzleiter mit dem Radius* r_B ermitteln läßt (Bild 9.17). Es ist zweckmäßig analog zu der Beziehung (4.110b) den Zusammenhang

$$r_B = \sqrt[3]{r_L \cdot (D^*)^2} \quad \text{mit} \quad D^* = \sqrt[3]{d_{RS} \cdot d_{ST} \cdot d_{RT}}$$

zu verwenden. In dieser Formulierung ist im Unterschied zu dem Ausdruck (4.110a) nicht mehr die Voraussetzung enthalten, daß die Leiter symmetrisch auf einem Kreisbogen angeordnet sind. Mit diesem Schritt ist die Aufgabenstellung auf die *Berechnung der Induktivität einer Leiterschleife zurückgeführt, die sich aus dem Ersatz- und Neutralleiter zusammensetzt.* Zu beachten ist, daß bei der vorliegenden Mehrleiteranordnung anstelle des geometrischen Abstandes h der mittlere Abstand D zu verwenden ist, wenn der Neutralleiter in der Nähe der Leiter R, S, T liegt (s. Gln. (4.107) und (4.108)), wie es z.B. bei Niederspannungsfreileitungen gegeben ist. In diesem Fall können Beziehungen dieser einfachen Struktur nur angegeben werden, wenn zusätzlich die Anordnung symmetrisch aufgebaut ist, wie es z.B. durch Verdrillungen erreicht wird. Für die Nullinduktivität L_0' ergibt sich mit den bereits im Abschnitt 4.5 abgeleiteten Beziehungen der Ausdruck

$$L_0' = \frac{\mu_0}{2\pi} \cdot \left(3 \cdot \ln \frac{D}{r_B} + 3 \cdot \ln \frac{D}{r_N}\right) = \frac{\mu_0}{2\pi} \cdot 3 \cdot \ln \frac{D^2}{r_B \cdot r_N} \ . \tag{9.26}$$

Andere Verhältnisse treten auf, wenn der *Erdboden den Rückleiter* darstellt. Die Auswertung der bereits im vorhergehenden Abschnitt skizzierten Modellvorstellungen zeigt, daß sich im Bereich der 50-Hz-Frequenz die magnetischen Feldverläufe gut annähern lassen, wenn man sich in der Tiefe δ einen dünnen, fiktiven Ersatzleiter angeordnet denkt. *Eine Besonderheit* dieses fiktiven Leiters besteht darin, daß *dieser Ersatzleiter zwar den Strom führt, jedoch kein eigenes Magnetfeld erzeugt.* Damit ist die Induktivitätsberechnung der betrachteten Anordnung mit einer geringen Modifikation auch wieder auf die bekannte Induktivitätsberechnung einer Leiterschleife zurückgeführt (Bild 9.18). Es ergibt sich der Zusammenhang

$$L_0' = \frac{\mu_0}{2\pi} \cdot 3 \cdot \ln \frac{\delta}{r_B} \ . \tag{9.27}$$

In der Angabe der Größe δ unterscheiden sich die einzelnen Modellvorstellungen. Aus

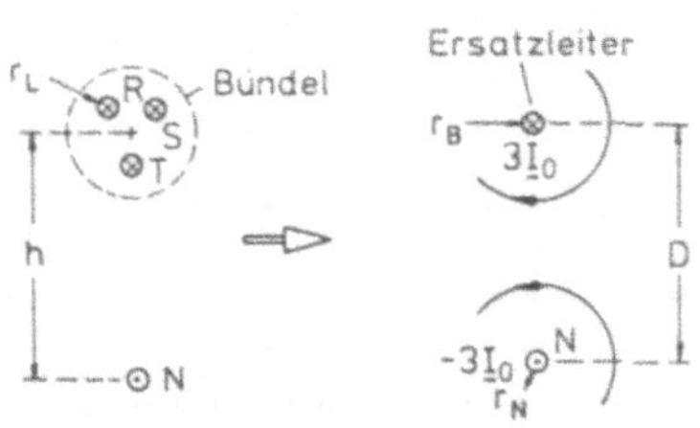

Bild 9.17
Ermittlung der Nullinduktivität bei einer Mehrleiteranordnung

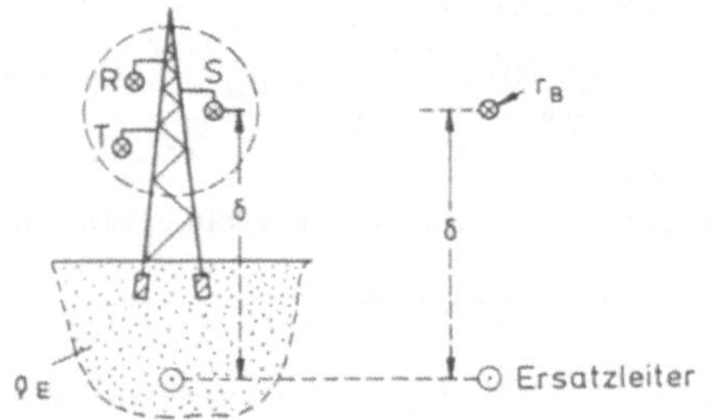

Bild 9.18
Reduktion eines Mehrleitersystems mit der Erde als Rückleiter

der *Pollaczekschen Theorie* [54] ergibt sich die Beziehung

$$\delta = 658 \cdot \sqrt{\frac{\rho_E}{f}} , \qquad\qquad (9.28)$$

die als Zahlenwertgleichung geschrieben ist. Dabei bezeichnet ρ_E den spezifischen Widerstand des Erdreichs in Ωm und f die Frequenz in Hz. Für $\rho_E = 100\ \Omega$m (Ackerboden) und $f = 50$ Hz folgt daraus $\delta = 931$ m. Mit diesem Richtwert erhält man für die Nullinduktivität einer normalerweise nicht verwendeten 110-kV-Freileitung ohne Erdseil – bezogen auf die Betriebsgröße L_b' bzw. X_b' – bei üblichen Mastabmessungen den Wert

$$\frac{X_0'}{X_b'} = \frac{L_0'}{L_b'} \approx 3,6 . \qquad\qquad (9.29)$$

Bei einer entsprechenden 380-kV-Leitung mit Viererbündeln erhöht sich dieses Verhältnis auf die Größenordnung 4,8 , während es bei 20-kV-Freileitungen auf 3,3 absinkt.
Es sei darauf hingewiesen, daß die *Nullinduktivität im Unterschied zum ohmschen Widerstand von der Leitfähigkeit des Bodens abhängig ist.* Im weiteren wird auf die kapazitiven Verhältnisse eingegangen.

9.4.1.3 Kapazitäten einer nullspannungsgespeisten Freileitung

Wie im Abschnitt 4.5 gezeigt ist, lassen sich in einem Dreileitersystem den elektrischen Feldern die Teilkapazitäten entsprechend Bild 9.19 zuordnen. Da im Nullsystem die drei Außenleiter gleiches Potential aufweisen, fließen keine Ladeströme über die Koppelkapazitäten C_K. Aus diesem Grund sind nur die Erdkapazitäten C_E für das Nullsystem maßgebend. Somit gilt

$$C_0' = C_E' \approx 0,5 \cdot C_b' .$$

Die bisher abgeleiteten Beziehungen nehmen, wie im folgenden gezeigt wird, eine andere Form an, wenn es sich um Freileitungen handelt, die mit Erdseilen ausgerüstet sind.

9.4.2 Nullimpedanz einer Freileitung mit Erdseil

Im folgenden wird ein verdrilltes Freileitungssystem mit einem Erdseil betrachtet, das üblicherweise ab der 110-kV-Ebene anzutreffen ist. Dabei soll angenommen werden, daß dieses Erdseil isoliert auf den Masten angebracht ist. Bei tatsächlichen Anlagen ist das nicht der Fall. Diese Betrachtungen ermöglichen es jedoch, auch die tatsächlichen Verhältnisse zu erfassen, die noch im Kapitel 12 behandelt werden. Zunächst wird nur das induktive Verhalten der Anordnung in Bild 9.20 untersucht.
Mit Hilfe des fiktiven Ersatzleiters für die Erdströme läßt sich diese Anordnung wieder auf ein Mehrleitersystem zurückführen. Wie auch aus Bild 9.21 zu ersehen ist, können die Leiter R, S, T zu einem weiteren Ersatzleiter zusammengefaßt werden. Da das Erdseil meist in der Nähe der „Bündelleiter" liegt, ist für den Abstand dieses Ersatzleiters zum

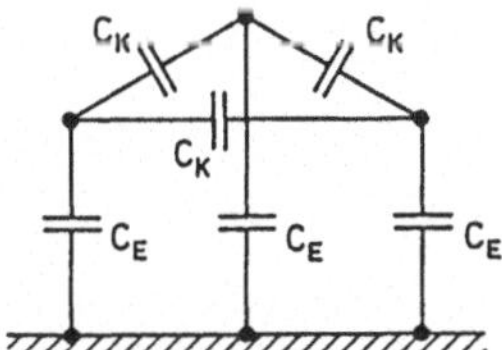

Bild 9.19
Kapazitäten bei einer verdrillten Freileitung
C_E: Erdkapazitäten
C_K: Koppelkapazitäten

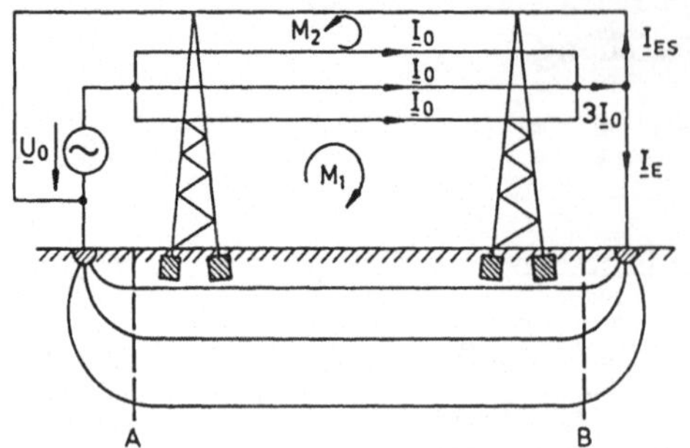

Bild 9.20
Verteilung der Nullströme bei einem
Drehstromsystem mit Erdseil
M_1, M_2: Maschenumläufe

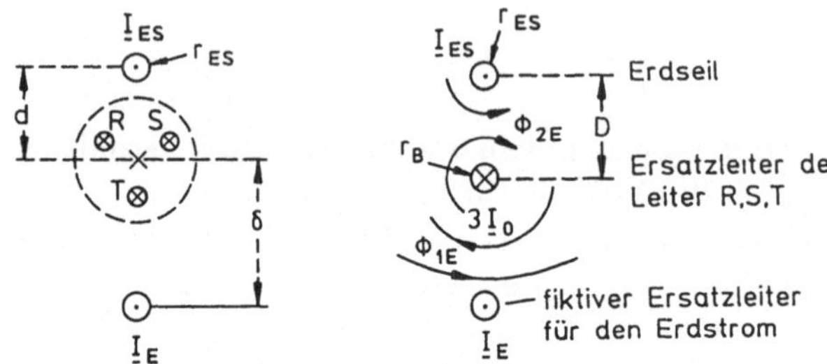

Bild 9.21
Reduktion eines Mehrleitersystems

Erdseil wieder der *mittlere Abstand D* maßgebend. Die Entfernung zwischen den Leitern
R, S, T und dem Ersatzleiter der Erde ist dagegen üblicherweise so groß, daß der mittlere
dem tatsächlichen geometrischen Abstand entspricht. Aufgrund dieser Größenverhältnisse gilt die Relation $\delta \gg d$.

Es handelt sich bei der reduzierten Anordnung um ein induktiv gekoppeltes System, das
durch die Stromsumme

$$3 \cdot \underline{I}_0 = \underline{I}_E + \underline{I}_{ES} \tag{9.30}$$

und die beiden Maschengleichungen

$$-u_0 + \frac{d\Phi_{1E}}{dt} = 0 \quad \rightarrow \quad \underline{U}_0 = j\omega\Phi_{1E}$$
$$-u_0 + \frac{d\Phi_{2E}}{dt} = 0 \quad \rightarrow \quad \underline{U}_0 = j\omega\Phi_{2E} \tag{9.31}$$

beschrieben wird, die sich gemäß Bild 9.20 aus den beiden Umläufen M_1, M_2 ergeben.
Die Größen Φ_{1E}, Φ_{2E} bezeichnen die Flüsse, die in den einzelnen Leiterschleifen auftreten
(Bild 9.21).

Mit $\delta + D \approx \delta$ ergeben sich in der bekannten Weise die Beziehungen

$$\underline{\Phi}_{1E} = \frac{\mu_0 \cdot l}{2\pi} \cdot (3 \cdot \underline{I}_0 \cdot \ln\frac{\delta}{r_B} - \underline{I}_{ES} \cdot \ln\frac{\delta}{D})$$
$$\underline{\Phi}_{2E} = \frac{\mu_0 \cdot l}{2\pi} \cdot (3 \cdot \underline{I}_0 \cdot \ln\frac{D}{r_B} + \underline{I}_{ES} \cdot \ln\frac{D}{r_{ES}}) . \tag{9.32}$$

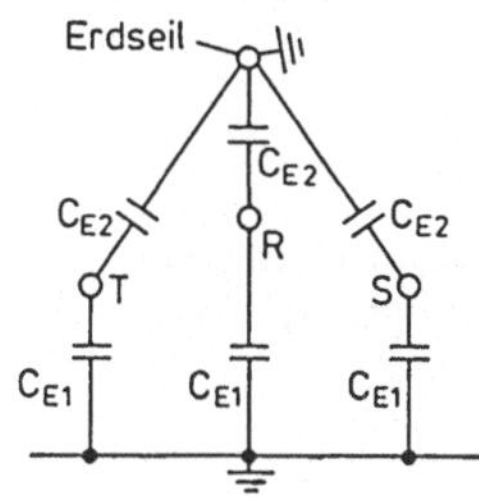

Bild 9.22
Ersatzschaltbild der wirksamen
Teilkapazitäten im Nullsystem

Bild 9.23
Ersatzschaltbild der ohmschen
Widerstände im Nullsystem

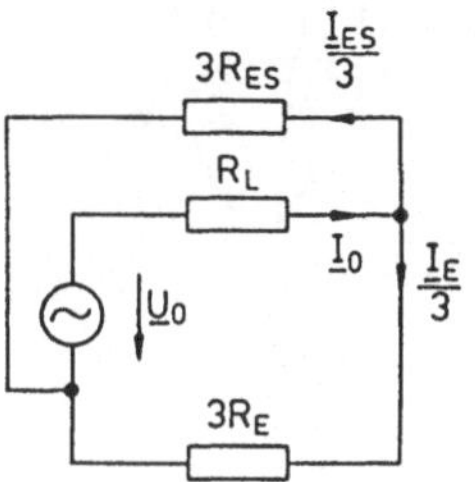

Aus diesen Gleichungen läßt sich die Nullinduktivität zu

$$L_0' = \frac{U_0}{I_0 \cdot j\omega \cdot l} = \frac{\mu_0}{2\pi} \cdot \left(\ln \frac{\delta^3}{r_B^3} - 3 \cdot \frac{\ln^2 \frac{\delta}{D}}{\ln \frac{\delta}{r_{ES}}} \right) \tag{9.33}$$

bestimmen. Auf die Betriebsinduktivität bezogen, erhält man bei üblichen Ausführungen mit einem δ von 931 m den Richtwert

$$\frac{L_0'}{L_b'} \approx 2,8 \tag{9.34}$$

für 110-kV- und den Wert 3,8 für 380-kV-Leitungen. Dieses Ergebnis ist auch physikalisch anschaulich. Der Strom im Erdseil ist dem Nullstrom in den Außenleitern entgegengerichtet, wodurch der Fluß zwischen dem fiktiven Erdleiter und dem Außenleiter vermindert wird. Dementsprechend ist die Nullinduktivität im Vergleich zur Freileitung ohne Erdseil kleiner. Dieser Effekt prägt sich um so stärker aus, je größer der Durchmesser des Erdseils ist. Bei zwei Erdseilen sinkt das Verhältnis L_0'/L_b' sogar auf Werte von ca. 2,5 bei 110-kV- bzw. 3,7 bei 380-kV-Leitungen ab.

Für spätere Aufgabenstellungen ist es nun noch von Interesse, welcher Anteil der Außenleiterströme $3 \cdot I_0$ bei der betrachteten Anordnung über das Erdseil bzw. über das Erdreich in die Spannungsquelle zurückfließt. Aus den Zusammenhängen (9.30) bis (9.32) resultiert für den in der Erde fließenden Strom

$$I_E = \frac{\ln \dfrac{D}{r_{ES}}}{\ln \dfrac{\delta}{r_{ES}}} \cdot 3 \cdot I_0 = r \cdot 3 \cdot I_0 \,. \tag{9.35}$$

Mit dem Radius $r_{ES} \approx 7$ mm eines Erdseils 95/15 Al/St, dem mittleren Abstand $D = 10$ m für einen großen Mast sowie mit $\delta = 931$ m ergibt sich für den Faktor r der Wert 0,62. Das Erdseil senkt also den Erdstrom I_E, der ohne Erdseil auftreten würde, auf 62 % ab. Die *Größe r* stellt ein Maß für diese Absenkung dar und wird daher als *Reduktionsfaktor* bezeichnet [13], [52]. Wenn zusätzlich die ohmschen Widerstände berücksichtigt werden, nimmt dieser Faktor einen komplexen Wert an (s. Abschnitt 12.3).

Im folgenden werden vollständigkeitshalber noch die Ersatzschaltbilder für die Kapazitäten und ohmschen Widerstände im Nullsystem angegeben (Bild 9.22 und 9.23). Aus diesen Ersatzschaltbildern lassen sich auch wieder resultierende Größen für das Zweitor in Bild 4.116 ermitteln. Auf die Angabe dieser Werte wird verzichtet. Noch komplizierter gestalten sich die Verhältnisse bei einer Doppelleitung.

9.4.3 Nullimpedanz einer Doppelleitung

Betrachtet sei die Doppelleitung nach Bild 9.24, deren Systeme auch galvanisch parallel geschaltet seien. Das Verhalten der Nullimpedanzen bei dieser Anordnung wird anhand

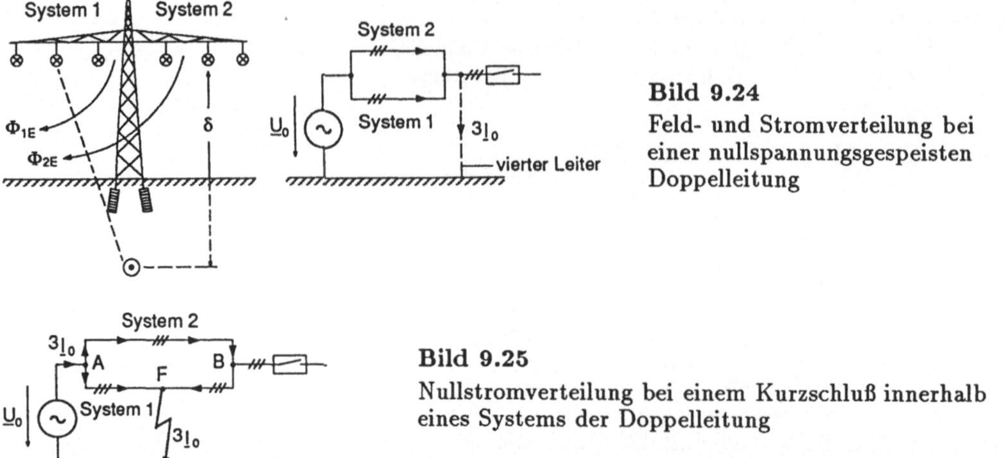

Bild 9.24
Feld- und Stromverteilung bei
einer nullspannungsgespeisten
Doppelleitung

Bild 9.25
Nullstromverteilung bei einem Kurzschluß innerhalb
eines Systems der Doppelleitung

der Grundschaltung diskutiert, die ebenfalls Bild 9.24 zu entnehmen ist. Beide Freileitungssysteme werden durch die Nullspannung $\underline{U}_0$ gleichphasig erregt und erzeugen dementsprechende Magnetfelder. Im Unterschied zum Strom im Erdseil verstärken in diesem Fall die Ströme des benachbarten Leitungssystems den Fluß zwischen den Außenleitern und dem fiktiven Ersatzleiter der Erde. Die induktive Kopplung vergrößert daher die Nullinduktivität. Eine analytische Betrachtung führt auf ähnliche, jedoch erheblich umfangreichere Beziehungen als im vorhergehenden Abschnitt. Eine Auswertung dieser nicht weiter ermittelten Gleichungen zeigt, daß sich als Richtwert für *jeweils ein System* etwa

$$\frac{L_0'}{L_b'} \approx 5,6 \tag{9.36}$$

bei 110-kV- und das Verhältnis 8,0 bei 380-kV-Leitungen ergibt. Erdseile führen auch bei Doppelleitungen zu niedrigeren Nullinduktivitäten. Es gelten dann die Richtwerte:

$$1 \text{ Erdseil:} \quad \frac{L_0'}{L_b'} \approx 4,2 \quad (380 \text{ kV: } 6{,}0)$$

$$2 \text{ Erdseile:} \quad \frac{L_0'}{L_b'} \approx 3,5 \quad (380 \text{ kV: } 5{,}3)\,. \tag{9.37}$$

Für die ohmschen und kapazitiven Nullgrößen sind die Verhältnisse ebenfalls weitgehend ähnlich, so daß darauf nicht näher eingegangen wird.

Es soll jedoch abschließend eine Besonderheit angesprochen werden. Sie liegt dann vor, wenn die Nullströme von einem System der Doppelleitung zur Spannungsquelle zurückgeführt werden, wie es in Bild 9.25 dargestellt ist. In der Praxis interessiert dieser Fall immer dann, wenn an einer solchen Stelle ein Kurzschluß gegen Erde auftritt. Für diese Anordnung ergeben sich andere Feldverhältnisse, weil sich an der Fehlerstelle im System 1 der Strom umkehrt. Dadurch tritt im rechten Teilbereich eine kleinere Nullreaktanz auf als links von der Kurzschlußstelle.

9.4.4 Nullimpedanz von Kabeln

Im folgenden wird die Größenordnung der Nullimpedanzen nur für besonders häufig vorkommende Kabelausführungen angegeben. Im Unterschied zu den vorher behandelten

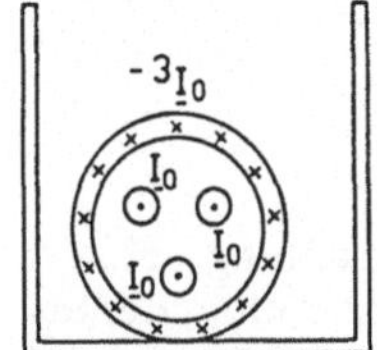

Bild 9.26
Dreileiterkabel im Kabelkanal

Freileitungen läßt sich bei Kabeln ein hinreichend genaues Modell nur sehr schwierig erstellen. Die Inhomogenitäten im Kabelaufbau und im umgebenden Erdreich üben meist einen so großen Einfluß auf die Nullimpedanzen aus, daß sich zwischen den Rechnungen und den Messungen große Abweichungen ergeben. Prinzipiell haben die Ersatzschaltbilder die gleiche Struktur wie bei Freileitungen. Zunächst werden einige orientierende Überlegungen zum induktiven Verhalten dargelegt.

In Bild 9.26 ist ein Dreileiterkabel mit Kabelmantel in einem Kanal dargestellt, wie es z.B. in Industrienetzen eingesetzt wird; der Mantel möge nur einseitig geerdet sein. Für diese Anordnung ergeben sich bei einer Speisung mit einer Nullspannung besonders einfache Verhältnisse. Der Nullstrom fließt allein über den Kabelmantel zurück, Wirbelstromeffekte treten bei den gewählten Erdungsverhältnissen nur in geringfügiger Weise auf.

Die Induktivität dieser Anordnung wird daher weitgehend von der Größe des Feldraums im Inneren des Kabels bestimmt. Eine analytische Berechnung kann über den Ansatz

$$\frac{1}{2} \cdot L_0 \cdot I_0^2 = \frac{1}{2} \cdot \int\limits_V \vec{B} \cdot \vec{H} \cdot dV \qquad (9.38)$$

erfolgen. Rechnung und Messung zeigen, daß die Nullinduktivität in der Größenordnung der Betriebsinduktivität liegt. Als grober Richtwert gilt etwa

$$\frac{L_0'}{L_b'} \approx 1,5 \ . \qquad (9.39)$$

Sofern das Kabel nicht in einem Kabelkanal, sondern im Erdreich verlegt ist, teilt sich der zurückfließende Nullstrom auf Kabelmantel und Erdreich auf (Bild 9.27). Bei einer genaueren Betrachtung wären die Wirbelstromeffekte zu berücksichtigen. Auch ohne Rechnung läßt sich qualitativ festellten, daß sich der Strom über einen größeren Bereich verteilt, so daß sich dadurch der *Ausbreitungsraum des Magnetfeldes* und damit der Fluß vergrößern. Entsprechend den vorhergehenden Überlegungen führen diese Feldverteilungen zu höheren Induktivitätswerten. Messungen zeigen, daß in der Praxis etwa das Verhältnis

$$\frac{L_0'}{L_b'} \approx 15 \qquad (9.40)$$

gilt [5]. Bei Vierleiterkabeln reduziert sich dieser Wert, da der Rückstrom im Neutralleiter das Magnetfeld stark schwächt. Als Richtwert gilt etwa $L_0'/L_b' \approx 3$.

Die vorangegangenen Betrachtungen zeigen, daß die *Nullinduktiviät von Kabeln größer als ihre Betriebsinduktivität ist*. Der Unterschied kann je nach Ausführung sogar eine Größenordnung (Faktor 10) betragen.

Andere Verhältnisse ergeben sich bei den Kapazitäten. Die *Nullkapazitäten* entsprechen, wie bei den Freileitungen, den *Erdkapazitäten*. Nach Abschnitt 4.6 sind sie entweder kleiner oder höchstens gleich den Betriebskapazitäten.

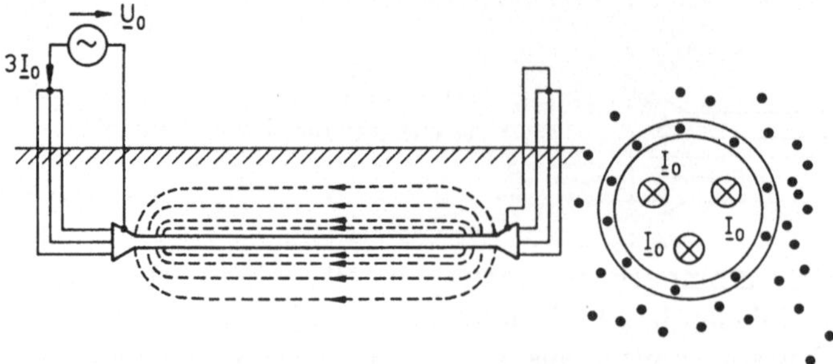

Bild 9.27
Nullstromverteilung bei
einem im Erdreich verlegten
Dreileiterkabel

Die ohmschen Widerstände im Nullsystem sind dagegen stets größer als im Normalbetrieb. Dies liegt u.a. daran, daß der Widerstand des Rückleiters mit dem dreifachen Wert in den Nullwiderstand eingeht, wie auch aus der Beziehung (9.23) zu ersehen ist. Je nach Ausführung können Schwankungen im Bereich

$$3 < \frac{R'_0}{R'_b} < 15 \tag{9.41}$$

auftreten, wobei R'_b den Betriebswert kennzeichnet. Die oberen Werte gelten für solche Anordnungen, bei denen sich im Kabelmantel starke Wirbelströme ausbilden. Dieser Effekt ist bei Einleiterkabeln besonders ausgeprägt. Diese Kabelart wird jedoch nicht näher behandelt, da dort keine prinzipiell neuen Gesichtspunkte zu beachten sind. Übliche Richtwerte sind u.a. [5] zu entnehmen.

Ähnlich wie bei Kabeln kann bei den anschließend behandelten Transformatoren der Einfluß der wichtigsten Parameter auf die Nullimpedanzen überwiegend nur qualitativ formuliert werden.

9.4.5 Nullimpedanz von Transformatoren

Von den Nullimpedanzen des Transformators interessieren insbesondere die Null*reaktanzen*, da der Einfluß der weiteren Größen auf die betrachteten niederfrequenten Vorgänge nur gering ist. Die Nullgrößen sind im wesentlichen von den Parametern

- Kernbauart,

- Schaltgruppen der Wicklungen,

- Behandlung der Sternpunkte,

- eventuell vorhandene magnetische Schirmung der Kesselwand

abhängig. Zunächst werden die Verhältnisse für die verschiedenen Schaltungen bei Dreischenkel- und dann abschließend bei Fünfschenkeltransformatoren untersucht.

9.4.5.1 Dreischenkeltransformatoren

Im folgenden wird ein Transformator in Dreischenkelausführung betrachtet, dessen Wicklung die Schaltung Yyn aufweisen möge. An dem herausgeführten Sternpunkt auf der Unterspannungsseite sei ein Neutralleiter angeschlossen. Die Nullimpedanz dieser Anordnung wird aus der Schaltung in Bild 9.28 ermittelt. Aus dieser Darstellung ist zu ersehen, daß sich oberspannungsseitig kein Nullsystem im Strom ausbilden kann, da der Neutralleiter fehlt.

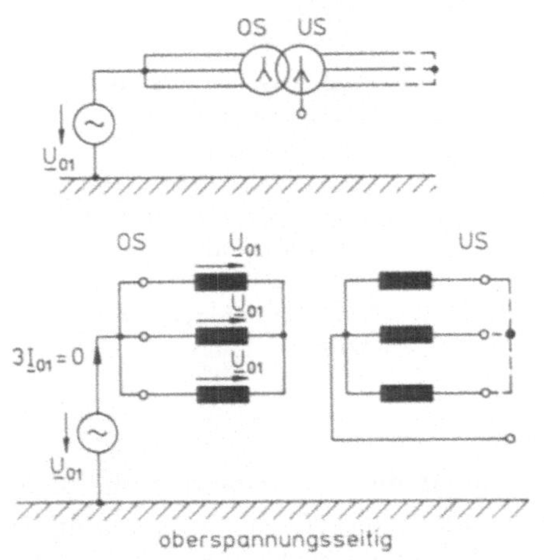

oberspannungsseitig

Bild 9.28
Oberspannungsseitige Speisung eines
Transformators der Schaltgruppe Yyn0 mit
einer Nullspannung

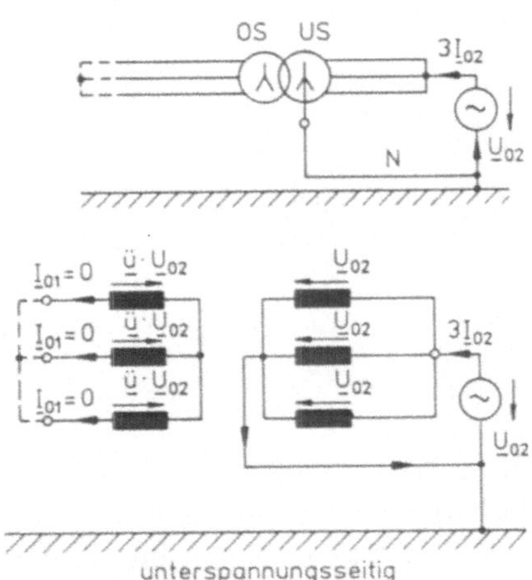

unterspannungsseitig

Bild 9.29
Unterspannungsseitige Speisung eines
Transformators der Schaltgruppe Yyn0 mit
einer Nullspannung

Es gilt demnach

$$\underline{Z}_{01} = \frac{\underline{U}_{01}}{\underline{I}_{01}} = \infty \, . \tag{9.42}$$

Andere Verhältnisse liegen unterspannungsseitig vor (Bild 9.29). Die Impedanzen des Neutralleiters sollen dabei im Vergleich zu den anderen Größen vernachlässigbar sein. Sofern diese Annahme nicht zutrifft, sind sie, wie aus den Ableitungen des Abschnitts 9.4.1.1 hervorgeht, mit dem dreifachen Wert zu den Nullimpedanzen des Netzelements bzw. des Transformators zu addieren.

Infolge der anderen Sternpunktbehandlung können sich auf der Unterspannungsseite Nullströme ausbilden, die in jedem der drei Wicklungsstränge ein gleichphasiges Magnetfeld erzeugen (Bild 9.30). Die drei Felder ergänzen sich aufgrund der Gleichphasigkeit nicht mehr wie beim symmetrischen Betrieb zu Null, sondern müssen sich bei dieser Kernbauart von Joch zu Joch schließen.

Vereinfachend läßt sich auch bei dieser Anordnung der Gesamtfluß in einen Haupt- und einen Streufluß aufteilen: Der Hauptfluß ist wie im Mitsystem wieder mit je einem Wicklungsstrang der Ober- und Unterspannung verknüpft, der Streufluß nur mit *einem Strang* der Wicklung, die den Nullstrom führt. Die Reaktanz der gesamten Anordnung setzt sich dann – entsprechend diesen Flußanteilen – additiv aus einer Nullstreu- und einer Nullhauptreaktanz zusammen. Aufgrund der baulichen Symmetrie ist es auch wieder möglich, ein einphasiges Ersatzschaltbild anzugeben, das die Form eines einfachen Zweipols auf-

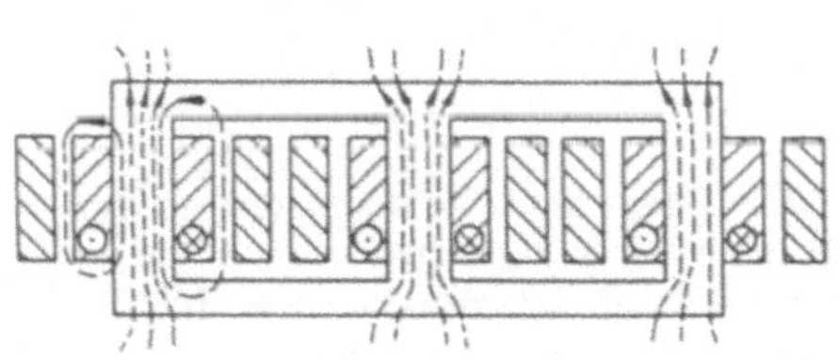

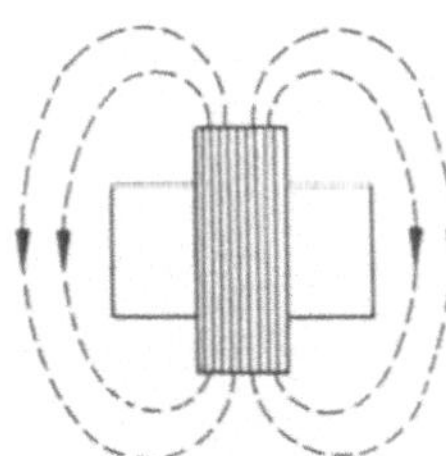

Bild 9.30
Qualitatives Feldbild eines
Dreischenkeltransformators
der Schaltgruppe Yyn0 bei
einer Speisung mit einem
Nullsystem (Längsschnitt
und Seitenansicht)

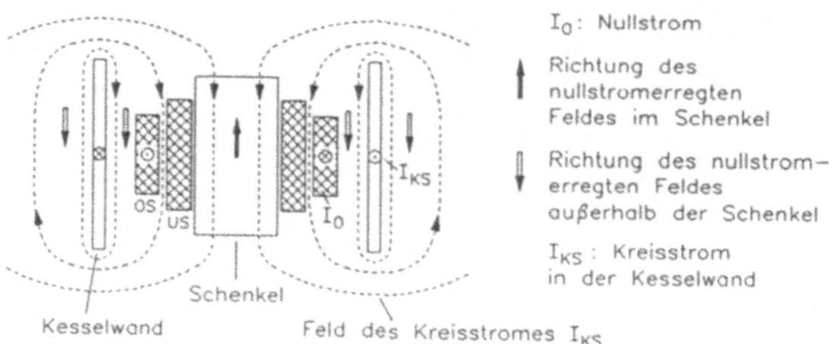

Bild 9.31
Magnetisches Eigenfeld des Kreisstroms in der Kesselwand bei nullstromerregter Wicklung eines Transformators mit Dreischenkelkern (geschnittene Seitenansicht ohne Kesseldeckel und -boden)

weist (Bild 9.32).

In den bisherigen Betrachtungen ist allerdings noch nicht die Kesselwand berücksichtigt, die üblicherweise eine relevante Einflußgröße darstellt. In diesem Zusammenhang ist wichtig, daß die Felder in den Schenkeln und im Bereich außerhalb des Kernes einander entgegengerichtet sind. Die Kesselwand umfaßt nur einen Teil des Außenbereiches und damit einen Teil des Rückflusses. Es entsteht ein Differenzfluß, der in der leitfähigen, in sich geschlossenen Kesselwand einen horizontal verlaufenden Kreisstrom I_{KS} induziert (Bild 9.31). Dieser Kreisstrom erzeugt wiederum ein Eigenfeld, das sich dem ursprünglichen Feld des Nullstroms überlagert. Dadurch verringert sich das resultierende Feld außerhalb der Kesselwand und innerhalb der Schenkel. Im Bereich zwischen Kesselwand und nullstromführender Wicklung wird es dagegen verstärkt. Der Hauptfluß im Schenkel wird demnach geschwächt, das Streufeld vergrößert. In ihrer feldmäßigen Wirkung entspricht die Kesselwand einer eigenständigen, *kurzgeschlossenen Wicklung*, die transformatorisch mit der nullstromführenden Wicklung gekoppelt ist. In diesem Sinne liegt ein Zweiwicklungstransformator vor, der sich aufgrund der baulichen Symmetrie auch wieder durch das bekannte einphasige Ersatzschaltbild beschreiben läßt. Die noch fehlende Streureaktanz $X_{0\sigma K}$ ist in Bild 9.32 bereits gestrichelt dargestellt.

Aus dem Ersatzschaltbild ist abzulesen, daß der Kessel die Eingangsnullreaktanz X_0 um so stärker herabsetzt, je kleinere Werte diese zusätzliche Streureaktanz annimmt. Konstruktiv läßt sich eine kleine Streureaktanz durch einen geringen Streufluß bzw. einen kleinen Abstand zwischen Wicklung und Kesselwand erreichen. Für übliche Kesselkonstruktionen liegt das Verhältnis aus der summarischen Nullreaktanz X_0 und der Kurzschlußreaktanz X_k im Mitsystem bei

$$\frac{X_0}{X_k} = 9 \ldots 14 \, . \tag{9.43}$$

Neben Feldverschiebungen bewirkt der Kreisstrom I_{KS} ohmsche Verluste, die den Transformator erwärmen. Weitere Wirkverluste ergeben sich durch die Wirbelströme, die sich sowohl in metallischen Konstruktionsteilen als auch – zusätzlich zum Kreisstrom – in der Kesselwand ausbilden. Erzeugt werden sie durch die magnetischen Felder, die diese Teile jeweils lokal durchdringen.

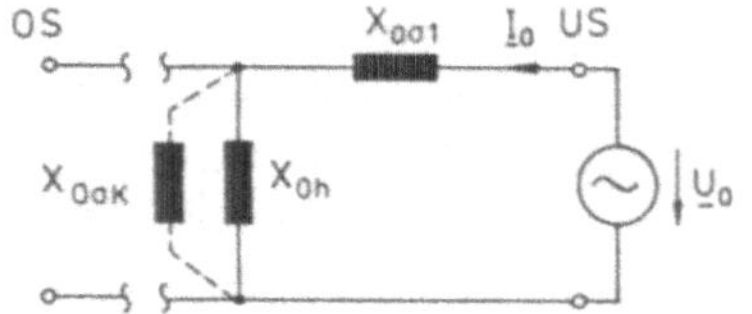

Bild 9.32
Ersatzschaltbild eines Dreischenkeltransformators der Schaltgruppe Yyn im Nullsystem unter Berücksichtigung des Kesseleinflusses in Form der gestrichelt dargestellten Streureaktanz $X_{0\sigma K}$

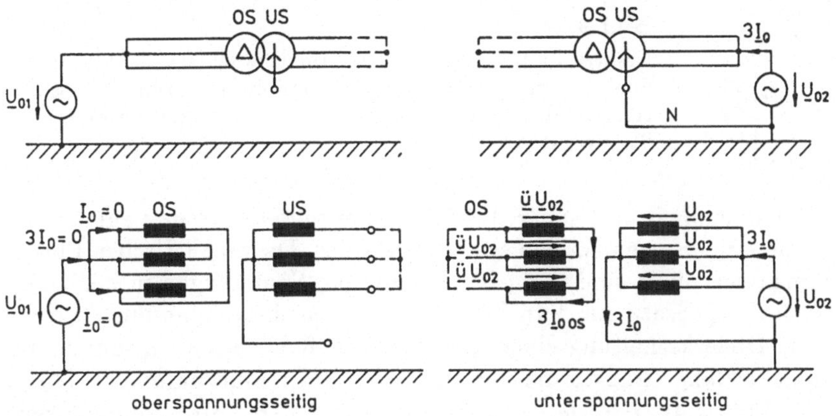

Bild 9.33
Ober- und unterspannungsseitige Speisung eines Transformators der Schaltgruppe Dyn mit
einer Nullspannung

Bei nullstromerregten Transformatoren der Schaltung Yyn sind demnach im Vergleich
zum Mitsystem die Wirkverluste deutlich höher. Dieser Anstieg äußert sich im Ersatzschaltbild in einem bis zu *dreißigfach höheren ohmschen Eingangswiderstand*. Um die
mit einer Nullstromerregung verbundene Erwärmung zu begrenzen, ist in der DIN VDE
0532 festgelegt, daß Transformatoren dieser Schaltung *nur einen Sternpunktstrom I_N bis
zu $I_{nT}/4$ für 1,5 Stunden* führen dürfen:

$$I_N \leq \frac{I_{nT}}{4} \qquad (t \leq 1,5\,\mathrm{h}) \tag{9.44}$$

Aufgrund dieser Einschränkung ist diese Schaltung recht selten zu finden, meist bei Verteilungstransformatoren kleiner Leistung. Für Nullströme, die nur sehr kurzzeitig – z.B.
weniger als 0,2 s – wirken, gelten diese Beschränkungen nicht. Dafür sind die Transformatoren bereits hinreichend ausgelegt, wenn sie die Bedingungen der Kurzschlußfestigkeit
erfüllen (s. Kapitel 7).
Wichtig ist, daß ein *Transformator dieser Kernbauart und Schaltgruppe bei dem untersuchten Betriebszustand kein Zweitor mit endlichen Eingangsimpedanzen mehr darstellt*
und das elektrische Verhalten eines Zweipols bzw. Eintores aufweist (Bild 9.32). Ein Zwei-
torverhalten mit endlichen Eingangsimpedanzen tritt erst dann wieder in der gewohnten
Form auf, wenn an beide Sternpunkte ein Rückleiter angeschlossen wird. In der Praxis
wird diese Schaltung jedoch möglichst vermieden, da dann Nullströme in das angekoppel-
te Netz übertragen werden, die dort zu *unerwünschten Potentialverschiebungen* führen.
Bei *Spartransformatoren* ist dieser Nachteil infolge der galvanischen Verbindung *stets vorhanden*. Entsprechende Ersatzschaltungen, die deren Verhalten genauer beschreiben, sind
[19] zu entnehmen. Die weiteren Ausführungen beschränken sich auf *Volltransformatoren*,
die, solange nur *ein* Sternpunkt angeschlossen ist, generell einen Zweipol darstellen.
Im folgenden wird auf die Schaltung Dyn eingegangen, die in Deutschland bei Verteilungstransformatoren bevorzugt verwendet wird. Dabei werden wiederum die beiden Fälle
betrachtet, daß die Speisung mit einer Nullspannung einmal oberspannungsseitig, zum
anderen unterspannungsseitig erfolgt.
Aus Bild 9.33 ist zu ersehen, daß sich bei einer oberspannungsseitigen Speisung keine
Nullströme ausbilden können, da kein Rückleiter vorhanden ist. Die Nullreaktanz nimmt

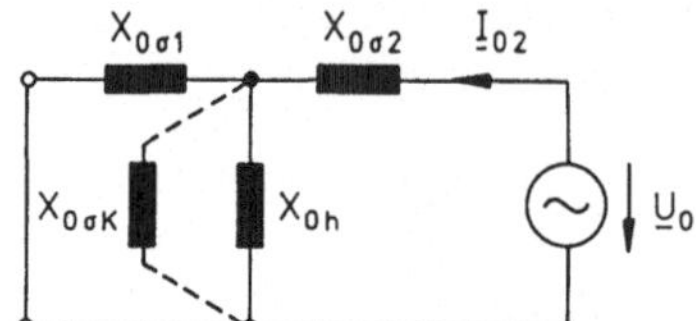

Bild 9.34
Ersatzschaltbild eines Transformators in Dyn-Schaltung bei
Speisung mit einem Nullsystem unter Berücksichtigung des
Kesseleinflusses in Form der gestrichelt dargestellten
Streureaktanz $X_{0\sigma K}$

daher wieder den Wert Unendlich an. Bei der ebenfalls dargestellten Speisung auf der Unterspannungsseite kann sich dagegen ein Nullsystem ausbilden. Die magnetischen Flüsse, die mit diesen Strömen verknüpft sind, induzieren wiederum Spannungen in der Oberspannungswicklung. Im Gegensatz zur Yyn-Schaltung können diese Spannungen einen Strom treiben, da die Dreieckschaltung einen geschlossenen Kreis bildet. Dadurch entstehen in der Dreieckwicklung Ringströme, die ihrerseits einen Fluß aufbauen. Dieser wirkt wiederum dem Fluß entgegen, der vom Nullstrom auf der Unterspannungsseite erzeugt wird. Die beiden Flüsse kompensieren sich weitgehend; es verbleiben im wesentlichen nur die Streufelder. Das Verhalten eines Transformators in Dyn-Schaltung, der mit einem Nullsystem belastet wird, entspricht daher in einer einphasigen Darstellung einem oberspannungsseitigen Kurzschluß. Das Ersatzschaltbild erweitert sich demzufolge auf die in Bild 9.34 dargestellte Form.

Grundsätzlich umschließt die Kesselwand auch bei Transformatoren der Schaltung Dyn einen Differenzfluß. Allerdings ist er schwächer ausgeprägt, da bereits durch den Ringstrom in der Dreieckwicklung, die näher am Kern sitzt, ein starkes Gegenfeld erzeugt wird. Wiederum induziert dieser schwächere Differenzfluß im Kessel einen Kreisstrom, der ein weiteres Eigenfeld bildet. In seiner grundsätzlichen Wirkung – Verminderung des Hauptfeldes, Stärkung des Streufeldes – entspricht es dem Feld der Dreieckwicklung. Daher kann auch die *Kesselwand durch eine Dreieckwicklung nachgebildet* werden.

Aus diesen Betrachtungen folgt, daß bei Berücksichtigung der Kesselwand anstelle des bisherigen Zweiwicklungs- ein Dreiwicklungsersatzschaltbild tritt, bei dem die beiden nicht gespeisten Ausgänge kurzzuschließen sind. Dadurch werden zwei Streureaktanzen zur Hauptreaktanz parallel geschaltet. So zeigt sich auch im Ersatzschaltbild, daß die Eingangsnullreaktanz X_0 durch den Kesseleinfluß zusätzlich abgesenkt wird. Im Vergleich zu der Kurzschlußreaktanz X_k im Mitsystem gilt die Relation

$$\frac{X_0}{X_k} = 0,75\ldots 1\,. \tag{9.45a}$$

Infolge des kleineren Differenzfeldes sind die Kreisströme I_{KS} und damit auch die Erwärmung des Kessels schwächer ausgebildet. Deshalb darf der Sternpunkt N eines Transformators der Schaltung Dyn ohne Zeiteinschränkung bis zur Höhe des Nennstroms I_{nT} belastet werden (s. DIN VDE 0532):

$$I_N \le I_{nT}\,. \tag{9.45b}$$

Die prinzpiellen Eigenschaften dieser Schaltung bleiben auch dann erhalten, wenn die Dreieckschaltung nicht ober-, sondern unterspannungsseitig angeordnet ist. Eine Diskussion der Schaltgruppe YNd kann daher entfallen.

Bei den bereits diskutierten Transformatoren mit der Schaltung Yy läßt sich eine höhere Belastbarkeit des Sternpunktes durch eine zusätzliche bauliche Maßnahme erreichen. Es ist auf den drei Schenkeln eine dritte, in Dreieck geschaltete Wicklung anzubringen, die üblicherweise innen liegt. Sie wird – sofern die Anschlüsse nicht herausgeführt sind – als

Ausgleichswicklung bezeichnet. Die Ausgleichswicklung kann im Normalfall maximal mit 1/3 der Nennleistung beansprucht werden. Es ist daher eine schwächere Auslegung als bei den beiden Leistungswicklungen möglich, die zumindest für die Nennleistung zu dimensionieren sind. Die Ausgleichswicklung kompensiert den Nullfluß prinzipiell in gleicher Weise wie die Dreieckwicklung in den Schaltgruppen Dyn bzw. YNd. Die Nullreaktanz liegt üblicherweise im Bereich

$$\frac{X_0}{X_k} \approx 1 \dots 1,4 \,. \tag{9.46}$$

Im Falle einer unterspannungsseitigen Speisung gelten die niedrigeren Werte; die größeren Reaktanzen sind bei einer oberspannungsseitigen Speisung zu verwenden.

Trotz der Ausgleichswicklung bleibt stets ein gewisses Differenzfeld übrig. Transformatoren großer Leistung weisen vergleichsweise große Kessellängen auf, so daß ein unzulässig hoher Differenzfluß mit den entsprechenden Wirkungen entstehen kann. Als Gegenmaßnahme müßte die zugehörige Streuinduktivität groß gewählt werden. Im Hinblick auf eine kleine Bauweise ist die Wahl des dafür erforderlichen großen Abstandes zwischen Kessel und Wicklung ungeeignet. Stattdessen bietet es sich an, *hochpermeable Abschirmbleche* an der Kesselinnenwand anzubringen. Sie verstärken den Rückfluß im Kessel und halten zugleich die Kesselwand weitgehend feldfrei. Bei solchen Ausführungen bewirken Sättigungseffekte eine vergleichsweise *deutlichere Stromabhängigkeit der Nullreaktanz*.

Es sei noch erwähnt, daß der Sternpunkt einer *Wicklung in Zickzackschaltung* bis zur Höhe des Nennstroms belastbar ist, weil sich die Flüsse der Nullströme bei dieser Schaltung weitgehend kompensieren [5]. Wie später noch im Abschnitt 11.4 ausgeführt wird, ergeben sich aufgrund der geringen Nullinduktivität bei dieser Schaltung besonders geringe Spannungserhöhungen im unsymmetrischen Betrieb. Dieses Verhalten ist vorwiegend in Niederspannungsnetzen (Vierleiternetzen) erwünscht, in denen diese Schaltungsvarianten bevorzugt eingesetzt werden. Für die Schaltungen Yzn und Dzn gilt etwa der Richtwert

$$\frac{X_0}{X_k} \approx 0,15 \,. \tag{9.47}$$

Die bisherigen Überlegungen sind so gehalten, daß sie es auch ermöglichen, die Größenordnung von Nullreaktanzen anderer Schaltgruppen bei Dreischenkeltransformatoren zu ermitteln. Neue Gesichtspunkte sind jedoch zu beachten, wenn sich die Kernbauart ändert.

9.4.5.2 Fünfschenkeltransformatoren

Es werden im folgenden bei Fünfschenkeltransformatoren die gleichen Schaltgruppen wie bei Dreischenkeltransformatoren untersucht. *Prinzipiell weisen die Ersatzschaltbilder für das Nullsystem die gleiche Struktur auf. Ein wesentlicher Unterschied besteht jedoch in der Größenordnung der Hauptreaktanz* X_{0h}, denn Fünfschenkeltransformatoren besitzen einen magnetischen Rückschluß in den äußeren Schenkeln des Eisenkerns. Der Hauptfluß im Nullsystem schließt sich daher über diese Schenkel und nicht mehr – wie beim Dreischenkeltransformator – über den Luftspalt bzw. den Kessel (Bild 9.35). Die Folge davon ist, daß sich im Vergleich zum Dreischenkeltransformator ein starker Nullhauptfluß ausbildet. Dementsprechend weist bei dieser Kernbauart die Hauptreaktanz im Nullsystem große Werte auf.

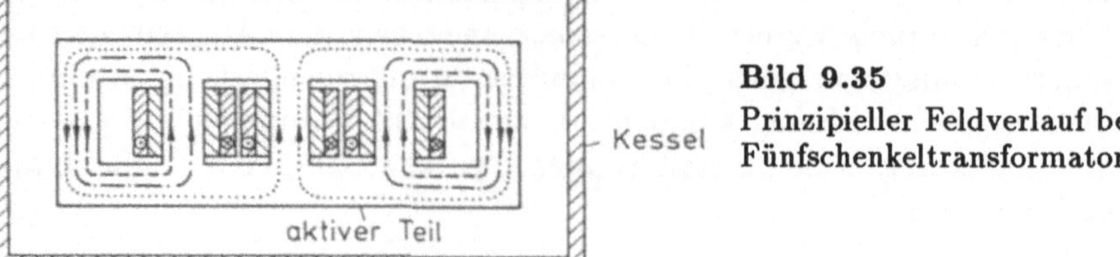

Bild 9.35
Prinzipieller Feldverlauf bei
Fünfschenkeltransformatoren

Die resultierenden Nullreaktanzen einer Yyn-Schaltung liegen aufgrund der hohen Hauptreaktanz üblicherweise im Bereich

$$\frac{X_0}{X_k} \approx 10 \ldots 100 \ .$$

Eine Belastung des Sternpunktes ist zu vermeiden, da sie zu hohen Potentialverschiebungen führt. Günstigere Verhältnisse ergeben sich wieder, wenn analog zum Dreischenkeltransformator eine Ausgleichswicklung vorhanden ist. Noch niedrigere Werte treten auf, wenn eine Dyn-Schaltung vorliegt:

$$\frac{X_0}{X_k} \approx 1 \ .$$

Das wesentliche Merkmal der *Fünfschenkeltransformatoren* – die Führung des Hauptflusses im Kern – mindert den Einfluß der Kesselwand. Daher ist die Erwärmung dieser Ausführungen geringer, und dementsprechend nehmen auch die *Wirkwiderstände* im Ersatzschaltbild *niedrigere Werte* als bei den Dreischenkeltransformatoren an. Im Unterschied zu Transformatoren ergeben sich bei Synchronmaschinen für die Nullimpedanzen einfachere Verhältnisse.

9.4.6 Nullimpedanz von Synchronmaschinen

Synchronmaschinen werden in der Praxis nur *selten geerdet*, so daß üblicherweise $Z_0 = \infty$ gilt. Falls jedoch ein Neutralleiter angeschlossen sein sollte, kann sich ein Nullsystem ausbilden. Die phasengleichen Ströme rufen dann in den drei Ständerwicklungssträngen phasengleiche Wechselfelder hervor, die räumlich jedoch um 120° phasenverschoben sind. Dabei ergänzen sich die harmonischen Grundanteile dieser drei Luftspaltfelder zu Null, so daß nur die Streufelder des Ständers und die höheren harmonischen Anteile übrig bleiben. Die Nullreaktanz weist somit einen sehr kleinen Wert auf, der in der Größenordnung der subtransienten Reaktanz liegt [13], [29]. Messungen führen auf

$$X_0 \approx \left(\frac{1}{6} \ldots \frac{1}{3} \right) \cdot X_d'' \ . \tag{9.48}$$

Mit diesen Erläuterungen sind die Nullimpedanzen der wichtigsten Netzelemente bestimmt. Nun ist es konkret möglich, mit dem bereits in Abschnitt 9.2 entwickelten Algorithmus das Betriebsverhalten von unsymmetrisch gespeisten Netzen mit symmetrischem Aufbau zu berechnen.

9.5 Veranschaulichung des Berechnungsverfahrens an einem Beispiel

Die dargestellte Methode wird an einem Beispiel erläutert. Gegeben sei eine symmetrisch aufgebaute Netzanlage gemäß Bild 9.36. Sie möge durch ein unsymmetrisches Spannungssystem nach Bild 9.37 gespeist werden. Gesucht werden – z.B. im Rahmen einer

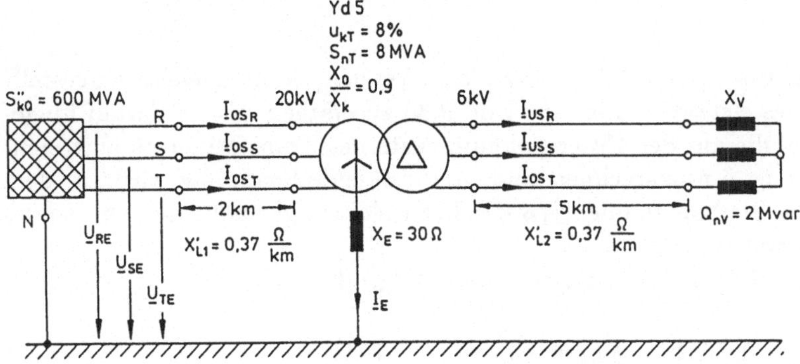

Bild 9.36
Beispielnetz zur
Berechnung
asymmetrischer
Ströme

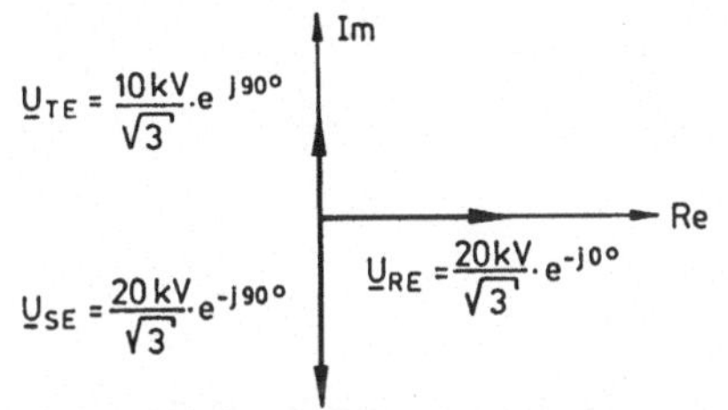

Bild 9.37
Zeigerdiagramm des speisenden
Spannungssystems mit angenommener
Asymmetrie

Störungsaufklärung – die Leiterströme der 20-kV-Leitung, die Belastung der Sternpunkt-Erdungsdrosselspule und die 6-kV-seitigen Lastströme. Die Leitungen seien elektrisch kurz. Im Hinblick auf eine übersichtliche Rechnung können dann die Kapazitäten und die ohmschen Widerstände vernachlässigt werden. Der weitere Ablauf erfolgt entsprechend den bereits im Abschnitt 9.2 dargestellten Schritten.

1. Schritt: Zerlegung des unsymmetrischen Spannungssystems in symmetrische Komponenten

Über die Beziehung

$$[\underline{U}_k] = [\underline{T}]^{-1} \cdot [\underline{U}_d]$$

werden die Komponentenspannungen $\underline{U}_{1R}$, $\underline{U}_{2R}$ und $\underline{U}_{0R}$ ermittelt. Setzt man

$$\underline{U}_{RE} = \frac{20\,\text{kV}}{\sqrt{3}} \cdot e^{j0°}\ , \quad \underline{U}_{SE} = \frac{20\,\text{kV}}{\sqrt{3}} \cdot e^{-j90°}\ , \quad \underline{U}_{TE} = \frac{10\,\text{kV}}{\sqrt{3}} \cdot e^{j90°}$$

in die Beziehung

$$\begin{bmatrix} \underline{U}_{1R} \\ \underline{U}_{2R} \\ \underline{U}_{0R} \end{bmatrix} = \frac{1}{3} \bullet \begin{bmatrix} 1 & \underline{a} & \underline{a}^2 \\ 1 & \underline{a}^2 & \underline{a} \\ 1 & 1 & 1 \end{bmatrix} \bullet \begin{bmatrix} \underline{U}_{RE} \\ \underline{U}_{SE} \\ \underline{U}_{TE} \end{bmatrix}$$

ein, so erhält man mit $\underline{a} = e^{j120°}$

$$\underline{U}_{1R} = 8,9 \cdot e^{j6,2°}\,\text{kV}\ , \quad \underline{U}_{2R} = 1,5 \cdot e^{j140,1°}\,\text{kV}\ , \quad \underline{U}_{0R} = 4,3 \cdot e^{-j26,6°}\,\text{kV}\ .$$

2. Schritt: Bestimmung der einphasigen Ersatzschaltbilder

Als Bezugsspannung U_{bez} wird – an sich willkürlich – der Wert 20 kV gewählt.

a) Mitsystem

Im Mitsystem kann das Ersatzschaltbild in der bisher kennengelernten Weise aufgestellt werden. Die Struktur des Netzwerkes ist aus Bild 9.38 zu ersehen. Es sei darauf hingewiesen, daß die Ströme, die auf der Unterspannungsseite des Transformators auftreten, noch mit der Übersetzung $\ddot{u}$ umzurechnen sind. Als treibende Spannung wird aus dem *Spannungsmitsystem* die Sternspannung $\underline{U}_{1R}$ des Bezugsleiters gewählt, die u.a. bereits im ersten Schritt bestimmt ist.

Für die Reaktanzen des Mitsystems ergeben sich die folgenden Werte:

$$X_Q = \frac{1,1 \cdot U_{bez}^2}{S_{kQ}''} = 0,73\,\Omega\,, \quad X_{L1} = X_{L1}' \cdot l_1 = 0,74\,\Omega\,,$$

$$X_{kT} = \frac{u_{kT} \cdot U_{bez}^2}{S_{nT}} = 4\,\Omega\,, \quad X_{L2} = X_{L2}' \cdot l_2 \cdot \ddot{u}^2 = 20,56\,\Omega\,,$$

$$X_V = \frac{U_{bez}^2}{Q_{nV}} = 200\,\Omega\,.$$

b) Gegensystem

In dem vorliegenden Beispiel handelt es sich nur um ruhende Betriebsmittel. Daher können sowohl die Struktur des Ersatzschaltbildes als auch die Impedanzen des Mitsystems übernommen werden. Hieraus folgt das in Bild 9.39 dargestellte Ersatzschaltbild. Als treibende Spannung ist aus dem bereits ermittelten Spannungsgegensystem die Sternspannung $\underline{U}_{2R}$ des Bezugsleiters R einzusetzen.

c) Nullsystem

Im Nullsystem sind die Komponentenersatzschaltbilder für die einzelnen Betriebsmittel dem Schaltplan entsprechend zu verknüpfen. Damit ergibt sich das Netzwerk gemäß Bild 9.40. Bei dem speisenden 20-kV-Netz soll es sich um ein Freileitungsnetz ohne Erdseile handeln. Die Eingangsreaktanz X_{0Q} ist zu bestimmen. Bei Freileitungen ohne Erdseil besteht zwischen Null- und Mitreaktanz etwa das Verhältnis 3,3 (s. Abschnitt 9.4.1). Dementsprechend erhält man die Eingangsreaktanz des Netzes im Nullsystem X_{0Q} da-

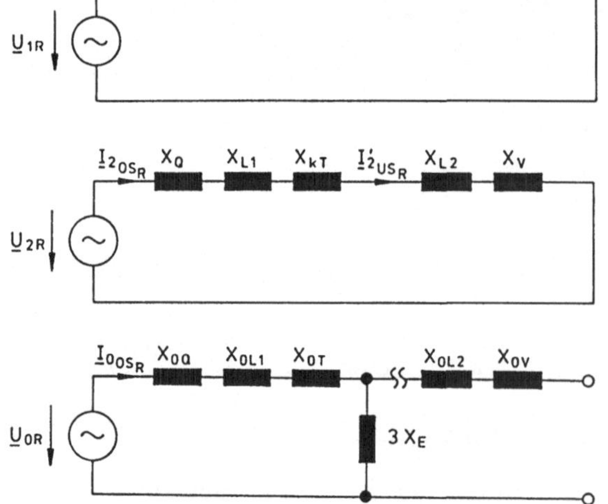

Bild 9.38
Einphasiges
Komponentenersatzschaltbild im
Mitsystem

Bild 9.39
Einphasiges
Komponentenersatzschaltbild im
Gegensystem

Bild 9.40
Einphasiges
Komponentenersatzschaltbild im
Nullsystem

durch, daß man die Eingangsreaktanz X_Q mit dem Wert 3,3 multipliziert. Auf ähnliche einfache Weise ermittelt man zweckmäßigerweise auch die Nullimpedanzen der übrigen Betriebsmittel. Die dafür maßgebenden Richtwerte sind den vorhergehenden Erläuterungen zu entnehmen:

$$X_{0L1} = 3,3 \cdot X_{L1} = 2,44\,\Omega$$
$$X_{0Q} = 3,3 \cdot X_Q = 2,41\,\Omega$$
$$X_{0T} = 0,9 \cdot X_{kT} = 3,6\,\Omega\ .$$

Die Impedanz des Rückleiters – im wesentlichen die Reaktanz X_E – geht mit dem dreifachen Wert ein:

$$X_{0E} = 3 \cdot X_E = 90\,\Omega\ .$$

Wie aus dem Ersatzschaltbild weiter zu ersehen ist, kann sich ein Nullsystem nur auf der 20-kV-Seite ausbilden. Die angegebene Transformatorschaltung (Zweipol) überträgt kein Nullsystem auf die 6-kV-Seite.

3. Schritt: Berechnung der Komponentenströme

Aus den drei ermittelten Ersatzschaltbildern werden nun jeweils die drei Komponentenströme $\underline{I}_{1OS_R}$, $\underline{I}_{2OS_R}$ und $\underline{I}_{0OS_R}$ berechnet:

$$\underline{I}_{1OS_R} = \frac{\underline{U}_{1R}}{j(X_Q + X_{L1} + X_{kT} + X_{L2} + X_V)} = 39,38 \cdot e^{-j83,8°}\,\mathrm{A}$$

$$\underline{I}_{2OS_R} = \frac{\underline{U}_{2R}}{j(X_Q + X_{L1} + X_{kT} + X_{L2} + X_V)} = 6,64 \cdot e^{j50,1°}\,\mathrm{A}$$

$$\underline{I}_{0OS_R} = \frac{\underline{U}_{0R}}{j(X_{0Q} + X_{0L1} + X_{0T} + 3X_E)} = 43,69 \cdot e^{-j116,6°}\,\mathrm{A}\ .$$

4. Schritt: Berechnung der Netzströme auf der 20-kV-Seite

Die Ströme der realen Netzanlage erhält man durch Addition der drei Komponentenströme an der jeweils interessierenden Stelle gemäß den Regeln der symmetrischen Komponenten. Dabei ist zu beachten, daß im Komponentennetzwerk des Nullsystems nur in bestimmten Teilen Nullströme auftreten. Bei der betrachteten Netzanlage ist dies nur auf der 20-kV-Seite der Fall. Andererseits treten dort auch Ströme auf – z.B. in der Sternpunkt-Erdungsdrosselspule –, die im Mit- und Gegensystem nicht vorhanden sind. Für die Rücktransformation der Leiterströme $\underline{I}_{OS_R}$, $\underline{I}_{OS_S}$ und $\underline{I}_{OS_T}$ (Bild 9.36) gilt die Beziehung

$$\begin{bmatrix} \underline{I}_{OS_R} \\ \underline{I}_{OS_S} \\ \underline{I}_{OS_T} \end{bmatrix} = \begin{bmatrix} 1 & 1 & 1 \\ \underline{a}^2 & \underline{a} & 1 \\ \underline{a} & \underline{a}^2 & 1 \end{bmatrix} \cdot \begin{bmatrix} 39,38 \cdot e^{-j83,8°}\,\mathrm{A} \\ 6,64 \cdot e^{j50,1°}\,\mathrm{A} \\ 43,69 \cdot e^{-j116,6°}\,\mathrm{A} \end{bmatrix}\ .$$

Die numerische Auswertung führt auf

$$\underline{I}_{OS_R} = 73,96 \cdot e^{-j98,6°}\,\mathrm{A}$$
$$\underline{I}_{OS_S} = 65,90 \cdot e^{j199,5°}\,\mathrm{A}$$
$$\underline{I}_{OS_T} = 26,41 \cdot e^{-j56,6°}\,\mathrm{A}\ .$$

Den Strom in der Sternpunkt-Erdungsdrosselspule erhält man aus der bereits abgeleiteten Beziehung

$$\underline{I}_E = 3 \cdot \underline{I}_{0OS_R} = 131,07 \cdot e^{-j116,6°}\,\text{A}\,.$$

5. Schritt: Berechnung der Ströme auf der 6-kV-Seite

Kompliziertere Verhältnisse ergeben sich bei der Berechnung der Ströme $\underline{I}_{US_R}$, $\underline{I}_{US_S}$, $\underline{I}_{US_T}$ auf der 6-kV-Seite. Zu diesem Zweck ist es notwendig, wiederum die drei Komponentenströme an dieser Stelle zu bestimmen. Im einphasigen Komponentenersatzschaltbild für das Mit- und Gegensystem treten an dieser Stelle die transformierten Ströme $\underline{I}'_{1US_R}$, $\underline{I}'_{2US_R}$ auf. Sie sind mit der komplexen Übersetzung zunächst umzurechnen. Im Mitsystem gelten dabei die bereits kennengelernten Zusammenhänge (s. Abschnitt 4.2):

$$\underline{\ddot{u}}_1 = \frac{\underline{U}_{1OS}}{\underline{U}_{1US}} = \frac{U_{nOS}}{U_{nUS}} \cdot e^{+jk\cdot30°}\,, \qquad \frac{\underline{I}_{1OS}}{\underline{I}_{1US}} = \frac{1}{\underline{\ddot{u}}_1^*}\,.$$

Beim Gegensystem liegt eine entgegengesetzte Phasenfolge vor. Dadurch ändert sich in der Übersetzung das Vorzeichen des Phasenwinkels:

$$\underline{\ddot{u}}_2 = \frac{\underline{U}_{2OS}}{\underline{U}_{2US}} = \frac{U_{nOS}}{U_{nUS}} \cdot e^{-jk\cdot30°}\,.$$

Für die Ströme im Gegensystem gilt analog zum Mitsystem:

$$\frac{\underline{I}_{2OS}}{\underline{I}_{2US}} = \frac{1}{\underline{\ddot{u}}_2^*}\,.$$

Berücksichtigt man ferner die Identitäten

$$\underline{I}_{1OS_R} = \underline{I}'_{1US_R}\,, \qquad \underline{I}_{2OS_R} = \underline{I}'_{2US_R}\,,$$

so ergeben sich im Mit- und Gegensystem, bezogen auf die 6-kV-Ebene, die Ströme

$$\underline{I}_{1US_R} = \underline{\ddot{u}}_1^* \cdot \underline{I}_{1OS} = 39,38 \cdot e^{-j83,8°} \cdot \frac{20}{6} \cdot e^{-j150°}\,\text{A} = 131,27 \cdot e^{j126,2°}\,\text{A}\,,$$

$$\underline{I}_{2US_R} = \underline{\ddot{u}}_2^* \cdot \underline{I}_{2OS} = 6,64 \cdot e^{j50,1°} \cdot \frac{20}{6} \cdot e^{j150°}\,\text{A} = 22,13 \cdot e^{j200,1°}\,\text{A}\,.$$

Entsprechend den vorhergehenden Erläuterungen gilt auf der 6-kV-Seite für den Strom im Nullsystem die einfache Bedingung

$$\underline{I}_{0US_R} = 0\,.$$

Damit sind die drei Komponentenströme ermittelt. Die tatsächlichen Netzströme resultieren aus der Rücktransformation

$$\begin{bmatrix} \underline{I}_{US_R} \\ \underline{I}_{US_S} \\ \underline{I}_{US_T} \end{bmatrix} = \begin{bmatrix} 1 & 1 & 1 \\ \underline{a}^2 & \underline{a} & 1 \\ \underline{a} & \underline{a}^2 & 1 \end{bmatrix} \cdot \begin{bmatrix} 131,27 \cdot e^{j126,2°}\,\text{A} \\ 22,13 \cdot e^{j200,1°}\,\text{A} \\ 0 \end{bmatrix}$$

zu

$$\underline{I}_{US_R} = 139,0 \cdot e^{j135°}\,\text{A}$$

$$\underline{I}_{US_S} = 147,5 \cdot e^{-j0,01°}\,\text{A}$$

$$\underline{I}_{US_T} = 109,9 \cdot e^{-j116,56°}\,\text{A}\,.$$

Im Kapitel 10 wird gezeigt, daß dieses Berechnungsverfahren so erweitert werden kann, daß damit auch punktuelle Asymmetrien im Netzaufbau erfaßt werden können.

9.6 Aufgaben

Aufgabe 9.1: Bei kurzen Kabeln bis zu 500 m Länge werden die Schirme häufig nur einseitig geerdet, so daß der Rückstrom bei einer von Null verschiedenen Stromsumme allein vom Schirm geführt wird.

a) Berechnen Sie für die im Bild a dargestellte Dreiecksverlegung die Betriebsreaktanz X_b' unter Vernachlässigung der inneren Induktivität.

b) Berechnen Sie die Nullreaktanz X_0' unter Vernachlässigung der inneren Komponente. Dabei ist zu beachten, daß infolge der einseitigen Erdung gemäß Bild b der Rückstrom nur über den Schirm fließt.

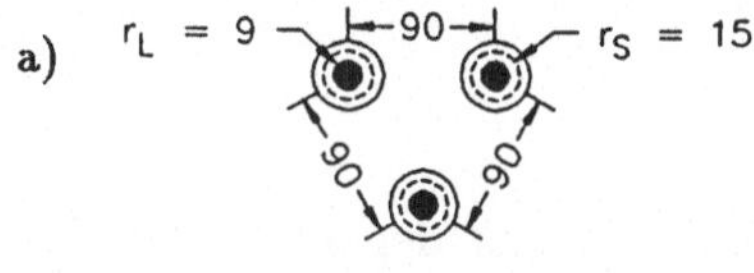

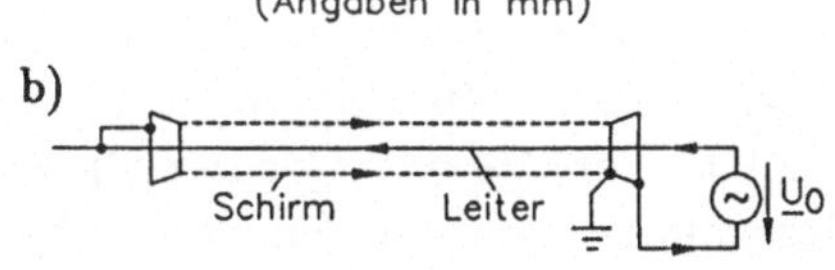

Aufgabe 9.2: Stellen Sie für die dargestellte Anlage die Ersatzschaltschilder im Nullsystem auf, die sich bei Anlegen einer Meßspannung von den Punkten P_1 bzw. P_2 aus ergeben. Berechnen Sie daraus die resultierenden Nullreaktanzen.

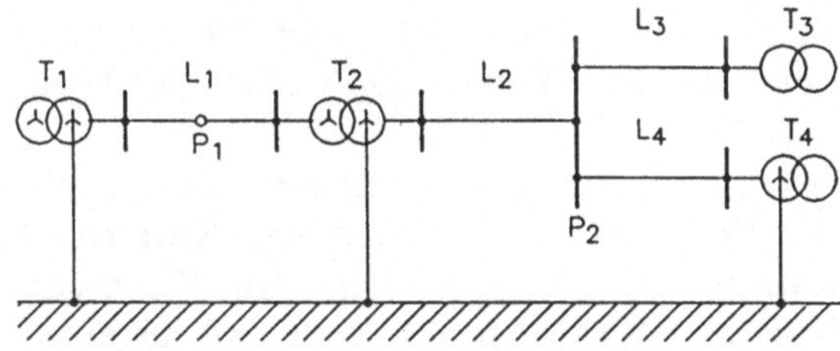

Aufgabe 9.3: Eine einsystemige, verdrillte 110-kV-Freileitung werde auf Portalmasten mit zwei Erdseilen E1 und E2 geführt (s. Bild). Der dargestellte Mast hat die Abmessungen

$d_{12} = d_{23} = 6,5$ m, $d_{13} = 13$ m
$d_{L1E1} = d_{L3E2} = 7,3$ m
$d_{L2E1} = d_{L2E2} = 6,5$ m
$d_{L1E2} = d_{L3E1} = 11$ m
$d_{E1E2} = 5,3$ m
$r_{L1} = r_{L2} = r_{L3} = r_L = 10,95$ mm
$r_{E1} = r_{E2} = r_{ES} = 9,5$ mm.

a) Berechnen Sie die Betriebsreaktanz dieser Anordnung.

b) Ermitteln Sie die Nullinduktivität, wenn vorausgesetzt wird, daß der Untergrund aus Felsboden besteht und nicht leitfähig ist.

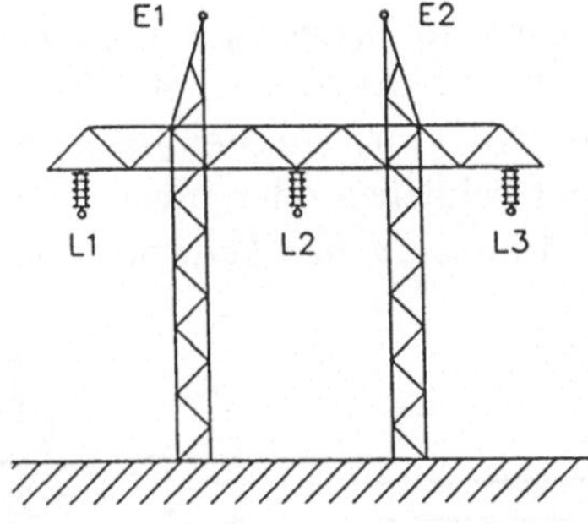

10 Berechnung von symmetrisch gespeisten Drehstromnetzen mit punktuellen Asymmetrien im Aufbau

Durch Fehler ist der symmetrische Aufbau von Netzen häufig nur an diskreten Punkten gestört. Es werden zunächst diejenigen Störungen erläutert, die in der Praxis von besonderer Bedeutung sind. Anschließend wird gezeigt, daß die symmetrischen Komponenten auch zur Berechnung von Netzen mit punktuellen Asymmetrien verwendet werden können. Vorteile und Grenzen dieses Verfahrens werden anschließend bei der konkreten Berechnung mehrerer Fehler sichtbar.

10.1 Beschreibung häufiger Asymmetrien

Eine sehr häufige Netzstörung stellt der einpolige *Erdschluß* dar. Er liegt definitionsgemäß dann vor, wenn nur ein Außenleiter leitend mit der Erde verbunden ist. Eine Veranschaulichung dieses Fehlers erfolgt in Bild 10.1. Etwa 80 % aller Fehler, die in Freileitungsnetzen vorkommen, treten in Form einpoliger Erdschlüsse – häufig als Lichtbogenkurzschlüsse – auf.

Der Erdschluß ist – wie später noch gezeigt wird – für die Auslegung von Erdungsanlagen maßgebend und damit von ähnlich großer Bedeutung wie der dreipolige Kurzschluß, der für die thermische und mechanische Beanspruchung herangezogen wird. Wenn zum gleichen Zeitpunkt zwei einpolige Erdschlüsse in verschiedenen Leitern und an unterschiedlichen Orten auftreten, so spricht man von einem *Doppelerdschluß*.

Der Grenzfall, daß die beiden Erdschlüsse am gleichen Ort auftreten, wird gesondert als *zweipoliger Kurzschluß mit Erdberührung* bezeichnet. Ein praktisches Beispiel für einen solchen Fehler ist wiederum Bild 10.1 zu entnehmen.

Bildet sich nun der Lichtbogen nicht zum Mast, sondern zu einem anderen Außenleiter, so liegt ein *zweipoliger Kurzschluß ohne Erdberührung* vor (Bild 10.1).

Punktuelle Asymmetrien können z.B. durch defekte Netzelemente verursacht werden. Oft handelt es sich hierbei um schadhafte Schalter, bei denen einzelne Schalterpole entweder nicht schließen oder nicht öffnen. Eine solche Fehlerart ist in Bild 10.2 dargestellt. Sie wird als *einpolige Leiterunterbrechung* bezeichnet.

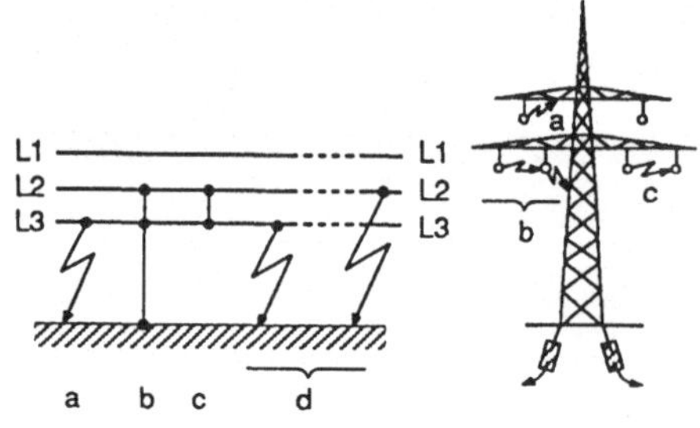

Bild 10.1
Schematisierte Darstellung verschiedener Kurzschlußarten und deren praktische Veranschaulichung an einer Freileitung
a) einpoliger Erdschluß
b) zweipoliger Kurzschluß mit Erdberührung
c) zweipoliger Kurzschluß ohne Erdberührung
d) Doppelerdschluß

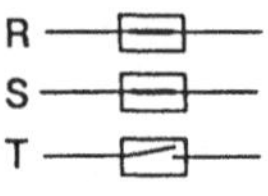

Bild 10.2
Darstellung einer einpoligen Leiterunterbrechung

In der Praxis sind häufig auch Kombinationen der bisher beschriebenen Fehler anzutreffen. Daneben können auch unsymmetrische Lasten die Symmetrie in einem Energieversorgungsnetz stören.

Das Betriebsverhalten von Netzen, die in dieser Art punktuell gestört sind, läßt sich auf recht einfache Weise mit den symmetrischen Komponenten berechnen.

10.2 Erläuterung des Berechnungsverfahrens

Das Berechnungsverfahren wird zunächst anhand eines einpoligen Erdschlusses entwickelt und anschließend in allgemeinerer Form dargestellt. Gegeben sei das einfache Netz in Bild 10.3. Die Leitungen seien elektrisch kurz, so daß wieder die ohmschen Widerstände und die Kapazitäten vernachlässigbar sind. Bei dieser Anlage sei die Symmetrie durch einen Erdschluß am Leiter R im Punkt F gestört. Es wird weiterhin der besonders einfache Fall des satten Kurzschlusses angenommen. Der Übergangswiderstand ist somit sehr klein. Diese Idealisierung wird später fallengelassen.

Punktuelle Fehler wie der Erdschluß lassen sich eindeutig durch die Strom-Spannungs-Verhältnisse an der Fehlerstelle kennzeichnen (Bild 10.4). Für die Fehlerströme gilt

$$\underline{I}_{FR} = \underline{I}''_{k1p}(\text{unbekannt}) \,, \quad \underline{I}_{FS} = 0 \,, \quad \underline{I}_{FT} = 0 \,. \tag{10.1}$$

Für die Spannungen an der Fehlerstelle erhält man analog

$$\underline{U}_{FR} = 0 \,, \quad \underline{U}_{FS} : (\text{unbekannt}) \,, \quad \underline{U}_{FT} : (\text{unbekannt}) \,. \tag{10.2}$$

Diese Gleichungen werden *Fehlerbedingungen* genannt. Im weiteren bezeichnet der Index F die Fehlerstelle, der folgende Index R bzw. S, T den betreffenden Leiter. Für punktuelle Fehler oder solche, die als hinreichend punktuell angesehen werden können, stellen die Fehlerbedingungen jeweils ein System aus drei Spannungs- und drei Stromzeigern dar. Ein *wesentlicher Gedanke* des Algorithmus besteht nun darin, die *Methode der symmetrischen Komponenten* bereits auf diese *unsymmetrischen Zeigersysteme an der Fehlerstelle anzuwenden*. Damit ergeben sich jeweils drei symmetrische Systeme für die Ströme bzw. Spannungen an der Fehlerstelle, die anschließend einfacher zu behandeln sind. So erhält man für einen Erdschluß mit Hilfe der Bedingung

$$\begin{bmatrix} \underline{I}_{1FR} \\ \underline{I}_{2FR} \\ \underline{I}_{0FR} \end{bmatrix} = \frac{1}{3} \bullet \begin{bmatrix} 1 & \underline{a} & \underline{a}^2 \\ 1 & \underline{a}^2 & \underline{a} \\ 1 & 1 & 1 \end{bmatrix} \bullet \begin{bmatrix} \underline{I}_{FR} = \underline{I}''_{k1p} \\ \underline{I}_{FS} = 0 \\ \underline{I}_{FT} = 0 \end{bmatrix}$$

das Ergebnis

$$\underline{I}_{1FR} = \underline{I}_{2FR} = \underline{I}_{0FR} = \frac{\underline{I}''_{k1p}}{3} \,. \tag{10.3}$$

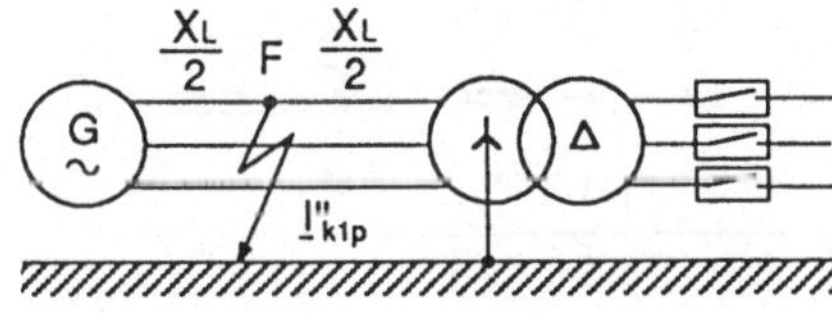

Bild 10.3
Netz mit einpoligem Erdschluß des Leiters R in der Mitte der Leitung L

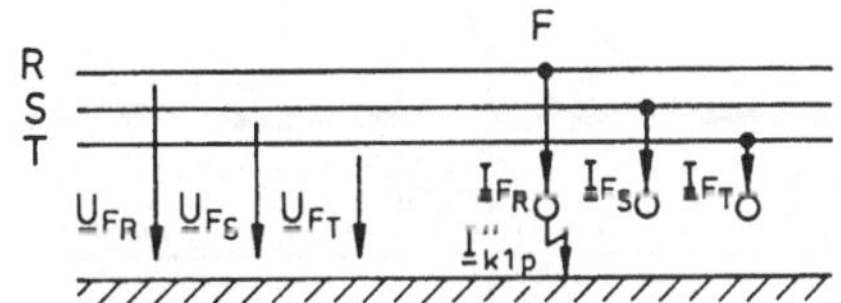

Bild 10.4
Strom-Spannungs-Verhältnisse an der Fehlerstelle beim einpoligen Erdschluß

Diese Aussage entspricht den Fehlerbedingungen (10.1). Ähnlich lassen sich auch die Spannungsbedingungen transformieren. Über den Zusammenhang

$$\begin{bmatrix} \underline{U}_{FR} = 0 \\ \underline{U}_{FS} \\ \underline{U}_{FT} \end{bmatrix} = \begin{bmatrix} 1 & 1 & 1 \\ \underline{a}^2 & \underline{a} & 1 \\ \underline{a} & \underline{a}^2 & 1 \end{bmatrix} \cdot \begin{bmatrix} \underline{U}_{1FR} \\ \underline{U}_{2FR} \\ \underline{U}_{0FR} \end{bmatrix}$$

erhält man u.a. die Beziehung

$$\underline{U}_{FR} = 0 = \underline{U}_{1FR} + \underline{U}_{2FR} + \underline{U}_{0FR} \ . \tag{10.4}$$

Die Transformation der Fehlerbedingungen allein ermöglicht natürlich noch keine Berechnung des gestörten Netzes. Analytisch ist dies auch daran zu sehen, daß sechs Gleichungen neun Unbekannten gegenüberstehen. Die *fehlenden Aussagen erhält man nur dann, wenn die Fehlerströme bzw. -spannungen mit dem Netz verknüpft werden.* Zu diesem Zweck bietet es sich an, das bis auf die Fehlerstelle symmetrisch aufgebaute reale Netzwerk ebenfalls zu transformieren und wie bisher durch ein Komponentennetzwerk im Mit-, Gegen- und Nullsystem zu beschreiben. Die Fehlerbedingungen werden dadurch berücksichtigt, daß *an der Störstelle die noch unbekannten Fehlerströme an einem zusätzlich eingefügten Knotenpunkt angreifen.* Dieser Schritt − *der Kerngedanke des Algorithmus* − ist zulässig, da lineare Netzwerke vorliegen und damit das Überlagerungsverfahren anwendbar ist, das ohnehin der Transformation zugrundeliegt. Die transformierten *Fehlerströme* verändern die Strom-Spanungs-Verhältnisse in den drei linearen Komponentennetzwerken. So sind auch die an der Fehlerstelle auftretenden Spannungen, die *Fehlerspannungen*, jeweils von der Größe der Fehlerströme abhängig. Die Zusammenhänge zwischen den Fehlerströmen und Fehlerspannungen lassen sich nach den üblichen Methoden der Netzwerkberechnung ermitteln. Man erhält weitere drei unabhängige lineare Beziehungen. Damit liegt ein System von neun Gleichungen mit neun Unbekannten vor, das eine Bestimmung der Fehlerströme und -spannungen ermöglicht. Diese Überlegungen werden nun auf das Beispiel in Bild 10.3 angewendet.

Für das Komponentennetzwerk im Mitsystem erhält man das einphasige Netzwerk nach Bild 10.5. Die Generatorreaktanz wächst nach dem Kurzschluß von dem Wert X_d'' auf X_d. Dementsprechend bewegt sich die treibende Spannung zwischen $\underline{E}''$ und $\underline{E}$.

Beim Aufstellen des Komponentennetzwerks im Gegensystem sind einige Unterschiede zu beachten. Für den Generator ist zum einen das in Bild 9.8 angegebene Ersatzschaltbild zu verwenden, zum anderen weist die Gegenreaktanz dauernd den Wert X_d'' auf (Bild 10.6). Beim Nullsystem ergeben sich wiederum andere Verhältnisse. Da der Generator, wie üblich, ungeerdet betrieben wird, ist − abweichend von den Netzwerken im Mit- und Gegensystem − die Nullreaktanz dieses Netzelements unendlich groß (Bild 10.7).

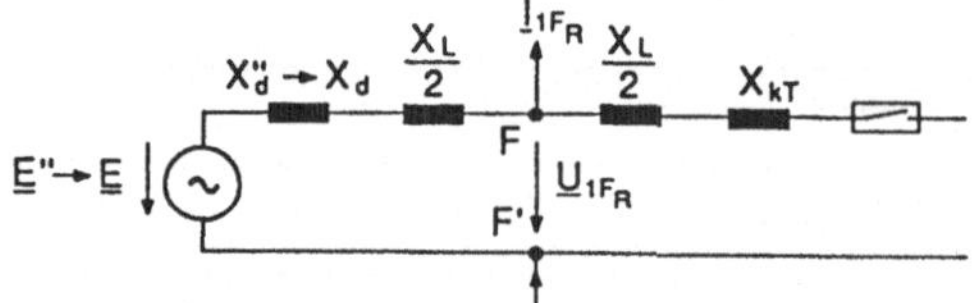

Bild 10.5
Einphasiges Komponentenersatzschaltbild im Mitsystem

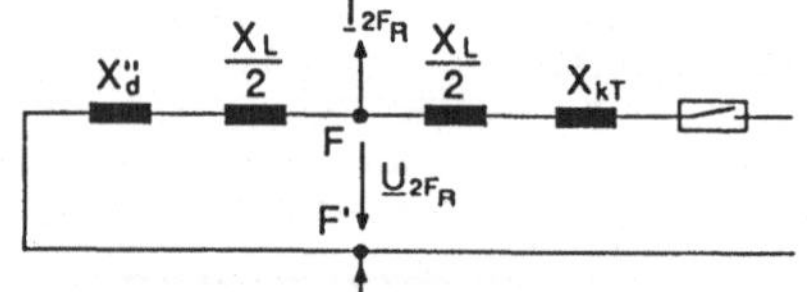

Bild 10.6
Einphasiges Komponentenersatzschaltbild im Gegensystem

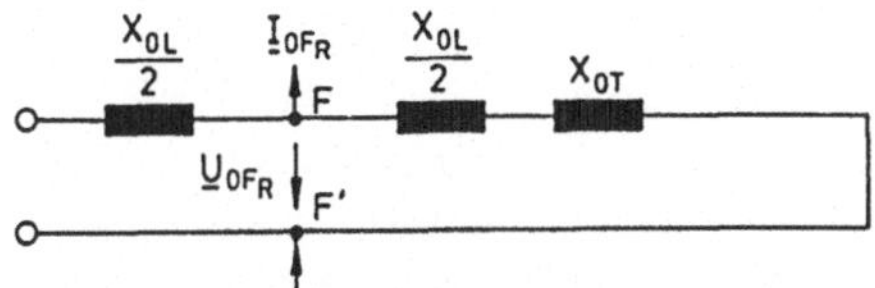

Bild 10.7

Einphasiges Komponentenersatzschaltbild im Nullsystem

Aus den Komponentenersatzschaltbildern sind durch Maschenumläufe die bereits erwähnten zusätzlichen drei linearen Bedingungen

$$\underline{U}_{1FR} = f(\underline{I}_{1FR}) = \underline{E}'' - j\,\underline{I}_{1FR} \cdot \left(X_d'' + \frac{X_L}{2}\right)$$

$$\underline{U}_{2FR} = f(\underline{I}_{2FR}) = 0 - j\,\underline{I}_{2FR} \cdot \left(X_d'' + \frac{X_L}{2}\right) \tag{10.5}$$

$$\underline{U}_{0FR} = f(\underline{I}_{0FR}) = 0 - j\,\underline{I}_{0FR} \cdot \left(\frac{X_{0L}}{2} + X_{0T}\right)$$

zu ermitteln. Mit den Beziehungen (10.3), (10.4) und (10.5) erhält man ein vollständiges lineares System von neun Gleichungen mit den neun Unbekannten $\underline{I}_{1FR}$, $\underline{I}_{2FR}$, $\underline{I}_{0FR}$, $\underline{U}_{1FR}$, $\underline{U}_{2FR}$, $\underline{U}_{0FR}$, I_{k1p}'', $\underline{U}_{FS}$ und $\underline{U}_{FT}$. *Im Unterschied zur Berechnung unsymmetrisch betriebener Netze* sind bei dieser erweiterten Aufgabenstellung *die Komponentennetzwerke über die Fehlerbedingungen miteinander gekoppelt.* Die Systemgleichungen im R, S, T-System können daher durch die Transformation nicht mehr in drei kleinere, voneinander unabhängige Gleichungssysteme aufgespalten werden. Die infolge der Fehlerbedingungen auftretenden Kopplungen sind jedoch geringer als im R, S, T-System. Obwohl die Kopplungen bei fehlerbehafteten Netzen somit durch die Transformation nicht vollständig beseitigt werden können, ist das transformierte Gleichungssystem immer noch leichter lösbar als die entsprechenden Gleichungen in der R, S, T-Ebene. Ein weiterer Vorteil liegt darin, daß die Gleichungen weitgehend in der bisher kennengelernten Begriffswelt aufzustellen sind.

Bei dem betrachteten Fehler, dem Erdschluß, können die Komponentennetzwerke sogar zu einem umfassenderen Ersatzschaltbild verschaltet werden. Die Fehlerbedingungen (10.3) und (10.4) sind dann stets erfüllt. Die gewünschte schaltungstechnische Interpretation liegt vor, wenn die Komponentennetzwerke in Serie geschaltet werden (Bild 10.8). Diese Verschaltung gewährleistet, daß die zu- und abfließenden Fehlerströme in den Komponentennetzwerken stets gleich groß sind und das sich dabei zugleich die Fehlerspannun-

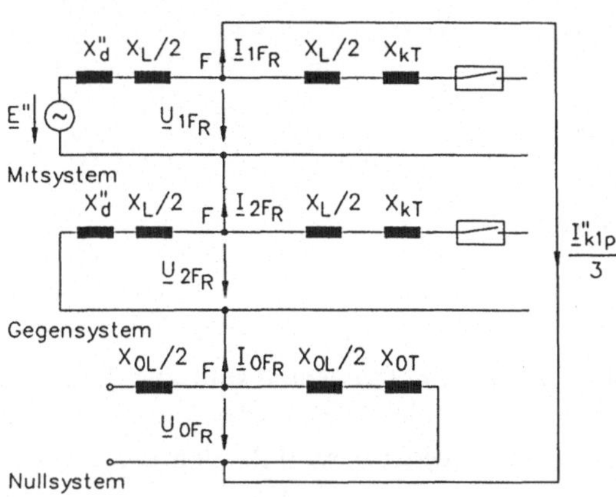

Bild 10.8

Komponentenersatzschaltbild für einen einpoligen Erdschluß im subtransienten Zeitbereich

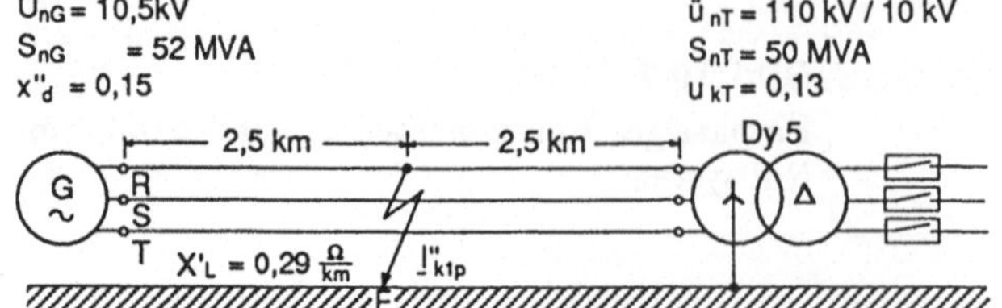

Bild 10.9

Aufbau und Daten einer Netzanlage zur Berechnung eines einpoligen Erdschlusses

gen zu Null ergänzen. Aus diesem Ersatzschaltbild können sechs Gleichungen gewonnen werden, mit denen die Komponentenströme und -spannungen sowohl an der Fehlerstelle als auch im gesamten Netz zu ermitteln sind. Die Auswertung des Ersatzschaltbildes wird im folgenden an einem Beispiel verdeutlicht. Es wird die bereits in Bild 10.3 dargestellte Anlage gewählt. Die spezifischen Daten sind Bild 10.9 zu entnehmen.

a) Berechnung der Reaktanzen

Als Bezugsebene wird die 10-kV-Seite des Transformators gewählt. Die Reaktanzen ergeben sich dann zu

$$X_d'' = 0,15 \cdot \frac{(10,5\,\text{kV})^2}{52\,\text{MVA}} = 0,318\,\Omega\;;$$

$$X_L = 0,29\,\frac{\Omega}{\text{km}} \cdot 5\,\text{km} = 1,45\,\Omega\;; \quad X_{0L} = 3,3 \cdot X_L = 4,8\,\Omega\;;$$

$$X_{kT} = 0,13 \cdot \frac{(10\,\text{kV})^2}{50\,\text{MVA}} = 0,26\,\Omega\;; \quad X_{0T} = 0,8 \cdot X_{kT} = 0,208\,\Omega\;.$$

Die resultierenden Impedanzen des Mit- und Gegensystems lassen sich zu

$$X_1 = X_2 = X_d'' + \frac{X_L}{2} = 1,043\,\Omega$$

zusammenfassen. Im Nullsystem erhält man

$$X_0 = \frac{X_{0L}}{2} + X_{0T} = 2,608\,\Omega\;.$$

b) Berechnung des Kurzschlußstroms

Aus dem Ersatzschaltbild 10.8 ergibt sich

$$\underline{I}_{k1p}'' = 3 \cdot \frac{\underline{E}''}{j(2X_1 + X_0)}\;.$$

Mit den Anlagenparametern erhält man daraus

$$\underline{I}_{k1p}'' = \frac{\sqrt{3} \cdot 1,1 \cdot 10\,\text{kV}}{j(2 \cdot 1,043\,\Omega + 2,608\,\Omega)} = -j4,06\,\text{kA}\;.$$

c) Berechnung der Leiterströme

Die zur Berechnung der Leiterströme benötigten Komponentenströme sind aus dem Ersatzschaltbild 10.8 zu ermitteln.
Im folgenden bezeichnet der Index *r* bzw. *l* die Ströme rechts bzw. links von der Fehler-

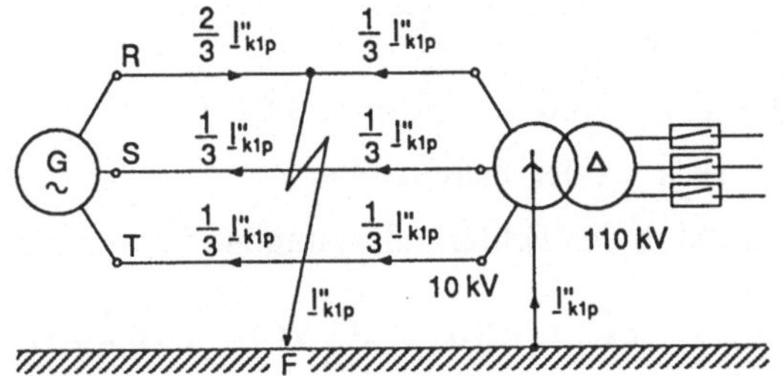

Bild 10.10
Stromaufteilung bei einem einpoligen
Erdschluß für das Beispielnetz in den
Bildern 10.3 und 10.9

stelle. Links von der Fehlerstelle erhält man somit

$$\begin{bmatrix} \underline{I}_{Rl} \\ \underline{I}_{Sl} \\ \underline{I}_{Tl} \end{bmatrix} = \begin{bmatrix} 1 & 1 & 1 \\ \underline{a}^2 & \underline{a} & 1 \\ \underline{a} & \underline{a}^2 & 1 \end{bmatrix} \cdot \begin{bmatrix} \underline{I}_{1Rl} = I''_{k1p}/3 \\ \underline{I}_{2Rl} = I''_{k1p}/3 \\ \underline{I}_{0Rl} = 0 \end{bmatrix} .$$

Damit gilt für die Leiterströme

$$\underline{I}_{Rl} = \frac{2}{3} \cdot I''_{k1p} \,, \quad \underline{I}_{Sl} = -\frac{1}{3} \cdot I''_{k1p} \,, \quad \underline{I}_{Tl} = -\frac{1}{3} \cdot I''_{k1p} \,.$$

Das Minuszeichen zeigt an, daß die realen Ströme entgegengesetzt zur Richtung der
Komponentenströme fließen, die im Ersatzschaltbild – an sich willkürlich – gewählt sind.
Analog erhält man rechts von der Fehlerstelle

$$\begin{bmatrix} \underline{I}_{Rr} \\ \underline{I}_{Sr} \\ \underline{I}_{Tr} \end{bmatrix} = \begin{bmatrix} 1 & 1 & 1 \\ \underline{a}^2 & \underline{a} & 1 \\ \underline{a} & \underline{a}^2 & 1 \end{bmatrix} \cdot \begin{bmatrix} \underline{I}_{1Rr} = 0 \\ \underline{I}_{2Rr} = 0 \\ \underline{I}_{0Rr} = I''_{k1p}/3 \end{bmatrix} .$$

Hieraus folgt für die Leiterströme auf der rechten Seite

$$\underline{I}_{Rr} = \underline{I}_{Sr} = \underline{I}_{Tr} = \frac{I''_{k1p}}{3} \,.$$

In Bild 10.10 sind die Ergebnisse noch einmal veranschaulicht.
In diesem Zusammenhang sei darauf hingewiesen, daß bei einer Berechnung eventueller
oberspannungsseitiger Ströme wiederum, wie in Abschnit 9.5, unterschiedliche Übersetzungen für das Mit- und Gegensystem zu beachten sind. Es sei noch einmal betont,
daß mit diesem Verfahren nur die betriebsfrequenten Vorgänge des subtransienten und
stationären Zeitbereichs berechnet werden können. Der Gleichstromanteil, der bei schnell
eintretenden Kurzschlüssen zusätzlich entsteht, ist mit dem beschriebenen Verfahren
nicht zu ermitteln. Darauf wird noch gesondert eingegangen.
Grundlage der bisherigen Rechnung stellen das Ersatzschaltbild 10.8 für den Erdschluß
bzw. die beschreibenden Systemgleichungen dar. Das Verfahren zur Bestimmung dieser
Systemgleichungen wird noch einmal herausgestellt und dann in dem folgenden Abschnitt
auf weitere Fehlerarten angewendet:

1) Formulierung der Fehlerbedingungen im R, S, T-System,

2) Transformation mit Hilfe der symmetrischen Komponenten,

3) Aufstellen der einphasigen Komponentennetzwerke unter Berücksichtigung der symmetrischen Fehlerströme an der Fehlerstelle,

4) Ermittlung der Strom-Spannungs-Beziehungen

$$\underline{U}_{1FR} = f(\underline{I}_{1FR}), \quad \underline{U}_{2FR} = f(\underline{I}_{2FR}) \quad \text{und} \quad \underline{U}_{0FR} = f(\underline{I}_{0FR})$$

aus den einphasigen Komponentennetzwerken an der Fehlerstelle,

5) Lösung des Gleichungssystems unter Einschluß der Fehlerbedingungen.

10.3 Anwendung des Berechnungsverfahrens auf verschiedene Fehlerarten

Im wesentlichen wird auf diejenigen Fehlerarten eingegangen, die bereits im Abschnitt 10.1 erläutert worden sind.

10.3.1 Erdschluß mit Übergangswiderstand

Im folgenden wird die Aufgabenstellung auf einen einpoligen Erdschluß mit einem konstanten Übergangswiderstand erweitert (Bild 10.11). Er liegt z.B. dann vor, wenn ein Lichtbogenkurzschluß auftritt, dessen Lichtbogenwiderstand näherungsweise durch einen konstanten Wert erfaßt werden kann. Das weitere Vorgehen erfolgt nach der angegebenen Methodik.

1. Schritt

Die Fehlerbedingungen werden festgelegt:

$$\underline{I}_{FR} = I''_{k1p}, \quad \underline{I}_{FS} = 0, \quad \underline{I}_{FT} = 0$$

$$\underline{U}_{FR} = I''_{k1p} \cdot R_F, \quad \underline{U}_{FS} : (\text{unbekannt}), \quad \underline{U}_{FT} : (\text{unbekannt}).$$

2. Schritt

Die Transformation führt auf

$$\underline{I}_{1FR} = \underline{I}_{2FR} = \underline{I}_{0FR} = \frac{1}{3} \cdot I''_{k1p}$$

bzw.

$$\underline{U}_{FR} = I''_{k1p} \cdot R_F = \underline{U}_{1FR} + \underline{U}_{2FR} + \underline{U}_{0FR}.$$

3., 4. und 5. Schritt

Die im weiteren benötigten einphasigen Komponentennetzwerke des fehlerfreien Netzes werden durch den Übergangswiderstand nicht beeinflußt. Dementsprechend ändern sich auch die daraus zu ermittelnden Beziehungen nicht (Schritt 4). Die transformierten Fehlerbedingungen für den Strom lassen sich wiederum durch eine Reihenschaltung am Komponentennetzwerk erfüllen. Die Spannungsbedingung kann über eine geringe Modifi-

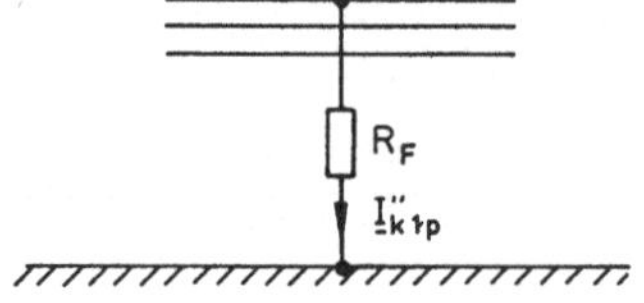

Bild 10.11
Einpoliger Erdschluß mit einem
Übergangswiderstand R_F

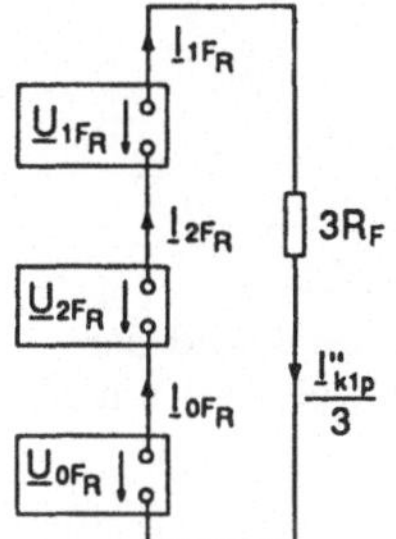

Bild 10.12
Komponentenersatzschaltbild für einen einpoligen Erdschluß mit einem Übergangswiderstand R_F

kation im Ersatzschaltbild berücksichtigt werden. Man erweitert die bisherige Beziehung

$$\underline{U}_{FR} = I''_{k1p} \cdot R_F$$

auf die Form

$$\underline{U}_{FR} = \frac{1}{3} \cdot I''_{k1p} \cdot 3R_F = \underline{U}_{1FR} + \underline{U}_{2FR} + \underline{U}_{0FR} .$$

Die Summe der Mit-, Gegen- und Nullspannung nimmt im Ersatzschaltbild dann den gewünschten Wert $\underline{U}_{FR}$ an, wenn man den Widerstand $3R_F$ einfügt [17], [52]. Das resultierende Ersatzschaltbild ist in schematisierter Form Bild 10.12 zu entnehmen.
Die entwickelte Methode soll nun auf eine weitere Fehlerart, den zweipoligen Kurzschluß mit Erdberührung, angewendet werden.

10.3.2 Zweipoliger Kurzschluß mit Erdberührung

Bei dem in Bild 10.13 dargestellten Fehler handelt es sich zunächst um satte Kurzschlüsse; die Übergangswiderstände sowie der ohmsche Widerstand des Übergangsbereiches im Erdboden seien vernachlässigbar (s. Abschnitt 9.4.1.1). Die Betrachtung möge sich auf den subtransienten Zeitbereich beschränken, so daß im Mitsystem die Größen $\underline{E}''$ und X''_d wirksam sind. Die Berechnung dieser Fehlerart erfolgt wiederum nach der entwickelten Methodik.

1. Schritt

Aus der Darstellung in Bild 10.13 folgen die Fehlerbedingungen

$$\underline{I}_{FR} = 0 , \quad \underline{I}_{FS} : \text{(unbekannt)} , \quad \underline{I}_{FT} : \text{(unbekannt)}$$

und

$$\underline{U}_{FR} : \text{(unbekannt)} , \quad \underline{U}_{FS} = 0 , \quad \underline{U}_{FT} = 0 .$$

Im Vergleich zum einpoligen Erdschluß sind die Strom-Spannungs-Verhältnisse vertauscht.

2. Schritt

Mit den symmetrischen Komponenten lassen sich die Bedingungen in Anlehnung an die

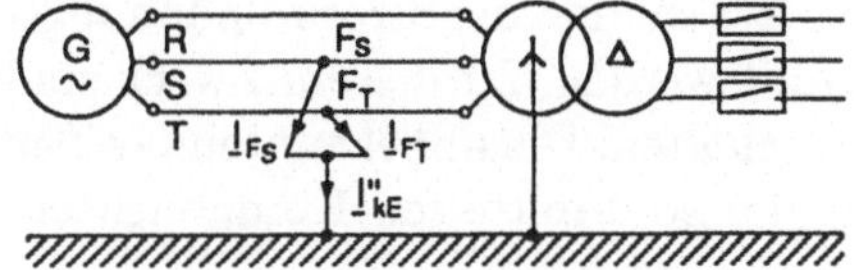

Bild 10.13
Zweipoliger Kurzschluß mit Erdberührung
(Kurzschluß in der Leitungsmitte)

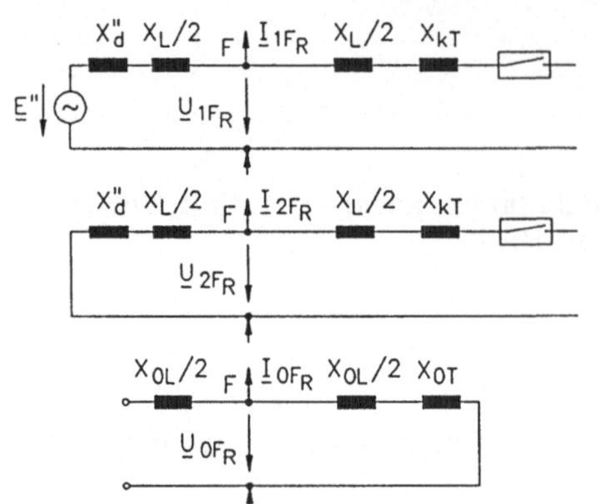

Bild 10.14
Einphasiges Komponentenersatzschaltbild der Netzanlage in Bild 10.13 im Mit-, Gegen- und Nullsystem

Verhältnisse beim einpoligen Fehler auch in der Gestalt

$$\underline{I}_{1FR} + \underline{I}_{2FR} + \underline{I}_{0FR} = 0$$

und

$$\underline{U}_{1FR} = \underline{U}_{2FR} = \underline{U}_{0FR} = \frac{1}{3} \cdot \underline{U}_{FR}$$

formulieren.

3. Schritt

Zur Aufstellung der zusätzlich benötigten Beziehungen werden die einphasigen Komponentennetzwerke in Bild 10.14 verwendet.

4. Schritt

Aus den Ersatzschaltbildern erhält man durch Spannungsumläufe ein Gleichungssystem, das zusammen mit den transformierten Fehlerbedingungen ein System von sechs Gleichungen mit sechs Unbekannten ergibt:

$$\underline{I}_{1FR} + \underline{I}_{2FR} + \underline{I}_{0FR} = 0 \tag{10.6}$$

$$\underline{U}_{1FR} = \underline{U}_{2FR} \tag{10.7}$$

$$\underline{U}_{2FR} = \underline{U}_{0FR} \tag{10.8}$$

$$\underline{U}_{1FR} = E'' - j\,\underline{I}_{1FR} \cdot \left(X_d'' + \frac{X_L}{2} \right) \tag{10.9}$$

$$\underline{U}_{2FR} = 0 - j\,\underline{I}_{2FR} \cdot \left(X_d'' + \frac{X_L}{2} \right) \tag{10.10}$$

$$\underline{U}_{0FR} = 0 - j\,\underline{I}_{0FR} \cdot \left(\frac{X_{0L}}{2} + X_{0T} \right) \tag{10.11}$$

5. Schritt

Das aufgestellte Gleichungssystem ist lösbar. In dem behandelten Beispiel können die Komponentenersatzschaltbilder wieder so verschaltet werden, daß die Strom-Spannungs-Bedingungen (10.6), (10.7) und (10.8) gemeinsam erfüllt werden. Zu diesem Zweck sind die drei Netzwerke entsprechend Bild 10.15 parallel zu schalten. Die unbekannten Größen im R, S, T-System ergeben sich schließlich mit Hilfe der so ermittelten Komponenten-

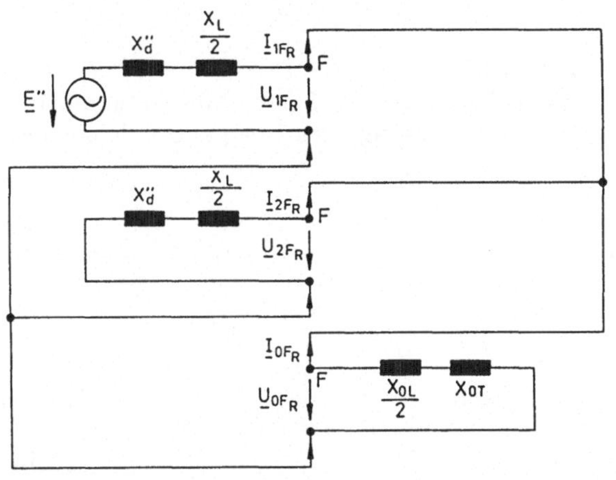

Bild 10.15

Einphasiges Komponentenersatzschaltbild für einen zweipoligen Kurzschluß mit Erdberührung

spannungen und -ströme zu

$$\underline{U}_{FR} = \underline{U}_{1FR} + \underline{U}_{2FR} + \underline{U}_{0FR} = 3 \cdot \underline{U}_{0FR}$$

$$\underline{I}_{FS} = \underline{a}^2 \cdot \underline{I}_{1FR} + \underline{a} \cdot \underline{I}_{2FR} + \underline{I}_{0FR}$$

$$\underline{I}_{FT} = \underline{a} \cdot \underline{I}_{1FR} + \underline{a}^2 \cdot \underline{I}_{2FR} + \underline{I}_{0FR} \, .$$

Der ebenfalls interessierende Strom $\underline{I}''_{kE}$, der an der Fehlerstelle in die Erde fließt, läßt sich nach der Knotenpunktregel zu

$$\underline{I}''_{kE} = \underline{I}_{FS} + \underline{I}_{FT}$$

berechnen. Es sei noch bemerkt, daß sich diese Beziehung auch auf den Ausdruck

$$\underline{I}''_{kE} = 3 \cdot \underline{I}_{0FR}$$

zurückführen läßt. Eine verallgemeinerte schematische Darstellung gibt Bild 10.16 wieder.

Die Aufgabenstellung wird in Anlehnung an den vorhergehenden Abschnitt erweitert. Die Übergangswiderstände an den Leitern S und T werden als nicht mehr vernachlässigbar angesehen (Bild 10.17).

1. Schritt

Die Fehlerbedingungen sind aus Bild 10.17 zu ersehen. Wiederum gilt für die Fehlerströme

$$\underline{I}_{FR} = 0 \, , \quad \underline{I}_{FS} : (\text{unbekannt}) \, , \quad \underline{I}_{FT} : (\text{unbekannt}) \, . \tag{10.12}$$

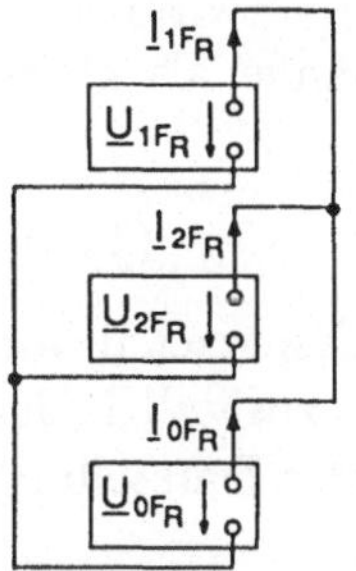

Bild 10.16

Einphasiges Komponentenersatzschaltbild für einen zweipoligen Kurzschluß mit Erdberührung in schematisierter Form

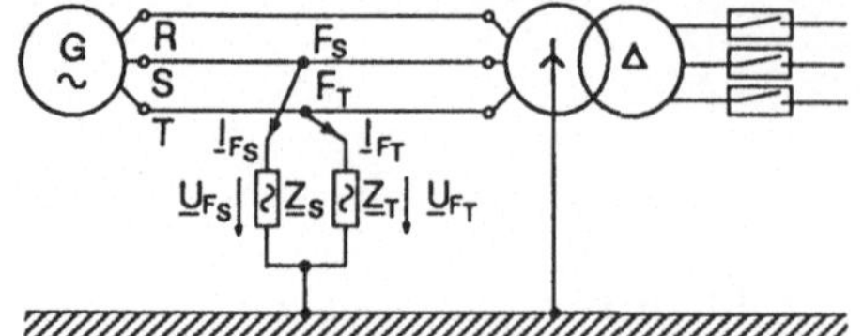

Bild 10.17
Zweipoliger Kurzschluß mit Erdberührung bei nicht vernachlässigbaren Übergangswiderständen

Die Spannungsbedingungen ändern sich jedoch im Vergleich zu dem Fehler ohne Übergangswiderstände und lauten

$$\underline{U}_{FR} : \text{(unbekannt)}$$

$$\underline{U}_{FS} = \underline{I}_{FS} \cdot \underline{Z}_S \quad \rightarrow \quad \underline{U}_{FS} - \underline{I}_{FS} \cdot \underline{Z}_S = 0 \tag{10.13}$$

$$\underline{U}_{FT} = \underline{I}_{FT} \cdot \underline{Z}_T \quad \rightarrow \quad \underline{U}_{FT} - \underline{I}_{FT} \cdot \underline{Z}_T = 0 \,. \tag{10.14}$$

2. Schritt

In die Beziehungen (10.12), (10.13) und (10.14) werden die symmetrischen Komponenten eingeführt:

$$\underline{I}_{1FR} + \underline{I}_{2FR} + \underline{I}_{0FR} = 0 \tag{10.15}$$

$$\underline{a}^2(\underline{U}_{1FR} - \underline{Z}_S \underline{I}_{1FR}) + \underline{a}(\underline{U}_{2FR} - \underline{Z}_S \underline{I}_{2FR}) + \underline{U}_{0FR} - \underline{Z}_S \underline{I}_{0FR} = 0 \tag{10.16}$$

$$\underline{a}(\underline{U}_{1FR} - \underline{Z}_T \underline{I}_{1FR}) + \underline{a}^2(\underline{U}_{2FR} - \underline{Z}_T \underline{I}_{2FR}) + \underline{U}_{0FR} - \underline{Z}_T \underline{I}_{0FR} = 0 \,. \tag{10.17}$$

3., 4. und 5. Schritt

Die drei Komponentennetzwerke und die daraus resultierenden Beziehungen (10.9), (10.10) und (10.11) ändern sich nicht. Diese Beziehungen führen zusammen mit den transformierten Fehlerbedingungen (10.15), (10.16) und (10.17) wiederum auf sechs Gleichungen mit sechs Unbekannten. Dieses System läßt sich analytisch lösen.
Die Bedingungen (10.16) und (10.17) lassen sich mit den Beziehungen (10.15) und (9.14) in die Ausdrücke (10.18) überführen:

$$\begin{aligned}
\underline{U}_{1FR} + (\underline{a} \cdot \underline{Z}_S + \underline{a}^2 \cdot \underline{Z}_T)\underline{I}_{1FR} &= \underline{U}_{2FR} + (\underline{a}^2 \cdot \underline{Z}_S + \underline{a} \cdot \underline{Z}_T)\underline{I}_{2FR} \\
\underline{U}_{1FR} + (\underline{a}^2 \cdot \underline{Z}_S + \underline{a} \cdot \underline{Z}_T)\underline{I}_{1FR} &= \underline{U}_{0FR} + (\underline{a} \cdot \underline{Z}_S + \underline{a}^2 \cdot \underline{Z}_T)\underline{I}_{0FR} \,.
\end{aligned} \tag{10.18}$$

Ein Ersatzschaltbild müßte nun so beschaffen sein, daß sowohl die Bedingungen (10.18) als auch (10.15) schaltungstechnisch in Form zusätzlich eingefügter Knotenpunkte und Maschen erfaßt werden können. Wie einige Versuche schnell zeigen, ist dieses Ziel bei der Vielzahl der Bedingungen auf dem beschriebenen passiven Weg nicht zu verwirklichen. Die Anzahl läßt sich jedoch verringern, wenn beide Übergangswiderstände als gleich groß angenommen werden, also $\underline{Z}_S = \underline{Z}_T = \underline{Z}$ gilt:

$$\underline{U}_{1FR} - \underline{Z} \cdot \underline{I}_{1FR} = \underline{U}_{2FR} - \underline{Z} \cdot \underline{I}_{2FR} = \underline{U}_{0FR} - \underline{Z} \cdot \underline{I}_{0FR} \,. \tag{10.19}$$

Diese reduzierten Bedingungen und die Gl. (10.15) werden durch das Ersatzschaltbild 10.18 erfaßt. In diesem Bild ist im Hinblick auf weitere Betrachtungen zusätzlich der ohmsche Widerstand R_E des Erdreichs berücksichtigt. Eine verallgemeinerte Darstellung gibt Bild 10.19 wieder.

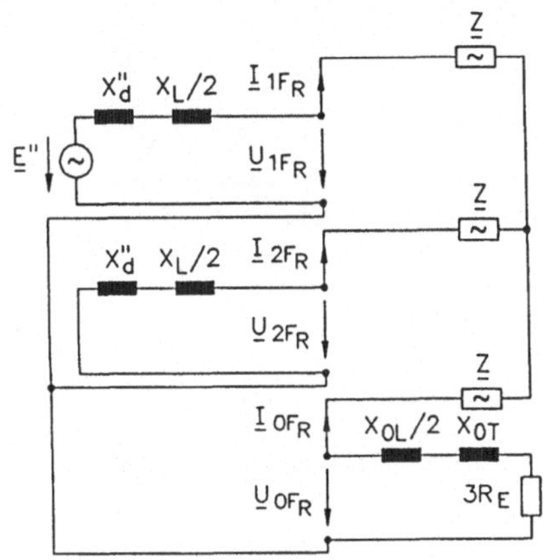

Bild 10.18
Einphasiges Komponentenersatzschaltbild für einen
zweipoligen Kurzschluß mit Übergangswiderständen
$\underline{Z}$ und Erdberührung

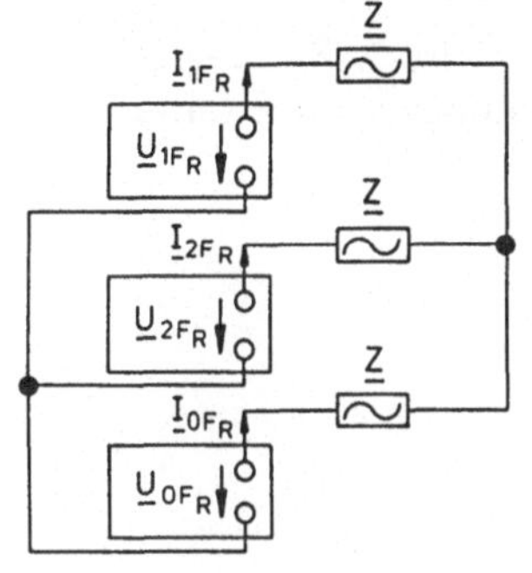

Bild 10.19
Schematisierte Darstellung des
Komponentenersatzschaltbildes in Bild 10.18

Aus den bisher betrachteten Beispielen ist abzulesen, daß punktuelle Fehler mit dem entwickelten Verfahren stets erfaßt werden können. Die Darstellung des Gleichungssystems in einem *Ersatzschaltbild* ist jedoch *nur in Spezialfällen möglich*. Ohne es im einzelnen zu beweisen, läßt sich zeigen, daß die Komponentenersatzschaltbilder zu einem gemeinsamen Ersatzschaltbild verschaltet werden können, *wenn die Fehlerbedingungen für zwei der drei Leiter gleichartig sind* [17]. Damit ist nun auch verständlich, warum beim zweipoligen Kurzschluß nur dann ein Ersatzschaltbild angegeben werden kann, wenn für die Übergangswiderstände $\underline{Z}_S = \underline{Z}_T = \underline{Z}$ gilt.

Im weiteren soll noch ein Grenzfall behandelt werden. Zu diesem Zweck wird angenommen, daß der ohmsche Widerstand R_E der Nullimpedanz $\underline{Z}_0$ (Bild 10.18) sehr groß sei im Vergleich zu den anderen Impedanzen. Dies ist z.B. dann der Fall, wenn die Leitfähigkeit des Erdbodens sehr gering ist, wie es bei Felsboden gegeben ist. Ein Nullstrom tritt dann nicht mehr auf. Der zweipolige Kurzschluß mit Erdberührung geht in den Spezialfall des zweipoligen Kurzschlusses „ohne Erdberührung" über, der nur noch entsprechend Bild 10.20 vom Mit- und Gegensystem bestimmt wird.

Im folgenden soll eine andere Fehlerart, die einpolige Leiterunterbrechung, untersucht werden.

10.3.3　Leiterunterbrechung

Zu diesem Zweck wird die Anlage in Bild 10.21 betrachtet. Ein Außenleiter sei unterbrochen. Da wiederum in zwei Leitern gleiche Verhältnisse bestehen, läßt sich nach den vorhergehenden Erörterungen ein Ersatzschaltbild für diesen Fehler angeben, das im folgenden ermittelt werden soll.

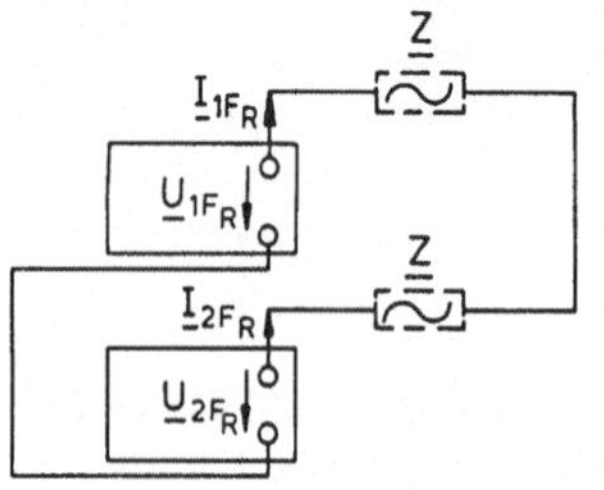

Bild 10.20

Komponentenersatzschaltbild des zweipoligen Kurzschlusses ohne Erdberührung

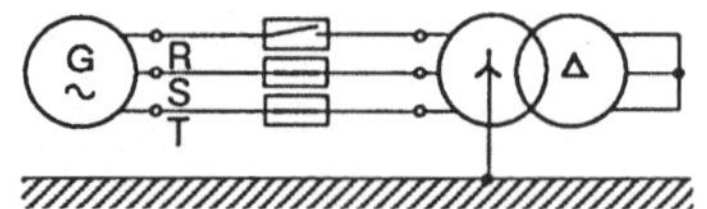

Bild 10.21

Einpolige Leiterunterbrechung in einer Netzanlage

1. Schritt

Bei der Formulierung der Fehlerbedingungen wird von den in Bild 10.22 angegebenen Bezeichnungen ausgegangen. Damit lassen sich die Fehlerbedingungen unmittelbar zu

$$\underline{I}_{RA} = \underline{I}_{RB} = 0\,, \quad \underline{I}_{SA} + \underline{I}_{SB} = 0\,, \quad \underline{I}_{TA} + \underline{I}_{TB} = 0$$

und

$$\underline{U}_{RA} - \underline{U}_{RB} : (\text{unbekannt})\,, \quad \underline{U}_{SA} - \underline{U}_{SB} = 0\,, \quad \underline{U}_{TA} - \underline{U}_{TB} = 0$$

ablesen.

2. Schritt

Die Transformation dieser Bedingungen führt auf:

$$\underline{I}_{1RA} + \underline{I}_{2RA} + \underline{I}_{0RA} = 0 \tag{10.20}$$

$$\underline{I}_{1RB} + \underline{I}_{2RB} + \underline{I}_{0RB} = 0 \tag{10.21}$$

$$\underline{a}^2(\underline{U}_{1RA} - \underline{U}_{1RB}) + \underline{a}(\underline{U}_{2RA} - \underline{U}_{2RB}) + \underline{U}_{0RA} - \underline{U}_{0RB} = 0 \tag{10.22}$$

$$\underline{a}(\underline{U}_{1RA} - \underline{U}_{1RB}) + \underline{a}^2(\underline{U}_{2RA} - \underline{U}_{2RB}) + \underline{U}_{0RA} - \underline{U}_{0RB} = 0\,. \tag{10.23}$$

Aus den Spannungsbeziehungen folgt der Zusammenhang

$$\underline{U}_{1RA} - \underline{U}_{1RB} = \underline{U}_{2RA} - \underline{U}_{2RB} = \underline{U}_{0RA} - \underline{U}_{0RB}\,. \tag{10.24}$$

3. Schritt

Aus Bild 10.22 ergeben sich die in Bild 10.23 dargestellten einphasigen Komponentennetzwerke.

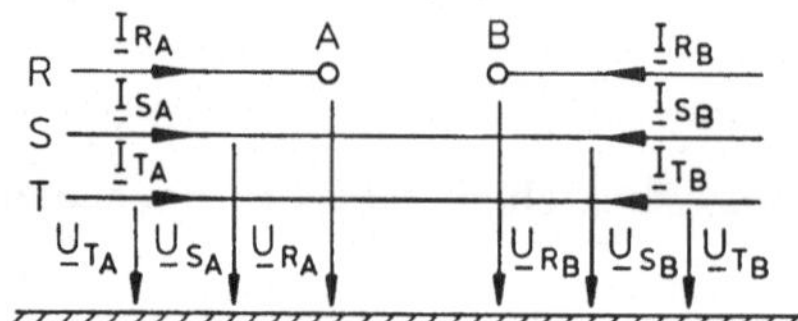

Bild 10.22

Bezeichnung der Ströme und Spannungen am Fehlerort bei einer einpoligen Leiterunterbrechung

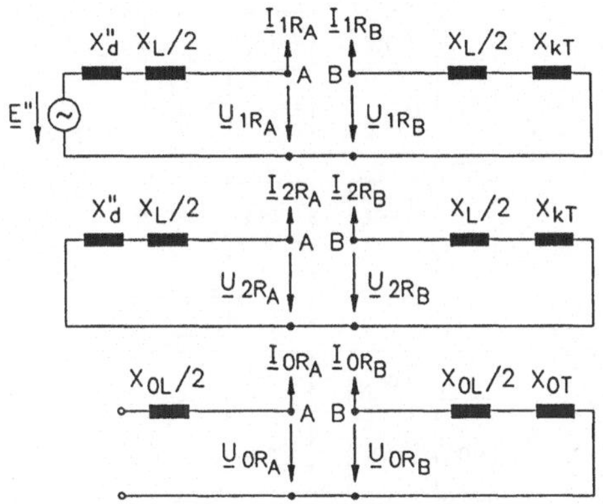

Bild 10.23
Aufbau der einphasigen Komponentenersatzschaltbilder bei einer einpoligen Leiterunterbrechung

4. Schritt

Aus den Ersatzschaltbildern folgt das Gleichungssystem

$$\underline{U}_{1RA} = \underline{E}'' - j\,\underline{I}_{1RA} \cdot \left(X_d'' + \frac{X_L}{2}\right)$$

$$\underline{U}_{1RB} = 0 - j\,\underline{I}_{1RB} \cdot \left(X_{kT} + \frac{X_L}{2}\right)$$

$$\underline{U}_{2RA} = 0 - j\,\underline{I}_{2RA} \cdot \left(X_d'' + \frac{X_L}{2}\right) \tag{10.25}$$

$$\underline{U}_{2RB} = 0 - j\,\underline{I}_{2RB} \cdot \left(X_{kT} + \frac{X_L}{2}\right)$$

$$\underline{I}_{0RA} = \underline{I}_{0RB} = 0\,,$$

das zusammen mit den Beziehungen (10.20), (10.21) und (10.24) auf ein vollständiges System führt.

5. Schritt

Das Gleichungssystem läßt sich, wie schon angedeutet, auch schaltungstechnisch interpretieren, indem man die Fehlerstellen A und B jeweils in einem Knotenpunkt zusammenführt (Bild 10.24). In dem speziellen Beispiel kann sich kein Nullstrom ausbilden. In verallgemeinerter, schematisierter Form erhält man die Darstellung gemäß Bild 10.25. Die bisher untersuchten Fehlerarten führen nur zu einer punktuellen Asymmetrie. Mit dem kennengelernten Verfahren lassen sich jedoch auch Fehler berechnen, bei denen mehrere punktuelle Störungen im Netz vorliegen.

10.3.4 Mehrfachfehler

Die Berechnung von Fehlern, die mehrere Asymmetrien bewirken, erfolgt weitgehend analog zu den vorhergehenden Betrachtungen und wird wiederum anhand eines speziellen Fehlers, des Doppelerdschlusses, erläutert. Folgende Vorgehensweise bietet sich an.
Jede einzelne Asymmetrie wird – wie bisher – durch Fehlerbedingungen beschrieben. Wiederum erfolgt eine Transformation mit den symmetrischen Komponenten. Anschließend wird jeder Fehlerstrom durch einen zusätzlichen Knotenpunkt im Komponentennetzwerk berücksichtigt. Die Auswertung der drei Ersatzschaltbilder führt neben den

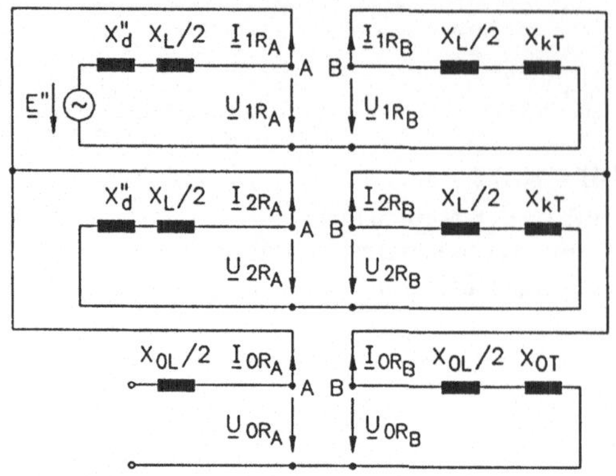

Bild 10.24

Komponentenersatzschaltbild bei einer
Leiterunterbrechung

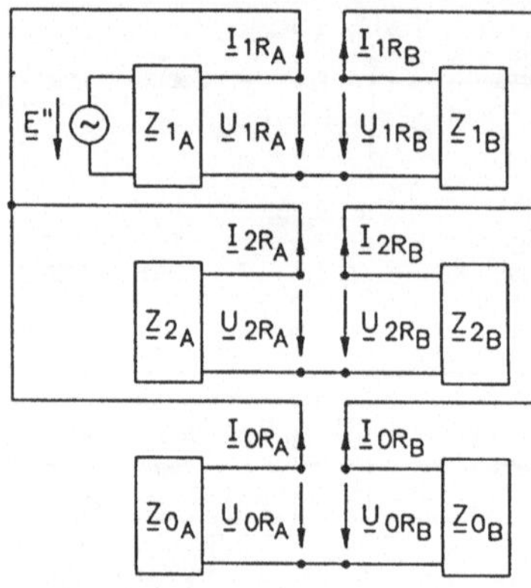

Bild 10.25

Schematisiertes Ersatzschaltbild für eine
Leiterunterbrechung

Fehlerbedingungen zu den zusätzlich benötigten Bedingungen, die das Gleichungssystem
vervollständigen.

Als Beispiel wird die Anlage gemäß Bild 10.26 mit Erdschlüssen in den Punkten A und
B gewählt. Im folgenden werden zunächst wiederum die Fehlerbedingungen formuliert.

1. Schritt

Fehlerbedingungen an der Fehlerstelle A:

$$I_{RA} = I''_{kA}\,, \quad I_{SA} = 0\,, \quad I_{TA} = 0$$

$$\underline{U}_{RA} = 0\,, \quad \underline{U}_{SA} : (\text{unbekannt})\,, \quad \underline{U}_{TA} : (\text{unbekannt})\,.$$

Fehlerbedingungen an der Fehlerstelle B:

$$\underline{I}_{RB} = 0\,, \quad \underline{I}_{SB} = I''_{kB}\,, \quad \underline{I}_{TB} = 0$$

$$\underline{U}_{RB} : (\text{unbekannt})\,, \quad \underline{U}_{SB} = 0\,, \quad \underline{U}_{TB} : (\text{unbekannt})\,.$$

2. Schritt

Die Transformation an den beiden Fehlerstellen ergibt mit dem Bezugsleiter R:

$$I_{1RA} = I_{2RA} = I_{0RA} = \frac{1}{3} \cdot I''_{kA}$$

$$\underline{U}_{1RA} + \underline{U}_{2RA} + \underline{U}_{0RA} = 0$$

$$\underline{a}^2 \cdot \underline{I}_{1RB} = \underline{a} \cdot \underline{I}_{2RB} = \underline{I}_{0RB} = \frac{1}{3} \cdot I''_{kB}$$

$$\underline{a}^2 \cdot \underline{U}_{1RB} + \underline{a} \cdot \underline{U}_{2RB} + \underline{U}_{0RB} = 0\,.$$

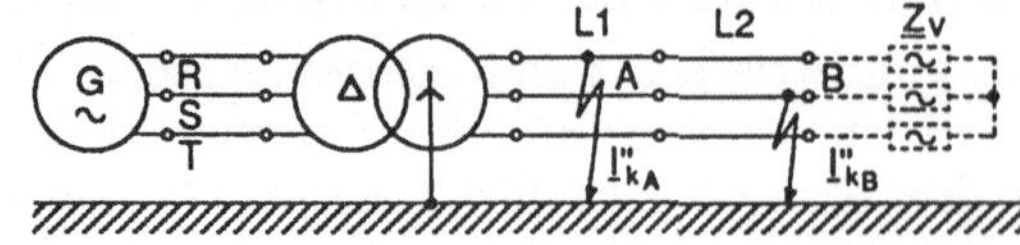

Bild 10.26

Netzanlage mit einem Doppelerdschluß

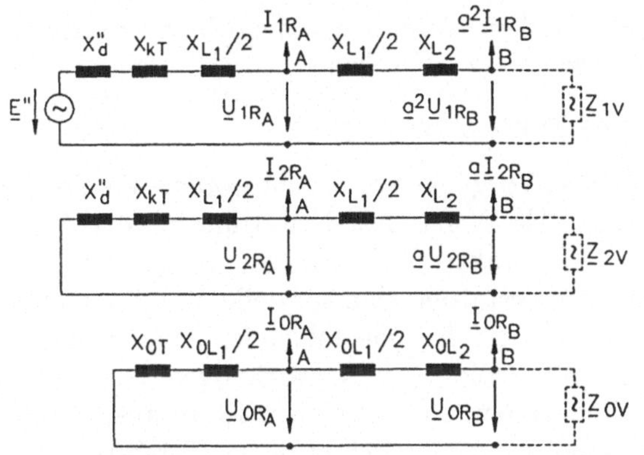

Bild 10.27

Aufbau der einphasigen Komponentenersatzschaltbilder bei einem Doppelerdschluß

3. Schritt

Die drei einphasigen Komponentennetzwerke der betrachteten Anlage sind Bild 10.27 zu entnehmen. Die Fehlerströme der beiden Erdschlüsse sind ebenfalls eingezeichnet.

4. Schritt

Aus den Komponentennetzwerken lassen sich die zusätzlich benötigten Beziehungen zwischen den Fehlerströmen und Fehlerspannungen ermitteln. Sie sind dem Netzwerk entsprechend wiederum linear:

$$\underline{U}_{1RA} = f(\underline{I}_{1RA}, \underline{a}^2 \cdot \underline{I}_{1RB})$$

$$\underline{U}_{2RA} = f(\underline{I}_{2RA}, \underline{a} \cdot \underline{I}_{2RB})$$

$$\underline{U}_{0RA} = f(\underline{I}_{0RA}, \underline{I}_{0RB})$$

$$\underline{a}^2 \cdot \underline{U}_{1RB} = \underline{a}^2 \cdot f(\underline{I}_{1RA}, \underline{a}^2 \cdot \underline{I}_{1RB})$$

$$\underline{a} \cdot \underline{U}_{2RB} = \underline{a} \cdot f(\underline{I}_{2RA}, \underline{a} \cdot \underline{I}_{2RB})$$

$$\underline{U}_{0RB} = f(\underline{I}_{0RA}, \underline{I}_{0RB}) \, .$$

In speziellen Fällen ist es auch für Mehrfachfehler möglich, die Komponentenersatzschaltbilder zu einem umfassenderen Ersatzschaltbild zu verschalten [17]. Die Fehlerbedingungen für jeden einzelnen Fehler werden durch zusätzliche Maschen bzw. Knotenpunkte schaltungstechnisch interpretiert. Für ihre Nachbildung werden phasendrehende Einphasentransformatoren benötigt. Solche Transformatoren sind elektronisch, jedoch nicht mehr passiv zu realisieren.

Erhöht sich die Anzahl der Asymmetrien noch weiter, so ist eine Berechnung in der dargestellten Weise auch noch möglich. Es wird jedoch bei einer *analytischen Auswertung zunehmend schwieriger, die aus den Komponentennetzwerken benötigten Gleichungssysteme aufzustellen.* Von zwei Fehlern ab kann es daher bereits günstiger sein, auf die Transformation zu verzichten und direkt im R, S, T-System zu rechnen. Die *Koeffizienten der Systemgleichungen* im R, S, T-System ermittelt man dann am zweckmäßigsten aus den *Mit-, Gegen- und Nullimpedanzen.* Bei ruhenden Betriebsmitteln sind dafür die Beziehungen (9.16) maßgebend. Aufgrund dieser Möglichkeit ist darauf verzichtet worden, die Systemgleichungen im R, S, T-System bereits im Kapitel 4 so allgemeingültig herzuleiten, daß damit beliebige Betriebszustände erfaßt werden können.

Im folgenden wird das Verfahren der symmetrischen Komponenten noch so erweitert, daß es auch auf *transiente* Netzvorgänge angewendet werden kann.

10.4   Berechnung von transienten Netzvorgängen

Bisher sind im wesentlichen nur solche transienten Vorgänge untersucht worden, die durch dreipolige Kurzschlüsse ausgelöst worden sind. Als Worst-Case-Kriterium bei der Auslegung von Anlagen spielt diese Fehlerart in der praktischen Projektierungsarbeit eine große Rolle. Um diese möglichst aufwandsarm zu gestalten, sind spezielle Methoden entwickelt worden. Sie haben zu den Faktoren κ und μ geführt. Die folgenden Ausführungen zielen nun darauf ab, auch die transienten und stationären Auswirkungen von anderen Fehlerarten bzw. Schaltmaßnahmen zu berechnen. Im weiteren wird vorausgesetzt, daß die dadurch hervorgerufenen Zustandsänderungen plötzlich erfolgen. Vereinfachend wird außerdem angenommen, die Netze seien unbelastet, so daß alle Anfangswerte Null gesetzt werden dürfen.

Im Kapitel 4 sind Ersatzschaltbilder für symmetrische, stationäre Verhältnisse, also eingeschwungene sinusförmige Vorgänge, abgeleitet worden. Durch systemtheoretische Überlegungen läßt sich zeigen, daß *aus diesen Ersatzschaltbildern auch Aussagen über das transiente Verhalten gewonnen werden können.* Dazu ist bei den bisher abgeleiteten Wechselstromimpedanzen lediglich der Term $j\omega$ durch die allgemeine komplexe Größe $p = \sigma + j\omega$ zu ersetzen. Zusätzlich sind anstelle der jeweils eingeprägten, komplex formulierten sinusförmigen Spannungen die zugehörigen Laplace-Transformierten der Spannungsverläufe im Zeitbereich zu verwenden. Zur Kennzeichnung dieser Größen wird im weiteren die Größe p als unabhängige Variable mitgeführt. Für sinusförmige Spannungen, die im Spannungsnulldurchgang des Leiters R eingeschaltet werden, ergeben sich die in Tabelle 10.1 aufgeführten Ausdrücke, in denen die Größe $\hat{U}_b = \sqrt{2} \cdot U_b$ den Scheitelwert der Betriebsspannung kennzeichnet.

Die bisherigen Überlegungen dienten dazu, anstelle der stationären Systemgleichungen in der Wechselstromrechnung die laplacetransformierte Version der Modellgleichungen zu

Tabelle 10.1 : Darstellung eines symmetrischen Spannungssystems im Zeitbereich, komplex sowie als Laplace-Transformierte (Einschaltzeitpunkt: $t = 0$)

Zeitfunktion	komplexe Darstellung	Laplace-Transformierte
$u_R(t) = \dfrac{\hat{U}_b}{\sqrt{3}} \cdot \sin \omega_N t$	$\dfrac{U_b}{\sqrt{3}} \cdot e^{j\omega_N t}$	$U_R(p) = \dfrac{\hat{U}_b}{\sqrt{3}} \cdot \dfrac{\omega_N}{p^2 + \omega_N^2}$
$u_S(t) = \dfrac{\hat{U}_b}{\sqrt{3}} \cdot \sin(\omega_N t - 120°)$	$\dfrac{U_b}{\sqrt{3}} \cdot e^{j(\omega_N t - 120°)}$	$U_S(p) = \dfrac{\hat{U}_b}{\sqrt{3}} \cdot \left(\dfrac{\omega_N \cdot \cos 120°}{p^2 + \omega_N^2} - \dfrac{p \cdot \sin 120°}{p^2 + \omega_N^2} \right)$
$u_T(t) = \dfrac{\hat{U}_b}{\sqrt{3}} \cdot \sin(\omega_N t - 240°)$	$\dfrac{U_b}{\sqrt{3}} \cdot e^{j(\omega_N t - 240°)}$	$U_T(p) = \dfrac{\hat{U}_b}{\sqrt{3}} \cdot \left(\dfrac{\omega_N \cdot \cos 240°}{p^2 + \omega_N^2} - \dfrac{p \cdot \sin 240°}{p^2 + \omega_N^2} \right)$

bilden. Am Beispiel der Drehstromdrosselspule in Bild 9.3 sei diese Vorgehensweise noch einmal veranschaulicht:

$$\begin{bmatrix} U_R(p) \\ U_S(p) \\ U_T(p) \end{bmatrix} = \begin{bmatrix} pL & -pM & -pM \\ -pM & pL & -pM \\ -pM & -pM & pL \end{bmatrix} \cdot \begin{bmatrix} I_R(p) \\ I_S(p) \\ I_T(p) \end{bmatrix} . \tag{10.26a}$$

Analog zu Gl. (9.12) lautet die verkürzte Schreibweise

$$[U_d(p)] = [Z_d(p)] \cdot [I_d(p)] . \tag{10.26b}$$

Aus dieser Gleichung läßt sich $[I_d(p)]$ berechnen und dann über Tabellen wie z.B. in [101], [117] oder [118] in den Zeitbereich zurücktransformieren. Der sich ergebende Ausdruck beschreibt dann sowohl den transienten als auch den stationären Verlauf des Schaltvorganges, sofern diese Beziehung noch an die zu untersuchende Fehlersituation angepaßt wird. Vertiefte Darstellungen zu der Technik der Laplace-Transformation, die jedoch nicht unbedingt an dieser Stelle benötigt werden, sind z.B. [119] zu entnehmen.

Offen ist die Frage, auf welche Weise die Gl. (10.26) mit den Fehlerbedingungen verknüpft wird. Eine zweckmäßige Vorgehensweise stellt wieder die Transformation mit den symmetrischen Komponenten dar. Dieser Schritt bietet sich insofern an, als durch die Laplace-Transformation die bisher kennengelernte Struktur der Systemmatrizen aus den stationären Rechnungen unverändert erhalten bleibt. Daher liegt es nahe, auch *auf die laplacetransformierten Beziehungen die Transformation mit den symmetrischen Komponenten anzuwenden*. Wie bei den Rechnungen im Abschnitt 9.1 ergibt sich mit

$$[U_d(p)] = [T] \cdot [U_k(p)] , \quad [I_d(p)] = [T] \cdot [I_k(p)] \tag{10.27}$$

die transformierte Form zu

$$[U_d(p)] = [T]^{-1} \cdot [Z_d(p)] \cdot [T] \cdot [I_k(p)] . \tag{10.28}$$

Angewendet auf das Beispiel der Drehstromdrosselspule erhält man aus der Gl. (10.26) den Ausdruck

$$\begin{bmatrix} U_1(p) \\ U_2(p) \\ U_0(p) \end{bmatrix} = \frac{1}{3} \cdot \begin{bmatrix} U_R(p) + \underline{a}U_S(p) + \underline{a}^2 U_T(p) \\ U_R(p) + \underline{a}^2 U_S(p) + \underline{a}U_T(p) \\ U_R(p) + U_S(p) + U_T(p) \end{bmatrix}$$

$$= \begin{bmatrix} p(L+M) & 0 & 0 \\ 0 & p(L+M) & 0 \\ 0 & 0 & p(L-2M) \end{bmatrix} \cdot \begin{bmatrix} I_1(p) \\ I_2(p) \\ I_0(p) \end{bmatrix} , \tag{10.29}$$

wobei $[U_k(p)]$ sich aus der Relation

$$[U_k(p)] = [T]^{-1} \cdot [U_d(p)] \tag{10.30}$$

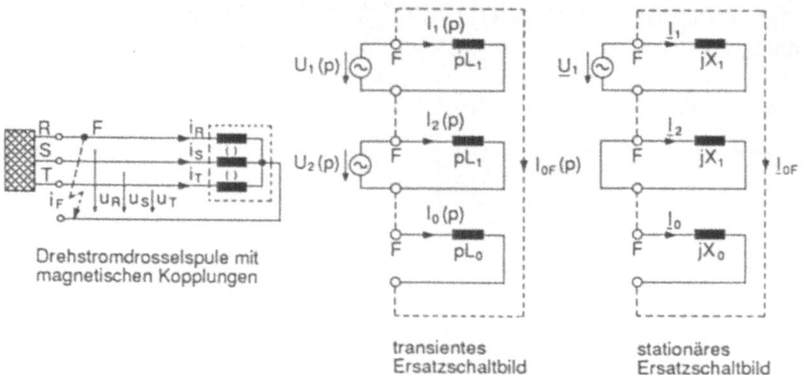

Bild 10.28

Transiente und stationäre Komponentenersatzschaltbilder einer Drehstromdrosselspule mit
symmetrischer Anregung (gestrichelte Verschaltung im Falle eines einpoligen Kurzschlusses)

ermittelt. Da die Struktur der stationären, komplexen Ausgangsgleichungen durch die
Laplace-Transformation nicht verändert wird, führt die Transformation mit den symmetrischen Komponenten zu einem entsprechenden Ergebnis wie in Abschnitt 9.1. *Unterschiedlich gestaltet sich allerdings der Spannungsvektor* $[U_k(p)]$, da die laplacetransformierten Spannungen anders beschaffen sind als die entsprechenden komplexen Formulierungen (s. DIN 13321 und [120]). Wenn z.B. ein symmetrisches Spannungssystem
während des Nulldurchganges im Leiter R eingeschaltet wird, ergibt sich gemäß der Beziehung (10.29) auch eine Spannung im Gegensystem. Dabei ist zu beachten, daß die
komplexen Drehterme $\underline{a}$, $\underline{a}^2$ nicht mit den laplacetransformierten Ausdrücken zusammengefaßt werden können, wie es bei der komplexen Berechnung der Fall ist.

Im Bild 10.28 sind für die Drosselspule die transienten und stationären Komponentersatzschaltbilder noch einmal gemeinsam dargestellt, wobei die Innenreaktanz des Netzes
im Vergleich zu den Reaktanzen der Drosselspule als vernachlässigbar klein angenommen
wird.

Es liegt nun nahe, analog zu den Betrachtungen in Abschnitt 10.2 einen zusätzlichen
Knotenpunkt einzuführen und mit dessen Hilfe die Fehlerbedingungen zu realisieren, die
sich aus der Zustandsänderung ergeben. Für einen einpoligen Kurzschluß am Eingang der
Drehstromdrosselspule im Leiter R kann z.B. wiederum ein einphasiges Ersatzschaltbild
aufgestellt werden, dessen Schaltung ebenfalls Bild 10.28 zu entnehmen ist. Auch die
Auswertung solcher Netzwerke läuft weitgehend nach der im Abschnitt 10.2 dargestellten
Vorgehensweise ab. Im einzelnen gilt

1) Aufstellen der Komponentenersatzschaltbilder unter *Beachtung der Modifikationen
   bei den Anregungen*,

2) Formulierung der Fehlerbedingungen bzw. Verknüpfung der Komponentenersatzschaltbilder,

3) Berechnung der interessierenden Größen nach den üblichen Netzwerkmethoden unter Verwendung der Laplace-Transformation,

4) Rücktransformation aus dem Bereich der symmetrischen Komponenten in den Bereich der Drehstromkomponenten,

5) Rücktransformation aus der Laplace-Ebene in den Zeitbereich.

Die fünf Schritte werden noch einmal an der mit einem einpoligen Kurzschluß behafteten Drehstromdrosselspule veranschaulicht, wobei die *Schritte 1 und 2* bereits in Bild 10.28 dargestellt sind.

3. Schritt

Nach dem Überlagerungsprinzip errechnet sich der *Nullstrom* an der Fehlerstelle $I_{0F}(p)$ aus dem Ersatzschaltbild zu

$$I_{0F}(p) = \frac{U_1(p) + U_2(p)}{pL_0} \; . \tag{10.31}$$

Infolge der symmetrischen Anregung gilt $U_0(p) = 0$. Damit ergibt sich aus der Beziehung (10.29) die Identität

$$U_1(p) + U_2(p) = U_R(p) \; . \tag{10.32}$$

Mit Hilfe der Gl. (10.31) und der Tabelle 10.1 resultiert daraus

$$I_{0F}(p) = \frac{U_R(p)}{pL_0} = \frac{\hat{U}_b}{\sqrt{3}} \cdot \frac{\omega_N}{pL_0 \cdot (p^2 + \omega_N^2)} \; . \tag{10.33}$$

4. Schritt

Aus dem Nullstrom $I_{0F}(p)$ errechnet sich der *Fehlerstrom* zu

$$I_F(p) = 3 \cdot I_{0F}(p) = \frac{\sqrt{3} \cdot \hat{U}_b \cdot \omega_N}{pL_0 \cdot (p^2 + \omega_N^2)} \; . \tag{10.34}$$

5. Schritt

Die Rücktransformation in den Zeitbereich führt gemäß [101] zu dem Ausdruck

$$i_F(t) = \frac{\sqrt{3} \cdot \hat{U}_b}{\omega_N L_0} \cdot \left(sin(\omega_N t - 90°) + 1\right) , \tag{10.35}$$

in dem das konstante Glied einen Gleichstrom darstellt.
Auf entsprechende Weise lassen sich auch die *Außenleiterströme* ermitteln, die in der Drosselspule fließen. Wie beim Fehlerstrom werden wiederum nur die Schritte 3 bis 5 dargestellt.

3. Schritt

Aus dem Ersatzschaltbild 10.28 ergeben sich die Komponentenströme

$$I_1(p) = \frac{U_1(p)}{pL_1} \; , \quad I_2(p) = \frac{U_2(p)}{pL_1} \; , \quad I_0(p) = -I_{0F}(p) \; .$$

4. Schritt

Eine Rücktransformation mit den symmetrischen Komponenten führt auf die Laplace-Transformierten der gesuchten Ströme, wobei im folgenden nur $I_R(p)$ angegeben wird:

$$I_R(p) = \frac{U_1(p)}{pL_1} + \frac{U_2(p)}{pL_1} - \frac{U_R(p)}{pL_0} = \frac{U_R(p) \cdot (L_0 - L_1)}{pL_1 L_0} \; . \tag{10.36}$$

5. Schritt

Im Zeitbereich erhält man aus Gl. (10.36)

$$i_R(t) = \frac{\hat{U}_b \cdot (L_0 - L_1)}{\sqrt{3} \cdot \omega_N L_1 L_0} \cdot (sin(\omega_N t - 90°) + 1) \, . \tag{10.37}$$

Für die Ströme $i_S(t)$ und $i_T(t)$ ergeben sich analoge Beziehungen, wenn man den Zusammenhang (9.14) ausnutzt und die Voraussetzung

$$U_R(p) + U_S(p) + U_T(p) = 3 \cdot U_0(p) = 0$$

berücksichtigt, die aus der symmetrischen Speisung resultiert. Eine genauere Analyse der beschriebenen Rechnungen zeigt, daß nach der Rücktransformation nur dann *Ausdrücke ohne die Drehterme $\underline{a}$, $\underline{a}^2$ zu erwarten sind*, wenn Mit- und Gegensystem untereinander identisch sind und somit

$$Z_1(p) = Z_2(p) \tag{10.38}$$

gilt. Anderenfalls verliert die Transformation ihren Sinn. Vertiefte mathematische Betrachtungen dazu sind [121] zu entnehmen.

Phasendrehende Transformatoren weisen im Mit- und Gegensystem unterschiedliche Ersatzschaltbilder auf und scheinen daher ausgeschlossen zu sein. Sie unterscheiden sich allerdings nur durch das Vorzeichen des Drehwinkels in den Übersetzungen. Da ansonsten alle anderen Netzwerkgrößen gleich sind, treten oberspannungsseitig bei der Rücktransformation nur Terme in der Gestalt

$$\left(e^{j\varphi} + e^{-j\varphi}\right) = 2 \cdot \text{Re}\{e^{j\varphi}\} \tag{10.39}$$

auf [29]. Der verbleibende Realteil paßt die unterspannungsseitigen an die oberspannungsseitigen Amplitudenverhältnisse an. Auf diese Weise verschwindet auch der im Laplace-Bereich nicht definierte Drehterm $e^{j\varphi}$.

In die Transformation mit den symmetrischen Komponenten lassen sich auch Generatoren in der Form $X_1 = X_2 = X_d''$ einbeziehen. Ein solches Generatormodell setzt eine verlustarme Maschine, eine symmetrisch gestaltete Erregerwicklung und eine Beschränkung auf den subtransienten Bereich voraus. Falls die Symmetrie modellmäßig nicht gerechtfertigt ist, weist der tatsächliche Kurzschlußstrom bei asymmetrischen Fehlern verstärkt Oberschwingungen auf; die gewählten Ersatzschaltbilder erfassen dann nur die 50-Hz-Grundschwingung [83].

Bei dem diskutierten Beispiel interessieren nur Aussagen über Ströme. Selbstverständlich lassen sich auf diese Weise auch unbeeinflußte Überspannungen berechnen, z.B. zur Dimensionierung von Leistungsschaltern im Hinblick auf die wiederkehrende Spannung. Als nichtlineares Element kann der Schaltlichtbogen im Schalter selber natürlich nicht in die Transformation mit einbezogen werden.

Ein zu den symmetrischen Komponenten sehr ähnlich strukturiertes Verfahren stellt die reelle Transformation mit den *α, β, 0-Komponenten* dar [13]. Allerdings ergeben sich bei diesem Verfahren recht komplizierte Impedanzverhältnisse, die bei phasendrehenden Transformatoren sehr fehlerträchtig sein können. Für analytische Rechnungen ist das hier beschriebene Verfahren vorzuziehen, weil die bisher kennengelernte Begriffswelt erhalten bleibt. Bei numerischen Rechnungen bezahlt man diesen Komfort jedoch, wie im folgenden erläutert wird, mit einer höheren Rechenzeit.

Mit beiden Verfahren können bei solchen Rechnungen direkt die jeweiligen Komponentenersatzschaltbilder ausgewertet werden. Mathematisch beruht diese Aussage darauf, daß die Transformationen zur Diagonalisierung (α, β, 0 bzw. symmetrische Komponenten) mit der Laplace-Transformation vertauscht werden dürfen. Nachteilig ist im Falle der symmetrischen Komponenten jedoch, daß im Spannungsvektor $[u_k(t)]$ noch die komplexen Drehterme $\underline{a}$ bzw. $\underline{a}^2$ enthalten sind. Um diese Schwierigkeit zu umgehen, wird der Vektor in verschiedene Anregungen aufgelöst, die höchstens eine einzige dieser Größen enthalten. Für jede dieser Anregungen ist das Netzwerk zunächst ohne den Drehterm durchzurechnen, z.B. mit einem für transiente Rechnungen geeigneten Programmsystem [114]. Die sich damit ergebenden Zeitverläufe der interessierenden Größen sind dann wieder mit $\underline{a}$ bzw. $\underline{a}^2$ zu multiplizieren und unter Berücksichtigung von Gl. (9.14) zu addieren. Im Endeffekt stellt sich resultierend wieder ein reeller Verlauf ein. Hinzugefügt sei noch, daß in den numerischen und analytischen Rechnungen auch *Anfangsbedingungen ungleich Null* berücksichtigt werden können und sich somit auch Netze mit Vorbelastungen erfassen lassen.

Trotz der Transformationen ist die Berechnung der Schaltvorgänge immer noch recht aufwendig. Häufig wird jedoch nicht der gesamte transiente Verlauf benötigt, sondern es ist meist nur ein Wert, der Stoßkurzschlußstrom, zu ermitteln. Um dessen Bestimmung möglichst einfach zu gestalten, sind die dafür beim dreipoligen Kurzschluß kennengelernten Methoden auch auf den ein- und zweipoligen Kurzschluß übertragen worden. Diese beiden Fehlerarten sind u.a. für die Dimensionierung von Erdungsanlagen als Worst-Case-Situationen wichtig.

So wird der Stoßkurzschlußstrom eines einpoligen Erdschlusses wieder über eine Ordnungsreduktion ermittelt, die das Netz auf ein System mit nur einem Gleichstromglied zurückführt. Prinzipiell könnte man dabei die jeweils maßgebende Eingangsimpedanz des Netzes aus den stationären Komponentenersatzschaltbildern bestimmen und mit der Methode auswerten, die im Kapitel 6 zur κ-Bestimmung verwendet wird. Die DIN VDE 0102 beschreitet einen noch einfacheren Weg, indem in Analogie zum dreipoligen Kurzschluß der Stoßfaktor κ nur aus dem Mitsystem berechnet wird. Herauszustellen ist, daß die in diesem Abschnitt aufgestellten Ersatzschaltbilder infolge der vereinfachten Generatormodelle vom Ansatz her keine Aussagen über das *Abklingen* der Kurzschlußwechselströme treffen.

Mit der bisher geschilderten Theorie kann das Strom-Spannungs-Verhalten von Netzanlagen bei unsymmetrischen Störfällen berechnet werden. Die Höhe der Ströme, die dabei eventuell im Erdreich fließen, wird maßgeblich von der resultierenden Nullimpedanz bestimmt. Die Größe dieser Nullimpedanz wird wiederum wesentlich von der Art beeinflußt, wie die einzelnen Sternpunkte mit den Erdern verbunden sind, deren Aufgabe darin besteht, die Ströme ins Erdreich einzuleiten.

10.5 Aufgaben

Aufgabe 10.1: Im Bild ist eine Anlage dargestellt, die folgende Daten aufweist:

G: $U_{nG} = 21$ kV; $S_{nG} = 500$ MVA; $x_d'' = 0{,}19$
T_1: $\ddot{u}_1 = 380$ kV/21 kV, YNd5; $S_{nT1} = 550$ MVA; $u_k = 16$ %
T_2: $\ddot{u}_2 = 380$ kV/110 kV, Yyn0; $S_{nT2} = 250$ MVA; $u_k = 16$ %
L: 150 km; 4×240/40 Al/St; Donaumastbild; 1 Erdseil.

Von der Doppelleitung L sei aus Wartungsgründen nur ein System in Betrieb. Die ohmschen Einflüsse können vernachlässigt werden. Bei den Transformatoren handelt es sich um Ausführungen mit Dreischenkelkernen. Weitere benötigte Angaben sind dem Anhang zu entnehmen bzw. über die üblichen Projektierungsrichtwerte zu schätzen.

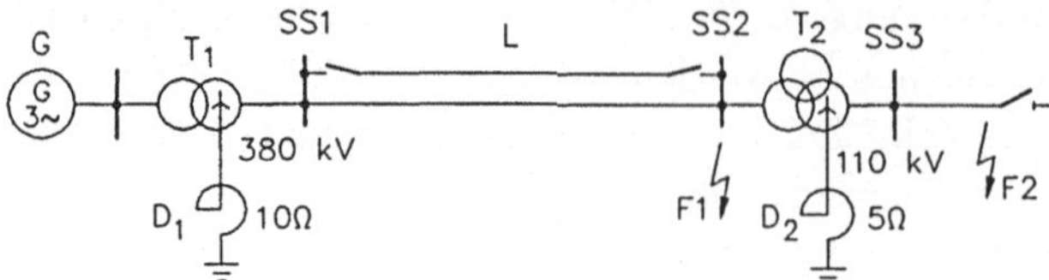

a) An der Sammelschiene SS2 möge im Leiter R ein einpoliger Erdkurzschluß auftreten. Berechnen Sie den Fehlerstrom am Kurzschlußort F1 und die Teilkurzschlußströme in der Freileitung sowie im Generator.

b) Anstatt in F1 möge der einpolige Fehler in F2 an der Sammelschiene SS3 auftreten. Berechnen Sie die entsprechenden Teilkurzschlußströme.

c) Erläutern Sie, in welcher Weise sich die Ströme merklich verändern, wenn anstelle von Dreischenkeltransformatoren Transformatorenbänke oder Fünfschenkeltransformatoren verwendet würden.

d) In welcher Weise wäre der Ansatz zu verändern, wenn Lasten vorhanden wären?

e) Ermitteln Sie, ob der Transformator T_2 für den in F2 auftretenden Erdkurzschlußstrom eine ausreichende Sternpunktbelastbarkeit aufweist oder ob eine Ausgleichswicklung vorgesehen werden muß.

Aufgabe 10.2: In der Anlage gemäß Aufgabe 10.1 möge an der Sammelschiene SS2 (Fehlerort F1) ein dreipoliger Kurzschluß *ohne Erdberührung* auftreten. Bei der anschließenden Ausschaltung reagiert an der Sammelschiene SS1 der Pol im Leiter R nicht ordnungsgemäß, so daß eine einpolige Leiterunterbrechung entsteht.

a) Stellen Sie das Komponentenersatzschaltbild auf, und berechnen Sie die Ströme in der Freileitung sowie in den Drosselspulen, wobei die kapazitiven Einflüsse zu vernachlässigen sind.

b) Geben Sie das Komponentenersatzschaltbild für den Fall an, daß der Transformator T_2 die Schaltgruppe YNy0 aufweist und abweichend von der dargestellten Anlage die Drosselspule D_2 an den oberspannungsseitigen Sternpunkt angeschlossen wird.

c) Bei der in b) beschriebenen Schaltung ist für die Reaktanzen des Transformators T_2 und der Drosselspule D_2 gedanklich der Grenzübergang $X \rightarrow 0$ durchzuführen. Erläutern Sie, welche Fehlerbedingungen durch das daraus resultierende Komponentenersatzschaltbild nachgebildet werden.

d) Erläutern Sie, welche Veränderungen sich in bezug auf die Kurzschlußströme durch den Übergang des dreipoligen Kurzschlusses an der Sammelschiene SS2 zu dem in c) beschriebenen Fehler ergeben. Berechnen Sie den Strom, der sich in der Drosselspule D_1 einstellt, und ermitteln Sie, auf welchen Wert sich die Freileitungsströme vergrößern. Wie groß ist der Fehlerstrom, der an der Sammelschiene SS2 in die Erde fließt?

Aufgabe 10.3: In der dargestellten, als verlustlos angenommenen Anlage möge in F ein zweipoliger Kurzschluß mit Erdberührung auftreten, während im einspeisenden Netz N_1 infolge eines weiteren Fehlers nur der Leiter R unter Spannung steht. Bei den Freileitungen sei jeweils nur ein System in Betrieb. Die Betriebsmittel weisen folgende Daten auf:

T_2, T_3:   63 MVA; $u_k = 10$ %; $X_0/X_{kT} = 0,9$
L_1, L_2, L_3: $X'_L = 0,26$ Ω/km; $X_0/X_1 = 2,8$
N: $S''_{kQ} = 3$ GVA auf der 110-kV-Seite von T_1.

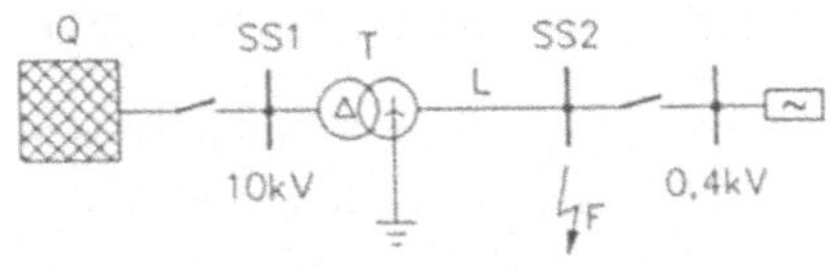

Berechnen Sie den Erdstrom, der sich bei diesem Doppelfehler in der zugehörigen Umspannstation einstellt.

Aufgabe 10.4: Im Bild ist ein leerlaufendes Niederspanungsnetz mit einer Netzeinspeisung dargestellt. An der Sammelschiene SS2 möge ein einpoliger Erdkurzschluß auftreten.

a) Berechnen Sie in allgemeiner Form den stationären einpoligen Kurzschlußstrom unter der Annahme, das Netz sei verlustos.

b) Stellen Sie unter den gleichen Bedingungen das transiente Ersatzschaltbild auf, und ermitteln Sie daraus die Laplace-Transformierte für den Erdkurzschlußstrom in Abhängigkeit von $U_R(p)$.

c) Vergleichen und diskutieren Sie die Ergebnisse in a) und b).

d) Berechnen Sie den Strom im Zeitbereich.

Aufgabe 10.5: In der Anlage gemäß Aufgabe 10.4 trete an der Sammelschiene SS2 ein zweipoliger Kurzschluß mit Erdberührung auf, wobei das Netz wiederum vereinfachend als verlustlos angesehen werde.

a) Berechnen Sie den stationären Erdstrom.

b) Stellen Sie das äquivalente transiente Ersatzschaltbild auf und berechnen Sie daraus die Laplace-Transformierte für den Erdstrom.

c) Vergleichen Sie die Ergebnisse unter a) und b).

d) Berechnen Sie den Erdstrom im Zeitbereich.

11 Sternpunktbehandlung in Energieversorgungsnetzen

Es haben sich im Laufe der Zeit verschiedene Arten der Sternpunktbehandlung als zweckmäßig erwiesen. Auf die üblichen Ausführungen wird im folgenden näher eingegangen. Die Auswirkungen der Sternpunktbehandlung auf den Netzbetrieb werden anhand eines einpoligen Erdschlusses dargestellt, da dieser Fehler bei weitem am häufigsten auftritt und somit am meisten interessiert. Dabei wird wie bisher angenommen, daß der Einfluß des Erders auf die Stromverteilung zu vernachlässigen ist (s. Kapitel 12). Zunächst wird auf die Netze eingegangen, bei denen alle Sternpunkte isoliert, also nicht mit den Erdern verbunden sind.

11.1 Netze mit isolierten Sternpunkten

Historisch gesehen handelt es sich bei dieser Sternpunktbehandlung um die älteste Art, die auch heute noch bei ca. 10 % der 6-kV- und 10-kV-Netze angewendet wird [122]. Ihre Vor- und Nachteile sollen an der Anlage in Bild 11.1 erläutert werden. Diese möge am Punkt F einen Erdschluß aufweisen, die ohmschen Widerstände seien zu vernachlässigen. Die sich bei diesem Fehler einstellenden Strom-Spannungs-Verhältnisse sind aus dem Ersatzschaltbild 11.2 zu ermitteln. Im Unterschied zu den bisherigen Betrachtungen werden die kapazitiven Einflüsse der Leitungen berücksichtigt. Die Kapazitäten der anderen Netzelemente sollen – wie bei normalen Anlagen üblich – im Vergleich zu den Leitungskapazitäten so klein sein, daß sie vernachlässigt werden können. Die Reaktanzen $1/(\omega C)$ der Leitungskapazitäten selber sind wieder sehr hochohmig im Vergleich zu den Längsreaktanzen der Netzelemente.

Aus dem Ersatzschaltbild ist zu ersehen, daß unter diesen Bedingungen der Erdschlußstrom I_{eF} (e: Zustand Erdschluß) im wesentlichen nur durch die Erdkapazität C_E be-

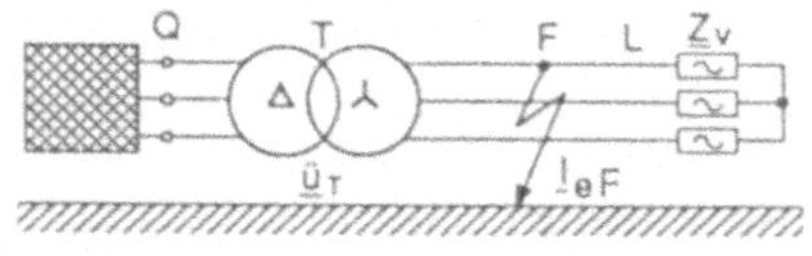

Bild 11.1

Erdschluß in einem Netz mit isolierten Sternpunkten

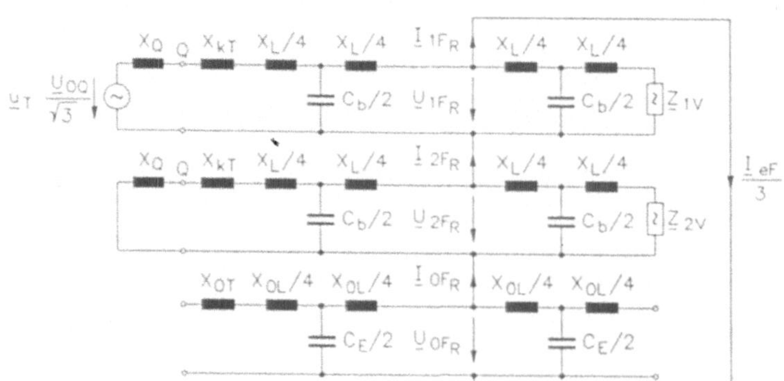

Bild 11.2

Ersatzschaltbild der
Anlage in Bild 11.1

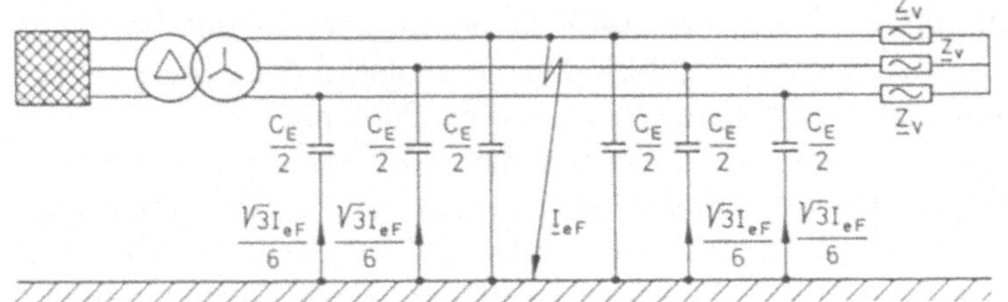

Bild 11.3
Verteilung der
Fehlerströme (Beträge)
bei einem Erdschluß

stimmt wird:

$$I_{eF} = I_{CE} \approx \sqrt{3} \cdot U_{bF} \cdot \omega C_E \ . \tag{11.1}$$

Dabei bezeichnet die Größe U_{bF} die Betriebsspannung, die an der Fehlerstelle *ohne den Erdschluß* auftreten würde. Wie aus dieser Beziehung zu ersehen ist, bewirkt die hochohmige, kapazitive Erdreaktanz nur einen kleinen Fehlerstrom; dieser *überlagert sich als kapazitiver Blindstrom dem Betriebsstrom*, der im Nennbetrieb mindestens um eine Größenordnung höher ist. Eine weitere Auswertung des Ersatzschaltbildes zeigt, daß sich der Erdschlußstrom in der Anlage entsprechend Bild 11.3 verteilt. In dem Bild wurden aus Darstellungsgründen nur die Beträge, nicht ihre Phasenverschiebungen angegeben.
Der Erdschlußstrom I_{eF} fließt über die Fehlerstelle ab und schließt sich über die verteilten Erdkapazitäten. Im weiteren soll nun untersucht werden, wie sich die Zusammenhänge bei verzweigten Netzen gestalten. Zur Veranschaulichung wird das Komponentenersatzschaltbild für das Nullsystem einer speziellen, verzweigten Netzanlage in Bild 11.4 dargestellt.
Für die Größenverhältnisse der Impedanzen untereinander werden dieselben Annahmen getroffen wie bei der Anlage in Bild 11.1. In diesem Fall sind wiederum die Erdkapazitäten der einzelnen Leitungen für die Größe des Fehlerstroms bestimmend. Sie können als parallel geschaltet angesehen werden, da die Längsreaktanzen vergleichsweise klein sind. Die insgesamt wirksame Kapazität beträgt daher

$$C_{Eges} \approx C_{E1} + C_{E2} + C_{E3} \ .$$

Der Fehlerstrom läßt sich mit der Beziehung (11.1) berechnen, wenn anstelle von C_E die Größe C_{Eges} verwendet wird. Dieses Ergebnis zeigt, daß der *Erdschlußstrom I_{eF} mit wachsender Netzausdehnung ansteigt*. Es stellt sich nun die Frage, bis zu welcher Höhe in der Praxis dieser Strom als zulässig angesehen wird. Die folgenden Überlegungen geben darauf eine Antwort.
In Freileitungsnetzen werden viele Erdschlüsse durch Feuchtigkeits- oder Schmutzbrücken auf den Isolatoren eingeleitet. Lichtbogen können sich jedoch stationär entsprechend den Überlegungen im Abschnitt 7.1 nicht ausbilden, wenn der maximal mögliche Fehlerstrom bereits die dafür erforderliche Mindeststromstärke unterschreitet. Diese Grenze beträgt

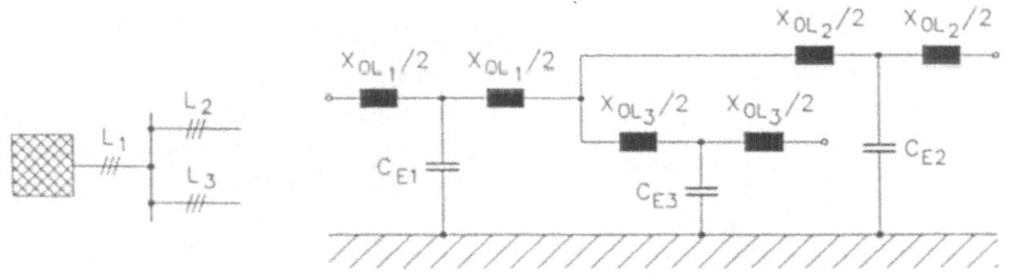

Bild 11.4
Nullsystem einer
verzweigten Leitung

nach der DIN-VDE-Bestimmung 0228 z.B. bei 20-kV-Freileitungsnetzen mit isolierten Sternpunkten etwa 35 A. Bei entsprechenden 110-kV-Netzen, in denen diese Sternpunktbehandlung jedoch nicht üblich ist, steigt diese Grenze auf ca. 90 A an.

Zumeist beseitigt der kurzfristig auftretende Stromfluß diese Brücken, so daß die Fehlerursache anschließend nicht mehr vorhanden ist. Freileitungsnetze mit isolierten Sternpunkten, deren Fehlerstrom unterhalb der genannten Werte bleibt, besitzen daher für viele Erdschlüsse eine selbstheilende Wirkung. Falls die leitfähige Verbindung und damit ein dauernder Stromfluß weiterbesteht, spricht man von einem *Dauererdschluß*.

Bei Kabelnetzen weiten sich infolge der geringen Leiterabstände die Erdschlüsse – insbesondere bei Dreileiterkabeln – meist zu dreipoligen, stromstarken Kurzschlüssen aus. Der dadurch verursachte Kurzschlußstrom wird dann vom Netzschutz ausgeschaltet. Die Ausweitung des Erdschlusses auf einen dreipoligen Kurzschluß wird jedoch stark verzögert, wenn die Fehlerströme im Erdschlußfall niedrig sind [56].

Es gilt also festzuhalten, *daß Netze mit isolierten Sternpunkten vorteilhafterweise auch im Fall eines Erdschlusses zumindest* über einen gewissen Zeitraum weitergefahren werden können. Sie weisen mithin eine *erhöhte Versorgungssicherheit* auf. Die selbstheilende Wirkung kann jedoch nur bei Fehlerströmen unterhalb der Löschgrenze, also *nur bei räumlich eng begrenzten Netzen* erreicht werden.

Dauererdschlüsse sind möglichst schnell auszuschalten, da sie zu einer erheblichen *Spannungserhöhung* im Netz führen. Sofern der Isolationszustand z.B. durch Verschmutzung der Isolatoren nicht befriedigend ist, kann der bereits erwähnte Dauererdschluß zu unangenehmen Folgen führen und die angestrebte Versorgungssicherheit in das Gegenteil verwandeln. Zum Nachweis wird noch einmal das Ersatzschaltbild 11.2 betrachtet. Bei den angegebenen Impedanzverhältnissen gilt in guter Näherung an der Fehlerstelle mit $U_{F_{RE}} = U_{bF}/\sqrt{3}$ der Zusammenhang

$$\underline{U}_{1F_R} = \underline{U}_{F_{RE}} \, , \quad \underline{U}_{2F_R} = 0 \, , \quad \underline{U}_{0F_R} = -\underline{U}_{F_{RE}} \, ,$$

wobei die Größe $\underline{U}_{F_{RE}}$ die Spannung des Leiters R gegen Erde im Normalbetrieb kennzeichnet. Die Rücktransformation führt *im Fehlerfall* auf die Sternspannungen

$$\underline{U}_{F_R} = 0 \, , \quad \underline{U}_{F_S} = \sqrt{3} \cdot \underline{U}_{F_{RE}} \cdot e^{j210°} \, , \quad \underline{U}_{F_T} = \sqrt{3} \cdot \underline{U}_{F_{RE}} \cdot e^{j150°} \, .$$

Während eines *Dauererdschlusses erhöht* sich demnach *die Sternspannung der fehlerfreien Leiter um den Faktor* $\sqrt{3}$. Diese Spannungserhöhung beansprucht die Betriebsmittel, wie in Bild 11.5 an einem Freileitungsmast veranschaulicht ist. Dadurch steigt die Gefahr, daß an einer anderen Stelle im Netz ein weiterer Erdschluß auftritt. Der bisher einpolige Fehler weitet sich dann zu einem Doppelerdschluß aus, der zu starken Kurzschlußströmen führen kann. In diesem Fall spricht der Netzschutz an und löst die zugehörigen Leistungsschalter aus.

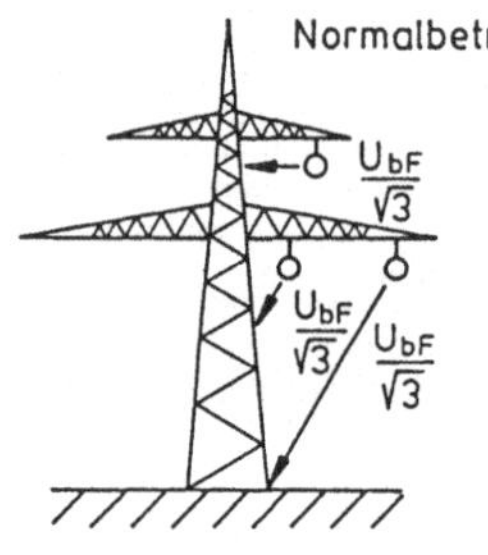

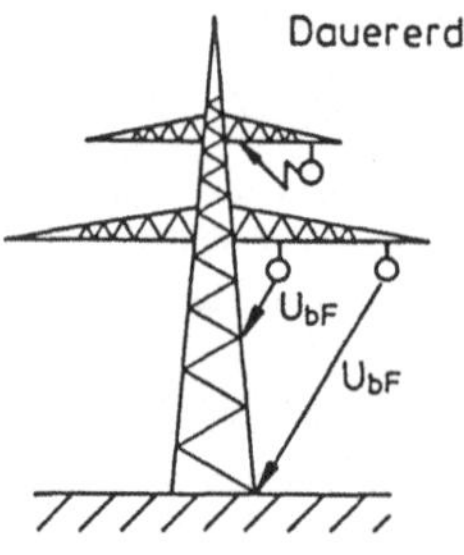

Bild 11.5
Veranschaulichung der Spannungsverhältnisse im Normalbetrieb und während eines Dauererdschlusses

Der verwendete Netzschutz ist üblicherweise nur in der Lage, einen der beiden Erdschlüsse auszuschalten. Der andere Fehler bleibt bestehen, da die Fehlerstelle eines einzelnen Dauererdschlusses – wie noch erläutert wird – meßtechnisch schwer zu ermitteln ist. Dadurch ist die Gefahr eines erneuten Durchschlags an einer weiteren Stelle gegeben. Dieser Vorgang kann zu Mehrfacherdschlüssen führen, die Leitungsabschaltungen zur Folge haben und damit die Netzsicherheit gefährden.

Die *Existenz eines Erdschlusses* läßt sich sehr einfach nachweisen. Als meßtechnisches Kriterium dient die beschriebene Spannungserhöhung. Für die Anzeige eines Erdschlusses ist es daher nur erforderlich, die Sternspannungen zu messen. Gerätetechnisch wird dafür die offen betriebene e-n-Wicklung der Spannungswandler eingesetzt. Dieses Prinzip ermöglicht jedoch *nicht, die Fehlerstelle zu lokalisieren.* Dazu müßten die Fehlerströme in den einzelnen Leitungen erfaßt werden, die bei Nennverhältnissen sehr klein im Vergleich zu den ebenfalls fließenden Betriebsströmen sind. Die dafür erforderlichen Meßeinrichtungen wären äußerst aufwendig. Um nun auch ohne solche Schutzsysteme den Erdschluß mit wenigen Schaltmaßnahmen lokalisieren zu können, *dürfen die Netze nur sehr einfache Strukturen aufweisen.*

Ein weiterer Nachteil von Freileitungsnetzen mit isolierten Sternpunkten besteht darin, daß diese Netze *im transienten Bereich zu Überspannungen neigen, die recht hohe Werte erreichen können.* Die beabsichtigte Versorgungssicherheit ist auch aus diesen Gründen nur dann gegeben, wenn diese Überspannungen keine Fehler auslösen, wenn also der Zustand der Isolation im Netz hinreichend gut ist. Die relativ hohen Überspannungen sind im wesentlichen auf die folgenden Eigenschaften zurückzuführen.

Die freien Sternpunkte verhindern, daß Ladungen zur Erde abfließen. Da Erdschlüsse stets die Spannungsverhältnisse im Netz verändern, verursachen sie zugleich eine andere Ladungsaufteilung zwischen den einzelnen Kapazitäten. Dadurch sind Überspannungen möglich. Wenn zeitlich kurz nacheinander ein Erdschluß auf den anderen folgt, können sich diese Überspannungen im weiteren bis zur dreifachen Nennspannung verstärken [58]. Mit diesem Effekt ist relativ häufig zu rechnen, da Erdschlüsse in Netzen mit isolierten Sternpunkten dazu neigen, in kurzen Zeitabständen erneut aufzutreten. Dieses Verhalten ist darauf zurückzuführen, daß Wechselstromlichtbogen nur im Stromnulldurchgang verlöschen; der Erdschluß ist dann zunächst nicht mehr vorhanden. Dadurch fällt an der Erdkapazität die Sternspannung der Einspeisung ab, die zu diesem Zeitpunkt gerade ihr Maximum aufweist. Die elektrische Feldstärke ist damit – auch an der Fehlerstelle – maximal. Da die elektrische Feldstärke die maßgebende Größe für einen Durchschlag ist und außerdem die Umgebung der Fehlerstelle durch den vorhergegenden Lichtbogen noch ionisiert ist, besteht die Gefahr eines weiteren Durchschlags, der dann wieder Umladungen auslöst. Der genauere Ablauf dieses Effektes wird u.a. in [58] eingehend beschrieben. Der gesamte Vorgang wird als *intermittierender* oder *aussetzender Erdschluß* bezeichnet. Bei der folgenden Sternpunktbehandlung tritt dieser Vorgang nur in abgeschwächter Form auf.

11.2 Netze mit Erdschlußkompensation

Bei ausgedehnteren Netzen wächst der Erdschlußstrom I_{cF} wegen der größeren Erdkapazitäten auf unerwünscht hohe Werte an (s. Gl. (11.1)). Er läßt sich jedoch dadurch verringern, daß an einzelne Sternpunkte die bereits beschriebenen Erdschlußlöschspulen, auch kurz E-Spulen genannt, angeschlossen werden. Wie noch ausgeführt wird, kompensieren diese weitgehend die Erdschlußströme an der Fehlerstelle. Netze mit dieser

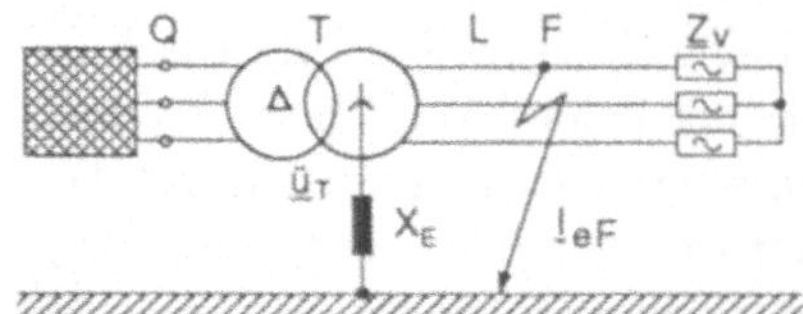

Bild 11.6
Netz mit Erdschlußlöschspule und Erdschluß am
Ende der Leitung

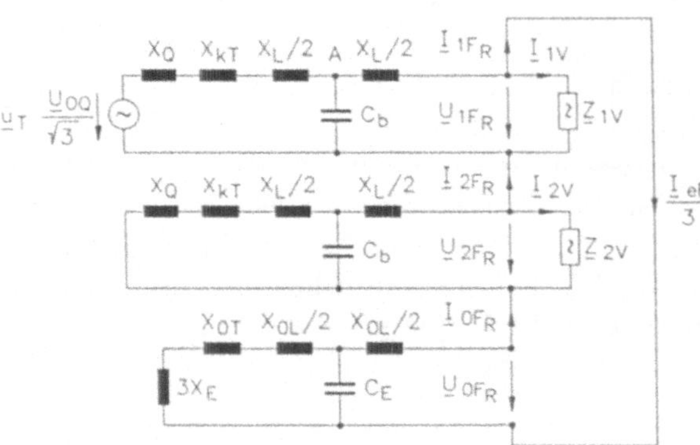

Bild 11.7
Ersatzschaltbild der Anlage in
Bild 11.6

Sternpunktbehandlung werden darum auch als *kompensierte Netze* bezeichnet.

Es werden *überwiegend Netze des Mittelspannungsbereichs und Freileitungsnetze der 110-kV-Ebene kompensiert betrieben.* Die wesentlichen Eigenschaften sollen wieder an einem konkreten Netz (Bild 11.6) mit einem Erdschluß in F erläutert werden. Der Erdschlußstrom läßt sich aus dem in Bild 11.7 dargestellten Komponentenersatzschaltbild ermitteln. Er überlagert sich wieder den Betriebsströmen. Um die *prinzipiellen Zusammenhänge* erkennen zu können, *werden zunächst die ohmschen Widerstände vernachlässigt.*

Die Erdschlußlöschspule wird üblicherweise im Vergleich zu den Null- und Mitreaktanzen des Transformators und der Freileitung hochohmig ausgeführt:

$$3X_E \gg X_{0T} + \frac{X_{0L}}{2} \,.$$

Maßgebend für die Höhe des Erdschlußstroms ist dann allein der aus Erdschlußlöschspule und Erdkapazität bestehende Parallelschwingkreis im Nullsystem. Die Reaktanz des Schwingkreises ergibt sich zu

$$X_0 = \frac{\dfrac{1}{\omega C_E} \cdot 3X_E}{\dfrac{1}{\omega C_E} - 3X_E} \,. \tag{11.2}$$

Der Erdschlußstrom an der Fehlerstelle beträgt demnach

$$\underline{I}_{eF} = \frac{\sqrt{3}\,\underline{U}_{bF}}{jX_0} \,. \tag{11.3}$$

Wenn die E-Spule so eingestellt wird, daß die Bedingung

$$3X_E = \frac{1}{\omega C_E} \tag{11.4}$$

gilt, nimmt die Reaktanz X_0 den Wert „Unendlich" an. Damit wird der Erdschlußstrom an der Fehlerstelle stationär gleich Null. *In kompensierten Freileitungsnetzen mit ver-*

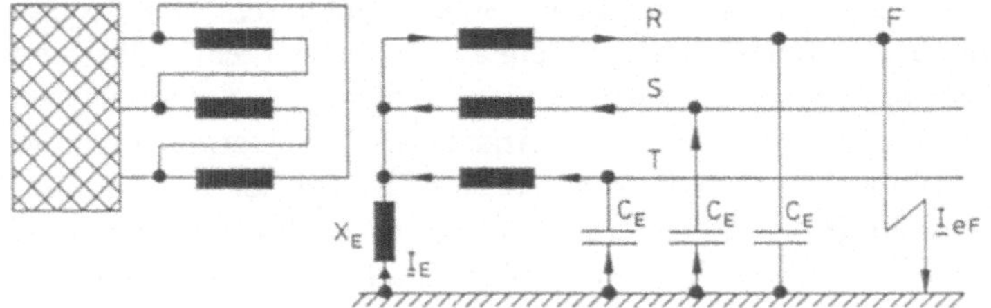

Bild 11.8
Verteilung der Erdschlußströme im realen Netz

nachlässigbaren ohmschen Widerständen verlöschen daher Lichtbogenerdschlüsse stets selbständig. Durch den kurzfristig auftretenden Lichtbogen wird wiederum häufig die Fehlerursache beseitigt. Dementsprechend weisen diese Netze für viele Fehler ein selbstheilendes Verhalten auf.

Sollte sich jedoch ein Dauererdschluß ausbilden, so ist aus dem Ersatzschaltbild zu ersehen, daß an dem Schwingkreis die Sternspannung $U_{bF}/\sqrt{3}$ abfällt. Transformiert man die Strom-Spannungs-Verhältnisse, die dann in den Komponentennetzwerken auftreten, in das reale Netz zurück, so ergibt sich die Stromverteilung gemäß Bild 11.8. *Die Erdschlußlöschspule wird von dem Strom*

$$I_E = I_{CE} = \sqrt{3} \cdot U_{bF} \cdot j\omega C_E$$

durchflossen. Es handelt sich dabei um den Erdschlußstrom, der im Falle einer fehlenden Kompensation an der Fehlerstelle auftreten würde. *Die Fehlerstelle selbst ist bei einer Kompensation stromfrei, wenn die ohmschen Widerstände vernachlässigbar sind.*

Wie diese Rechnungen zeigen, wird auch die im Ersatzschaltbild vernachlässigte Reaktanz des Transformators X_{0T} während eines Dauererdschlusses ständig mit einem Nullstrom belastet. Um eine zu hohe Kesselerwärmung zu vermeiden, dürfen die Erdschlußlöschspulen nur an solche Transformatoren angeschlossen werden, die auch für eine derartige Sternpunktbelastung ausgelegt sind (s. Abschnitt 9.4.5). Der Strom I_{CE} bestimmt zugleich, für welchen Nennstrom die Erdschlußlöschspulen auszulegen sind.

In verzweigten Netzen können infolge der größeren Erdkapazitäten Erdschlußströme von mehreren hundert Ampere entstehen, die sich zu den Betriebsströmen I_{bV} addieren. Das Zeigerbild 11.9 stellt diesen Zusammenhang für den Punkt A im Ersatzschaltbild 11.7 qualitativ dar. Wie man aus dem Zeigerbild ersehen kann, vergrößert sich während des Dauererdschlusses der resultierende Leitungsstrom durch den Fehlerstrom. Dieser erhöhte Strom kann ein Ansprechen des Schutzes z.B. durch eine Überstromanregung bewirken. Solche unerwünschten Abschaltungen lassen sich dadurch vermeiden, daß mehrere Erdschlußlöschspulen im Netz verteilt installiert werden, wie es Bild 11.10 zeigt. Die einzelnen Erdschlußlöschspulen werden dann jeweils nur durch einen Teil des gesamten Blindstroms

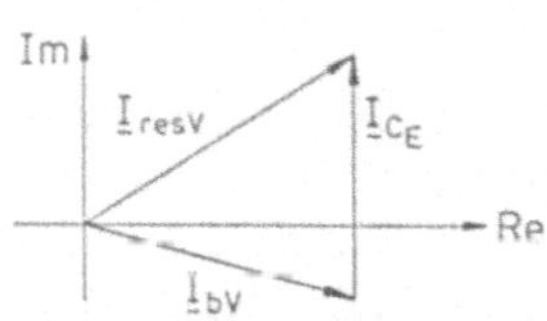

Bild 11.9
Überlagerung von Last- und Fehlerströmen in einer Leitung

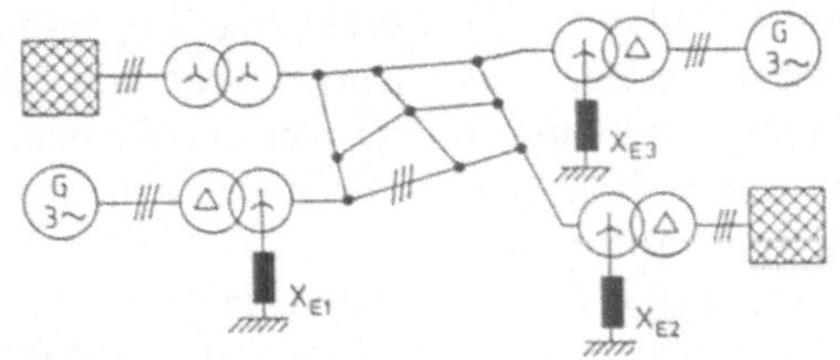

Bild 11.10
Räumliche Verteilung von Erdschlußlöschspulen in großen kompensierten Netzen

belastet, so daß damit auch in den Leitungen geringere Ströme auftreten. Der Einbau von mehreren E-Spulen ermöglicht zugleich eine größere betriebliche Freizügigkeit im Falle von Reparatur- oder Wartungsarbeiten. Üblicherweise werden die E-Spulen an den Sternpunkt von Transformatoren angeschlossen. Da die Anzahl der Transformatoren und damit die Anschlußmöglichkeit in einem Netz beschränkt sind, ist bei der Auswahl der Schaltgruppe neben den im Abschnitt 4.2.3.2 genannten Kriterien auch die Sternpunktbelastbarkeit zu berücksichtigen. Sofern prinzipiell zu wenige Anschlußmöglichkeiten vorhanden sind, ist der Einbau von *Sternpunktbildnern* zu erwägen (s. Abschnitt 4.9).

In verzweigten Netzen hängen die Erdkapazitäten vom jeweiligen Schaltzustand ab. Daher müssen die Induktivitäten der Erdschlußlöschspulen stets dem Schaltzustand angepaßt werden, wobei die Einstellung selbsttätig über einen besonderen Regelkreis erfolgt.

Die bisherigen Erläuterungen zeigen, daß bei kompensierten Netzen wie bei Netzen mit isolierten Sternpunkten die Versorgung während eines Dauererdschlusses aufrechterhalten werden kann. Jedoch weisen auch die kompensierten Netze den Nachteil auf, daß bei einem Erdschluß die Sternspannungen in den gesunden Leitern etwa um den Faktor $\sqrt{3}$ anwachsen.

Zum Nachweis dieser Behauptung wird an der Fehlerstelle F der Netzanlage in Bild 11.6 der Leiter S betrachtet. Aus dem Ersatzschaltbild 11.7 folgt der Zusammenhang

$$\underline{U}_{FS} = \underline{a}^2 \cdot \underline{U}_{1F_R} + \underline{a} \cdot \underline{U}_{2F_R} + \underline{U}_{0F_R} \, ,$$

der sich auch in Abhängigkeit vom Erdschlußstrom $\underline{I}_{eF}$ in der Gestalt

$$\underline{U}_{FS} = \underline{a}^2 \cdot \left(\frac{U_{bF}}{\sqrt{3}} - \frac{\underline{I}_{eF}}{3} \cdot \underline{Z}_1 \right) - \underline{a} \cdot \frac{\underline{I}_{eF}}{3} \cdot \underline{Z}_2 - I_{eF} \cdot \frac{X_E \cdot \dfrac{1}{\omega C_E}}{j \left(3X_E - \dfrac{1}{\omega C_E} \right)} \quad (11.5)$$

schreiben läßt. Wenn weiterhin die Impedanzverhältnisse $Z_1 \ll Z_0$ und $Z_2 \ll Z_0$ vorausgesetzt werden, kann für den Erdschlußstrom $\underline{I}_{eF}$ die Beziehung (11.3) eingesetzt werden. Es ergibt sich dann der Ausdruck

$$|\underline{U}_{FS}| = U_{bF} \, .$$

Damit ist gezeigt, daß tatsächlich die Sternspannung eines gesunden Leiters auf den Wert der Dreieckspannung ansteigt. *Auch bei kompensierten Netzen muß wieder ein guter Isolationszustand vorliegen.* Anderenfalls ist mit dem Auftreten der unerwünschten Doppelerdschlüsse zu rechnen, die zu Abschaltungen führen.

Durch die folgende betriebliche Maßnahme läßt sich die Gefahr, daß Doppelerdschlüsse auftreten, verkleinern. Zur Erläuterung dieser Maßnahme werden die Verläufe des Erdschlußstroms $\underline{I}_{eF}$ und der Sternspannung $\underline{U}_{FS}$ entsprechend den Gln. (11.4) und (11.5) in Abhängigkeit von der Erdkapazität dargestellt (Bild 11.11).

In den Bereichen links und rechts von der Resonanzstelle wird die Abgleichbedingung (11.4) nicht eingehalten. Der linke Bereich wird als *unterkompensiert* bezeichnet und tritt immer dann auf, wenn $3X_E > 1/(\omega C_E)$ gilt. *In diesem Fall überwiegt im Nullsystem der kapazitive Einfluß. Durch das Parallelschalten weiterer Erdschlußlöschspulen kann jedoch ein induktives Verhalten des Nullsystems* erreicht werden. Wenn die Bedingung $3X_E < 1/(\omega C_E)$ gilt, wird für den Netzbetrieb der Ausdruck *überkompensiert* verwendet. Bei beiden Betriebszuständen steigt der Erdschlußstrom, während sich

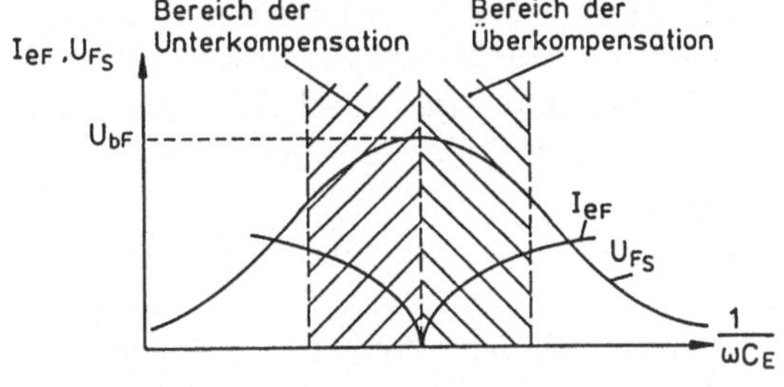

Bild 11.11
Sternspannung und Erdschlußstrom bei
einem Dauererdschluß in Abhängigkeit
von der Erdkapazität

die Spannung, die im Fehlerfall auftritt, verringert. Ein *Ansteigen der Fehlerströme* ist
bei beiden Betriebszuständen in Freileitungsnetzen *solange zulässig, wie die Löschgrenze
des Lichtbogens nicht überschritten wird* und damit die selbstheilende Wirkung erhalten
bleibt.

Im Unterschied zu Netzen mit isolierten Sternpunkten liegen, wie im folgenden noch
begründet wird, die Löschgrenzen bei kompensierten Netzen höher. Gemäß der DIN-
VDE-Bestimmung 0228 beträgt die Löschgrenze z.B. bei 20-kV-Netzen ca. 60 A und
bei 110-kV-Netzen ca. 130 A. Auch unter Berücksichtigung der bisher vernachlässigten ohmschen Widerstände dürfen erfahrungsgemäß *bei 110-kV-Netzen die E-Spulen um
5...10 % und bei 20-kV-Netzen um 10...20 % von dem Wert abweichen*, der sich aus der
Gl. (11.4) ergibt. Eine Verstimmung der E-Spule in dieser Größe bewirkt eine deutliche
Verringerung der Spannungserhöhung, so daß die Gefahr von Doppelerdschlüssen kleiner
wird (Bild 11.11).

Die Löschgrenzen können bei kompensierten Netzen höher gewählt werden, da die Fehlerstelle nach Erlöschen des Lichtbogens spannungsmäßig wesentlich schwächer belastet
wird, als es in Netzen mit isolierten Sternpunkten der Fall ist. Während dort nach dem
erstmaligen Verlöschen des Lichtbogens die zugehörige Sternspannung sehr schnell ihren
maximalen Wert erreicht, baut sich die Spannung in kompensierten Netzen nach der
Fehlerlöschung erst im Zeitbereich von mehreren Netzperioden auf (Bild 11.12) [56].

Im Fall eines Dauererdschlusses besteht prinzipiell sowohl beim über- als auch beim un-
terkompensierten Betrieb die Gefahr, daß sich der Fehler zu einem Doppelerdschluß aus-
weitet, da die Spannungserhöhung – absolut gesehen – noch groß ist. Eine solche Fehler-
ausweitung hat dann weitere Abschaltungen und damit eine Verkleinerung von C_E zur
Folge. Sofern das Netz überkompensiert betrieben wird, führt diese Abschaltung zwar
zu einer weiteren Stromerhöhung an der verbleibenden Fehlerstelle, die Sternspannung
sinkt jedoch (Bild 11.11). Dadurch wird die Gefahr eines weiteren Doppelerdschlusses für
den noch bestehenden Erdschluß gemindert. Bei der Unterkompensation tritt ein entge-
gengesetztes Verhalten auf. *Bereits aus diesem Grunde ist stets der überkompensierte
Netzbetrieb anzustreben.* In der Praxis tritt die Unterkompensation sehr leicht dann auf,
wenn das Netz ausgebaut wird, die E-Spulen jedoch nicht an den neuen Netzzustand
angepaßt werden.

Eine Überkompensation hat im Unterschied zur Unterkompensation den *weiteren Vorteil,*
daß eine Reihe von Überspannungseffekten nur abgeschwächt auftreten. Zu ergänzen

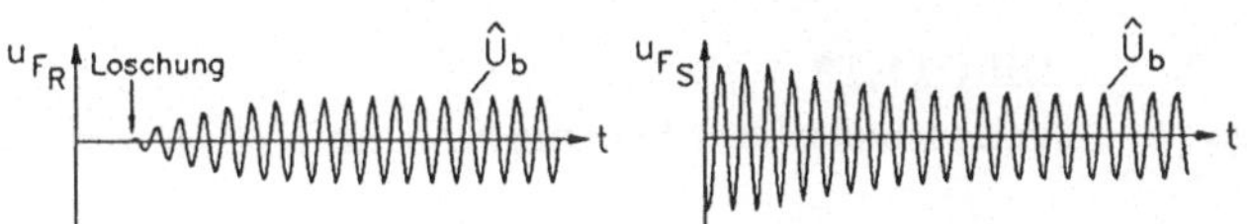

Bild 11.12
Verlauf der Sternspannungen
des fehlerbehaften und eines
ungestörten Leiters bei einem
Erdschluß im Leiter R

ist noch, daß aussetzende Erdschlüsse in kompensierten Netzen sehr selten auftreten.
Sie stellen dort meist keine Gefahr mehr dar: Zum einen können Ladungen über die
Sternpunkte abfließen, und zum anderen steigt die Spannung im fehlerbehafteten Leiter
nur langsam an, so daß ein erneutes Durchschlagen der Fehlerstelle unwahrscheinlich
wird.

Im Vergleich zu Netzen mit isolierten Sternpunkten treten in kompensierten Netzen wegen der großen räumlichen Ausdehnung bei jedem Erdschluß relativ hohe Blindströme
auf, die durchaus mehrere hundert Ampere betragen können. Trotz der größeren Fehlerströme ist die Lokalisierung des jeweiligen Erdschlusses auch bei dieser Sternpunktbehandlung gerätetechnisch nur mit großem Aufwand zu verwirklichen. Üblich ist zum
einen die Erdschlußanzeige, die auf einer Messung der Sternspannung beruht und bereits
bei der Abhandlung von Netzen mit isolierten Sternpunkten erwähnt worden ist. Bei
den meist größeren kompensierten Netzen treten oft kompliziertere Strukturen auf. Daher ist zusätzlich eine Aussage über den Fehlerort notwendig, um gezielt die Fehlerstelle
freischalten zu können.

Eine häufige Meßmethode besteht darin, die Richtung der Nullströme in jeder Leitung
zu ermitteln. Die Stromrichtungen werden dann an die Schaltleitung bzw. Netzbetriebsführung weitergeleitet und dort bildlich dargestellt. Aus dieser Darstellung versucht man,
auf den Ort des Erdschlusses zu schließen. Die Nullströme sind jedoch gerade in der Nähe
der Fehlerstelle klein, so daß deren Richtung dort nur ungenau zu ermitteln ist. Die Lokalisierung kann deshalb bei diesem Verfahren im Einzelfall Probleme mit sich bringen.

Im folgenden wird das Modell um die bisher vernachlässigten ohmschen Widerstände im
Nullsystem erweitert. Der Schwingkreis im Nullsystem nimmt dann die Form gemäß Bild
11.13 an.

Infolge der ohmschen Komponenten ist eine Abstimmung auf $Z_0 \rightarrow \infty$ nicht mehr möglich, sondern es ergibt sich ein endlicher Wert. Dadurch tritt an der Fehlerstelle ein
ohmscher Reststrom I_r auf. Zusätzlich überlagern sich noch Oberschwingungsströme, so
daß sich der tatsächlich resultierende Strom aus diesen beiden Komponenten zusammensetzt. *Erfahrungsgemäß beträgt der Reststrom näherungsweise ein Zehntel des Stroms
I_{CE}*, also des Stroms, der an der Fehlerstelle ohne Anschluß von Erdschlußlöschspulen
auftreten würde (s. DIN VDE 0141):

$$I_r \approx 0,1 \cdot I_{CE} \, .$$

Der Reststrom vergrößert sich in dem gleichen Maße wie der Strom I_{CE}, also mit wachsender Nennspannung und Netzgröße. Bei Freileitungsnetzen mit Nennspannungen über
150 kV führt der Koronaeffekt noch zu einer zusätzlichen ohmschen Komponente. Aus
diesem Grund wird die Löschgrenze der Lichtbogen bei den weiträumigen Transportnetzen besonders schnell erreicht (s. DIN-VDE-Bestimmung 0228), zumal die übliche
Überkompensation die Fehlerstelle noch zusätzlich mit einem Blindstrom belastet. Die
Gefahr von Dauererdschlüssen und damit auch von Doppelerdschlüssen steigt. Dadurch

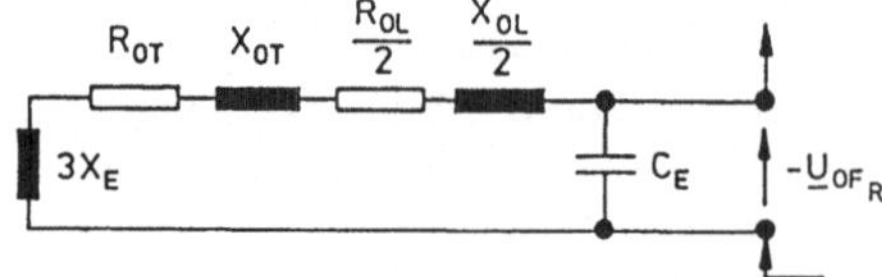

Bild 11.13
Verlustbehafteter Schwingkreis im Nullsystem

wird der Vorteil der Kompensation, auch im Fall eines Erdschlusses weiterversorgen zu
können, zunehmend in Frage gestellt.

Bei Kabelnetzen mit kleinen Restströmen verzögert die Kompensation – ähnlich wie bei
Netzen mit isolierten Sternpunkten – die Ausweitung des Erdschlusses auf andere Fehler,
z.B. den dreipoligen Kurzschluß. *Bei großen Kabelnetzen ist dieser Vorteil kaum noch
gegeben.* Die stark ausgeprägte ohmsche Komponente in den Nullimpedanzen bedingt
dort einen hohen Reststrom, der eine schnelle Ausweitung des Fehlers auf dreipolige
Kurzschlüsse begünstigt.

Die bisherigen Ausführungen zeigen, daß die Kompensation außerhalb eines beschränk-
ten Anwendungsbereichs ihre Vorteile verliert. Es bietet sich dann an, eine andere Sternpunktbehandlung, die niederohmige Erdung, zu verwenden.

11.3 Netze mit niederohmiger Sternpunkterdung

Die angesprochene niederohmige Erdung liegt vor, wenn ein oder mehrere Sternpunkte
entweder direkt oder über niederohmige Impedanzen mit dem Erder verbunden sind. Wie
bereits erwähnt, wird diese Erdungsart in Freileitungsnetzen ab 220 kV und in größeren
Kabelnetzen ab 110 kV angewendet. Die wesentlichen Eigenschaften der niederohmigen
Erdung sollen wiederum für eine spezielle Netzanlage anhand eines Erdschlusses gezeigt
werden (Bild 11.14). Dieser Fehler wird bei niederohmig geerdeten Netzen als *Erdkurzschluß* bezeichnet, um anzudeuten, daß die auftretenden Fehlerströme Werte im Bereich
der dreipoligen Kurzschlußströme annehmen können. Für die Ersatzschaltbilder von Maschinen sind deshalb bei dieser Sternpunktbehandlung die subtransienten Reaktanzen zu
verwenden.

Um herauszustellen, daß es sich um große Kurzschlußströme handelt, wird im folgenden
anstelle der Bezeichnung $\underline{I}_{eF}$ der Ausdruck I''_{k1p} verwendet. Ein Vorteil dieser Sternpunktbehandlung liegt darin, daß sich die Spannung in den fehlerfreien Leitern bei einpoligen Fehlern schwächer erhöht als in Netzen mit isolierten Sternpunkten bzw. mit
Erdschlußkompensation. Um diese Eigenschaft nachzuweisen, wird die Sternspannung
für den Leiter S berechnet. Sie ergibt sich mit Hilfe des Komponentenersatzschaltbildes
in Bild 11.15 zu

$$
\underline{U}_{FS} = \underline{E}'' \cdot \left(\underline{a}^2 + \frac{\underline{Z}_1 - \underline{Z}_0}{2\underline{Z}_1 + \underline{Z}_0} \right) \approx \underline{E}'' \cdot \left(\underline{a}^2 + \frac{jX_1 - jX_0}{j2X_1 + jX_0} \right) .
\tag{11.6}
$$

Eine Diskussion dieser Beziehung zeigt, daß die Spannungserhöhung um so geringer wird,
je weniger sich X_0 und X_1 unterscheiden. Für den in der Praxis seltener auftretenden
Fall $X_0 < X_1$ *ergibt sich sogar eine Spannungsabsenkung.* Die Abschwächung der Spannungserhöhung ist somit ein Maß für die Niederohmigkeit des Nullsystems und damit
auch der Erdung. Zur Kennzeichnung dieser Spannungsverhältnisse ist es zweckmäßig,
eine spezielle Kenngröße, den *Erdfehlerfaktor δ*, einzuführen (s. DIN VDE 0111). Wenn
an beliebigen Stellen im Netz ein oder mehrere Leiter Erdschlüsse aufweisen, gibt diese Größe jeweils für eine bestimmte Stelle F im Netz den höchsten Wert an, den das

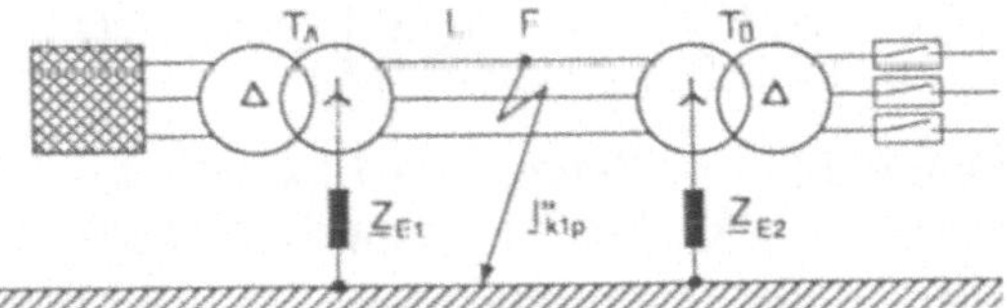

Bild 11.14
Erdkurzschluß bei einer Anlage mit
niederohmiger Sternpunkterdung

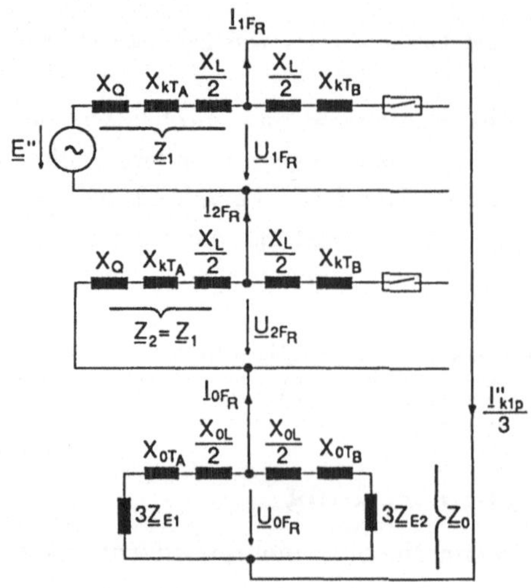

Bild 11.15
Ersatzschaltbild der Anlage in Bild 11.14

Verhältnis

$$\delta = \frac{U_{FE}}{U_{bF}/\sqrt{3}} \tag{11.7}$$

annehmen kann. Dabei bezeichnet *die Größe U_{bF}* den Effektivwert der Betriebsspannung, die an der betrachteten Stelle ohne Einfluß der Fehler auftreten würde. *Die Größe U_{F_E}* beschreibt den Effektivwert der Spannung, die an der betrachteten Stelle zwischen einem gesunden Leiter und der Erde im Fehlerfall ansteht.

Für die Bestimmung des Erdfehlerfaktors interessiert, entsprechend der Definition, derjenige Fehler, bei dem die Spannung maximal wird. Sofern der Einfluß von Serienresonanzen ausgeschlossen werden kann, ist die Spannung U_{F_E} stets dann am größten, wenn auch die wirksame Nullimpedanz am größten ist. Diese nimmt im Fall eines einfachen Erdschlusses ihren höchsten Wert an. Alle weiteren Erdschlüsse würden die Komponentenersatzschaltbilder weiter vermaschen und damit die Nullimpedanz verkleinern. Grundsätzlich ist der Erdfehlerfaktor δ abhängig von der Lage des untersuchten Netzknotens. Bei vielen Netzen ist er am Fehlerort am größten bzw. weicht nur wenig vom Maximalwert ab. Daher darf gemäß DIN VDE 0111 direkt der Erdfehlerfaktor am Fehlerort zur Beurteilung des Netzes verwendet werden. Im weiteren wird bei der Netzanlage in Bild 11.14 ein Erdschluß an der Stelle F betrachtet. Der Erdfehlerfaktor ergibt sich dort zu

$$\delta = \frac{U_{FSE}}{U_{bF}/\sqrt{3}} \;. \tag{11.8}$$

Zur Veranschaulichung dieser Größe wird der Ausdruck (11.8) für das betrachtete Beispiel ausgewertet. Es gilt dann

$$\delta = \frac{E'' \cdot \left| \underline{a}^2 + \dfrac{\underline{Z}_1 - \underline{Z}_0}{2\underline{Z}_1 + \underline{Z}_0} \right|}{U_{bF}/\sqrt{3}} = \frac{E''}{U_{bF}/\sqrt{3}} \cdot \left(\frac{1}{2} \cdot \left| \frac{3\underline{Z}_0/\underline{Z}_1}{2 + \underline{Z}_0/\underline{Z}_1} + j\sqrt{3} \right| \right) \;. \tag{11.9}$$

Entsprechend Kapitel 6 kann bei einem Erdkurzschluß in Netzen mit $U_{nN} > 1$ kV für die subtransiente Anfangsspannung E'' gemäß DIN VDE 0102 der Wert $1,1 \cdot U_{nN}/\sqrt{3}$ gewählt werden. Schätzt man nun die Betriebsspannung U_{bF} mit dem realtiv hohen Wert

$\sqrt{3} \cdot E''$ ab, so läßt sich die Definition (11.9) noch weiter vereinfachen. Der Erdfehlerfaktor reduziert sich dann auf einen reinen Impedanzterm und kann dadurch vorteilhafterweise als eine *spannungsunabhängige Netzkenngröße* verwendet werden (s. DIN VDE 0111). Im weiteren wird die Beziehung (11.9) für unterschiedliche Erdungsverhältnisse diskutiert.

Im Fall eines *Netzes mit isolierten Sternpunkten* treten nur kleine Fehlerströme auf, so daß für E'' wiederum die Spannung $U_{bF}/\sqrt{3}$ einzusetzen ist. Die Nullimpedanz $\underline{Z}_0$ nimmt infolge $X_E \rightarrow \infty$ ebenfalls sehr hohe Werte an, so daß das Resultat (11.9) in den Zusammenhang

$$\delta \approx \frac{U_{bF}/\sqrt{3}}{U_{bF}/\sqrt{3}} \cdot |\underline{a}^2 - 1| = \frac{\sqrt{3} \cdot U_{bF}}{U_{bF}} = \sqrt{3} \tag{11.10}$$

übergeht. Dieses Ergebnis läßt sich auch im Spannungszeigerdiagramm an der Fehlerstelle für den ungestörten Netzbetrieb veranschaulichen. Infolge der sehr großen Nullimpedanz ist der Stromkreis Leiter-Erde unterbrochen. Dementsprechend wird das Erdpotential auf den Wert des Leiters R angehoben; der Sternpunkt N verlagert sich in die Ecke R des Spannungsdreiecks für die Außenleiterspannungen.

Ein anderer Grenzfall liegt vor, wenn die *Nullimpedanz sehr niedrig wird* wie z.B. in der Nähe geerdeter Synchronmaschinen oder in der Nähe von Transformatoren mit der Schaltgruppe Yz bzw. Dz. Für $\underline{Z}_0 \rightarrow 0$ nimmt die Beziehung die Form

$$\delta = \frac{E''}{U_{bF}/\sqrt{3}} \cdot \left| \underline{a}^2 + \frac{1}{2} \right| = \frac{E''}{U_{bF}} \cdot \frac{3}{2} \tag{11.11}$$

an. Setzt man wiederum $E'' = 1,1 \cdot U_{nN}/\sqrt{3}$ und schätzt die Betriebsspannung U_{bF} erneut mit dem Wert $\sqrt{3} \cdot E''$ ab, so ergibt sich der Zusammenhang

$$\delta \approx \frac{1,1 \cdot U_{nN}}{\sqrt{3} \cdot 1,1 \cdot U_{nN}} \cdot \frac{3}{2} = 0,87 \; . \tag{11.12}$$

Auch dieses Ergebnis läßt sich im Zeigerdiagramm an der Fehlerstelle F veranschaulichen. Für den Fall $\underline{Z}_0 \rightarrow 0$ sind alle Sternpunkte geerdet. Im fehlerbehafteten Leiter R stellt sich daher ein großer Kurzschlußstrom ein, der im Netz starke Spannungsabfälle bewirkt. Das Potential des Leiters R senkt sich dadurch auf Erdpotential ab. Gleichzeitig verlagert sich im Spannungszeigerdiagramm für die Außenleiterspannungen die Ecke R in den Sternpunkt N. Im Vergleich zum ungestörten Netzbetrieb verkleinern sich dabei die Spannungen $\underline{U}_{FRS}$ und $\underline{U}_{FTR}$ um den Faktor $\sqrt{3}$, während die Lage des Sternpunktes erhalten bleibt.

Für Nullimpedanzen zwischen den beiden dargestellten Grenzfällen stellen sich Zwischenwerte bei den Spannungen und dementsprechend auch bei dem Erdfehlerfaktor δ ein. Falls die Nullimpedanz die Bedingungen $X_0/X_1 \leq 4,3$ und $R_0/X_1 \leq 1$ einhält, gilt für den Erdfehlerfaktor δ die Ungleichung

$$\delta \leq 1,4 \; . \tag{11.13}$$

Wenn diese Bedingung eingehalten wird, ist die Spannungserhöhung im Vergleich zu Netzen mit isolierten Sternpunkten sowie mit Erdschlußkompensation bereits deutlich vermindert. In Hoch- und Höchstspannungsnetzen mit Nennspannungen bis zu 300 kV dürfen dann Betriebsmittel eingesetzt werden, deren Isolation schwächer ausgelegt ist. Bei Netzen mit höheren Nennspannungen ist eine solche Isolationsminderung dagegen von der Auswahl der im Netz installierten Überspannungsableiter abhängig (DIN VDE 0111).

Die geringere Spannungserhöhung wird damit erkauft, daß sich bei dieser Erdungsart die Ströme im Fall eines Erdkurzschlusses im Vergleich zum kompensierten Netz sehr stark erhöhen. Der einpolige Kurzschlußstrom ergibt sich für die Anlage in Bild 11.14 bzw. Bild 11.15 zu

$$I''_{k1p} = \frac{3E''}{\underline{Z}_1(2 + \underline{Z}_0/\underline{Z}_1)} \; . \tag{11.14}$$

Bezogen auf den äquivalenten dreipoligen Kurzschlußstrom

$$I''_{k3p} = \frac{E''}{\underline{Z}_1}$$

erhält man dann

$$I''_{k1p} = \frac{3}{2 + \underline{Z}_0/\underline{Z}_1} \cdot I''_{k3p} \approx \frac{3}{2 + (jX_0)/(jX_1)} \cdot I''_{k3p} \; . \tag{11.15}$$

Der einpolige Fehlerstrom liegt, wie bereits erwähnt, in der Größenordnung vom dreipoligen Kurzschlußstrom. Unter der Bedingung $X_0/X_1 < 1$ kann der *einpolige Kurzschlußstrom sogar größer werden*. In der Praxis liegt dieser Fall z.B. dann vor, wenn der Fehler hinter einem geerdeten Transformator der Schaltgruppe Yd5 auftritt, bei dem $X_0/X_1 \leq 1$ gilt. Zu bemerken ist, daß die im Kapitel 7 betrachteten Leiterschienen bei einem dreipoligen Kurzschluß trotzdem mechanisch stärker belastet werden, da dann alle drei Außenleiter einen großen Strom führen. Beim einpoligen Kurzschluß tritt dagegen nur im fehlerhaften Leiter ein höherer Strom als I''_{k3p} auf. In den anderen beiden Leitern ist der Fehlerstrom kleiner. Es ergibt sich daher eine geringere Kraftwirkung.
Die Erdkurzschlußströme können ohne weiteres in niederohmig geerdeten Netzen *Werte von ca. 80 kA annehmen*. Daher ist ein *schneller und besonders sicherer Netzschutz* notwendig, der die Ausschaltung in möglichst kurzer Zeit, etwa 0,1...0,2 Sekunden, bewirkt.
Die Ströme, die während dieses Zeitbereichs fließen, verursachen

- eine hohe thermische und mechanische Belastung der Betriebsmittel,

- eine verstärkte Gefährdung von Personen durch hohe Erdströme,

- eine Induktion gefährlicher Spannungen in parallel geführten Leitungen wie z.B. Fernmeldekabeln.

Eine Verringerung des Fehlerstroms läßt sich dadurch erreichen, daß entweder nur ein Teil der Sternpunkte im Netz geerdet wird oder daß eine sogenannte *induktive Erdung* vorgenommen wird. Eine induktive Erdung liegt vor, wenn niederohmige Induktivitäten – meist in der Größe von 5 Ω bis 20 Ω – zwischen Sternpunkt und Erder geschaltet werden. Der Erdkurzschlußstrom wird bereits durch diese geringen Reaktanzen vielfach auf ca. 2/3 des Stroms begrenzt, der anderenfalls ohne die Induktivität auftreten würde. Diese Sternpunktbehandlung hat sich bei den großen 110-kV-Kabelnetzen als besonders zweckmäßig erwiesen.
Bei niederohmig geerdeten Netzen führt jeder Erdkurzschluß zu hohen Strömen und damit zu einer schnellen Ausschaltung der gestörten Leitung. Dadurch wird meistens die Versorgung der Verbraucher beeinträchtigt. Diese Beeinträchtigung verringert sich erheblich, wenn die Netze für die bereits angesprochene Kurzunterbrechung (KU) ausgerüstet

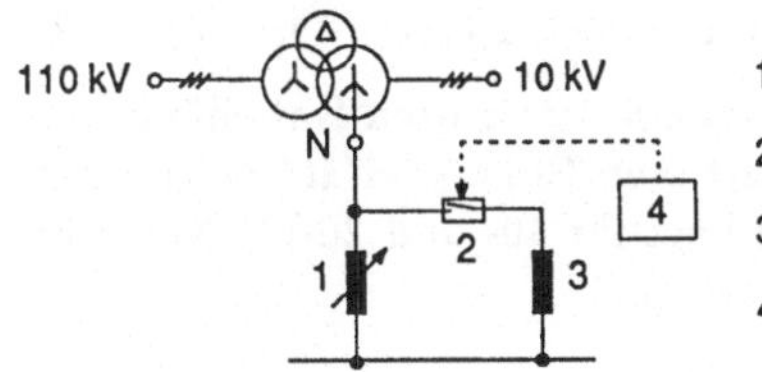

Bild 11.16

Kombination der Erdschlußkompensation mit einer Kurzerdung (KE)

sind (s. Kapitel 7). In Höchstspannungsnetzen kann eine dreipolige KU jedoch leicht zu Stabilitätsschwierigkeiten führen (s. Abschnitt 7.5). Solche Schwierigkeiten lassen sich in vielen Netzen vermeiden, wenn die durch die Leitungsauftrennung bewirkte Entmaschung verringert wird. Diese Forderung ist erfüllt, falls sich die KU nur auf den erdkurzschlußbehafteten Außenleiter erstreckt, also nur *einpolig* vorgenommen wird. Erst im Falle einer erfolglosen KU wird endgültig eine dreipolige Abschaltung der Fehlerstelle vorgenommen [13].

In bestimmten Fällen ist es notwendig, niederohmig geerdete und kompensierte Netze zu kuppeln. Diese Aufgabenstellung liegt z.B. dann vor, wenn ein leistungsstarkes, induktiv geerdetes Industrienetz (Kabel) bei Leistungsmangel vorübergehend aus einem kompensiert gefahrenen öffentlichen Freileitungsnetz gestützt werden soll. Bei einem direkten Zusammenschluß würde das öffentliche Netz meist so stark verstimmt werden, daß eine Kompensation nicht mehr möglich wäre. Daher dürfen solche Netze nur über einen Volltransformator gekuppelt werden, der die Nullsysteme trennt. Spartransformatoren weisen diese Eigenschaft nicht auf.

In Mittelspannungsnetzen wird die niederohmige Erdungsart häufig mit einer weiteren Sternpunktbehandlung, der bereits beschriebenen Erdschlußkompensation, kombiniert. Zusätzlich zur hochohmigen Erdschlußlöschspule wird in solchen Netzen eine weitere, niederohmige Drosselspule vorgesehen, die nur im Fall von Dauererdschlüssen anspricht (Bild 11.16). Etwa 10 s nach dem Auftreten eines derartigen Fehlers wird diese niederohmige Reaktanz kurzzeitig zur Erdschlußlöschspule parallel geschaltet. Sie ist so bemessen, daß der dabei verursachte Erdkurzschlußstrom auch für die Schutzeinrichtungen eines Mittelspannungsnetzes ausreichend groß ist, um den Dauererdschluß selektiv auszuschalten (z.B. 1000 A). Diese Einrichtung wird als *Kurzerdung* (KE) bezeichnet und wird in [122], [123] behandelt. Eine solche Kurzerdung ist jedoch nur möglich, wenn jeder Außenleiter mit einem Schutzrelais ausgerüstet ist. Falls das vorliegende Netz, wie es bei Netzen mit isolierten Sternpunkten oder kompensierten Netzen gemäß Abschnitt 4.12.2.2 häufig der Fall ist, nur über einen zweiphasig installierten Netzschutz verfügt, ist eine entsprechende Umrüstung notwendig.

Die Wahl der Sternpunktbehandlung bestimmt sehr wesentlich die Höhe der wirksamen Nullimpedanz und damit auch die Höhe des Erdschlußstroms. Diese Entscheidung beeinflußt wiederum die Gestaltung der Erdungsanlagen, die in Netzen mit $U_{nN} > 1$ kV die tragenden Einrichtungen zum Schutz von Personen darstellen.

11.4 Aufgaben

Aufgabe 11.1: In dem Mittelspannungsnetz gemäß Aufgabe 6.1 mögen die Kabel als Radialfeldkabel ausgeführt sein und eine mittlere Erdkapazität $C'_E = 0{,}5\ \mu\mathrm{F}/\mathrm{km}$ aufweisen.

a) Berechnen Sie den Fehlerstrom, der bei einem einpoligen Erdschluß in der Station K auftritt, wenn das Netz mit isolierten Sternpunkten betrieben wird. Ist eine isolierte Sternpunktbehandlung zulässig, wenn laut DIN VDE 0228 der zulässige Löschstrom für 10- und 20-kV-Netze bei 35 A liegt?

b) Ändert sich der Fehlerstrom, wenn der einpolige Fehler an einem anderen Ort auftritt?

c) Üblicherweise versorgt eine Umspannstation ein Netz mit einer gesamten Kabellänge von 100 ... 150 km. Zeigen Sie, ob bei der angegebenen mittleren Erdkapazität ein kompensierter Betrieb zulässig ist. Der zugehörige Löschstrom liegt für 10- und 20-kV-Netze bei 60 A. Welche Möglichkeiten bieten sich bei Unzulässigkeit an?

Aufgabe 11.2: In 10- bzw. 20-kV-Schaltanlagen weisen die 110/10- bzw. 110/20-kV-Einspeisetransformatoren häufig die Schaltgruppe YNd5 bzw. YNd11 auf. Im Hinblick auf eine Kompensation fehlen dann Sternpunkte im Mittelspannungsnetz. Um dort den Einbau eines Sternpunktbildners zu vermeiden, ist es häufig auch möglich, die Erdschlußlöschspule an den Eigenbedarfstransformator der Umspannstation anzuschließen. Bei der dargestellten Anlage handelt es sich um ein 20-kV-Freileitungsnetz mit einer Ausdehnung von insgesamt 130 km Leitungslänge.

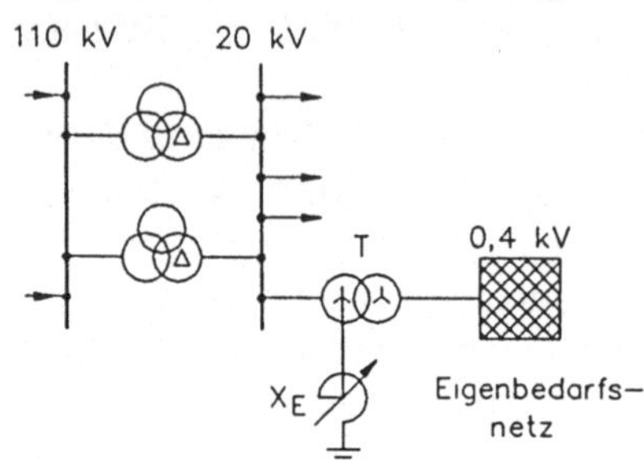

a) Stellen Sie für den Fall eines einpoligen Erdschlusses an der 20-kV-Sammelschiene das Komponentenersatzschaltbild der Anlage auf, wobei im Mit- und Gegensystem die induktiven und ohmschen Impedanzen der Netzeinspeisung und der Freileitungen sowie der induktive Anteil der angeschlossenen Lasten vernachlässigt werden sollen.

b) Zu welchen Konsequenzen führt der durch diese Vernachlässigung verursachte systematische Fehler bei der Berechnung der Ströme?

T: $ü = 20$ kV / 0,4 kV;
$S_{nT} = 400$ MVA;
$u_k = 4$ %; X_0 / $X_m = 0{,}8$

c) Berechnen Sie für den Fall, daß die mittlere Erdkapazität der Freileitungen $C'_E = 6$ nF/km beträgt, die Induktiviät der zur Kompensation benötigten Erdschlußlöschspule, wobei das Netz als verlustfrei angesehen werden möge und die Nullimpedanz des Transformators unberücksichtigt bleibt.

d) Um wieviel Prozent verstimmt der Eigenbedarfstransformator die Kompensation? Welche Fahrweise wird dadurch begünstigt?

e) Aus welchem Grunde werden kompensierte Netze verstimmt gefahren?

f) Welchen Induktivitätswert muß die Erdschlußlöschspule aufweisen, wenn bei einer Netzausdehnung von 130 km die Induktivität um 30 % kleiner sein soll als im idealen Fall? Welchen Wert weist bei weiterhin als verlustlos angenommenen Verhältnissen dann der Spulen- und der Fehlerstrom auf? Welcher Betrieb liegt vor?

g) Wie wirkt sich ein weiterer Netzausbau auf diese Zusammenhänge aus?

h) Welchen Wert weist der Strom am Fehlerort bei einer abgeglichenen und einer um 30 % verstimmten Erdschlußlöschspule auf, wenn das Netz als widerstandsbehaftet angesehen wird?
Verwenden Sie dafür eine empirische Beziehung.

i) Das Netz möge zusätzlich über eine Kurzerdung verfügen. Der einpolige Kurzschlußstrom möge dabei auf 1200 A ansteigen. Welche Reaktanz muß die Drosselspule aufweisen, die dann parallel zur E-Spule zu schalten ist?

j) Wie groß darf bei einem 400-kVA-Eigenbedarfstransformator maximal der Eigenbedarf der Anlage sein, wenn der Transformator während des Erdschlusses, der maximal einige Stunden ansteht, wie üblich um 30 % überlastet werden darf? Das Netz möge dabei um 30 % überkompensiert betrieben werden (s. Aufgabenteil f).

k) Erläutern Sie, wie sich Erdschlußlöschspulen in kleinen Netzen konstruktiv bezüglich ihrer Windungszahl, ihres Leiterquerschnittes und ihrer Leiterisolierung von solchen Spulen unterscheiden, die zur Kompensation eines räumlich ausgedehnten Netzes eingesetzt werden. Der Eisenkern soll in beiden Fällen, wie in der Praxis üblich, die gleiche Ausführung aufweisen.

l) Wie ist bei der abgebildeten Netzschaltung in dem 0,4-kV-Eigenbedarfsnetz der Sternpunkt zu realisieren, der für den Anschluß des Neutralleiters benötigt wird?

Aufgabe 11.3: In der Aufgabe 10.3 ist ein 110-kV-Netz dargestellt, bei dem der Transformator T_2 unmittelbar mit dem Maschenerder der Umspannstation verbunden ist. Das Netz soll dabei vereinfachend als verlustlos angenommen werden.

a) Berechnen Sie den Erdfehlerfaktor, wenn in F ein einpoliger Erdkurzschluß auftritt.

b) Berechnen Sie für den eingezeichneten Betriebszustand den Erdfehlerfaktor an der Netzeinspeisung, wenn nach wie vor in F der Fehler auftritt.

c) Ist bereits eine Isolationsminderung bei der Auslegung der Betriebsmittel zulässig?

12 Wichtige Maßnahmen zum Schutz von Menschen und Tieren

Die wesentlichen Einrichtungen zum Schutz von Betriebsmitteln sind bereits im Abschnitt 4.12 beschrieben worden. Die erweiterten theoretischen Kenntnisse ermöglichen es nun auch, die Maßnahmen genauer zu erläutern, die vornehmlich zum Schutz von Menschen und Tieren dienen. Dabei gilt es, zwischen einem direkten und einem indirekten Berührungsschutz zu unterscheiden.

12.1 Direkter und indirekter Berührungsschutz in Netzen mit Nennspannungen über 1 kV

Ein genaueres Verständnis der Schutzmaßnahmen erfordert Kenntnisse darüber, mit welchen Spannungswerten der Mensch maximal in Berührung kommen darf. Ein Spannungsabfall am menschlichen Körper führt stets zu einem Strom, da der Körper leitfähig ist. Er stellt aus physikalischer Sicht einen nichtlinearen Widerstand dar, dessen Größe u.a. von der anliegenden Spannung abhängig ist. Daneben gibt es eine Reihe weiterer Einflußgrößen, z.B. die Lage der Elektroden am Körper, die Größe ihrer Kontaktfläche, den Feuchtigkeitsgehalt der Haut und die Beschaffenheit des Knochenbaues. Genauere Angaben dazu sind [60] zu nehmen. Impedanzwerte des Körpers um 1000 Ω sind als niedrig zu bezeichnen.

Die Gefährdung des Menschen wird primär vom Strom, nicht von der Spannung verursacht. Prinzipiell gilt, daß die *Stromstärke*, bei der eine Gefährdung auftritt, *mit wachsender Einwirkdauer auf den Menschen absinkt*. Eine *Gefährdung* tritt bereits bei *Strömen von 50 mA* auf. In dem Bereich zwischen 50 mA und 500 mA äußert sich die Gefährdung bei Wechselströmen überwiegend in einer Funktionsstörung des Herzens, dem *Herzkammerflimmern*. Es kommt zu unregelmäßigen Kontraktionen der Herzmuskulatur. Die Folge davon ist eine Beeinträchtigung der Blutzirkulation, die zu einem Sauerstoffmangel im Gehirn und damit zum Tode führen kann. Bei *größeren Strömen* überwiegen zunehmend *Verbrennungserscheinungen*, die im Körperinneren auftreten [60].

Unzulässige Gefährdungsströme stellen sich gemäß der DIN-VDE-Bestimmung 0141 nicht ein, wenn sichergestellt wird, daß am menschlichen Körper maximal die in Bild 12.1 angegebenen *Spannungen* abfallen. Bei den zulässigen Spannungen handelt es sich um *Effektivwerte*. Ihre Größe ist von der Einwirkdauer abhängig. Auch bei den Spannungen gilt: Je kürzer die Einwirkdauer ist, desto höher kann der zulässige Spannungswert sein. Bei einer Fehlerdauer von 3 Sekunden bis zu einigen Stunden darf der Effektivwert 65 V

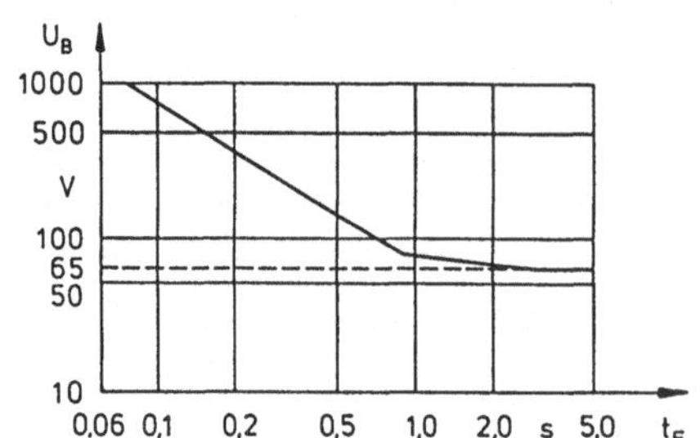

Bild 12.1
Effektivwerte der zulässigen
Berührungsspannung U_B in Abhängigkeit von
der Fehlerdauer t_F

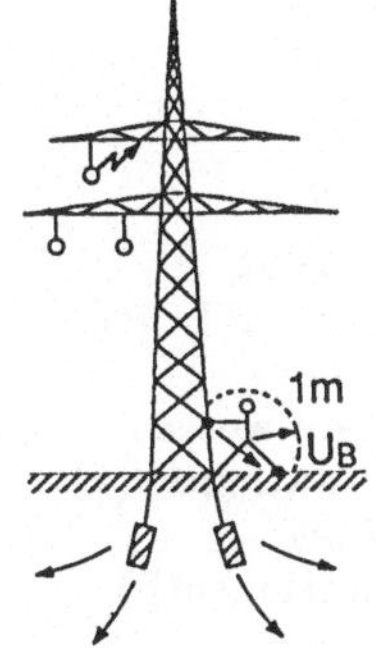

Bild 12.2
Gefährdung von Menschen durch eine Berührungsspannung U_B an passiven Anlagenteilen

nicht überschreiten. Für Fehler, die über diese zeitliche Grenze hinaus anstehen, ist ein Maximalwert von 50 V einzuhalten.

Durch Schutzmaßnahmen ist nun sicherzustellen, daß Menschen in Netzanlagen nicht mit höheren Spannungen in Berührung kommen. Zu diesem Zweck sind zunächst alle Teile, die unmittelbar zum Betriebsstromkreis gehören und im folgenden als *aktiv* bezeichnet werden, vor *direkter Berührung zu schützen*. Zu diesem Zweck werden üblicherweise Isolierungen und Absperrungen eingesetzt. Der gesamte Katalog der zulässigen Maßnahmen ist den DIN-VDE-Bestimmungen 0101, 0105 sowie den Unfallverhütungsvorschriften zu entnehmen. Diese Maßnahmen werden unter dem Begriff *direkter Berührungsschutz* zusammengefaßt. Von gleicher Wichtigkeit ist der *indirekte Berührungsschutz*. Die dazu gehörenden Schutzmaßnahmen sollen sicherstellen, daß auch von denjenigen Teilen, die nicht zum Betriebsstromkreis gehören, jedoch im Fehlerfall durchaus unter Spannung stehen können, keine unzulässigen Spannungen abzugreifen sind.

Im folgenden werden diese Anlagenteile – im Unterschied zu den aktiven – als *passiv* bezeichnet. In Bild 12.2 ist ein Beispiel für diese Art der Gefährdung dargestellt. Der indirekte Berührungsschutz gilt als erfüllt, wenn von den passiven Teilen in ca. 1 m Umkreis für den Menschen keine unzulässig hohen Spannungen abgreifbar sind. Die abgreifbaren Spannungen werden im folgenden als *Berührungsspannungen* bezeichnet.

Um hinreichend kleine Berührungsspannungen zu erhalten, werden in Anlagen mit Nennspannungen über 1 kV zunächst alle passiven Teile geerdet, also über niederohmige *Erdungsleitungen bzw. Erdungssammelleitungen* an einen Erder angeschlossen. *Beim Erder handelt es sich um Leiter, die in der Erde eingebettet sind und mit ihr großflächig in Verbindung stehen.* Bild 12.3 verdeutlicht in schematisierter Form den gesamten Aufbau, der auch als *Erdungsanlage* bezeichnet wird.

Wie ebenfalls aus Bild 12.3 zu ersehen ist, erzwingt diese Anordnung einen Potentialausgleich zwischen den passiven Teilen. So können z.B. zwischen dem Gehäuse eines Wandlers und einer eventuell in der Nähe befindlichen Druckluftleitung keine gefährli-

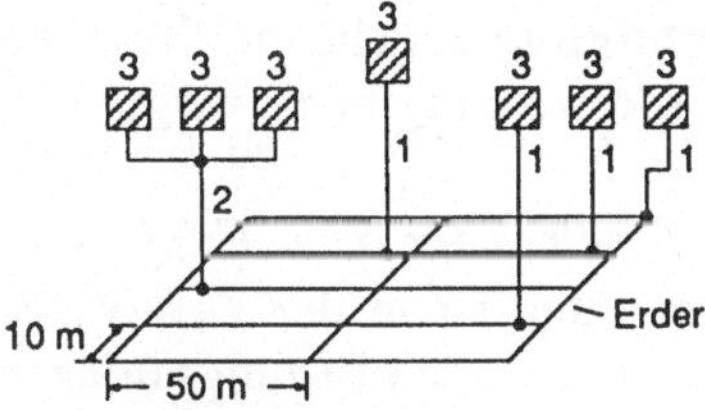

Bild 12.3
Prinzipieller Aufbau einer Erdungsanlage zum Schutz gegen zu hohe Berührungsspannungen

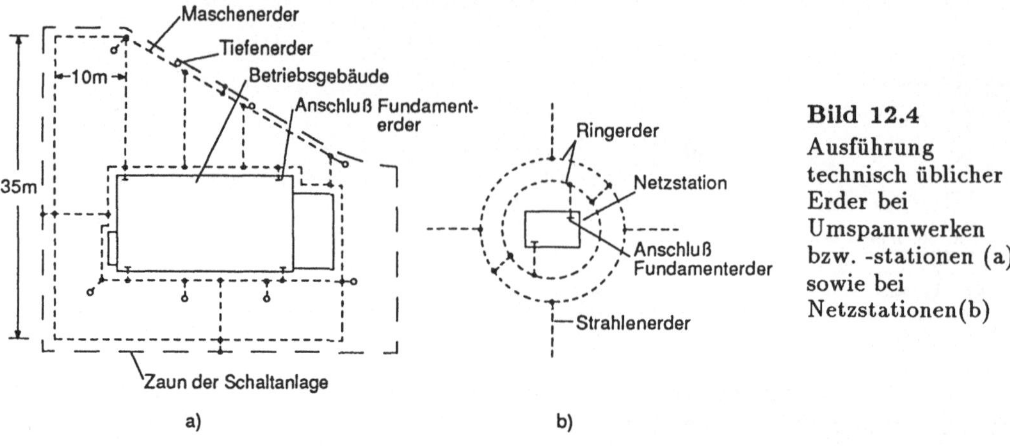

Bild 12.4
Ausführung technisch üblicher Erder bei Umspannwerken bzw. -stationen (a) sowie bei Netzstationen(b)

chen Berührungsspannungen mehr auftreten. Normalerweise werden nicht nur die passiven, sondern auch diejenigen aktiven Teile, die zu erden sind, an den gleichen Erder angeschlossen. Als Beispiel seien Sternpunkt-Erdungsdrosselspulen und Erdschlußlöschspulen genannt.

Um bei einer solchen Anordnung stets die erforderliche Schutzwirkung erfüllen zu können, ist der Erder zweckmäßig zu gestalten. *In Umspannwerken und -stationen* ist der Aufbau gemäß Bild 12.4 üblich. Im Betriebsgelände sind verzinkte Stahlbänder, seltener Kupferseile, in etwa 80 cm Tiefe und damit unterhalb der Frostgrenze verlegt. Sie sind so angeordnet, daß Maschen von maximal 10 m x 50 m entstehen. Bei Maschen bis zu dieser Größe wirkt der Erder praktisch wie eine Metallplatte gleicher Fläche. Die gesamte Anordnung wird als *Maschenerder* bezeichnet und stellt eine spezielle Ausführung eines Oberflächenerders dar.

In die Betonfundamente des Betriebsgebäudes werden ebenfalls Stahlbänder eingebettet, die untereinander verbunden sind. Da Beton leitfähig ist, wirken sie ebenfalls wie ein Oberflächenerder, der mit dem speziellen Ausdruck *Fundamenterder* belegt wird. Fundament- und Maschenerder sind miteinander verbunden. Daher kann das gesamte Betriebsgelände als ein zusammenhängender Maschenerder angesehen werden. Falls tiefere Erdschichten deutlich besser leitend sind, werden zusätzlich sogenannte *Tiefenerder* in Form von Metallstäben in das Erdreich getrieben. Bei mehreren Tiefenerdern ist jedoch darauf zu achten, daß ihr Abstand untereinander mindestens doppelt so groß ist wie die wirksame Länge eines Erders. Wenn diese Restriktion eingehalten wird, beeinflussen sich die Tiefenerder gegenseitig nicht. Anderenfalls würde sich ihre Erderwirkung verringern.

Bei Netzstationen ist der Erdungsaufwand erheblich geringer. Es werden lediglich ein oder zwei Ringe aus Stahlband, sogenannte *Ringerder*, um die Fundamente gelegt und mit dem Fundamenterder der Netzstation verbunden. Sternförmig abgehende Strahlen, die in den Kabelgräben mit verlegt werden, können die Erderwirkung noch vergrößern (Bild 12.4).

Der Querschnitt der in den Erdungsanlagen verwendeten *Stahlbänder bzw. Kupferseile* richtet sich nach den *maximal zu erwartenden Fehlerströmen* und ist in der DIN-VDE-Bestimmung 0141 festgelegt. Die Fehlerströme, die je nach Fehlerart die Erdungsanlagen belasten, errechnen sich aus den bereits kennengelernten Ersatzschaltbildern. Die Erdungsanlagen in den Schaltanlagen sind darin nicht berücksichtigt. Dies ist zulässig, da

ihre Widerstände mit 0,1...1 Ω üblicherweise klein im Vergleich zu den übrigen Netzimpedanzen sind. Diese Vernachlässigung führt auf höhere Fehlerströme und damit auch
auf höhere Berührungsspannungen. Bei so dimensionierten Anlagen erhöht sich demnach
der indirekte Berührungsschutz.

Für den Strom, der über den Erder ins Erdreich eingeleitet wird, verwendet man den
Ausdruck *Erdungsstrom* I_E. Die Erdungsanlagen werden so ausgelegt, daß der wesentliche
Spannungsabfall, den der Erdungsstrom erzeugt, im Erdreich auftritt, nicht jedoch an
den Erdungsleitungen und dem Erder. Um zu verhindern, daß sich nun im Erdreich
unzulässige hohe Berührungsspannungen einstellen, muß der Erder eine bestimmte Größe
aufweisen. Die dafür benötigten Zusammenhänge werden im folgenden erläutert.

12.2 Berührungsspannungen bei Erdern

Für das Verständnis der folgenden Zusammenhänge ist es zweckmäßig, zunächst von einer
gleichstrombelasteten Erderanordnung auszugehen, die in Bild 12.5 dargestellt ist. Es
handelt sich um Halbkugelerder, die jedoch normalerweise in der Praxis nicht verwendet
werden. Die im Erdreich interessierenden Strom-Spannungs-Verhältnisse lassen sich aber
bei dieser Anordnung analytisch besonders einfach darstellen. *Vorteilhafterweise gelten*
die daraus abgeleiteten grundsätzlichen Aussagen zugleich auch für die technisch üblichen
Erderausführungen.

Das Erdreich wird bei dieser Betrachtung als homogen angesehen und möge den spezifischen Widerstand ρ_E aufweisen. Zusätzlich sei der Abstand zwischen den Erdern im
Vergleich zu ihren Radien R_1 und R_2 sehr groß. Unter diesen Voraussetzungen erhält man
das Strömungsfeld durch eine Überlagerung der Stromdichten $\vec{S}_{r1}$ und $\vec{S}_{r2}$ (s. Kapitel
9). Im folgenden interessiert nur das Strömungsfeld in der unmittelbaren Umgebung der
Erder. Bei den vorausgesetzten großen Abständen kann der Einfluß des jeweils anderen
Erders vernachlässigt werden. Aus den bekannten Beziehungen

$$E_r = \rho_E \cdot S_r \ , \quad U(r) = \int\limits_R^r E_r \cdot dr \ , \quad S_r = \frac{I_E}{A_{Halbkugel}} \tag{12.1}$$

ermittelt sich der Spannungsverlauf in der Nähe des betrachteten Halbkugelerders mit
dem Radius R zu

$$U(r) = I_E \cdot \frac{\rho_E}{2\pi} \cdot \left(\frac{1}{R} - \frac{1}{r} \right) \ . \tag{12.2}$$

Der Spannungsverlauf ist in Bild 12.6 graphisch dargestellt. Wie daraus zu ersehen ist,
fällt der größte Teil der Spannung in der unmittelbaren Umgebung des Erders ab. Je
weiter man sich vom Erder entfernt, desto mehr nähert sie sich einem Endwert, der

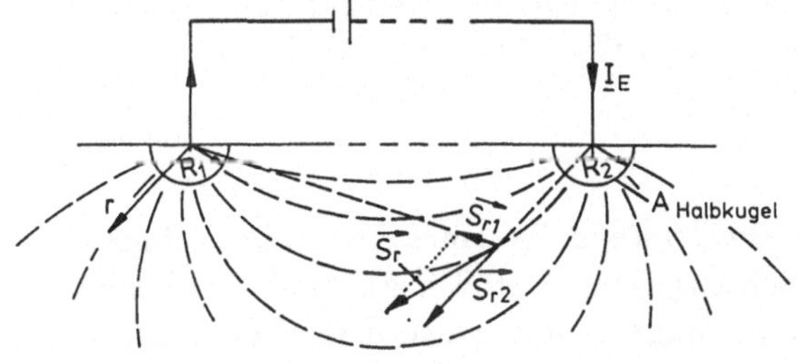

Bild 12.5
Strömungsfeld einer einfachen
Erderanordnung

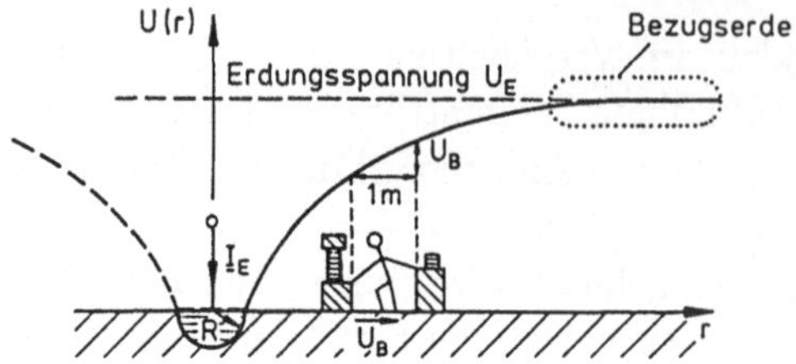

Bild 12.6
Spannungsverlauf in der Nähe eines
Halbkugelerders bei eingeprägtem
Erdungsstrom I_E

sogenannten *Erdungsspannung*. Speziell bei Halbkugelerdern beträgt diese

$$U_E = I_E \cdot \frac{\rho_E}{2\pi \cdot R} \, . \tag{12.3}$$

Ihre Größe hängt demnach sowohl vom Erdungsstrom I_E als auch von der Erderaus-
dehnung ab. Der Bereich, in dem sich die Spannung diesem Wert asymptotisch nähert,
wird als *Bezugserde* bezeichnet. Bei Masten wird die Asymptote bereits nach 20...30 m
hinreichend gut erreicht.

Die Äquipotentiallinien verlaufen auf der Erdoberfläche kreisförmig um den Erder. Das
Erdoberflächenpotitial – über der Entfernung vom Erder aufgetragen – ergibt eine trich-
terförmige Fläche. Man spricht daher auch sehr anschaulich vom *Spannungs- oder Po-
tentialtrichter eines Erders*. Wenn Menschen im Bereich des Trichters an der Stelle r eine
Wegstrecke Δr überbrücken, tritt ein Spannungsabfall ΔU auf:

$$\Delta U = \left. \frac{\partial U(r)}{\partial r} \right|_{r=\text{const}} \cdot \Delta r \, .$$

Die interessierende Berührungsspannung U_B ermittelt sich für $\Delta r = 1$ m daraus zu

$$U_B = \left. \frac{\partial U(r)}{\partial r} \right|_{r=\text{const}} \cdot 1\,\text{m} \, . \tag{12.4}$$

Speziell beim Halbkugelerder beträgt die Berührungsspannung

$$U_B = I_E \cdot \frac{\rho_E}{2\pi} \cdot \frac{1\,\text{m}}{r^2} \tag{12.5}$$

und ist bei r = R, also unmittelbar am Rand des Erders, mit

$$U_{Bmax} = I_E \cdot \frac{\rho_E}{2\pi} \cdot \frac{1\,\text{m}}{R^2} = \frac{U_E}{R} \cdot 1\,\text{m} \tag{12.6}$$

am größten. Die Erdungsspannung U_E kennzeichnet demnach auch *die maximale Berührungsspannung* U_{Bmax}, die nach den vorhergehenden Betrachtungen gewisse Grenzwerte
nicht überschreiten darf, wenn Menschen nicht gefährdet werden sollen.
Im folgenden wird für die betrachtete Anlage in Bild 12.5 ein Ersatzschaltbild erstellt, mit
dessen Hilfe auch die Erdungsverhältnisse in umfassenderen Netzanlagen übersichtlich
dargestellt werden können. Zu diesem Zweck wird Gl. (12.3) umgeschrieben in

$$\frac{U_E}{I_E} = \frac{\rho_E}{2\pi \cdot R} = R_A \, .$$

Der Quotient U_E/I_E wird als *Ausbreitungswiderstand R_A eines Erders* bezeichnet. Dieser Widerstand beschreibt aufgrund des vorausgesetzten großen Abstandes zwischen den
Erdern den Zusammenhang zwischen der Erdungsspannung und dem Erdungsstrom für

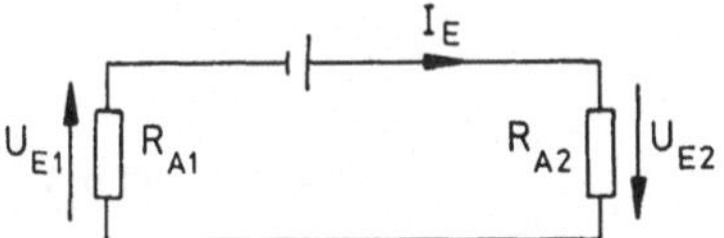

Bild 12.7
Ersatzschaltbild für zwei Halbkugelerder

jeweils einen Erder. Die Anordnung in Bild 12.5 wird somit durch das Ersatzschaltbild 12.7 erfaßt, das bisher für Gleichspannungsverhältnisse abgeleitet ist. Analoge Beziehungen für die Ausbreitungswiderstände von Banderdern R_{AB} und Tiefenerdern R_{AT} lauten

$$R_{AB} = \frac{\rho_E}{\pi \cdot l} \cdot \ln \frac{l}{\sqrt{d \cdot h}} \, , \quad R_{AT} = \frac{\rho_E}{2\pi \cdot l} \cdot \ln \frac{4 \cdot l}{d} \, ,$$

wobei die Größen l, d die Erderabmessungen angeben und h die Verlegungstiefe des Banderders kennzeichnet [13].

Abweichend davon werden die Erdungsanlagen der Energieversorgungsnetze im Fall von unsymmetrischen Fehlern nicht durch Gleich-, sondern durch Wechselströme belastet. Genauere Berechnungen zeigen, daß sich die Strömungsverhältnisse eines Gleichstroms und eines netzfrequenten Wechselstroms im Bereich bis zur Bezugserde kaum unterscheiden [61]. Bei größeren Entfernungen treten jedoch Unterschiede auf. Der Wechselstrom fließt dann im Erdreich entlang der Trasse in einigen Kilometern Breite und Tiefe, wobei der ohmsche Widerstand der Erde konstant ist und ca. 50 mΩ/km beträgt (s. Kapitel 9). Der Gleichstrom dagegen breitet sich in alle Richtungen unendlich weit aus. Ein Spannungsabfall tritt in diesen Bereichen kaum noch auf.

Das Strömungsfeld, das bei Wechselstrom auftritt, läßt sich mit hinreichender Genauigkeit durch das Ersatzschaltbild 12.8 beschreiben. Hierin beschreibt der Widerstand R_E den weitgehend parallelebenen Bereich und die Widerstände R_{A1} und R_{A2} jeweils die Übergangsbereiche des Strömungsfeldes in der Nähe der Erder (Bild 9.14). In der Praxis führen die Übergangsbereiche zu Widerständen, die je nach Größe des Erders im Bereich von ca. 0,1...50 Ω liegen. Kleinere Mastfüße weisen bei normalen Bodenverhältnissen wie z.B. Ackerboden mit $\rho_E = 100$ Ωm einen Ausbreitungswiderstand von ca. 40...50 Ω auf, der jedoch durch zusätzliche Ring- bzw. Strahlenerder bis auf ca. 1...2 Ω abgesenkt werden kann. Die Widerstandswerte von Erdungsanlagen in niederohmig geerdeten Netzen liegen im Bereich von ca. 0,1...0,5 Ω. Meistens werden dort großflächige Maschenerder eingesetzt. Bei dieser Erderausführung ergibt sich der Ausbreitungswiderstand mit einer Genauigkeit von ca. 5 % aus der Beziehung

$$R_A = \frac{\rho_E}{2 \cdot D} \, . \tag{12.7}$$

Mit D wird dabei der Durchmesser eines Kreises bezeichnet, der die gleiche Fläche wie der jeweilige Maschenerder aufweist. Der Verlauf des zugehörigen Spannungstrichters wird

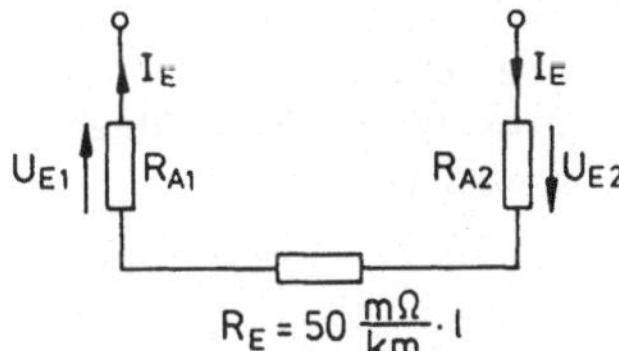

Bild 12.8
Ersatzschaltbild einer Erdungsanlage für Wechselstrom

für $|r| > D/2$ durch die Beziehung

$$U(r) = I_E \cdot \frac{\rho_E}{\pi \cdot D} \cdot \arcsin \frac{D}{2 \cdot r} \qquad (12.8)$$

beschrieben; die Erdungsspannung beträgt mithin

$$U_E = I_E \cdot \frac{\rho_E}{2 \cdot D} \cdot \qquad (12.9)$$

Entsprechende Angaben für weitere technisch übliche Erderausführungen sind u.a. [62] zu entnehmen.

Die bisherigen Betrachtungen haben also gezeigt, daß *die Erdungsspannung eine Kenngröße* für die *maximale Berührungsspannung darstellt*. Der Zusammenhang zwischen der Erdungsspannung und dem Erdungsstrom läßt sich bei bekannten Erderabmessungen durch Ersatzschaltbilder beschreiben. Im weiteren stellt sich nun die Frage, wie in umfassenderen Netzanlagen am zweckmäßigsten die Erdungsspannungen zu berechnen sind, die sich bei unsymmetrischen Fehlern einstellen.

12.3 Berechnung von Erdungsspannungen bei unsymmetrischen Fehlern

Eine Berechnung der Erdungsspannungen ist dann möglich, wenn geklärt ist, wie die Ersatzschaltbilder für die Erdungsanlagen mit den Komponentenersatzschaltbildern aus Kapitel 11 zu verknüpfen sind.

Erdungsanlagen sind Bestandteile des vierten Leiters, des Rückleiters. Sie *beeinflussen somit nur das Komponentenersatzschaltbild für das Nullsystem.* Die Art der Beeinflussung wird anhand der Anlage in Bild 12.9 erläutert.

Um die gewünschte detaillierte Darstellung zu erhalten, ist es ratsam, wieder von der Grundschaltung entsprechend Bild 9.14 auszugehen: An der Fehlerstelle F werden die drei Außenleiter parallel geschaltet und mit einer Spannungsquelle U_0 gespeist, die zwischen den drei parallelen Leitern und dem vierten Rückleiter liegt.

Für die weiteren Betrachtungen wird zunächst vorausgesetzt, daß die Erdseile, außer bei dem Mast an der Fehlerstelle, isoliert auf den Mastspitzen liegen, d.h. es werden keine Querströme über andere Masten berücksichtigt. Zur weiteren Vereinfachung wird zusätzlich angenommen, daß z.B. infolge eines Störfalles das Erdseil der Leitung L_2 nicht an die Erdungsanlage A_2 angeschlossen ist. Der sich dann einstellende Stromverlauf ist in Bild 12.10 skizziert. Analytisch läßt sich diese Anordnung auf ähnliche Weise beschreiben wie

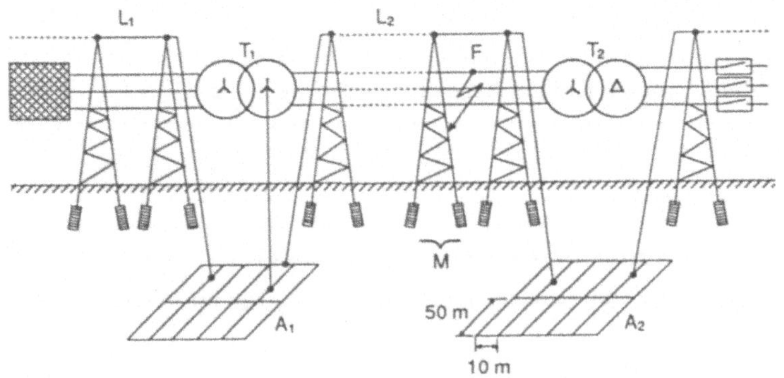

Bild 12.9
Netzanlage mit Erdschluß in F (Fehlerort F sei 10...15 Masten von der Anlage 2 entfernt)

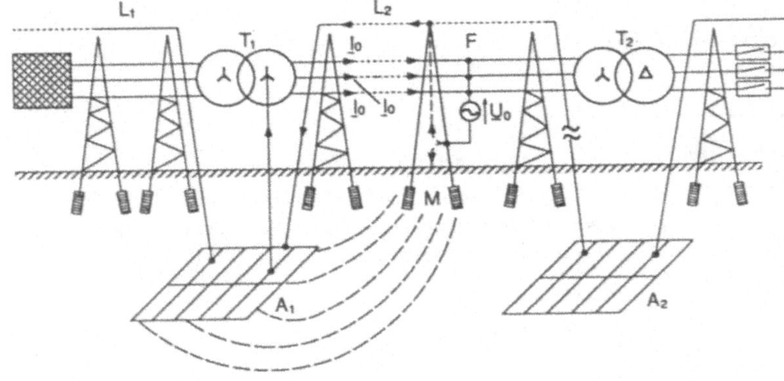

Bild 12.10
Verlauf der Nullströme
bei einem Erdschluß
in F
(Erdseil der Leitung L_2
vereinfachend nur auf
dem fehlerbehafteter
Mast und an der
Erdungsanlage A_1
angeschlossen)

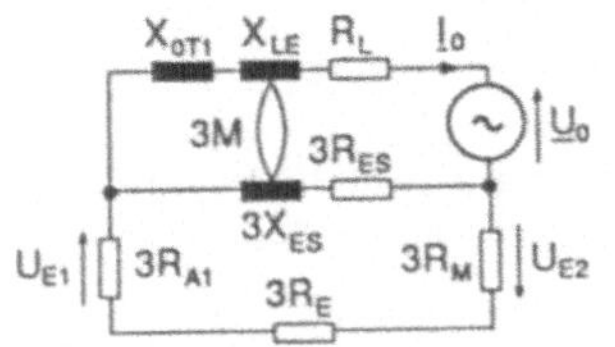

Bild 12.11
Komponentenersatzschaltbild der Anlage in Bild 12.9
ES: Erdseil

das System in Bild 9.20. Die Auswertung der entsprechenden Knotenpunktgleichungen und Maschenumläufe führt auf das Ersatzschaltbild 12.11.

Die magnetischen Felder der Leiterströme und des Stroms im Erdreich werden durch die Reaktanzen X_{LE}, X_{ES} erfaßt. Die Kopplung zwischen dem Erdseil und den Außenleitern wird jeweils durch die Gegeninduktivität M beschrieben. Mit den in den Abschnitten 9.4.1 und 9.4.2 vereinbarten Abkürzungen erhält man für diese Größen die Ausdrücke

$$X_{LE} = \omega \cdot \frac{\mu_0 \cdot l}{2\pi} \cdot \ln \frac{\delta^3}{r_B^3} \ , \quad X_{ES} = \omega \cdot \frac{\mu_0 \cdot l}{2\pi} \cdot \ln \frac{\delta}{r_{ES}} \ , \quad M = \frac{\mu_0 \cdot l}{2\pi} \cdot \ln \frac{\delta}{D} \ .$$

Die Induktivität und der ohmsche Widerstand des Erdseils stellen Elemente des vierten Leiters, des Rückleiters, dar und sind daher im Komponentenersatzschaltbild mit dem Faktor 3 zu versehen. Das Erdreich, der Erder A_1 in der Anlage und der Mastfuß M (Bild 12.9), der auch als Erder wirkt, werden durch die Widerstände R_E, R_{A1} und R_M beschrieben. Als Elemente des vierten Leiters gehen sie ebenfalls mit dem dreifachen Wert in die Schaltung ein. Vollständigkeitshalber sind die meist vernachlässigten Widerstände der Leiterseile R_L mit aufgenommen worden. Das beschriebene Komponentenersatzschaltbild für das Nullsystem wird allerdings bereits bei diesem vereinfachten Modell recht kompliziert. Eine Auswertung des noch umfassenderen Ersatzschaltbildes für den angenommenen einpoligen Fehler (Bild 12.12) führt zu aufwendigen analytischen Rechnungen. *Sofern ein anderer Fehler* von Interesse wäre, müßte *das Ersatzschaltbild für den dann vorliegenden Fehler* verwendet werden.

Der analytische Aufwand läßt sich erheblich verringern: Zunächst wird aus dem herkömmlichen Ersatzschaltbild der Nullstrom mit dem vereinfachten Komponentennetzwerk des Nullsystems ermittelt (Bild 12.13). Richtwerte für die Größen X_{0L}, R_{0L} sind Kapitel 9 oder auch [46] zu entnehmen. Der Ausbreitungswiderstand der Anlage R_{A1} und des Mastes an der Fehlerstelle R_M sind darin nicht berücksichtigt. Anschließend wird das genauere Komponentenersatzschaltbild für das Nullsystem ausgewertet, wobei der *vorher bestimmte Nullstrom als eingeprägt angesehen wird*. Aus diesem Ersatzschaltbild lassen

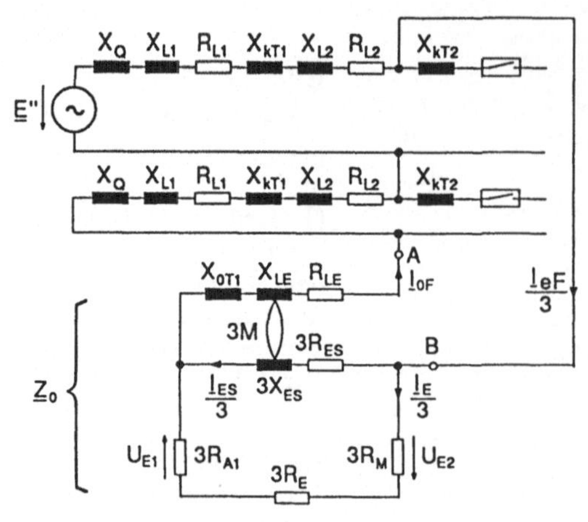

Bild 12.12
Ersatzschaltbild für einen Erdschluß mit
Berücksichtigung der Erdungsanlagen in der
Nullimpedanz

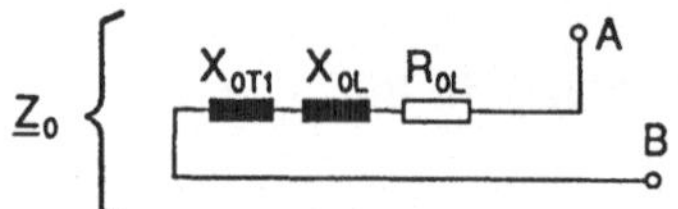

Bild 12.13
Vereinfachung der Nullimpedanz im Bild 12.12 durch
Vernachlässigung der Ausbreitungswiderstände

sich dann – wie gewünscht – die Erdungsspannungen U_{E1}, U_{E2} an den Widerständen
R_{A1} und R_M berechnen. Der systematische Fehler, der mit diesem Verfahren verbunden
ist, führt zu größeren Nullströmen. Dies gilt dann auch für die Erdungsspannung, d.h. die
ermittelten Werte liegen im Hinblick *auf den Berührungsschutz auf der sicheren Seite.*
Die Berechnung der Erdungsspannung läßt sich noch weiter vereinfachen, wenn der Reduktionsfaktor $\underline{r}$ verwendet wird, der im Abschnitt 9.4.2 abgeleitet ist und im allgemeinen
eine komplexe Größe darstellt. Er resultiert somit aus einer im voraus durchgeführten
Schaltungsanalyse und ist ein Maß für den Erdungsstrom I_E, der über den Erder ab-
fließt. Unter Verwendung dieser Größe vereinfacht sich das aufgestellte Ersatzschaltbild
auf die Form in Bild 12.14. In praktischen Rechnungen verwendet man jedoch häufig
nur den Betrag r des Reduktionsfaktors, der für technisch übliche Ausführungen z.B.
[62] zu entnehmen ist. Für eine Freileitung mit einem Al/St-Erdseil liegt dieser Wert im
Bereich 0,6...0,7. Der durch die Betragsbildung verursachte systematische Fehler führt
zu einem größeren Erdungsstrom und damit auch wieder zu einer geringfügig größeren
Erdungsspannung. Dieser Schritt ist daher ebenfalls berechtigt.
Aus dem Ersatzschaltbild 12.14 ist, wie bereits in Abschnitt 9.4.2 erwähnt, direkt zu
ersehen, daß der Fehlerstrom im Erdreich durch das Erdseil erheblich verringert wird.
Noch günstigere Verhältnisse ergeben sich, wenn das stark vereinfachte Modell den praktischen Bedingungen angepaßt wird. Das heißt, daß die leitenden Verbindungen zwischen
Erdseil und Mastspitzen sowie der Anschluß an die Erdungsanlage A_2 berücksichtigt
werden (Bild 12.9). Die Mastfundamente wirken als Erder. Der Ausbreitungswiderstand
einschließlich des Mastwiderstandes liegt je nach Größe des Mastfußes üblicherweise im

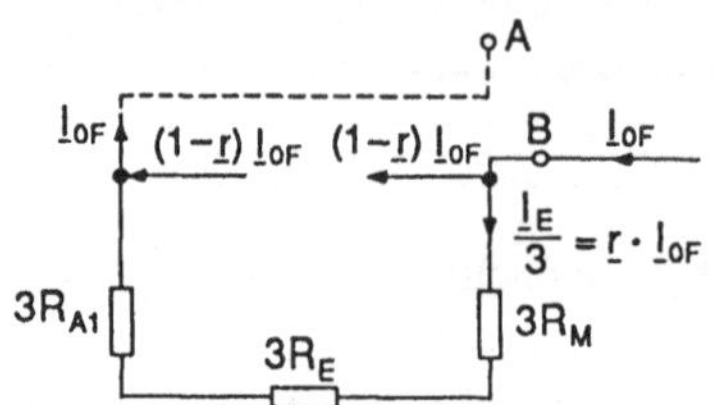

Bild 12.14
Vereinfachung des Komponentenersatzschaltbildes im
Nullsystem durch Verwendung des Reduktionsfaktors $\underline{r}$

Bereich von 10...50 Ω. Infolgedessen bestehen zwischen Erdseil und Erde parallel zum fehlerbehafteten Mast weitere leitende Verbindungen, die relativ niederohmig sind. Es bilden sich darüber Querströme aus, die den Erder entlasten, da der Nullstrom als eingeprägt anzusehen ist.

Die einzelnen Querströme lassen sich berechnen, wenn jedes Feld und jeder Mast einzeln nachgebildet werden. Auswertungen dieses genaueren Modells haben gezeigt, daß sich Querströme nur in den ersten 10 bis 15 Masten einstellen und daß die Verhältnisse ansonsten ausreichend mit dem bisher entwickelten Ersatzschaltbild beschrieben werden [63]. Weiterhin ergibt sich, daß die Querströme hinreichend genau berechnet werden, wenn man jedem angeschlossenen Erdseil zusätzlich eine Impedanz $\underline{Z}$ zuordnet. *Diese Impedanz ist parallel zum Ausbreitungswiderstand zu legen.* An einer Fehlerstelle auf einer Leitung wirkt das Erdseil *zu beiden Seiten hin entlastend*, da sich auf beiden Seiten Querströme ausbilden. Es ist dann für jede Seite eine Impedanz in das Ersatzschaltbild einzufügen. In einer Schaltanlage ist dagegen nur *eine* Impedanz $\underline{Z}$ wirksam.

Bild 12.15 zeigt das vervollständigte Ersatzschaltbild. Wie daraus zu ersehen ist, wird bei diesem verfeinerten Modell der Begriff *Erdungsstrom* $\underline{I}_E$ für den insgesamt durch die Erde fließenden Strom verwendet. Der Strom durch den Erder wird im Unterschied dazu speziell als *Ausbreitungsstrom* $\underline{I}_A$ bezeichnet.

In dem bereits angesprochenen genaueren Modell, das jedes einzelne Feld berücksichtigt, führt die Nachbildung des Erdreichs und des Erdseils im zugehörigen Ersatzschaltbild auf Kettenleiter. Die in dem vereinfachten Ersatzschaltbild eingefügten Impedanzen $\underline{Z}$ stellen jeweils die Eingangsimpedanz dieser Kettenleiter dar. Ihre Bestimmung vereinfacht sich, wenn die Freileitung als unendlich lang angesehen wird. Aus der gleichen Zielsetzung heraus betrachtet man zusätzlich die Feldlängen als gleich groß und das Erdreich als homogen. In der Praxis weichen diese Modellvoraussetzungen meist von den tatsächlichen Gegebenheiten ab, so daß an sich genauere Nachbildungen erforderlich wären. Die dann zusätzlich benötigten Angaben sind jedoch mit so hohen Toleranzen behaftet, daß auch verbesserte Nachbildungen nicht die Aussagekraft erhöhen. Aus diesem Grunde ist es häufig sogar sinnvoll, noch weiter zu vereinfachen: Anstelle der an sich komplexen Größe $\underline{Z}$ wird ein ohmscher Widerstand verwendet, dessen Größe dem Betrage von $\underline{Z}$ entspricht. Es läßt sich zeigen, daß dieser Schritt nochmals einem Sicherheitszuschlag für die Erdungsspannung entspricht. Bei den üblichen technischen Ausführungen – z.B. einem Al/St-Erdseil – liegt $|\underline{Z}|$ für Freileitungen mit mehr als 10...15 Masten im Bereich von 1...2 Ω. Weitere Angaben sind u.a. [62] zu entnehmen.

Es sei noch erwähnt, daß bei Kabeln metallene Mäntel, Schirme und – falls vorhanden – Bewehrungen ebenfalls an die Erdungsanlagen angeschlossen werden müssen. Solche Ka-

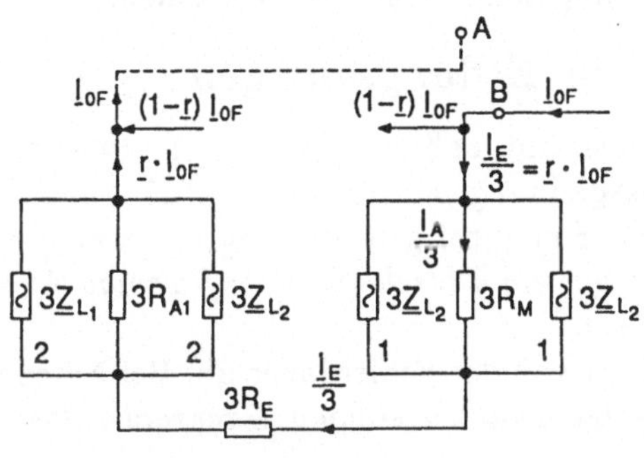

Bild 12.15
Vereinfachtes Ersatzschaltbild für die Anlage in Bild 12.9 unter Berücksichtigung der leitenden Verbindung zwischen Erdseil und Mast
1: Berücksichtigung der Querströme an der Fehlerstelle
2: Berücksichtigung der Querströme durch die Erdseile in der Schaltanlage

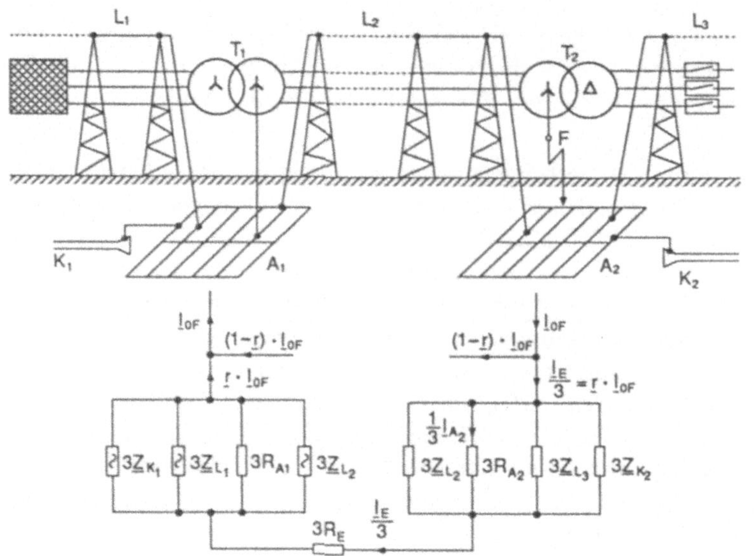

Bild 12.16
Netzanlage und zugehöriges Ersatzschaltbild zur Bestimmung der Erdungsspannungen

bel besitzen eine Erderwirkung, wenn eine metallene Hülle einen kontinuierlichen Kontakt mit der Erde aufweist und der zugehörige Ausbreitungswiderstand in der Größenordnung von Banderdern liegt. Diese Voraussetzung wird z.B. von Kabeln mit Bleimantel und Juteumhüllung (NKBA) erfüllt, nicht jedoch von Kunststoffkabeln. Kabel mit Erderwirkung, auch als erdfühlig bezeichnet, entlasten die Erder ähnlich wie Erdseile. Bei einer Kabellänge ab 1 km und einem spezifischen Erdwiderstand $\rho_E = 100$ Ωm liegt die zugehörige Impedanz $|\underline{Z}|$ z.B. im Bereich von $0{,}7\ldots0{,}8$ Ω. Detailliertere Angaben über diese Größen sind der DIN VDE 0141 zu entnehmen. Dort ist u.a. der Einfluß der Parameter Kabellänge, spezifischer Erdwiderstand und gegenseitige Beeinflussung bei Mehrfachverlegung aufgezeigt. Abschließend wird ohne weitere Erläuterungen in Bild 12.16 das vollständige Ersatzschaltbild dargestellt, mit dem für die betrachtete Netzanlage bei einem Fehler in F die Erdungsspannungen berechnet werden können. In diesem Beispiel wird den Kabeln K_1 und K_2 eine Erderwirkung zugeordnet.

Die bisherigen Betrachtungen haben gezeigt, daß die *Erdungsspannungen* zum einen von der *Erdergröße*, zum anderen jedoch auch vom *auftretenden Nullstrom* abhängen, der sich bei *unsymmetrischen Fehlern* einstellt. Neben der Fehlerart übt auch die gewählte Sternpunktbehandlung einen großen Einfluß auf die Höhe des Nullstroms aus. Die Erdungsspannung U_E kennzeichnet dabei wiederum die maximale Berührungsspannung, die unmittelbar am Erder auftritt. Es stellt sich nun die Frage, nach welchen Kriterien die Erder auszulegen sind, um unzulässige Berührungsspannungen zu vermeiden.

12.4 Wichtige Auslegungskriterien für Erdungsanlagen

Erdungsanlagen müssen grundsätzlich so beschaffen sein, daß die maximal zu erwartenden Fehlerströme keine unzulässigen Berührungsspannungen verursachen. Bei Anlagen mit unterschiedlichen Nennspannungen ist daher der ungünstigste Fall zugrundezulegen. Die Erfahrung hat gezeigt, daß von der Fehlerart her ein *Erdschluß bis auf wenige Ausnahmen diese Bedingung erfüllt* (s. DIN VDE 0141).
Die Höhe der zulässigen Berührungsspannung hängt von der Fehlerdauer ab. Bei Netzen mit *Erdschlußkompensation* oder mit *isolierten Sternpunkten* können *Dauererdschlüsse*

über mehrere Stunden anstehen. Aus diesem Grunde dürfen Berührungsspannungen über *65 V dort nicht überschritten werden.* Diese Bedingung gilt als erfüllt, wenn die *Erdungsspannung für jeden Erdschluß in der gesamten Netzanlage unter 130 V liegt.* In Schaltanlagen von Netzen mit isolierten Sternpunkten ist diese Bedingung leicht einzuhalten, da bei den kleinen Fehlerströmen die Erdungsanlage nur relativ geringe Abmessungen aufweisen muß, um eine hinreichend niedrige Erdungsspannung zu gewährleisten. Diese Verhältnisse gelten auch in kompensierten Netzen für die Schaltanlagen, in denen keine Erdschlußlöschspulen aufgestellt sind. In diesen Schaltanlagen wird der Fehlerstrom im wesentlichen von dem relativ kleinen Reststrom I_r bestimmt. In Schaltanlagen mit Erdschlußlöschspulen fließen jedoch neben den Restströmen auch noch die meist recht großen Spulenströme. Ohne es näher zu begründen, sei gesagt, daß in diesem Fall der Erder mit dem Strom

$$I_E = r \cdot \sqrt{I_r^2 + I_{Spule}^2} \qquad (12.10)$$

belastet wird (s. DIN VDE 0141). Wenn die Erder räumlichen Beschränkungen unterworfen sind, kann es bereits bei diesen Erdströmen Schwierigkeiten bereiten, Erdungsspannungen unter 130 V einzuhalten. Dann sind sogenannte *Ersatzmaßnahmen* anzuwenden, *die einen Fehler unwahrscheinlicher machen* und im einzelnen der DIN-VDE-Bestimmung 0141 zu entnehmen sind. Als ein Beispiel sei die Schotterung von Anlagen genannt. Ersatzmaßnahmen stellen sicher, daß die Berührungsspannungen keine unzulässigen Werte erreichen. *Anzahl und Art hängen dabei von der Höhe der Erdungsspannung ab.*
Bisher sind nur die Verhältnisse in Schaltanlagen dargestellt worden. Darüber hinaus muß zusätzlich sichergestellt werden, daß auch an Betriebsmitteln außerhalb von Schaltanlagen – z.B. Masten – die Erdungsspannung den Wert von 130 V nicht überschreitet. Die Einhaltung dieser Bedingung ist bei Netzen mit niedrigen Nennspannungen (6...20 kV) häufig mit Schwierigkeiten verbunden. Dort weisen die Masten und damit auch die Mastfundamente relativ kleine Abmessungen auf, so daß die Ausbreitungswiderstände – auch bei normalen Bodenverhältnissen – relativ große Werte annehmen. Sie liegen dann im Bereich von 40...50 Ω. Die Erdungsspannung beträgt somit bereits bei einem Fehlerstrom von 10 A ca. 400 V. Aus diesen Betrachtungen ist zu ersehen, daß der Anwendungsbereich von Netzen mit isolierten Sternpunkten durch diese Erdungsbedingung stark eingeschränkt ist. Dann stellt sich prinzipiell die Frage, ob der Einbau von Erdschlußlöschspulen oder die Ersatzmaßnahmen wie z.B. zusätzliche Ringerder um die Mastfüße niedrigere Kosten verursachen. Bei Erdungsspannungen in dieser Größenordnung erweisen sich die Ersatzmaßnahmen meist als kostengünstiger.
In *niederohmig geerdeten Netzen* können sich bei einem ordnungsgemäß arbeitenden Schutz kaum Fehler ausbilden, die eine Dauer von 0,2 Sekunden wesentlich überschreiten. *Infolge der geringeren Fehlerdauer dürfen die zulässigen Berührungsspannungen höhere Werte annehmen* (Bild 12.1). Dafür treten allerdings auch erheblich höhere Fehlerströme in Form der Erdkurzschlußströme I''_{k1p} auf. Die dadurch hervorgerufenen Berührungsspannungen gelten als eingehalten, wenn die Bedingung $U_E < 2 \cdot U_{B_{zul}}$ nicht verletzt wird. Anderenfalls sind wiederum – abhängig vom Wert der Erdungsspannung U_E – Ersatzmaßnahmen vorzunehmen. Einfachere Verhältnisse ergeben sich dagegen an den Masten niederohmig geerdeter Hoch- und Höchstspannungsnetze. Dort bleiben die Berührungsspannungen bereits *ohne Zusatzmaßnahmen* unter den zulässigen Grenzwerten, denn im Vergleich zu Mittelspannungsnetzen ist die Erderwirkung der Mastfüße infolge ih-

rer größeren Abmaße bereits hinreichend groß. Nur auf öffentlich zugänglichen Plätzen wie z.B. in Freibädern gelten für die Erdung von Masten schärfere Auslegungsbedingungen (s. DIN VDE 0141). Weitere Gesichtspunkte im Hinblick auf Erdungsfragen sind in Niederspannungsnetzen zu beachten.

12.5 Indirekter Berührungsschutz in Niederspannungsnetzen

Bisher ist der indirekte Berührungsschutz nur in Netzen mit Nennspannungen über 1 kV betrachtet worden. In Niederspannungsnetzen, also Netzen mit Nennspannungen unter 1 kV, ist dieser Schutz auf die Endverbraucher auszudehnen, die sehr unterschiedlich gestaltet sind. Aufgrund dieser Vielfalt haben sich verschiedene Lösungsmöglichkeiten herausgebildet, die Berührungsspannungen auf das zulässige Maß zu beschränken. Für Niederspannungsnetze ist die dauernd *zulässige Berührungsspannung* generell auf einen Effektivwert von *50 V* festgelegt.

Für die weiteren Betrachtungen ist es zweckmäßig, von der Einspeisung des Niederspannungsnetzes, also von den Netzstationen, auszugehen. Das Niederspannungsnetz weise dabei zunächst die übliche Vierleiterausführung auf. Jedoch dürfen der vierte Leiter und der niederspannungsseitige Sternpunkt nur dann an die Stationserdung angeschlossen werden, wenn für die Erdungsspannung $U_E \leq 65$ V gilt. Dann ist bereits von den Abmessungen der Stationserdungsanlage sichergestellt, daß auch die Bedingung für die Berührungsspannung $U_B \leq 50$ V eingehalten wird.

Falls diese Forderung nicht erfüllt ist, besteht eine mögliche Maßnahme darin, den Sternpunkt außerhalb der Station zu erden. Um die gegenseitige Beeinflussung zwischen der Stationserdungsanlage und dem zusätzlich benötigten Erder hinreichend klein zu halten, soll der Abstand zwischen den beiden Erdern mindestens 20 m betragen (Bild 12.17). An die Stationserdung sind die passiven Stationsteile sowohl der Hoch- als auch der Niederspannungsseite anzuschließen. Dadurch ist gewährleistet, daß sich im Fehlerfall an diesen Gegenständen hinreichend niedrige Spannungspotentiale ausbilden. Dementsprechend erfüllt die Erdungsanlage eine reine Schutzfunktion. Sie wird daher als *Schutzerdung* (**P**rotective **E**arth) bezeichnet. Der vierte Leiter des Niederspannungsnetzes wird dagegen gemeinsam mit dem Sternpunkt des Transformators an die zweite Erdung angeschlossen. Da bei asymmetrischer Last der vierte Leiter betriebsmäßig Strom führt, wird dann auch der zusätzliche Erder beansprucht. Aufgrund dieser Eigenschaft ist für diese Erdung der Begriff *Betriebserdung* eingeführt worden. Zusätzlich ist der vierte Leiter auch noch im Netz an möglichst vielen Stellen zu erden, z.B. an den Fundamenterdern der zu versorgenden Gebäude. Dadurch entsteht ein niederohmiger Parallelschluß über das

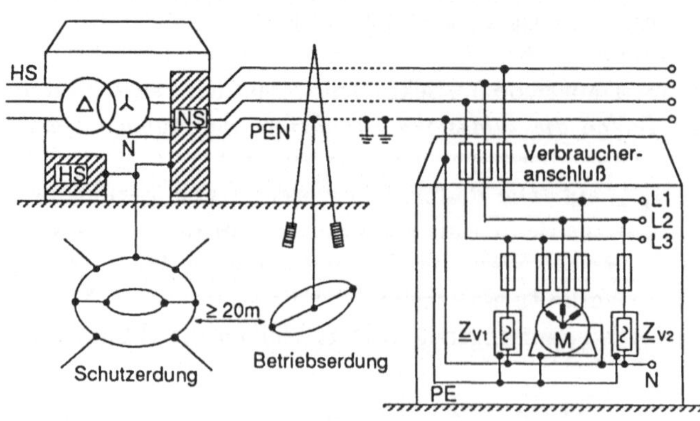

Bild 12.17
Erdungsanlagen bei
Netzanlagen mit
Nennspannungen über und
unter 1 kV

Erdreich, so daß der vierte Leiter auf das Erdpotential gezwungen und damit potential-mäßig *neutral* gehalten wird. Der vierte Leiter gehört demnach zum Betriebsstromkreis und repräsentiert von seiner Funktion her eine mitgeführte, niederohmige Betriebserde. Unter dieser Bedingung wird der vierte Leiter als *Neutralleiter* (N) bezeichnet (vergl. Abschnitt 3.1).

Wie aus Bild 12.17 zu ersehen ist, wird innerhalb der Gebäude parallel zum Neutralleiter ein fünfter Leiter verlegt. Er hat die Funktion einer Schutzerdung. Dementsprechend wird für diesen Leiter der Ausdruck *Schutzleiter* PE verwendet. Zur Unterscheidung wird in der Gebäudeinstallation der Schutzleiter mit einer *grün-gelben* und der Neutralleiter mit einer *blauen* Aderisolierung versehen.

Niederspannungsnetze dieser Struktur werden generell als *TN-Netze* bezeichnet. Dabei charakterisiert der erste Buchstabe die Sternpunktbehandlung des Einspeisetransforma-tors. Die beschriebene niederohmige Erdung wird durch ein T (**Terre** = Erde) symbo-lisiert. Der zweite Buchstabe kennzeichnet die Art der Erdung an den passiven Teilen der Verbraucher. Erfolgt diese Erdung über einen Neutral- oder Schutzleiter des Netzes, wird ein N gewählt.

Das bereits erwähnte Bild 12.17 gibt die häufigste Ausführung eines TN-Netzes wieder. Einige weitere Varianten sind dem Bild 12.18 zu entnehmen. In der Anlage gemäß Bild 12.18a erfüllt der vierte Leiter die Funktion einer Schutz- und Betriebserdung. Dieser Doppelfunktion entsprechend wird bei solchen Anlagen der vierte Leiter mit der Kennung PEN versehen. Bis in die fünfziger Jahre hinein war diese Netzgestaltung üblich, ist dann jedoch von der Ausführung in Bild 12.17 abgelöst worden. Ein solcher Aufbau gewährleistet bei einem Bruch des Neutralleiters und einem gleichzeitigen Erdschluß – eine Fehlersituation, die sonst zu Unfällen führen könnte – noch einen Personenschutz.

Alle TN-Netze sind so auszulegen, daß bei einem satten Erdschluß zwischen einem Außenleiter und dem PE- oder PEN-Leiter spätestens nach 5 s eine Abschaltung er-folgt. Bei Stromkreisen mit Steckdosen oder mit ortsveränderlichen Betriebsmitteln bzw. Verbrauchern beträgt die Verzugszeit sogar nur 0,2 s (s. DIN VDE 0100 Teil 410). In die-sen Zeitspannen müssen die jeweils nächstgelegenen Sicherungen ansprechen. Dazu muß ihr *Auslösestrom* I_a von dem Kurzschlußstrom in der Schleife überschritten werden, die durch einen Außenleiter und den Neutral- oder Schutzleiter gebildet wird. Für diesen

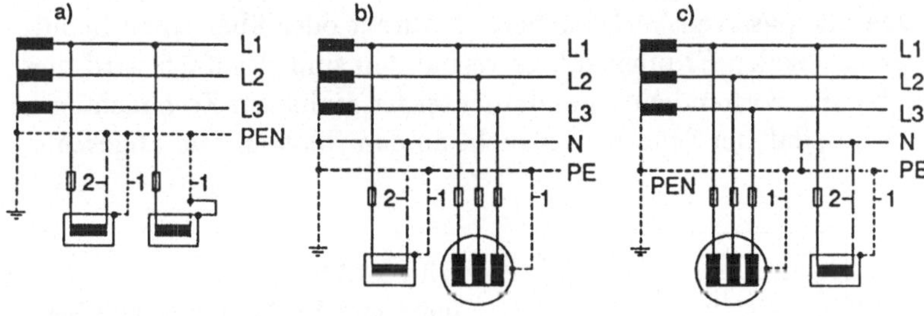

Bild 12.18
Varianten im indirekten Berührungsschutz bei Niederspannungsnetzen in TN-Ausführung
C: combined; S: separated
a) TN-C; b) TN-S; c) TN-C-S

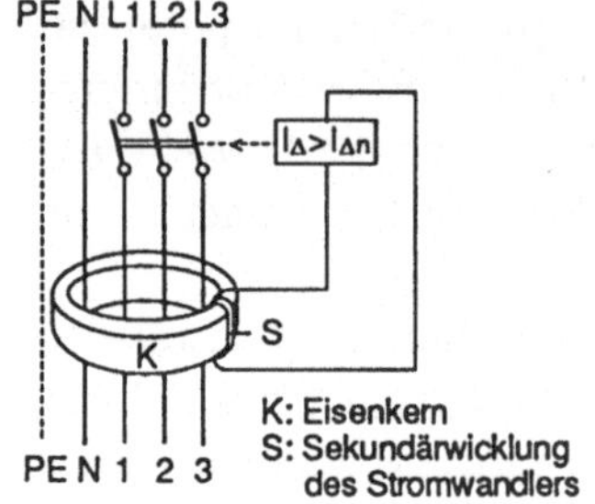

Bild 12.19
Prinzipieller Aufbau eines Fehlerstrom- bzw.
FI-Schutzschalters

Kreis mit der Schleifenimpedanz Z_S muß die Relation

$$I_a < \frac{U_N}{\sqrt{3} \cdot Z_S} = I_k'' = I_k$$

erfüllt sein. Schwächere Bedingungen gelten in öffentlichen Verteilungsnetzen. Ein solches
Netz liegt z.B. im Bereich zwischen der Netzstation und den Hausanschlüssen vor. Dort
gilt die Bedingung, daß ein Erdschluß lediglich die jeweils nächstgelegenen Sicherungen
auslösen muß, indem der große Prüfstrom überschritten wird.
Durch die Verwendung von Fehlerstrom- bzw. FI-Schutzschaltern läßt sich der Berührungsschutz in TN-Netzen noch weiter verbessern. Aus Bild 12.19 ist der Aufbau eines
solchen *FI-Schutzschalters* zu ersehen. Außen- und Neutralleiter sind gemeinsam durch
einen Stromwandler geführt, nicht jedoch der eventuell vorhandene Schutzleiter. Bei einem Erdschluß fließt über den Schutzleiter oder die Erde ein Fehlerstrom I_Δ, der im
Wandler eine von Null verschiedene Stromsumme bewirkt. Dadurch entsteht im Eisenkern ein höheres Feld, das in der Sekundärwicklung einen zum Fehlerstrom proportionalen Strom induziert. Überschreitet der Fehlerstrom einen Schwellwert $I_{\Delta n}$, so wird der
Stromkreis dreipolig ausgeschaltet. Diese Ansprechgrenze beginnt bei Fehlerströmen ab
10 mA. Ein Personenschutz ist bis zu Werten von 30 mA gewährleistet. Bei höheren
Schwellwerten sind andere Gesichtspunkte wie z.B. der Brandschutz maßgebend.
Nicht nur in den bisher dargestellten TN-Netzen, sondern auch bei den im folgenden
beschriebenen *TT-Netzen* werden FI-Schutzschalter eingesetzt. Diese Netze sind häufig in landwirtschaftlichen Betrieben zu finden. Mit Hilfe dieser Gestaltungsart lassen
sich die dort zulässigen Berührungsspannungen von 25 V gewährleisten, die im Rahmen der Tierhaltung, insbesondere bei Rindern, nicht überschritten werden dürfen. Der
Aufbau eines TT-Netzes ist Bild 12.20 zu entnehmen. Wie der erste Buchstabe T zeigt,
ist die Netzstation wiederum niederohmig geerdet. Der zweite Buchstabe T besagt, daß im
Unterschied zu TN-Netzen alle passiven Verbraucherteile direkt oder über einen Schutzleiter mit einer gemeinsamen lokalen Erdungsanlage verbunden sind. Vielfach wird diese
Schutzerdung durch den bereits vorhandenen Fundamenterder realisiert. Zu beachten ist
bei einer derartigen Netzform, daß der Schutzerder nicht an den Neutralleiter angeschlos-

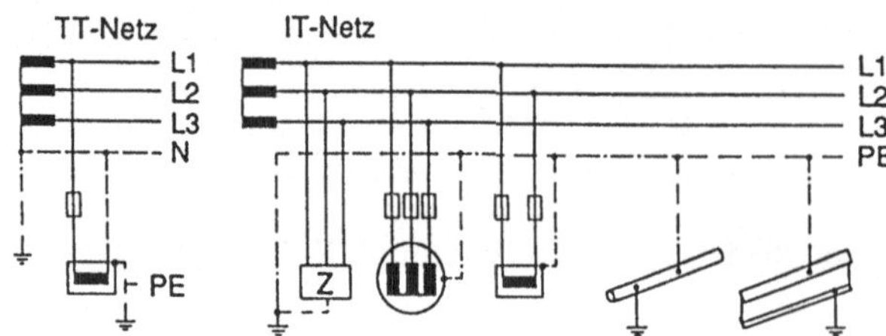

Bild 12.20
Indirekter Berührungsschutz bei
Niederspannungsnetzen in TT-
und IT-Ausführung

sen werden darf. Eventuell auftretende Erdfehlerströme werden dann wie in TN-Netzen durch FI-Schutzschalter oder, in speziell ausgelegten TT-Netzen, durch die vorgeschalteten Überstromschutzeinrichtungen unterbrochen.

Als niederohmig geerdete Netze weisen TN- und TT-Anlagen demnach gemeinsam die Eigenschaft auf, daß *ein einpoliger Fehler stets eine Ausschaltung herbeiführt*. In Industriebetrieben und Krankenhäusern können dadurch unangenehme Folgewirkungen entstehen. Diese Gefahr läßt sich verringern, wenn der Sternpunkt der Netzstation isoliert betrieben wird. Der erste einpolige Fehler wird bei dieser Netzgestaltung durch ein Isolationsüberwachungsgerät gemeldet, erst ein zweiter Fehler zur gleichen Zeit verursacht eine Ausschaltung (Bild 12.20). Um Potentialdifferenzen zu vermeiden, die sich während eines Dauererdschlusses einstellen können, wird über einen zusätzlichen Leiter ein Potentialausgleich aller im Umfeld leitfähigen Gegenstände durchgeführt. Dabei ist dieser zusätzliche Leiter, der auch als *Potentialausgleichsleiter* bezeichnet wird, an möglichst vielen Stellen zu erden. Für Niederspannungsnetze dieser Struktur wird auch der Begriff *IT-Netz* verwendet (I = Isolierung). Neben diesen Maßnahmen gibt es noch eine Reihe weiterer Methoden für den indirekten Berührungsschutz. So bietet es sich an, die Isolierung der Geräte extrem hoch zu wählen oder über einen Transformator mit einem besonders hohen Berührungsschutz – einem Isoliertransformator – die Speisespannung unter den Wert von 50 V abzusenken. Weitere Einzelheiten dazu sind in der DIN VDE 0100 unter den Begriffen *Schutzisolierung* und *Schutzkleinspannung* zu finden. Diese Maßnahmen führen zugleich in das weite Feld der Installationstechnik ein, die u.a. [31] zu entnehmen ist.

12.6 Aufgaben

Aufgabe 12.1: Die abgebildete 110/10-kV-Schaltanlage in SF_6-Ausführung ist auf einer Grundfläche von 50 m × 30 m untergebracht. In den Fundamenten sind Fundamenterder eingelassen. Diese sind mit einem Ring verbunden, der um das Gebäude gelegt ist. Das weitere Gelände außerhalb des Ringes ist mit Maschen aus Banderdern bedeckt. Diese Fläche beträgt 4500 m². Inhomogenitäten im Oberflächenerdreich werden durch 5...6 m lange Staberder ausgeglichen.

a) Wie groß ist der Ausbreitungswiderstand der Erdungsanlage, wenn das Erdreich einen spezifischen Widerstand von 100 Ωm aufweist?

b) Das 10-kV-Kabelnetz werde kompensiert betrieben und weist bei einem Erdschluß einen Strom von 200 A in der Erdschlußlöschspule auf.
Wie groß ist die Erdungsspannung, die durch den Spulenstrom der E-Spule in der 110/10-kV-Anlage hervorgerufen wird?

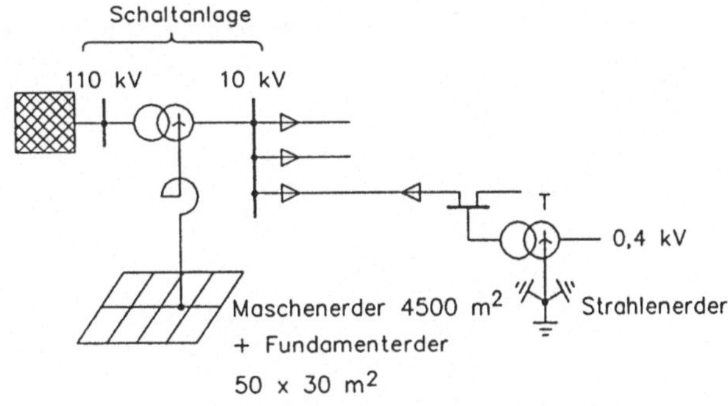

c) Liegen bei diesem Wert bereits schwierige Erdungsverhältnisse vor?

d) In der Netzstation T des 10-kV-Kabelnetzes tritt oberspannungsseitig ein einpoliger Erdschluß auf. Welche Erdungsspannung kann maximal in der Anlage auftreten, wenn in den abgehenden Kabelgräben der Netzstation in 80 cm Tiefe 3,3 cm breites, feuerverzinktes Stahlband von insgesamt 50 m Länge eingelassen ist ($\rho_E = 100\,\Omega\text{m}$)?

e) Erläutern Sie, ob die Stationserde auch als Betriebserde benutzt werden kann.

Aufgabe 12.2: In dem 110-kV-Hochspannungsnetz gemäß Aufgabe 10.3 trete wie in Aufgabe 11.3 in F ein einpoliger Erdkurzschluß auf. Die Ausbreitungswiderstände der Umspannstationen betragen jeweils 0,25 Ω, die zweisystemigen 110-kV-Freileitungen weisen einen Reduktionsfaktor von $r = 0,55$ auf. Die abgehenden Kabel seien als Kunststoffkabel ausgeführt. Vereinfachend kann die Anlage als verlustlos betrachtet werden.

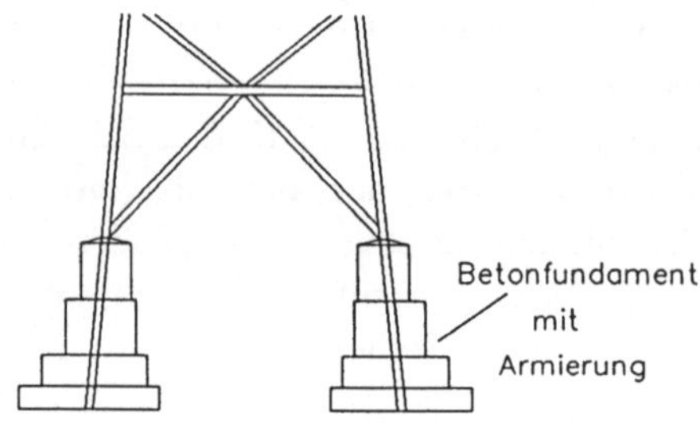

a) Welche Erdungsspannungen treten bei einem Fehler in F an den Erdungsanlagen in den beiden Umspannstationen auf ($Z = 2\,\Omega$)?

b) Der Erdschluß möge auf der Freileitung L_3 in der Nähe der Umspannstation US3 auftreten. Bestimmen Sie die Erdungsspannung am fehlerbehafteten Mast, wenn dessen Ausbreitungswiderstand 10 Ω betrage und der Fehlerort mindestens 10 Mastfelder vom Umspannwerk entfernt ist.

c) Welchen Wert weist die Berührungsspannung am Mast auf, wenn die vier Mastfüße durch einen gemeinsamen zylindrischen Erder mit der Länge $l = 3,5$ m und dem Durchmesser $d = 5$ m angenähert werden ?
Das Potential eines solchen Zylinders berechnet sich zu

$$U(r) = I_A \cdot \frac{\rho_E}{2\pi \cdot l} \cdot \ln \frac{\sqrt{l^2 + r^2} + l}{r} \quad \text{mit} \quad r > \frac{1}{2} \cdot d \quad \text{und} \quad \rho_E = 100\,\Omega\text{m} .$$

Der Ausbreitungswiderstand des Zylinders ergibt sich daraus zu

$$R_A = \frac{U(r = d/2)}{I_A} .$$

d) Liegt der mit dieser Abschätzung verbundene systematische Fehler auf der sicheren oder unsicheren Seite, wenn der Mastfuß, wie üblich, das in der Abbildung dargestellte Aussehen aufweist?
(Gehen Sie bei diesen Überlegungen von dem qualitativen Verlauf der Strömungsfelder aus.)

Lösungen

Lösung zu Aufgabe 2.1

a) Maschinenleistungszahlen in MW/Hz: $K_{M1} = 100$; $K_{M2} = 62,5$; $K_{M3} = 75$.

b) $\Delta P = \Delta P_1 + \Delta P_2 + \Delta P_3 = -50\,\text{MW}$;
$\Delta P = -(K_{M1} + K_{M2} + K_{M3}) \cdot \Delta f \quad \rightarrow \quad \Delta f = +0,21\,\text{Hz}$.

c) $P_1 = 53,95\,\text{MW}$; $P_2 = 86,84\,\text{MW}$; $P_3 = 109,21\,\text{MW}$.

d)

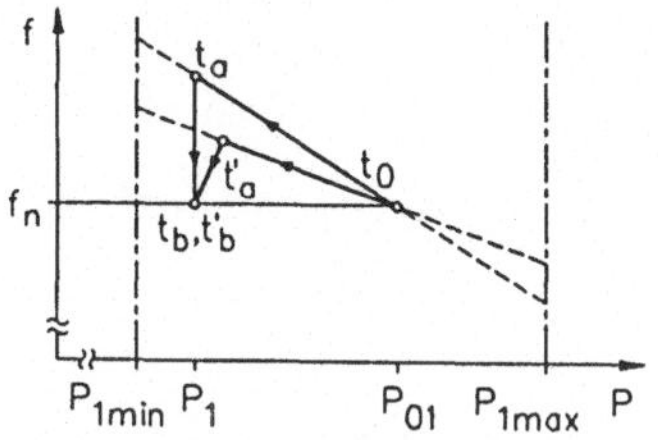

t_0: Kurzschlußzeitpunkt;

$t_0 \rightarrow t_a$: Primärregler;

$t_a \rightarrow t_b$: Sekundärregler.

e) t'_a und t'_b kennzeichnen den Verlauf $\Delta P'$ bei frequenzabhängiger Last:
$\Delta P' = \Delta P + P_{nL} \cdot c_P \cdot \Delta f / f_n$ (s. Gl. 2.2).

f) Leistungserhöhung: Primärregler 30...40 s, Sekundärregler einige Minuten.
Leistungsabsenkung: Primärregler 5...10 s, Sekundärregler einige Minuten.

g) $K_{M\imath} \rightarrow \infty$ ist nicht sinnvoll, da große Ventilhübe notwendig sind und außerdem keine eindeutige Lastzuordnung zu den Generatoren möglich ist; die Kennlinien verlaufen dann annähernd parallel.

Lösung zu Aufgabe 2.2

$\Delta P = -(K_{M1} + K_{M2} + K_{M3}) \cdot \Delta f = +11,88\,\text{MW}$.

Lösung zu Aufgabe 2.3

a) $K_N = K_{M1} + K_{M2} + K_{M3} = 237,5\,\text{MW/Hz}$.

b) Unverändert.

c) $K_N = K_{M2} + K_{M3} = 137,5\,\text{MW/Hz}$.

d) Geringe Änderung, da $K_{M\imath} \ll \sum_{\jmath=1}^{n} K_{M\jmath}$.

e) Die Netzleistungszahl K_N muß nachgestellt werden, da der Kraftwerkseinsatz schwankt.

f) K_N wird größer, da die Kennlinien durch den Selbstregeleffekt flacher verlaufen.

Lösung zu Aufgabe 2.4

a) $\Delta P = -(K_{N1} + K_{N2} + K_{N3}) \cdot \Delta f \quad \rightarrow \quad \Delta f = -71,43\,\text{mHz}$.

b) $\Delta P_{1 \rightarrow 2} = 28,57\,\text{MW}$; $\Delta P_{3 \rightarrow 2} = 35,71\,\text{MW}$;
Leistungserhöhung in Netz 2: $\Delta P_2 = 35,71\,\text{MW}$.

c) $\Delta P_{R1} = \Delta P_{R3} = 0$; $\Delta P_{R2} = \Delta P_{1 \rightarrow 2} + \Delta P_{3 \rightarrow 2} - K_{N2} \cdot \Delta f = 100\,\text{MW}$.

d) Regelzeit des Sekundärreglers ca. 5...10 Minuten.

e) Durch größere Maschinenleistungszahlen bei den Kraftwerksblöcken, die dann jedoch aufgrund von schnellen großen Leistungsänderungen stärker beansprucht werden.

Lösung zu Aufgabe 2.5

Regelbereich eines Blockes: $P_n - P_{min} \approx 2/3 \cdot P_n = 300\,\mathrm{MW}$;

$$\frac{500\,\mathrm{MW}}{2\,\mathrm{min}} = n \cdot 0,03 \cdot 300\,\mathrm{MW} \quad \rightarrow \quad n \geq 28 \ ;$$

Regeldifferenz zwischen Schwach- und Nennlast ca. 2,5 Hz:

$$K_M \approx \frac{300\,\mathrm{MW}}{2,5\,\mathrm{Hz}} = 120\,\frac{\mathrm{MW}}{\mathrm{Hz}} \ ;$$

$$K_N = 28 \cdot 120\,\frac{\mathrm{MW}}{\mathrm{Hz}} = 3360\,\frac{\mathrm{MW}}{\mathrm{Hz}} \ .$$

Lösung zu Aufgabe 3.1

a) $R_Y = \dfrac{(U_b/\sqrt{3})^2}{P/3} = 7,26\,\Omega\ ; \quad R_\Delta = \dfrac{U_b^2}{P/3} = 21,78\,\Omega.$

b) $\underline{Z} = jX_L + R_Y \parallel (R_\Delta/3) = 3,63\,\Omega + j\,2\,\Omega \quad (R_\Delta/3:\ \text{äquivalente Sternschaltung}).$

    Leiterströme:

    $\underline{I}_1 = 53,08\,\mathrm{A} \cdot e^{-j28,85°}\ ; \quad \underline{I}_2 = 53,08\,\mathrm{A} \cdot e^{-j148,85°}\ ; \quad \underline{I}_3 = 53,08\,\mathrm{A} \cdot e^{j91,15°}\ .$

    Sternschaltung:

    $\underline{I}_{Y1} = 0,5 \cdot \underline{I}_1\ ; \quad \underline{I}_{Y2} = 0,5 \cdot \underline{I}_2\ ; \quad \underline{I}_{Y3} = 0,5 \cdot \underline{I}_3\ .$

    Dreieckschaltung:

    $\underline{I}_{\Delta 1} - \underline{I}_{\Delta 3} = 0,5 \cdot \underline{I}_1\ ; \quad \underline{I}_{\Delta 2} - \underline{I}_{\Delta 1} = 0,5 \cdot \underline{I}_2\ ; \quad \underline{I}_{\Delta 1} + \underline{I}_{\Delta 2} + \underline{I}_{\Delta 3} = 0\ .$

    $\underline{I}_{\Delta 1} = 0,5 \cdot (\underline{I}_1 - \underline{I}_2)/3 = 15,3\,\mathrm{A} \cdot e^{j1,15°}\ ;$

    $\underline{I}_{\Delta 2} = 0,5 \cdot (\underline{I}_2 - \underline{I}_3)/3 = 15,3\,\mathrm{A} \cdot e^{-j118,9°}\ ;$

    $\underline{I}_{\Delta 3} = 15,3\,\mathrm{A} \cdot e^{-j238,8°}\ .$

    Leiterströme im Zeitbereich:

    $i_1 = \sqrt{2} \cdot 53,08\,\mathrm{A} \cdot \sin(\omega_N t - 28,85°)\ ;$

    $i_2 = \sqrt{2} \cdot 53,08\,\mathrm{A} \cdot \sin(\omega_N t - 148,85°)\ ;$

    $i_3 = \sqrt{2} \cdot 53,08\,\mathrm{A} \cdot \sin(\omega_N t + 91,15°)\ ;$

    $\omega_N = 2 \cdot \pi \cdot 50\,\mathrm{s}^{-1}\ .$

Lösung zu Aufgabe 3.2

a) *Leiterströme:*

    $\underline{I}_1 = \underline{U}_1/(jX_L) = 110\,\mathrm{A} \cdot e^{-j90°}\ ;$

    $\underline{I}_2 = \underline{U}_2/(R_Y + jX_L) = 29,21\,\mathrm{A} \cdot e^{-j135,4°}\ ;$

    $\underline{I}_3 = 29,21\,\mathrm{A} \cdot e^{j104,6°}\ .$

b) $\underline{I}_N = 106\,\mathrm{A} \cdot e^{-j105,4°}\ .$

c) Die Maschengleichungen L1-L2 und L1-L3 sowie die Knotenpunktgleichung für den Sternpunkt liefern:

    $\underline{I}_1 = 3\,\underline{U}_1/(R_Y + j \cdot 3X_L) = 70,1\,\mathrm{A} \cdot e^{-j39,6°}\ ;$

    $\underline{I}_2 = -\underline{U}_1 \cdot (2R_Y + j \cdot 3X_L)/[(R_Y + jX_L) \cdot (R_Y + j \cdot 3X_L)] - \underline{U}_3/(R_Y + jX_L) = 33,8\,\mathrm{A} \cdot e^{-j176,5°}\ ;$

    $\underline{I}_3 = 50,9\,\mathrm{A} \cdot e^{j113,5°}\ .$

d) Je niederohmiger der Neutralleiter N ausgelegt ist, desto geringer sind die Auswirkungen eines einphasigen Fehlers auf die Ströme und Spannungen der nicht betroffenen Leiter.

Lösung zu Aufgabe 3.3

a) Aus den Maschengleichungen L1-L2 und L2-L3 sowie der Knotenpunktgleichung
$I_1 + I_2 + I_3 = 0$ resultiert:
$I_1 = U_1/(jX_L) + U_3 \cdot R_\Delta/[j \cdot 2X_L \cdot (R_\Delta + j \cdot 3X_L)] = 109,4\,\text{A} \cdot e^{-j62,0°}$;
$I_2 = U_2/(jX_L) + U_3 \cdot R_\Delta/[j \cdot 2X_L \cdot (R_\Delta + j \cdot 3X_L)] = 81,3\,\text{A} \cdot e^{j122,7°}$;
$I_3 = 29,2\,\text{A} \cdot e^{j104,6°}$;
$I_{\Delta 2} = -I_{\Delta 3} = -I_3/2 = 14,6\,\text{A} \cdot e^{-j75,4°}$.

b) Eine Sternschaltung, insbesondere mit Neutralleiter, führt im Fehlerfall zu einer ausgeglicheneren Stromverteilung.

Lösung zu Aufgabe 4.1.1

a) $Z_{11} = j\omega L \cdot \left(\dfrac{\omega^2 LC - 1}{\omega^2 LC}\right)$; $\quad Z_{22} = j\omega \cdot 2L$.

b) $Z_{12} = Z_{21} = +j\omega L$; $\quad Y_{21} = Y_{12} = -\dfrac{j\omega C}{2 - \omega^2 LC}$.

Das Minuszeichen berücksichtigt, daß bei den Toren der Strom in die Schaltung fließt (s. auch Aufgabe 4.1.2).

c)

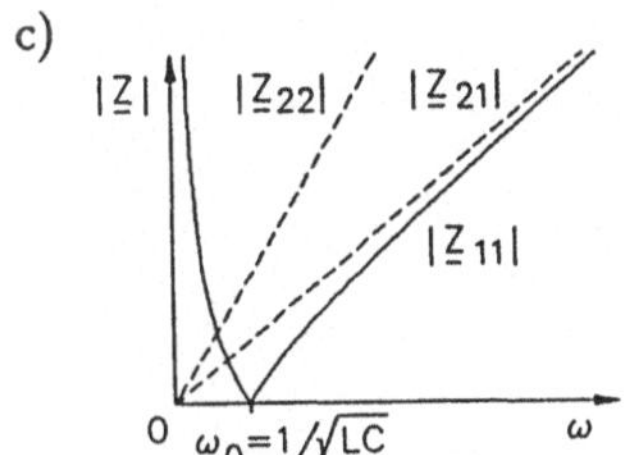

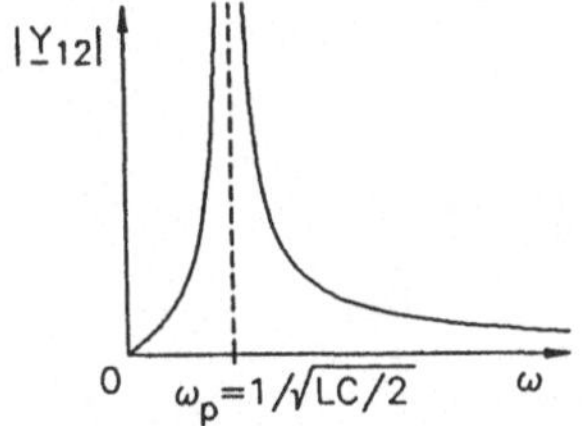

d) Bei offenem Tor 2 gilt: $\quad I_1 = U_1/Z_{11} \quad \to \quad f_P = \omega_0/(2\pi) = 1/(2\pi \cdot \sqrt{LC})$.

e) Bei offenem Tor 1 gilt: $\quad I_2 = U_2/(j\omega \cdot 2L) \quad \to \quad$ Pol bei $f = 0$ (transienter Gleichstromanteil).

f) $I_2 = Y_{12} \cdot U_1 \quad \to \quad$ Eigenfrequenz $f_P = 1/(2\pi \cdot \sqrt{LC/2})$.

Lösung zu Aufgabe 4.1.2

a)

$U_1 = \dfrac{1}{j\omega C} \cdot I_1 + j\omega L \cdot (I_1 + I_2) + j\omega M \cdot I_2 = j\omega L \cdot \left(\dfrac{\omega^2 LC - 1}{\omega^2 LC}\right) \cdot I_1 + j\omega \cdot (L + M) \cdot I_2$;
$U_2 = j\omega \cdot (L + M) \cdot I_1 + j\omega \cdot 2(L + M) \cdot I_2$.
$Z_{11} = j\omega L \cdot (\omega^2 LC - 1)/(\omega^2 LC)$; $\quad Z_{22} = j\omega \cdot 2(L + M)$.

b) $Z_{12} = Z_{21} = j\omega \cdot (L + M)$;
Übertragungsadmittanz:
$U_2 = 0$ setzen, I_2 aus den Gleichungen von a) ermitteln,
$Y_{12} = Y_{21} = I_2/U_1 = -j\omega C/[2 - \omega^2 C \cdot (L - M)]$.

c) $\underline{Z}_{11}(\omega)$ ist identisch mit dem Wert von Aufgabe 4.1.1c,
$\underline{Z}_{22}(\omega)$ und $\underline{Z}_{21}(\omega)$ weisen lediglich eine größere Geradensteigung auf,
bei $\underline{Y}_{12}(\omega)$ erhöht sich die Eigenfrequenz: $\omega_P = 1/\sqrt{C \cdot (L - M)/2}$.

d) $\omega_P = 1/\sqrt{LC}$.

e) Es tritt nur ein Gleichstrom auf, der wegen der höheren Induktivität $2 \cdot (L + M)$ jedoch
eine andere Größe aufweist.

f) $\omega_P = 1/\sqrt{C \cdot (L - M)/2}$.

Lösung zu Aufgabe 4.1.3

a) $\begin{bmatrix} \underline{U}_1 \\ \underline{U}_2 \\ \underline{U}_3 \end{bmatrix} = j\omega \cdot \begin{bmatrix} 2L & L & L \\ L & 2L & L \\ L & L & 2L \end{bmatrix} \cdot \begin{bmatrix} \underline{I}_1 \\ \underline{I}_2 \\ \underline{I}_3 \end{bmatrix}$.

b) $\underline{Z}_{11} = j\omega \cdot 2L$; $\underline{Z}_{22} = j\omega \cdot 2L$; $\underline{Z}_{33} = j\omega \cdot 2(L - M)$.

$$\underline{Y}_{33} = \frac{3}{j\omega \cdot 2(L - M) \cdot (2 + M/L)} \ .$$

Lösung zu Aufgabe 4.2.1

a)

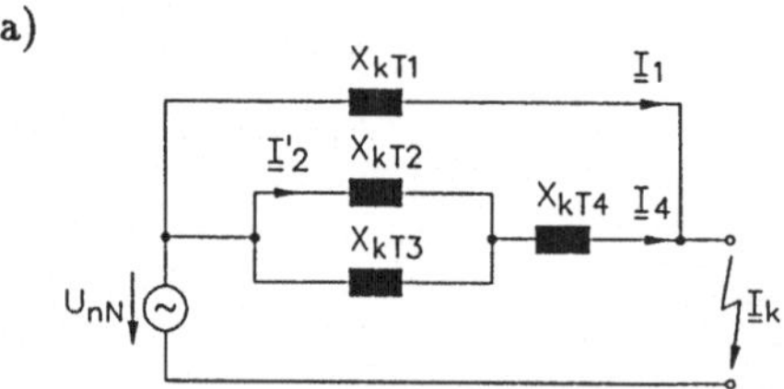

Bezugsebene: $U_{nN} = 10\,\text{kV}$.
$X_{kT1} = 0,3\,\Omega$; $X_{kT2} = X_{kT3} = 0,2\,\Omega$; $X_{kT4} = 0,254\,\Omega$.

b) $\underline{I}_4 = \dfrac{10\,\text{kV}}{j\,0,354\,\Omega} = -j\,28,25\,\text{kA}$; $\underline{I}_1 = \dfrac{10\,\text{kV}}{j\,0,3\,\Omega} = -j\,33,33\,\text{kA}$;

Gesamtstrom: $\underline{I}_k = -j\,61,58\,\text{kA}$.

c) Eine Berechnung mit gemeinsamer Bezugsebene ist nicht möglich, da der Transformator T_1 mit den anderen Transformatoren eine Masche bildet und die Transformatoren
unterschiedliche Übersetzungen aufweisen.

Lösung zu Aufgabe 4.2.2

a) T_3: Yd5   (wie T_2) ; T_1: Yd11 $(5 \cdot 30° + 6 \cdot 30° = 11 \cdot 30°)$.

b) Gleiches Ersatzschaltbild wie in Aufgabe 4.2.1, jedoch ist anstelle der Spannung $\underline{U}_{nN}$ der
Wert $\underline{U}_{nN}/\sqrt{3}$ zu verwenden. Dabei ist der Rückleiter als Neutralleiter anzusehen.

c) $\underline{I}_4 = \underline{U}_{nN}/(\sqrt{3} \cdot j\,0,354) = -j\,16,31\,\text{kA}$; $\underline{I}'_2 = \underline{I}_4/2$.

Mit $\underline{\ddot{u}}_2 = \ddot{u}_2 \cdot e^{j150°}$, $\underline{\ddot{u}}_4 = \ddot{u}_4 \cdot e^{j180°}$ sowie $\ddot{u}_2 = 110/20$, $\ddot{u}_4 = 20/10$ ergibt sich

$\underline{I}_2 = \dfrac{1}{\underline{\ddot{u}}_2^* \cdot \underline{\ddot{u}}_4^*} \cdot \underline{I}'_2 = \dfrac{1}{\ddot{u}_2 \cdot \ddot{u}_4} \cdot e^{j150°} \cdot e^{j180°} \cdot \underline{I}'_2$;

$\underline{I}_2 = 741,3\,\text{A} \cdot e^{j240°}$; $\underline{I}_4 = 16,31\,\text{kA} \cdot e^{-j90°}$; $\angle(\underline{I}_2, \underline{I}_4) = 330°$.

Lösung zu Aufgabe 4.2.3

a) $\underline{\ddot{u}}_{12} = \dfrac{110}{10} \cdot e^{j150°}$; $\underline{\ddot{u}}_{13} = \dfrac{110}{6} \cdot e^{j150°}$; $\underline{\ddot{u}}_{23} = \dfrac{10}{6} \cdot e^{j0°}$.

Schaltgruppe der 10/6-kV-Wicklungen: Dd0.

b)

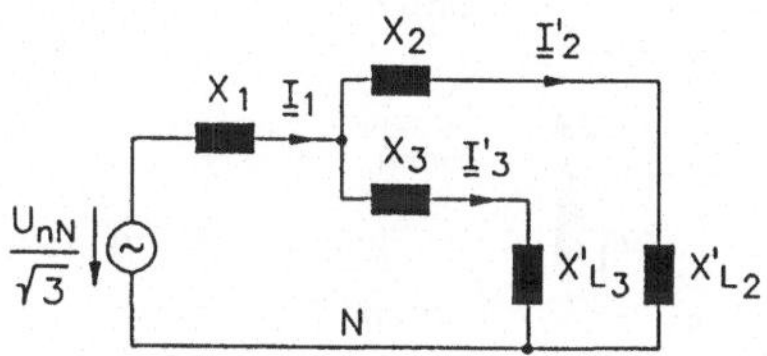

Bezugsebene: $U_{nN} = 110\,\text{kV}$.

Transformator:
$X'_{k12} = 32,27\,\Omega$; $X'_{k13} = 121,0\,\Omega$; $X'_{k23} = 48,4\,\Omega$.
$X_1 = 52,43\,\Omega$; $X_2 = -20,17\,\Omega$; $X_3 = 68,57\,\Omega$.

Lasten:
$X'_{L3} = U^2_{nN}/Q = 6050\,\Omega$; $X'_{L2} = \ddot{u}^2_{12} \cdot 2\,\Omega = 242\,\Omega$;
$\tilde{X}_2 = -20,17\,\Omega + 242\,\Omega = 221,8\,\Omega$; $\tilde{X}_3 = 68,57\,\Omega + 6050\,\Omega = 6118,6\,\Omega$;
$\tilde{X}_2 \parallel \tilde{X}_3 = 214,1\,\Omega$;
$X_{ges} = X_1 + \tilde{X}_2 \parallel \tilde{X}_3 = 266,5\,\Omega$.

$$\underline{I}_1 = \frac{U_{nN}}{\sqrt{3} \cdot jX_{ges}} = \frac{110\,\text{kV}}{\sqrt{3} \cdot j\,266,5\,\Omega} = 238,3\,\text{A} \cdot e^{-j90°} ;$$

$$\underline{I}'_2 = \frac{j\tilde{X}_3}{j(\tilde{X}_2 + \tilde{X}_3)} \cdot \underline{I}_1 = \frac{6118,6}{221,8 + 6118,6} \cdot 238,3\,\text{A} \cdot e^{-j90°} = 230\,\text{A} \cdot e^{-j90°} ;$$

$\underline{I}'_3 = 8,3\,\text{A} \cdot e^{-j90°}$;
$\underline{I}_2 = \underline{\ddot{u}}^*_{12} \cdot \underline{I}'_2 = 110/10 \cdot e^{-j150°} \cdot 230\,\text{A} \cdot e^{-j90°} = 2530\,\text{A} \cdot e^{-j240°}$;
$\underline{I}_3 = \underline{\ddot{u}}^*_{13} \cdot \underline{I}'_3 = 110/6 \cdot e^{-j150°} \cdot 8,3\,\text{A} \cdot e^{-j90°} = 152,2\,\text{A} \cdot e^{-j240°}$.

c) $\underline{S}_1 = 3U_{nN}/\sqrt{3} \cdot \underline{I}^*_1 = j\,45,4\,\text{MVA}$;
$\underline{S}_{L3} = 3 \cdot jX'_{L3} \cdot |\underline{I}'_3|^2 = j\,1,25\,\text{MVA}$;
$\underline{S}_{L2} = 3 \cdot jX'_{L2} \cdot |\underline{I}'_2|^2 = j\,38,4\,\text{MVA}$.

Lösung zu Aufgabe 4.2.4

a) *Schaltgruppe Dy5:*
   $\underline{U}_{1UV} = -w_1/w_2 \cdot \underline{U}_{2UN}$; $\underline{U}_{1VW} = -w_1/w_2 \cdot \underline{U}_{2WN} = \underline{U}_{1UV} \cdot e^{-j120°}$;
   $\underline{U}_{2UV} = \underline{U}_{2UN} - \underline{U}_{2VN} = w_2/w_1 \cdot \underline{U}_{1UV} \cdot (-1 + e^{-j120°})$;
   $\underline{\ddot{u}} = w_1/(\sqrt{3} \cdot w_2) \cdot e^{j150°}$.

   Schaltgruppe Dy11:
   Eine zu Dy5 analoge Rechnung liefert: $\underline{\ddot{u}} = w_1/(\sqrt{3} \cdot w_2) \cdot e^{j330°}$.

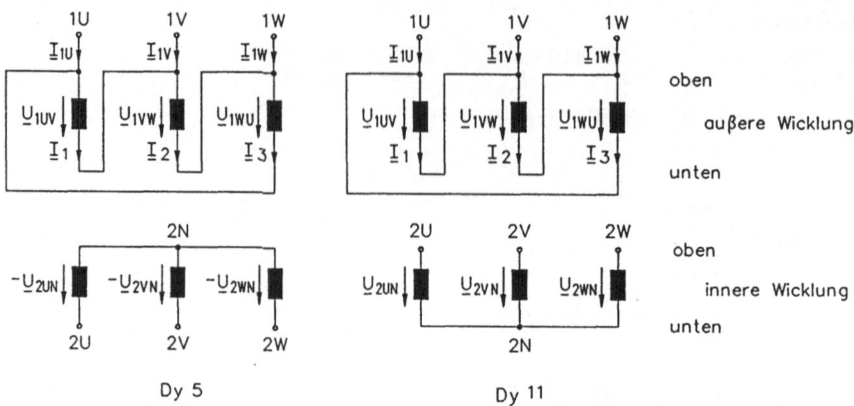

b)

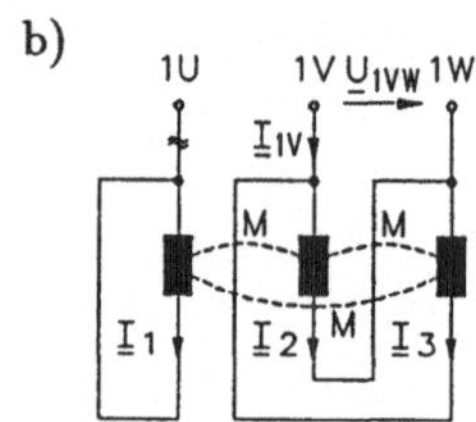

Ansatz:

Zu beachten ist, daß Koppelflüsse zwischen zwei Spulen auf unterschiedlichen Schenkeln negativ anzusetzen sind, wenn ihre Spulenströme gleichsinnig verlaufen.

$$\underline{U}_{1VW} = j\omega L \cdot \underline{I}_2 - j\omega M \cdot \underline{I}_3 - j\omega M \cdot \underline{I}_1 = U_{n1} \cdot e^{-j90°} \; ;$$
$$0 = j\omega L \cdot \underline{I}_2 - j\omega M \cdot \underline{I}_3 - j\omega M \cdot \underline{I}_1 + j\omega L \cdot \underline{I}_3 - j\omega M \cdot \underline{I}_2 - j\omega M \cdot \underline{I}_1 \; ;$$
$$0 = j\omega L \cdot \underline{I}_1 - j\omega M \cdot \underline{I}_2 - j\omega M \cdot \underline{I}_3 \; .$$

$$\underline{I}_{1V} = -\underline{I}_{1W} = \frac{2U_{n1}}{\omega \cdot (L+M)} \cdot e^{-j180°} \quad \text{(Bezugsspannung: } \underline{U}_{1UN} = U_{n1}/\sqrt{3} \cdot e^{j0°}) \; .$$

c) $\quad \underline{I}_{1U} = \dfrac{\sqrt{3} \cdot U_{n1}}{\omega \cdot (L+M)} \cdot e^{-j90°}; \quad \underline{I}_{1V} = \dfrac{\sqrt{3} \cdot U_{n1}}{\omega \cdot (L+M)} \cdot e^{-j210°}; \quad \underline{I}_{1W} = \dfrac{\sqrt{3} \cdot U_{n1}}{\omega \cdot (L+M)} \cdot e^{+j30°} \; .$

d) Symmetrischer Transformator ohne Streuung: $\quad M = L/2$;

$\quad I_{1U} = 2U_{n1}/(\sqrt{3} \cdot \omega L)$; $\quad I_{n1} = 630\,\text{kVA}/(\sqrt{3} \cdot 10\,\text{kV}) = 36,4\,\text{A}$;

$\quad I_{1U} \approx I_\mu = 0,0035 \cdot I_{n1} = 0,13\,\text{A}$; $\quad L = 282\,\text{H}$.

e) *Einphasiges Ersatzschaltbild:*

$\quad I_{1U} = U_{n1}/(\sqrt{3} \cdot \omega L_h)$ $\quad$ mit $\quad L_h = L \cdot 3/2$ $\quad$ (s. Bild 4.36, wenn $\Lambda_{12} \approx \Lambda$);

$\quad L = 94\,\text{H}$ $\quad$ (Einphasiges Ersatzschaltbild = Sternschaltung).

$\quad$ Wirkliche Spulen in Dreieckschaltung $\quad \to \quad L_\Delta = 3 \cdot L$.

Lösung zu Aufgabe 4.2.5

a)

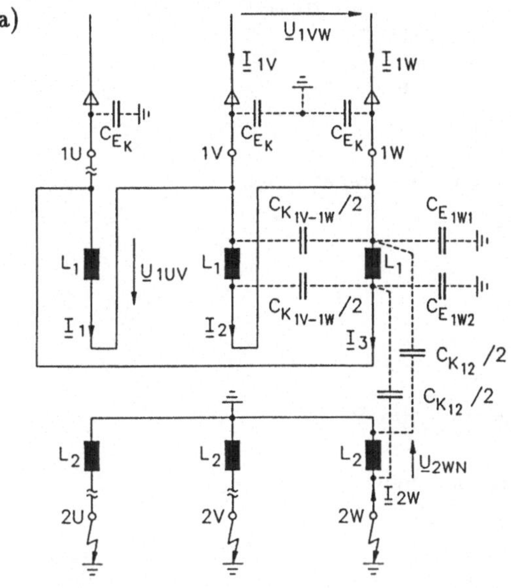

b) $\underline{U}_{1VW} = j\omega L_1 \cdot \underline{I}_2 - j\omega M \cdot \underline{I}_1 - j\omega M \cdot \underline{I}_3 + j\omega M_2 \cdot \underline{I}_{2W}$;

$0 = j\omega(L_1 - 2M) \cdot \underline{I}_1 + j\omega(L_1 - 2M) \cdot \underline{I}_2 + j\omega(L_1 - 2M) \cdot \underline{I}_3 + j\omega(2M_2 - M_1) \cdot \underline{I}_{2W}$;

$0 = j\omega L_2 \cdot \underline{I}_{2W} + j\omega M_2 \cdot \underline{I}_1 + j\omega M_2 \cdot \underline{I}_2 - j\omega M_1 \cdot \underline{I}_3$;

$\underline{I}_3 = \underline{I}_1$;

mit $\quad L_1 = w_1^2 \cdot \Lambda$; $\quad L_2 = w_2^2 \cdot \Lambda$; $\quad M = w_1^2 \cdot 0,45\Lambda$;

$\qquad M_1 = w_1 \cdot w_2 \cdot 0,96\Lambda$; $\quad M_2 = w_1 \cdot w_2 \cdot 0,45\Lambda$;

$\underline{I}_{1V} = 1,35 \cdot \underline{U}_{1VW}/(j\omega w_1^2 \cdot \Lambda) = 0,136\,\text{A} \cdot e^{-j180°}$.

c) Die Kapazitäten sind gestrichelt im Ersatzschaltbild eingetragen.

d) $C_{K12} \approx 2\pi \cdot \epsilon_0 \cdot 0,42\,\text{m}/\ln(0,280\,\text{m}/0,265\,\text{m}) = 1\,\text{nF}$.

Die Annahme von Kupferblöcken erfaßt den Zustand, daß ein Wicklungsende einer Oberspannungsspule an Spannung gelegt wird, während das andere Ende offen bleibt (gleiches Potential an allen Windungen). Diese Vorgehensweise ist zulässig, weil die Teilkapazitäten nicht vom Betriebszustand abhängen.

e) Die Kabelerdkapazität C_{EK} bestimmt die Eigenschwingung, da selbst die größte interne Transformatorkapazität C_{K12} einen erheblich kleineren Wert aufweist. Die durch die weiteren Kapazitäten resultierenden Eigenschwingungen sind dementsprechend wesentlich hochfrequenter und werden durch Wirbelströme stärker abgedämpft.

Die relevante Eigenschwingung bildet sich im Parallelkreis aus der Eingangsinduktivität L_E und den Kabelerdkapazitäten C_{EK} aus:

$$f_e = \frac{1}{2\pi \cdot \sqrt{L_E \cdot C_{EK}/2}} = 32,9\,\text{Hz} \quad \text{mit} \quad L_E = \frac{10\,\text{kV}}{\omega \cdot 0,136\,\text{A}} = 234\,\text{H} .$$

Lösung zu Aufgabe 4.2.6

a)
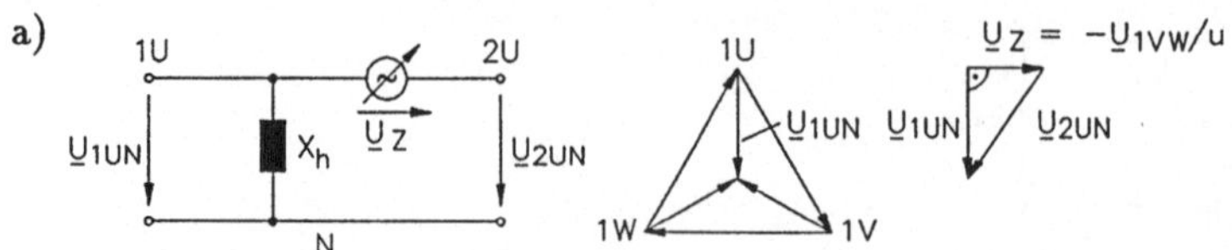

$\underline{U}_Z$: in die Reihenwicklung RW eingekoppelte Zusatzspannung.

b)
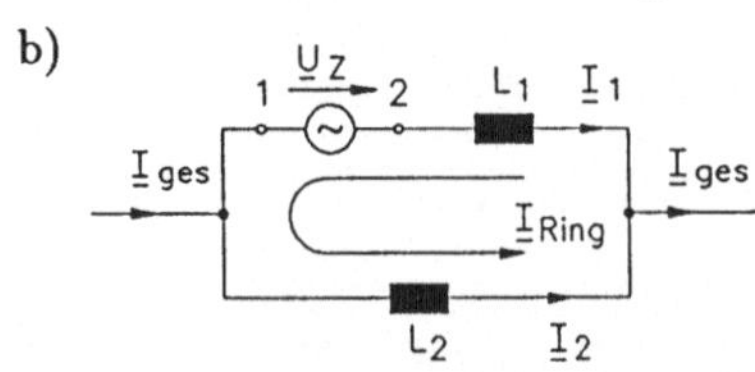

$$\underline{I}_{Ring} = \frac{\underline{U}_Z}{j\omega(L_1 + L_2)} \quad \text{(phasengleich mit } \underline{U}_{1UN}).$$

c) $\underline{I}_{ges} = 1400\,\text{A}$ (gemäß Aufgabenstellung phasengleich mit $\underline{U}_{1UN}$).

Eingeprägte Ströme ohne Zusatzspannung:
Stromteilerregel $\rightarrow$ $\underline{I}_1 = j\omega L_2/(j\omega L_1 + j\omega L_2) \cdot \underline{I}_{ges} = 933,3\,\text{A}$; $\underline{I}_2 = 466,7\,\text{A}$.

Eingeprägte Ströme mit Zusatzspannung:
$\underline{I}_1 - \underline{I}_{Ring} = \underline{I}_2 + \underline{I}_{Ring}$ $\rightarrow$ $\underline{I}_{Ring} = 233,3\,\text{A}$.

d) $\underline{U}_Z = j\omega(L_1 + L_2) \cdot \underline{I}_{Ring} = 10,5\,\text{kV}$.

e)
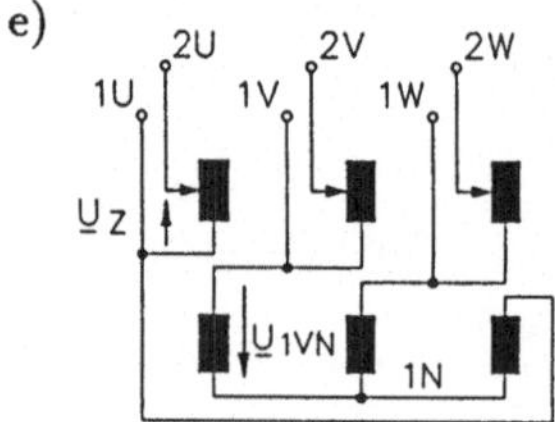
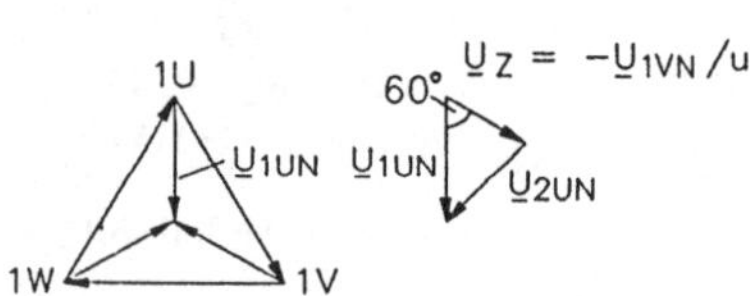

Lösung zu Aufgabe 4.2.7

a) $(420\,\text{kV}/\sqrt{3})/366\,\text{V} = 662,5$ $\rightarrow$ 666 Windungen (111 Scheiben).

b) $(22 + 0,6)\,\text{mm} \cdot 111 \approx 2,51\,\text{m}$ Mindestlänge.

c) $2,51\,\text{m} + 2 \cdot 0,25\,\text{m} + 2 \cdot 0,75\,\text{m} \approx 4,51\,\text{m}$ Kernhöhe.

d) $w_{US} = 27\,\text{kV}/(420\,\text{kV}/\sqrt{3}) \cdot w_{OS} \approx 74$ Windungen .

e) $I_n = 500\,\text{MVA}/(\sqrt{3} \cdot 420\,\text{kV}) = 687\,\text{A}$;
$687\,\text{A}/(30\,\text{mm}^2 \cdot 3\,\text{A}/\text{mm}^2) = 7,6$ $\rightarrow$ 9 Teilleiter (nächst größere ungerade Zahl).

Lösung zu Aufgabe 4.4.1

a)

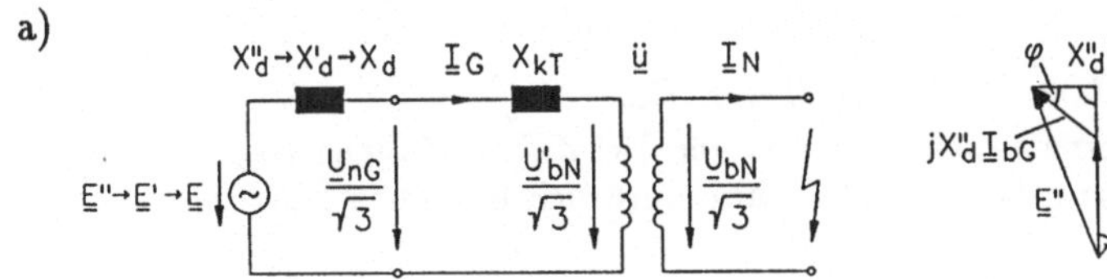

Bezugsspannung: $\quad U_{nG} = 21\,\text{kV}$.

$$X_d'' = \frac{x_d'' \cdot U_{nG}^2}{S_{nG}} = \frac{0,2 \cdot (21\,\text{kV})^2}{300\,\text{MVA}} = 0,294\,\Omega\ ; \quad X_d' = 0,3675\,\Omega\ ; \quad X_d = 2,94\,\Omega\ .$$

$$X_{kT} = \frac{0,15 \cdot (21\,\text{kV})^2}{350\,\text{MVA}} = 0,189\,\Omega\ .$$

Aus einem Zeigerdiagramm folgt:

$$E'' = \sqrt{(U_{nG}/\sqrt{3} + X_d'' \cdot I_{bG} \cdot \sin\varphi)^2 + (X_d'' \cdot I_{bG} \cdot \cos\varphi)^2} = 12,99\,\text{kV} \quad \text{(s. Gl. (4.90))}.$$

Mit X_d' bzw. X_d anstelle von X_d'' ist diese Formel auch für E' und E anwendbar:
$E' = 13,235\,\text{kV}\ ; \quad E = 25,389\,\text{kV}$.

b) $\underline{I}_{kG}'' = \underline{E}''/(jX_d'' + jX_{kT}) = 26,89\,\text{kA} \cdot e^{-j90°}$ \quad ($\underline{E}''$ als Bezugsphasenlage gewählt).

$\underline{\ddot{u}} = 395\,\text{kV}/21\,\text{kV} \cdot e^{j150°}\ ; \quad \underline{I}_{kN}'' = \underline{I}_{kG}''/\underline{\ddot{u}}^* = 1,43\,\text{kA} \cdot e^{j60°}$.

c) $I_{g\,max} = |I_k''| \cdot \sqrt{2}\ ; \quad I_{gG_{L1}} \leq 38,0\,\text{kA}\ ; \quad I_{gG_{L2}} = I_{gG_{L3}} = -I_{gG_{L1}}/2\ ;$

$I_{gN\,max} = 2,02\,\text{kA}$ \quad (tritt zu einem anderen Zeitpunkt auf als $I_{gG\,max}$).

d) $I_{kG}' = E'/(X_d' + X_{kT}) = 23,78\,\text{kA}\ ; \quad I_{kG} = E/(X_d + X_{kT}) = 8,11\,\text{kA}$.

e) $I_{nG} = 300\,\text{MVA}/(\sqrt{3} \cdot 21\,\text{kV}) = 8,25\,\text{kA}\ ;$

$P = \sqrt{3} \cdot U_{nG} \cdot I_{bG} \cdot \cos\varphi = 196,4\,\text{MW}\ ;$

$Q = \sqrt{3} \cdot U_{nG} \cdot I_{bG} \cdot \sin\varphi = 95,1\,\text{Mvar}$.

Lösung zu Aufgabe 4.4.2

a) $\ddot{u}_T = 1,03 \cdot 395\,\text{kV}/21\,\text{kV}\ ; \quad U_{nG} = 21\,\text{kV}\ ; \quad U_{bN}' = 380\,\text{kV}/\ddot{u}_T = 19,614\,\text{kV}\ ;$
$P = 196,4\,\text{MW}$.

Gemäß Gl. (4.65) gilt:

$\sin\varphi_U = X_{kT} \cdot P/(U_{nG} \cdot U_{bN}') = 0,090 \quad \rightarrow \quad \cos\varphi_U = 0,9959\ ;$

$Q = (U_{nG} \cdot U_{bN}' \cdot \cos\varphi_U - U_{nG}^2)/X_{kT} = -162,7\,\text{Mvar}$.

(Das negative Vorzeichen in Q kennzeichnet, daß der Strom in Bild 4.51 entgegengesetzt fließt, wenn für Netz 2 der Generator eingesetzt wird).

Eine Erhöhung der Übersetzung um 3 % erhöht die Blindleistungseinspeisung ins Netz auf den 1,7-fachen Wert und wirkt stützend auf die Netzspannung.

b) $I_{bG} = \sqrt{P^2 + Q^2}/(\sqrt{3} \cdot 21\,\text{kV}) = 7,01\,\text{kA}\ ;$

$\tan\varphi = Q/P = 0,828 \quad \rightarrow \quad \cos\varphi = 0,770\ ; \quad \sin\varphi = 0,638\ ;$

$E'' = 13,53\,\text{kV}\ ; \quad I_{kG}'' = 28,02\,\text{kA}\ ; \quad I_{kN}'' = I_{kG}''/\ddot{u}_T = 1,45\,\text{kA}$.

Lösung zu Aufgabe 4.5.1

a) $L_b' = \mu_0/(2\pi) \cdot \ln(D/r_S)\ ;$

$D = \sqrt[3]{d_{12} \cdot d_{13} \cdot d_{23}} = 1,512\,\text{m} \quad \text{mit} \quad d_{12} = d_{23} = 1,2\,\text{m und } d_{13} = 2,4\,\text{m}\ ;$

$X_b' = \omega L_b' = 0,319\,\Omega/\text{km}$.

b) $C_b' = 2\pi \cdot \epsilon_0/\ln(D/r_S) = 10,97\,\text{nF}/\text{km}$.

c) $X_b' = 0,335\,\Omega/\text{km}$; $C_b' = 10,96\,\text{nF/km}$ (aus Anhang).

d) $Z_W = \sqrt{L_b'/C_b'} = 304\,\Omega$; $P_{nat} = U_{nN}^2/Z_W = 1,316\,\text{MW}$.

e) $I_b = 185\,\text{A}$; $P = \sqrt{3} \cdot U_{nN} \cdot I_b = 6,409\,\text{MW} > P_{nat}$.

Es liegt demnach ein übernatürlicher Betrieb vor. Bei dem zulässigen Dauerstrom $I_d = 535\,\text{A}$ wird die Leitung dann ebenfalls übernatürlich betrieben ($I_d > I_b$).

Lösung zu Aufgabe 4.5.2

a) $X_b' = 0,5 \cdot 0,322\,\Omega/\text{km} = 0,161\,\Omega/\text{km}$; $X_b = 35,4\,\Omega$.

b) *Betriebskapazität bei 2 parallelen Systemen:*
$C_b' = 2 \cdot 14\,\text{nF/km} = 28\,\text{nF/km}$; $C_b = 6,16\,\mu\text{F}$.

Pol im Eingangsstrom eines Π-Gliedes:

$$f_P = \frac{1}{2\pi \cdot \sqrt{L_b' \cdot C_b'/2 \cdot l^2}} \geq 500\,\text{Hz} ;$$

$$l_{\Pi-\text{Glied}} \leq \frac{1}{500 \cdot 2\pi \cdot \sqrt{L_b' \cdot C_b'/2}} = 118,8\,\text{km} ;$$

Für eine Leitungslänge von 220 km sind demnach zwei Π-Glieder erforderlich.

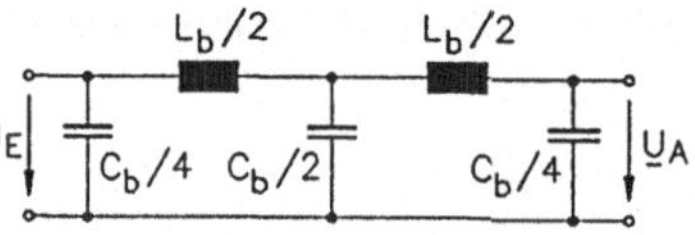

c) Impedanzen zusammenfassen, Strom- und Spannungsteilerregel anwenden:

$$\frac{\underline{U}_A}{\underline{U}_E} = \frac{1}{1 - \omega^2 L_b C_b/2 + \omega^4 L_b^2 C_b^2/32} = 1,03533 \cdot e^{j0^\circ} .$$

d)

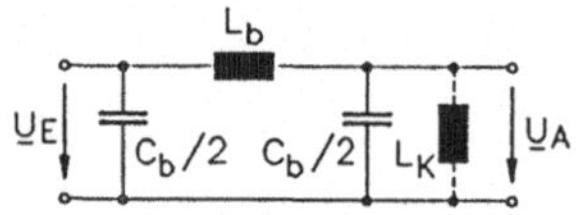

$$\frac{\underline{U}_A}{\underline{U}_E} = \frac{1}{1 - \omega^2 L_b C_b/2} = 1,03549 \cdot e^{j0^\circ} .$$

Die Differenz der Ergebnisse von c) und d) beträgt 0,015 %.
Bei einem einzigen Π-Glied ist der Ferranti-Effekt etwas stärker ausgeprägt.

e) $Q_c = 3 \cdot (U_{nN}/\sqrt{3})^2 \cdot \omega C_b = 279,4\,\text{Mvar}$;

$Q_{ind} = 0,8 \cdot Q_c = U_{nN}^2/(\omega L_K)$ $\rightarrow$ $L_K = 2,06\,\text{H}$.

$$\frac{\underline{U}_A}{\underline{U}_E} = \frac{1}{1 + (1 - \omega^2 L_K C_b/2) \cdot L_b/L_K} = 0,9799 \cdot e^{j0^\circ} \quad \text{(s. Bild zu Lösung 4.5.2d)}.$$

Das Ergebnis beschreibt eine Absenkung der Ausgangsspannung im Vergleich zur Eingangsspannung.

f)

$$Z_W = \sqrt{L_b'/C_b'} = 135,3\,\Omega \; ;$$

$$\frac{\underline{U}_A}{\underline{U}_E} = \frac{1}{1 - \omega^2 L_b C_b/2 + j\omega L_b/Z_W} = 0,9994 \cdot e^{-j15,2^\circ} \quad \text{(nur Phasendrehung)}.$$

Lösung zu Aufgabe 4.6.1

a) *Leitungsparameter gemäß Anhang:*

NA2XS2Y: $L_b' = 0,57\,\text{mH/km}$; $C_b' = 0,456\,\mu\text{F/km}$; $R' = 0,177\,\Omega/\text{km}$;
Verlegungsart: o o o (Einebenenverlegung).
N2XS(FL)2Y: $L_b' = 0,61\,\text{mH/km}$; $C_b' = 0,144\,\mu\text{F/km}$; $R' = 0,112\,\Omega/\text{km}$;
Verlegungsart: o o o (Einebenenverlegung).

b) *Wellenwiderstand:*

$$\underline{Z}_W = \sqrt{\frac{R' + j\omega L_b'}{j\omega C_b'}} \; ;$$

NA2XS2Y: $\underline{Z}_W = 41,9\,\Omega \cdot e^{-j22,3^\circ}$;
N2XS(FL)2Y: $\underline{Z}_W = 70,0\,\Omega \cdot e^{-j15,2^\circ}$.

Natürliche Leistung:
NA2XS2Y: $\underline{S}_{nat} = 2,4\,\text{MVA} \cdot e^{j22,3^\circ}$;
N2XS(FL)2Y: $\underline{S}_{nat} = 172,9\,\text{MVA} \cdot e^{j15,2^\circ}$.

Übertragene Scheinleistung bei $1\,\text{A/mm}^2$:
NA2XS2Y: $S = 4,2\,\text{MVA}$;
N2XS(FL)2Y: $S = 57,2\,\text{MVA}$.

Betriebsform:
NA2XS2Y: übernatürlich;
N2XS(FL)2Y: unternatürlich.

c) *Kabellänge:*

$$l = \frac{\sqrt{3} \cdot I_c}{U_{nN} \cdot \omega C_b'} \; ;$$

NA2XS2Y: $l = 290,2\,\text{km}$;
N2XS(FL)2Y: $l = 104,4\,\text{km}$.

d) In der Einspeisung und am Kabelanfang. Die Stromstärke nimmt zum Kabelende hin linear ab.

e) Bei gleichem Summenstrom werden die einzelnen Kabel aufgrund der kürzeren Längen geringer belastet.

Lösung zu Aufgabe 4.6.2

$$X_{kT} = \frac{0,1 \cdot (10\,\text{kV})^2}{63\,\text{MVA}} = 0,159\,\Omega \; ;$$

$$C_b = 0,456\,\mu\text{F/km} \cdot 120\,\text{km} = 54,7\,\mu\text{F} \; ;$$

$$f = \frac{1}{2\pi \cdot \sqrt{X_{kT}/\omega C_b}} = 957\,\text{Hz} \; .$$

Lösung zu Aufgabe 4.9.1

a) $X_{kT1} = X_{kT2} = 0,072\,\Omega$; $X_D = 0,036\,\Omega$;

$C_K = Q_c/(U_{nN}^2 \cdot \omega) = 265,3\,\mu\text{F}$ bei der Maximaleinstellung C_{Kmax} .

$$f = \frac{1}{2\pi \cdot \sqrt{C_K \cdot (X_{kT2} + X_D)/\omega}} = 527\,\text{Hz} .$$

Stationäre Netzrückwirkungen treten bei dem angegebenen Schaltzustand im Frequenzbereich 527 Hz ... 745,3 Hz auf. Abhilfe bietet ein 550-Hz-Filter.

b)

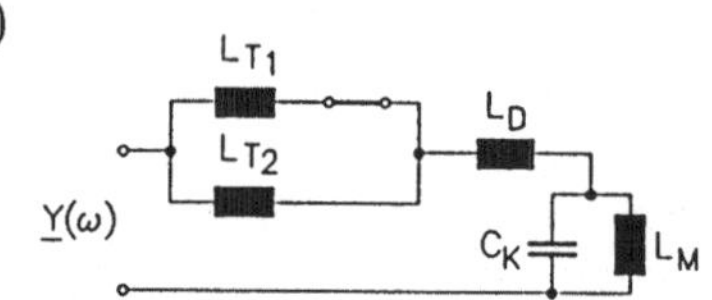

$L_M = 4\,\text{Mvar}/(U_{nN}^2 \cdot 2\pi \cdot 50\,\text{Hz}) = 354\,\mu\text{H}$; $L_1 = L_{T1} \parallel L_{T2} + L_D = 229,2\,\mu\text{H}$.

$\underline{Y}(\omega)$ bestimmen, aus dessen Nennerpolynom sich die Eigenfrequenz des Poles zu

$$f_P = \frac{1}{2\pi \cdot \sqrt{C_{Kmax} \cdot L_1 \cdot L_M/(L_1 + L_M)}} = 828,4\,\text{Hz}$$

ergibt.

Lösung zu Aufgabe 4.12.1

a) *Nennströme der Lasten:*
$I_{nL} = S_{nL}/(\sqrt{3} \cdot U_{nN})$;
$I_{nL1} = 43,3\,\text{A}$; $I_{nL2} = 115,5\,\text{A}$; $I_{nL3} = 90,2\,\text{A}$; $I_{nL4} = I_{nL2} + I_{nL3} = 205,7\,\text{A}$.
Vorläufige Auswahl der NH-Sicherungen:
S_1: NH-gL-63 A; S_2: NH-gL-160 A; S_3: NH-gM-100 A; S_4: NH-gL-250 A.

b) *Überprüfung der Kurzschlußströme bei den NH-Sicherungen:*
$I_{aS} = 100\,\text{kA}$; $I_{min} \approx 2,1 \cdot I_{nS}$.
(I_{min} wird mit $2,1 \cdot I_{nS}$ zur sicheren Seite abgeschätzt, da der große Prüfstrom – abhängig vom Nennstrom der NH-Sicherung – stets im Bereich $(1,6 \ldots 2,1) \cdot I_{nS}$ liegt).
$2,1 \cdot I_{nS1} = 132,3\,\text{A}$; $2,1 \cdot I_{nS2} = 336\,\text{A}$; $2,1 \cdot I_{nS3} = 210\,\text{A}$; $2,1 \cdot I_{nS4} = 525\,\text{A}$.
Bei einem auftretenden Kurzschlußstrom $I_k'' = 22\,\text{kA}$ ist somit für alle NH-Sicherungen die Kurzschlußbedingung $2,1 \cdot I_{nS} \leq I_k'' \leq I_{aS}$ erfüllt.

c) *NH-Sicherung S_4 zu S_1:*
$I_{nS4}/I_{nS1} = 2,54 > 1,6$ (Selektivitätsbedingung erfüllt).
NH-Sicherung S_4 zu S_3 im Normalbetrieb:
Für S_3 ist gemäß Aufgabenstellung der 1,6-fache Nennstrom zu verwenden, da es sich um einen gM-Typ handelt.
$I_{nS4}/(1,6 \cdot I_{nS3}) = 1,6$ (Selektivitätsbedingung erfüllt).
NH-Sicherung S_4 zu S_3 im Anlaufbereich des Motors:
$I_{anM} = 5 \cdot I_{nM}$;
$I_{anS4} = I_{anM} + I_{nS2} = 5 \cdot 90,2\,\text{A} + 115,5\,\text{A} = 566,5\,\text{A}$
$\rightarrow$ Schmelzzeit $t_s \approx 30\,\text{s} > 5\,\text{s}$ Anlaufzeit (Selektivitätsbedingung erfüllt).

d) *Auswahl der HH-Sicherung:*
$I_{nS} \geq 630\,\text{kVA}/(\sqrt{3} \cdot 10\,\text{kV}) = 36,4\,\text{A}$ $\rightarrow$ Sicherungstyp HH-63 A ($I_{nS} = 63\,\text{A}$).
Überprüfung der Kurzschlußbedingungen:
$I_{aS} = 100\,\text{kA}$; $I_{min} = 2,5 \cdot I_{nS}$ (s. Abschnitt 4.12.2.1).
Bei einem oberspannungsseitigen Kurzschluß am Transformator mit einem Strom von

$I_k'' = 70\,\mathrm{kA}$ ist für die HH-Sicherung die Kurzschlußbedingung $I_{min} \leq I_k'' \leq I_{aS}$ erfüllt. Bei einem Kurzschluß an der niederspannungsseitigen Sammelschiene mit $I_k'' = 22\,\mathrm{kA}$ ist für die HH-Sicherung die Bedingung $I_k''/(10\,\mathrm{kV}/0,4\,\mathrm{kV}) > I_{min}$ erfüllt, d.h. der Transformator wird oberspannungsseitig ausgeschaltet.

e) Bei einem Kurzschluß mit einem Strom von $I_k'' = 22\,\mathrm{kA}$ in einem der Niederspannungsabzweige muß die zugehörige NH-Sicherung schneller auslösen als die HH-Sicherung. Dabei ist nur die Sicherung mit dem größten Nennstrom zu überprüfen, weil sie die längste Schmelzzeit aufweist.

NH-Sicherung S_4: $t_s \approx 0,002\,\mathrm{s}$ bei $I_k'' = 22\,\mathrm{kA}$;

HH-Sicherung : $t_s \approx 0,01\,\mathrm{s}$ bei $22\,\mathrm{kA}/(10\,\mathrm{kV}/0,4\,\mathrm{kV})$;

Die NH-Sicherung S_4 verhält sich demnach zur HH-Sicherung selektiv. Die anderen NH-Sicherungen der Sammelschienenabzweige sind dann ebenfalls selektiv, da sie kleinere Nennströme und somit noch kürzere Schmelzzeiten aufweisen.

Als weitere Selektivitätsbedingung ist zu überprüfen, ob die NH-Sicherungen auch bei einem solchem Strom noch auslösen, der auf der Oberspannungsseite nur den minimalen Ausschaltstrom der HH-Sicherung fließen läßt.

HH-Sicherung : $t_s \approx$ mehrere Minuten bei $I_{min} = 157,5\,\mathrm{A}$;

NH-Sicherung S_4: $t_s \approx 0,07\,\mathrm{s}$ bei $157,5\,\mathrm{A} \cdot (10\,\mathrm{kV}/0,4\,\mathrm{kV})$;

Selektivität ist ebenfalls erfüllt.

Lösung zu Aufgabe 4.12.2

Stich S_1: Es werden nur Kurzschlußanzeiger in den Netzstationen verwendet.

Ringleitung R_1-R_2: Jeweils ein Überstromrelais mit 0,3 s Auslösezeit in der Schwerpunktstation. Dieser relativ hohe Zeitwert ist im Hinblick auf die Selektivität zu den HH-Sicherungen und deren Auslösetoleranzen erforderlich. Weiterhin werden in den Netzstationen der Ringleitung Kurzschlußanzeiger installiert.

Kabel K_2 und K_3: Differentialschutz mit 0,1 s und zusätzlicher Überstromschutz mit 0,8 s als Reserveschutz. Als Alternative kann anstelle des Überstromschutzes auch ein Distanzschutz mit 0,8 s als niedrigster Auslösestufe gewählt werden (Reservefunktion).

Kabel K_1: Distanzschutz mit 0,1 s Schnellzeit und 0,8 s in der 2. Stufe. Ein Differentialschutz wird wegen der eingeschleiften Netzstation (Stromabzweig) nicht verwendet.

Lösung zu Aufgabe 4.12.3

Es sind der Reihe nach die Netzstationen der Ringleitung und des Stiches aufzusuchen, um die Kurzschlußanzeiger zu überprüfen. Der Fehler liegt vor der ersten Station, deren Kurzschlußanzeiger nicht angesprochen hat.

Lösung zu Aufgabe 5.1

a) Der zulässige Spannungsabfall beträgt $\Delta U_{Yzul} = 0,03 \cdot 10\,\mathrm{kV}/\sqrt{3} = 173,2\,\mathrm{V}$.

Der größte Spannungsabfall tritt an der Leitung S_1-S_2-S_5 auf:

$M_W^* = 7300\,\mathrm{kWkm}$; $M_B^* = 5475\,\mathrm{kvarkm}$;

150/25 Al/St: $R' = 0,194\,\Omega/\mathrm{km}$; $X_b' = 0,315\,\Omega/\mathrm{km}$;

$\Delta U_Y \approx \Delta U_{lY} = 181\,\mathrm{V}$ $\rightarrow$ größeren Querschnitt wählen.

185/30 Al/St: $R' = 0,157\,\Omega/\mathrm{km}$; $X_b' = 0,309\,\Omega/\mathrm{km}$;

$\Delta U_Y \approx 164\,\mathrm{V} < 173,2\,\mathrm{V}$ $\rightarrow$ zulässiger Querschnitt.

b) Betriebswarmer Wechselstromwiderstand (maximaler Spannungsabfall).

c) $M_W^*(SS - S_2) = 4780\,\text{kWkm}$; $M_B^*(SS - S_2) = 3585\,\text{kvarkm}$;
$\Delta U_Y(SS - S_2) = 86\,\text{V}$.

$M_W^*(S_2 - S_7) = 750\,\text{kWkm}$; $M_B^*(S_2 - S_7) = 562,5\,\text{kvarkm}$;
$\Delta U_Y(S_2 - S_7) = 24,8\,\text{V}$.

$\Delta U_Y(SS - S_7) = 110,8\,\text{V}$.

d) $\Delta \underline{U}_T = jX_T \cdot I_{ges} \cdot e^{-j36,9^\circ} = 65,5\,\text{V} \cdot e^{j53,1^\circ}$
mit $I_{ges} = 2600\,\text{kW}/(\sqrt{3} \cdot 10\,\text{kV} \cdot 0,8) = 187,6\,\text{A}$ und $X_T = 0,349\,\Omega$.
Wegen der elektrisch kurzen Leitungen braucht nur der Längsspannungsabfall des Transformators berücksichtigt zu werden:
$U_{Y_{SS}} \approx 110\,\text{kV}/(\sqrt{3} \cdot \ddot{u}) - \Delta U_T \cdot \sin 36,9^\circ = 5742\,\text{V}$ (vergl. Lösung 4.4.1a);
$U_{Y_{SS}} = U_{Y_{SS}} - \Delta U_Y(185/30\;\text{Al/St}) = 5578\,\text{V}$.

Lösung zu Aufgabe 5.2

a) $I'' = (7300/6 - j5475/6)/(\sqrt{3} \cdot 10\,\text{A}) = 87,8\,\text{A} \cdot e^{-j36,9^\circ}$;
$I' = I_{ges} - I'' = 99,8\,\text{A} \cdot e^{-j36,9^\circ}$.

b) $\Delta \underline{U}_Y(SS - S_1) = 25,1\,\text{V} \cdot e^{j8,4^\circ}$; $\Delta \underline{U}_Y(S_1 - S_2) = 17,5\,\text{V} \cdot e^{j8,4^\circ}$;
$\Delta \underline{U}_Y(S_2 - S_6) = 16,8\,\text{V} \cdot e^{-j10,5^\circ}$.

Lösung zu Aufgabe 5.3

a)

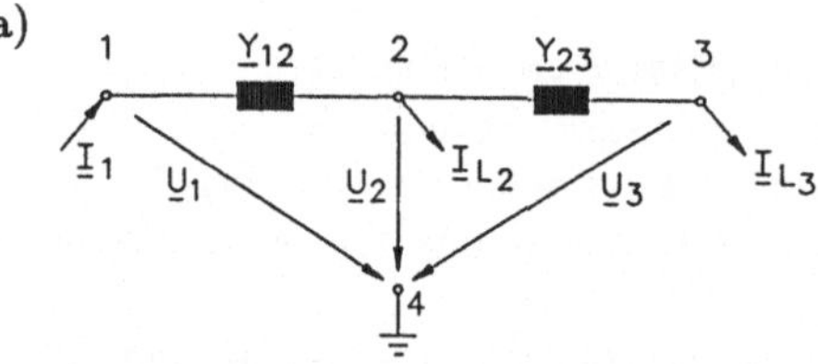

Die abgehenden Ströme sowie die Nebenelemente der Admittanzmatrix sind negativ anzusetzen.

$$
\begin{bmatrix} \underline{I}_1 \\ -\underline{I}_{L2} \\ -\underline{I}_{L3} \\ 0 \end{bmatrix} = \begin{bmatrix} \underline{Y}_{12} & -\underline{Y}_{12} & 0 & 0 \\ -\underline{Y}_{12} & \underline{Y}_{12} + \underline{Y}_{23} & -\underline{Y}_{23} & 0 \\ 0 & -\underline{Y}_{23} & \underline{Y}_{23} & 0 \\ 0 & 0 & 0 & 0 \end{bmatrix} \cdot \begin{bmatrix} \underline{U}_1 \\ \underline{U}_2 \\ \underline{U}_3 \\ 0 \end{bmatrix} .
$$

b) Nach Streichen des Erdknotens (Knoten 4) und Vorgabe des Einspeiseknotens (Knoten 1) als Slack-Knoten ergibt sich:

$$
\begin{bmatrix} -\underline{I}_{L2} + \underline{Y}_{12}\underline{U}_1 \\ -\underline{I}_{L3} + 0 \end{bmatrix} = \begin{bmatrix} \underline{Y}_{12} + \underline{Y}_{23} & -\underline{Y}_{23} \\ -\underline{Y}_{23} & \underline{Y}_{23} \end{bmatrix} \cdot \begin{bmatrix} \underline{U}_2 \\ \underline{U}_3 \end{bmatrix} .
$$

Nach der Inversion der Matrix erhält man:

$$
\begin{bmatrix} \underline{U}_2 \\ \underline{U}_3 \end{bmatrix} = \begin{bmatrix} \dfrac{1}{\underline{Y}_{12}} & \dfrac{1}{\underline{Y}_{12}} \\ \dfrac{1}{\underline{Y}_{12}} & \dfrac{\underline{Y}_{12} + \underline{Y}_{23}}{\underline{Y}_{12} \cdot \underline{Y}_{23}} \end{bmatrix} \cdot \begin{bmatrix} -\underline{I}_{L2} + \underline{Y}_{12}\underline{U}_1 \\ -\underline{I}_{L3} + 0 \end{bmatrix} .
$$

c) $\underline{Y}_{23} = \underline{Y}_{12} = -j0,1\,\dfrac{1}{\Omega}$; $\underline{Y}_{12}\,\underline{U}_1 = -j6350,9\,\text{A}$; $U_{nN} = 110\,\text{kV}/\sqrt{3} = 63,51\,\text{kV}$.

1. Schritt

Stromiteration:

$$\underline{I}_{L2} = \underline{I}_{L3} = -j\,\frac{30\,\text{Mvar}}{3\cdot 110\,\text{kV}/\sqrt{3}} = -j157,5\,\text{A} \ .$$

Spannungsiteration:

$$\underline{U}_2 = j10\,\Omega\cdot(-j6193,4\,\text{A}) + j10\,\Omega\cdot j157,5\,\text{A} = 60,36\,\text{kV} \ ;$$
$$\underline{U}_3 = j10\,\Omega\cdot(-j6193,4\,\text{A}) + j20\,\Omega\cdot j157,5\,\text{A} = 58,78\,\text{kV} \ .$$

2. Schritt

Stromiteration:

$$\underline{I}_{L2} = -j\,\frac{30\,\text{Mvar}}{3\cdot 60,36\,\text{kV}} = -j165,7\,\text{A} \ ;$$

$$\underline{I}_{L3} = -j\,\frac{30\,\text{Mvar}}{3\cdot 58,78\,\text{kV}} = -j170,1\,\text{A} \ .$$

Spannungsiteration:

$$\underline{U}_2 = j10\,\Omega\cdot(-j6185,2\,\text{A}) + j10\,\Omega\cdot j170,1\,\text{A} = 60,15\,\text{kV} \ ;$$
$$\underline{U}_3 = j10\,\Omega\cdot(-j6185,2\,\text{A}) + j20\,\Omega\cdot j170,1\,\text{A} = 58,45\,\text{kV} \ .$$

3. Schritt

Stromiteration:

$$\underline{I}_{L2} = -j\,\frac{30\,\text{Mvar}}{3\cdot 60,15\,\text{kV}} = -j166,2\,\text{A} \ ;$$

$$\underline{I}_{L3} = -j\,\frac{30\,\text{Mvar}}{3\cdot 58,45\,\text{kV}} = -j171,1\,\text{A} \ .$$

Für beide Ströme gilt im Vergleich zum 2. Schritt: $|\Delta \underline{I}| \leq 2\,\text{A}$.
Die Iteration kann abgebrochen werden.

Lösung zu Aufgabe 5.4

a)

$$
\begin{bmatrix} \underline{I}_1 \\ -\underline{I}_{L2} \\ \underline{I}_3 \\ \underline{I}_4 \end{bmatrix}
=
\begin{bmatrix}
\underline{Y}_{12} & -\underline{Y}_{12} & 0 & 0 \\
-\underline{Y}_{12} & \underline{Y}_{12}+\underline{Y}_{23} & -\underline{Y}_{23} & 0 \\
0 & -\underline{Y}_{23} & \underline{Y}_{23} & 0 \\
0 & 0 & 0 & 0
\end{bmatrix}
\cdot
\begin{bmatrix} \underline{U}_1 \\ \underline{U}_2 \\ \underline{U}_3 \\ \underline{U}_4 \end{bmatrix} \ .
$$

b) Bekannte Größen: $\underline{U}_1$, $\underline{U}_3$, $\underline{I}_{L2}$.
   Unbekannte Größen: $\underline{I}_1$, $\underline{I}_3$, $\underline{U}_2$.

c) Hybride Form: Alle Unbekannten sind auf die Seite des Stromvektors zu bringen, alle bekannten Größen auf die andere Seite. Das Gleichungssystem ist anschließend nach den Unbekannten aufzulösen.

$$
\begin{bmatrix} \underline{U}_2 \\ \underline{I}_1 \\ \underline{I}_3 \end{bmatrix} =
\begin{bmatrix}
\dfrac{1}{\underline{Y}_{12} + \underline{Y}_{23}} & \dfrac{\underline{Y}_{12}}{\underline{Y}_{12} + \underline{Y}_{23}} & \dfrac{\underline{Y}_{23}}{\underline{Y}_{12} + \underline{Y}_{23}} \\
-\dfrac{\underline{Y}_{12}}{\underline{Y}_{12} + \underline{Y}_{23}} & \underline{Y}_{12} - \dfrac{\underline{Y}_{12}^2}{\underline{Y}_{12} + \underline{Y}_{23}} & -\dfrac{\underline{Y}_{12}\,\underline{Y}_{23}}{\underline{Y}_{12} + \underline{Y}_{23}} \\
-\dfrac{\underline{Y}_{23}}{\underline{Y}_{12} + \underline{Y}_{23}} & -\dfrac{\underline{Y}_{12}\,\underline{Y}_{23}}{\underline{Y}_{12} + \underline{Y}_{23}} & \underline{Y}_{23} - \dfrac{\underline{Y}_{23}^2}{\underline{Y}_{12} + \underline{Y}_{23}}
\end{bmatrix}
\cdot
\begin{bmatrix} -\underline{I}_{L2} \\ \underline{U}_1 \\ \underline{U}_3 \end{bmatrix} .
$$

d)
$$
\begin{bmatrix} \underline{U}_2 \\ \underline{I}_1 \\ \underline{I}_3 \end{bmatrix} =
\begin{bmatrix}
j10 & 0,5 & 0,5 \\
-0,5 & -j0,025 & j0,025 \\
-0,5 & j0,025 & -j0,025
\end{bmatrix}
\cdot
\begin{bmatrix} -\underline{I}_{L2} \\ \underline{U}_1 \\ \underline{U}_3 \end{bmatrix} .
$$

$\underline{U}_3 = 110\,\mathrm{kV}/\sqrt{3} \cdot e^{j0°}$ (Netzeinspeisung als Bezugsspannung gewählt).
Startwerte für den 1. Schritt: $\underline{U}_1 = \underline{U}_3$; $\underline{U}_2 = \underline{U}_3$.

1. Schritt

Stromiteration:

$$
\underline{I}_{L2} = -j\frac{30\,\mathrm{Mvar}}{3 \cdot 110\,\mathrm{kV}/\sqrt{3}} = 157,5\,\mathrm{A} \cdot e^{-j90°} .
$$

Die Hybridmatrix liefert:

$\underline{U}_2 = 61,93\,\mathrm{kV} \cdot e^{j0°}$; $\underline{I}_1 = 78,8\,\mathrm{A} \cdot e^{-j90°}$; $\underline{I}_3 = \underline{I}_1$.

Generatorbedingungen einarbeiten:

$|\underline{U}_1| = \mathrm{const}$; $P_1 = 0$ $\rightarrow$ $\varphi_G = 90°$.

Die Generatorspannung $\underline{U}_1$ eilt demnach dem Strom $\underline{I}_1$ um 90° voraus und weist somit auch im nächsten Schritt wieder dieselbe Phasenlage wie die Bezugsspannung auf:

$\underline{U}_1 = 110\,\mathrm{kV}/\sqrt{3} \cdot e^{j0°}$.

2. Schritt

Stromiteration:

$\underline{I}_{L2} = 161,5\,\mathrm{A} \cdot e^{-j90°}$.

Die Hybridmatrix liefert:

$\underline{I}_1 = 80,7\,\mathrm{A} \cdot e^{-j90°}$; $\underline{I}_3 = \underline{I}_1$.

Für beide Ströme gilt im Vergleich zum 1. Schritt: $|\Delta \underline{I}| \le 3\,\mathrm{A}$.
Die Iteration kann abgebrochen werden.

Lösung zu Aufgabe 6.1

a) Generatorferner Kurzschluß, da nur Netzeinspeisungen vorhanden sind.

b) Der Gleichstromwiderstand bei 20 °C, da er zu maximalen Kurzschlußströmen führt.

c)

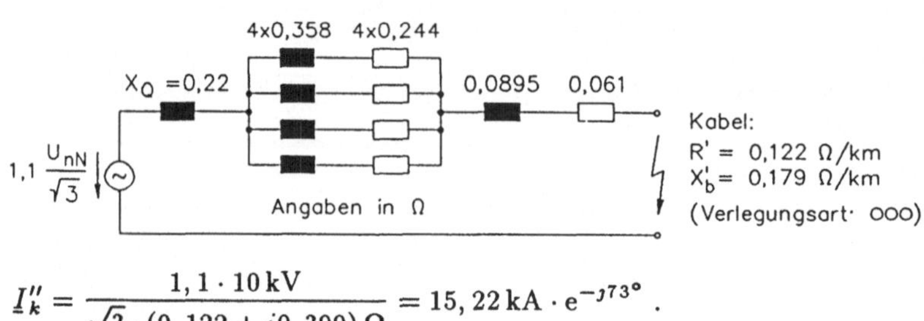

$$
\underline{I}_k'' = \frac{1,1 \cdot 10\,\mathrm{kV}}{\sqrt{3} \cdot (0,122 + j0,399)\,\Omega} = 15,22\,\mathrm{kA} \cdot e^{-j73°} .
$$

d) $R/X = 0,122/0,399 \quad \to \quad \kappa = 1,41$;

$I_s = \kappa \cdot \sqrt{2} \cdot I_k'' = 30,35\,\text{kA}$;

$I_a = I_k = I_k'' = 15,22\,\text{kA}$ (kein Abklingen, da generatorferner Kurzschluß).

Lösung zu Aufgabe 6.2

a) Ersatzschaltbild und Impedanzwerte ermitteln; als Bezugsspannung wird 110 kV gewählt.

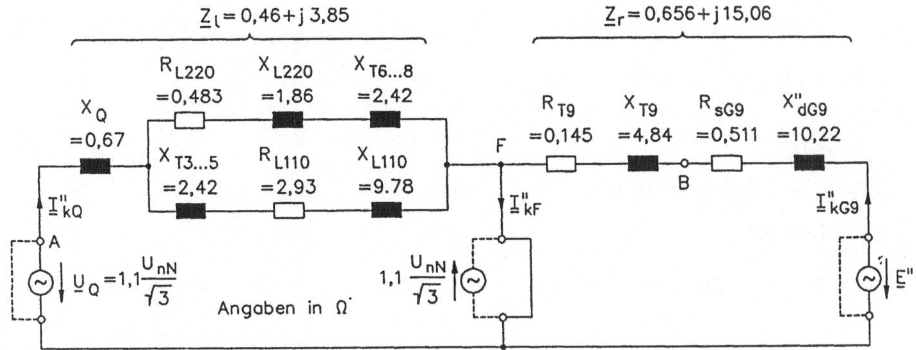

(Gestrichelte Angaben werden für die Lösung zu Aufgabe 6.3 benötigt.)

Generator G_9:

Netzschaltung in bezug auf die Generatorklemmen als aktiven Zweipol nachbilden.

Eingangsadmittanz ($\underline{U}_Q$ kurzgeschlossen):

$$\underline{Y}_{EB} = \frac{1}{R_{T9} + jX_{T9}} = (0,0062 - j0,206)\,\frac{1}{\Omega}\ .$$

Leerlaufspannung des aktiven Zweipols:

Generator G_9 freischneiden und Eingangsspannung $\underline{U}_{EB}$ an der offenen Klemme B bestimmen $\quad \to \quad \underline{U}_{EB} = 0$.

$\underline{E}''$ des Generators G_9:

Mit Hilfe der Gl. (4.90) oder aus einem Zeigerdiagramm erhält man $E'' = 71,41\,\text{kV}$ (vergl. Lösung 4.4.1a).
(Die Spannung E'' wird in die reelle Achse gelegt).

$$\underline{I}''_{kG9} = \frac{E'' - \underline{U}_{EB}}{R_{sG9} + jX''_{dG9} + 1/\underline{Y}_{EB}} = 4,737\,\text{kA} \cdot e^{-j87,5^\circ}\ .$$

Netzeinspeisung Q:

Aktiver Zweipol von der Netzeinspeisung (Punkt A) aus gesehen:

$$\underline{Y}_{EA} = \frac{1}{\underline{Z}_l} = (0,0306 - j0,256)\,\frac{1}{\Omega}\ .$$

$\underline{U}_{EA} = 0$.

$U_Q = 1,1 \cdot U_{nN}/\sqrt{3} = 69,86\,\text{kV}$ (reell angenommen).

$\underline{I}''_{kQ} = (\underline{U}_Q - \underline{U}_{EA}) \cdot \underline{Y}_{EA} = 18,017\,\text{kA} \cdot e^{-j83,2^\circ}$.

Fehlerstelle:

$I''_{kF} = I''_{kG9} + I''_{kQ} = 22,75\,\text{kA}$.

Diese arithmetische Addition stellt für den Kurzschlußstrom an der Fehlerstelle eine Abschätzung zur sicheren Seite dar.

b) *Generator G_9:*

$$(R_{sG9} + jX''_{dG9}) + \frac{1}{\underline{Y}_{EB}} = (0,656 + j15,06)\ \Omega\ ;$$

$$R/X = 0,656/15,06 = 0,044 \quad \rightarrow \quad \kappa_{G9} = 1,88\ .$$

$$I_{sG9} = \kappa_{G9} \cdot \sqrt{2} \cdot I''_{kG9} = 12,59\ \text{kA}\ .$$

Netzeinspeisung Q:

$$\frac{1}{\underline{Y}_{EA}} = (0,46 + j3,85)\ \Omega\ ;$$

$$R/X = 0,46/3,85 = 0,119 \quad \rightarrow \quad \kappa_Q = 1,70\ .$$

$$I_{sQ} = \kappa_Q \cdot \sqrt{2} \cdot I''_{kQ} = 43,32\ \text{kA}\ .$$

Fehlerstelle:

$$I_{sF} = I_{sG9} + I_{sQ} = 55,91\ \text{kA}\ .$$

c) *Generator G_9:*

$$R_{50} = \text{Re}\left\{ (R_{sG9} + jX''_{dG9}) + \frac{1}{\underline{Y}_{EB}} \right\} = 0,656\ \Omega\ ;$$

$$L_{50} = X_{50}/\omega_N = 47,94\ \text{mH} \quad \text{mit} \quad X_{50} = \text{Im}\left\{ (R_{sG9} + jX''_{dG9}) + \frac{1}{\underline{Y}_{EB}} \right\}\ ;$$

$$R_0 = R_{sG9} + R_{T9} = 0,656\ \Omega\ ; \quad L_\infty = L''_{dG9} + L_{T9} = 47,94\ \text{mH}\ .$$

$$L_{50}/L_\infty = 1\ ; \quad R_{50}/R_0 = 1 \quad \rightarrow \quad \text{Fehlerschranke:}\ F = 0\ .$$

Netzeinspeisung Q:

$$R_{50} = \text{Re}\left\{ \frac{1}{\underline{Y}_{EA}} \right\} = 0,460\ \Omega\ ;$$

$$L_{50} = X_{50}/\omega_N = 12,25\ \text{mH} \quad \text{mit} \quad X_{50} = \text{Im}\left\{ \frac{1}{\underline{Y}_{EA}} \right\}\ ;$$

$$R_0 = R_{L220} \parallel R_{L110} = 0,415\ \Omega\ ;$$

$$L_\infty = L_Q + (L_{L220} + L_{T6...8}) \parallel (L_{T3...5} + L_{L110}) = 12,22\ \text{mH}\ .$$

$$L_{50}/L_\infty = 1,002\ ; \quad R_{50}/R_0 = 1,108 \quad \rightarrow \quad \text{Fehlerschranke:}\ F < 5\ \%\ .$$

Fehlerstelle:

Die Fehlerschranke ergibt sich aus der Summe der absoluten Fehler für die Teilkurzschlußströme, bezogen auf den Kurzschlußstrom an der Fehlerstelle: $F < 5\ \%$.

d) Für die Ermittlung von I_{aF} sind die Abklingvorgänge in den einzelnen Zweigen zu betrachten.

Generatoreinspeisung G_9:

$$X'_d = 14,52\ \Omega\ ; \quad X_d = 80,67\ \Omega\ ; \quad E'' = 71,41\ \text{kV}\ .$$

E' und E werden mit einem Zeigerdiagramm oder mit einer modifizierten Form der Gl. (4.90) ermittelt (s. Lösung 4.4.1a):

$$E' = 75,06\ \text{kV} \quad \text{und} \quad E = 142,72\ \text{kV} \quad \text{mit} \quad I_{nG9}/\ddot{u}_{T9} = 1,18\ \text{kA}\ .$$

Zeitkonstanten mit Netzeinfluß:

$$X_N = \text{Im}\left\{ \frac{1}{\underline{Y}_{EB}} \right\} = 4,84\ \Omega\ ;$$

$$T''_{dN} = 0,033\ \text{s (s. Gl. (4.93))}\ ; \quad T'_{dN} = 1,635\ \text{s (s. Gl. (4.95))}.$$

Für die Bestimmung des Ausschaltwechselstroms des Generators ist zunächst der Abklingfaktor $\mu(t_v = 0,2\,\text{s})$ zu ermitteln. Dazu werden mit Hilfe der Gl. (4.89) zu den Zeitpunkten $t = 0$ und $t = 0,2\,$s die Kurzschlußwechselströme berechnet, wobei *alle ohmschen Widerstände zu vernachlässigen sind* und für die Netzgegenspannung $\underline{U}_{N2} = \underline{U}_{E_B} = 0$ gilt:

$$I_{kG9}(t = 0) = 4,742\,\text{kA}\ ;\quad I_{kG9}(t = 0,2\,\text{s}) = 3,625\,\text{kA}\ ;$$

$$\mu = I_{kG9}(t = 0,2\,\text{s})/I_{kG9}(t = 0) = 0,764\ .$$

Der so ermittelte Abklingfaktor μ ist nun auf den Anfangskurzschlußwechselstrom I_{kG9}'' anzuwenden, der sich aus dem Ersatzschaltbild *mit Widerständen* ergibt und bereits im Aufgabenteil a) berechnet worden ist.

$$I_{aG9}(t_v = 0,2\,\text{s}) = \mu \cdot I_{kG9}'' = 0,764 \cdot 4,737\,\text{kA} = 3,62\,\text{kA}\ .$$

Netzeinspeisung Q:

$$I_{aQ} = I_{kQ}'' \quad \text{(Kurzschlußwechselstrom klingt nicht ab)}.$$

Fehlerstelle:

$$I_{aF} = I_{aG9} + I_{aQ} = 21,64\,\text{kA}\ .$$

e) Ohne Wirkwiderstände werden alle Kurzschlußwechselströme geringfügig zu groß berechnet (in diesem Beispiel ca. 0,6 %). Für den Stoßfaktor gilt dann: $\kappa \rightarrow 2,0$.

Lösung zu Aufgabe 6.3

a) Wie im Bild zu Lösung 6.2 gestrichelt dargestellt ist, sind beim Ersatzspannungsquellenverfahren im Ersatzschaltbild alle Spannungsquellen kurzzuschließen; anstelle des Fehlers ist dann an der Kurzschlußstelle eine Spannungsquelle mit $1,1 \cdot U_{nN}/\sqrt{3}$ einzusetzen. Eingangsadmittanz von der Fehlerstelle aus gesehen:

$$\underline{Y}_{EF} = \frac{1}{\underline{Z}_l \parallel \underline{Z}_r} = (0,0335 - j0,3224)\,\frac{1}{\Omega}\ .$$

$$I_{kF}'' = \underline{Y}_{EF} \cdot 1,1 \cdot U_{nN}/\sqrt{3} = 22,64\,\text{kA} \cdot e^{-j84,07°}\ .$$

Das Ergebnis ist um 0,5 % kleiner als beim Überlagerungsverfahren.

b) R/X und κ sind aus der Eingangsadmittanz $\underline{Y}_{EF}$ zu ermitteln:

$$\frac{1}{\underline{Y}_{EF}} = 0,319\,\Omega + j3,07\,\Omega\quad \rightarrow\quad R/X = \frac{0,319}{3,07} = 0,104\quad \rightarrow\quad \kappa_F = 1,74\ .$$

Für vermaschte Netze gilt $\kappa = 1,15 \cdot \kappa_F$, wobei in 110-kV-Netzen die Nebenbedingung $\kappa \leq 2,0$ einzuhalten ist:

$$\kappa = 1,15 \cdot 1,74 = 2,0\ ;$$

$$I_{sF} = \kappa \cdot \sqrt{2} \cdot I_{kF}'' = 64,04\,\text{kA}\ .$$

Im Vergleich zum Überlagerungsverfahren wird der Stoßkurzschlußstrom um 14,5 % zu hoch berechnet.

c) $R_{50} = \text{Re}\left\{ \dfrac{1}{\underline{Y}_{EF}} \right\} = 0,319\,\Omega$;

$$L_{50} = X_{50}/\omega_N = 9,77\,\text{mH}\quad \text{mit}\quad X_{50} = \text{Im}\left\{ \frac{1}{\underline{Y}_{EF}} \right\}\ ;$$

$R_0 = R_{L220} \parallel R_{L110} \parallel (R_{sG9} + R_{T9}) = 0,254\,\Omega$;

$L_\infty = [L_Q + (L_{L220} + L_{T6..8}) \parallel (L_{T3..5} + L_{L110})] \parallel (L_{dG9}'' + L_{T9}) = 9,75\,\text{mH}$.

$L_{50}/L_\infty = 1,002$; $R_{50}/R_0 = 1,256$ $\rightarrow$ Fehlerschranke: $F < 5\,\%$.

Der Sicherheitszuschlag von 15 % auf den Stoßfaktor κ_F führt zu einer Überdimensionierung, da die vorliegende Schaltung nur ein enges Eigenwertspektrum aufweist und demzufolge ihre maximale Fehlerschranke F sehr niedrig liegt.

d) Teilkurzschlußströme mit Hilfe der Stromteilerregel ermitteln:

$$I''_{kQ} = I''_{kF} \cdot \underline{Z}_r / (\underline{Z}_l + \underline{Z}_r) = 18,02\,\text{kA} \cdot e^{-j83,19°} \; ;$$

$$I''_{kG9} = I''_{kF} \cdot \underline{Z}_l / (\underline{Z}_l + \underline{Z}_r) = 4,63\,\text{kA} \cdot e^{-j87,51°} \; .$$

Ausschaltwechselströme:

Netzeinspeisung:

$$I_{aQ} = I''_{kQ} = 18,02\,\text{kA} \cdot e^{-j83,19°} \; .$$

Generator G_9:

$$\frac{\ddot{u}_{T9} \cdot I''_{kG9}}{I_{nG9}} = 3,92 \quad \rightarrow \quad \mu_{G9} = 0,79 \; ;$$

$$I_{aG9} = \mu_{G9} \cdot I''_{kG9} = 3,66\,\text{kA} \; .$$

Fehlerstelle:

$$I_{aF} = I_{aQ} + I_{aG9} = 21,68\,\text{kA} \; .$$

Der Ausschaltwechselstrom an der Fehlerstelle ergibt sich im Vergleich zum Überlagerungsverfahren um 2,2 % größer.

e) Ohne Wirkwiderstände erhält man etwas erhöhte Kurzschlußwechselströme, und der Stoßfaktor nimmt den Wert $\kappa_F = 2$ an.

Lösung zu Aufgabe 6.4

a) Für die Erstellung des Ersatzschaltbildes sind die Netzeinspeisungen N_1 und N_2 zusammenzufassen und alle Wirkwiderstände zu vernachlässigen ($R/X < 0,3$). Als Bezugsspannung wird der Wert 380 kV gewählt.

Freileitungen $L_1 \dots L_7$: $X'_b = 0,5 \cdot 0,259\,\Omega/\text{km}$ (2 parallele Systeme).

Generatoren G_2 , G_3 : $E''_2 = 263,22\,\text{kV}$ und $E''_3 = 249,69\,\text{kV}$

(mit Gl. (4.90) ermittelt und als reell angenommen).

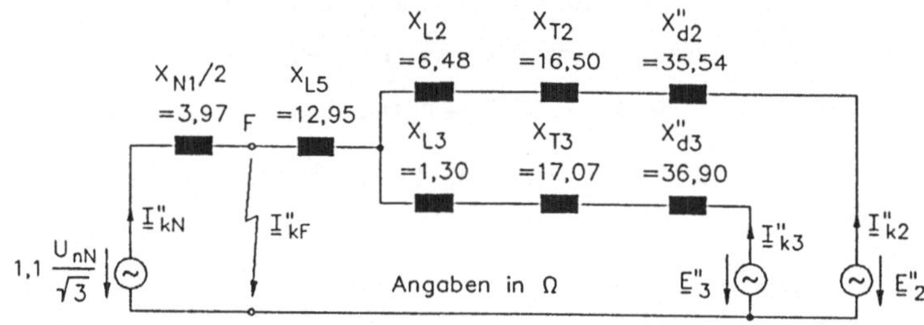

Für beide Generatoren gilt $x''_d > 0,2$. Es muß demzufolge mit dem Überlagerungsverfahren gerechnet werden. Dabei ist nacheinander jeweils nur eine Spannungsquelle wirksam, während alle anderen kurzzuschließen sind.

$$1,1 \cdot U_{nN}/\sqrt{3} : \quad I''_{kN} = 60,79\,\text{kA} \; ; \quad I''_{k2} = 0 \; ; \quad I''_{k3} = 0 \; ; \quad I''_{kF} = 60,79\,\text{kA} \; .$$

$$E''_2 : \quad\quad\quad\quad I''_{kN} = 0 \; ; \quad I''_{k2} = 3,81\,\text{kA} \; ; \quad I''_{k3} = -0,72\,\text{kA} \; ; \quad I''_{kF} = 3,09\,\text{kA} \; .$$

$$E''_3 : \quad\quad\quad\quad I''_{kN} = 0 \; ; \quad I''_{k2} = -0,69\,\text{kA} \; ; \quad I''_{k3} = 3,79\,\text{kA} \; ; \quad I''_{kF} = 3,10\,\text{kA} \; .$$

$$Summe : \quad I''_{kN} = 60,79\,\text{kA} \; ; \quad I''_{k2} = 3,12\,\text{kA} \; ; \quad I''_{k3} = 3,07\,\text{kA} \; ; \quad I''_{kF} = 66,98\,\text{kA} \; .$$

Der Anfangskurzschlußwechselstrom in den Einspeisungen N_1 und N_2 beträgt jeweils $I''_{kN}/2 = 30,4\,\text{kA}$.

b) Bei Netzen mit Nennspannungen über 1 kV kann der Stoßfaktor maximal die Größe $\kappa = 2,0$ annehmen. Mit diesem Wert wird der Stoßkurzschlußstrom zur sicheren Seite abgeschätzt:

$$I_{sF} = 189,45\,\text{kA} \; .$$

c) Ausschaltschaltwechselströme:

$$\frac{I''_{k2}}{I_{nG2}/\ddot{u}_{T2}} = 1,58 < 2 \quad \rightarrow \quad \mu_{G2} = 1 \quad \text{(generatorfern)} \; ;$$

$$I_{a2} = I''_{k2} = 3,12\,\text{kA} \; .$$

$$\frac{I''_{k3}}{I_{nG3}/\ddot{u}_{T3}} = 2,25 \quad \rightarrow \quad \mu_{G3} = 0,97 \; ;$$

$$I_{a3} = \mu_{G3} \cdot I''_{k3} = 2,98\,\text{kA} \; .$$

$$I_{aN} = I''_{kN} \; .$$

$$I_{aF} = I_{aN} + I_{a2} + I_{a3} = 66,9\,\text{kA} \; .$$

Lösung zu Aufgabe 6.5

a)

$\underline{U}_G$: Spannungen an den Einspeiseknoten; $\underline{U}_L$: Spannungen an den Lastknoten;
$\underline{I}_G$: Ströme in den Einspeisungen; $\underline{I}_{k6}$: Kurzschlußstrom.

$$
\begin{bmatrix} \underline{I}_{G1} \\ 0 \\ \underline{I}_{G3} \\ 0 \\ \underline{I}_{G5} \\ -\underline{I}_{k6} \end{bmatrix}
=
\begin{bmatrix}
\underline{Y}_{12} & -\underline{Y}_{12} & 0 & 0 & 0 & 0 \\
-\underline{Y}_{12} & \underline{Y}_{12}+\underline{Y}_{23}+\underline{Y}_{24} & -\underline{Y}_{23} & -\underline{Y}_{24} & 0 & 0 \\
0 & -\underline{Y}_{23} & \underline{Y}_{23} & 0 & 0 & 0 \\
0 & -\underline{Y}_{24} & 0 & \underline{Y}_{24}+\underline{Y}_{45}+\underline{Y}_{46} & -\underline{Y}_{45} & -\underline{Y}_{46} \\
0 & 0 & 0 & -\underline{Y}_{45} & \underline{Y}_{45} & 0 \\
0 & 0 & 0 & -\underline{Y}_{46} & 0 & \underline{Y}_{46}
\end{bmatrix}
\cdot
\begin{bmatrix} \underline{U}_{G1} \\ \underline{U}_{L2} \\ \underline{U}_{G3} \\ \underline{U}_{L4} \\ \underline{U}_{G5} \\ 0 \end{bmatrix}
$$

$\underline{I}_{k6}$ substituieren: $\quad \underline{I}_{k6} = \underline{I}_{G1} + \underline{I}_{G3} + \underline{I}_{G5} \; .$

Bei der Lösung dieses Gleichungssystems wäre folgendermaßen vorzugehen:

Da die Admittanzmatrix singulär ist, muß eine beliebige Zeile (Gleichung) gestrichen werden. Dafür bietet sich die 6. Zeile an, weil sie nach der Substitution im Unterschied zu den anderen Zeilen mehrere Ströme enthält. Anschließend muß die resultierende Matrix noch um eine Spalte reduziert werden. Für diese Maßnahme ist die 6. Spalte zu wählen, da das Potential am Kurzschlußknoten 6 bekannt ist und den Wert 0 aufweist (vergl. Abschnitt 5.7).

b) Dem Kurzschlußknoten 6 wird das Potential $\underline{U}_6 = 1,1 \cdot U_{nN}/\sqrt{3}$ zugewiesen (Ersatzspannungsquelle).

Alle anderen Spannungsquellen sind kurzzuschließen; die Knoten 1, 3 und 5 weisen dadurch Erdpotential auf. Sie werden zusammengefaßt und gemeinsam als neuer Knoten 1 bezeichnet.

$$
\begin{bmatrix} -\underline{I}_{k6} \\ 0 \\ 0 \\ \underline{I}_{k6} \end{bmatrix}
=
\begin{bmatrix}
\underline{Y}_{12}+\underline{Y}_{23}+\underline{Y}_{45} & -(\underline{Y}_{12}+\underline{Y}_{23}) & -\underline{Y}_{45} & 0 \\
-(\underline{Y}_{12}+\underline{Y}_{23}) & \underline{Y}_{12}+\underline{Y}_{23}+\underline{Y}_{24} & -\underline{Y}_{24} & 0 \\
-\underline{Y}_{45} & -\underline{Y}_{24} & \underline{Y}_{45}+\underline{Y}_{24}+\underline{Y}_{46} & -\underline{Y}_{46} \\
0 & 0 & -\underline{Y}_{46} & \underline{Y}_{46}
\end{bmatrix}
\cdot
\begin{bmatrix} 0 \\ \underline{U}_{L2} \\ \underline{U}_{L4} \\ \underline{U}_6 \end{bmatrix}
$$

Die Admittanzmatrix ist wiederum singulär. Man streicht daher die 1. Zeile und die

1. Spalte, weil der Knoten 1 das Potential 0 aufweist. Durch diese Maßnahme wird der Einspeiseknoten eliminiert, so daß die Admittanzmatrix nur noch Netzknoten enthält.

c) Nach der in b) durchgeführten Knotenreduktion führt eine Inversion der Admittanzmatrix auf folgende Impedanzform:

$$\begin{bmatrix} \underline{U}_{L2} \\ \underline{U}_{L4} \\ \underline{U}_6 \end{bmatrix} = \begin{bmatrix} \underline{Z}_{22} & \underline{Z}_{24} & \underline{Z}_{26} \\ \underline{Z}_{24} & \underline{Z}_{44} & \underline{Z}_{46} \\ \underline{Z}_{26} & \underline{Z}_{46} & \underline{Z}_{66} \end{bmatrix} \cdot \begin{bmatrix} 0 \\ 0 \\ \underline{I}_{k6} \end{bmatrix}$$

Aus der letzten Zeile dieses Gleichungssystems folgt der Zusammenhang:

$$\underline{U}_6 = \underline{Z}_{66} \cdot \underline{I}_{k6} \quad \rightarrow \quad \underline{I}_{k6} = \underline{U}_6 / \underline{Z}_{66} \ .$$

Damit sind alle noch unbekannten Spannungen determiniert.

Falls ein anderer Netzknoten zum Kurzschlußknoten wird, steht der Kurzschlußstrom in der zu diesem Knoten gehörenden Zeile des Stromvektors. Gleichzeitig nimmt das Potential dieses Knotens die Größe der Ersatzspannungsquelle an. Der bisherige Kurzschlußknoten wird dann zu einem Netzknoten und erhält im Stromvektor den Wert 0; die entsprechende Knotenspannung wird eine Unbekannte. Das restliche Gleichungssystem bleibt erhalten, so daß keine erneute Matrixinversion erforderlich ist.
Der Kurzschluß- und der Netzknoten haben somit lediglich ihre Bedeutung vertauscht. Auf diese Weise sind Aussagen über die Kurzschlußströme an allen Netzknoten möglich. Über die Einspeiseknoten können jedoch keine Angaben erfolgen, da sie in der reduzierten Matrix nicht mehr enthalten sind.

Lösung zu Aufgabe 7.1

a) $I_{nG} = 225\,\text{MVA}/(\sqrt{3} \cdot 21\,\text{kV}) = 6185,9\,\text{A}$.

Gemäß Anhang sind 3 Stromschienen (Teilleiter) mit jeweils 200 mm $\times$ 15 mm und einem Dauerstrom von insgesamt $I_d = 6240\,\text{A}$ erforderlich. Die stärkste mechanische Beanspruchung erfolgt durch einen dreipoligen Kurzschluß.

b) $X_d'' = 0,18 \cdot (21\,\text{kV})^2 / (225\,\text{MVA}) = 0,353\,\Omega$;

$$I_k'' = \frac{1,1 \cdot 21\,\text{kV}}{\sqrt{3} \cdot X_d''} = 37,8\,\text{kA} \ .$$

$R_{sG}/X_d'' = 0,05 \quad \rightarrow \quad \kappa = 1,86 \quad \rightarrow \quad I_s = 99,44\,\text{kA}$.

Hauptleiterkraft: $F' = 4,89\,\text{kN/m}$ (gemäß Gl. (7.11)).

c) Da bei einem dreipoligen Kurzschluß der mittlere Hauptleiter am stärksten beansprucht wird, ist aus den Abständen seiner 3 Teilleiter zu allen 3 Teilleitern eines außen liegenden Hauptleiters der wirksame Hauptleitermittenabstand a_T zu berechnen:

$b/d = 200\,\text{mm}/15\,\text{mm} = 13,3$; $d = 15\,\text{mm}$; $a_H = 350\,\text{mm}$.

$a_{11} = a_H$; $a_{12} = a_H + 2d$; $a_{13} = a_H + 2 \cdot 2d$;

$a_{21} = a_H - 2d$; $a_{22} = a_H$; $a_{23} = a_H + 2d$;

$a_{31} = a_H - 2 \cdot 2d$; $a_{32} = a_H - 2d$; $a_{33} = a_H$.

Damit ergeben sich gemäß Bild 7.9 die folgenden Korrekturfaktoren:

$k_{11} = 0,95$; $k_{12} = 0,955$; $k_{13} = 0,96$;

$k_{21} = 0,94$; $k_{22} = k_{11}$; $k_{23} = k_{12}$;

$k_{31} = 0,93$; $k_{32} = k_{21}$; $k_{33} = k_{11}$.

$$\frac{1}{a_T} = \left(\frac{0,95}{0,35} + \frac{0,955}{0,38} + \frac{0,96}{0,41} + \frac{0,94}{0,32} + \frac{0,95}{0,35} + \frac{0,955}{0,38} + \frac{0,93}{0,29} + \frac{0,94}{0,32} + \frac{0,95}{0,35} \right) \frac{1}{\text{m}}$$

$$= 24,59\,\frac{1}{\text{m}} \ .$$

Aus Gl. (7.16) ergibt sich unter Verwendung des Teilleiterstroms $I_s/3$ die Hauptleiterkraft:
$F'_H = 4,68\,\text{kN/m}$.

Die ermittelte Hauptleiterkraft ist geringer als bei vergleichbaren Linienleitern.

d) $\dfrac{1}{a_T} = \dfrac{0,35}{0,03\,\text{m}} + \dfrac{0,56}{0,06\,\text{m}} = 21,0\,\dfrac{1}{\text{m}}$;

$F'_T = 4,61\,\text{kN/m}$ (s. Gl. (7.18)).

e) Gesamtkraft: $F_{ges} = F_T + F_H = 9,29\,\text{kN}$.

Diese Kraft wirkt waagrecht und entsteht gleichmäßig verteilt auf der gesamten Schienenlänge. Jeder der Stützer muß die halbe Kraft aufnehmen: $F_{A1} = F_{A2} = F_{ges}/2$.

f) Die Kräfte zwischen den Leitern verringern sich infolge von Wirbelstromeffekten in der Kapselung. Gleichzeitig treten zusätzliche Kräfte zwischen den Leitern und der Kapselung auf (s. Abschnitt 7.2.1).

g) Im Bereich der Krümmung treten erhöhte Streckenkräfte auf. Dort sind zusätzliche Stützer erforderlich.

Lösung zu Aufgabe 7.2

$X''_d = 0,353\,\Omega$; $I''_k = 37,8\,\text{kA}$; $I_{nG} = 6185,9\,\text{A}$.

$R_{sG}/X''_d = 0,05$ $\rightarrow$ $\kappa = 1,86$ $\rightarrow$ $m = 0,37$.

$I_k = 1,76 \cdot I_{nG} = 10,89\,\text{kA}$; $I''_k/I_k = 3,47$ $\rightarrow$ $n = 0,7$.

$I_{th} = I''_k \cdot \sqrt{m+n} = 39,1\,\text{kA}$; $S_{th} = 4,34\,\text{A/mm}^2$ mit $A = 3 \cdot (200 \cdot 15)\,\text{mm}^2$.

$S_{th_{zul}} = 87\,\text{A/mm}^2 \cdot \sqrt{1\,\text{s}/0,2\,\text{s}} = 194\,\text{A/mm}^2$ $\rightarrow$ $S_{th} < S_{th_{zul}}$.

Die Leiterschiene ist demnach auch thermisch kurzschlußfest.

Lösung zu Aufgabe 7.3

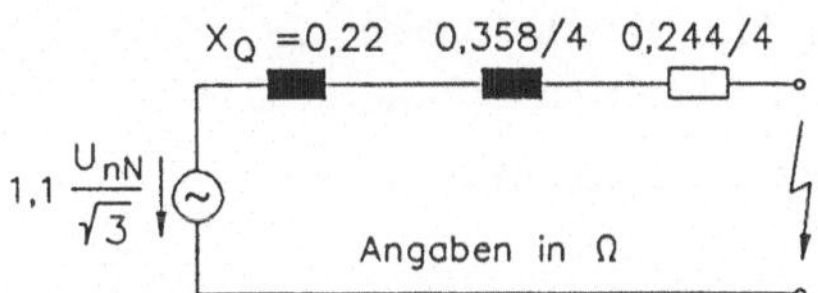

Die maximale Beanspruchung der Kabel tritt bei einem Kurzschluß unmittelbar hinter der Sammelschiene auf: $I''_k = 20,13\,\text{kA}$.

$R/X = 0,197$ $\rightarrow$ $\kappa = 1,56$ $\rightarrow$ $m = 0,05$.

$I''_k = I_k$ $\rightarrow$ $n = 1$ (Netzeinspeisung).

$I_{th} = 20,63\,\text{kA} \cdot \sqrt{1 + 0.05}$ (s. Gl. (7.27)) ;

$S_{th} = 20,63\,\text{A}/240\,\text{mm}^2 = 85,97\,\text{A/mm}^2$;

$S_{thr} = 91,2\,\text{A/mm}^2$ mit $\vartheta_b = 90\,^\circ\text{C}$ und $\vartheta_e = 250\,^\circ\text{C}$;

$S_{th_{zul}} = S_{thr} \cdot \sqrt{1\,\text{s}/0,3\,\text{s}} = 166,5\,\text{A/mm}^2$.

Die Bedingung $S_{th} < S_{th_{zul}}$ ist erfüllt, die Kabel sind demzufolge thermisch kurzschlußfest.

Lösung zu Aufgabe 7.4

a) Oberspannungsseite: SF$_6$-Technik.
   Unterspannungsseite: Bevorzugt SF$_6$-Technik, jedoch auch Einschub- oder
                        Fahrwagentechnik möglich.

b)

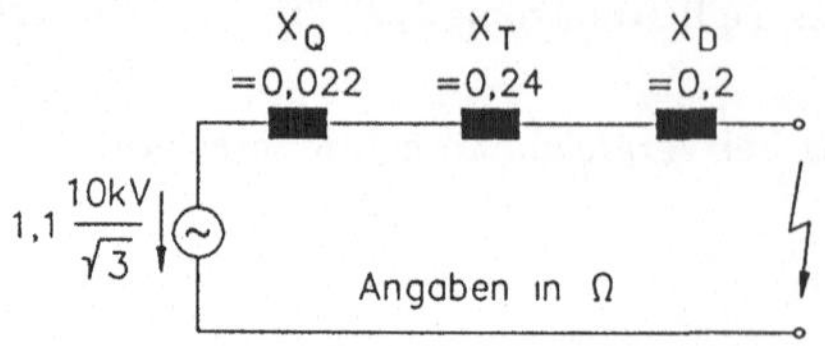

$$X_Q = 0,022 \qquad X_T = 0,24 \qquad X_D = 0,2$$

$$1,1\,\frac{10\,\text{kV}}{\sqrt{3}}$$

Angaben in Ω

$I_k'' = 13,75\,\text{kA}$.

c) $\dfrac{R_Q + R_T + R_D}{X_Q + X_T + X_D} = 0,0688 \quad \rightarrow \quad \kappa = 1,82$;

$S_{thr} = 91,2\,\text{A/mm}^2 \quad \text{mit} \quad \vartheta_b = 90\,^\circ\text{C} \quad \text{und} \quad \vartheta_e = 250\,^\circ\text{C}$.

Mindestschaltverzug $t_{vmin} = 0,3\,\text{s}$:

$m = 0,18$; $\quad n = 1 \quad$ (Netzeinspeisung) ;

$S_{th_{zul}} = S_{thr} \cdot \sqrt{1\,\text{s}/0,3\,\text{s}} = 166,5\,\text{A/mm}^2$;

$I_{th} = 14,93\,\text{kA}$; $\quad S_{th} = 62,2\,\text{A/mm}^2 < S_{th_{zul}}$.

Mindestschaltverzug $t_{vmin} = 0,8\,\text{s}$ (Reservezeit):

$m = 0,064$; $\quad n = 1 \quad$ (Netzeinspeisung) ;

$S_{th_{zul}} = S_{thr} \cdot \sqrt{1\,\text{s}/0,8\,\text{s}} = 102,0\,\text{A/mm}^2$;

$I_{th} = 14,2\,\text{kA}$; $\quad S_{th} = 59,1\,\text{A/mm}^2 < S_{th_{zul}}$.

Die Kabel sind thermisch kurzschlußfest. Damit ist gemäß Abschnitt 7.2.4 auch die mechanische Kurzschlußfestigkeit erfüllt.

d) $I_k'' = 24,24\,\text{kA}$.

e) $t_{vmin} = 0,3\,\text{s}$: $\quad I_{th} = 26,33\,\text{kA}$; $\quad S_{th} = 109,7\,\text{A/mm}^2$;

$t_{vmin} = 0,8\,\text{s}$: $\quad I_{th} = 25,0\,\text{kA}$; $\quad S_{th} = 104,2\,\text{A/mm}^2$.

Die Kabel sind bei $S_{th_{zul}} = 102,0\,\text{A/mm}^2$ für einen Mindestschaltverzug von $t_{vmin} = 0,8\,\text{s}$ nicht kurzschlußfest. Die Drosselspulen sind daher erforderlich.

f) $X_Q + (X_T + X_D)/2 = 0,242\,\Omega \quad \rightarrow \quad I_k'' = 26,24\,\text{kA}$; $\quad \kappa = 1,81$.

Mindestschaltverzug $t_{vmin} = 0,3\,\text{s}$:

$m = 0,18$; $\quad n = 1$; $\quad I_{th} = 28,5\,\text{kA}$; $\quad S_{th} = 118,8\,\text{A/mm}^2 < S_{th_{zul}}(t_{vmin} = 0,3\,\text{s})$.

Mindestschaltverzug $t_{vmin} = 0,8\,\text{s}$:

$m = 0,064$; $\quad n = 1$; $\quad I_{th} = 27,07\,\text{kA}$; $\quad S_{th} = 112,8\,\text{A/mm}^2 > S_{th_{zul}}(t_{vmin} = 0,8\,\text{s})$.

Ein stationärer Parallelbetrieb der Transformatoren ist nicht zulässig.

g)

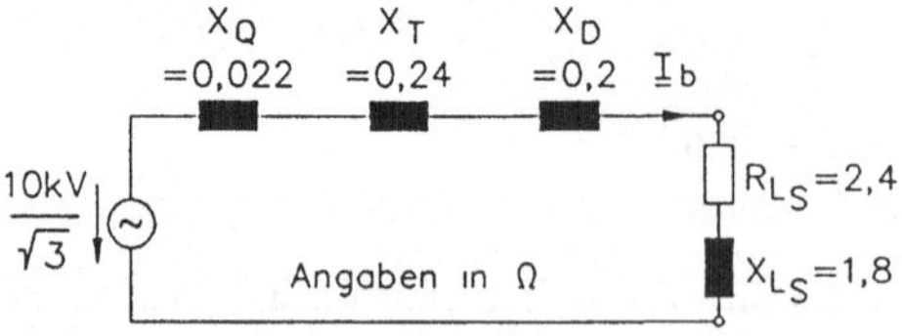

$$X_Q = 0,022 \qquad X_T = 0,24 \qquad X_D = 0,2 \qquad \underline{I}_b$$

$$\frac{10\,\text{kV}}{\sqrt{3}}$$

Angaben in Ω

$R_{LS} = 2,4$

$X_{LS} = 1,8$

Mit I_s-Begrenzer (Drosselspule kurzgeschlossen):

$I_b = 1824,7\,\text{A}$; $\quad U = \sqrt{3} \cdot I_b \cdot |R_{LS} + jX_{LS}| = 9,481\,\text{kV} = 0,948 \cdot U_n$.

Ohne I_s-Begrenzer (Drosselspule wirksam):

$I_b = 1750,6\,\text{A}$; $\quad U = 9,096\,\text{kV} = 0,910 \cdot U_n$.

h)

$$\ddot{u}_T = \ddot{u}_{nT} \pm 12\,\% \quad \rightarrow \quad \ddot{u}_{Tmax} = 12,32 \; ; \quad \ddot{u}_{Tmin} = 9,68 \; .$$

Spannungsteilerregel anwenden, Impedanzen auf die Unterspannungsseite beziehen:

$$U_Y(\ddot{u}_T) = \frac{110\,\text{kV}}{\sqrt{3} \cdot \ddot{u}_T} \cdot \frac{\sqrt{R_{L_S}^2 + X_{L_S}^2}}{\sqrt{R_{L_S}^2 + \left(X_Q/\ddot{u}_T^2 + X_T + X_D + X_{L_S}\right)^2}} \; ;$$

$$U_Y(\ddot{u}_{Tmax}) = 4,69\,\text{kV} = 0,812 \cdot U_n/\sqrt{3} \; ;$$
$$U_Y(\ddot{u}_{Tmin}) = 5,96\,\text{kV} = 1,032 \cdot U_n/\sqrt{3} \; .$$

i) $I_k''(\ddot{u}_{nT}) = 13,75\,\text{kA} \; ;$

$I_k''(\ddot{u}_{Tmax}) = 12,39\,\text{kA} = 0,902 \cdot I_k''(\ddot{u}_{nT}) \; ;$

$I_k''(\ddot{u}_{Tmin}) = 15,4\,\text{kA} = 1,121 \cdot I_k''(\ddot{u}_{nT}) \; .$

Lösung zu Aufgabe 7.5

Oberspannungsseite (Schalter S_1):

$I_a = I_k'' = 5\,\text{GVA}/(\sqrt{3} \cdot 110\,\text{kV}) = 26,24\,\text{kA} < 31,5\,\text{kA} \; ;$

$I_{nT} = 50\,\text{MVA}/(\sqrt{3} \cdot 110\,\text{kV}) = 262,4\,\text{A} \; ;$

bei zeitweiliger Überlastung zulässig: $\quad 1,3 \cdot I_{nT} = 341,2\,\text{A} < 1250\,\text{A} \; ;$

$I_s = \sqrt{2} \cdot 1,65 \cdot I_k'' = 61,2\,\text{kA} < 80\,\text{kA} \; ;$

$I_{th_{zul}} = I_{thr} = 30\,\text{kA} \quad \text{wegen} \quad T_k = 0,1\,\text{s} \leq T_{kr} \quad \text{(s. Gl. (7.30))} \; ;$

$t_{vmin} = 0,1\,\text{s} \quad \rightarrow \quad m = 0,23 \quad \text{und} \quad n = 1 \; ;$

$I_{th} = I_k'' \cdot \sqrt{1,23} = 29,1\,\text{kA} < I_{th_{zul}} \; .$

Die Bemessungsdaten des Schalters S_1 werden eingehalten.

Abgangskabel (Schalter S_2):

$I_a = I_k'' = 15,4\,\text{kA} < 16\,\text{kA} \quad \text{(bei minimaler Stufenschalterstellung)};$

$I_d = 416\,\text{A} < 630\,\text{A} \; ;$

$I_s = \sqrt{2} \cdot 1,65 \cdot I_k'' = 35,9\,\text{kA} < 45\,\text{kA} \; ;$

$I_{th_{zul}} = I_{thr} = 16\,\text{kA} \quad \text{(s. Gl. (7.30))} \; ;$

$t_{vmin} = 0,1\,\text{s} \quad \text{(kleinste Zeit maßgebend): } m = 0,23 \quad \text{und} \quad n = 1 \; ;$

$I_{th} = I_k'' \cdot \sqrt{1,23} = 17,1\,\text{kA} > I_{th_{zul}} \quad \text{(unzulässig)}.$

Die Bemessungsdaten des Schalters S_2 werden überschritten.

Lösung zu Aufgabe 7.6

Die Daten des Ersatzschaltbildes – bezogen auf die 380-kV-Ebene – sind Bild 7.21 zu entnehmen. Es wird angenommen, daß die Klemmenspannung am Generator durch einen Spannungsregler konstant gehalten wird. Damit gilt:

$$U_{bG} = \ddot{u}_1 \cdot U_{nG} = 425\,\text{kV} \; .$$

Analog zur Lösung 4.4.1a ergibt sich die transiente Spannung durch eine Modifikation der
Gl. (4.90) zu:

$$E' = \sqrt{(U_{bG}/\sqrt{3} + X_d' \cdot I_{bG} \cdot \sin\varphi)^2 + (X_d' \cdot I_{bG} \cdot \cos\varphi)^2} = 286,0\,\text{kV} \quad \text{mit}$$

$$I_{bG} = \frac{\sqrt{P_{bG}^2 + Q_{bG}^2}}{\sqrt{3} \cdot U_{bG}} = 455,36\,\text{A} \quad \text{und} \quad \varphi = \arctan\frac{269\,\text{Mvar}}{200\,\text{MW}} = 53,37° \ .$$

Mit Hilfe der Ersatzschaltung 7.21 ist die Übertragungsadmittanz zwischen den Knoten K_1
und K_2 zu ermitteln. Dafür ist der Knoten K_1 kurzzuschließen, die Spannung am Knoten K_2
anzulegen und der Strom $\underline{I}_1$ am Knoten K_1 zu bestimmen:

$$\underline{Y}_{12} = \underline{I}_1/(\underline{U}_{bN}/\sqrt{3}) \ .$$

Normalbetrieb: $\underline{Y}_{b12} = j5,53\,\text{mS}$;

Kurzschluß in F_2: $\underline{Y}_{k12} = j1,46\,\text{mS}$.

Die übertragene Wirkleistung wird durch die Leistungskennlinien $P_N(\delta)$ beschrieben und ergibt
sich gemäß den Gln. (7.39) und (7.42) zu:

$$P_N(\delta) = \sqrt{3} \cdot Y_{12} \cdot E' \cdot U_{bN} \cdot \sin\delta \quad \text{mit} \quad U_{bN} = 380\,\text{kV} \ .$$

Normalbetrieb: $P_{bN}(\delta) = 1041\,\text{MW} \cdot \sin\delta \quad \rightarrow \quad \delta_0(200\,\text{MW}) = 11,1°$;

Kurzschluß in F_2: $P_{kN}(\delta) = 274,8\,\text{MW} \cdot \sin\delta \quad \rightarrow \quad \delta_k(200\,\text{MW}) = 46,7°$.

Gemäß Bild 7.22 wird mit $P_A = 200\,\text{MW}$ das Flächenkriterium angewendet:

$$A_1 = \int_{\delta_0}^{\delta_k} 200\,\text{MW} \cdot d\delta - \int_{\delta_0}^{\delta_k} 274,8\,\text{MW} \cdot \sin\delta \cdot d\delta$$

$$= 200\,\text{MW} \cdot (\delta_k - \delta_0) - 274,8\,\text{MW} \cdot (\cos\delta_0 - \cos\delta_k) = 43,1\,\text{MW} \quad (\delta \text{ in Bogenmaß}) \ ;$$

$$A_2 = \int_{\delta_k}^{\delta_{max}} 274,8\,\text{MW} \cdot \sin\delta \cdot d\delta - \int_{\delta_k}^{\delta_{max}} 200\,\text{MW} \cdot d\delta$$

$$= 274,8\,\text{MW} \cdot (\cos\delta_k - \cos\delta_{max}) - 200\,\text{MW} \cdot (\delta_{max} - \delta_k)$$

$$= 351,5\,\text{MW} - (274,8\,\text{MW} \cdot \cos\delta_{max} + 200\,\text{MW} \cdot \delta_{max}) \quad (\delta \text{ in Bogenmaß}).$$

Transiente Stabilität liegt gemäß Bild 7.23 vor, wenn δ_{krit} nicht überschritten wird. Diese
Bedingung ist erfüllt, wenn die Ungleichung

$$A_2(\delta_{krit}) > A_1$$

gilt. Der zugehörige Grenzwinkel δ_{krit} muß im Bereich $90° \ldots 180°$ liegen und ergibt sich aus
der Beziehung $274,8\,\text{MW} \cdot \sin\delta_{krit} = 200\,\text{MW}$ zu $\delta_{krit} = 133,3°$.

Dieser Winkel ist in der Bestimmungsgleichung für die Fläche A_2 anstelle von δ_{max} einzusetzen:

$$A_2(\delta_{krit}) = 74,7\,\text{MW} \ .$$

Der so erhaltene Maximalwert für die Fläche A_2 ist größer als die Fläche A_1. Transiente Stabilität
liegt somit vor.

Der maximale Ausschlagwinkel δ_{max} wird durch die Bedingung $A_2 = A_1$ gekennzeichnet. Er
ist durch iteratives Einsetzen von Werten für δ_{max} in die Bestimmungsgleichung von A_2 zu
ermitteln. Dabei kann aus jeweils zwei geschätzten Werten für δ_{max} und den zugehörigen
Werten für A_2 durch lineare Interpolation ein verbesserter Schätzwert δ_{max} bestimmt werden
(Regula Falsi). Man erhält so das Ergebnis $\delta_{max} = 94,4°$.

Lösung zu Aufgabe 8.1

a) $S_{ges} = 152 \cdot 21\,\text{kW} \cdot (0,07 + 0,93/152)/0,9 = 3192\,\text{kW} \cdot 0,076/0,9 = 270\,\text{kVA}$.

Netzstationen werden üblicherweise im Nennbetrieb zu $60\ldots70\,\%$ ausgelastet. Es wird
demnach eine 400-kVA-Netzstation benötigt, die mittelspannungsseitig von der Netzstation N_1 gespeist wird.

b)

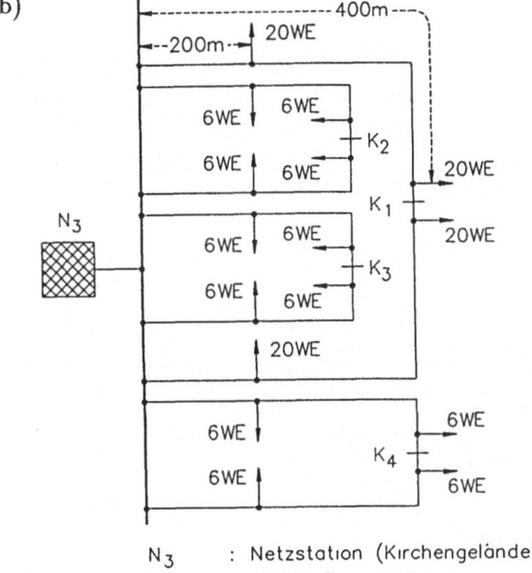

N_3 : Netzstation (Kirchengelände)

K_1 K_4 . offene Trennstellen
         (Kabelverteilerschränke)

c) *Spannungshaltung:*

Zulässiger Spannungsabfall: $\Delta U_{Yzul} = 0,03 \cdot 380\,\text{V}/\sqrt{3} = 6,58\,\text{V}$.

Äußerer Ring:

Der Ring speist bis zum Kabelverteilerschrank K_1 2×20 WE.

20 WE entsprechen einer Wirkleistung von $P = 20 \cdot 21\,\text{kW} \cdot (0,07 + 0,93/20) = 48,93\,\text{kW}$.

$M_W^* = 48,93\,\text{kW} \cdot 0,2\,\text{km} + 48,93\,\text{kW} \cdot 0,4\,\text{km} = 29,36\,\text{kWkm}$;

$M_B^* = 48,93\,\text{kW} \cdot 0,2\,\text{km} \cdot \tan\varphi + 48,93\,\text{kW} \cdot 0,4\,\text{km} \cdot \tan\varphi = 14,22\,\text{kvarkm}$.

$R_b' = 0,249\,\Omega/\text{km}$; $X_b' = 0,08\,\Omega/\text{km}$ (s. Anhang mit $\vartheta_b = 70\,^\circ\text{C}$) .

$\Delta U_Y = 12,8\,\text{V}$ (s. Gl. (5.13b)) .

Um den zulässigen Spannungsabfall einzuhalten, sind zwei parallel verlegte Kabel erforderlich, die jeweils die halbe Last versorgen ($\Delta U_Y = 6,4\,\text{V}$).

Alle weiteren Ringe:

Diese Ringe versorgen bis zum jeweiligen Kabelverteilerschrank 2×6 WE.

6 WE entsprechen einer Wirkleistung von $P = 6 \cdot 21\,\text{kW} \cdot (0,07 + 0,93/6) = 28,35\,\text{kW}$.

$M_W^* = 17,01\,\text{kWkm}$; $M_B^* = 8,24\,\text{kvarkm}$.

$\Delta U_Y = 7,4\,\text{V}$ (s. Gl. (5.13b)) .

Es sind ebenfalls zwei parallel verlegte Kabel notwendig ($\Delta U_Y = 3,7\,\text{V}$).

Die Annahme, daß die Lasten konzentriert in der Mitte und am Ende der Kabel angreifen, bedeutet eine Abschätzung zur sicheren Seite.

Thermische Dauerbelastung:

Zulässiger Dauerstrom der Kabel: $I_d = 270\,\text{A}$ (s. Anhang) .

Äußerer Ring:

$S = 40 \cdot 21\,\text{kW} \cdot (0,07 + 0,93/40)/0,9 = 87,03\,\text{kVA}$;

Betriebsstrom pro Kabel: $I_b = 0,5 \cdot S/(\sqrt{3} \cdot 380\,\text{V}) = 66,1\,\text{A} < I_d$.

Alle weiteren Ringe:

$S = 12 \cdot 21\,\text{kW} \cdot (0,07 + 0,93/12)/0,9 = 41,3\,\text{kVA}$;

Betriebsstrom pro Kabel: $I_b = 0,5 \cdot S/(\sqrt{3} \cdot 380\,\text{V}) = 31,4\,\text{A} < I_d$.

d) *NH-Sicherungen:*

Sicherungsauswahl:

Wegen des einheitlichen Kabeltyps wird für alle Kabel dieselbe Sicherungsgröße verwendet, für die dann der größte Betriebsstrom von $I_b = 66,1\,$A maßgebend ist. Gewählt wird der Sicherungsnennstrom $I_{nS} = 100\,$A .

Der große Prüfstrom wird mit $2,1 \cdot I_{nS}$ zur sicheren Seite abgeschätzt und darf gemäß Abschnitt 8.2 den Wert $1,45 \cdot I_d$ nicht überschreiten:

$2,1 \cdot 100\,$A $\leq 1,45 \cdot 270\,$A   (erfüllt).

Kurzschluß:

$$X_{kT} = 0,04 \cdot (380\,\text{V})^2 / 400\,\text{kVA} = 0,0144\,\Omega \; ;$$

$$I''_{kmax} = \frac{1,0 \cdot 380\,\text{V}}{\sqrt{3} \cdot X_{kT}} = 15,19\,\text{kA} \qquad \text{(Kurzschluß am Kabelanfang);}$$

$$I''_{kmin} = \frac{0,95 \cdot 380\,\text{V}}{\sqrt{3} \cdot |0,4 \cdot (0,249 + j0,08)\,\Omega + jX_{kT}|} = 1896,6\,\text{A} \quad \text{(Kurzschluß am Kabelende).}$$

Die Bedingung $2,1 \cdot 100\,$A $\leq I''_k \leq I_{aS}$ mit $I_{aS} = 80\,$kA   wird von beiden Kurzschlußströmen eingehalten.

Zusätzlich ist zu gewährleisten, daß die NH-Sicherung auch noch auslöst, wenn am Kabelende ein *einpoliger* Kurzschluß auftritt. Dabei kann gemäß Abschnitt 8.2 der einpolige Kurzschlußstrom I''_{k1p} mit dem Wert $I''_{kmin}/3$ abgeschätzt werden. Damit ist auch für diesen Kurzschlußstrom die Forderung $2,1 \cdot 100\,$A $\leq I''_{k1p} \leq I_{aS}$ erfüllt.

Die gewählte NH-Sicherung ist demnach ein zulässiger Sicherungstyp.

HH-Sicherung:

Sicherungsauswahl:

Für den Sicherungsnennstrom muß gelten: $I_{nS} \geq 400\,\text{kVA}/(\sqrt{3} \cdot 10\,\text{kV}) = 23,1\,$A .
Gewählt: $I_{nS} = 63\,$A .

Kurzschluß:

Die Selektivität zu den unterlagerten NH-Sicherungen ist für den minimalen und den maximalen niederspannungsseitigen Kurzschlußstrom zu überprüfen. Zu diesem Zweck sind die Zeit/Strom-Kennlinien gemäß den Bildern 4.192 und 4.194 auszuwerten:

$$I''_{kmax} : \quad t_{sNH} < 0,001\,\text{s}\,; \quad t_{sHH} \approx 0,02\,\text{s}\quad \text{(selektiv)}\,;$$
$$I''_{kmin} : \quad t_{sNH} \approx 0,01\,\text{s}\,; \quad t_{sHH} \gg 1000\,\text{s}\quad \text{(selektiv)}\,.$$

e) Der größte Mindestschaltverzug tritt bei dem minimalen Kurzschlußstrom I''_{kmin} auf und beträgt 0,01 s:

$$R_T/X_T = 0,1 \quad \rightarrow \quad \kappa = 1,73 \quad \rightarrow \quad m = 1,5\,;$$

$n = 1$ (Netzeinspeisung).

Die größte thermische Beanspruchung entsteht bei dem maximalen Kurzschlußstrom I''_{kmax} und wird zur sicheren Seite abgeschätzt, wenn gleichzeitig der größte Mindestschaltverzug angenommen wird:

$$I_{th} = I''_{kmax} \cdot \sqrt{1,5 + 1} = 24,02\,\text{kA}\,; \quad S_{th} = 160,1\,\text{A/mm}^2\,;$$

$$S_{th_{zul}} = 76\,\text{A/mm}^2 \cdot \sqrt{1\,\text{s}/0,01\,\text{s}} = 760\,\text{A/mm}^2\,.$$

Die Kabel sind thermisch und somit auch mechanisch kurzschlußfest (s. Abschnitt 7.2.4).

f) Die nach dem Schließen der Trennstelle K_1 vorliegende Stichleitung ist 800 m lang und versorgt 80 WE. Gemäß der geforderten Lastdiskretisierung werden 40 WE (97,86 kW) in der Mitte und 40 WE am Ende der Leitung angeordnet:

$M_W^* = 97,86\,\text{kW} \cdot 0,4\,\text{km} + 97,86\,\text{kW} \cdot 0,8\,\text{km} = 117,43\,\text{kWkm}$;

$M_B^* = 97,86\,\text{kW} \cdot 0,4\,\text{km} \cdot \tan\varphi + 97,86\,\text{kW} \cdot 0,8\,\text{km} \cdot \tan\varphi = 56,87\,\text{kvarkm}$.

Spannungsabfall an den zwei parallel verlegten Kabeln:

$\Delta U_Y = 25,67\,\text{V}$ (s. Gl. (5.13b)).

Der Spannungsabfall beträgt 11,7 % der Nennspannung und ist nach dem angenommenen Ausfall noch vertretbar.

Lösung zu Aufgabe 9.1

a) $L_b' \approx \dfrac{\mu_0}{2\pi} \cdot \ln\dfrac{d_{12}}{r_L} = \dfrac{\mu_0}{2\pi} \cdot \ln\dfrac{90\,\text{mm}}{9\,\text{mm}} \quad \rightarrow \quad X_b' = 0,145\,\Omega/\text{km}$.

b) Die Nullinduktivität L_0 wird vom Feldraum zwischen Leiter und Schirm geprägt:

$\dfrac{1}{2} \cdot L_0 \cdot I_0^2 = \dfrac{1}{2} \cdot \int B \cdot H \cdot dV \quad \rightarrow \quad L_0 = \dfrac{\mu_0}{2\pi} \cdot \ln\dfrac{r_S}{r_L} \quad \rightarrow \quad X_0' = 0,032\,\Omega/\text{km}$.

Der Feldraum Leiter/Schirm ist kleiner als der für die Betriebsinduktivität maßgebende Feldraum zwischen den Leitern der drei Einleiterkabel. Daher ergibt sich für die Nullinduktivität ein kleinerer Wert. Eine wesentlich größere Nullinduktivität erhält man, wenn der Schirm auf beiden Seiten geerdet wird und somit das Erdreich als zusätzlicher Rückleiter für den Nullstrom zur Verfügung steht.

Lösung zu Aufgabe 9.2

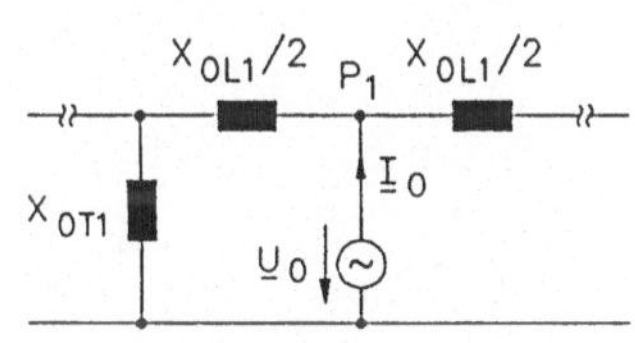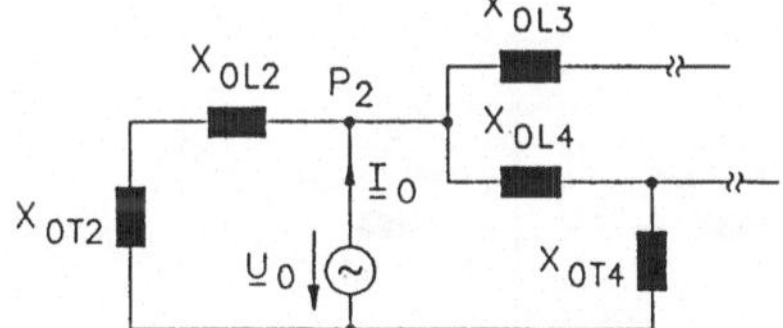

$X_{0P1} = \dfrac{U_0}{I_0} = \dfrac{X_{0L1}}{2} + X_{0T1}$; $X_{0P2} = \dfrac{U_0}{I_0} = (X_{0L2} + X_{0T2}) \parallel (X_{0L4} + X_{0T4})$.

Lösung zu Aufgabe 9.3

a) Mittlerer Leiterabstand: $D = \sqrt[3]{d_{12} \cdot d_{23} \cdot d_{13}} = 8,19\,\text{m}$;

$X_b' = \omega L_b' = \omega \cdot \dfrac{\mu_0}{2\pi} \cdot \ln\dfrac{D}{r_L} = 0,416\,\Omega/\text{km}$.

b) Gemäß Abschnitt 9.4.1.2 können für verdrillte Mehrleitersysteme ein Ersatzradius r_B und das geometrische Mittel der Abstände verwendet werden.

L1, L2 und L3 werden zu einem Ersatzleiter zusammengefaßt:

$r_B = \sqrt[3]{r_L \cdot D^2} = 0,902\,\text{m}$ (Ersatzradius des Leiterbündels) ;

$D_{E1}^* = D_{E2}^* = \sqrt[3]{d_{L1E1} \cdot d_{L2E1} \cdot d_{L3E1}} = 8,05\,\text{m}$ (Abstand des Ersatzleiters von den Erdseilen) .

E1 und E2 werden zu einem Ersatzleiter zusammengefaßt:

$r_{B_{ES}} = \sqrt{r_{ES} \cdot d_{E1E2}} = 0,224\,\text{m}$ (Radius des Ersatzerdseils) ;

$D_{ES}^* = \sqrt{D_{E1}^* \cdot D_{E2}^*} = 8,05\,\text{m}$ (Abstand zwischen Ersatzleiter und Ersatzerdseil) .

Die Zusammenfassung der Erdseile ist zulässig, da aufgrund der Symmetrie beide Erdseile den gleichen Strom $3 \cdot I_0/2$ führen.

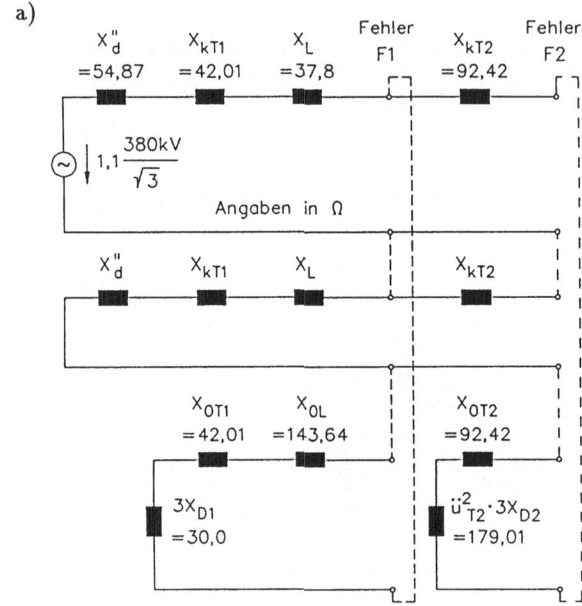

$$\Phi_0 = 3 \cdot I_0 \cdot \frac{\mu_0 \cdot l}{2\pi} \cdot \left(\ln \frac{D^*_{ES}}{r_B} + \ln \frac{D^*_{ES}}{r_{B_{ES}}} \right) = \left(3 \cdot \frac{\mu_0 \cdot l}{2\pi} \cdot \ln \frac{D^*_{ES}}{r_B \cdot r_{B_{ES}}} \right) \cdot I_0 = L_0 \cdot I_0 \; ;$$

$$X'_0 = \omega L'_0 = 1,087 \, \Omega/\text{km} \; .$$

Lösung zu Aufgabe 10.1

a)

Bezugsebene: 380 kV.

Mit- und Gegensystem:

$$X_1 = X_2 = X''_d + X_{kT1} + X_L = 134,68 \, \Omega \; .$$

Nullsystem:

$X_{0T1} = X_{kT1}$ (gilt bei der üblichen Bauart mit Dreischenkelkern) ;

$X_{0L} = 3,8 \cdot X_L$ (s. Abschnitt 9.4.2) ;

$$X_0 = 3 \cdot X_{D1} + X_{0T1} + X_{0L} = 215,65 \, \Omega \; .$$

Komponentenströme:

$$\underline{I}_{1R} = \underline{I}_{2R} = \underline{I}_{0R} = 497,58 \, \text{A} \cdot e^{-j90°} \; .$$

Kurzschlußstrom an der Fehlerstelle F1:

$$\underline{I}''_{kF1} = 3 \cdot \underline{I}_{0R} = \frac{1,1 \cdot 380 \, \text{kV} \cdot \sqrt{3}}{j(2 \cdot X_1 + X_0)} = 1,49 \, \text{kA} \cdot e^{-j90°} \; .$$

Ströme auf der 380-kV-Leitung gemäß Gl. (9.3):

$$\underline{I}_{R_L} = 1,49 \, \text{kA} \cdot e^{-j90°} \; ; \quad \underline{I}_{S_L} = 0 \; ; \quad \underline{I}_{T_L} = 0 \; .$$

Generatorströme (Index G):

$\ddot{u}_{1T1} = (380\,\text{kV}/21\,\text{kV}) \cdot e^{j150°} = 18,1 \cdot e^{j150°}$;

$\ddot{u}_{2T1} = (380\,\text{kV}/21\,\text{kV}) \cdot e^{-j150°} = 18,1 \cdot e^{-j150°}$;

$\underline{I}_{1R_{US}} = \ddot{u}^{*}_{1T1} \cdot \underline{I}_{1R} = 9,0\,\text{kA} \cdot e^{-j240°}$;

$\underline{I}_{2R_{US}} = \ddot{u}^{*}_{2T1} \cdot \underline{I}_{2R} = 9,0\,\text{kA} \cdot e^{j60°}$;

$\underline{I}_{0R_{US}} = 0$ (Nullstrom wird nicht übertragen) .

Eine Rücktransformation dieser Ströme mit Hilfe der Gl. (9.3) liefert:

$\underline{I}_{R_G} = \underline{I}_{1R_{US}} + \underline{I}_{2R_{US}} = -15,6\,\text{kA} \cdot e^{-j90°}$;

$\underline{I}_{S_G} = \underline{a}^2 \cdot \underline{I}_{1R_{US}} + \underline{a} \cdot \underline{I}_{2R_{US}} = 0$;

$\underline{I}_{T_G} = \underline{a} \cdot \underline{I}_{1R_{US}} + \underline{a}^2 \cdot \underline{I}_{2R_{US}} = 15,6\,\text{kA} \cdot e^{-j90°}$.

b) Bezugsebene: 110 kV.

Mit- und Gegensystem:

$X''_d = 4,60\,\Omega$; $X_{kT1} = 3,52\,\Omega$; $X_{kT2} = 7,74\,\Omega$;

$X_{L_{110}} = X_L \cdot (110\,\text{kV}/380\,\text{kV})^2 = 3,17\,\Omega$;

$X_1 = X_2 = X''_d + X_{kT1} + X_{kT2} + X_{L_{110}} = 19,03\,\Omega$.

Nullsystem:

$X_{0T2} = X_{kT2}$;

$X_0 = X_{0T2} + 3 \cdot X_{D2} = 22,74\,\Omega$.

Komponentenströme:

$$\underline{I}_{1T2_{US}} = \underline{I}_{2T2_{US}} = \underline{I}_{0T2_{US}} = \frac{1,1 \cdot 110\,\text{kV}}{\sqrt{3} \cdot j(2 \cdot X_1 + X_0)} = 1,149\,\text{kA} \cdot e^{-j90°} .$$

Kurzschlußstrom an der Fehlerstelle F2:

$I''_{kF2} = 3 \cdot \underline{I}_{0T2_{US}} = 3,45\,\text{kA} \cdot e^{-j90°}$.

Ströme in der 380-kV-Leitung gemäß Gl. (9.3):

$\ddot{u}_{1T2} = (380\,\text{kV}/110\,\text{kV}) \cdot e^{j0°} = 3,45 \cdot e^{j0°}$;

$\ddot{u}_{2T2} = (380\,\text{kV}/110\,\text{kV}) \cdot e^{0°} = 3,45 \cdot e^{j0°}$;

$\underline{I}_{1T2_{OS}} = \underline{I}_{1T2_{US}} / \ddot{u}^{*}_{1T2} = 332,58\,\text{A} \cdot e^{-j90°}$;

$\underline{I}_{2T2_{OS}} = \underline{I}_{2T2_{US}} / \ddot{u}^{*}_{2T2} = 332,58\,\text{A} \cdot e^{-j90°}$;

$\underline{I}_{0T2_{OS}} = 0$ (Nullstrom wird nicht übertragen) .

Eine Rücktransformation dieser Ströme mit Hilfe der Gl. (9.3) liefert:

$\underline{I}_{R_L} = 665,17\,\text{A} \cdot e^{-j90°}$; $\underline{I}_{S_L} = -332,58\,\text{A} \cdot e^{-j90°}$; $\underline{I}_{T_L} = -332,58\,\text{A} \cdot e^{-j90°}$.

Aus den oberspannungsseitigen Komponentenströmen $\underline{I}_{1T2_{OS}}$, $\underline{I}_{2T2_{OS}}$ und $\underline{I}_{0T2_{OS}}$ erhält man analog zu der Vorgehensweise im Aufgabenteil a) die Generatorströme:

$\underline{I}_{R_G} = -10,42\,\text{kA} \cdot e^{-j90°}$; $\underline{I}_{S_G} = 0$; $\underline{I}_{T_G} = 10,42\,\text{kA} \cdot e^{-j90°}$.

Zum Vergleich sei erwähnt, daß der Nennstrom des Generators $I_{nG} = 13,7\,\text{kA}$ beträgt.

c) Transformatoren mit Fünfschenkelkern oder Transformatorenbänke weisen eine sehr große Nullreaktanz auf. Dementsprechend treten wesentlich geringere Kurzschlußströme auf, deren Werte dann in der Nähe der Magnetisierungsströme liegen.

d) Im Mit- und Gegensystem wären die Lastimpedanzen zu berücksichtigen. Die Kurzschlußströme sind zu den Betriebsströmen zu addieren, die sich vornehmlich im Mitsystem ausbilden.

e) Bis zu einer Zeitdauer von 1,5 Stunden darf der Sternpunkt des Transformators T_2 gemäß Gl. (9.44) mit einem Sternpunktstrom von

$$I_{N_{zul}} = 0,25 \cdot I_{nT2} = 0,25 \cdot 1,31\,\text{kA} = 328\,\text{A}$$

belastet werden. Während des Erdkurzschlusses weist der Sternpunktstrom jedoch den Wert

$$I_N = I_{D2} = I''_{kF2} = 3,45\,\text{kA}$$

auf. Es ist daher eine Ausgleichswicklung erforderlich.

Erwähnt sei, daß bei sehr kurzzeitigen Beanspruchungen auch höhere Sternpunktströme als $0,25 \cdot I_{nT}$ zulässig sind (s. Abschnitt 9.4.5.1).

Lösung zu Aufgabe 10.2

a)

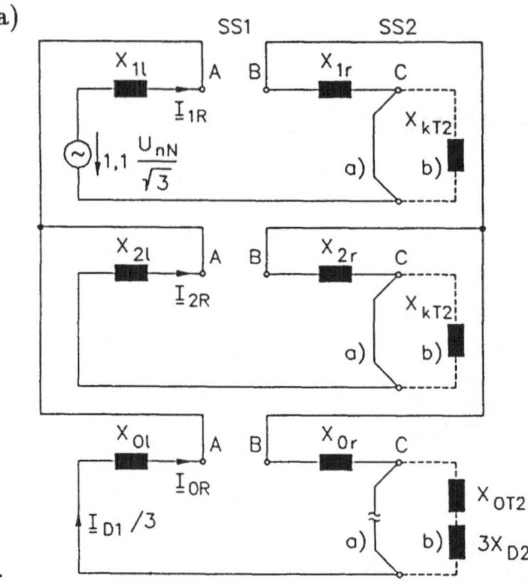

Bezugsebene: 380 kV.

Für diesen Aufgabenteil ist in dem Ersatzschaltbild im Punkt C der Zweig a) wirksam.

Mit den Daten gemäß Aufgabe 10.1 sind die Reaktanzwerte zu ermitteln:

$$X_{1l} = X_{2l} = X''_d + X_{kT1} = 96,88\,\Omega\,;$$
$$X_{1r} = X_{2r} = X_L = 37,8\,\Omega\,;$$
$$X_{0l} = 3 \cdot X_{D1} + X_{0T1} = 72,01\,\Omega\,;$$
$$X_{0r} = X_{0L} = 143,64\,\Omega\,.$$

Komponentenströme:

$$\underline{I}_{1R} = \frac{1,1 \cdot 380\,\text{kV}}{\sqrt{3} \cdot j(X_{1l} + X_{1r} + X_{2l} + X_{2r})} = 895,9\,\text{A} \cdot e^{-j90°}\,;$$
$$\underline{I}_{2R} = -\underline{I}_{1R} = -895,9\,\text{A} \cdot e^{-j90°}\,;$$
$$\underline{I}_{0R} = 0\,.$$

Ströme in der Freileitung:

$$\underline{I}_{R_L} = 0\,; \quad \underline{I}_{S_L} = -1,552\,\text{kA}\,; \quad \underline{I}_{T_L} = 1,552\,\text{kA}\,.$$

Ströme in den Drosselspulen:

$$\underline{I}_{D1} = 0\,; \quad \underline{I}_{D2} = 0\,.$$

b) Im Ersatzschaltbild ist am Punkt C der Zweig a) durch den Zweig b) zu ersetzen (gestrichelt eingezeichnet).

c) Durch die angegebenen Grenzübergänge geht der dreipolige Kurzschluß an der Fehlerstelle F1 in einen dreipoligen Kurzschluß *mit Erdberührung* über. Zusätzlich ist nach wie vor noch die einpolige Leiterunterbrechung an der Sammelschiene SS1 wirksam.

Mit dem beschriebenen Kunstgriff kann somit in diesem speziellen Fall ein Doppelfehler nachgebildet werden, ohne komplexe Übertrager zu verwenden.

d) Auf beiden Seiten der Leiterunterbrechung tritt im Strom zusätzlich eine Nullkomponente auf, d.h. die Drosselspule D_1 und das Erdreich führen einen Strom.

Komponentenströme:

$$\underline{I}_{1R} = \frac{1,1 \cdot 380\,\text{kV}}{\sqrt{3} \cdot j[X_{1l} + X_{1r} + (X_{2l} + X_{2r}) \parallel (X_{0l} + X_{0r})]} = 1,109\,\text{kA} \cdot e^{-j90°} \ ;$$

$$\underline{I}_{2R} = -\underline{I}_{1R} \cdot (X_{0l} + X_{0r})/(X_{2l} + X_{2r} + X_{0l} + X_{0r}) = -682,8\,\text{A} \cdot e^{-j90°} \ ;$$

$$\underline{I}_{0R} = -\underline{I}_{1R} - \underline{I}_{2R} = -426,4\,\text{A} \cdot e^{-j90°} \ .$$

Strom in der Drosselspule D_1: $\quad \underline{I}_{D1} = 3 \cdot \underline{I}_{0R} = -1,28\,\text{kA} \cdot e^{-j90°} \ .$

Ströme in der Freileitung:

$$\underline{I}_{R_L} = 0 \ ; \quad \underline{I}_{S_L} = 1,678\,\text{kA} \cdot e^{j157,6°} \ ; \quad \underline{I}_{T_L} = 1,678\,\text{kA} \cdot e^{j22,4°} \ .$$

Strom im Erdreich: $\quad \underline{I}_E = \underline{I}_{R_L} + \underline{I}_{S_L} + \underline{I}_{T_L} = 1,28\,\text{kA} \cdot e^{j90°} \ .$

Lösung zu Aufgabe 10.3

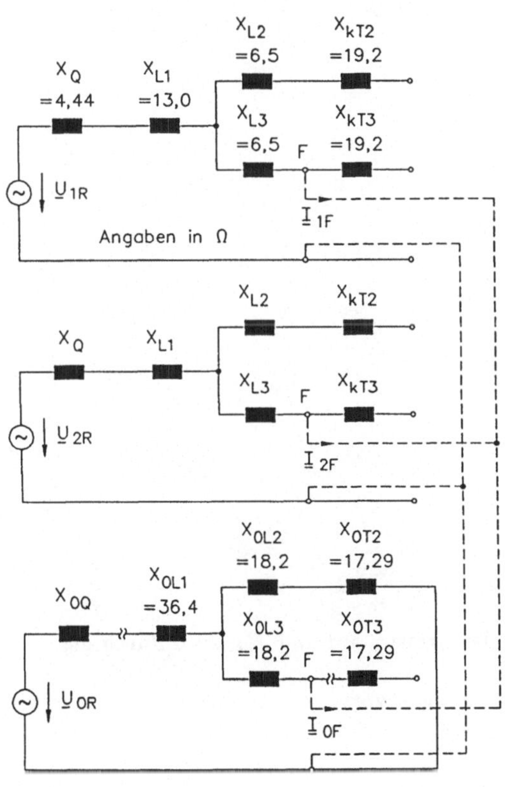

Bezugsebene: 110 kV.

$$\underline{U}_R = 110\,\text{kV}/\sqrt{3} \ ; \quad \underline{U}_S = 0 \ ; \quad \underline{U}_T = 0 \ .$$

Komponentenspannungen gemäß Gl. (9.8):

$\underline{U}_{1R} = 21,17\,\mathrm{kV}$; $\underline{U}_{2R} = 21,17\,\mathrm{kV}$; $\underline{U}_{0R} = 21,17\,\mathrm{kV}$.

Ermittlung der Reaktanzen:

$X_1 = X_2 = X_Q + X_{L1} + X_{L3} = 23,94\,\Omega$;

$X_0 = X_{0L3} + X_{0L2} + X_{0T2} = 53,69\,\Omega$.

Zur Auswertung des Komponentenersatzschaltbildes ist wegen der zusätzlichen Spannungsquellen im Gegen- und Nullsystem das Überlagerungsverfahren anzuwenden.

Nur $\underline{U}_{1R}$ wirksam: $\underline{I}_{0F}(\underline{U}_{1R}) = -\dfrac{\underline{U}_{1R}}{j(X_1 + X_2 \parallel X_0)} \cdot \dfrac{X_2}{X_2 + X_0} = 161,2\,\mathrm{A} \cdot \mathrm{e}^{J90°}$.

Nur $\underline{U}_{2R}$ wirksam: $\underline{I}_{0F}(\underline{U}_{2R}) = -\dfrac{\underline{U}_{2R}}{j(X_2 + X_1 \parallel X_0)} \cdot \dfrac{X_1}{X_1 + X_0} = 161,2\,\mathrm{A} \cdot \mathrm{e}^{J90°}$.

Nur $\underline{U}_{0R}$ wirksam: Aus dem Netz N kann kein Nullstrom übertragen werden.

$\underline{I}_{0F} = \underline{I}_{0F}(\underline{U}_{1R}) + \underline{I}_{0F}(\underline{U}_{2R}) = 322,4\,\mathrm{A} \cdot \mathrm{e}^{J90°}$.

Erdstrom:

$\underline{I}_{E_F} = 3 \cdot \underline{I}_{0F} = 967,2\,\mathrm{A} \cdot \mathrm{e}^{J90°}$.

Lösung zu Aufgabe 10.4

a) $u_R(t) = \sqrt{2} \cdot U_R \cdot \sin \omega_N t$ mit $U_R = U_{nN}/\sqrt{3}$;

   $L_1 = (X_Q + X_{kT} + X_L)/\omega_N$; $L_0 = (X_{0T} + X_{0L})/\omega_N$;

$$\underline{I}_{k1p} = \frac{3 \cdot \underline{U}_R}{j(2 \cdot \omega_N L_1 + \omega_N L_0)} \; .$$

b)

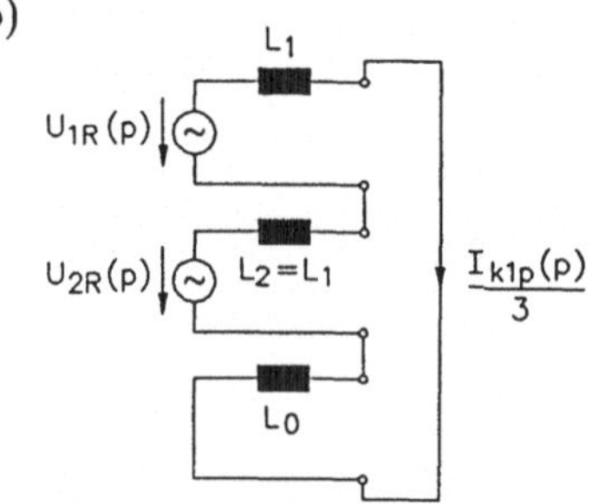

$$I_{k1p}(p) = \frac{3 \cdot (U_{1R}(p) + U_{2R}(p))}{2 \cdot pL_1 + pL_0} \; ;$$

$$U_{1R}(p) + U_{2R}(p) = U_R(p) \; ;$$

$$I_{k1p}(p) = \frac{3 \cdot U_R(p)}{2 \cdot pL_1 + pL_0} \quad \text{mit} \quad U_R(p) = \sqrt{2} \cdot U_R \cdot \frac{\omega_N}{p^2 + \omega_N^2} \; .$$

c) Anstelle von $j\omega_N$ tritt in den Impedanzen die Größe p auf und $\underline{U}_R$ wird durch die zugehörige Laplace-Transformierte ersetzt.
   Voraussetzung: Es liegen keine Anfangsbedingungen vor.

d) Eine Rücktransformation von $I_{k1p}(p)$ liefert:

$$i_{k1p}(t) = \frac{3 \cdot \sqrt{2} \cdot U_R}{2 \cdot \omega_N L_1 + \omega_N L_0} \cdot (1 - \cos \omega_N t) \; .$$

Lösung zu Aufgabe 10.5

a) $$\underline{I}_{kE} = 3 \cdot \underline{I}_0 = -\frac{3 \cdot \underline{U}_R}{\left(j\omega_N L_1 + \dfrac{j\omega_N L_2 \cdot j\omega_N L_0}{j\omega_N L_2 + j\omega_N L_0}\right)} \cdot \frac{j\omega_N L_2}{j\omega_N L_2 + j\omega_N L_0} \quad \text{mit} \quad L_2 = L_1 \ .$$

b)

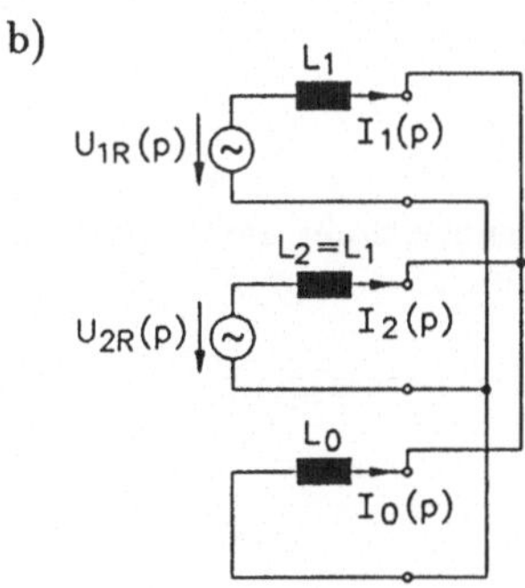

$$I_{kE}(p) = 3 \cdot I_0(p) = -\frac{3 \cdot (U_{1R}(p) + U_{2R}(p))}{\left(pL_1 + \dfrac{pL_1 \cdot pL_0}{pL_1 + pL_0}\right)} \cdot \frac{pL_1}{pL_1 + pL_0} \ .$$

c) Anstelle von $j\omega_N$ tritt in den Impedanzen die Größe p auf und $\underline{U}_R$ wird durch die zugehörige Laplace-Transformierte ersetzt, wobei gilt:

$$U_R(p) = U_{1R}(p) + U_{2R}(p) \ .$$

d) Eine Rücktransformation des Stroms $I_{kE}(p)$ ergibt:

$$i_{kE}(t) = -\frac{3 \cdot \sqrt{2} \cdot U_{nN}}{\sqrt{3} \cdot (X_1 + 2 \cdot X_0)} \cdot (1 - \cos\omega_N t) \ .$$

Lösung zu Aufgabe 11.1

a) Gesamtlänge aller Kabel: $\quad l_{ges} = 4 \cdot 2\,\text{km} + 22 \cdot 0,5\,\text{km} = 19\,\text{km}$.

Gesamtkapazität aller Kabel: $\quad C_E = C_E' \cdot l_{ges} = 9,5\,\mu\text{F}$.

Fehlerstrom: $\quad I_{CE} = \sqrt{3} \cdot 10\,\text{kV} \cdot \omega C_E = 51,7\,\text{A} > 35\,\text{A}$.

Ein Betrieb mit isoliertem Sternpunkt ist nicht zulässig.

b) Der Fehlerstrom hat unabhängig vom Fehlerort überall dieselbe Größe.

c) $C_E = 150\,\text{km} \cdot 0,5\,\mu\text{F/km} = 75\,\mu\text{F} \quad \rightarrow \quad I_{CE} = 408\,\text{A}$;

Reststrom gemäß Abschnitt 11.2: $\quad I_r \approx 0,1 \cdot I_{CE} = 40,8\,\text{A} < 60\,\text{A}$.

Ein kompensierter Betrieb ist zulässig. Anderenfalls wären eine Netzaufteilung oder eine niederohmige Sternpunkterdung mögliche Maßnahmen, um die Löschgrenze zu unterschreiten.

Lösung zu Aufgabe 11.2

a)

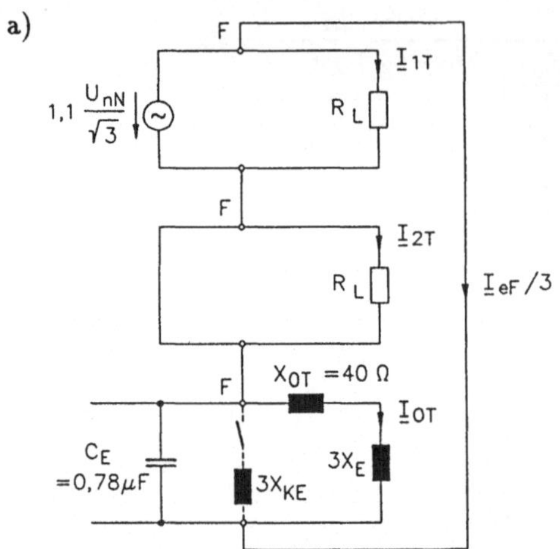

(R_L kennzeichnet den Eigenbedarf)

b) Die angegebenen Vernachlässigungen führen zu höheren Strömen und bewirken somit eine Abschätzung zur sicheren Seite.

c) Gemäß Gl. (11.4) gilt bei einem verlustfreien Netz:

$$3X_E = \frac{1}{\omega C_E} \quad\rightarrow\quad L_E = \frac{1}{3\cdot\omega^2 C_E} = 4{,}33\,\mathrm{H} \quad \text{mit}\quad C_E = 130\,\mathrm{km}\cdot 6\,\mathrm{nF/km} = 0{,}78\,\mu\mathrm{F}\;.$$

d) Der Verstimmungsgrad ν ergibt sich aus der Beziehung:

$$\nu = \frac{3X_E + X_{0T}}{3X_E} - 1 = 0{,}98\,\%\;.$$

Der Eigenbedarfstransformator verschiebt die Abstimmung in Richtung einer Unterkompensation.

e) Es tritt im Erdschlußfall in den fehlerfreien Leitern eine geringere Spannungserhöhung auf, wobei nur die Überkompensation angewendet wird.

f) Induktivitätswert: $L_{E\nu} = 0{,}7\cdot L_E = 3{,}02\,\mathrm{H}$.

Fehlerstrom:

$$I_{eF} = 3\cdot\frac{U_{nN}}{\sqrt{3}}\cdot\left| -j\frac{1}{3\cdot\omega L_{E\nu} + X_{0T}} + j\omega C_E \right| = 3{,}52\,\mathrm{A}\;.$$

Spulenstrom:

$$I_E = 3\cdot\frac{U_{nN}}{\sqrt{3}\cdot(3\cdot\omega L_{E\nu} + X_{0T})} = 12{,}0\,\mathrm{A}\;.$$

Es liegt ein überkompensierter Betrieb vor.

g) Ein weiterer Netzausbau vergrößert die Kapazität C_E und verringert somit die Verstimmung. Dadurch treten im Erdschlußfall größere Spannungserhöhungen auf.

h) Erdschlußlöschspule abgeglichen:

$$I_{CE} = 3\cdot U_{nN}/\sqrt{3}\cdot\omega C_E = 8{,}49\,\mathrm{A} \quad\rightarrow\quad \text{Reststrom:}\quad I_{rF} \approx 0{,}1\cdot I_{CE} = 0{,}85\,\mathrm{A}\;.$$

Erdschlußlöschspule um 30 % verstimmt:

$$I_{eF} = \sqrt{I_{rF}^2 + I_{eF_f}^2} = 3{,}62\,\mathrm{A}\;.$$

(I_{eF_f} :   Fehlerstrom gemäß Aufgabenteil f) mit Verstimmung und ohne Verluste).

i) Mit der Bedingung $\quad X_0 \gg 3X_E \quad$ gilt:

$$X_{KE} \approx \frac{1}{3} \cdot \frac{U_{nN}}{\sqrt{3} \cdot 1200\,\text{A}} = 3,2\,\Omega\ .$$

j) Im Erdschlußfall weist der Eigenbedarfstransformator folgende Komponentenströme auf:

$\underline{I}_{1T} = S_{Eigen}/(\sqrt{3} \cdot U_{nN})$;

$\underline{I}_{2T} = 0 \qquad\qquad$ (Gegensystem kurzgeschlossen) ;

$\underline{I}_{0T} = j I_E/3 = j4,0\,\text{A} \quad$ (fließt entgegen dem eingezeichneten Zählpfeil) .

Transformatorströme:

$\underline{I}_R = \underline{I}_{1T} + \underline{I}_{0T}$; $\quad \underline{I}_S = \underline{a}^2\,\underline{I}_{1T} + \underline{I}_{0T}$; $\quad \underline{I}_T = \underline{a}\,\underline{I}_{1T} + \underline{I}_{0T}$.

Wie sich mit einem Zeigerdiagramm zeigen läßt, ist bei den vorliegenden Werten für die Komponentenströme $\underline{I}_{1T}$ und $\underline{I}_{0T}$ der Transformatorstrom $\underline{I}_T$ im Leiter T am größten. Der maximal zulässige Komponentenstrom $\underline{I}_{1T}$ ergibt sich dementsprechend aus der Bedingung:

$|\underline{a}\,\underline{I}_{1T} + \underline{I}_{0T}| \leq 1,3 \cdot I_{nT} \quad$ mit $\quad I_{nT} = 11,55\,\text{A}$.

Eine Auswertung dieser Beziehung führt auf eine quadratische Gleichung und liefert:

$I_{1T} \leq 11,41\,\text{A} \quad \rightarrow \quad S_{Eigen} \leq \sqrt{3} \cdot U_{nN} \cdot 11,41\,\text{A} = 395,4\,\text{kVA}$.

Die vorausgesetzte Überlastungsfähigkeit bis zu $1,3 \cdot S_{nT}$ ist im Erdschlußfall zulässig, da ein Erdschluß höchstens einige Stunden ansteht.

k) Der Spannungsabfall $U_{nN}/\sqrt{3}$ im Erdschlußfall ist bei beiden Ausführungen gleich groß. Die bei ausgedehnteren Netzen auftretenden höheren Spulenströme erfordern einen stärkeren Leiterquerschnitt und eine kleinere Induktivität ($L = w^2 \cdot \Lambda$), die infolge des gleichen Eisenkerns mit Hilfe einer kleineren Windungszahl zu erreichen ist. Aufgrund der verringerten Windungszahl bei gleichem Spannungsabfall erhöht sich die Windungsspannung, so daß eine verstärkte Isolierung notwendig ist.

l) Ein Sternpunkt kann mit Hilfe eines Sternpunktbildners realisiert werden. Dabei handelt es sich um eine Drosselspule, die im Hinblick auf eine möglichst kleine Nullreaktanz in Zickzackschaltung ausgeführt ist (s. Abschnitte 4.9 und 11.2).

Lösung zu Aufgabe 11.3

a) Ermittlung der Reaktanzen:

$X_Q = 4,44\,\Omega$; $\quad X_{L1} = 13,0\,\Omega$; $\quad X_{L3} = 6,5\,\Omega$;

$X_{0L2} = 18,2\,\Omega$; $\quad X_{0L3} = 18,2\,\Omega$; $\quad X_{0T2} = 17,29\,\Omega$;

$X_1 = X_2 = X_Q + X_{L1} + X_{L3} = 23,94\,\Omega$;

$X_0 = X_{0L3} + X_{0L2} + X_{0T2} = 53,69\,\Omega$.

Komponentenströme:

$$\underline{I}_{1R} = \underline{I}_{2R} = \underline{I}_{0R} = \frac{1,1 \cdot U_{nN}}{\sqrt{3} \cdot j(2X_1 + X_0)} = 687,8\,\text{A} \cdot e^{-j90^\circ}\ .$$

Komponentenspannungen an der Fehlerstelle:

$\underline{U}_{1R_F} = 1,1 \cdot U_{nN}/\sqrt{3} - jX_1 \cdot \underline{I}_{1R} = 53,39\,\text{kV}$;

$\underline{U}_{2R_F} = -jX_2 \cdot \underline{I}_{2R} = -16,47\,\text{kV}$;

$\underline{U}_{0R_F} = -jX_0 \cdot \underline{I}_{0R} = -36,93\,\text{kV}$.

Spannung zwischen dem nicht fehlerbehafteten Leiter S und der Erde:

$\underline{U}_{FSE} = |\underline{a}^2\,\underline{U}_{1R_F} + \underline{a}\,\underline{U}_{2R_F} + \underline{U}_{0R_F}| = 82,03\,\text{kV}$.

Erdfehlerfaktor an der Fehlerstelle gemäß Gl. (11.8):

$$\delta_F = \frac{82,03\,\text{kV}}{110\,\text{kV}/\sqrt{3}} = 1,29\ .$$

b) Komponentenspannungen an der Netzeinspeisung:

$$\underline{U}_{1R_Q} = 1,1 \cdot U_{nN}/\sqrt{3} - jX_Q \cdot \underline{I}_{1R} = 60,46\,\text{kV} \; ;$$

$$\underline{U}_{2R_Q} = -jX_Q \cdot \underline{I}_{2R} = -3,05\,\text{kV} \; ;$$

$$\underline{U}_{0R_Q} = -j(X_{0L2} + X_{0T2}) \cdot \underline{I}_{0R} = -24,41\,\text{kV} \; .$$

Spannung zwischen dem nicht fehlerbehafteten Leiter S und der Erde:

$$\underline{U}_{Q_{SE}} = |\underline{a}^2\,\underline{U}_{1R_Q} + \underline{a}\,\underline{U}_{2R_Q} + \underline{U}_{0R_Q}| = 76,46\,\text{kV} \; .$$

Erdfehlerfaktor an der Netzeinspeisung gemäß Gl. (11.8):

$$\delta_Q = \frac{76,46\,\text{kV}}{110\,\text{kV}/\sqrt{3}} = 1,20 \; .$$

c) Eine Isolationsminderung ist zulässig, da sowohl an der Fehlerstelle als auch an der Netzeinspeisung die Bedingung $\delta \leq 1,4$ erfüllt ist (s. Gl. (11.13)).

Lösung zu Aufgabe 12.1

a) Die Gesamtfläche aller Erder ist in einen flächengleichen Kreis umzurechnen:

$$D = 2 \cdot \sqrt{A_{ges}/\pi} = 87,4\,\text{m} \quad \text{mit} \quad A_{ges} = 4500\,\text{m}^2 + 50 \cdot 30\,\text{m}^2 = 6000\,\text{m}^2 \; .$$

Ausbreitungswiderstand: $\quad R_A = \rho_E/(2 \cdot D) = 0,572\,\Omega$.

b) $U_E = I_E \cdot R_A = 114,4\,\text{V} \quad \text{mit} \quad I_E = 200\,\text{A}$.

c) Es liegen keine schwierigen Erdungsverhältnisse vor, da die Bedingung $U_E < 130\,\text{V}$ eingehalten wird (s. Abschnitt 12.4).

d) Das in den abgehenden Kabelgräben verlegte Stahlband wirkt als Banderder, der gemäß Abschnitt 12.2 einen Ausbreitungswiderstand von

$$R_A = \frac{100\,\Omega\text{m}}{\pi \cdot 50\,\text{m}} \cdot \ln\frac{500\,\text{cm}}{\sqrt{3,3\,\text{cm} \cdot 80\,\text{cm}}} = 2,18\,\Omega$$

aufweist. Daraus ergibt sich die maximale Erdungsspannung zu

$$U_E = I_r \cdot R_A = 43,6\,\text{V} \quad \text{mit dem Reststrom} \quad I_r \approx 0,1 \cdot I_E = 20\,\text{A} \; (\text{s. Abschnitt 11.2}) \; .$$

e) Die Stationserde darf auch als Betriebserde verwendet werden, da die Erdungsspannung die Bedingung $U_E < 65\,\text{V}$ einhält (s. Abschnitt 12.5).

Lösung zu Aufgabe 12.2

a) Nullstrom: $\quad \underline{I}_{0R} = 687,8\,\text{A} \cdot e^{-j90°} \quad$ (s. Lösung 11.3a).

Widerstände des Ersatzschaltbildes für die Erdungsanlage (vergl. Bild 12.15):

$(3 \cdot R_A) \parallel (3 \cdot Z) = 0,667\,\Omega$.

Erdungsspannung der Erdungsanlage:

$U_E = r \cdot I_{0R} \cdot 0,667\,\Omega = 252,2\,\text{V} \quad \text{mit} \quad r = 0,55$.

Bei der in niederohmig geerdeten 110-kV-Netzen üblichen Ausschaltzeit von 0,1 s darf eine Berührungsspannung bis zu $U_{B_{zul}} \approx 720\,\text{V}$ auftreten (s. Bild 12.1). Diese Berührungsspannung gilt gemäß DIN VDE 0141 als eingehalten, da die ermittelte Erdungsspannung den Wert $2 \cdot U_{B_{zul}}$ nicht überschreitet (s. Abschnitt 12.4).

b) Widerstände des Ersatzschaltbildes für den Masterder (vergl. Bild 12.15):

$(3 \cdot R_A) \parallel (3 \cdot Z) \parallel (3 \cdot Z) = 2,73\,\Omega$.

Erdungsspannung am Mast:

$U_E = r \cdot I_{0R} \cdot 2,73\,\Omega = 1031,7\,\text{V}$.

c) Ausbreitungswiderstand des zylindrischen Erders:

$$R_A = \frac{100\,\Omega\mathrm{m}}{2\pi \cdot 3,5\,\mathrm{m}} \cdot \ln \frac{\sqrt{3,5^2 + 2,5^2} + 3,5}{2,5} = 5,17\,\Omega \; ;$$

Der Strom, der am Mast in die Erde eingeleitet wird (Strom durch R_A), beträgt:

$$\frac{I_A}{3} = r \cdot I_{0R} \cdot \frac{3 \cdot (Z \parallel Z)}{3 \cdot (Z \parallel Z) + 3 \cdot R_A} \quad \rightarrow \quad I_A = 183,8\,\mathrm{A} \; .$$

Berührungsspannung ΔU_B am Mast:

$$U(r = d/2) = 951,1\,\mathrm{V} \; ; \quad U(r = d/2 + 1\,\mathrm{m}) = 736,6\,\mathrm{V} \; ;$$

$$\Delta U_B = |U(r = d/2) - U(r = d/2 + 1\,\mathrm{m})| = 214,5\,\mathrm{V} \; .$$

d) Der mit dieser Abschätzung verbundene systematische Fehler liegt auf der unsicheren Seite, weil die für die Ströme wirksame Austrittsfläche der 4 Mastfüße kleiner als bei dem angenommenen Zylinder ist.

Anhang

Freileitungen

Daten von Al/St-Leitungsseilen gemäß DIN 48204:

Nennquer-schnitt mm^2	Seildurch-messer mm	Gleichstrom-widerstand Ω/km	zulässiger Dauerstrom A
95/15	13,6	0,3058	350
120/20	15,5	0,2374	410
150/25	17,1	0,1939	470
185/30	19,0	0,1571	535
240/40	21,8	0,1188	645
305/40	24,1	0,0949	740

zulässige Betriebstemperatur: $\vartheta_{bmax} = 80$ °C bei allen Seilen

zulässige Endtemperatur im Kurzschlußfall: $\vartheta_e = 200$ °C (s. DIN VDE 0103)

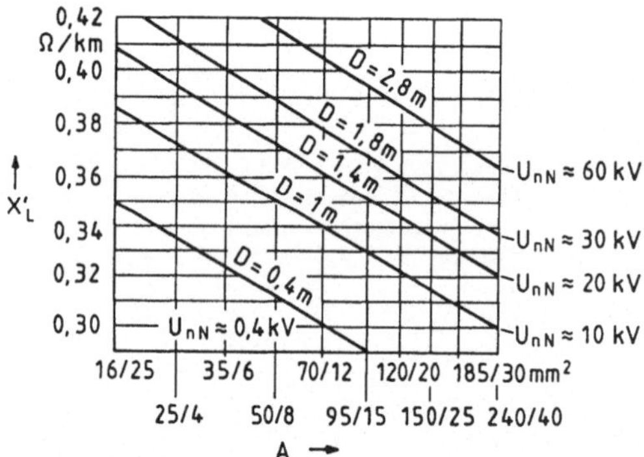

Betriebsreaktanz X_b' von Drehstromfreileitungen im Mittelspannungsbereich für $f = 50$ Hz in Abhängigkeit vom Leiterquerschnitt A (Einfachleitung mit Al/St-Seilen; D: mittlerer geometrischer Abstand der Leiterseile) (Quelle: [31])

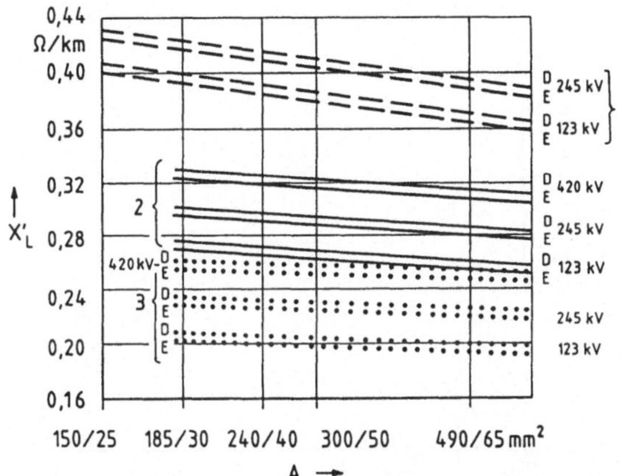

Betriebsreaktanz X'_b von Drehstromfreileitungen im Hoch- und Höchstspannungsbereich für $f = 50$ Hz bei Al/St-Leiterseilen und Donau-Mastbild.
Zugrundegelegter mittlerer geometrischer Abstand der drei Leiter eines Systems:
   4 m bei 110 kV;   6 m bei 220 kV;   9,4 m bei 380 kV.
E gilt für Betrieb mit einem System; D gilt für Betrieb mit zwei Systemen (Doppelleitung, Reaktanzangaben gelten für jedes der beiden Systeme)
   1: Einfachseil;   2: Zweierbündel;   3: Viererbündel
(Quelle: [31])

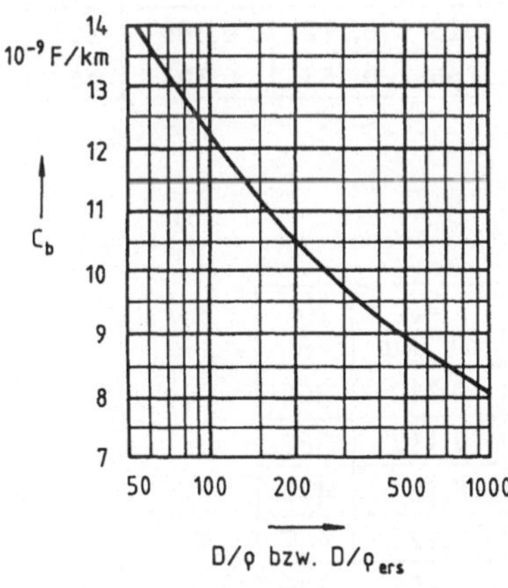

Betriebskapazität C'_b von Freileitungen für $f = 50$ Hz
C'_b: Betriebskapazität in nF/km; D: mittlerer Leiterabstand in cm;
ρ: Leiterradius in cm; ρ_{ers}: Ersatzradius von Bündelleitern in cm
(Quelle: [62])

Bei fehlenden geometrischen Angaben ist für Freileitungen im Bereich $110 \ldots 380$ kV der Richtwert $C'_b \approx 9 \ldots 14$ nF/km zu verwenden!

Kabel

Niederspannungskabel:

Kabeltyp	R'_{g20} Ω/km	R'_{w70} Ω/km	X'_b Ω/km	I_d A
NAYY 4×50 SE	0,642	0,772	0,083	142
NAYY 4×120 SE	0,255	0,305	0,080	242
NAYY 4×150 SE	0,208	0,249	0,080	270

$\vartheta_{bmax} = 70\ °C$

$\vartheta_e = 160\ °C$ (Kurzschlußfall)

Mittelspannungskabel:

Kabeltyp	U_Y/U_b kV kV	Verlegungsart	R'_{g20} Ω/km	R'_{w90} Ω/km	X'_b Ω/km	C'_b μF/km	I_d A
NA2XS2Y 1×95 RM/25	6/10	o o o	0,313	0,4046	0,123	0,315	249
		ooo	0,313	0,4173	0,207	0,315	281
	12/20	o o o	0,313	0,4043	0,132	0,216	252
		ooo	0,313	0,4158	0,210	0,216	282
NA2XS2Y 1×185 RM/25	6/10	o o o	0,161	0,2114	0,110	0,406	358
		ooo	0,161	0,2282	0,187	0,406	393
	12/20	o o o	0,161	0,2111	0,117	0,273	362
		ooo	0,161	0,2264	0,190	0,273	396
NA2XS2Y 1×240 RM/25	6/10	o o o	0,122	0,1617	0,105	0,456	416
		ooo	0,122	0,1772	0,179	0,456	453
	12/20	o o o	0,122	0,1613	0,112	0,304	421
		ooo	0,122	0,1756	0,183	0,304	457

$\vartheta_{bmax} = 90\ °C$

$\vartheta_e = 250\ °C$ (Kurzschlußfall)

Hochspannungskabel:

Kabeltyp	Verlegungsart	R'_{g20} Ω/km	R'_{w90} Ω/km	X'_b Ω/km	C'_b μF/km	I_d A
N2XS(FL)2Y 1×120 RM/35 64/110 kV	o o o	0,153	0,205	0,166	0,112	366
	ooo	0,153	0,233	0,219	0,112	382
N2XS(FL)2Y 1×185 RM/35 64/110 kV	o o o	0,099	0,136	0,156	0,125	457
	ooo	0,099	0,164	0,206	0,125	467
N2XS(FL)2Y 1×240 RM/35 64/110 kV	o o o	0,075	0,106	0,149	0,135	526
	ooo	0,075	0,132	0,198	0,135	528
N2XS(FL)2Y 1×300 RM/35 64/110 kV	o o o	0,060	0,087	0,144	0,144	588
	ooo	0,060	0,112	0,191	0,144	580

$\vartheta_{bmax} = 90\ °C$

$\vartheta_e = 250\ °C$ (Kurzschlußfall)

Bedeutung der Kenngrößen in den Kabeltabellen:

R'_{g20}: Gleichstromwiderstand bei 20 °C; R'_{w70}: Wechselstromwiderstand bei 70 °C;
R'_{w90}: Wechselstromwiderstand bei 90 °C; I_d: zulässiger Dauerstrom

Stromschienen aus Aluminium gemäß DIN 43670 Teil 1

Breite × Dicke mm²	I_d in A			
	▯	▯▯	▯▯▯	▯▯▯▯
50 × 5	556	916	1050	1580
80 × 5	851	1360	1460	2250
100 × 10	1480	2390	3110	4020
120 × 15	2090	3320	4240	5040
160 × 15	2670	4140	5230	6120
200 × 15	3230	4950	6240	7190

▯ , ▯▯ , ▯▯▯ , ▯▯▯▯ : Anordnung der Teilleiter (senkrechte Lage)

Daten gelten für gestrichene Schienen in Innenanlagen,

Umgebungstemperatur 35 °C, Schienentemperatur 65 °C.

Lichter Teilleiterabstand = Schienendicke (bei 4 Teilleitern zwischen 2. und 3. Schiene

mindestens 50 mm aufgrund von Stromverdrängungseffekten);

lichter Hauptleiterabstand $> 0,8 \times$ Hauptleitermittenabstand

(Mindestabstände s. DIN VDE 0101).

Kupferschienen s. DIN 43671

Benötigte Laplace-Transformierte

$f(t)$	$F(p)$
1	$\dfrac{1}{p}$
$\sin \omega t$	$\dfrac{\omega}{p^2 + \omega^2}$
$\cos \omega t$	$\dfrac{p}{p^2 + \omega^2}$
$1 - \cos \omega t$	$\dfrac{\omega^2}{p \cdot (p^2 + \omega^2)}$

Die in diesem Anhang angegebenen Tabellen enthalten im wesentlichen alle Daten, die zur Lösung der Aufgabenteile erforderlich sind. Darüber hinausgehende Daten sind z.B. [31], [5], [46], [62], [32] zu entnehmen.

Quellenverzeichnis

Bild Nr.	Titel	Ersteller der Fotos
Titelfoto	Mastbild	Moll
2.7	Niederdruckturbine	Moll
4.45a	Umspanner mit Stufenschalter (Schnitt)	Trafo - Union
4.121	Aufbau eines vieradrigen Niederspannungskabels	SIEMENS
4.123	Aufbau eines einadrigen 10-kV-Kabels	SIEMENS
4.124	Aufbau eines VPE-Höchstspannungskabels 220/380 kV	Kabel+Draht (ABB)
4.130	0,4-kV- und 10-kV-Kabelmuffen	SIEMENS
4.131	Endverschluß für 10-kV-Einleiterkabel	SIEMENS
4.154	Schnitt durch eine Reihendrosselspule	Trench Electric
4.172	Sammelschienensystem in Rohrbauweise (110 kV)	VEW
4.173	einpolig isolierte SF_6-Schaltanlage	Moll

Literaturverzeichnis

[1] *Schröder, K.*, Große Dampfkraftwerke, Band I-III, Springer-Verlag, Berlin/Göttingen/ Heidelberg 1959.

[2] *Roemer, H.-W.*, Dampfturbinen, Verlag W. Girardet, Essen 1972.

[3] *Leonhard, W.*, Regelung in der elektrischen Energieversorgung, Teubner Verlag, Stuttgart 1980.

[4] *Ernst, D./Ströle, D.*, Industrieelektronik, Springer-Verlag, Berlin/Heidelberg/New York 1973.

[5] *Happoldt, H./Oeding, D.*, Elektrische Kraftwerke und Netze, Springer-Verlag, Berlin/ Heidelberg/New York 1978.

[6] *Brinkmann, K.*, Einführung in die elektrische Energiewirtschaft, Vieweg-Verlag, Braunschweig 1971.

[7] *Lunze, K.*, Berechnung elektrischer Stromkreise, Dr. Alfred Hüthig Verlag, Heidelberg 1976.

[8] *Müller, G.*, Elektrische Maschinen, Grundlagen, Aufbau und Wirkungsweise, VEB Verlag Technik, Berlin 1977.

[9] *Frohne, H./Ueckert, E.*, Einführung in die Elektrotechnik, 4. Auflage, Band I-III, Teubner Verlag, Stuttgart 1985.

[10] *Bödefeld, T./Sequenz, H.*, Elektrische Maschinen, Springer-Verlag, Wien/New York 1971.

[11] M.I.T., Magnetic Circuits and Transformers, John Wiley & Sons, Inc., New York/London 1963.

[12] *Roeper, R.*, Kurzschlußströme in Drehstromnetzen, 6. Auflage, Siemens Aktiengesellschaft, Berlin/München 1984.

[13] *Funk, G.*, Der Kurzschluß im Drehstromnetz, Oldenbourg Verlag, München 1962.

[14] *Ritz, H.*, ABC der Meßwandler, Ritz Meßwandlerwerk GmbH, Hamburg 1970.

[15] *Richter, R.*, Elektrische Maschinen, Band II, Birkhäuser Verlag, Basel/Stuttgart 1963.

[16] *Taegen, F.*, Einführung in die Theorie der elektrischen Maschinen, Band I-II, Vieweg-Verlag, Braunschweig 1971.

[17] *Edelmann, H.*, Berechnung elektrischer Verbundnetze, Springer-Verlag, Berlin/Göttingen/Heidelberg 1963.

[18] *Bonfert, K.*, Betriebsverhalten der Synchronmaschine, Springer-Verlag, Berlin/Göttingen/Heidelberg 1962.

[19] *Blume, L.F./Boyajian, A./Camilli, G./Lennox, T.C./Minneci, S./Montsinger, V.M.*, Transformer Engineering, John Wiley, New York 1951.

[20] *Fischer, R./Kießling, F.*, Freileitungen, 3. Auflage, Springer-Verlag, Berlin/Heidelberg/ New York/London/Paris/Tokyo 1989.

[21] *Langrehr, H.*, Der Schutzraum von Blitzfangstangen und Erdseilen, Dissertation TU München 1972.

[22] *Küpfmüller, K.*, Einführung in die theoretische Elektrotechnik, 12. Auflage, Springer-Verlag, Berlin/Heidelberg/New York 1988.

[23] *Denzel, P.*, Grundlagen der Übertragung elektrischer Energie, Springer-Verlag, Berlin/ Heidelberg/New York 1966.

[24] *Heinhold, L./Ittmann, K.H./Roller, A./Schaller, F./Schröter, O.E./Stubbe, R./Sutter, H./Wiedemann, R./Winkler, F.*, Kabel und Leitungen für Starkstrom, Teil 1, 4. Auflage, Verlag Siemens AG, Berlin/München 1987.

[25] *Richter, S.*, Einführung in die Starkstromkabeltechnik, Bd. 1-2, Kabel- und Metallwerke, Hannover 1970.

[26] *Kiwitt, W./Wanser, G./Laarmann, H.*, Hochspannungs- und Hochleistungskabel, Verlags- und Wirtschaftsgesellschaft der Elektrizitätswerke, Frankfurt (Main) 1985.

[27] *Klockhaus, H./Wanser, G.*, Abschluß- und Verbindungstechnik bei Starkstromkabeln, Verlags- und Wirtschaftsgesellschaft der Elektrizitätswerke, Frankfurt (Main) 1979.

[28] VDEW, Aktivierung und Planung von Netzen für allelektrische Versorgung, Verlags- und Wirtschaftsgesellschaft der Elektrizitätswerke, Frankfurt (Main) 1970.

[29] *Hosemann, G./Boeck, W.*, Grundlagen der elektrischen Energietechnik, 3. Auflage, Springer-Verlag, Berlin/Heidelberg/New York 1987.

[30] *Funk, G.*, Die Spannungsabhängigkeit von Drehstromlasten, Elektrizitätswirtschaft 68 (1969) 8, S. 276-281.

[31] *Brehle, B./Guthmann, O./Haneke, K./Hügin, K.H./Tettenborn, W./Voß, G./Wittwer, H.*, Schaltanlagen, Brown Boveri Taschenbuch, 8. Auflage, Cornelsen Verlag Schwann-Girardet, Düsseldorf 1987.

[32] HÜTTE, Elektrische Energietechnik, Band III, Netze, Springer-Verlag, Berlin/Heidelberg/New York/London/Paris/Tokyo 1988.

[33] *Geise, H.*, Leistungsfaktorverbesserung durch Kondensatoren und Saugkreise in Industriewerken mit Stromrichteranlagen, AEG-Mitteilungen 48 (1958) 11/12, S. 659-675.

[34] *Becker, H./Schulz, W.*, Grundlagen zur Beurteilung von Oberschwingungsrückwirkungen in Versorgungsnetzen, etz-a 98 (1977), S. 335-338.

[35] *Lindmayer, M.*, Schaltgeräte, Springer-Verlag, Berlin/Heidelberg/New York/London/Paris/Tokyo 1987.

[36] *Fleck, B./Kulik, P.*, Hochspannungs- und Niederspannungs-Schaltanlagen, Verlag W. Girardet, Essen 1974.

[37] *Rziha, E.V.*, Starkstromtechnik, Band I-II, Verlag von Wilhelm Ernst & Sohn, Berlin 1955.

[38] VEM, Handbuch Schaltanlagen, VEB Verlag Technik, Berlin 1971.

[39] *Müller, L./Boog, E.*, Selektivschutz elektrischer Anlagen, VDEW-Verlag Frankfurt (Main) 1990.

[40] *Koettnitz, H./Pundt, H./Schultheiß, F./Weßnigk, K.-D./Schaller, D.*, Berechnung elektrischer Energieversorgungsnetze, Band I-III, VEB Deutscher Verlag für Grundstoffindustrie, Leipzig 1972.

[41] *Funk, G.*, Die Wirkungen von Belastungsimpedanzen und Leitungskapazitäten auf die Größe der Kurzschlußströme, Elektrizitätswirtschaft 66 (1967) 15, S. 437-440.

[42] *Slamecka, E./Waterschek, W.*, Schaltvorgänge in Hoch- und Niederspannungsnetzen, Siemens Aktiengesellschaft, Berlin/München 1972.

[43] *Funk, G.*, Einfluß der Netzdaten und Betriebsbedingungen auf die Größe der Anfangs-Kurzschlußwechselströme bei dreipoligem Kurzschluß, Technische Mitteilungen AEG-TELEFUNKEN 71 (1981) 4/5, S. 168-177.

[44] *Mutschler, P.*, Berechnung von Ausgleichsvorgängen in Drehstromsystemen und Drehstrom-Gleichstrom-Verbundsystemen, Dissertation TH Darmstadt 1975.

[45] *Nelles, D.*, Die Beschreibungsgleichungen der Synchronmaschine für Ausgleichsvorgänge in Drehstromnetzen, Wiss. Ber. AEG- TELEFUNKEN 46 (1973) 2, S. 44-51.

[46] *Funk, G.*, Kurzschlußstromberechnung, Elitera-Verlag, Berlin 1974.

[47] *Hosemann, G./Rittinghaus, D.*, Einfluß der Netzbetriebsgrößen auf die Kurzschlußstromstärke, 25. Internationales Wissenschaftliches Kolloquium, TH Ilmenau 1980.

[48] *Koglin, H.-J.*, Der abklingende Gleichstrom beim Kurzschluß in Energieversorgungsnetzen, Dissertation TH Darmstadt 1971.

[49] *Holzmann, G./Meyer, H./Schumpich, G.*, Technische Mechanik, Teubner Verlag, Stuttgart 1980.

[50] *Ballus, H.*, Ein Beitrag zur Berechnung elektromagnetischer Kräfte zwischen stromführenden Leitern, Dissertation TH Darmstadt 1970.

[51] *Hochrainer, A.*, Symmetrische Komponenten in Drehstromsystemen, Springer-Verlag, Berlin/Göttingen/Heidelberg 1957.

[52] *Funk, G.*, Symmetrische Komponenten, Elitera-Verlag, Berlin 1976.

[53] *Carson, J.R.*, Wave Propagation in Overhead Wires with Ground Return, Bell System Technical Journal 5 (1926), S. 539-554.

[54] *Pollaczek, F.*, Über das Feld einer unendlich langen wechselstromdurchflossenen Einfachleitung, E.N.T. 3 (1926) 9, S. 339-359.

[55] *Rüdenberg, R.*, Elektrische Schaltvorgänge, Springer-Verlag, Berlin/Heidelberg/New York 1974.

[56] *Willheim, R.*, Das Erdschlußproblem in Hochspannungsnetzen, Verlag von Julius Springer, Berlin 1936.

[57] *Peiser, R.*, Kippschwingungen und Subharmonische im Serienschwingkreis mit Eisendrossel, Disseration TU Berlin 1964.

[58] *Baatz, H.*, Überspannungen in Energieversorgungsnetzen, Springer-Verlag, Berlin/Göttingen/Heidelberg 1956.

[59] *Dettmann, K.-D./Heuck, K./Kegel, R.*, Ferroresonanz vor allem in Netzen mit Spannungswandlern,
Teil 1: Entstehung der Ferroresonanzschwingung, etz 109 (1988) 17, S. 780-783,
Teil 2: Abhilfemaßnahmen bei verschiedenen Netzanlagen, etz 109 (1988) 19, S. 900-904.

[60] *Biegelmeier, G.*, Wirkungen des elektrischen Stroms auf Menschen und Nutztiere, Lehrbuch der Elektropathologie, VDE-Verlag, Berlin/Offenbach 1986.

[61] *Otto, H.*, Ausgleichsvorgänge im Erdreich bei Eintritt eines Erdschlusses oder Erdkurzschlusses, Dissertation TH Karlsruhe 1963.

[62] *Langrehr, H.*, Rechnungsgrößen für Hochspannungsanlagen, AEG-TELEFUNKEN Handbücher, Band 9, Elitera-Verlag, Berlin 1974.

[63] *Funk, G.*, Verfahren zur Bestimmung der Stromverteilung auf Erde, Erdseile, Bodenseile und Erdungsanlagen bei einem Erdkurzschluß an homogenen und inhomogenen Drehstrom-Freileitungen, Dissertation RWTH Aachen 1964.

[64] *Oldekop, W.*, Einführung in die Kernreaktor- und Kernkraftwerkstechnik, Band II, Thiemig-Verlag, München 1975.

[65] *Reißing, T.*, Dynamische Modelle der Lasten elektrischer Energieübertragungssysteme, Dissertation Universität Dortmund 1983.

[66] *Nelles, D.*, Bedeutung der Spannungs- und Frequenzabhängigkeiten von Lasten in Netzplanung und Netzbetrieb, etzArchiv 7 (1985) 1, S. 11-15.

[67] VDI/VDE, Wirkleistung- und Blindleistung-Sekundenreserve, VDI-Berichte 582, VDI-Verlag, Düsseldorf 1986.

[68] *Rosenberger, R.*, Optimierender Entwurf von städtischen Verteilernetzen, Dissertation Universität der Bundeswehr Hamburg 1987.

[69] *Simonyi, K.*, Theoretische Elektrotechnik, VEB Deutscher Verlag der Wissenschaften, Berlin 1977.

[70] *Kaden, H.*, Wirbelströme und Schirmung in der Nachrichtentechnik, 2. Auflage, Springer-Verlag, Berlin/Göttingen/Heidelberg 1959.

[71] *Unbehauen, R.*, Synthese elektrischer Netzwerke, Oldenbourg Verlag, München 1972.

[72] *Heidorn, D.*, Ein Beitrag zur Theorie transienter Leitungsnachbildungen, Dissertation Universität der Bundeswehr Hamburg 1988.

[73] *Boll, R.*, Magnettechnik, expert-verlag, Grafenau/Württ. 1980.

[74] *Kind, D./Kärner, H.*, Hochspannungs-Isoliertechnik, Vieweg-Verlag, Braunschweig/Wiesbaden 1982.

[75] *Dietrich, W.*, Transformatoren, VDE-Verlag, Berlin/Offenbach 1986.

[76] *Leohold, J.*, Untersuchung des Resonanzverhaltens von Transformatorenwicklungen, Dissertation Universität Hannover 1984.

[77] *Buckow, E.*, Berechnung des Verhaltens von Leistungstransformatoren bei Resonanzanregung und Möglichkeiten des Abbaus innerer Spannungserhöhungen, Dissertation Technische Hochschule Darmstadt 1986.

[78] *Cauer, W.*, Theorie der linearen Wechselstromschaltungen, Akademie-Verlag, Berlin 1954.

[79] *Richter, R.*, Elektrische Maschinen, Band III, Die Transformatoren, Birkhäuser Verlag, Basel/Stuttgart 1963.

[80] *Fricke. L.*, Simulation von induktiven Hoch- und Höchstspannungswandlern und deren eigenschwingungsarme Gestaltung, Disseration Universität der Bundeswehr Hamburg 1989.

[81] HÜTTE, Elektrische Energietechnik, Band I, Maschinen, Springer-Verlag, Berlin/Heidelberg/New York 1978.

[82] AEG-TELEFUNKEN, Synchronmaschinen, AEG-TELEFUNKEN-Handbücher Band 12, Berlin 1970.

[83] *Laible, T.*, Die Theorie der Synchronmaschine im nichtstationären Betrieb, Springer-Verlag, Berlin/Göttingen/Heidelberg 1952.

[84] *Dettmann, K.-D./Heuck, K./Rosenberger, R.*, Abklingfaktoren in Hochspannungsnetzen, etzArchiv 12 (1990) 3, S. 89-98.

[85] *Kimbark, E.W.*, Power System Stability, Volume III, Synchronous Machines, Dover Publications, New York 1968.

[86] *Beyer, M./Boeck, W./Möller, K./Zaengl, W.*, Hochspannungstechnik, Springer-Verlag, Berlin/Heidelberg/New York/London/Paris/Tokyo 1986.

[87] *Dabringhaus, H.-G.*, Transiente Überspannungen auf Hochspannungskabeln, Dissertation Gesamthochschule Duisburg 1983.

[88] *Rüdenberg, R.*, Elektrische Wanderwellen, 4. Auflage, Springer-Verlag, Berlin/Göttingen/Heidelberg 1962

[89] *Dorsch, H.*, Überspannungen und Isolationsbemessung bei Drehstrom-Hochspannungsanlagen, Siemens Aktiengesellschaft, Berlin/München 1981.

[90] *Balzer, G./Rudolph, R.*, Metalloxid-Ableiter in gelöschten 110-kV-Netzen, etz 109 (1988) 18, S. 824-829.

[91] *Völcker, O.*, Einsatz von Metalloxidableitern in Mittel- und Hochspannungsnetzen, Elektrizitätswirtschaft 86 (1987) 13, S. 561-566.

[92] *Heuck, K./Rosenberger, R./Waldhaim, E./Heidorn, D.*, Netzreduktion zur Berechnung von Schaltvorgängen in großen Hochspannungsnetzen, Archiv für Elektrotechnik 71 (1988), S. 161-167.

[93] *Golub, G.H./Loan, C.F.*, Matrix Computations, John Hopkins University Press, Baltimore (Maryland) 1983.

[94] *Lerch, E.*, Ein neues Verfahren zur robusten Lösung stationärer Arbeitspunktprobleme im elektrischen Energienetz, Dissertation Universität Augsburg 1984.

[95] *Handschin, E.*, Elektrische Energieübertragungssysteme, 2. Auflage, Hüthig Verlag, Heidelberg 1987.

[96] *Kremer, H.*, Numerische Berechnung linearer Netzwerke und Systeme, Springer-Verlag, Berlin/Heidelberg/New York 1978.

[97] *Aschmoneit, F.*, Ein Beitrag zur optimalen Schätzung des Lastflusses in Hochspannungsnetzen, Dissertation TH Aachen 1974.

[98] *Rosenberger, R./Heuck, K.*, Verhalten wichtiger Estimatoren bei groben Meßfehlern, Elektrizitätswirtschaft 87 (1988) 4, S. 227-230.

[99] *Heuck, K./Rosenberger, R./Dettmann, K.-D.*, Netzabhängige Fehlerschranken für verschiedene Verfahren zur Stoßkurzschlußstromberechnung, etzArchiv 9 (1987) 8, S. 261-265.

[100] *Heuck, K./Rosenberger, R./Dettmann, K.-D./Kegel, R.*, Ordnungsreduzierte Berechnung von Stoßkurzschlußströmen in ohmsch-induktiven Netzen, etzArchiv 8 (1986) 8, S. 267-274.

[101] AEG-TELEFUNKEN, AEG-Hilfsbücher 1, 2. Auflage, Elitera-Verlag, Berlin 1976.

[102] *Schaefer, W.*, Impedanz-Korrekturverfahren zur Kurzschlußstromberechnung, Dissertation Universität Hannover 1983.

[103] *Prenzlau, H.*, Kurzschlußkräfte und -momente bei rechtwinklig abgebogenen Drehstromsammelschienen, etz 108 (1987) 11, S. 480-485.

[104] *Wilson, W.R./Mankoff, L.L.*, Short-Circuit Forces in Isolated Phase Busses, AIEE-Transactions PAS 73 (1954), S. 382-396.

[105] *Skeats, W.F./Swerdlow, N.*, Minimizing the Magnetic Field Surrounding Isolated-Phase Bus by Electrically Continuous Enclosures, AIEE-Transactions PAS 81 (1963), S. 655-667.

[106] *Haas, W.*, Berechnung der Stromverteilung in ebenen Dreileiteranordnungen für eingeprägte Ströme, Siemens Forschungs- und Entwicklungsberichte 14 (1985), S. 268-274.

[107] *Ehrich, M.*, Transiente und quasistationäre Stromverdrängung ebener Leiteranordnungen, Habiltitationsschrift TU Berlin 1979.

[108] *Balzer, G./Deter, O.*, Berechnung der thermischen Kurzschlußbeanspruchung von Starkstromanlagen mit Hilfe der Faktoren m und n nach DIN VDE 0103/2.82, etzArchiv 7 (1985) 9, S. 287-290.

[109] *Kimbark, E.W.*, Power System Stability, Volume I, Elements of Stability Calculations, John Wiley & Sons, New York/London/Sydney 1948.

[110] *Anderson, P.M./Fuad, A.A.*, Power System Control and Stability, Iowa State University Press, Ames (Iowa) 1982.

[111] *Heuck, K.*, Wirtschaftliche Lastverteilung thermisch erzeugter Energie für kurzfristige Zeiträume, Elektrizitätswirtschaft 77 (1978) 14, S. 479-485.

[112] *Verstege, J.*, Ein Beitrag zur Überwachung von Hochspannungsnetzen durch Ausfallsimulationsrechnungen, Dissertation TH Aachen 1975.

[113] VDEW, Netzverluste, Verlags- und Wirtschaftsgesellschaft der Elektrizitätswerke, Frankfurt (Main) 1978.

[114] *Kulicke, B.*, Numerische Berechnung der Momentanwerte elektromechanischer Ausgleichsvorgänge von Drehfeldmaschinen im Verbundbetrieb, Dissertation TH Darmstadt 1975.

[115] *Webs, A.*, Sonderprobleme bei Kurzschlüssen in Drehstromnetzen, VDE-Fachberichte 24 (1966), S. 138-148.

[116] *Dettmann, K.-D.*, Ferroresonanzgefährdete Betriebszustände in Netzen mit Spannungswandlern, etzArchiv 7 (1985) 1, S. 33-36.

[117] *Nixon, F.E.*, Handbook of Laplace transformation, 2. edition, Prentice-Hall, Englewood Cliffs (N.Y.) 1965.

[118] *Philippow, E.*, Taschenbuch Elektrotechnik, 3. Auflage, Band I, Allgemeine Grundlagen, Hanser-Verlag, München 1986.

[119] *Föllinger, O.*, Laplace- und Fourier-Transformation, 3. Auflage, AEG-TELEFUNKEN, Berlin 1982.

[120] *Jahn, H.-H./Kasper, R.*, Koordinatentransformationen zur Behandlung von Mehrphasensystemen, Archiv für Elektrotechnik 56 (1974) 3, S. 105-111.

[121] *Strang, G.*, Introduction to applied mathematics, Wellesley-Cambridge Press, Wellesley (Mass.) 1986.

[122] *Reuter, E.*, Sternpunktbehandlung in Mittelspannungsnetzen, ETZ-A 97 (1976) 9, S. 554-559.

[123] *Agel, H./Reuter, E.*, Niederohmige, mittelbare Kurzerdung zur Fehlererfassung, ETZ-B 20 (1968), S. 757-759.

[124] *Heck, C.*, Magnetische Werkstoffe und ihre technische Anwendung, Dr. Alfred Hüthig Verlag, Heidelberg 1975.

[125] *Lyon, W.*, Transient Analysis of Alternating-Current Machinery, Technology Press of Massachusetts Institute of Technology / John Wiley & Sons, New York 1954.

[126] *Kegel, R.*, Ein Beitrag zur Berechnung von Ferroresonanzerscheinungen in Energieversor-
       gungsnetzen, Dissertation Hochschule der Bundeswehr Hamburg 1981.

[127] *Hosemann, G./Balzer, G.*, Der Ausschaltwechselstrom beim dreipoligen Kurzschluß im
       vermaschten Netz, etzArchiv 6 (1984), S. 51-56.

[128] *Barkhausen*, Zur Theorie des Transformators, ETZ 52 (1931), S. 1463-1466.

[129] *Boyajian, A.*, Resolution of Transformer-Reactance in two primary and secondary
       Reactances, Trans. AIEE (1925), Teil 1: S. 805-810, Teil 2: S. 810-820.

[130] *Garin, A.N./Paluev, K.K.*, Transformer circuit impedance calculations. Electr. Engng. 55
       (1936), S. 717-730.

[131] *Heidorn, D.*, Ermittlung von Ersatzschaltbildern eines Transformators aus seiner Impe-
       danzmatrix, Archiv für Elektrotechnik 73 (1990), S. 271-279.

[132] *Koglin, H.-J./Medeiros, M.F.*, Corrective switching approaching on-line application. Re-
       prints of the IFAC Symposium on Planning and Operation of Electric Energy Systems,
       Rio de Janeiro, Juli 1985, S. 237-241.

[133] *Burkhardt, T.*, Ein Beitrag zur rechneroptimierten Planung in Mittelspannungsnetzen,
       Dissertation TH Darmstadt 1984.

[134] *Wolgast, B.*, Ein lernend-adaptiver Spannungsregler für Synchrongeneratoren, Disserta-
       tion TU Braunschweig 1989.

[135] *Wohlfahrt, H.*, Dämpfung von Leistungspendelungen in elektrischen Energieversorgungs-
       systemen, Dissertation Universität Dortmund 1987.

[136] *Kugeler, K./Philippen, P.-W.*, Energietechnik, Springer-Verlag, Berlin/Heidelberg/New
       York/London/Paris/Tokyo/Hongkong/Barcelona 1990.

Als weiterführende Literatur werden die Werke [5], [6], [29], [31], [32] und [95] empfohlen.

Sachwortverzeichnis

Einführung in die Hochspannungs-Versuchstechnik

von Dieter Kind

4., bearb. Aufl. 1985. VIII, 224 S. mit 181 Abb. Kart. DM 34,–
ISBN 3-528-33805-9

Für die Lösung von Problemen der Hochspannungstechnik ist die Versuchstechnik eine wesentliche Voraussetzung. Dieser Tatsache trägt das Buch Rechnung. Es behandelt die wichtigsten wissenschaftlichen Grundlagen und gibt darüber hinaus Anleitungen zum Aufbau von Versuchseinrichtungen und -geräten. Ausführlich werden 12 grundlegende Versuche beschrieben, bei deren Durchführung wesentliche Kenntnisse und Erfahrungen der Hochspannungsprüf- und -meßtechnik gewonnen werden. Das nun in vierter Auflage vorliegende Werk ist ein wichtiges Lehrbuch für Studenten, aber auch ein unentbehrliches Nachschlagewerk für Prüffeldingenieure.

Dr. Dieter Kind ist Präsident der „Physikalisch-Technischen Bundesanstalt" in Braunschweig und Professor an der Technischen Universität Braunschweig.

Verlag Vieweg · Postfach 58 29 · D-6200 Wiesbaden 1

Energienachfrage, wirtschaftliche Entwicklung und Preise

Systemanalytische Einführung in die Energieökonomie

von Lorenz Jarass

1988. XII, 194 S. Kart. DM 32,–
ISBN 3-528-04620-1

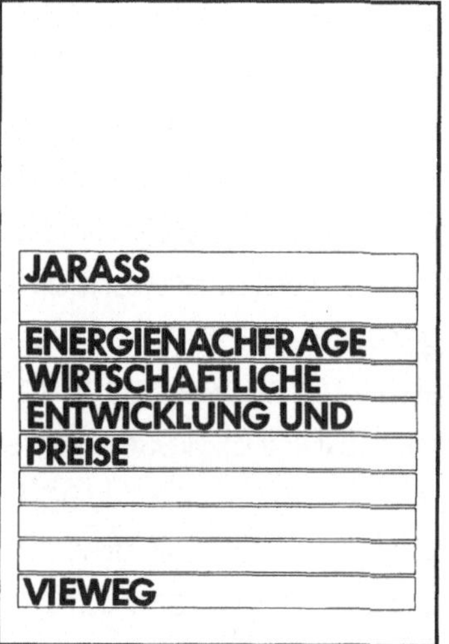

Die bisher rein technisch orientierte Energiewirtschaft hatte folgende Fragestellungen: Welche Energiequellen gibt es, wie kann man sie in Endenergie umwandeln und welche Kosten entstehen dabei? Dieser angebots-orientierten Darstellung wird hier erstmalig im deutschsprachigen Raum ein geschlossener nachfrage-orientierter Ansatz gegenüber gestellt, und damit die Energieökonomie vom Kopf auf die Füße gestellt:

Welche Energiedienstleistungen werden für eine bestimmte wirtschaftliche Entwicklung benötigt, mit welchen Technologien lassen sich diese Dienstleistungen am effektivsten bereitstellen, welche Endenergien und Primärenergien werden hierfür benötigt und mit welchen Preisen muß der Verbraucher bei unterschiedlichen Entwicklungslinien rechnen? Die systemanalytische Darstellung wird für Brasilien, die Bundesrepublik Deutschland, Indien und die USA beispielhaft erläutert.

Diese Darstellung eignet sich für:
- das technische Studium in wirtschaftlich ausgerichteten Lehrveranstaltungen
- das Studium wirtschaftlicher Studiengänge mit Betonung technischer Fallbeispiele
- die Erwachsenenbildung bei energiewirtschaftlichen Fragestellungen

Verlag Vieweg · Postfach 58 29 · D-6200 Wiesbaden 1